특급기출

2학기 통합
중간 + 기말

중학 수학 1·2

Structure

✔ 단원별 개념 정리

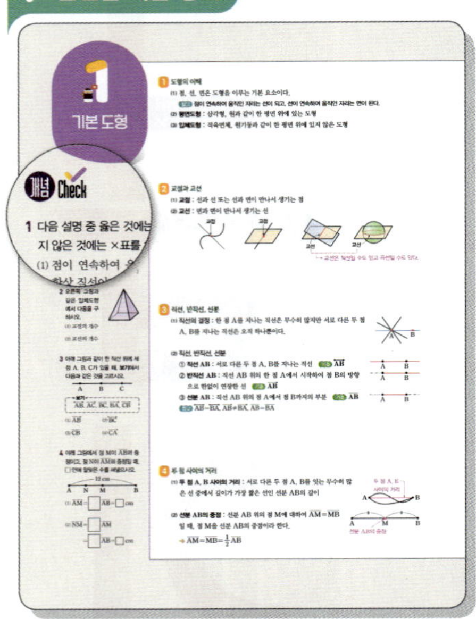

중단원별 핵심 개념을 정리하였습니다.

개념 Check 개념과 **1 : 1 맞춤 문제**로 개념 학습을 마무리 할 수 있습니다.

✔ 기출 유형

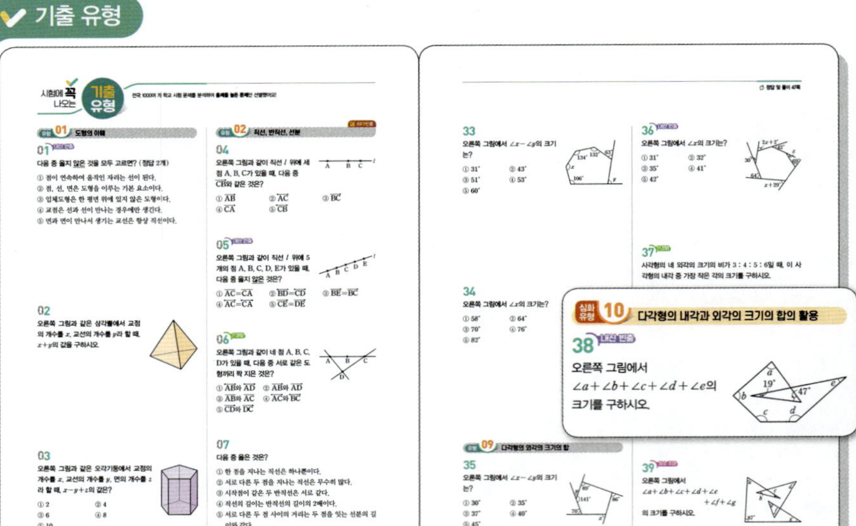

전국 1000여 개 학교 시험 문제를 분석하여 **출제율 높은 문제만 선별**해 구성하였습니다. 시험에 자주 나오는 빈출 유형인 **최다 빈출**과 난이도가 조금 높지만 중요한 **심화유형** 까지 학습해 실력을 올려 보세요.

✔ 중단원별 학교 시험 대비 문제

학교 선생님들이 직접 출제한 **모의고사 형식의 시험 대비 문제**로 실전 감각을 키울 수 있습니다.

전국 1000여 개 최신 기출문제를 분석해 학교 **시험 적중률 100%**에 도전합니다.

 **기출 서술형**

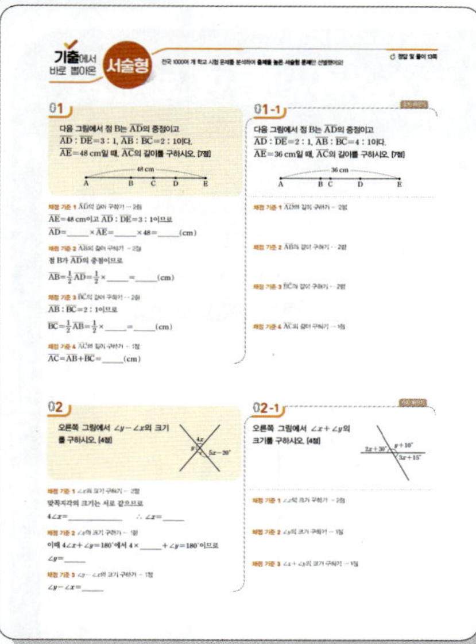
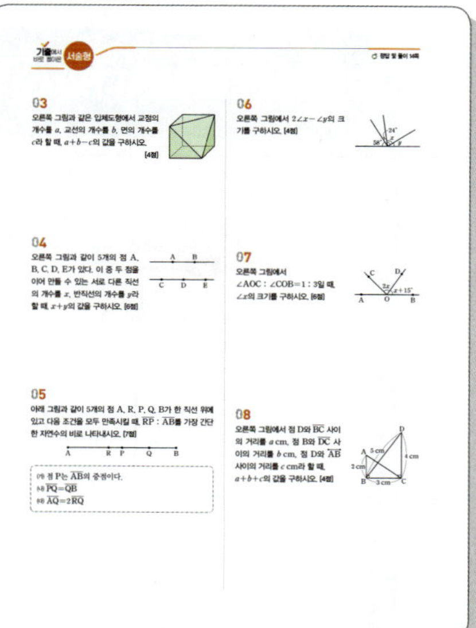

전국 1000여 개 학교 시험 문제를 분석하여 **출제율 높은 문제**만 선별해 구성하였습니다.
틀리기 쉽거나 자주 나오는 서술형 문제는 **쌍둥이 문항**으로 한 번 더 학습할 수 있습니다.

교과서 속 특이 문제

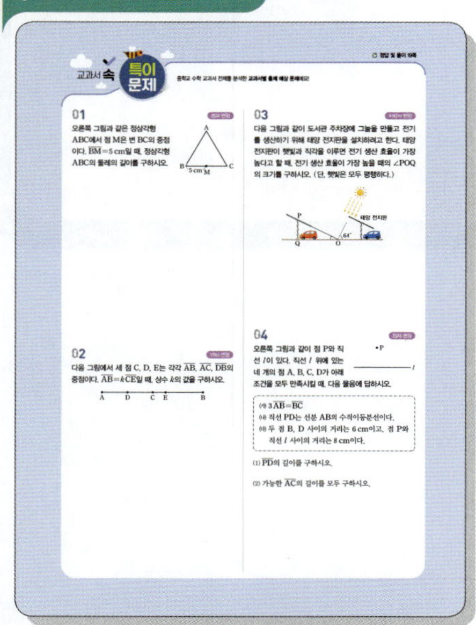

중학교 수학 교과서 8종을 **완벽 분석**하여 발췌한 창의·융합 문제로 구성하였습니다.

부록

기출에서 pick한 고난도 50

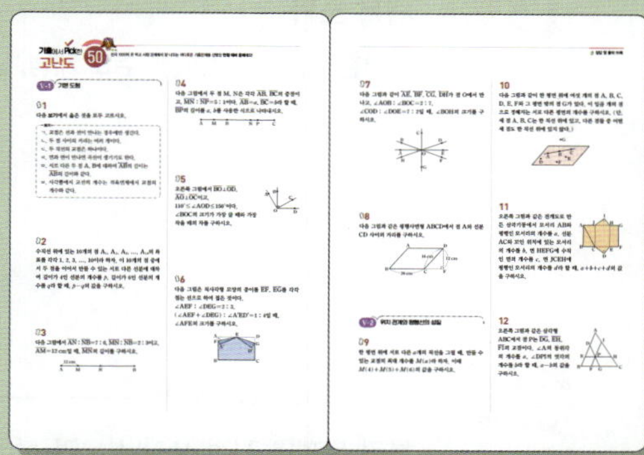

학교 시험 문제에 자주 나오는 고난도 기출문제를 선별하여 **학교 시험 만점에 대비**할 수 있도록 구성하였습니다.

실전 모의고사

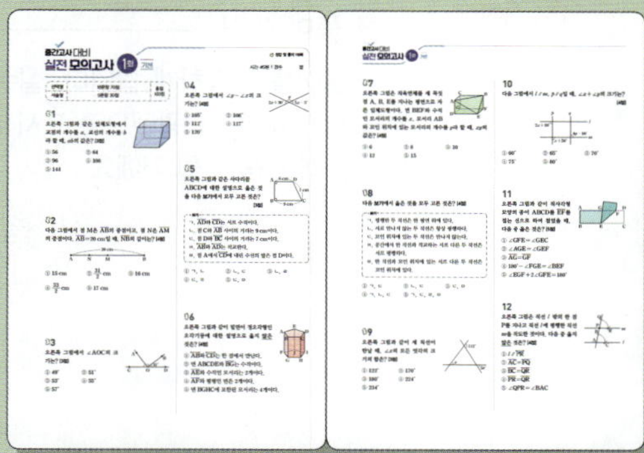

수준별로 구성된 실전 모의고사에서 실제 학교 시험 범위에 맞춘 예상 문제를 풀어 보면서 실력을 점검할 수 있도록 하였습니다.

개념정리 Mini Book

시험 직전에 개념을 한눈에 훑어볼 수 있는 미니북을 제공합니다.

📁 **추가 자료**
동아출판 홈페이지(www.bookdonga.com)에서 추가로 제공하는 〈실전 모의고사〉를 다운 받아 사용하세요.

오답 Note

오답 Note를 만들면...

실력을 향상시키려면 자신이 틀린 문제를 분석하여 다음에는 틀리지 않도록 해야 합니다. 오답노트를 만들면 내가 어려워하는 문제와 취약한 부분을 쉽게 파악할 수 있어요. 자신이 틀린 문제의 유형을 알고, 원인을 파악하여 보완해 나간다면 어느 틈에 벌써 실력이 몰라보게 향상되어 있을 거예요.

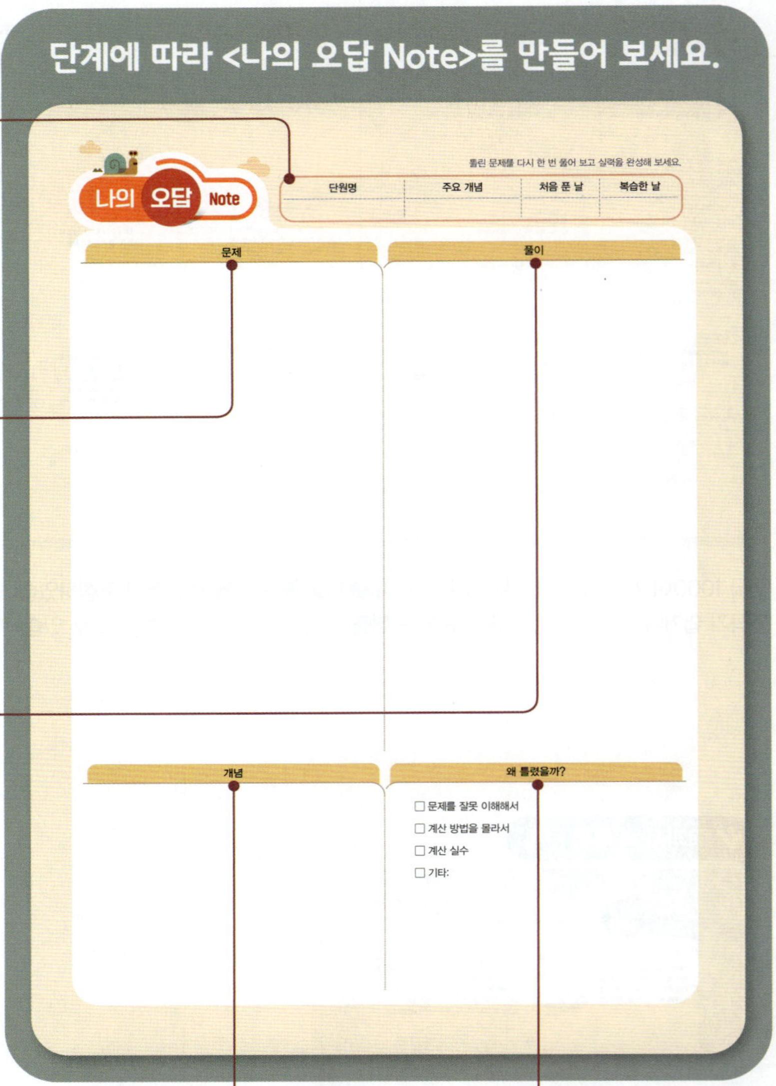

단계에 따라 <나의 오답 Note>를 만들어 보세요.

1단계 제목 쓰기
공부한 내용의 단원명, 주요 개념, 날짜를 적어요.

2단계 틀린 문제 다시 쓰기
틀린 문제를 직접 쓰거나 오려 붙이세요. 문제를 쓰면서 문제의 의미에 대해 한 번 더 생각해 보세요.

3단계 바른 풀이 쓰기
바른 풀이를 간략하게 씁니다. 실수한 부분을 색연필이나 형광펜으로 표시해 두면 복습할 때 도움이 될 거예요.

4단계 개념 확인하기
문제와 관련된 주요 개념을 정리하고 복습합니다.

5단계 틀린 이유 찾기
왜 문제를 틀렸는지 한 번 더 생각해 보세요. 틀린 이유를 분석해서 자신의 부족한 부분을 확인하고 다시 틀리지 않도록 해요.

나의 오답 Note

틀린 문제를 다시 한 번 풀어 보고 실력을 완성해 보세요.

단원명	주요 개념	처음 푼 날	복습한 날

문제	풀이

개념	왜 틀렸을까?
	☐ 문제를 잘못 이해해서 ☐ 계산 방법을 몰라서 ☐ 계산 실수 ☐ 기타:

OMR 카드 서식은 동아출판 홈페이지(www.bookdonga.com)에서 다운 받을 수 있습니다.

OMR(Optical Mark Recognition) 카드란, 미리 정해진 규칙에 따라 종이에 검은색으로 마킹을 한 후 스캐너로 읽어서 데이터를 판독하는 것을 말해요. OMR 카드를 사용하면 컴퓨터가 빠른 속도로 다량의 답안지를 채점할 수가 있어요. 중학교 첫 시험부터 고등학교 학교 시험, 대학수학능력 시험, 성인 시험까지 꾸준히 사용되므로, OMR 카드 작성법에 대해 정확히 알고, 실수하지 않도록 연습해 보세요.

OMR 카드 작성법에 따라 답안지를 작성해 보세요.

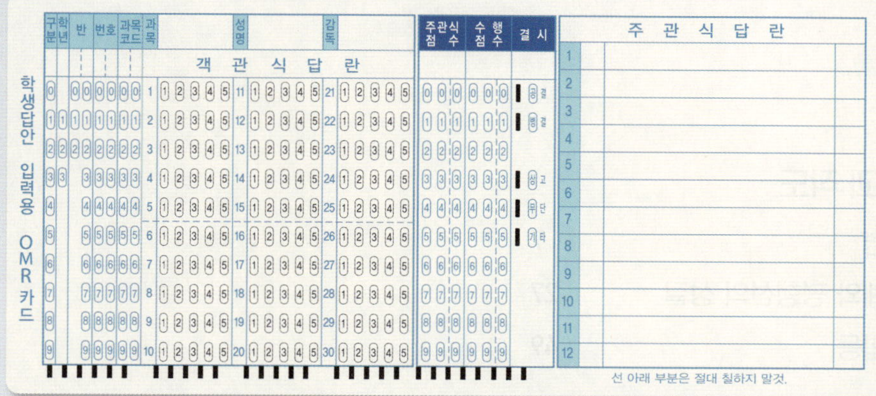

① 컴퓨터용 사인펜을 준비해요.

② 배부받은 OMR 카드가 훼손되지 않았는지 확인해요.

③ OMR 카드의 해당 내용을 정확하게 기입해요.

기본 정보인 **학년/반/번호/과목/성명**을 기입하고, 각 문항에 대한 답을 기입합니다. 객관식만 있는 시험은 OMR 카드의 답란에 표시하면 됩니다. 학교에 따라 주관식, 서술형 답안지를 따로 제공하거나 OMR 카드 주관식 답란에 작성합니다.

여기서 잠깐!

다음 사항에 꼭 **주의**하세요!

1 OMR 카드 마킹은

OMR 카드 마킹을 할 때는 반드시 잘 나오는 컴퓨터용 사인펜으로 동그라미 안을 꽉 채워서 칠해야 해요. 동그라미 안에 흐릿하게 칠하거나 선을 긋거나 체크 표시를 하거나 점만 작게 찍으면 컴퓨터가 인식을 못하여 오답 처리될 수 있어요.

2 빨간색 예비 마킹은

OMR 카드 채점 기기 종류에 따라 빨간색을 인식하지 못하여 예비마킹을 할 수 있는 경우와 빨간색도 검정색으로 인식하여 예비마킹을 할 수 없는 경우가 있어요. 학교마다 다르므로 꼭 선생님께 확인하고 시험을 보도록 합니다. OMR 카드의 답안과 관련 없는 곳에는 펜으로 어떠한 표시도 하지 마세요.

3 바코드 부분은

OMR 카드의 바코드 부분은 절대 낙서하거나 훼손해서는 안 됩니다. 바코드를 칠하면 컴퓨터가 인식하지 못하여 시험 점수가 0점이 될 수도 있어요.

4 마킹 시간을 생각하세요.

시험 종료 5분 전부터는 마킹을 시작하고, 맞게 마킹했는지 확인하는 시간을 가져야 해요. 답을 빠뜨리거나 답안을 밀려 쓰는 경우가 있으므로 문제와 답을 하나하나 확인하면서 마킹을 합니다. 중학교 시험 45분 동안에 30분은 문제를 풀고, 10분 동안 검토하고, 5분 동안 마킹하면 실수를 줄일 수 있어요.

차례 Contents

V 기본 도형과 작도

1. 기본 도형　　　　　　　　　　7
2. 위치 관계와 평행선의 성질　　27
3. 작도와 합동　　　　　　　　　49

VI 평면도형의 성질

1. 다각형　　　　　　　　　　　69
2. 원과 부채꼴　　　　　　　　　89

VII 입체도형의 성질

1. 다면체와 회전체　　　　　　　109
2. 입체도형의 겉넓이와 부피　　131

VIII 자료의 정리와 해석

1. 자료의 정리와 해석　　　　　153

부록

기출에서 Pick한 고난도 50　　178
중간고사 대비 실전 모의고사　　187
기말고사 대비 실전 모의고사　　199

1

2 위치 관계와 평행선의 성질

3 작도와 합동

기본 도형

단원별로 학습 계획을 세워 실천해 보세요.

학습 날짜	월 일	월 일	월 일	월 일
학습 계획				
학습 실행도	0 — 100	0 — 100	0 — 100	0 — 100
자기 반성				

기본 도형

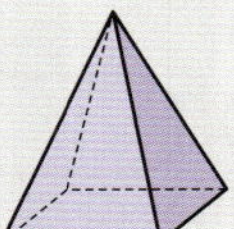

1 다음 설명 중 옳은 것에는 ○표, 옳지 않은 것에는 ×표를 하시오.

(1) 점이 연속하여 움직인 자리는 항상 직선이다. ( )

(2) 사각형, 정사면체는 평면도형이다. ( )

(3) 원뿔, 구는 입체도형이다. ( )

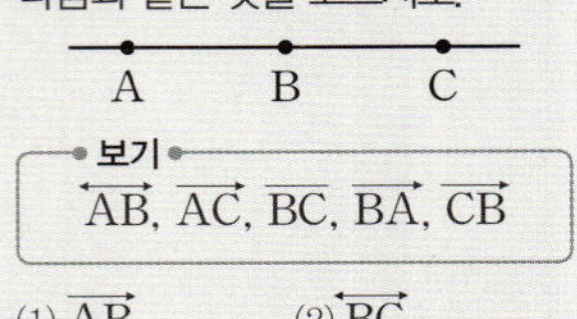

2 오른쪽 그림과 같은 입체도형에서 다음을 구하시오.

(1) 교점의 개수

(2) 교선의 개수

3 아래 그림과 같이 한 직선 위에 세 점 A, B, C가 있을 때, **보기**에서 다음과 같은 것을 고르시오.

A   B   C

보기

$\overrightarrow{AB}$, $\overrightarrow{AC}$, $\overrightarrow{BC}$, $\overrightarrow{BA}$, $\overrightarrow{CB}$

(1) $\overrightarrow{AB}$ (2) $\overrightarrow{BC}$

(3) $\overline{CB}$ (4) $\overrightarrow{CA}$

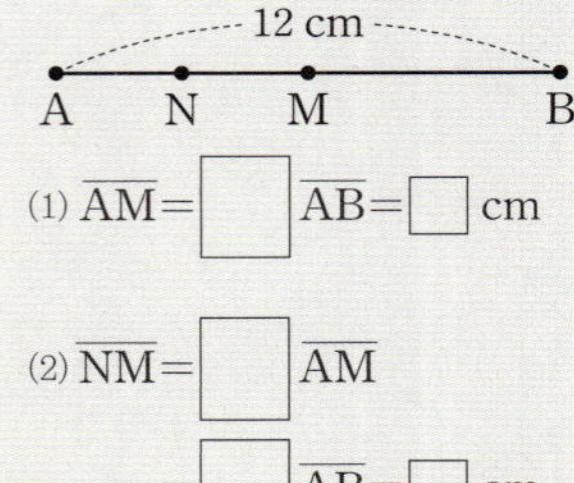

4 아래 그림에서 점 M이 $\overline{AB}$의 중점이고, 점 N이 $\overline{AM}$의 중점일 때, □ 안에 알맞은 수를 써넣으시오.

12 cm

A   N   M   B

(1) $\overline{AM} = $ □ $\overline{AB} = $ □ cm

(2) $\overline{NM} = $ □ $\overline{AM}$

  = □ $\overline{AB} = $ □ cm

---

1 도형의 이해

(1) 점, 선, 면은 도형을 이루는 기본 요소이다.

> 참고 점이 연속하여 움직인 자리는 선이 되고, 선이 연속하여 움직인 자리는 면이 된다.

(2) **평면도형** : 삼각형, 원과 같이 한 평면 위에 있는 도형

(3) **입체도형** : 직육면체, 원기둥과 같이 한 평면 위에 있지 않은 도형

2 교점과 교선

(1) **교점** : 선과 선 또는 선과 면이 만나서 생기는 점

(2) **교선** : 면과 면이 만나서 생기는 선

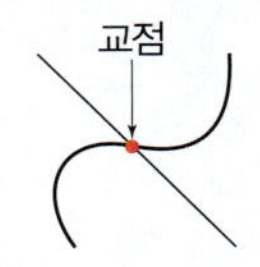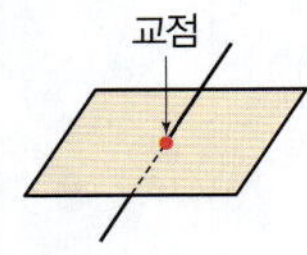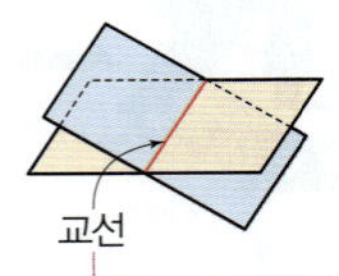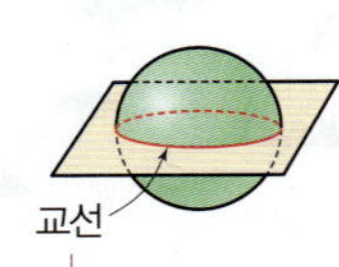

→ 교선은 직선일 수도 있고 곡선일 수도 있다.

3 직선, 반직선, 선분

(1) **직선의 결정** : 한 점 A를 지나는 직선은 무수히 많지만 서로 다른 두 점 A, B를 지나는 직선은 오직 하나뿐이다.

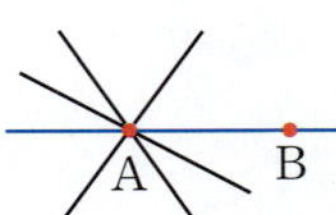

(2) 직선, 반직선, 선분

① **직선 AB** : 서로 다른 두 점 A, B를 지나는 직선 　기호 $\overleftrightarrow{AB}$

② **반직선 AB** : 직선 AB 위의 한 점 A에서 시작하여 점 B의 방향으로 한없이 연장한 선 　기호 $\overrightarrow{AB}$

③ **선분 AB** : 직선 AB 위의 점 A에서 점 B까지의 부분 　기호 $\overline{AB}$

> 참고 $\overleftrightarrow{AB}=\overleftrightarrow{BA}$, $\overrightarrow{AB}\neq\overrightarrow{BA}$, $\overline{AB}=\overline{BA}$

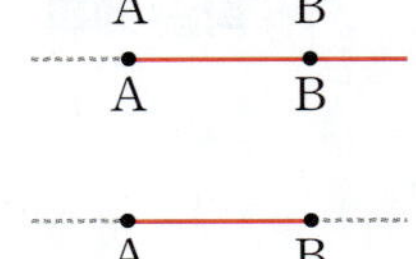

4 두 점 사이의 거리

(1) **두 점 A, B 사이의 거리** : 서로 다른 두 점 A, B를 잇는 무수히 많은 선 중에서 길이가 가장 짧은 선인 선분 AB의 길이

(2) **선분 AB의 중점** : 선분 AB 위의 점 M에 대하여 $\overline{AM}=\overline{MB}$ 일 때, 점 M을 선분 AB의 중점이라 한다.

→ $\overline{AM}=\overline{MB}=\dfrac{1}{2}\overline{AB}$

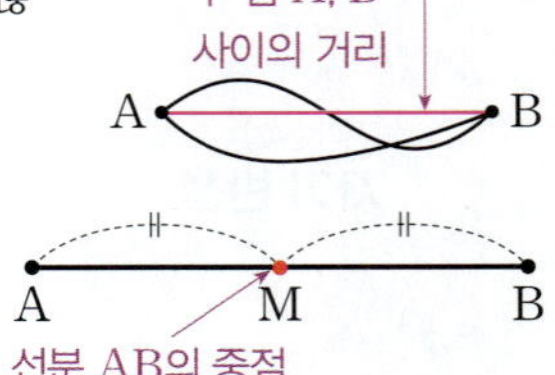

5 각

(1) **각 AOB** : 한 점 O에서 시작하는 두 반직선 OA, OB로 이루어진 도형

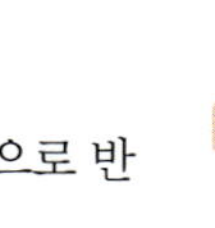

> **기호** ∠AOB, ∠BOA, ∠O, ∠a
> 각의 꼭짓점은 항상 가운데에 쓴다.

(2) **각 AOB의 크기** : ∠AOB에서 반직선 OA가 점 O를 중심으로 반직선 OB까지 회전한 양

(3) 각의 분류

① **평각** : 각의 두 변이 한 직선을 이루는 각, 즉 크기가 180°인 각

② **직각** : 평각의 크기의 $\frac{1}{2}$인 각, 즉 크기가 90°인 각

③ **예각** : 크기가 0°보다 크고 90°보다 작은 각

④ **둔각** : 크기가 90°보다 크고 180°보다 작은 각

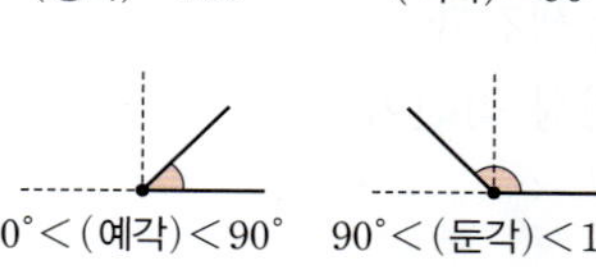

6 맞꼭지각

(1) **교각** : 서로 다른 두 직선이 한 점에서 만날 때 생기는 네 개의 각
→ ∠a, ∠b, ∠c, ∠d

(2) **맞꼭지각** : 교각 중 서로 마주 보는 두 각
→ ∠a와 ∠c, ∠b와 ∠d

(3) **맞꼭지각의 성질** : 맞꼭지각의 크기는 서로 같다.
→ ∠a=∠c, ∠b=∠d

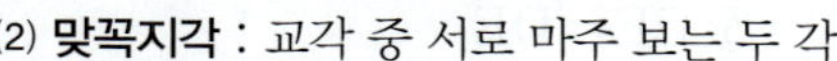

7 직교와 수선

(1) **직교** : 두 직선 AB와 CD의 교각이 직각일 때, 이 두 직선은 직교한다 또는 서로 수직이다라고 한다. **기호** $\overleftrightarrow{AB} \perp \overleftrightarrow{CD}$

(2) **수선** : 두 직선이 서로 수직일 때, 한 직선은 다른 직선의 수선이다.
> **참고** $\overleftrightarrow{AB} \perp \overleftrightarrow{CD}$일 때, $\overleftrightarrow{AB}$의 수선은 $\overleftrightarrow{CD}$이고, $\overleftrightarrow{CD}$의 수선은 $\overleftrightarrow{AB}$이다.

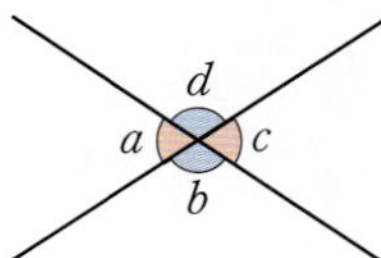

(3) **수직이등분선** : 직선 l이 선분 AB의 중점 M을 지나고 선분 AB에 수직일 때, 직선 l을 선분 AB의 수직이등분선이라 한다.
→ $l \perp \overline{AB}$, $\overline{AM}=\overline{BM}$

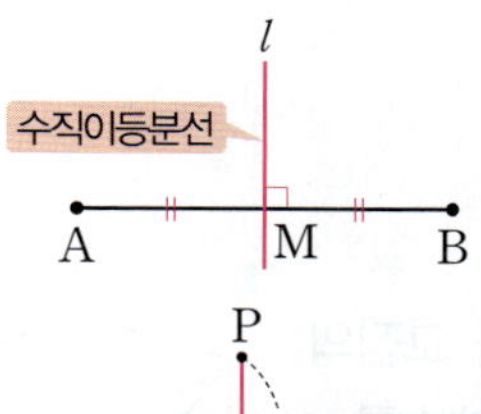

(4) **수선의 발** : 직선 l 위에 있지 않은 점 P에서 직선 l에 수선을 그어서 생기는 교점을 H라 할 때, 점 H를 점 P에서 직선 l에 내린 수선의 발이라 한다.

(5) **점과 직선 사이의 거리** : 직선 l 위에 있지 않은 점 P와 직선 l 사이의 거리는 점 P에서 직선 l에 내린 수선의 발 H까지의 거리이다.
→ $\overline{PH}$의 길이

> **참고** 점 P와 직선 l 위에 있는 점을 잇는 선분 중 길이가 가장 짧은 선분 PH의 길이를 점 P와 직선 l 사이의 거리라 한다.

---

5 다음 각을 **보기**에서 모두 고르시오.

> **보기**
> 7°, 145°, 90°, 21°, 180°, 152°

(1) 예각　　(2) 직각
(3) 둔각　　(4) 평각

6 다음 그림에서 ∠x의 크기를 구하시오.

(1)
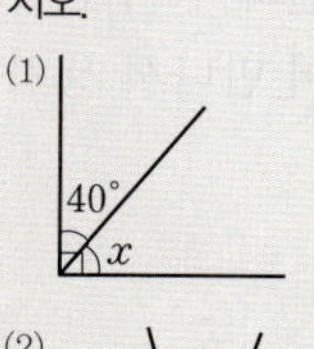

(2)

7 다음 그림에서 ∠x, ∠y의 크기를 각각 구하시오.

(1)
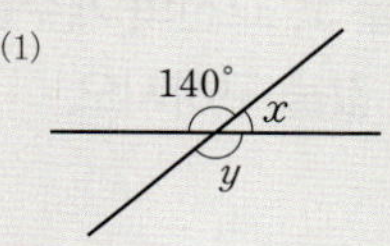

(2)
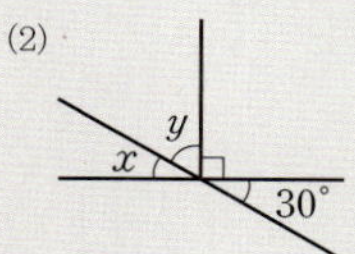

8 아래 그림과 같은 사다리꼴 ABCD에서 다음을 구하시오.

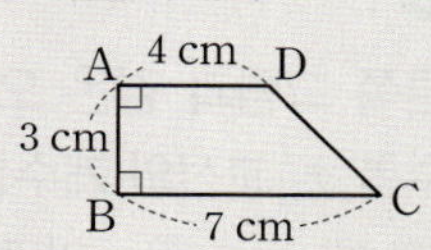

(1) $\overline{AD}$와 직교하는 선분

(2) 점 A에서 $\overline{BC}$에 내린 수선의 발

(3) 점 A와 $\overline{BC}$ 사이의 거리

(4) 점 C와 $\overline{AB}$ 사이의 거리

유형 01 도형의 이해

01 내신 빈출

다음 중 옳지 <u>않은</u> 것을 모두 고르면? (정답 2개)

① 점이 연속하여 움직인 자리는 선이 된다.
② 점, 선, 면은 도형을 이루는 기본 요소이다.
③ 입체도형은 한 평면 위에 있지 않은 도형이다.
④ 교점은 선과 선이 만나는 경우에만 생긴다.
⑤ 면과 면이 만나서 생기는 교선은 항상 직선이다.

02

오른쪽 그림과 같은 삼각뿔에서 교점의 개수를 x, 교선의 개수를 y라 할 때, $x+y$의 값을 구하시오.

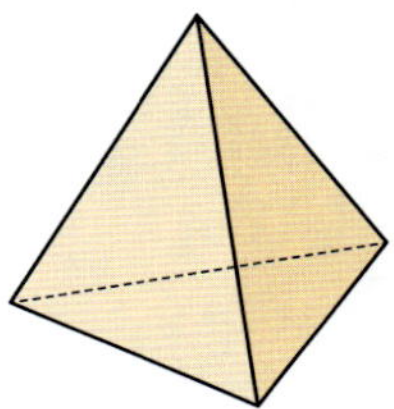

03

오른쪽 그림과 같은 오각기둥에서 교점의 개수를 x, 교선의 개수를 y, 면의 개수를 z라 할 때, $x-y+z$의 값은?

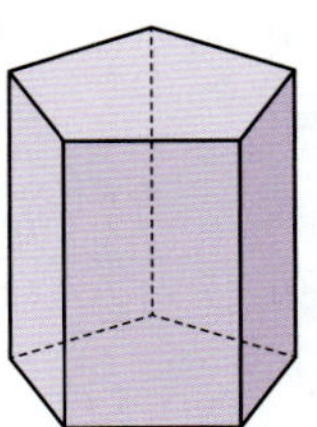

① 2　　　　② 4
③ 6　　　　④ 8
⑤ 10

유형 02 직선, 반직선, 선분

04

오른쪽 그림과 같이 직선 l 위에 세 점 A, B, C가 있을 때, 다음 중 $\overrightarrow{CB}$와 같은 것은?

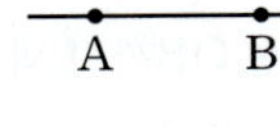

① $\overrightarrow{AB}$　　　　② $\overleftrightarrow{AC}$　　　　③ $\overrightarrow{BC}$
④ $\overrightarrow{CA}$　　　　⑤ $\overline{CB}$

05 내신 빈출

오른쪽 그림과 같이 직선 l 위에 5개의 점 A, B, C, D, E가 있을 때, 다음 중 옳지 <u>않은</u> 것은?

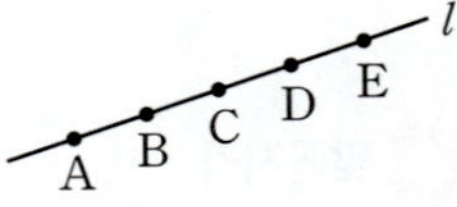

① $\overleftrightarrow{AC}=\overleftrightarrow{CA}$　　② $\overrightarrow{BD}=\overrightarrow{CD}$　　③ $\overrightarrow{BE}=\overrightarrow{BC}$
④ $\overrightarrow{AC}=\overrightarrow{CA}$　　⑤ $\overline{CE}=\overline{DE}$

06 신경향

오른쪽 그림과 같이 네 점 A, B, C, D가 있을 때, 다음 중 서로 같은 도형끼리 짝 지은 것은?

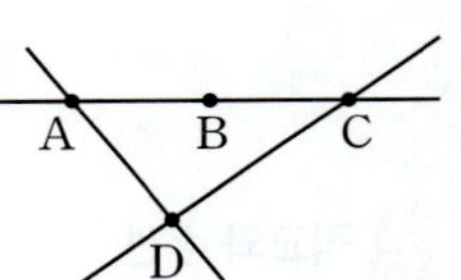

① $\overrightarrow{AB}$와 $\overrightarrow{AD}$　　② $\overleftrightarrow{AB}$와 $\overleftrightarrow{AD}$
③ $\overline{AB}$와 $\overline{AC}$　　④ $\overleftrightarrow{AC}$와 $\overleftrightarrow{BC}$
⑤ $\overrightarrow{CD}$와 $\overrightarrow{DC}$

07

다음 중 옳은 것은?

① 한 점을 지나는 직선은 하나뿐이다.
② 서로 다른 두 점을 지나는 직선은 무수히 많다.
③ 시작점이 같은 두 반직선은 서로 같다.
④ 직선의 길이는 반직선의 길이의 2배이다.
⑤ 서로 다른 두 점 사이의 거리는 두 점을 잇는 선분의 길이와 같다.

유형 03 직선, 반직선, 선분의 개수

08 내신 빈출

오른쪽 그림과 같이 직선 l 위에 네 점 A, B, C, D가 있다. 이 중 두 점을 이어 만들 수 있는 서로 다른 직선의 개수를 x, 반직선의 개수를 y, 선분의 개수를 z라 할 때, $x+y+z$의 값은?

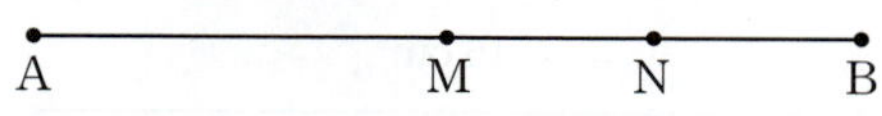

① 10 　② 11 　③ 12
④ 13 　⑤ 14

09

오른쪽 그림과 같이 네 점 A, B, C, D가 있다. 이 중 두 점을 이어 만들 수 있는 서로 다른 직선, 반직선의 개수를 차례대로 구하시오.

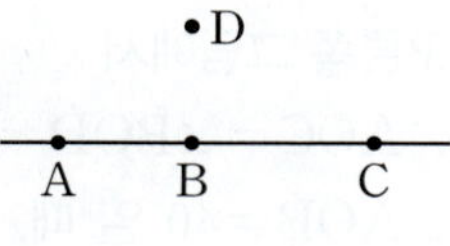

10 실수 주의

오른쪽 그림과 같이 원 위에 5개의 점 A, B, C, D, E가 있다. 이 중 두 점을 이어 만들 수 있는 서로 다른 반직선의 개수와 선분의 개수의 합을 구하시오.

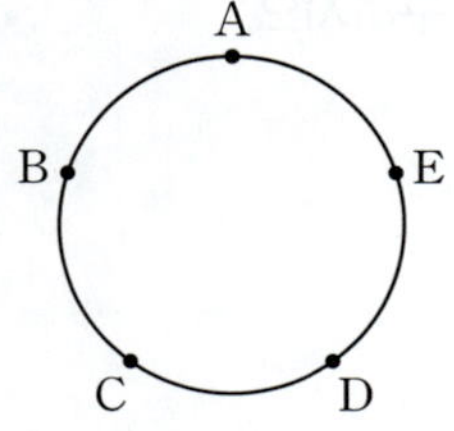

11 신경향

서로 다른 5개의 점 중 두 점을 이어 만들 수 있는 서로 다른 직선은 최소 x개, 최대 y개라 할 때, $x+y$의 값을 구하시오.

유형 04 선분의 중점

12 내신 빈출

아래 그림에서 점 M은 $\overline{AB}$의 중점이고, 점 N은 $\overline{MB}$의 중점이다. 다음 중 옳은 것을 모두 고르면? (정답 2개)

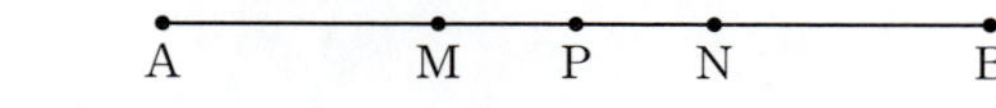

① $\overline{AB}=2\overline{AM}$ 　② $\overline{MN}=\dfrac{1}{4}\overline{AN}$

③ $\overline{NB}=\dfrac{1}{4}\overline{AB}$ 　④ $4\overline{AB}=3\overline{AN}$

⑤ $\overline{MN}=\dfrac{1}{3}\overline{AB}$

13

아래 그림에서 두 점 M, N은 $\overline{AB}$의 삼등분점이고, 점 P는 $\overline{AB}$의 중점이다. 다음 **보기**에서 옳은 것을 모두 고르시오.

보기
ㄱ. $\overline{AB}=6\overline{MP}$ 　ㄴ. $\overline{PB}=3\overline{MP}$
ㄷ. $\overline{AM}=\dfrac{1}{2}\overline{MB}$ 　ㄹ. $\overline{AM}=\dfrac{3}{2}\overline{PB}$

14

다음 그림에서 두 점 M, N은 $\overline{AB}$의 삼등분점이고, 점 P는 $\overline{AM}$의 중점이다. $\overline{AB}=a\overline{AP}$, $\overline{PN}=b\overline{PM}$일 때, 상수 a, b에 대하여 $a+b$의 값을 구하시오.

유형 05 두 점 사이의 거리 ✔ 최다빈출

15 내신 빈출

다음 그림에서 점 M은 $\overline{AB}$의 중점이고, 점 N은 $\overline{AM}$의 중점이다. $\overline{AB}=16$ cm일 때, $\overline{NB}$의 길이를 구하시오.

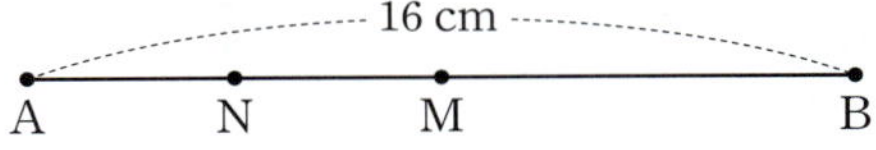

16

다음 그림에서 두 점 B, C는 $\overline{AD}$의 삼등분점이고, 두 점 M, N은 각각 $\overline{AB}$, $\overline{CD}$의 중점이다. $\overline{AM}=5$ cm일 때, $\overline{MN}$의 길이를 구하시오.

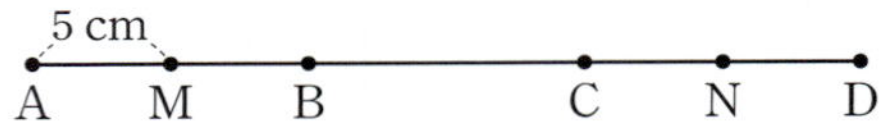

17

다음 그림에서 두 점 M, N은 각각 $\overline{AB}$, $\overline{BC}$의 중점이다. $4\overline{AB}=\overline{BC}$이고 $\overline{MN}=30$ cm일 때, $\overline{MC}$의 길이를 구하시오.

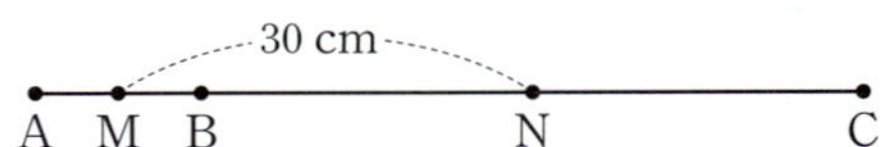

18 실수 주의

다음 그림에서 $\overline{AB}:\overline{AC}=1:3$, $\overline{CD}:\overline{DE}=2:1$이고, $\overline{AE}=24$ cm일 때, $\overline{BD}$의 길이를 구하시오.

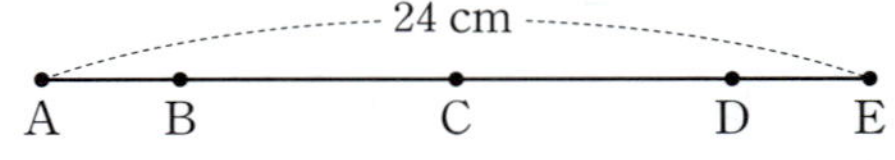

19 신경향

다음 그림과 같이 유나네 집, 학교, 도서관, 공원은 일직선 위에 있다. 유나네 집에서 도서관까지의 거리는 도서관에서 공원까지의 거리의 2배이고, 유나네 집에서 학교까지의 거리는 학교에서 도서관까지의 거리와 같다. 학교에서 공원까지의 거리가 300 m일 때, 유나네 집에서 공원까지의 거리를 구하시오.

유형 06 각의 크기 구하기 ✔ 최다빈출

20

오른쪽 그림에서 $\angle AOC=\angle BOD=90°$이고, $\angle AOB=40°$일 때, $\angle x$의 크기를 구하시오.

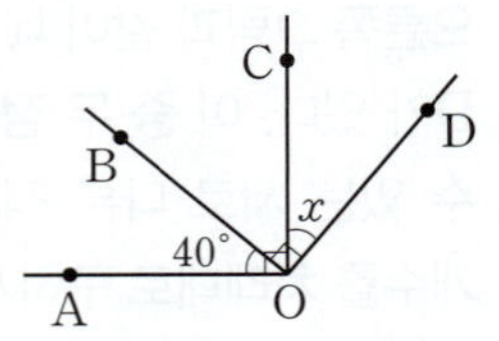

21 내신 빈출

오른쪽 그림에서 $\angle AOB$의 크기를 구하시오.

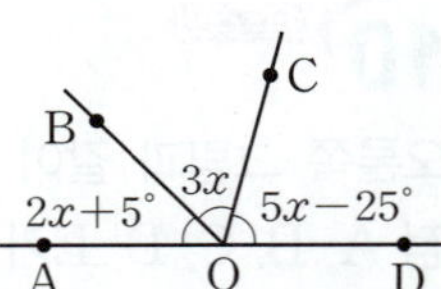

22

오른쪽 그림에서 $\angle AOB=38°$이고 $\angle BOC=90°$일 때, $\angle x$의 크기는?

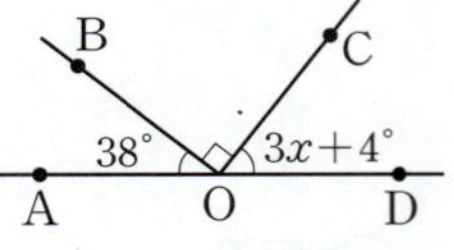

① 16° ② 18°
③ 20° ④ 21°
⑤ 22°

23

오른쪽 그림에서
$\angle AOC = \angle BOD = 90°$,
$\angle AOB + \angle COD = 46°$일 때,
$\angle BOC$의 크기를 구하시오.

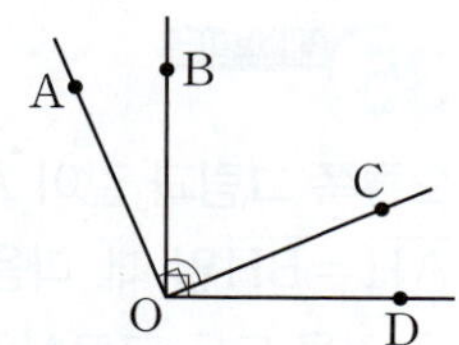

 각의 크기 사이의 조건이 주어질 때, 각의 크기 구하기

24 내신 빈출

오른쪽 그림에서
$\angle a : \angle b : \angle c = 3 : 4 : 5$일 때,
$\angle c$의 크기는?

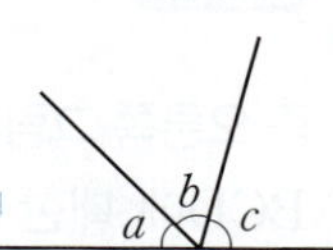

① $65°$ ② $70°$ ③ $75°$
④ $80°$ ⑤ $85°$

25

오른쪽 그림에서 $\angle AOC = 90°$이
고, $\angle COD = \dfrac{1}{4}\angle AOD$,
$\angle DOE = \dfrac{1}{2}\angle EOB$일 때,
$\angle AOE$의 크기를 구하시오.

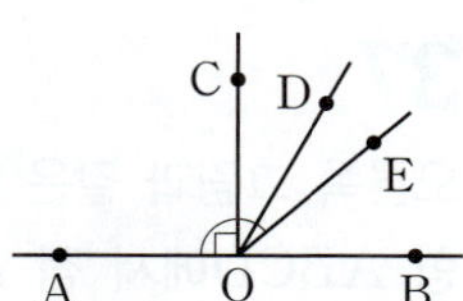

26

오른쪽 그림에서
$\angle AOC : \angle COD = 2 : 1$,
$\angle DOE : \angle DOB = 1 : 3$일 때,
$\angle COE$의 크기를 구하시오.

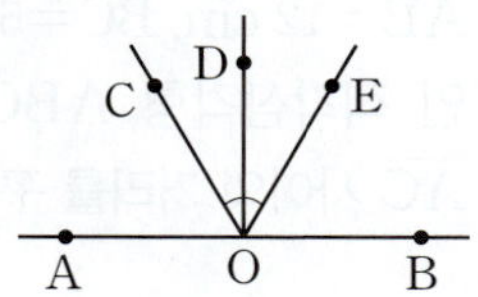

27

오른쪽 그림과 같이 시계가 5시 10분
을 가리킬 때, 시침과 분침이 이루는
각 중 작은 쪽의 각의 크기를 구하시
오. (단, 시침과 분침의 두께는 생각하
지 않는다.)

 맞꼭지각 📝 최다 빈출

28 내신 빈출

오른쪽 그림에서 $\angle AOC$의 크기
는?

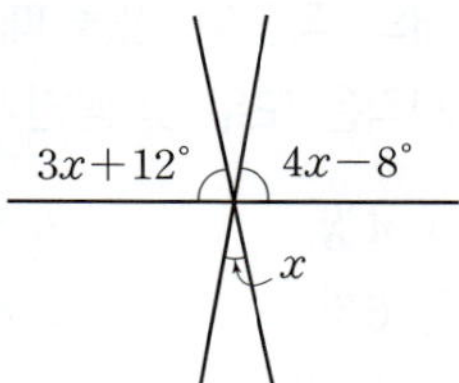

① $14°$ ② $15°$
③ $16°$ ④ $18°$
⑤ $20°$

29

오른쪽 그림에서 $\angle x$의 크기를 구
하시오.

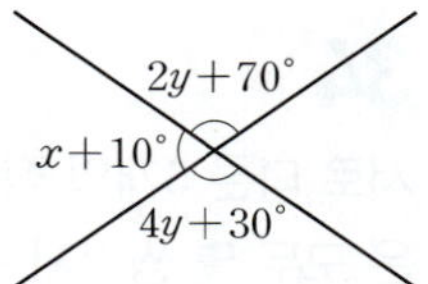

30

오른쪽 그림에서 $\angle x - \angle y$의 크기를
구하시오.

31

오른쪽 그림에서 두 직선 AB와 CD가 점 O에서 만나고, 점 O는 점 E에서 직선 AB에 내린 수선의 발이다. $\angle AOC=4\angle EOD$일 때, $\angle COB$의 크기를 구하시오.

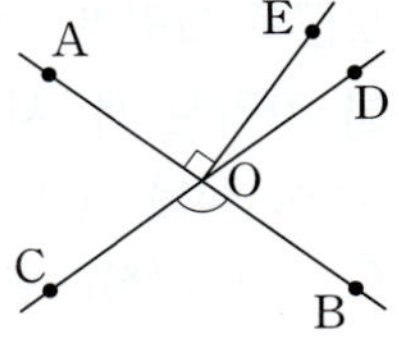

유형 09 맞꼭지각의 쌍의 개수

32 내신 빈출

오른쪽 그림과 같이 세 직선이 한 점 O에서 만날 때 생기는 맞꼭지각은 모두 몇 쌍인지 구하시오.

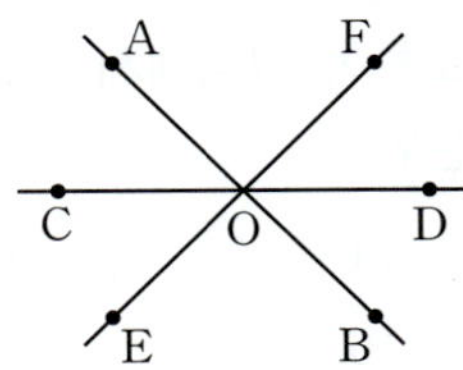

33

오른쪽 그림과 같이 한 평면 위에 4개의 직선이 있을 때 생기는 맞꼭지각은 모두 몇 쌍인가?

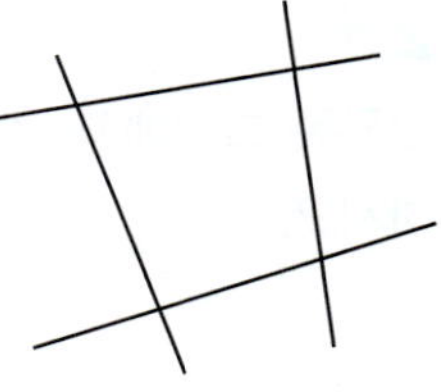

① 4쌍　　② 5쌍
③ 6쌍　　④ 8쌍
⑤ 12쌍

34

서로 다른 5개의 직선이 한 점에서 만날 때 생기는 맞꼭지각은 모두 몇 쌍인지 구하시오.

유형 10 수직과 수선

35 내신 빈출

오른쪽 그림과 같이 $\overleftrightarrow{AB}\perp\overleftrightarrow{CD}$이고 $\overline{AH}=\overline{BH}$일 때, 다음 **보기**에서 옳은 것을 모두 고르시오.

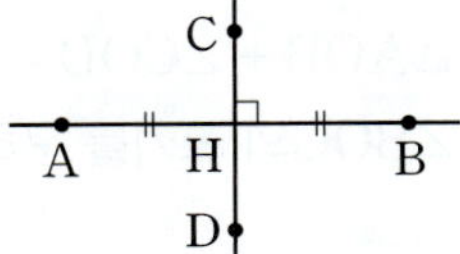

보기
ㄱ. $\angle CHB=90°$
ㄴ. $\overleftrightarrow{CD}$는 $\overline{AB}$의 수직이등분선이다.
ㄷ. 점 B에서 $\overleftrightarrow{CD}$에 내린 수선의 발은 점 H이다.
ㄹ. 점 C와 $\overleftrightarrow{AB}$ 사이의 거리는 $\overline{AC}$의 길이와 같다.

36 내신 빈출

다음 중 오른쪽 그림과 같은 사다리꼴 ABCD에 대한 설명으로 옳은 것은?

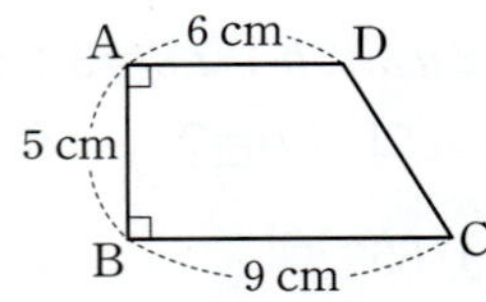

① $\overline{AD}$와 $\overline{CD}$는 서로 수직이다.
② 점 B와 $\overline{CD}$ 사이의 거리는 $9\,cm$이다.
③ 점 D와 $\overline{BC}$ 사이의 거리는 $6\,cm$이다.
④ $\overleftrightarrow{AD}$와 $\overleftrightarrow{BC}$는 직교한다.
⑤ 점 C에서 $\overline{AB}$에 내린 수선의 발은 점 B이다.

37

오른쪽 그림과 같은 평행사변형 ABCD에서 점 A와 $\overline{BC}$ 사이의 거리를 $x\,cm$, 점 A와 $\overline{CD}$ 사이의 거리를 $y\,cm$라 할 때, $x,\ y$의 값을 각각 구하시오.

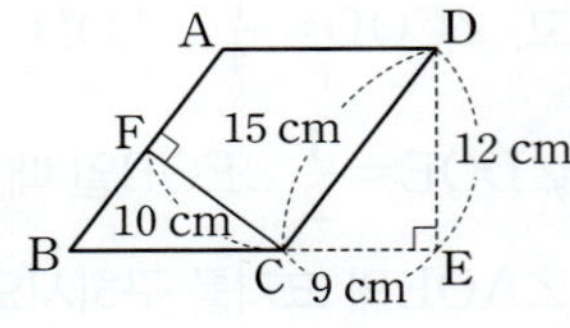

38

오른쪽 그림과 같이 $\angle B=90°$이고 $\overline{AB}=12\,cm$, $\overline{BC}=5\,cm$, $\overline{AC}=13\,cm$인 직각삼각형 ABC가 있다. 점 B와 $\overline{AC}$ 사이의 거리를 구하시오.

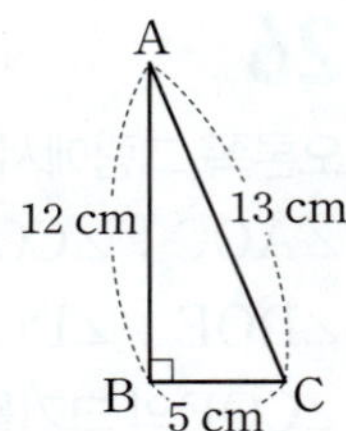

01

다음 그림에서 점 B는 $\overline{AD}$의 중점이고
$\overline{AD} : \overline{DE} = 3 : 1$, $\overline{AB} : \overline{BC} = 2 : 1$이다.
$\overline{AE} = 48$ cm일 때, $\overline{AC}$의 길이를 구하시오. [7점]

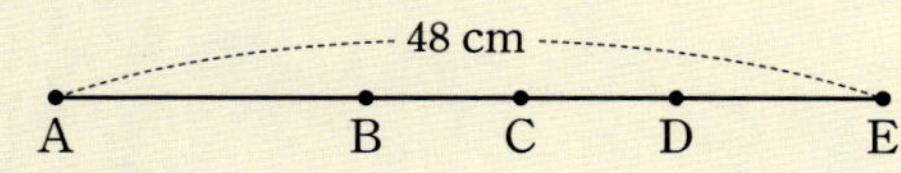

채점 기준 1 $\overline{AD}$의 길이 구하기 … 2점

$\overline{AE} = 48$ cm이고 $\overline{AD} : \overline{DE} = 3 : 1$이므로

$\overline{AD} = \underline{\hspace{1cm}} \times \overline{AE} = \underline{\hspace{1cm}} \times 48 = \underline{\hspace{1cm}}$ (cm)

채점 기준 2 $\overline{AB}$의 길이 구하기 … 2점

점 B가 $\overline{AD}$의 중점이므로

$\overline{AB} = \dfrac{1}{2}\overline{AD} = \dfrac{1}{2} \times \underline{\hspace{1cm}} = \underline{\hspace{1cm}}$ (cm)

채점 기준 3 $\overline{BC}$의 길이 구하기 … 2점

$\overline{AB} : \overline{BC} = 2 : 1$이므로

$\overline{BC} = \dfrac{1}{2}\overline{AB} = \dfrac{1}{2} \times \underline{\hspace{1cm}} = \underline{\hspace{1cm}}$ (cm)

채점 기준 4 $\overline{AC}$의 길이 구하기 … 1점

$\overline{AC} = \overline{AB} + \overline{BC} = \underline{\hspace{1cm}}$ (cm)

01-1 숫자 바꾸기

다음 그림에서 점 B는 $\overline{AD}$의 중점이고
$\overline{AD} : \overline{DE} = 2 : 1$, $\overline{AB} : \overline{BC} = 4 : 1$이다.
$\overline{AE} = 36$ cm일 때, $\overline{AC}$의 길이를 구하시오. [7점]

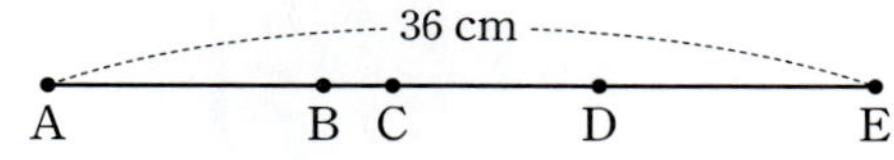

채점 기준 1 $\overline{AD}$의 길이 구하기 … 2점

채점 기준 2 $\overline{AB}$의 길이 구하기 … 2점

채점 기준 3 $\overline{BC}$의 길이 구하기 … 2점

채점 기준 4 $\overline{AC}$의 길이 구하기 … 1점

02

오른쪽 그림에서 $\angle y - \angle x$의 크기를 구하시오. [4점]

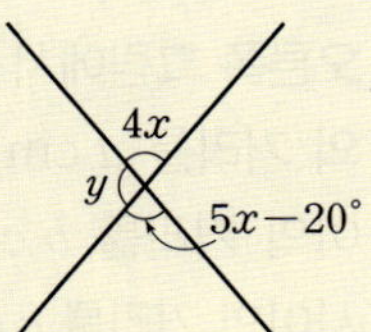

채점 기준 1 $\angle x$의 크기 구하기 … 2점

맞꼭지각의 크기는 서로 같으므로

$4\angle x = \underline{\hspace{2cm}}$ $\therefore \angle x = \underline{\hspace{1cm}}$

채점 기준 2 $\angle y$의 크기 구하기 … 1점

이때 $4\angle x + \angle y = 180°$에서 $4 \times \underline{\hspace{1cm}} + \angle y = 180°$이므로

$\angle y = \underline{\hspace{1cm}}$

채점 기준 3 $\angle y - \angle x$의 크기 구하기 … 1점

$\angle y - \angle x = \underline{\hspace{1cm}}$

02-1 숫자 바꾸기

오른쪽 그림에서 $\angle x + \angle y$의 크기를 구하시오. [4점]

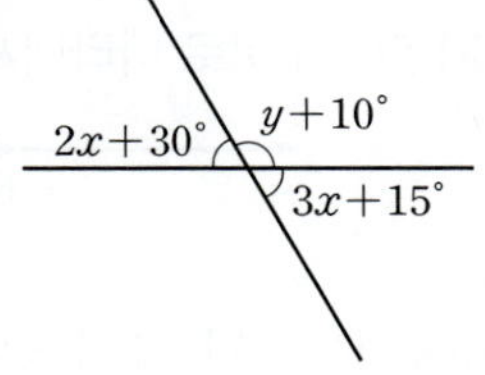

채점 기준 1 $\angle x$의 크기 구하기 … 2점

채점 기준 2 $\angle y$의 크기 구하기 … 1점

채점 기준 3 $\angle x + \angle y$의 크기 구하기 … 1점

↻ 정답 및 풀이 14쪽

03

오른쪽 그림과 같은 입체도형에서 교점의 개수를 a, 교선의 개수를 b, 면의 개수를 c라 할 때, $a+b-c$의 값을 구하시오.

[4점]

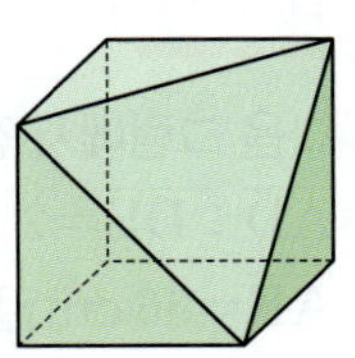

04

오른쪽 그림과 같이 5개의 점 A, B, C, D, E가 있다. 이 중 두 점을 이어 만들 수 있는 서로 다른 직선의 개수를 x, 반직선의 개수를 y라 할 때, $x+y$의 값을 구하시오. [6점]

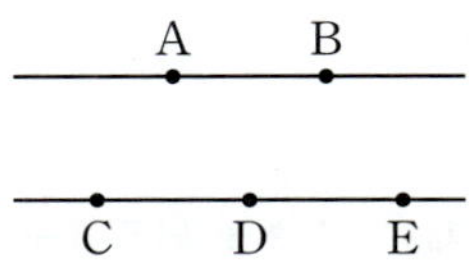

05

아래 그림과 같이 5개의 점 A, R, P, Q, B가 한 직선 위에 있고 다음 조건을 모두 만족시킬 때, $\overline{RP} : \overline{AB}$를 가장 간단한 자연수의 비로 나타내시오. [7점]

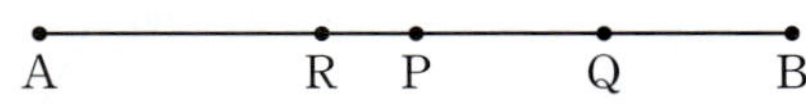

(개) 점 P는 $\overline{AB}$의 중점이다.
(내) $\overline{PQ}=\overline{QB}$
(대) $\overline{AQ}=2\overline{RQ}$

06

오른쪽 그림에서 $2\angle x - \angle y$의 크기를 구하시오. [4점]

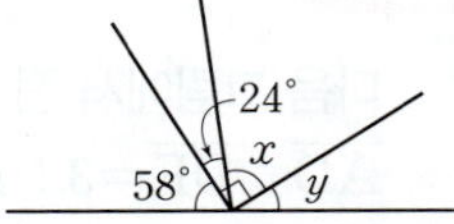

07

오른쪽 그림에서 $\angle AOC : \angle COB=1 : 3$일 때, $\angle x$의 크기를 구하시오. [6점]

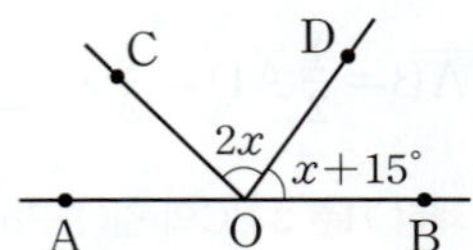

08

오른쪽 그림에서 점 D와 $\overline{BC}$ 사이의 거리를 a cm, 점 B와 $\overline{DC}$ 사이의 거리를 b cm, 점 D와 $\overleftrightarrow{AB}$ 사이의 거리를 c cm라 할 때, $a+b+c$의 값을 구하시오. [4점]

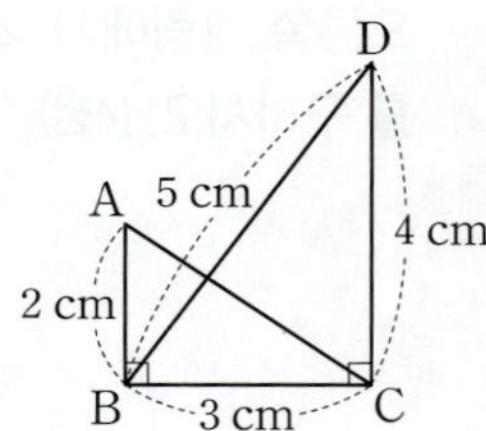

실전 중단원 학교 시험 1회 기본

01

다음 보기 중 옳은 것을 모두 고른 것은? [3점]

ㄱ. 선이 연속적으로 움직이면 면이 된다.
ㄴ. 평면도형은 한 평면 위에 있는 도형이다.
ㄷ. 선과 선 또는 선과 면이 만나면 교선이 생긴다.
ㄹ. 정육면체에서 교점의 개수와 면의 개수는 같다.

① ㄱ, ㄴ 　　② ㄱ, ㄷ 　　③ ㄴ, ㄹ
④ ㄱ, ㄴ, ㄷ 　　⑤ ㄱ, ㄴ, ㄹ

02

오른쪽 그림과 같은 오각뿔에서 교점의 개수를 x, 교선의 개수를 y라 할 때, $x+y$의 값은? [3점]

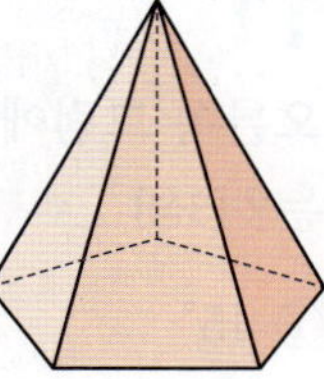

① 14 　　② 15
③ 16 　　④ 18
⑤ 20

03

오른쪽 그림과 같이 한 직선 위에 네 점 A, B, C, D가 있을 때, 다음 중 $\overrightarrow{DB}$와 같은 것은 모두 몇 개인가? [3점]

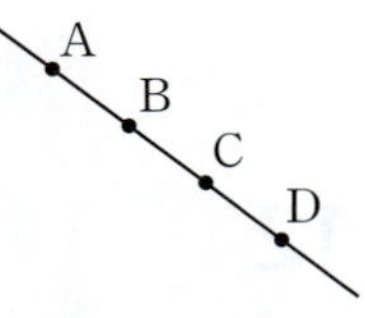

$$\overrightarrow{AB}, \quad \overrightarrow{AC}, \quad \overrightarrow{BD}, \quad \overrightarrow{CD}, \quad \overrightarrow{DA}, \quad \overrightarrow{DC}$$

① 1개 　　② 2개 　　③ 3개
④ 4개 　　⑤ 5개

04

오른쪽 그림과 같이 직선 l 위에 네 점 A, B, C, D가 있다. 다음 중 옳지 않은 것을 모두 고르면? (정답 2개) [3점]

① $\overleftrightarrow{AB}$와 $\overleftrightarrow{BC}$는 같은 직선이다.
② $\overrightarrow{CD}$와 $\overrightarrow{CB}$는 같은 반직선이다.
③ $\overrightarrow{DA}$와 $\overrightarrow{DB}$는 같은 반직선이다.
④ $\overrightarrow{CD}$와 $\overrightarrow{DC}$는 같은 반직선이다.
⑤ $\overrightarrow{CA}$와 $\overrightarrow{BD}$의 공통 부분은 $\overline{BC}$이다.

05

오른쪽 그림과 같이 어느 세 점도 한 직선 위에 있지 않은 네 점 A, B, C, D가 있다. 이 중 두 점을 이어 만들 수 있는 서로 다른 선분의 개수는? [4점]

① 4 　　② 6
③ 8 　　④ 10
⑤ 12

06

오른쪽 그림과 같이 네 점 A, B, C, D가 있다. 이 중 두 점을 이어 만들 수 있는 서로 다른 직선의 개수를 x, 반직선의 개수를 y라 할 때, $x+y$의 값은? [4점]

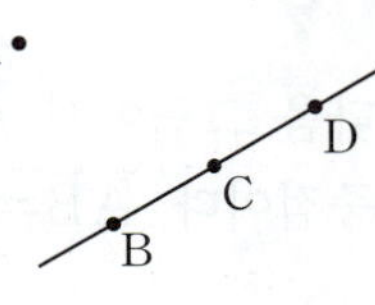

① 8 　　② 10 　　③ 12
④ 14 　　⑤ 16

07

아래 그림에서 점 C는 $\overline{AD}$의 중점이고 점 B는 $\overline{AC}$의 중점일 때, 다음 중 ㈎~㈐에 알맞은 수를 차례대로 구한 것은? [4점]

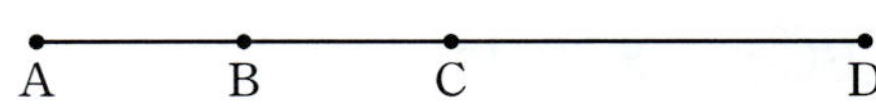

$$\overline{AB}=\boxed{㈎}\,\overline{AC}, \quad \overline{AB}=\boxed{㈏}\,\overline{AD}, \quad \overline{AD}=\boxed{㈐}\,\overline{BC}$$

① $\dfrac{1}{4},\ \dfrac{1}{2},\ 2$ ② $\dfrac{1}{4},\ \dfrac{1}{2},\ 4$ ③ $\dfrac{1}{2},\ \dfrac{1}{4},\ 2$

④ $\dfrac{1}{2},\ \dfrac{1}{4},\ 3$ ⑤ $\dfrac{1}{2},\ \dfrac{1}{4},\ 4$

08

아래 그림에서 두 점 M, N은 $\overline{AB}$의 삼등분점이고, 두 점 P, Q는 각각 $\overline{AM}$, $\overline{NB}$의 중점일 때, 다음 중 옳지 않은 것은? [4점]

① $\overline{AN}=\overline{MB}$ ② $\overline{AB}=3\overline{AP}$ ③ $\overline{PB}=5\overline{NQ}$

④ $\overline{PQ}=\dfrac{2}{3}\overline{AB}$ ⑤ $\overline{PM}=\dfrac{1}{2}\overline{MN}$

09

다음 그림에서 $\overline{AB}:\overline{AC}=5:1$이고, 점 D는 $\overline{CB}$의 중점이다. $\overline{AB}=10\,\mathrm{cm}$일 때, $\overline{CD}$의 길이는? [4점]

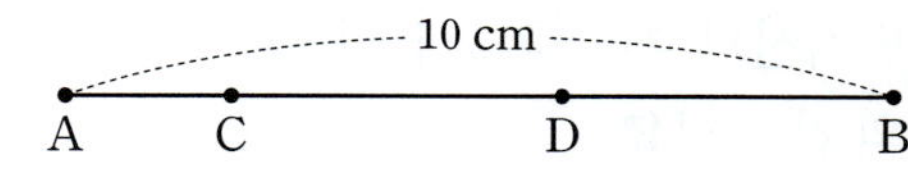

① 3 cm ② 4 cm ③ 5 cm

④ 6 cm ⑤ 7 cm

10

다음 그림에서 $\overline{AP}:\overline{PB}=1:4$, $\overline{AQ}:\overline{QB}=5:3$이고, $\overline{PQ}=51\,\mathrm{cm}$일 때, $\overline{QB}$의 길이는? [5점]

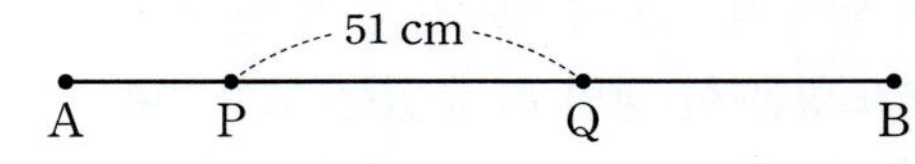

① 36 cm ② 40 cm ③ 45 cm

④ 48 cm ⑤ 51 cm

11

오른쪽 그림에서 ∠COD의 크기는? [3점]

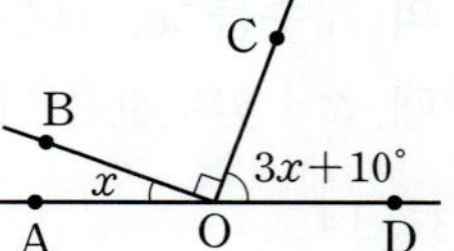

① $45°$ ② $50°$

③ $60°$ ④ $70°$

⑤ $85°$

12

오른쪽 그림에서 $\angle a : \angle b : \angle c = 2:5:3$일 때, $\angle c - \angle a$의 크기는? [4점]

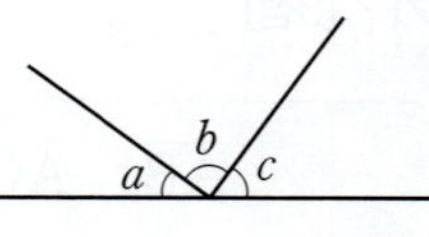

① $15°$ ② $18°$ ③ $20°$

④ $24°$ ⑤ $30°$

13

오른쪽 그림에서
$\angle AOC = \angle COD$,
$\angle DOE = \angle EOB$일 때,
$\angle COE$의 크기는? [4점]

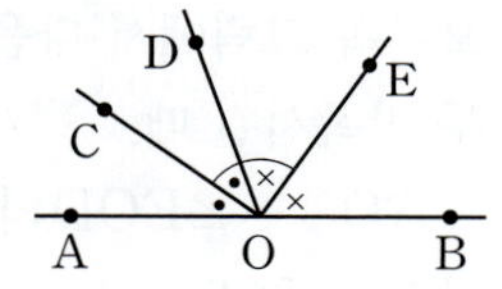

① 70°   ② 75°   ③ 80°
④ 85°   ⑤ 90°

14

오른쪽 그림과 같이 시계가 2시 36분
을 가리킬 때, 시침과 분침이 이루는
각 중 작은 쪽의 각의 크기는? (단,
시침과 분침의 두께는 생각하지 않
는다.) [5점]

① 132.5°   ② 135°   ③ 138°
④ 140°   ⑤ 142.5°

15

오른쪽 그림에서 $\angle x - \angle y$의 크
기는? [4점]

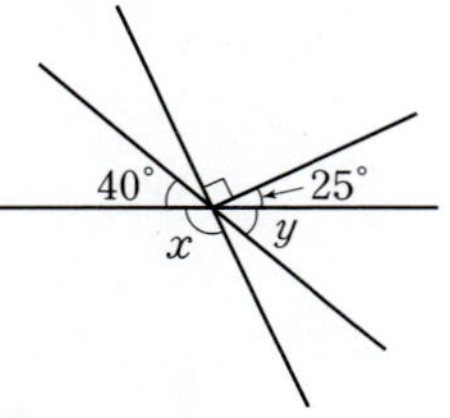

① 65°   ② 68°
③ 70°   ④ 75°
⑤ 78°

16

오른쪽 그림과 같이 세 직선
AB, CD, EF가 점 O에서 만나
고 $6\angle a = 2\angle b = 3\angle c$일 때,
$\angle AOD$의 크기는? [5점]

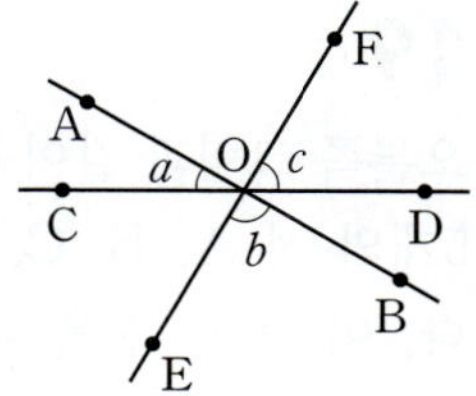

① 120°   ② 130°
③ 140°   ④ 150°
⑤ 160°

17

오른쪽 그림과 같이 4개의 직선
이 한 점 O에서 만날 때 생기는
맞꼭지각은 모두 몇 쌍인가? [4점]

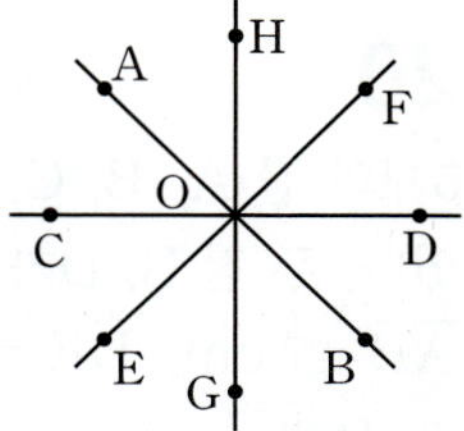

① 9쌍   ② 10쌍
③ 12쌍   ④ 15쌍
⑤ 16쌍

18

오른쪽 그림에서 $\overline{AH} = \overline{HB}$,
$\angle AHD = 90°$, $\overline{AB} = 8$ cm,
$\overline{CD} = 10$ cm일 때, 다음 중 옳지
않은 것은? [4점]

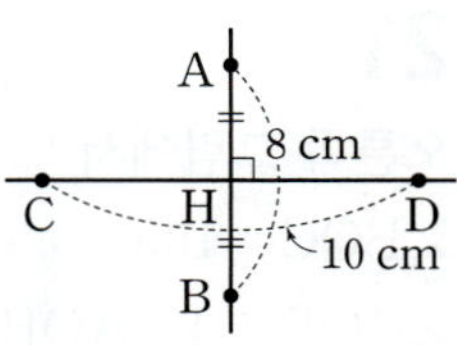

① $\overleftrightarrow{AB}$와 $\overleftrightarrow{CD}$는 직교한다.
② $\overleftrightarrow{CD}$는 $\overline{AB}$의 수직이등분선이다.
③ 점 B에서 $\overleftrightarrow{CD}$에 내린 수선의 발은 점 H이다.
④ 점 A와 $\overleftrightarrow{CD}$ 사이의 거리는 4 cm이다.
⑤ 점 D와 $\overleftrightarrow{AB}$ 사이의 거리는 5 cm이다.

19

오른쪽 그림과 같이 삼각형 위에 5개의 점 A, B, C, D, E가 있다. 이 중 두 점을 이어 만들 수 있는 서로 다른 직선의 개수를 x, 반직선의 개수를 y, 선분의 개수를 z라 할 때, $x+y+z$의 값을 구하시오. [7점]

20

5개의 점 A, B, C, D, E가 이 순서대로 한 직선 위에 있다. 두 점 B, D가 각각 $\overline{AD}$, $\overline{CE}$의 중점이고 $\overline{AB}=7\,cm$, $\overline{DE}=5\,cm$일 때, $\overline{BC}$의 길이를 구하시오. [4점]

21

오른쪽 그림에서 $\angle BOC=105°$, $\angle COD=4\angle AOB$일 때, $\angle AOC$의 크기를 구하시오. [6점]

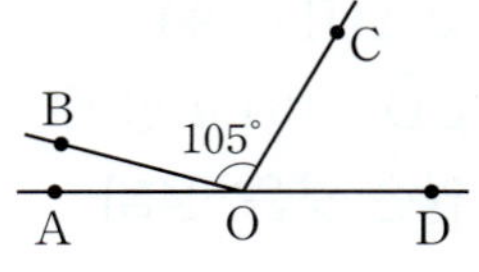

22

오른쪽 그림에서 다음 조건을 모두 만족시킬 때, $\angle AOC-\angle EOD$의 크기를 구하시오. [7점]

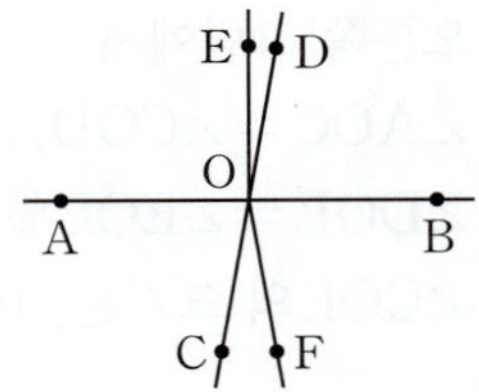

㉮ 점 O는 두 직선 AB와 CD의 교점이다.
㉯ $\angle AOE=90°$
㉰ $5\angle DOB=4\angle BOC$

23

오른쪽 그림에서 $\overleftrightarrow{PQ}$가 $\overline{AB}$의 수직이등분선이고, 점 D에서 $\overline{AB}$에 내린 수선의 발은 점 B이다. 점 D와 $\overline{AB}$ 사이의 거리가 $8\,cm$일 때, 삼각형 OBD의 넓이를 구하시오. [6점]

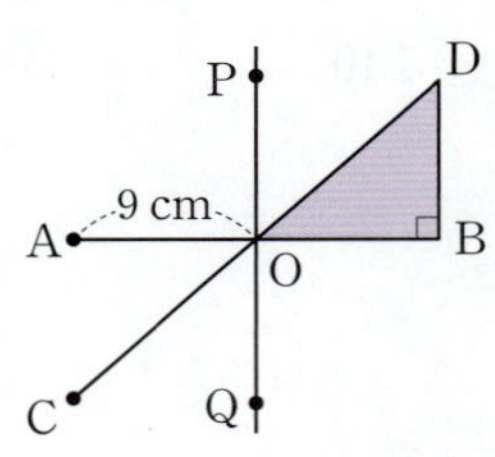

01

오른쪽 그림과 같은 삼각기둥에서 교점의 개수를 x, 교선의 개수를 y, 면의 개수를 z라 할 때, $x+y-z$의 값은? [3점]

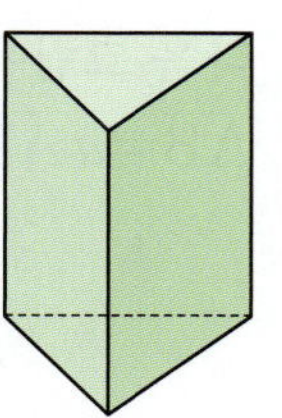

① 5   ② 6
③ 7   ④ 9
⑤ 10

02

다음 중 옳지 않은 것은? [3점]

① 입체도형은 점, 선, 면으로 이루어져 있다.
② 면과 면이 만나서 생기는 교선은 직선 또는 곡선이다.
③ 사각뿔의 교점은 5개이다.
④ 방향이 같은 두 반직선은 서로 같다.
⑤ $\overline{AB}$는 두 점 A, B를 잇는 선 중에서 가장 짧은 선이다.

03

오른쪽 그림과 같이 네 점 A, B, C, D가 있을 때, 다음 중 옳은 것은?

[3점]

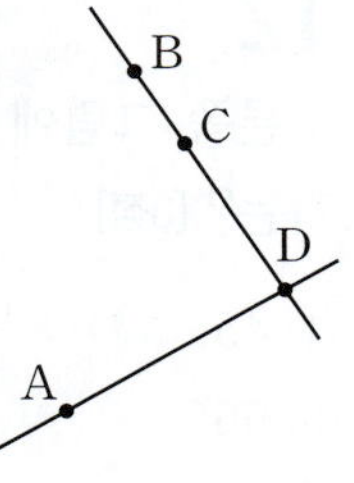

① $\overrightarrow{AD}=\overrightarrow{DA}$ ② $\overrightarrow{AD}=\overrightarrow{BD}$
③ $\overrightarrow{BC}=\overrightarrow{CD}$ ④ $\overline{CB}=\overline{CD}$
⑤ $\overrightarrow{DA}=\overrightarrow{DC}$

04

오른쪽 그림과 같이 6개의 점 A, B, C, D, E, F가 있다. 다음 중 옳지 않은 것은? [4점]

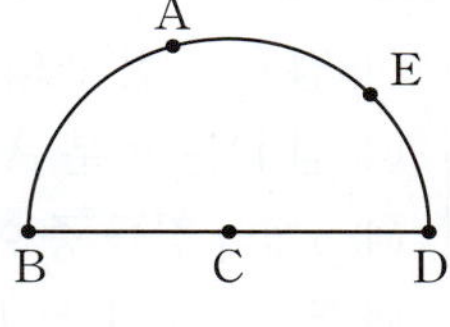

① $\overleftrightarrow{AB}$와 $\overleftrightarrow{BC}$는 서로 같은 직선이다.
② $\overrightarrow{FD}$와 $\overrightarrow{FE}$는 서로 같은 반직선이다.
③ 6개의 점 중 두 점을 이어 만들 수 있는 서로 다른 직선은 10개이다.
④ 6개의 점 중 두 점을 이어 만들 수 있는 서로 다른 반직선은 26개이다.
⑤ 6개의 점 중 두 점을 이어 만들 수 있는 서로 다른 선분은 15개이다.

05

오른쪽 그림과 같이 반원 위에 5개의 점 A, B, C, D, E가 있다. 이 중 두 점을 이어 만들 수 있는 서로 다른 직선의 개수는? [4점]

① 7   ② 8   ③ 10
④ 14   ⑤ 16

06

수직선 위에 있는 6개의 점 P, Q, R, S, T, U의 좌표는 각각 1, 2, 3, 4, 5, 6이다. 이 6개의 점 중 두 점을 이어 만들 수 있는 서로 다른 선분에 대하여 길이가 3인 선분의 개수를 x, 길이가 5인 선분의 개수를 y라 할 때, $x+y$의 값은? [4점]

① 3   ② 4   ③ 5
④ 6   ⑤ 7

07

아래 그림에서 두 점 B, C는 $\overline{AD}$의 삼등분점이고 점 M은 $\overline{BC}$의 중점일 때, 다음 중 옳지 <u>않은</u> 것은? [4점]

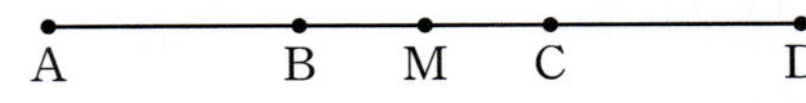

① $3\overline{AB}=\overline{AD}$ ② $\overline{AD}=6\overline{BM}$

③ $\overline{BD}=4\overline{BM}$ ④ $\overline{BM}=\dfrac{1}{2}\overline{CD}$

⑤ $\overline{MC}=\dfrac{1}{3}\overline{AC}$

08

서로 다른 5개의 점 A, B, C, D, E가 한 직선 위에 있고 다음 조건을 모두 만족시킨다. 5개의 점 중 왼쪽에서 네 번째에 있는 점은? [4점]

> (개) 점 C는 점 A의 오른쪽에 있다.
> (내) 점 D는 선분 AC의 중점이다.
> (대) 5개의 점들 중 이웃한 점들 사이의 거리는 모두 같다.
> (래) 두 점 A, E는 $\overline{DB}$의 삼등분점이다.

① 점 A ② 점 B ③ 점 C
④ 점 D ⑤ 점 E

09

다음 그림에서 두 점 M, N은 각각 $\overline{AB}$, $\overline{BC}$의 중점이다. $\overline{MN}=15$ cm일 때, $\overline{AC}$의 길이는? [4점]

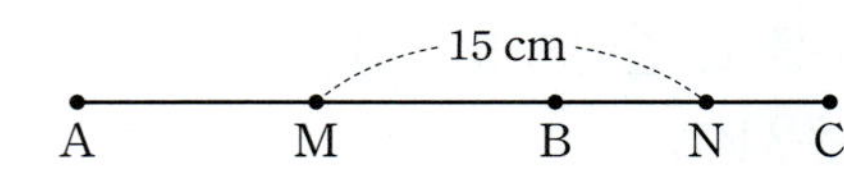

① 28 cm ② 30 cm ③ 32 cm
④ 36 cm ⑤ 40 cm

10

다음 그림에서 $\overline{AB}=\overline{BC}=\overline{CD}$이고, $\overline{BD}=18$ cm이다. $\overline{AB}=a\,\overline{AD}$, $\overline{AC}=b$ cm일 때, ab의 값은? [4점]

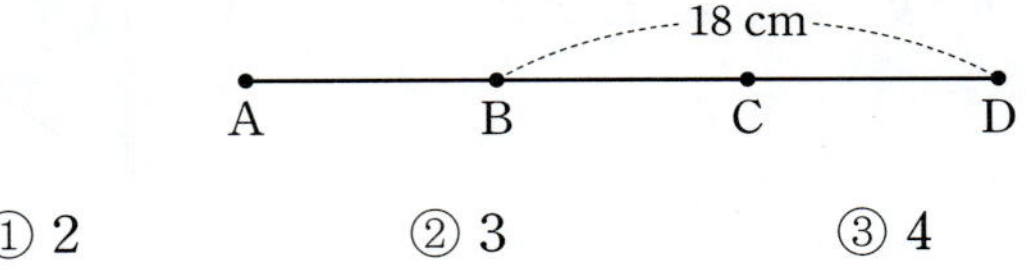

① 2 ② 3 ③ 4
④ 6 ⑤ 9

11

다음 그림에서 세 점 D, E, F는 각각 $\overline{AB}$, $\overline{BC}$, $\overline{AC}$의 중점이고 $\overline{DF} : \overline{FE}=4 : 3$이다. $\overline{AC}=28$ cm일 때, $\overline{AB}$의 길이는? [5점]

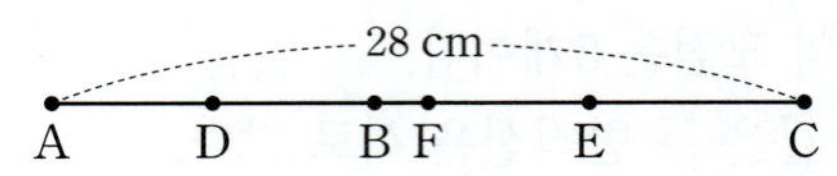

① 10 cm ② 12 cm ③ 14 cm
④ 16 cm ⑤ 18 cm

12

오른쪽 그림에서 $\angle x+\angle y$의 크기는? [3점]

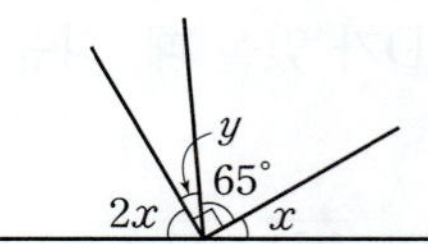

① 45° ② 50°
③ 55° ④ 60°
⑤ 65°

13

오른쪽 그림에서 $\overline{AB}\perp\overline{QO}$이고
$\angle AOP=3\angle QOR$,
$\angle ROB=2\angle POQ$일 때,
$\angle POR$의 크기는? [5점]

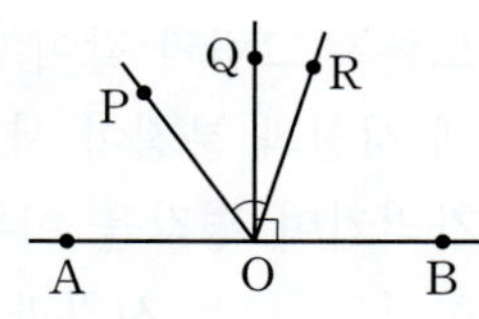

① 50° ② 52° ③ 54°
④ 56° ⑤ 58°

14

오른쪽 그림은 정사각형 모양의
종이 ABCD를 $\overline{EF}$, $\overline{FG}$를 각각
접는 선으로 하여 접은 것이다.
$\angle B'FB=\angle C'FC=\dfrac{2}{5}\angle B'FC'$
일 때, $\angle GFC$의 크기는? [5점]

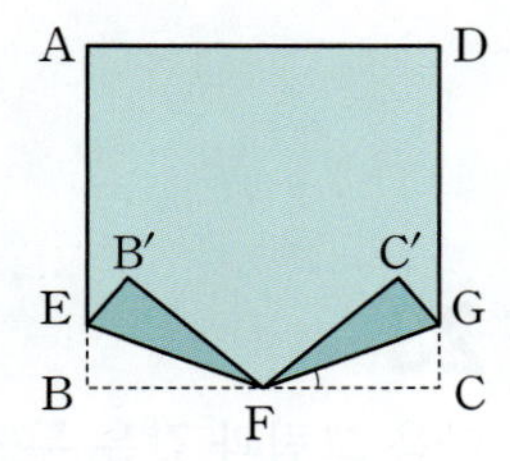

① 20° ② 23° ③ 25°
④ 28° ⑤ 30°

15

오른쪽 그림에서 $\angle x$의 크기는?

[3점]

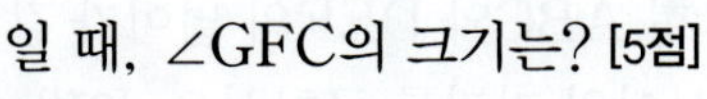

① 16° ② 17°
③ 18° ④ 19°
⑤ 20°

16

오른쪽 그림과 같이 세 직선이
점 O에서 만나고,
$\angle AOC : \angle COE=4 : 3$일 때,
$\angle AOD$의 크기는? [4점]

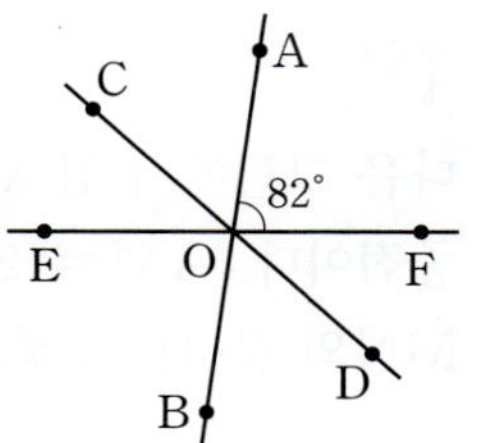

① 124° ② 126°
③ 128° ④ 130°
⑤ 132°

17

오른쪽 그림과 같이 세 직선
AD, BE, CG와 반직선 OF가
한 점 O에서 만날 때 생기는 맞
꼭지각은 모두 몇 쌍인가? [4점]

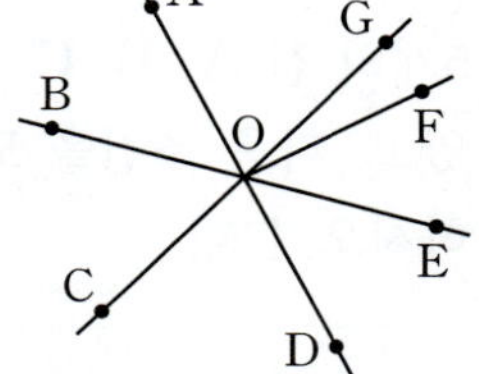

① 4쌍 ② 5쌍
③ 6쌍 ④ 8쌍
⑤ 12쌍

18

다음 중 오른쪽 그림과 같은 삼
각형 ABC에 대한 설명으로 옳
지 <u>않은</u> 것은? [4점]

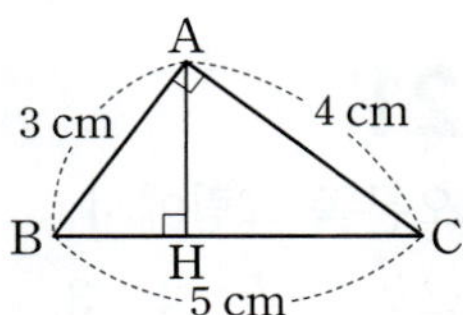

① 점 A에서 $\overline{BC}$에 내린 수선의
　발은 점 H이다.
② $\overline{AH}$와 $\overline{BC}$는 서로 수직이다.
③ $\overline{AB}$와 직교하는 선분은 $\overline{AC}$이다.
④ 점 A와 $\overline{BC}$ 사이의 거리는 $\overline{AB}$의 길이와 같다.
⑤ 점 C와 $\overline{AB}$ 사이의 거리는 4 cm이다.

서술형

19

다음 그림에서 점 M은 $\overline{AB}$의 중점이고 점 N은 $\overline{BC}$의 중점이다. $\overline{AM}=12$ cm이고, $\overline{AB} : \overline{BC}=3 : 1$일 때, $\overline{MN}$의 길이를 구하시오. [4점]

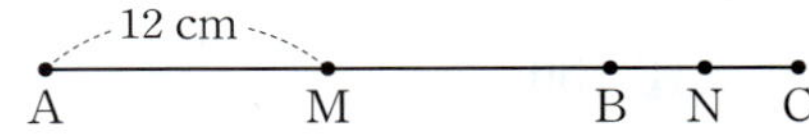

20

5개의 점 A, B, C, D, E가 이 순서대로 한 직선 위에 있고, 다음 조건을 모두 만족시킬 때, $\overline{BD}$의 길이를 구하시오. [7점]

(가) $\overline{AE}=8$ cm	(나) $\overline{AB}=\overline{BC}$
(다) $\overline{CE}=2\overline{BC}$	(라) $\overline{DE}=\dfrac{1}{3}\overline{CD}$

21

오른쪽 그림에서
$\angle a : \angle b=4 : 3$,
$\angle a : \angle c=1 : 2$일 때,
$\angle c$의 크기를 구하시오. [6점]

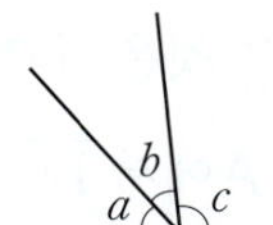

22

오른쪽 그림과 같이 7시와 8시 사이에 시침과 분침이 서로 반대 방향을 가리키며 평각을 이루는 시각을 구하시오. (단, 시침과 분침의 두께는 생각하지 않는다.) [7점]

23

다음 그림과 같은 두 삼각형 ABC와 DEF의 넓이가 같을 때, 점 D와 직선 EF 사이의 거리를 구하시오. [6점]

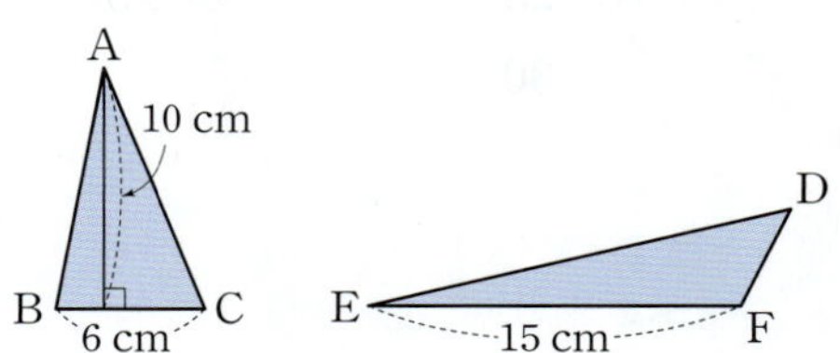

교과서 **속** **특이 문제**

중학교 수학 교과서 전체를 분석한 **교과서별 출제 예상 문제예요!**

01

오른쪽 그림과 같은 정삼각형 ABC에서 점 M은 변 BC의 중점이다. $\overline{BM}=5$ cm일 때, 정삼각형 ABC의 둘레의 길이를 구하시오.

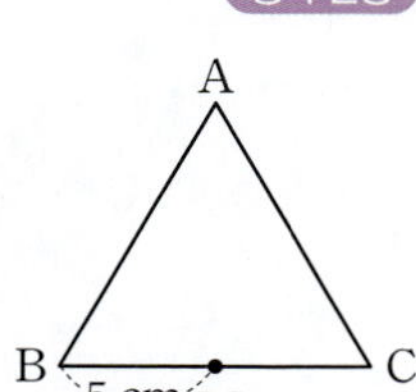

02

다음 그림에서 세 점 C, D, E는 각각 $\overline{AB}$, $\overline{AC}$, $\overline{DB}$의 중점이다. $\overline{AB}=k\overline{CE}$일 때, 상수 k의 값을 구하시오.

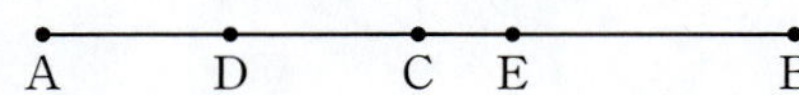

03

다음 그림과 같이 도서관 주차장에 그늘을 만들고 전기를 생산하기 위해 태양 전지판을 설치하려고 한다. 태양 전지판이 햇빛과 직각을 이루면 전기 생산 효율이 가장 높다고 할 때, 전기 생산 효율이 가장 높을 때의 $\angle POQ$의 크기를 구하시오. (단, 햇빛은 모두 평행하다.)

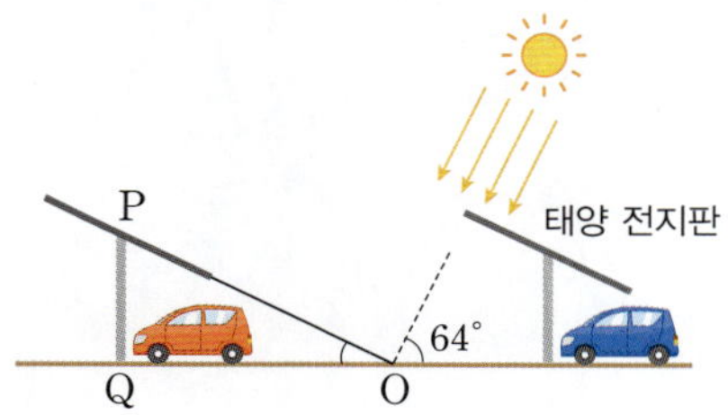

04

오른쪽 그림과 같이 점 P와 직선 l이 있다. 직선 l 위에 있는 네 개의 점 A, B, C, D가 아래 조건을 모두 만족시킬 때, 다음 물음에 답하시오.

> (가) $3\overline{AB}=\overline{BC}$
> (나) 직선 PD는 선분 AB의 수직이등분선이다.
> (다) 두 점 B, D 사이의 거리는 6 cm이고, 점 P와 직선 l 사이의 거리는 8 cm이다.

(1) $\overline{PD}$의 길이를 구하시오.

(2) 가능한 $\overline{AC}$의 길이를 모두 구하시오.

2

위치 관계와
평행선의 성질

단원별로 학습 계획을 세워 실천해 보세요.

학습 날짜	월 일	월 일	월 일	월 일
학습 계획				
학습 실행도	0　　　　100	0　　　　100	0　　　　100	0　　　　100
자기 반성				

2 위치 관계와 평행선의 성질

1 아래 그림에서 다음을 구하시오.

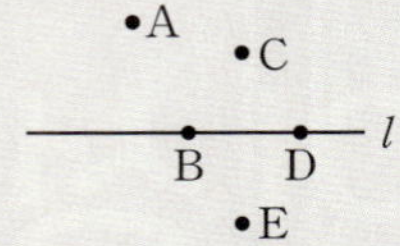

(1) 직선 l 위에 있는 점

(2) 직선 l 위에 있지 않은 점

2 오른쪽 그림과 같은 직사각형 ABCD에서 다음을 구하시오.

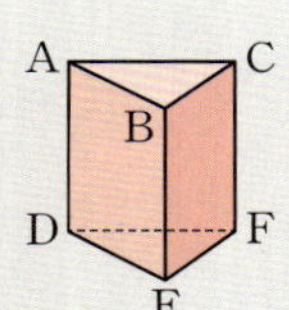

(1) 변 BC와 한 점에서 만나는 변

(2) 변 AD와 평행한 변

3 오른쪽 그림과 같은 삼각기둥에 대한 설명으로 옳은 것에는 ○표, 옳지 않은 것에는 ×표를 하시오.

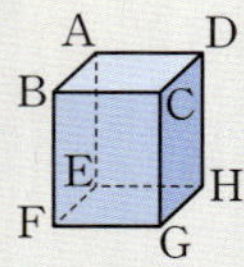

(1) $\overline{AB}$와 한 점에서 만나는 모서리는 4개이다. ( )

(2) $\overline{EF}$와 평행한 모서리는 1개이다. ( )

(3) $\overleftrightarrow{AD}$와 $\overleftrightarrow{EF}$는 한 점에서 만난다. ( )

4 오른쪽 그림과 같은 직육면체에서 다음을 구하시오.

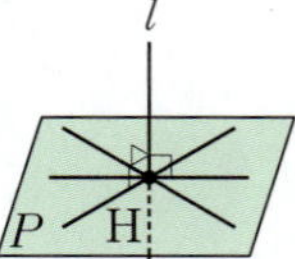

(1) 면 ABCD와 한 점에서 만나는 모서리

(2) 모서리 DH와 평행한 면

(3) 모서리 FG를 포함하는 면

---

1 점과 직선, 점과 평면의 위치 관계

(1) 점과 직선의 위치 관계

① 점 A는 직선 l 위에 있다. → 직선 l이 점 A를 지난다.

② 점 B는 직선 l 위에 있지 않다. → 직선 l이 점 B를 지나지 않는다.

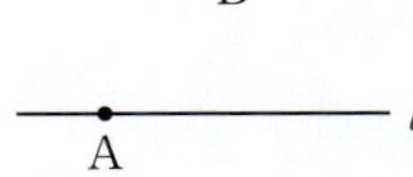

(2) 점과 평면의 위치 관계

① 점 A는 평면 P 위에 있다.

② 점 B는 평면 P 위에 있지 않다.

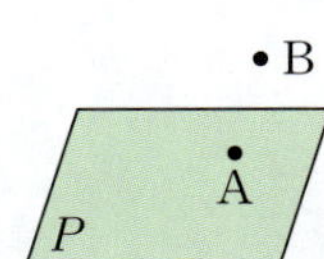

2 평면에서 두 직선의 위치 관계

(1) **두 직선의 평행** : 한 평면 위에 있는 두 직선 l, m이 만나지 않을 때, 두 직선 l, m은 서로 평행하다고 한다. **기호** $l /\!/ m$

참고 평행한 두 직선을 평행선이라 한다.

(2) 한 평면에서 두 직선의 위치 관계

① 한 점에서 만난다. ② 일치한다. ③ 평행하다.

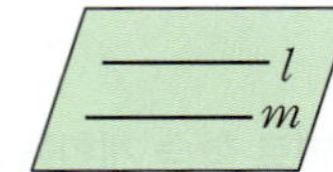

3 공간에서 두 직선의 위치 관계

(1) **꼬인 위치** : 공간에서 두 직선이 만나지도 않고 평행하지도 않을 때, 두 직선을 꼬인 위치에 있다고 한다.

(2) 공간에서 두 직선의 위치 관계

① 한 점에서 만난다. ② 일치한다. ③ 평행하다. ④ 꼬인 위치에 있다.

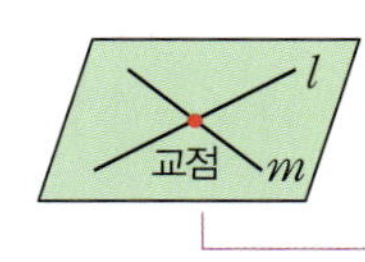
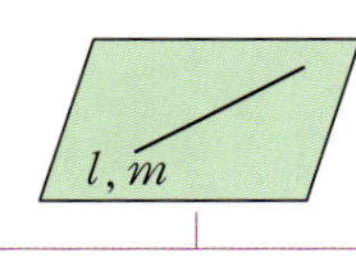
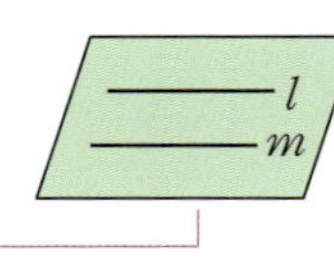
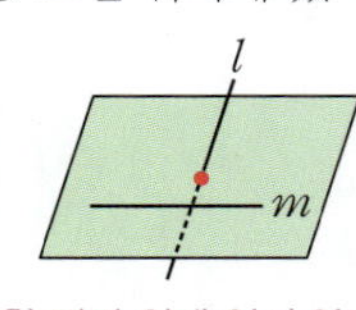

한 평면 위에 있다. 한 평면 위에 있지 않다.

4 공간에서 직선과 평면의 위치 관계

① 한 점에서 만난다. ② 직선이 평면에 포함된다. ③ 평행하다. **기호** $l /\!/ P$

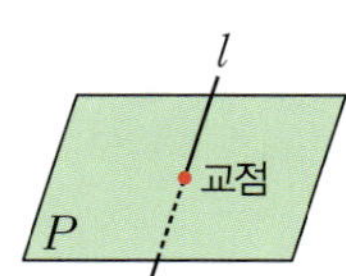
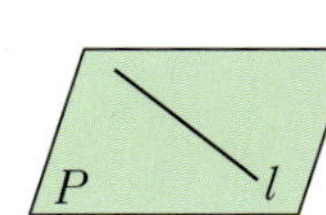
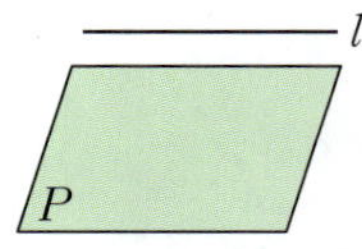

참고 직선과 평면의 수직 : 직선 l이 평면 P와 한 점 H에서 만나고 점 H를 지나는 평면 P 위의 모든 직선과 수직일 때, 직선 l과 평면 P는 서로 수직이다 또는 직교한다라고 한다. **기호** $l \perp P$

5 공간에서 두 평면의 위치 관계

① 한 직선에서 만난다.　　② 일치한다.　　③ 평행하다.　기호 $P /\!/ Q$

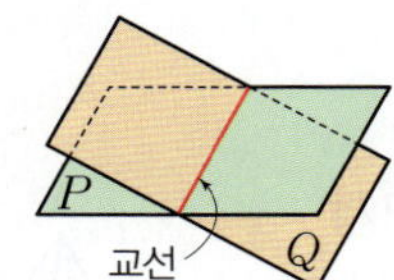

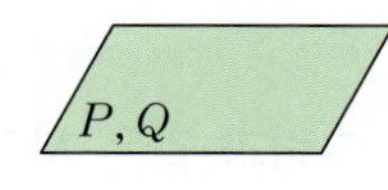

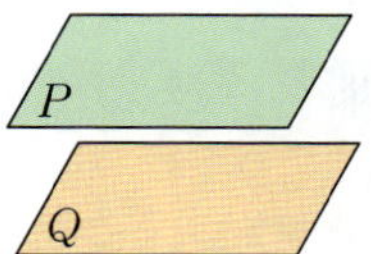

참고 두 평면의 수직 : 평면 P가 평면 Q에 수직인 직선 l을 포함할 때, 평면 P와
평면 Q는 서로 수직이다 또는 직교한다라고 한다.　기호 $P \perp Q$

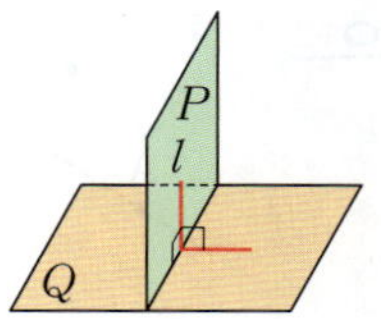

6 동위각과 엇각

두 직선 l, m이 다른 한 직선 n과 만날 때 생기는 8개의 각 중에서

(1) **동위각** : 서로 같은 위치에 있는 두 각

→ $\angle a$와 $\angle e$, $\angle b$와 $\angle f$, $\angle c$와 $\angle g$, $\angle d$와 $\angle h$

(2) **엇각** : 서로 엇갈린 위치에 있는 두 각

→ $\angle b$와 $\angle h$, $\angle c$와 $\angle e$

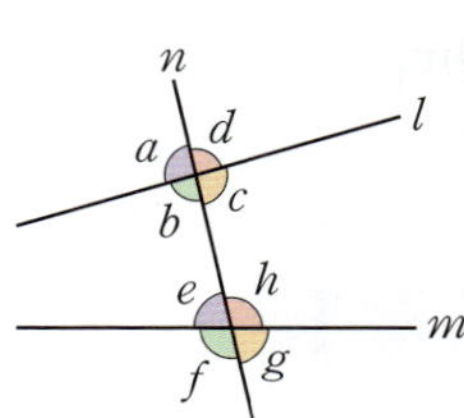

참고 서로 다른 두 직선이 다른 한 직선과 만나면 4쌍의 동위각과 2쌍의 엇각이 생긴다.

주의 엇각은 두 직선 l, m 사이에 있는 각이므로 위의 그림에서 $\angle a$와 $\angle g$, $\angle d$와 $\angle f$는 엇각이 아니다.

7 평행선의 성질

서로 다른 두 직선이 다른 한 직선과 만날 때

(1) 두 직선이 서로 평행하면 동위각의 크기는 같다.

→ $l /\!/ m$이면 $\angle a = \angle b$

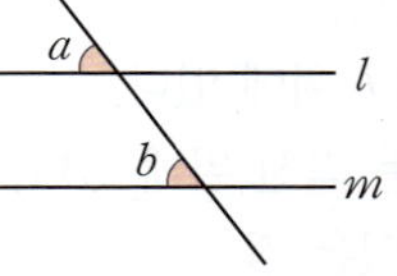

(2) 두 직선이 서로 평행하면 엇각의 크기는 같다.

→ $l /\!/ m$이면 $\angle c = \angle d$

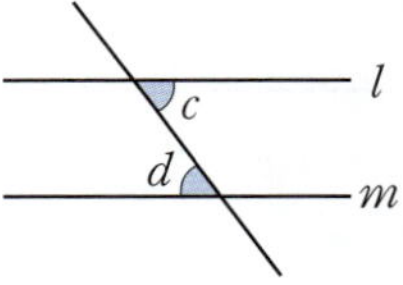

주의 맞꼭지각의 크기는 항상 같지만 동위각, 엇각의 크기는 두 직선이 평행할 때만 같다.

8 두 직선이 평행할 조건

서로 다른 두 직선이 다른 한 직선과 만날 때

(1) 동위각의 크기가 같으면 두 직선은 서로 평행하다.

→ $\angle a = \angle b$이면 $l /\!/ m$

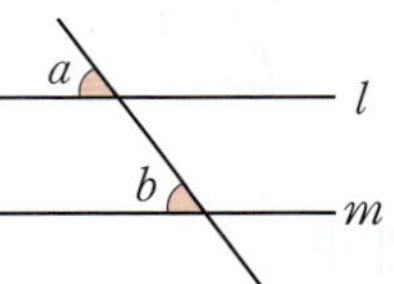

(2) 엇각의 크기가 같으면 두 직선은 서로 평행하다.

→ $\angle c = \angle d$이면 $l /\!/ m$

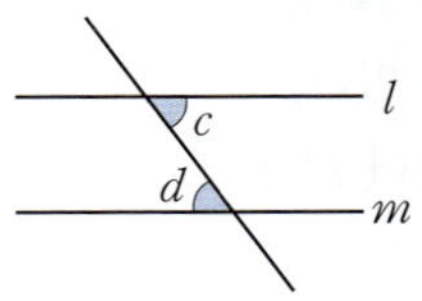

---

5 오른쪽 그림과 같은 정육면체에서 다음을 구하시오.

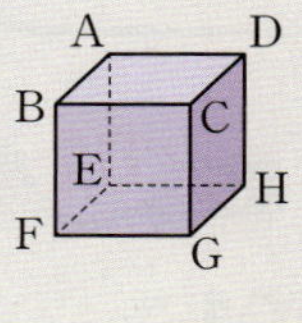

(1) 면 ABCD와 만나는 면

(2) 면 CGHD와 평행한 면

(3) 면 BFGC와 수직인 면

6 아래 그림과 같이 세 직선이 만날 때, 다음을 구하시오.

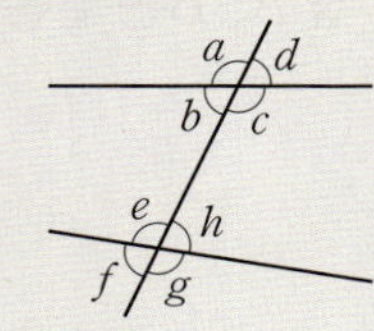

(1) $\angle a$의 동위각

(2) $\angle h$의 동위각

(3) $\angle b$의 엇각

(4) $\angle e$의 엇각

7 다음 그림에서 $l /\!/ m$일 때, $\angle a$, $\angle b$, $\angle c$의 크기를 각각 구하시오.

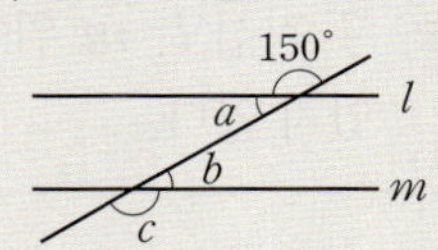

8 다음 그림에서 두 직선 l, m이 서로 평행한 것에는 ○표, 평행하지 않은 것에는 ×표를 하시오.

(1)
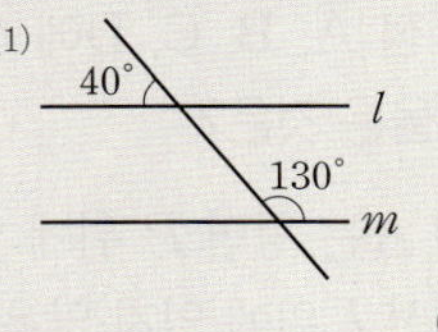

(　　)

(2)
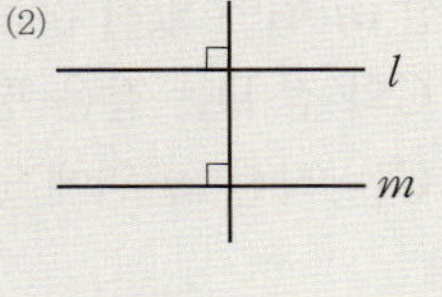

(　　)

유형 01 점과 직선, 점과 평면의 위치 관계

01

다음 중 오른쪽 그림에 대한 설명으로 옳지 <u>않은</u> 것은?

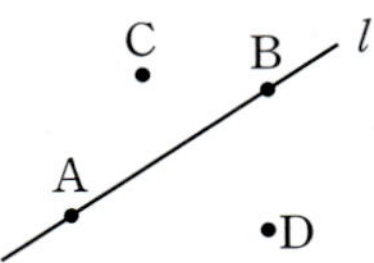

① 직선 l은 점 A를 지난다.
② 점 B는 직선 l 위에 있다.
③ 점 C는 직선 l 위에 있지 않다.
④ 직선 l은 두 점 B, D를 지난다.
⑤ 두 점 A, B는 같은 직선 위에 있다.

02

다음 **보기**에서 오른쪽 그림에 대한 설명으로 옳은 것을 모두 고르시오.

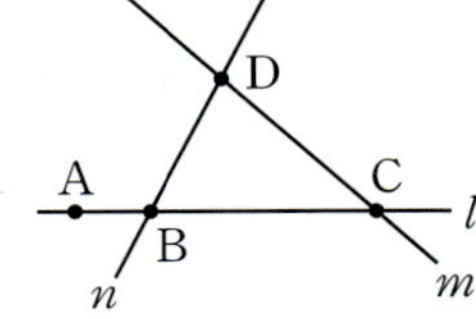

─ 보기 ─
ㄱ. 두 직선 l, n은 점 B를 지난다.
ㄴ. 세 점 A, B, C는 모두 직선 l 위에 있다.
ㄷ. 점 D는 두 점 B, C를 지나는 직선 위에 있다.
ㄹ. 두 직선 l, m 위에 동시에 있는 점은 직선 n 위에 있지 않다.

03

오른쪽 그림과 같이 평면 P 위에 두 직선 l, m이 있을 때, 다음 중 4개의 점 A, B, C, D에 대한 설명으로 옳은 것은?

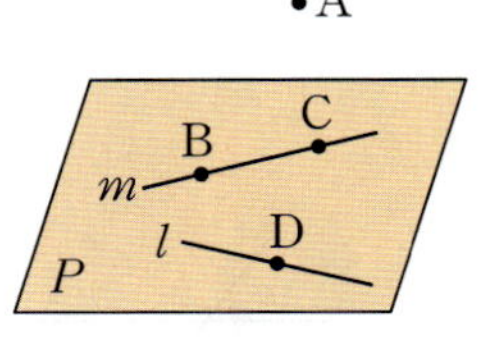

① 점 A는 평면 P 위에 있다.
② 직선 l 위에 있지 않은 점은 2개이다.
③ 직선 m 위에 있지 않은 점은 1개이다.
④ 점 C와 점 D는 같은 평면 위에 있다.
⑤ 점 C는 직선 m 위에 있지만 평면 P 위에 있지 않다.

04

오른쪽 그림과 같은 사각뿔에서 모서리 BE 위에 있지 않은 꼭짓점의 개수를 a, 면 ABE 위에 있지 않은 꼭짓점의 개수를 b라 할 때, $a+b$의 값을 구하시오.

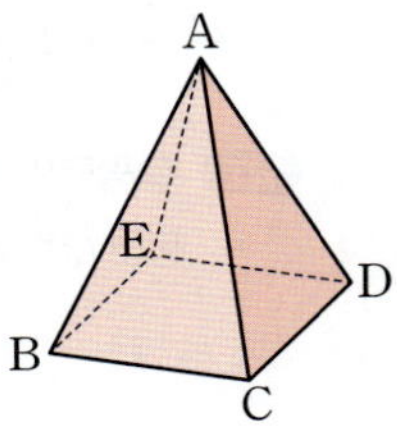

유형 02 평면에서 두 직선의 위치 관계

05

다음 중 오른쪽 그림과 같은 사다리꼴 ABCD에 대한 설명으로 옳은 것을 모두 고르면? (정답 2개)

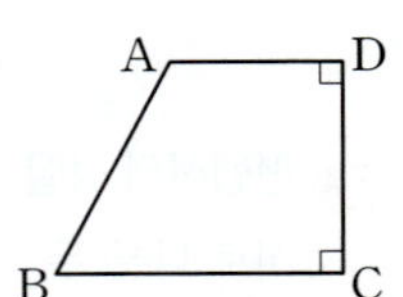

① $\overleftrightarrow{AB}$와 $\overleftrightarrow{BC}$는 수직으로 만난다.
② $\overleftrightarrow{AB}$와 $\overleftrightarrow{AD}$는 평행하다.
③ $\overleftrightarrow{AB}$와 $\overleftrightarrow{CD}$는 만나지 않는다.
④ $\overleftrightarrow{AD}$와 $\overleftrightarrow{BC}$는 평행하다.
⑤ $\overleftrightarrow{AD}$와 $\overleftrightarrow{DC}$는 직교한다.

06

오른쪽 그림과 같은 정팔각형 ABCDEFGH에서 각 변을 연장한 직선을 그을 때, $\overleftrightarrow{AB}$와 한 점에서 만나는 직선의 개수를 a, $\overleftrightarrow{AB}$와 만나지 않는 직선의 개수를 b라 하자. 이때 ab의 값을 구하시오.

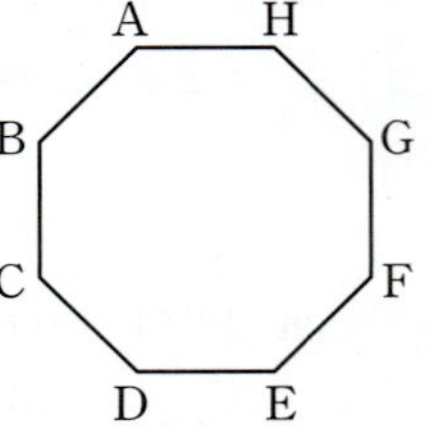

07 내신 빈출

한 평면 위에 있는 서로 다른 세 직선 l, m, n에 대하여 다음 중 옳지 <u>않은</u> 것은?

① $l \parallel m$, $m \parallel n$이면 $l \parallel n$이다.
② $l \parallel m$, $m \perp n$이면 $l \perp n$이다.
③ $l \perp m$, $l \perp n$이면 $m \parallel n$이다.
④ $l \perp m$, $m \parallel n$이면 $l \perp n$이다.
⑤ $l \perp m$, $m \perp n$이면 $l \perp n$이다.

08

오른쪽 그림과 같이 직선 l 위에 있는 세 점 A, B, C와 직선 l 위에 있지 않은 점 D로 정해지는 서로 다른 평면의 개수를 구하시오.

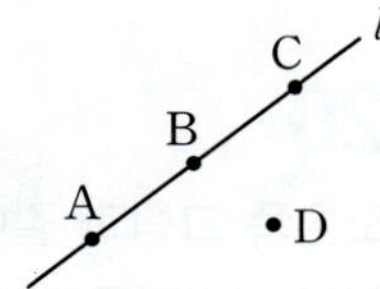

09

오른쪽 그림과 같이 한 직선 위에 있지 않은 세 점 A, B, C는 평면 P 위에 있고, 점 D는 평면 P 위에 있지 않다. 네 점 A, B, C, D 중 세 점으로 정해지는 서로 다른 평면의 개수를 구하시오.

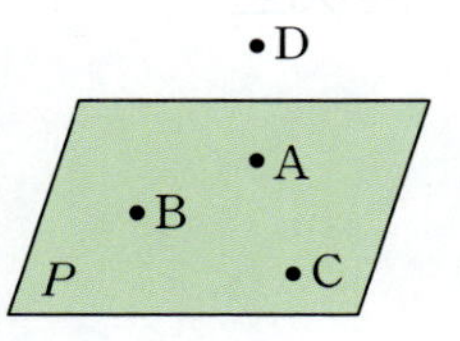

유형 03 공간에서 두 직선의 위치 관계 ✓ 최다빈출

10

다음 중 오른쪽 그림과 같은 직육면체에 대한 설명으로 옳지 <u>않은</u> 것은?

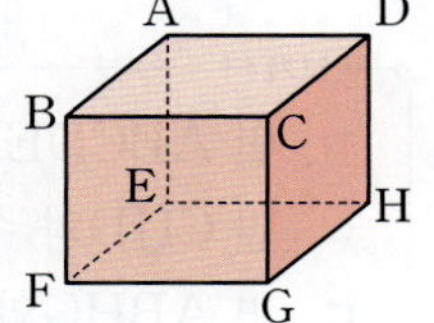

① 모서리 AB와 모서리 CD는 평행하다.
② 모서리 GH와 모서리 BF는 꼬인 위치에 있다.
③ 모서리 BC와 모서리 DH는 한 점에서 만난다.
④ 모서리 CD와 모서리 DH는 수직으로 만난다.
⑤ 모서리 BC와 모서리 AE는 만나지 않는다.

11 내신 빈출

다음 중 오른쪽 그림과 같은 삼각뿔에서 모서리 AB와 꼬인 위치에 있는 모서리는?

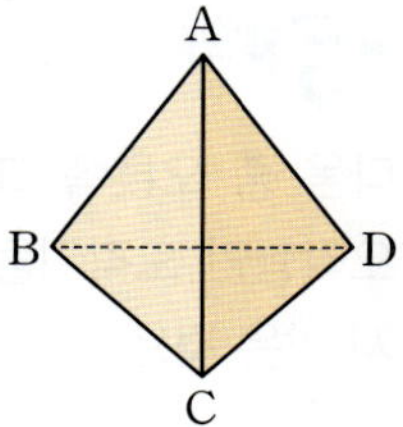

① $\overline{AC}$ ② $\overline{AD}$
③ $\overline{BC}$ ④ $\overline{BD}$
⑤ $\overline{CD}$

12

오른쪽 그림과 같이 밑면이 정오각형인 오각기둥에서 각 모서리를 연장한 직선을 그을 때, 다음 중 $\overleftrightarrow{BC}$와의 위치 관계가 나머지 넷과 <u>다른</u> 하나는?

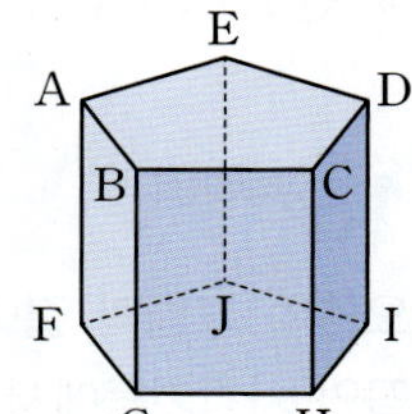

① $\overleftrightarrow{AE}$ ② $\overleftrightarrow{ED}$
③ $\overleftrightarrow{EJ}$ ④ $\overleftrightarrow{BG}$
⑤ $\overleftrightarrow{CH}$

13

오른쪽 그림과 같은 정육면체에서 $\overline{AD}$와 평행한 모서리의 개수를 a, $\overline{BD}$와 꼬인 위치에 있는 모서리의 개수를 b라 할 때, $a+b$의 값을 구하시오.

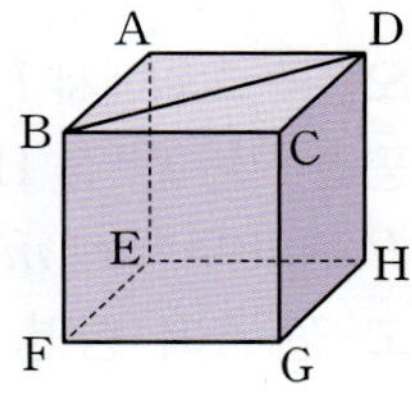

14 실수 주의

다음 보기 중 공간에서 서로 다른 두 직선의 위치 관계에 대한 설명으로 옳은 것을 모두 고르시오.

┌ 보기 ┐
ㄱ. 평행한 두 직선은 한 평면 위에 있다.
ㄴ. 서로 만나지 않는 두 직선은 항상 평행하다.
ㄷ. 꼬인 위치에 있는 두 직선은 만나지 않는다.
ㄹ. 한 평면 위에 있으면서 서로 만나지 않는 두 직선은 꼬인 위치에 있다.

유형 04 공간에서 직선과 평면의 위치 관계 ✓ 최다빈출

15 내신 빈출

다음 중 오른쪽 그림과 같이 밑면이 정오각형인 오각기둥에 대한 설명으로 옳지 <u>않은</u> 것은?

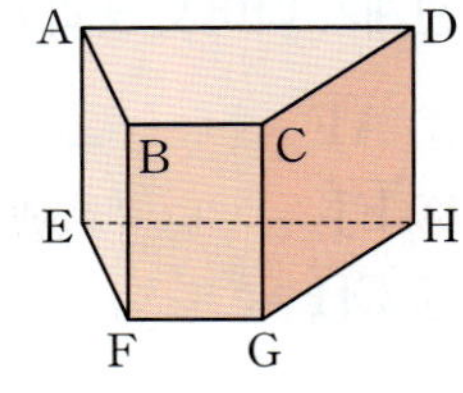

① $\overline{AB}$는 면 BGHC와 한 점에서 만난다.
② $\overline{AF}$는 면 FGHIJ와 수직으로 만난다.
③ $\overline{EJ}$와 평행한 면은 1개이다.
④ 면 BGHC에 포함된 모서리는 4개이다.
⑤ 면 ABCDE와 한 점에서 만나는 모서리는 5개이다.

16 내신 빈출

오른쪽 그림과 같이 밑면이 사다리꼴인 사각기둥에서 면 BFGC와 평행한 모서리의 개수를 a, 모서리 AE와 수직인 면의 개수를 b라 할 때, $a-b$의 값을 구하시오.

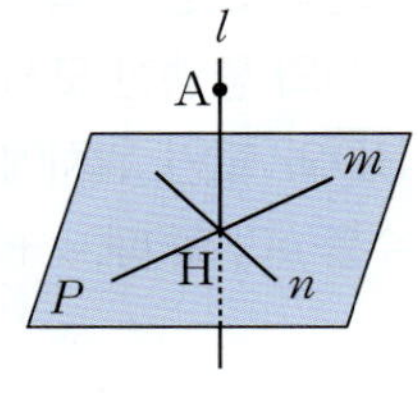

17

오른쪽 그림에서 $l \perp P$이고, 직선 l과 평면 P는 한 점 H에서 만난다. 평면 P 위의 두 직선 m, n이 점 H를 지나고 점 A와 평면 P 사이의 거리가 6 cm일 때, 다음 중 옳지 <u>않은</u> 것은?

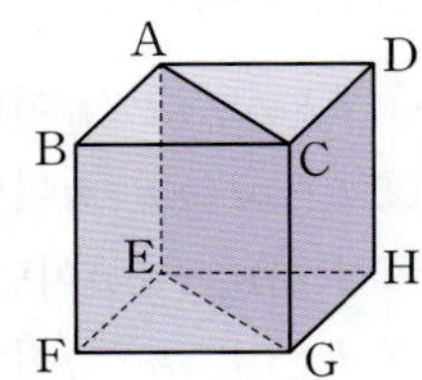

① $l \perp m$　　　② $\overline{AH} \perp m$　　　③ $l \perp n$
④ $m \perp n$　　　⑤ $\overline{AH} = 6$ cm

18

오른쪽 그림과 같은 직육면체에서 점 A와 면 EFGH 사이의 거리를 a cm, 점 B와 면 CGHD 사이의 거리를 b cm, 점 C와 면 AEHD 사이의 거리를 c cm라 할 때, $a+b+c$의 값을 구하시오.

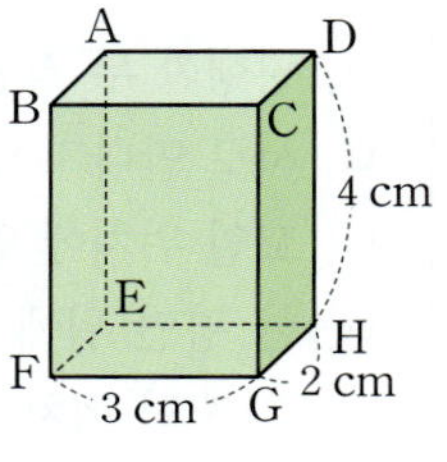

유형 05 공간에서 두 평면의 위치 관계

19

오른쪽 그림과 같은 정육면체에서 평면 AEGC와 수직인 면을 모두 구하시오.

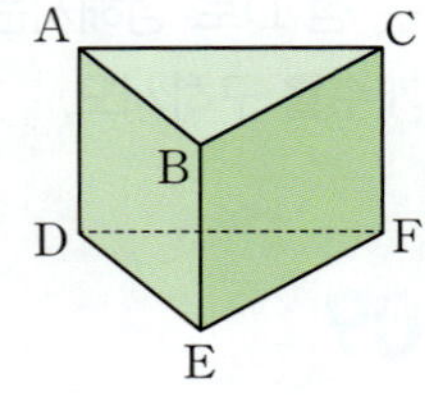

20

오른쪽 그림과 같이 밑면이 둔각삼각형인 삼각기둥에서 면 ADEB와 수직인 면의 개수를 a, 면 ABC와 평행한 면의 개수를 b라 할 때, $a+b$의 값을 구하시오.

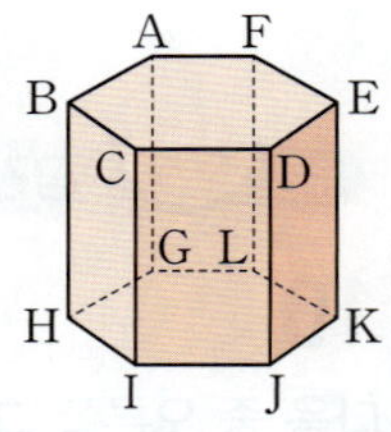

21 내신 빈출

오른쪽 그림과 같이 밑면이 정육각형인 육각기둥에 대한 설명으로 옳은 것을 모두 고른 것은?

보기

ㄱ. 면 ABCDEF와 만나지 않는 면은 1개이다.
ㄴ. 면 CIJD와 수직인 면은 3개이다.
ㄷ. 면 ABHG와 면 AGLF의 교선은 $\overline{AG}$이다.
ㄹ. 평행한 두 면은 모두 3쌍이다.

① ㄱ, ㄴ　　　② ㄱ, ㄷ　　　③ ㄱ, ㄹ
④ ㄴ, ㄷ　　　⑤ ㄷ, ㄹ

유형 **06** 일부를 잘라 낸 입체도형에서의 위치 관계 ✏ 최다빈출

22 내신 빈출

오른쪽 그림은 정육면체를 세 꼭짓점 A, B, E를 지나는 평면으로 잘라 만든 입체도형이다. 다음 중 옳은 것은?

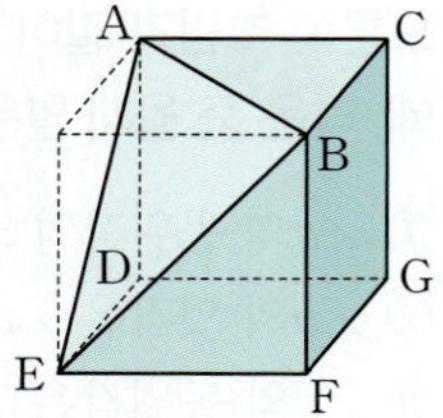

① $\overline{AB}$와 $\overline{CG}$는 평행하다.
② $\overline{AB}$와 꼬인 위치에 있는 모서리는 4개이다.
③ 면 ADGC와 수직인 면은 4개이다.
④ 면 BEF와 평행한 모서리는 3개이다.
⑤ 면 ABC와 수직인 모서리는 4개이다.

23

오른쪽 그림은 직육면체를 잘라 만든 사각기둥이다. 면 CDHG와 평행한 모서리의 개수를 a, 면 BFGC와 수직인 모서리의 개수를 b라 할 때, $a+b$의 값은?

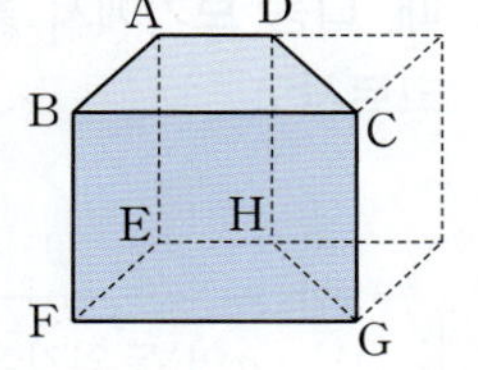

① 3　　　　② 4　　　　③ 5
④ 6　　　　⑤ 7

24

오른쪽 그림은 직육면체를 세 모서리의 중점을 지나는 평면으로 잘라 만든 입체도형이다. 각 모서리를 연장한 직선과 각 면을 연장한 평면으로 생각할 때, $\overleftrightarrow{BC}$와 꼬인 위치에 있는 직선의 개수를 a, 평면 ABHG와 평행한 평면의 개수를 b라 하자. 이때 $a-b$의 값을 구하시오.

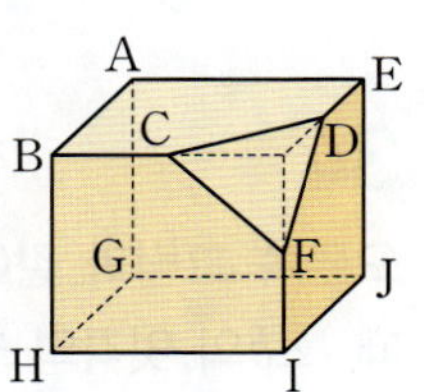

유형 **07** 전개도가 주어진 입체도형에서의 위치 관계

25

오른쪽 그림과 같은 전개도로 삼각뿔을 만들었을 때, 다음 중 모서리 BD와 만나지 않는 모서리는?

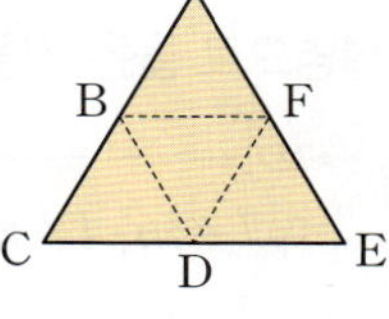

① $\overline{AB}$　　　　② $\overline{AD}$
③ $\overline{BF}$　　　　④ $\overline{AF}$
⑤ $\overline{DF}$

26

오른쪽 그림과 같은 전개도로 정육면체를 만들었을 때, 다음 중 모서리 FG와 꼬인 위치에 있는 모서리는?

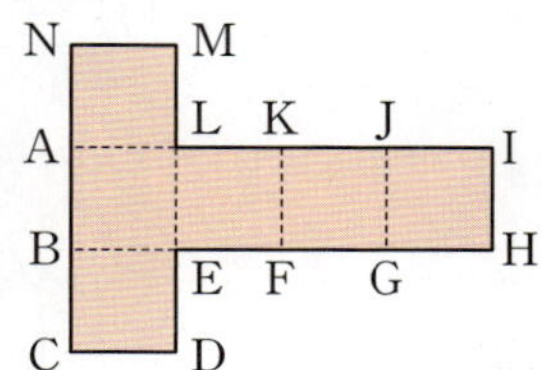

① $\overline{AB}$　　　　② $\overline{AL}$
③ $\overline{BC}$　　　　④ $\overline{BE}$
⑤ $\overline{ED}$

27

오른쪽 그림과 같은 전개도로 만든 정육면체 모양의 주사위에서 평행한 두 면에 있는 눈의 수의 합이 7일 때, 이 주사위의 세 면 A, B, C에 적힌 눈의 수를 차례대로 구하시오.

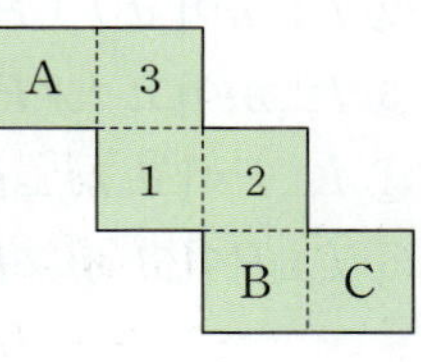

28 실수 주의

다음 중 오른쪽 그림과 같은 전개도로 만든 삼각기둥에 대한 설명으로 옳지 <u>않은</u> 것은?

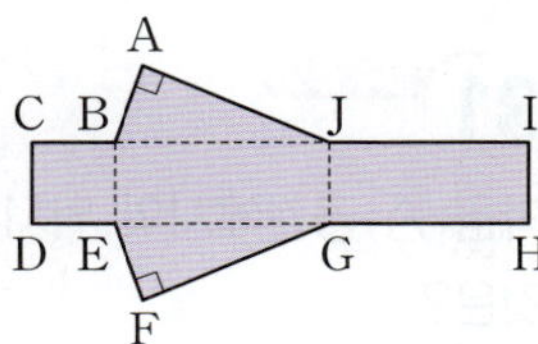

① 모서리 BE와 만나는 모서리는 4개이다.
② 모서리 IH와 꼬인 위치에 있는 모서리는 2개이다.
③ 면 BEGJ와 평행한 모서리는 1개이다.
④ 면 BCDE와 수직인 모서리는 2개이다.
⑤ 면 JGHI와 수직인 면은 2개이다.

유형 08 공간에서 여러 가지 위치 관계

29

다음 **보기** 중 공간에서 서로 다른 세 직선 l, m, n에 대한 설명으로 옳은 것을 모두 고르시오.

> **보기**
> ㄱ. $l \parallel m$, $l \parallel n$이면 $m \parallel n$이다.
> ㄴ. $l \perp m$, $l \perp n$이면 $m \parallel n$이다.
> ㄷ. $l \parallel m$, $l \perp n$이면 $m \parallel n$이다.
> ㄹ. $l \perp m$, $l \parallel n$이면 두 직선 m, n은 한 점에서 만나거나 꼬인 위치에 있다.

30 내신 빈출

다음 중 공간에서 서로 다른 두 직선 l, m과 한 평면 P의 위치 관계에 대한 설명으로 옳은 것은?

① $l \parallel m$이고 $l \perp P$이면 $m \parallel P$이다.
② $l \perp m$이고 $l \perp P$이면 $m \perp P$이다.
③ $l \perp m$이고 $l \parallel P$이면 $m \parallel P$이다.
④ $l \perp P$이고 $m \perp P$이면 $l \parallel m$이다.
⑤ $l \perp P$이고 $m \parallel P$이면 $l \perp m$이다.

31 실수 주의

다음 중 공간에서의 위치 관계에 대한 설명으로 옳지 <u>않은</u> 것은?

① 한 직선에 평행한 서로 다른 두 직선은 평행하다.
② 한 직선에 수직인 서로 다른 두 평면은 평행하다.
③ 한 평면에 평행한 서로 다른 두 평면은 평행하다.
④ 한 평면에 수직인 서로 다른 두 평면은 평행하다.
⑤ 한 평면에 수직인 서로 다른 두 직선은 평행하다.

유형 09 동위각과 엇각

32

오른쪽 그림과 같이 세 직선이 만날 때, 다음 중 옳지 <u>않은</u> 것은?

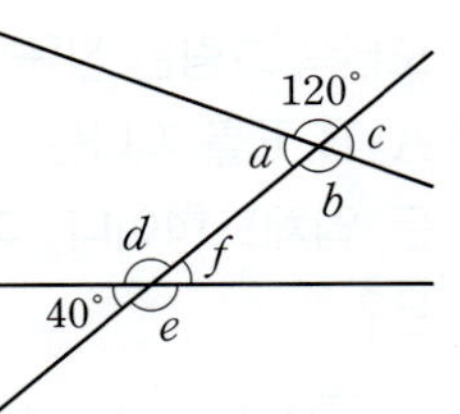

① $\angle a$의 동위각의 크기는 40°이다.
② $\angle b$의 엇각은 $\angle d$이다.
③ $\angle c$의 동위각은 $\angle f$이다.
④ $\angle d$의 동위각의 크기는 120°이다.
⑤ $\angle f$의 엇각의 크기는 40°이다.

33

오른쪽 그림과 같이 세 직선이 만날 때, 다음 **보기**에서 옳은 것을 모두 고르시오.

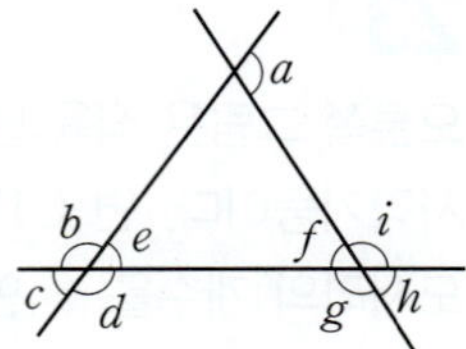

> **보기**
> ㄱ. $\angle a$의 동위각은 $\angle d$, $\angle h$이다.
> ㄴ. $\angle f$의 엇각은 $\angle a$, $\angle d$이다.
> ㄷ. $\angle c$는 $\angle g$의 동위각이다.
> ㄹ. $\angle d$의 크기와 $\angle f$의 크기는 같다.

34

오른쪽 그림과 같이 세 직선이 만날 때, $\angle b$의 엇각의 크기와 $\angle f$의 동위각의 크기의 합을 구하시오.

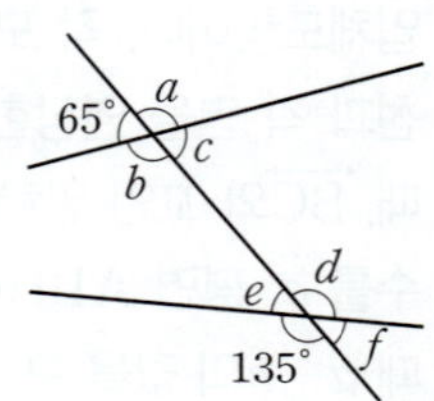

유형 10 평행선에서 동위각과 엇각 ✔ 최다빈출

35

오른쪽 그림에서 $l /\!/ m$일 때, $\angle h$와 크기가 같은 각을 모두 구하시오.

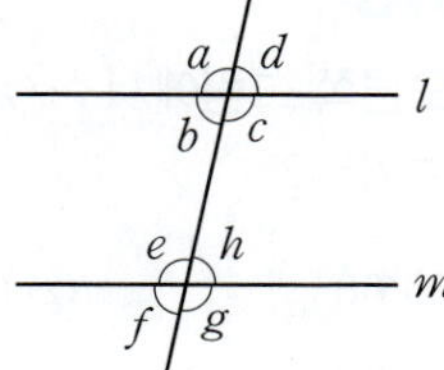

36 내신 빈출

오른쪽 그림에서 $l /\!/ m$일 때, $\angle x + \angle y$의 크기를 구하시오.

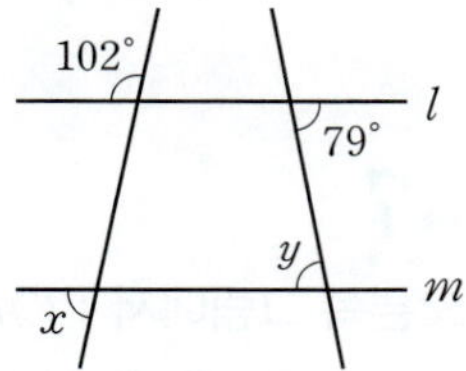

37

오른쪽 그림에서 $l /\!/ m$일 때, $\angle x - \angle y$의 크기를 구하시오.

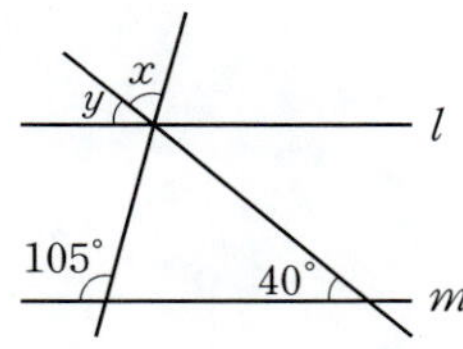

38 신경향

포켓볼은 큐로 흰 공을 쳐서 직사각형 모양의 테이블의 가장자리에 있는 6개의 포켓에 흰 공이 아닌 공을 넣으며 겨루는 경기이다. 오른쪽 그림과 같이 회전하지 않는 공이 테이블 벽에 닿을 때의 각을 입사각, 튕겨 나올 때의 각을 반사각이라고 한다. 이때 입사각과 반사각의 크기는 서로 같다. 회전하지 않는 공이 다음 그림과 같이 이동하였을 때, $\angle a$의 크기를 구하시오.

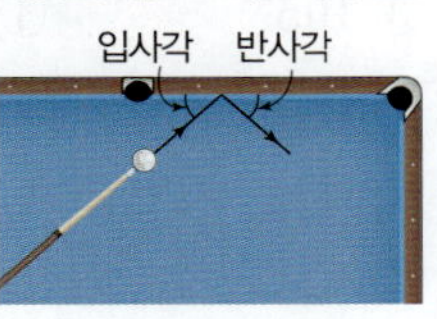

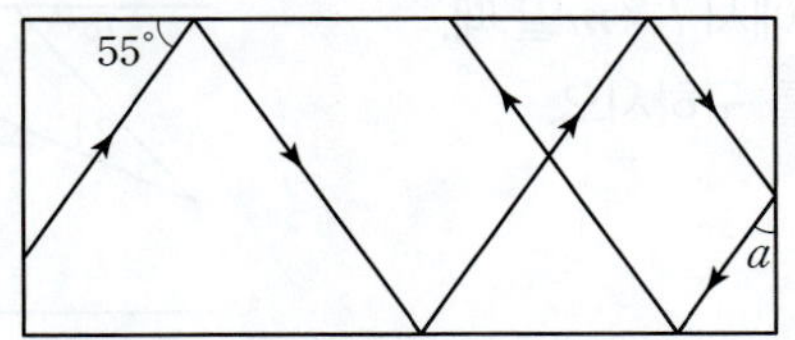

유형 11 두 직선이 평행할 조건

39

다음 중 두 직선 l, m이 평행하지 <u>않은</u> 것은?

① 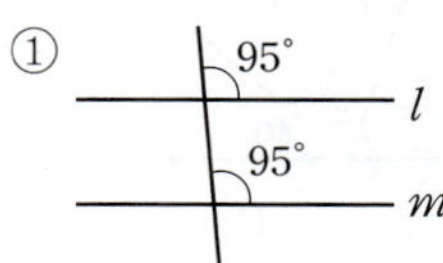

② 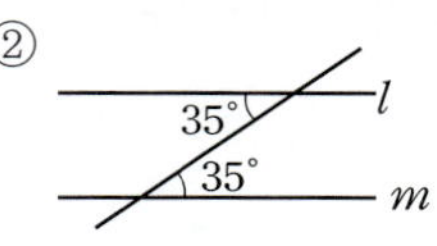

③ 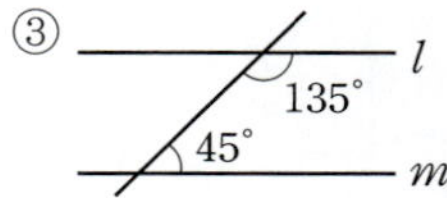

④ 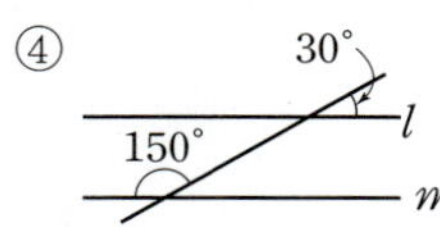

⑤ 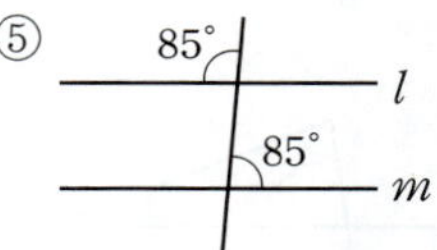

40

다음 중 오른쪽 그림에서 두 직선 l, m이 평행할 조건을 모두 고르면? (정답 2개)

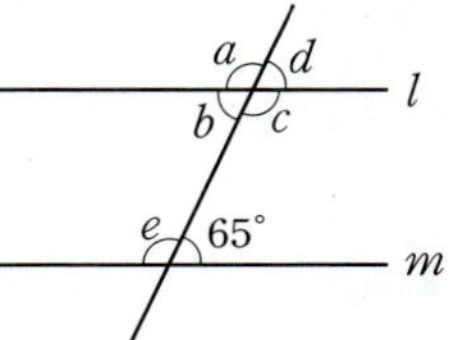

① $\angle d = 115°$

② $\angle b = \angle d$

③ $\angle e = 115°$

④ $\angle a = 115°$

⑤ $\angle b + \angle e = 180°$

41

오른쪽 그림에서 평행한 두 직선을 모두 찾아 기호로 나타내시오.

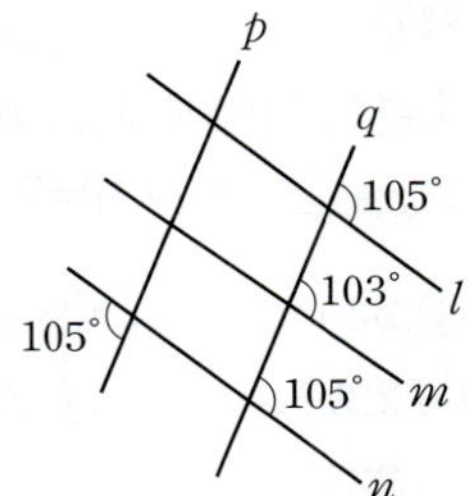

유형 12 평행선에서 각의 크기 구하기

42

오른쪽 그림에서 $l /\!/ m$일 때, $\angle x$의 크기를 구하시오.

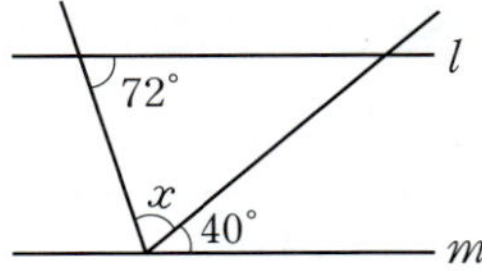

43

오른쪽 그림에서 $l /\!/ m$일 때, $\angle x$의 크기는?

① 21° ② 22°
③ 23° ④ 24°
⑤ 25°

44

오른쪽 그림에서 $l /\!/ m$일 때, $\angle x$의 크기를 구하시오.

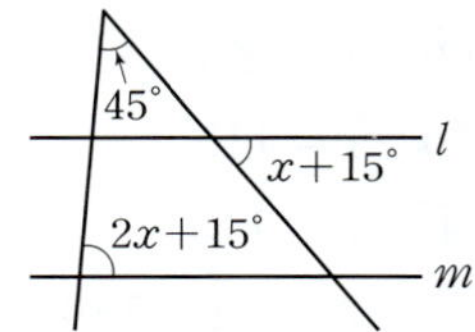

45

오른쪽 그림에서 $l /\!/ m$일 때, $\angle x + \angle y$의 크기는?

① 220° ② 223°
③ 227° ④ 233°
⑤ 237°

유형 13 평행선 사이에 꺾인 선이 있을 때, 각의 크기 구하기

46 내신 빈출

오른쪽 그림에서 $l /\!/ m$일 때, $\angle x$의 크기는?

① 60° ② 65°
③ 68° ④ 70°
⑤ 75°

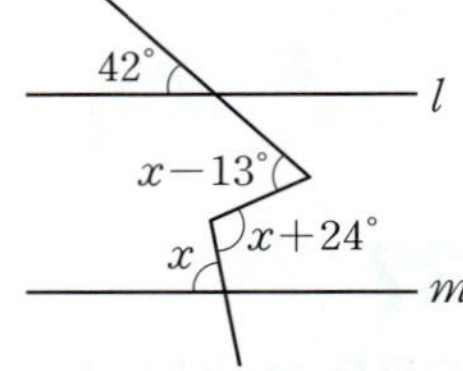

47

오른쪽 그림에서 $l /\!/ m$일 때, $\angle x$의 크기를 구하시오.

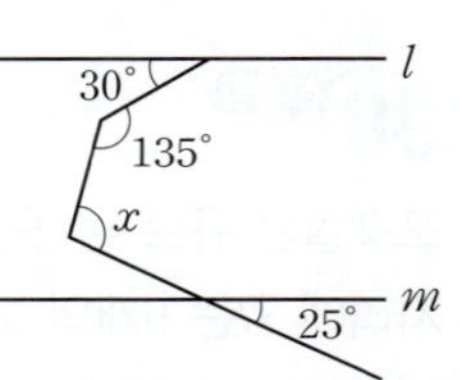

48

오른쪽 그림에서 $l /\!/ m$일 때, $\angle x$의 크기는?

① 95° ② 100°
③ 105° ④ 110°
⑤ 115°

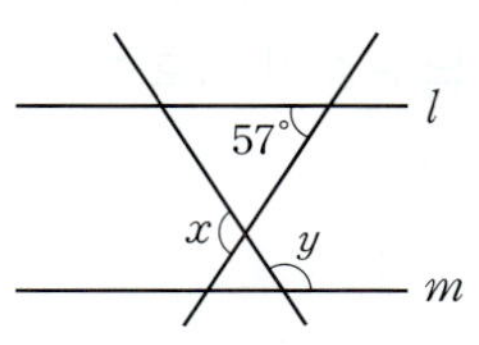

49

오른쪽 그림에서 $l /\!/ m$일 때, $\angle x$의 크기를 구하시오.

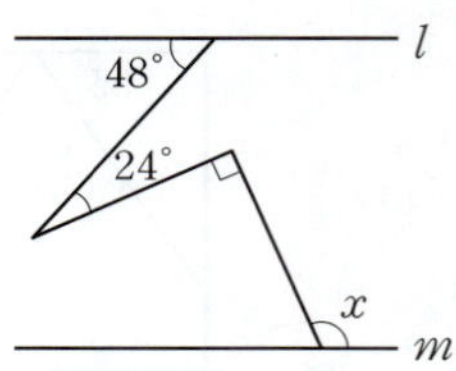

유형 14 평행선에서의 활용

50

오른쪽 그림에서 $l /\!/ m$이고
$\angle BAD = 3\angle CAD$,
$\angle CBE = \dfrac{1}{2}\angle ABC$일 때,
$\angle ACB$의 크기를 구하시오.

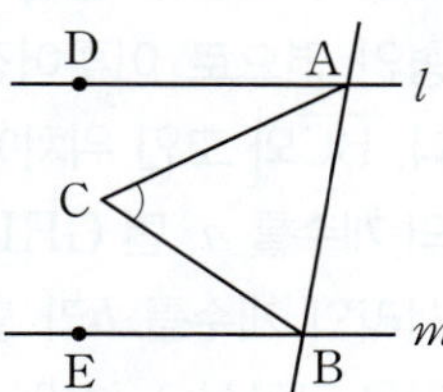

51

오른쪽 그림에서 $l /\!/ m$일 때,
$\angle a + \angle b + \angle c + \angle d$의 크기를 구
하시오.

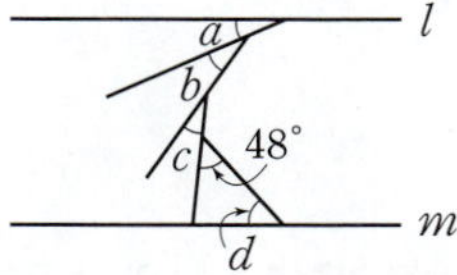

52 실수 주의

오른쪽 그림에서 $l /\!/ m$이고
$\angle DBC = \dfrac{1}{3}\angle ABD$일 때,
$\angle DBC$의 크기를 구하시오.

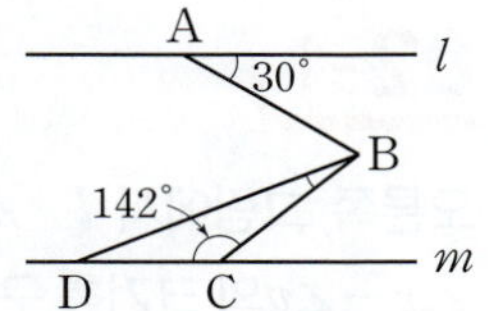

53 신경향

오른쪽 그림은 직사각형 왼쪽 아래에
서 시작하여 합동인 직각삼각형 6개
를 서로 겹치지 않게 이어 붙인 것이
다. $\angle x$의 크기를 구하시오.

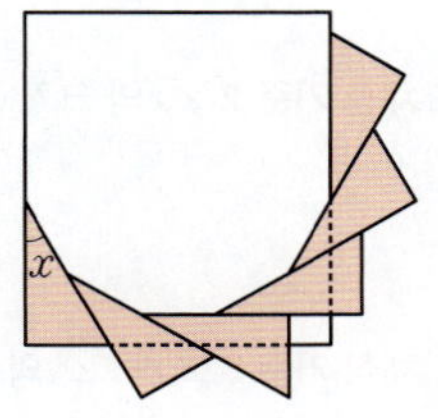

심화 유형 15 종이접기   📝 최다빈출

54 내신 빈출

오른쪽 그림과 같이 직사각형 모양의
종이를 접었을 때, $\angle x$의 크기는?

① $46°$ ② $50°$

③ $56°$ ④ $60°$

⑤ $66°$

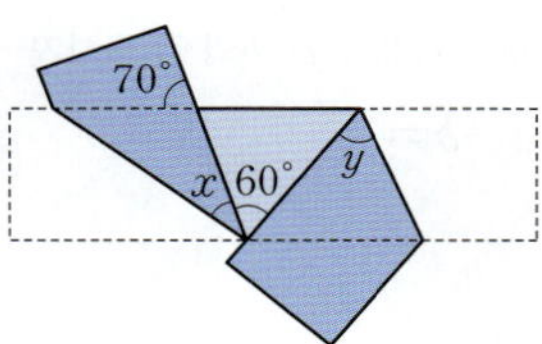

55

오른쪽 그림과 같이 직사각형 모
양의 종이를 접었을 때, $\angle x + \angle y$
의 크기는?

① $80°$ ② $85°$

③ $90°$ ④ $95°$

⑤ $100°$

56

오른쪽 그림과 같이 평행사변형 모
양의 종이를 접었을 때, $\angle x$, $\angle y$의
크기를 각각 구하시오.

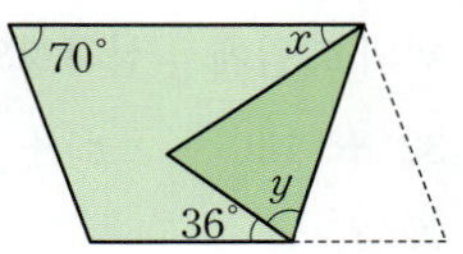

01

오른쪽 그림은 정삼각형과 정사각형인 면으로 이루어진 입체도형이다. $\overline{AB}$와 꼬인 위치에 있는 모서리의 개수를 a, 면 EFGH와 평행한 모서리의 개수를 b라 할 때, $a-b$의 값을 구하시오. [7점]

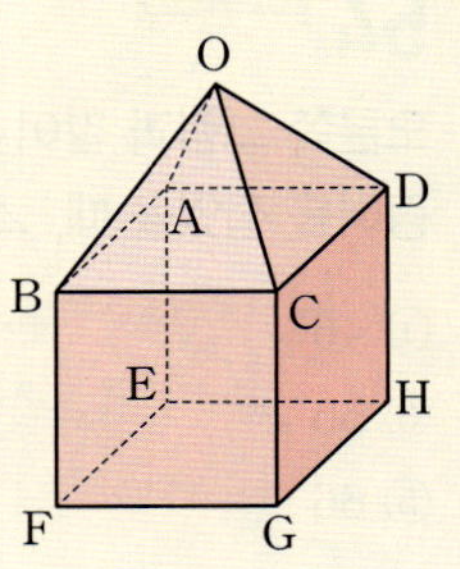

채점 기준 1 a의 값 구하기 … 3점

$\overline{AB}$와 꼬인 위치에 있는 모서리는

＿＿＿, ＿＿＿, ＿＿＿, ＿＿＿, ＿＿＿, ＿＿＿의

＿＿＿ 개이므로 $a=$＿＿＿

채점 기준 2 b의 값 구하기 … 3점

면 EFGH와 평행한 모서리는

＿＿＿, ＿＿＿, ＿＿＿, ＿＿＿의 ＿＿＿ 개이므로

$b=$＿＿＿

채점 기준 3 $a-b$의 값 구하기 … 1점

$a-b=$＿＿＿

01-1

오른쪽 그림은 정삼각형과 정사각형인 면으로 이루어진 입체도형이다. $\overline{BC}$와 꼬인 위치에 있는 모서리의 개수를 a, 면 GHIJ와 수직인 모서리의 개수를 b라 할 때, $a+b$의 값을 구하시오. [7점]

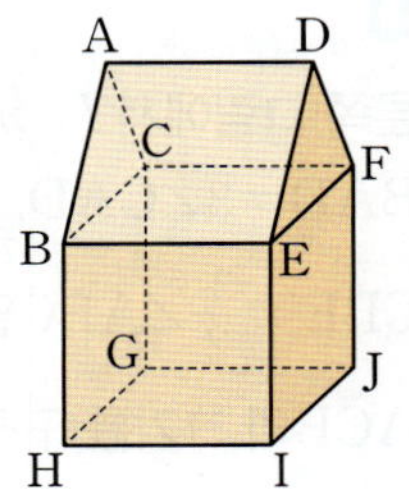

채점 기준 1 a의 값 구하기 … 3점

채점 기준 2 b의 값 구하기 … 3점

채점 기준 3 $a+b$의 값 구하기 … 1점

02

오른쪽 그림에서 $l \parallel m$일 때, $\angle x - \angle y$의 크기를 구하시오.

[6점]

채점 기준 1 $\angle y$의 크기 구하기 … 2점

$l \parallel m$이므로 $180° - \angle y =$＿＿＿＿＿ (동위각)

$\therefore \angle y =$＿＿＿＿＿

채점 기준 2 $\angle x$의 크기 구하기 … 3점

위의 그림에서 삼각형의 세 각의 크기의 합은 $180°$이므로

$32° + (180° - \angle x) +$＿＿＿＿＿$= 180°$

$\therefore \angle x =$＿＿＿＿＿

채점 기준 3 $\angle x - \angle y$의 크기 구하기 … 1점

$\angle x - \angle y =$＿＿＿＿＿

02-1

오른쪽 그림에서 $l \parallel m$일 때, $\angle x - \angle y$의 크기를 구하시오.

[6점]

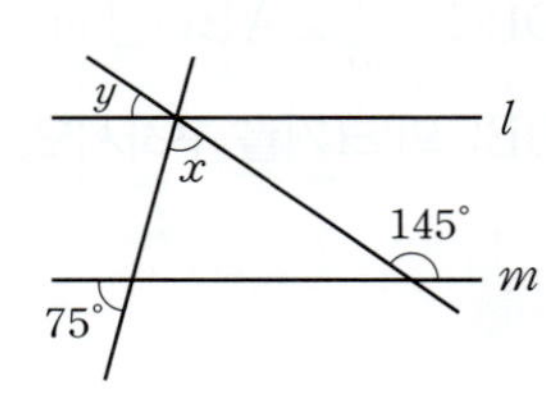

채점 기준 1 $\angle y$의 크기 구하기 … 2점

채점 기준 2 $\angle x$의 크기 구하기 … 3점

채점 기준 3 $\angle x - \angle y$의 크기 구하기 … 1점

03

오른쪽 그림은 직육면체를 $\overline{AM}=\overline{BN}$이 되도록 잘라 만든 입체도형이다. 모서리 CD와 평행한 모서리의 개수를 a, 모서리 CG와 수직으로 만나는 면의 개수를 b, 모서리 FN과 꼬인 위치에 있는 모서리의 개수를 c라 할 때, $a+b+c$의 값을 구하시오. [7점]

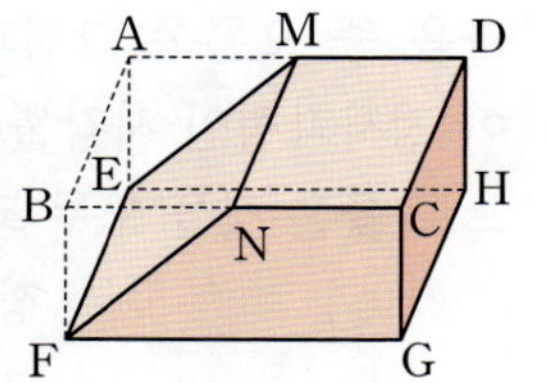

04

오른쪽 그림과 같은 전개도로 만든 직육면체에서 점 B와 면 LIJK 사이의 거리를 a cm, 점 L과 면 EFGH 사이의 거리를 b cm라 할 때, $a+b$의 값을 구하시오. [6점]

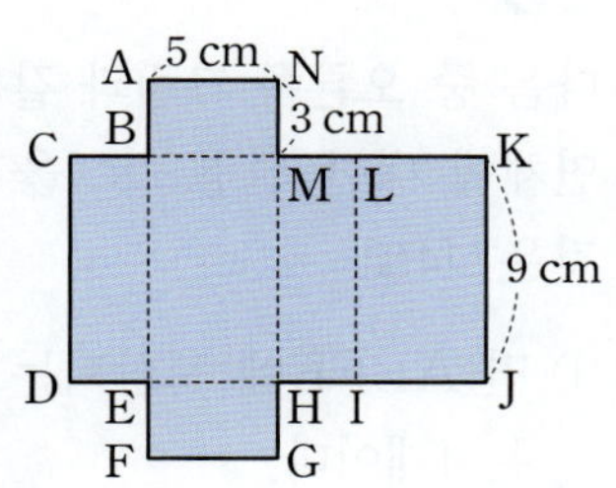

05

오른쪽 그림에서 $l /\!/ m$이고 삼각형 ABC가 정삼각형일 때, $\angle x - \angle y$의 크기를 구하시오. [6점]

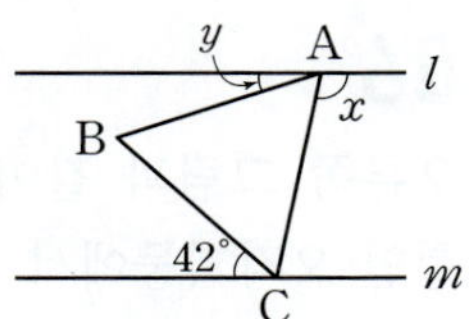

06

오른쪽 그림에서 $l /\!/ m$일 때, $\angle x + \angle y$의 크기를 구하시오. [4점]

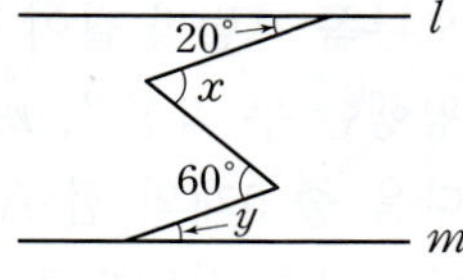

07

오른쪽 그림에서 $l /\!/ m$이고 $\angle ADC=130°$, $\angle PAB=\angle BAD$, $\angle DCB=\angle BCQ$일 때, $\angle x$의 크기를 구하시오. [7점]

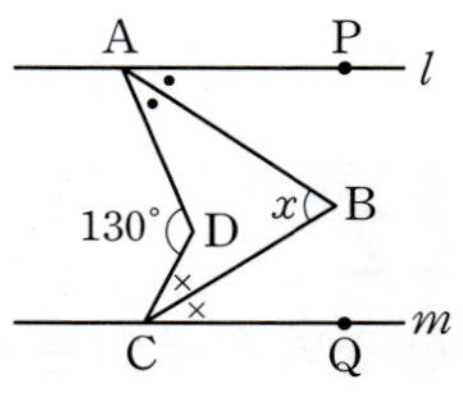

08

오른쪽 그림은 평행사변형 모양의 종이를 대각선 BD를 접는 선으로 하여 접은 것이다. $\angle BDC=56°$이고, 점 P는 $\overline{BA}$와 $\overline{DC'}$의 연장선의 교점일 때, $\angle BPD$의 크기를 구하시오. [6점]

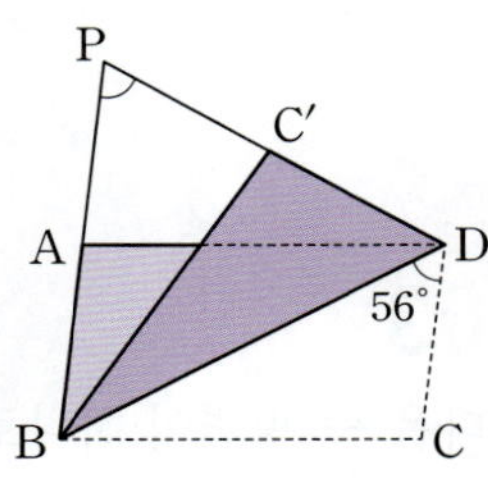

01

오른쪽 그림과 같이 평면 P 위에 평행한 두 직선 l, m이 있을 때, 다음 중 5개의 점 A, B, C, D, E에 대한 설명으로 옳지 <u>않은</u> 것은? [4점]

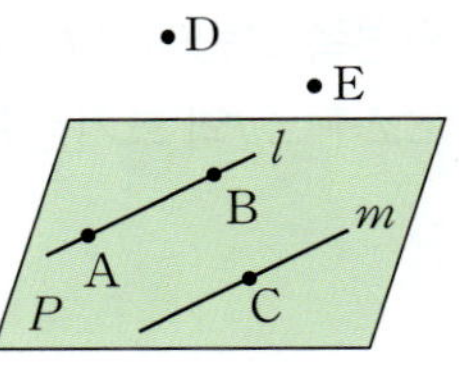

① 평면 P 위에 있는 점은 3개이다.
② 직선 l은 점 A를 지난다.
③ 직선 l 위에 있지 않은 점은 3개이다.
④ 직선 m 위에 있지 않은 점은 3개이다.
⑤ 점 C는 평면 P 위에 있지만 직선 l 위에 있지 않다.

02

한 평면 위에 있는 서로 다른 세 직선 l, m, n에 대하여 다음이 성립하도록 □ 안에 알맞은 기호를 차례대로 구한 것은? [3점]

> (개) $l \perp m$, $m /\!/ n$이면 l □ n이다.
> (내) $l \perp m$, $l \perp n$이면 m □ n이다.

① $/\!/$, $\perp$　　　② $\perp$, $/\!/$　　　③ $/\!/$, $=$
④ $/\!/$, $/\!/$　　　⑤ $\perp$, $\perp$

03

다음 중 평면이 하나로 정해질 조건이 <u>아닌</u> 것은? [3점]

① 한 직선 위에 있지 않은 서로 다른 세 점
② 수직인 두 직선
③ 평행한 두 직선
④ 꼬인 위치에 있는 두 직선
⑤ 한 직선과 그 직선 위에 있지 않은 한 점

04

다음 중 오른쪽 그림과 같이 밑면이 정사각형인 사각뿔에 대한 설명으로 옳은 것을 모두 고르면?

(정답 2개) [4점]

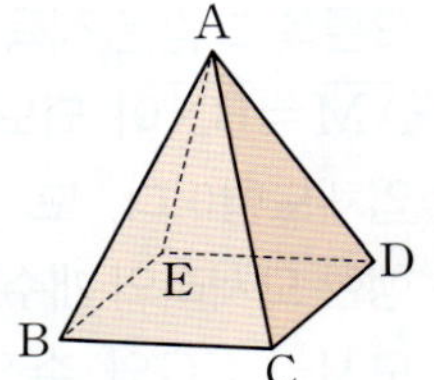

① $\overline{AB}$와 $\overline{ED}$는 한 점에서 만난다.
② $\overline{BC}$와 $\overline{AC}$는 꼬인 위치에 있다.
③ $\overline{AB}$와 $\overline{CD}$는 꼬인 위치에 있다.
④ $\overline{AC}$와 $\overline{AE}$는 서로 평행하다.
⑤ $\overline{BC}$와 $\overline{ED}$는 서로 평행하다.

05

다음 중 오른쪽 그림과 같은 직육면체에 대한 설명으로 옳지 <u>않은</u> 것은? [4점]

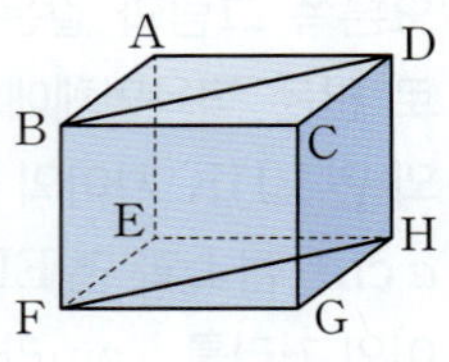

① 면 ABFE에 포함되는 모서리는 4개이다.
② 모서리 BC와 평행한 면은 2개이다.
③ 면 BFGC에 수직인 모서리는 4개이다.
④ $\overline{BD}$는 면 ABCD와 평행하다.
⑤ 평면 BFHD와 평행한 모서리는 2개이다.

06

오른쪽 그림과 같이 밑면이 정오각형인 오각기둥에서 면 FGHIJ와 수직인 면의 개수는? [3점]

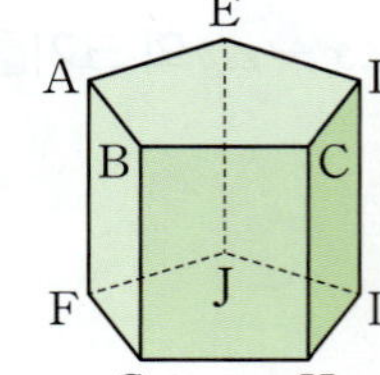

① 3　　　　　② 4
③ 5　　　　　④ 6
⑤ 7

07

다음 중 오른쪽 그림과 같은 전개도로 만든 삼각기둥에서 꼬인 위치에 있는 모서리끼리 짝 지은 것은? [4점]

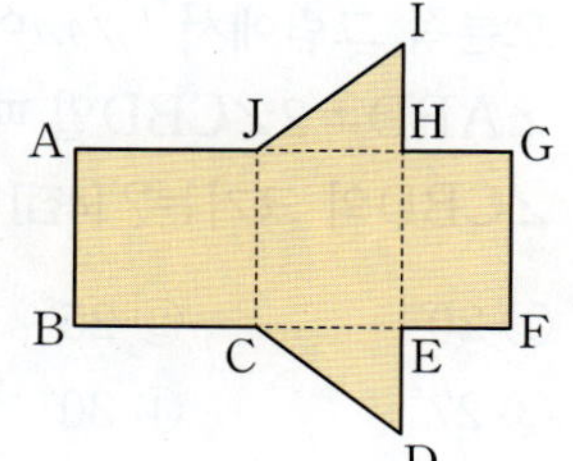

① $\overline{AB}$, $\overline{HE}$
② $\overline{IH}$, $\overline{HE}$
③ $\overline{CD}$, $\overline{GF}$
④ $\overline{IJ}$, $\overline{CD}$
⑤ $\overline{DE}$, $\overline{JH}$

08

다음 중 공간에서 항상 평행한 것은? [4점]

① 한 직선에 평행한 서로 다른 두 평면
② 한 직선과 수직인 서로 다른 두 직선
③ 한 평면에 평행한 서로 다른 두 평면
④ 한 평면에 평행한 서로 다른 두 직선
⑤ 한 평면과 수직인 서로 다른 두 평면

09

다음 중 공간에서 서로 다른 두 직선 l, m과 서로 다른 두 평면 P, Q의 위치 관계에 대한 설명으로 옳은 것은? [5점]

① $l \perp P$, $l \perp Q$이면 $P \perp Q$이다.
② $l \perp P$, $m \perp P$이면 $l \perp m$이다.
③ $l \perp P$, $l /\!/ m$이면 $P \perp m$이다.
④ $l /\!/ P$, $l /\!/ Q$이면 $P /\!/ Q$이다.
⑤ $l /\!/ P$, $m /\!/ P$이면 $l /\!/ m$이다.

10

오른쪽 그림과 같이 세 직선이 만날 때, $\angle a$의 모든 엇각의 크기의 합은? [3점]

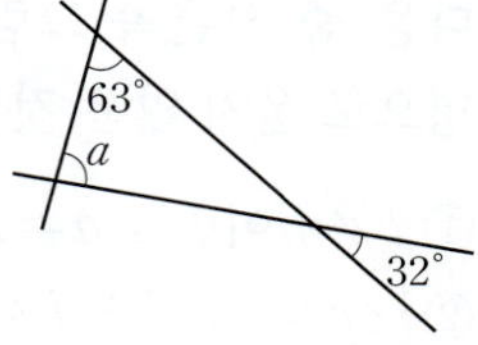

① $95°$
② $117°$
③ $148°$
④ $211°$
⑤ $265°$

11

오른쪽 그림에서 $l /\!/ m$일 때, $\angle x$의 크기는? [4점]

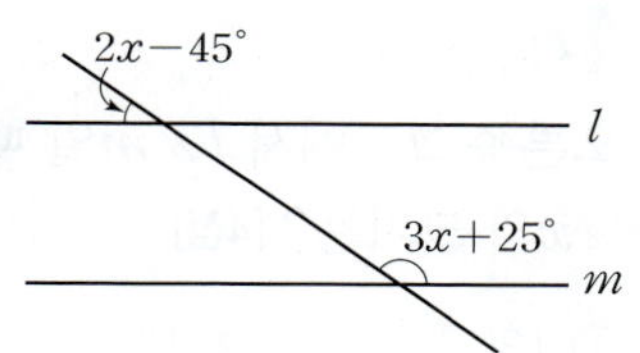

① $37°$
② $38°$
③ $39°$
④ $40°$
⑤ $41°$

12

오른쪽 그림에서 $l /\!/ m$, $k /\!/ n$일 때, $\angle x$의 크기는? [4점]

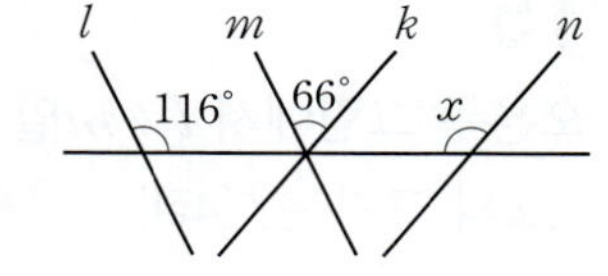

① $126°$
② $128°$
③ $130°$
④ $132°$
⑤ $134°$

13

다음 중 오른쪽 그림에 대한 설명으로 옳지 <u>않은</u> 것은? [3점]

① $l /\!/ m$이면 $\angle a = \angle g$이다.
② $\angle c = \angle e$이면 $l /\!/ m$이다.
③ $\angle b = \angle h$이면 $l /\!/ m$이다.
④ $\angle b = \angle d$이면 $l /\!/ m$이다.
⑤ $l /\!/ m$이면 $\angle a + \angle f = 180°$이다.

14

오른쪽 그림에서 $l /\!/ m$일 때, $\angle x$의 크기는? [4점]

① $13°$ ② $15°$
③ $17°$ ④ $20°$
⑤ $25°$

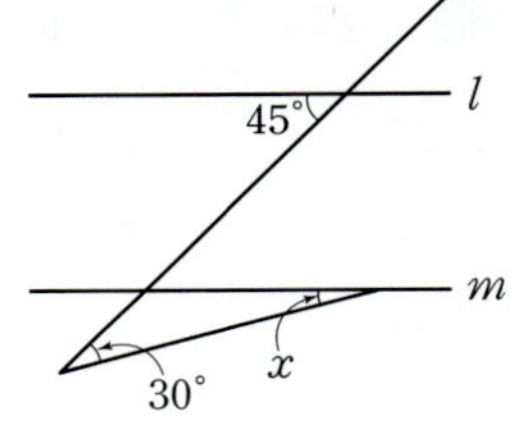

15

오른쪽 그림에서 $l /\!/ m$일 때, $\angle x$의 크기는? [4점]

① $94°$ ② $96°$
③ $98°$ ④ $100°$
⑤ $102°$

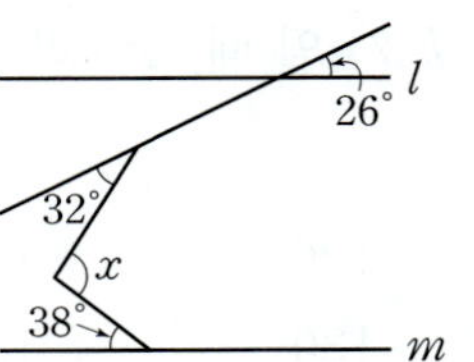

16

오른쪽 그림에서 $l /\!/ m$이고 $\angle ABD = 2\angle CBD$일 때, $\angle CBD$의 크기는? [4점]

① $20°$ ② $25°$
③ $27°$ ④ $30°$
⑤ $32°$

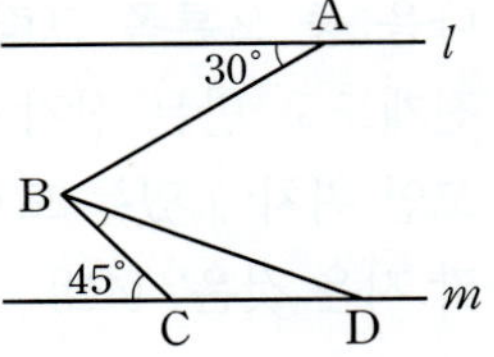

17

오른쪽 그림에서 $l /\!/ m$이고 $\angle PAB = \dfrac{2}{5}\angle PAC$, $\angle QCB = \dfrac{2}{5}\angle QCA$일 때, $\angle ABC$의 크기는? [5점]

① $52°$ ② $55°$ ③ $62°$
④ $65°$ ⑤ $72°$

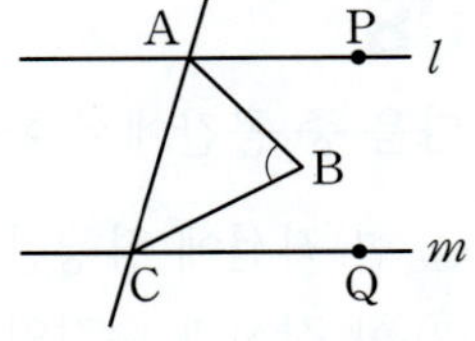

18

오른쪽 그림은 직사각형 모양의 종이를 접은 것이다. $\angle x + \angle y = 64°$일 때, $\angle B'PC'$의 크기는? [5점]

① $50°$ ② $51°$ ③ $52°$
④ $53°$ ⑤ $54°$

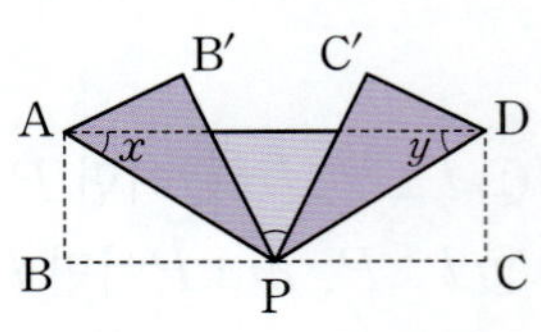

19

오른쪽 그림과 같이 밑면이 사
다리꼴인 사각기둥에서
면 ABFE와 수직인 면의 개
수를 a, 면 BFGC와 평행한
면의 개수를 b, 점 A와
면 BFGC 사이의 거리를 c cm라 할 때, $a+b+c$의 값
을 구하시오. [7점]

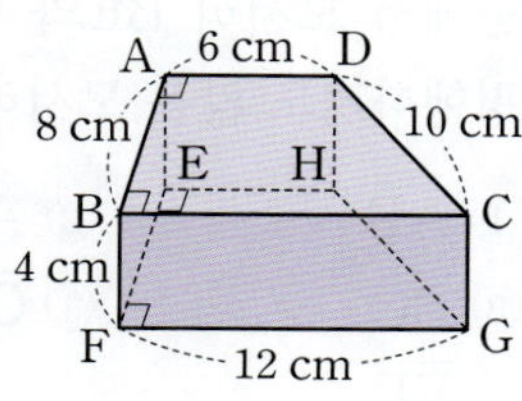

20

오른쪽 그림은 직육면체를 세 꼭
짓점 B, C, F를 지나는 평면으로
자른 입체도형이다. 모서리 BE와
수직으로 만나는 모서리의 개수
를 a, 모서리 CF와 꼬인 위치에
있는 모서리의 개수를 b라 할 때, $a+b$의 값을 구하시
오. [6점]

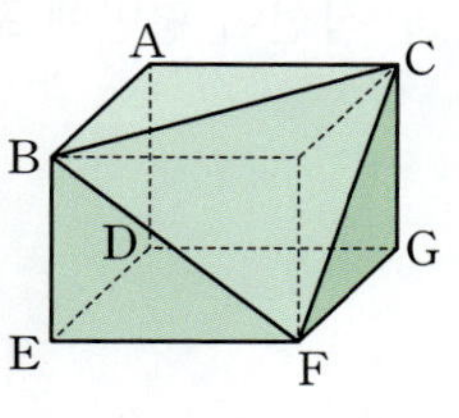

21

아래 그림과 같은 전개도로 정육면체를 만들었을 때, 다
음을 구하시오. [6점]

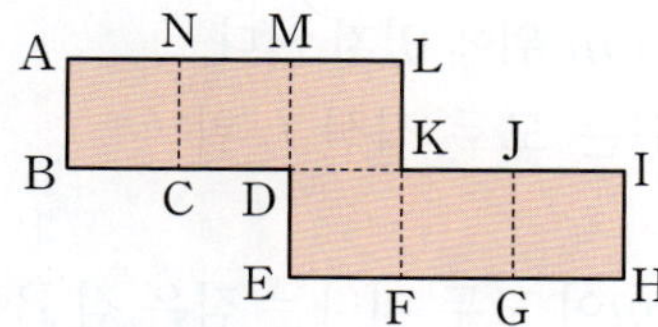

(1) 면 ABCN과 평행한 면의 개수 [3점]

(2) 모서리 AB와 꼬인 위치에 있는 모서리의 개수 [3점]

22

오른쪽 그림에서 $l /\!/ m$일 때,
$\angle x + \angle y$의 크기를 구하시오.

[4점]

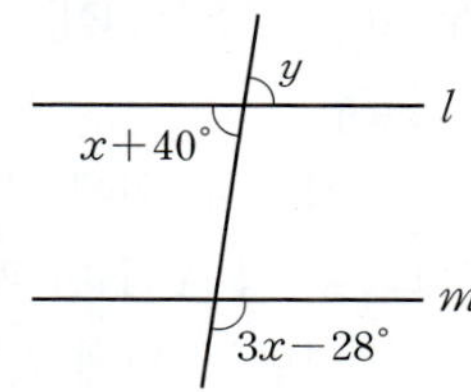

23

오른쪽 그림과 같이 직사각형 모
양의 종이를 선분 DE를 접는 선
으로 하여 접었을 때, $\angle x$의 크기
를 구하시오. [7점]

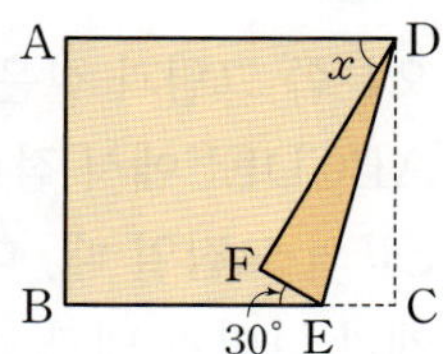

01

다음 중 오른쪽 그림에 대한 설명으로 옳지 <u>않은</u> 것은? [3점]

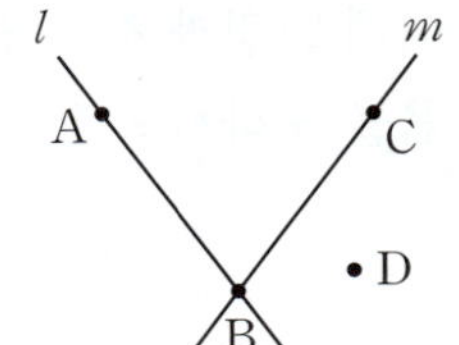

① 점 A는 직선 m 위에 있지 않다.
② 두 점 A, B는 모두 직선 l 위에 있다.
③ 두 직선 l, m이 모두 지나는 점은 점 B이다.
④ 점 C는 직선 m 위에 있지 않다.
⑤ 점 D는 두 직선 l, m 중 어느 직선 위에도 있지 않다.

02

오른쪽 그림과 같이 평면 P 위에 두 직선 l, m이 있을 때, 다음 중 5개의 점 A, B, C, D, E에 대한 설명으로 옳은 것을 모두 고른 것은? [4점]

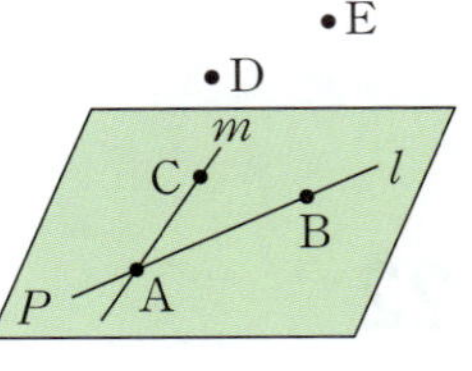

보기
ㄱ. 직선 m 위에 있지 않은 점은 3개이다.
ㄴ. 두 점 A, B만 평면 P 위에 있다.
ㄷ. 평면 P 위에 있지 않은 점은 점 D, 점 E이다.
ㄹ. 점 C는 평면 P 위에 있지만 직선 l 위에 있지 않다.

① ㄱ, ㄴ　　　② ㄴ, ㄷ　　　③ ㄷ, ㄹ
④ ㄱ, ㄴ, ㄷ　　　⑤ ㄱ, ㄷ, ㄹ

03

오른쪽 그림과 같은 정육각형 ABCDEF에서 점 O는 $\overline{AD}$, $\overline{BE}$, $\overline{CF}$의 교점일 때, 다음 중 위치 관계가 나머지 넷과 <u>다른</u> 하나는? [3점]

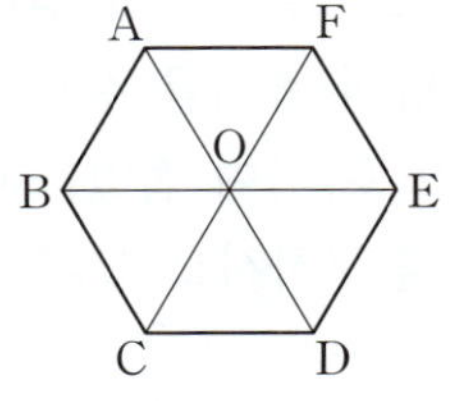

① $\overleftrightarrow{AB}$와 $\overleftrightarrow{CD}$　　② $\overleftrightarrow{AD}$와 $\overleftrightarrow{CF}$　　③ $\overleftrightarrow{BC}$와 $\overleftrightarrow{CO}$
④ $\overleftrightarrow{BC}$와 $\overleftrightarrow{EF}$　　⑤ $\overleftrightarrow{DO}$와 $\overleftrightarrow{AF}$

04

다음 중 오른쪽 그림과 같은 삼각기둥에서 모서리 BE와 만나지도 않고 평행하지도 않은 모서리는? [3점]

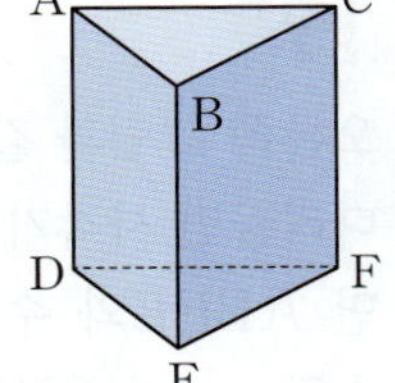

① $\overline{AB}$　　　② $\overline{AC}$
③ $\overline{BC}$　　　④ $\overline{CF}$
⑤ $\overline{EF}$

05

다음 중 공간에서 직선과 평면의 위치 관계가 될 수 <u>없는</u> 것은? [3점]

① 평행하다.
② 수직이다.
③ 꼬인 위치에 있다.
④ 한 점에서 만난다.
⑤ 직선이 평면에 포함된다.

06

오른쪽 그림과 같은 직육면체에서 면 AEHD와 만나지 않는 면의 개수를 a, 면 AEHD와 수직인 면의 개수를 b라 할 때, $a+b$의 값은? [4점]

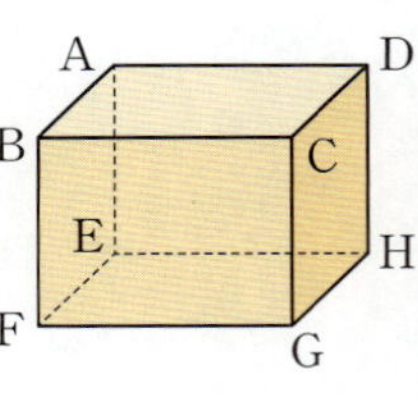

① 3　　　② 4　　　③ 5
④ 6　　　⑤ 7

07

오른쪽 그림과 같은 전개도를 접어서 만든 정육면체에서 $\overline{NL}$과의 위치 관계가 나머지 넷과 다른 하나는? [4점]

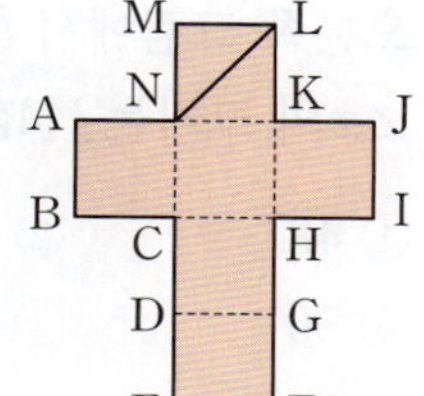

① $\overline{BC}$ 　② $\overline{CH}$
③ $\overline{DG}$ 　④ $\overline{HI}$
⑤ $\overline{KJ}$

08

다음 중 공간에서 서로 다른 세 직선 l, m, n에 대한 설명으로 옳은 것은? [4점]

① $l /\!/ m$, $m \perp n$이면 $l /\!/ n$이다.
② $l /\!/ m$, $m /\!/ n$이면 $l /\!/ n$이다.
③ $l /\!/ m$, $l \perp n$이면 두 직선 m, n은 한 점에서 만난다.
④ $l \perp m$, $m /\!/ n$이면 $l /\!/ n$이다.
⑤ $l \perp m$, $l \perp n$이면 두 직선 m, n은 꼬인 위치에 있다.

09

다음 중 공간에서 서로 다른 두 직선 l, m과 서로 다른 세 평면 P, Q, R의 위치 관계에 대한 설명으로 옳은 것을 모두 고르면? (정답 2개) [5점]

① $l /\!/ P$, $m \perp P$이면 $l /\!/ m$이다.
② $l \perp P$, $l /\!/ Q$이면 $P \perp Q$이다.
③ $P /\!/ Q$, $Q /\!/ R$이면 $P /\!/ R$이다.
④ $P /\!/ Q$, $P \perp R$이면 $Q /\!/ R$이다.
⑤ $P \perp Q$, $P \perp R$이면 $Q \perp R$이다.

10

오른쪽 그림과 같이 서로 다른 두 직선이 다른 한 직선과 만날 때, 다음 중 옳지 <u>않은</u> 것은? [3점]

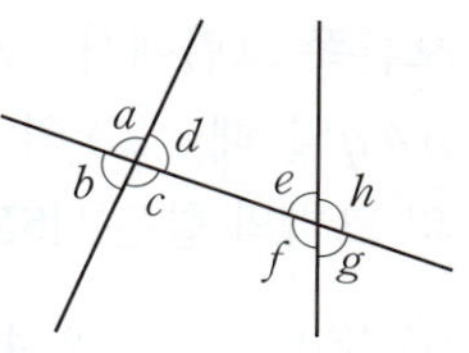

① $\angle b$의 동위각은 $\angle f$이다.
② $\angle c$의 엇각은 $\angle e$이다.
③ $\angle a$의 맞꼭지각의 동위각은 $\angle g$이다.
④ $\angle e$의 맞꼭지각의 동위각은 $\angle c$이다.
⑤ $\angle h$의 맞꼭지각의 엇각은 $\angle c$이다.

11

오른쪽 그림에서 $\overrightarrow{AB} /\!/ \overrightarrow{CD}$, $\overrightarrow{ED} /\!/ \overrightarrow{FG}$일 때, $\angle CDE$의 크기는? [4점]

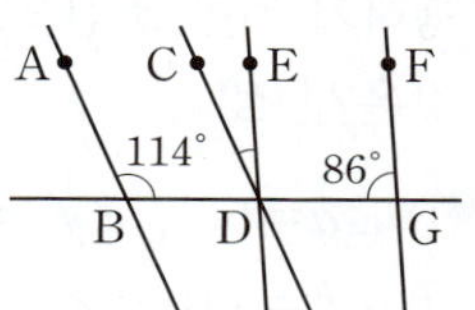

① $13°$ 　② $15°$
③ $20°$ 　④ $21°$
⑤ $25°$

12

오른쪽 그림에서 $\overline{AB} /\!/ \overline{CD}$, $\overline{BC} /\!/ \overline{DE}$이고 $\angle DEC = 98°$일 때, $\angle x + \angle y$의 크기는? [4점]

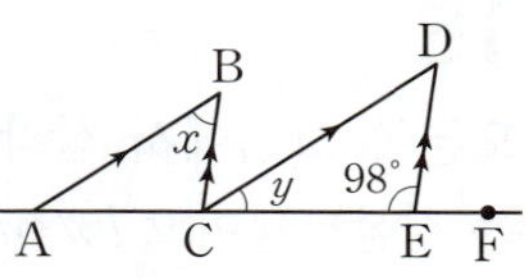

① $80°$ 　② $82°$
③ $86°$ 　④ $92°$
⑤ $98°$

13

오른쪽 그림에서 $l\,/\!/\,m$, $p\,/\!/\,q$일 때, $\angle x$의 모든 엇각의 크기의 합은? [5점]

① 480° ② 482°
③ 484° ④ 486°
⑤ 490°

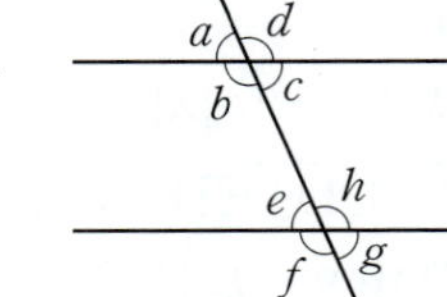

14

다음 중 두 직선 l, m이 서로 평행하기 위한 조건으로 옳지 <u>않은</u> 것은? [4점]

① $\angle a = 53°$, $\angle f = 127°$
② $\angle b = 110°$, $\angle f = 110°$
③ $\angle b = 118°$, $\angle g = 62°$
④ $\angle c = 58°$, $\angle e = 58°$
⑤ $\angle c = 65°$, $\angle h = 110°$

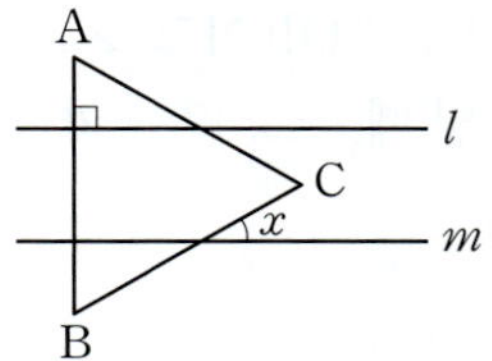

15

오른쪽 그림에서 삼각형 ABC는 정삼각형이고 $l\,/\!/\,m$일 때, $\angle x$의 크기는? [4점]

① 20° ② 25°
③ 30° ④ 35°
⑤ 40°

16

오른쪽 그림에서 $l\,/\!/\,m$일 때, $\angle x$의 크기는? [4점]

① 48° ② 49°
③ 50° ④ 51°
⑤ 52°

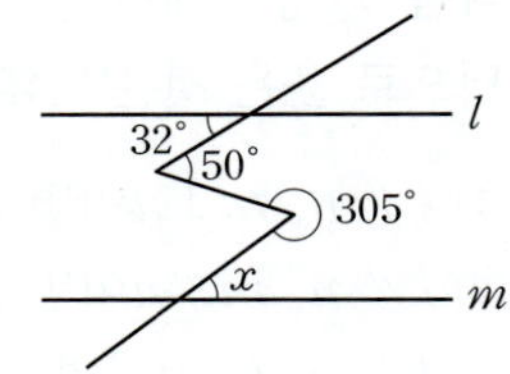

17

오른쪽 그림에서 $l\,/\!/\,m$일 때, $\angle x$의 크기는? [4점]

① 37° ② 38°
③ 39° ④ 40°
⑤ 41°

18

오른쪽 그림에서 $l\,/\!/\,m\,/\!/\,n$이고, $\angle BAD = \angle DAE = \angle EAF$, $\angle BCD = \angle DCE = \angle ECG$이다. $\angle ABC = 154°$일 때, $\angle ADC + \angle AEC$의 크기는? [5점]

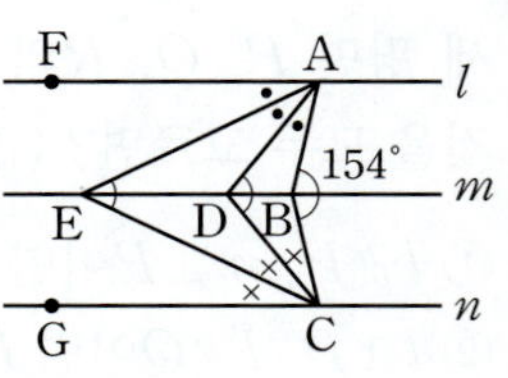

① 144° ② 148° ③ 150°
④ 154° ⑤ 158°

서술형

19

오른쪽 그림은 직육면체에서 삼각기둥을 잘라 내고 남은 입체도형이다. 모서리 DK와 평행한 모서리의 개수를 a, 모서리 CD와 꼬인 위치에 있는 모서리의 개수를 b라 할 때, a, b의 값을 각각 구하시오. [4점]

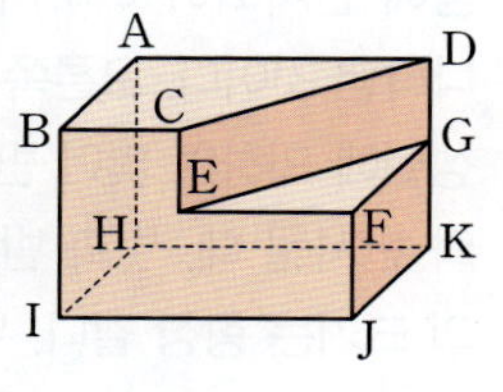

20

오른쪽 그림에서 $l /\!/ m$, $p /\!/ q$일 때, $\angle x + \angle y + \angle z$의 크기를 구하시오. [7점]

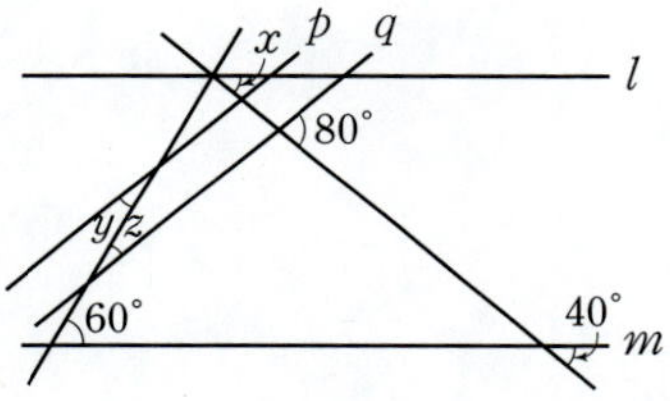

21

오른쪽 그림에서 $l /\!/ m$일 때, $\angle x$의 크기를 구하시오. [6점]

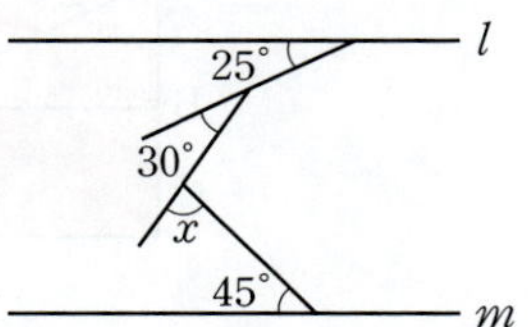

22

오른쪽 그림에서 $l /\!/ m$이고 삼각형 ABC는 $\overline{AB} = \overline{AC}$인 이등변삼각형일 때, $\angle x$의 크기를 구하시오. [6점]

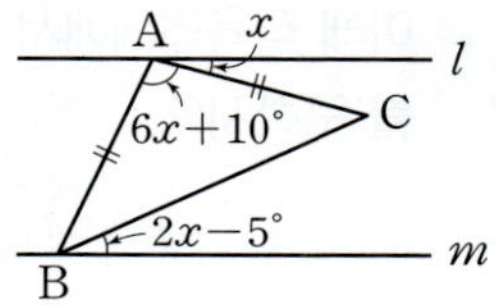

23

오른쪽 그림과 같이 직사각형 모양의 종이 ABCD를 $\overline{AC}$를 접는 선으로 하여 접었을 때, $\angle x + \angle y$의 크기를 구하시오.

[7점]

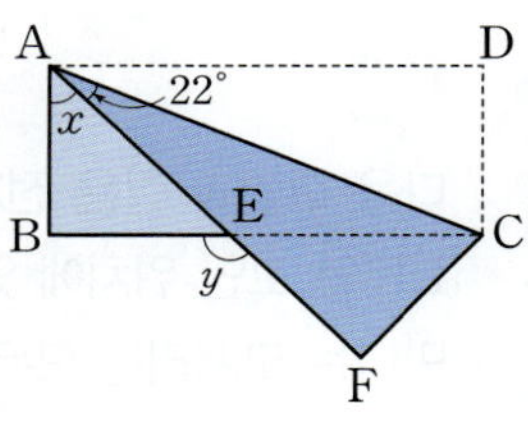

교과서 **속** 특이 문제

중학교 수학 교과서 전체를 분석한 **교과서별 출제 예상 문제**예요!

01 〔동아 변형〕

아래 직육면체에서 다음 조건을 모두 만족시키는 모서리를 구하시오.

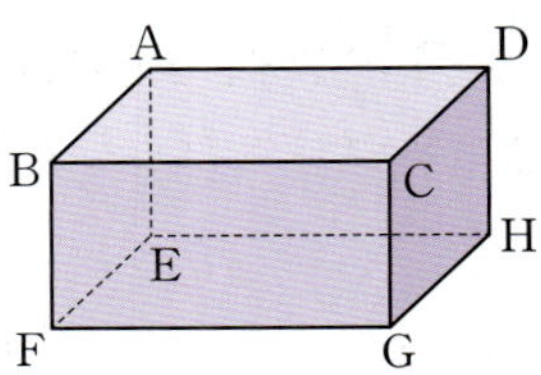

> (가) 모서리 BC와 꼬인 위치에 있다.
> (나) 면 ABCD와 만나지 않는다.
> (다) 모서리 BF와 만나지 않는다.

02 〔천재 변형〕

다음 그림과 같은 전개도로 정육면체를 만들 때, 모서리 LK와 꼬인 위치에 있고 동시에 면 ABCN과 수직으로 만나는 모서리는 모두 몇 개인지 구하시오.

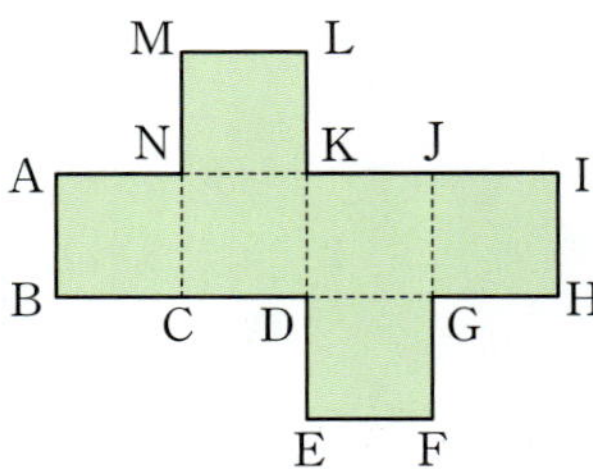

03 〔비상 변형〕

다음 그림은 스마트폰의 카메라 렌즈에서 빛이 두 프리즘에 반사되어 이미지 센서에 도달하는 경로를 간단히 나타낸 것이다. 오른쪽 그림과 같이 빛의 성질에 의하여 빛이 반사면에 들어갈 때와 반사될 때, 빛과 반사면이 이루는 각의 크기는 항상 같다. 두 프리즘의 반사면이 서로 평행할 때, $\angle x$의 크기를 구하시오.

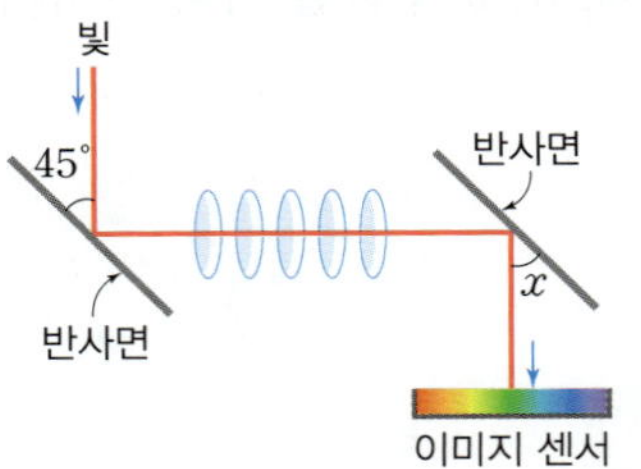

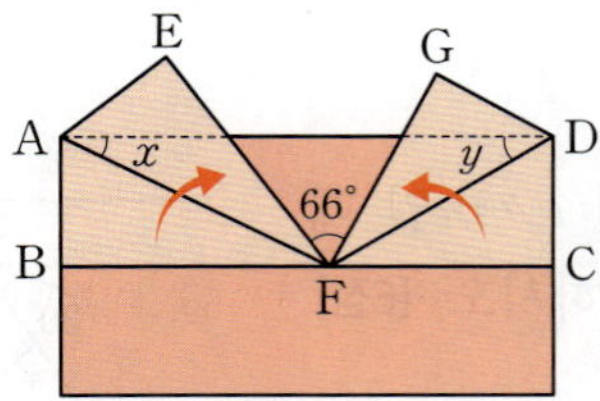

04 〔지학사 변형〕

하은이는 친구의 생일 선물에 붙일 리본을 만들기 위해 정사각형 모양의 색종이를 다음 그림과 같이 $\overline{BC}$에 맞추어 접은 다음 $\overline{AF}$와 $\overline{DF}$를 접는 선으로 하여 접었다. $\angle EFG = 66°$일 때, $\angle x + \angle y$의 크기를 구하시오.

① 기본 도형

② 위치 관계와 평행선의 성질

③

3

작도와 합동

C 단원별로 학습 계획을 세워 실천해 보세요.

학습 날짜	월 일	월 일	월 일	월 일
학습 계획				
학습 실행도	0　　　　100	0　　　　100	0　　　　100	0　　　　100
자기 반성				

3 작도와 합동

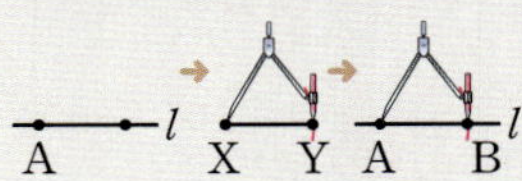

개념 Check

1 작도에 대한 다음 설명 중 옳은 것에는 ○표, 옳지 않은 것에는 ×표를 하시오.

(1) 선분의 길이를 재어 옮길 때, 눈금 없는 자를 사용한다. (　　)

(2) 각의 크기를 잴 때, 각도기를 사용한다. (　　)

(3) 원을 그릴 때, 컴퍼스를 사용한다. (　　)

2 다음 그림은 $\overline{XY}$와 길이가 같은 $\overline{AB}$를 작도하는 과정이다. □ 안에 알맞은 것을 써넣으시오.

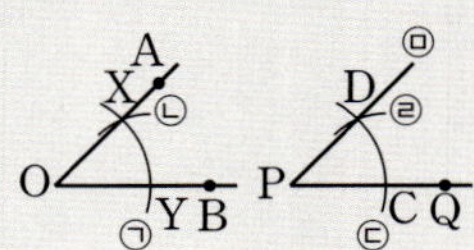

❶ 자로 직선 l을 긋고 그 위에 점 □를 잡는다.
❷ 컴퍼스를 사용하여 □의 길이를 잰다.
❸ 점 □를 중심으로 하고 반지름의 길이가 □인 원을 그려 직선 l과의 교점을 □라 한다.

3 다음 그림은 ∠AOB와 크기가 같은 ∠DPC를 작도하는 과정이다. 작도 순서를 나열하시오.

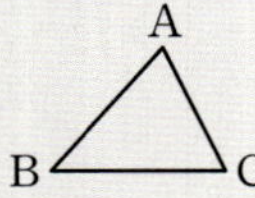

4 오른쪽 그림과 같은 △ABC에서 다음을 구하시오.

(1) ∠B의 대변

(2) $\overline{AC}$의 대각

1 작도

눈금 없는 자와 컴퍼스만을 사용하여 도형을 그리는 것을 **작도**라 한다.

(1) **눈금 없는 자** : 두 점을 이어 선분을 그리거나 선분을 연장하는 데 사용한다.

(2) **컴퍼스** : 원을 그리거나 주어진 선분의 길이를 재어 옮기는 데 사용한다.

2 길이가 같은 선분의 작도

선분 AB와 길이가 같은 선분 PQ를 작도하는 방법은 다음과 같다.

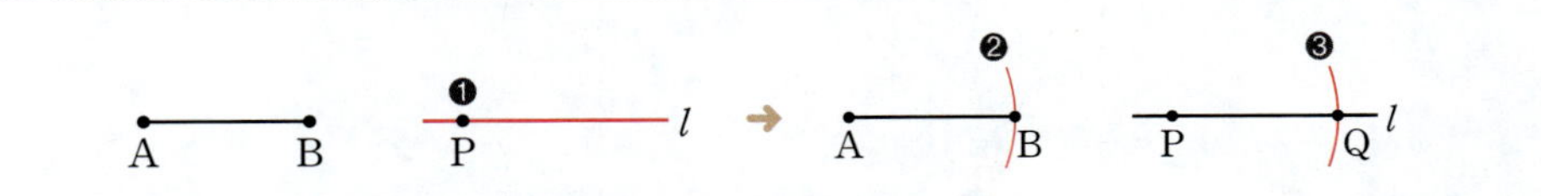

❶ 눈금 없는 자를 사용하여 직선 l을 긋고, 그 위에 한 점 P를 잡는다.
❷ 컴퍼스를 사용하여 $\overline{AB}$의 길이를 잰다.
❸ 점 P를 중심으로 하고 반지름의 길이가 $\overline{AB}$인 원을 그려 직선 l과의 교점을 Q라 하면 $\overline{PQ}=\overline{AB}$이다.

3 크기가 같은 각의 작도

∠XOY와 크기가 같고 $\overrightarrow{PQ}$를 한 변으로 하는 ∠DPC를 작도하는 방법은 다음과 같다.

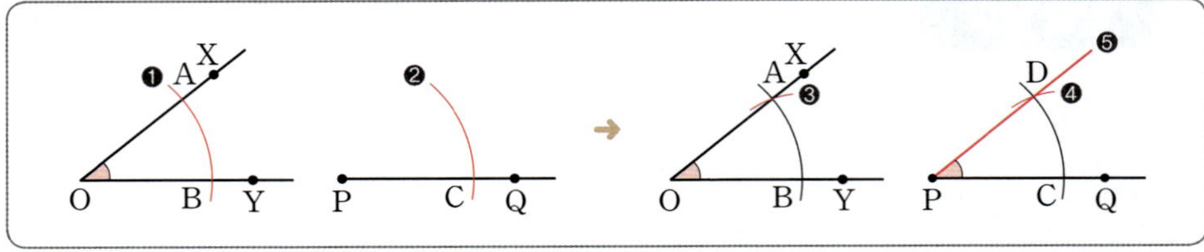

❶ 점 O를 중심으로 하는 원을 그려 $\overrightarrow{OX}$, $\overrightarrow{OY}$와의 교점을 각각 A, B라 한다.
❷ 점 P를 중심으로 하고 반지름의 길이가 $\overline{OA}$인 원을 그려 $\overrightarrow{PQ}$와의 교점을 C라 한다.
❸ 컴퍼스를 사용하여 $\overline{AB}$의 길이를 잰다.
❹ 점 C를 중심으로 하고 반지름의 길이가 $\overline{AB}$인 원을 그려 ❷에서 그린 원과의 교점을 D라 한다.
❺ 두 점 P와 D를 지나는 $\overrightarrow{PD}$를 그으면 ∠DPC＝∠XOY이다.

4 삼각형

(1) **삼각형 ABC** : 세 꼭짓점이 A, B, C인 삼각형　[기호] △ABC

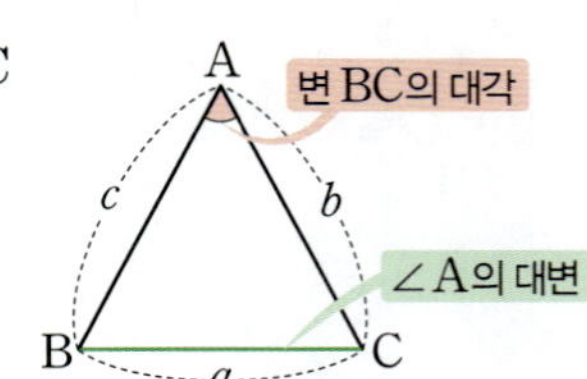

(2) 대변과 대각

　① **대변** : 한 각과 마주 보는 변

　② **대각** : 한 변과 마주 보는 각

(3) 삼각형의 세 변의 길이 사이의 관계

　삼각형에서 한 변의 길이는 나머지 두 변의 길이의 합보다 작다.

　[참고] 세 변의 길이가 주어질 때, 삼각형을 만들 수 있는 조건
　→ (가장 긴 변의 길이)＜(나머지 두 변의 길이의 합)

5 삼각형의 작도

다음과 같은 세 가지 경우에 삼각형을 하나로 작도할 수 있다. ← 삼각형이 하나로 정해지는 조건과 같다.

(1) 세 변의 길이가 주어질 때

(2) 두 변의 길이와 그 끼인각의 크기가 주어질 때

(3) 한 변의 길이와 그 양 끝 각의 크기가 주어질 때

참고 다음의 각 경우에는 삼각형이 하나로 정해지지 않는다.

(1) 가장 긴 변의 길이가 나머지 두 변의 길이의 합보다 크거나 같을 때

→ 삼각형이 그려지지 않는다.

(2) 두 변의 길이와 그 끼인각이 아닌 다른 한 각의 크기가 주어질 때

→ 삼각형이 그려지지 않거나 1개 또는 2개가 그려진다.

(3) 세 각의 크기가 주어질 때

→ 삼각형이 무수히 많이 그려진다.

6 도형의 합동

(1) **합동** : 모양과 크기가 같은 두 도형을 포개었을 때, 완전히 겹쳐지면 이 두 도형은 서로 합동이라 한다. △ABC와 △DEF가 서로 합동일 때, 이것을 기호 ≡를 사용하여 △ABC≡△DEF와 같이 나타낸다.

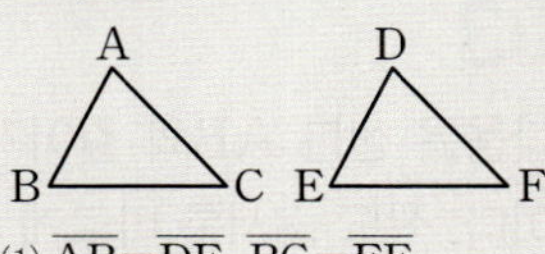

$$\triangle ABC \equiv \triangle DEF$$
대응점의 순서를 맞추어 쓴다.

참고 서로 합동인 두 도형을 포개었을 때, 겹쳐지는 꼭짓점과 꼭짓점, 변과 변, 각과 각은 각각 서로 대응한다고 한다.

(2) **합동인 도형의 성질**

두 도형이 서로 합동이면

① 대응변의 길이는 각각 같다.

② 대응각의 크기는 각각 같다.

7 삼각형의 합동 조건

삼각형의 합동 조건 : 두 삼각형 ABC와 DEF는 다음의 각 경우에 서로 합동이다.

(1) 대응하는 세 변의 길이가 각각 같을 때 (SSS 합동)

→ $\overline{AB}=\overline{DE}$, $\overline{BC}=\overline{EF}$, $\overline{CA}=\overline{FD}$

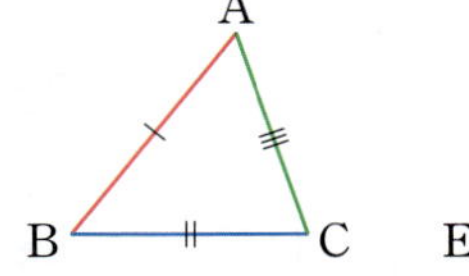

(2) 대응하는 두 변의 길이가 각각 같고, 그 끼인각의 크기가 같을 때 (SAS 합동)

→ $\overline{AB}=\overline{DE}$, $\overline{BC}=\overline{EF}$, $\angle B=\angle E$

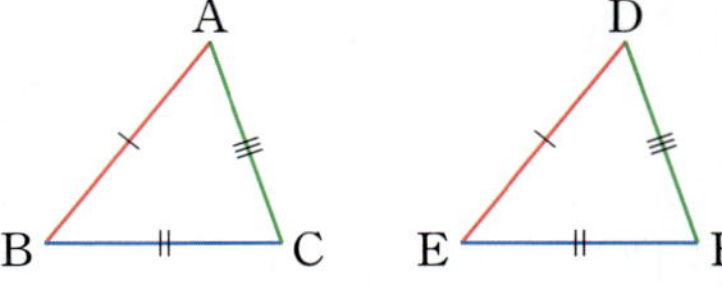

(3) 대응하는 한 변의 길이가 같고, 그 양 끝 각의 크기가 각각 같을 때 (ASA 합동)

→ $\overline{BC}=\overline{EF}$, $\angle B=\angle E$, $\angle C=\angle F$

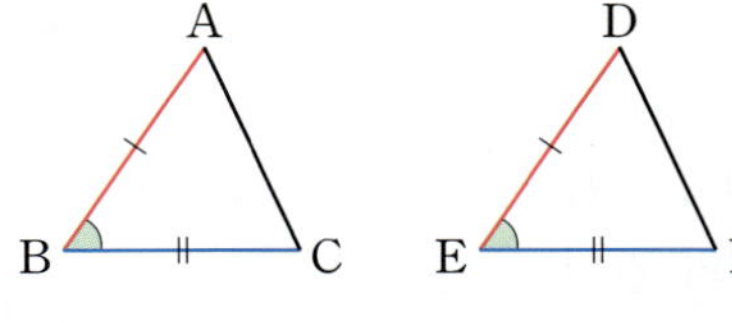

---

5 다음 중 삼각형의 세 변의 길이가 될 수 있는 것에는 ○표, 될 수 없는 것에는 ×표를 하시오.

(1) 4 cm, 6 cm, 10 cm　(　)

(2) 3 cm, 7 cm, 8 cm　(　)

6 다음 중 △ABC가 하나로 정해지는 것에는 ○표, 정해지지 않는 것에는 ×표를 하시오.

(1) $\overline{AB}=6$ cm, $\overline{BC}=3$ cm, $\overline{CA}=8$ cm　(　)

(2) $\overline{BC}=5$ cm, $\overline{CA}=4$ cm, $\angle B=30°$　(　)

(3) $\angle A=50°$, $\angle B=95°$, $\angle C=35°$　(　)

(4) $\overline{BC}=7$ cm, $\angle B=30°$, $\angle C=20°$　(　)

7 합동에 대한 다음 설명 중 옳은 것에는 ○표, 옳지 않은 것에는 ×표를 하시오.

(1) 합동인 두 도형의 대응변의 길이는 같다.　(　)

(2) 넓이가 같은 두 도형은 서로 합동이다.　(　)

(3) 반지름의 길이가 같은 두 원은 서로 합동이다.　(　)

8 다음 중 △ABC와 △DEF가 서로 합동이면 ○표, 합동이 아니면 ×표를 하시오.

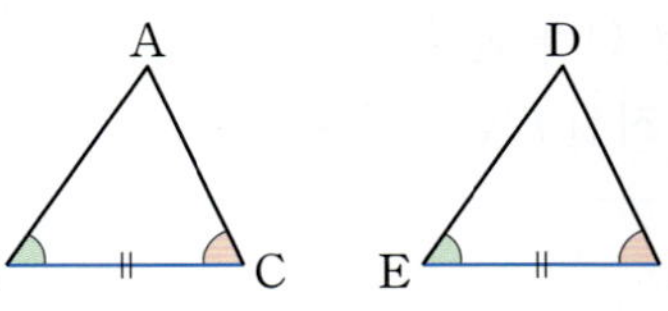

(1) $\overline{AB}=\overline{DE}$, $\overline{BC}=\overline{EF}$, $\overline{AC}=\overline{DF}$　(　)

(2) $\overline{AB}=\overline{DE}$, $\overline{AC}=\overline{DF}$, $\angle B=\angle E$　(　)

(3) $\angle A=\angle D$, $\angle B=\angle E$, $\overline{AB}=\overline{DE}$　(　)

(4) $\angle A=\angle D$, $\angle B=\angle E$, $\angle C=\angle F$　(　)

유형 01 작도

01

다음 **보기** 중 작도에 대한 설명으로 옳은 것을 모두 고른 것은?

> **보기**
>
> ㄱ. 작도할 때는 눈금 있는 자와 컴퍼스만을 사용한다.
> ㄴ. 선분을 연장할 때는 눈금 없는 자를 사용한다.
> ㄷ. 두 선분의 길이를 비교할 때는 눈금 없는 자를 사용한다.
> ㄹ. 주어진 선분의 길이를 다른 직선 위로 옮길 때는 컴퍼스를 사용한다.
> ㅁ. 주어진 각과 크기가 같은 각을 작도할 때는 각도기를 사용한다.

① ㄱ, ㄴ 　② ㄴ, ㄷ 　③ ㄴ, ㄹ
④ ㄱ, ㄷ, ㅁ 　⑤ ㄴ, ㄹ, ㅁ

02

다음 중 작도할 때 컴퍼스의 용도로 옳은 것을 모두 고르면?

(정답 2개)

① 원을 그린다.
② 각의 크기를 측정한다.
③ 선분의 길이를 연장한다.
④ 선분의 길이를 재어서 옮긴다.
⑤ 두 점을 연결하여 선분을 그린다.

유형 02 도형의 작도

03

다음은 선분 AB와 길이가 같은 선분 PQ를 작도하는 과정이다. 작도 순서를 바르게 나열하시오.

> ㉠ 컴퍼스를 사용하여 선분 AB의 길이를 잰다.
> ㉡ 점 P를 중심으로 하고 반지름의 길이가 선분 AB인 원을 그려 직선 l과의 교점을 Q라 한다.
> ㉢ 눈금 없는 자로 점 P를 지나는 직선 l을 그린다.

04

다음 그림과 같이 선분 AB를 점 B의 방향으로 연장한 반직선 위에 $\overline{AC}=3\overline{AB}$인 점 C를 작도하려고 할 때, 필요한 작도 도구는?

① 각도기　　　　② 삼각자
③ 컴퍼스　　　　④ 눈금 없는 자
⑤ 눈금 있는 자

05

아래 그림은 ∠XOY와 크기가 같은 각을 반직선 PQ를 한 변으로 하여 작도한 것이다. 다음 물음에 답하시오.

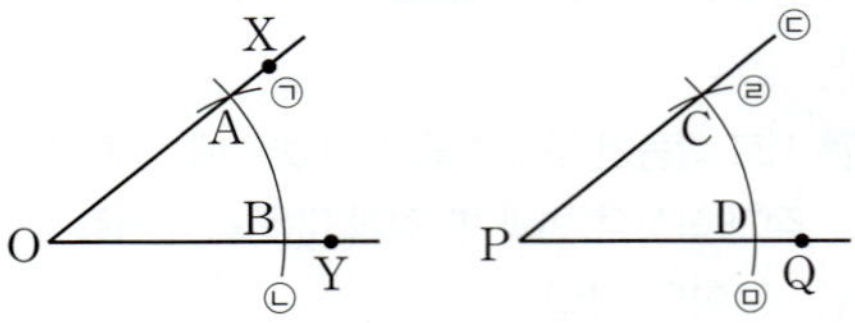

(1) 작도 순서를 바르게 나열하시오.

(2) $\overline{OA}$와 길이가 같은 선분을 **보기**에서 모두 찾아 쓰시오.

> **보기**
>
> $\overline{OB}, \quad \overline{AB}, \quad \overline{PC}, \quad \overline{PD}, \quad \overline{CD}$

06 내신 빈출

오른쪽 그림은 직선 l 위에 있지 않은 한 점 P를 지나고 직선 l과 평행한 직선을 작도한 것이다. 다음 중 옳지 **않은** 것은?

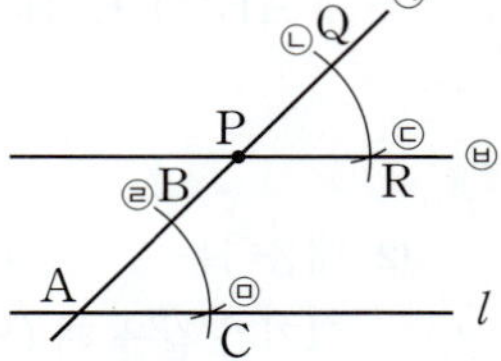

① $\overline{AB}=\overline{PR}$
② $\overline{BC}=\overline{QR}$
③ $\overline{PQ}=\overline{QR}$
④ ∠BAC=∠QPR
⑤ ㉠ ➡ ㉣ ➡ ㉡ ➡ ㉤ ➡ ㉢ ➡ ㉥ 순서로 작도된다.

07

오른쪽 그림은 직선 l 위에 있지 않은 한 점 P를 지나고 직선 l과 평행한 직선 m을 작도한 것이다. 다음 중 작도할 때 이용한 성질로 옳은 것은?

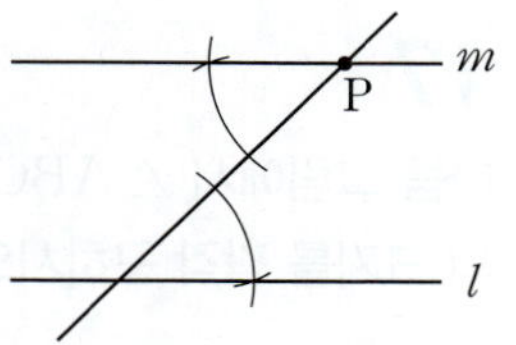

① 맞꼭지각의 크기는 서로 같다.
② 한 직선에 평행한 두 직선은 서로 평행하다.
③ 한 직선에 수직인 두 직선은 서로 평행하다.
④ 엇각의 크기가 같으면 두 직선은 서로 평행하다.
⑤ 동위각의 크기가 같으면 두 직선은 서로 평행하다.

08

오른쪽 그림은 직선 l 위에 있지 않은 한 점 P를 지나고 직선 l과 평행한 직선 m을 작도한 것이다. 다음 중 옳지 <u>않은</u> 것은?

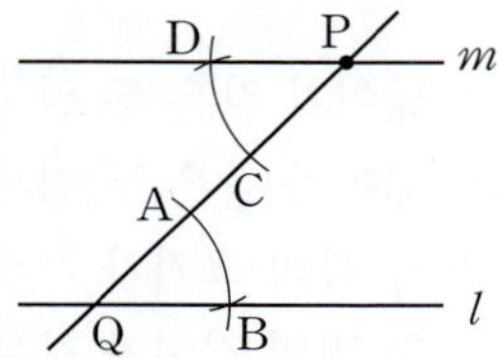

① $\overline{QA}=\overline{QB}$
② $\overline{PC}=\overline{PD}$
③ $\overline{AB}=\overline{CD}$
④ $\angle CPD=\angle CDP$
⑤ $\overline{QA}=\overline{PC}$

09

다음 중 삼각형의 세 변의 길이가 될 수 <u>없는</u> 것을 모두 고르면? (정답 2개)

① 3 cm, 3 cm, 4 cm
② 3 cm, 4 cm, 7 cm
③ 4 cm, 5 cm, 6 cm
④ 4 cm, 5 cm, 10 cm
⑤ 5 cm, 6 cm, 10 cm

10

삼각형의 세 변의 길이가 3 cm, 8 cm, x cm일 때, 다음 중 x의 값이 될 수 있는 것을 모두 고르면? (정답 2개)

① 4
② 5
③ 6
④ 10
⑤ 11

11

삼각형의 세 변의 길이가 x cm, $(x-2)$ cm, $(x+3)$ cm 일 때, 다음 중 x의 값이 될 수 <u>없는</u> 것은?

① 5
② 6
③ 7
④ 8
⑤ 9

12 실수 주의

다음 그림은 두 변 AB, AC의 길이와 $\angle A$의 크기가 주어졌을 때, $\triangle ABC$를 작도하는 과정이다. 작도 순서에 맞게 □ 안에 알맞은 것을 써넣으시오.

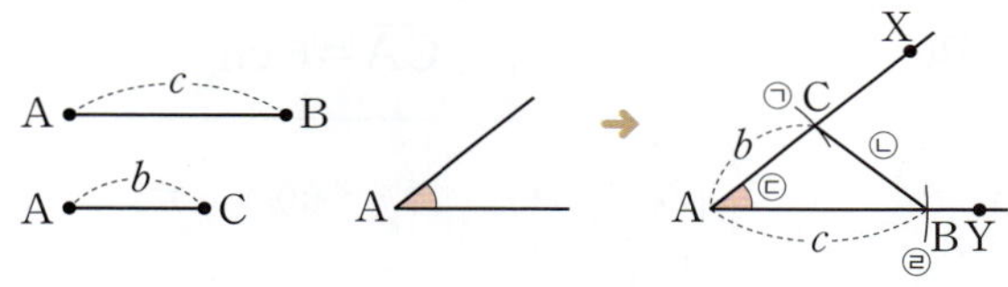

□ → ㉣ → □ → □

13

오른쪽 그림과 같이 $\overline{AB}$의 길이와 $\angle A$, $\angle B$의 크기가 각각 주어졌을 때, 다음 중 $\triangle ABC$의 작도 순서로 옳지 <u>않은</u> 것은?

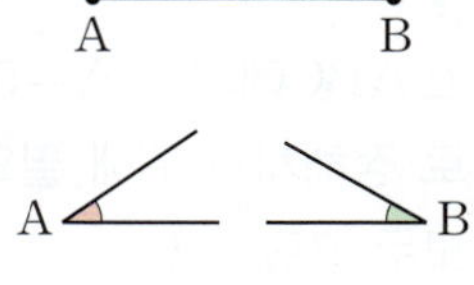

① $\overline{AB}$ → $\angle A$ → $\angle B$
② $\overline{AB}$ → $\angle B$ → $\angle A$
③ $\angle A$ → $\overline{AB}$ → $\angle B$
④ $\angle A$ → $\angle B$ → $\overline{AB}$
⑤ $\angle B$ → $\overline{AB}$ → $\angle A$

유형 05 삼각형이 하나로 정해질 조건 ✏ 최다빈출

14 내신 빈출

다음 중 △ABC가 하나로 정해지지 <u>않는</u> 것을 모두 고르면? (정답 2개)

① $\overline{AB}=4$ cm, $\overline{BC}=5$ cm, $\overline{CA}=10$ cm
② $\overline{AB}=4$ cm, $\overline{BC}=5$ cm, $\angle B=50°$
③ $\overline{AB}=5$ cm, $\angle A=50°$, $\angle B=60°$
④ $\overline{AB}=5$ cm, $\angle A=50°$, $\angle C=70°$
⑤ $\angle A=50°$, $\angle B=60°$, $\angle C=70°$

15

△ABC에서 $\overline{AB}=7$ cm, $\angle A=45°$일 때, △ABC가 하나로 정해지기 위해 필요한 나머지 한 조건을 다음 **보기**에서 모두 고른 것은?

> **보기**
> ㄱ. $\angle B=135°$ ㄴ. $\angle C=70°$
> ㄷ. $\overline{BC}=6$ cm ㄹ. $\overline{CA}=6$ cm

① ㄱ, ㄷ ② ㄱ, ㄹ ③ ㄴ, ㄷ
④ ㄴ, ㄹ ⑤ ㄷ, ㄹ

16 실수 주의

△ABC에서 $\angle A=55°$, $\angle B=65°$일 때, △ABC가 하나로 정해지기 위해 필요한 나머지 한 조건을 다음 **보기**에서 모두 고르시오.

> **보기**
> ㄱ. $\overline{AB}=6$ cm ㄴ. $\overline{BC}=8$ cm
> ㄷ. $\overline{CA}=9$ cm ㄹ. $\angle C=60°$

유형 06 도형의 합동

17

다음 그림에서 △ABC≡△PQR일 때, $\overline{PR}$의 길이와 $\angle Q$의 크기를 각각 구하시오.

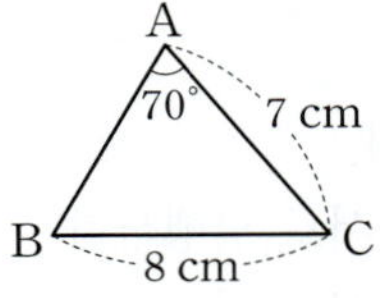
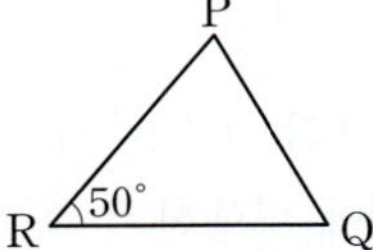

18 내신 빈출

다음 중 두 도형이 항상 합동인 것을 모두 고르면?

(정답 2개)

① 넓이가 같은 두 원
② 넓이가 같은 두 직사각형
③ 세 각의 크기가 각각 같은 두 삼각형
④ 한 변의 길이가 같은 두 마름모
⑤ 둘레의 길이가 같은 두 정사각형

19

아래 그림에서 사각형 ABCD와 사각형 PQRS가 서로 합동일 때, 다음 중 옳지 <u>않은</u> 것은?

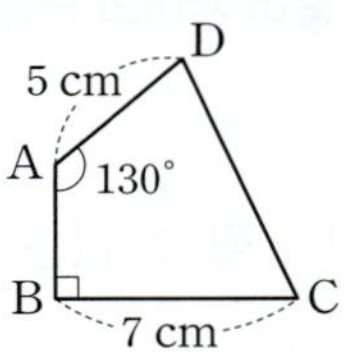
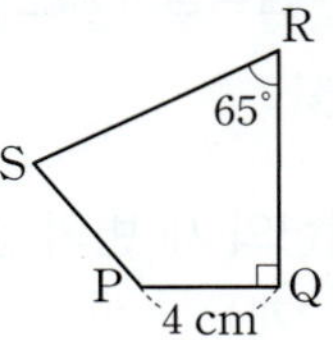

① $\overline{AB}=4$ cm ② $\overline{QR}=7$ cm
③ $\angle P=130°$ ④ $\angle C=65°$
⑤ $\angle D=65°$

유형 07 합동인 삼각형 찾기

20

다음 **보기**에서 오른쪽 그림의 삼각형과
합동인 삼각형을 고르시오.

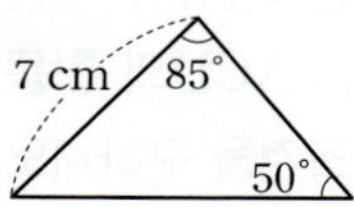

• 보기 •

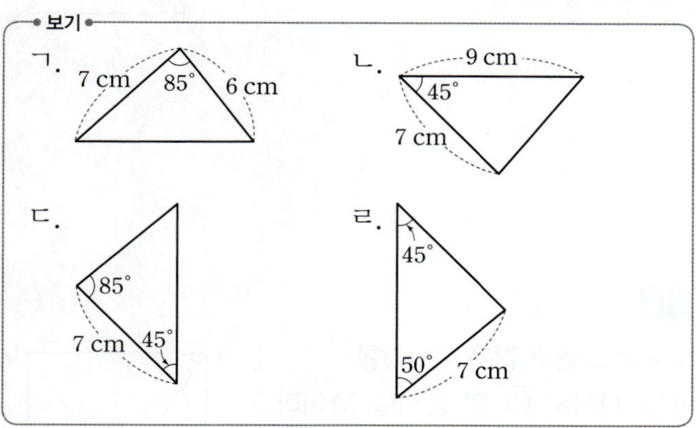

---

21 실수 주의

다음 **보기**에서 △ABC와 △PQR이 서로 합동인 것을 모두 고르시오.

• 보기 •

ㄱ. $\overline{AB}=\overline{PQ}$, $\overline{BC}=\overline{QR}$, $\overline{AC}=\overline{PR}$
ㄴ. $\overline{AB}=\overline{PQ}$, $\overline{BC}=\overline{QR}$, $\angle A=\angle P$
ㄷ. $\overline{AB}=\overline{PQ}$, $\overline{BC}=\overline{QR}$, $\angle B=\angle Q$
ㄹ. $\overline{AB}=\overline{PQ}$, $\angle A=\angle P$, $\angle C=\angle R$
ㅁ. $\angle A=\angle P$, $\angle B=\angle Q$, $\angle C=\angle R$

---

22 신경향

다음 중 나머지 넷과 합동이 <u>아닌</u> 삼각형은?

① 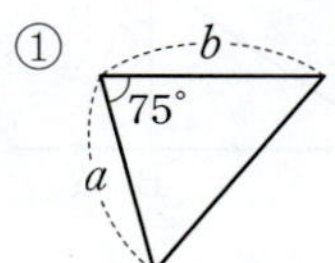 ② 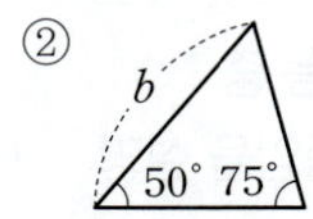 ③ 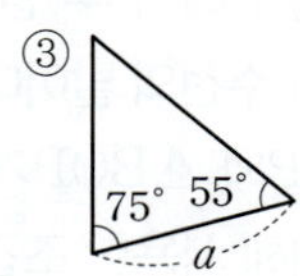

④ 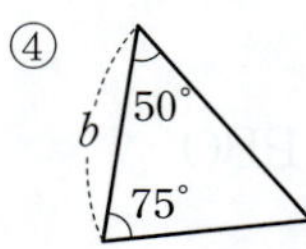 ⑤ 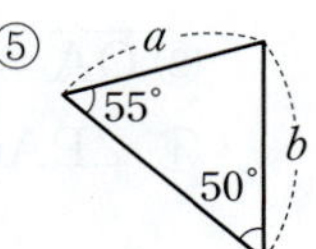

유형 08 두 삼각형이 합동일 조건

23 내신 빈출

아래 그림에서 $\overline{AB}=\overline{PQ}$, $\angle B=\angle Q$일 때, 다음 중
△ABC≡△PQR이 되기 위해 필요한 나머지 한 조건을
모두 고르면? (정답 2개)

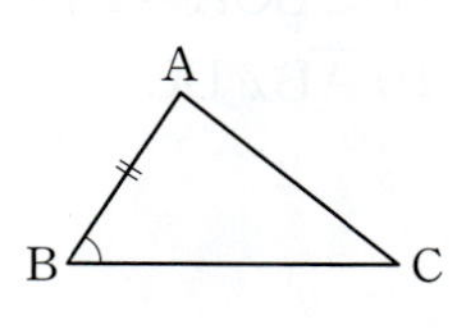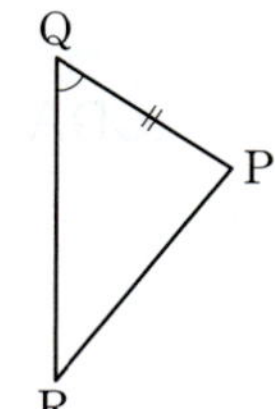

① $\overline{AC}=\overline{PR}$ ② $\overline{AC}=\overline{QR}$ ③ $\overline{BC}=\overline{QR}$
④ $\angle A=\angle P$ ⑤ $\angle C=\angle Q$

---

24 실수 주의

△ABC와 △PQR에서 $\angle B=\angle Q$, $\angle C=\angle R$일 때, 두 삼각형이 서로 합동이 되기 위해 필요한 나머지 한 조건을 다음 **보기**에서 모두 고르시오.

• 보기 •

ㄱ. $\overline{AB}=\overline{PQ}$ ㄴ. $\overline{BC}=\overline{QR}$
ㄷ. $\overline{AC}=\overline{PR}$ ㄹ. $\angle A=\angle P$

25

△ABC와 △PQR에서 $\overline{AB}=\overline{PQ}$, $\overline{BC}=\overline{QR}$일 때, 다음 중 두 삼각형이 서로 합동이 되기 위해 필요한 나머지 한 조건과 이때의 합동 조건을 바르게 짝 지은 것을 모두 고르면?
(정답 2개)

① $\overline{AC}=\overline{PR}$, SSS 합동
② $\overline{AC}=\overline{PR}$, ASA 합동
③ $\angle A=\angle P$, SAS 합동
④ $\angle B=\angle Q$, SAS 합동
⑤ $\angle C=\angle R$, SAS 합동

유형 09 삼각형의 합동 조건 - SSS 합동

26

오른쪽 그림에서 $\overline{AB}=\overline{CD}$, $\overline{BC}=\overline{DA}$일 때, 다음 중 옳지 <u>않은</u> 것은?

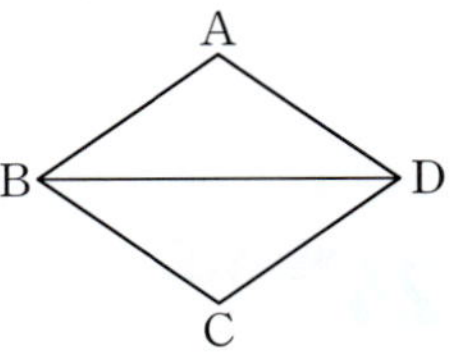

① $\angle B=\angle D$
② $\angle BCA=\angle DCA$
③ $\triangle ABC\equiv\triangle CDA$
④ $\overline{AB}\,/\!/\,\overline{DC}$
⑤ $\overline{BC}\,/\!/\,\overline{AD}$

27

다음 보기에서 오른쪽 그림과 같은 마름모 ABCD에 대한 설명으로 옳은 것은 모두 몇 개인지 구하시오.

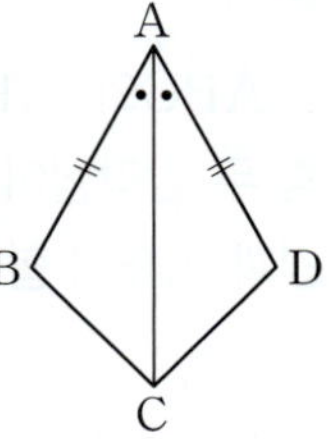

┌ 보기 ─────────────────────────
ㄱ. $\overline{AB}=\overline{CD}$　　　　ㄴ. $\overline{AD}=\overline{DC}$
ㄷ. $\angle ABD=\angle CBD$　　ㄹ. $\angle ADB=\angle CDB$
└──────────────────────────────

유형 10 삼각형의 합동 조건 - SAS 합동

28 내신 빈출

오른쪽 그림과 같은 사각형 ABCD에서 $\overline{AB}=\overline{AD}$이고 $\overline{AC}$가 $\angle BAD$의 이등분선일 때, 다음은 $\triangle BAC\equiv\triangle DAC$임을 설명한 것이다. (가)~(다)에 알맞은 것을 구하시오.

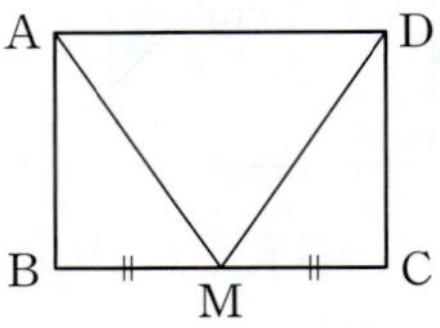

┌──────────────────────────────
$\triangle BAC$와 $\triangle DAC$에서
$\overline{AB}=\overline{AD}$, $\angle BAC=$ [(가)] , [(나)] 는 공통
이므로 $\triangle BAC\equiv\triangle DAC$ ([(다)] 합동)
└──────────────────────────────

29

오른쪽 그림에서 $\triangle ABC$는 $\overline{AB}=\overline{AC}$인 이등변삼각형이고 $\overline{AD}=\overline{AE}$이다. $\triangle ACD$와 합동인 삼각형을 찾고, 합동 조건을 구하시오.

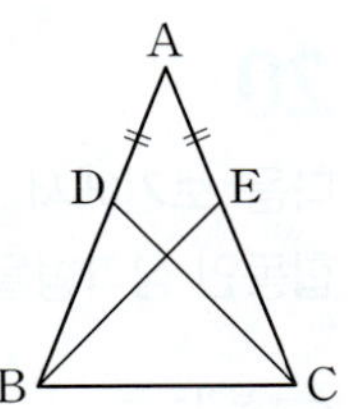

30

오른쪽 그림과 같은 직사각형 ABCD에서 $\overline{BC}$의 중점을 M이라 할 때, 다음 중 옳지 <u>않은</u> 것을 모두 고르면? (정답 2개)

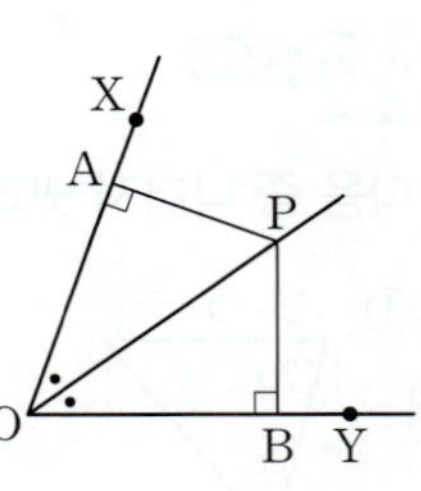

① $\overline{AD}=\overline{MD}$
② $\overline{AM}=\overline{DM}$
③ $\angle AMB=\angle DMC$
④ $\angle MAB=\angle DMC$
⑤ $\angle DAM=\angle ADM$

유형 11 삼각형의 합동 조건 - ASA 합동

31

오른쪽 그림에서 점 P는 $\angle XOY$의 이등분선 위의 한 점이고, 두 점 A, B는 점 P에서 두 반직선 $\overrightarrow{OX}$, $\overrightarrow{OY}$에 내린 수선의 발이다. 다음 중 $\triangle AOP$와 $\triangle BOP$가 합동임을 설명하기 위해 사용한 조건이 <u>아닌</u> 것은?

① $\overline{PO}$는 공통
② $\overline{OA}=\overline{OB}$
③ $\angle POA=\angle POB$
④ $\angle PAO=\angle PBO$
⑤ $\angle OPA=\angle OPB$

32

오른쪽 그림과 같이 △ABC에서 $\overline{BC}$의 중점을 D라 하고 점 B를 지나고 $\overline{AC}$에 평행한 직선이 $\overline{AD}$의 연장선과 만나는 점을 E라 하자. △ADC와 합동인 삼각형을 찾고, 합동 조건을 구하시오.

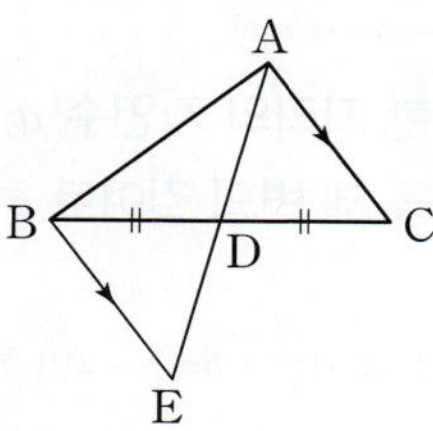

33 실수 주의

오른쪽 그림에서 $\angle A = \angle D$, $\overline{BA} = \overline{BD}$일 때, 다음 **보기**에서 옳은 것을 모두 고르시오.

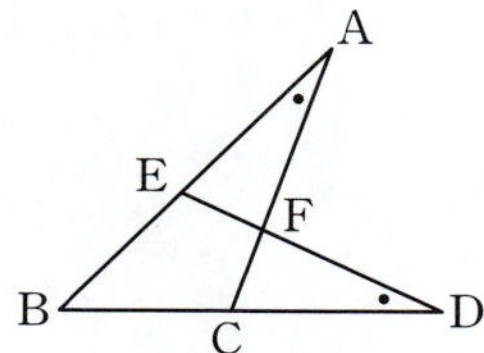

┌ 보기 ┐
ㄱ. $\triangle ABC \equiv \triangle DBE$　　ㄴ. $\overline{BC} = \overline{BE}$
ㄷ. $\angle EBC = \angle EFC$　　ㄹ. $\overline{EF} = \overline{CF}$
ㅁ. $\angle AEF = \angle DCF$　　ㅂ. $\overline{AE} = \overline{DF}$

심화 유형 **12**　삼각형의 합동의 활용　　📝 최다 빈출

34

오른쪽 그림과 같은 정삼각형 ABC에서 $\overline{DB} = \overline{EC}$일 때, $\angle PCE + \angle PEC$의 크기를 구하시오.

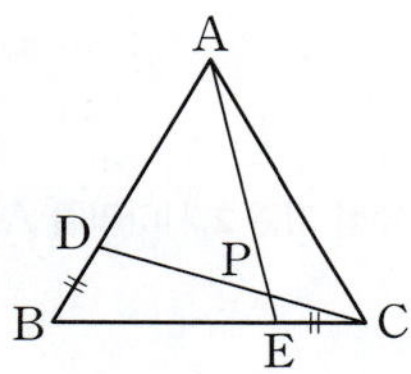

35 내신 빈출

다음 그림에서 △ABC와 △ECD가 정삼각형이고 $\angle ABE = 36°$일 때, $\angle DAC$의 크기를 구하시오.

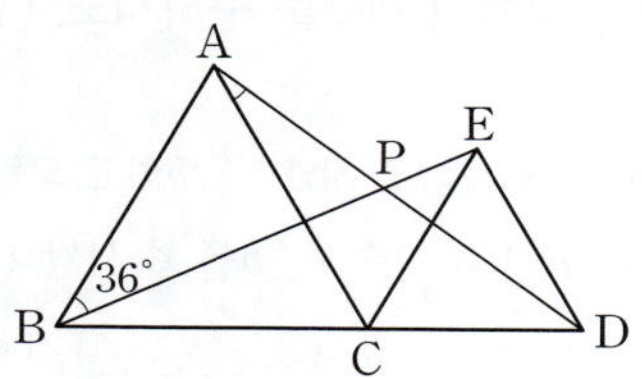

36

오른쪽 그림과 같은 정사각형 ABCD에서 $\overline{AP} = \overline{CQ}$이고 $\angle BPQ = 75°$일 때, 다음 **보기**에서 옳은 것을 모두 고르시오.

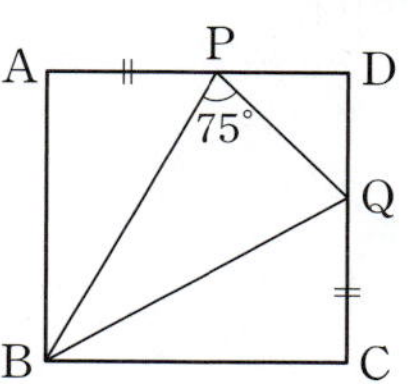

┌ 보기 ┐
ㄱ. $\overline{BP} = \overline{BQ}$　　　　ㄴ. $\angle BQP = 75°$
ㄷ. $\angle PBQ = 30°$　　　　ㄹ. $\angle BQC = 60°$

37

오른쪽 그림과 같이 한 변의 길이가 10 cm인 두 정사각형 ABCD, PQRS가 있다. 정사각형 ABCD의 두 대각선의 교점을 P라 할 때, 색칠한 부분의 넓이를 구하시오.

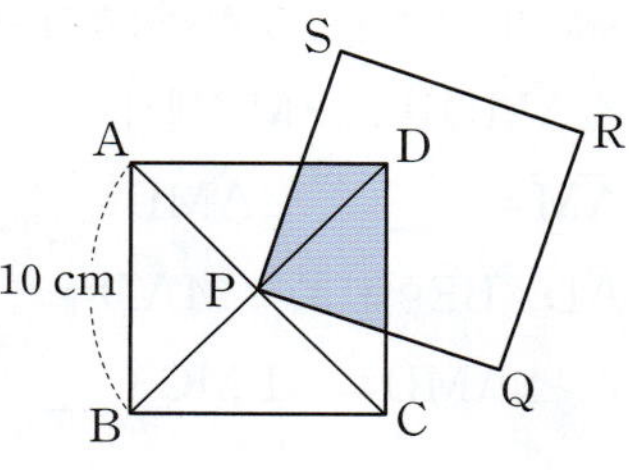

01

자연수 a, b에 대하여 $a+b=11$일 때, a, b, 4를 세 변의 길이로 하는 삼각형의 개수를 구하시오. (단, $a<b$) [6점]

채점 기준 1 $a+b=11$이고 $a<b$인 자연수 a, b의 값 모두 구하기 … 2점

$a+b=11$이고 $a<b$인 자연수 a, b를 순서쌍 (a, b)로 나타내면 $(1, \underline{\qquad})$, $(2, \underline{\qquad})$, $(3, \underline{\qquad})$, $(4, \underline{\qquad})$, $(5, \underline{\qquad})$이다.

채점 기준 2 a, b, 4를 세 변의 길이로 하는 삼각형의 개수 구하기 … 4점

삼각형의 세 변의 길이가 a, b, 4일 때, 가장 긴 변의 길이는 나머지 두 변의 길이의 합보다 작아야 하므로 가능한 순서쌍 (a, b)는 $(\underline{\qquad}, \underline{\qquad})$, $(\underline{\qquad}, \underline{\qquad})$이다.
따라서 a, b, 4를 세 변의 길이로 하는 삼각형의 개수는 $\underline{\qquad}$이다.

01-1

한 자리의 자연수 a, b에 대하여 $b=a+4$일 때, a, b, 8을 세 변의 길이로 하는 삼각형의 개수를 구하시오. [6점]

채점 기준 1 $b=a+4$인 한 자리의 자연수 a, b의 값 모두 구하기 … 2점

채점 기준 2 a, b, 8을 세 변의 길이로 하는 삼각형의 개수 구하기 … 4점

02

오른쪽 그림과 같이 $\overline{AD}\,/\!/\,\overline{BC}$인 사다리꼴 ABCD에서 점 E는 $\overrightarrow{BC}$ 위의 한 점이고, 점 M은 $\overline{AE}$의 중점이다. 사다리꼴 ABCD의 넓이가 56 cm^{2}일 때, △ABE의 넓이를 구하시오. [7점]

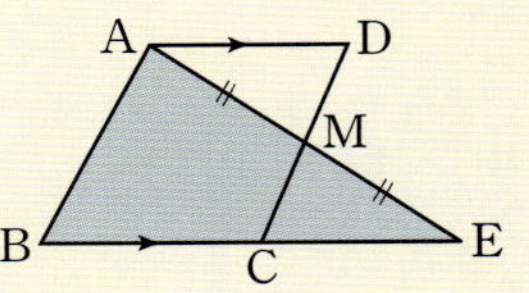

채점 기준 1 합동인 두 삼각형 찾기 … 4점

△AMD와 △EMC에서
$\overline{AM}=\underline{\qquad}$, $\angle AMD=\angle\underline{\qquad}$ (맞꼭지각),
$\overline{AD}\,/\!/\,\overline{BE}$이므로 $\angle MAD=\angle\underline{\qquad}$ (엇각)
$\therefore$ △AMD≡△EMC ($\underline{\qquad}$ 합동)

채점 기준 2 △ABE의 넓이 구하기 … 3점

$\triangle ABE = ($사각형 ABCM의 넓이$) + \triangle EMC$
$\qquad = ($사각형 ABCM의 넓이$) + \triangle\underline{\qquad}$
$\qquad = ($사각형 $\underline{\qquad}$의 넓이$) = \underline{\qquad}$ cm^2

02-1

오른쪽 그림과 같이 $\overline{AB}\,/\!/\,\overline{DC}$인 사다리꼴 ABCD에서 점 E는 $\overrightarrow{CD}$ 위의 한 점이고, 점 M은 $\overline{EB}$의 중점이다. △EBC의 넓이가 42 cm^{2}일 때, 사다리꼴 ABCD의 넓이를 구하시오. [7점]

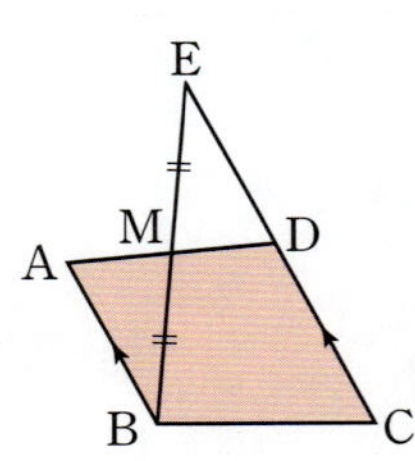

채점 기준 1 합동인 두 삼각형 찾기 … 4점

채점 기준 2 사다리꼴 ABCD의 넓이 구하기 … 3점

03

△ABC와 △DEF가 다음 세 조건을 만족시킬 때, ∠F의 크기를 구하시오. [4점]

> (가) $\triangle ABC \equiv \triangle DEF$
> (나) $\overline{AB} = \overline{AC}$
> (다) $\angle D = 40°$

04

한 변의 길이가 5 cm이고 두 각의 크기가 각각 50°, 60°인 삼각형을 몇 개 작도할 수 있는지 구하시오. [4점]

05

오른쪽 그림과 같이 연못의 양 끝 지점을 각각 A, B라 할 때, 두 지점 A, B 사이의 거리를 삼각형의 합동을 이용하여 구하고, 이때 사용한 삼각형의 합동 조건을 구하시오. (단, 점 E는 $\overline{AC}$와 $\overline{BD}$의 교점이다.) [6점]

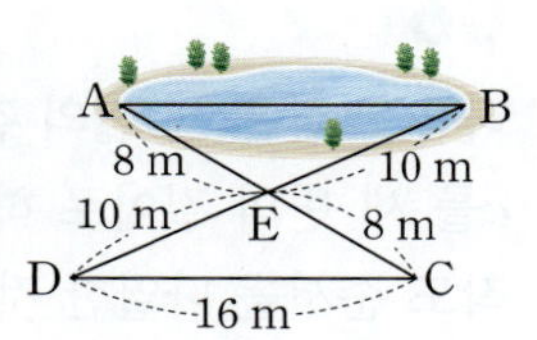

06

다음 그림과 같이 직사각형 모양의 종이 ABCD를 $\overline{AC}$를 접는 선으로 하여 접었을 때, △ACD의 넓이를 구하시오. [6점]

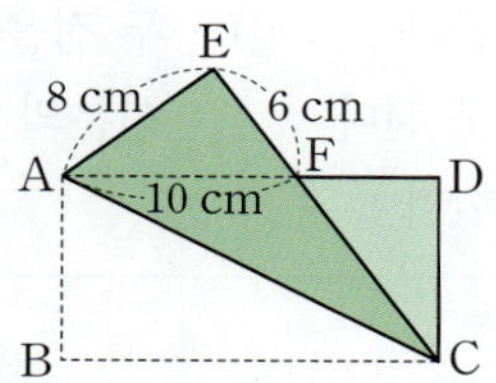

07

오른쪽 그림에서 △ABC, △BDE는 모두 정삼각형이고 ∠DEC = 19°일 때, ∠ADC의 크기를 구하시오. [7점]

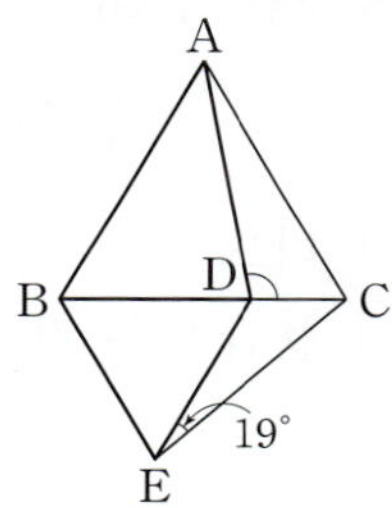

08

오른쪽 그림과 같은 정사각형 ABCD에서 대각선 BD 위의 점 E를 잡아 $\overline{AE}$의 연장선과 $\overline{BC}$의 연장선의 교점을 F라 하자. ∠F = 33°일 때, ∠BCE의 크기를 구하시오. [7점]

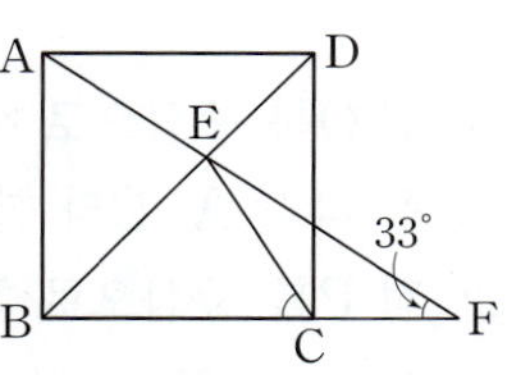

01

다음 **보기** 중 작도할 때, 눈금 없는 자를 사용하는 경우를 모두 고른 것은? [3점]

> **보기**
> ㄱ. 눈금을 표시한다.   ㄴ. 두 점을 연결한다.
> ㄷ. 선분의 길이를 잰다.   ㄹ. 선분의 길이를 옮긴다.
> ㅁ. 선분을 연장한다.

① ㄱ, ㄴ   ② ㄴ, ㄷ   ③ ㄴ, ㅁ
④ ㄷ, ㄹ   ⑤ ㄹ, ㅁ

02

다음 그림과 같이 선분 AB를 점 B의 방향으로 연장한 반직선 위에 $\overline{AC}=2\overline{AB}$인 점 C를 작도할 때 사용되는 도구는? [3점]

① 각도기   ② 컴퍼스   ③ 삼각자
④ 눈금 없는 자   ⑤ 눈금 있는 자

03

아래 그림은 ∠XOY와 같은 크기의 각인 ∠RPQ를 작도한 것이다. 다음 중 옳지 <u>않은</u> 것은? [4점]

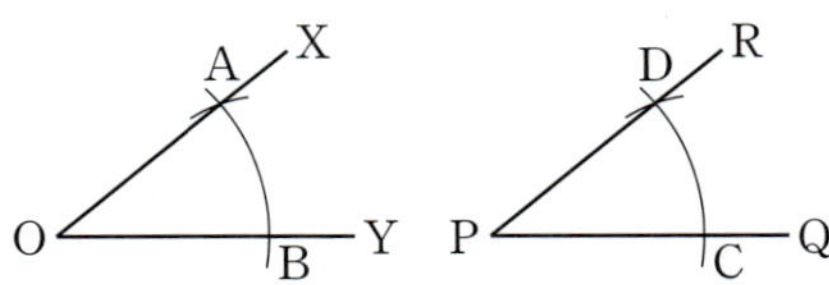

① 점 O를 중심으로 하는 원을 그려 $\overrightarrow{OX}$, $\overrightarrow{OY}$와의 교점을 각각 A, B라 한다.
② 점 P를 중심으로 하고 반지름의 길이가 $\overline{OA}$인 원을 그려 $\overrightarrow{PQ}$와 만나는 점 C를 잡는다.
③ 컴퍼스로 $\overline{AB}$의 길이를 잰다.
④ 점 C를 중심으로 하고 반지름의 길이가 $\overline{OB}$인 원을 그려 점 D를 잡는다.
⑤ 점 P와 점 D를 지나는 반직선 PR을 긋는다.

04

오른쪽 그림은 직선 l 위에 있지 않은 한 점 P를 지나고 직선 l과 평행한 직선을 작도한 것이다. 작도 순서를 나열한 것으로 옳은 것은? [4점]

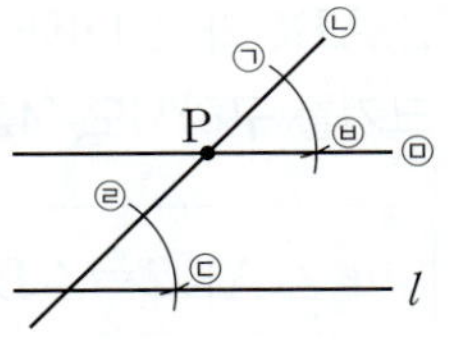

① ㉠ ➡ ㉣ ➡ ㉡ ➡ ㉢ ➡ ㉤ ➡ ㉤
② ㉡ ➡ ㉠ ➡ ㉣ ➡ ㉤ ➡ ㉢ ➡ ㉤
③ ㉡ ➡ ㉣ ➡ ㉠ ➡ ㉢ ➡ ㉤ ➡ ㉤
④ ㉣ ➡ ㉠ ➡ ㉡ ➡ ㉢ ➡ ㉤ ➡ ㉤
⑤ ㉣ ➡ ㉠ ➡ ㉢ ➡ ㉤ ➡ ㉡ ➡ ㉤

05

다음 중 삼각형의 세 변의 길이가 될 수 <u>없는</u> 것을 모두 고르면? (정답 2개) [4점]

① 1, 2, 3   ② 2, 3, 4   ③ 5, 6, 7
④ 3, 8, 12   ⑤ 100, 200, 299

06

다음 그림은 세 변의 길이 a, b, c가 주어졌을 때, a, b, c를 세 변의 길이로 하는 삼각형을 작도하는 과정이다. 작도 순서를 나열한 것으로 옳은 것은? [3점]

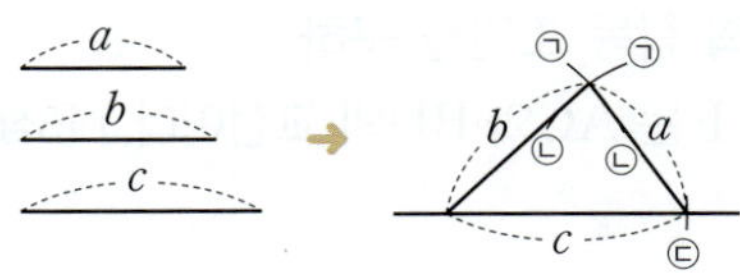

① ㉠ ➡ ㉡ ➡ ㉢   ② ㉠ ➡ ㉢ ➡ ㉡
③ ㉡ ➡ ㉠ ➡ ㉢   ④ ㉢ ➡ ㉠ ➡ ㉡
⑤ ㉢ ➡ ㉡ ➡ ㉠

07

다음 중 △ABC가 하나로 정해지는 것은? [4점]

① $\overline{AB}=8$ cm, $\overline{BC}=3$ cm, $\overline{CA}=5$ cm
② $\overline{AB}=6$ cm, $\overline{BC}=5$ cm, $\angle A=50°$
③ $\overline{BC}=7$ cm, $\overline{CA}=5$ cm, $\angle C=50°$
④ $\overline{AB}=6$ cm, $\angle A=85°$, $\angle B=95°$
⑤ $\angle A=40°$, $\angle B=60°$, $\angle C=80°$

08

△ABC에서 $\angle A=40°$, $\angle B=45°$일 때, 삼각형이 하나로 정해지기 위해 필요한 나머지 한 조건을 다음 **보기**에서 모두 고른 것은? [4점]

> **보기**
>
> ㄱ. $\overline{AB}=10$ cm ㄴ. $\overline{BC}=15$ cm
> ㄷ. $\overline{CA}=25$ cm ㄹ. $\angle C=105°$

① ㄱ ② ㄱ, ㄴ ③ ㄴ, ㄷ
④ ㄱ, ㄴ, ㄷ ⑤ ㄱ, ㄴ, ㄷ, ㄹ

09

합동인 도형에 대한 설명으로 옳은 것을 다음 **보기**에서 모두 고른 것은? [3점]

> **보기**
>
> ㄱ. 대응변의 길이는 서로 같다.
> ㄴ. 대응각의 크기는 서로 같다.
> ㄷ. 합동인 두 도형의 넓이는 서로 같다.
> ㄹ. 두 도형의 넓이가 같으면 서로 합동이다.
> ㅁ. 합동인 두 도형은 한 도형을 다른 도형에 완전히 포갤 수 있다.

① ㄱ, ㄴ, ㄷ, ㄹ ② ㄱ, ㄴ, ㄷ, ㅁ
③ ㄱ, ㄴ, ㄹ, ㅁ ④ ㄱ, ㄷ, ㄹ, ㅁ
⑤ ㄴ, ㄷ, ㄹ, ㅁ

10

다음 **보기** 중 두 도형이 항상 합동인 것을 모두 고른 것은? [3점]

> **보기**
>
> ㄱ. 한 변의 길이가 같은 두 정삼각형
> ㄴ. 둘레의 길이가 같은 두 삼각형
> ㄷ. 둘레의 길이가 같은 두 원
> ㄹ. 넓이가 같은 두 직사각형
> ㅁ. 넓이가 같은 두 정사각형

① ㄱ, ㄴ, ㄷ ② ㄱ, ㄷ, ㄹ ③ ㄱ, ㄷ, ㅁ
④ ㄴ, ㄷ, ㄹ ⑤ ㄴ, ㄹ, ㅁ

11

다음 중 △ABC≡△DEF가 <u>아닌</u> 것은? [4점]

① $\overline{AB}=\overline{DE}$, $\overline{BC}=\overline{EF}$, $\overline{CA}=\overline{FD}$
② $\overline{AB}=\overline{DE}$, $\overline{BC}=\overline{EF}$, $\angle B=\angle E$
③ $\overline{AB}=\overline{DE}$, $\overline{CA}=\overline{FD}$, $\angle C=\angle F$
④ $\overline{AB}=\overline{DE}$, $\angle A=\angle D$, $\angle B=\angle E$
⑤ $\overline{BC}=\overline{EF}$, $\angle A=\angle D$, $\angle C=\angle F$

12

아래 그림에서 $\overline{AB}=\overline{PQ}$, $\angle A=\angle P$일 때, 한 가지 조건을 추가하여 △ABC와 △PQR이 ASA 합동이 되도록 하려고 한다. 다음 중 필요한 나머지 한 조건을 모두 고르면? (정답 2개) [4점]

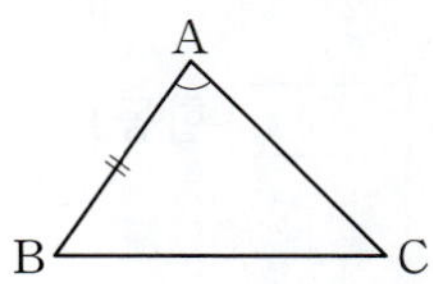
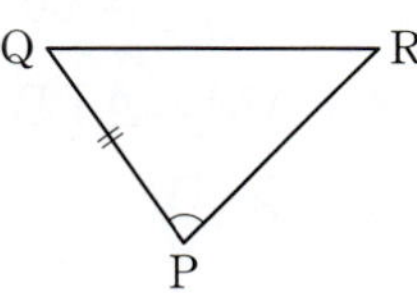

① $\overline{AC}=\overline{PR}$ ② $\overline{BC}=\overline{QR}$ ③ $\angle B=\angle Q$
④ $\angle B=\angle R$ ⑤ $\angle C=\angle R$

13

△ABC와 △PQR에서 $\overline{BC}=\overline{QR}$일 때 다음 중 △ABC≡△PQR이 되기 위해 필요한 조건이 <u>아닌</u> 것은? [4점]

① $\overline{AB}=\overline{PQ}$, $\overline{AC}=\overline{PR}$
② $\overline{AB}=\overline{PQ}$, ∠B=∠Q
③ $\overline{AC}=\overline{PR}$, ∠A=∠P
④ $\overline{AC}=\overline{PR}$, ∠C=∠R
⑤ ∠B=∠Q, ∠C=∠R

14

오른쪽 그림과 같은 사각형 ABCD에서 $\overline{AB}=\overline{AD}$, $\overline{CB}=\overline{CD}$일 때, 다음 중 옳지 <u>않은</u> 것은? [4점]

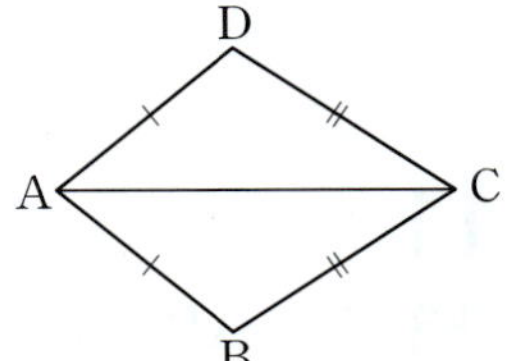

① △ABC≡△ADC
② $\overline{AB}=\overline{CD}$
③ ∠BAC=∠DAC
④ ∠BCA=∠DCA
⑤ ∠ABC=∠ADC

15

다음은 점 P가 선분 AB의 수직이등분선 l 위의 한 점일 때, $\overline{PA}=\overline{PB}$임을 설명한 것이다. ㈎~㈺에 들어갈 것으로 옳지 <u>않은</u> 것은? [4점]

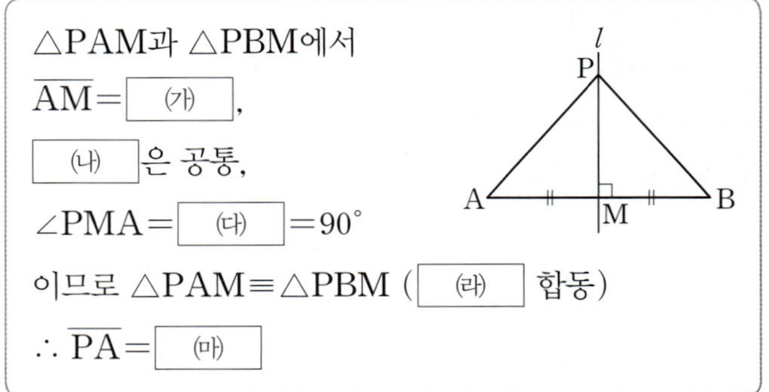

△PAM과 △PBM에서
$\overline{AM}=$ ㉮ ,
㉯ 은 공통,
∠PMA= ㉰ =90°
이므로 △PAM≡△PBM (㉱ 합동)
∴ $\overline{PA}=$ ㉲

① ㉮ $\overline{BM}$
② ㉯ $\overline{PM}$
③ ㉰ ∠PBM
④ ㉱ SAS
⑤ ㉲ $\overline{PB}$

16

오른쪽 그림에서 △ABC와 △CDE가 정삼각형일 때, 다음 중 옳지 <u>않은</u> 것은? [5점]

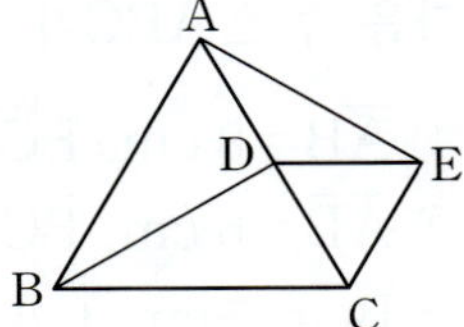

① $\overline{AE}=\overline{BD}$
② $\overline{AD}=\overline{DE}$
③ ∠AEC=∠BDC
④ ∠EAC=∠DBC
⑤ △ACE≡△BCD

17

오른쪽 그림과 같은 정삼각형 ABC에서 $\overline{AF}=\overline{BD}=\overline{CE}$일 때, 다음 중 옳지 <u>않은</u> 것은? [5점]

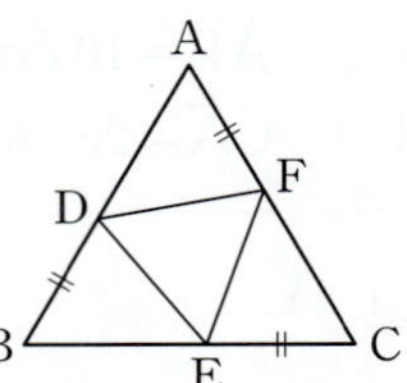

① $\overline{AD}=\overline{BE}=\overline{CF}$
② $\overline{DE}=\overline{EF}=\overline{FD}$
③ ∠ADF=∠BED=∠CFE
④ ∠AFD=∠BDE=∠CEF
⑤ △ADF, △BED, △CFE는 ASA 합동이다.

18

오른쪽 그림과 같은 정사각형 ABCD에서 $\overline{BE}=\overline{CF}$이고 ∠BAE=35°, ∠BFC=55°일 때, ∠AGF의 크기는? [5점]

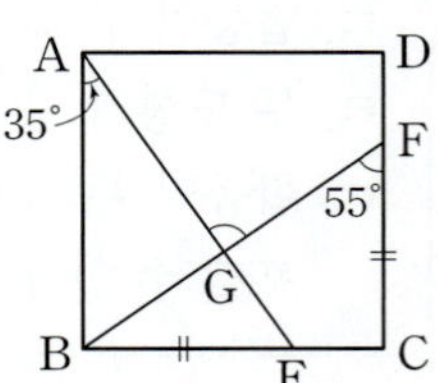

① 80°
② 85°
③ 90°
④ 95°
⑤ 100°

19

세 변의 길이가 모두 자연수이고, 둘레의 길이가 12인 삼각형은 모두 몇 개인지 구하시오. [6점]

20

오른쪽 그림에서 점 E는 $\overline{AD}$와 $\overline{BC}$의 교점이고 $\overline{AB}/\!/\overline{CD}$, $\overline{AE}=\overline{DE}$일 때, 다음 물음에 답하시오. [4점]

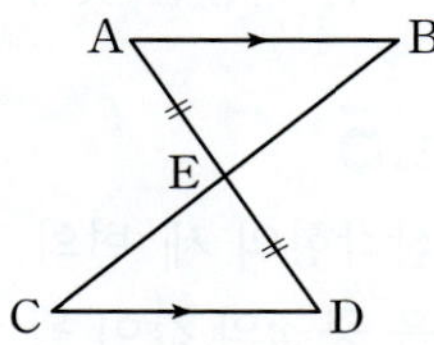

(1) 합동인 삼각형을 찾아 기호 ≡를 사용하여 나타내고, 합동 조건을 구하시오. [2점]

(2) $\overline{AB}=12\,cm$, $\overline{BC}=20\,cm$일 때, $\overline{EC}+\overline{CD}$의 길이를 구하시오. [2점]

21

오른쪽 그림과 같이 $\angle BAC=90°$이고 $\overline{AB}=\overline{AC}$인 직각이등변삼각형 ABC의 두 꼭짓점 B, C에서 꼭짓점 A를 지나는 직선 l에 내린 수선의 발을 각각 D, E라 할 때, $\overline{DE}$의 길이를 구하시오. [6점]

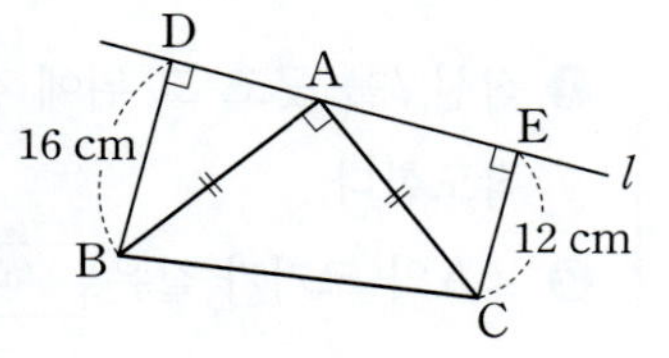

22

다음 그림에서 세 삼각형 FBA, EBC, DAC는 △ABC의 세 변을 각각 한 변으로 하는 정삼각형이다. △FBE의 넓이가 $4\,cm^2$일 때, △ABC와 △DEC의 넓이의 합을 구하시오. [7점]

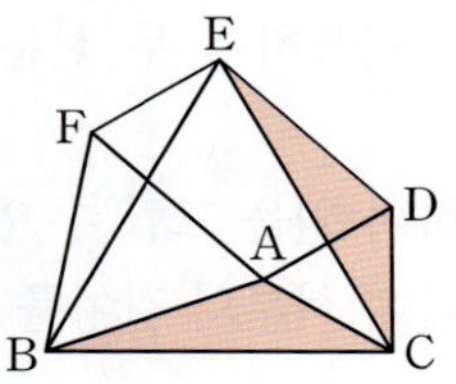

23

다음 그림과 같이 사각형 ABCD와 사각형 GCEF는 한 변의 길이가 각각 8 cm, 9 cm인 정사각형이다. 이때 △DCE의 넓이를 구하시오. [7점]

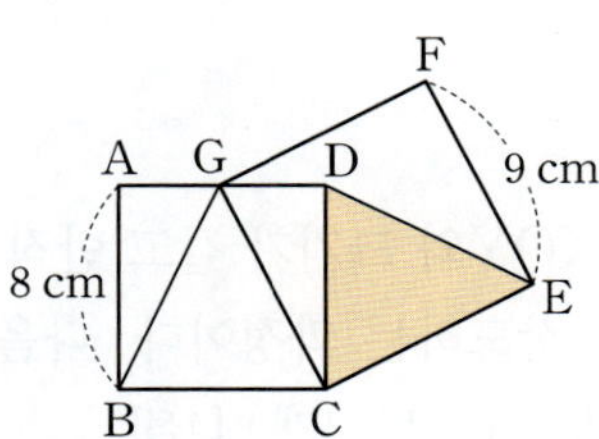

01

다음 중 작도에 대한 설명으로 옳지 <u>않은</u> 것은? [3점]

① 눈금 있는 자와 각도기를 사용하지 않는다.
② 눈금 없는 자를 사용하여 선분의 길이를 연장할 수 있다.
③ 눈금 없는 자를 사용하여 두 선분의 길이를 비교할 수 있다.
④ 컴퍼스를 사용하여 원을 그릴 수 있다.
⑤ 컴퍼스를 사용하여 선분의 길이를 옮길 수 있다.

02

오른쪽 그림에서 ㉠~㉢은 $\overline{AB}$를 한 변으로 하는 정삼각형 ABC를 작도하는 과정을 나타낸 것이다. 다음 중 작도 순서를 바르게 나열한 것은? [3점]

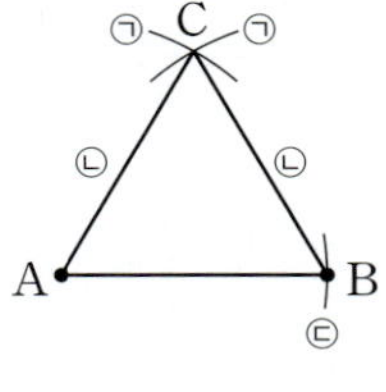

① ㉠ ➡ ㉡ ➡ ㉢
② ㉠ ➡ ㉢ ➡ ㉡
③ ㉡ ➡ ㉠ ➡ ㉢
④ ㉢ ➡ ㉠ ➡ ㉡
⑤ ㉢ ➡ ㉡ ➡ ㉠

03

아래 그림은 ∠XOY와 크기가 같고 반직선 PQ를 한 변으로 하는 각을 작도하는 과정이다. 다음 중 옳지 <u>않은</u> 것을 모두 고르면? (정답 2개) [4점]

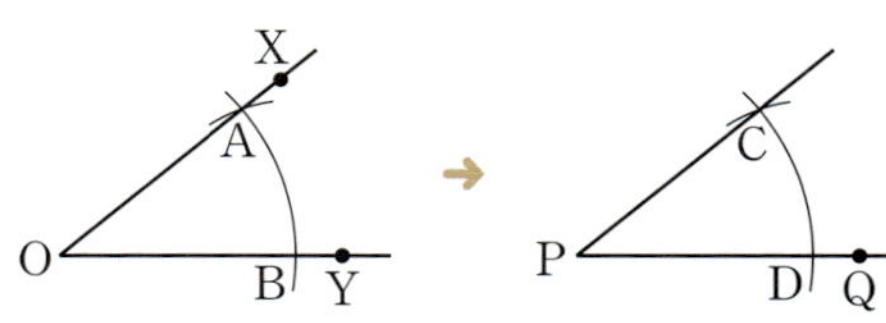

① $\overline{OB}=\overline{PC}$
② $\overline{OY}=\overline{PQ}$
③ $\overline{AB}=\overline{CD}$
④ $\overline{PC}=\overline{CD}$
⑤ ∠XOY = ∠CPD

04

오른쪽 그림은 직선 l 위에 있지 않은 한 점 P를 지나고 직선 l에 평행한 직선 m을 작도하는 과정이다. 다음 중 옳지 <u>않은</u> 것은? [4점]

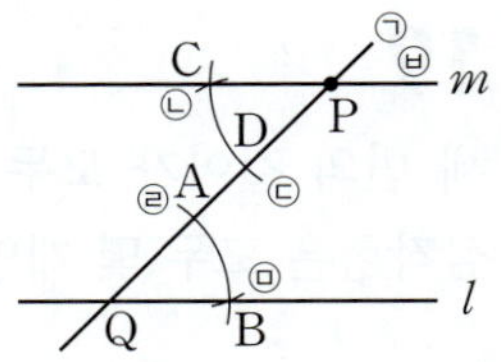

① $\overline{QA}=\overline{PC}$
② $\overline{AB}=\overline{CD}$
③ 작도 순서는 ㉠ ➡ ㉣ ➡ ㉢ ➡ ㉤ ➡ ㉡ ➡ ㉥이다.
④ 크기가 같은 각의 작도를 이용한 것이다.
⑤ 동위각의 크기가 같으면 두 직선은 평행하다는 성질을 이용한 것이다.

05

삼각형의 세 변의 길이가 $x+1$, $x+3$, $x+6$일 때, 다음 중 x의 값이 될 수 <u>없는</u> 것은? [4점]

① 2
② 3
③ 4
④ 5
⑤ 6

06

다음은 한 변의 길이와 그 양 끝 각의 크기가 주어졌을 때, 삼각형을 작도하는 과정이다. ㈎~㈒에 들어갈 것으로 옳지 <u>않은</u> 것은? [4점]

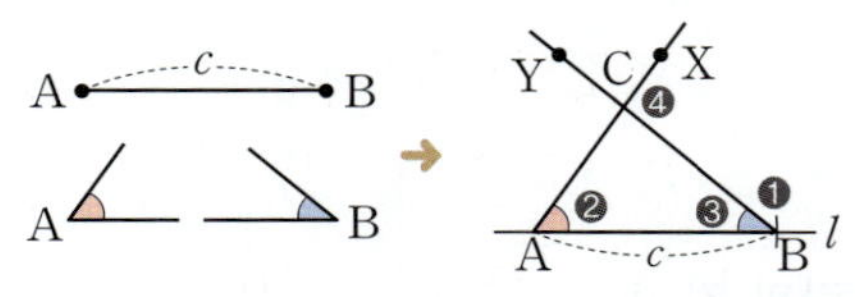

❶ 직선 l을 긋고 그 위에 길이가 c인 선분 [㈎]를 작도한다.
❷ ∠A와 크기가 같은 [㈏]를 작도한다.
❸ ∠B와 크기가 같은 [㈐]를 작도한다.
❹ 두 반직선 AX와 [㈑]가 만나는 점을 [㈒]라 하면 △ABC가 작도된다.

① ㈎ AB
② ㈏ ∠XAB
③ ㈐ ∠YBA
④ ㈑ BA
⑤ ㈒ C

07

$\triangle ABC$에서 $\overline{AB}=5$ cm일 때, 다음 중 $\triangle ABC$가 하나로 정해지기 위해 필요한 조건이 될 수 <u>없는</u> 것은? [4점]

① $\overline{BC}=6$ cm, $\overline{CA}=7$ cm
② $\overline{BC}=6$ cm, $\angle B=40°$
③ $\overline{BC}=6$ cm, $\angle C=50°$
④ $\angle A=40°$, $\angle B=70°$
⑤ $\angle B=60°$, $\angle C=80°$

08

다음 **보기** 중 3가지 조건을 골라 $\triangle ABC$를 만들려고 한다. 이때 삼각형이 하나로 정해지는 경우를 바르게 짝지은 것은? [4점]

> **보기**
> ㄱ. $\overline{AB}=7$ cm   ㄴ. $\overline{BC}=3$ cm
> ㄷ. $\overline{CA}=4$ cm   ㄹ. $\angle A=20°$
> ㅁ. $\angle B=60°$ ㅂ. $\angle C=100°$

① ㄱ, ㄴ, ㄷ   ② ㄱ, ㄴ, ㄹ   ③ ㄱ, ㄷ, ㄹ
④ ㄴ, ㄷ, ㄹ   ⑤ ㄹ, ㅁ, ㅂ

09

다음 중 두 도형이 항상 합동이라고 할 수 <u>없는</u> 것은?

[3점]

① 한 변의 길이가 같은 두 정사각형
② 둘레의 길이가 같은 두 정오각형
③ 넓이가 같은 두 정삼각형
④ 넓이가 같은 두 이등변삼각형
⑤ 원주의 길이가 같은 두 원

10

아래 그림에서 $\triangle ABC \equiv \triangle DEF$일 때, 다음 중 옳은 것을 모두 고르면? (정답 2개) [3점]

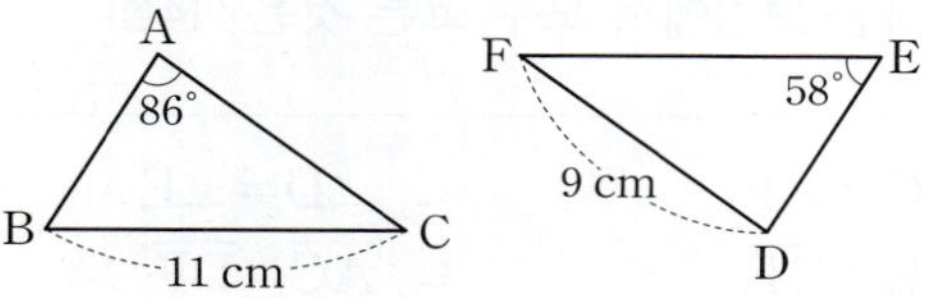

① $\overline{AC}=9$ cm   ② $\overline{EF}=9$ cm   ③ $\angle B=36°$
④ $\angle C=36°$ ⑤ $\angle D=58°$

11

다음 **보기**의 삼각형 중에서 서로 합동인 삼각형끼리 짝짓고 그 합동 조건을 바르게 나열한 것은? [4점]

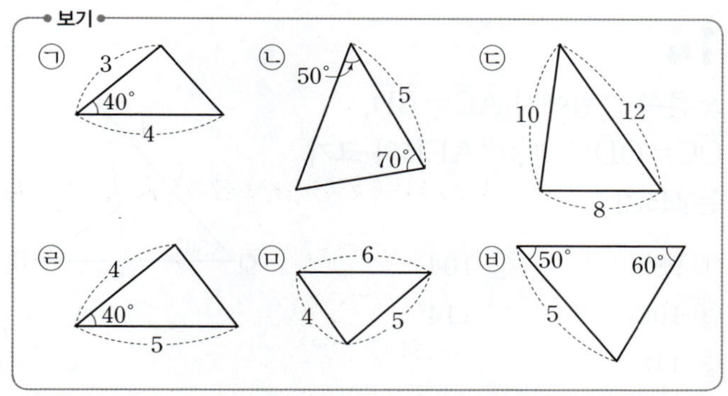

① ㉠과 ㉣, SAS 합동   ② ㉡과 ㉫, SAS 합동
③ ㉡과 ㉫, ASA 합동   ④ ㉢과 ㉤, SSS 합동
⑤ ㉤과 ㉫, SAS 합동

12

아래 그림에서 $\overline{AB}=\overline{DE}$, $\angle A=\angle D$일 때, 다음 중 $\triangle ABC \equiv \triangle DEF$가 되기 위해 필요한 나머지 한 조건을 모두 고르면? (정답 2개) [3점]

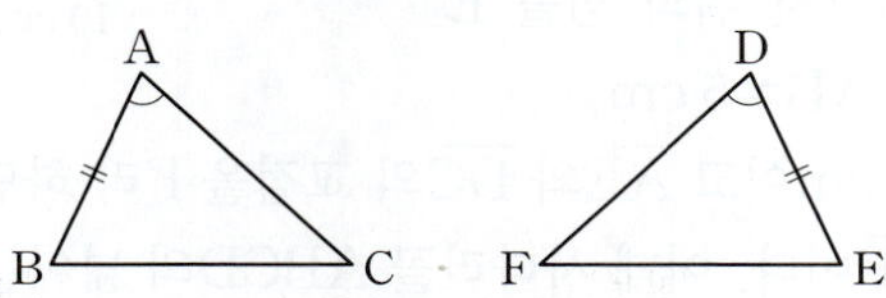

① $\overline{AC}=\overline{DF}$ ② $\overline{BC}=\overline{EF}$ ③ $\angle B=\angle F$
④ $\angle C=\angle E$ ⑤ $\angle B=\angle E$

13

△ABC와 △DEF에서 ∠A=∠D, ∠B=∠E일 때,
두 삼각형이 서로 합동이 되기 위해 필요한 나머지 한
조건을 다음 **보기**에서 모두 고른 것은? [4점]

> ─• 보기 •─
>
> ㄱ. ∠C=∠F   ㄴ. ∠D=∠E
> ㄷ. $\overline{AB}=\overline{DE}$ ㄹ. $\overline{AC}=\overline{DF}$

① ㄷ   ② ㄱ, ㄴ   ③ ㄷ, ㄹ
④ ㄱ, ㄷ, ㄹ   ⑤ ㄴ, ㄷ, ㄹ

14

오른쪽 그림에서 $\overline{AC}=\overline{BD}$,
$\overline{OC}=\overline{OD}$일 때, ∠AEB의 크기
는? [5점]

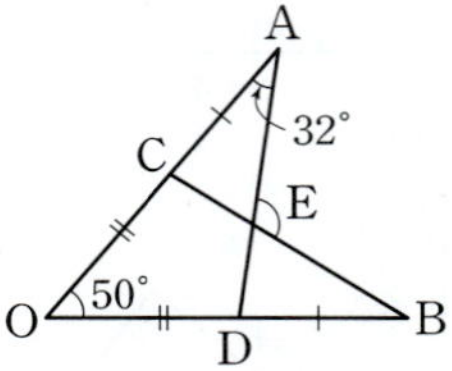

① 98°   ② 104°
③ 108°   ④ 114°
⑤ 118°

15

오른쪽 그림과 같이
$\overline{AD}\,/\!/\,\overline{BC}$, ∠A=∠B=90°
인 사다리꼴 ABCD에서
$\overline{BC}$의 연장선 위의 점을 E
라 하자. $\overline{AB}=5\,\text{cm}$,
$\overline{BE}=10\,\text{cm}$이고 $\overline{AE}$와 $\overline{DC}$의 교점을 F라 하면
$\overline{AF}=\overline{EF}$이다. 이때 사다리꼴 ABCD의 넓이는? [5점]

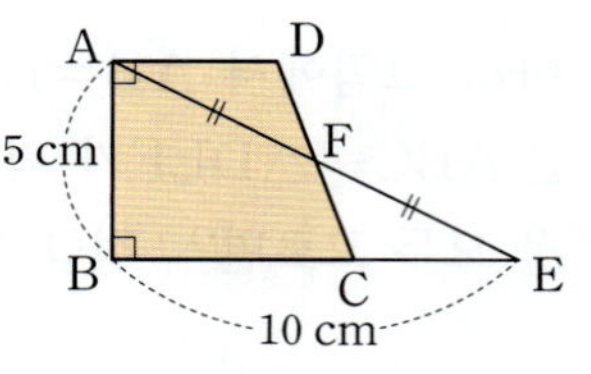

① 20 cm^2 ② 25 cm^2 ③ 30 cm^2
④ 35 cm^2 ⑤ 40 cm^2

16

오른쪽 그림과 같은 정사각형
ABCD에서 $\overline{BE}=\overline{CF}$일 때, 다음
중 옳은 것은? [4점]

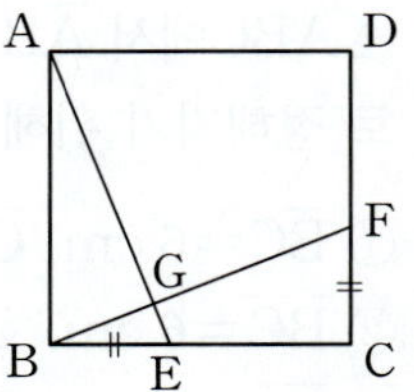

① △ABE≡△BCF (SSS 합동)
② △ABE≡△BCF (ASA 합동)
③ $\overline{AE}=\overline{BC}$
④ $\overline{AG}=\overline{BF}$
⑤ ∠AGF=∠ABE

17

오른쪽 그림에서 사각형
ABCG와 사각형 FCDE가
정사각형일 때, $\overline{GD}$의 길이
는? [4점]

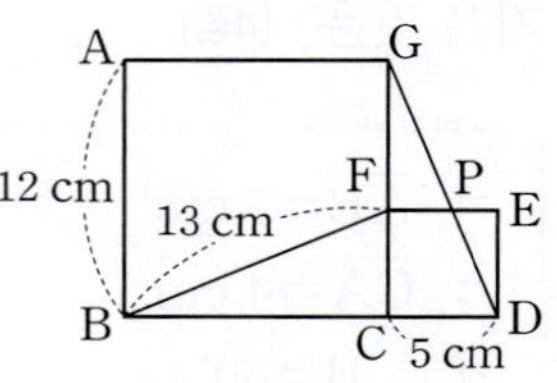

① 11 cm   ② 12 cm   ③ 13 cm
④ 14 cm   ⑤ 15 cm

18

오른쪽 그림에서 △ABC와
△BDE가 정삼각형이고,
∠ABE=40°일 때, ∠BCD의 크
기는? [5점]

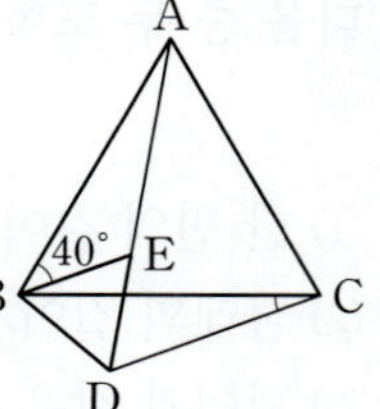

① 12°   ② 15°
③ 16°   ④ 18°
⑤ 20°

19

다음 조건을 모두 만족시키는 자연수 x 중에서 가장 큰 값과 가장 작은 값의 합을 구하시오. [6점]

(개) x는 두 자리의 자연수이다.
(내) 세 변의 길이가 6 cm, 17 cm, x cm인 삼각형을 그릴 수 있다.

20

다음 그림과 같은 두 사각형 ABCD, EFGH가 서로 합동일 때, $x+y$의 값을 구하시오. [4점]

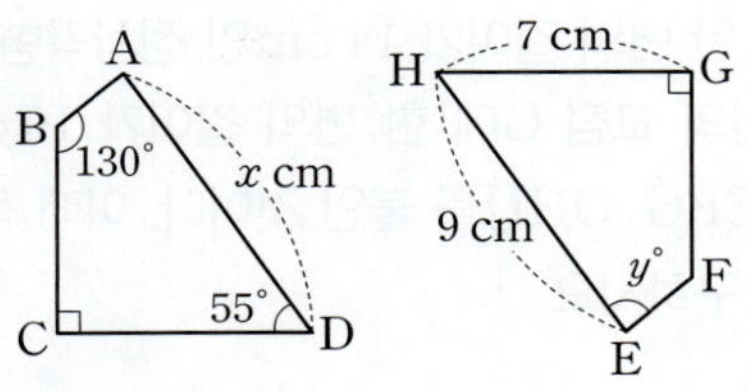

21

오른쪽 그림과 같이 $\overline{AB}=\overline{DC}$, $\overline{AC}=\overline{DB}$인 사각형 ABCD에서 △ABC와 △ABD의 넓이가 각각 10 cm², 6 cm²일 때, 사각형 ABCD의 넓이를 구하시오. [6점]

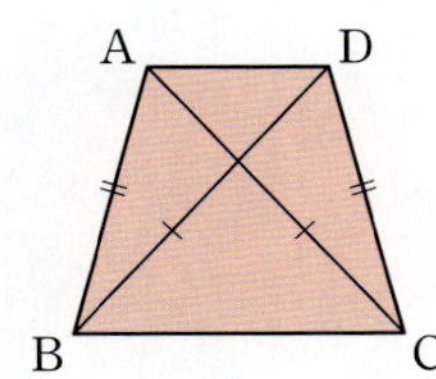

22

다음 그림과 같은 정사각형 ABCD에서 $\overline{BE}=\overline{CF}$이고 ∠DFC=75°일 때, ∠EAC의 크기를 구하시오. [7점]

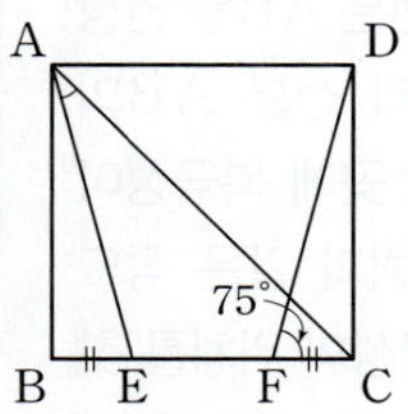

23

다음 그림에서 △ABC와 △CDE는 정삼각형이고 $\overline{AD}=6$ cm, $\overline{BC}=10$ cm일 때, $\overline{AE}$의 길이를 구하시오. [7점]

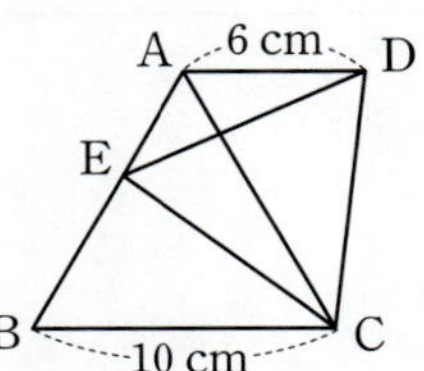

교과서 속 특이 문제

중학교 수학 교과서 전체를 분석한 **교과서별 출제 예상 문제**예요!

01

북두칠성은 북쪽 밤하늘에 일곱 개의 별이 국자 모양을 이루고 있는 형태이며, 선분 AB를 연장하여 점 A로부터 선분 AB의 길이의 6배를 간 곳에 북극성이 있다. 오른쪽 그림과 같은 작도를 이용하여 북극성의 위치를 찾

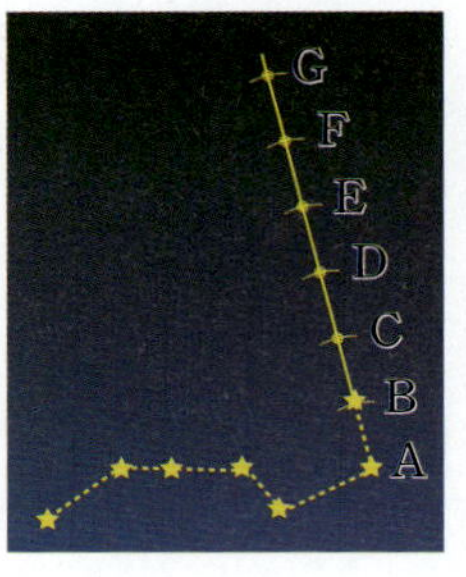

으려고 할 때, 다음은 작도 과정을 순서대로 나타낸 것이다. ㈎~㈐에 알맞은 것을 구하시오.

❶ 점 A를 시작점으로 하고 점 B를 지나는 반직선을 그린다.

❷ 점 A와 점 ㈎ 사이의 길이를 잰다.

❸ 점 B를 중심으로 하고 ㈏를 반지름의 길이로 하는 원을 그려 반직선 AB와의 교점을 점 C, 점 ㈐를 중심으로 하고 $\overline{AB}$를 반지름의 길이로 하는 원을 그려 반직선 AB와의 교점을 D라 한다.

❹ 같은 방법으로 ㈑를 반지름의 길이로 하는 원을 그려 반직선 AB와의 교점을 각각 E, F, G라 한다.

❺ ㈒ $\overline{AB} = \overline{AG}$인 점 G가 북극성의 위치이다.

02

다음 그림과 같이 길이가 15 cm인 철사를 구부려 삼각형을 만들려고 한다. 각 변의 길이는 2 cm보다 크고 8 cm보다 작은 자연수라고 할 때, 만들 수 있는 서로 다른 삼각형의 개수를 구하시오.

(단, 철사의 굵기는 생각하지 않는다.)

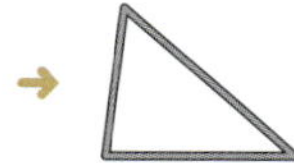

03

오른쪽 그림과 같은 정육각형 ABCDEF의 세 꼭짓점 A, C, E 를 연결하였을 때, ∠ACE의 크기를 구하시오.

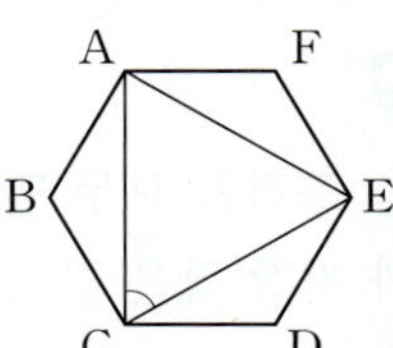

04

다음 그림은 한 변의 길이가 14 cm인 정사각형 ABCD의 두 대각선의 교점 O에 한 변의 길이가 10 cm인 두 정사각형 OEFG, OHIJ를 붙인 것이다. 이때 색칠한 부분의 넓이를 구하시오.

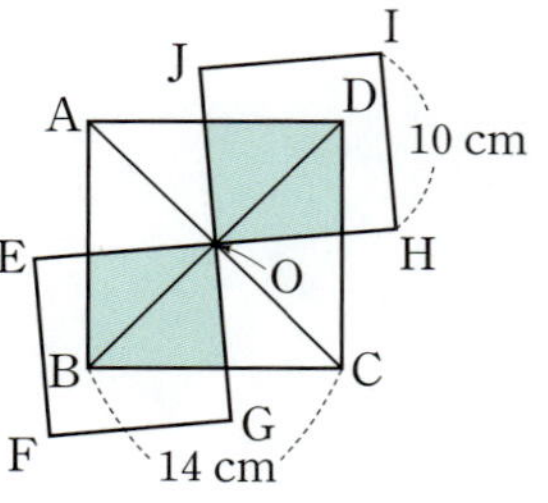

①
② 원과 부채꼴

다각형

C 단원별로 학습 계획을 세워 실천해 보세요.

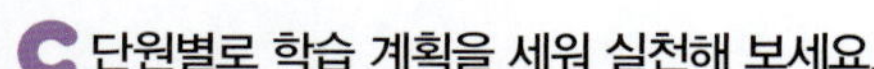

학습 날짜	월 일	월 일	월 일	월 일
학습 계획				
학습 실행도	0 100	0 100	0 100	0 100
자기 반성				

1 다각형

1 다각형

(1) **다각형** : 3개 이상의 선분으로 둘러싸인 평면도형

　① **변** : 다각형을 이루는 각 선분

　② **꼭짓점** : 다각형의 변과 변이 만나는 점

(2) **내각** : 다각형에서 이웃한 두 변이 이루는 내부의 각

(3) **외각** : 다각형의 한 내각의 꼭짓점에서 한 변과 다른 한 변의 연장선이 이루는 각

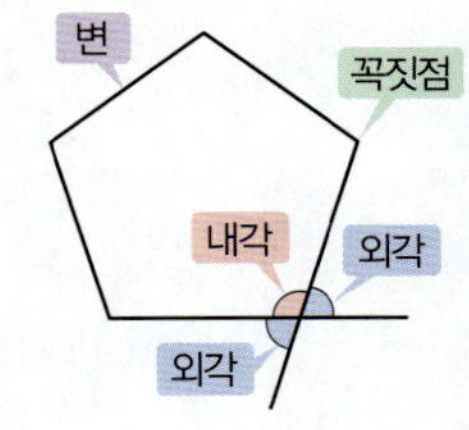

　[참고] 다각형의 한 꼭짓점에서 (내각의 크기)＋(외각의 크기)＝180°이다.

(4) **정다각형** : 모든 변의 길이가 같고 모든 내각의 크기가 같은 다각형

2 다각형의 대각선

(1) **대각선** : 다각형에서 이웃하지 않는 두 꼭짓점을 이은 선분

(2) n각형의 한 꼭짓점에서 그을 수 있는 대각선의 개수 : $n-3$

(3) n각형의 대각선의 개수 : $\dfrac{n(n-3)}{2}$

　꼭짓점의 개수 ┘　└ 한 꼭짓점에서 그을 수 있는 대각선의 개수

　└ 한 대각선을 두 번씩 세었으므로 2로 나눈다.

3 삼각형의 내각과 외각

(1) 삼각형의 세 내각의 크기의 합은 180°이다.

　➡ $\triangle ABC$에서 $\angle A+\angle B+\angle C=180°$

(2) 삼각형의 내각과 외각 사이의 관계 : 삼각형의 한 외각의 크기는 그와 이웃하지 않는 두 내각의 크기의 합과 같다.

　➡ $\triangle ABC$에서 $\angle ACD=\angle A+\angle B$

　　∠C의 외각의 크기 ┘　└ ∠ACD와 이웃하지 않는 두 내각의 크기의 합

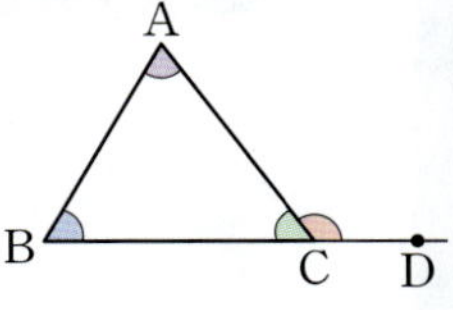

4 다각형의 내각과 외각의 크기의 합

(1) 다각형의 내각의 크기의 합

　① n각형의 한 꼭짓점에서 대각선을 모두 그었을 때 생기는 삼각형의 개수 : $n-2$

　② n각형의 내각의 크기의 합 : $180°×(n-2)$

　　삼각형의 세 내각의 크기의 합 ┘　└ 한 꼭짓점에서 대각선을 모두 그었을 때 생기는 삼각형의 개수

(2) 다각형의 외각의 크기의 합

　다각형의 외각의 크기의 합은 항상 360°이다. ➡ 변의 개수에 관계없이 항상 일정하다.

5 정다각형의 한 내각과 한 외각의 크기

(1) 정n각형의 한 내각의 크기 : $\dfrac{180°×(n-2)}{n}$ ← 내각의 크기의 합 ／ 꼭짓점의 개수

(2) 정n각형의 한 외각의 크기 : $\dfrac{360°}{n}$ ← 외각의 크기의 합 ／ 꼭짓점의 개수

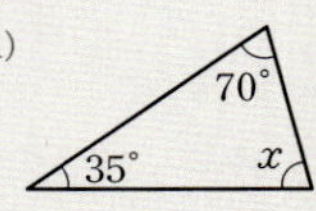

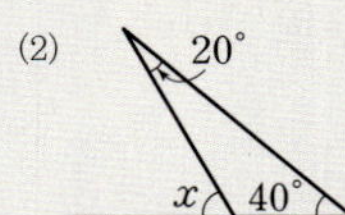

1 다음 중 옳은 것에는 ○표, 옳지 않은 것에는 ×표를 하시오.

(1) 다각형의 한 내각에 대한 외각은 2개이다.　(　)

(2) 다각형의 한 꼭짓점에서 내각과 외각의 크기의 합은 360°이다.　(　)

(3) 정다각형은 모든 내각의 크기가 같다.　(　)

(4) 네 변의 길이가 모두 같은 사각형은 정사각형이다.　(　)

2 십각형에 대하여 다음을 구하시오.

(1) 한 꼭짓점에서 그을 수 있는 대각선의 개수

(2) 대각선의 개수

3 다음 그림에서 $\angle x$의 크기를 구하시오.

(1)

(2)

4 다음 다각형의 내각의 크기의 합과 외각의 크기의 합을 차례대로 구하시오.

(1) 오각형　　(2) 팔각형

5 다음 정다각형의 한 내각의 크기와 한 외각의 크기를 차례대로 구하시오.

(1) 정육각형　　(2) 정구각형

유형 01 다각형

01  내신 빈출

다음 **보기**에서 다각형인 것을 모두 고르시오.

> **보기**
> ㄱ. 오각형 ㄴ. 반구 ㄷ. 정육면체
> ㄹ. 원 ㅁ. 정팔각형 ㅂ. 삼각기둥

02

다음 중 옳은 것은?

① 육각형의 꼭짓점의 개수는 8이다.
② 2개의 선분으로 둘러싸인 다각형이 있다.
③ 다각형을 이루는 각 선분을 모서리라 한다.
④ 오각형의 변의 개수와 팔각형의 꼭짓점의 개수의 합은 15이다.
⑤ 변의 개수와 꼭짓점의 개수의 합이 6인 다각형은 삼각형이다.

03

오른쪽 그림과 같은 △ABC에서 ∠A의 외각의 크기와 ∠C의 내각의 크기의 합은?

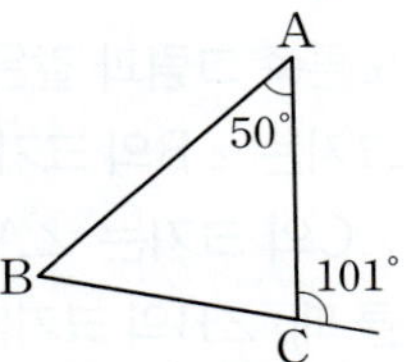

① 129° ② 151°
③ 189° ④ 199°
⑤ 209°

04  신경향

오른쪽 그림과 같은 오각형 ABCDE에서 $\angle x - \angle y$의 크기를 구하시오.

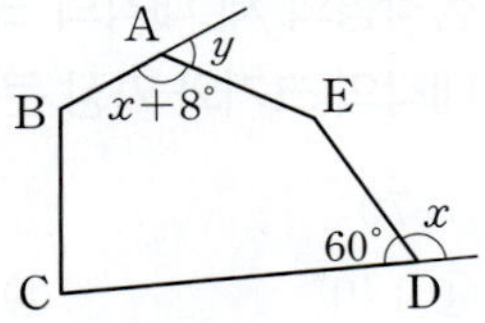

유형 02 정다각형

05

다음 중 옳지 <u>않은</u> 것을 모두 고르면? (정답 2개)

① 정다각형은 모든 외각의 크기가 같다.
② 모든 내각의 크기가 같은 다각형은 정다각형이다.
③ 세 변의 길이가 같은 삼각형은 정삼각형이다.
④ 꼭짓점의 개수가 5인 정다각형은 정오각형이다.
⑤ 모든 변의 길이가 같은 다각형은 정다각형이다.

06

다음 조건을 모두 만족시키는 다각형의 꼭짓점의 개수를 a, 변의 개수를 b라 할 때, $a+b$의 값을 구하시오.

> ㈎ 모든 변의 길이가 같다.
> ㈏ 모든 내각의 크기가 같다.
> ㈐ 한 내각의 크기와 한 외각의 크기가 서로 같다.

유형 03 다각형의 대각선의 개수 ✐ 최다 빈출

07

십일각형의 한 꼭짓점에서 그을 수 있는 대각선의 개수를 a라 할 때, 한 꼭짓점에서 대각선을 모두 그었을 때 생기는 삼각형의 개수가 $a+2$인 다각형을 구하시오.

08

어떤 다각형의 내부의 한 점에서 각 꼭짓점에 선분을 그었을 때 생기는 삼각형의 개수가 14일 때, 이 다각형의 대각선의 개수는?

① 54 ② 77 ③ 90
④ 104 ⑤ 119

09 내신 빈출

대각선의 개수가 27인 다각형의 변의 개수는?

① 7　　　　② 8　　　　③ 9
④ 10　　　⑤ 11

10 실수 주의

오른쪽 그림과 같이 원탁에 6명의 학생이 앉아 있다. 모든 학생이 빠짐없이 서로 한 번씩 악수를 할 때, 악수를 모두 몇 번 하게 되는지 구하시오.

11 신경향

어떤 다각형의 한 꼭짓점에서 한 개의 대각선을 그었더니 사각형과 육각형의 두 부분으로 나뉘었다. 이 다각형의 대각선의 개수는?

① 14　　　　② 20　　　　③ 27
④ 35　　　　⑤ 44

12

어떤 다각형의 한 꼭짓점에서 그을 수 있는 대각선의 개수를 a, 내부의 한 점에서 각 꼭짓점에 선분을 그었을 때 생기는 삼각형의 개수를 b라 하자. $a+b=17$일 때, 이 다각형의 한 꼭짓점에서 대각선을 모두 그었을 때 생기는 삼각형의 개수를 구하시오.

---

13 내신 빈출

오른쪽 그림과 같은 △ABC에서 ∠x의 크기를 구하시오.

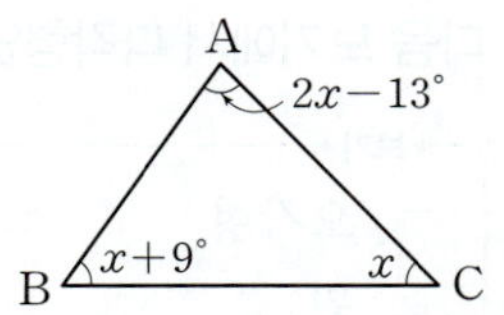

14

오른쪽 그림과 같이 $\overline{AD}$와 $\overline{BE}$의 교점을 C라 할 때, ∠x − ∠y의 크기는?

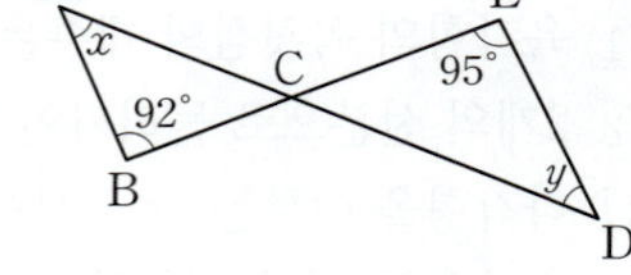

① 3°　　　② 4°
③ 5°　　　④ 6°
⑤ 7°

15

오른쪽 그림과 같은 △ABC에서 ∠A의 크기는 ∠B의 크기보다 20°만큼 작고, ∠C의 크기는 ∠A의 크기보다 10°만큼 클 때, ∠B의 크기를 구하시오.

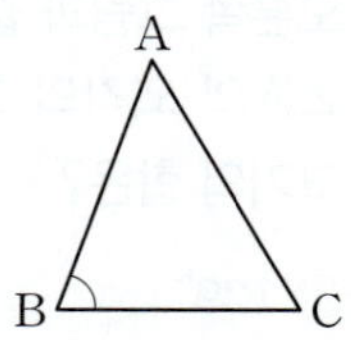

16

삼각형의 세 내각의 크기의 비가 2 : 3 : 5일 때, 가장 작은 내각의 크기와 가장 큰 내각의 크기의 합은?

① 70°　　　　② 90°　　　　③ 126°
④ 140°　　　⑤ 144°

유형 **05** 삼각형의 내각과 외각 사이의 관계 ✎최다 빈출

17 내신 빈출

오른쪽 그림과 같은 △ABC에서 ∠x의 크기를 구하시오.

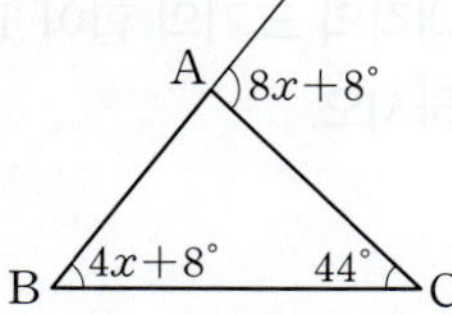

18

오른쪽 그림에서 ∠x의 크기는?

① 112° ② 121°
③ 128° ④ 130°
⑤ 136°

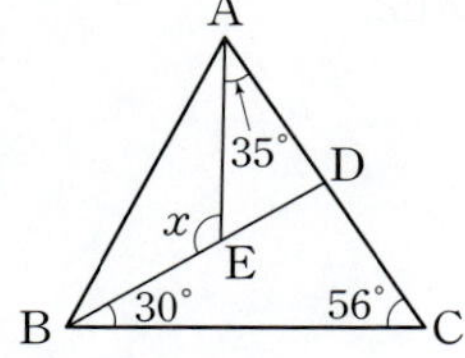

19

오른쪽 그림과 같이 $\overline{AC}$와 $\overline{DE}$의 교점을 F라 할 때, ∠x+∠y의 크기를 구하시오.

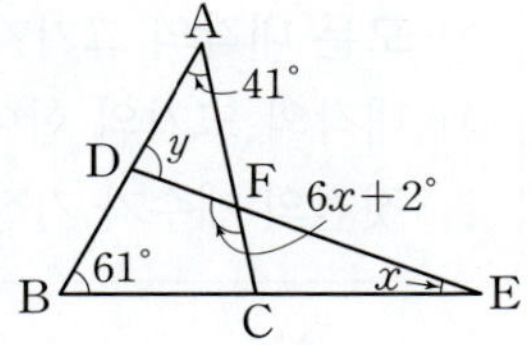

20 신경향

오른쪽 그림과 같은 △ABC에서 ∠ABC=4∠DBC이고, ∠A=70°, ∠BDC=100°일 때, ∠x의 크기를 구하시오.

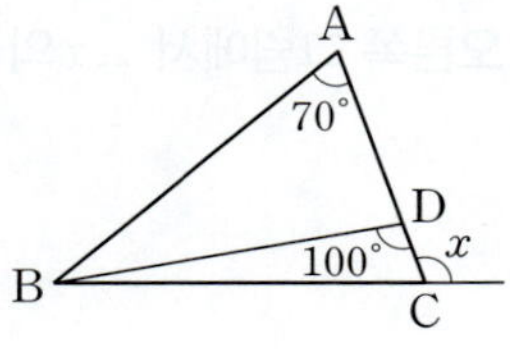

유형 **06** 삼각형의 내각의 크기의 합의 활용

21 내신 빈출

오른쪽 그림과 같은 △ABC에서 ∠x의 크기는?

① 36° ② 38°
③ 42° ④ 46°
⑤ 48°

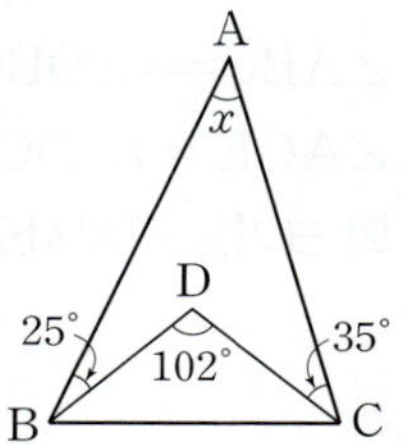

22

오른쪽 그림에서 ∠x+∠y의 크기는?

① 43° ② 45°
③ 51° ④ 53°
⑤ 55°

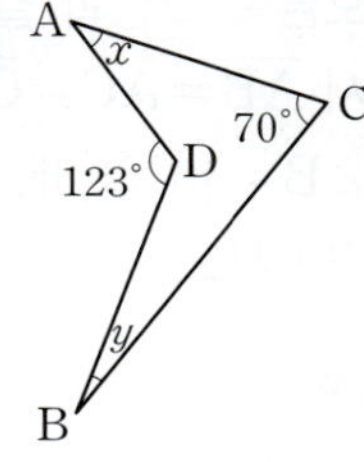

23

오른쪽 그림과 같은 △ABC에서 점 D는 ∠B의 이등분선과 ∠C의 이등분선의 교점이다. ∠A=94°일 때, ∠x의 크기를 구하시오.

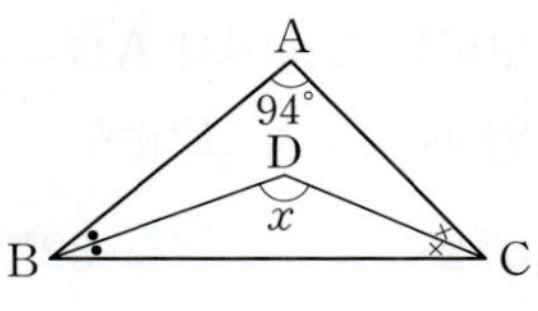

유형 **07** 삼각형의 내각과 외각 사이의 관계의 활용

24 내신 빈출

오른쪽 그림과 같은 △ABC에서 점 D는 ∠B의 이등분선과 ∠C의 외각의 이등분선의 교점이다. ∠D=39°일 때, ∠x의 크기를 구하시오.

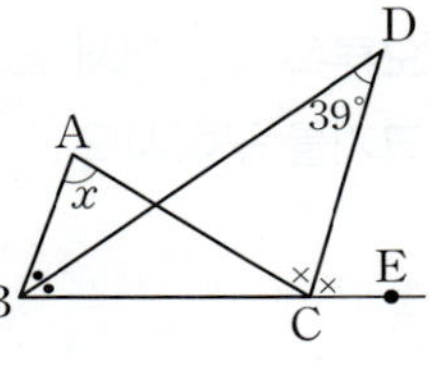

25

오른쪽 그림과 같은 △ABC에서 ∠D=15°이고, ∠ABC=4∠DBC, ∠ACE=4∠DCE일 때, ∠x의 크기를 구하시오.

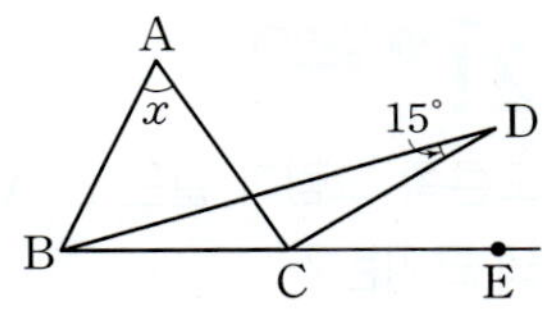

26 내신 빈출

오른쪽 그림과 같은 △DBC에서 $\overline{AB}=\overline{AC}=\overline{CD}$이고 ∠B=40°일 때, ∠$x$의 크기를 구하시오.

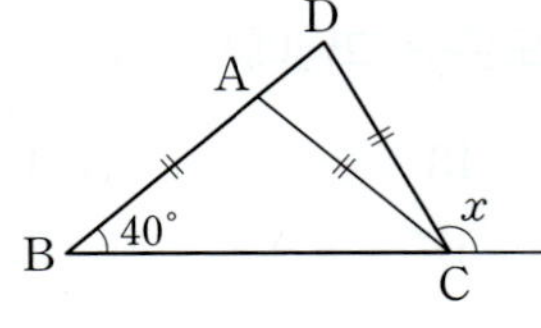

27

오른쪽 그림에서 $\overline{AB}=\overline{AC}=\overline{CD}$일 때, ∠$x$의 크기는?

① 28°   ② 32°
③ 33°   ④ 35°
⑤ 37°

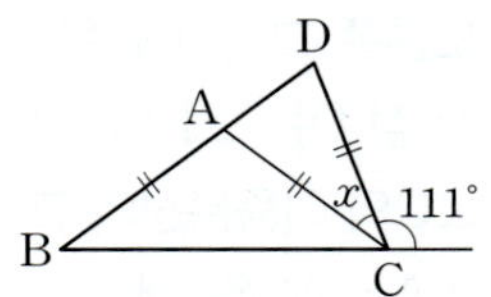

28

오른쪽 그림에서 ∠x+∠y+∠z의 크기를 구하시오.

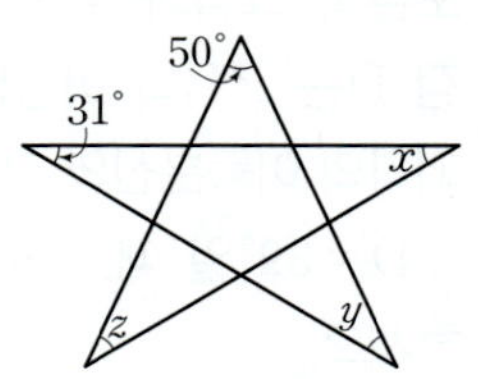

---

29 내신 빈출

내각의 크기의 합이 1260°인 다각형의 꼭짓점의 개수를 구하시오.

30

대각선의 개수가 20인 다각형의 내각의 크기의 합을 구하시오.

31 실수 주의

다음 조건을 모두 만족시키는 다각형을 구하시오.

> ㈎ 모든 변의 길이가 같다.
> ㈏ 모든 내각의 크기가 같다.
> ㈐ 내각의 크기의 합이 1000°보다 작은 다각형 중 꼭짓점의 개수가 가장 많다.

32 내신 빈출

오른쪽 그림에서 ∠x의 크기를 구하시오.

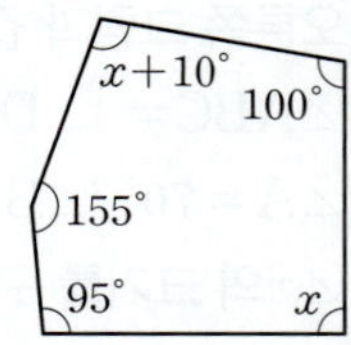

33

오른쪽 그림에서 $\angle x - \angle y$의 크기는?

① $31°$ ② $43°$
③ $51°$ ④ $53°$
⑤ $60°$

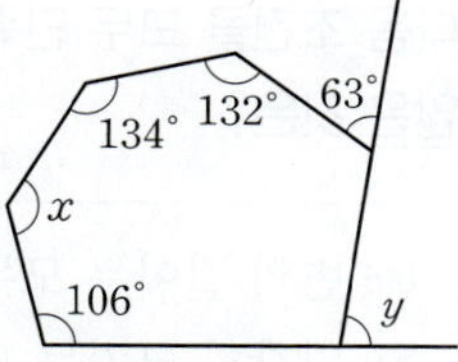

34

오른쪽 그림에서 $\angle x$의 크기는?

① $58°$ ② $64°$
③ $70°$ ④ $76°$
⑤ $82°$

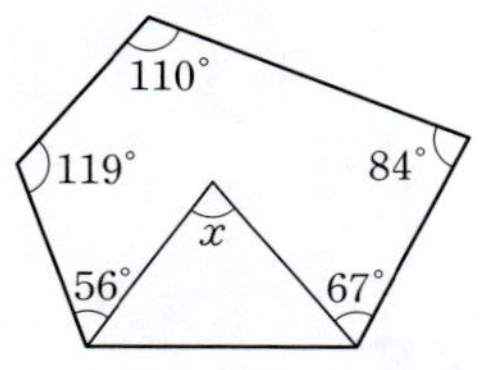

  다각형의 외각의 크기의 합

35

오른쪽 그림에서 $\angle x - \angle y$의 크기는?

① $30°$ ② $35°$
③ $37°$ ④ $40°$
⑤ $45°$

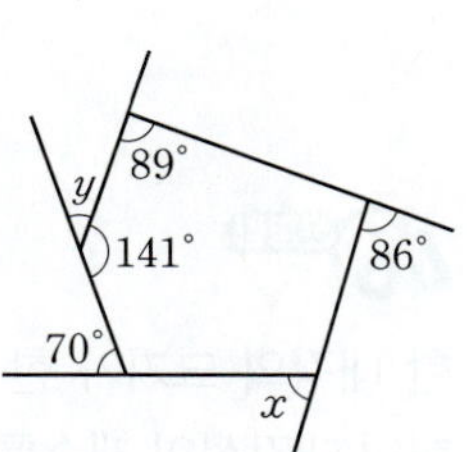

36 내신 빈출

오른쪽 그림에서 $\angle x$의 크기는?

① $31°$ ② $32°$
③ $35°$ ④ $41°$
⑤ $42°$

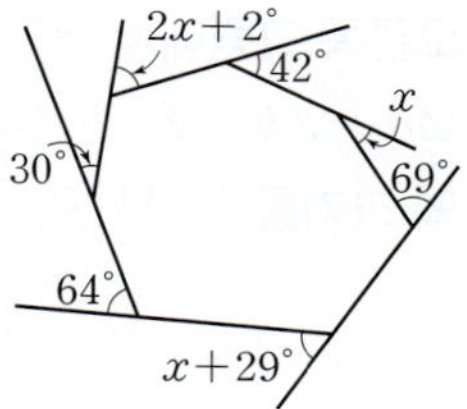

37 신경향

사각형의 네 외각의 크기의 비가 $3 : 4 : 5 : 6$일 때, 이 사각형의 내각 중 가장 작은 각의 크기를 구하시오.

  다각형의 내각과 외각의 크기의 합의 활용

38 내신 빈출

오른쪽 그림에서
$\angle a + \angle b + \angle c + \angle d + \angle e$의
크기를 구하시오.

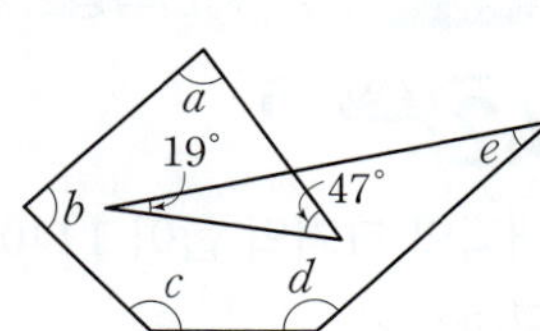

39 실수 주의

오른쪽 그림에서
$\angle a + \angle b + \angle c + \angle d + \angle e$
$\qquad\qquad + \angle f + \angle g$
의 크기를 구하시오.

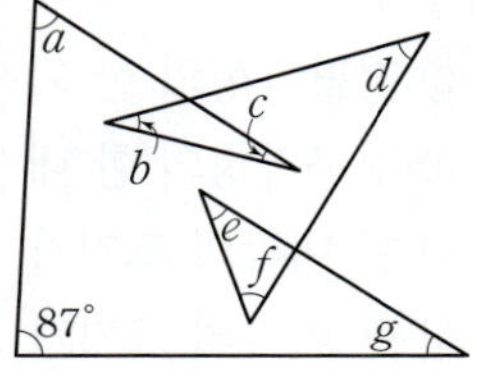

40

오른쪽 그림에서
$\angle a + \angle b + \angle c + \angle d + \angle e + \angle f$
의 크기를 구하시오.

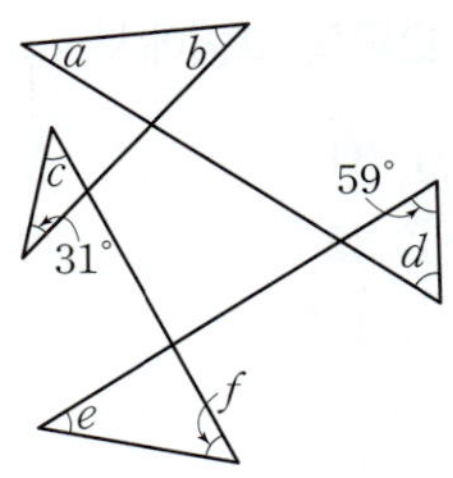

41

오른쪽 그림에서
$\angle a + \angle b + \angle c + \angle d + \angle e + \angle f$
의 크기는?

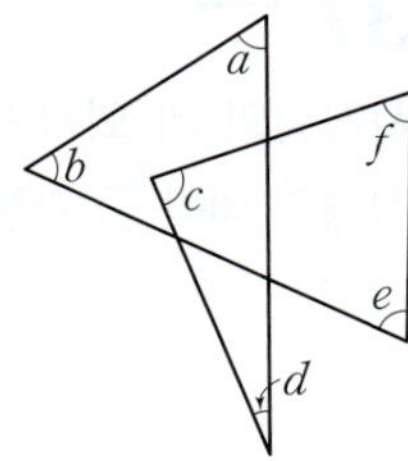

① 320°　　② 360°
③ 400°　　④ 440°
⑤ 480°

유형 11 정다각형의 한 내각과 한 외각의 크기　📝 최다 빈출

42 내신 빈출

내각의 크기의 합이 1440°인 정다각형의 한 외각의 크기를
구하시오.

43

다음 중 옳은 것을 모두 고르면? (정답 2개)

① 정육각형의 한 내각의 크기는 108°이다.
② 정팔각형의 한 외각의 크기는 72°이다.
③ 정구각형의 한 내각의 크기는 140°이다.
④ 한 내각의 크기가 150°인 정다각형은 정십일각형이다.
⑤ 한 외각의 크기가 18°인 정다각형은 정이십각형이다.

44

다음 조건을 모두 만족시키는 다각형에 대한 설명으로 옳지
않은 것은?

> ㈎ 변의 길이는 모두 같다.
> ㈏ 외각의 크기는 모두 같다.
> ㈐ 내각의 크기의 합은 2880°이다.

① 변의 개수는 18이다.
② 대각선의 개수는 135이다.
③ 외각의 크기의 합은 360°이다.
④ 한 내각의 크기는 144°이다.
⑤ 한 외각의 크기는 20°이다.

45

오른쪽 그림은 정다각형 모양의 색종
이의 일부이다. $\angle ABC = 18°$일 때,
이 정다각형은?

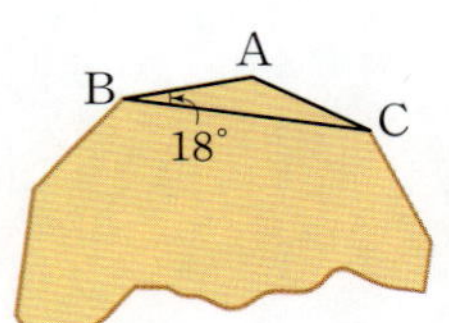

① 정팔각형　　② 정구각형
③ 정십각형　　④ 정십일각형
⑤ 정십이각형

46 신경향

한 내각의 크기가 한 외각의 크기보다 100°만큼 큰 정다각
형의 대각선의 개수를 구하시오.

47

오른쪽 그림과 같은 정오각형
ABCDE에서 ∠x의 크기는?

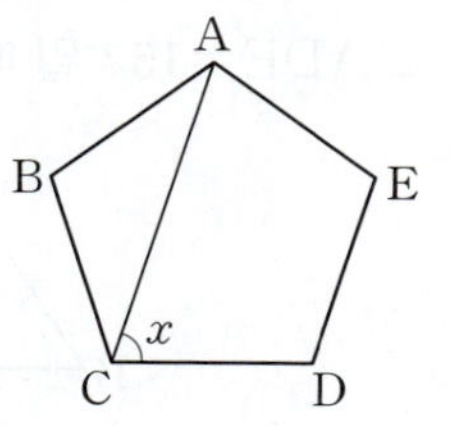

① 71°　　　　② 72°

③ 73°　　　　④ 74°

⑤ 75°

48 실수 주의

오른쪽 그림과 같이 정사각형
ABCD의 내부의 한 점 E에 대하여
삼각형 AED가 정삼각형일 때,
∠x − ∠y의 크기를 구하시오.

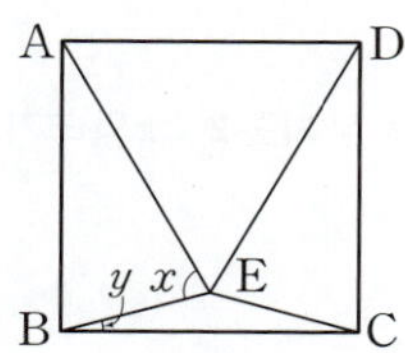

49 내신 빈출

오른쪽 그림과 같은 정육각형
ABCDEF에서 $\overline{AC}$와 $\overline{BF}$의 교점
을 G라 할 때, ∠x의 크기는?

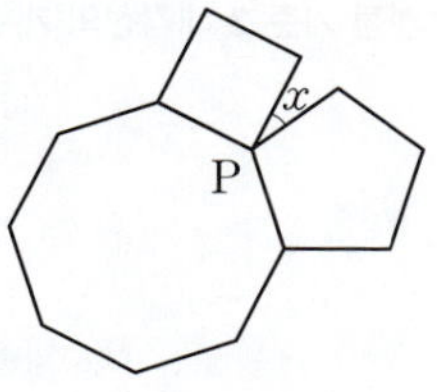

① 100°　　　　② 110°

③ 120°　　　　④ 130°

⑤ 140°

50

오른쪽 그림과 같이 한 변의 길이가
같은 정사각형, 정오각형, 정팔각형
이 한 점 P에서 만날 때, ∠x의 크기
를 구하시오.

51 내신 빈출

오른쪽 그림과 같이 한 변의 길이가 같
은 정사각형과 정팔각형을 붙여 놓았
을 때, ∠x의 크기는?

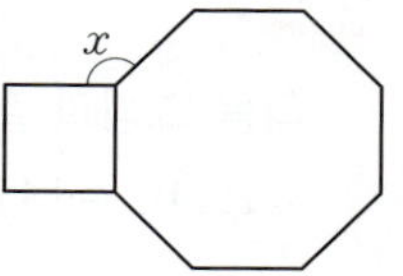

① 102°　　　　② 117°

③ 120°　　　　④ 135°

⑤ 145°

52

오른쪽 그림과 같이 정오각형
ABCDE의 두 변 AB와 ED의 연장
선의 교점을 F라 할 때, ∠x의 크기
는?

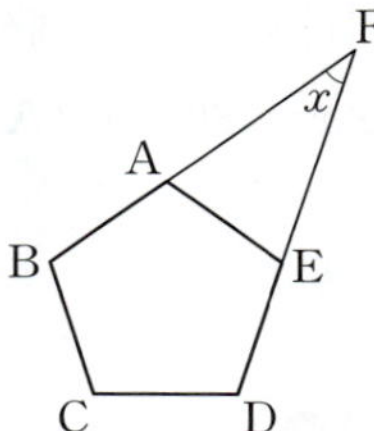

① 32°　　　　② 33°

③ 34°　　　　④ 35°

⑤ 36°

53 실수 주의

오른쪽 그림과 같이 한 변의 길이가 같
은 정육각형과 정오각형을 붙여 놓았
다. 정육각형의 한 변의 연장선과 정오
각형의 한 변의 연장선이 만날 때,
∠x + ∠y의 크기를 구하시오.

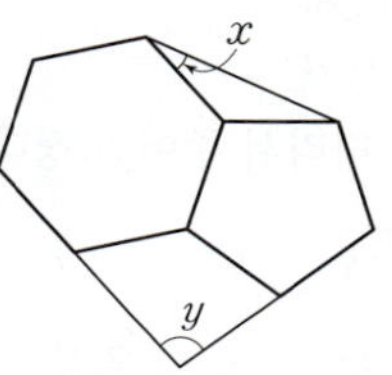

전국 1000여 개 학교 시험 문제를 분석하여 **출제율 높은 서술형 문제**만 선별했어요!

01

다음 그림과 같은 △ABD에서 $\overline{AB}=\overline{AC}=\overline{CD}$이고 ∠ADE=141°일 때, ∠$x$의 크기를 구하시오. [6점]

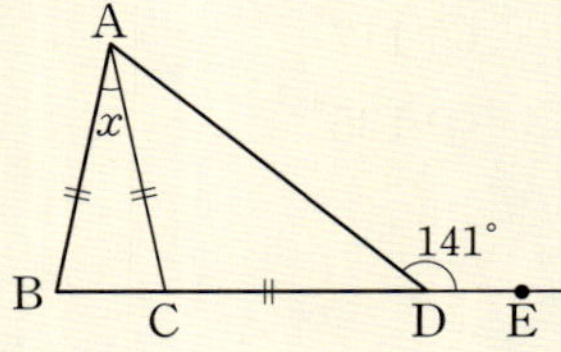

채점 기준 1 ∠ADC의 크기 구하기 ⋯ 2점

∠ADC=180°−______=______

채점 기준 2 ∠x의 크기 구하기 ⋯ 4점

△ACD에서 ∠CAD=∠CDA=______이므로

∠ACB=∠CAD+∠CDA=______

따라서 △ABC에서 ∠ABC=∠ACB=______이므로

∠x=180°−(∠ABC+∠ACB)=______

01 -1

다음 그림과 같은 △ABD에서 $\overline{AB}=\overline{AC}=\overline{CD}$이고 ∠ADE=152°일 때, ∠$x$의 크기를 구하시오. [6점]

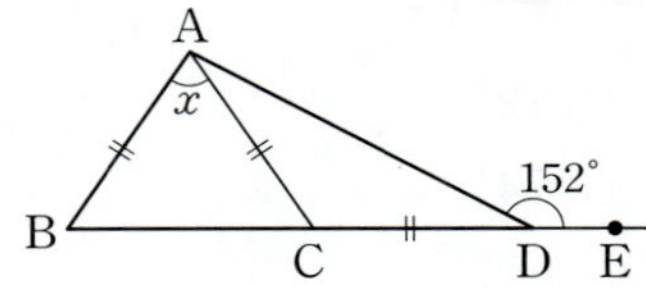

채점 기준 1 ∠ADC의 크기 구하기 ⋯ 2점

채점 기준 2 ∠x의 크기 구하기 ⋯ 4점

02

한 내각의 크기와 한 외각의 크기의 비가 4 : 1인 정다각형의 대각선의 개수를 구하시오. [7점]

채점 기준 1 정다각형 구하기 ⋯ 4점

한 내각의 크기와 한 외각의 크기의 합이 180°이므로 주어진 정다각형의 한 외각의 크기는

$$180° \times \frac{\boxed{}}{4+1}=\text{______}$$

주어진 정다각형을 정n각형이라 하면

$$\frac{360°}{n}=\text{______} \qquad \therefore n=\text{______}$$

따라서 주어진 정다각형은 __________이다.

채점 기준 2 대각선의 개수 구하기 ⋯ 3점

정______각형의 대각선의 개수는

$$\frac{\boxed{} \times (\boxed{}-3)}{2}=\text{______}$$

02 -1

한 내각의 크기와 한 외각의 크기의 비가 3 : 1인 정다각형의 대각선의 개수를 구하시오. [7점]

채점 기준 1 정다각형 구하기 ⋯ 4점

채점 기준 2 대각선의 개수 구하기 ⋯ 3점

03

대각선의 개수가 14인 다각형의 한 꼭짓점에서 그을 수 있는 대각선의 개수를 구하시오. [4점]

04

오른쪽 그림과 같은 △ABC에서 ∠BAC의 크기를 구하시오. [4점]

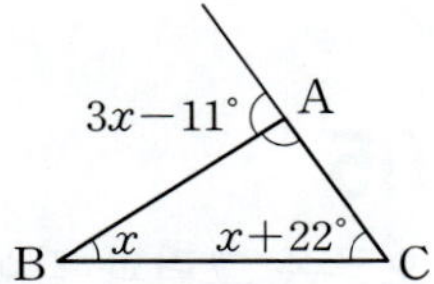

05

변이 $(x-2)$개이고, 꼭짓점이 $(18-x)$개인 다각형의 한 꼭짓점에서 대각선을 모두 그었을 때 생기는 삼각형의 개수를 a, 이 다각형의 내각의 크기의 합을 $b°$라 할 때, $a+b$의 값을 구하시오. [6점]

06

오른쪽 그림과 같은 사각형 ABCD에서 ∠B의 이등분선과 ∠C의 이등분선의 교점을 E라 하자. ∠A=118°, ∠D=98°일 때, ∠BEC의 크기를 구하시오. [7점]

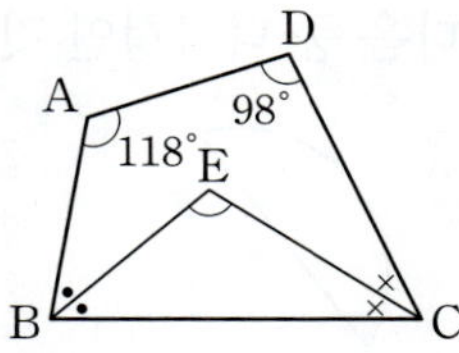

07

모든 내각의 크기와 외각의 크기의 합이 2520°인 다각형의 꼭짓점의 개수를 구하시오. [6점]

08

오른쪽 그림에서
$$\angle a+\angle b+\angle c+\angle d+\angle e$$
$$+\angle f+\angle g+\angle h+\angle i$$
의 크기를 구하시오. [7점]

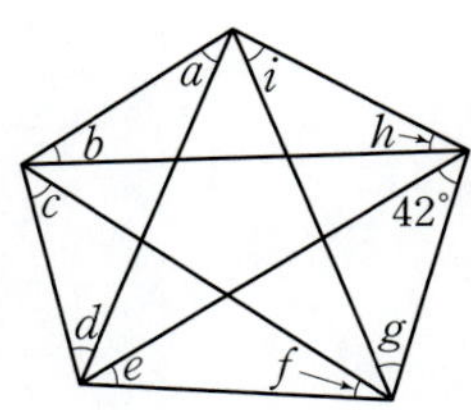

01

다음 중 다각형인 것은? [3점]

① 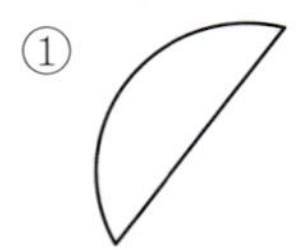 ② 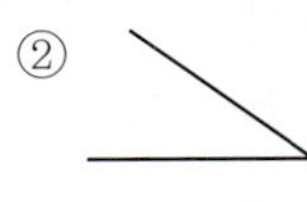 ③ 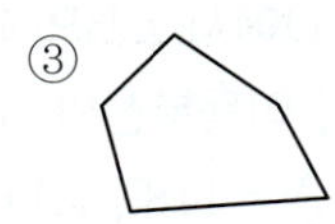

④  ⑤ 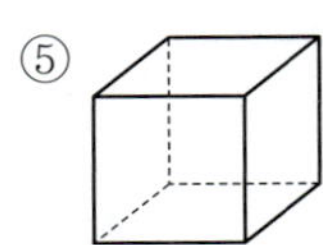

02

다음 중 정다각형에 대한 설명으로 옳지 <u>않은</u> 것은? [3점]

① 모든 변의 길이가 같다.
② 모든 내각의 크기가 같다.
③ 모든 외각의 크기가 같다.
④ 모든 대각선의 길이가 같다.
⑤ 한 꼭짓점에서 내각의 크기와 외각의 크기의 합이 180°이다.

03

대각선의 개수가 44인 다각형의 꼭짓점의 개수는? [3점]

① 7   ② 8   ③ 9
④ 10   ⑤ 11

04

n각형의 한 꼭짓점에서 그을 수 있는 대각선의 개수와 이때 만들어진 삼각형의 개수의 합이 변의 개수와 같을 때, n의 값은? [4점]

① 4   ② 5   ③ 6
④ 7   ⑤ 8

05

오른쪽 그림과 같이 $\overline{AE}$와 $\overline{BD}$의 교점을 C라 할 때, $\angle x$의 크기는? [3점]

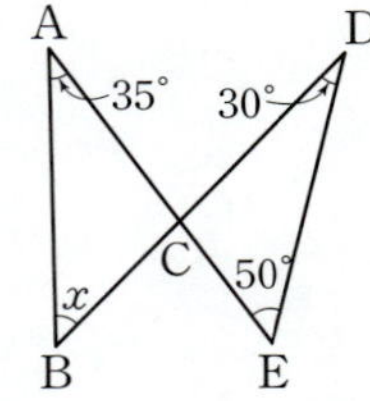

① 30°   ② 35°
③ 40°   ④ 45°
⑤ 50°

06

오른쪽 그림과 같은 △ABC에서 $\overline{AD}$가 $\angle A$의 이등분선일 때, $\angle x$의 크기는? [4점]

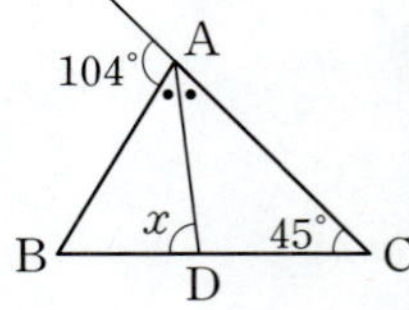

① 76°   ② 80°
③ 83°   ④ 85°
⑤ 87°

07

오른쪽 그림은 정삼각형 ABC의 두 변 AB, BC 위에 $\overline{BD}=\overline{CE}$가 되도록 두 점 D, E를 각각 잡은 것이다. 이때 $\angle x$의 크기는? [5점]

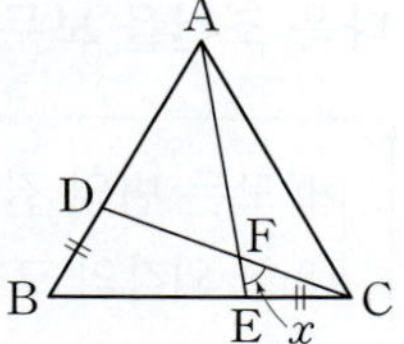

① 45° ② 50°
③ 55° ④ 60°
⑤ 65°

08

오른쪽 그림에서 $\angle x$의 크기는?

[4점]

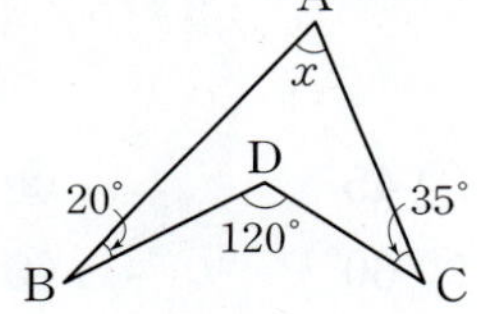

① 60° ② 65°
③ 70° ④ 75°
⑤ 80°

09

오른쪽 그림과 같은 △ABC에서 점 D는 $\angle B$의 이등분선과 $\angle C$의 외각의 이등분선의 교점이다. $\angle A=52°$일 때, $\angle x$의 크기는? [4점]

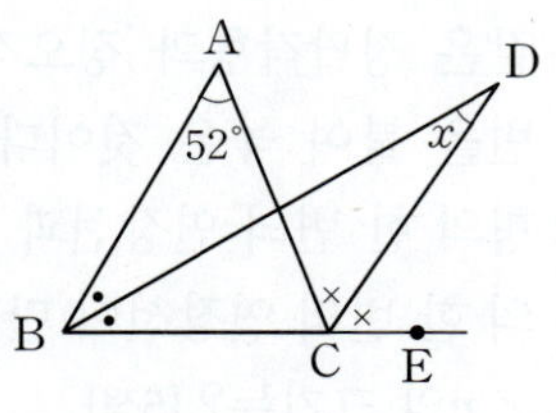

① 24° ② 25° ③ 26°
④ 27° ⑤ 28°

10

오른쪽 그림에서 $\angle x$의 크기는?

[4점]

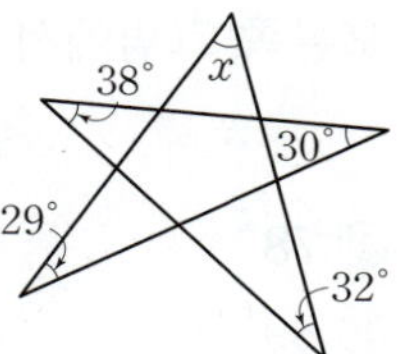

① 51° ② 53°
③ 55° ④ 57°
⑤ 58°

11

어떤 다각형의 한 꼭짓점에서 대각선을 모두 그었을 때 생기는 삼각형의 개수가 10일 때, 이 다각형의 내각의 크기의 합은? [4점]

① 1260° ② 1440° ③ 1620°
④ 1800° ⑤ 1980°

12

두 다각형 A, B의 한 꼭짓점에서 각각 그을 수 있는 대각선의 개수의 비는 2 : 1이고, 두 다각형의 모든 내각의 크기의 합은 1440°이다. 두 다각형 A, B의 변의 개수의 합은? [5점]

① 10 ② 12 ③ 14
④ 16 ⑤ 18

13

오른쪽 그림에서 $\angle x$의 크기는?

[3점]

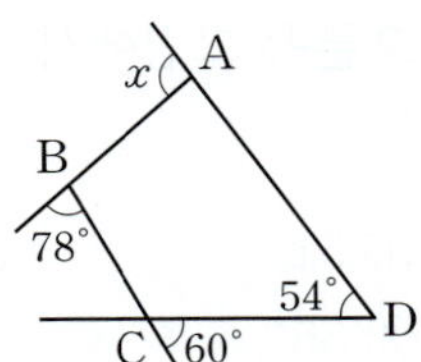

① 78°   ② 84°

③ 89°   ④ 96°

⑤ 102°

14

오른쪽 그림에서
$\angle a + \angle b + \angle c + \angle d + \angle e$
$\quad + \angle f + \angle g + \angle h + \angle i + \angle j$
의 크기는? [4점]

① 180°   ② 200°

③ 280°   ④ 360°

⑤ 440°

15

한 내각의 크기가 135°인 정다각형의 한 꼭짓점에서 그을 수 있는 대각선의 개수를 a, 꼭짓점의 개수를 b라 할 때, $a+b$의 값은? [4점]

① 13   ② 14   ③ 15

④ 16   ⑤ 17

16

다음 조건을 모두 만족시키는 다각형은? [4점]

> (가) 모든 변의 길이가 같고 모든 내각의 크기가 같다.
> (나) 한 외각의 크기가 한 내각의 크기보다 144°만큼 작다.

① 정십사각형   ② 정십육각형   ③ 정십팔각형

④ 정이십각형   ⑤ 정이십이각형

17

오른쪽 그림과 같은 정오각형 ABCDE에서 $\angle x + \angle y$의 크기는?

[4점]

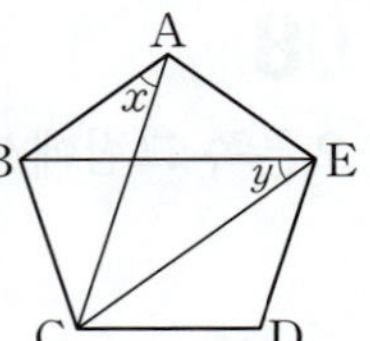

① 45°   ② 56°

③ 60°   ④ 72°

⑤ 78°

18

오른쪽 그림은 한 변의 길이가 같은 정팔각형과 정오각형의 한 변을 붙여 놓은 것이다. 정팔각형의 한 변의 연장선과 정오각형의 한 변의 연장선이 만날 때, $\angle x$의 크기는? [5점]

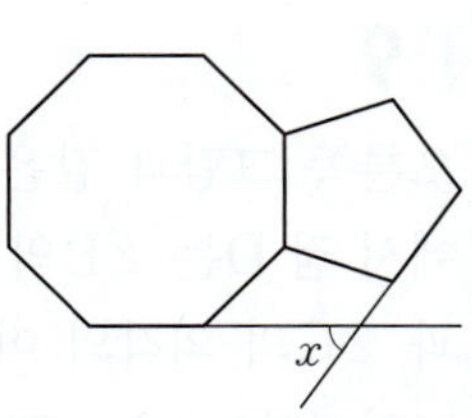

① 50°   ② 52°   ③ 54°

④ 56°   ⑤ 58°

19

오른쪽 그림에서 $\angle x$의 크기를
구하시오. [6점]

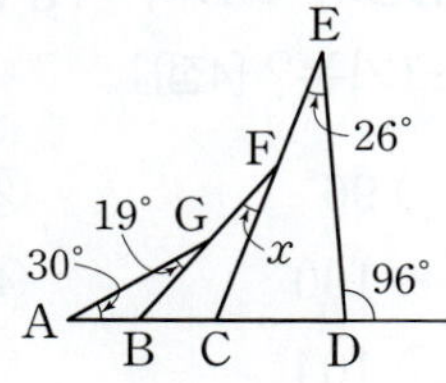

20

오른쪽 그림과 같은 사각형 ABCD
에서 $\angle$A의 이등분선과 $\angle$C의 이
등분선의 교점을 O라 하자.
$\angle$B$=66°$, $\angle$D$=152°$일 때, $\angle x$
의 크기를 구하시오. [7점]

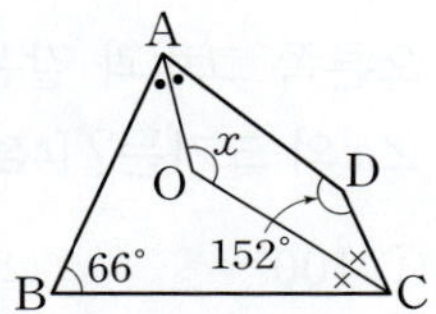

21

모든 내각의 크기와 외각의 크기의 합이 $3780°$인 다각
형을 구하시오. [4점]

22

한 내각의 크기와 한 외각의 크기의 비가 $3 : 2$인 정다
각형의 대각선의 개수를 구하시오. [6점]

23

오른쪽 그림과 같이 한 변의 길이가 같
은 정사각형 ABCD와 정삼각형
ADE를 붙여 놓았다. $\overline{AD}$와 $\overline{EB}$의
교점을 F라 할 때, $\angle x$의 크기를 구하
시오. [7점]

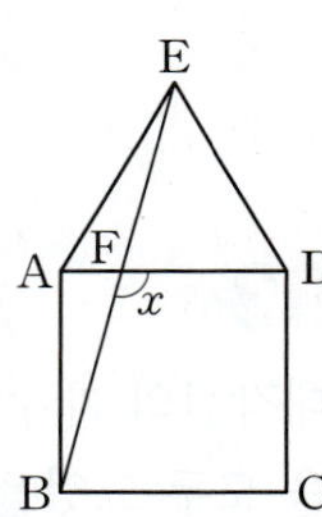

01

오른쪽 그림과 같은 사각형 ABCD에서 $\angle x$의 크기는? [3점]

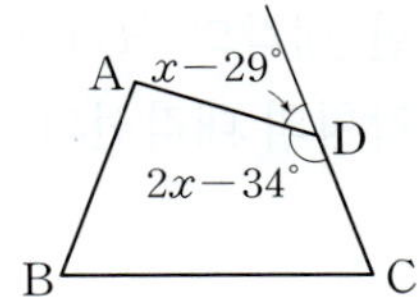

① 80° ② 81°
③ 82° ④ 83°
⑤ 84°

02

다음 조건을 모두 만족시키는 다각형은? [3점]

> ㈎ 모든 변의 길이는 같다.
> ㈏ 모든 내각의 크기는 같다.
> ㈐ 꼭짓점의 개수와 변의 개수의 합은 12이다.

① 정사각형 ② 정육각형 ③ 정팔각형
④ 정십각형 ⑤ 정십이각형

03

대각선의 개수가 65인 다각형의 한 꼭짓점에서 대각선을 모두 그었을 때 생기는 삼각형의 개수는? [4점]

① 9   ② 10   ③ 11
④ 12   ⑤ 13

04

오른쪽 그림과 같은 △ABC에서 $\angle x$의 크기는? [3점]

① 20° ② 22°
③ 24° ④ 26°
⑤ 28°

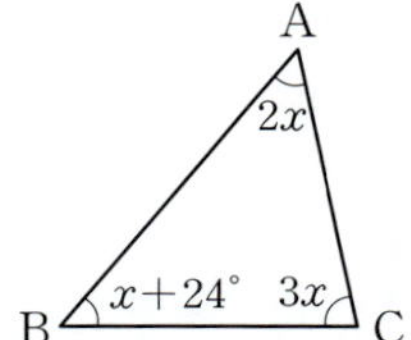

05

오른쪽 그림과 같은 △ABC에서 $\overline{BD}$가 $\angle B$의 이등분선일 때, $\angle x$의 크기는? [4점]

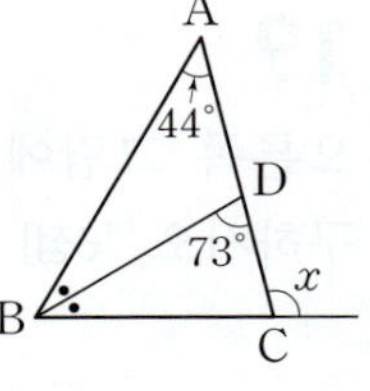

① 96° ② 98°
③ 100° ④ 102°
⑤ 104°

06

오른쪽 그림과 같은 △ABC에서 $\angle x$의 크기는? [4점]

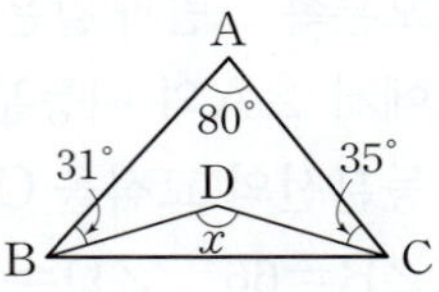

① 100° ② 114°
③ 120° ④ 132°
⑤ 146°

07

오른쪽 그림과 같은 △AED에서 $\overline{AB}=\overline{BC}=\overline{CD}=\overline{DE}$이고 $\angle FDE=112°$일 때, $\angle x$의 크기는? [4점]

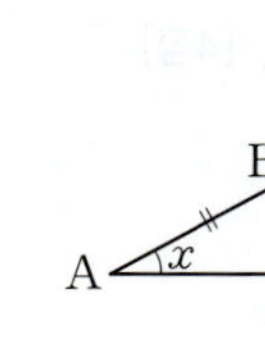

① 27° ② 28° ③ 29°
④ 30° ⑤ 31°

08

다음은 사각형, 오각형, 육각형을 여러 개의 삼각형으로 나누어 내각의 크기의 합을 구하는 방법에 대한 설명이다. 바르게 설명한 사람을 모두 고른 것은? [4점]

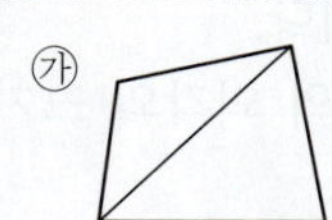 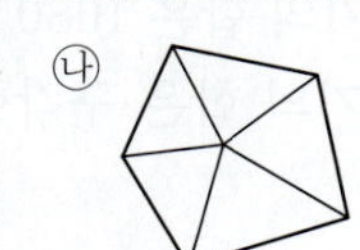 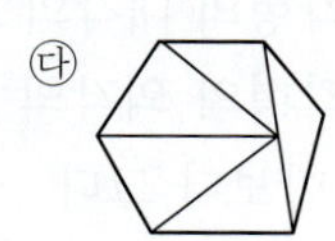

기범 : 그림 ㉮에서 한 꼭짓점에서 대각선을 모두 그었을 때 2개의 삼각형으로 나누어지니까 사각형의 내각의 크기의 합은 $180° \times 2$야.

세아 : 그림 ㉯에서 5개의 삼각형으로 나누었으므로 삼각형의 내각의 크기를 모두 더한 다음 $360°$를 빼면, 즉 $180° \times 5 - 360°$로 오각형의 내각의 크기의 합을 구할 수 있어.

재은 : 그림 ㉰에서 5개의 삼각형으로 나누었으므로 삼각형의 내각의 크기를 모두 더한 $180° \times 5$에서 $360°$를 빼면 육각형의 내각의 크기의 합이야.

① 기범
② 기범, 세아
③ 기범, 재은
④ 세아, 재은
⑤ 기범, 세아, 재은

09

오른쪽 그림에서 $\angle x$의 크기는? [4점]

① $52°$
② $53°$
③ $54°$
④ $55°$
⑤ $56°$

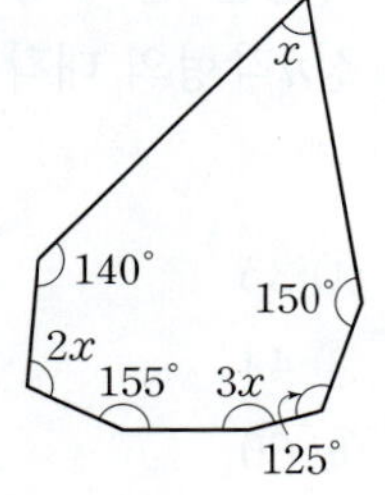

10

오른쪽 그림에서 $\angle x + \angle y$의 크기는? [5점]

① $120°$
② $124°$
③ $126°$
④ $128°$
⑤ $132°$

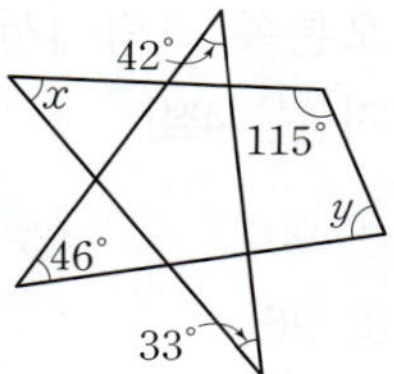

11

내각의 크기의 비가 $3 : 5 : 5 : 6 : 8$인 오각형에서 가장 큰 내각의 크기를 $\angle a$, 가장 큰 외각의 크기를 $\angle b$라 할 때, $\angle a - \angle b$의 크기는? [4점]

① $10°$
② $20°$
③ $30°$
④ $40°$
⑤ $50°$

12

오른쪽 그림에서 $\angle x$의 크기는? [3점]

① $12°$
② $17°$
③ $22°$
④ $26°$
⑤ $32°$

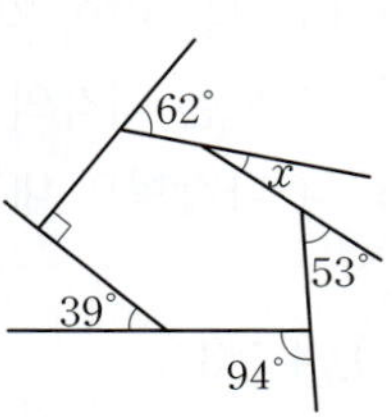

13

오른쪽 그림에서 $\angle x$의 크기는? [4점]

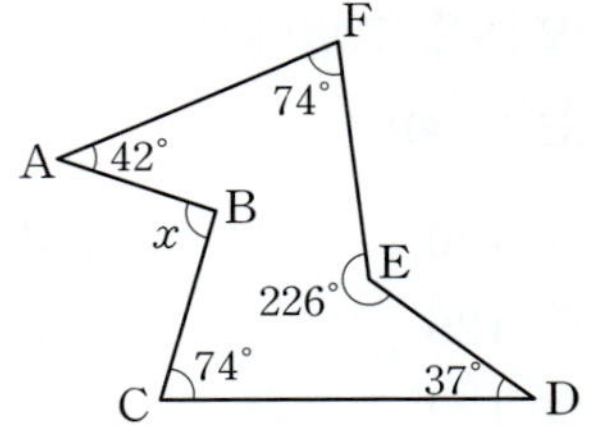

① 90° ② 93°
③ 96° ④ 99°
⑤ 102°

14

한 외각의 크기가 24°인 정다각형의 한 꼭짓점에서 그을 수 있는 대각선의 개수는? [3점]

① 12 ② 13 ③ 14
④ 15 ⑤ 16

15

다음 조건을 모두 만족시키는 다각형의 한 내각의 크기와 한 외각의 크기의 비는? [4점]

> (가) 모든 변의 길이는 같다.
> (나) 모든 내각의 크기는 같다.
> (다) 다각형의 내각의 크기의 합은 1980°이다.

① 4 : 3 ② 5 : 1 ③ 7 : 2
④ 9 : 2 ⑤ 11 : 2

16

다음 중 옳은 것을 모두 고르면? (정답 2개) [4점]

① 다각형의 한 꼭짓점에서 내각과 외각의 크기의 합은 360°이다.
② 팔각형의 내각의 크기의 합은 1080°이다.
③ 십각형의 외각의 크기의 합은 구각형의 외각의 크기의 합보다 크다.
④ 정십이각형의 한 내각의 크기는 150°이다.
⑤ 정십오각형의 한 외각의 크기는 20°이다.

17

오른쪽 그림과 같은 정육각형 ABCDEF에서 $\overline{BP}=\overline{CQ}$이고 점 R은 $\overline{AP}$와 $\overline{BQ}$의 교점일 때, $\angle x$의 크기는? [5점]

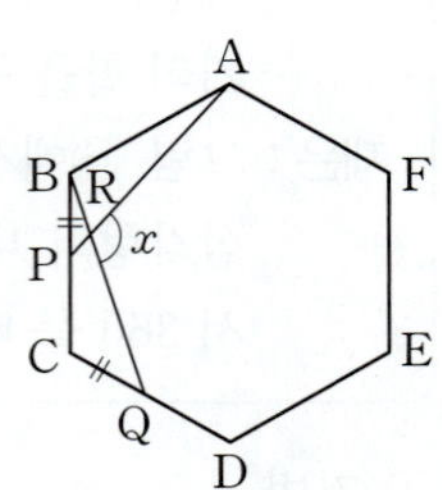

① 110° ② 115°
③ 120° ④ 125°
⑤ 130°

18

오른쪽 그림은 한 변의 길이가 같은 정n각형, 정육각형, 정사각형을 붙여 놓은 것이다. 이때 정n각형의 대각선의 개수는?

[5점]

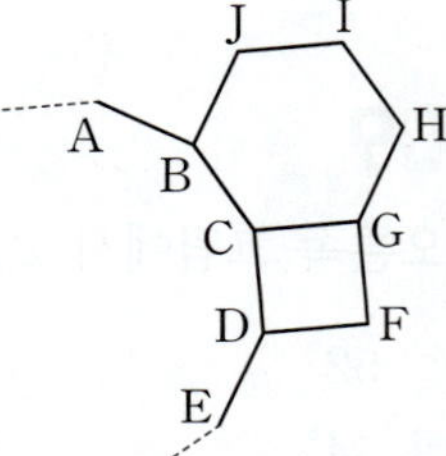

① 35 ② 40
③ 44 ④ 54
⑤ 60

19

G20 국제회의에 참석한 20명의 정상급 대표가 원탁에 둘러앉아 있다. 다음 물음에 답하시오. [6점]

⑴ 이웃하여 앉은 사람을 제외한 모든 사람과 서로 한 번씩 악수를 한다고 할 때, 악수는 모두 몇 번 하게 되는지 구하시오. [3점]

⑵ 모든 사람이 서로 한 번씩 악수를 한다고 할 때, 악수는 모두 몇 번 하게 되는지 구하시오. [3점]

20

오른쪽 그림과 같은 △ABC에서 점 D는 ∠B의 이등분선과 ∠C의 이등분선의 교점이다. ∠BDC=126°일 때, ∠x의 크기를 구하시오. [6점]

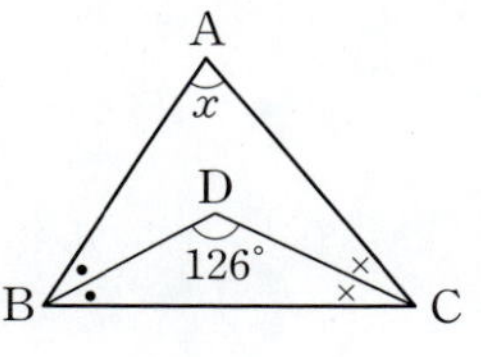

21

오른쪽 그림과 같은 △ABC에서 $\overline{AB}=\overline{AC}$, $\overline{BC}=\overline{BD}$이고 ∠ABD=15°일 때, ∠$x$의 크기를 구하시오. [7점]

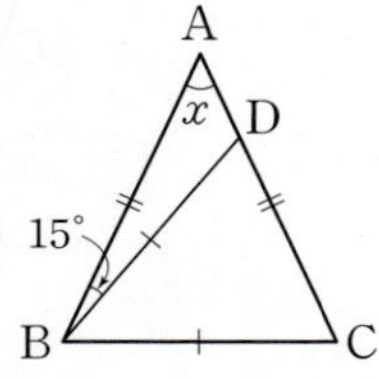

22

다음 조건을 모두 만족시키는 다각형의 변의 개수를 구하시오. [4점]

㈎ 모든 변의 길이가 같다.
㈏ 모든 내각의 크기가 같다.
㈐ 한 내각의 크기가 135°이다.

23

오른쪽 그림에서 $l /\!/ m$이고 정오각형 ABCDE의 두 꼭짓점 A, C가 각각 직선 l, m 위에 있을 때, x의 값을 구하시오. [7점]

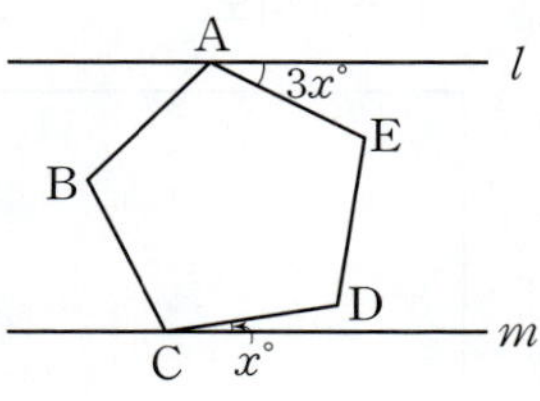

교과서 **속** 특이 문제

중학교 수학 교과서 전체를 분석한 **교과서별 출제 예상 문제**예요!

01

지학사 변형

K 중학교 수학 정보 융합 수업에서 문장으로 그림을 생성하는 인공 지능을 이용하여 다음 그림을 만들었다. 이때 $\angle a + \angle b + \angle c$의 크기를 구하시오.

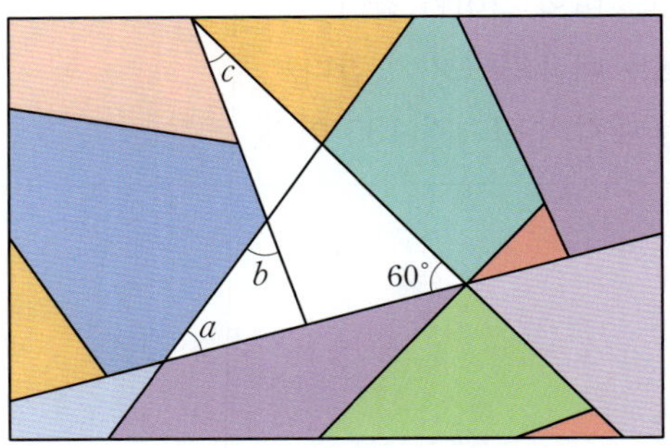

02

동아 변형

다음 그림은 세계 지도의 일부이다. A 항공사가 지도에 표시된 8개의 도시 사이에 두 도시만을 연결하는 항공편을 만들려고 할 때, 만들 수 있는 항공편은 모두 몇 개인지 구하시오.

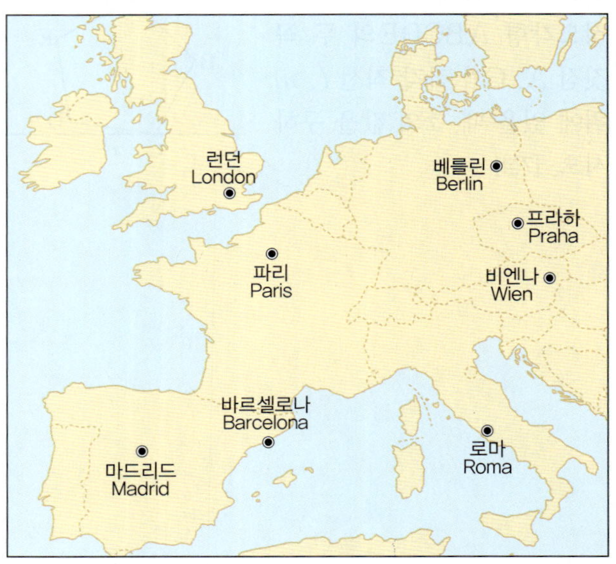

03

동아 변형

다음 그림과 같이 로봇 청소기가 한 점 A에서 출발하여 직선으로 가다가 회전하여 다시 직선으로 간다.

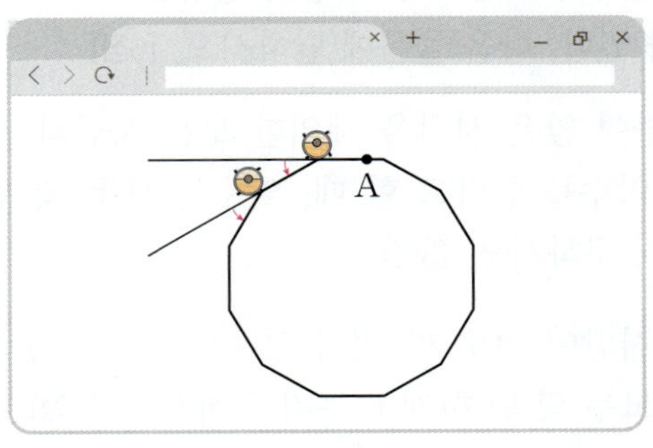

로봇 청소기가 모두 12번 회전하여 점 A로 되돌아왔을 때, 회전한 각의 크기의 합을 구하시오.

04

능률 변형

다음 그림과 같이 점 E를 한 꼭짓점으로 하는 두 정오각형 ABCDE와 IEFGH가 있다. 네 점 C, D, F, G가 한 직선 위에 있을 때, $\angle x$의 크기를 구하시오.

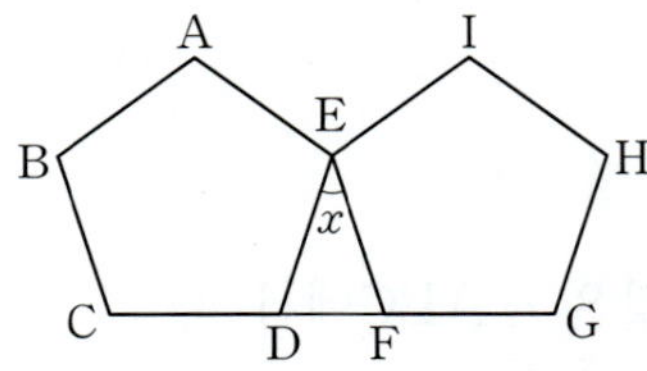

① 다각형
②

2
원과 부채꼴

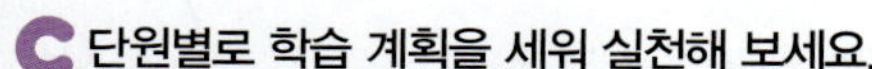

● 단원별로 학습 계획을 세워 실천해 보세요.

학습 날짜	월 일	월 일	월 일	월 일
학습 계획				
학습 실행도	0 ☐☐☐☐☐ 100	0 ☐☐☐☐☐ 100	0 ☐☐☐☐☐ 100	0 ☐☐☐☐☐ 100
자기 반성				

2 원과 부채꼴

1 오른쪽 그림과 같은 원 O에서 다음을 기호로 나타내시오.

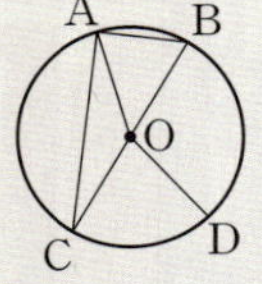

⑴ ∠AOB에 대한 호

⑵ ∠AOC에 대한 현

⑶ $\overarc{CD}$에 대한 중심각

2 다음 중 한 원에 대한 설명으로 옳은 것에는 ○표, 옳지 않은 것에는 ×표를 하시오.

⑴ 중심각의 크기가 같으면 호의 길이가 같다. ( )

⑵ 넓이가 같은 부채꼴의 중심각의 크기는 같다. ( )

⑶ 현의 길이는 중심각의 크기에 정비례한다. ( )

3 다음 그림과 같은 원 O의 둘레의 길이와 넓이를 차례대로 구하시오.

⑴ 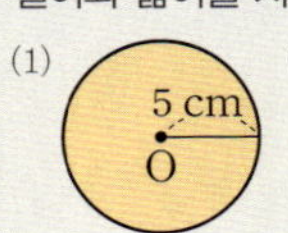 ⑵ 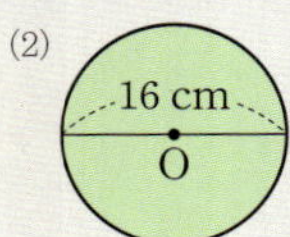

4 다음 그림과 같은 부채꼴의 호의 길이와 넓이를 차례대로 구하시오.

⑴ 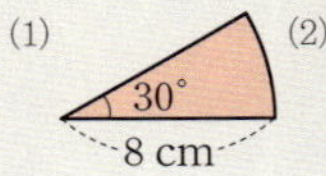 ⑵ 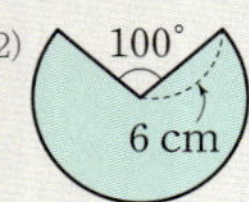

5 다음 그림과 같은 부채꼴의 넓이를 구하시오.

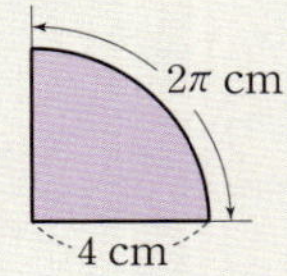

---

1 원과 부채꼴

⑴ **원 O** : 평면 위의 한 점 O로부터 일정한 거리에 있는 모든 점으로 이루어진 도형

⑵ **호 AB** : 원 O 위의 두 점 A, B를 양 끝 점으로 하는 원의 일부분   **기호** $\overarc{AB}$

참고 일반적으로 $\overarc{AB}$는 길이가 짧은 쪽의 호를 나타낸다. 길이가 긴 쪽의 호를 나타낼 때는 호 위에 한 점 C를 잡아 $\overarc{ACB}$로 나타낸다.

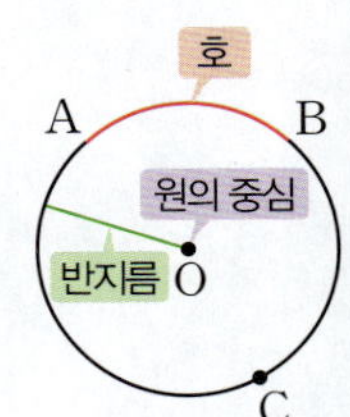

⑶ **현 AB** : 원 O 위의 두 점 A, B를 이은 선분

⑷ **할선 CD** : 원 O 위의 두 점 C, D를 지나는 직선

⑸ **부채꼴 AOB** : 원 O에서 두 반지름 OA, OB와 호 AB로 이루어진 도형

⑹ **중심각** : 부채꼴에서 두 반지름이 이루는 각, 즉 ∠AOB를 부채꼴 AOB의 중심각 또는 호 AB에 대한 중심각이라 한다.

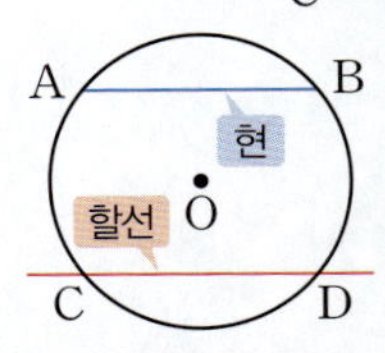

⑺ **활꼴** : 현과 호로 이루어진 도형, 즉 원 O에서 현 CD와 호 CD로 이루어진 도형

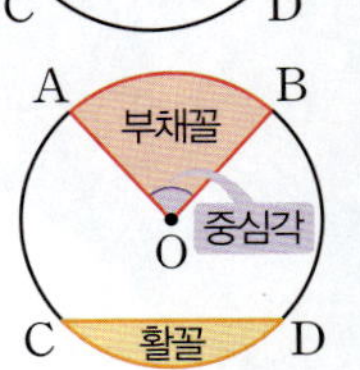

참고 • 원의 중심을 지나는 현은 그 원의 지름이고, 지름은 길이가 가장 긴 현이다.
• 반원은 활꼴인 동시에 중심각의 크기가 180°인 부채꼴이다.

2 중심각의 크기와 호의 길이, 부채꼴의 넓이, 현의 길이 사이의 관계

⑴ 중심각의 크기와 호의 길이, 부채꼴의 넓이

한 원 또는 합동인 두 원에서

① 중심각의 크기가 같은 두 부채꼴의 호의 길이와 넓이는 각각 같다.

② 부채꼴의 호의 길이와 넓이는 각각 중심각의 크기에 정비례한다.

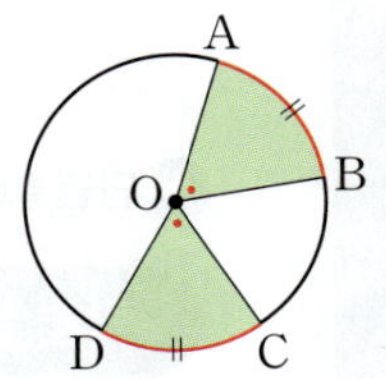

⑵ 중심각의 크기와 현의 길이

한 원 또는 합동인 두 원에서

① 크기가 같은 중심각에 대한 현의 길이는 같다.

② 현의 길이는 중심각의 크기에 정비례하지 않는다.

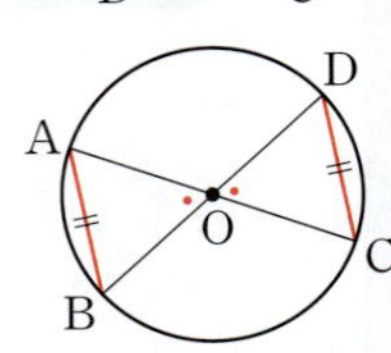

3 원의 둘레의 길이와 넓이

⑴ **원주율** : 원의 지름의 길이에 대한 원의 둘레의 길이의 비율   **기호** π

$$(\text{원주율}) = \frac{(\text{원의 둘레의 길이})}{(\text{원의 지름의 길이})} = \pi \rightarrow \text{원주율은 원의 크기에 관계없이 항상 일정하다.}$$

⑵ 원의 둘레의 길이와 넓이

반지름의 길이가 r인 원의 둘레의 길이를 l, 넓이를 S라 하면

① $l = 2\pi r$ ② $S = \pi r^2$

4 부채꼴의 호의 길이와 넓이

⑴ 부채꼴의 호의 길이와 넓이

반지름의 길이가 r, 중심각의 크기가 $x°$인 부채꼴의 호의 길이를 l, 넓이를 S라 하면

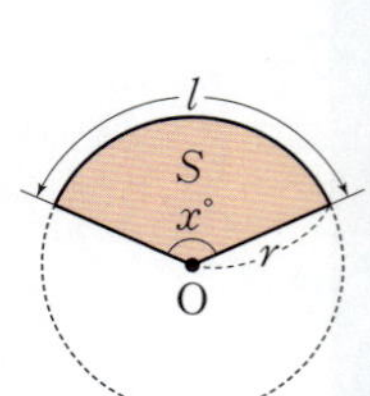

① $l = 2\pi r \times \dfrac{x}{360}$ ② $S = \pi r^2 \times \dfrac{x}{360}$

⑵ 부채꼴의 호의 길이와 넓이 사이의 관계

반지름의 길이가 r, 호의 길이가 l인 부채꼴의 넓이를 S라 하면

$$S = \frac{1}{2} r l$$

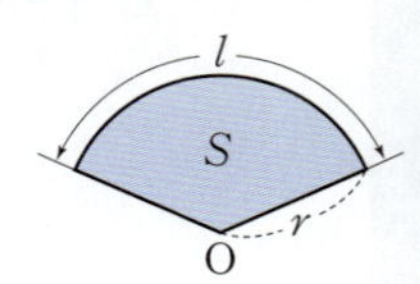

유형 01   원과 부채꼴

01   내신 빈출

다음 중 오른쪽 그림과 같은 원 O에 대한 설명으로 옳지 <u>않은</u> 것은?

(단, $\overline{AC}$는 원 O의 지름이다.)

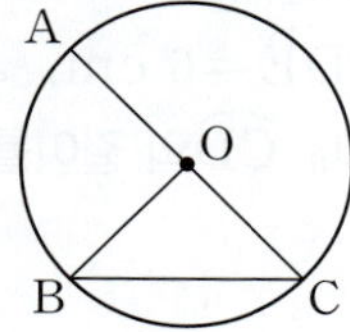

① $\overline{BC}$는 현이다.

② ∠AOB에 대한 호는 $\widehat{AB}$이다.

③ ∠BOC는 $\widehat{BC}$에 대한 중심각이다.

④ $\overline{AC}$보다 길이가 긴 현이 존재한다.

⑤ $\widehat{BC}$와 $\overline{BC}$로 이루어진 도형은 활꼴이다.

02

다음 중 원에 대한 설명으로 옳지 <u>않은</u> 것을 모두 고르면?

(정답 2개)

① 원 위의 두 점을 이은 선분을 현이라 한다.

② 부채꼴은 지름과 호로 이루어진 도형이다.

③ 원과 두 점에서 만나는 직선을 할선이라 한다.

④ 한 원에서 넓이가 가장 넓은 부채꼴은 반원이다.

⑤ 호와 그 호의 양 끝에 위치하는 두 점을 연결하는 선분으로 이루어진 도형을 활꼴이라 한다.

03

원 O에서 부채꼴 AOB가 활꼴일 때, 부채꼴 AOB의 중심각의 크기를 구하시오.

04

원 O에서 부채꼴 AOB의 반지름의 길이와 현 AB의 길이가 2 cm로 같을 때, 부채꼴 AOB의 중심각의 크기를 구하시오.

유형 02   중심각의 크기와 호의 길이   ✔️ 최다 빈출

05   내신 빈출

오른쪽 그림과 같은 원 O에서 x, y의 값은?

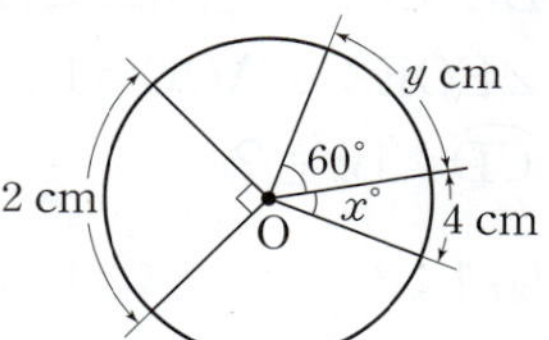

① $x=20$, $y=8$

② $x=20$, $y=10$

③ $x=30$, $y=8$

④ $x=30$, $y=10$

⑤ $x=40$, $y=8$

06

오른쪽 그림과 같은 원 O에서 x의 값을 구하시오.

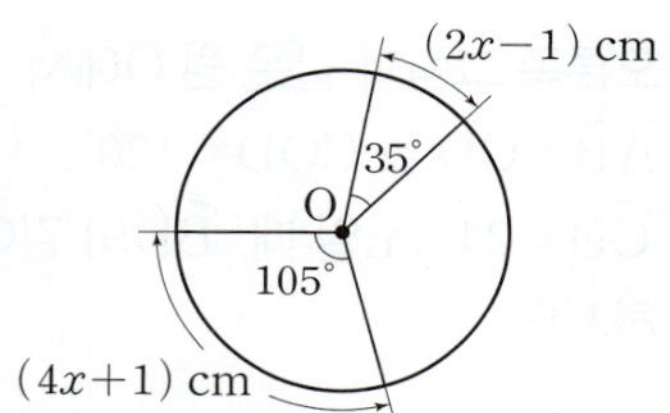

07

오른쪽 그림과 같은 원 O에서 $\widehat{AB} : \widehat{BC} : \widehat{CA} = 4 : 3 : 3$일 때, ∠AOB의 크기를 구하시오.

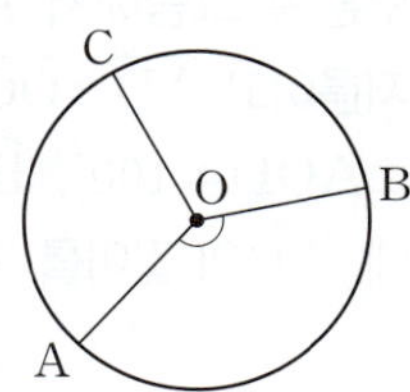

08

오른쪽 그림과 같은 반원 O에서 $\widehat{BC}$의 길이가 $\widehat{AC}$의 길이의 9배일 때, ∠AOC의 크기를 구하시오.

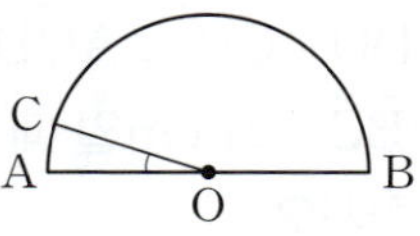

09

오른쪽 그림과 같은 원 O에서 $\overline{\text{AD}}$, $\overline{\text{BE}}$, $\overline{\text{CF}}$는 지름이고 $\angle \text{AOB}=90°$, $\angle \text{FOE}:\angle \text{AOC}=1:4$일 때, $\overarc{\text{CD}}:\overarc{\text{BF}}$는?

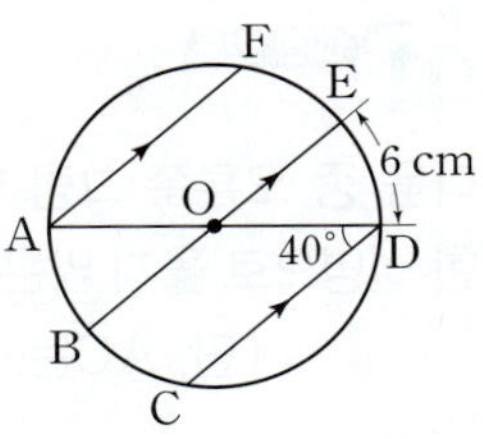

① $1:2$ ② $1:3$
③ $2:3$ ④ $2:5$
⑤ $3:5$

유형 **03** 호의 길이 구하기

최다 빈출

10

오른쪽 그림과 같은 원 O에서 $\overline{\text{AB}} /\!/ \overline{\text{CD}}$, $\angle \text{COD}=120°$, $\overarc{\text{CD}}=24$ cm일 때, $\overarc{\text{BD}}$의 길이를 구하시오.

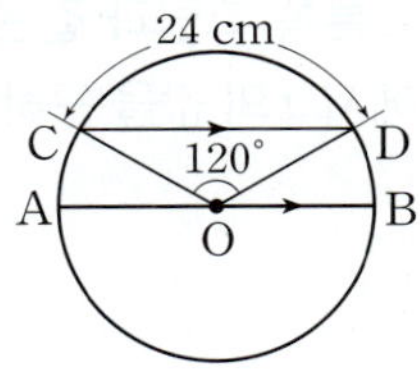

11

내신 빈출

오른쪽 그림에서 $\overline{\text{AB}}$는 원 O의 지름이고 $\overline{\text{AD}} /\!/ \overline{\text{OC}}$, $\angle \text{AOD}=100°$, $\overarc{\text{BC}}=18$ cm일 때, $\overarc{\text{AD}}$의 길이를 구하시오.

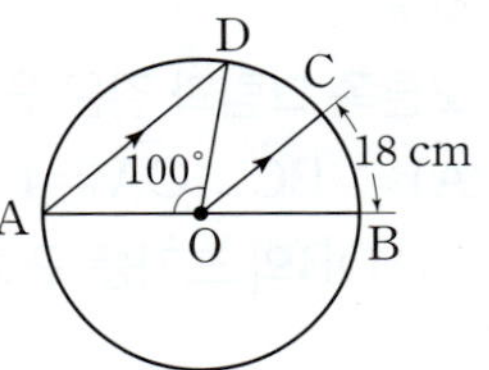

12

오른쪽 그림과 같은 반원 O에서 $\overline{\text{DO}} /\!/ \overline{\text{CB}}$, $\angle \text{AOD}=20°$, $\overarc{\text{BC}}=21$ cm일 때, $\overarc{\text{AD}}$의 길이를 구하시오.

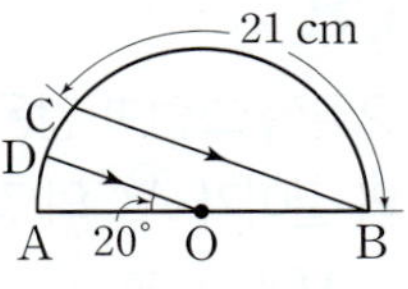

13

신경향

오른쪽 그림에서 $\overline{\text{AD}}$는 원 O의 지름이고 $\overline{\text{AF}} /\!/ \overline{\text{BE}} /\!/ \overline{\text{CD}}$, $\overarc{\text{DE}}=6$ cm, $\angle \text{ADC}=40°$일 때, $\overarc{\text{CD}}$의 길이를 구하시오.

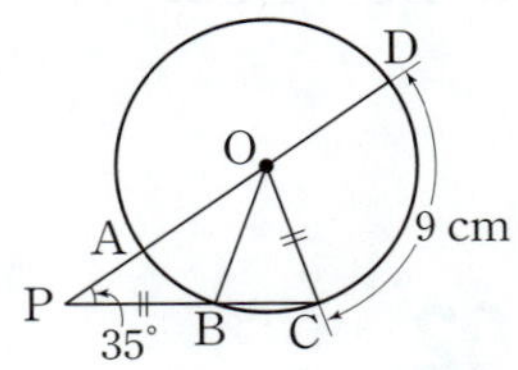

14

오른쪽 그림에서 점 P는 원 O의 지름 AD의 연장선과 현 BC의 연장선의 교점이다. $\overline{\text{PB}}=\overline{\text{OC}}$, $\angle \text{P}=35°$, $\overarc{\text{CD}}=9$ cm일 때, $\overarc{\text{AB}}$의 길이를 구하시오.

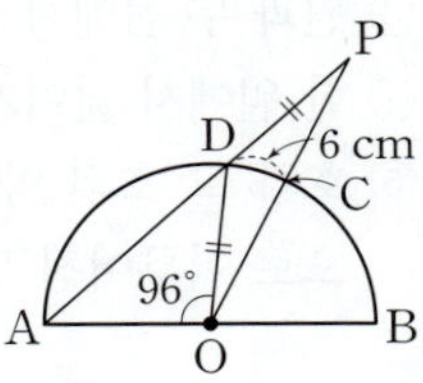

15

실수 주의

오른쪽 그림과 같이 반원 O 위의 점 D에 대하여 $\overline{\text{DO}}=\overline{\text{DP}}$가 되도록 $\overline{\text{AD}}$의 연장선 위에 점 P를 잡았다. $\overline{\text{OP}}$와 반원 O의 교점 C에 대하여 $\overarc{\text{CD}}=6$ cm이고 $\angle \text{AOD}=96°$일 때, $\overarc{\text{BC}}$의 길이를 구하시오.

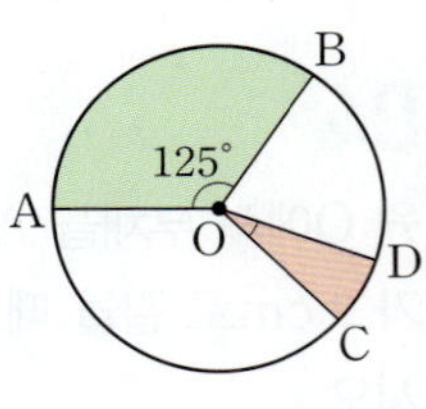

유형 **04** 중심각의 크기와 부채꼴의 넓이

16

내신 빈출

오른쪽 그림과 같은 원 O에서 부채꼴 AOB의 넓이가 25π cm², 부채꼴 COD의 넓이가 5π cm²이고 $\angle \text{AOB}=125°$일 때, $\angle \text{COD}$의 크기를 구하시오.

17

오른쪽 그림과 같은 원 O에서
$\angle AOB : \angle BOC : \angle COA$
$=3 : 8 : 7$
이고 원 O의 넓이가 $234\pi \text{ cm}^2$일 때,
부채꼴 AOC의 넓이를 구하시오.

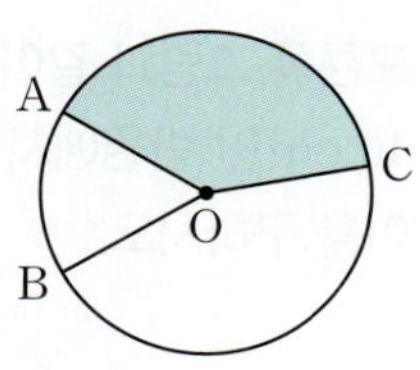

18

오른쪽 그림은 한 변의 길이가 원 O
의 반지름의 길이보다 긴 정삼각형,
정사각형, 정팔각형을 그린 것이다.
이때 생기는 부채꼴의 넓이를 각각
A, B, C라 할 때, $A : B : C$는?

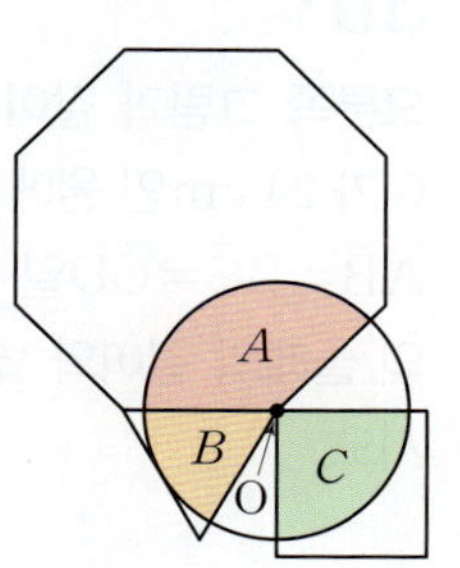

① $3 : 1 : 2$ ② $4 : 2 : 3$
③ $8 : 2 : 3$ ④ $9 : 2 : 3$
⑤ $9 : 4 : 6$

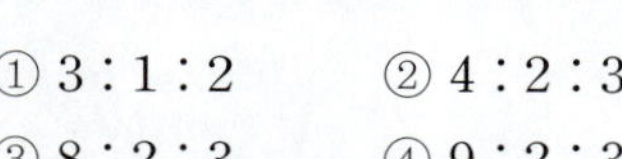

19

오른쪽 그림과 같은 원 O에서
$\overline{AB}=\overline{CD}=\overline{DE}=\overline{EF}$이고
$\angle AOB=40\degree$일 때, $\angle COF$의 크기
를 구하시오.

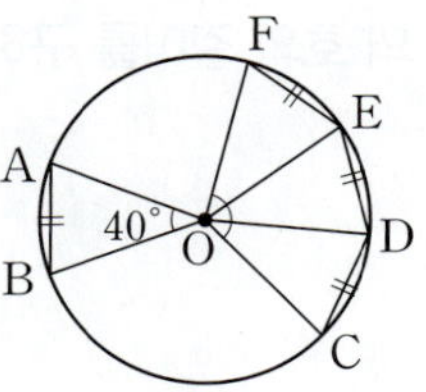

20

오른쪽 그림과 같은 원 O에서
$\overline{AB}=\overline{BC}$이고 $\angle OAB=55\degree$일 때,
$\angle BOC$의 크기를 구하시오.

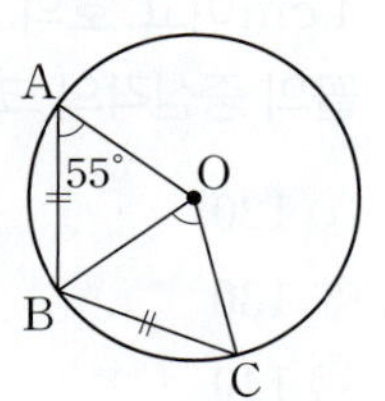

21

오른쪽 그림과 같은 원 O에서 $\triangle ABC$
가 정삼각형일 때, $\overset{\frown}{ABC}$에 대한 중심
각의 크기를 구하시오.

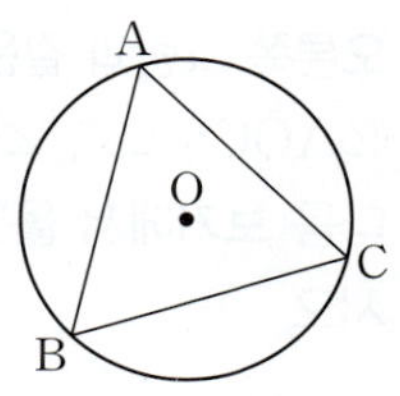

22

오른쪽 그림과 같은 원 O에서 $\overset{\frown}{AB}=\overset{\frown}{BC}$
이고 $\overline{AB}=7 \text{ cm}$, $\overline{OA}=4 \text{ cm}$일 때,
색칠한 부분의 둘레의 길이를 구하시오.

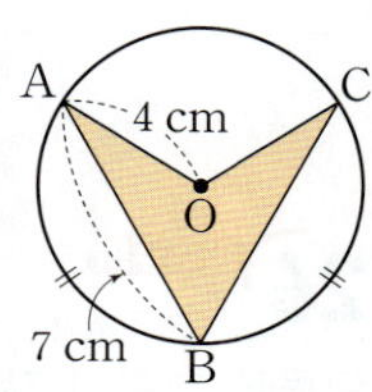

23

오른쪽 그림과 같은 원 O에서
$\angle COD=4\angle AOB$일 때, 다음 중
옳은 것을 모두 고르면? (정답 2개)

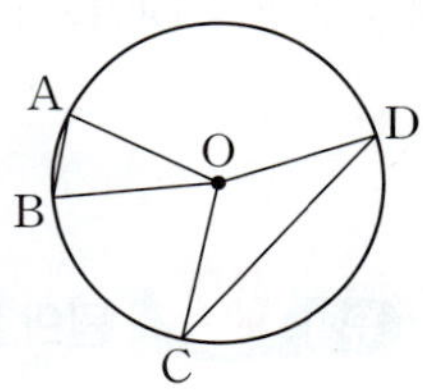

① $\overline{AB}=4\overline{CD}$
② $\overset{\frown}{AB}=4\overset{\frown}{CD}$
③ $\angle OBA=4\angle OCD$
④ ($\triangle OCD$의 넓이)$=4\times$($\triangle OAB$의 넓이)
⑤ (부채꼴 OCD의 넓이)$=4\times$(부채꼴 OAB의 넓이)

24

다음 중 한 원에 대한 설명으로 옳지 <u>않은</u> 것은?

① 부채꼴의 넓이는 중심각의 크기에 정비례한다.
② 길이가 같은 호에 대한 중심각의 크기는 같다.
③ 중심각의 크기가 같으면 현의 길이는 같다.
④ 호의 길이는 중심각의 크기에 정비례한다.
⑤ 현의 길이는 중심각의 크기에 정비례한다.

25

오른쪽 그림과 같은 반원 O에서
$\angle AOC = 25°$, $\angle COD = 80°$일 때,
다음 **보기**에서 옳은 것을 모두 고르
시오.

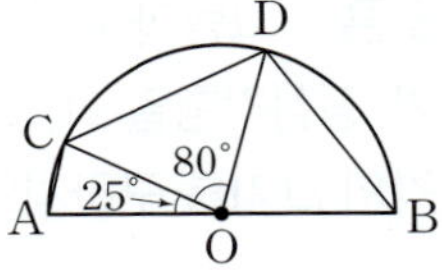

보기
ㄱ. $\angle BOD = 75°$ ㄴ. $\overline{BD} = 3\overline{AC}$
ㄷ. $\overline{BD} = \overline{CD}$ ㄹ. $\overset{\frown}{AC} = \dfrac{1}{3}\overset{\frown}{BD}$

26 실수 주의

오른쪽 그림과 같은 반원 O에서
$\overline{OD} /\!/ \overline{BC}$, $\angle AOD = 45°$이고 부채
꼴 AOD의 넓이가 2π cm²일 때,
다음 중 옳지 <u>않은</u> 것은?

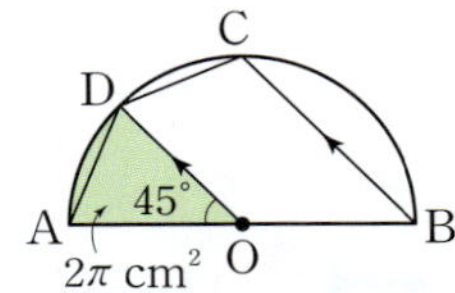

① $\overset{\frown}{BC} = 2\overset{\frown}{AD}$ ② $\overset{\frown}{AC} = 2\overset{\frown}{AD}$
③ $\overline{BC} = 2\overline{AD}$ ④ $\overline{AD} = \overline{CD}$
⑤ 부채꼴 BOD의 넓이는 6π cm²이다.

유형 **07** 원의 둘레의 길이와 넓이

27

오른쪽 그림과 같이 지름의 길이가
12 cm인 원 O에서 색칠한 부분의 둘레
의 길이를 구하시오.

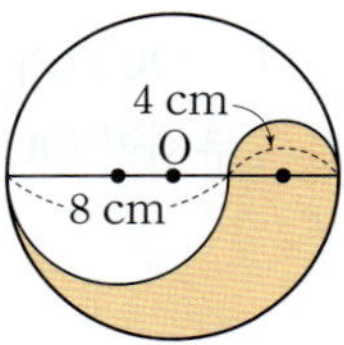

28

오른쪽 그림과 같이 지름의 길이가
8 cm인 원 O에서 색칠한 부분의
넓이를 구하시오.

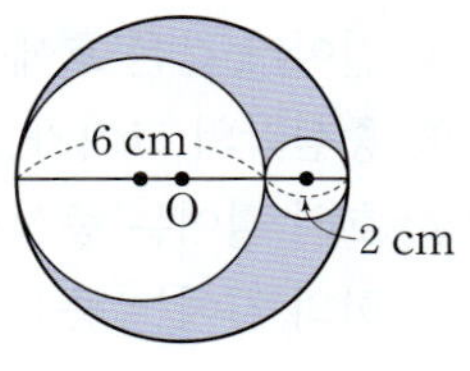

29

오른쪽 그림과 같이 지름의 길이가
40 cm인 반원에서 색칠한 부분의 넓
이를 구하시오.

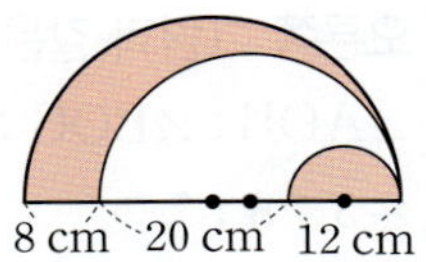

30 내신 빈출

오른쪽 그림과 같이 지름 AD의 길
이가 24 cm인 원에서
$\overline{AB} = \overline{BC} = \overline{CD}$일 때, 색칠한 부분
의 둘레의 길이와 넓이를 각각 구하
시오.

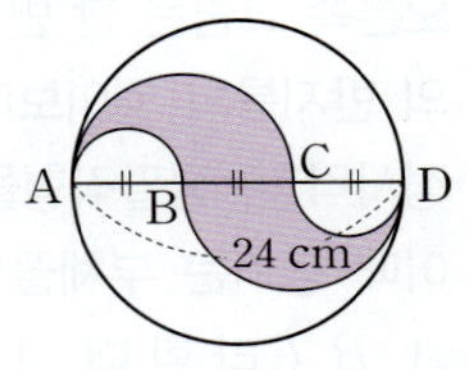

유형 **08** 부채꼴의 호의 길이와 넓이 ✔ 최다 빈출

31

반지름의 길이가 10 cm이고 중심각의 크기가 72°인 부채꼴
의 호의 길이를 구하시오.

32 내신 빈출

오른쪽 그림과 같이 반지름의 길이가
4 cm이고 호의 길이가 3π cm인 부채
꼴의 중심각의 크기는?

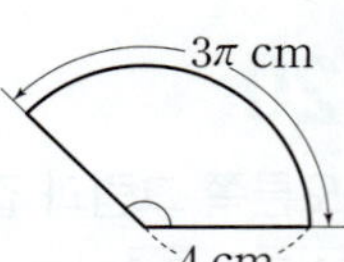

① 120° ② 125°
③ 130° ④ 135°
⑤ 140°

33

오른쪽 그림과 같이 한 변의 길이가 6 cm
인 정육각형에서 색칠한 부채꼴의 넓이를
구하시오.

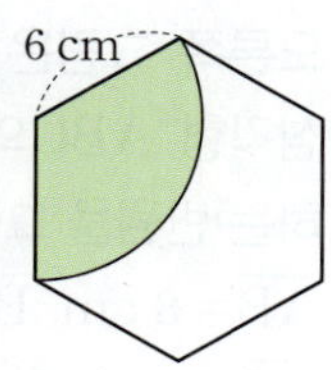

34 실수 주의

오른쪽 그림과 같은 반원 O에서
$\angle AOB = 50°$이고 $\overset{\frown}{AB} = 5\pi$ cm
일 때, 반원 O의 넓이를 구하시오.

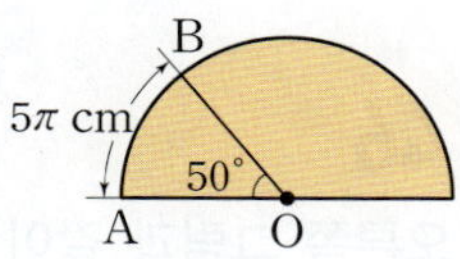

35

반지름의 길이가 8 cm이고 넓이가 40π cm^{2}인 부채꼴의
호의 길이는?

① 4π cm   ② 6π cm   ③ 8π cm
④ 10π cm   ⑤ 12π cm

36

호의 길이가 4π cm이고 넓이가 12π cm^{2}인 부채꼴의 반지
름의 길이를 구하시오.

---

37 실수 주의

반지름의 길이가 각각 2, 3인 두 부채꼴 A, B의 넓이의 비
가 2 : 5일 때, 두 부채꼴 A, B의 호의 길이의 비를 가장 간
단한 자연수의 비로 나타내시오.

38 내신 빈출

오른쪽 그림과 같은 부채꼴에서 색칠
한 부분의 둘레의 길이는?

① $(2\pi+4)$ cm   ② $(2\pi+6)$ cm
③ $(4\pi+4)$ cm   ④ $(4\pi+6)$ cm
⑤ $(6\pi+4)$ cm

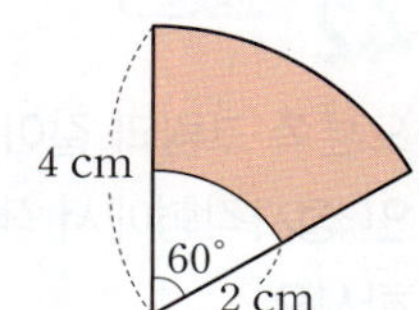

39

오른쪽 그림과 같이 한 변의 길이가 6 cm
인 정사각형에서 색칠한 부분의 둘레의 길
이를 구하시오.

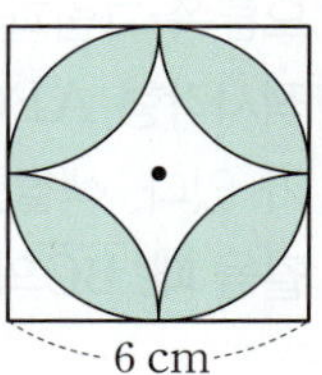

40 실수 주의

오른쪽 그림과 같이 한 변의 길이가
10 cm인 정오각형에서 색칠한 부분의
둘레의 길이를 구하시오.

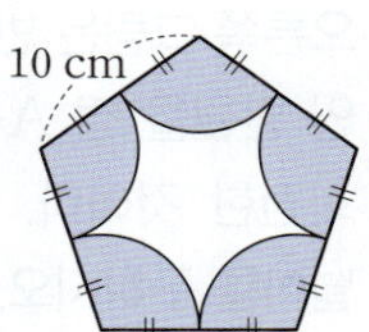

41

오른쪽 그림과 같이 반지름의 길이가 9 cm인 두 원 O, O′이 서로의 중심을 지날 때, 색칠한 부분의 둘레의 길이를 구하시오.

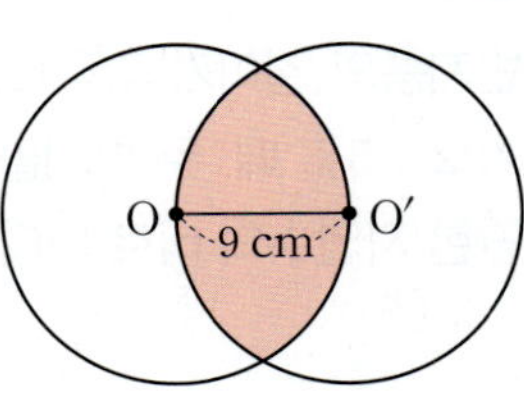

---

42 내신 빈출

오른쪽 그림과 같이 한 변의 길이가 10 cm인 정사각형에서 색칠한 부분의 넓이를 구하시오.

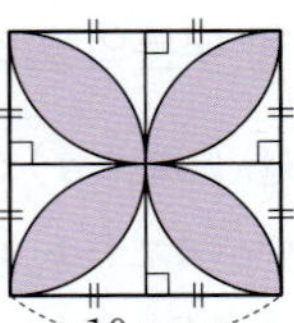

43 내신 빈출

오른쪽 그림과 같이 $\overline{AB}=4$ cm인 직사각형 ABCD와 부채꼴 ABE가 있다. 색칠한 두 부분의 넓이가 같을 때, $\overline{BC}$의 길이를 구하시오.

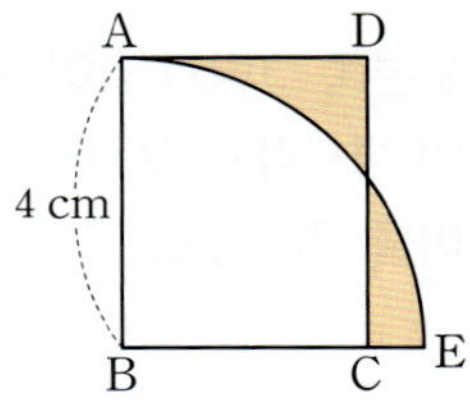

44 내신 빈출

오른쪽 그림은 반지름의 길이가 8 cm인 반원을 점 A를 중심으로 45°만큼 회전한 것이다. 이때 색칠한 부분의 넓이를 구하시오.

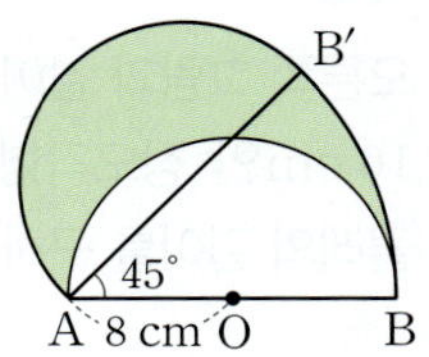

45

오른쪽 그림은 ∠A=90°인 직각삼각형 ABC의 각 변을 지름으로 하는 반원을 그린 것이다. $\overline{AB}=8$ cm, $\overline{BC}=10$ cm, $\overline{AC}=6$ cm일 때, 색칠한 부분의 넓이를 구하시오.

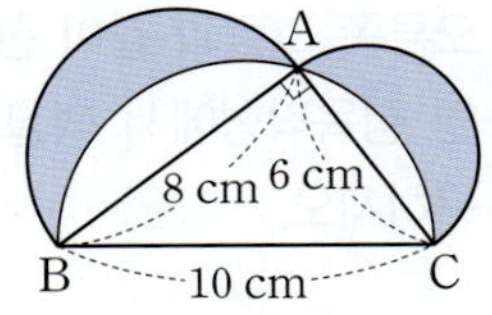

46

오른쪽 그림과 같이 한 변의 길이가 4 cm인 정사각형 ABCD에서 색칠한 부분의 넓이는?

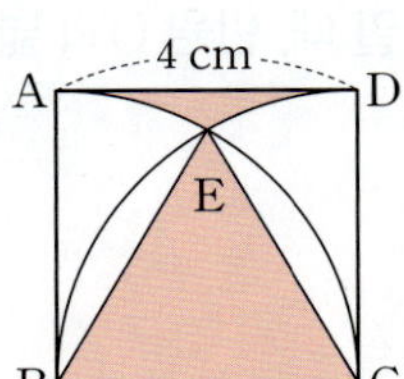

① $(8-\pi)$ cm^2

② $\left(8-\dfrac{4}{3}\pi\right)$ cm^2

③ $(16-4\pi)$ cm^2

④ $\left(16-\dfrac{4}{3}\pi\right)$ cm^2

⑤ $\left(16-\dfrac{8}{3}\pi\right)$ cm^2

47 신경향

오른쪽 그림과 같이 반지름의 길이가 각각 6 cm, 5 cm인 두 반원 O, O′이 있다. 색칠한 두 부분의 넓이가 같을 때, $\overparen{AB}$의 길이를 구하시오.

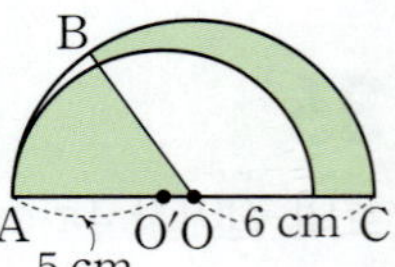

2022 개정 교육과정

2학기 통합
중간 + 기말

특급기출

개념정리
Mini Book

중학 수학 1·2

동아출판

개념정리 Mini Book

중학수학 **1-2**

Ⅴ 기본 도형과 작도

1. 기본 도형 … 2
2. 위치 관계와 평행선의 성질 … 4
3. 작도와 합동 … 6

Ⅵ 평면도형의 성질

1. 다각형 … 8
2. 원과 부채꼴 … 10

Ⅶ 입체도형의 성질

1. 다면체와 회전체 … 12
2. 입체도형의 겉넓이와 부피 … 14

Ⅷ 자료의 정리와 해석

1. 자료의 정리와 해석 … 16

- 정답 및 풀이 … 18

기본 도형

1 교점과 교선

(1) **교점** : 선과 선 또는 선과 면이 만나서 생기는 점

(2) **교선** : 면과 면이 만나서 생기는 선

2 직선, 반직선, 선분

(1) **직선 AB** : 서로 다른 두 점 A, B를 지나는 직선 [기호] $\overleftrightarrow{AB}$

(2) **반직선 AB** : 직선 AB 위의 한 점 A에서 시작하여 점 B의 방향으로 한없이 연장한 선
  [기호] $\overrightarrow{AB}$

(3) **선분 AB** : 직선 AB 위의 점 A에서 점 B까지의 부분 [기호] $\overline{AB}$

3 두 점 사이의 거리

(1) **두 점 A, B 사이의 거리** : 서로 다른 두 점 A, B를 잇는 무수히 많은 선 중에서 길이가 가장 짧은 선인 선분 AB의 길이

(2) **선분 AB의 중점** : 선분 AB 위의 점 M에 대하여 $\overline{AM}=\overline{MB}$일 때, 점 M을 선분 AB의 중점이라 한다. ➡ $\overline{AM}=\overline{MB}=\dfrac{1}{2}\overline{AB}$

4 각

(1) **각 AOB** : 한 점 O에서 시작하는 두 반직선 OA, OB로 이루어진 도형 [기호] $\angle AOB$

(2) **각의 분류**

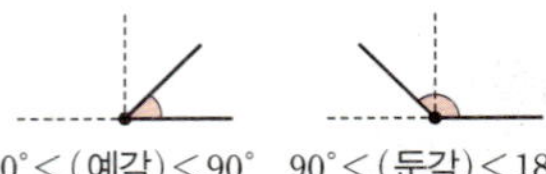

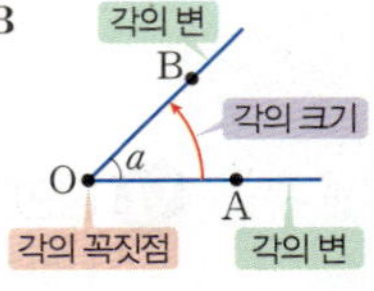

5 맞꼭지각

(1) **교각** : 서로 다른 두 직선이 한 점에서 만날 때 생기는 네 개의 각 ➡ $\angle a$, $\angle b$, $\angle c$, $\angle d$

(2) **맞꼭지각** : 교각 중 서로 마주 보는 두 각 ➡ $\angle a$와 $\angle c$, $\angle b$와 $\angle d$

(3) **맞꼭지각의 성질** : 맞꼭지각의 크기는 서로 같다. ➡ $\angle a=\angle c$, $\angle b=\angle d$

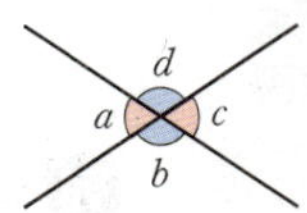

6 직교와 수선

(1) **직교** : 두 직선 AB와 CD의 교각이 직각일 때, 이 두 직선은 직교한다 또는 서로 수직이다라고 한다.
  [기호] $\overleftrightarrow{AB}\perp\overleftrightarrow{CD}$

(2) **수선** : 두 직선이 서로 수직일 때, 한 직선은 다른 직선의 수선이다.

(3) **수직이등분선** : 직선 l이 선분 AB의 중점 M을 지나고 선분 AB에 수직일 때, 직선 l을 선분 AB의 수직이등분선이라 한다.
  ➡ $l\perp\overline{AB}$, $\overline{AM}=\overline{BM}$

(4) **수선의 발** : 직선 l 위에 있지 않은 점 P에서 직선 l에 수선을 그어서 생기는 교점을 H라 할 때, 점 H를 점 P에서 직선 l에 내린 수선의 발이라 한다.

(5) **점과 직선 사이의 거리** : 직선 l 위에 있지 않은 점 P와 직선 l 사이의 거리는 점 P에서 직선 l에 내린 수선의 발 H까지의 거리이다. ➡ $\overline{PH}$의 길이

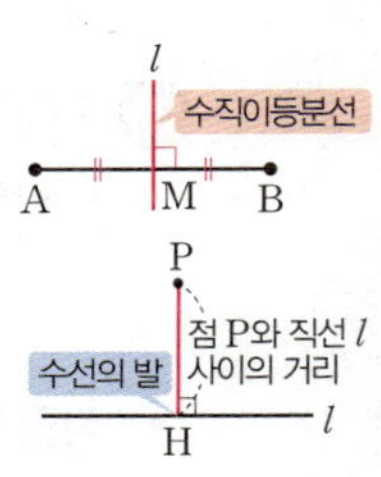

01

오른쪽 그림과 같은 사각뿔에서 교점의 개수를 x, 교선의 개수를 y라 할 때, $x+y$의 값을 구하시오.

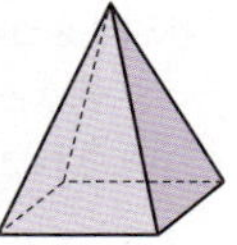

02

다음 중 옳은 것을 모두 고르면? (정답 2개)

① 도형은 점, 선, 면으로 이루어져 있다.
② 선이 움직인 자리는 면이 된다.
③ 면과 면이 만나서 생기는 교선은 직선이다.
④ 교점은 선과 선이 만나는 경우에만 생긴다.
⑤ 오각기둥에서 교점의 개수와 교선의 개수는 같다.

03

오른쪽 그림과 같이 직선 l 위에 네 점 P, Q, R, S가 있을 때, 다음 중 $\overrightarrow{PR}$과 같은 것을 모두 고르면? (정답 2개)

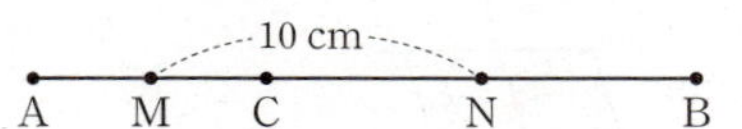

① $\overline{PR}$　　② $\overleftarrow{RP}$　　③ $\overrightarrow{PQ}$
④ $\overrightarrow{RP}$　　⑤ $\overrightarrow{PS}$

04

오른쪽 그림과 같이 원 위에 5개의 점 A, B, C, D, E가 있다. 이 중 두 점을 이어 만들 수 있는 서로 다른 직선의 개수는?

① 4　　　② 6
③ 8　　　④ 10
⑤ 12

05

아래 그림에서 점 M은 $\overline{AB}$의 중점이고, 점 N은 $\overline{AM}$의 중점일 때, 다음 **보기**에서 옳은 것을 모두 고르시오.

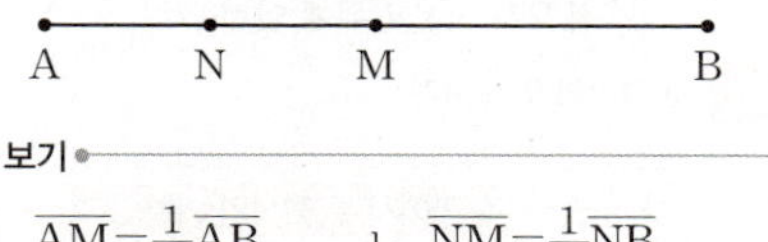

• 보기 •

ㄱ. $\overline{AM}=\dfrac{1}{2}\overline{AB}$　　ㄴ. $\overline{NM}=\dfrac{1}{4}\overline{NB}$

ㄷ. $\overline{AN}=\dfrac{1}{4}\overline{AB}$　　ㄹ. $\overline{AB}=3\overline{NM}$

06

다음 그림에서 점 M은 $\overline{AC}$의 중점이고, 점 N은 $\overline{CB}$의 중점이다. $\overline{MN}=10$ cm일 때, $\overline{AB}$의 길이를 구하시오.

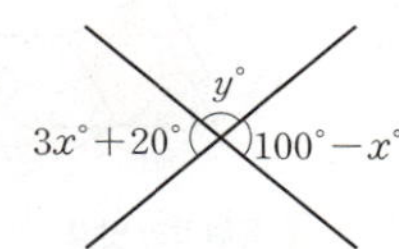

07

오른쪽 그림에서 x, y의 값을 각각 구하시오.

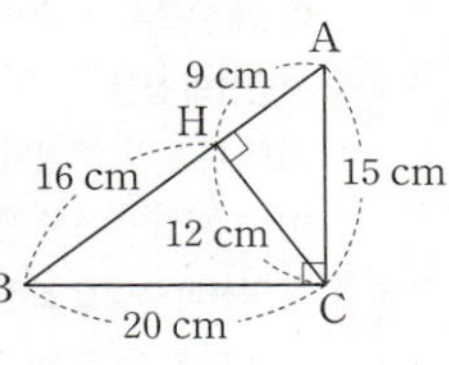

08

오른쪽 그림과 같은 직각삼각형 ABC에서 점 A와 $\overline{BC}$ 사이의 거리를 a cm, 점 C와 $\overline{AB}$ 사이의 거리를 b cm라 할 때, $a+b$의 값을 구하시오.

2 위치 관계와 평행선의 성질

1 점과 직선, 점과 평면의 위치 관계

(1) 점과 직선의 위치 관계
  ① 점 A는 직선 l 위에 있다.
  ② 점 B는 직선 l 위에 있지 않다.

(2) 점과 평면의 위치 관계
  ① 점 A는 평면 P 위에 있다.
  ② 점 B는 평면 P 위에 있지 않다.

2 두 직선의 위치 관계

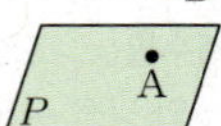

평면에서 두 직선의 위치 관계

① 한 점에서 만난다.

② 일치한다.
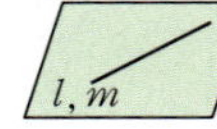

③ 평행하다.

④ 꼬인 위치에 있다.
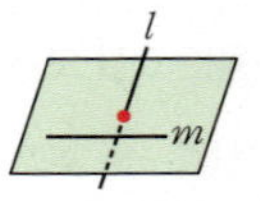

(1) 한 평면 위에 있는 두 직선 l, m이 만나지 않을 때, 두 직선 l, m은 서로 평행하다고 한다. [기호] $l /\!/ m$

(2) **꼬인 위치** : 공간에서 두 직선이 만나지도 않고 평행하지도 않을 때, 두 직선을 꼬인 위치에 있다고 한다.

3 공간에서 직선과 평면의 위치 관계

① 한 점에서 만난다.
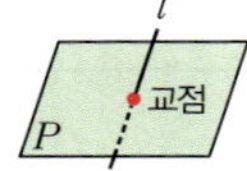

② 직선이 평면에 포함된다.
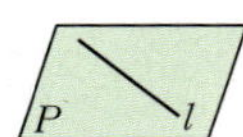

③ 평행하다. [기호] $l /\!/ P$
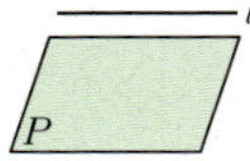

4 공간에서 두 평면의 위치 관계

① 한 직선에서 만난다.
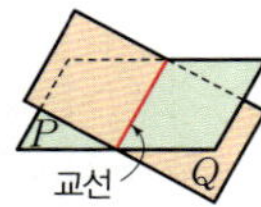

② 일치한다.
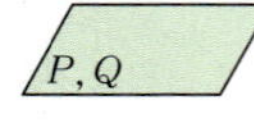

③ 평행하다. [기호] $P /\!/ Q$
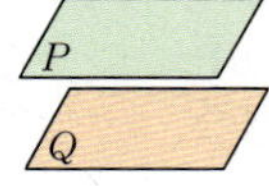

5 동위각과 엇각

두 직선 l, m이 다른 한 직선 n과 만날 때 생기는 8개의 각 중에서

(1) **동위각** : 서로 같은 위치에 있는 두 각 ➡ $\angle a$와 $\angle e$, $\angle b$와 $\angle f$, $\angle c$와 $\angle g$, $\angle d$와 $\angle h$

(2) **엇각** : 서로 엇갈린 위치에 있는 두 각 ➡ $\angle b$와 $\angle h$, $\angle c$와 $\angle e$

[주의] 오른쪽 그림에서 $\angle a$와 $\angle g$, $\angle d$와 $\angle f$는 엇각이 아니다.

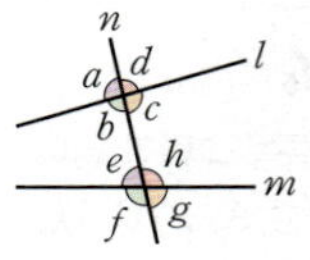

6 평행선의 성질

서로 다른 두 직선이 다른 한 직선과 만날 때

(1) 두 직선이 서로 평행하면 동위각의 크기는 같다.

(2) 두 직선이 서로 평행하면 엇각의 크기는 같다.

7 두 직선이 평행할 조건

서로 다른 두 직선이 다른 한 직선과 만날 때

(1) 동위각의 크기가 같으면 두 직선은 서로 평행하다.

(2) 엇각의 크기가 같으면 두 직선은 서로 평행하다.

01

다음 중 오른쪽 그림에 대한 설명으로 옳은 것은?

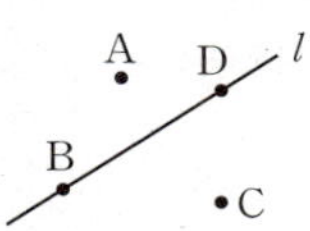

① 점 A는 직선 l 위에 있다.
② 점 B는 직선 l 위에 있지 않다.
③ 직선 l은 점 C를 지난다.
④ 직선 l은 점 D를 지난다.
⑤ 직선 l은 점 B를 지나지 않는다.

02

다음 중 오른쪽 그림과 같은 사다리꼴 ABCD에 대한 설명으로 옳은 것은?

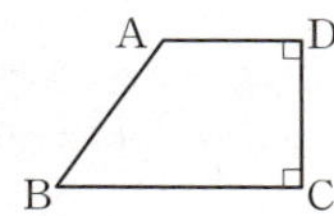

① $\overleftrightarrow{AB} \perp \overleftrightarrow{AD}$
② $\overleftrightarrow{AD} /\!/ \overleftrightarrow{BC}$
③ $\overleftrightarrow{AB}$와 $\overleftrightarrow{BC}$는 서로 평행하다.
④ $\overleftrightarrow{AB}$와 $\overleftrightarrow{CD}$는 만나지 않는다.
⑤ $\overleftrightarrow{CD}$에 수직인 직선은 $\overleftrightarrow{AD}$뿐이다.

03

다음 중 오른쪽 그림과 같은 정육면체에 대한 설명으로 옳지 <u>않은</u> 것은?

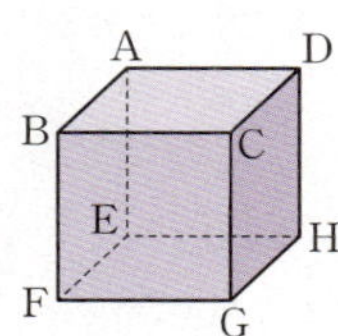

① $\overline{AB}$와 수직인 모서리는 4개이다.
② $\overline{AD}$와 평행한 모서리는 3개이다.
③ $\overline{BF}$와 꼬인 위치에 있는 모서리는 2개이다.
④ 면 ABFE와 평행한 모서리는 4개이다.
⑤ 면 BFGC와 수직인 모서리는 4개이다.

04

오른쪽 그림과 같이 밑면이 정육각형인 육각기둥에서 면 BHIC와 수직인 면은 모두 몇 개인지 구하시오.

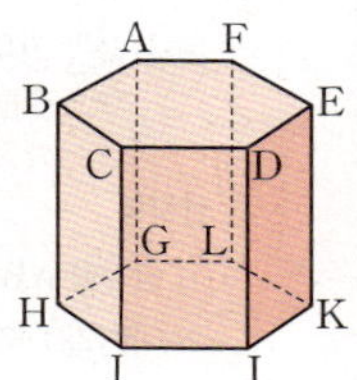

05

다음 중 오른쪽 그림에 대한 설명으로 옳은 것은?

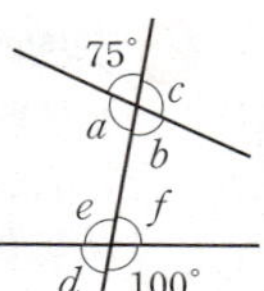

① $\angle a$의 엇각의 크기는 $105°$이다.
② $\angle b$의 엇각의 크기는 $100°$이다.
③ $\angle c$의 동위각의 크기는 $100°$이다.
④ $\angle d$의 동위각의 크기는 $75°$이다.
⑤ $\angle e$의 동위각의 크기는 $100°$이다.

06

오른쪽 그림에서 $l /\!/ m$일 때, $\angle y - \angle x$의 크기를 구하시오.

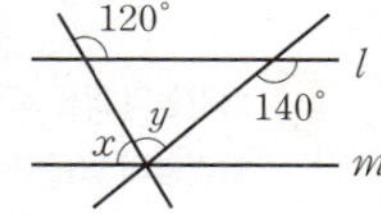

07

오른쪽 그림에서 평행한 직선을 모두 찾아 기호로 나타내시오.

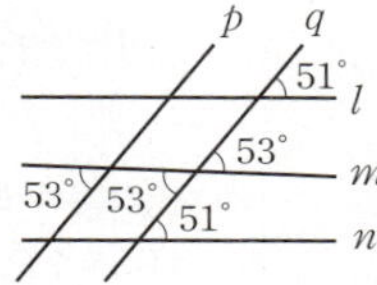

3 작도와 합동

📘 본책 50쪽

1 작도

눈금 없는 자와 컴퍼스만을 사용하여 도형을 그리는 것을 **작도**라 한다.

→ 원을 그리거나 주어진 선분의 길이를 재어 옮기는 데 사용
→ 두 점을 이어 선분을 그리거나 선분을 연장하는 데 사용

2 삼각형

(1) **삼각형 ABC** : 세 꼭짓점이 A, B, C인 삼각형　기호 △ABC

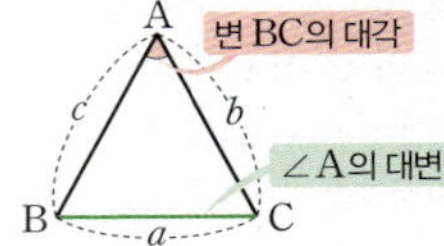

(2) 대변과 대각

① **대변** : 한 각과 마주 보는 변　② **대각** : 한 변과 마주 보는 각

(3) 삼각형의 세 변의 길이 사이의 관계

삼각형에서 한 변의 길이는 나머지 두 변의 길이의 합보다 작다.

참고 세 변의 길이가 주어질 때, 삼각형을 만들 수 있는 조건 → (가장 긴 변의 길이) < (나머지 두 변의 길이의 합)

3 삼각형의 작도

(1) 세 변의 길이가 주어질 때

(2) 두 변의 길이와 그 끼인각의 크기가 주어질 때　→ 삼각형을 하나로 작도할 수 있다.

(3) 한 변의 길이와 그 양 끝 각의 크기가 주어질 때

→ 삼각형이 하나로 정해지는 조건과 같다.

4 도형의 합동

(1) **합동** : 모양과 크기가 같은 두 도형을 포개었을 때, 완전히 겹쳐지면 이 두 도형은 서로 합동이라 한다. △ABC와 △DEF가 서로 합동일 때, 이것을 기호 ≡를 사용하여 △ABC≡△DEF와 같이 나타낸다.

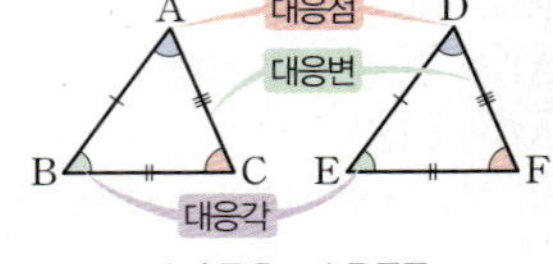

(2) 합동인 도형의 성질

두 도형이 서로 합동이면

① 대응변의 길이는 각각 같다.　② 대응각의 크기는 각각 같다.

5 삼각형의 합동 조건

삼각형의 합동 조건 : 두 삼각형 ABC와 DEF는 다음의 각 경우에 서로 합동이다.

(1) 대응하는 세 변의 길이가 각각 같을 때 (SSS 합동)

→ $\overline{AB}=\overline{DE}$, $\overline{BC}=\overline{EF}$, $\overline{CA}=\overline{FD}$

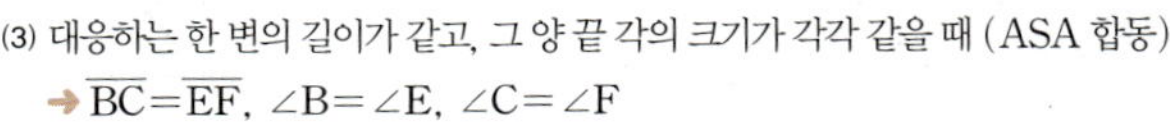

(2) 대응하는 두 변의 길이가 각각 같고, 그 끼인각의 크기가 같을 때 (SAS 합동)

→ $\overline{AB}=\overline{DE}$, $\overline{BC}=\overline{EF}$, $\angle B = \angle E$

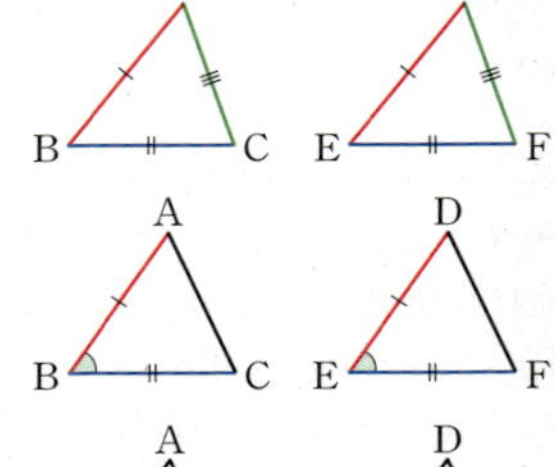

(3) 대응하는 한 변의 길이가 같고, 그 양 끝 각의 크기가 각각 같을 때 (ASA 합동)

→ $\overline{BC}=\overline{EF}$, $\angle B = \angle E$, $\angle C = \angle F$

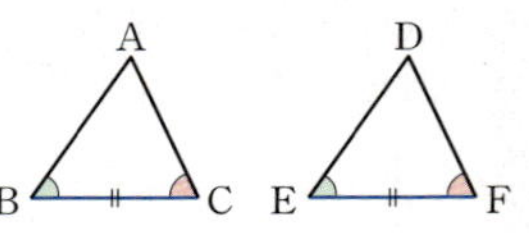

01

다음 중 작도에 대한 설명으로 옳은 것은?

① 눈금 있는 자와 컴퍼스만을 사용하여 도형을 그리는 것을 작도라 한다.
② 선분을 연장할 때는 컴퍼스를 사용한다.
③ 선분의 길이를 옮길 때는 자를 사용한다.
④ 두 선분의 길이를 비교할 때는 컴퍼스를 사용한다.
⑤ 주어진 각과 크기가 같은 각을 작도할 때는 각도기를 사용한다.

02

오른쪽 그림은 $\angle \mathrm{BOA}$와 크기가 같은 각을 $\overrightarrow{\mathrm{PQ}}$를 한 변으로 하여 작도한 것이다. 다음 중 길이가 나머지 넷과 다른 하나는?

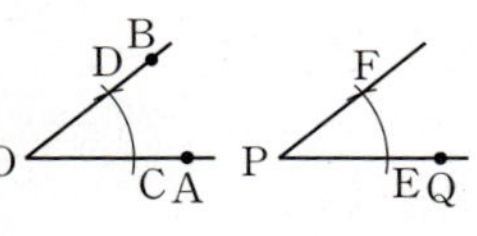

① $\overline{\mathrm{OC}}$　　② $\overline{\mathrm{OD}}$　　③ $\overline{\mathrm{EF}}$
④ $\overline{\mathrm{PE}}$　　⑤ $\overline{\mathrm{PF}}$

03

다음 중 삼각형의 세 변의 길이가 될 수 없는 것은?

① 2 cm, 3 cm, 4 cm　　② 3 cm, 4 cm, 4 cm
③ 6 cm, 6 cm, 6 cm　　④ 8 cm, 8 cm, 10 cm
⑤ 10 cm, 12 cm, 22 cm

04

오른쪽 그림과 같이 $\overline{\mathrm{BC}}$의 길이와 $\angle \mathrm{B}$, $\angle \mathrm{C}$의 크기가 주어졌을 때, 다음 중 $\triangle \mathrm{ABC}$의 작도 순서로 옳지 <u>않은</u> 것은?

① $\overline{\mathrm{BC}} \rightarrow \angle \mathrm{B} \rightarrow \angle \mathrm{C}$　　② $\overline{\mathrm{BC}} \rightarrow \angle \mathrm{C} \rightarrow \angle \mathrm{B}$
③ $\angle \mathrm{B} \rightarrow \overline{\mathrm{BC}} \rightarrow \angle \mathrm{C}$　　④ $\angle \mathrm{C} \rightarrow \angle \mathrm{B} \rightarrow \overline{\mathrm{BC}}$
⑤ $\angle \mathrm{C} \rightarrow \overline{\mathrm{BC}} \rightarrow \angle \mathrm{B}$

05

다음 중 $\triangle \mathrm{ABC}$가 하나로 정해지는 것은?

① $\overline{\mathrm{AB}}=5$ cm, $\overline{\mathrm{BC}}=2$ cm, $\overline{\mathrm{CA}}=7$ cm
② $\overline{\mathrm{AB}}=4$ cm, $\overline{\mathrm{BC}}=8$ cm, $\angle \mathrm{C}=50^\circ$
③ $\overline{\mathrm{AB}}=3$ cm, $\overline{\mathrm{BC}}=9$ cm, $\angle \mathrm{B}=180^\circ$
④ $\overline{\mathrm{AB}}=6$ cm, $\angle \mathrm{A}=50^\circ$, $\angle \mathrm{C}=70^\circ$
⑤ $\angle \mathrm{A}=40^\circ$, $\angle \mathrm{B}=65^\circ$, $\angle \mathrm{C}=75^\circ$

06

다음 그림에서 두 사각형 ABCD와 EFGH가 서로 합동일 때, $x+y$의 값을 구하시오.

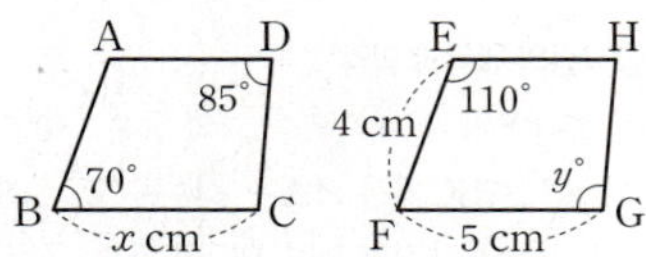

07

오른쪽 그림에서 $\triangle \mathrm{ABC}$는 $\overline{\mathrm{AB}}=\overline{\mathrm{AC}}$인 이등변삼각형이고, $\overline{\mathrm{AD}}=\overline{\mathrm{AE}}$이다. 이때 $\triangle \mathrm{ABE}$와 합동인 삼각형을 찾고, 합동 조건을 구하시오.

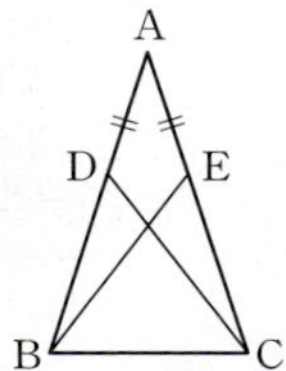

다각형

1 다각형

(1) **다각형** : 3개 이상의 선분으로 둘러싸인 평면도형

　① **변** : 다각형을 이루는 각 선분

　② **꼭짓점** : 다각형의 변과 변이 만나는 점

(2) **내각** : 다각형에서 이웃한 두 변이 이루는 내부의 각

(3) **외각** : 다각형의 한 내각의 꼭짓점에서 한 변과 다른 한 변의 연장선이 이루는 각

　참고 다각형의 한 꼭짓점에서 (내각의 크기)＋(외각의 크기)＝180°이다.

(4) **정다각형** : 모든 변의 길이가 같고 모든 내각의 크기가 같은 다각형

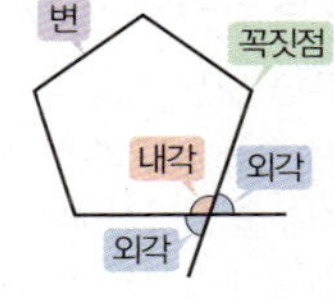

2 다각형의 대각선

(1) **대각선** : 다각형에서 이웃하지 않는 두 꼭짓점을 이은 선분

(2) n각형의 한 꼭짓점에서 그을 수 있는 대각선의 개수 : $n-3$

　꼭짓점의 개수 →　← 한 꼭짓점에서 그을 수 있는 대각선의 개수

(3) n각형의 대각선의 개수 : $\dfrac{n(n-3)}{2}$

　← 한 대각선을 두 번씩 세었으므로 2로 나눈다.

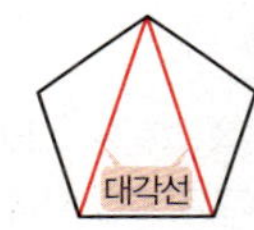

3 삼각형의 내각과 외각

(1) 삼각형의 세 내각의 크기의 합은 180°이다.

　➡ $\triangle ABC$에서 $\angle A+\angle B+\angle C=180°$

(2) 삼각형의 내각과 외각 사이의 관계 : 삼각형의 한 외각의 크기는 그와 이웃하지 않는 두 내각의 크기의 합과 같다.

　➡ $\triangle ABC$에서 $\angle ACD=\angle A+\angle B$

　∠C의 외각의 크기 →　← ∠ACD와 이웃하지 않는 두 내각의 크기의 합

4 다각형의 내각과 외각의 크기의 합

(1) 다각형의 내각의 크기의 합

　① n각형의 한 꼭짓점에서 대각선을 모두 그었을 때 생기는 삼각형의 개수 : $n-2$

　② n각형의 내각의 크기의 합 : $180°\times(n-2)$

　　삼각형의 세 내각의 크기의 합 →　← 한 꼭짓점에서 대각선을 모두 그었을 때 생기는 삼각형의 개수

(2) 다각형의 외각의 크기의 합

　다각형의 외각의 크기의 합은 항상 360°이다. → 변의 개수에 관계없이 항상 일정하다.

5 정다각형의 한 내각과 한 외각의 크기

(1) 정n각형의 한 내각의 크기 : $\dfrac{180°\times(n-2)}{n}$ ← 내각의 크기의 합 / ← 꼭짓점의 개수

(2) 정n각형의 한 외각의 크기 : $\dfrac{360°}{n}$ ← 외각의 크기의 합 / ← 꼭짓점의 개수

01

다음 중 다각형이 <u>아닌</u> 것을 모두 고르면? (정답 2개)

① 평행사변형　　② 원　　　　③ 사각기둥
④ 오각형　　　　⑤ 정육각형

02

다음 중 옳지 <u>않은</u> 것은?

① 다각형의 한 내각에 대한 외각은 2개이다.
② 다각형의 한 꼭짓점에서 내각의 크기와 외각의 크기의 합은 $180°$이다.
③ 세 변의 길이가 같은 삼각형은 정삼각형이다.
④ 꼭짓점의 개수가 5인 정다각형은 정오각형이다.
⑤ 내각의 크기가 모두 같은 다각형을 정다각형이라 한다.

03

구각형의 한 꼭짓점에서 그을 수 있는 대각선의 개수를 a, 구각형의 대각선의 개수를 b라 할 때, $a+b$의 값을 구하시오.

04

오른쪽 그림과 같은 $\triangle ABC$에서 $\angle x$의 크기를 구하시오.

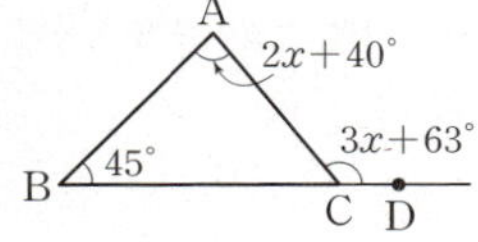

05

내각의 크기의 합이 $900°$인 다각형의 대각선의 개수를 구하시오.

06

오른쪽 그림에서 $\angle x$의 크기를 구하시오.

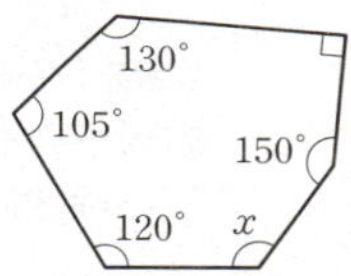

07

오른쪽 그림에서 $\angle x$의 크기는?

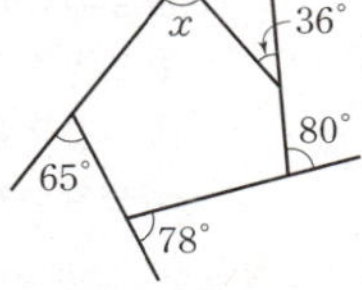

① $77°$　　　　② $79°$
③ $81°$　　　　④ $83°$
⑤ $85°$

08

다음 중 정팔각형에 대한 설명으로 옳지 <u>않은</u> 것을 모두 고르면? (정답 2개)

① 한 꼭짓점에서 그을 수 있는 대각선의 개수는 5이다.
② 대각선의 개수는 20이다.
③ 내각의 크기의 합은 $900°$이다.
④ 한 내각의 크기는 $135°$이다.
⑤ 한 외각의 크기는 $55°$이다.

2 원과 부채꼴

1 원과 부채꼴

(1) **원 O** : 평면 위의 한 점 O로부터 일정한 거리에 있는 모든 점으로 이루어진 도형

(2) **호 AB** : 원 O 위의 두 점 A, B를 양 끝 점으로 하는 원의 일부분 `기호` $\widehat{AB}$

(3) **현 AB** : 원 O 위의 두 점 A, B를 이은 선분

(4) **할선 CD** : 원 O 위의 두 점 C, D를 지나는 직선

(5) **부채꼴 AOB** : 원 O에서 두 반지름 OA, OB와 호 AB로 이루어진 도형

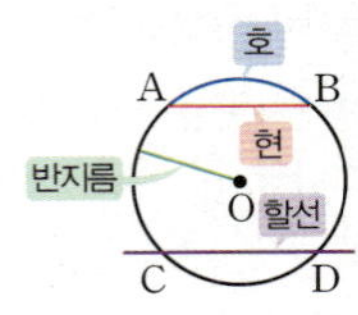

(6) **중심각** : 부채꼴에서 두 반지름이 이루는 각, 즉 ∠AOB를 부채꼴 AOB의 중심각 또는 호 AB에 대한 중심각이라 한다.

(7) **활꼴** : 현과 호로 이루어진 도형, 즉 원 O에서 현 CD와 호 CD로 이루어진 도형

`참고` ・원의 중심을 지나는 현은 그 원의 지름이고, 지름은 길이가 가장 긴 현이다.
　　　・반원은 활꼴인 동시에 중심각의 크기가 180°인 부채꼴이다.

2 중심각의 크기와 호의 길이, 부채꼴의 넓이, 현의 길이 사이의 관계

(1) **중심각의 크기와 호의 길이, 부채꼴의 넓이**

한 원 또는 합동인 두 원에서

① 중심각의 크기가 같은 두 부채꼴의 호의 길이와 넓이는 각각 같다.

② 부채꼴의 호의 길이와 넓이는 각각 중심각의 크기에 정비례한다.

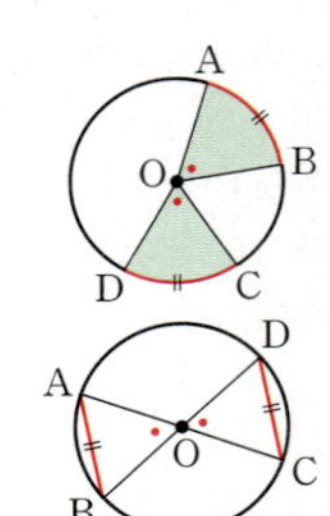

(2) **중심각의 크기와 현의 길이**

한 원 또는 합동인 두 원에서

① 크기가 같은 중심각에 대한 현의 길이는 같다.

② 현의 길이는 중심각의 크기에 정비례하지 않는다.

3 원의 둘레의 길이와 넓이

(1) **원주율** : 원의 지름의 길이에 대한 원의 둘레의 길이의 비율 `기호` π

$$(\text{원주율}) = \frac{(\text{원의 둘레의 길이})}{(\text{원의 지름의 길이})} = \pi \;\longrightarrow\; \text{원주율은 원의 크기에 관계없이 항상 일정하다.}$$

(2) **원의 둘레의 길이와 넓이**

반지름의 길이가 r인 원의 둘레의 길이를 l, 넓이를 S라 하면

① $l = 2\pi r$　　　　　② $S = \pi r^2$

4 부채꼴의 호의 길이와 넓이

(1) **부채꼴의 호의 길이와 넓이**

반지름의 길이가 r, 중심각의 크기가 $x°$인 부채꼴의 호의 길이를 l, 넓이를 S라 하면

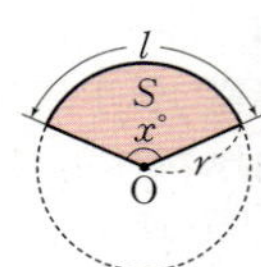

① $l = 2\pi r \times \dfrac{x}{360}$　　　　② $S = \pi r^2 \times \dfrac{x}{360}$

(2) **부채꼴의 호의 길이와 넓이 사이의 관계**

반지름의 길이가 r, 호의 길이가 l인 부채꼴의 넓이를 S라 하면

$$S = \frac{1}{2} r l$$

01

다음 중 오른쪽 그림과 같은 원 O
에 대한 설명으로 옳지 <u>않은</u> 것을
모두 고르면? (단, 세 점 A, O, C
는 한 직선 위에 있다.) (정답 2개)

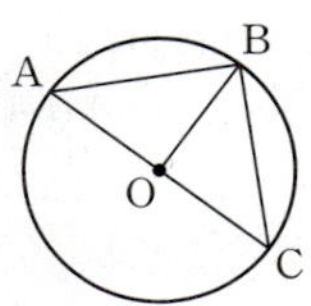

① $\overline{BC}$는 현이다.
② ∠AOB에 대한 호는 $\overparen{AB}$이다.
③ ∠BOC는 $\overparen{BC}$에 대한 중심각이다.
④ $\overline{AC}$보다 길이가 긴 현이 존재한다.
⑤ $\overparen{AB}$와 $\overline{AB}$로 이루어진 도형은 부채꼴이다.

02

오른쪽 그림과 같은 원 O에
서 $x+y$의 값을 구하시오.

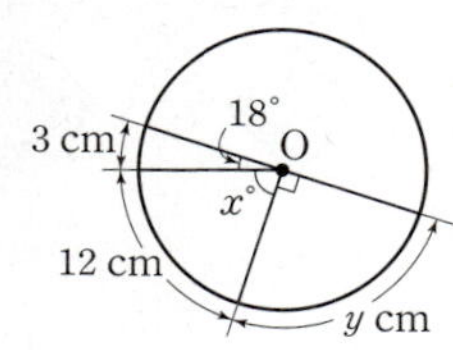

03

오른쪽 그림과 같은 원 O에서
∠AOD=150°, ∠BOC=30°
이고 부채꼴 BOC의 넓이가
14 cm²일 때, 부채꼴 AOD의
넓이는?

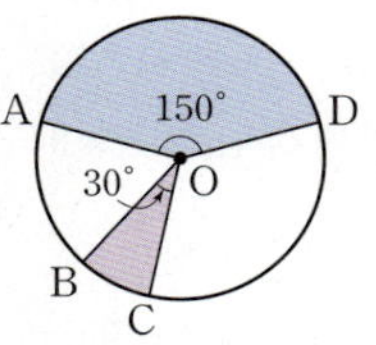

① 40 cm²　　② 50 cm²　　③ 60 cm²
④ 70 cm²　　⑤ 80 cm²

04

오른쪽 그림과 같은 원 O에서
$\overline{AB}=\overline{BC}$이고 ∠OCB=46°일
때, ∠AOC의 크기는?

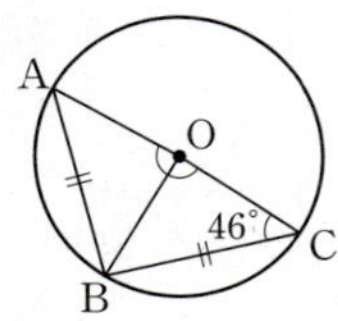

① 166°　　② 169°
③ 172°　　④ 176°
⑤ 178°

05

다음 중 한 원에 대한 설명으로 옳지 <u>않은</u> 것은?

① 중심각의 크기가 같으면 호의 길이는 같다.
② 길이가 같은 현에 대한 중심각의 크기는 같다.
③ 부채꼴의 넓이는 중심각의 크기에 정비례한다.
④ 호의 길이는 중심각의 크기에 정비례한다.
⑤ 현의 길이는 중심각의 크기에 정비례한다.

06

오른쪽 그림과 같은 부채꼴에서 호
의 길이와 넓이를 차례대로 구하시
오.

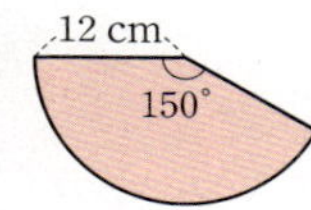

07

오른쪽 그림과 같이 한 변의 길이가
7 cm인 정사각형에서 색칠한 부분
의 둘레의 길이를 구하시오.

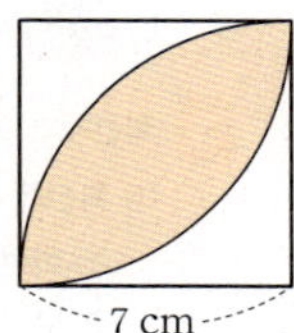

08

오른쪽 그림과 같이 한 변의
길이가 8 cm인 정사각형에
서 색칠한 부분의 넓이를 구
하시오.

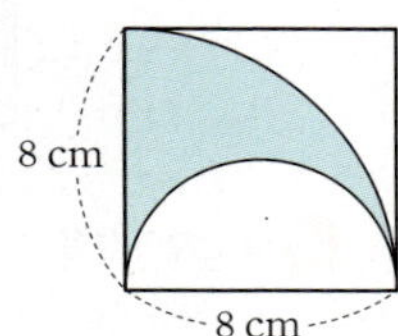

다면체와 회전체

1 다면체

(1) **다면체** : 각기둥, 각뿔과 같이 다각형인 면으로만 둘러싸인 입체도형
(2) **각뿔대** : 각뿔을 그 밑면에 평행한 평면으로 자를 때 생기는 두 다면체 중에서 각뿔이 아닌 쪽의 다면체
(3) 다면체의 종류 : 각기둥, 각뿔, 각뿔대 등이 있다.

다면체	n각기둥	n각뿔	n각뿔대
면의 개수	$n+2$	$n+1$	$n+2$
모서리의 개수	$3n$	$2n$	$3n$
꼭짓점의 개수	$2n$	$n+1$	$2n$

2 정다면체

(1) **정다면체** : 다면체 중에서 모든 면이 합동인 정다각형이고, 각 꼭짓점에 모인 면의 개수가 모두 같은 다면체
(2) 정다면체의 종류 : 정사면체, 정육면체, 정팔면체, 정십이면체, 정이십면체의 5가지뿐이다.

정다면체	정사면체	정육면체	정팔면체	정십이면체	정이십면체
겨냥도					
한 꼭짓점에 모인 면의 개수	3	3	4	3	5
면의 개수	4	6	8	12	20
모서리의 개수	6	12	12	30	30
꼭짓점의 개수	4	8	6	20	12

3 회전체

(1) **회전체** : 평면도형을 한 직선을 축으로 하여 1회전 시킬 때 생기는 입체도형
　① **회전축** : 회전시킬 때 축으로 사용한 직선
　② **모선** : 회전시킬 때 옆면을 만드는 선분
(2) **원뿔대** : 원뿔을 그 밑면에 평행한 평면으로 자를 때 생기는 두 입체도형 중에서 원뿔이 아닌 쪽의 입체도형
(3) 회전체의 종류 : 원기둥, 원뿔, 원뿔대, 구 등이 있다.

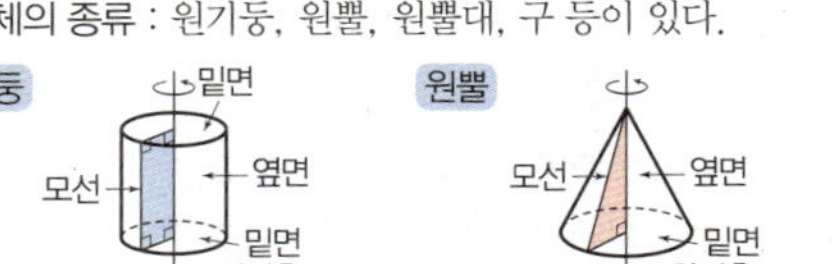
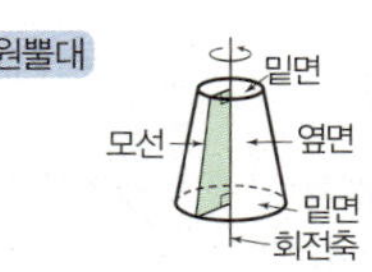

4 회전체의 성질

→ 크기는 다를 수 있다.

(1) 회전체를 회전축에 수직인 평면으로 자르면 그 단면의 모양은 항상 원이다.
(2) 회전체를 회전축을 포함하는 평면으로 자른 단면은 모두 합동이고, 각 단면은 회전축을 대칭축으로 하는 선대칭도형이 된다.

01

다음 **보기**에서 다면체를 모두 고르시오.

─ 보기 ─
ㄱ. 오각기둥　　ㄴ. 육각뿔　　ㄷ. 정사면체
ㄹ. 원뿔　　　ㅁ. 오각뿔대　　ㅂ. 구

02

사각기둥의 모서리의 개수를 a, 오각뿔의 면의 개수를 b, 삼각뿔대의 꼭짓점의 개수를 c라 할 때, $a+b+c$의 값을 구하시오.

03

다음 중 다면체에 대한 설명으로 옳지 <u>않은</u> 것을 모두 고르면? (정답 2개)

① 각뿔의 옆면의 모양은 모두 삼각형이다.
② 각뿔대의 두 밑면은 평행하고 합동이다.
③ 각뿔대의 옆면의 모양은 모두 사다리꼴이다.
④ 육각기둥과 팔각뿔의 모서리의 개수는 서로 같다.
⑤ 오각뿔대와 오각기둥의 면의 개수는 서로 같다.

04

다음 **보기**에서 그 값이 가장 큰 것과 가장 작은 것을 차례대로 구하시오.

─ 보기 ─
ㄱ. 정사면체의 모서리의 개수
ㄴ. 정육면체의 꼭짓점의 개수
ㄷ. 정팔면체의 면의 개수
ㄹ. 정십이면체의 꼭짓점의 개수
ㅁ. 정이십면체의 모서리의 개수

05

다음 중 정육면체를 한 평면으로 자를 때 생기는 단면의 모양이 될 수 <u>없는</u> 것은?

① 이등변삼각형　　② 직각삼각형
③ 직사각형　　　　④ 오각형
⑤ 육각형

06

다음 **보기**에서 회전체가 아닌 것을 모두 고르시오.

─ 보기 ─
ㄱ. 구각뿔　　ㄴ. 원기둥　　ㄷ. 정육면체
ㄹ. 원뿔　　　ㅁ. 원뿔대　　ㅂ. 반구

07

다음 중 회전체와 그 회전체를 회전축을 포함하는 평면으로 자를 때 생기는 단면의 모양을 짝 지은 것으로 옳지 <u>않은</u> 것은?

① 원기둥 − 직사각형　　② 원뿔 − 이등변삼각형
③ 원뿔대 − 사다리꼴　　④ 구 − 원
⑤ 반구 − 원

08

다음 그림과 같은 직사각형을 직선 l을 회전축으로 하여 1회전 시킬 때 생기는 회전체의 전개도에서 x, y의 값을 각각 구하시오.

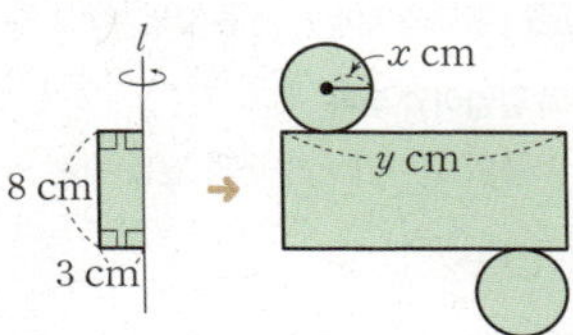

2 입체도형의 겉넓이와 부피

1 기둥의 겉넓이

(1) 각기둥의 겉넓이

(각기둥의 겉넓이) = (밑넓이) × 2 + (옆넓이)

(2) 원기둥의 겉넓이

밑면인 원의 반지름의 길이가 r, 높이가 h인 원기둥의 겉넓이를 S라 하면

$$S = (밑넓이) \times 2 + (옆넓이) = \pi r^2 \times 2 + 2\pi r \times h = 2\pi r^2 + 2\pi rh$$

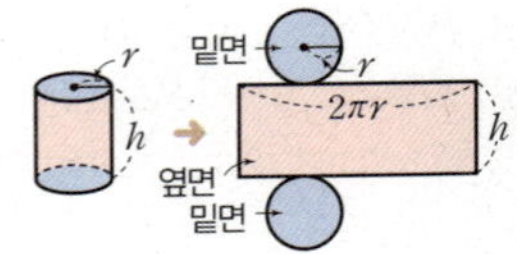

2 기둥의 부피

(1) 각기둥의 부피

밑넓이가 S, 높이가 h인 각기둥의 부피를 V라 하면

$$V = (밑넓이) \times (높이) = Sh$$

(2) 원기둥의 부피

밑면인 원의 반지름의 길이가 r, 높이가 h인 원기둥의 부피를 V라 하면

$$V = (밑넓이) \times (높이) = \pi r^2 \times h = \pi r^2 h$$

3 뿔의 겉넓이

(1) 각뿔의 겉넓이

(각뿔의 겉넓이) = (밑넓이) + (옆넓이)

(2) 원뿔의 겉넓이

밑면인 원의 반지름의 길이가 r, 모선의 길이가 l인 원뿔의 겉넓이를 S라 하면

$$S = (밑넓이) + (옆넓이) = \pi r^2 + \frac{1}{2} \times l \times 2\pi r = \pi r^2 + \pi rl$$

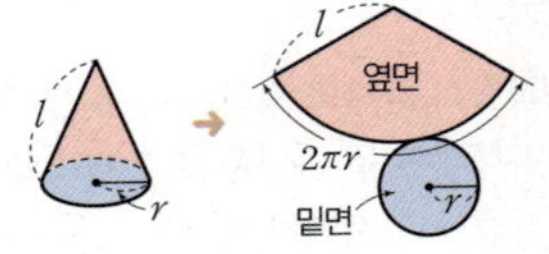

> 참고 (뿔대의 겉넓이) = (두 밑넓이의 합) + (옆넓이)

4 뿔의 부피

(1) 각뿔의 부피

밑넓이가 S, 높이가 h인 각뿔의 부피를 V라 하면

$$V = \frac{1}{3} \times (밑넓이) \times (높이) = \frac{1}{3}Sh$$

(2) 원뿔의 부피

밑면인 원의 반지름의 길이가 r, 높이가 h인 원뿔의 부피를 V라 하면

$$V = \frac{1}{3} \times (밑넓이) \times (높이) = \frac{1}{3} \times \pi r^2 \times h = \frac{1}{3}\pi r^2 h$$

> 참고 (뿔대의 부피) = (큰 뿔의 부피) − (작은 뿔의 부피)

5 구의 겉넓이와 부피

반지름의 길이가 r인 구의 겉넓이를 S, 부피를 V라 하면

(1) $S = 4\pi r^2$
(2) $V = \dfrac{4}{3}\pi r^3$

> 참고 반구의 반지름의 길이를 r이라 하면 (반구의 겉넓이) $= 4\pi r^2 \times \dfrac{1}{2} + \pi r^2$

01

오른쪽 그림과 같은 원기둥의 겉넓이는?

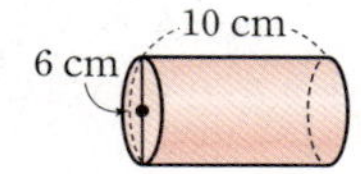

① 60π cm² ② 66π cm²
③ 72π cm² ④ 78π cm²
⑤ 84π cm²

02

오른쪽 그림과 같은 사각기둥의 부피를 구하시오.

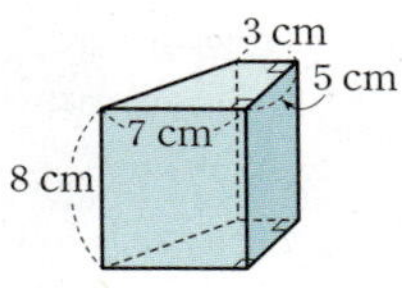

03

오른쪽 그림과 같이 밑면이 부채꼴인 기둥의 겉넓이는?

① $(27\pi+52)$ cm²
② $(27\pi+56)$ cm²
③ $(33\pi+48)$ cm²
④ $(33\pi+52)$ cm²
⑤ $(33\pi+56)$ cm²

04

오른쪽 그림과 같은 도형을 직선 l을 회전축으로 하여 1회전 시킬 때 생기는 회전체의 부피를 구하시오.

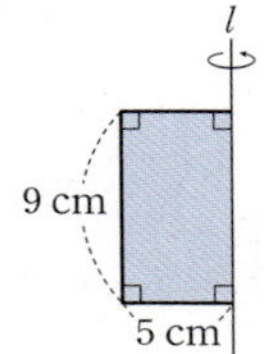

05

오른쪽 그림과 같은 원뿔의 겉넓이가 75π cm²일 때, 이 원뿔의 모선의 길이를 구하시오.

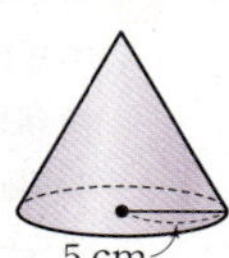

06

오른쪽 그림과 같은 정사각뿔의 부피를 구하시오.

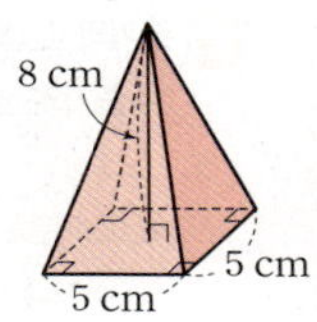

07

오른쪽 그림과 같은 원뿔대의 부피는?

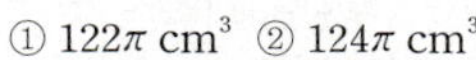
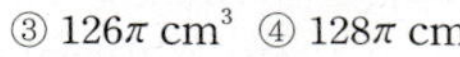
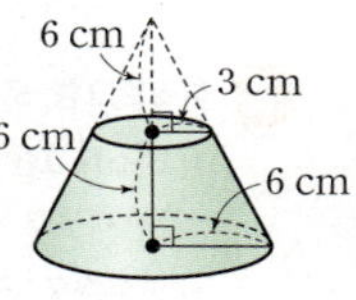

① 122π cm³ ② 124π cm³
③ 126π cm³ ④ 128π cm³
⑤ 130π cm³

08

오른쪽 그림과 같이 원뿔과 반구를 붙여서 만든 입체도형의 부피는?

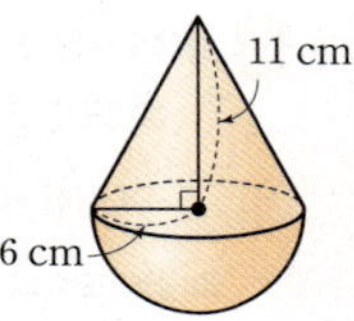

① 268π cm³ ② 270π cm³
③ 272π cm³ ④ 274π cm³
⑤ 276π cm³

1 자료의 정리와 해석

📖 본책 154쪽

1 대푯값

(1) **변량** : 점수, 키, 몸무게 등의 자료를 수량으로 나타낸 것
(2) **대푯값** : 자료 전체의 특징을 대표적으로 나타내는 값 → 평균, 중앙값, 최빈값 등
(3) **평균** : 변량의 총합을 변량의 개수로 나눈 값
(4) **중앙값** : 자료를 작은 값부터 크기순으로 나열하였을 때 가운데 위치한 값
　　① 변량의 개수가 홀수이면 한가운데에 있는 값이 중앙값이다.
　　② 변량의 개수가 짝수이면 한가운데에 있는 두 값의 평균이 중앙값이다.
(5) **최빈값** : 자료에서 가장 많이 나타나는 값

2 줄기와 잎 그림, 도수분포표

(1) **줄기와 잎 그림** : 줄기와 잎으로 자료를 구분하여 나타낸 그림
(2) **도수분포표**
　　① **계급** : 변량을 일정한 간격으로 나눈 구간
　　② **계급의 크기** : 구간의 너비 → 구간의 간격
　　③ **도수** : 각 계급에 속하는 자료의 개수
　　④ **도수분포표** : 자료를 몇 개의 계급으로 나누고, 각 계급에 속하는 도수를 조사하여 나타낸 표

〈줄기와 잎 그림〉
(7|0은 70점)

줄기	잎
7	0　3　6
8	1　2　8　8
9	2　4　5

〈도수분포표〉

점수(점)	학생 수(명)
$70^{이상} \sim 80^{미만}$	3
80　$\sim$　90	4
90　$\sim$100	3
합계	10

3 히스토그램, 도수분포다각형

(1) **히스토그램** : 도수분포표에서 각 계급을 가로로, 도수를 세로로 하여 직사각형으로 나타낸 그래프
(2) **도수분포다각형** : 히스토그램에서 각 직사각형의 윗변의 중앙에 점을 찍은 후 차례대로 선분으로 연결하여 나타낸 그래프

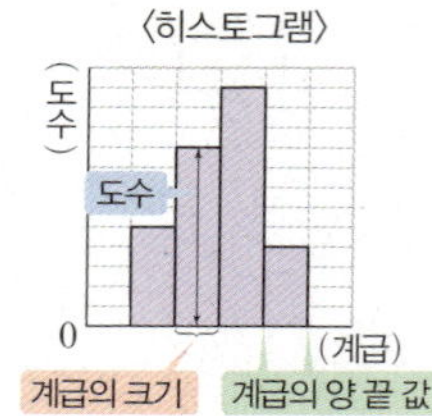

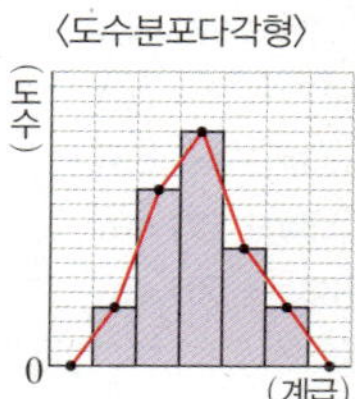

4 상대도수와 그 그래프

(1) **상대도수** : 도수의 총합에 대한 각 계급의 도수의 비율
　→ (어떤 계급의 상대도수) $= \dfrac{(\text{그 계급의 도수})}{(\text{도수의 총합})}$
(2) **상대도수의 분포표** : 각 계급의 상대도수를 나타낸 표
(3) **상대도수의 분포를 나타낸 그래프** : 상대도수의 분포표를 히스토그램이나 도수분포다각형 모양으로 나타낸 그래프

〈상대도수의 분포표〉

기록(초)	도수(명)	상대도수
$0^{이상} \sim 10^{미만}$	10	$0.5 = \dfrac{10}{20}$
10　$\sim$20	4	0.2
20　$\sim$30	6	0.3
합계	20	1

상대도수의 총합은 항상 1이다. ←

01

다음은 수지네 반 학생 20명이 한 학기 동안 구입한 책 수를 조사하여 나타낸 표이다. 책 수의 평균, 중앙값, 최빈값을 각각 구하시오.

책 수(권)	1	2	3	4	5
학생 수(명)	4	4	7	4	1

02

오른쪽은 세미네 반 학생들의 수학 성적을 조사하여 나타낸 줄기와 잎 그림이다. 다음 중 옳지 <u>않은</u> 것은?

수학 성적

(6|1은 61점)

줄기	잎
6	1 5 9
7	2 4 5 6 8
8	0 1 3 4 7 8
9	1 2 7 7 8 9

① 세미네 반 전체 학생은 20명이다.
② 잎이 가장 적은 줄기는 6이다.
③ 수학 성적이 80점 미만인 학생은 8명이다.
④ 수학 성적이 97점인 학생은 2명이다.
⑤ 수학 성적이 9번째로 좋은 학생의 수학 성적은 80점이다.

03

오른쪽은 어느 지역의 4월 한 달 동안의 강수량을 조사하여 나타낸 도수분포표이다. 다음 중 옳지 <u>않은</u> 것은?

강수량(mm)	날수(일)
0^{이상} ~ 4^{미만}	11
4 ~ 8	A
8 ~ 12	3
12 ~ 16	2
16 ~ 20	4
합계	30

① 계급의 개수는 5이다.
② 계급의 크기는 4 mm이다.
③ A의 값은 10이다.
④ 도수가 가장 큰 계급은 4 mm 이상 8 mm 미만이다.
⑤ 강수량이 12 mm 이상인 날은 전체의 20 %이다.

04

오른쪽은 어느 프로 야구 선수들의 작년 정규 시즌 홈런 수를 조사하여 나타낸 히스토그램이다. 홈런 수가 10번째로 많은 선수가 속하는 계급을 구하시오.

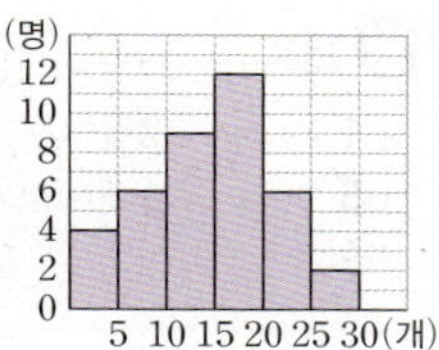

05

오른쪽은 어느 중학교 1반과 2반 학생들의 등교 시간을 조사하여 나타낸 도수분포다각형이다. 다음에서 $a+b+c+d$의 값을 구하시오.

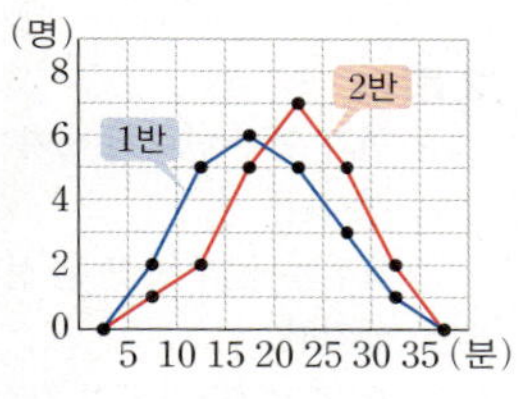

㈎ 1반의 전체 학생은 a명이고, 2반의 전체 학생은 b명이다.
㈏ 2반에서 도수가 가장 작은 계급의 도수는 c명이다.
㈐ 두 반 중에서 d반의 등교 시간이 더 긴 편이다.

06

오른쪽은 어느 반 학생들의 지난 1년 동안의 영화 관람 횟수를 조사하여 나타낸 도수분포표이다. 관람 횟수가 10번째로 많은 학생이 속하는 계급의 상대도수를 구하시오.

관람 횟수(회)	학생 수(명)
0^{이상} ~ 5^{미만}	2
5 ~ 10	5
10 ~ 15	10
15 ~ 20	3
합계	20

V. 기본 도형과 작도

1 기본 도형

개념 Check
3쪽

01 13 **02** ①, ② **03** ③, ⑤ **04** ④
05 ㄱ, ㄷ **06** 20 cm **07** $x=20,\ y=100$
08 27

01 답 13
꼭짓점의 개수가 5이므로 $x=5$
모서리의 개수가 8이므로 $y=8$
$\therefore x+y=5+8=13$

02 답 ①, ②
③ 면과 면이 만나서 생기는 교선은 직선 또는 곡
선이다.
④ 교점은 선과 선 또는 선과 면이 만나는 경우에
생긴다.
⑤ 오각기둥의 교점의 개수는 10, 교선의 개수는
15이므로 같지 않다.
따라서 옳은 것은 ①, ②이다.

03 답 ③, ⑤
$\overrightarrow{PR}$과 같은 반직선은 $\overrightarrow{PQ}$, $\overrightarrow{PS}$이다.

04 답 ④
만들 수 있는 서로 다른 직선은 $\overleftrightarrow{AB}$, $\overleftrightarrow{AC}$, $\overleftrightarrow{AD}$,
$\overleftrightarrow{AE}$, $\overleftrightarrow{BC}$, $\overleftrightarrow{BD}$, $\overleftrightarrow{BE}$, $\overleftrightarrow{CD}$, $\overleftrightarrow{CE}$, $\overleftrightarrow{DE}$의 10개이다.

다른 풀이

5개의 점 A, B, C, D, E는 어느 세 점도 한 직
선 위에 있지 않으므로 이 중 두 점을 이어 만들
수 있는 서로 다른 직선의 개수는
$$\frac{5\times4}{2}=10$$

05 답 ㄱ, ㄷ
ㄱ. 점 M이 $\overline{AB}$의 중점이므로 $\overline{AM}=\dfrac{1}{2}\overline{AB}$
ㄴ. $\overline{NB}=\overline{NM}+\overline{MB}=\overline{NM}+\overline{AM}$
$=\overline{NM}+2\overline{NM}=3\overline{NM}$
$\therefore \overline{NM}=\dfrac{1}{3}\overline{NB}$

ㄷ. $\overline{AN}=\dfrac{1}{2}\overline{AM}=\dfrac{1}{2}\times\dfrac{1}{2}\overline{AB}=\dfrac{1}{4}\overline{AB}$
ㄹ. $\overline{AB}=2\overline{AM}=2\times2\overline{NM}=4\overline{NM}$
따라서 옳은 것은 ㄱ, ㄷ이다.

06 답 20 cm
$\overline{AB}=\overline{AC}+\overline{CB}=2\overline{MC}+2\overline{CN}$
$=2(\overline{MC}+\overline{CN})=2\overline{MN}$
$=2\times10=20(cm)$

07 답 $x=20,\ y=100$
맞꼭지각의 크기는 서로 같으므로
$3x+20=100-x$, $4x=80$ $\therefore x=20$
또, $(3x+20)+y=180$이므로
$3\times20+20+y=180$ $\therefore y=100$

08 답 27
점 A와 $\overline{BC}$ 사이의 거리는 $\overline{AC}$의 길이와 같으므
로 $a=15$
점 C와 $\overline{AB}$ 사이의 거리는 $\overline{CH}$의 길이와 같으므
로 $b=12$
$\therefore a+b=15+12=27$

2 위치 관계와 평행선의 성질

개념 Check
5쪽

01 ④ **02** ② **03** ③ **04** 2개
05 ② **06** 20° **07** $l /\!/ n,\ p /\!/ q$

01 답 ④
① 점 A는 직선 l 위에 있지 않다.
② 점 B는 직선 l 위에 있다.
③ 직선 l은 점 C를 지나지 않는다.
⑤ 직선 l은 점 B를 지난다.
따라서 옳은 것은 ④이다.

02 답 ②
① $\angle BAD \neq 90°$이므로 $\overleftrightarrow{AB}$와 $\overleftrightarrow{AD}$는 서로 수직
이 아니다.

③ $\overrightarrow{AB}$와 $\overrightarrow{BC}$는 점 B에서 만나므로 서로 평행하지 않다.

④ $\overrightarrow{AB}$와 $\overrightarrow{CD}$는 한 점에서 만난다.

⑤ $\overrightarrow{CD}$에 수직인 직선은 $\overrightarrow{AD}$와 $\overrightarrow{BC}$이다.

따라서 옳은 것은 ②이다.

03 답 ③

① $\overline{AB}$와 수직인 모서리는 $\overline{AD}$, $\overline{AE}$, $\overline{BC}$, $\overline{BF}$의 4개이다.

② $\overline{AD}$와 평행한 모서리는 $\overline{BC}$, $\overline{EH}$, $\overline{FG}$의 3개이다.

③ $\overline{BF}$와 꼬인 위치에 있는 모서리는 $\overline{AD}$, $\overline{CD}$, $\overline{EH}$, $\overline{GH}$의 4개이다.

④ 면 ABFE와 평행한 모서리는 $\overline{CD}$, $\overline{CG}$, $\overline{DH}$, $\overline{GH}$의 4개이다.

⑤ 면 BFGC와 수직인 모서리는 $\overline{AB}$, $\overline{CD}$, $\overline{EF}$, $\overline{GH}$의 4개이다.

따라서 옳지 않은 것은 ③이다.

04 답 2개

면 BHIC와 수직인 면은
면 ABCDEF, 면 GHIJKL의 2개이다.

05 답 ②

① $\angle a$의 엇각은 $\angle f$이고 $\angle f = 180° - 100° = 80°$이므로 $\angle a$의 엇각의 크기는 80°이다.

② $\angle b$의 엇각은 $\angle e$이고 $\angle e = 100°$ (맞꼭지각)이므로 $\angle b$의 엇각의 크기는 100°이다.

③ $\angle c$의 동위각은 $\angle f$이고 $\angle f = 80°$이므로 $\angle c$의 동위각의 크기는 80°이다.

④ $\angle d$의 동위각은 $\angle a$이고
$\angle a = 180° - 75° = 105°$이므로 $\angle d$의 동위각의 크기는 105°이다.

⑤ $\angle e$의 동위각의 크기는 75°이다.

따라서 옳은 것은 ②이다.

06 답 20°

$l \parallel m$이므로
$\angle x = 180° - 120° = 60°$ (동위각)
$\angle x + \angle y = 140°$ (엇각)이므로
$\angle y = 140° - \angle x = 140° - 60° = 80°$
$\therefore \angle y - \angle x = 80° - 60° = 20°$

07 답 $l \parallel n$, $p \parallel q$

두 직선 l, n이 직선 q와 만날 때 생기는 동위각의 크기가 51°로 같으므로 두 직선 l, n은 서로 평행하다. 즉, $l \parallel n$이다.

또, 두 직선 p, q가 직선 m과 만날 때 생기는 동위각의 크기가 53°로 같으므로 두 직선 p, q는 서로 평행하다. 즉, $p \parallel q$이다.

③ 작도와 합동

01 답 ④

① 눈금 없는 자와 컴퍼스만을 사용하여 도형을 그리는 것을 작도라 한다.

② 선분을 연장할 때는 눈금 없는 자를 사용한다.

③ 선분의 길이를 옮길 때는 컴퍼스를 사용한다.

⑤ 주어진 각과 크기가 같은 각을 작도할 때는 눈금 없는 자와 컴퍼스를 사용한다.

따라서 옳은 것은 ④이다.

02 답 ③

점 E는 점 P를 중심으로 하고 반지름의 길이가 $\overline{OC}$인 원 위의 점이므로
$\overline{OC} = \overline{OD} = \overline{PE} = \overline{PF}$
점 F는 점 E를 중심으로 하고 반지름의 길이가 $\overline{CD}$인 원 위의 점이므로
$\overline{CD} = \overline{EF}$
따라서 길이가 나머지 넷과 다른 하나는 ③이다.

03 답 ⑤

주어진 세 변이 삼각형이 되기 위해서는 가장 긴 변의 길이가 나머지 두 변의 길이의 합보다 작아야 한다.

① $4<2+3$　② $4<3+4$　③ $6<6+6$
④ $10<8+8$　⑤ $22=10+12$
따라서 삼각형의 세 변의 길이가 될 수 없는 것은
⑤이다.

04 답 ④
한 변의 길이와 그 양 끝 각의 크기가 주어졌을
때는
(ⅰ) 선분을 먼저 작도한 후 두 각을 작도하거나
(ⅱ) 한 각을 먼저 작도한 후 선분을 작도하고 다
　시 다른 한 각을 작도하면 된다.
따라서 작도 순서는
$\overline{BC} → \angle B → \angle C$ 또는 $\overline{BC} → \angle C → \angle B$
또는 $\angle B → \overline{BC} → \angle C$ 또는 $\angle C → \overline{BC} → \angle B$
이므로 옳지 않은 것은 ④이다.

05 답 ④
① $7=5+2$이므로 삼각형이 만들어지지 않는다.
② $\angle C$가 $\overline{AB}$와 $\overline{BC}$의 끼인각이 아니므로
　$\triangle ABC$가 하나로 정해지지 않는다.
③ 끼인각의 크기가 $180°$, 즉 평각이므로 삼각형
　이 만들어지지 않는다.
④ $\angle B=180°-(50°+70°)=60°$
　즉, 한 변의 길이와 그 양 끝 각의 크기가 주
　어진 경우와 같으므로 $\triangle ABC$가 하나로 정해
　진다.
⑤ 세 각의 크기가 각각 같은 삼각형은 무수히 많
　으므로 $\triangle ABC$가 하나로 정해지지 않는다.
따라서 $\triangle ABC$가 하나로 정해지는 것은 ④이다.

06 답 100
$\overline{BC}=\overline{FG}=5\,cm$이므로 $x=5$
$\angle F=\angle B=70°$, $\angle H=\angle D=85°$이므로
사각형 EFGH에서
$\angle G=360°-(110°+70°+85°)=95°$
$\therefore y=95$
$\therefore x+y=5+95=100$

07 답 $\triangle ACD$, SAS 합동
$\triangle ABE$와 $\triangle ACD$에서
$\overline{AB}=\overline{AC}$, $\overline{AE}=\overline{AD}$, $\angle A$는 공통
$\therefore \triangle ABE\equiv\triangle ACD$ (SAS 합동)

Ⅵ. 평면도형의 성질

1 다각형

개념 Check
9쪽

01 ②, ③　**02** ⑤　　**03** 33　　**04** 22°
05 14　　**06** 125°　**07** ②　　**08** ③, ⑤

01 답 ②, ③
② 곡선으로 둘러싸여 있으므로 다각형이 아니다.
③ 입체도형이므로 다각형이 아니다.

02 답 ⑤
⑤ 변의 길이가 모두 같고 내각의 크기가 모두 같
　은 다각형을 정다각형이라 한다.

03 답 33
구각형의 한 꼭짓점에서 그을 수 있는 대각선의
개수는 $9-3=6$　　$\therefore a=6$
구각형의 대각선의 개수는
$\dfrac{9\times(9-3)}{2}=27$　　$\therefore b=27$
$\therefore a+b=6+27=33$

04 답 22°
$\triangle ABC$에서 $\angle ACD=\angle A+\angle B$이므로
$3\angle x+63°=(2\angle x+40°)+45°$
$3\angle x+63°=2\angle x+85°$　　$\therefore \angle x=22°$

05 답 14
주어진 다각형을 n각형이라 하면
$180°\times(n-2)=900°$
$n-2=5$　　$\therefore n=7$
따라서 칠각형의 대각선의 개수는
$\dfrac{7\times(7-3)}{2}=14$

06 답 125°
육각형의 내각의 크기의 합은
$180°\times(6-2)=720°$이므로
$130°+105°+120°+\angle x+150°+90°=720°$
$595°+\angle x=720°$　　$\therefore \angle x=125°$

07 답 ②

다각형의 외각의 크기의 합은 $360°$이므로

$65°+78°+80°+36°+(180°-\angle x)=360°$

$439°-\angle x=360°$ $\qquad \therefore \angle x=79°$

08 답 ③, ⑤

① $8-3=5$

② $\dfrac{8\times(8-3)}{2}=20$

③ $180°\times(8-2)=1080°$

④ $\dfrac{180°\times(8-2)}{8}=135°$

⑤ $\dfrac{360°}{8}=45°$

따라서 옳지 않은 것은 ③, ⑤이다.

② 원과 부채꼴

 **Check**   11쪽

01 ④, ⑤	**02** 87	**03** ④	**04** ④
05 ⑤	**06** 10π cm, 60π cm^2		**07** 7π cm
08 8π cm^2			

01 답 ④, ⑤

④ $\overline{AC}$는 길이가 가장 긴 현이다.

⑤ $\widehat{AB}$와 $\overline{AB}$로 이루어진 도형은 활꼴이다.

02 답 87

부채꼴의 호의 길이는 중심각의 크기에 정비례하므로

$x° : 18°=12 : 3$, $x : 18=4 : 1$

$\therefore x=72$

$18° : 90°=3 : y$, $1 : 5=3 : y$

$\therefore y=15$

$\therefore x+y=72+15=87$

03 답 ④

부채꼴 AOD의 넓이를 x cm^{2}라 하면

부채꼴의 넓이는 중심각의 크기에 정비례하므로

$30° : 150°=14 : x$, $1 : 5=14 : x$

$\therefore x=70$

따라서 부채꼴 AOD의 넓이는 70 cm^{2}이다.

04 답 ④

$\triangle OBC$는 $\overline{OB}=\overline{OC}$인 이등변삼각형이므로

$\angle OBC=\angle OCB=46°$

$\therefore \angle BOC=180°-(46°+46°)=88°$

$\overline{AB}=\overline{BC}$이고, 길이가 같은 현에 대한 중심각의

크기는 같으므로

$\angle AOB=\angle BOC=88°$

$\therefore \angle AOC=\angle AOB+\angle BOC$

$\qquad\qquad =88°+88°=176°$

05 답 ⑤

⑤ 현의 길이는 중심각의 크기에 정비례하지 않는다.

06 답 10π cm, 60π cm^2

(호의 길이)$=2\pi\times12\times\dfrac{150}{360}=10\pi$(cm)

(넓이)$=\pi\times12^2\times\dfrac{150}{360}=60\pi$(cm^2)

07 답 7π cm

(색칠한 부분의 둘레의 길이)

$=\left(2\pi\times7\times\dfrac{90}{360}\right)\times2=7\pi$(cm)

08 답 8π cm^2

주어진 그림에서 색칠한 부분의 넓이는 다음과

같다.

$\therefore$ (색칠한 부분의 넓이)

$=\pi\times8^2\times\dfrac{90}{360}-\pi\times4^2\times\dfrac{1}{2}$

$=16\pi-8\pi=8\pi$(cm^2)

VII. 입체도형의 성질

1 다면체와 회전체

 개념 Check ________ 13쪽

> **01** ㄱ, ㄴ, ㄷ, ㅁ **02** 24 **03** ②, ④
> **04** ㅁ, ㄱ **05** ② **06** ㄱ, ㄷ **07** ⑤
> **08** $x=3$, $y=6\pi$

01 답 ㄱ, ㄴ, ㄷ, ㅁ
ㄹ, ㅂ. 원 또는 곡면으로 둘러싸여 있으므로 다면체가 아니다.

02 답 24
사각기둥의 모서리의 개수는
$3 \times 4 = 12$ ∴ $a = 12$
오각뿔의 면의 개수는
$5 + 1 = 6$ ∴ $b = 6$
삼각뿔대의 꼭짓점의 개수는
$2 \times 3 = 6$ ∴ $c = 6$
∴ $a + b + c = 12 + 6 + 6 = 24$

03 답 ②, ④
② 각뿔대의 두 밑면은 평행하지만 합동은 아니다.
④ 육각기둥의 모서리의 개수는 $3 \times 6 = 18$,
   팔각뿔의 모서리의 개수는 $2 \times 8 = 16$
   이므로 서로 같지 않다.
⑤ 오각뿔대의 면의 개수는 $5 + 2 = 7$,
   오각기둥의 면의 개수는 $5 + 2 = 7$
   이므로 서로 같다.
따라서 옳지 않은 것은 ②, ④이다.

04 답 ㅁ, ㄱ
ㄱ. 6 ㄴ. 8 ㄷ. 8 ㄹ. 20 ㅁ. 30
따라서 그 값이 가장 큰 것은 ㅁ, 가장 작은 것은 ㄱ이다.

05 답 ②

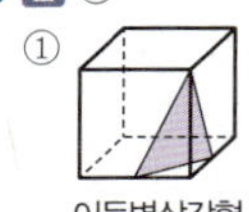

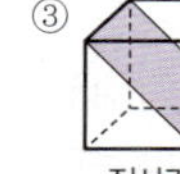

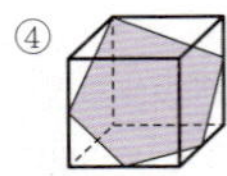

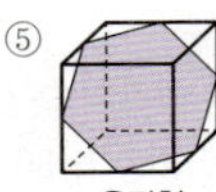

따라서 단면의 모양이 될 수 없는 것은 ②이다.

06 답 ㄱ, ㄷ
ㄱ, ㄷ. 다면체

07 답 ⑤
⑤ 반구 − 반원

08 답 $x=3$, $y=6\pi$
회전체는 밑면의 반지름의 길이가 3 cm인 원기둥이므로 $x = 3$
회전체의 전개도에서 직사각형의 가로의 길이는 반지름의 길이가 3 cm인 원의 둘레의 길이와 같으므로
$y = 2\pi \times 3 = 6\pi$

2 입체도형의 겉넓이와 부피

 개념 Check ________ 15쪽

> **01** ④ **02** 200 cm³ **03** ⑤
> **04** 225π cm³ **05** 10 cm
> **06** $\dfrac{200}{3}$ cm³ **07** ③ **08** ⑤

01 답 ④
원기둥의 밑면인 원의 반지름의 길이가 3 cm이므로
$(\text{겉넓이}) = (\pi \times 3^2) \times 2 + (2\pi \times 3) \times 10$
$= 18\pi + 60\pi = 78\pi(\text{cm}^2)$

02 답 200 cm³
$(\text{밑넓이}) = \dfrac{1}{2} \times (3 + 7) \times 5 = 25(\text{cm}^2)$
∴ $(\text{부피}) = 25 \times 8 = 200(\text{cm}^3)$

03 답 ⑤

$(\text{밑넓이})=\pi\times 4^2\times\dfrac{135}{360}=6\pi(\text{cm}^2)$

$(\text{옆넓이})=\left(2\pi\times 4\times\dfrac{135}{360}+4\times 2\right)\times 7$

$\qquad\qquad=21\pi+56(\text{cm}^2)$

$\therefore\ (\text{겉넓이})=6\pi\times 2+(21\pi+56)$

$\qquad\qquad\quad=33\pi+56(\text{cm}^2)$

04 답 $225\pi\ \text{cm}^3$

주어진 직사각형을 직선 l을 회
전축으로 하여 1회전 시킬 때
생기는 회전체는 오른쪽 그림
과 같은 원기둥이므로
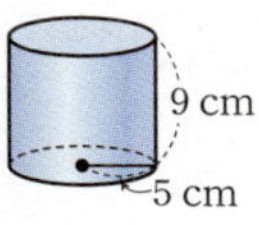
$(\text{부피})=(\pi\times 5^2)\times 9=225\pi(\text{cm}^3)$

05 답 10 cm

원뿔의 모선의 길이를 l cm라 하면

$\pi\times 5^2+\pi\times 5\times l=75\pi$

$25\pi+5\pi l=75\pi,\ 5\pi l=50\pi\qquad\therefore\ l=10$

따라서 원뿔의 모선의 길이는 10 cm이다.

06 답 $\dfrac{200}{3}\ \text{cm}^3$

$(\text{부피})=\dfrac{1}{3}\times(5\times 5)\times 8=\dfrac{200}{3}(\text{cm}^3)$

07 답 ③

(부피)

$=(\text{큰 원뿔의 부피})-(\text{작은 원뿔의 부피})$

$=\dfrac{1}{3}\times(\pi\times 6^2)\times 12-\dfrac{1}{3}\times(\pi\times 3^2)\times 6$

$=144\pi-18\pi=126\pi(\text{cm}^3)$

08 답 ⑤

(부피)

$=(\text{원뿔의 부피})+(\text{반구의 부피})$

$=\dfrac{1}{3}\times(\pi\times 6^2)\times 11+\left(\dfrac{4}{3}\pi\times 6^3\right)\times\dfrac{1}{2}$

$=132\pi+144\pi=276\pi(\text{cm}^3)$

Ⅷ. 자료의 정리와 해석

① 자료의 정리와 해석

> **01** 평균 : 2.7권, 중앙값 : 3권, 최빈값 : 3권
> **02** ⑤　　**03** ④　　**04** 15개 이상 20개 미만
> **05** 50　　**06** 0.5

01 답 평균 : 2.7권, 중앙값 : 3권, 최빈값 : 3권

$(\text{평균})=\dfrac{1\times 4+2\times 4+3\times 7+4\times 4+5\times 1}{20}$

$\qquad\quad=\dfrac{54}{20}=2.7(\text{권})$

변량을 작은 값부터 크기순으로 나열하면 10번째
변량은 3, 11번째 변량은 3이므로 중앙값은 3권
이다.
책을 3권 구입한 학생이 7명으로 가장 많으므로
최빈값은 3권이다.

02 답 ⑤

① 세미네 반 전체 학생은

$\quad 3+5+6+6=20(\text{명})$

③ 80점 미만인 학생은

$\quad 3+5=8(\text{명})$

⑤ 수학 성적이 9번째로 좋은 학생의 수학 성적
　은 84점이다.

따라서 옳지 않은 것은 ⑤이다.

03 답 ④

② 계급의 크기는

$\quad 4-0=\cdots=20-16=4(\text{mm})$

③ $A=30-(11+3+2+4)=10$

④ 도수가 가장 큰 계급은 0 mm 이상 4 mm 미만
　이다.

⑤ 강수량이 12 mm 이상인 날은 $2+4=6(\text{일})$

　이므로 전체의 $\dfrac{6}{30}\times 100=20(\%)$

따라서 옳지 않은 것은 ④이다.

04 답 15개 이상 20개 미만

홈런 수가 20개 이상인 선수는 $6+2=8$(명),
홈런 수가 15개 이상인 선수는 $12+6+2=20$(명)
이므로 홈런 수가 10번째로 많은 선수가 속하는
계급은 15개 이상 20개 미만이다.

05 답 47

1반의 전체 학생은 $2+5+6+5+3+1=22$(명)
이므로 $a=22$
2반의 전체 학생은 $1+2+5+7+5+2=22$(명)
이므로 $b=22$
2반에서 도수가 가장 작은 계급은 5분 이상 10분
미만이고, 이 계급의 도수는 1명이므로 $c=1$
2반의 그래프가 1반의 그래프보다 오른쪽으로
치우쳐 있으므로 2반의 등교 시간이 더 긴 편이
다.
$\therefore d=2$
$\therefore a+b+c+d=22+22+1+2=47$

06 답 0.5

관람 횟수가 15회 이상인 학생은 3명, 10회 이상
인 학생은 $10+3=13$(명)이므로 관람 횟수가
10번째로 많은 학생이 속하는 계급은 10회 이상
15회 미만이다.
따라서 이 계급의 도수는 10명이므로 구하는 상
대도수는 $\dfrac{10}{20}=0.5$

특급기출

중학 수학 1·2 2학기 통합

48 내신 빈출

오른쪽 그림과 같은 부채꼴에서 색칠한 부분의 넓이는?

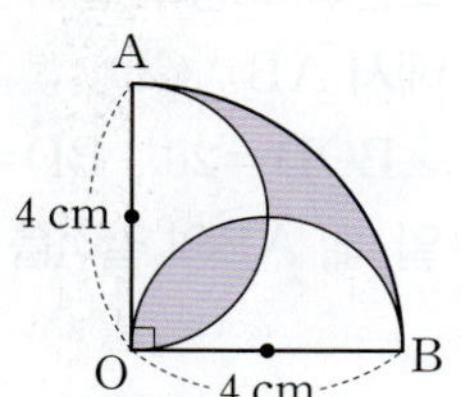

① $(4\pi-4)$ cm²

② $(4\pi-8)$ cm²

③ $(4\pi-10)$ cm²

④ $(8\pi-8)$ cm²

⑤ $(8\pi-16)$ cm²

49

오른쪽 그림과 같이 한 변의 길이가 6 cm인 정사각형의 내부에 3개의 원이 있다. 이때 색칠한 부분의 넓이를 구하시오.

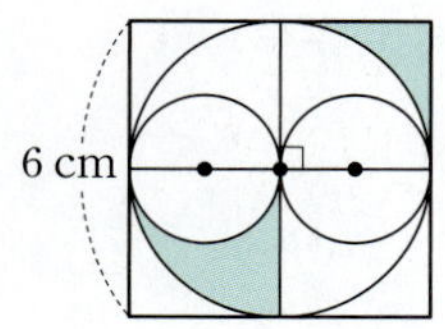

50

오른쪽 그림과 같이 한 변의 길이가 14 cm인 정사각형에서 색칠한 부분의 넓이를 구하시오.

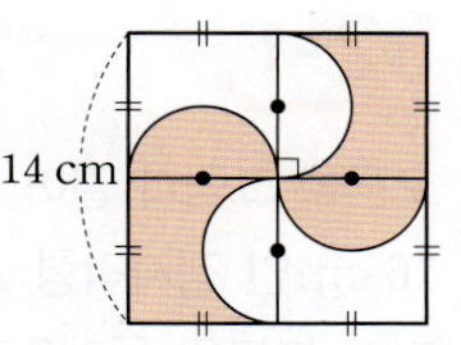

51 내신 빈출

오른쪽 그림과 같이 밑면인 원의 반지름의 길이가 2 cm인 원기둥 3개를 끈으로 묶으려고 할 때, 필요한 끈의 최소 길이는? (단, 끈의 두께와 매듭의 길이는 생각하지 않는다.)

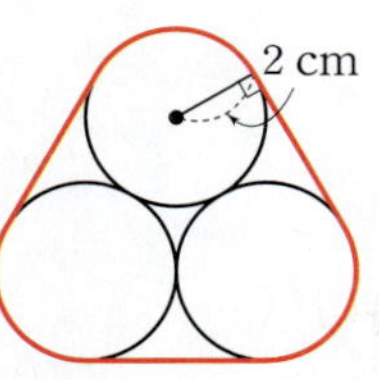

① $(4\pi+6)$ cm　　　② $(4\pi+12)$ cm

③ $(6\pi+6)$ cm　　　④ $(6\pi+12)$ cm

⑤ $(8\pi+6)$ cm

52

오른쪽 그림과 같이 반지름의 길이가 2 cm인 원이 한 변의 길이가 12 cm인 정삼각형의 변을 따라 한 바퀴 돌아서 제자리로 왔을 때, 원이 지나간 자리의 넓이를 구하시오.

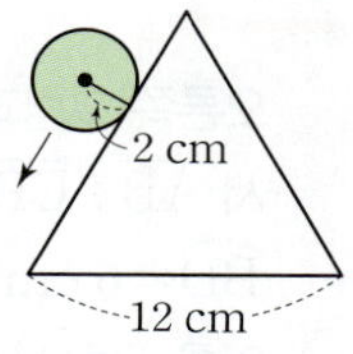

53

오른쪽 그림과 같이 반지름의 길이가 3 cm인 원이 직사각형의 변을 따라 한 바퀴 돌아서 제자리로 왔을 때, 원이 지나간 자리의 넓이를 구하시오.

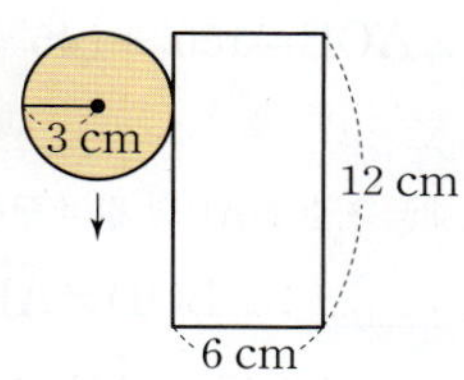

54

오른쪽 그림과 같이 $\angle A=90°$인 직각삼각형 ABC를 점 C를 중심으로 점 A가 변 BC의 연장선 위의 점 A′에 오도록 회전시켰다.

$\angle B=45°$, $\overline{AC}=16$ cm일 때, 점 A가 움직인 거리를 구하시오.

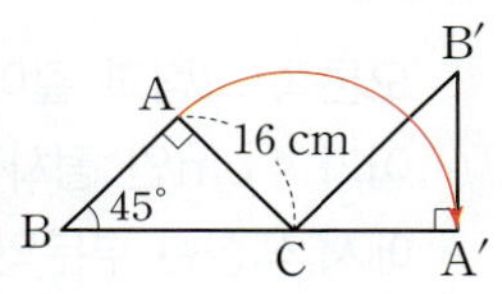

55 실수 주의

오른쪽 그림과 같이 한 변의 길이가 3 cm인 정삼각형 ABC를 직선 l 위에서 점 B가 점 B′에 오도록 회전시켰을 때, 점 C가 움직인 거리를 구하시오.

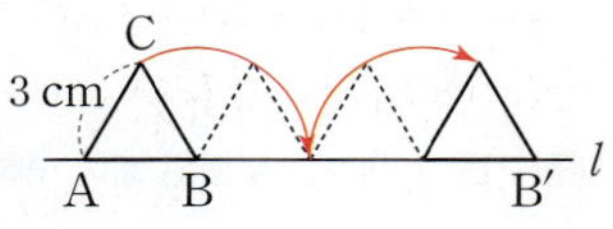

01

오른쪽 그림과 같이 반원 O에서 $\overline{AB} \parallel \overline{CD}$, $\angle BOD = 45°$, $\overset{\frown}{BD} = 6\ cm$일 때, $\overset{\frown}{AB}$의 길이를 구하시오. [6점]

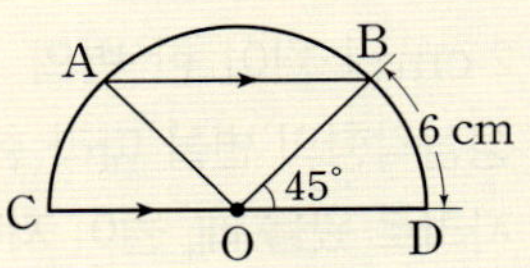

채점 기준 1 $\angle AOB$의 크기 구하기 … 3점

$\overline{AB} \parallel \overline{CD}$이므로

$\angle OBA = \angle BOD = \underline{\qquad}$ (엇각)

$\triangle OAB$는 $\overline{OA} = \overline{OB}$인 이등변삼각형이므로

$\angle AOB = 180° - (45° + \underline{\qquad}) = \underline{\qquad}$

채점 기준 2 $\overset{\frown}{AB}$의 길이 구하기 … 3점

$\underline{\qquad} : \angle BOD = \overset{\frown}{AB} : \overset{\frown}{BD}$에서

$\underline{\qquad} : 45° = \overset{\frown}{AB} : 6$, $\underline{\qquad} : 1 = \overset{\frown}{AB} : 6$

$\therefore \overset{\frown}{AB} = \underline{\qquad}$ (cm)

01-1

오른쪽 그림과 같이 반원 O에서 $\overline{AB} \parallel \overline{CD}$, $\angle BOD = 20°$, $\overset{\frown}{BD} = 3\ cm$일 때, $\overset{\frown}{AB}$의 길이를 구하시오. [6점]

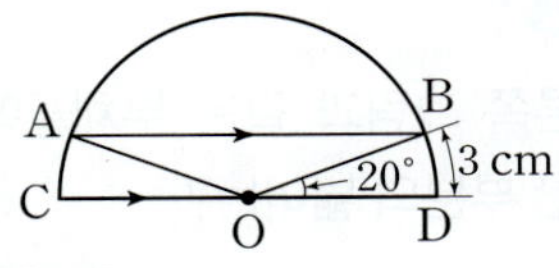

채점 기준 1 $\angle AOB$의 크기 구하기 … 3점

채점 기준 2 $\overset{\frown}{AB}$의 길이 구하기 … 3점

02

오른쪽 그림과 같이 한 변의 길이가 4 cm인 정사각형 ABCD에서 색칠한 부분의 둘레의 길이와 넓이를 각각 구하시오. [6점]

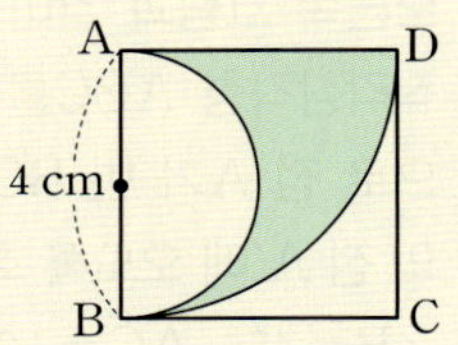

채점 기준 1 색칠한 부분의 둘레의 길이 구하기 … 3점

(색칠한 부분의 둘레의 길이)

$= \overset{\frown}{AB} + \underline{\qquad} + \overline{AD}$

$= 2\pi \times \underline{\qquad} \times \dfrac{1}{2} + 2\pi \times \underline{\qquad} \times \dfrac{90}{360} + \underline{\qquad}$

$= \underline{\qquad}$ (cm)

채점 기준 2 색칠한 부분의 넓이 구하기 … 3점

(색칠한 부분의 넓이)

$= ($부채꼴 $\underline{\qquad}$의 넓이$) - ($지름이 $\overline{AB}$인 $\underline{\qquad}$의 넓이$)$

$= \pi \times 4^2 \times \dfrac{\boxed{}}{360} - \pi \times \underline{\qquad} \times \dfrac{1}{2}$

$= \underline{\qquad}$ (cm²)

02-1

오른쪽 그림과 같이 한 변의 길이가 16 cm인 정사각형 ABCD에서 색칠한 부분의 둘레의 길이와 넓이를 각각 구하시오. [6점]

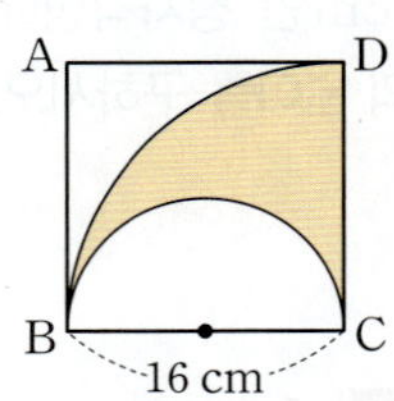

채점 기준 1 색칠한 부분의 둘레의 길이 구하기 … 3점

채점 기준 2 색칠한 부분의 넓이 구하기 … 3점

03

오른쪽 그림과 같은 원 O에서
∠DOC의 크기를 구하시오.

[4점]

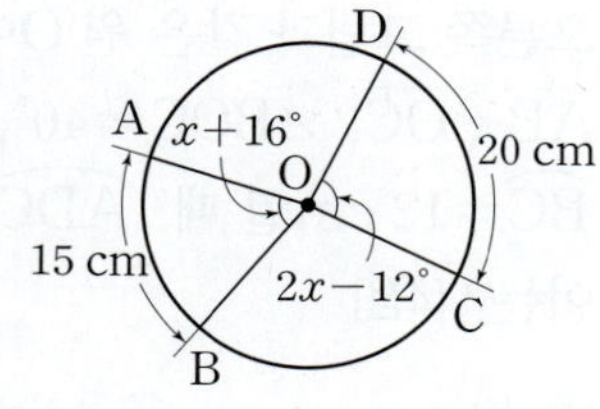

04

오른쪽 그림에서 점 E는 원 O의 지
름 AD의 연장선과 현 BC의 연장
선의 교점이다. $\overline{OC}=\overline{CE}$,
∠BEA=20°일 때, $\overparen{AB}=k\overparen{CD}$를
만족시키는 상수 k의 값을 구하시오. [6점]

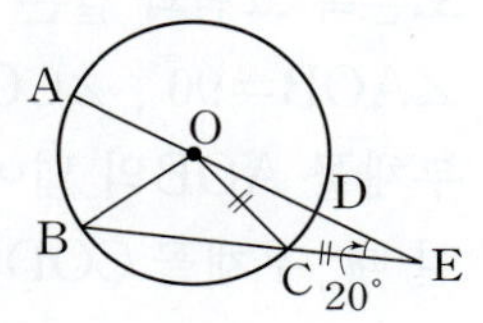

05

호의 길이가 6π cm이고 넓이가 30π cm^{2}인 부채꼴의 중심
각의 크기를 구하시오. [6점]

06

오른쪽 그림과 같이 중심이 O로 같은
두 원에서 색칠한 부분의 둘레의 길이
를 구하시오. [4점]

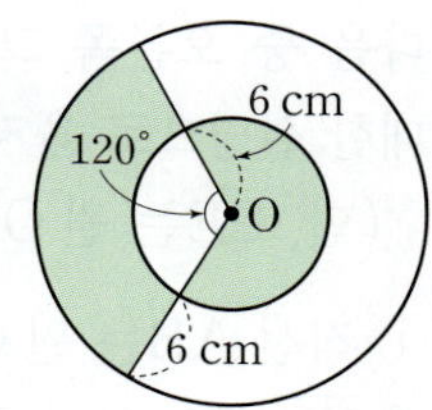

07

오른쪽 그림과 같이 한 변의 길이가
6 cm인 정사각형에서 색칠한 부분
의 넓이를 구하시오. [6점]

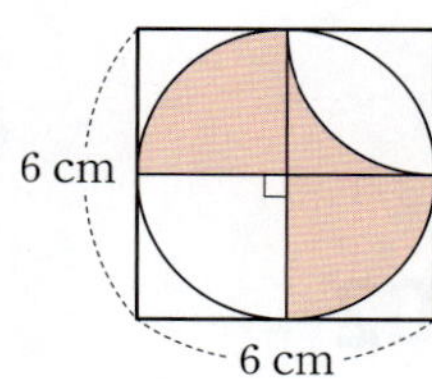

08

다음 그림과 같이 직사각형 ABCD를 직선 l 위에서 점 B
가 점 B′에 오도록 회전시켰다. $\overline{AB}=6$ cm, $\overline{BC}=8$ cm,
$\overline{BD}=10$ cm일 때, 점 B가 움직인 거리를 구하시오. [7점]

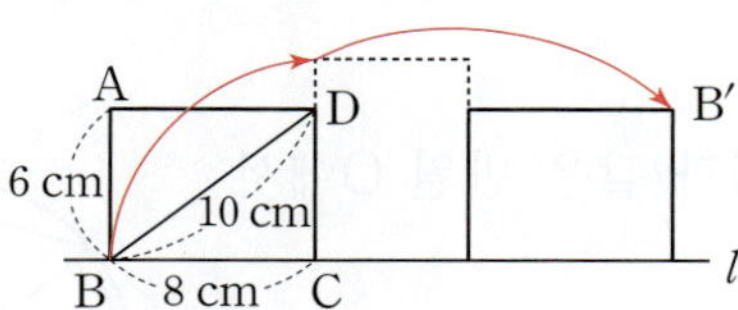

01

다음 중 오른쪽 그림과 같은 원 O에 대한 설명으로 옳지 않은 것은?
(단, $\overline{CE}$는 원 O의 지름이다.) [3점]

① 직선 AB는 원 O의 할선이다.
② $\overline{CE}$는 원 O의 현 중에서 가장 길다.
③ $\widehat{CD}$와 $\overline{CD}$로 이루어진 도형은 활꼴이다.
④ $\overline{OD}$는 현이다.
⑤ $\widehat{CD}$와 두 반지름 OC, OD로 이루어진 도형은 부채꼴이다.

02

오른쪽 그림과 같은 원 O에서 $\angle AOC$의 크기는? (단, $\overline{AB}$는 원 O의 지름이다.) [3점]

① $24°$　　② $27°$
③ $30°$　　④ $33°$
⑤ $36°$

03

오른쪽 그림과 같은 반원 O에서 $\widehat{BC}=\widehat{CD}$, $\angle AOB : \angle COD=4 : 7$일 때, $\angle OCB$의 크기는? [4점]

① $40°$　　② $45°$　　③ $50°$
④ $55°$　　⑤ $60°$

04

오른쪽 그림과 같은 원 O에서 $\overline{AB} /\!/ \overline{OC}$, $\angle BOC=40°$, $\widehat{BC}=12$ cm일 때, $\widehat{ADC}$의 길이는? [4점]

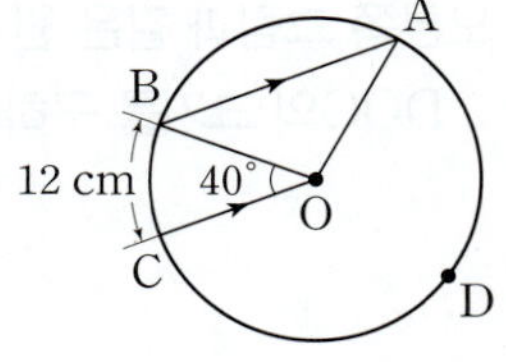

① 42 cm　　② 48 cm　　③ 54 cm
④ 60 cm　　⑤ 66 cm

05

오른쪽 그림과 같은 원 O에서 $\angle AOB=90°$, $\angle COD=20°$이고 부채꼴 AOB의 넓이가 27π cm^{2}일 때, 부채꼴 COD의 넓이는? [3점]

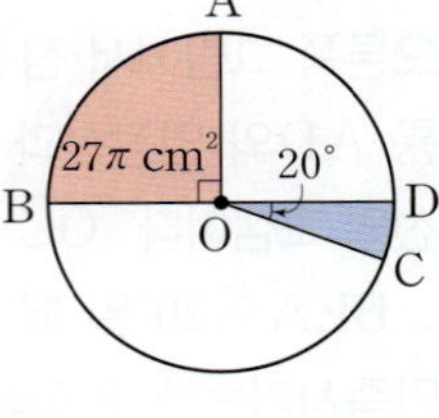

① 3π cm^2　　② 6π cm^2　　③ 9π cm^2
④ 12π cm^2　　⑤ 15π cm^2

06

오른쪽 그림은 한 변의 길이가 원 O의 반지름의 길이와 같은 정오각형과 정육각형을 그린 것이다. 이때 생기는 부채꼴 AOB, BOC, AOC의 넓이의 비는? [4점]

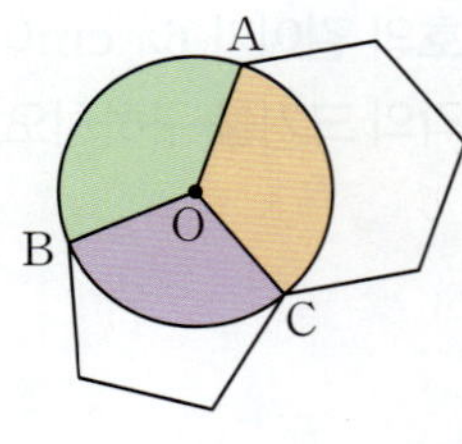

① $4 : 5 : 6$　　② $6 : 4 : 5$　　③ $8 : 7 : 9$
④ $10 : 9 : 11$　　⑤ $11 : 9 : 10$

07

오른쪽 그림과 같은 원 O에서
$\overline{AD}$는 지름이고 $\overline{CD} /\!/ \overline{BO}$,
$\overline{AB}=4$ cm일 때, $\overparen{BC}$의 길이는?

[4점]

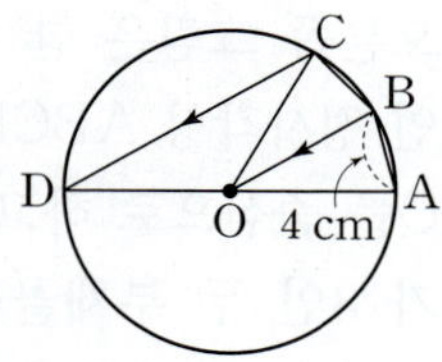

① 3 cm   ② 3.5 cm   ③ 4 cm
④ 4.5 cm   ⑤ 5 cm

08

오른쪽 그림과 같은 원 O에서
$\angle AOB=90°$, $\angle COD=60°$,
$\angle EOF=30°$일 때, 다음 중 옳은
것을 모두 고르면? (정답 2개) [4점]

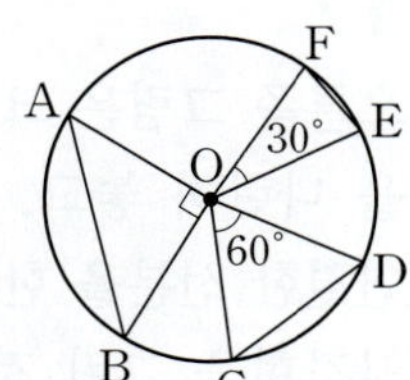

① $\overparen{CD}$의 길이는 $\overparen{EF}$의 길이의 2배
보다 작다.
② $\triangle ABO$의 넓이는 $\triangle EOF$의 넓이의 3배이다.
③ 호 AB의 길이는 호 CD의 길이의 2배이다.
④ 부채꼴 COD의 넓이는 원 O의 넓이의 $\frac{1}{6}$이다.
⑤ 부채꼴 FOE의 넓이는 부채꼴 AOB의 넓이의 3배이다.

09

오른쪽 그림에서 합동인 4개의 작은
원의 넓이가 각각 9π cm²일 때, 큰
원의 둘레의 길이는? (단, 작은 원들
의 중심은 모두 큰 원의 지름 위에 있
다.) [3점]

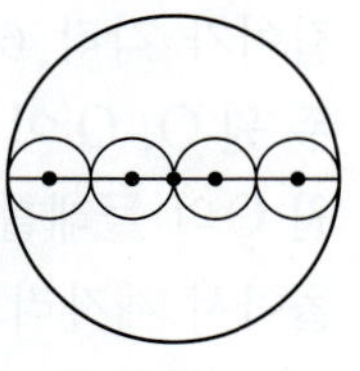

① 24π cm   ② 26π cm   ③ 30π cm
④ 32π cm   ⑤ 36π cm

10

오른쪽 그림과 같은 반원 O에서
$\overparen{BC}=\overparen{CD}$일 때, $\overparen{CD}$의 길이는?

[4점]

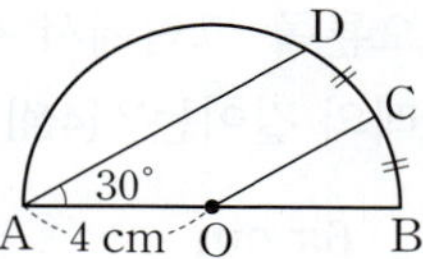

① $\frac{1}{3}\pi$ cm   ② $\frac{2}{3}\pi$ cm   ③ π cm
④ $\frac{4}{3}\pi$ cm   ⑤ 2π cm

11

어떤 부채꼴의 반지름의 길이를 4배로, 중심각의 크기
를 2배로 늘렸더니 호의 길이는 처음 부채꼴의 호의 길
이의 a배가 되었다. 이때 상수 a의 값은? [5점]

① 2   ② 4   ③ 6
④ 8   ⑤ 10

12

반지름의 길이가 8 cm이고 호의 길이가 12π cm인 부
채꼴의 넓이는? [3점]

① 12π cm²   ② 24π cm²   ③ 48π cm²
④ 72π cm²   ⑤ 96π cm²

13

오른쪽 그림에서 색칠한 부분의 둘레의 길이는? [4점]

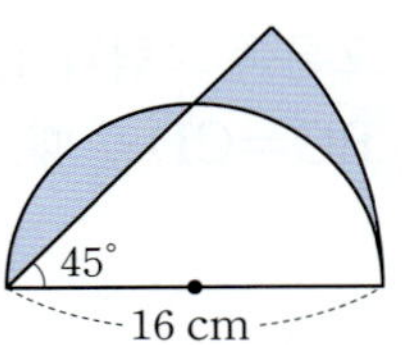

① 6π cm
② $(6\pi+8)$ cm
③ $(6\pi+16)$ cm
④ $(12\pi+8)$ cm
⑤ $(12\pi+16)$ cm

14

오른쪽 그림과 같이 한 변의 길이가 8 cm인 정사각형 ABCD에서 색칠한 부분의 넓이는? [4점]

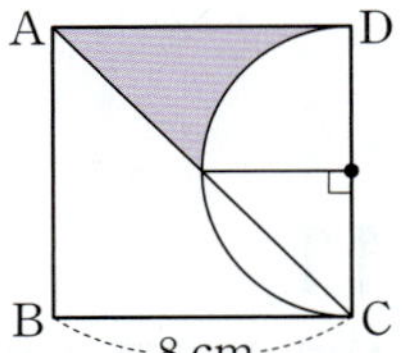

① $(24-4\pi)$ cm^2
② $(24-6\pi)$ cm^2
③ $(48-4\pi)$ cm^2
④ $(48-8\pi)$ cm^2
⑤ $(60-4\pi)$ cm^2

15

오른쪽 그림은 $\overline{\text{AD}}=8$ cm, $\overline{\text{DC}}=4$ cm인 직사각형 ABCD와 $\overline{\text{DC}}$를 지름으로 하는 반원 O를 붙여 놓은 것이다. $\overset{\frown}{\text{CM}}=\overset{\frown}{\text{DM}}$일 때, 색칠한 부분의 넓이는? [5점]

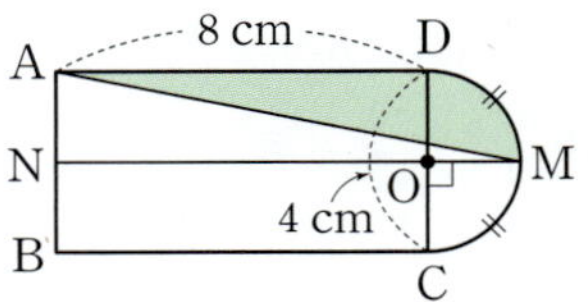

① $(6+\pi)$ cm^2
② $(6+4\pi)$ cm^2
③ $(8+\pi)$ cm^2
④ $(8+4\pi)$ cm^2
⑤ $(16+\pi)$ cm^2

16

오른쪽 그림은 한 변의 길이가 10인 정사각형 ABCD에서 두 점 B, C를 중심으로 하고 반지름의 길이가 8인 두 부채꼴을 각각 나타낸 것이다. 색칠한 부분의 넓이를 각각 ㈎, ㈏라 할 때, ㈎-㈏의 값은? [5점]

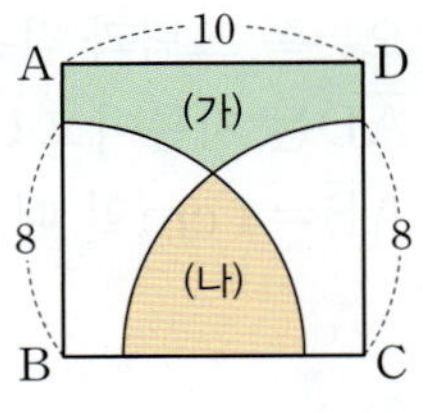

① $80-9\pi$
② $80-18\pi$
③ $100-9\pi$
④ $100-18\pi$
⑤ $100-32\pi$

17

오른쪽 그림은 크기가 같은 두 원을 나란히 놓고, 두 원의 중심을 연결한 선분을 한 변으로 하는 정사각형을 그린 것이다. 정사각형의 한 변의 길이가 6 cm일 때, 색칠한 부분의 넓이는? [4점]

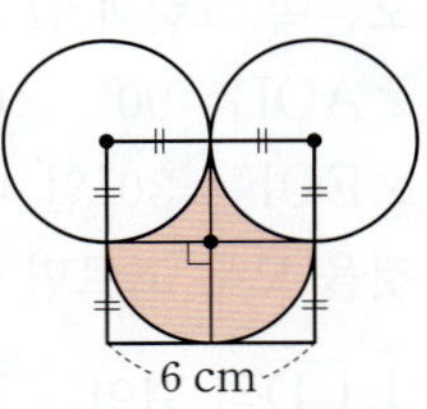

① $\left(6+\dfrac{9}{2}\pi\right)$ cm^2
② 18 cm^2
③ $\left(12+\dfrac{9}{2}\pi\right)$ cm^2
④ 36 cm^2
⑤ $(18+9\pi)$ cm^2

18

오른쪽 그림과 같이 반지름의 길이가 각각 6 cm, 3 cm인 두 원 O, O'이 있다. 원 O'이 원 O의 둘레를 따라 한 바퀴 돌아서 제자리로 왔을 때, 원 O'이 지나간 자리의 넓이는? [4점]

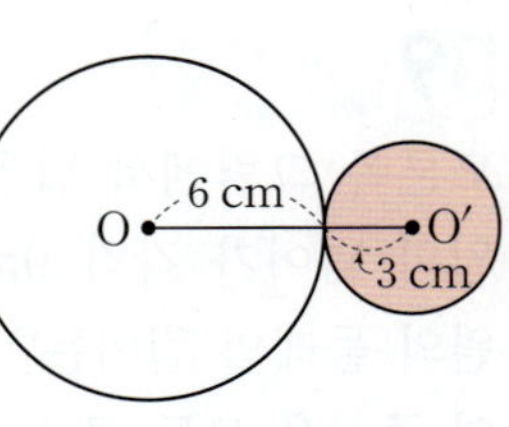

① 36π cm^2
② 45π cm^2
③ 54π cm^2
④ 108π cm^2
⑤ 135π cm^2

19

오른쪽 그림에서 $\overline{AC}$는 원 O의 지름이고 $\overline{BC} /\!/ \overline{OD}$, $\overset{\frown}{BC}=16$ cm, $\angle COD=50°$일 때, $\overset{\frown}{CD}$의 길이를 구하시오. [6점]

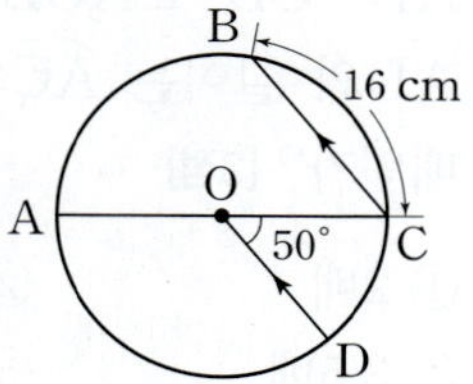

20

오른쪽 그림과 같은 원 O에서 12개의 점 A, B, C, D, E, F, G, H, I, J, K, L은 원의 둘레를 12등분하는 점이다. 부채꼴 HOL의 넓이가 60 cm²일 때, 부채꼴 COF의 넓이를 구하시오. [4점]

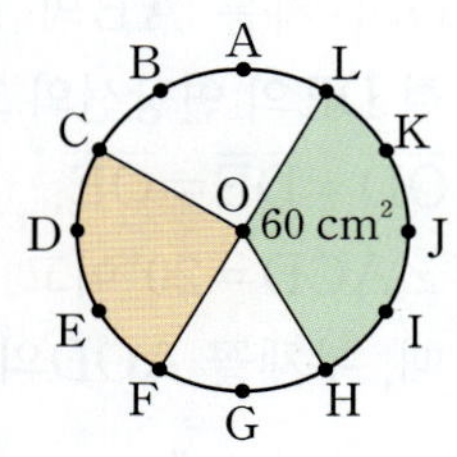

21

오른쪽 그림에서 점 O는 반원의 중심이고, $\overline{AC} /\!/ \overline{OD}$, $\angle DOB=60°$, $\overline{OA}=8$ cm일 때, 색칠한 부분의 둘레의 길이를 구하시오. [6점]

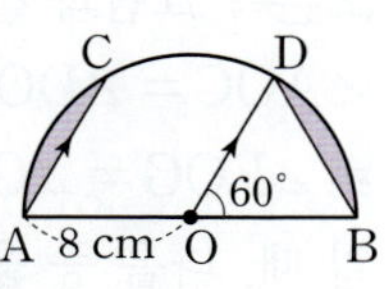

22

오른쪽 그림과 같이 반지름의 길이가 6 cm인 두 원 O, O′이 서로의 중심을 지날 때, 다음을 구하시오. [7점]

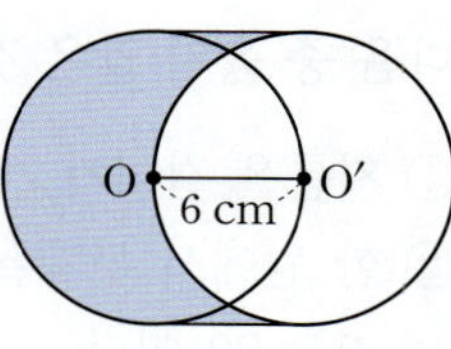

(1) 색칠한 부분의 둘레의 길이 [3점]

(2) 색칠한 부분의 넓이 [4점]

23

오른쪽 그림과 같이 큰 부채꼴의 반지름의 길이가 9 cm, 작은 부채꼴의 반지름의 길이가 6 cm, 작은 부채꼴의 호의 길이가 8π cm일 때, 색칠한 부분의 넓이를 구하시오. [7점]

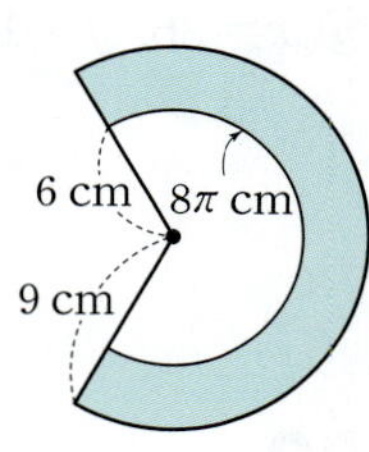

01

다음 중 옳지 <u>않은</u> 것은? [3점]

① 지름은 길이가 가장 긴 현이다.
② 한 원에서 부채꼴이면서 활꼴인 도형의 중심각의 크기는 90°이다.
③ 원의 할선은 그 원과 두 점에서 만난다.
④ 원 위의 두 점을 원의 둘레를 따라 이은 부분을 호라 한다.
⑤ 원의 두 반지름과 그 사이에 있는 호로 둘러싸인 도형을 부채꼴이라 한다.

02

오른쪽 그림과 같은 원 O에서 x, y의 값은? [3점]

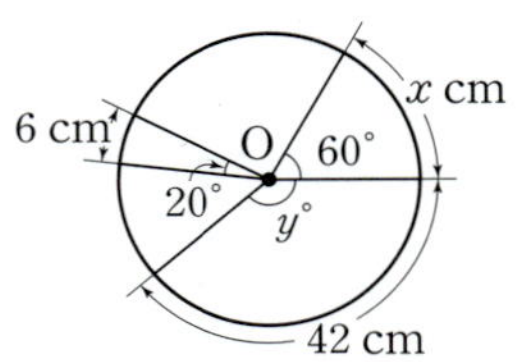

① $x=18$, $y=100$
② $x=18$, $y=140$
③ $x=20$, $y=100$
④ $x=36$, $y=100$
⑤ $x=36$, $y=140$

03

오른쪽 그림과 같은 원 O에서 $\overline{AD}$는 지름이고 점 P는 현 AB의 연장선과 현 DC의 연장선의 교점이다. $\angle AOB=60°$, $\angle APD=45°$일 때, $\dfrac{\overset{\frown}{AB}}{\overset{\frown}{CD}}$는? [5점]

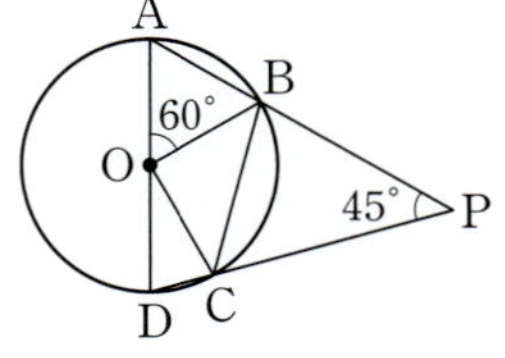

① $\dfrac{4}{3}$
② $\dfrac{3}{2}$
③ 2
④ $\dfrac{5}{2}$
⑤ 3

04

오른쪽 그림과 같은 반원 O에서 $\overline{AB}\,/\!/\,\overline{CD}$, $\angle AOB=100°$일 때, $\overset{\frown}{AD}$의 길이는 $\overset{\frown}{AC}$의 길이의 몇 배인가? [3점]

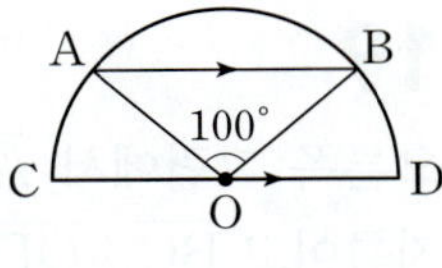

① 2배
② 2.5배
③ 3배
④ 3.5배
⑤ 4배

05

오른쪽 그림에서 점 C는 원 O의 지름 AB의 연장선과 현 DE의 연장선의 교점이다. $\overline{OD}=\overline{DE}=\overline{OE}$, $\angle ACD=20°$이고, 부채꼴 BOE의 넓이가 $20\pi \text{ cm}^2$일 때, 부채꼴 AOD의 넓이는? [4점]

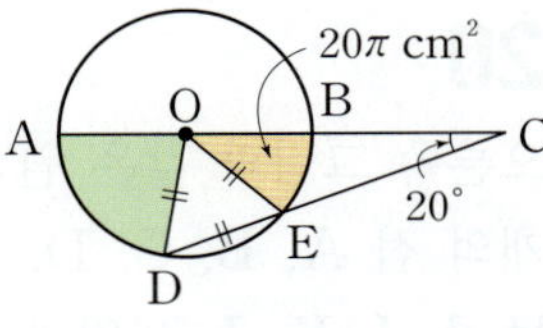

① $40\pi \text{ cm}^2$
② $45\pi \text{ cm}^2$
③ $50\pi \text{ cm}^2$
④ $55\pi \text{ cm}^2$
⑤ $60\pi \text{ cm}^2$

06

오른쪽 그림과 같은 반원 O에서 $\angle AOC=\angle DOE=\angle EOF=\angle FOG=\angle GOB=15°$ 일 때, 다음 중 옳지 <u>않은</u> 것은? [4점]

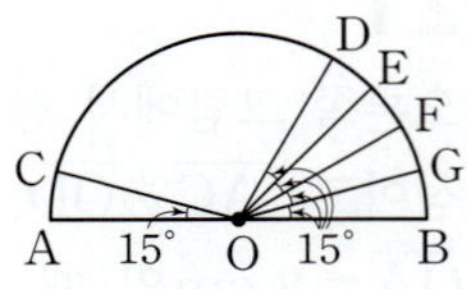

① $\overline{AC}=\overline{BG}$
② $\overline{DE}=\overline{EF}$
③ $\overline{AC}=\dfrac{1}{2}\overline{DF}$
④ $\overline{DF}=\overline{FB}$
⑤ $\overset{\frown}{AC}=\dfrac{1}{2}\overset{\frown}{EG}$

07

오른쪽 그림과 같은 원 O에서
$\angle DOE=15°$, $\angle BOC=45°$,
$\angle AOC=90°$, $\overline{BC}=3$ cm일 때,
다음 중 옳은 것은? (단, $\overline{AE}$는
원 O의 지름이다.) [4점]

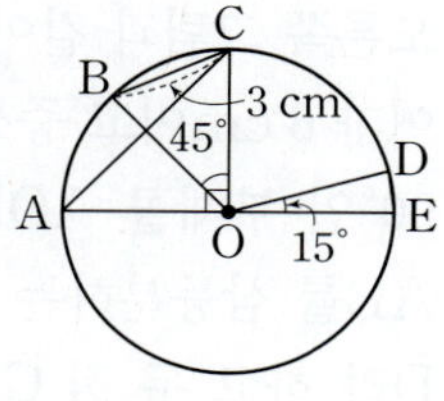

① $\overparen{DE}:\overline{BC}=3:1$ 　② $\overline{BC}:\overparen{DE}=3:1$
③ $\overline{AC}:\overline{BC}=2:1$ 　④ $\overparen{CD}:\overparen{DE}=5:1$
⑤ $\overparen{CB}:\overparen{BAE}=1:4$

08

오른쪽 그림과 같이 폭이 1 m
인 일정한 트랙을 만들려고 할
때, 이 트랙의 넓이는? [4점]

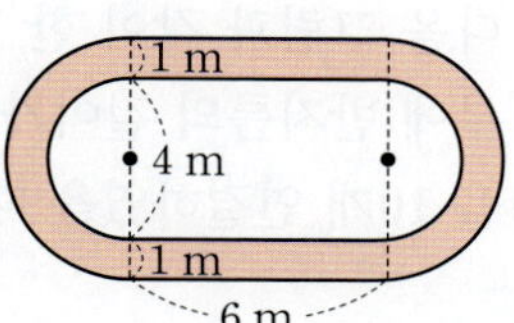

① $(5\pi+12)$ m^2
② $(5\pi+24)$ m^2
③ $(9\pi+12)$ m^2
④ $(9\pi+24)$ m^2
⑤ $(12\pi+12)$ m^2

09

오른쪽 그림과 같이 반지름의 길이
가 4 cm인 원 O에서
$\overparen{AB}:\overparen{BC}:\overparen{AC}=2:3:5$일 때, 부
채꼴 AOB의 넓이는? [3점]

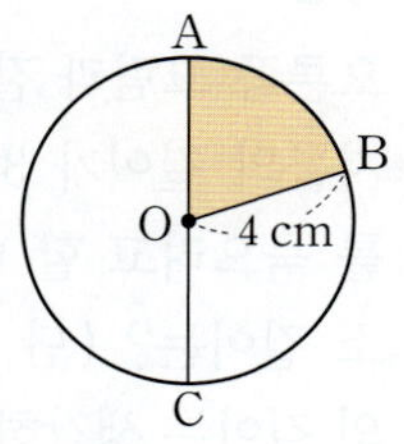

① 3π cm^2 　② $\dfrac{16}{5}\pi$ cm^2
③ $\dfrac{18}{5}\pi$ cm^2 　④ $\dfrac{22}{5}\pi$ cm^2
⑤ 5π cm^2

10

오른쪽 그림과 같은 부채꼴 AOB에서
$\overline{OC}=\overline{CD}=\overline{DB}$일 때, $\overparen{AB}:\overparen{CB}$는?

[4점]

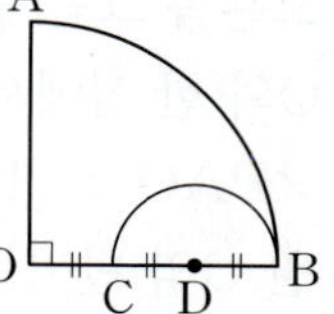

① $1:2$ 　② $2:3$
③ $3:2$ 　④ $4:3$
⑤ $5:3$

11

반지름의 길이가 8 cm인 부채
꼴 AOB와 반지름의 길이가
3 cm인 부채꼴 CO′D에 대하
여 $\overparen{AB}=\overparen{CD}$일 때, 두 부채꼴의
넓이의 차는? [4점]

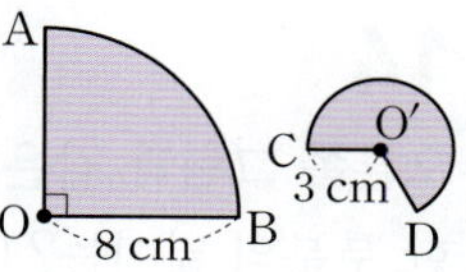

① 8π cm^2 　② 10π cm^2 　③ 12π cm^2
④ 14π cm^2 　⑤ 16π cm^2

12

오른쪽 그림은 한 변의 길이가
2 cm인 정육각형 ABCDEF
에서 $\overline{EF}$, $\overline{DE}$, $\overline{CD}$를 연장하
여 세 부채꼴 AFG, GEH,
HDI를 그린 것이다. 이때 만
들어진 세 개의 부채꼴의 호의 길이의 합은? [5점]

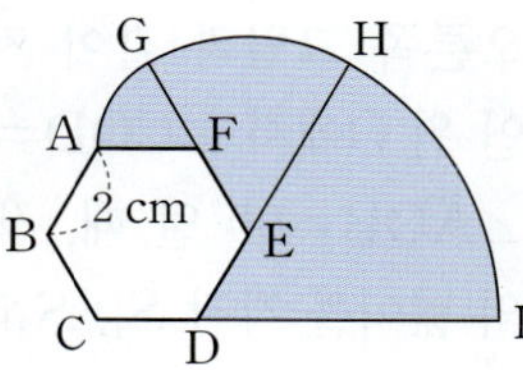

① π cm 　② 2π cm 　③ 3π cm
④ 4π cm 　⑤ 5π cm

13

오른쪽 그림에서 $\overline{PA}$, $\overline{PB}$는 원 O와 한 점에서 만나고 $\angle PAO = \angle PBO = 90°$이다. 원 O의 반지름의 길이가 9 cm이고 $\angle APB = 40°$일 때, 색칠한 부분의 둘레의 길이는? [4점]

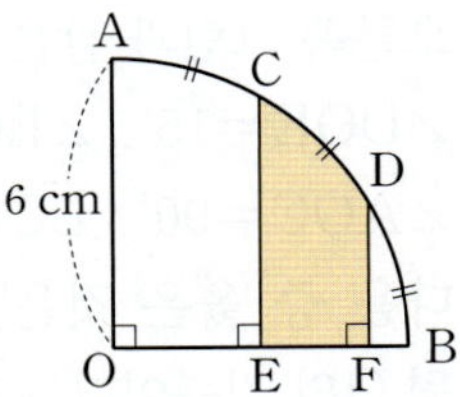

① $(11\pi + 9)$ cm   ② $(11\pi + 18)$ cm
③ $(12\pi + 9)$ cm   ④ $(12\pi + 18)$ cm
⑤ $(15\pi + 18)$ cm

14

오른쪽 그림과 같은 부채꼴에서 색칠한 부분의 넓이는? [3점]

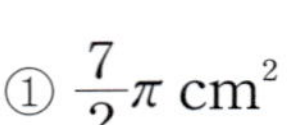

① $\dfrac{7}{2}\pi$ cm^2 ② 4π cm^2
③ $\dfrac{9}{2}\pi$ cm^2 ④ 5π cm^2
⑤ $\dfrac{11}{2}\pi$ cm^2

15

오른쪽 그림과 같이 지름이 $\overline{AD}$인 원 O에서 $\angle COD = 30°$, $\angle AOB = 90°$일 때, 색칠한 부분의 넓이를 각각 S_1, S_2라 하자. 이때 $S_1 : S_2$는? (단, $\pi = 3$으로 계산한다.) [4점]

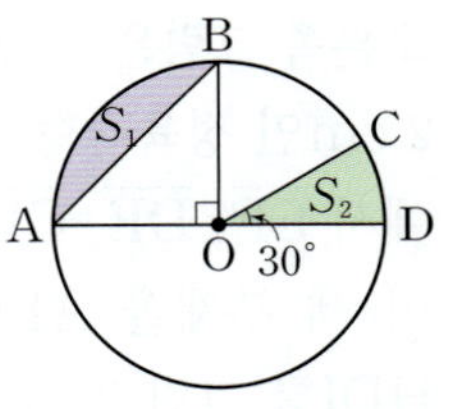

① $1 : 1$ ② $1 : 2$ ③ $2 : 1$
④ $2 : 3$ ⑤ $3 : 2$

16

오른쪽 그림과 같이 반지름의 길이가 6 cm이고 중심각의 크기가 90°인 부채꼴 AOB가 있다. 호 AB를 삼등분하는 점을 각각 C, D라 하고 두 점 C, D에서 선분 OB에 내린 수선의 발을 각각 E, F라 할 때, 색칠한 부분의 넓이는? [5점]

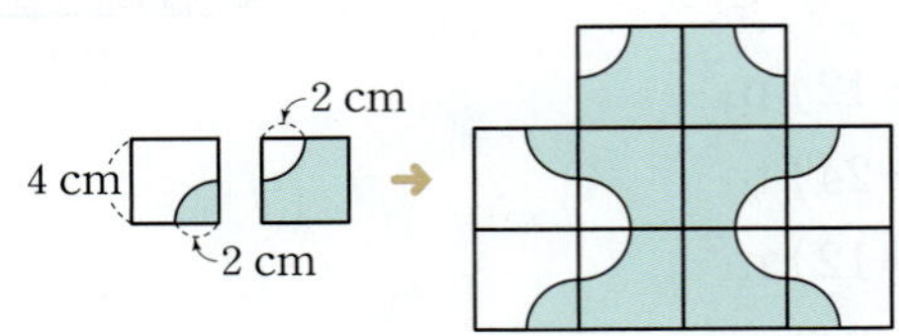

① 2π cm^2 ② 3π cm^2 ③ 4π cm^2
④ 5π cm^2 ⑤ 6π cm^2

17

다음 그림과 같이 한 변의 길이가 4 cm인 정사각형 내부에 반지름의 길이가 2 cm인 부채꼴이 그려진 조각들을 10개 연결하였을 때, 색칠한 부분의 넓이는? [4점]

① $(64 - \pi)$ cm^2 ② $(64 - 2\pi)$ cm^2
③ $(96 - \pi)$ cm^2 ④ $(96 - 2\pi)$ cm^2
⑤ 96 cm^2

18

오른쪽 그림과 같이 밑면인 원의 반지름의 길이가 3 cm인 원기둥 5개를 묶으려고 할 때, 필요한 끈의 최소 길이는? (단, 끈의 두께와 매듭의 길이는 생각하지 않는다.) [4점]

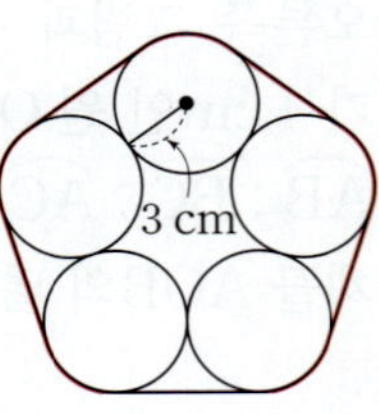

① $(4\pi + 30)$ cm   ② $(6\pi + 15)$ cm
③ $(6\pi + 30)$ cm   ④ $(9\pi + 15)$ cm
⑤ $(9\pi + 30)$ cm

19

오른쪽 그림에서 점 P는 원
O의 지름 AB의 연장선과 현
CD의 연장선의 교점이고
$\angle APC = 15°$, $\overline{PC} = \overline{OC}$,
$\overparen{BD} = 6$ cm일 때, $\overparen{AC}$의 길이를 구하시오. [6점]

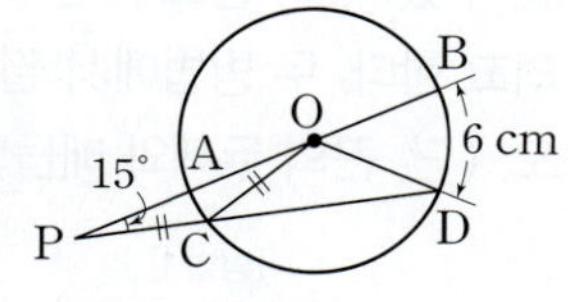

20

오른쪽 그림에서 원 O는
△ABC의 세 변과 각각 세 점
D, E, F에서 만난다.
$\angle A = 80°$, $\angle B = 60°$이고 원
O의 넓이가 18π cm^{2}일 때, 부채꼴 FOE의 넓이를 구
하시오. [6점]

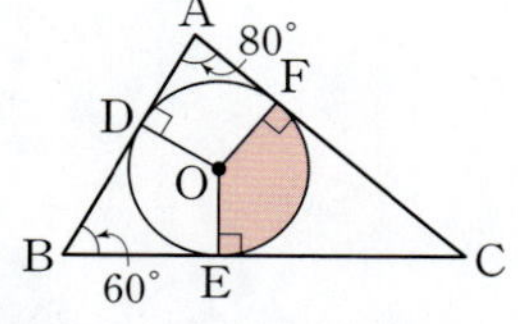

21

오른쪽 그림과 같이 반지름의 길이
가 6 cm인 원에서 색칠한 부분의
넓이를 구하시오. [4점]

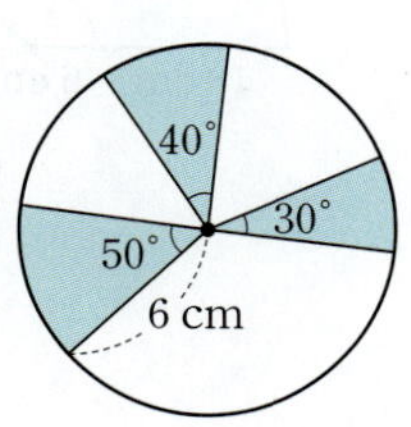

22

오른쪽 그림과 같이 한 변의 길이가
8 cm인 정삼각형에서 색칠한 부분
의 둘레의 길이와 넓이를 각각 구하
시오. [7점]

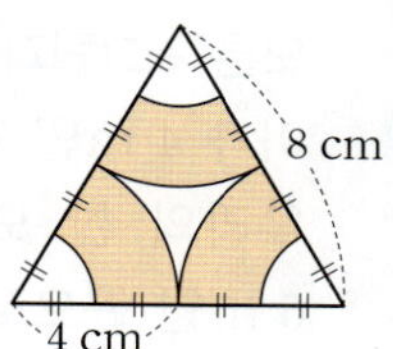

23

오른쪽 그림과 같이 한 변의 길
이가 8 cm인 정육각형의 각 꼭
짓점을 중심으로 하여 반지름의
길이가 4 cm인 원 6개를 그렸
다. 색칠한 부분의 둘레의 길이
를 a cm, 넓이를 b cm^{2}라 할 때, $b-a$의 값을 구하시
오. [7점]

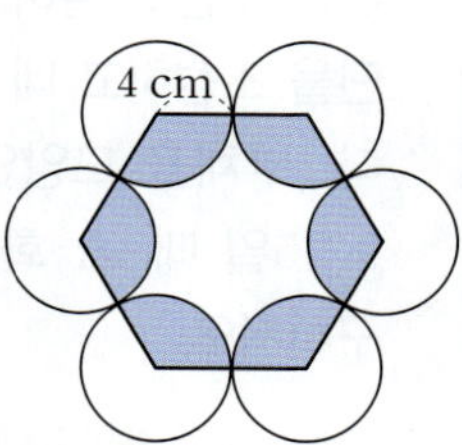

중학교 수학 교과서 전체를 분석한 **교과서별 출제 예상 문제**예요!

01
교학사 변형

오른쪽 그림과 같이 한 변의 길이가 4 m인 정오각형 모양의 우리의 한 모퉁이에 길이가 6 m인 끈으로 원숭이가 묶여 있다. 이 원숭이가 움직일 수 있는 영역의 최대 넓이를 구하시오. (단, 끈의 매듭의 길이와 원숭이의 크기는 생각하지 않는다.)

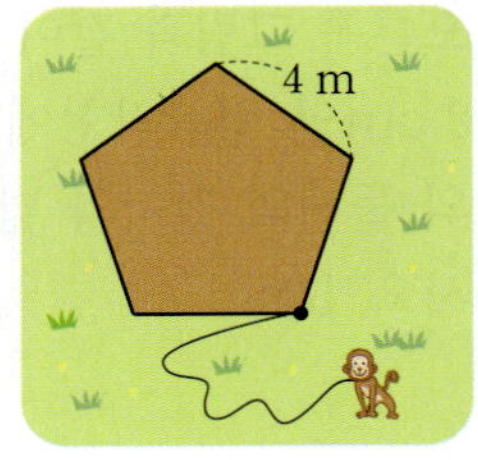

02
지학사 변형

다음 그림과 같이 회전 교차로의 중심에 원 모양으로 화단을 조성하고 네 부분으로 나누어 각각 다른 꽃을 심었다. 부채꼴 모양인 A 화단과 B 화단의 넓이의 비가 9 : 5일 때, A 화단과 B 화단의 중심각의 크기를 각각 구하시오.

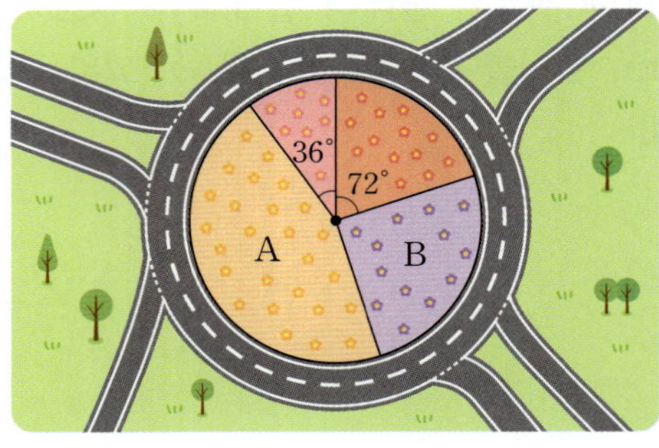

03
동아 변형

밑면의 반지름의 길이가 2 cm인 원기둥 모양의 음료수 캔이 있다. 이 음료수 캔 4개를 다음과 같이 끈으로 묶으려고 한다. 두 방법에서 필요한 끈의 길이의 차를 구하시오. (단, 끈의 두께와 매듭의 길이는 생각하지 않는다.)

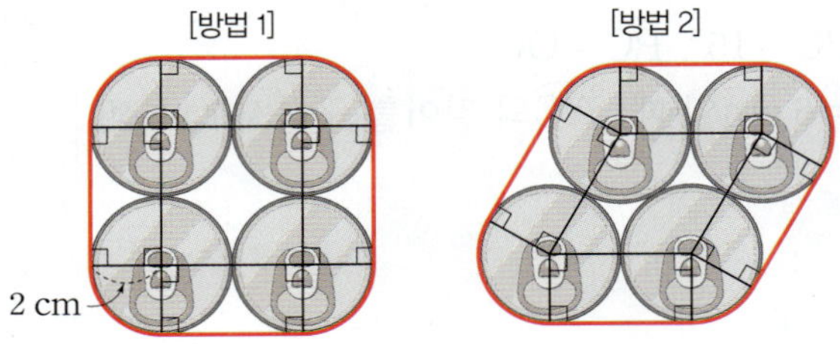

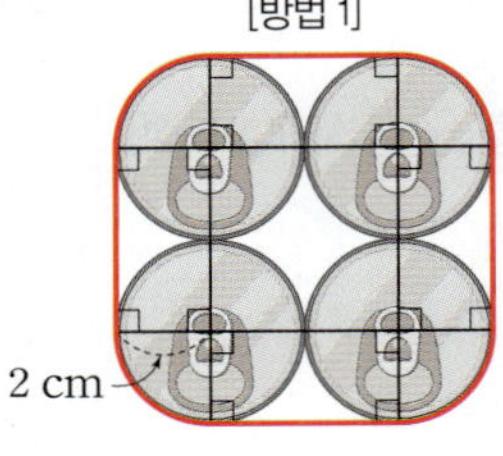

04
비상 변형

다음 그림은 자동차 뒤 유리에 설치된 와이퍼를 움직였을 때 유리가 닦인 부분을 나타낸 것이다. 닦인 부분의 둘레의 길이와 넓이를 각각 구하시오.
(단, 자동차 뒤 유리는 평평한 것으로 생각한다.)

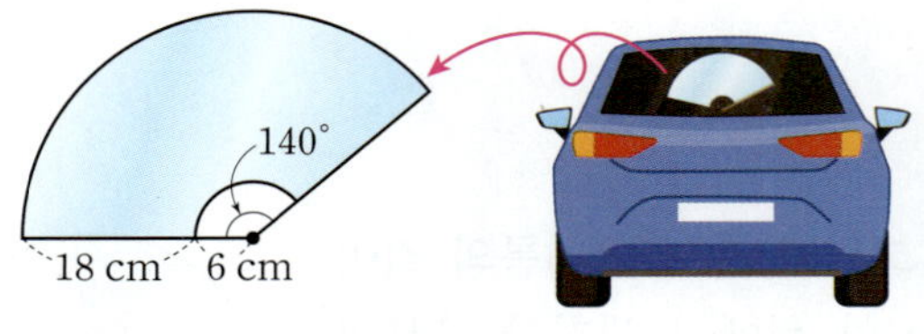

1

2 입체도형의 겉넓이와 부피

다면체와 회전체

○ 단원별로 학습 계획을 세워 실천해 보세요.

학습 날짜	월 일	월 일	월 일	월 일
학습 계획				
학습 실행도	0 ─── 100	0 ─── 100	0 ─── 100	0 ─── 100
자기 반성				

다면체와 회전체

1 다음 다면체가 몇 면체인지 구하시오.

(1) 사각기둥　　(2) 삼각뿔

2 다음 그림과 같은 각뿔대의 밑면의 모양과 각뿔대의 이름을 차례대로 구하시오.

(1)

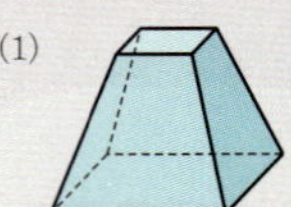

(2)

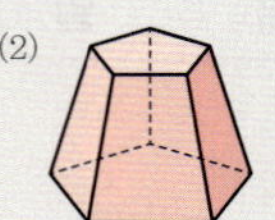

3 오른쪽 입체도형에 대하여 다음을 구하시오.

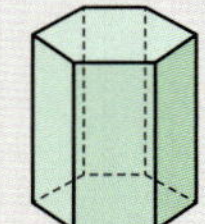

(1) 옆면의 모양

(2) 면의 개수

(3) 모서리의 개수

(4) 꼭짓점의 개수

4 다음 중 정다면체에 대한 설명으로 옳은 것에는 ○표, 옳지 않은 것에는 ×표를 하시오.

(1) 정다면체의 종류는 무수히 많다.　　　　　　　（　　）

(2) 정다면체의 한 면이 될 수 있는 다각형은 정삼각형, 정사각형, 정오각형이다.　（　　）

(3) 정다면체의 한 꼭짓점에 모인 면의 개수가 5인 경우는 없다.　（　　）

---

1 다면체

(1) **다면체** : 각기둥, 각뿔과 같이 다각형인 면으로만 둘러싸인 입체도형

① **면** : 다면체를 둘러싸고 있는 다각형

② **모서리** : 다각형의 변

③ **꼭짓점** : 다각형의 꼭짓점

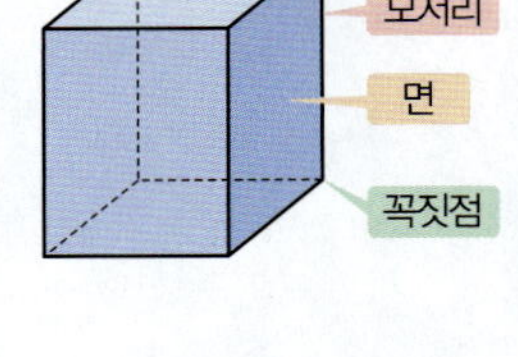

(2) **각뿔대** : 각뿔을 그 밑면에 평행한 평면으로 자를 때 생기는 두 다면체 중에서 각뿔이 아닌 쪽의 다면체

① **밑면** : 각뿔대에서 서로 평행한 두 면 → 각뿔대의 밑면은 다각형이다.

② **옆면** : 밑면이 아닌 면 → 각뿔대의 옆면은 모두 사다리꼴이다.

③ **각뿔대의 높이** : 각뿔대의 두 밑면에 수직인 선분의 길이

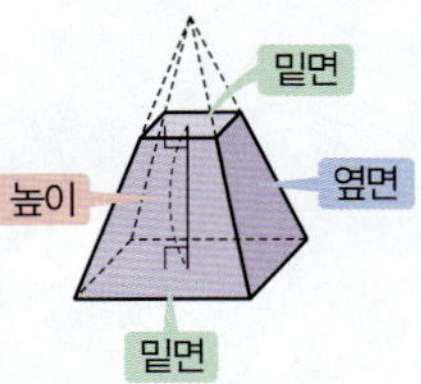

(3) **다면체의 종류** : 각기둥, 각뿔, 각뿔대 등이 있다.

다면체	n각기둥	n각뿔	n각뿔대
밑면의 모양	n각형	n각형	n각형
밑면의 개수	2	1	2
옆면의 모양	직사각형	삼각형	사다리꼴
면의 개수	$n+2$	$n+1$	$n+2$
모서리의 개수	$3n$	$2n$	$3n$
꼭짓점의 개수	$2n$	$n+1$	$2n$

2 정다면체

(1) **정다면체** : 다면체 중에서 모든 면이 합동인 정다각형이고, 각 꼭짓점에 모인 면의 개수가 모두 같은 다면체

(2) **정다면체의 종류** : 정사면체, 정육면체, 정팔면체, 정십이면체, 정이십면체의 5가지뿐이다.

정다면체	정사면체	정육면체	정팔면체	정십이면체	정이십면체
겨냥도					
전개도					
면의 모양	정삼각형	정사각형	정삼각형	정오각형	정삼각형
한 꼭짓점에 모인 면의 개수	3	3	4	3	5
면의 개수	4	6	8	12	20
모서리의 개수	6	12	12	30	30
꼭짓점의 개수	4	8	6	20	12

> **참고** 정다면체는 입체도형이므로 한 꼭짓점에서 면이 3개 이상 만나야 하고, 한 꼭짓점에 모인 각의 크기의 합이 360°보다 작아야 한다.
> 따라서 만들 수 있는 정다면체는 정사면체, 정육면체, 정팔면체, 정십이면체, 정이십면체뿐이다.

3 회전체

(1) **회전체** : 평면도형을 한 직선을 축으로 하여 1회전 시킬 때 생기는 입체도형
  ① **회전축** : 회전시킬 때 축으로 사용한 직선
  ② **모선** : 회전시킬 때 옆면을 만드는 선분
(2) **원뿔대** : 원뿔을 그 밑면에 평행한 평면으로 자를 때 생기는 두 입체도형 중에서 원뿔이 아닌 쪽의 입체도형
  ① **밑면** : 원뿔대에서 서로 평행한 두 면
  ② **옆면** : 밑면이 아닌 면
  ③ **원뿔대의 높이** : 원뿔대의 두 밑면에 수직인 선분의 길이
(3) 회전체의 종류 : 원기둥, 원뿔, 원뿔대, 구 등이 있다.

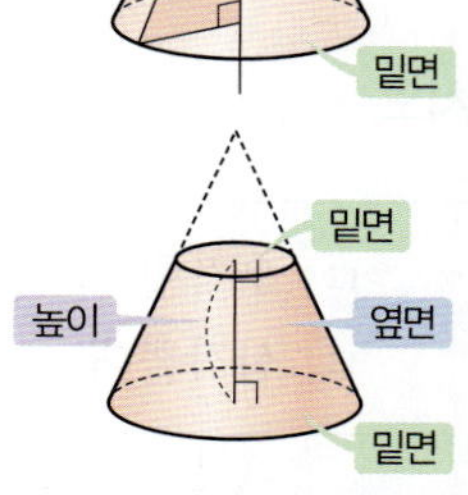

회전체	원기둥	원뿔	원뿔대	구
겨냥도	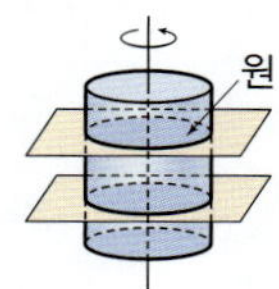	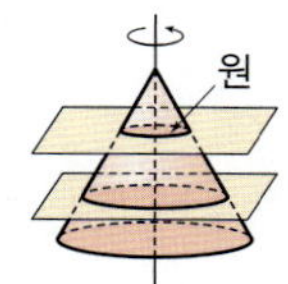	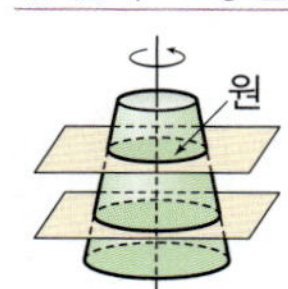	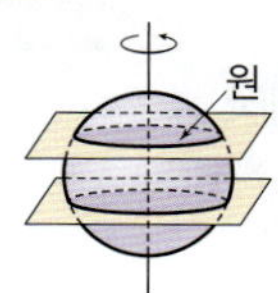
회전시키기 전의 평면도형	직사각형	직각삼각형	두 각이 직각인 사다리꼴	반원

4 회전체의 성질

(1) 회전체를 회전축에 수직인 평면으로 자르면 그 단면의 모양은 항상 원이다. →크기는 다를 수 있다.

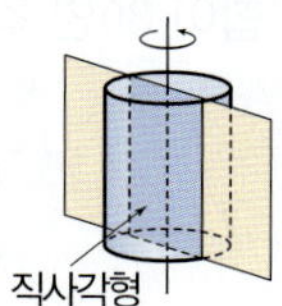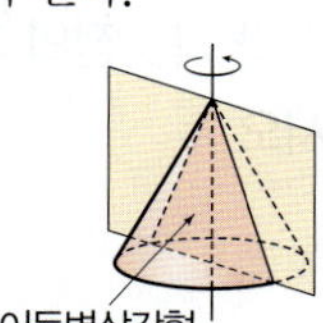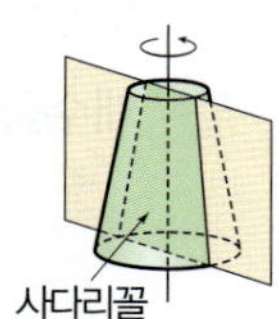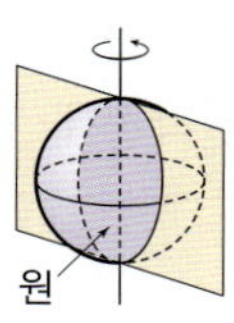

(2) 회전체를 회전축을 포함하는 평면으로 자른 단면은 모두 합동이고, 각 단면은 회전축을 대칭축으로 하는 선대칭도형이 된다.

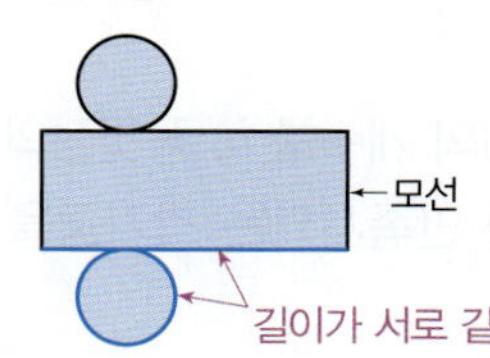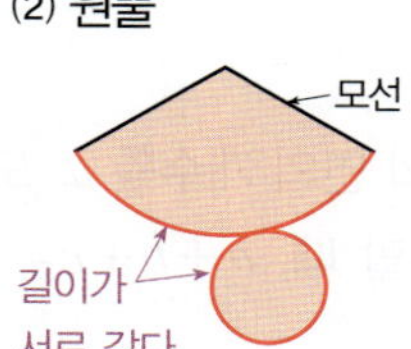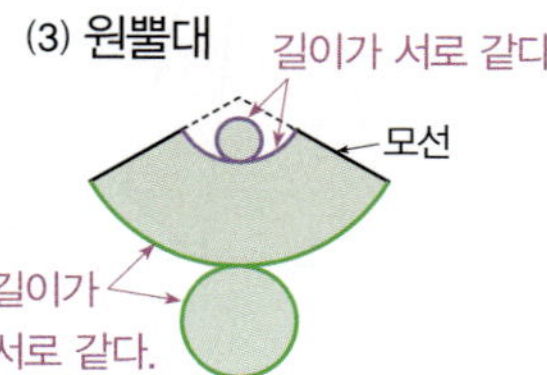

5 회전체의 전개도

(1) 원기둥
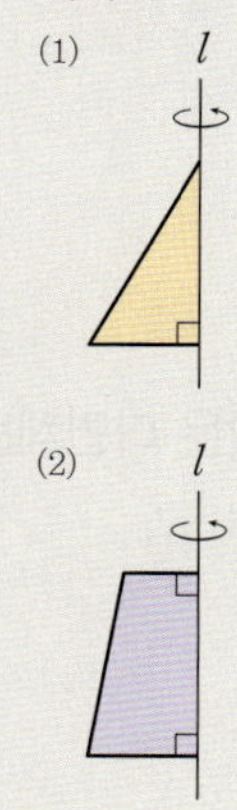

(2) 원뿔

(3) 원뿔대

참고 구의 전개도는 그릴 수 없다.

---

5 다음 보기에서 회전체인 것을 모두 고르시오.

> ▶ 보기
> 원뿔, 사각뿔대, 오각기둥, 구, 삼각뿔, 원기둥, 원뿔대

6 다음 그림과 같은 평면도형을 직선 *l*을 회전축으로 하여 1회전 시킬 때 생기는 회전체의 이름을 구하시오.

(1)

(2)

7 다음 중 회전체의 성질에 대한 설명으로 옳은 것에는 ○표, 옳지 않은 것에는 ×표를 하시오.
(1) 모든 회전체의 회전축은 1개이다. ( )
(2) 회전체를 회전축에 수직인 평면으로 자를 때 생기는 단면은 모두 합동이다. ( )
(3) 원뿔대를 회전축을 포함하는 평면으로 자른 단면은 직사각형이다. ( )
(4) 구는 어느 방향으로 잘라도 그 단면이 항상 원이다. ( )

8 다음 그림과 같은 원뿔과 그 전개도에서 a, b, c의 값을 각각 구하시오.

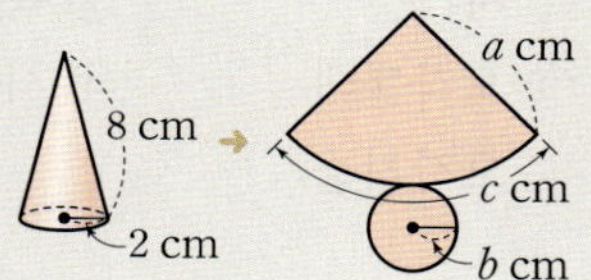

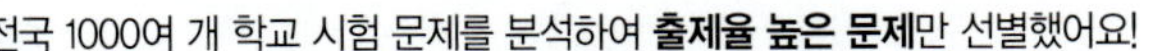

유형 **01** 다면체

01

다음 **보기**에서 다면체를 모두 고르시오.

┌─ 보기 ┈┈┈┈┈┈┈┈┈┈┈┈┈┈┈┈┈┈┈┈┈┈┈┈┈
│ ㄱ. 원기둥   ㄴ. 원뿔   ㄷ. 오각형
│ ㄹ. 직육면체   ㅁ. 구   ㅂ. 삼각뿔대
└┈┈┈┈┈┈┈┈┈┈┈┈┈┈┈┈┈┈┈┈┈┈┈┈┈┈┈┈┈┈┈

02

오른쪽 그림과 같은 다면체는 몇 면체인지 구하시오.

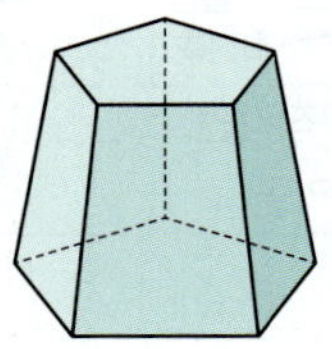

유형 **02** 다면체의 면, 모서리, 꼭짓점의 개수　📝 최다빈출

03 　내신 빈출

다음 **보기**에서 팔면체를 모두 고르시오.

┌─ 보기 ┈┈┈┈┈┈┈┈┈┈┈┈┈┈┈┈┈┈┈┈┈┈┈┈┈
│ ㄱ. 오각뿔   ㄴ. 사각뿔대   ㄷ. 칠각뿔
│ ㄹ. 육각기둥   ㅁ. 팔각뿔   ㅂ. 칠각뿔대
└┈┈┈┈┈┈┈┈┈┈┈┈┈┈┈┈┈┈┈┈┈┈┈┈┈┈┈┈┈┈┈

04

다음 중 오른쪽 그림과 같은 다면체와 면의 개수가 같은 것은?

① 사각뿔　　　② 육각뿔
③ 오각뿔대　　④ 사각기둥
⑤ 오각기둥

05

다음 중 다면체와 그 다면체의 모서리의 개수를 짝 지은 것으로 옳지 <u>않은</u> 것은?

① 사각기둥 − 12　　　② 오각뿔대 − 15
③ 사각뿔 − 8　　　　④ 칠각뿔 − 8
⑤ 정육면체 − 12

06 　내신 빈출

오각뿔대의 면의 개수를 x, 팔각기둥의 모서리의 개수를 y, 삼각뿔의 꼭짓점의 개수를 z라 할 때, $x+y-z$의 값을 구하시오.

07 　실수 주의

모서리의 개수와 꼭짓점의 개수의 합이 30인 각뿔대의 면의 개수를 구하시오.

08

다면체의 면의 개수를 a, 모서리의 개수를 b, 꼭짓점의 개수를 c라 할 때, $a+b+c=68$을 만족시키는 각기둥을 구하시오.

09

다음 중 다면체와 그 옆면의 모양을 바르게 짝 지은 것은?

① 사각뿔 – 사각형 　② 오각기둥 – 직사각형
③ 오각뿔 – 오각형 　④ 육각뿔대 – 직사각형
⑤ 육각기둥 – 육각형

10

다음 다면체 중 옆면의 모양이 삼각형이 <u>아닌</u> 것을 모두 고르면? (정답 2개)

① 정육면체 　② 삼각뿔 　③ 칠각뿔
④ 십각뿔 　⑤ 삼각뿔대

☑ 최다빈출

11 내신 빈출

다음 중 다면체에 대한 설명으로 옳은 것은?

① 각뿔대의 밑면의 개수는 1이다.
② 사각기둥은 사면체이다.
③ 각뿔대의 옆면의 모양은 모두 사다리꼴이다.
④ 각뿔대의 두 밑면은 서로 평행하고 합동이다.
⑤ 칠각뿔과 오각기둥의 면의 개수는 같다.

12

다음 **보기**에서 오각기둥에 대한 설명으로 옳은 것을 모두 고르시오.

┌─ 보기 ─
ㄱ. 모서리의 개수는 10이다.
ㄴ. 옆면의 모양은 직사각형이다.
ㄷ. 오면체이다.
ㄹ. 밑면에 평행한 평면으로 자른 단면은 오각형이다.
└─

13

다음 중 각뿔에 대한 설명으로 옳지 <u>않은</u> 것은?

① 밑면은 다각형이고 옆면은 모두 삼각형이다.
② 면의 개수와 모서리의 개수가 같다.
③ n각뿔의 꼭짓점의 개수는 $n+1$이다.
④ 각뿔의 종류는 밑면의 모양으로 결정된다.
⑤ 사각뿔을 밑면에 평행한 평면으로 자른 단면은 사각형이다.

14

다음 중 육각뿔대에 대한 설명으로 옳지 <u>않은</u> 것을 모두 고르면? (정답 2개)

① 두 밑면은 서로 합동인 육각형이다.
② 옆면은 모두 사다리꼴이다.
③ 팔면체이다.
④ 모서리의 개수는 12이다.
⑤ 밑면에 평행한 평면으로 자르면 두 개의 각뿔대가 생긴다.

15 내신 빈출

다음 조건을 모두 만족시키는 다면체를 구하시오.

┌─
㈎ 두 밑면은 서로 평행하다.
㈏ 옆면의 모양은 사다리꼴이다.
㈐ 모서리의 개수는 15이다.
└─

16

밑면의 개수가 1이고 옆면의 모양은 삼각형이며 모서리의 개수가 14인 다면체를 구하시오.

17

다음 조건을 모두 만족시키는 다면체의 꼭짓점의 개수를 구하시오.

> (개) 십면체이다.
> (내) 옆면의 모양은 사다리꼴이다.
> (대) 두 밑면은 서로 평행하지만 합동은 아니다.

18 실수 주의

다음 조건을 모두 만족시키는 다면체의 면의 개수를 a, 모서리의 개수를 b라 할 때, $a+b$의 값을 구하시오.

> (개) 두 밑면은 서로 평행하면서 합동이다.
> (내) 옆면의 모양은 직사각형이다.
> (대) 꼭짓점의 개수는 14이다.

유형 06 정다면체 ☑ 최다빈출

19

다음 중 옳지 <u>않은</u> 설명을 한 학생은?

① 우석 : 정다면체는 5가지뿐이야.
② 수지 : 모든 정다면체는 평행한 면이 있어.
③ 요한 : 정다면체는 각 꼭짓점에 모인 면의 개수가 모두 같아.
④ 민호 : 면의 모양이 정오각형인 정다면체는 정십이면체야.
⑤ 영지 : 정팔면체의 한 꼭짓점에 모인 면의 개수는 4야.

20 내신 빈출

다음 조건을 모두 만족시키는 정다면체를 구하시오.

> (개) 모든 면은 합동인 정삼각형이다.
> (내) 각 꼭짓점에 모인 면의 개수는 5이다.

21

다음은 정다면체가 5가지뿐인 이유를 설명한 것이다. 이때 $b-a$의 값을 구하시오.

> (개) 한 꼭짓점에서 a개 이상의 면이 만나야 한다.
> (내) 한 꼭짓점에 모인 각의 크기의 합이 $b°$보다 작아야 한다.

22

다음 중 정다면체와 그 면의 모양, 한 꼭짓점에 모인 면의 개수를 바르게 짝 지은 것은?

① 정사면체 − 정사각형 − 3
② 정육면체 − 정사각형 − 4
③ 정팔면체 − 정삼각형 − 3
④ 정십이면체 − 정오각형 − 3
⑤ 정이십면체 − 정사각형 − 5

23

한 꼭짓점에 모인 면의 개수가 3인 정다면체의 개수를 a, 면의 모양이 정삼각형인 정다면체의 개수를 b라 할 때, $a+b$의 값을 구하시오.

24 실수 주의

오른쪽 그림과 같이 각 면이 합동인 정삼각형으로 이루어진 입체도형이 있다. 이 입체도형이 정다면체인지 구하고, 아니면 그 이유를 쓰시오.

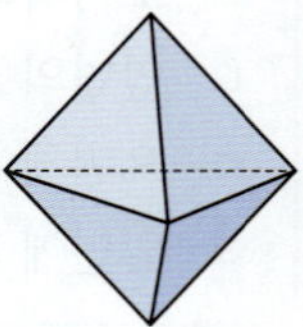

📝 최다빈출

유형 07 정다면체의 면, 모서리, 꼭짓점의 개수

25

다음 정다면체 중 꼭짓점의 개수가 가장 적은 것은?

① 정사면체 　　② 정육면체 　　③ 정팔면체
④ 정십이면체 　　⑤ 정이십면체

26

정육면체의 꼭짓점의 개수를 a, 정이십면체의 모서리의 개수를 b라 할 때, $a+b$의 값을 구하시오.

27

다음 중 옳지 <u>않은</u> 것은?

① 정사면체의 모서리의 개수와 정팔면체의 꼭짓점의 개수는 같다.
② 정팔면체의 면의 개수와 정육면체의 꼭짓점의 개수는 같다.
③ 정이십면체의 꼭짓점의 개수는 정사면체의 모서리의 개수의 2배이다.
④ 정이십면체의 꼭짓점의 개수는 정십이면체의 꼭짓점의 개수보다 많다.
⑤ 정십이면체와 정이십면체의 모서리의 개수는 같다.

28

다음 **보기**에서 값이 가장 큰 것을 고르시오.

> **보기**
> ㄱ. 정사면체의 꼭짓점의 개수
> ㄴ. 정육면체의 모서리의 개수
> ㄷ. 정팔면체의 면의 개수
> ㄹ. 정십이면체의 꼭짓점의 개수
> ㅁ. 정이십면체의 모서리의 개수

29

내신 빈출

면의 개수가 가장 많은 정다면체의 모서리의 개수를 a, 모서리의 개수가 가장 적은 정다면체의 꼭짓점의 개수를 b라 할 때, $a-b$의 값을 구하시오.

유형 08 정다면체의 전개도

30

다음 중 오른쪽 그림과 같은 전개도로 만든 정다면체에 대한 설명으로 옳지 <u>않은</u> 것은?

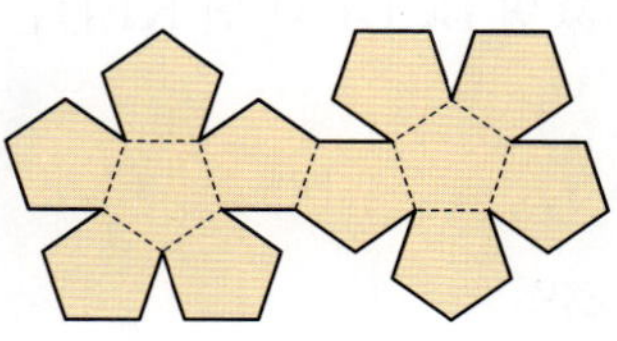

① 면의 개수는 12이다.
② 면의 모양은 정오각형이다.
③ 모서리의 개수는 30이다.
④ 꼭짓점의 개수는 20이다.
⑤ 한 꼭짓점에 모인 면의 개수는 5이다.

31

내신 빈출

다음 중 정육면체의 전개도가 될 수 <u>없는</u> 것은?

① 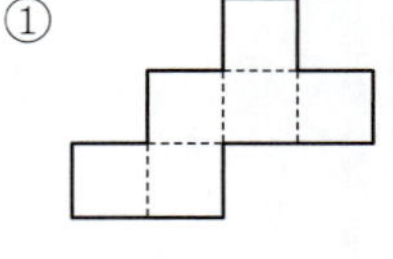　　② 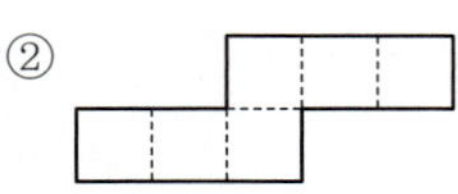

③ 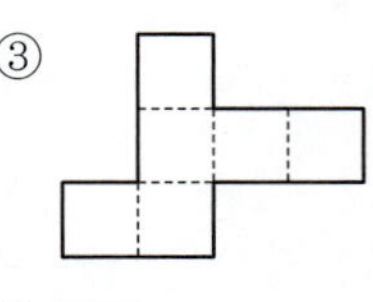　　④ 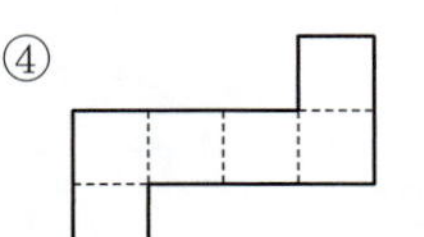

⑤ 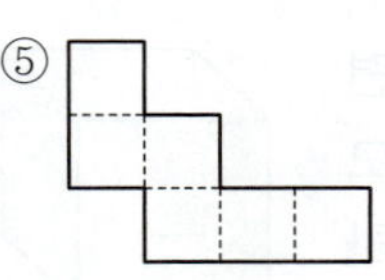

32

오른쪽 그림과 같은 전개도로 정사면체를 만들 때, $\overline{\text{AB}}$와 꼬인 위치에 있는 모서리를 구하시오.

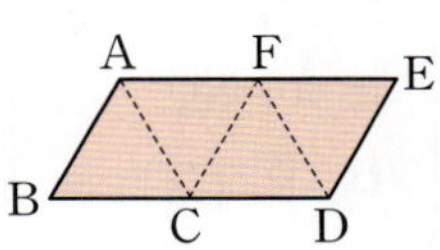

33

다음 중 오른쪽 그림과 같은 전개도로 만든 정다면체에 대한 설명으로 옳지 <u>않은</u> 것은?

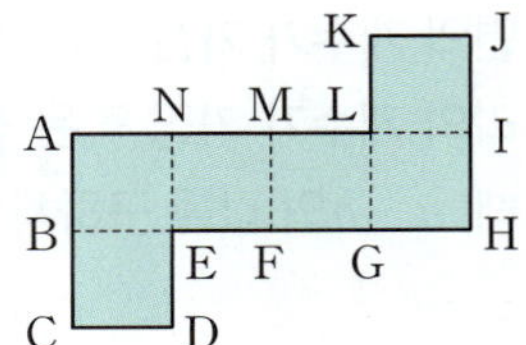

① 정육면체이다.
② 평행한 면은 모두 3쌍이다.
③ 점 F와 겹치는 꼭짓점은 점 D이다.
④ $\overline{AN}$과 겹치는 모서리는 $\overline{KJ}$이다.
⑤ 면 BCDE와 면 KLIJ는 평행하다.

유형 09 정다면체의 단면 📝 최다 빈출

34 내신 빈출

오른쪽 그림과 같은 정육면체를 세 꼭짓점 A, B, H를 지나는 평면으로 자를 때 생기는 단면의 모양은?

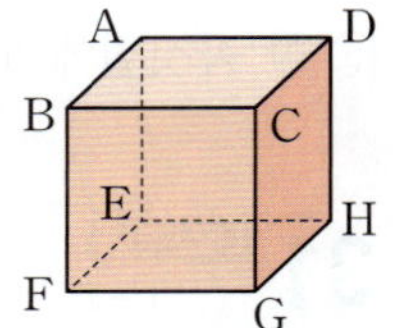

① 이등변삼각형 　② 직각삼각형
③ 정삼각형 　　　④ 직사각형
⑤ 마름모

35 실수 주의

다음 **보기**에서 오른쪽 그림과 같은 정육면체를 한 평면으로 자를 때 생기는 단면의 모양이 될 수 있는 것은 모두 몇 개인지 구하시오.

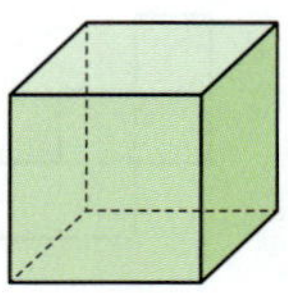

보기
ㄱ. 직각삼각형　　　ㄴ. 이등변삼각형
ㄷ. 마름모　　　　　ㄹ. 사다리꼴
ㅁ. 오각형　　　　　ㅂ. 육각형

36

오른쪽 그림과 같은 정사면체에서 세 점 E, F, G는 각각 모서리 AC, BC, CD의 중점이다. 세 점 E, F, G를 지나는 평면으로 정사면체를 자를 때 생기는 단면의 모양은?

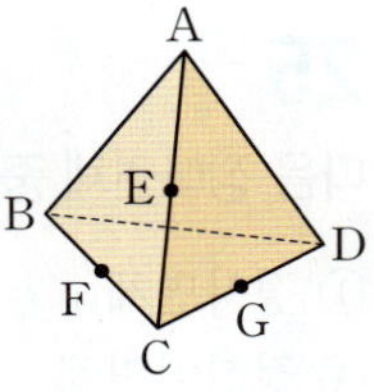

① 정삼각형　　　② 직각삼각형　　　③ 마름모
④ 직사각형　　　⑤ 정사각형

37

오른쪽 그림과 같이 정육면체를 세 꼭짓점 A, C, F를 지나는 평면으로 자를 때 생기는 단면에서 $\angle CAF$의 크기를 구하시오.

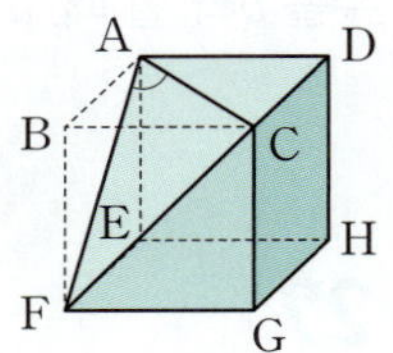

유형 10 회전체

38 내신 빈출

다음 중 회전체가 <u>아닌</u> 것은?

① 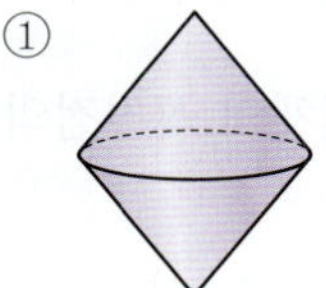　② 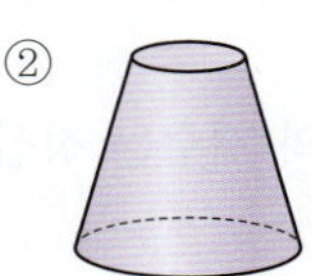　③ 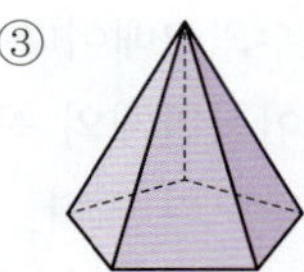

④ 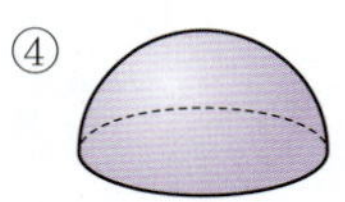　⑤ 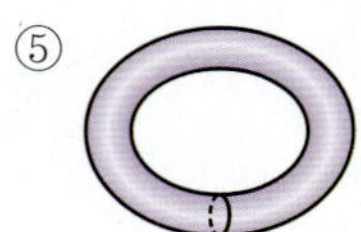

39

다음 **보기**에서 회전체인 것을 모두 고르시오.

보기
ㄱ. 구　　　　ㄴ. 원뿔　　　　ㄷ. 직육면체
ㄹ. 원기둥　　ㅁ. 반원　　　　ㅂ. 사각뿔대
ㅅ. 육각기둥　ㅇ. 육각뿔　　　ㅈ. 원뿔대

유형 **11** 회전체의 겨냥도   📝 최다빈출

40 _{내신 빈출}

다음 중 평면도형을 한 직선을 회전축으로 하여 1회전 시킬 때 생기는 회전체로 옳지 <u>않은</u> 것은?

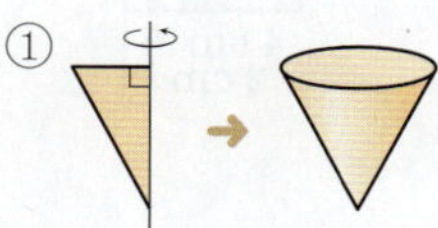 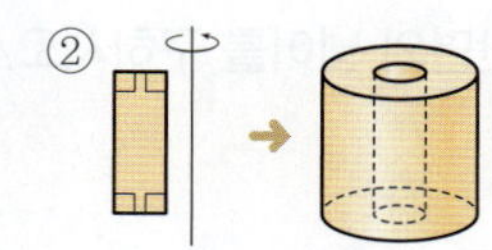
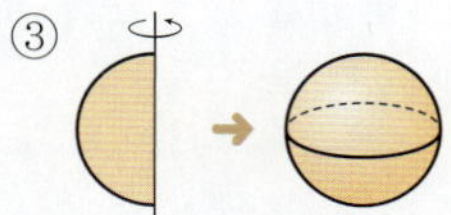 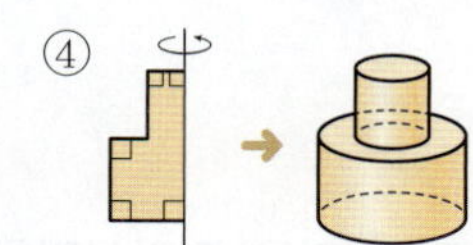
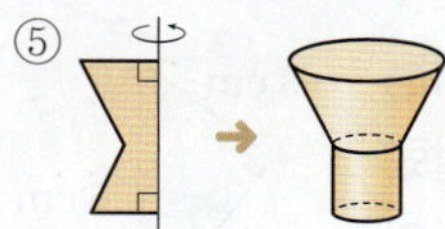

41

오른쪽 그림과 같은 도넛 모양의 회전체는 다음 중 어느 평면도형을 1회전 시킨 것인가?

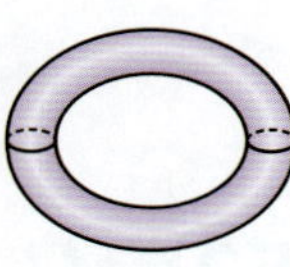

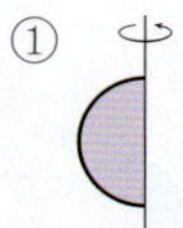 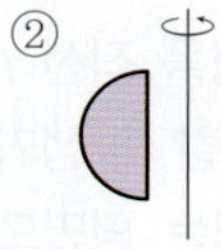 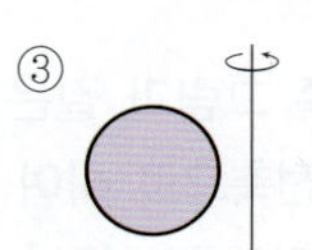
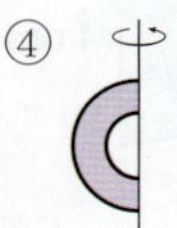 

42 _{실수 주의}

아래 그림은 오각형 ABCDE의 한 변을 회전축으로 하여 1회전 시켜 만든 회전체이다. 다음 중 회전축이 될 수 있는 변을 모두 고르면? (정답 2개)

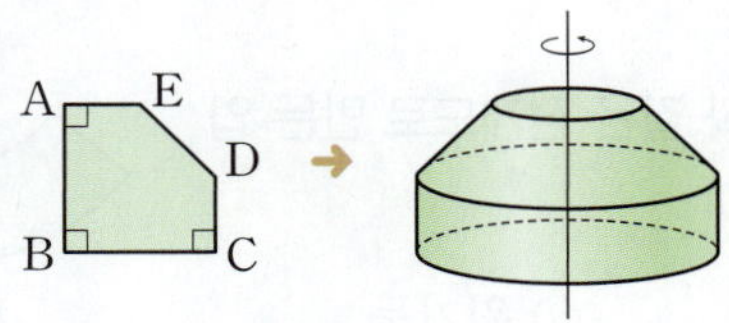

① $\overline{AB}$ ② $\overline{BC}$ ③ $\overline{CD}$
④ $\overline{DE}$ ⑤ $\overline{EA}$

유형 **12** 회전체의 단면의 모양   📝 최다빈출

43 _{내신 빈출}

다음 중 회전체와 그 회전체를 회전축을 포함하는 평면으로 자를 때 생기는 단면의 모양을 짝 지은 것으로 옳지 <u>않은</u> 것은?

① 구 – 원   ② 반구 – 반원
③ 원뿔 – 부채꼴   ④ 원뿔대 – 사다리꼴
⑤ 원기둥 – 직사각형

44

다음 중 회전축에 수직인 평면으로 자를 때 생기는 단면이 모두 합동인 회전체는?

① 구   ② 반구   ③ 원뿔
④ 원뿔대   ⑤ 원기둥

45

어떤 회전체를 회전축에 수직인 평면으로 자른 단면과 회전축을 포함하는 평면으로 자른 단면이 차례대로 오른쪽 그림과 같을 때, 이 회전체의 이름을 구하시오.

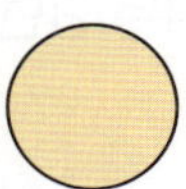 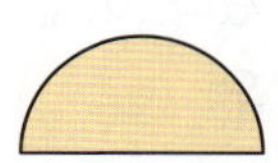

46 _{내신 빈출}

다음 중 오른쪽 그림과 같은 원뿔을 평면 ①, ②, ③, ④, ⑤로 자를 때 생기는 단면의 모양으로 옳지 <u>않은</u> 것은?

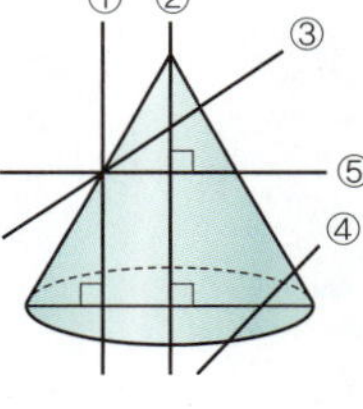

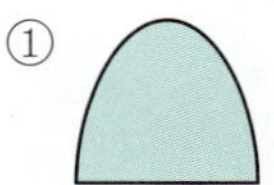 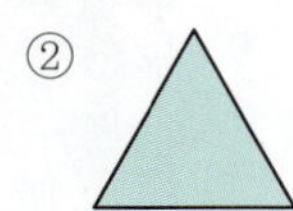
 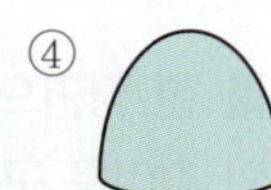 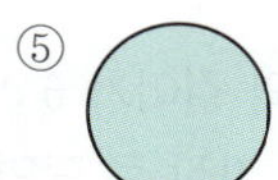

47

오른쪽 그림과 같은 평면도형을 직선 l을 회전축으로 하여 1회전 시킬 때 생기는 회전체를 한 평면으로 잘랐다. 다음 중 이때 생기는 단면의 모양이 될 수 <u>없는</u> 것은?

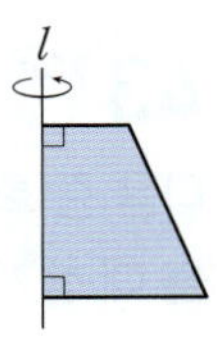

① 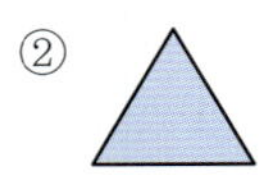 ② 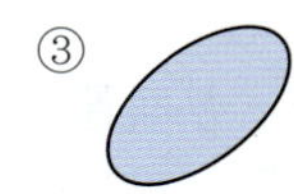 ③

④ 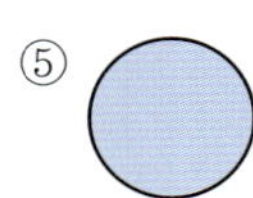 ⑤

심화 유형 **13** 회전체의 단면의 넓이와 둘레의 길이

48 내신 빈출

오른쪽 그림과 같은 사다리꼴을 직선 l을 회전축으로 하여 1회전 시킬 때 생기는 회전체를 회전축을 포함하는 평면으로 잘랐다. 이때 생기는 단면의 넓이를 구하시오.

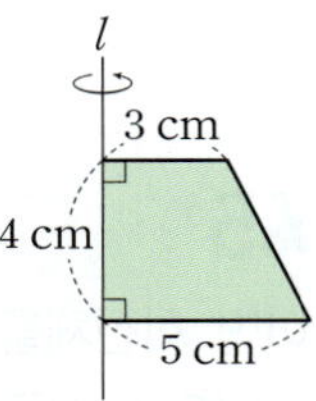

49

오른쪽 그림과 같은 원기둥을 밑면에 수직인 평면으로 자를 때 생기는 단면 중 넓이가 가장 큰 단면의 둘레의 길이를 구하시오.

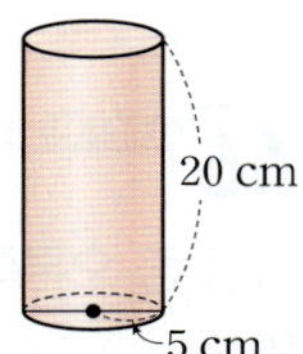

50

반지름의 길이가 $6\,\mathrm{cm}$인 구를 한 평면으로 자를 때 생기는 단면 중 가장 큰 단면의 둘레의 길이를 구하시오.

51 실수 주의

오른쪽 그림과 같이 직선 l로부터 $2\,\mathrm{cm}$만큼 떨어진 직사각형을 직선 l을 회전축으로 하여 1회전 시킬 때 생기는 회전체를 회전축에 수직인 평면으로 잘랐다. 이때 생기는 단면의 넓이를 구하시오.

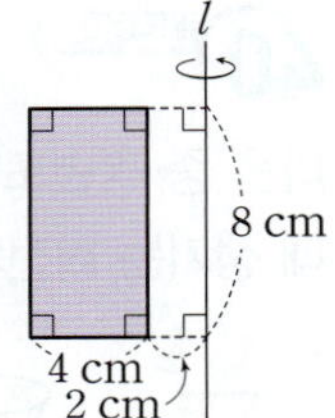

52

오른쪽 그림과 같은 직각삼각형을 직선 l을 회전축으로 하여 1회전 시킬 때 생기는 회전체를 회전축에 수직인 평면으로 잘랐다. 이때 생기는 단면 중 가장 큰 단면의 넓이를 구하시오.

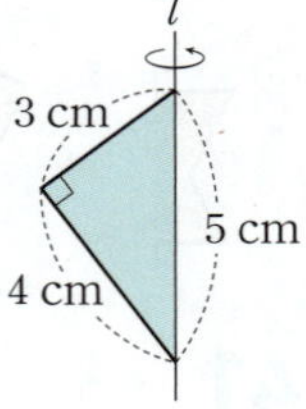

53 신경향

오른쪽 그림과 같은 평면도형을 직선 l을 회전축으로 하여 1회전 시킬 때 생기는 회전체를 회전축을 포함하는 평면으로 잘랐다. 이때 생기는 단면의 둘레의 길이를 $a\,\mathrm{cm}$, 넓이를 $b\,\mathrm{cm}^2$라 할 때, $b-a$의 값을 구하시오.

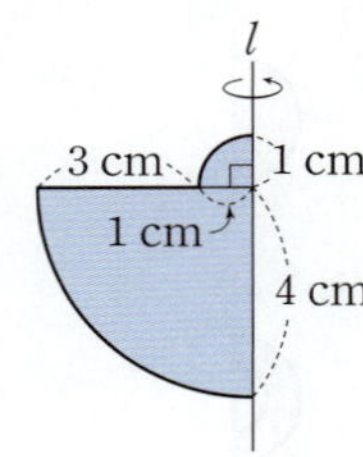

유형 **14** 회전체의 전개도

54

오른쪽 그림과 같은 전개도로 만든 입체도형은?

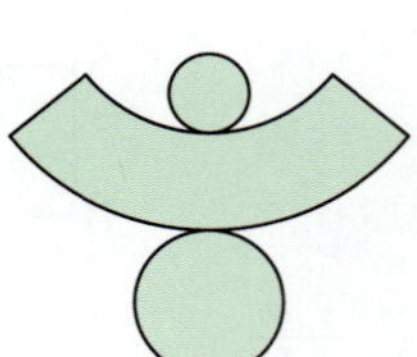

① 원뿔 ② 원기둥
③ 원뿔대 ④ 사각뿔대
⑤ 사각기둥

55 내신 빈출

다음 그림과 같은 직사각형을 직선 l을 회전축으로 하여 1회전 시킬 때 생기는 회전체의 전개도에서 $\dfrac{yz}{x}$의 값을 구하시오.

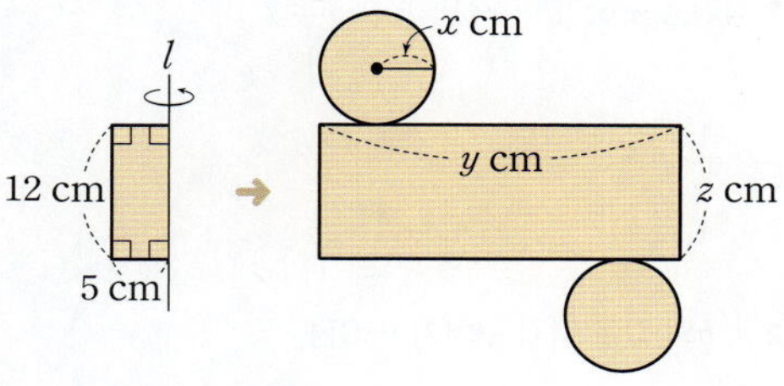

56

오른쪽 그림과 같은 전개도로 만든 원뿔의 모선의 길이를 구하시오.

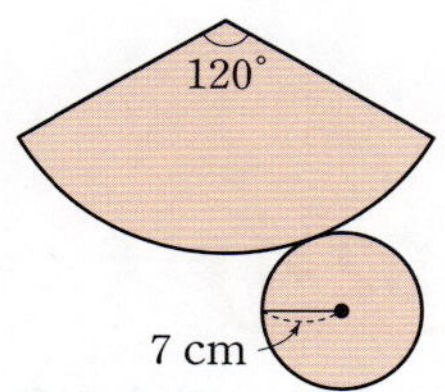

57

오른쪽 그림과 같은 전개도로 만든 원뿔대의 두 밑면 중 큰 원의 반지름의 길이를 구하시오.

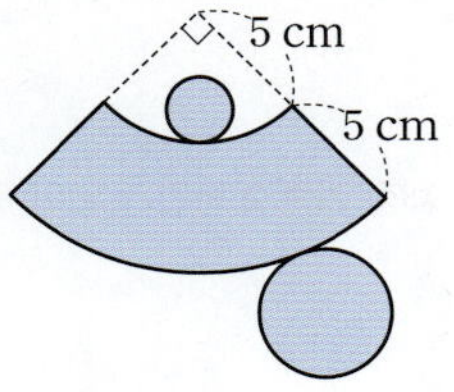

유형 15 회전체의 이해

58 내신 빈출

다음 중 회전체에 대한 설명으로 옳지 않은 것은?

① 평면도형을 한 직선을 축으로 하여 1회전 시킬 때 생기는 입체도형을 회전체라 한다.
② 원기둥의 회전축과 모선은 항상 평행하다.
③ 원뿔의 회전축과 모선은 한 점에서 만난다.
④ 원뿔대의 전개도에서 옆면의 모양은 사다리꼴이다.
⑤ 원뿔을 회전축에 수직인 평면으로 자르면 원뿔대가 생긴다.

59

다음 보기에서 구에 대한 설명으로 옳은 것을 모두 고르시오.

보기
ㄱ. 전개도를 그릴 수 있다.
ㄴ. 회전축은 2개이다.
ㄷ. 어떤 평면으로 잘라도 그 단면은 항상 원이다.
ㄹ. 평면으로 자른 단면의 넓이가 가장 큰 경우는 구의 중심을 지나도록 잘랐을 때이다.

60 실수 주의

다음 중 회전체의 단면에 대한 설명으로 옳지 않은 것은?

① 회전체를 회전축에 수직인 평면으로 자를 때 생기는 단면은 원이다.
② 회전체를 회전축에 수직인 평면으로 자를 때 생기는 단면은 모두 합동이다.
③ 회전체를 회전축을 포함하는 평면으로 자를 때 생기는 단면은 항상 합동이다.
④ 회전체를 회전축을 포함하는 평면으로 자를 때 생기는 단면은 회전체의 모선을 포함한다.
⑤ 회전체를 회전축을 포함하는 평면으로 자를 때 생기는 단면은 회전축을 대칭축으로 하는 선대칭도형이다.

01

모서리의 개수가 27인 각기둥의 꼭짓점의 개수를 a, 면의 개수를 b라 할 때, $a+b$의 값을 구하시오. [6점]

채점 기준 1 각기둥 구하기 … 2점

주어진 각기둥을 n각기둥이라 하면 모서리의 개수는

______이므로

______$=27$ $\therefore n=$______

즉, 주어진 각기둥은 ________이다.

채점 기준 2 a, b의 값을 각각 구하기 … 3점

주어진 각기둥의 꼭짓점의 개수는

$2\times$______$=$______ $\therefore a=$______

주어진 각기둥의 면의 개수는

______$+2=$______ $\therefore b=$______

채점 기준 3 $a+b$의 값 구하기 … 1점

$a=$______, $b=$______이므로 $a+b=$______

01-1

숫자 바꾸기

모서리의 개수가 21인 각기둥의 꼭짓점의 개수를 a, 면의 개수를 b라 할 때, $a-b$의 값을 구하시오. [6점]

채점 기준 1 각기둥 구하기 … 2점

채점 기준 2 a, b의 값을 각각 구하기 … 3점

채점 기준 3 $a-b$의 값 구하기 … 1점

02

오른쪽 그림과 같은 평면도형을 직선 l을 회전축으로 하여 1회전 시킬 때 생기는 회전체를 회전축을 포함하는 평면으로 잘랐다. 이때 생기는 단면의 넓이를 구하시오. [6점]

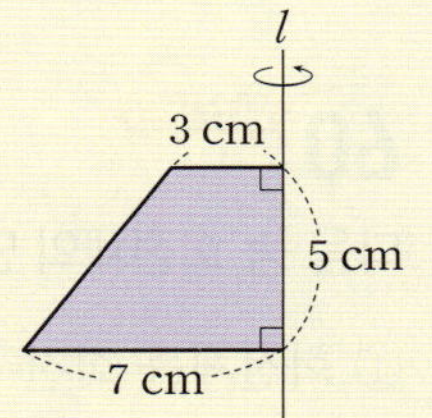

채점 기준 1 단면의 모양 그리기 … 3점

회전체를 회전축을 포함하는 평면으로 자를 때 생기는 단면의 모양은 오른쪽 그림과 같다.

채점 기준 2 단면의 넓이 구하기 … 3점

회전체를 회전축을 포함하는 평면으로 자를 때 생기는 단면의 넓이는

$$\frac{1}{2}\times(6+\underline{\quad})\times\underline{\quad}=\underline{\quad}\ (\mathrm{cm}^2)$$

02-1

조건 바꾸기

오른쪽 그림과 같은 평면도형을 직선 l을 회전축으로 하여 1회전 시킬 때 생기는 회전체를 회전축을 포함하는 평면으로 잘랐다. 이때 생기는 단면의 넓이를 구하시오. [6점]

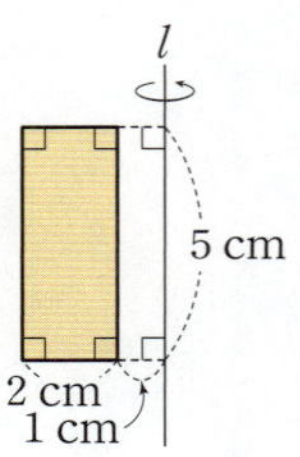

채점 기준 1 단면의 모양 그리기 … 3점

채점 기준 2 단면의 넓이 구하기 … 3점

03

면의 모양이 정사각형인 정다면체의 한 꼭짓점에 모인 면의 개수를 a, 모서리의 개수가 가장 적은 정다면체의 꼭짓점의 개수를 b라 할 때, $a+b$의 값을 구하시오. [4점]

06

오른쪽 그림과 같은 정육면체에서 점 M은 모서리 CG의 중점이다. 세 점 D, F, M을 지나는 평면으로 정육면체를 자를 때 생기는 단면의 모양과 그 이유를 차례대로 쓰시오. [6점]

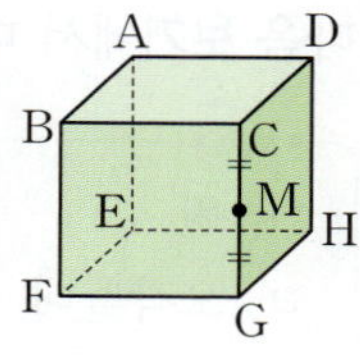

04

정십이면체의 각 면의 한가운데에 있는 점을 연결하여 만든 입체도형의 면의 개수를 구하시오. [6점]

07

오른쪽 그림과 같은 전개도로 만든 원기둥을 회전축에 수직인 평면으로 자를 때 생기는 단면의 넓이를 $a \text{ cm}^2$, 회전축을 포함하는 평면으로 자를 때 생기는 단면의 넓이를 $b \text{ cm}^2$라 할 때, $\dfrac{a}{b}$의 값을 구하시오. [6점]

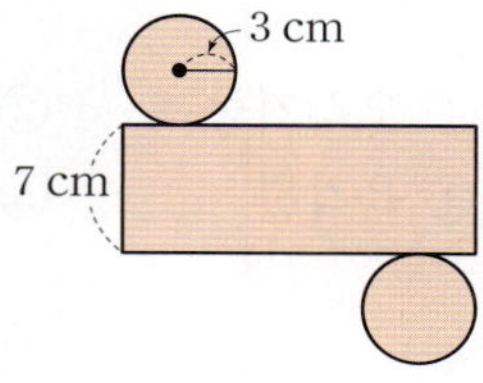

05

오른쪽 그림은 정육면체 모양의 주사위의 전개도를 그린 것이다. 이 주사위에서 서로 평행한 면에 있는 눈의 수의 합이 7이고, 면 A, B에 알맞은 눈의 수를 각각 a, b라 할 때, a, b의 값을 각각 구하시오. [6점]

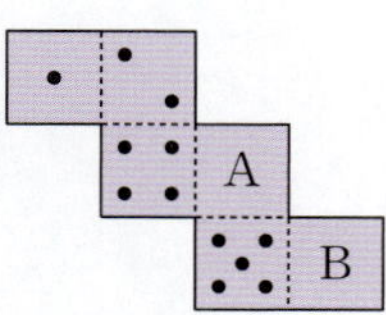

08

오른쪽 그림과 같은 전개도로 만들어지는 원뿔대의 두 밑면의 반지름의 길이의 차가 4일 때, 원뿔대의 모선의 길이를 구하시오. [7점]

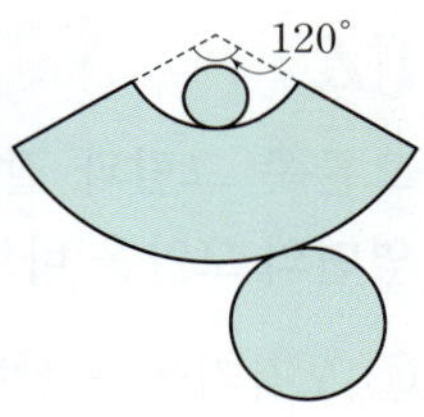

01

다음 **보기**에서 다면체의 개수는? [3점]

> ─ 보기 ─
> ㄱ. 원　　　　ㄴ. 원뿔　　　　ㄷ. 사각기둥
> ㄹ. 오각뿔대　　ㅁ. 구　　　　ㅂ. 정오각형

① 1　　　　② 2　　　　③ 3
④ 4　　　　⑤ 5

02

다음 입체도형 중 칠면체가 <u>아닌</u> 것을 모두 고르면?

(정답 2개) [3점]

① 오각기둥　　② 직육면체　　③ 오각뿔대
④ 육각뿔　　　⑤ 칠각뿔

03

면의 개수가 13인 각뿔의 모서리의 개수와 꼭짓점의 개수를 각각 a, b라 할 때, $a+b$의 값은? [4점]

① 32　　　　② 37　　　　③ 42
④ 47　　　　⑤ 52

04

오른쪽 그림과 같은 다면체의 이름과 그 옆면의 모양을 바르게 짝 지은 것은? [3점]

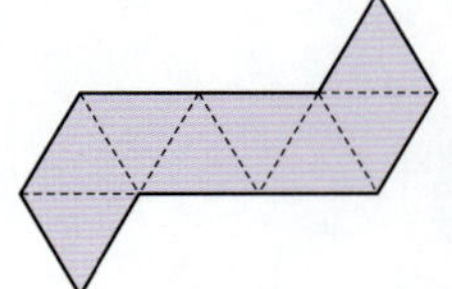

① 오각기둥 – 삼각형
② 육각기둥 – 직사각형
③ 오각뿔대 – 사다리꼴
④ 육각뿔대 – 직사각형
⑤ 육각기둥 – 삼각형

05

다음 조건을 모두 만족시키는 다면체의 면의 개수는?

[5점]

> (가) 두 밑면은 서로 평행하고 합동인 다각형이다.
> (나) 옆면의 모양은 직사각형이다.
> (다) 모서리의 개수와 꼭짓점의 개수의 합이 40이다.

① 10　　　　② 11　　　　③ 12
④ 13　　　　⑤ 14

06

다음 중 정다면체에 대한 설명으로 옳지 <u>않은</u> 것은?

[4점]

① 모든 모서리의 길이가 같다.
② 정사면체의 꼭짓점의 개수는 4이다.
③ 정팔면체는 8개의 삼각형으로 이루어져 있다.
④ 정사면체, 정팔면체, 정이십면체의 면의 모양은 모두 같다.
⑤ 정삼각형이 한 꼭짓점에 3개씩 모인 정다면체는 정십이면체이다.

07

오른쪽 그림과 같은 전개도로 만든 정다면체의 꼭짓점의 개수를 a, 모서리의 개수를 b라 할 때, $a+b$의 값은? [4점]

① 12　　　　② 15　　　　③ 18
④ 21　　　　⑤ 24

08

다음 중 아래 그림과 같은 전개도로 만든 정다면체에 대한 설명으로 옳지 <u>않은</u> 것은? [4점]

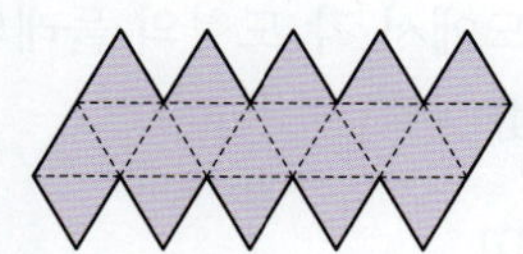

① 모든 면은 합동인 정삼각형이다.
② 모서리의 개수는 30이다.
③ 꼭짓점의 개수는 12이다.
④ 한 꼭짓점에 모인 면의 개수는 3이다.
⑤ 정십이면체와 모서리의 개수가 같다.

09

오른쪽 그림과 같은 정육면체를 세 꼭짓점 A, C, F를 지나는 평면으로 자를 때 생기는 단면의 모양은? [4점]

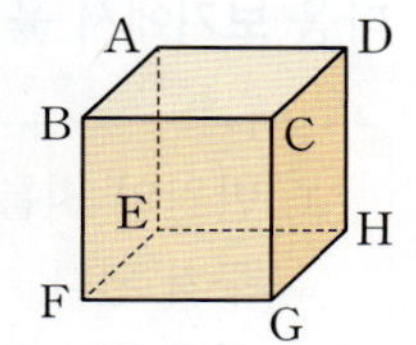

① 정삼각형　　② 정사각형
③ 마름모　　④ 직사각형
⑤ 직각삼각형

10

다음 중 회전체가 <u>아닌</u> 것은? [3점]

① 구　　　② 원뿔　　　③ 원기둥
④ 팔각뿔　　⑤ 반구

11

다음 중 오른쪽 그림과 같은 평면도형을 직선 l을 회전축으로 하여 1회전 시킬 때 생기는 회전체는? [4점]

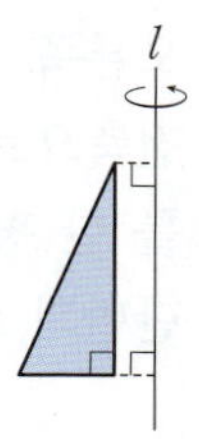

① 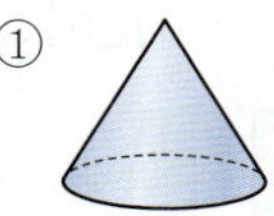　　② 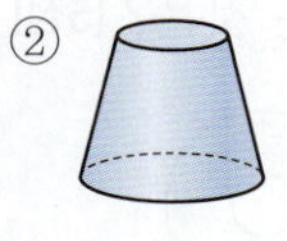

③ 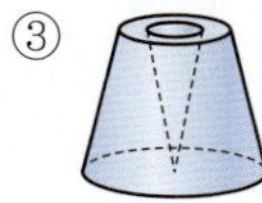　　④ 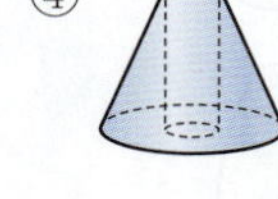　　⑤ 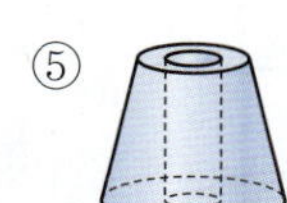

12

아래 [그림 2]는 [그림 1]의 어느 한 선분을 회전축으로 하여 1회전 시킬 때 생기는 회전체이다. 다음 중 [그림 2]의 회전축이 될 수 있는 것을 모두 고르면? (정답 2개)

[4점]

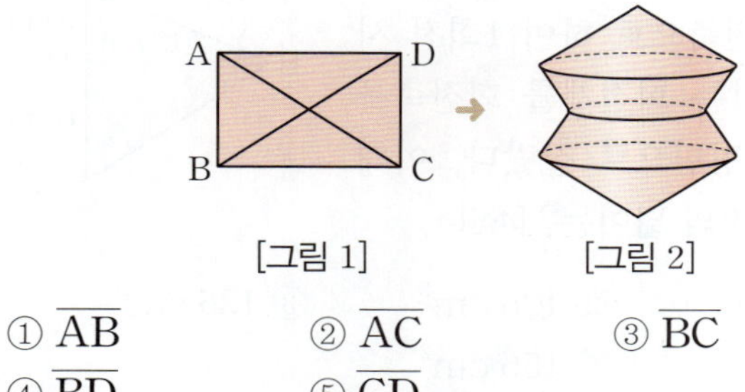

[그림 1]　　　　　[그림 2]

① $\overline{AB}$　　　　② $\overline{AC}$　　　　③ $\overline{BC}$
④ $\overline{BD}$　　　　⑤ $\overline{CD}$

13

다음 중 회전체와 그 회전체를 회전축에 수직인 평면으로 자를 때 생기는 단면의 모양, 회전축을 포함하는 평면으로 자를 때 생기는 단면의 모양을 짝 지은 것으로 옳은 것은? [4점]

① 구 – 원 – 반원
② 원기둥 – 직사각형 – 원
③ 원뿔대 – 사다리꼴 – 원
④ 원뿔 – 원 – 정삼각형
⑤ 반구 – 원 – 반원

14

오른쪽 그림과 같은 평면도형을 직선 l을 회전축으로 하여 1회전 시킬 때 생기는 회전체를 한 평면으로 잘랐다. 다음 중 이때 생기는 단면의 모양이 될 수 <u>없는</u> 것은? [5점]

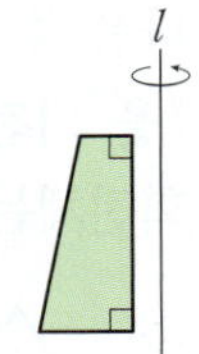

① 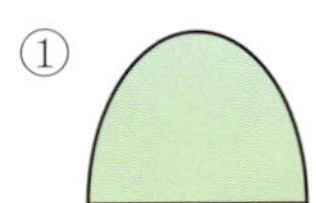 ② 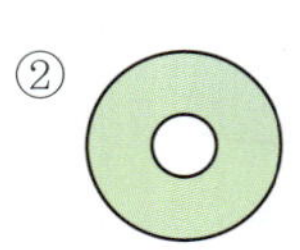 ③ 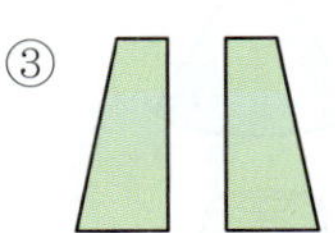

④ 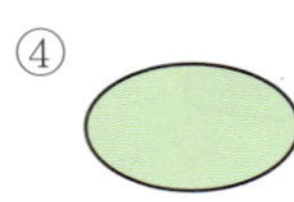 ⑤ 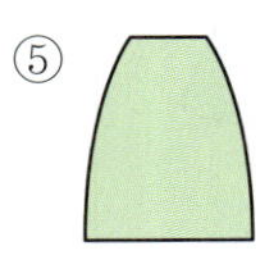

15

오른쪽 그림의 삼각형 ABC를 $\overline{AC}$를 회전축으로 하여 1회전 시킬 때 생기는 회전체를 회전축을 포함하는 평면으로 잘랐다. 이때 생기는 단면의 넓이는? [4점]

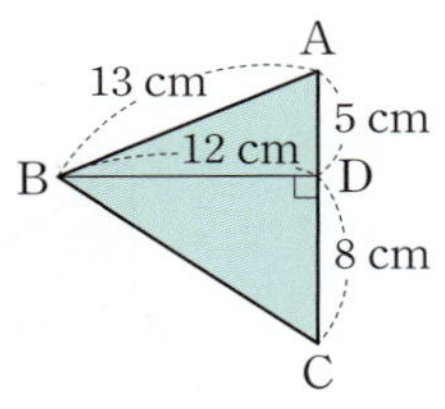

① 116 cm^2 ② 126 cm^2 ③ 136 cm^2
④ 146 cm^2 ⑤ 156 cm^2

16

다음 중 원뿔의 전개도는? [3점]

① 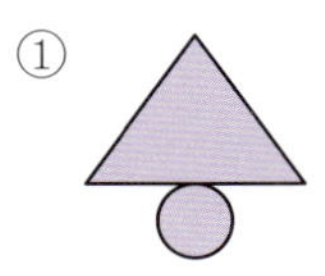 ② 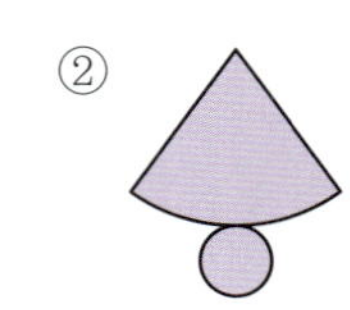 ③ 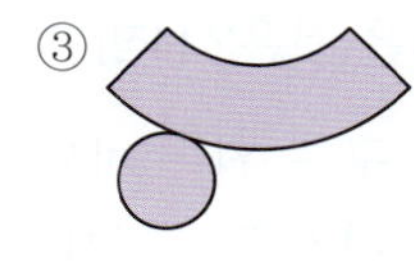

④ 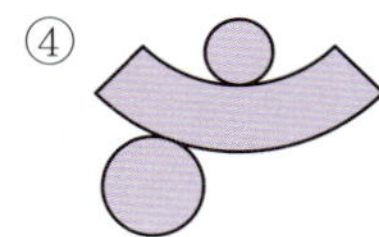 ⑤ 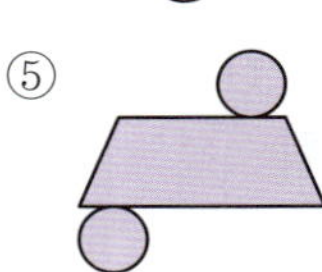

17

오른쪽 그림과 같은 사다리꼴을 직선 l을 회전축으로 하여 1회전 시킬 때 생기는 입체도형의 전개도에서 각 도형의 둘레의 길이의 합은? [5점]

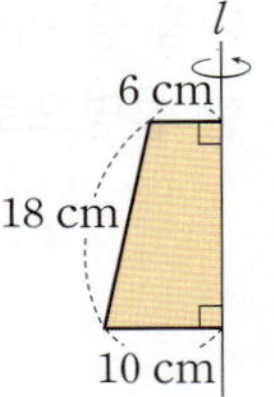

① $(32\pi + 32) \text{ cm}$
② $(32\pi + 36) \text{ cm}$
③ $(32\pi + 40) \text{ cm}$
④ $(64\pi + 36) \text{ cm}$
⑤ $(64\pi + 40) \text{ cm}$

18

다음 **보기**에서 옳은 것을 모두 고른 것은? [4점]

> ─ 보기 ─
> ㄱ. 반원의 지름을 회전축으로 하여 1회전 시키면 반구가 된다.
> ㄴ. 원뿔대를 회전축에 수직인 평면으로 자를 때 생기는 단면은 원이다.
> ㄷ. 회전체를 회전축을 포함하는 평면으로 자를 때 생기는 단면은 선대칭도형이다.
> ㄹ. 직각삼각형의 한 변을 회전축으로 하여 1회전 시킬 때 생기는 입체도형은 항상 원뿔이다.

① ㄱ, ㄴ   ② ㄱ, ㄷ   ③ ㄴ, ㄷ
④ ㄱ, ㄴ, ㄷ   ⑤ ㄴ, ㄷ, ㄹ

19

내각의 크기의 합이 $1080°$인 다각형을 밑면으로 하는 각뿔은 몇 면체인지 구하시오. [4점]

20

다음 조건을 모두 만족시키는 다면체의 꼭짓점의 개수를 a, 모서리의 개수를 b라 할 때, $b-a$의 값을 구하시오. [6점]

> ㈎ 모든 면은 합동인 정삼각형이다.
> ㈏ 각 꼭짓점에 모인 면의 개수가 모두 같다.
> ㈐ 마주 보는 10쌍의 면이 서로 평행하다.

21

오른쪽 그림과 같이 반지름의 길이가 $2\,cm$인 원 O를 직선 l을 회전축으로 하여 1회전 시킬 때 생기는 회전체를 회전축에 수직인 평면으로 자르려고 한다. 단면의 넓이가 최대가 되도록 자를 때, 이 단면의 넓이를 구하시오. [6점]

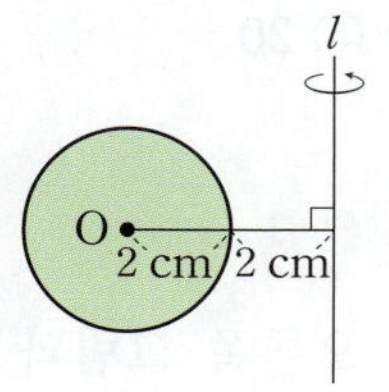

22

오른쪽 그림과 같은 전개도로 만든 원뿔대의 두 밑면의 넓이의 차를 구하시오. [7점]

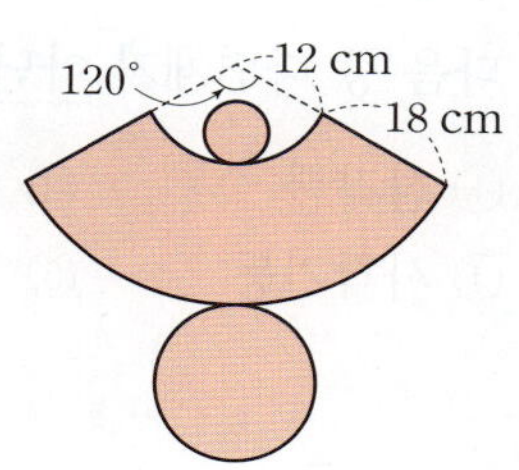

23

오른쪽 그림은 모선의 길이가 $24\,cm$, 밑면의 반지름의 길이가 $6\,cm$인 원뿔에서 밑면 위의 한 점 B를 출발하여 옆면을 따라 한 바퀴 돌아 다시 점 B로 돌아오는 가장 짧은 경로를 나타낸 것이다. 색칠한 부분의 넓이를 구하시오. [7점]

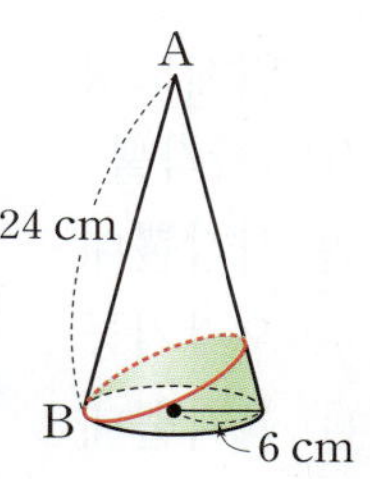

01

다음 중 다면체가 <u>아닌</u> 것은? [3점]

① 삼각뿔　　② 원기둥　　③ 사각뿔대
④ 사각기둥　　⑤ 정육면체

02

다음 중 그 값이 가장 작은 것은? [3점]

① 삼각기둥의 모서리의 개수
② 사각뿔의 모서리의 개수
③ 오각기둥의 면의 개수
④ 칠각뿔대의 면의 개수
⑤ 십각뿔의 꼭짓점의 개수

03

다음 중 각 입체도형의 밑면과 옆면의 모양을 바르게 짝 지은 것은? [3점]

	입체도형	밑면의 모양	옆면의 모양
①	삼각뿔	삼각형	사각형
②	사각뿔대	사각형	직사각형
③	오각기둥	오각형	삼각형
④	육각뿔대	육각형	사다리꼴
⑤	팔각기둥	직사각형	팔각형

04

다음 중 팔각뿔에 대한 설명으로 옳지 <u>않은</u> 것은? [3점]

① 밑면의 개수는 1이다.
② 옆면의 모양은 삼각형이다.
③ 꼭짓점은 육각뿔의 꼭짓점보다 2개 더 많다.
④ 모서리의 개수는 오각뿔대의 모서리의 개수와 같다.
⑤ 밑면에 평행하게 자를 때 생기는 두 다면체 중에서
　 아랫부분은 팔각뿔대이다.

05

다음 중 오른쪽 그림과 같은 전 개도로 만든 입체도형에 대한 설명으로 옳지 <u>않은</u> 것은? [4점]

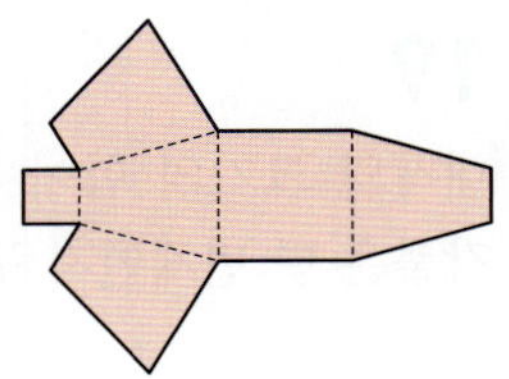

① 육면체이다.
② 사각뿔대이다.
③ 옆면의 모양은 사다리꼴이다.
④ 꼭짓점의 개수는 10이다.
⑤ 모서리의 개수는 12이다.

06

다음 조건을 모두 만족시키는 정다면체는? [4점]

> (개) 각 꼭짓점에 모인 면의 개수는 3이다.
> (내) 각 면의 모양은 모두 합동인 정삼각형이다.

① 정사면체　　② 정육면체　　③ 정팔면체
④ 정십이면체　　⑤ 정이십면체

07

오른쪽 그림과 같은 정사면체에서 각 모서리의 중점을 연결하여 만든 입체도 형의 면의 개수는? [4점]

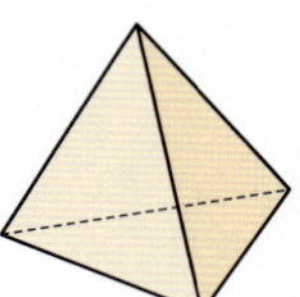

① 4　　　　　② 6
③ 8　　　　　④ 12
⑤ 20

08

오른쪽 그림과 같은 전개도로 정팔면체를 만들 때, 다음 중 $\overline{AB}$와 겹치는 모서리는? [4점]

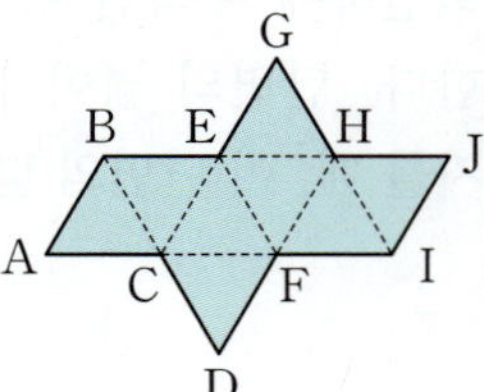

① $\overline{DF}$　　　② $\overline{IJ}$
③ $\overline{EG}$　　　④ $\overline{FI}$
⑤ $\overline{HJ}$

09

다음 중 정육면체를 한 평면으로 자를 때 생기는 단면의 모양이 될 수 <u>없는</u> 것은? [4점]

① 정삼각형　　② 정사각형　　③ 오각형
④ 육각형　　⑤ 칠각형

10

다음 중 평면도형을 한 직선을 회전축으로 하여 1회전 시킬 때 생기는 회전체로 옳은 것은? [4점]

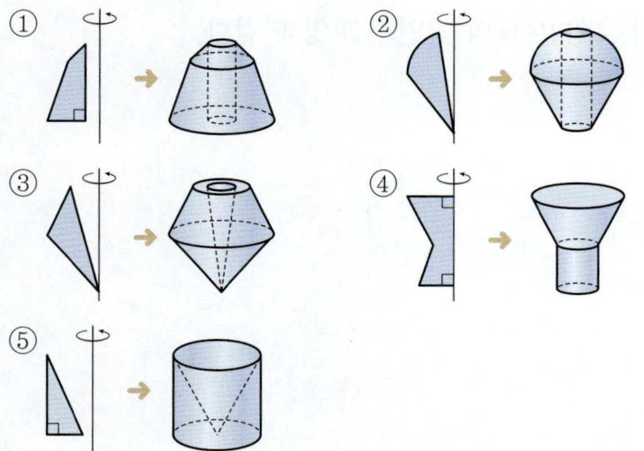

11

오른쪽 그림의 직각삼각형 ABC를 1회전 시켜 원뿔을 만들려고 할 때, 다음 중 회전축이 될 수 <u>없는</u> 것을 모두 고르면? (정답 2개) [4점]

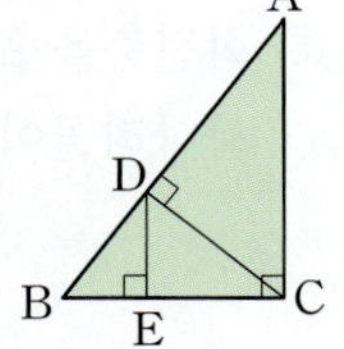

① $\overline{AB}$　　　　② $\overline{AC}$
③ $\overline{BC}$　　　　④ $\overline{CD}$
⑤ $\overline{DE}$

12

오른쪽 그림과 같은 평면도형을 직선 l을 회전축으로 하여 1회전 시킬 때 생기는 입체도형과 같은 모양의 그릇에 시간당 일정한 양의 물을 넣는다고 한다. 다음 중 경과 시간 x에 따른 물의 높이 y의 변화를 나타낸 그래프로 알맞은 것은? [5점]

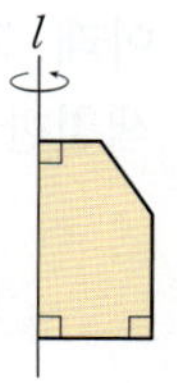

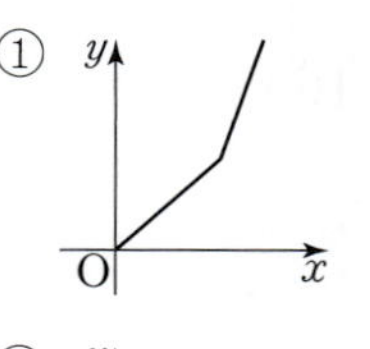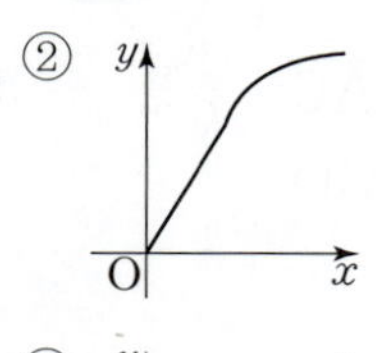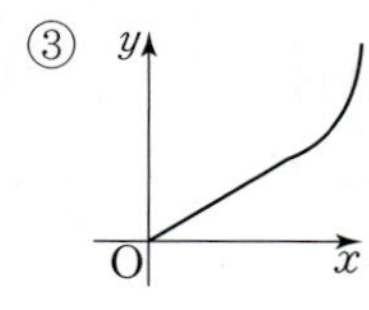
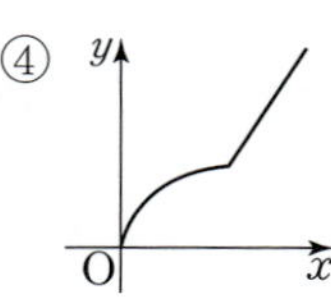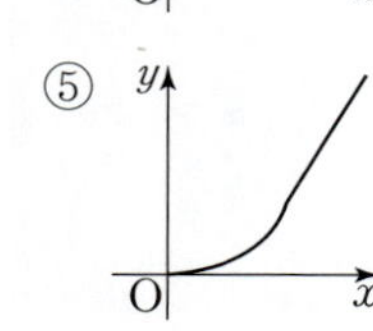

13

오른쪽 그림과 같은 원기둥을 회전축에 수직인 평면으로 자를 때 생기는 단면의 넓이와 회전축을 포함하는 평면으로 자를 때 생기는 단면의 넓이가 같다. 이 원기둥의 높이는? [4점]

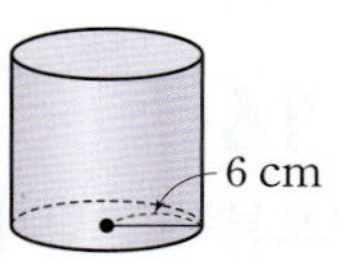

① π cm　　　② 3π cm　　　③ 5π cm
④ 7π cm　　　⑤ 9π cm

14

오른쪽 그림과 같이 직선 l로부터 6 cm 떨어진 위치에 있는 마름모의 대각선의 교점 O로부터 직선 l까지의 거리가 9 cm이다. 이 마름모를 직선 l을 회전축으로 하여 1회전 시킬 때 생기는 회전체를 점 O를 지나면서 회전축에 수직인 평면으로 자를 때 생기는 단면의 넓이는? [5점]

① 108π cm^2　　② 118π cm^2　　③ 128π cm^2
④ 138π cm^2　　⑤ 148π cm^2

15

아래 그림은 원뿔대와 그 전개도이다. 다음 중 원뿔대의 색칠한 밑면의 둘레의 길이와 같은 것은? [3점]

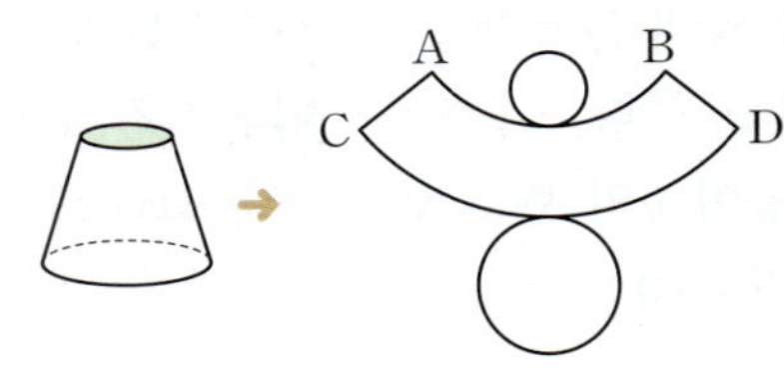

① $\overset{\frown}{AB}$　　② $\overline{AC}$　　③ $\overline{BD}$
④ $\overset{\frown}{CD}$　　⑤ $\overline{CD}$

16

오른쪽 그림과 같이 원기둥 위의 점 A에서 점 B까지 실로 이 원기둥을 두 바퀴 감으려고 한다. 다음 중 실의 길이가 가장 짧게 되는 경로를 전개도 위에 바르게 나타낸 것은? [5점]

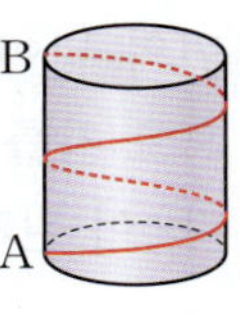

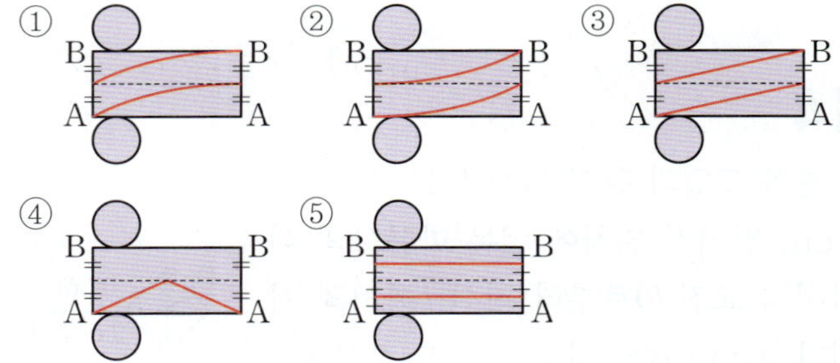

17

다음 **보기**의 입체도형에 대한 설명으로 옳지 <u>않은</u> 것은? [4점]

> ● 보기 ●
> ㄱ. 삼각뿔　　　ㄴ. 오각기둥　　ㄷ. 정육면체
> ㄹ. 원뿔　　　　ㅁ. 구　　　　　ㅂ. 육각뿔대

① 칠면체는 ㄴ뿐이다.
② ㄱ의 모서리의 개수와 ㄷ의 꼭짓점의 개수의 합이 14이다.
③ ㄱ, ㄷ은 한 꼭짓점에 모인 면의 개수가 같다.
④ ㅁ을 평면으로 자를 때 생기는 단면의 모양은 모두 원이다.
⑤ ㄹ을 회전축을 포함하는 평면으로 자를 때 생기는 단면의 모양은 ㅂ의 옆면의 모양과 같다.

18

다음 중 원뿔대에 대한 설명으로 옳지 <u>않은</u> 것은? [4점]

① 회전체이다.
② 회전축은 1개뿐이다.
③ 두 밑면은 서로 평행하고 합동이다.
④ 원뿔을 회전축에 수직인 평면으로 자르면 원뿔대가 생긴다.
⑤ 회전축을 포함하는 평면으로 자를 때 생기는 단면은 사다리꼴이다.

19

다면체의 면의 개수를 a, 꼭짓점의 개수를 b, 모서리의 개수를 c라 할 때, $a+b+c=74$를 만족시키는 각뿔대의 한 밑면의 대각선의 개수를 구하시오. [6점]

20

다음 조건을 모두 만족시키는 다면체를 구하시오. [4점]

㉮ 십면체이다.
㉯ 옆면의 모양은 직사각형이다.
㉰ 두 밑면은 서로 평행하고 합동이다.

21

어떤 정다면체의 각 면의 한가운데 점을 연결하여 만든 정다면체가 처음 정다면체와 같은 종류일 때, 이 정다면체가 무엇인지 쓰고, 모서리의 개수를 구하시오. [6점]

22

오른쪽 그림과 같은 평면도형을 직선 l을 회전축으로 하여 1회전 시킬 때 생기는 회전체를 회전축에 수직인 평면으로 잘랐다. 이때 생기는 단면 중 넓이가 가장 작은 단면의 넓이를 구하시오. [7점]

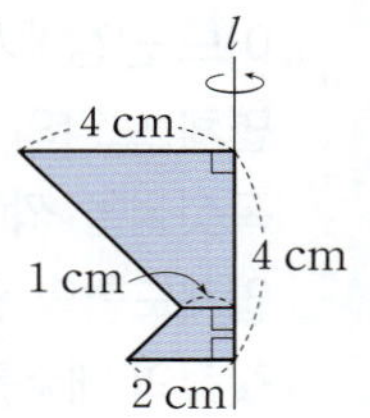

23

오른쪽 그림은 전등갓이 원뿔대 모양인 스탠드이다. 전등갓의 두 밑면의 반지름의 길이가 각각 5 cm, 8 cm이고 옆면의 모선의 길이가 7 cm일 때, 전개도의 옆면의 둘레의 길이를 구하시오. [7점]

중학교 수학 교과서 전체를 분석한 **교과서별 출제 예상 문제**예요!

01

지학사 변형

어느 공장에서는 오른쪽 그림과 같이 직육면체 모양의 나무 조각에서 한 밑면의 각 꼭짓점을 깎아 내어 상패를 제작한다. 이 입체도형의 면의 개수, 모서리의 개수, 꼭짓점의 개수를 각각 구하시오.

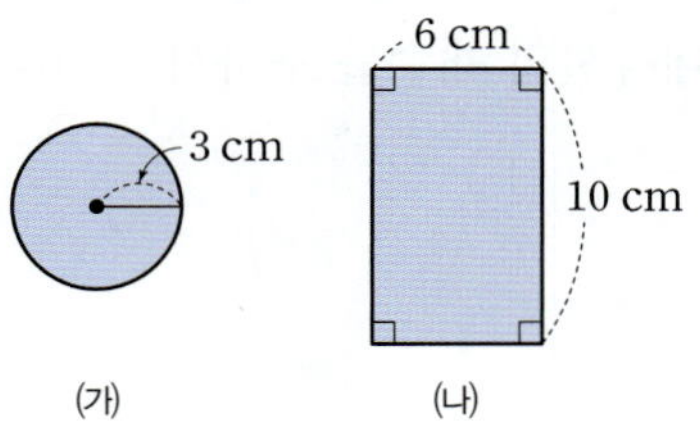

02

동아 변형

다음은 면이 10개이고, 모든 면이 합동인 정삼각형인 입체도형의 전개도이다.

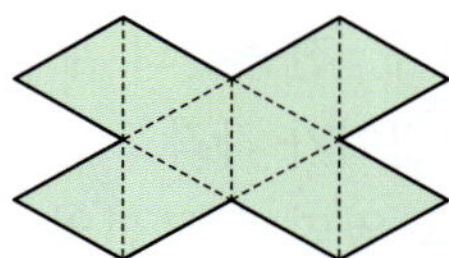

이 전개도로 만든 입체도형을 그리고, 이 입체도형이 정다면체가 아닌 이유를 쓰시오.

03

미래엔 변형

다음은 어떤 회전체를 회전축에 수직인 평면으로 자를 때 생기는 단면 ㈎와 회전축을 포함하는 평면으로 자를 때 생기는 단면 ㈏를 나타낸 것이다.

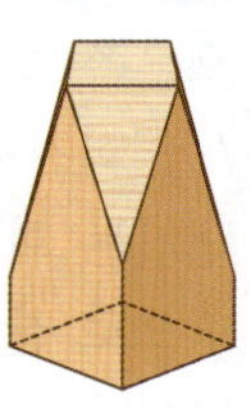

이 회전체를 그리고, 높이를 구하시오.

04

동아 변형

오른쪽 그림과 같이 밑변의 길이가 7 cm, 높이가 9 cm인 삼각형을 직선 l 을 회전축으로 하여 1회전 시킨 회전체를 회전축을 포함하는 평면으로 잘랐다. 이때 생기는 단면의 넓이를 구하시오.

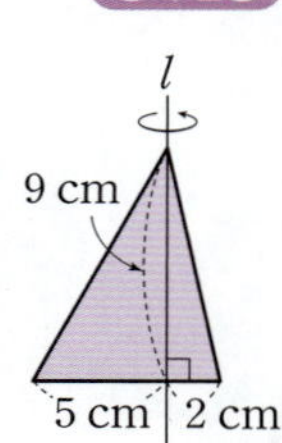

① 다면체와 회전체
②

2 입체도형의 겉넓이와 부피

c 단원별로 학습 계획을 세워 실천해 보세요.

학습 날짜	월 일	월 일	월 일	월 일
학습 계획				
학습 실행도	0 ☐☐☐☐☐ 100	0 ☐☐☐☐☐ 100	0 ☐☐☐☐☐ 100	0 ☐☐☐☐☐ 100
자기 반성				

입체도형의 겉넓이와 부피

개념 Check

1 아래 그림과 같은 각기둥과 그 전개도에서 다음을 구하시오.

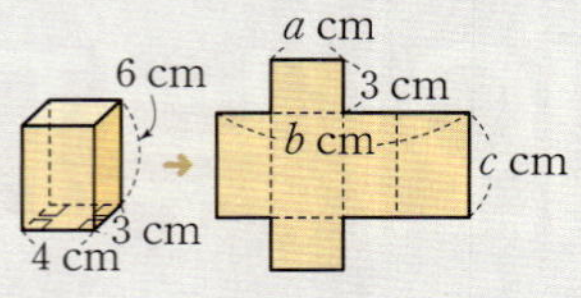

(1) a, b, c의 값

(2) 밑넓이

(3) 옆넓이

(4) 겉넓이

2 다음 그림과 같은 기둥의 겉넓이와 부피를 차례대로 구하시오.

(1)

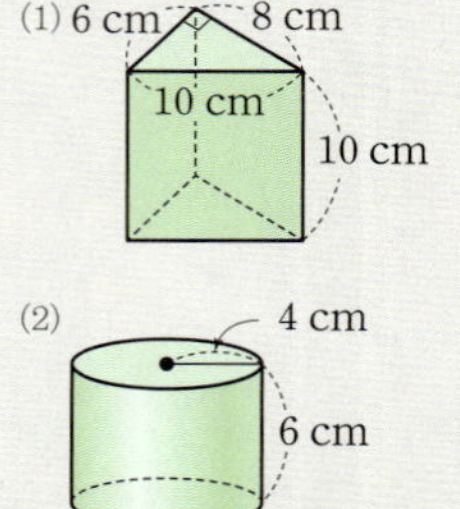

(2)

3 아래 그림과 같은 원뿔과 그 전개도에서 다음을 구하시오.

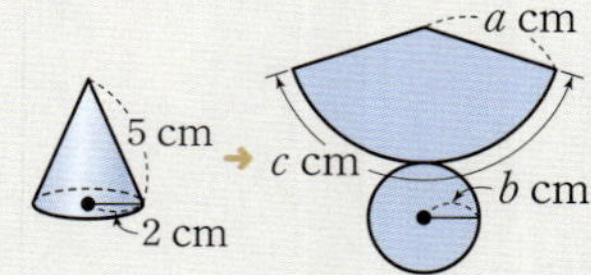

(1) a, b, c의 값

(2) 밑넓이

(3) 옆넓이

(4) 겉넓이

---

1 기둥의 겉넓이

(1) 각기둥의 겉넓이

각기둥의 겉넓이는 두 밑넓이와 옆넓이의 합이다.

→ (각기둥의 겉넓이) = (밑넓이) × 2 + (옆넓이)

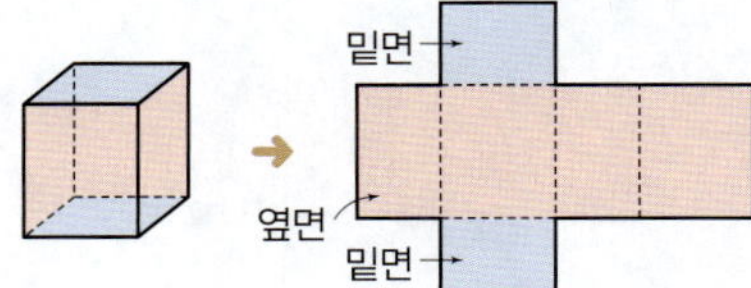

(2) 원기둥의 겉넓이

밑면인 원의 반지름의 길이가 r, 높이가 h인 원기둥의 겉넓이를 S라 하면

$$S = (밑넓이) \times 2 + (옆넓이)$$
$$= \pi r^2 \times 2 + 2\pi r \times h$$
$$= 2\pi r^2 + 2\pi rh$$

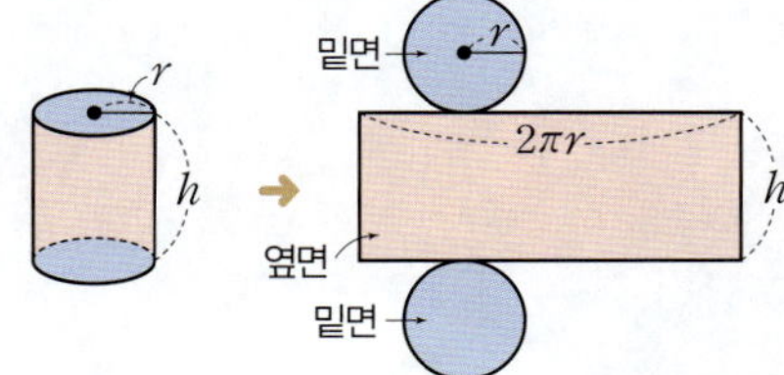

2 기둥의 부피

(1) 각기둥의 부피

밑넓이가 S, 높이가 h인 각기둥의 부피를 V라 하면

$$V = (밑넓이) \times (높이)$$
$$= Sh$$

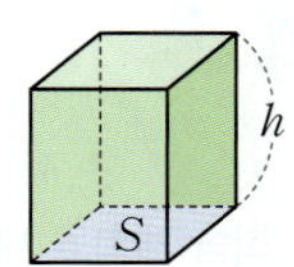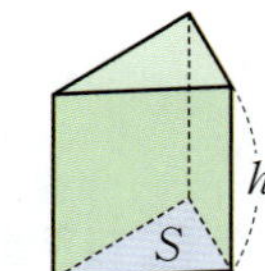

(2) 원기둥의 부피

밑면인 원의 반지름의 길이가 r, 높이가 h인 원기둥의 부피를 V라 하면

$$V = (밑넓이) \times (높이)$$
$$= \pi r^2 \times h = \pi r^2 h$$

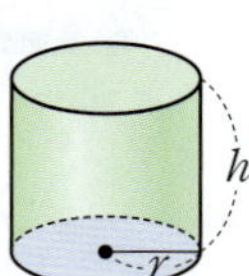

3 뿔의 겉넓이

(1) 각뿔의 겉넓이

각뿔의 겉넓이는 밑넓이와 옆넓이의 합이다.

→ (각뿔의 겉넓이) = (밑넓이) + (옆넓이)

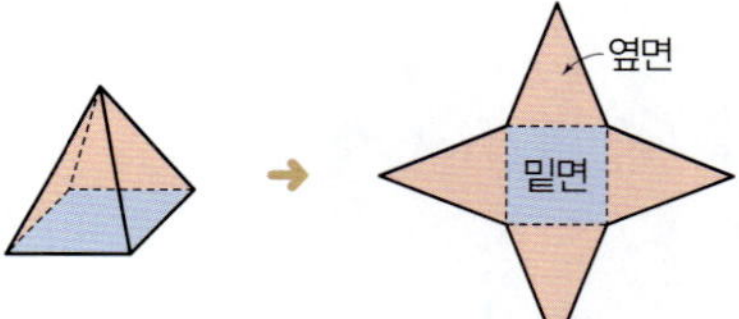

(2) 원뿔의 겉넓이

밑면인 원의 반지름의 길이가 r, 모선의 길이가 l인 원뿔의 겉넓이를 S라 하면

$$S = (밑넓이) + (옆넓이)$$
$$= \pi r^2 + \frac{1}{2} \times l \times 2\pi r = \pi r^2 + \pi rl$$

→ (부채꼴의 넓이) $= \dfrac{1}{2} \times$ (반지름의 길이) × (호의 길이)

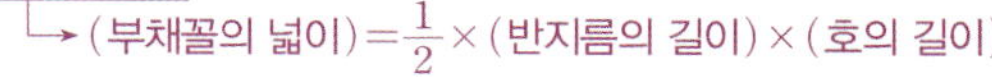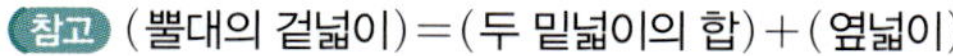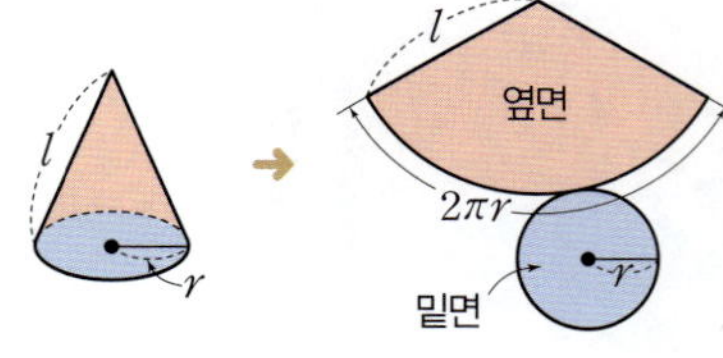

참고 (뿔대의 겉넓이) = (두 밑넓이의 합) + (옆넓이)

4 뿔의 부피

(1) 각뿔의 부피

밑넓이가 S, 높이가 h인 각뿔의 부피를 V라 하면

$$V = \frac{1}{3} \times (\text{밑넓이}) \times (\text{높이}) = \frac{1}{3}Sh$$

$\rightarrow \frac{1}{3} \times (\text{기둥의 부피})$

(2) 원뿔의 부피

밑면인 원의 반지름의 길이가 r, 높이가 h인 원뿔의 부피를 V라 하면

$$V = \frac{1}{3} \times (\text{밑넓이}) \times (\text{높이})$$

$$= \frac{1}{3} \times \pi r^2 \times h = \frac{1}{3}\pi r^2 h$$

참고 (뿔대의 부피) = (큰 뿔의 부피) − (작은 뿔의 부피)

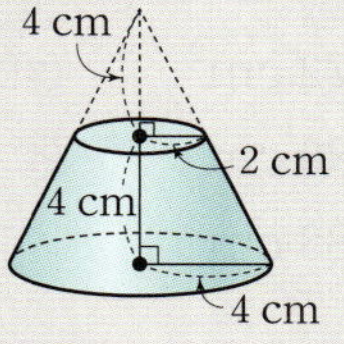

5 구의 겉넓이

반지름의 길이가 r인 구의 겉넓이를 S라 하면

$$S = 4\pi r^2$$

참고 반구의 반지름의 길이를 r이라 하면

$$(\text{반구의 겉넓이}) = 4\pi r^2 \times \frac{1}{2} + \pi r^2$$

6 구의 부피

반지름의 길이가 r인 구의 부피를 V라 하면

$$V = \frac{4}{3}\pi r^3$$

참고 원기둥에 꼭 맞게 들어가는 원뿔과 구에 대하여

① $(\text{원뿔의 부피}) = \frac{1}{3} \times (\pi r^2 \times 2r) = \frac{2}{3}\pi r^3$

② $(\text{구의 부피}) = \frac{4}{3}\pi r^3$

③ $(\text{원기둥의 부피}) = \pi r^2 \times 2r = 2\pi r^3$

$\rightarrow (\text{원뿔의 부피}) : (\text{구의 부피}) : (\text{원기둥의 부피}) = \frac{2}{3}\pi r^3 : \frac{4}{3}\pi r^3 : 2\pi r^3$

$$= 1 : 2 : 3$$

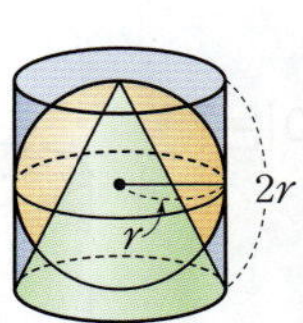

4 다음 그림과 같은 뿔의 겉넓이와 부피를 차례대로 구하시오.

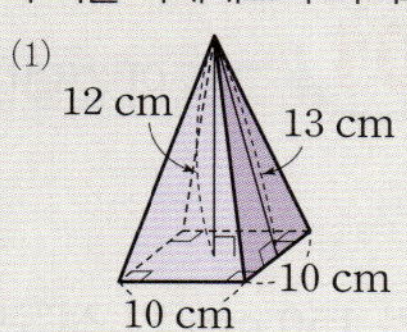
(1)

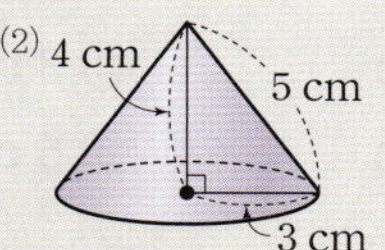
(2)

5 다음 그림과 같은 원뿔대의 부피를 구하시오.

6 다음 그림과 같은 구의 겉넓이와 부피를 차례대로 구하시오.

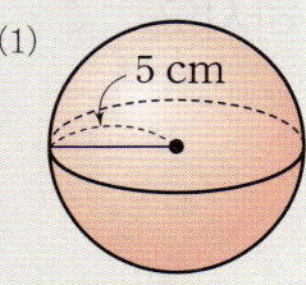
(1)

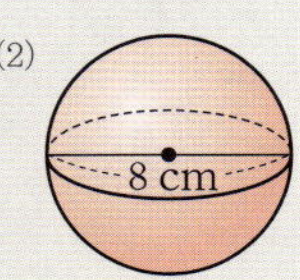
(2)

7 다음 그림과 같은 반구의 겉넓이와 부피를 차례대로 구하시오.

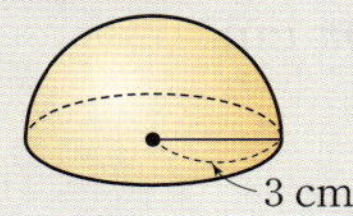

유형 01 기둥의 겉넓이

최다 빈출

01

겉넓이가 150 cm²인 정육면체의 한 모서리의 길이는?

① 2 cm ② 3 cm ③ 4 cm

④ 5 cm ⑤ 6 cm

02 내신 빈출

오른쪽 그림과 같은 삼각기둥의 겉넓이는?

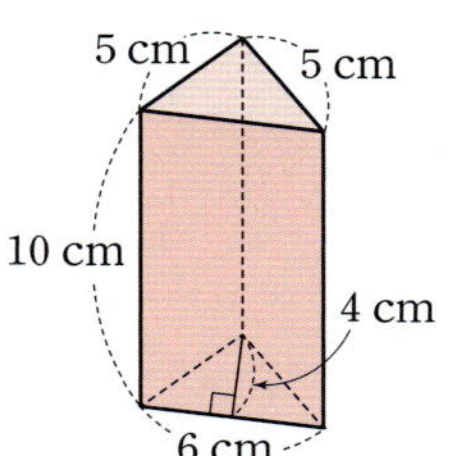

① 172 cm² ② 176 cm²

③ 180 cm² ④ 184 cm²

⑤ 188 cm²

03

오른쪽 그림과 같은 사각기둥의 겉넓이를 구하시오.

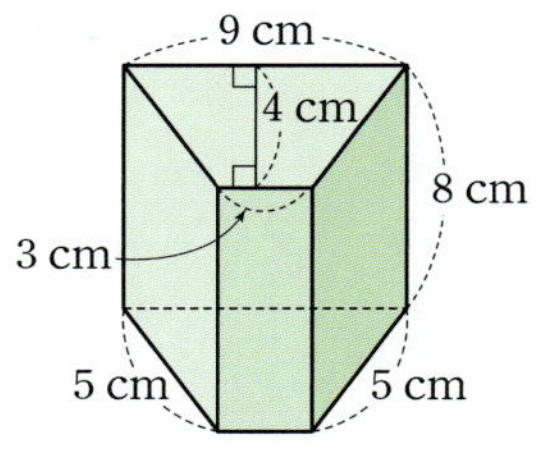

04 내신 빈출

오른쪽 그림과 같은 원기둥의 겉넓이는?

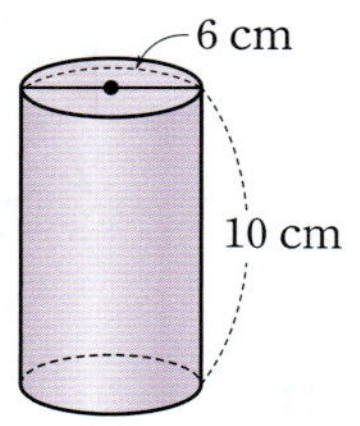

① 66π cm² ② 72π cm²

③ 78π cm² ④ 84π cm²

⑤ 90π cm²

05

오른쪽 그림과 같은 원기둥의 겉넓이가 96π cm²일 때, 이 원기둥의 높이를 구하시오.

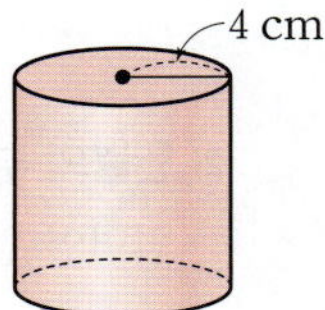

유형 02 기둥의 부피

최다 빈출

06 내신 빈출

오른쪽 그림과 같은 사각기둥의 부피는?

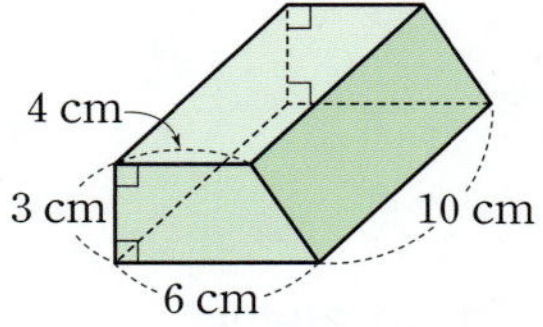

① 120 cm³ ② 128 cm³

③ 136 cm³ ④ 142 cm³

⑤ 150 cm³

07

오른쪽 그림과 같은 전개도로 만들어지는 원기둥의 부피를 구하시오.

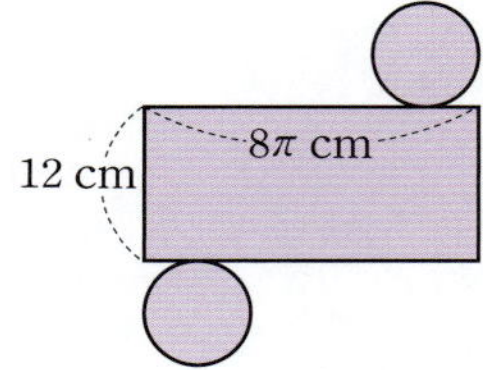

08

오른쪽 그림과 같은 사각형을 밑면으로 하는 사각기둥의 부피가 200 cm³일 때, 이 사각기둥의 높이를 구하시오.

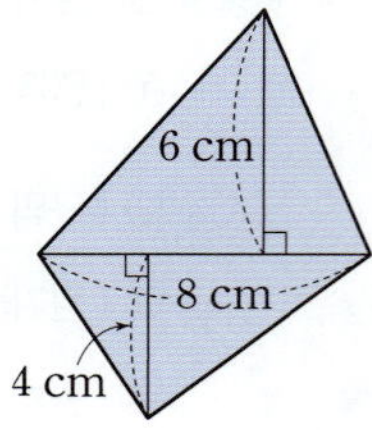

09

다음 그림과 같이 크기가 같은 정육면체 모양의 물통 세 개에 높이가 각각 a cm, b cm, c cm가 되도록 물을 채웠다. 세 물통에 들어 있는 물의 부피가 각각 20 cm³, 60 cm³, 140 cm³일 때, $a : b : c$는?

(단, 물통의 두께는 생각하지 않는다.)

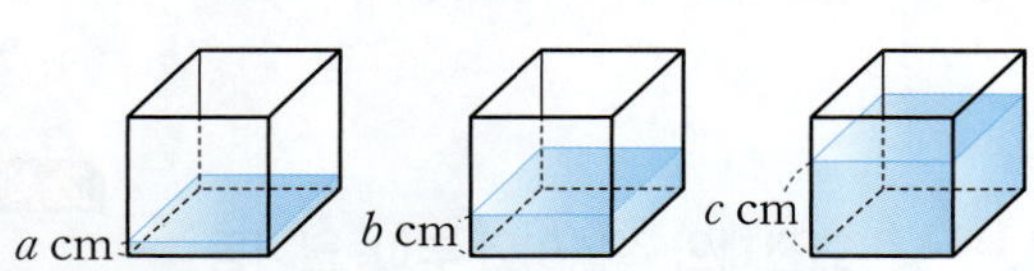

① $1 : 2 : 7$　　② $1 : 3 : 7$　　③ $1 : 4 : 7$
④ $1 : 3 : 9$　　⑤ $1 : 4 : 9$

10 　내신 빈출

다음 그림과 같은 원기둥 A의 부피와 원기둥 B의 부피가 서로 같을 때, 원기둥 A의 옆넓이를 구하시오.

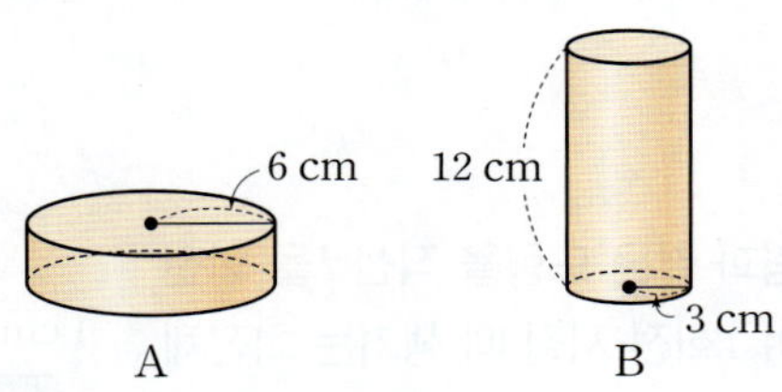

유형 **03**　밑면이 부채꼴인 기둥의 겉넓이와 부피

11 　내신 빈출

오른쪽 그림과 같이 밑면이 부채꼴인 기둥의 부피가 24π cm³일 때, 이 기둥의 높이는?

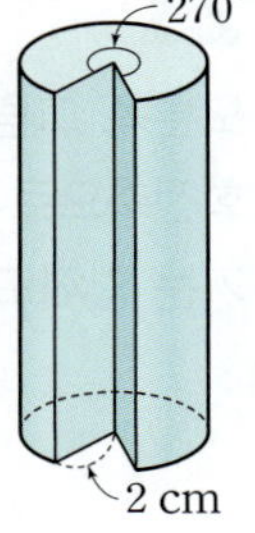

① 6 cm　　　　② 7 cm
③ 8 cm　　　　④ 9 cm
⑤ 10 cm

12

오른쪽 그림은 밑면의 반지름의 길이가 6 cm, 높이가 8 cm인 원기둥의 일부분이다. 이 입체도형의 겉넓이를 a cm², 부피를 b cm³라 할 때, $b-a$의 값은?

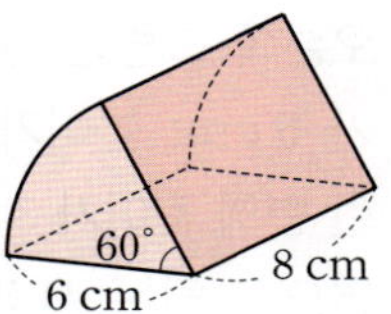

① $20\pi-96$　　② $20\pi-90$　　③ $24\pi-96$
④ $24\pi-90$　　⑤ $28\pi-96$

13

오른쪽 그림과 같이 원기둥을 잘라서 밑면이 부채꼴인 두 기둥으로 나누었을 때, 큰 기둥의 부피와 작은 기둥의 부피의 비는?

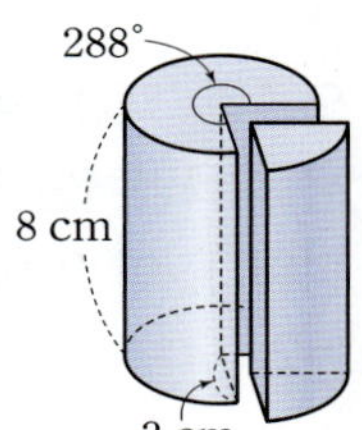

① $3 : 1$　　　　② $4 : 1$
③ $5 : 1$　　　　④ $3 : 2$
⑤ $5 : 3$

유형 **04**　구멍이 뚫린 기둥의 겉넓이와 부피

14 　내신 빈출

오른쪽 그림과 같은 입체도형의 부피를 구하시오.

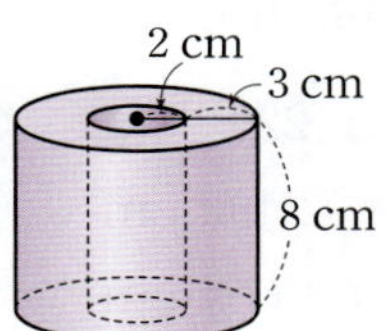

15

오른쪽 그림과 같은 입체도형의 겉넓이를 a cm², 부피를 b cm³라 할 때, $a+b$의 값을 구하시오.

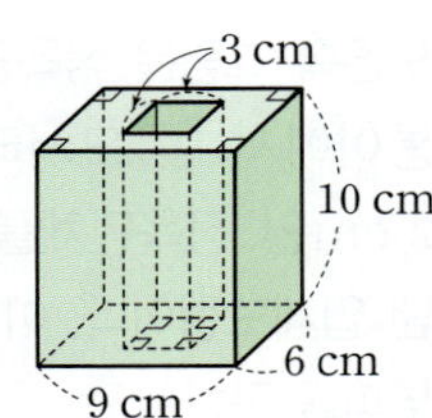

16

오른쪽 그림은 밑면의 반지름의 길이가 6 cm, 높이가 10 cm인 원기둥에 한 변의 길이가 3 cm인 정사각형을 밑면으로 하는 사각기둥 모양의 구멍을 뚫어 만든 입체도형이다. 이 입체도형의 겉넓이를 구하시오.

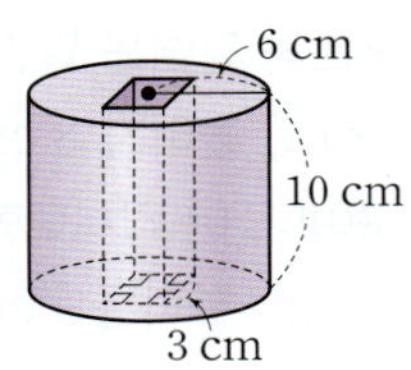

유형 05 기둥의 일부를 잘라 낸 입체도형의 겉넓이와 부피

17

오른쪽 그림은 직육면체에서 작은 직육면체를 잘라 낸 입체도형이다. 이 입체도형의 겉넓이는?

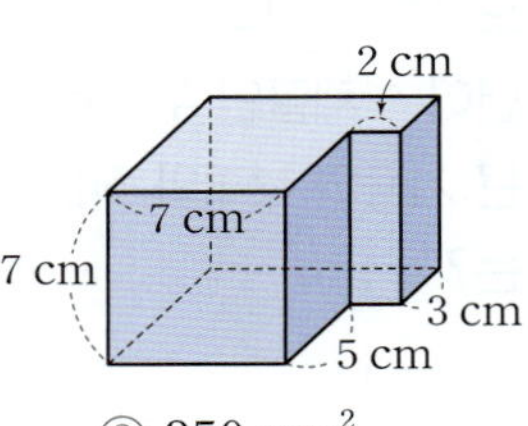

① 338 cm^2 ② 344 cm^2 ③ 350 cm^2
④ 356 cm^2 ⑤ 362 cm^2

18

오른쪽 그림은 원기둥을 평면으로 비스듬히 자르고 남은 입체도형이다. 이 입체도형의 부피는?

① 220π cm^3 ② 230π cm^3
③ 240π cm^3 ④ 250π cm^3
⑤ 260π cm^3

19

오른쪽 그림은 직육면체의 네 귀퉁이에서 한 모서리의 길이가 2 cm인 정육면체를 각각 잘라 낸 입체도형이다. 이 입체도형의 부피를 구하시오.

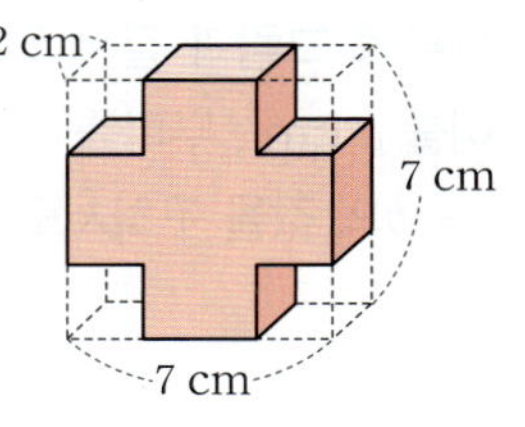

20

오른쪽 그림과 같은 입체도형의 겉넓이를 구하시오.

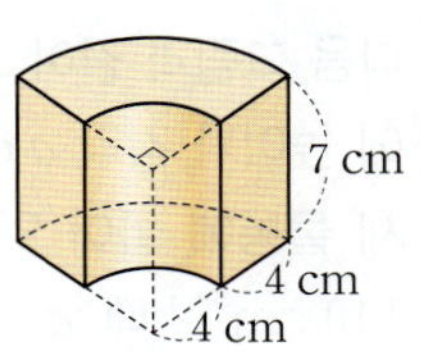

유형 06 회전체의 겉넓이와 부피-원기둥   ✎ 최다 빈출

21 내신 빈출

오른쪽 그림과 같은 직사각형을 직선 *l*을 회전축으로 하여 1회전 시킬 때 생기는 회전체의 겉넓이는?

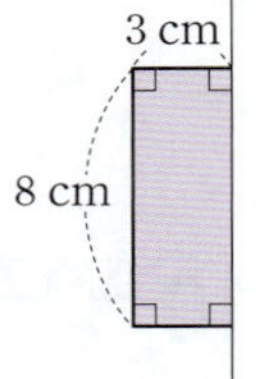

① 60π cm^2 ② 66π cm^2
③ 72π cm^2 ④ 78π cm^2
⑤ 84π cm^2

22

오른쪽 그림과 같은 도형을 직선 *l*을 회전축으로 하여 1회전 시킬 때 생기는 회전체의 부피는?

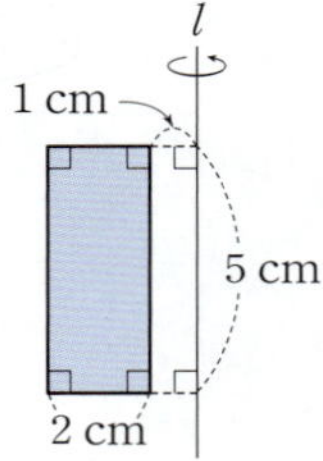

① 40π cm^3 ② 43π cm^3
③ 46π cm^3 ④ 49π cm^3
⑤ 52π cm^3

23 실수 주의

오른쪽 그림과 같은 직사각형을 직선 *l*을 회전축으로 하여 120°만큼 회전시킬 때 생기는 입체도형의 부피를 구하시오.

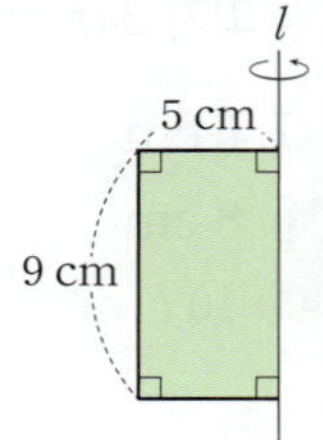

유형 07 뿔의 겉넓이   📝 최다 빈출

24

오른쪽 그림과 같은 전개도로 만들어지는 정사각뿔의 겉넓이를 구하시오.

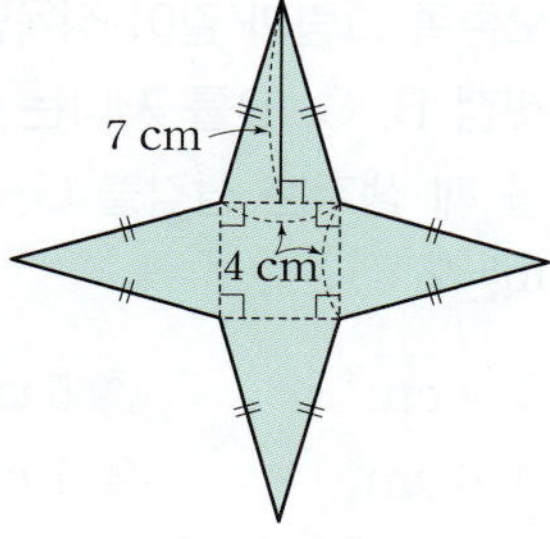

25 내신 빈출

오른쪽 그림과 같은 정사각뿔의 겉넓이는?

① 252 cm² ② 262 cm²
③ 272 cm² ④ 282 cm²
⑤ 292 cm²

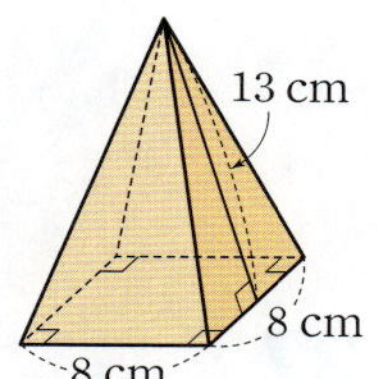

26

오른쪽 그림과 같은 원뿔의 겉넓이가 152π cm²일 때, 이 원뿔의 모선의 길이를 구하시오.

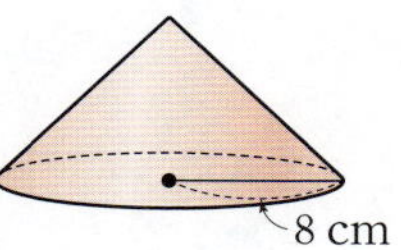

27

모선의 길이가 밑면의 반지름의 길이의 3배인 원뿔이 있다. 이 원뿔의 겉넓이가 64π cm²일 때, 밑면의 반지름의 길이는?

① 3 cm ② 4 cm ③ 5 cm
④ 6 cm ⑤ 7 cm

유형 08 뿔의 부피   📝 최다 빈출

28 내신 빈출

오른쪽 그림과 같은 삼각뿔의 부피는?

① 36 cm³ ② 40 cm³
③ 44 cm³ ④ 48 cm³
⑤ 52 cm³

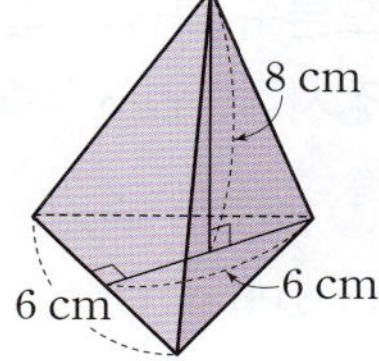

29

오른쪽 그림과 같은 원뿔의 부피가 18π cm³일 때, 이 원뿔의 높이를 구하시오.

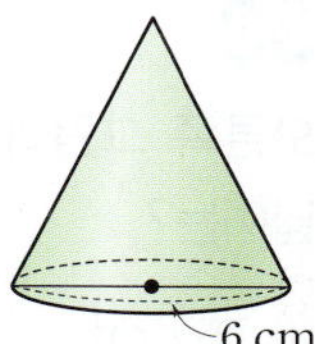

30

다음 그림과 같은 세 입체도형 A, B, C를 부피가 큰 것부터 차례대로 나열하시오.

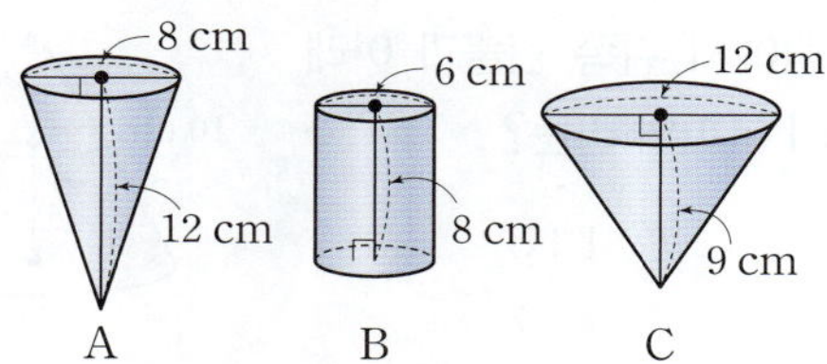

31 실수 주의

오른쪽 그림의 사각형 ABCD는 한 변의 길이가 8 cm인 정사각형이고, 점 E, F는 각각 $\overline{AB}$, $\overline{BC}$의 중점이다. 사각형 ABCD를 $\overline{DE}$, $\overline{EF}$, $\overline{FD}$를 접는 선으로 하여 접을 때 생기는 입체도형의 부피를 구하시오.

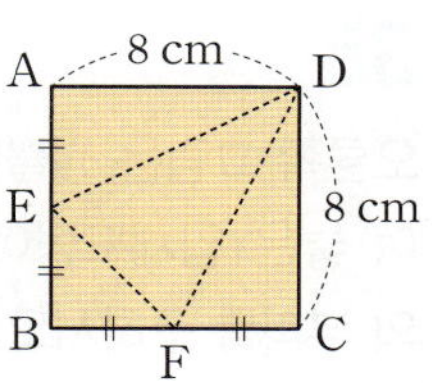

유형 09 뿔대의 겉넓이와 부피

32 내신 빈출

오른쪽 그림과 같이 두 밑면이 모두 정사각형인 사각뿔대의 겉넓이는?

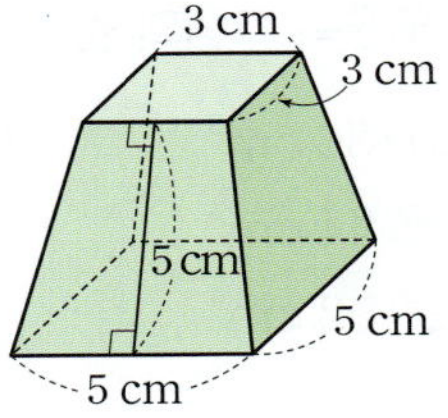

① 98 cm^2 ② 102 cm^2
③ 106 cm^2 ④ 110 cm^2
⑤ 114 cm^2

33

오른쪽 그림과 같은 원뿔대의 겉넓이는?

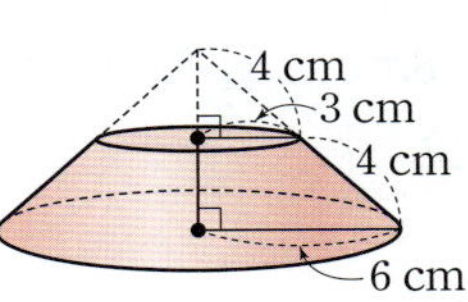

① 75π cm^2 ② 81π cm^2
③ 87π cm^2 ④ 93π cm^2
⑤ 99π cm^2

34

오른쪽 그림에서 위쪽 원뿔과 아래쪽 원뿔대의 부피의 비는?

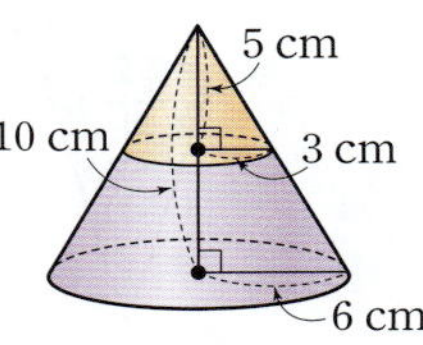

① 1 : 4 ② 1 : 5
③ 1 : 6 ④ 1 : 7
⑤ 1 : 8

35

오른쪽 그림은 원뿔대와 원기둥을 붙여 놓은 입체도형이다. 이 입체도형의 부피를 구하시오.

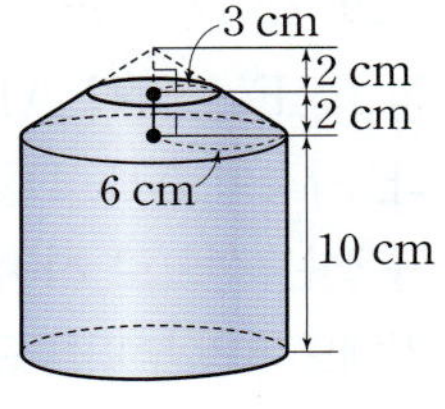

심화 유형 10 직육면체에서 잘라 낸 각뿔의 부피

36 내신 빈출

오른쪽 그림과 같이 직육면체를 세 꼭짓점 B, G, D를 지나는 평면으로 자를 때 생기는 삼각뿔 C−BGD의 부피는?

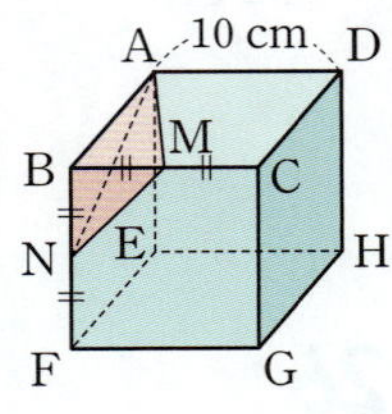

① 4 cm^3 ② 5 cm^3
③ 6 cm^3 ④ 7 cm^3
⑤ 8 cm^3

37

오른쪽 그림과 같이 한 모서리의 길이가 10 cm인 정육면체에서 모서리 BC, BF의 중점을 각각 M, N이라 할 때, 삼각뿔 B−AMN의 부피를 구하시오.

38

오른쪽 그림은 한 모서리의 길이가 8 cm인 정육면체에서 삼각뿔을 잘라 낸 입체도형이다. 이 입체도형의 부피를 구하시오.

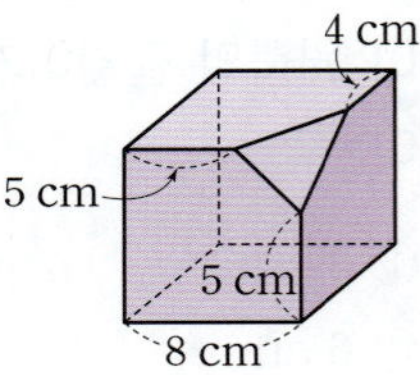

유형 11 그릇에 담긴 물의 부피

39 내신 빈출

오른쪽 그림과 같은 직육면체 모양의 그릇에 물을 가득 채운 후 그릇을 기울여 물을 흘려보냈다. 이때 남아 있는 물의 부피를 구하시오.
(단, 그릇의 두께는 생각하지 않는다.)

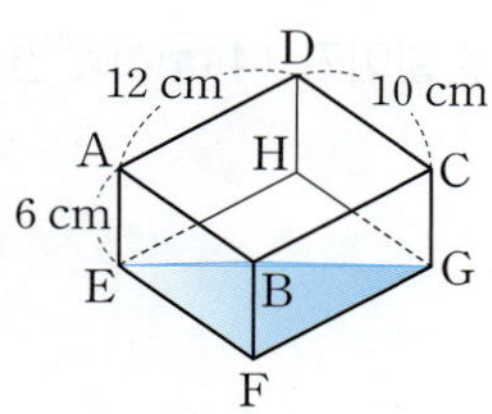

40

오른쪽 그림과 같이 직육면체 모양의 그릇을 기울여 물을 담았다. 그릇에 담긴 물의 부피가 $50 \ cm^3$일 때, x의 값은?
(단, 그릇의 두께는 생각하지 않는다.)

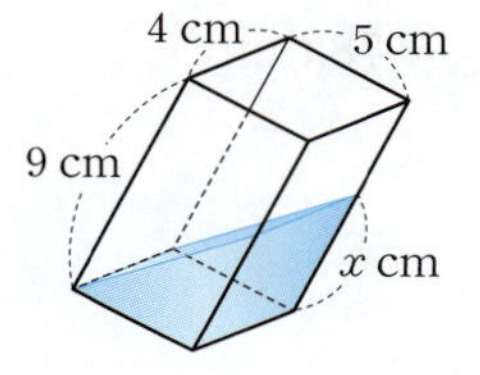

① $\dfrac{7}{2}$　　② 4　　③ $\dfrac{9}{2}$

④ 5　　⑤ $\dfrac{11}{2}$

41

오른쪽 그림과 같은 원뿔 모양의 그릇에 1분에 $4\pi \ cm^3$씩 물을 넣을 때, 빈 그릇을 가득 채우려면 몇 분 동안 물을 넣어야 하는가?
(단, 그릇의 두께는 생각하지 않는다.)

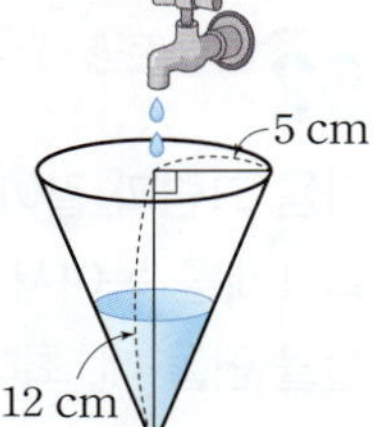

① 25분　　② 30분
③ 35분　　④ 40분
⑤ 45분

유형 12 회전체의 겉넓이와 부피 - 원뿔, 원뿔대

최다 빈출

42

오른쪽 그림과 같은 직각삼각형을 직선 l을 회전축으로 하여 1회전 시킬 때 생기는 회전체의 부피는?

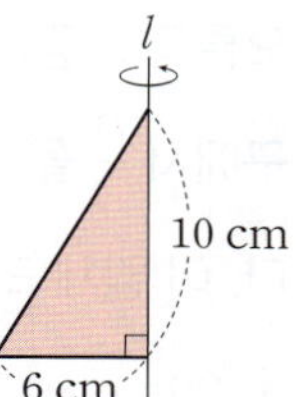

① $80\pi \ cm^3$　　② $90\pi \ cm^3$
③ $100\pi \ cm^3$　　④ $110\pi \ cm^3$
⑤ $120\pi \ cm^3$

43 내신 빈출

오른쪽 그림과 같은 사다리꼴을 직선 l을 회전축으로 하여 1회전 시킬 때 생기는 회전체의 부피를 구하시오.

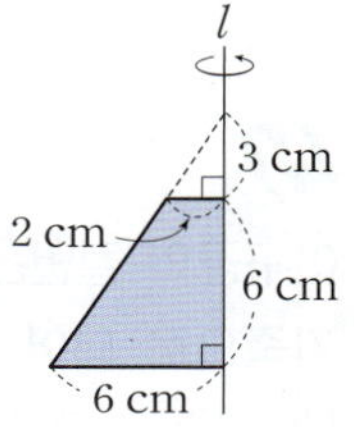

44

오른쪽 그림과 같은 사다리꼴을 직선 l을 회전축으로 하여 1회전 시킬 때 생기는 회전체의 겉넓이를 구하시오.

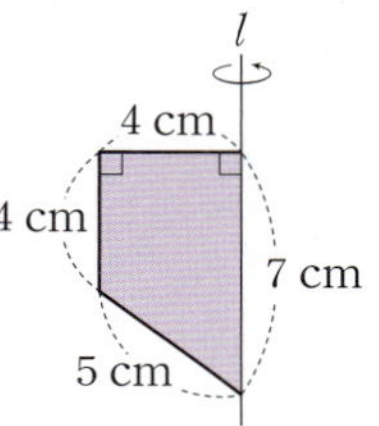

45 실수 주의

오른쪽 그림과 같은 직각삼각형 ABC를 $\overline{AC}$를 회전축으로 하여 1회전 시킬 때 생기는 회전체의 겉넓이를 구하시오.

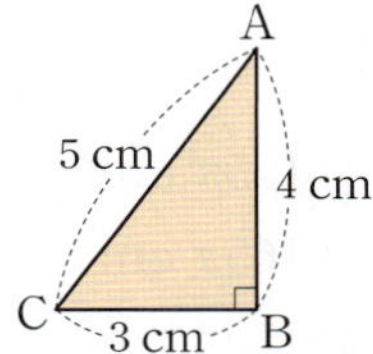

유형 13 구의 겉넓이

46 내신 빈출

오른쪽 그림은 반지름의 길이가 $5\,\mathrm{cm}$인 구에서 $\dfrac{1}{4}$을 잘라 내고 남은 입체도형이다. 이 입체도형의 겉넓이는?

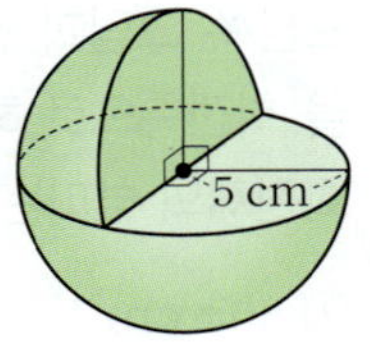

① $90\pi\,\mathrm{cm}^2$ ② $100\pi\,\mathrm{cm}^2$
③ $110\pi\,\mathrm{cm}^2$ ④ $120\pi\,\mathrm{cm}^2$
⑤ $130\pi\,\mathrm{cm}^2$

47

야구공의 겉면은 다음 그림과 같이 똑같이 생긴 두 조각의 가죽으로 되어 있다. 이 야구공의 지름의 길이가 $8\,\mathrm{cm}$일 때, 가죽 한 조각의 넓이를 구하시오.
（단, 가죽의 두께는 생각하지 않는다.）

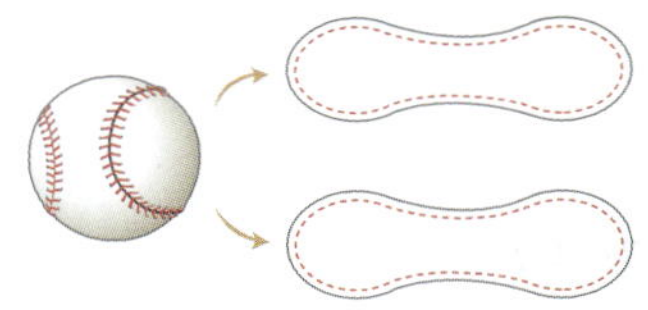

48

오른쪽 그림은 원뿔, 원기둥, 반구를 붙여 놓은 입체도형이다. 이 입체도형의 겉넓이는?

① $155\pi\,\mathrm{cm}^2$ ② $160\pi\,\mathrm{cm}^2$
③ $165\pi\,\mathrm{cm}^2$ ④ $170\pi\,\mathrm{cm}^2$
⑤ $175\pi\,\mathrm{cm}^2$

유형 14 구의 부피

49

겉넓이가 $144\pi\,\mathrm{cm}^2$인 구의 부피를 구하시오.

50

오른쪽 그림은 원기둥과 반구를 붙여 놓은 입체도형이다. 이 입체도형의 부피는?

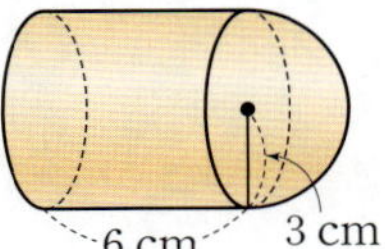

① $70\pi\,\mathrm{cm}^3$ ② $72\pi\,\mathrm{cm}^3$
③ $74\pi\,\mathrm{cm}^3$ ④ $76\pi\,\mathrm{cm}^3$
⑤ $78\pi\,\mathrm{cm}^3$

51 내신 빈출

오른쪽 그림은 반지름의 길이가 $4\,\mathrm{cm}$인 구에서 $\dfrac{1}{8}$을 잘라 내고 남은 입체도형이다. 이 입체도형의 부피를 구하시오.

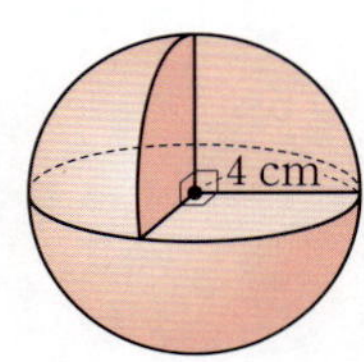

52 실수 주의

다음 그림과 같이 반지름의 길이가 $6\,\mathrm{cm}$인 구 모양의 쇠구슬 1개를 녹여서 반지름의 길이가 $3\,\mathrm{cm}$인 구 모양의 쇠구슬을 만들 때, 최대 몇 개를 만들 수 있는지 구하시오.

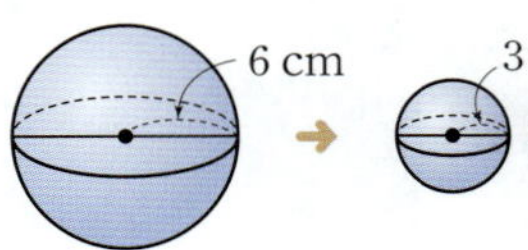
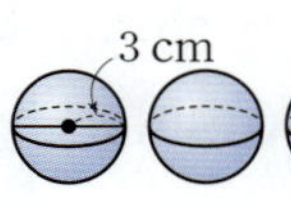
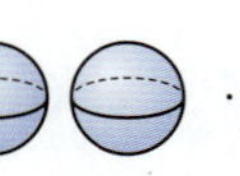

유형 15 회전체의 겉넓이와 부피 - 구

53

오른쪽 그림과 같은 부채꼴 AOB를 반지름 AO를 회전축으로 하여 1회전 시킬 때 생기는 회전체의 겉넓이를 구하시오.

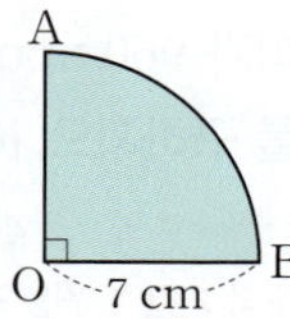

54 실수 주의

오른쪽 그림과 같은 평면도형을 직선 l을 회전축으로 하여 1회전 시킬 때 생기는 회전체의 부피를 구하시오.

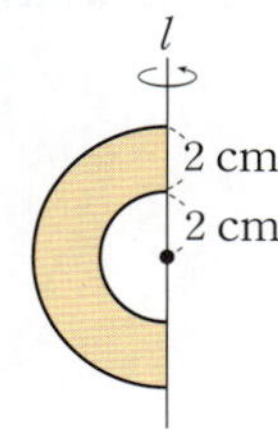

55 신경향

오른쪽 그림과 같은 평면도형을 직선 l을 회전축으로 하여 1회전 시킬 때 생기는 회전체의 부피를 구하시오.

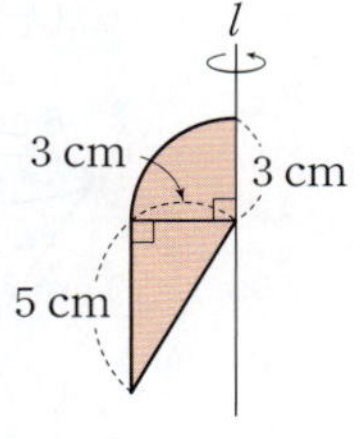

56 실수 주의

오른쪽 그림과 같은 평면도형을 직선 l을 회전축으로 하여 1회전 시킬 때 생기는 회전체의 겉넓이는?

① $29\pi \text{ cm}^2$ ② $33\pi \text{ cm}^2$
③ $37\pi \text{ cm}^2$ ④ $41\pi \text{ cm}^2$
⑤ $45\pi \text{ cm}^2$

심화 유형 16 입체도형에 꼭 맞게 들어가는 입체도형

57 내신 빈출

오른쪽 그림과 같이 원기둥에 구와 원뿔이 꼭 맞게 들어 있다. 구의 부피가 $972\pi \text{ cm}^3$일 때, 원뿔의 부피를 $a \text{ cm}^3$, 원기둥의 부피를 $b \text{ cm}^3$라 하자. 이때 $\dfrac{b}{a}$의 값을 구하시오.

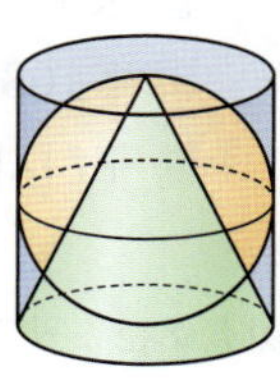

58 내신 빈출

오른쪽 그림과 같이 원기둥에 크기가 같은 구 3개가 꼭 맞게 들어 있다. 원기둥의 부피가 $162\pi \text{ cm}^3$일 때, 구 1개의 부피는?

① $33\pi \text{ cm}^3$ ② $36\pi \text{ cm}^3$
③ $39\pi \text{ cm}^3$ ④ $42\pi \text{ cm}^3$
⑤ $45\pi \text{ cm}^3$

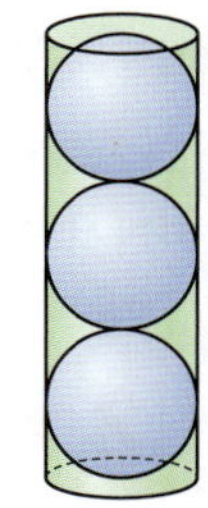

59

오른쪽 그림과 같이 반지름의 길이가 4 cm인 구에 정팔면체가 꼭 맞게 들어 있다. 이 정팔면체의 부피를 구하시오.

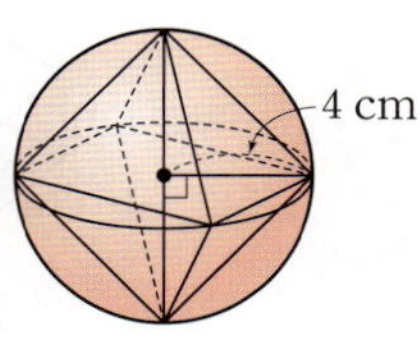

60

오른쪽 그림과 같이 한 모서리의 길이가 3 cm인 정육면체에 구와 정사각뿔이 꼭 맞게 들어 있다. 정육면체의 부피를 $a \text{ cm}^3$, 정사각뿔의 부피를 $b \text{ cm}^3$, 구의 부피를 $c\pi \text{ cm}^3$라 할 때, $a : b : c$를 가장 간단한 자연수의 비로 나타내시오.

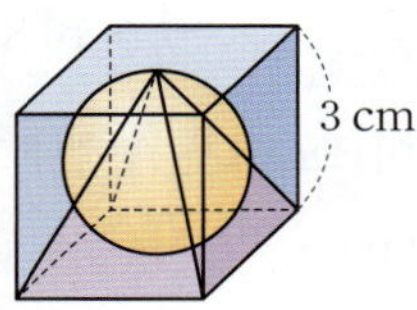

01

밑면의 반지름의 길이와 높이의 비가 2 : 3인 원뿔의 부피가 108π cm³일 때, 이 원뿔의 밑면의 반지름의 길이를 구하시오. [6점]

채점 기준 1 원뿔의 부피를 원뿔의 밑면의 반지름의 길이를 이용하여 나타내기 … 3점

원뿔의 밑면의 반지름의 길이를 $2r$ cm라 하면 높이는

______ cm이므로 원뿔의 부피는

______ $\times \pi \times (2r)^2 \times$ ______ $=$ ______ (cm³)

채점 기준 2 원뿔의 밑면의 반지름의 길이 구하기 … 3점

원뿔의 부피가 108π cm³이므로

______ $=108\pi$ ∴ $r=$ ______

따라서 원뿔의 밑면의 반지름의 길이는 ______ cm이다.

01-1 　숫자 바꾸기

밑면의 반지름의 길이와 높이의 비가 3 : 5인 원뿔의 부피가 960π cm³일 때, 이 원뿔의 밑면의 반지름의 길이를 구하시오. [6점]

채점 기준 1 원뿔의 부피를 원뿔의 밑면의 반지름의 길이를 이용하여 나타내기 … 3점

채점 기준 2 원뿔의 밑면의 반지름의 길이 구하기 … 3점

02

다음 그림과 같은 직육면체 모양의 그릇 A에 물을 가득 채운 후 그릇을 기울여 직육면체 모양의 빈 그릇 B에 물의 일부를 흘려보냈더니 수면의 높이가 x cm가 되었다. 이때 x의 값을 구하시오. (단, 그릇의 두께는 생각하지 않는다.) [6점]

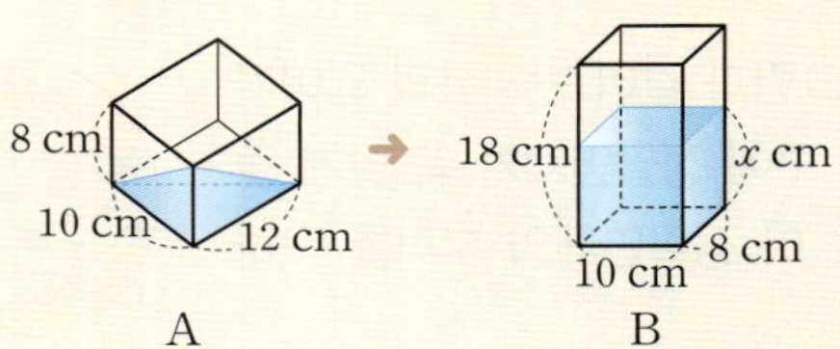

채점 기준 1 그릇 A에서 그릇 B로 흘려보낸 물의 부피 구하기 … 3점

그릇 A의 부피는 $10\times 12\times$ ______ $=$ ______ (cm³)

그릇 A에 남아 있는 물의 부피는

______ $\times \left(\dfrac{1}{2}\times 10\times 12\right) \times$ ______ $=$ ______ (cm³)

이므로 그릇 A에서 그릇 B로 흘려보낸 물의 부피는

$960-$ ______ $=$ ______ (cm³)

채점 기준 2 그릇 B에 담긴 물의 부피 구하기 … 2점

그릇 B에 담긴 물의 부피는 $10\times$ ______ $\times x=$ ______ (cm³)

채점 기준 3 x의 값 구하기 … 1점

그릇 A에서 그릇 B로 흘려보낸 물의 부피와 그릇 B에 담긴 물의 부피가 같으므로 $800=$ ______   ∴ $x=$ ______

02-1 　조건 바꾸기

다음 그림과 같은 원뿔 모양의 그릇 A에 물을 가득 담아 원기둥 모양의 빈 그릇 B에 모두 부었더니 수면의 높이가 x cm가 되었다. 이때 x의 값을 구하시오. (단, 그릇의 두께는 생각하지 않는다.) [6점]

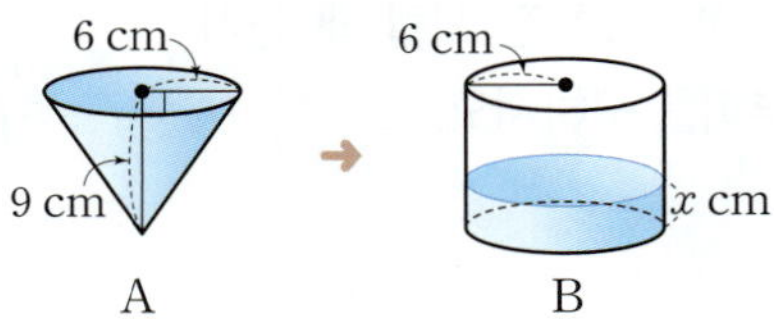

채점 기준 1 그릇 A에 담긴 물의 부피 구하기 … 3점

채점 기준 2 그릇 B에 담긴 물의 부피 구하기 … 2점

채점 기준 3 x의 값 구하기 … 1점

03

오른쪽 그림과 같이 밑면의 지름의
길이가 4 cm, 높이가 15 cm인 원
기둥 모양의 롤러로 벽에 페인트칠
을 하려고 한다. 롤러를 멈추지 않고
세 바퀴를 연속하여 굴릴 때, 페인트가 칠해지는 부분의 넓
이를 구하시오. [6점]

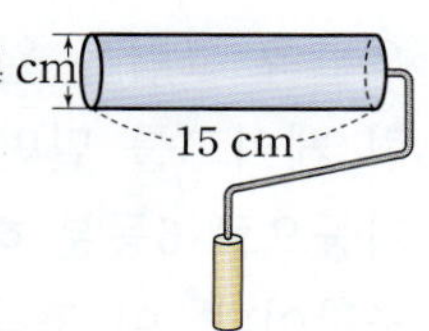

04

오른쪽 그림과 같이 구멍이 뚫린 입
체도형의 부피를 구하시오. [4점]

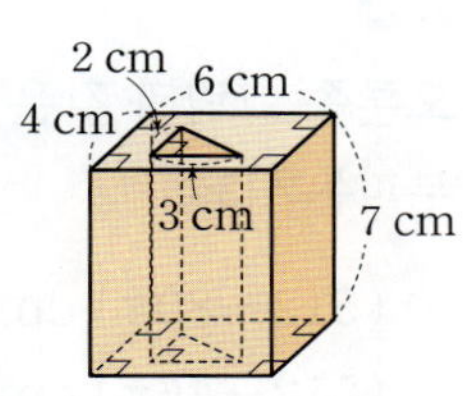

05

오른쪽 그림과 같이 두 정사각뿔을 붙
여서 만든 입체도형의 겉넓이를 구하
시오. [4점]

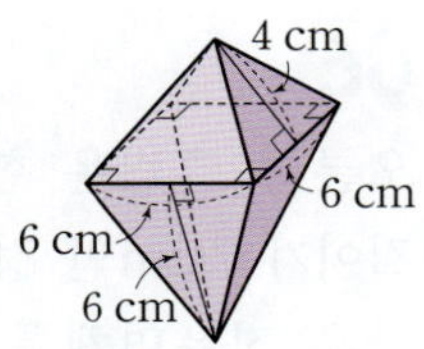

06

오른쪽 그림과 같은 좌표평면 위의 직
각삼각형 OAB를 x축, y축을 회전축
으로 하여 1회전 시킬 때 생기는 회전
체의 부피를 각각 V_x, V_y라 하자.
$V_x : V_y$를 가장 간단한 자연수의 비로 나타내시오.
(단, O는 원점이다.) [6점]

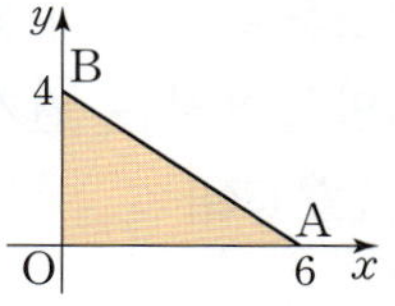

07

오른쪽 그림과 같은 평면도형을 직선 l을
회전축으로 하여 1회전 시킬 때 생기는
회전체의 겉넓이를 구하시오. [6점]

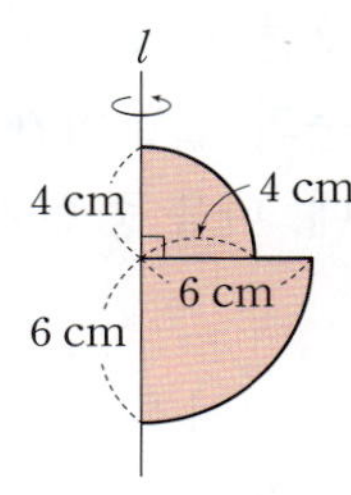

08

오른쪽 그림과 같이 직육면체 모양의
상자에 물을 가득 채운 후 모양과 크
기가 같은 공 12개를 넣었더니 꼭 맞
게 들어갔다. 들어간 공 1개의 겉넓이
가 16π cm²일 때, 공을 모두 꺼낸 후 상자에 남아 있는 물의
높이를 구하시오. (단, 상자의 두께는 생각하지 않는다.) [7점]

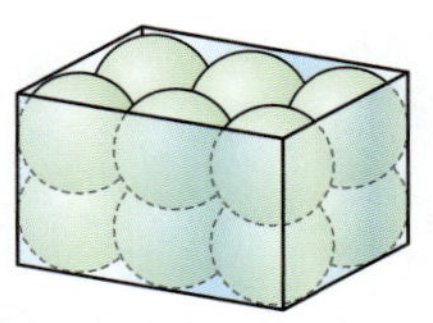

01

오른쪽 그림과 같은 전개도로 만들어지는 원기둥의 겉넓이는? [3점]

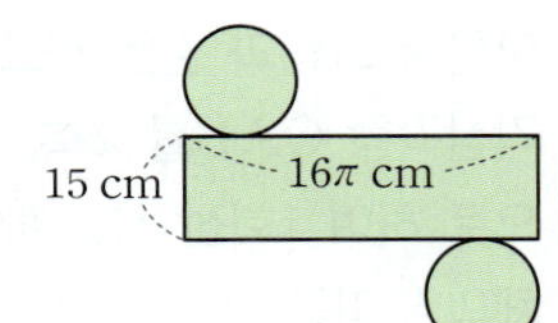

① 348π cm² ② 353π cm²
③ 358π cm² ④ 363π cm²
⑤ 368π cm²

02

오른쪽 그림과 같은 사각기둥의 겉넓이가 330 cm²일 때, 다음 중 옳지 <u>않은</u> 것은?
[4점]

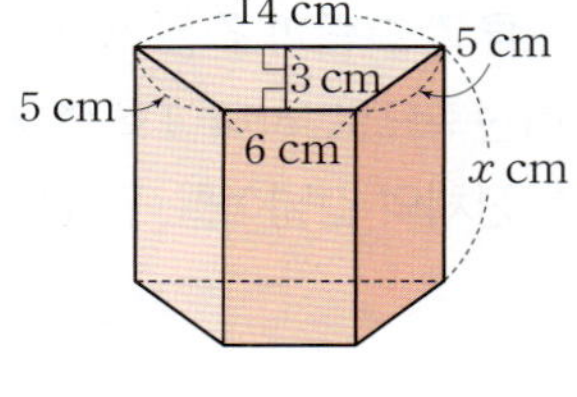

① 모서리의 개수는 12이다.
② 두 밑면은 서로 합동이다.
③ 옆면은 모두 직사각형이다.
④ x의 값은 9이다.
⑤ 부피는 240 cm³이다.

03

오른쪽 그림과 같은 삼각기둥의 부피가 168 cm³일 때, 이 삼각기둥의 높이는? [3점]

① 4 cm ② 5 cm
③ 6 cm ④ 7 cm
⑤ 8 cm

04

오른쪽 그림은 원기둥 모양의 생크림 케이크를 밑면이 부채꼴 모양인 기둥으로 6등분 하여 자른 것 중 한 조각이다. 이 조각 케이크의 겉넓이를 a cm², 부피를 b cm³라 할 때, $a-b$의 값은? [4점]

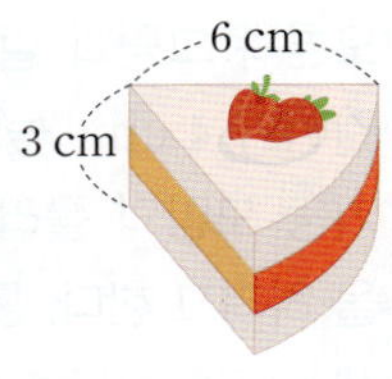

① 30 ② 32 ③ 34
④ 36 ⑤ 38

05

오른쪽 그림과 같은 입체도형의 부피는? [3점]

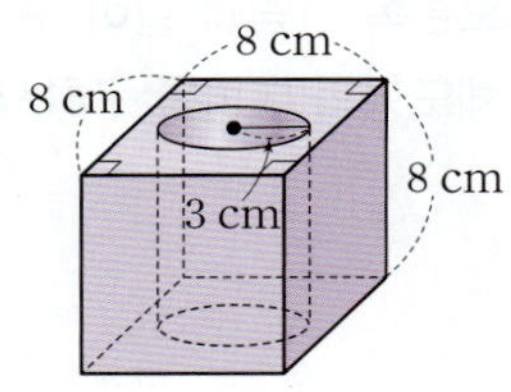

① $(512-80\pi)$ cm³
② $(512-76\pi)$ cm³
③ $(512-72\pi)$ cm³
④ $(512-68\pi)$ cm³
⑤ $(512-64\pi)$ cm³

06

오른쪽 그림은 한 모서리의 길이가 7 cm인 정육면체에서 작은 직육면체를 잘라 내고 남은 입체도형이다. 이 입체도형의 겉넓이는? [4점]

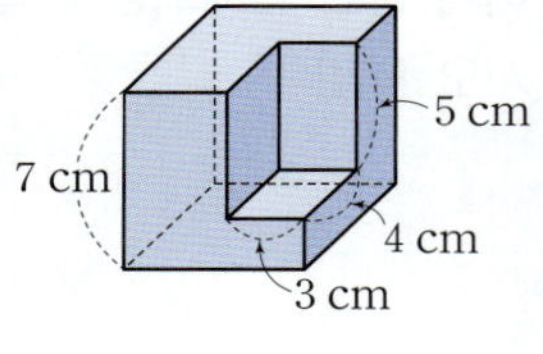

① 290 cm² ② 294 cm² ③ 298 cm²
④ 302 cm² ⑤ 306 cm²

07

오른쪽 그림과 같은 평면도형을 직선 l을 회전축으로 하여 1회전 시킬 때 생기는 회전체의 부피는? [4점]

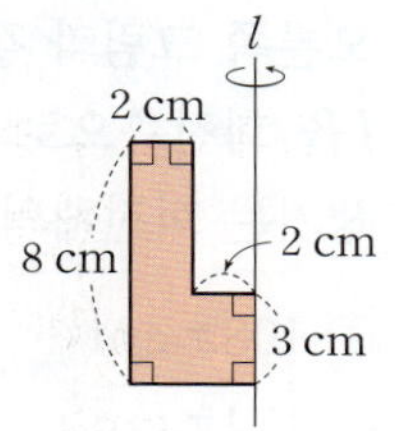

① 98π cm^3 ② 108π cm^3
③ 118π cm^3 ④ 128π cm^3
⑤ 138π cm^3

08

오른쪽 그림과 같은 전개도로 만들어지는 원뿔의 겉넓이는? [4점]

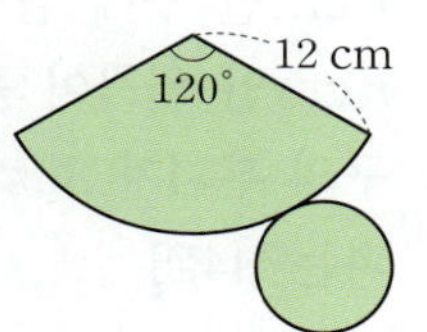

① 56π cm^2 ② 60π cm^2
③ 64π cm^2 ④ 68π cm^2
⑤ 72π cm^2

09

오른쪽 그림과 같이 밑면의 가로의 길이, 세로의 길이가 각각 6 cm, 4 cm이고 높이가 8 cm인 사각뿔이 있다. 이 사각뿔과 부피가 같고 높이가 8 cm인 사각기둥의 밑넓이는? [4점]

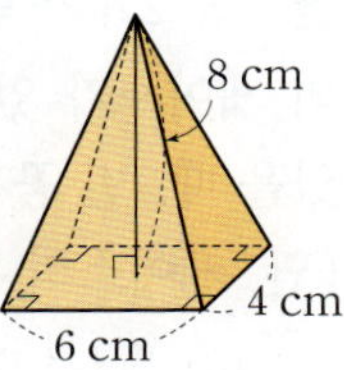

① 7 cm^2 ② 8 cm^2 ③ 9 cm^2
④ 10 cm^2 ⑤ 11 cm^2

10

오른쪽 그림과 같은 부채꼴을 옆면으로 하는 원뿔의 부피가 135π cm^{3}일 때, 이 원뿔의 높이는? [4점]

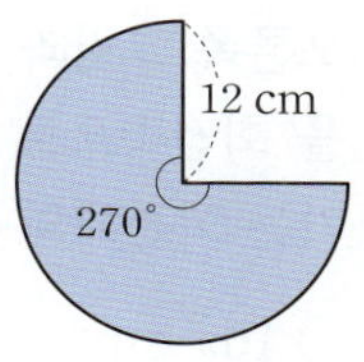

① 3 cm   ② 4 cm
③ 5 cm   ④ 6 cm
⑤ 7 cm

11

오른쪽 그림과 같은 원뿔대의 옆넓이가 160π cm^{2}일 때, x의 값은? [4점]

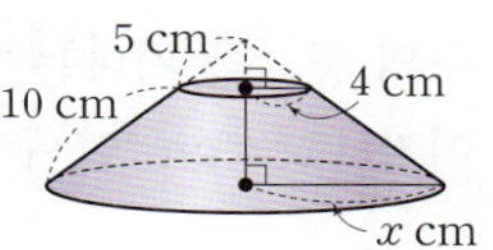

① 12 ② 13 ③ 14
④ 15 ⑤ 16

12

오른쪽 그림과 같은 직육면체를 두 꼭짓점 B, G와 $\overline{\text{CD}}$의 중점 M을 지나는 평면으로 자를 때 생기는 삼각뿔 C−BGM의 부피가 20 cm^{3}이다. 이때 $\overline{\text{AD}}$의 길이는? [5점]

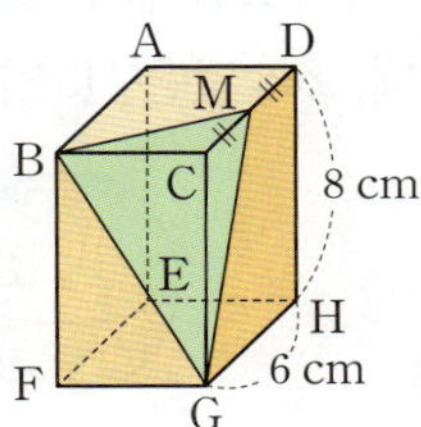

① 4 cm   ② 5 cm   ③ 6 cm
④ 7 cm   ⑤ 8 cm

13

오른쪽 그림과 같은 평면도형을 직선 l 을 회전축으로 하여 1회전 시킬 때 생기는 회전체의 부피는? [4점]

① 10π cm^3 　② 15π cm^3
③ 20π cm^3 　④ 25π cm^3
⑤ 30π cm^3

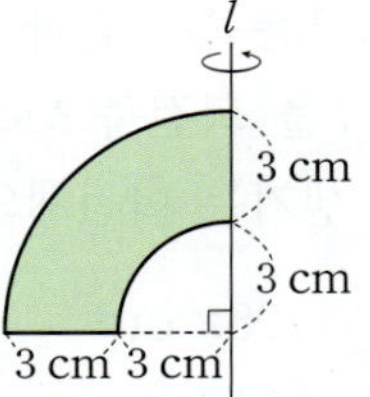

14

구의 중심을 지나는 평면으로 자를 때 생기는 단면의 넓이가 121π cm^{2}인 구의 겉넓이는? [3점]

① 452π cm^2 　② 460π cm^2 　③ 468π cm^2
④ 476π cm^2 　⑤ 484π cm^2

15

다음 그림에서 구의 부피와 원기둥의 부피가 서로 같을 때, x의 값은? [3점]

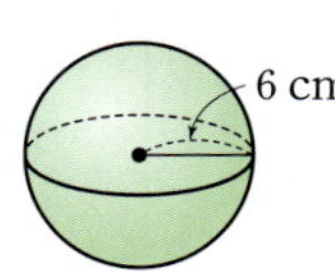
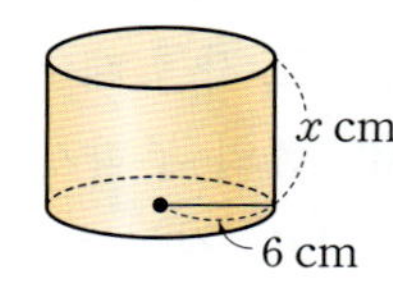

① 6 　② 7 　③ 8
④ 9 　⑤ 10

16

오른쪽 그림과 같은 평면도형을 직선 l을 회전축으로 하여 1회전 시킬 때 생기는 회전체의 겉넓이는? [5점]

① 108π cm^2 　② 111π cm^2
③ 114π cm^2 　④ 117π cm^2
⑤ 120π cm^2

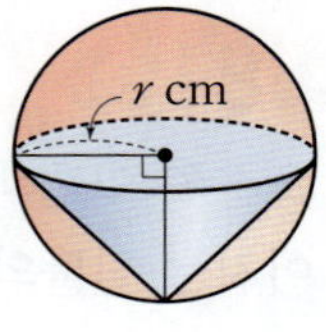

17

오른쪽 그림과 같이 반지름의 길이가 r cm인 구에 밑면의 반지름의 길이가 r cm인 원뿔이 꼭 맞게 들어 있다. 이 구의 부피가 36π cm^{3}일 때, 원뿔의 부피는? [4점]

① 9π cm^3 　② 10π cm^3 　③ 11π cm^3
④ 12π cm^3 　⑤ 13π cm^3

18

오른쪽 그림과 같이 지름의 길이가 4 cm인 골프공 2개가 꼭 맞게 들어가는 원기둥 모양의 케이스가 있다. 이 케이스에 공 2개를 넣었을 때, 빈 공간의 부피는?
(단, 케이스의 두께는 생각하지 않는다.) [5점]

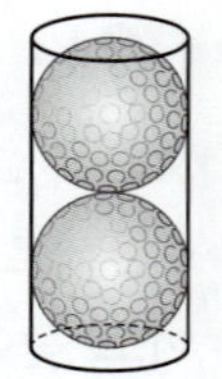

① $\dfrac{28}{3}\pi$ cm^3 　② 10π cm^3 　③ $\dfrac{32}{3}\pi$ cm^3
④ 11π cm^3 　⑤ $\dfrac{35}{3}\pi$ cm^3

19

오른쪽 그림은 밑면의 지름의 길이가 10 cm인 원기둥을 잘라 만든 입체도형이다. 이 입체도형의 겉넓이를 구하시오. [6점]

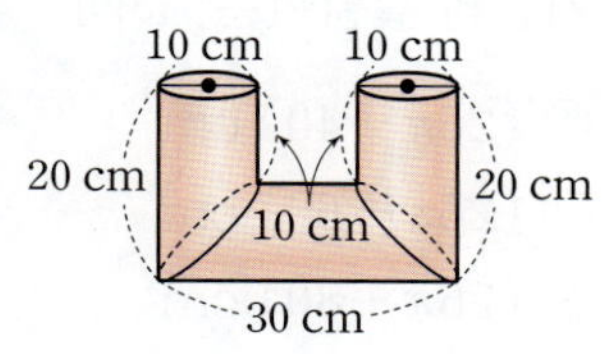

20

오른쪽 그림과 같이 한 모서리의 길이가 6 cm인 정육면체에서 면 EFGH의 두 대각선의 교점을 O라 하자. 4개의 점 P, Q, R, S가 각각 $\overline{AB}$, $\overline{BC}$, $\overline{CD}$, $\overline{DA}$의 중점일 때, 사각뿔 O−PQRS의 부피를 구하시오. [7점]

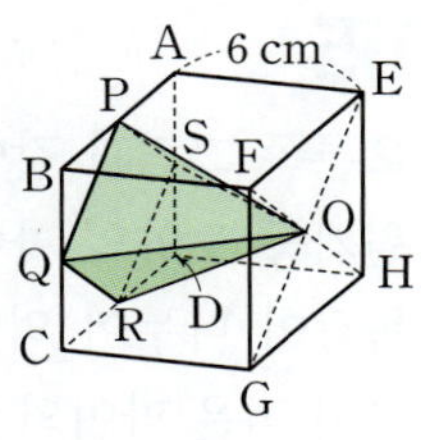

21

오른쪽 그림은 원뿔과 원뿔대를 붙여 놓은 입체도형이다. 이 입체도형의 부피를 구하시오. [6점]

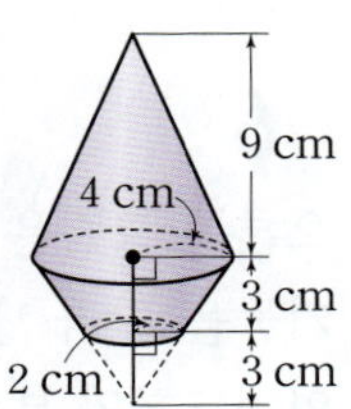

22

오른쪽 그림과 같이 아랫부분이 원기둥 모양인 병에 높이가 12 cm가 되도록 물을 넣은 후 이 병을 거꾸로 하여 수면이 병의 밑면과 평행하게 하였더니 물이 없는 부분의 높이가 15 cm가 되었다고 한다. 이 병에 물을 가득 채웠을 때 물의 부피를 구하시오. (단, 병의 두께는 생각하지 않는다.) [7점]

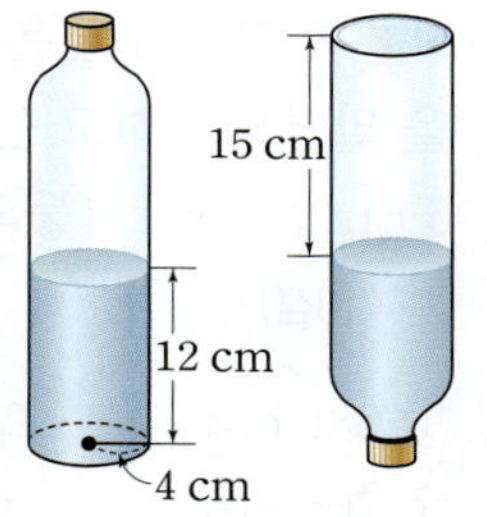

23

오른쪽 그림과 같이 반지름의 길이가 9 cm인 반구에 원뿔이 꼭 맞게 들어 있다. 반구의 겉넓이를 a cm^2, 원뿔의 부피를 b cm^{3}라 할 때, $a-b$의 값을 구하시오. [4점]

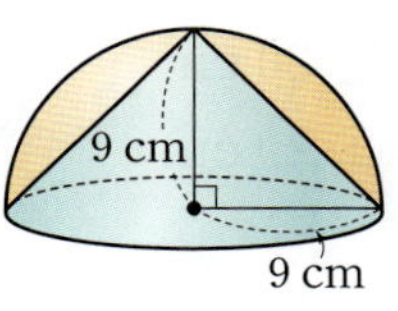

01

오른쪽 그림과 같은 사다리꼴을 밑면으로 하고 높이가 6 cm인 사각기둥의 겉넓이는? [3점]

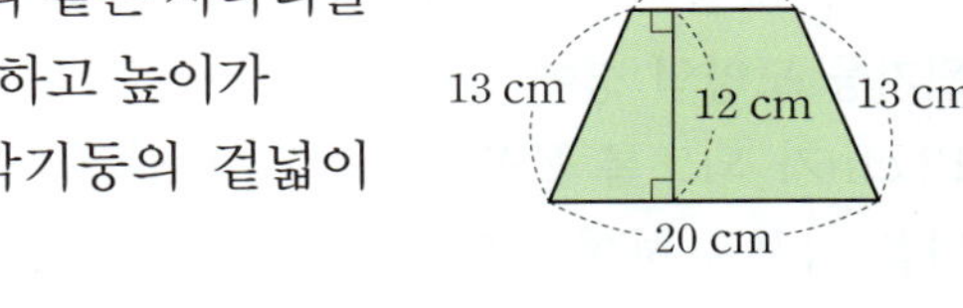

① 688 cm²   ② 692 cm²   ③ 696 cm²
④ 700 cm²   ⑤ 704 cm²

02

다음 그림에서 원기둥 A는 밑면의 반지름의 길이가 6 cm, 높이가 12 cm이고, 원기둥 B는 밑면의 반지름의 길이가 4 cm이다. 두 원기둥 A, B의 겉넓이가 같을 때, 원기둥 B의 높이는? [4점]

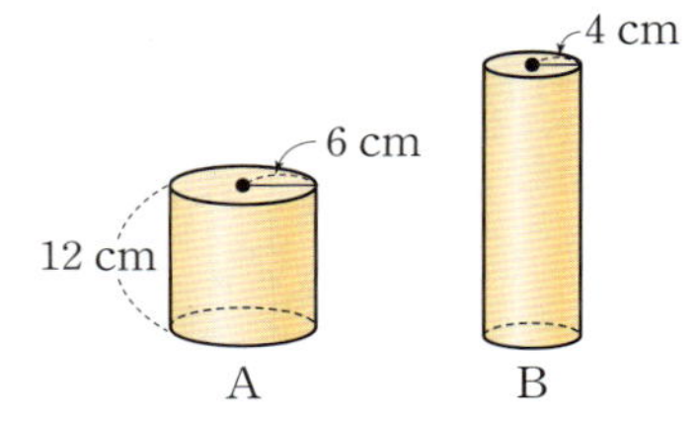

① 20 cm   ② 23 cm   ③ 26 cm
④ 29 cm   ⑤ 32 cm

03

오른쪽 그림과 같은 전개도로 만들어지는 사각기둥의 부피는? [3점]

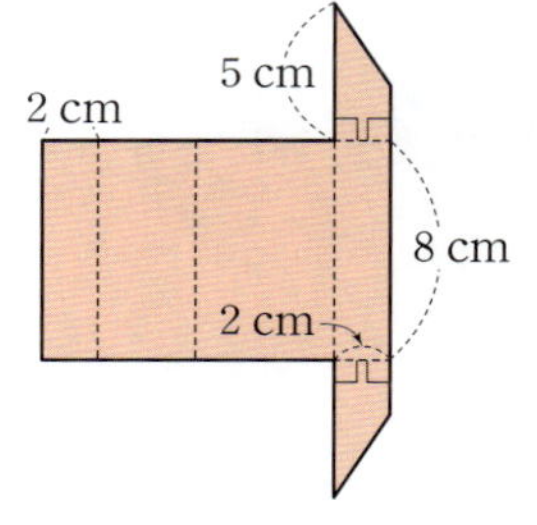

① 40 cm³   ② 44 cm³
③ 48 cm³   ④ 52 cm³
⑤ 56 cm³

04

오른쪽 그림과 같이 밑면이 부채꼴인 기둥의 겉넓이는? [3점]

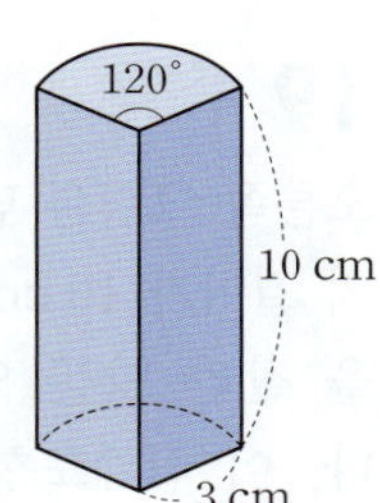

① $(26\pi+40)$ cm²
② $(26\pi+60)$ cm²
③ $(26\pi+80)$ cm²
④ $(32\pi+40)$ cm²
⑤ $(32\pi+60)$ cm²

05

오른쪽 그림과 같이 구멍이 뚫린 원기둥 모양의 파이를 일곱 명이 똑같이 나누어 먹었을 때, 한 사람이 먹은 파이의 양은? [3점]

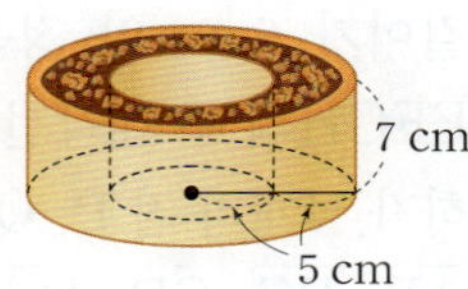

① 50π cm³   ② 75π cm³   ③ 100π cm³
④ 125π cm³   ⑤ 150π cm³

06

오른쪽 그림은 직육면체에서 삼각기둥을 잘라 낸 입체도형이다. 이 입체도형의 부피는? [3점]

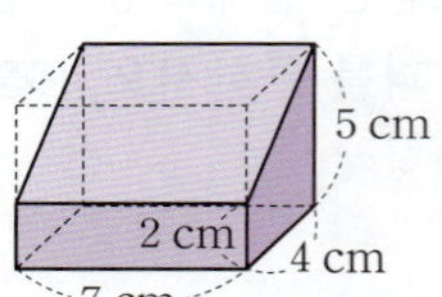

① 92 cm³   ② 94 cm³
③ 96 cm³   ④ 98 cm³
⑤ 100 cm³

07

오른쪽 그림은 직육면체에서 밑면이 부채꼴인 기둥을 잘라 내고 남은 입체도형이다. 이 입체도형의 겉넓이는? [4점]

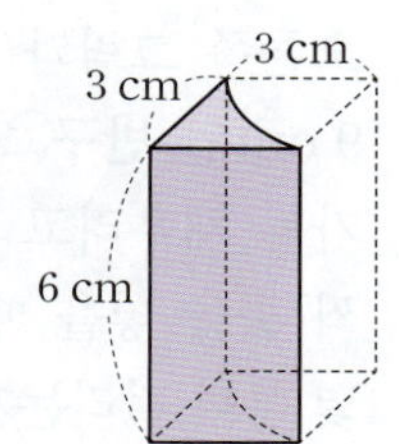

① $(4\pi+50)$ cm^2

② $(4\pi+54)$ cm^2

③ $\left(\dfrac{9}{2}\pi+50\right)$ cm^2

④ $\left(\dfrac{9}{2}\pi+54\right)$ cm^2

⑤ 5π cm^2

08

오른쪽 그림과 같은 평면도형을 직선 l을 회전축으로 하여 1회전 시킬 때 생기는 회전체의 겉넓이는? [4점]

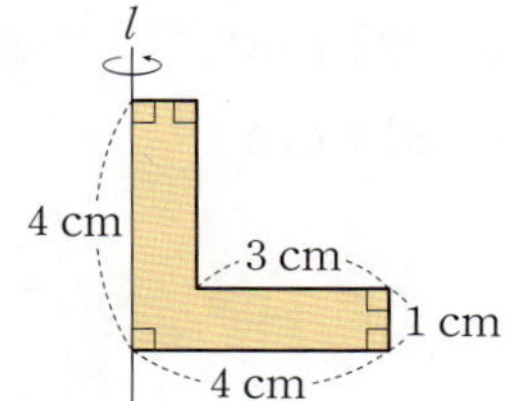

① 38π cm^2 ② 40π cm^2

③ 42π cm^2 ④ 44π cm^2

⑤ 46π cm^2

09

오른쪽 그림과 같은 정사각뿔의 겉넓이가 120 cm^{2}일 때, x의 값은? [4점]

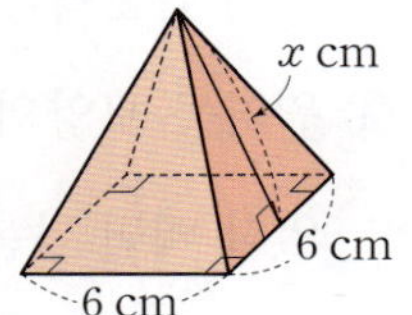

① 4 ② 5

③ 6 ④ 7

⑤ 8

10

오른쪽 그림은 두 원뿔을 붙여 놓은 입체도형이다. 이 입체도형의 부피는? [4점]

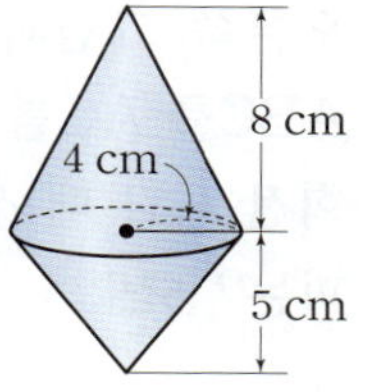

① $\dfrac{205}{3}\pi$ cm^3 ② $\dfrac{206}{3}\pi$ cm^3

③ 69π cm^3 ④ $\dfrac{208}{3}\pi$ cm^3

⑤ 70π cm^3

11

오른쪽 그림과 같은 원뿔대의 전개도에서 작은 밑면인 원의 반지름의 길이를 a cm, 원뿔대의 겉넓이를 $b\pi$ cm^{2}라 할 때, $b-\dfrac{3}{2}a$의 값은? [4점]

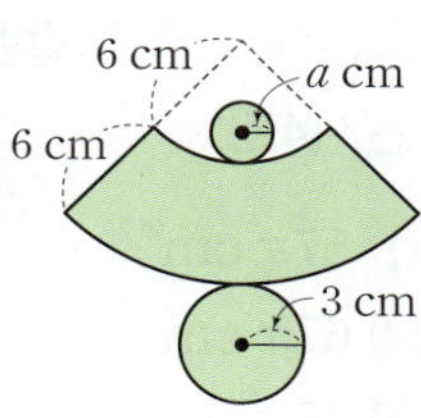

① 28 ② 33 ③ 36

④ 43 ⑤ 48

12

오른쪽 그림과 같이 직육면체를 두 꼭짓점 D, G와 $\overline{BC}$의 중점 M을 지나는 평면으로 자를 때 생기는 삼각뿔 C-MGD의 부피가 60 cm^{3}이다. 이때 $\overline{DH}$의 길이는? [4점]

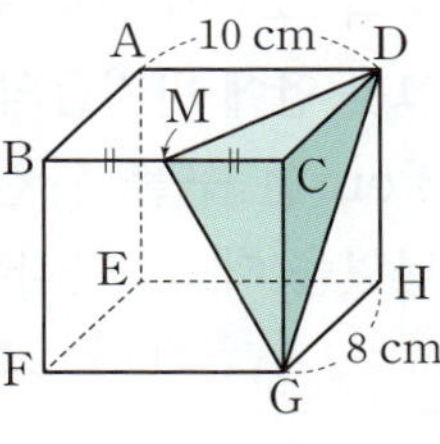

① 6 cm ② 7 cm ③ 8 cm

④ 9 cm ⑤ 10 cm

13

오른쪽 그림과 같은 직각삼각형 ABC를 $\overline{AC}$를 회전축으로 하여 1회전 시킬 때 생기는 회전체의 부피는? [5점]

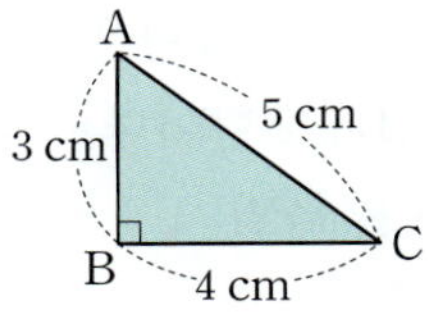

① $\dfrac{48}{5}\pi$ cm^3
② 10π cm^3
③ $\dfrac{52}{5}\pi$ cm^3
④ 11π cm^3
⑤ 12π cm^3

14

오른쪽 그림과 같은 입체도형의 겉넓이는? [4점]

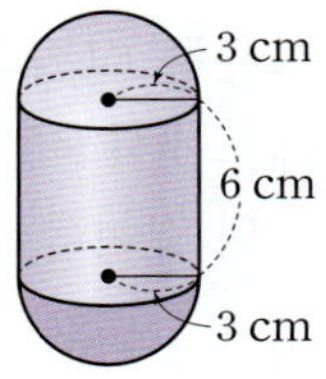

① 57π cm^2
② 62π cm^2
③ 67π cm^2
④ 72π cm^2
⑤ 77π cm^2

15

오른쪽 그림과 같이 밑면의 반지름의 길이가 8 cm인 원기둥 모양의 그릇에 물이 들어 있다. 이 그릇 안에 반지름의 길이가 3 cm인 구를 완전히 잠기도록 넣었을 때, 더 올라간 물의 높이는?

（단, 그릇의 두께는 생각하지 않는다.） [4점]

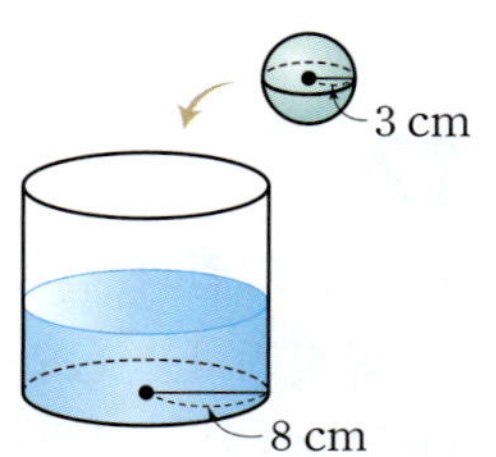

① $\dfrac{5}{16}$ cm
② $\dfrac{7}{16}$ cm
③ $\dfrac{9}{16}$ cm
④ $\dfrac{11}{16}$ cm
⑤ $\dfrac{13}{16}$ cm

16

오른쪽 그림과 같이 반지름의 길이가 9 cm인 반구 모양의 빈 그릇에 물을 가득 채우려고 한다. 1분에 18π cm^{3}씩 물을 넣을 때, 물을 가득 채우려면 몇 분이 걸리는가?

（단, 그릇의 두께는 생각하지 않는다.） [4점]

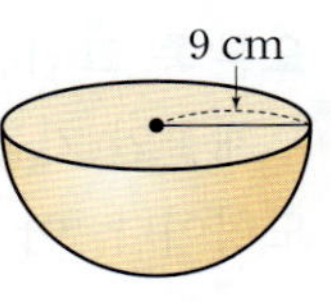

① 7분
② 15분
③ 27분
④ 35분
⑤ 43분

17

오른쪽 그림과 같은 평면도형을 직선 l을 회전축으로 하여 1회전 시킬 때 생기는 회전체의 겉넓이는? [5점]

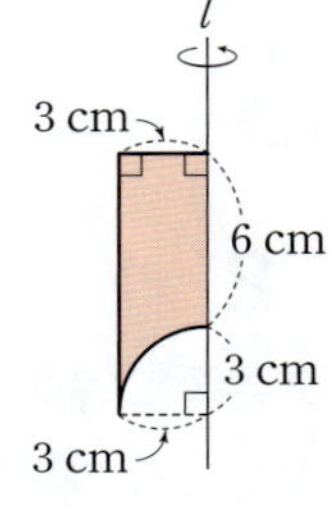

① 60π cm^2
② 63π cm^2
③ 72π cm^2
④ 76π cm^2
⑤ 81π cm^2

18

오른쪽 그림과 같이 원기둥 모양의 통 안에 꼭 맞게 들어갈 수 있는 구와 원뿔이 있다. 다음 중 옳은 것은? [5점]

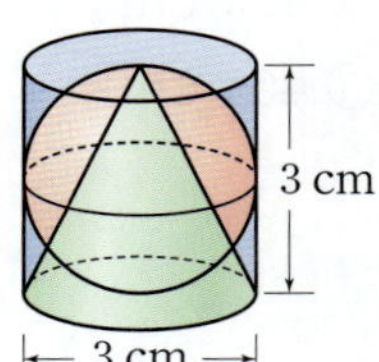

① 원뿔의 부피는 구의 부피의 $\dfrac{1}{3}$이다.

② 구와 원기둥의 부피의 비는 1 : 3이다.

③ 구의 겉넓이는 원기둥의 겉넓이의 $\dfrac{1}{3}$이다.

④ 원기둥 모양의 통 안에 물을 가득 채워서 원뿔을 넣었다 빼면 남은 물의 양은 $\dfrac{9}{2}\pi$ cm^{3}이다.

⑤ 원기둥 모양의 통 안에 물을 가득 채워서 구를 넣으면 전체의 $\dfrac{1}{2}$만큼의 물이 흘러나온다.

19

오른쪽 그림은 한 모서리의 길이가 8 cm인 정육면체의 각 면의 한 가운데에 한 변의 길이가 4 cm인 정사각형을 밑면으로 하고 높이가 8 cm인 사각기둥 모양의 구멍을 뚫은 것이다. 이 입체도형의 부피를 구하시오. (단, 구멍의 각 모서리는 정육면체의 모서리와 평행하다.) [7점]

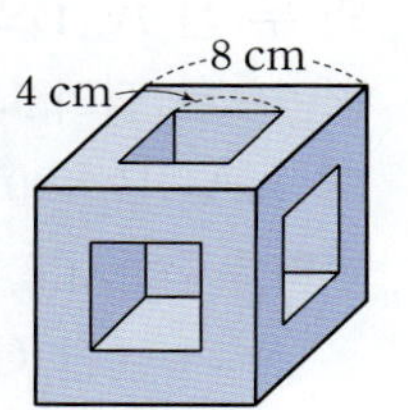

20

오른쪽 그림과 같이 밑면의 반지름의 길이가 5 cm인 원뿔을 점 O를 중심으로 네 바퀴 굴렸더니 원래의 자리로 돌아왔다. 이 원뿔의 겉넓이를 구하시오. [6점]

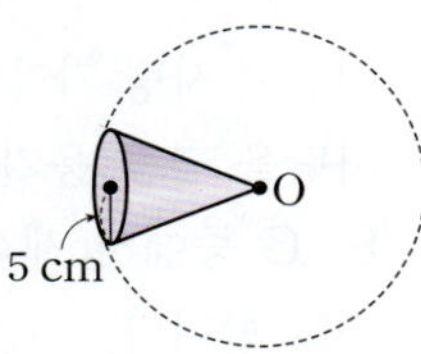

21

오른쪽 그림과 같이 밑면이 반원인 기둥 모양의 그릇에 물을 가득 담은 후 그릇을 45°만큼 기울여 물을 흘려보냈다. 이때 그릇에 남아 있는 물의 부피를 구하시오.
(단, 그릇의 두께는 생각하지 않는다.) [7점]

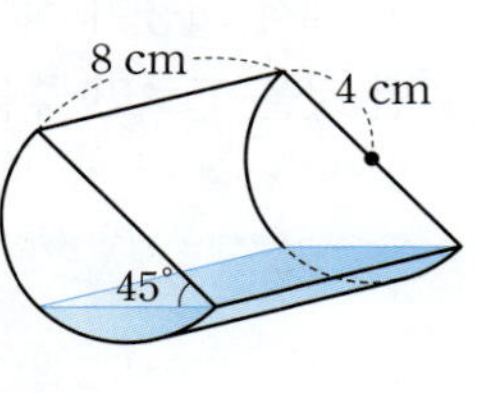

22

오른쪽 그림과 같은 평면도형을 직선 l을 회전축으로 하여 1회전 시킬 때 생기는 회전체의 부피를 구하시오. [4점]

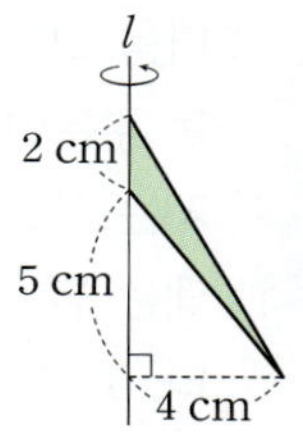

23

오른쪽 그림과 같이 한 모서리의 길이가 6 cm인 정육면체에서 각 면의 한가운데 점을 연결하여 정다면체를 만들었을 때, 이 정다면체의 부피를 구하시오. [6점]

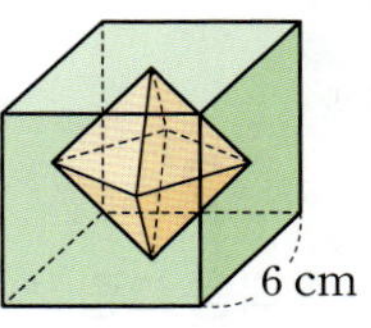

교과서 속 **특이 문제**

중학교 수학 교과서 전체를 분석한 **교과서별 출제 예상 문제**예요!

01 〔동아 변형〕

다음 그림과 같이 전봇대에 고양이 실종 전단지를 겹치는 부분이 없이 완전히 감싸려고 한다. 고양이 실종 전단지는 세로의 길이가 40 cm인 직사각형 모양이고, 전봇대는 밑면의 반지름의 길이가 15 cm인 원기둥 모양이다. 고양이 실종 전단지로 둘러싸인 부분의 넓이를 구하시오.

（단, 고양이 실종 전단지의 두께는 생각하지 않는다.）

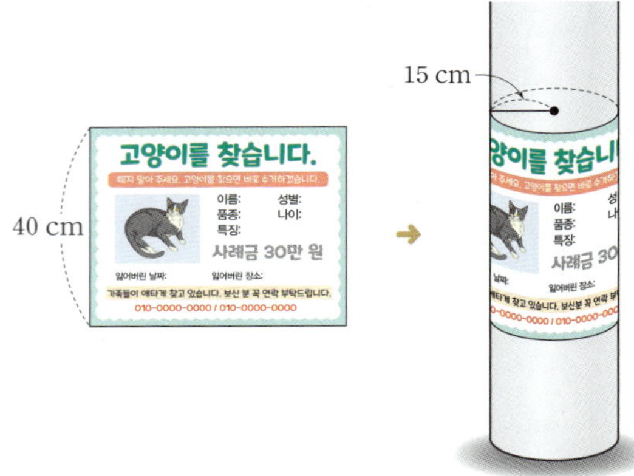

02 〔천재 변형〕

다음 그림 ㈎와 같은 사각뿔 모양의 향초를 녹여 그림 ㈏와 같은 사각기둥 모양의 향초를 만들려고 할 때, 최대 몇 개까지 만들 수 있는지 구하시오.

（단, 향초의 심지 두께는 생각하지 않는다.）

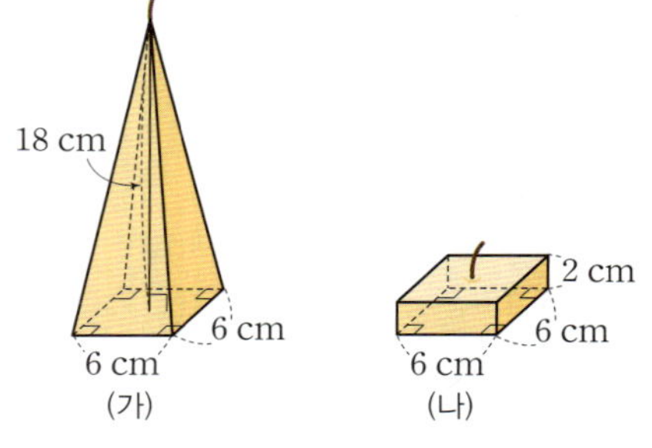

03 〔지학사 변형〕

오른쪽 그림은 원뿔을 밑면의 둘레 위의 두 점 A, B와 꼭짓점 C를 지나는 평면으로 잘라 내고 남은 입체도형이다. $\angle AOB = 90°$일 때, 이 입체도형의 부피를 구하시오.

（단, O는 밑면의 중심이다.）

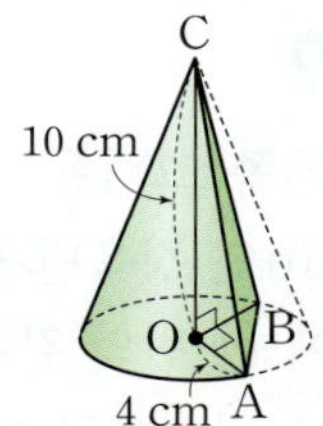

04 〔동아 변형〕

다음은 어느 홈페이지에 올라온 글이다. 이 글을 읽고 답변을 쓰시오.

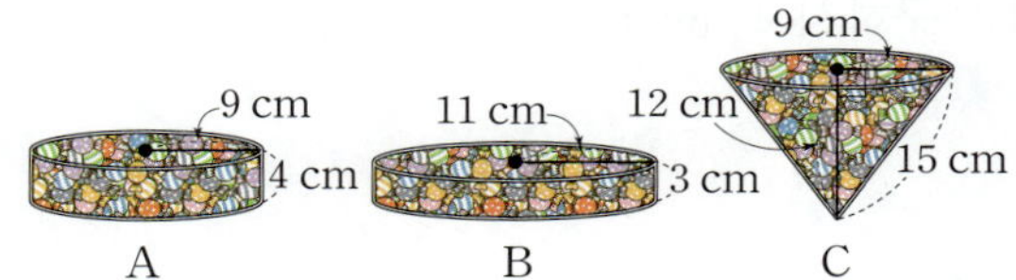

이번에 사탕 가게를 창업하려고 합니다.
사탕을 담을 용기는 아래 세 가지 모양의 용기 A, B, C 중에서 제작 비용이 가장 적은 것으로 고르려고 합니다.

세 용기의 접착 부분의 넓이는 같고 세 용기는 모두 뚜껑이 없습니다. 용기의 부피가 작을수록 제작 비용이 적고, 부피가 같으면 용기의 겉넓이가 작을수록 제작 비용이 적다고 할 때, A, B, C 중에서 어떤 것을 고르면 좋을까요?

Ⓐ

자료의 정리와 해석

① 1

단원별로 학습 계획을 세워 실천해 보세요.

학습 날짜	월 일	월 일	월 일	월 일
학습 계획				
학습 실행도	0　　　　　100	0　　　　　100	0　　　　　100	0　　　　　100
자기 반성				

자료의 정리와 해석

 **개념 Check**

1 다음 자료의 평균을 구하시오.

> 2, 3, 8, 10, 11, 14

2 다음 자료의 중앙값을 구하시오.

(1) 4, 7, 7, 5, 9

(2) 10, 15, 12, 14, 17, 12

3 다음 자료의 최빈값을 구하시오.

(1) 6, 9, 6, 2, 5, 6, 8

(2) 4, 3, 2, 3, 1, 2, 5

4 다음은 어느 반 학생 10명의 독서량을 조사하여 나타낸 줄기와 잎 그림이다. 물음에 답하시오.

독서량　　(0|2는 2권)

줄기	잎
0	2 5 6 6 8
1	0 4 5
2	3 3

(1) 줄기가 1인 잎을 모두 구하시오.

(2) 잎이 가장 많은 줄기를 구하시오.

5 다음은 민주네 반 학생들의 통학 시간을 조사하여 나타낸 도수분포표이다. 물음에 답하시오.

통학 시간(분)	학생 수(명)
$0^{이상} \sim 10^{미만}$	9
10 $\sim$ 20	7
20 $\sim$ 30	4
합계	20

(1) 계급의 개수를 구하시오.

(2) 계급의 크기를 구하시오.

(3) 도수가 가장 큰 계급을 구하시오.

---

1 대푯값

(1) **변량** : 점수, 키, 몸무게 등의 자료를 수량으로 나타낸 것

(2) **대푯값** : 자료 전체의 특징을 대표적으로 나타내는 값 → 평균, 중앙값, 최빈값 등

(3) **평균** : 변량의 총합을 변량의 개수로 나눈 값 → $(평균) = \dfrac{(변량의 총합)}{(변량의 개수)}$

(4) **중앙값** : 자료를 작은 값부터 크기순으로 나열하였을 때 가운데 위치한 값

　① 변량의 개수가 홀수이면 한가운데에 있는 값이 중앙값이다.

　② 변량의 개수가 짝수이면 한가운데에 있는 두 값의 평균이 중앙값이다.

(5) **최빈값** : 자료에서 가장 많이 나타나는 값

　① 자료에서 가장 많이 나타나는 값이 한 개 이상 있으면 그 값이 모두 최빈값이다.

　② 최빈값은 자료가 문자나 기호인 경우에도 사용할 수 있다.

> **참고** • 자료에 극단적인 값이 있는 경우, 대푯값으로 평균보다 중앙값이 더 적절하다.
> • 가장 많이 나타난 값이 필요한 경우, 대푯값으로 최빈값이 적절하다.
> • 평균과 중앙값은 값이 하나뿐이지만 최빈값은 여러 개일 수 있다.

2 줄기와 잎 그림

(1) **줄기와 잎 그림** : 줄기와 잎으로 자료를 구분하여 나타낸 그림

(2) 줄기와 잎 그림을 그리는 방법

　❶ 변량을 줄기와 잎으로 구분한다.

　❷ 줄기에 해당하는 십의 자리의 수를 작은 수부터 세로로 적는다.

　❸ 각 십의 자리의 수에 해당하는 일의 자리의 수, 즉 잎을 작은 값부터 차례대로 가로로 적는다. 이때 중복된 자료의 값은 중복된 횟수만큼 적는다.

〈줄기와 잎 그림〉

(7|0은 70점)

줄기	잎
7	0 3 6
8	1 2 8 8 9
9	4 5

3 도수분포표

(1) 도수분포표

　① **계급** : 변량을 일정한 간격으로 나눈 구간

　② **계급의 크기** : 구간의 너비 → 구간의 간격

　　> **참고** 계급값 : 각 계급의 가운데 값
　　> → $(계급값) = \dfrac{(계급의 양 끝 값의 합)}{2}$

　③ **도수** : 각 계급에 속하는 자료의 개수

　④ **도수분포표** : 자료를 몇 개의 계급으로 나누고, 각 계급에 속하는 도수를 조사하여 나타낸 표

　> **주의** 계급, 계급의 크기, 계급값, 도수는 항상 단위를 포함하여 쓴다.

〈도수분포표〉

점수(점)	학생 수(명)
$70^{이상} \sim 80^{미만}$	3
80 $\sim$ 90	5
90 $\sim$ 100	2
합계	10

(2) 도수분포표를 만드는 방법

　❶ 계급의 크기를 정하여 계급을 나눈다.

　❷ 각 계급에 속하는 자료의 수를 센다.

　❸ 각 계급의 도수를 적는다.

4 히스토그램

(1) **히스토그램** : 도수분포표에서 각 계급을 가로로, 도수를 세로로 하여 직사각형으로 나타낸 그래프

(2) **히스토그램을 그리는 방법**

❶ 가로축에 각 계급의 양 끝 값을 차례대로 적는다.

❷ 세로축에 도수를 적는다.

❸ 각 계급에서 계급의 크기를 가로로 하고, 도수를 세로로 하는 직사각형을 그린다.

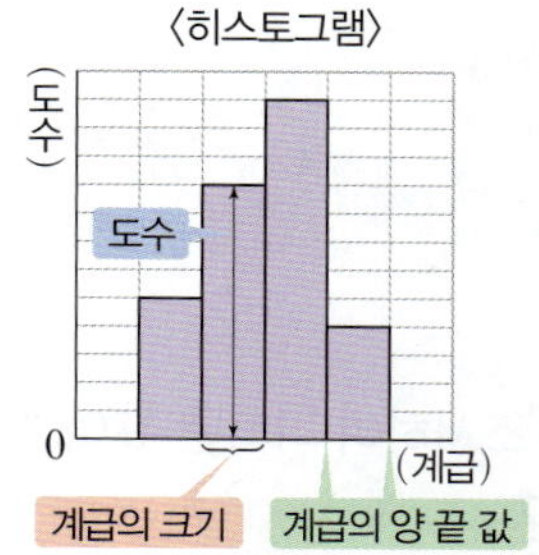

(3) **히스토그램의 특징**

① 자료의 전체적인 분포 상태를 한눈에 쉽게 알아볼 수 있다.

② 각 직사각형의 넓이는 각 계급의 도수에 정비례한다.

> **참고** (직사각형의 넓이의 합)＝(계급의 크기)×(도수의 총합)

5 도수분포다각형

(1) **도수분포다각형** : 히스토그램에서 각 직사각형의 윗변의 중앙에 점을 찍은 후 차례대로 선분으로 연결하여 나타낸 그래프

(2) **도수분포다각형을 그리는 방법**

❶ 히스토그램의 각 직사각형에서 윗변의 중앙에 점을 찍는다.

❷ 히스토그램의 양 끝에 도수가 0인 계급이 하나씩 더 있는 것으로 생각하여 그 중앙에 점을 찍는다.

❸ 위에서 찍은 점들을 차례대로 선분으로 연결한다.

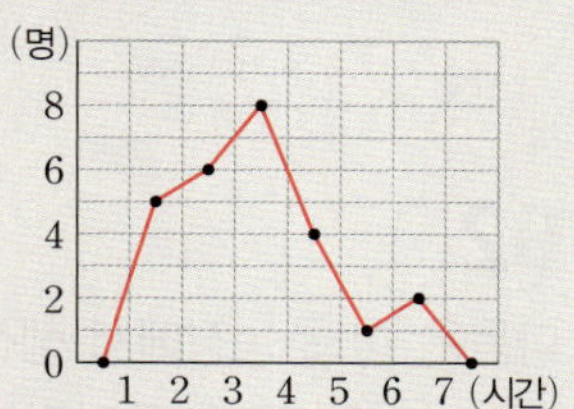

(3) **도수분포다각형의 특징**

① 자료의 전체적인 분포 상태를 연속적으로 관찰할 수 있다.

② 두 개 이상의 자료의 분포 상태를 동시에 나타내어 비교하는 데 편리하다.

> **참고** (도수분포다각형과 가로축으로 둘러싸인 부분의 넓이)＝(히스토그램의 각 직사각형의 넓이의 합)

6 상대도수와 그 그래프

(1) **상대도수** : 도수의 총합에 대한 각 계급의 도수의 비율

$$\left(\text{어떤 계급의 상대도수}\right)=\frac{(\text{그 계급의 도수})}{(\text{도수의 총합})}$$

→ (어떤 계급의 도수)＝(도수의 총합)×(그 계급의 상대도수)

(2) **상대도수의 분포표** : 각 계급의 상대도수를 나타낸 표

(3) **상대도수의 특징**

① 상대도수의 총합은 항상 1이고, 상대도수는 0 이상 1 이하인 수이다.

② 각 계급의 상대도수는 그 계급의 도수에 정비례 한다.

〈상대도수의 분포표〉

기록(초)	도수(명)	상대도수
$0^{이상} \sim 10^{미만}$	10	0.5
10 ～20	4	0.2
20 ～30	6	0.3
합계	20	1

(4) **상대도수의 분포를 나타낸 그래프** : 상대도수의 분포표를 히스토그램이나 도수분포다각형 모양으로 나타낸 그래프

(5) **상대도수의 분포를 나타낸 그래프를 그리는 방법**

❶ 가로축에 각 계급의 양 끝 값을 차례대로 적는다.

❷ 세로축에 상대도수를 적는다.

❸ 히스토그램이나 도수분포다각형과 같은 방법으로 직사각형을 그리거나, 점을 찍어 선분으로 연결한다.

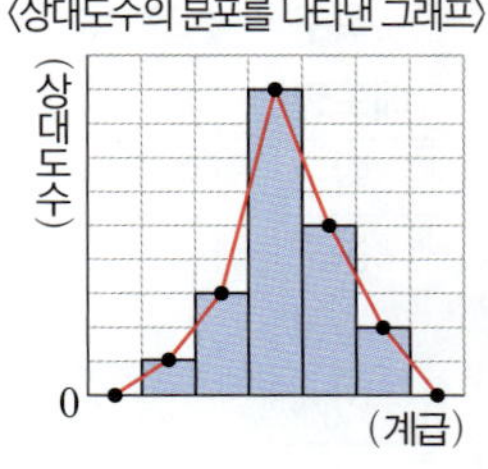

---

6 다음은 수아네 반 학생들의 미디어 시청 시간을 조사하여 나타낸 히스토그램이다. 물음에 답하시오.

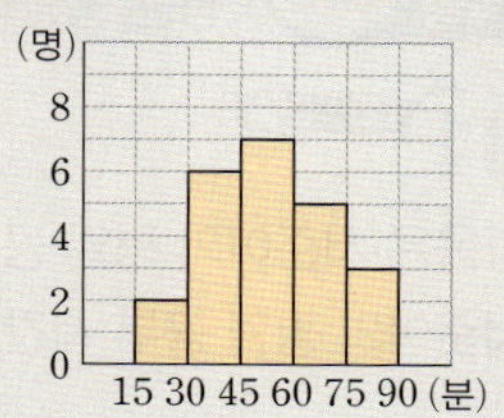

(1) 계급의 개수를 구하시오.

(2) 계급의 크기를 구하시오.

(3) 전체 학생은 몇 명인지 구하시오.

7 다음은 정호네 반 학생들의 운동 시간을 조사하여 나타낸 도수분포다각형이다. 물음에 답하시오.

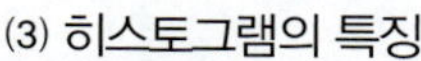

(1) 계급의 개수를 구하시오.

(2) 계급의 크기를 구하시오.

(3) 도수가 가장 작은 계급의 도수를 구하시오.

8 다음은 연우네 반 학생들의 음악 수행 평가 점수를 조사하여 나타낸 상대도수의 분포표이다. 상대도수의 분포표를 완성하고, 도수분포다각형 모양의 그래프로 나타내시오.

점수(점)	도수(명)	상대도수
$0^{이상} \sim 10^{미만}$	2	
10 ～20	3	
20 ～30	8	
30 ～40	12	
합계	25	1

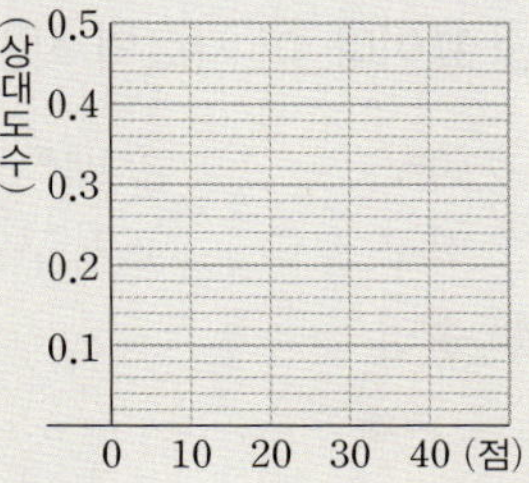

 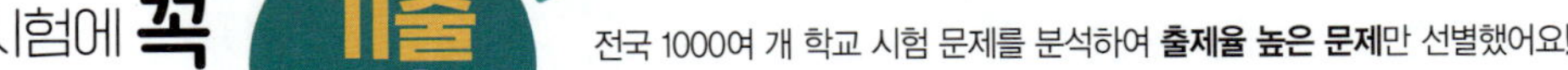

전국 1000여 개 학교 시험 문제를 분석하여 **출제율 높은 문제**만 선별했어요!

유형 01 평균, 중앙값, 최빈값 ✅ 최다 빈출

01 내신 빈출

다음은 서준이의 평일 공부 시간을 조사하여 나타낸 표이다. 서준이의 평일 공부 시간의 평균은?

요일	월	화	수	목	금
공부 시간(분)	60	80	90	40	60

① 62분 ② 64분 ③ 66분
④ 68분 ⑤ 70분

02

다음은 어느 농장에서 생산한 복숭아 7개의 무게를 조사한 것이다. 이 자료의 중앙값은?

(단위 : g)

> 190, 230, 200, 200, 220, 210, 300

① 200 g ② 205 g ③ 210 g
④ 215 g ⑤ 220 g

03

오른쪽은 어느 반 학생 26명이 평소 즐기는 운동을 조사하여 나타낸 표이다. 이 자료의 최빈값은?

운동	학생 수(명)
축구	6
배드민턴	4
탁구	5
농구	7
수영	4
합계	26

① 축구 ② 배드민턴
③ 탁구 ④ 농구
⑤ 수영

04 내신 빈출

다음 중 대푯값에 대한 설명으로 옳은 것을 모두 고르면?

(정답 2개)

① 최빈값은 자료에서 가장 많이 나타나는 값으로 1개로만 정해진다.
② 중앙값은 자료를 작은 값부터 크기순으로 나열하여 가운데 위치한 값을 사용하므로 자료에 있는 값에서 항상 나온다.
③ 자료의 값 중에서 매우 크거나 매우 작은 값이 있는 경우에는 대푯값으로 중앙값이 적절하다.
④ 대푯값은 자료 전체의 특징을 대표적으로 나타내는 값이다.
⑤ 평균과 중앙값은 항상 다르다.

05

다음은 어느 반 학생 10명의 농구 자유투 성공 횟수를 조사한 것이다. 자유투 성공 횟수의 평균을 a회, 중앙값을 b회, 최빈값을 c회라 할 때, $a+b+c$의 값을 구하시오.

(단위 : 회)

> 8, 3, 8, 8, 10, 4, 3, 8, 6, 2

06 실수 주의

오른쪽은 성진이가 다트 게임을 14회 실시한 점수를 조사하여 나타낸 막대그래프이다. 다트 게임 점수의 평균을 a점, 중앙값을 b점, 최빈값을 c점이라 할 때, a, b, c의 대소 관계는?

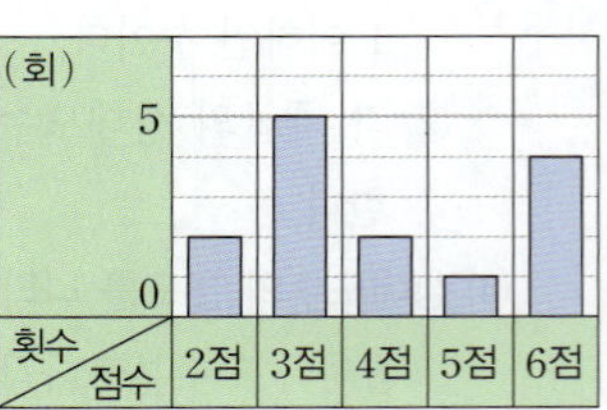

① $a<b<c$ ② $b<a<c$ ③ $b<c<a$
④ $c<a<b$ ⑤ $c<b<a$

유형 02 적절한 대푯값 찾기

07

다음 자료 중 평균을 대푯값으로 사용하기에 가장 적절하지 <u>않은</u> 것은?

① 2, 4, 6, 8, 10, 12
② 5, 5, 5, 5, 5, 5
③ 10, 20, 30, 40, 50, 60
④ 100, 300, 100, 300, 100, 300
⑤ 100, 110, 120, 130, 280, 1000

08 내신 빈출

아래는 석주네 모둠 학생 8명의 한 달 용돈을 조사한 것이다. 다음 중 옳지 <u>않은</u> 것은?

(단위 : 만 원)

| 7, 4, 4, 8, 5, 7, 4, 25 |

① 평균은 8만 원이다.
② 중앙값은 6만 원이다.
③ 최빈값은 4만 원이다.
④ 평균은 이 자료 전체의 특징을 대표적으로 잘 나타낸다.
⑤ 이 자료의 대푯값으로 중앙값이 적절하다.

심화 유형 03 대푯값이 주어질 때 변량 구하기

09

다음은 학생 12명이 일주일 동안 운동한 날수를 조사한 것이다. 이 자료의 평균이 3일일 때, 최빈값을 구하시오.

(단위 : 일)

| 3, 4, 1, 5, x, 1, 6, 2, 2, 5, 2, 4 |

10 실수 주의

6개의 변량 4, 6, 9, 11, 14, x의 중앙값이 8일 때, x의 값을 구하시오.

11 내신 빈출

다음은 어느 축구 선수의 최근 8년 동안의 득점 기록을 조사한 것이다. 득점 기록의 평균과 최빈값이 같을 때, x의 값을 구하시오.

(단위 : 골)

| 10, 7, 9, 8, 12, 9, x, 9 |

유형 04 줄기와 잎 그림

12 내신 빈출

아래는 지환이네 반 학생들의 통학 시간을 조사하여 나타낸 줄기와 잎 그림이다. 다음 중 옳지 <u>않은</u> 것은?

통학 시간 (0|5는 5분)

줄기	잎
0	5 8
1	1 1 3 5 6 8 9 9 9
2	0 0 0 0 4 7 8
3	0 1 3 3 6 9

① 잎이 가장 많은 줄기는 1이다.
② 지환이네 반 전체 학생은 24명이다.
③ 통학 시간이 20분보다 더 긴 학생은 13명이다.
④ 통학 시간이 30분 이상인 학생은 전체의 25 %이다.
⑤ 통학 시간이 가장 긴 학생과 가장 짧은 학생의 통학 시간의 차는 34분이다.

13

다음은 어느 반 학생들이 방학 동안 읽은 책의 수를 조사하여 나타낸 줄기와 잎 그림이다. 책을 20권 이상 읽은 학생은 전체의 몇 %인지 구하시오.

읽은 책의 수　　　　　(0|1은 1권)

줄기	잎
0	1 3 3 3 5 5 7 8 8 9
1	0 0 2 6 8 9
2	0 3 6
3	2

14

다음은 주원이네 반 남학생과 여학생의 팔굽혀펴기 기록을 조사하여 줄기와 잎 그림으로 나타낸 것이다. 남학생 중 5등인 학생과 여학생 중 3등인 학생의 기록의 차를 구하시오.

팔굽혀펴기 기록　　　　　(0|1은 1회)

잎(남학생)	줄기	잎(여학생)
	0	1 3 5 7 8 8
9 8 7 4 0	1	1 3 6 7
4 3 0	2	0 2
	3	

15 내신 빈출

오른쪽은 인우네 반 학생 24명의 1분 동안의 맥박 수를 조사하여 나타낸 도수분포표이다. 다음 **보기**에서 옳은 것을 모두 고르시오.

맥박 수(회)	학생 수(명)
$70^{이상} \sim 75^{미만}$	3
75 ~ 80	5
80 ~ 85	8
85 ~ 90	6
90 ~ 95	2
합계	24

─ 보기 ─
- ㄱ. 계급의 개수는 5이다.
- ㄴ. 가장 작은 변량은 70회이다.
- ㄷ. 75회 이상 80회 미만인 계급의 도수는 5명이다.
- ㄹ. 맥박 수가 85회 이상인 학생은 8명이다.

16

오른쪽은 어느 수학 경시 대회에 참여한 학생들의 수학 점수를 조사하여 나타낸 도수분포표이다. B가 A의 3배일 때, $B-A$의 값을 구하시오.

점수(점)	학생 수(명)
$50^{이상} \sim 60^{미만}$	A
60 ~ 70	7
70 ~ 80	B
80 ~ 90	4
90 ~ 100	1
합계	36

17

오른쪽은 성현이네 동아리 학생 35명의 영어 말하기 대회 점수를 조사하여 나타낸 도수분포표이다. 점수가 40점 미만인 학생이 전체의 20 %일 때, 점수가 40점 이상 60점 미만인 학생은 전체의 몇 %인지 구하시오.

점수(점)	학생 수(명)
$0^{이상} \sim 20^{미만}$	3
20 ~ 40	
40 ~ 60	
60 ~ 80	11
80 ~ 100	3
합계	35

18 내신 빈출

오른쪽은 어느 반 학생들의 수학 성적을 조사하여 나타낸 히스토그램이다. 다음 중 옳지 **않은** 것은?

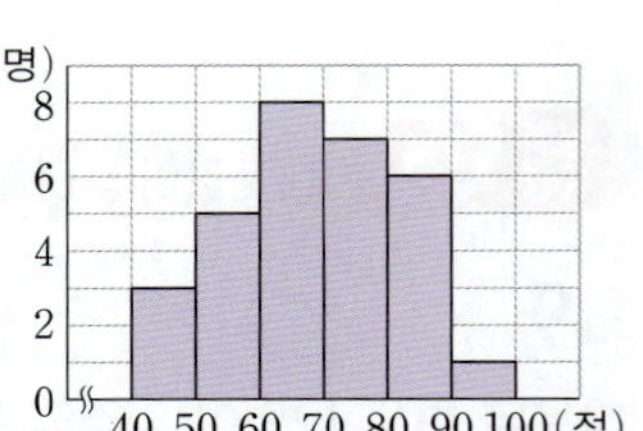

① 계급의 개수는 6이다.
② 계급의 크기는 10점이다.
③ 전체 학생은 30명이다.
④ 수학 성적이 80점 이상인 학생은 8명이다.
⑤ 도수가 가장 큰 계급은 60점 이상 70점 미만이다.

19

오른쪽은 10년 된 어떤 나무들의 최근 1년 동안 자란 키를 조사하여 나타낸 히스토그램이다. 조사한 전체 나무를 a그루, 계급의 크기를 b cm, 1년 동안 자란 키가 45 cm 이상인 나무를 c그루라 할 때, $a+b+c$의 값을 구하시오.

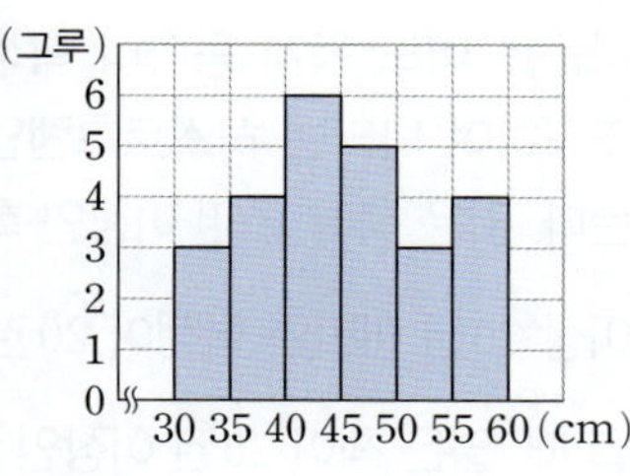

20

오른쪽은 어느 반 학생들의 50 m 달리기 기록을 조사하여 나타낸 히스토그램이다. 다음 물음에 답하시오.

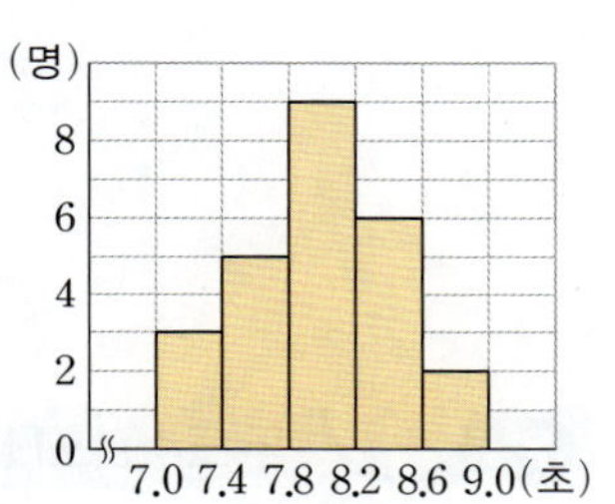

(1) 기록이 빠른 쪽에서 9번째인 학생이 속하는 계급의 도수를 구하시오.

(2) 기록이 8.2초 이상인 학생은 전체의 몇 %인지 구하시오.

21

오른쪽은 어느 편의점을 방문한 고객의 나이를 조사하여 나타낸 히스토그램이다. 모든 직사각형의 넓이의 합은 40세 이상 50세 미만인 계급의 직사각형의 넓이의 몇 배인지 구하시오.

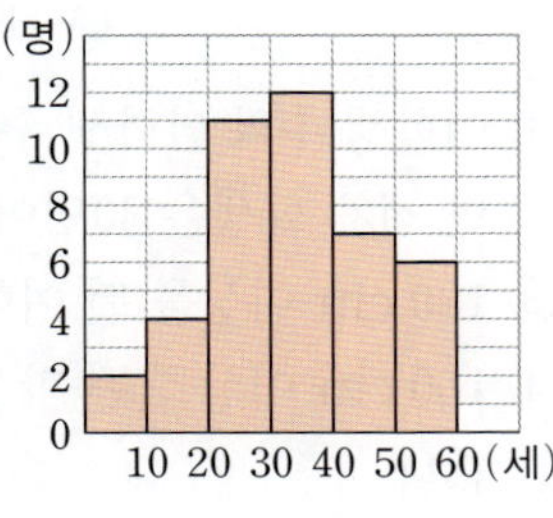

22

오른쪽은 어느 반 학생들의 등교 시간을 조사하여 나타낸 도수분포다각형이다. 다음 물음에 답하시오.

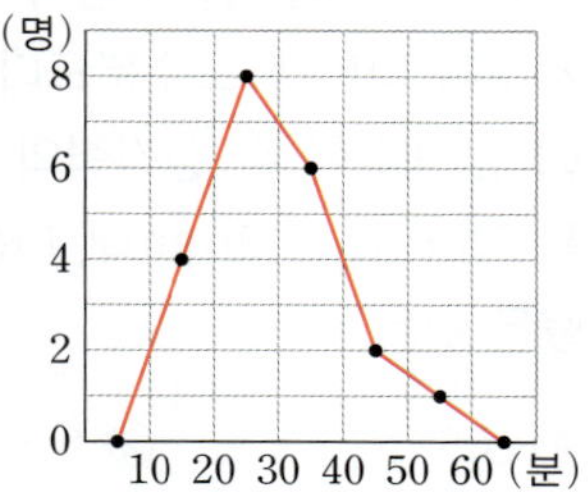

(1) 계급의 크기를 구하시오.

(2) 전체 학생 수를 구하시오.

(3) 도수분포다각형과 가로축으로 둘러싸인 부분의 넓이를 구하시오.

23

오른쪽은 어느 동아리 학생들의 일주일 동안의 평균 운동 시간을 조사하여 나타낸 도수분포다각형이다. 다음 중 옳지 <u>않은</u> 것은?

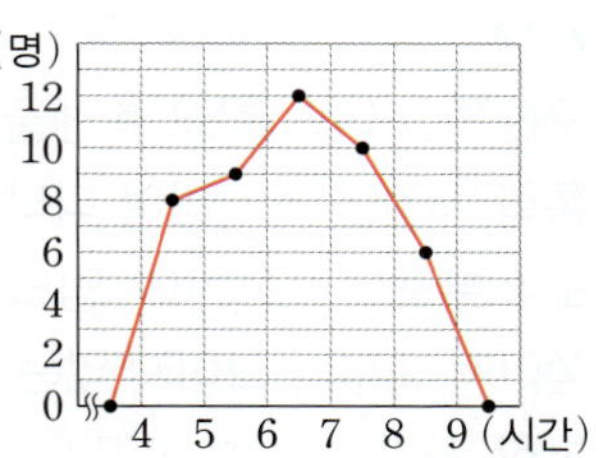

① 계급의 개수는 7이다.
② 전체 학생은 45명이다.
③ 도수가 가장 작은 계급은 8시간 이상 9시간 미만이다.
④ 운동 시간이 10번째로 짧은 학생이 속하는 계급은 5시간 이상 6시간 미만이다.
⑤ 운동 시간이 5시간 이상 6시간 미만인 학생은 전체의 20 %이다.

24

오른쪽은 서원이네 반 학생들의 수학 수행 평가 점수를 조사하여 나타낸 도수분포다각형이다. 수행 평가 점수가 상위 30 % 안에 드는 학생의 점수는 최소 몇 점인지 구하시오.

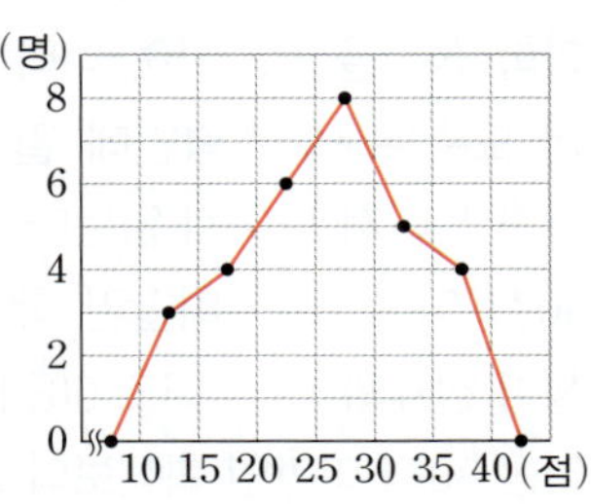

25

오른쪽은 지민이네 반 학생들이 하루 동안 마신 물의 컵 수를 조사하여 나타낸 도수분포다각형이다. 색칠한 두 삼각형의 넓이를 각각 S_1, S_2라 할 때, 다음 중 옳은 것은?

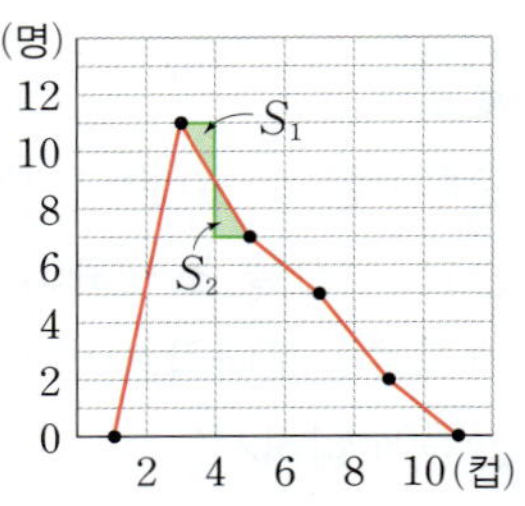

① $S_1 > S_2$ ② $S_1 < S_2$ ③ $S_1 = S_2$
④ $S_1 + S_2 = 1$ ⑤ $S_1 - S_2 = 1$

유형 08 찢어진 히스토그램 또는 도수분포다각형

26

오른쪽은 어느 학교 학생들의 통학 시간을 조사하여 나타낸 도수분포다각형인데 잉크가 쏟아져 일부가 보이지 않는다. 통학 시간이 30분 미만인 학생이 전체의 40 %일 때, 통학 시간이 30분 이상 40분 미만인 학생은 모두 몇 명인가?

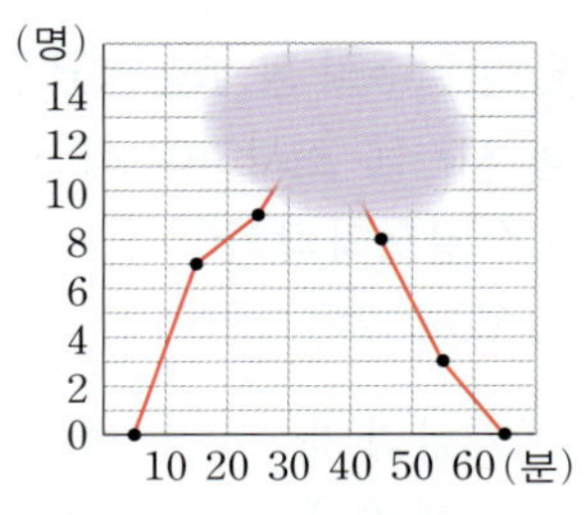

① 11명 ② 12명 ③ 13명
④ 14명 ⑤ 15명

27 내신 빈출

오른쪽은 어느 반 학생들의 과학 성적을 조사하여 나타낸 도수분포다각형인데 일부가 찢어져 보이지 않는다. 60점 이상 70점 미만인 학생이 전체의 15 %이고 50점 이상 60점 미만인 학생이 70점 이상 80점 미만인 학생보다 2명 더 적을 때, 50점 이상 60점 미만인 학생은 몇 명인지 구하시오.

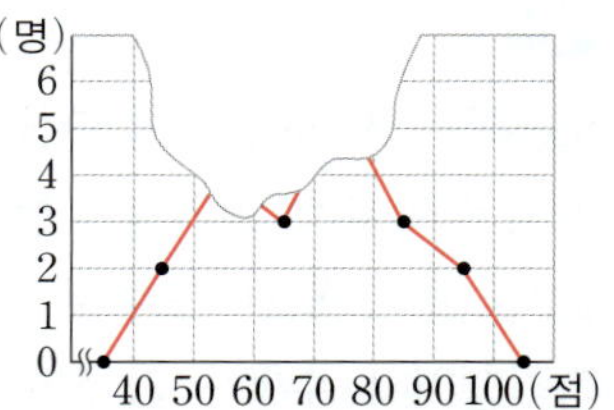

---

28 실수 주의

다음은 어느 독서 동아리 학생들이 작년에 읽은 책의 수를 조사하여 나타낸 히스토그램인데 일부가 찢어져 보이지 않는다. 읽은 책이 10권 이상인 학생이 전체의 80 %이고, 15권 이상 20권 미만인 학생이 20권 이상 25권 미만인 학생의 $\dfrac{3}{5}$일 때, 읽은 책이 20권 이상인 학생은 몇 명인지 구하시오.

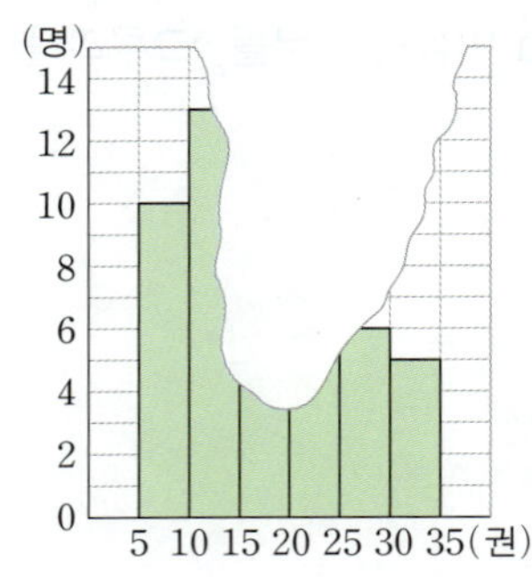

유형 09 두 도수분포다각형의 비교   최다 빈출

29

아래는 어느 반의 남학생과 여학생의 멀리뛰기 기록을 조사하여 나타낸 도수분포다각형이다. 다음 중 옳지 <u>않은</u> 것은?

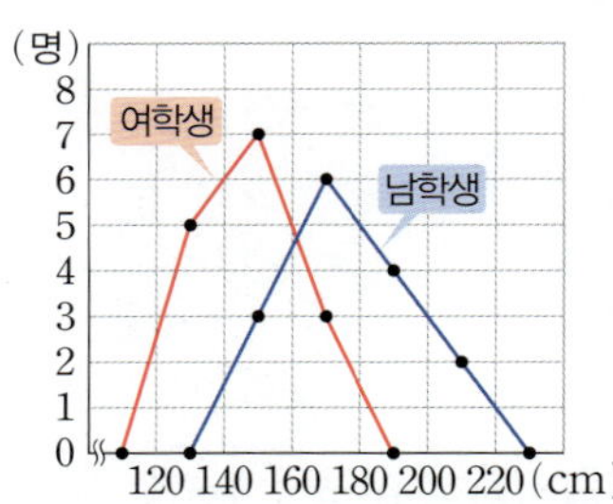

① 여학생 수와 남학생 수는 서로 같다.
② 반 전체 학생은 30명이다.
③ 180 cm 이상을 뛴 여학생은 3명이다.
④ 160 cm 이상을 뛴 학생은 남학생이 여학생보다 9명 더 많다.
⑤ 남학생이 여학생보다 대체적으로 기록이 더 좋다.

30 실수 주의

오른쪽은 지원이네 반 남학생과 여학생의 몸무게를 조사하여 나타낸 도수분포다각형이다. 다음 **보기**에서 옳은 것을 모두 고르시오.

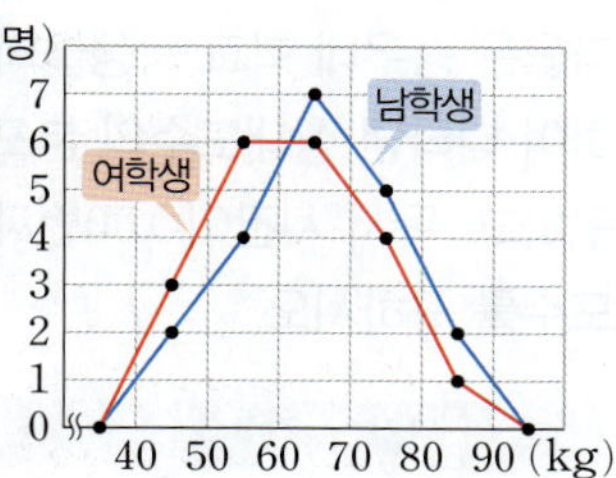

보기

ㄱ. 남학생 수와 여학생 수는 서로 같다.
ㄴ. 남학생이 여학생보다 대체로 무거운 편이다.
ㄷ. 가장 무거운 학생은 남학생이다.
ㄹ. 여학생 중 몸무게가 65 kg인 학생이 있다.

31 신경향

오른쪽은 어느 중학교 1학년 1반과 2반 학생들의 키를 조사하여 나타낸 도수분포다각형이다. 다음 설명을 읽고 $a+b+c+d$ 의 값을 구하시오.

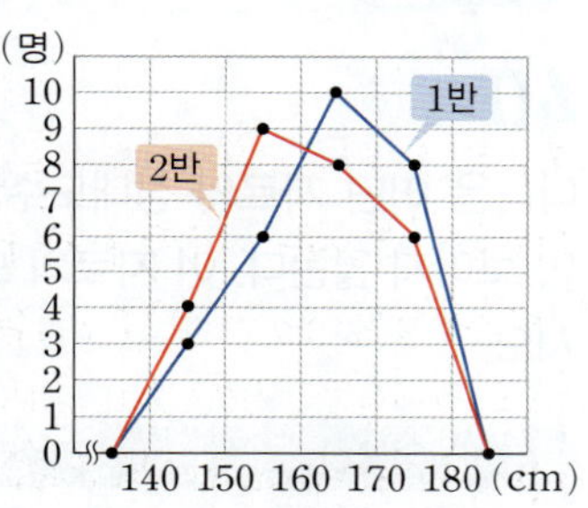

- 두 반의 학생은 a명으로 서로 같다.
- 1반에서 도수가 가장 큰 계급은 b cm 이상 c cm 미만이다.
- 1반에서 키가 4번째로 작은 학생보다 키가 작은 학생은 2반에 적어도 d명 존재한다.

유형 **10** 상대도수

32

어느 수영 학원 특강반 강습생들의 25 m 수영 시간을 조사하였더니 20초 이상 30초 미만인 계급의 도수가 8명이고, 이 계급의 상대도수가 0.4일 때, 특강반 강습생은 모두 몇 명인지 구하시오.

33

오른쪽은 달걀 30개의 무게를 조사하여 나타낸 도수분포표이다. 57 g 이상 58 g 미만인 계급의 상대도수를 구하시오.

무게(g)	달걀 수(개)
54^{이상} ~ 55^{미만}	4
55 ~ 56	5
56 ~ 57	7
57 ~ 58	6
58 ~ 59	4
59 ~ 60	4
합계	30

34

오른쪽은 어느 학교 학생들의 하루 동안의 학원 수강 시간을 조사하여 나타낸 히스토그램이다. 2시간 이상 3시간 미만인 계급의 상대도수를 구하시오.

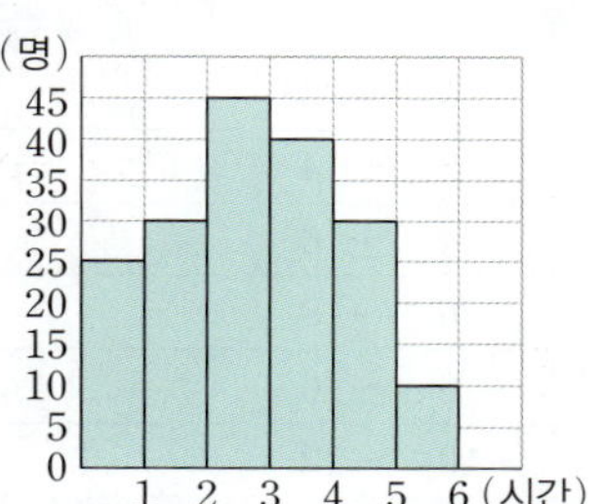

35

오른쪽은 어느 식당에서 점심시간 동안 손님의 대기 시간을 조사하여 나타낸 도수분포다각형이다. 도수가 가장 큰 계급의 상대도수를 구하시오.

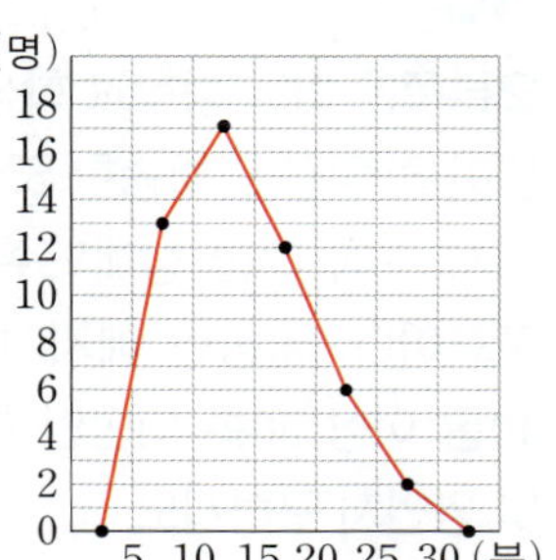

36

두 중학교 A, B의 1학년 학생은 각각 360명, 270명이다. 두 학교에서 안경을 쓴 학생 수가 서로 같고 A 학교에서 안경을 쓴 학생의 상대도수가 0.375이다. 이때 B 학교에서 안경을 쓴 학생의 상대도수를 구하시오.

37 

아래는 도현이네 중학교 1학년 학생들의 턱걸이 횟수를 조사하여 나타낸 상대도수의 분포표이다. 다음 중 $A \sim E$의 값으로 옳지 <u>않은</u> 것은?

횟수(회)	도수(명)	상대도수
0이상~ 2미만	A	0.41
2 ~ 4	64	0.32
4 ~ 6	B	0.175
6 ~ 8	12	C
8 ~10	5	0.025
10 ~12	2	D
합계	E	1

① $A=82$ ② $B=37$ ③ $C=0.06$
④ $D=0.01$ ⑤ $E=200$

38

오른쪽은 어느 중학교 학생 400명이 하루 동안 발송한 SNS 메시지 수에 대한 상대도수의 분포표이다. 발송한 메시지 수가 40통 이상 50통 미만인 학생은 몇 명인지 구하시오.

메시지 수(통)	상대도수
0이상~10미만	0.1
10 ~20	0.2
20 ~30	0.25
30 ~40	0.3
40 ~50	
합계	1

39

다음은 승우네 학교 학생들의 방학 동안의 독서 시간을 조사하여 나타낸 상대도수의 분포표이다. A, B, C의 값을 각각 구하고, 독서 시간이 100번째로 많은 학생이 속하는 계급의 도수를 구하시오.

독서 시간(시간)	도수(명)	상대도수
0이상~10미만	72	0.2
10 ~20		0.1
20 ~30	90	
30 ~40		A
40 ~50		0.15
합계	B	C

40

다음은 어떤 자료의 상대도수의 분포표인데 일부가 훼손되어 보이지 않는다. 이 자료의 도수의 총합은 몇 명인지 구하시오.

성적(점)	도수(명)	상대도수
60이상~ 70미만	30	0.25
70 ~ 80		
80 ~ 90		
90 ~100		

41

다음은 정현이네 반 학생들의 체육 성적을 조사하여 나타낸 상대도수의 분포표인데 일부가 찢어져 보이지 않는다. 70점 이상 80점 미만인 계급의 상대도수를 구하시오.

체육 성적(점)	도수(명)	상대도수
60이상~ 70미만	4	0.2
70 ~ 80	6	
80 ~ 90		
90 ~100		
합계		

42 _{내신 빈출}

오른쪽은 어느 중학교 학생 80명의 100 m 달리기 기록을 조사하여 나타낸 상대도수의 분포표인데 일부가 찢어져 보이지 않는다. 기록이 12초 이상 13초 미만인 학생이 12명이고 기록이 14초 이상인 학생이 전체의 57.5 %일 때, 기록이 13초 이상 14초 미만인 학생은 몇 명인지 구하시오.

기록(초)	상대도수
11이상~12미만	0.1
12 ~13	
13 ~14	
14 ~15	
15 ~16	
16 ~17	
합계	

유형 13 도수의 총합이 다른 두 집단의 상대도수

43 _{내신 빈출}

아래는 두 중학교 A, B의 1학년 학생들의 수학 학력 평가 점수를 조사하여 나타낸 도수분포표이다. 다음 중 옳은 것을 모두 고르면? (정답 2개)

점수(점)	A 중학교	B 중학교
50이상~ 60미만	14	28
60 ~ 70	19	36
70 ~ 80	34	64
80 ~ 90	22	52
90 ~100	11	20
합계	100	200

① 이 자료로는 두 집단을 비교할 수 없다.
② 50점 이상 60점 미만인 학생의 비율은 두 중학교가 같다.
③ 60점 이상 70점 미만인 학생의 비율은 B 중학교가 더 높다.
④ B 중학교의 80점 이상인 학생은 B 중학교 전체의 30 % 이상이다.
⑤ B 중학교가 A 중학교보다 상대도수가 더 큰 계급은 없다.

44

다음은 어느 중학교 1학년 전체와 1학년 1반 학생들의 하루 동안의 스마트폰 사용 시간을 조사하여 나타낸 도수분포표이다. 1학년 전체가 1반보다 상대도수가 더 큰 계급은 모두 몇 개인지 구하시오.

사용 시간(시간)	1학년 학생 수(명)	
	전체	1반
0이상~1미만	27	3
1 ~2	36	4
2 ~3	54	8
3 ~4	45	7
4 ~5	18	3
합계	180	25

유형 14 상대도수의 분포를 나타낸 그래프

45 _{실수 주의}

오른쪽은 어느 반 학생들의 앉은키에 대한 상대도수의 분포를 나타낸 그래프이다. 앉은키가 85 cm 이상인 학생이 8명일 때, 다음 **보기**에서 옳은 것을 모두 고르시오.

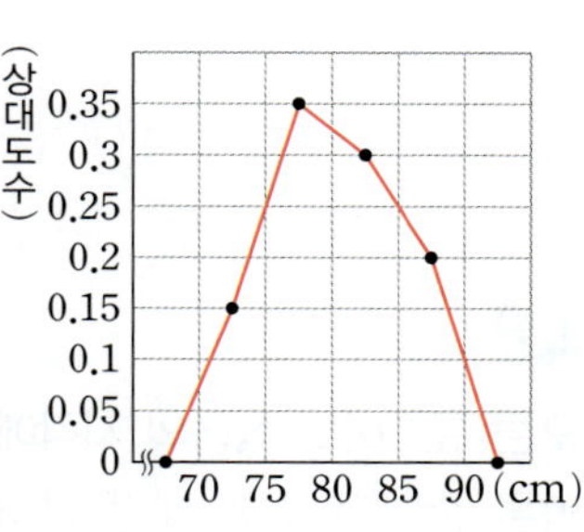

> **보기**
> ㄱ. 상대도수의 총합은 1이다.
> ㄴ. 전체 학생은 40명이다.
> ㄷ. 앉은키가 80 cm 이상인 학생은 전체의 50 %이다.
> ㄹ. 앉은키가 75 cm 이상 80 cm 미만인 학생은 12명이다.

46

오른쪽은 어느 학교 학생들의 통학 시간에 대한 상대도수의 분포를 나타낸 그래프이다. 통학 시간이 20분 이상 30분 미만인 학생이 60명일 때, 통학 시간이 40분 이상인 학생은 몇 명인지 구하시오.

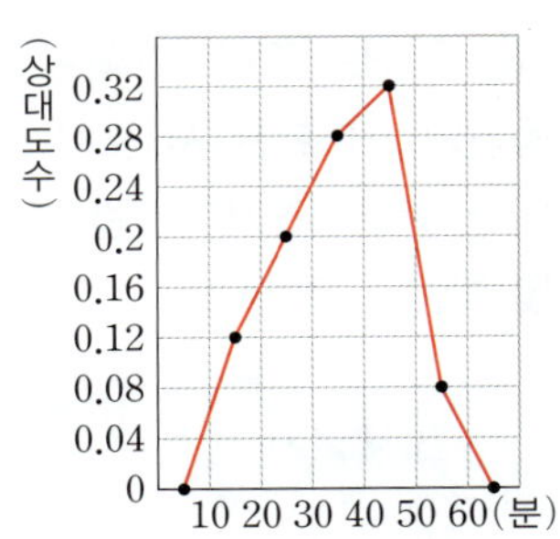

유형 15 찢어진 상대도수의 분포를 나타낸 그래프

47

오른쪽은 우진이네 반 학생 20명의 일주일 동안의 운동 시간에 대한 상대도수의 분포를 나타낸 그래프인데 얼룩이 져서 일부가 보이지 않는다. 운동 시간이 5시간 이상 6시간 미만인 학생은 몇 명인지 구하시오.

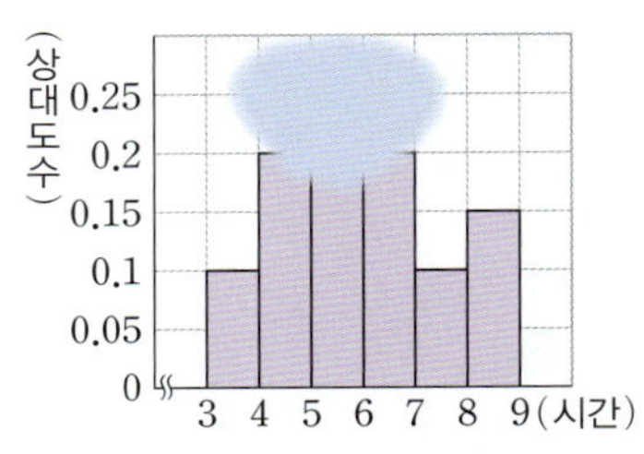

48

오른쪽은 어느 식당의 시각에 따른 손님의 수에 대한 상대도수의 분포를 나타낸 그래프인데 일부가 찢어져 보이지 않는다. 2시 이상 3시 미만인 계급의 상대도수가 3시 이상 4시 미만인 계급의 상대도수의 3배일 때, 2시 이상 3시 미만인 계급의 상대도수를 구하시오.

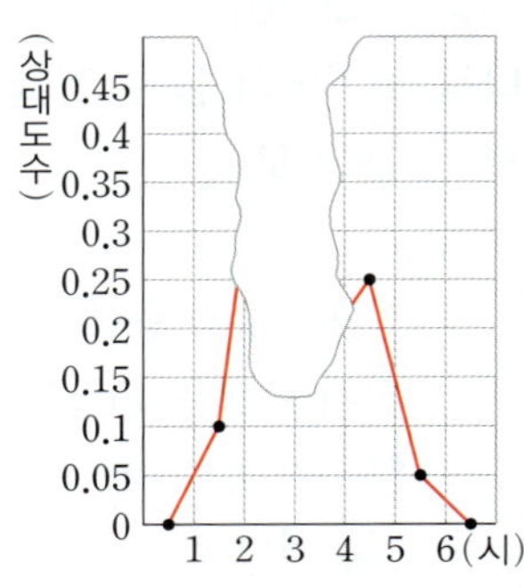

심화유형 16 도수의 총합이 다른 두 집단의 비교

49 내신 빈출

오른쪽은 A 반과 B 반 학생들의 일주일 동안의 평균 공부 시간에 대한 상대도수의 분포를 나타낸 그래프이다. A 반은 30명, B 반은 40명일 때, 두 반에서 일주일 동안의 평균 공부 시간이 10시간 이상 12시간 미만인 학생은 모두 몇 명인지 구하시오.

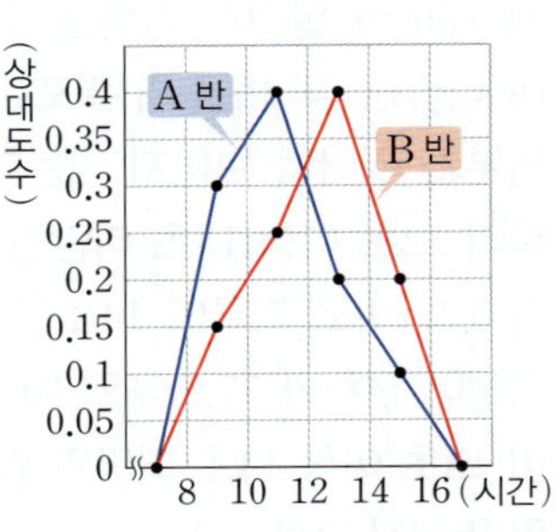

50

오른쪽은 수호네 학교 1학년 남학생과 여학생의 일주일 동안의 동아리 활동 시간에 대한 상대도수의 분포를 나타낸 그래프이다. 다음 중 옳은 것은?

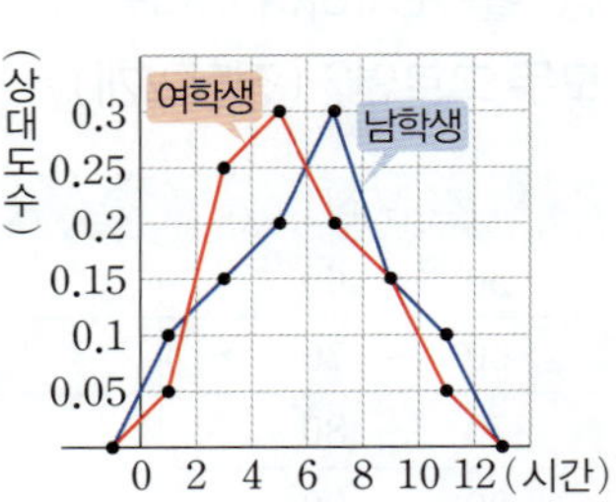

① 활동 시간이 8시간 이상 10시간 미만인 남학생 수와 여학생 수는 같다.
② 여학생 중 도수가 가장 큰 계급은 6시간 이상 8시간 미만이다.
③ 남학생 중 8시간 이상 동아리 활동을 한 학생은 남학생 전체의 20 %이다.
④ 남학생이 여학생보다 동아리 활동을 대체로 더 많이 했다.
⑤ 전체 남학생이 120명이면 남학생 중 4시간 이상 6시간 미만인 계급의 도수는 25명이다.

전국 1000여 개 학교 시험 문제를 분석하여 **출제율 높은 서술형 문제**만 선별했어요!

정답 및 풀이 103쪽

01

4개의 변량 a, b, c, d의 평균이 7일 때, 5개의 변량 $a+3$, $b+2$, $c-1$, $d+2$, 11의 평균을 구하시오. [4점]

채점 기준 1 $a+b+c+d$의 값 구하기 ··· 2점

a, b, c, d의 평균이 7이므로

$$\frac{a+b+c+d}{4}=\underline{} \qquad \therefore a+b+c+d=\underline{}$$

채점 기준 2 5개의 변량의 평균 구하기 ··· 2점

5개의 변량 $a+3$, $b+2$, $c-1$, $d+2$, 11의 평균은

$$\frac{(a+3)+(b+2)+(c-1)+(d+2)+11}{5}$$

$$=\frac{a+b+c+d+\boxed{}}{5}=\frac{\boxed{}}{5}=\boxed{}$$

01-1

4개의 변량 a, b, c, d의 평균이 12일 때, 5개의 변량 $a-5$, $b+7$, $c-3$, $d+10$, 13의 평균을 구하시오. [4점]

채점 기준 1 $a+b+c+d$의 값 구하기 ··· 2점

채점 기준 2 5개의 변량의 평균 구하기 ··· 2점

02

오른쪽은 어느 나라의 최근 40회 동안 발생한 지진의 규모에 대한 상대도수의 분포를 나타낸 그래프인데 일부가 찢어져 보이지 않는다. 규모가 2.6 M

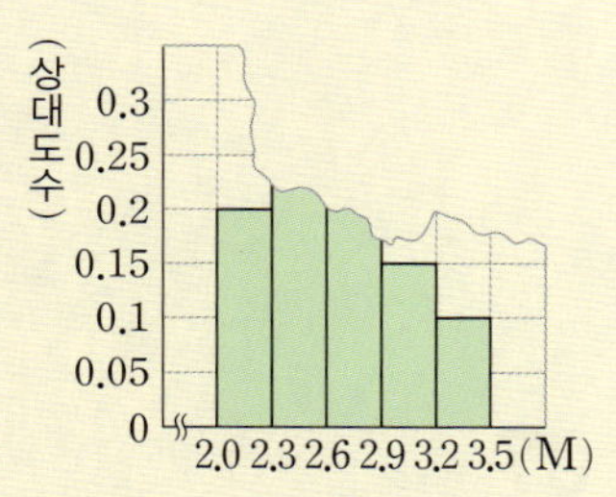

미만인 지진이 전체의 45 %라 할 때, 규모가 2.6 M 이상 2.9 M 미만인 지진의 횟수를 구하시오.

(단, M은 지진의 규모를 나타내는 단위이다.) [6점]

채점 기준 1 규모가 2.6 M 이상인 계급의 상대도수의 합 구하기 ··· 2점

규모가 2.6 M 미만인 지진이 전체의 ______%이므로

규모가 2.6 M 이상인 계급의 상대도수의 합은

$$1-\underline{}=\underline{}$$

채점 기준 2 규모가 2.6 M 이상 2.9 M 미만인 계급의 상대도수 구하기 ··· 2점

규모가 2.6 M 이상 2.9 M 미만인 계급의 상대도수는

$$\underline{}-(0.15+0.1)=\underline{}$$

채점 기준 3 규모가 2.6 M 이상 2.9 M 미만인 지진의 횟수 구하기 ··· 2점

규모가 2.6 M 이상 2.9 M 미만인 지진은

$$40\times\underline{}=\underline{}\,(회)$$

02-1

오른쪽은 사과 60개의 당도에 대한 상대도수의 분포를 나타낸 그래프인데 얼룩져 일부가 보이지 않는다. 당도가 14.4 Brix 이상인 사과가 전체의 40 %일 때, 당도가

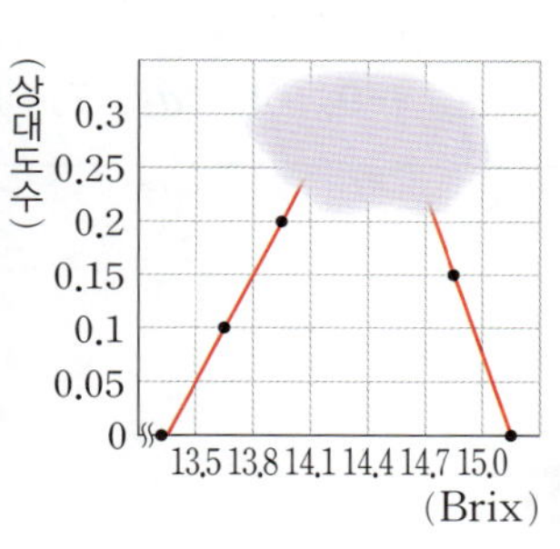

14.1 Brix 이상 14.4 Brix 미만인 사과는 몇 개인지 구하시오. (단, Brix는 당도를 나타내는 단위이다.) [6점]

채점 기준 1 당도가 14.4 Brix 미만인 계급의 상대도수의 합 구하기 ··· 2점

채점 기준 2 당도가 14.1 Brix 이상 14.4 Brix 미만인 계급의 상대도수 구하기 ··· 2점

채점 기준 3 당도가 14.1 Brix 이상 14.4 Brix 미만인 사과의 수 구하기 ··· 2점

03

다음은 현진이네 반 학생 6명이 주말 동안 스마트폰을 사용한 시간을 조사한 것이다. 물음에 답하시오. [6점]

(단위 : 분)

> 140, 120, 200, 160, 100, 720

(1) 평균을 구하시오. [2점]

(2) 중앙값을 구하시오. [2점]

(3) 평균과 중앙값 중에서 이 자료의 대푯값으로 적절한 것을 구하시오. [2점]

04

다음 8개의 변량의 평균이 1이고 최빈값이 4일 때, 중앙값을 구하시오. [6점]

> $-9,\quad 4,\quad a,\quad 7,\quad b,\quad -3,\quad 5,\quad 2$

05

다음은 어느 과수원에서 수확한 참외의 무게를 조사하여 나타낸 줄기와 잎 그림이다. 무게가 145 g 이상 150 g 이하인 참외를 a개, 무게가 160 g 이상인 참외를 b개라 할 때, $a+b$의 값을 구하시오. [4점]

참외의 무게 (13|2는 132 g)

줄기	잎
13	2 4 8 8
14	0 3 5 6 8 8 9
15	0 0 0 2 5 7 9
16	0 1 3 7
17	1 2

06

다음은 어느 반 학생들이 하루 동안 주고받은 문자의 수를 조사한 것이다. 이 자료에 대한 도수분포표를 완성하고, 도수가 가장 큰 계급을 구하시오. [6점]

(단위 : 통)

> 38, 27, 6, 36, 12, 16, 7, 11,
> 14, 15, 24, 22, 21, 20, 18, 19,
> 19, 20, 24, 30, 32, 5, 13, 38

문자의 수(통)	학생 수(명)
$5^{이상} \sim 10^{미만}$	
합계	

07

다음은 어느 TV 프로그램의 시청률을 조사하여 나타낸 히스토그램이다. 시청률이 10번째로 높은 프로그램이 속하는 계급의 도수를 구하시오. [4점]

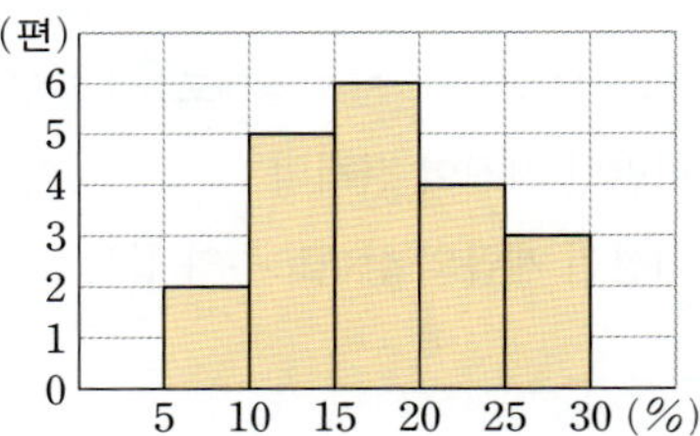

08

오른쪽은 직장인 40명이 1년 동안 영화를 본 횟수를 조사하여 나타낸 도수분포다각형인데 얼룩져 일부가 보이지 않는다. 영화를 본 횟수가 많은 쪽에서 10번째인 직장인이 속하는 계급의 도수를 구하시오. [6점]

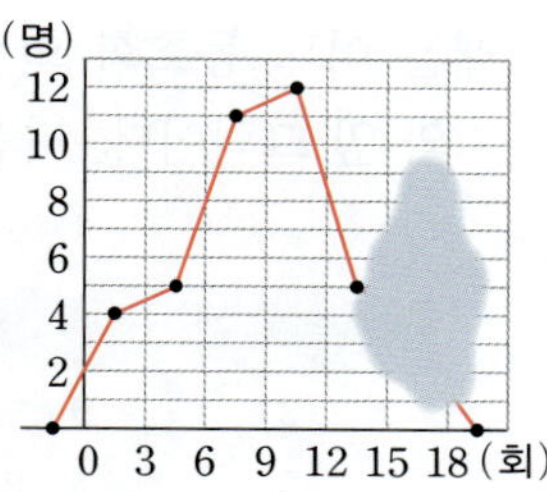

09

오른쪽은 어느 중학교 1반과 2반의 미술 수행 평가 점수를 조사하여 나타낸 도수분포다각형이다. 1반에서 10번째로 점수가 높은 학생은 2반에서 최소 상위 몇 % 이내에 드는지 구하시오. [6점]

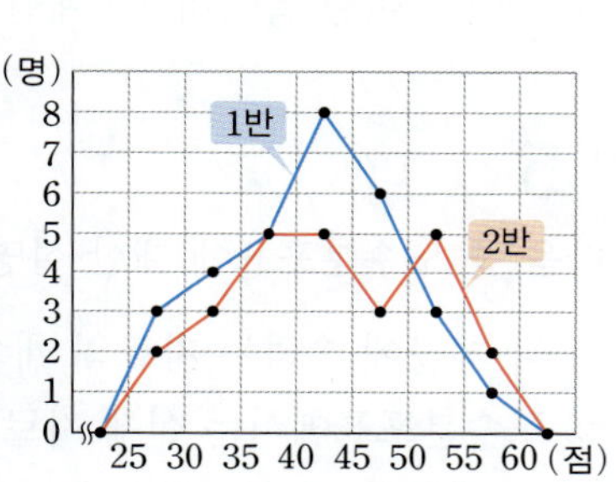

10

두 자료 A, B는 전체 도수의 비가 5 : 3이고 어떤 계급의 상대도수의 비가 3 : 2일 때, 이 계급의 도수의 비를 가장 간단한 자연수의 비로 나타내시오. [6점]

11

다음은 어느 과수원에서 수확한 귤의 무게를 조사하여 나타낸 상대도수의 분포표이다. $A+100B$의 값을 구하시오. [4점]

무게(g)	귤의 수(개)	상대도수
80^{이상} ~ 90^{미만}	9	
90 ~ 100	6	B
100 ~ 110		
110 ~ 120	A	0.35
합계	40	1

12

오른쪽은 상우네 학교 1학년 학생들의 사회 성적에 대한 상대도수의 분포를 나타낸 그래프이다. 상대도수가 가장 낮은 계급의 도수가 22명일 때, 사회 성적이 70점 이상 90점 미만인 학생은 몇 명인지 구하시오. [6점]

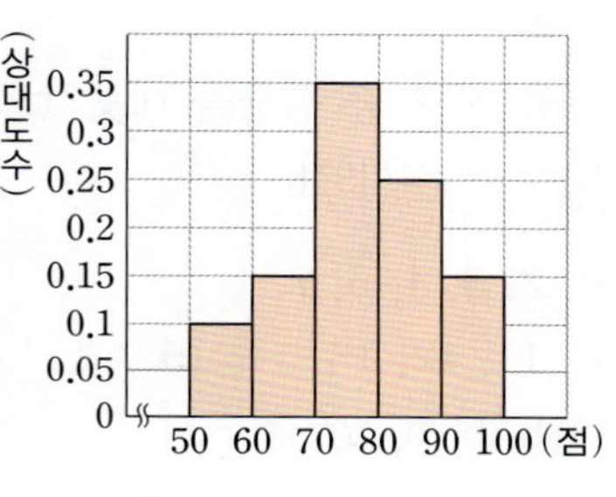

13

오른쪽은 어느 중학교의 남학생과 여학생이 방학 동안 읽은 책의 수에 대한 상대도수의 분포를 나타낸 그래프이다. 6권 이상 8권 미만인 계급의 남학생 수와 여학생 수가 서로 같고, 전체 남학생 수와 전체 여학생 수의 최대공약수가 100일 때, 여학생은 모두 몇 명인지 구하시오. [7점]

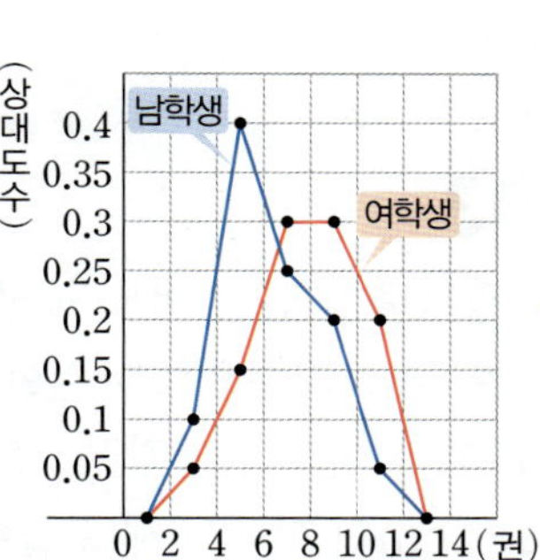

01

다음 자료의 중앙값과 최빈값의 합은? [3점]

> 4, 2, 5, 1, 5, 4, 3, 6, 5

① 7   ② 8   ③ 9
④ 10   ⑤ 11

02

다음 자료 중 평균을 대푯값으로 하기에 가장 적절하지 않은 것은? [3점]

① 2, 3, 4, 5, 7
② 11, 12, 13, 14, 15
③ 5, 5, 5, 5, 5
④ 10, 20, 30, 40, 500
⑤ 100, 200, 350, 400, 500

03

8명으로 구성된 어느 농구 동아리 학생들의 키를 작은 값부터 크기순으로 나열할 때, 4번째 학생의 키는 175 cm이고 중앙값은 177 cm이다. 이 동아리에 키가 180 cm인 학생이 새로 들어올 때, 전체 동아리 학생 9명의 키의 중앙값은? [4점]

① 176 cm   ② 177 cm   ③ 178 cm
④ 179 cm   ⑤ 180 cm

04

아래는 어느 동호회 회원들의 나이를 조사하여 나타낸 줄기와 잎 그림이다. 다음 중 옳지 않은 것은? [3점]

나이   (2|9는 29세)

줄기	잎
2	9
3	5 8
4	0 1 2 6 7
5	3 4
6	0

① 동호회 회원은 모두 11명이다.
② 40세 미만인 회원은 3명이다.
③ 잎이 가장 많은 줄기는 4이다.
④ 전체 회원 중에서 나이가 같은 회원들이 있다.
⑤ 나이가 어린 쪽에서 4번째인 회원은 40세이다.

05

다음 중 도수분포표에 대한 설명으로 옳은 것은? [3점]

① 각 계급에 속하는 자료의 개수를 변량이라 한다.
② 도수분포표에서는 실제 자료의 값을 알 수 있다.
③ 각 계급의 크기는 필요에 따라 다르게 해도 된다.
④ 도수의 총합은 변량의 총수와 같다.
⑤ 도수분포표에서 계급의 개수를 많게 할수록 자료의 분포 상태를 알기 쉽다.

06

오른쪽은 지호네 반 학생들의 일주일 동안의 여가 활동 시간을 조사하여 나타낸 히스토그램이다. 여가 활동 시간이 9번째로 긴 학생이 속하는 계급의 도수는? [4점]

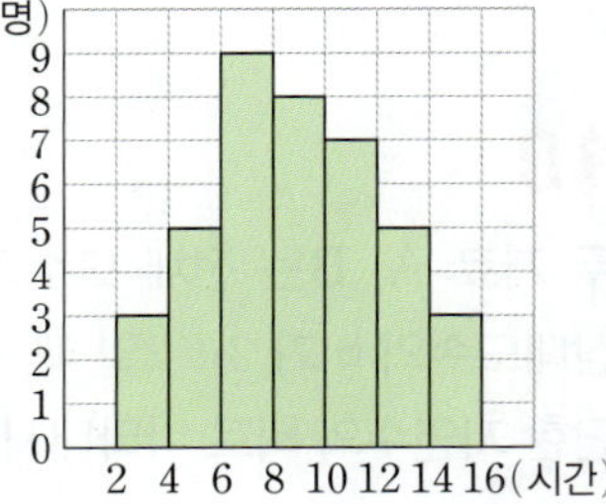

① 3명   ② 5명   ③ 7명
④ 8명   ⑤ 9명

07

오른쪽은 승건이네 반 학생들의 국어 성적을 조사하여 나타낸 도수분포다각형이다. 성적이 70점 미만인 학생은 전체의 몇 %인가? [4점]

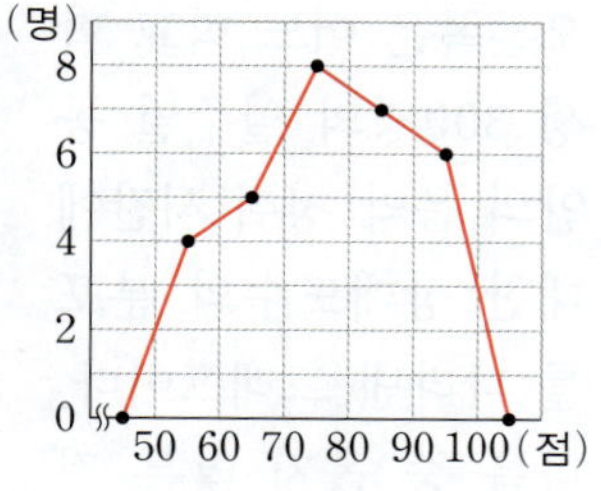

① 27 % ② 28 % ③ 30 %
④ 32 % ⑤ 33 %

08

오른쪽은 수아네 반 학생들의 공 던지기 기록을 조사하여 나타낸 히스토그램인데 일부가 찢어져 보이지 않는다. 공 던지기 기록이 18 m 이상 22 m 미만인 학생이 전체의 40 %일 때, 기록이 22 m 미만인 학생 수는? [5점]

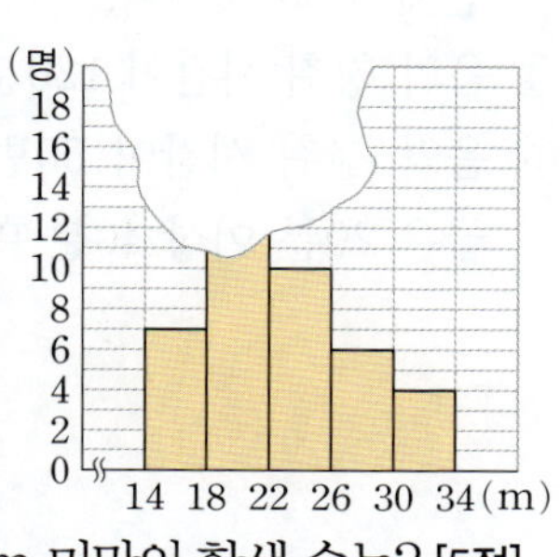

① 25 ② 26 ③ 27
④ 28 ⑤ 29

09

오른쪽은 두 직업 A, B에 종사하는 직장인을 대상으로 직업 만족도를 조사하여 나타낸 도수분포다각형이다. 다음 중 옳지 <u>않은</u> 것은? [4점]

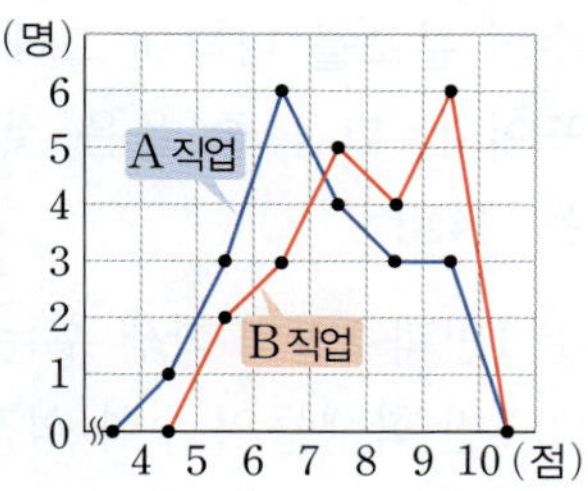

① 조사한 두 직업의 인원수는 서로 같다.
② 조사한 두 직업의 총 인원은 40명이다.
③ 만족도가 가장 낮은 사람은 A 직업에 속한다.
④ 만족도가 가장 높은 사람은 B 직업에 속한다.
⑤ B 직업이 A 직업보다 대체적으로 직업 만족도가 높다.

10

어느 상대도수의 분포표에서 도수의 총합이 160일 때, 상대도수가 0.4인 계급의 도수를 x, 도수가 48인 계급의 상대도수를 y라 하자. 이때 $x+10y$의 값은? [3점]

① 66 ② 67 ③ 68
④ 69 ⑤ 70

11

오른쪽 표는 두 단체 A, B 회원들의 혈액형을 조사한 것이다. 두 단체에서 상대도수가 같은 혈액형은? [4점]

혈액형	A(명)	B(명)
A형	12	12
B형	6	10
O형	9	12
AB형	3	6

① A형 ② B형 ③ O형
④ AB형 ⑤ 없다.

12

오른쪽은 채영이네 학교 학생들의 한 달 용돈을 조사하여 나타낸 상대도수의 분포표이다. 용돈이 2만 원 미만인 학생은 전체의 몇 %인가? [4점]

용돈(만 원)	도수(명)	상대도수
0 이상 ~ 1 미만		0.06
1 ~ 2	8	
2 ~ 3	13	0.26
3 ~ 4		
4 ~ 5	7	
합계		1

① 21 % ② 22 % ③ 23 %
④ 24 % ⑤ 25 %

13

오른쪽은 어느 학교 학생들의 한 달 동안의 스마트폰 사용 시간을 조사하여 나타낸 상대도수의 분포표이다. a와 b의 최대공약수가 12일 때, $a+b$의 값은? [5점]

시간(시간)	도수(명)	상대도수
$0^{이상}\sim10^{미만}$		0.125
10 ~20	a	0.2
20 ~30		0.3
30 ~40	b	0.25
40 ~50		0.125
합계		1

① 96   ② 108   ③ 120
④ 132   ⑤ 144

14

오른쪽은 어느 농장에서 수확한 청포도의 당도를 조사하여 나타낸 상대도수의 분포표인데 일부가 찢어져 보이지 않는다. 이때 $A+100B$의 값은? [4점]

당도(Brix)	도수(개)	상대도수
$15^{이상}\sim17^{미만}$	27	0.18
17 ~19	A	0.26
19 ~21	33	B
21 ~23	30	
23 ~25		

① 57   ② 58   ③ 59
④ 60   ⑤ 61

15

오른쪽은 어느 중학교 1학년 1반과 2반 학생들의 신발 크기를 조사하여 나타낸 도수분포표이다.
$B : C = 3 : 4$일 때, 신발 크기가 250 mm 이상 260 mm 미만인 두 반 학생의 비율의 차는 몇 %인가? [5점]

신발 크기(mm)	도수(명)	
	1반	2반
$230^{이상}\sim240^{미만}$	A	A
240 ~250	4	6
250 ~260	B	C
260 ~270	5	7
270 ~280	2	1
합계	20	25

① 1 %   ② 2 %   ③ 3 %
④ 4 %   ⑤ 5 %

16

오른쪽은 어느 학교 학생 300명의 일주일 동안의 음악 청취 시간에 대한 상대도수의 분포를 나타낸 그래프이다. 다음 중 옳지 <u>않은</u> 것은? [4점]

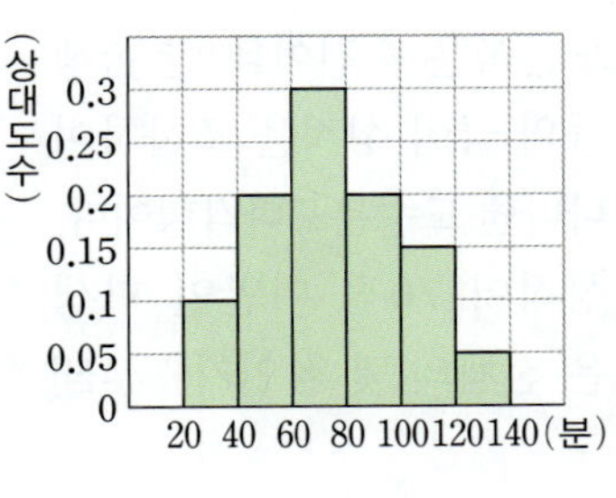

① 계급의 크기는 20분이다.
② 도수가 가장 큰 계급은 60분 이상 80분 미만이다.
③ 음악 청취 시간이 80분 이상 120분 미만인 학생은 전체의 35 %이다.
④ 음악 청취 시간이 120분 이상인 학생은 15명이다.
⑤ 음악 청취 시간이 50번째로 짧은 학생이 속하는 계급은 20분 이상 40분 미만이다.

17

오른쪽은 어느 중학교 1학년 1반과 2반 학생들의 수학 성적에 대한 상대도수의 분포를 나타낸 그래프이다. 다음 중 옳은 것은? [4점]

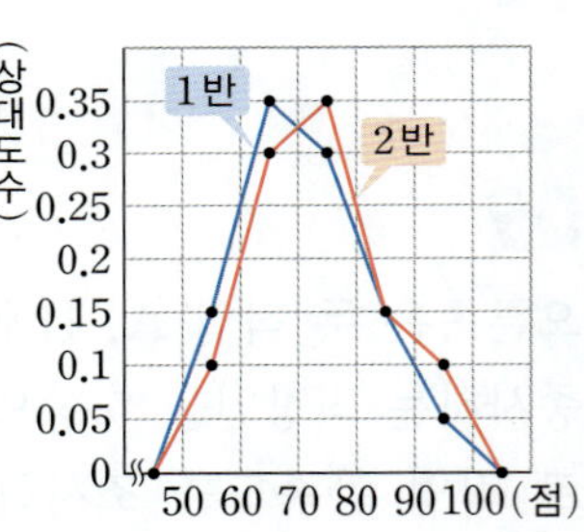

① 1반과 2반의 학생 수는 서로 같다.
② 1반 학생들의 수학 성적이 대체로 더 좋다.
③ 수학 성적이 60점 이상 70점 미만인 학생 수는 1반이 더 많다.
④ 2반에서 수학 성적이 70점 이상 80점 미만인 학생은 15명이다.
⑤ 1반에서 수학 성적이 80점 이상인 학생은 1반 전체 학생의 20 %이다.

18

오른쪽은 헬스장의 남자 회원 80명과 여자 회원 60명의 일주일 동안의 운동 시간에 대한 상대도수의 분포를 나타낸 그래프인데 얼룩져 일부가 보이지 않는다. 운동 시간이 8시간 이상 10시간 미만인 회원의 비율은 남자 회원이 여자 회원보다 몇 % 더 높은가? [4점]

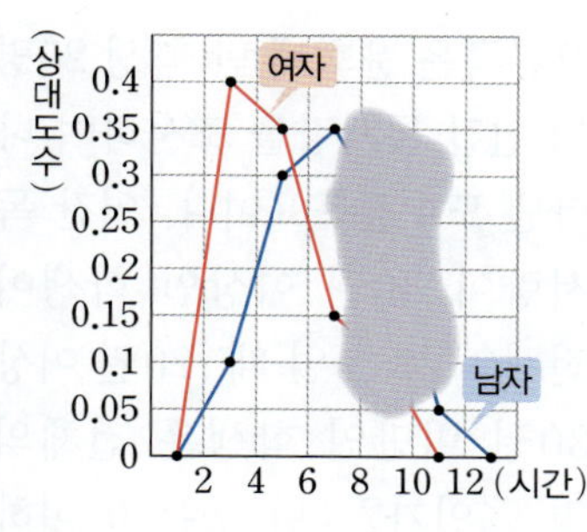

① 8 %　　　② 10 %　　　③ 12 %
④ 14 %　　　⑤ 15 %

19

다음 자료에서 최빈값이 10명일 때, 평균과 중앙값을 각각 구하시오. [4점]

(단위 : 명)

$$10, \quad 11, \quad 7, \quad 7, \quad 10, \quad 8, \quad x$$

20

아래는 시우네 반 학생들의 키를 조사하여 나타낸 줄기와 잎 그림이다. 다음 물음에 답하시오. [6점]

키　　　(14 | 5는 145 cm)

줄기	잎
14	5 6 9 9
15	0 0 1 4 8 9
16	0 2 2 5 6 7 9
17	0 1 2 4 4 8
18	0 1

(1) 6번째로 키가 큰 학생과 7번째로 키가 작은 학생의 키 차이를 구하시오. [2점]

(2) 키가 170 cm 이상인 학생은 전체의 몇 %인지 구하시오. [4점]

21

오른쪽은 어느 동아리 학생들의 봉사 활동 시간을 조사하여 나타낸 히스토그램인데 일부가 찢어져 보이지 않는다. 봉사 시간이 20시간 이상 40시간 미만인 학생이 전체의 16 %이고 60시간 이상 80시간 미만인 학생이 전체의 24 %일 때, 60시간 이상 80시간 미만인 학생은 몇 명인지 구하시오. [6점]

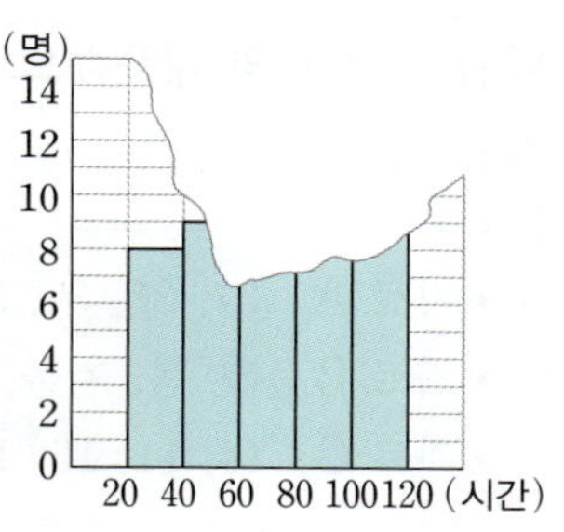

22

오른쪽은 어느 지역 중학생들의 방학 중 봉사 활동 시간에 대한 상대도수의 분포를 나타낸 그래프이다. 봉사 활동 시간이 8시간 이상인 학생이 90명일 때, 봉사 활동 시간이 6시간 이상 8시간 미만인 학생은 몇 명인지 구하시오. [7점]

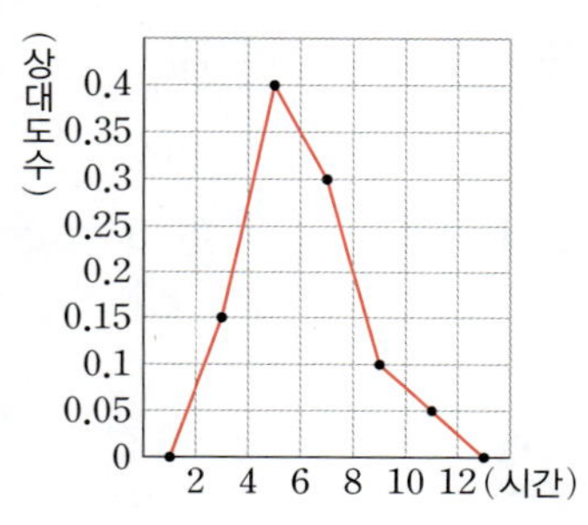

23

오른쪽은 어느 오디션에 참가한 참가자 50명의 점수에 대한 상대도수의 분포를 나타낸 그래프인데 일부가 찢어져 보이지 않는다. 점수가 60점 이상 70점 미만인 참가자는 몇 명인지 구하시오. [7점]

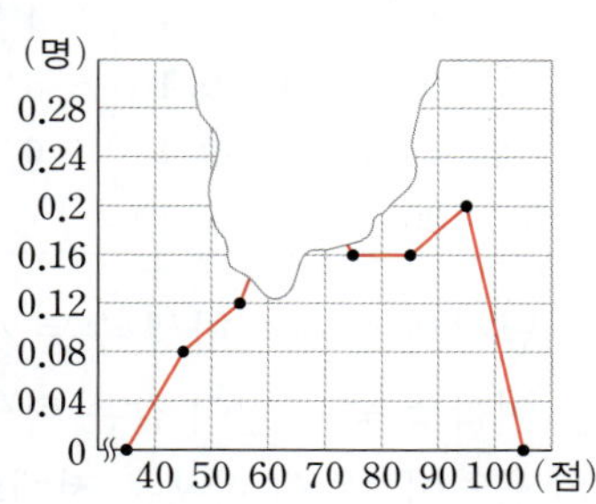

01

다음 각 자료의 대푯값으로 적절한 것을 바르게 짝 지은 것은? [3점]

> • 자료 A : 37, 35, 31, 32, 36, 35, 93
> • 자료 B : 봄, 봄, 겨울, 가을, 봄, 여름
> • 자료 C : 14, 11, 15, 12, 16, 17

① A : 평균 ② A : 최빈값 ③ B : 중앙값
④ B : 최빈값 ⑤ C : 최빈값

02

두 자연수 a, b에 대하여 자료 1, 2, a, b, 7의 중앙값이 5이고 자료 8, a, b, 13의 중앙값이 7일 때, $b-a$의 값은? (단, $a<b$) [4점]

① 1 ② 2 ③ 3
④ 4 ⑤ 5

03

아래는 3월부터 7월까지 태어난 학생들의 생일을 조사하여 나타낸 줄기와 잎 그림이다. 다음 중 옳지 <u>않은</u> 것은? [3점]

생일 (3|1은 3월 1일)

잎(남학생)	줄기	잎(여학생)
30 17 1	3	1 5 20 28 31
29 27 18 17 6 3 1	4	5 6 27 29
25 20 9 1	5	3 5 8 8 29 30
20 15 12 11 9 1	6	6 8 9 16 28
25 19 14 12 1	7	2 19 21 27 30

① 남학생 수와 여학생 수는 서로 같다.
② 여학생 중 생일이 같은 학생들이 있다.
③ 생일이 7월인 학생은 전체의 20 %이다.
④ 생일이 6월인 학생은 남학생이 더 많다.
⑤ 전체 학생은 48명이다.

04

오른쪽은 윤희네 반 학생 25명의 연간 독서량을 조사하여 나타낸 도수분포표이다. 연간 독서량이 30권 이상인 학생이 전체의 28 %일 때, 20권 이상 30권 미만인 학생은 전체의 몇 %인가? (단, a는 9 이하인 자연수이다.) [4점]

독서량(권)	학생 수(명)
0이상 ~ 10미만	$a+4$
10 ~ 20	$10-a$
20 ~ 30	
30 ~ 40	
40 ~ 50	
합계	25

① 16 % ② 18 % ③ 20 %
④ 22 % ⑤ 24 %

05

오른쪽은 태우네 반 학생 30명의 지난 주말 동안의 산책 시간을 조사하여 나타낸 도수분포표이다. $A:B=3:2$일 때, 90분 이상 120분 미만인 학생은 전체의 몇 %인가? [4점]

시간(분)	학생 수(명)
0이상 ~ 30미만	6
30 ~ 60	4
60 ~ 90	A
90 ~ 120	B
120 ~ 150	5
합계	30

① 18 % ② 20 % ③ 22 %
④ 24 % ⑤ 25 %

06

오른쪽은 윤우네 반 학생들의 공 던지기 기록을 조사하여 나타낸 히스토그램이다. 다음 중 옳지 <u>않은</u> 것은? [4점]

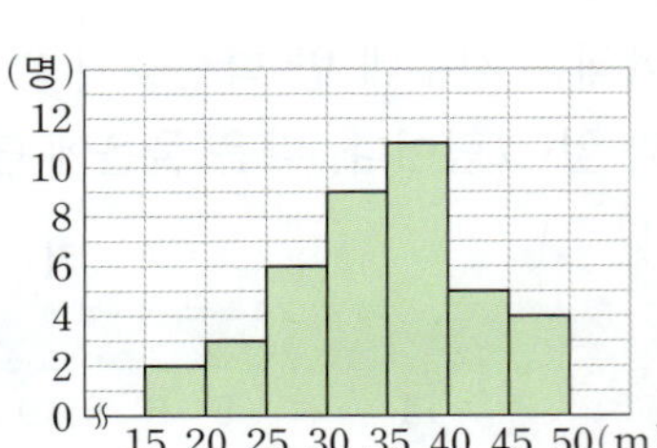

① 공 던지기 기록이 25 m 미만인 학생은 5명이다.
② 전체 학생은 40명이다.
③ 공 던지기 기록이 40 m 이상인 학생은 전체의 22.5 %이다.
④ 도수가 세 번째로 큰 계급은 40 m 이상 45 m 미만이다.
⑤ 공 던지기 기록이 좋은 쪽에서 10번째인 학생이 속하는 계급은 35 m 이상 40 m 미만이다.

07

오른쪽은 연우네 학교 학생들의 하루 동안 손 씻는 횟수를 조사하여 나타낸 도수분포다각형이다. 다음 중 옳지 <u>않</u>은 것은? [3점]

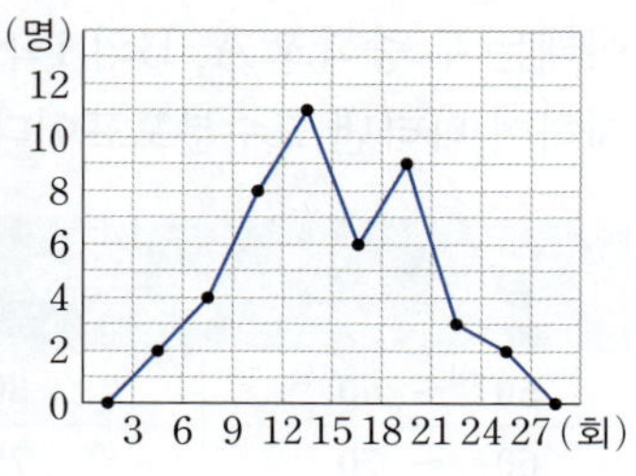

① 계급의 크기는 3회이다.
② 계급의 개수는 10이다.
③ 전체 학생은 45명이다.
④ 횟수가 8회인 학생이 속하는 계급의 도수는 4명이다.
⑤ 횟수가 21회 이상인 학생은 5명이다.

08

오른쪽은 어느 반 학생 45명의 수학 성적을 조사하여 나타낸 도수분포다각형인데 얼룩져 일부가 보이지 않는다. 80점 이상

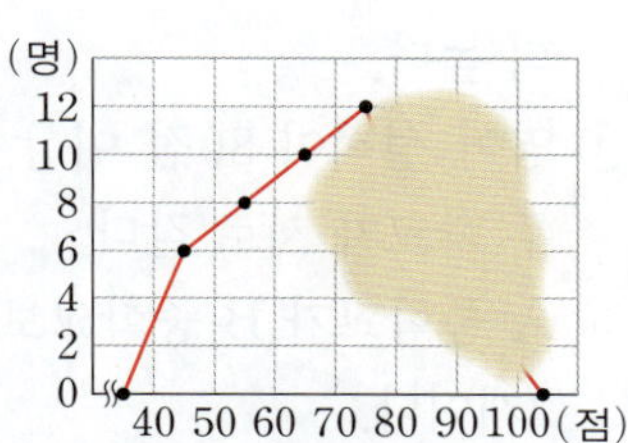

90점 미만인 학생 수가 90점 이상 100점 미만인 학생 수의 2배일 때, 80점 이상 90점 미만인 학생 수는? [4점]

① 4   ② 5   ③ 6
④ 7   ⑤ 8

09

오른쪽은 어느 도서관 이용 학생 36명이 방학 동안 읽은 책의 수를 조사하여 나타낸 도수분포다각형인데 일부가 찢어져 보이지 않는다. 책을 12권 이상 16권 미만 읽은 학생은 전체의 몇 %인가? [4점]

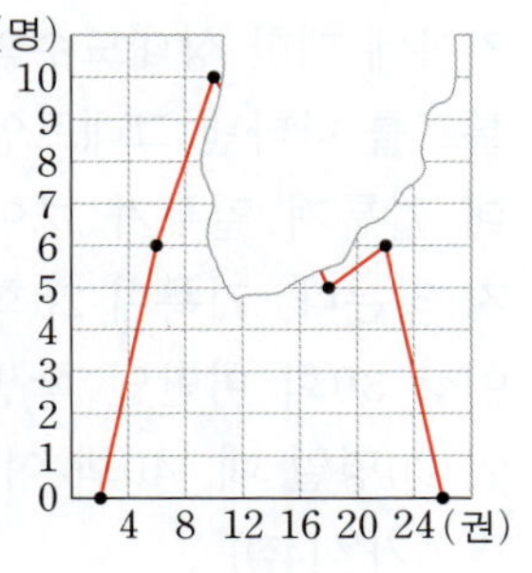

① 20 %   ② 22 %   ③ 24 %
④ 25 %   ⑤ 27 %

10

오른쪽은 어느 반 학생들의 수면 시간을 성별로 조사하여 나타낸 도수분포다각형이다. 다음 보기에서 옳은 것을 모두 고른 것은? [5점]

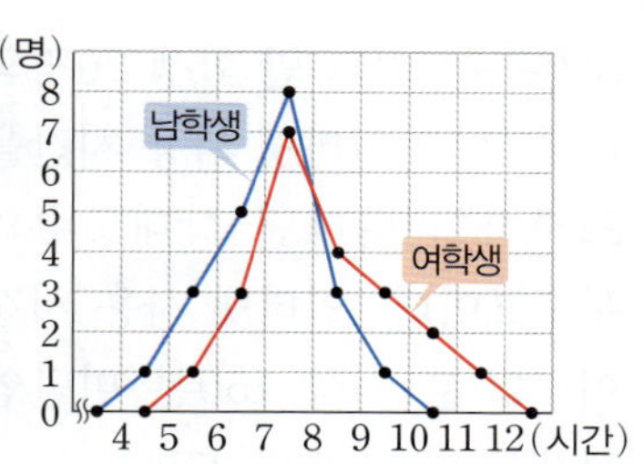

보기

ㄱ. 남학생이 여학생보다 3명 더 많다.
ㄴ. 수면 시간이 가장 짧은 학생은 남학생이다.
ㄷ. 남학생이 여학생보다 수면 시간이 더 긴 편이다.
ㄹ. 수면 시간이 가장 긴 학생은 여학생이고 속한 계급은 11시간 이상 12시간 미만이다.

① ㄱ, ㄴ   ② ㄴ, ㄷ   ③ ㄴ, ㄹ
④ ㄱ, ㄷ, ㄹ   ⑤ ㄴ, ㄷ, ㄹ

11

다음 상대도수에 대한 설명으로 옳지 <u>않</u>은 것은? [3점]

① 상대도수의 총합은 도수의 총합에 따라 다르다.
② 각 계급의 상대도수는 그 계급의 도수에 정비례한다.
③ 도수의 총합이 다른 두 자료를 비교할 때는 상대도수를 이용하면 편리하다.
④ 도수의 총합은 어떤 계급의 도수를 그 계급의 상대도수로 나누어 구할 수 있다.
⑤ 도수의 총합에 대한 각 계급의 도수의 비율을 상대도수라 한다.

12

오른쪽은 민속놀이 대회에 참가한 사람들의 제기차기 기록을 조사하여 나타낸 히스토그램이다. 20회 이상 25회 미만인 계급의 상대도수는? [4점]

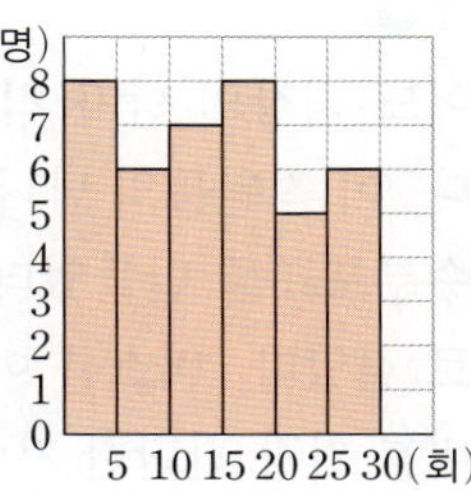

① 0.125   ② 0.15   ③ 0.175
④ 0.2   ⑤ 0.225

13

오른쪽은 어느 반 학생 20명의 하루 평균 인터넷 사용 시간을 조사하여 나타낸 상대도수의 분포표이다. 인터넷 사용 시간이 120분 이상 150분 미만인 학생은 몇 명인가? [3점]

사용 시간(분)	상대도수
30이상~ 60미만	0.2
60 ~ 90	0.3
90 ~120	0.15
120 ~150	
150 ~180	0.1
합계	1

① 3명 ② 4명
③ 5명 ④ 6명
⑤ 7명

14

다음은 유진이네 학교 1학년 학생들의 체육복 치수를 조사하여 나타낸 상대도수의 분포표인데 일부가 찢어져 보이지 않는다. 체육복 치수가 90호 이상인 학생이 전체의 55 %일 때, 체육복 치수가 80호 이상 90호 미만인 학생 수는? [4점]

체육복 치수(호)	도수(명)	상대도수
70이상~80미만	54	0.15
80 ~90		

① 90 ② 99 ③ 102
④ 108 ⑤ 112

15

어느 직장의 남자 직원은 480명, 여자 직원은 600명이다. 이 직원들의 남녀별 출퇴근 교통수단을 조사하여 도수분포표를 만들었더니 버스를 이용하는 사람 수가 서로 같았다. 버스를 이용하는 남녀 직원들의 상대도수의 비를 가장 간단한 자연수의 비로 나타내면? [4점]

① 3 : 4 ② 3 : 5 ③ 4 : 5
④ 5 : 3 ⑤ 5 : 4

16

아래는 두 중학교 A, B의 1학년 학생들의 영어 성적을 조사하여 나타낸 도수분포표이다. 다음 중 옳은 것은? [5점]

영어 성적(점)	도수(명)	
	A 중학교	B 중학교
50이상~ 60미만	30	40
60 ~ 70	75	120
70 ~ 80	105	140
80 ~ 90	60	60
90 ~100	30	40
합계	300	400

① 이 자료로는 두 집단을 비교할 수 없다.
② 영어 성적이 60점 미만인 학생은 두 학교 전체의 10 %이다.
③ 영어 성적이 80점 이상인 학생의 비율은 B 중학교가 더 높다.
④ 영어 성적이 80점 이상 90점 미만인 학생의 비율은 두 학교가 서로 같다.
⑤ A 중학교가 B 중학교보다 상대도수가 더 큰 계급은 2개이다.

17

오른쪽은 어느 운동부 학생들의 윗몸일으키기 기록에 대한 상대도수의 분포를 나타낸 그래프인데 얼룩져 일부가 보이지 않는다. 기록이 20회 이상 30회 미만인 학생이 20명일 때, 40회 이상 50회 미만인 학생은 모두 몇 명인가? [4점]

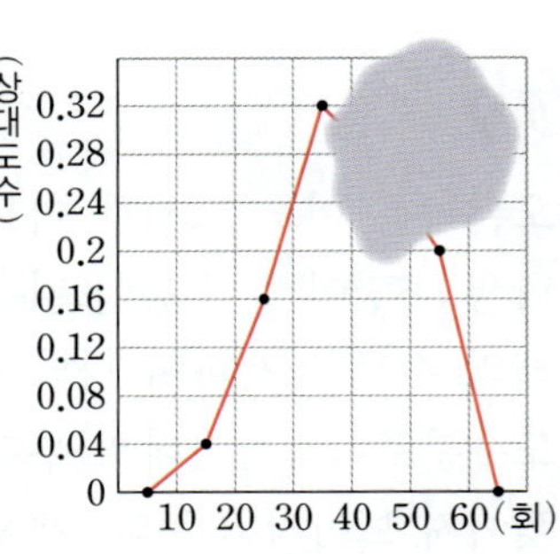

① 25명 ② 28명 ③ 30명
④ 32명 ⑤ 35명

18

오른쪽은 어느 중학교 1학년 1반과 2반 학생들의 영어 성적에 대한 상대도수의 분포를 나타낸 그래프이다. 1반의 그래프에서 도수가 가장 큰 계급의 도수는 14명이고 2반에서 90점 이상인 학생은 8명이다. 다음 중 옳지 <u>않은</u> 것은? [5점]

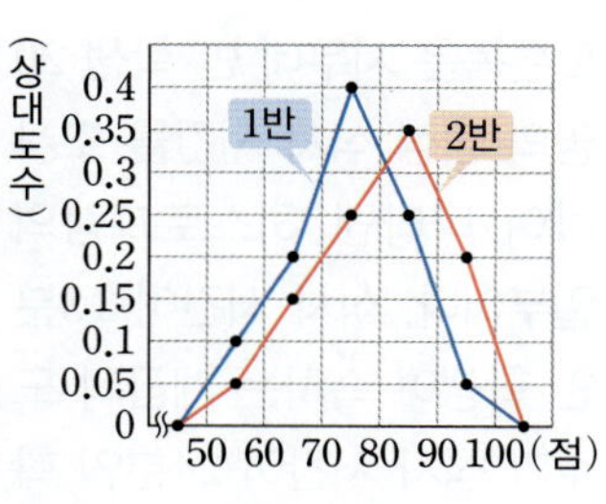

① 2반의 성적이 대체로 더 좋은 편이다.
② 80점 이상인 학생의 비율은 1반이 더 낮다.
③ 각 그래프와 가로축으로 둘러싸인 부분의 넓이는 같다.
④ 2반에서 도수가 가장 작은 계급의 도수는 3명이다.
⑤ 60점 이상 70점 미만인 학생은 1반이 2반보다 더 많다.

서술형

19

5개의 변량 a, b, c, d, e의 평균이 12일 때, 7개의 변량 10, a, b, c, d, e, 21의 평균을 구하시오. [4점]

20

다음 조건을 모두 만족시키는 두 수 a, b에 대하여 $b-a$의 값을 구하시오. [7점]

> (가) 2, 4, 10, 12, 15, 17, a의 중앙값은 10이다.
> (나) 6, 13, 14, a, b의 평균은 10이고 중앙값은 12이다.

21

오른쪽은 어느 병원에서 환자의 대기 시간을 조사하여 나타낸 상대도수의 분포표이다. $A+B+C+D+E$의 값을 구하시오. [6점]

대기 시간(분)	도수(명)	상대도수
0 이상 ~ 10 미만	36	A
10 ~ 20	B	0.2
20 ~ 30	126	0.35
30 ~ 40	C	0.3
40 ~ 50	18	D
합계	E	1

22

오른쪽은 선우네 학교 학생 80명의 주말 동안의 미디어 사용 시간에 대한 상대도수의 분포를 나타낸 그래프이다. 상대도수가 가장 큰 계급의 도수를 x명, 4시간 이상 5시간 미만인 계급의 도수를 y명이라 할 때, $x+y$의 값을 구하시오. [6점]

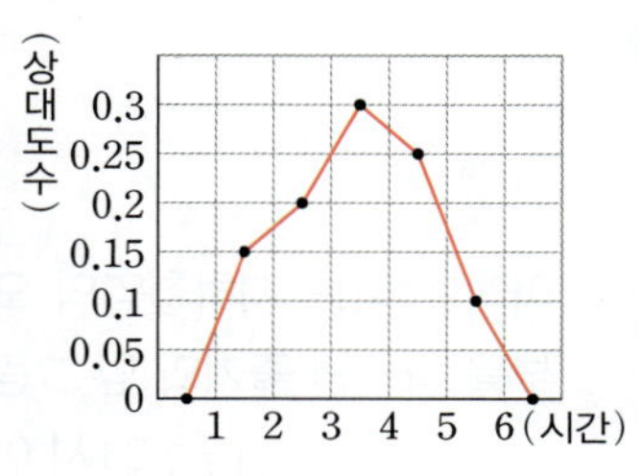

23

오른쪽은 현지네 반 학생 40명의 1분당 한글 타자 수에 대한 상대도수의 분포를 나타낸 그래프인데 일부가 찢어져 보이지 않는다. 300타 이상 350타 미만인 계급의 도수가 250타 이상 300타 미만인 계급의 도수의 3배일 때, 300타 이상 350타 미만인 학생 수를 구하시오. [7점]

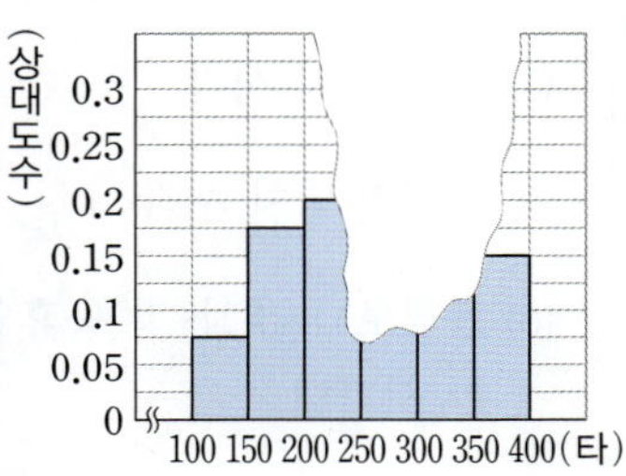

중학교 수학 교과서 전체를 분석한 **교과서별 출제 예상 문제**예요!

01
교학사 변형

다음은 동요 「학교종」의 계이름 악보이다. 계이름의 최빈값을 구하시오.

02
동아 변형

아래는 어느 지하철역의 오후 운행 시각을 조사하여 일부를 나타낸 줄기와 잎 그림이다. 다음을 구하시오.

(단, 24시 이후로는 운행을 하지 않는다.)

운행 시각 　　(17|15는 17시 15분)

잎(평일)					줄기	잎(주말 및 공휴일)				
01	18	28	39	51	17	15	33	45	57	
02	19	33	45	58	18	10	18	35	48	
	15	29	42		19	01	15	28	44	
00	13	25	36	58	20	00	13	30	42	55
	17	30	46		21	12	31	49		
	11	29	47		22	03	25	45		
	08	26	49		23	05	25	43		

(1) 평일 막차 시각

(2) 공휴일 막차 시각

(3) 평일보다 주말 및 공휴일에 더 많은 열차가 운행되는 시간대

03
YBM 변형

오른쪽은 서우네 반 학생 20명의 점심 식사 시간을 조사하여 나타낸 히스토그램의 일부이다. 식사 시간이 13분인 학생이 속하는 계급의 도수가 식사 시간이 24분인 학생이 속하는 계급의 도수의 4배일 때, 히스토그램을 완성하시오.

04
동아 변형

오른쪽은 예준이가 올해 경복궁과 남산을 방문한 외국인 관광객의 나이를 조사하여 상대도수의 분포를 나타낸 그래프이다. 다음 중 바르게 말한 사람을 찾으시오.

A : 경복궁을 방문한 외국인의 수가 더 많아.

B : 남산을 방문한 40대 외국인의 수는 50대 외국인의 수의 3배보다 많아.

C : 경복궁을 방문한 10대 외국인과 남산을 방문한 10대 외국인의 수는 같아.

D : 경복궁을 방문한 외국인들은 20대가 가장 많아.

기출에서 Pick한 부록

> **기출에서 Pick한 고난도 50**

> **중간고사 대비 실전 모의고사 3회**

> **기말고사 대비 실전 모의고사 3회**

특별한 부록
동아출판 홈페이지(www.bookdonga.com)에서
추가로 제공하는 〈실전 모의고사〉를 다운 받아 사용하세요.

V-1 기본 도형

01

다음 **보기**에서 옳은 것을 모두 고르시오.

> **보기**
>
> ㄱ. 교점은 선과 선이 만나는 경우에만 생긴다.
> ㄴ. 두 점 사이의 거리는 여러 개이다.
> ㄷ. 두 직선의 교점은 하나이다.
> ㄹ. 면과 면이 만나면 곡선이 생기기도 한다.
> ㅁ. 서로 다른 두 점 A, B에 대하여 $\overrightarrow{AB}$의 길이는 $\overline{AB}$의 길이와 같다.
> ㅂ. 사각뿔에서 교선의 개수는 직육면체에서 교점의 개수와 같다.

02

수직선 위에 있는 10개의 점 A_1, A_2, A_3, ..., A_{10}의 좌표를 각각 1, 2, 3, ..., 10이라 하자. 이 10개의 점 중에서 두 점을 이어서 만들 수 있는 서로 다른 선분에 대하여 길이가 4인 선분의 개수를 p, 길이가 6인 선분의 개수를 q라 할 때, $p-q$의 값을 구하시오.

03

다음 그림에서 $\overline{AN} : \overline{NB}=7 : 6$, $\overline{MN} : \overline{NB}=2 : 3$이고, $\overline{AM}=12 \text{ cm}$일 때, $\overline{MN}$의 길이를 구하시오.

04

다음 그림에서 두 점 M, N은 각각 $\overline{AB}$, $\overline{BC}$의 중점이고, $\overline{MN} : \overline{NP}=5 : 1$이다. $\overline{AB}=a$, $\overline{BC}=b$라 할 때, $\overline{BP}$의 길이를 a, b를 사용한 식으로 나타내시오.

05

오른쪽 그림에서 $\overline{BO}\perp\overline{OD}$, $\overline{AO}\perp\overline{OC}$이고, $110°\leq\angle AOD\leq150°$이다. $\angle BOC$의 크기가 가장 클 때와 가장 작을 때의 차를 구하시오.

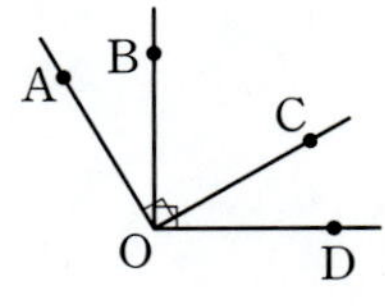

06

다음 그림은 직사각형 모양의 종이를 $\overline{EF}$, $\overline{EG}$를 각각 접는 선으로 하여 접은 것이다.
$\angle AEF : \angle DEG=2 : 3$,
$(\angle AEF+\angle DEG) : \angle A'ED'=1 : 4$일 때, $\angle AFE$의 크기를 구하시오.

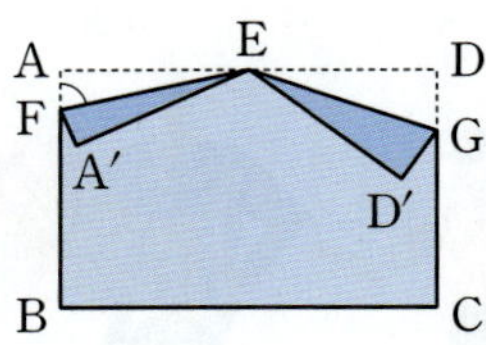

07

다음 그림과 같이 $\overleftrightarrow{AE}$, $\overleftrightarrow{BF}$, $\overleftrightarrow{CG}$, $\overleftrightarrow{DH}$가 점 O에서 만나고, $\angle AOB : \angle BOC = 2 : 7$, $\angle COD : \angle DOE = 7 : 2$일 때, $\angle BOH$의 크기를 구하시오.

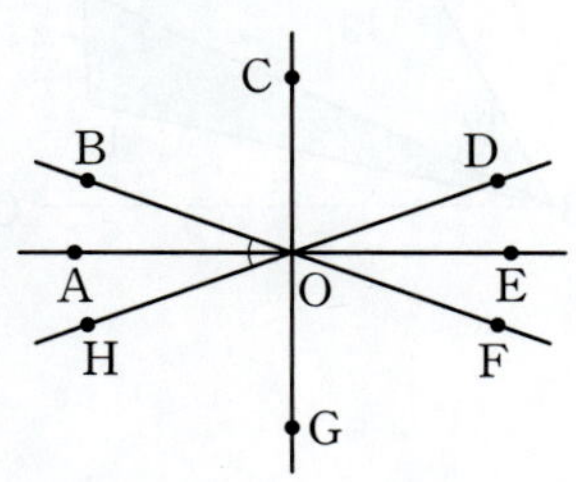

08

다음 그림과 같은 평행사변형 ABCD에서 점 A와 선분 CD 사이의 거리를 구하시오.

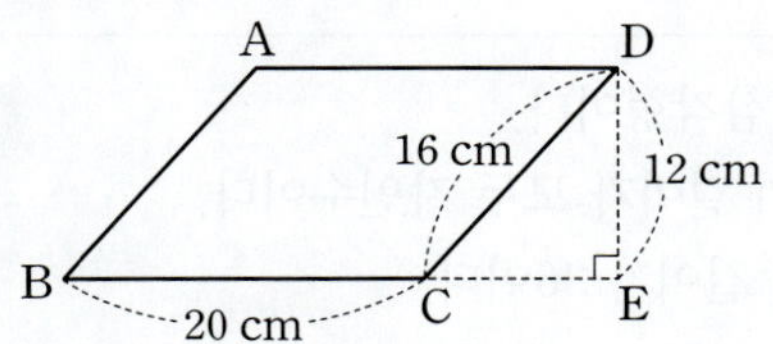

V-2 위치 관계와 평행선의 성질

09

한 평면 위에 서로 다른 a개의 직선을 그릴 때, 만들 수 있는 교점의 최대 개수를 $M(a)$라 하자. 이때 $M(4)+M(5)+M(6)$의 값을 구하시오.

10

다음 그림과 같이 한 평면 위에 여섯 개의 점 A, B, C, D, E, F와 그 평면 밖의 점 G가 있다. 이 일곱 개의 점으로 정해지는 서로 다른 평면의 개수를 구하시오. (단, 세 점 A, B, C는 한 직선 위에 있고, 다른 점들 중 어떤 세 점도 한 직선 위에 있지 않다.)

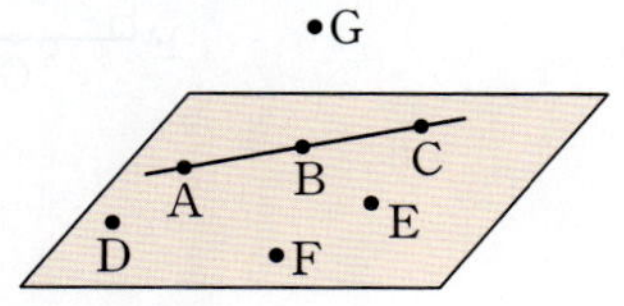

11

오른쪽 그림과 같은 전개도로 만든 삼각기둥에서 모서리 AB와 평행인 모서리의 개수를 a, 선분 AC와 꼬인 위치에 있는 모서리의 개수를 b, 면 HEFG에 수직인 면의 개수를 c, 면 JCEH에 평행인 모서리의 개수를 d라 할 때, $a+b+c+d$의 값을 구하시오.

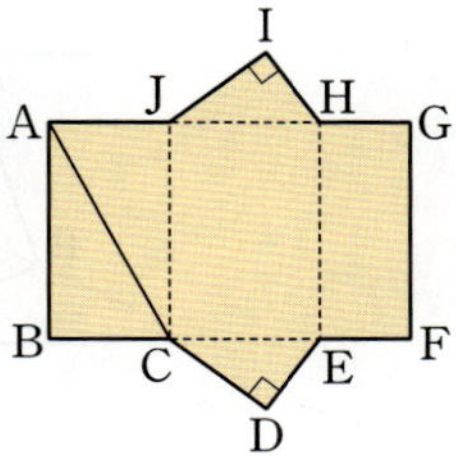

12

오른쪽 그림과 같은 삼각형 ABC에서 점 P는 $\overline{DG}$, $\overline{EH}$, $\overline{FI}$의 교점이다. $\angle A$의 동위각의 개수를 a, $\angle DPI$의 엇각의 개수를 b라 할 때, $a-b$의 값을 구하시오.

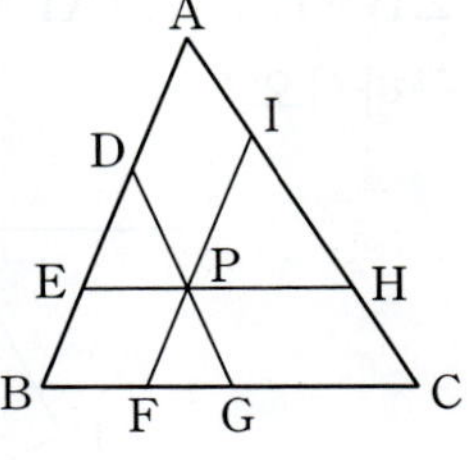

13

다음 그림에서 $\overrightarrow{AB}\,/\!/\,\overrightarrow{FG}$일 때, $\angle x$의 크기를 구하시오.

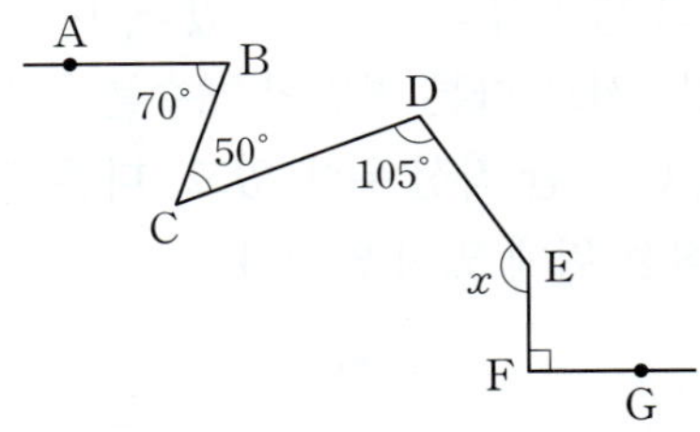

14

다음 그림에서 $l\,/\!/\,m$이고, 사각형 ABCD는 정사각형이다. $\angle a : \angle b = 7 : 2$일 때, $\angle x + \angle y$의 크기를 구하시오.

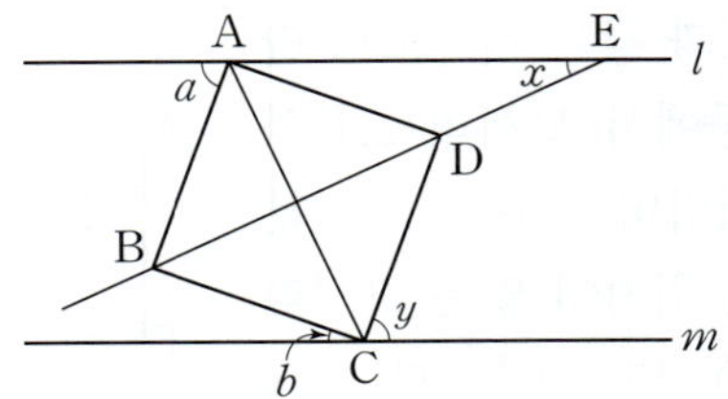

15

다음 그림에서 $l\,/\!/\,m$이고, 정사각형 ABCD의 두 꼭짓점 C, A는 각각 두 직선 l, m 위에 있다. 정사각형 AEFG는 정사각형 ABCD를 점 A를 중심으로 회전시킨 것이고, 꼭짓점 F는 직선 l 위에 있다. $\angle BAE : \angle DAP = 17 : 14$일 때, $\angle FCR$의 크기를 구하시오.

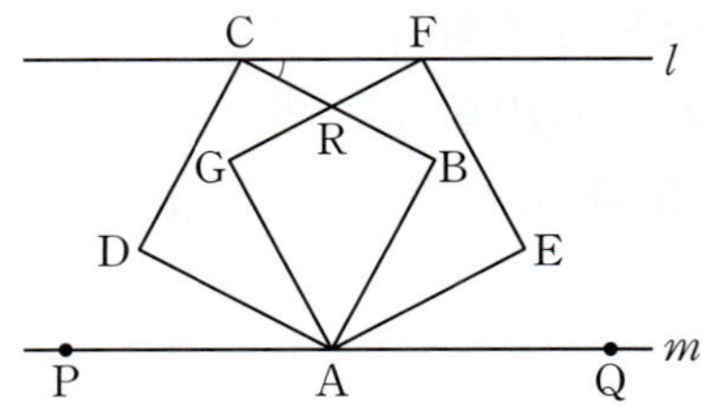

16

다음 그림과 같이 $\angle ABC = \angle C$이고, $\overline{AD}\,/\!/\,\overline{BC}$인 사다리꼴 모양의 종이 ABCD를 $\overline{BE}$를 접는 선으로 하여 접었을 때, $\angle x + 2\angle y$의 크기를 구하시오.

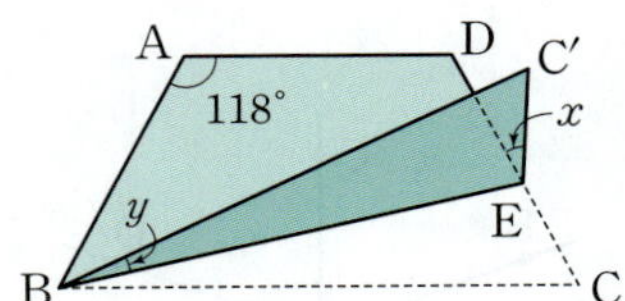

V-3 작도와 합동

17

다음 조건을 모두 만족시키는 서로 다른 삼각형의 개수를 구하시오.

> ㈎ 이등변삼각형이다.
> ㈏ 세 변의 길이가 모두 자연수이다.
> ㈐ 둘레의 길이가 36이다.

18

$\overline{AB}=5\text{ cm}$, $\overline{AC}=3\text{ cm}$, $\angle B=30°$인 조건으로 작도할 수 있는 삼각형 ABC의 개수를 a, 한 변의 길이가 8 cm이고 두 각의 크기가 $40°$, $65°$인 조건으로 작도할 수 있는 삼각형의 개수를 b라 할 때, $a+b$의 값을 구하시오.

19

다음 그림에서 △ABC와 △CDE가 정삼각형이고,
$\overline{BE}$의 연장선과 $\overline{AD}$의 교점을 F라 할 때, ∠AFE의
크기를 구하시오.

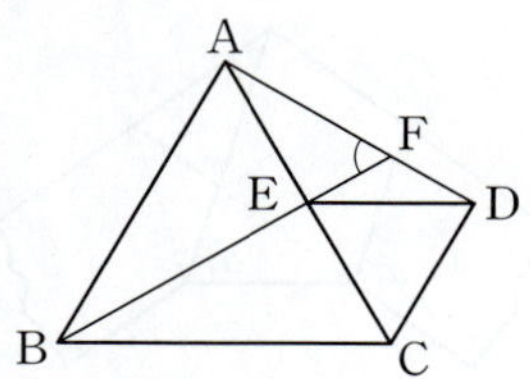

20

다음 그림에서 두 사각형 ABCD와 EFGC는 정사각형
이고, ∠ABG=66°, ∠GCB=29°일 때, ∠DEH의
크기를 구하시오.

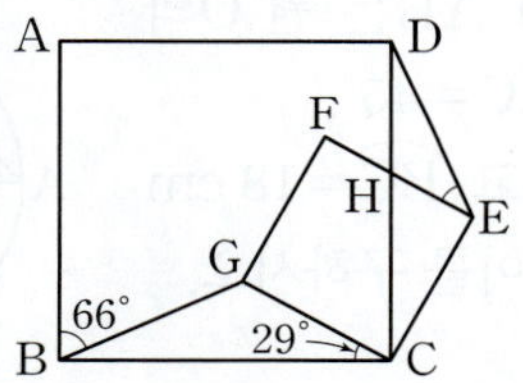

21

다음 그림에서 사각형 ADEB와 사각형 ACFG는 삼
각형 ABC의 두 변 AB, AC를 각각 한 변으로 하는
정사각형일 때, ∠DPB의 크기를 구하시오.

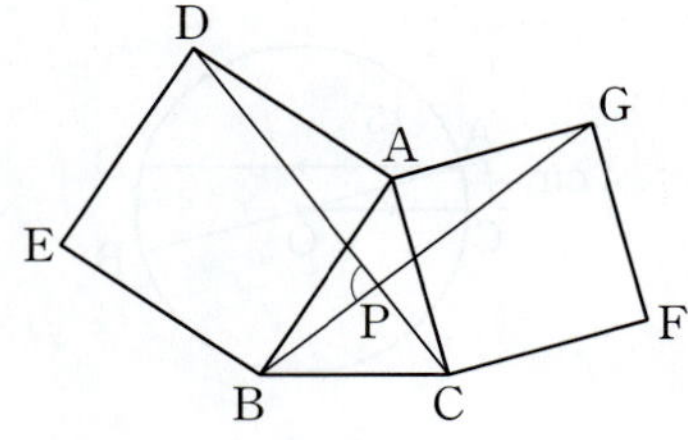

22

오른쪽 그림과 같은 사각형
ABCD에서 점 P는 ∠B와
∠C의 외각의 이등분선의 교점
이다. ∠BAD=118°,
∠ADC=110°일 때, ∠x의 크
기를 구하시오.

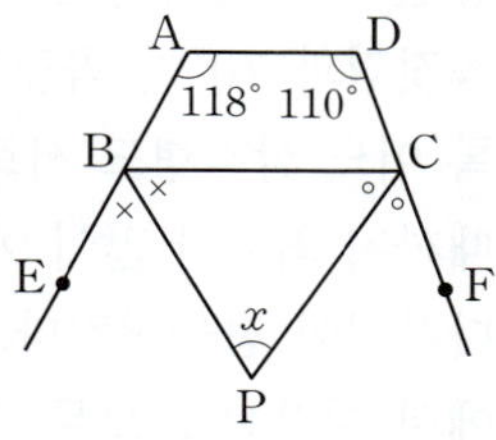

23

오른쪽 그림과 같은 사각형
ABCD에서 $\overline{BA}$와 $\overline{CD}$의 연
장선의 교점을 E, $\overline{BC}$와 $\overline{AD}$
의 연장선의 교점을 F라 하고,
∠E와 ∠F의 이등분선의 교점
을 G라 하자. ∠B=50°, ∠ADC=130°일 때, ∠EGF
의 크기를 구하시오.

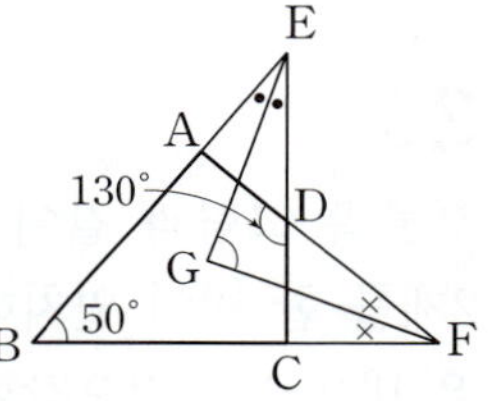

24

다음 그림에서 ∠a+∠b의 크기를 구하시오.

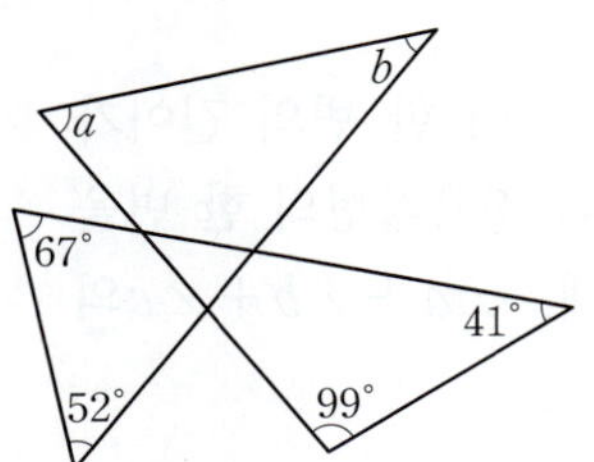

25

오른쪽 그림과 같이 세 내각의 크기가 각각 20°, 70°, 90°이고 모두 합동인 직각삼각형을 내각이 직각인 꼭짓점과 70°인 꼭짓점이 일치하도록 어느 삼각형도 서로 겹치지 않을 때까지 최대한 많이 이어 붙이면 도형의 중앙 부분에 정다각형이 만들어진다고 한다. 이 정다각형의 한 꼭짓점에서 대각선을 모두 그었을 때 생기는 삼각형의 개수를 a, 정다각형의 내부의 한 점에서 각 꼭짓점에 선분을 모두 그었을 때 생기는 삼각형의 개수를 b라 할 때, $a+b$의 값을 구하시오.

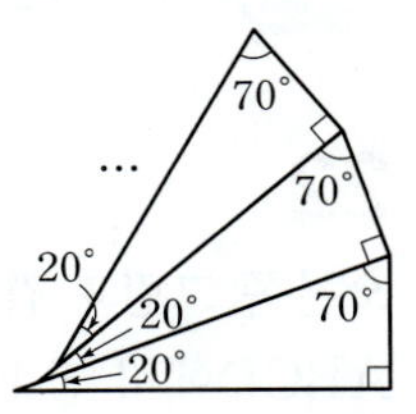

26

오른쪽 그림과 같이 합동인 정오각형 2개를 한 변이 일치하도록 붙였다. 같은 방법으로 정오각형을 한 변이 일치하게 계속 붙여 제일 마지막에 붙인 정오각형이 제일 처음 정오각형의 다른 한 변과 일치하도록 하여 원 모양을 만들려고 한다. 이때 추가로 필요한 정오각형은 모두 몇 개인지 구하시오.

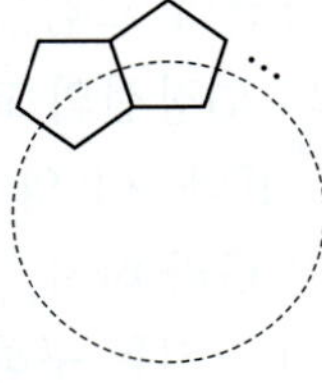

27

오른쪽 그림과 같이 한 변의 길이가 같은 정오각형과 정육각형의 한 변을 겹쳐 놓았을 때, $\angle a + \angle b + \angle c$의 크기를 구하시오.

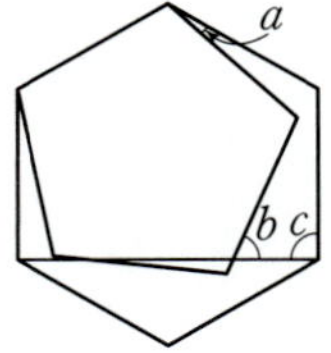

28

다음 그림과 같이 폭이 일정한 종이테이프를 접어 정오각형을 만들 때, $\angle a - \angle b + \angle c + \angle d$의 크기를 구하시오.

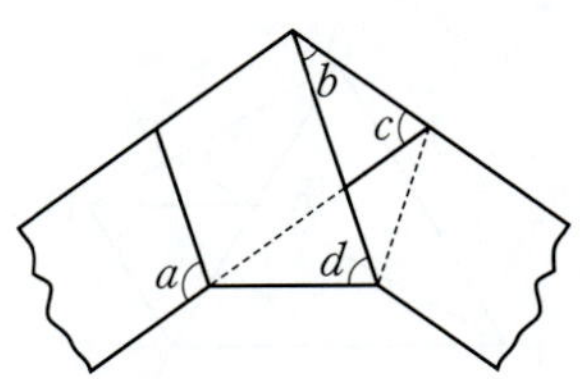

Ⅵ-2 원과 부채꼴

29

오른쪽 그림에서 $\overline{AB}$는 원 O의 지름이다. $\angle BAC = 45°$, $\angle ABD = 30°$이고 $\overset{\frown}{BC} = 18\,\text{cm}$일 때, $\overset{\frown}{AD}$의 길이를 구하시오.

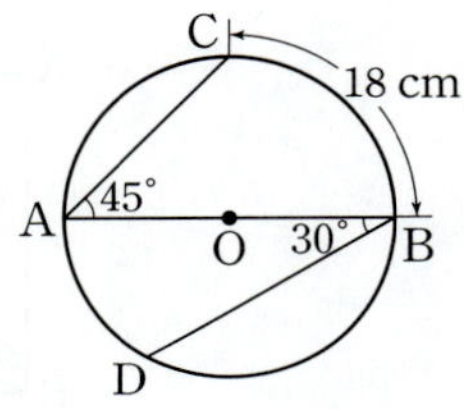

30

다음 그림에서 $\overline{AB}$는 원 O의 지름이고, $\overline{AD} /\!/ \overline{CO}$이다. $\angle BAD = 15°$이고 $\overset{\frown}{AC} = 4\,\text{cm}$일 때, $\overset{\frown}{CBD}$의 길이를 구하시오.

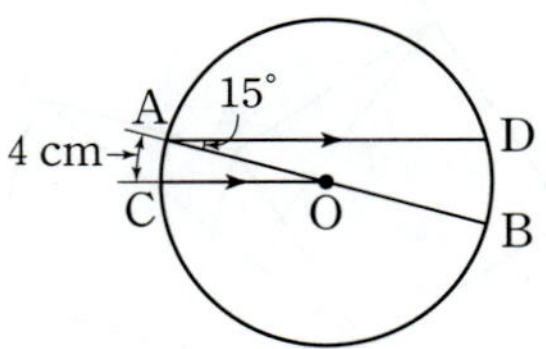

31

두 부채꼴 A, B의 호의 길이의 비가 2 : 3이고 넓이의 비가 4 : 7일 때, 두 부채꼴 A, B의 중심각의 크기의 비를 가장 간단한 자연수의 비로 나타내시오.

34

오른쪽 그림은 정사각형 ABCD를 꼭짓점 D를 중심으로 회전시킨 것이다. $\angle A'DC=10°$, $\overline{BD}=15$ cm일 때, 색칠한 부분의 넓이를 구하시오.

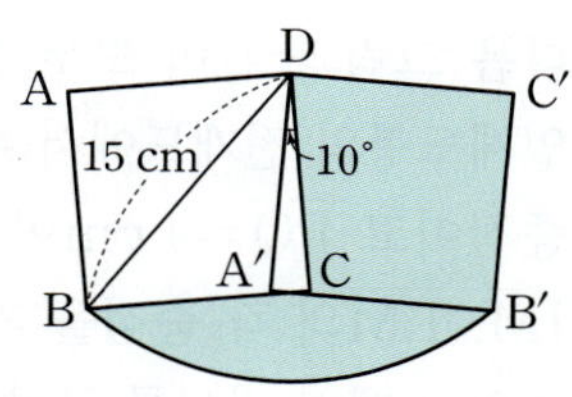

32

오른쪽 그림은 한 변의 길이가 4 cm인 정사각형 ABCD 안에 꼭 맞는 원과 부채꼴을 그린 것이다. 색칠한 부분의 넓이를 구하시오.

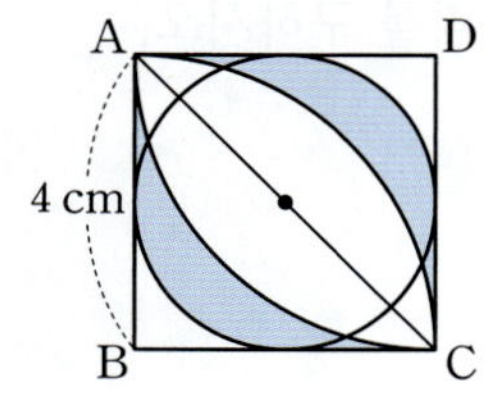

다면체와 회전체

35

다음 그림과 같이 변의 길이가 모두 같은 정사각형 3개와 정삼각형 4개를 모두 사용하여 다면체를 만들 때, 모서리의 개수와 꼭짓점의 개수의 합이 이 다면체의 모서리의 개수와 면의 개수의 합과 같은 각뿔을 구하시오.

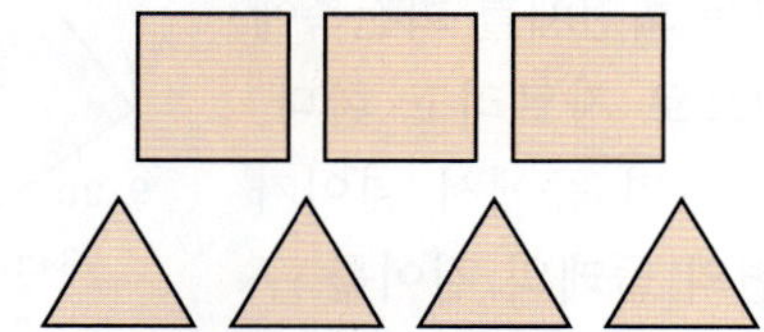

33

다음 그림과 같이 $\overline{AB}=\overline{AC}$인 이등변삼각형 ABC를 직선 l 위에서 한 바퀴를 회전시켰다. $\angle A=120°$이고 $\overline{AB}=a$ cm, $\overline{BC}=b$ cm일 때, 꼭짓점 B가 움직인 거리를 구하시오.

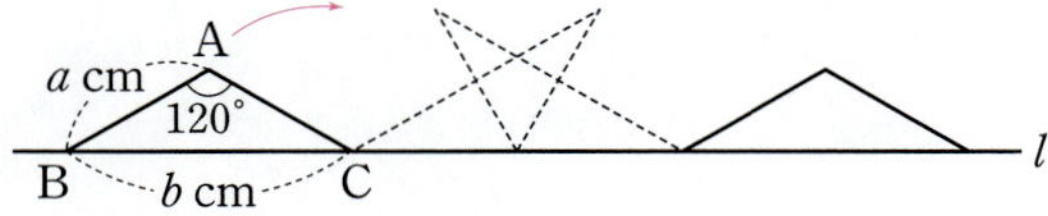

36

겉면이 모두 칠해진 정육면체 모양의 블럭을 오른쪽 그림과 같이 가로, 세로, 높이를 각각 5등분 하여 모양과 크기가 같은 125개의 작은 정육면체 모양의 블럭으로 잘랐다. 이때 작은 정육면체 모양의 블럭 중에서 칠해진 면이 2개 이상인 정육면체의 개수를 구하시오.

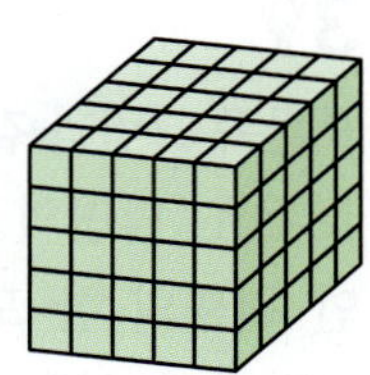

37

다음 그림과 같이 모두 합동인 정사각형으로 이루어진 입체도형의 전개도에서 두 점 P, Q는 각각 $\overline{AB}$, $\overline{BC}$의 중점이고 $\overline{PQ}=4$ cm이다. 이 입체도형을 $\overline{EH}$, $\overline{GH}$, $\overline{JM}$, $\overline{LM}$의 각 중점을 지나는 평면으로 자를 때, 그 단면의 둘레의 길이를 구하시오.

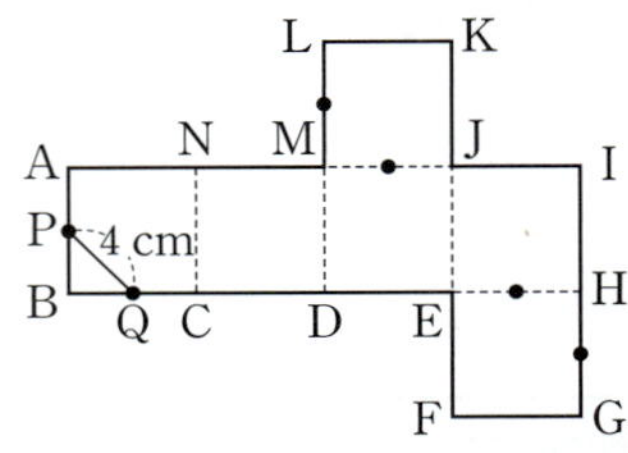

38

오른쪽 그림과 같은 직각삼각형을 직선 l을 회전축으로 하여 1회전 시킬 때 생기는 회전체를 회전축에 수직인 평면으로 자르려고 한다. 이때 생기는 단면 중에서 넓이가 가장 큰 단면의 둘레의 길이를 구하시오.

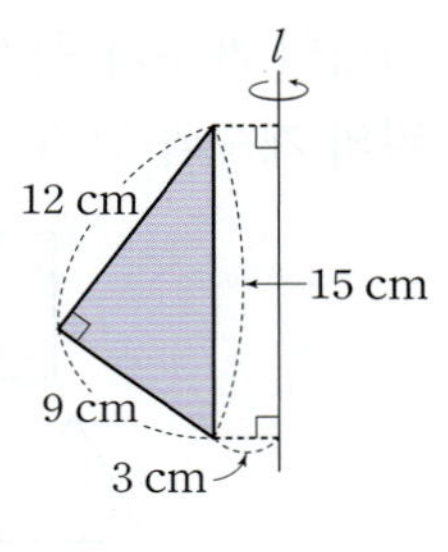

39

오른쪽 그림과 같이 모선의 길이가 18 cm, 밑면의 반지름의 길이가 3 cm인 원뿔의 한 모선 OA의 중점 P에서 출발하여 원뿔의 옆면을 따라 한 바퀴 돌아 다시 점 P로 돌아오는 가장 짧은 선을 그릴 때, 이 선의 길이를 구하시오.

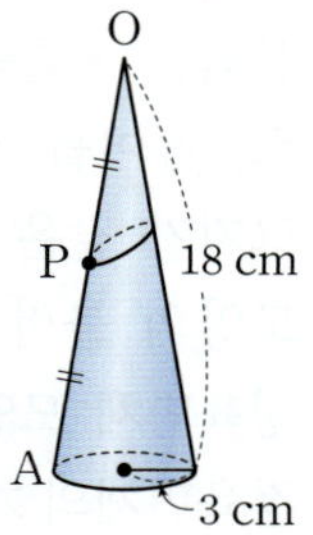

40

오른쪽 그림은 한 모서리의 길이가 6 cm인 정육면체에서 삼각뿔대를 잘라 내고 남은 도형이다. 두 점 P, Q가 각각 두 모서리 AB, BC의 중점이고, 세 모서리 PE, QG, BF의 연장선은 한 점 O에서 만난다. $\overline{OB} : \overline{OF}=1 : 2$일 때, 삼각뿔대를 잘라 내고 남은 입체도형의 부피를 구하시오.

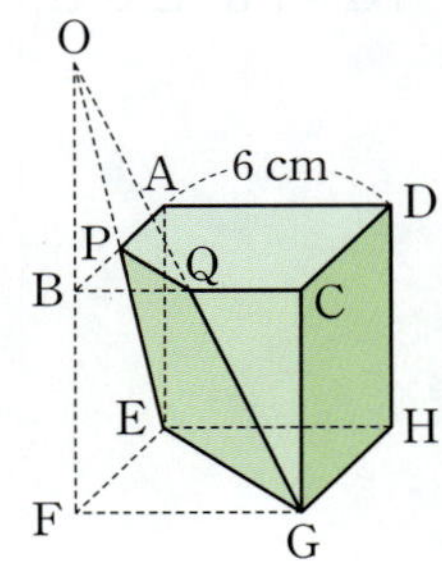

41

오른쪽 그림과 같이 가로, 세로의 길이와 높이의 비가 $5 : 3 : 4$인 직육면체에서 부피가 620 cm³인 작은 직육면체를 잘라 낸 입체도형의 겉넓이가 846 cm²일 때, 이 입체도형의 부피를 구하시오.

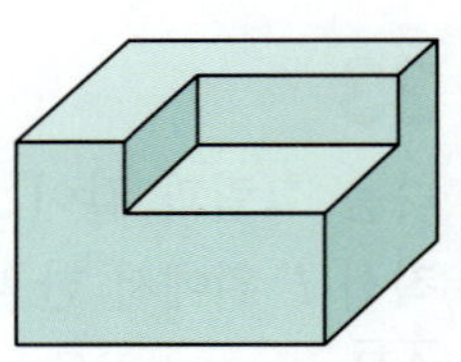

42

밑면의 반지름의 길이가 10 cm이고 높이가 40 cm인 원기둥 모양의 용기에 물을 담아 두 밑면이 바닥면과 수직이 되도록 눕혔더니 물이 다음 그림과 같이 담겼다. 다시 용기의 밑면이 바닥면에 놓이도록 세운 후 물을 2000 cm³만큼 더 부었을 때, 물의 높이를 구하시오.
(단, 점 O는 밑면의 중심이고, 용기의 두께는 생각하지 않는다.)

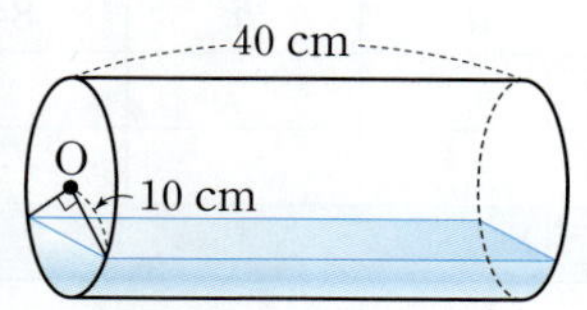

43

오른쪽 그림과 같이 정비례 관계 $y=-2x$의 그래프 위의 두 점 A, B에서 x축에 내린 수선의 발을 각각 C, D라 하자. 두 직각삼각형 AOC, BOD를 x축을 회전축으로 하여 1회전 시킬 때 생기는 회전체의 부피를 V_1, 두 직각삼각형 AOC, BOD를 y축을 회전축으로 하여 1회전 시킬 때 생기는 회전체의 부피를 V_2라 할 때, $\dfrac{V_1}{V_2}$의 값을 구하시오. (단, O는 원점이다.)

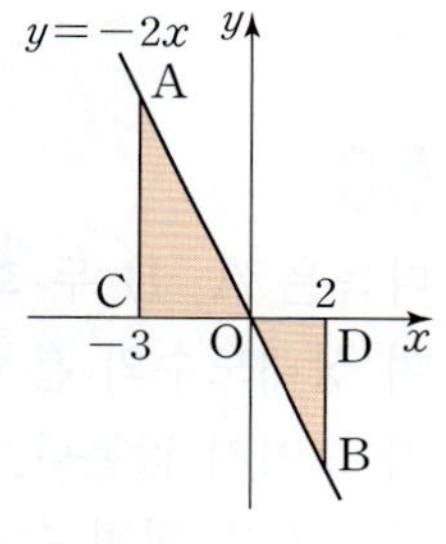

44

오른쪽 그림과 같이 한 변의 길이가 6 cm인 정사각형을 밑면으로 하는 사각뿔 A-BCDE에 반구가 꼭 맞게 들어 있다. 사각뿔 A-BCDE의 겉넓이가 96 cm², 부피가 48 cm³일 때, 반구의 부피를 구하시오.
(단, 사각뿔의 옆면은 모두 합동인 이등변삼각형이다.)

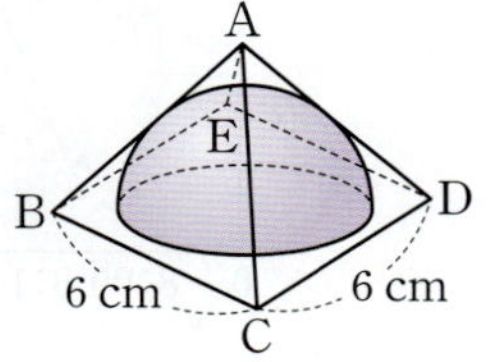

 자료의 정리와 해석

45

11개의 변량 15, 28, 18, 25, 8, 18, 10, 36, 14, 18, 30에 한 개의 변량을 추가할 때, 다음 **보기**에서 옳은 것을 모두 고르시오.

> **보기**
> ㄱ. 평균은 변하지 않는다.
> ㄴ. 중앙값은 변하지 않는다.
> ㄷ. 최빈값은 변하지 않는다.

46

다음은 수진이네 반 학생들이 1년 동안 읽은 책의 수를 조사하여 나타낸 줄기와 잎 그림인데 일부가 찢어져 줄기가 0인 잎의 일부와 줄기가 3인 잎이 보이지 않는다.

줄기가 2인 잎의 개수는 줄기가 0인 잎의 개수의 $\dfrac{3}{2}$이고, 1년 동안 책을 21권 이상 읽은 학생이 전체의 60 %일 때, 책을 24권 읽은 수진이는 이 반에서 책을 몇 번째로 많이 읽었는지 구하시오.

(단, 잎은 작은 수부터 순서대로 나열되어 있다.)

1년 동안 읽은 책의 수 (0|1은 1권)

줄기	잎
0	1 2
1	3 5 7
2	0 1 2 4 6 6
3	

47

다음은 어느 중학교 학생들의 일주일 동안의 TV 시청 시간을 조사하여 나타낸 히스토그램인데 3시간 이상 5시간 미만, 9시간 이상 11시간 미만인 계급의 그래프는 아직 완성하지 못하였다. TV 시청 시간이 11시간 이상 13시간 미만인 학생이 전체의 10 %이고, 3시간 이상 5시간 미만인 학생 수와 9시간 이상 11시간 미만인 학생 수의 비가 3 : 2일 때, TV를 7시간 이상 시청하는 학생은 전체의 몇 %인지 구하시오.

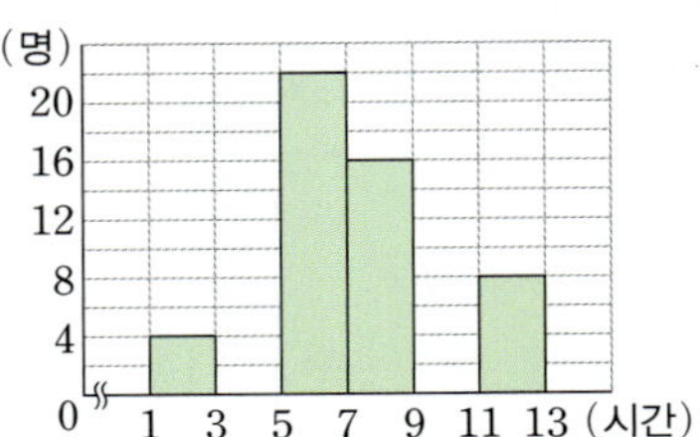

48

다음은 A, B 두 반 학생들의 영어 성적을 조사하여 나타낸 도수분포다각형이다. A 반에서 성적이 상위 25 % 이내에 드는 정혜는 B 반의 현세와 영어 성적이 같다. 현세는 B 반에서 최소 상위 몇 % 이내에 드는지 구하시오.

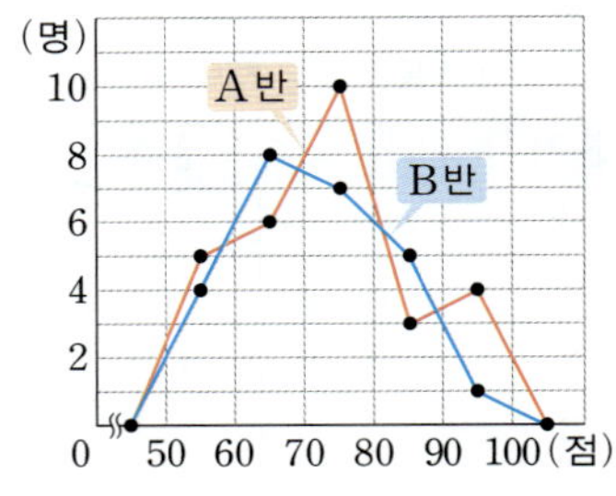

49

다음은 A, B 두 중학교 1학년 학생들의 급식 만족도를 조사하여 나타낸 상대도수의 분포표이다. A, B 두 중학교 1학년의 전체 학생 수의 비는 4 : 7이고, $b : c = 5 : 3$일 때, a의 값을 구하시오.

급식 만족도(점)	A 중학교		B 중학교	
	도수(명)	상대도수	도수(명)	상대도수
60 이상 ~ 70 미만				
70 ~ 80	a	b	84	c
80 ~ 90				
90 ~ 100				
합계		1		1

50

다음은 A, B 두 회사의 직원들의 출근 시각을 조사하여 상대도수의 분포를 나타낸 그래프인데 일부가 찢어져 보이지 않는다. 8시에서 8시 10분 사이에 출근하는 두 회사의 직원 수가 같고, 8시 50분에서 9시 사이에 출근하는 두 회사의 직원의 상대도수는 같으며 이 계급에 속하는 직원은 B 회사가 A 회사보다 24명 더 많다. 이때 8시 40분에서 8시 50분 사이에 출근하는 B 회사의 직원 수를 구하시오.

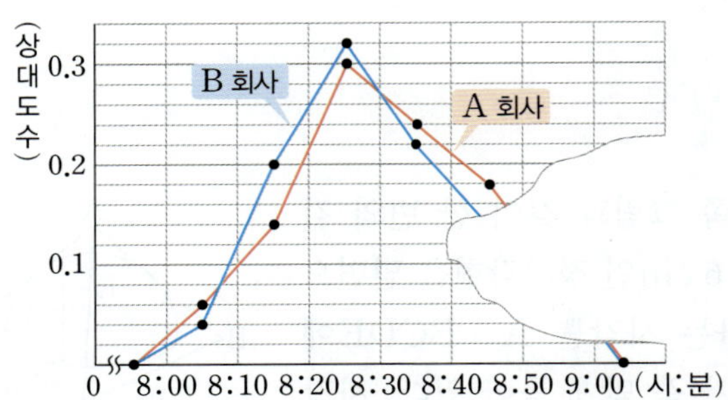

선택형	18문항 70점	총점
서술형	5문항 30점	100점

01

오른쪽 그림과 같은 입체도형에서 교점의 개수를 a, 교선의 개수를 b 라 할 때, ab의 값은? [3점]

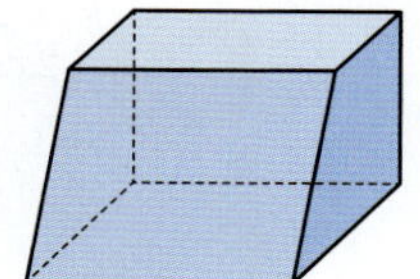

① 56　　　　② 64

③ 96　　　　④ 108

⑤ 144

02

다음 그림에서 점 M은 $\overline{AB}$의 중점이고, 점 N은 $\overline{AM}$의 중점이다. $\overline{AB}=20\text{ cm}$일 때, $\overline{NB}$의 길이는? [4점]

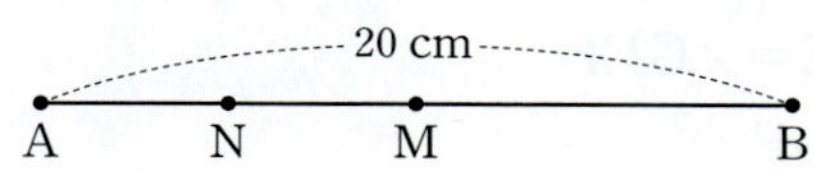

① 15 cm　　② $\dfrac{31}{2}$ cm　　③ 16 cm

④ $\dfrac{33}{2}$ cm　　⑤ 17 cm

03

오른쪽 그림에서 $\angle AOC$의 크기는? [3점]

① 49°　　　　② 51°

③ 53°　　　　④ 55°

⑤ 57°

04

오른쪽 그림에서 $\angle y - \angle x$의 크기는? [4점]

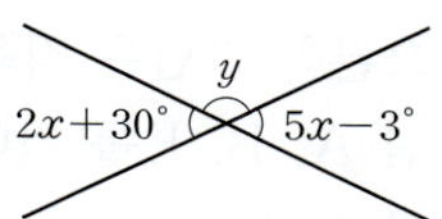

① 105°　　　　② 108°

③ 112°　　　　④ 117°

⑤ 120°

05

오른쪽 그림과 같은 사다리꼴 ABCD에 대한 설명으로 옳은 것을 다음 **보기**에서 모두 고른 것은? [3점]

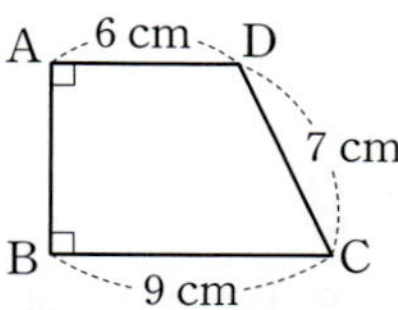

- 보기 -

ㄱ. $\overline{AD}$와 $\overline{CD}$는 서로 수직이다.

ㄴ. 점 C와 $\overline{AB}$ 사이의 거리는 9 cm이다.

ㄷ. 점 D와 $\overleftrightarrow{BC}$ 사이의 거리는 7 cm이다.

ㄹ. $\overleftrightarrow{AB}$와 $\overleftrightarrow{AD}$는 직교한다.

ㅁ. 점 A에서 $\overleftrightarrow{CD}$에 내린 수선의 발은 점 D이다.

① ㄱ, ㄴ　　　② ㄴ, ㄷ　　　③ ㄴ, ㄹ

④ ㄷ, ㄹ　　　⑤ ㄷ, ㅁ

06

다음 중 오른쪽 그림과 같이 밑면이 정오각형인 오각기둥에 대한 설명으로 옳지 않은 것은? [4점]

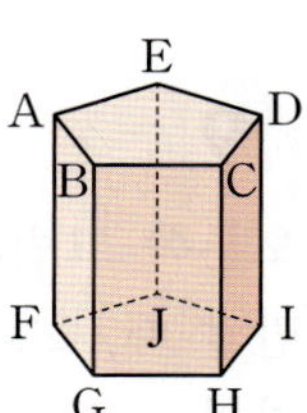

① $\overleftrightarrow{AB}$와 $\overleftrightarrow{CD}$는 한 점에서 만난다.

② 면 ABCDE와 $\overline{BG}$는 수직이다.

③ $\overline{AE}$와 수직인 모서리는 2개이다.

④ $\overline{AF}$와 평행인 면은 2개이다.

⑤ 면 BGHC에 포함된 모서리는 4개이다.

07

오른쪽 그림은 직육면체를 세 꼭짓점 A, B, E를 지나는 평면으로 자른 입체도형이다. 면 BEF와 수직인 모서리의 개수를 x, 모서리 AB와 꼬인 위치에 있는 모서리의 개수를 y라 할 때, xy의 값은? [4점]

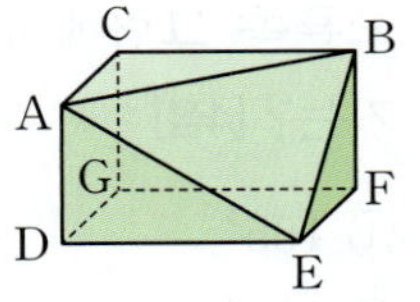

① 6   ② 8   ③ 10
④ 12   ⑤ 15

08

다음 **보기**에서 옳은 것을 모두 고른 것은? [4점]

> ─ 보기 ─
> ㄱ. 평행한 두 직선은 한 평면 위에 있다.
> ㄴ. 서로 만나지 않는 두 직선은 항상 평행하다.
> ㄷ. 꼬인 위치에 있는 두 직선은 만나지 않는다.
> ㄹ. 공간에서 한 직선과 직교하는 서로 다른 두 직선은 서로 평행하다.
> ㅁ. 한 직선과 꼬인 위치에 있는 서로 다른 두 직선은 꼬인 위치에 있다.

① ㄱ, ㄷ   ② ㄴ, ㄷ   ③ ㄷ, ㅁ
④ ㄱ, ㄴ, ㄷ   ⑤ ㄱ, ㄹ, ㅁ

09

오른쪽 그림과 같이 세 직선이 만날 때, $\angle x$의 모든 엇각의 크기의 합은? [3점]

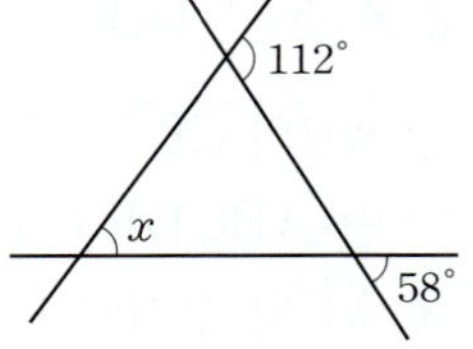

① 122°   ② 170°
③ 180°   ④ 224°
⑤ 234°

10

다음 그림에서 $l \parallel m$, $p \parallel q$일 때, $\angle x + \angle y$의 크기는? [4점]

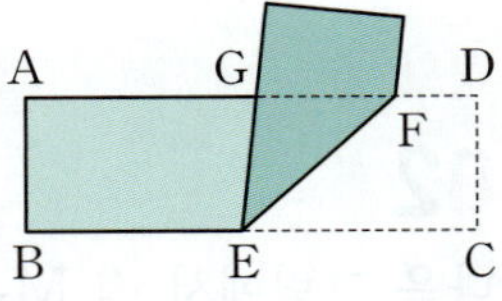

① 60°   ② 65°   ③ 70°
④ 75°   ⑤ 80°

11

오른쪽 그림과 같이 직사각형 모양의 종이 ABCD를 $\overline{EF}$를 접는 선으로 하여 접었을 때, 다음 중 옳은 것은? [5점]

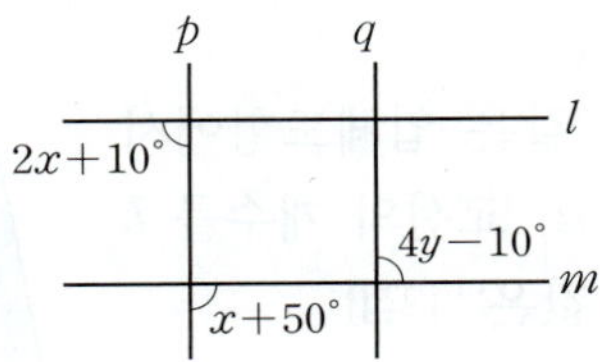

① $\angle GFE = \angle GEC$
② $\angle AGE = \angle GEF$
③ $\overline{AG} = \overline{GF}$
④ $180° - \angle FGE = \angle BEF$
⑤ $\angle EGF + 2\angle GFE = 180°$

12

오른쪽 그림은 직선 l 밖의 한 점 P를 지나고 직선 l에 평행한 직선 m을 작도한 것이다. 다음 중 옳지 않은 것은? [4점]

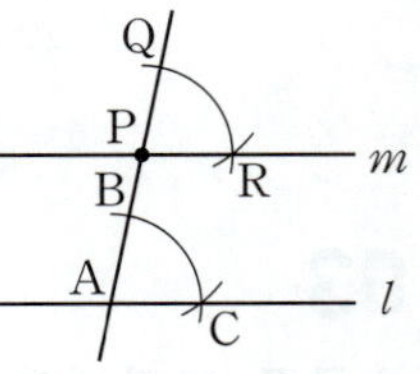

① $l \parallel \overrightarrow{PR}$
② $\overline{AC} = \overline{PQ}$
③ $\overline{BC} = \overline{QR}$
④ $\overline{PR} = \overline{QR}$
⑤ $\angle QPR = \angle BAC$

13

△ABC에서 $\overline{AB}$의 길이와 다음 조건이 주어질 때,
△ABC가 하나로 정해지지 <u>않는</u> 것은? [4점]

① ∠B의 크기, ∠C의 크기
② $\overline{AC}$의 길이, ∠A의 크기
③ ∠A의 크기, ∠C의 크기
④ $\overline{BC}$의 길이, $\overline{CA}$의 길이
⑤ $\overline{BC}$의 길이, ∠A의 크기

14

다음 중 오른쪽 그림과 같은 삼각형과
합동인 삼각형은? [4점]

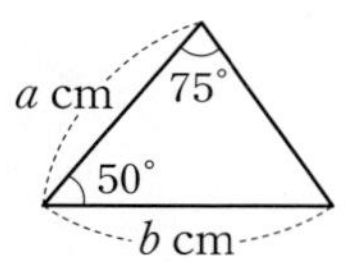

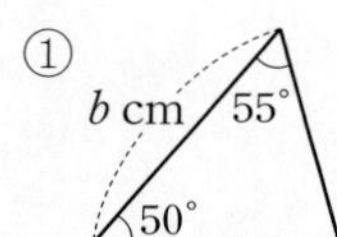 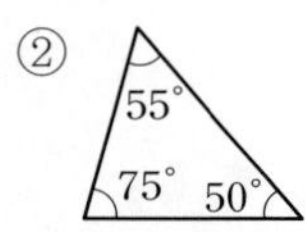 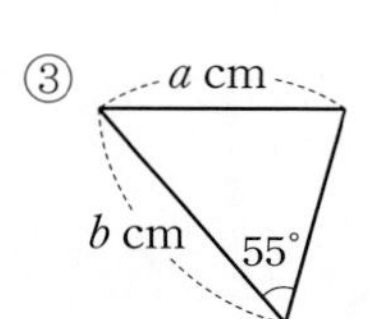

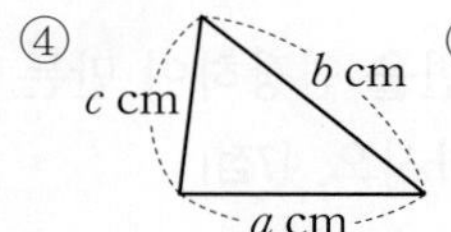 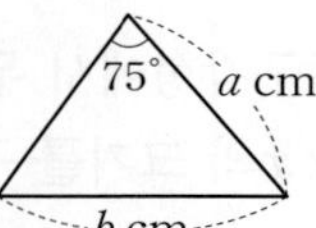

15

오른쪽 그림에서 △ABC는 정삼
각형이고, $\overline{AF}=\overline{BD}=\overline{CE}$일 때,
다음 중 옳지 <u>않은</u> 것은? [5점]

① $\overline{AD}=\overline{CF}$
② $\overline{DE}=\overline{EF}$
③ ∠B = ∠EDF
④ ∠AFD + ∠DEB = 100°
⑤ △ADF ≡ △BED ≡ △CFE

16

다음 중 정구각형에 대한 설명으로 옳지 <u>않은</u> 것은? [3점]

① 변의 길이가 모두 같다.
② 내각의 크기가 모두 같다.
③ 꼭짓점의 개수는 9이다.
④ 대각선의 개수는 27이다.
⑤ 한 꼭짓점에서 그을 수 있는 대각선의 개수는 7이다.

17

오른쪽 그림과 같은 △ABC에서
∠x의 크기는? [4점]

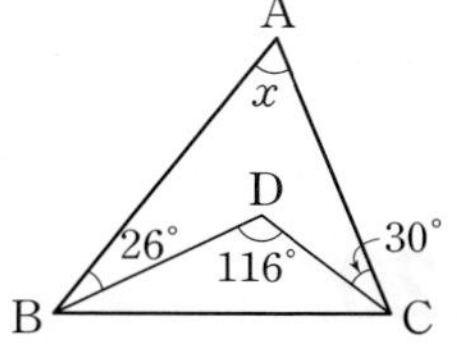

① 56°　　② 58°
③ 60°　　④ 62°
⑤ 64°

18

다음 **보기**에서 다각형에 대한 설명으로 옳은 것을 모두
고른 것은? [5점]

> **보기**
> ㄱ. 삼각형의 외각의 크기의 합은 180°이다.
> ㄴ. 칠각형의 내각의 크기의 합은 900°이다.
> ㄷ. 한 내각의 크기와 한 외각의 크기가 같은 정다각형
> 　 은 정사각형뿐이다.
> ㄹ. 한 내각의 크기가 156°인 정다각형의 대각선의 개
> 　 수는 90이다.
> ㅁ. 한 꼭짓점에서 그을 수 있는 대각선의 개수가 7인
> 　 정다각형의 한 외각의 크기는 18°이다.

① ㄱ, ㄴ, ㄷ　　② ㄱ, ㄴ, ㄹ　　③ ㄴ, ㄷ, ㄹ
④ ㄴ, ㄷ, ㅁ　　⑤ ㄷ, ㄹ, ㅁ

19

다음 그림과 같이 한 직선 위에 있는 4개의 점 A, B, C, D와 직선 밖의 한 점 E가 있다. 이 중 두 점을 이어서 만들 수 있는 서로 다른 직선의 개수를 x, 반직선의 개수를 y라 할 때, $x+y$의 값을 구하시오. [6점]

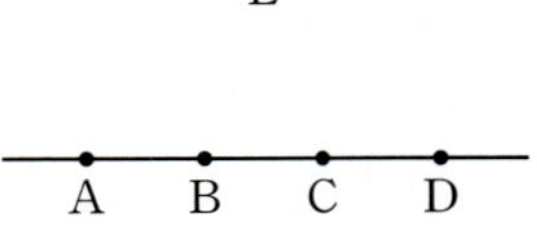

20

오른쪽 그림에서 $l \parallel m$일 때, $\angle x + \angle y$의 크기를 구하시오. [6점]

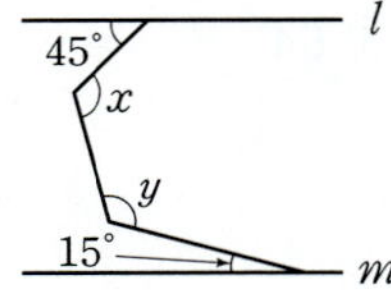

21

다음 그림과 같은 정사각형 $ABCD$에서 $\overline{BE} = \overline{CF}$일 때, $\angle x$의 크기를 구하시오. [7점]

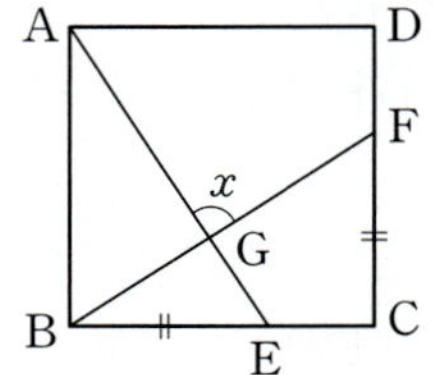

22

다음 그림에서 $\angle x$의 크기를 구하시오. [4점]

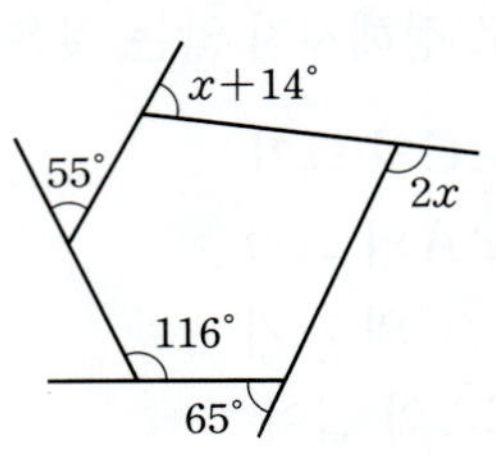

23

다음 그림과 같이 정구각형에서 두 변을 연장하여 만든 도형이 있다. 이때 $\angle x$의 크기를 구하시오. [7점]

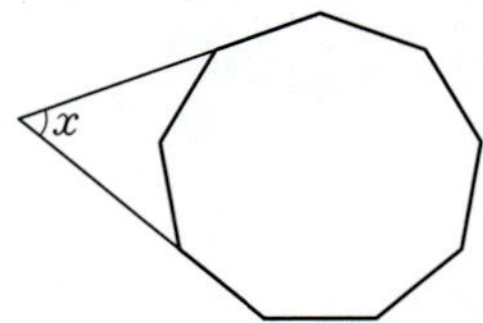

선택형	18문항 70점	총점
서술형	5문항 30점	100점

01

아래 그림과 같이 직선 l 위에 네 점 A, B, C, D가 있다. 다음 중 옳지 <u>않은</u> 것을 모두 고르면? (정답 2개)

[3점]

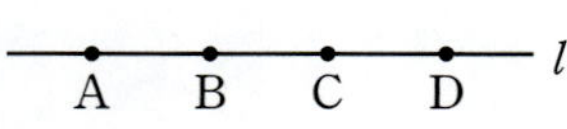

① $\overline{AB}=\overline{BA}$ ② $\overrightarrow{BC}=\overrightarrow{CA}$ ③ $\overrightarrow{BA}=\overrightarrow{BC}$
④ $\overrightarrow{CA}=\overrightarrow{CB}$ ⑤ $\overline{AC}=\overline{BD}$

02

다음 그림에서 두 점 P, Q는 각각 $\overline{AB}$, $\overline{BC}$의 중점이고 $\overline{AB}=22\,cm$, $\overline{QC}=9\,cm$일 때, $\overline{PQ}$의 길이는? [4점]

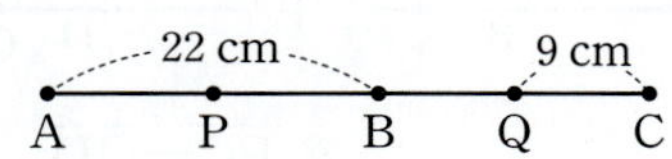

① 13 cm ② 15 cm ③ 18 cm
④ 20 cm ⑤ 22 cm

03

오른쪽 그림과 같이 두 직선 AB, CD가 점 O에서 만나고, $\angle EOD=47°$일 때, $\angle y - \angle x$의 크기는? [4점]

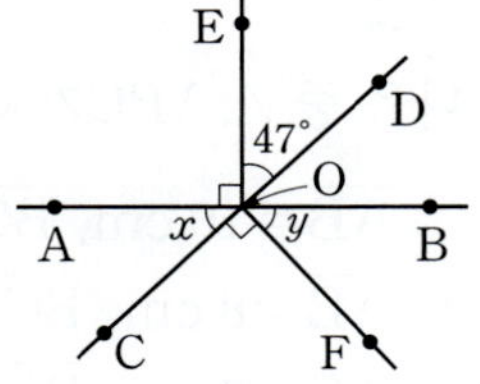

① 3° ② 4°
③ 6° ④ 8°
⑤ 10°

04

다음 중 오른쪽 그림에 대한 설명으로 옳은 것은? [3점]

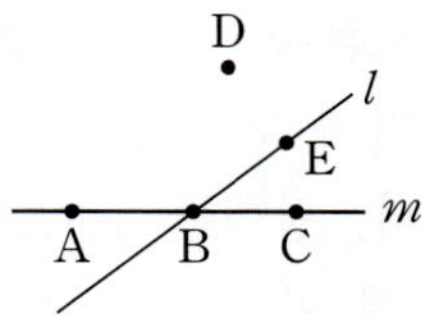

① 점 D는 직선 l 위에 있다.
② 직선 l과 직선 m은 교점을 갖지 않는다.
③ 두 점 A, C는 같은 직선 위에 있지 않다.
④ 점 A는 두 점 B, E를 지나는 직선 위에 있다.
⑤ 점 D는 두 직선 l, m 중 어느 직선 위에도 있지 않다.

05

오른쪽 그림과 같이 밑면이 직각삼각형인 삼각기둥에서 꼭짓점 A와 면 BEFC 사이의 거리를 $a\,cm$, 꼭짓점 C와 면 DEF 사이의 거리를 $b\,cm$, 꼭짓점 C와 면 ADEB 사이의 거리를 $c\,cm$라 할 때, $a+b+c$의 값은? [4점]

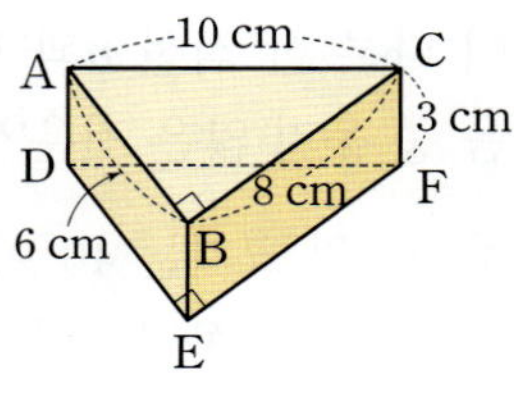

① 15 ② 17 ③ 19
④ 22 ⑤ 24

06

오른쪽 그림은 정육면체에서 네 모서리의 중점 M, N, P, Q를 지나는 평면으로 잘라 낸 입체도형이다. 다음 중 옳은 것을 모두 고르면?

(정답 2개) [4점]

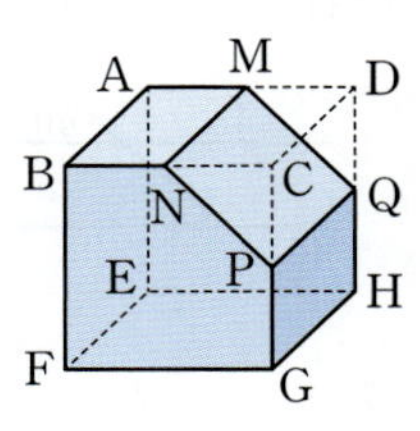

① 모서리 MQ와 수직인 면은 없다.
② 모서리 MQ와 평행한 면은 2개이다.
③ 모서리 MQ와 수직인 모서리는 4개이다.
④ 모서리 MQ와 평행한 모서리는 2개이다.
⑤ 모서리 MQ와 꼬인 위치에 있는 모서리는 7개이다.

07

오른쪽 그림과 같은 전개도로 정육면체 모양의 주사위를 만들려고 한다. 평행한 두 면에 적힌 수의 합이 1일 때, $c-a+b$의 값은? [4점]

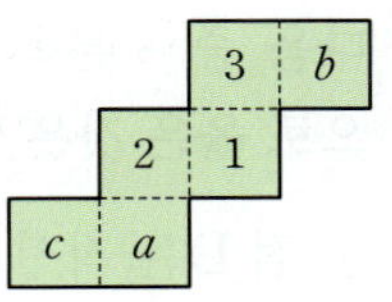

① -2　　　② -1　　　③ 0
④ 1　　　⑤ 2

08

오른쪽 그림과 같이 두 직선 l, m이 다른 한 직선 n과 만날 때, 다음 중 옳지 <u>않은</u> 것은? [3점]

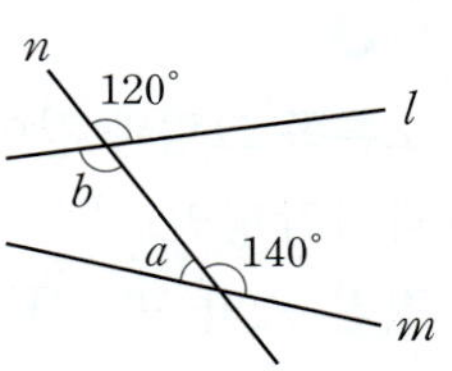

① $\angle a$의 크기는 $40°$이다.
② $\angle a$의 맞꼭지각의 크기는 $40°$이다.
③ $\angle a$의 동위각의 크기는 $40°$이다.
④ $\angle a$의 엇각의 크기는 $60°$이다.
⑤ $\angle b$의 엇각의 크기는 $140°$이다.

09

다음 중 두 직선 l, m이 평행하지 <u>않은</u> 것은? [4점]

① 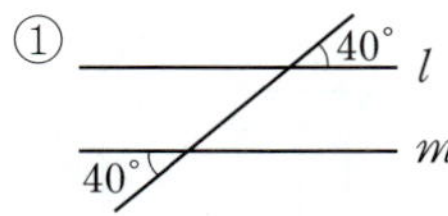　② 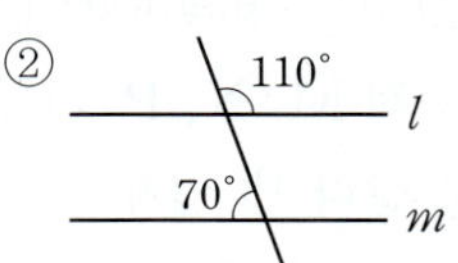

③ 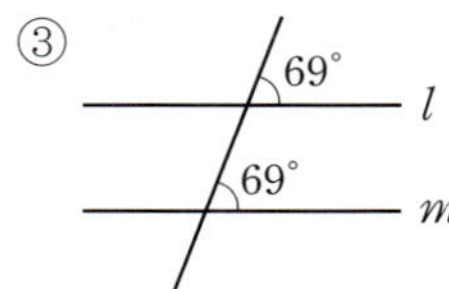　④ 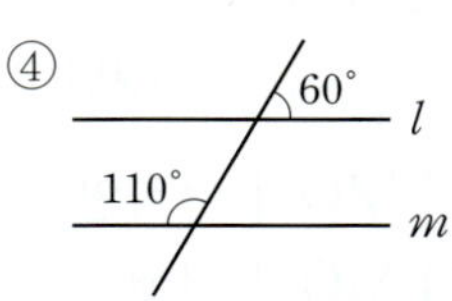

⑤ 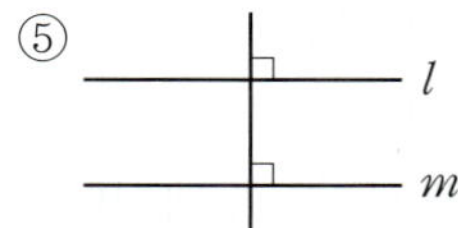

10

오른쪽 그림에서 $l /\!/ m$일 때, $\angle a+\angle b+\angle c+\angle d$의 크기는? [5점]

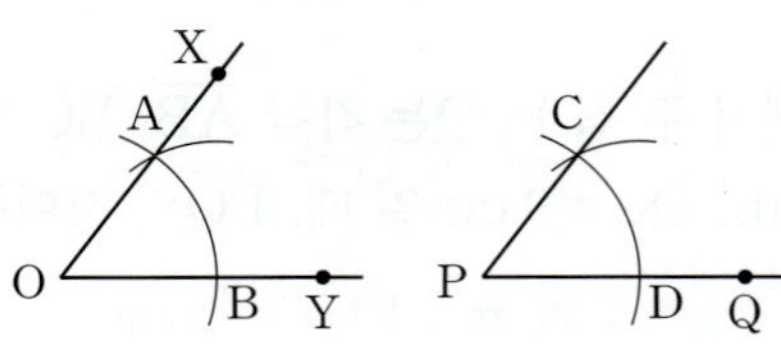

① $134°$　　　② $146°$
③ $157°$　　　④ $162°$
⑤ $180°$

11

아래 그림은 $\angle XOY$와 크기가 같은 각을 반직선 PQ를 한 변으로 하여 작도한 것이다. 다음 중 옳은 것은? [3점]

① $\overline{OY}=\overline{PQ}$　　　② $\overline{PC}=\overline{CD}$
③ $\angle AOB=\angle CDP$　　　④ $\overline{OA}=\overline{PD}$
⑤ $\overline{AB}=\overline{PD}$

12

다음 중 $\triangle ABC$가 하나로 정해지는 것은? [4점]

① $\overline{AB}=10\ \text{cm}$, $\overline{BC}=5\ \text{cm}$, $\overline{CA}=4\ \text{cm}$
② $\overline{AB}=8\ \text{cm}$, $\overline{BC}=7\ \text{cm}$, $\angle A=100°$
③ $\overline{AC}=3\ \text{cm}$, $\overline{BC}=4\ \text{cm}$, $\angle B=90°$
④ $\angle A=45°$, $\angle B=55°$, $\angle C=80°$
⑤ $\angle A=50°$, $\angle C=70°$, $\overline{BC}=6\ \text{cm}$

13

오른쪽 그림에서
$\overline{AB}=\overline{AC}$, $\overline{BD}=\overline{CE}$일 때,
다음 중 옳지 <u>않은</u> 것은? [4점]

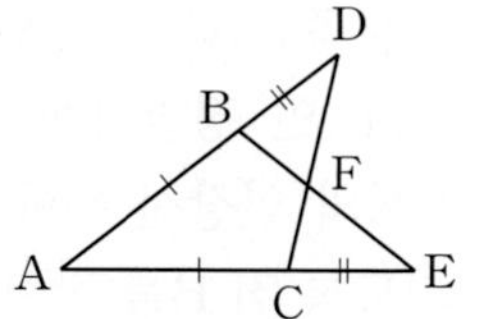

① $\overline{BE}=\overline{CD}$
② $\triangle ABE \equiv \triangle ACD$
③ $\angle ADC = \angle AEB$
④ $\triangle BDF \equiv \triangle CEF$
⑤ $\angle DBF = \angle CEF$

14

다음 그림에서 사각형 ABCD와 사각형 CEFG가 모두
정사각형이고, $\overline{BE}=9$ cm, $\overline{DE}=6$ cm일 때, $\triangle GBC$
의 둘레의 길이는? [4점]

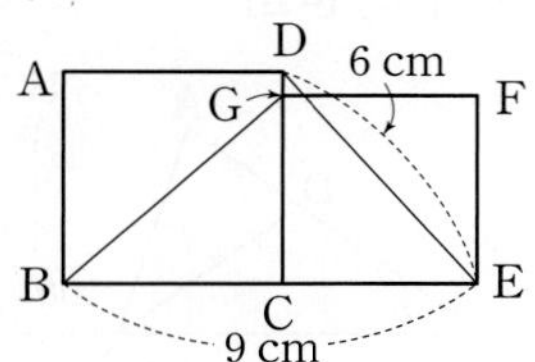

① 12 cm
② 14 cm
③ 15 cm
④ 16 cm
⑤ 18 cm

15

한 꼭짓점에서 그은 대각선의 개수가 5인 다각형의 대
각선의 개수는? [3점]

① 12
② 15
③ 18
④ 20
⑤ 24

16

다음 그림에서 $\angle ABD = \angle DBE = \angle EBC$,
$\angle ACD = \angle DCE = \angle ECF$이고 $\angle D = 50°$일 때,
$\angle x + \angle y$의 크기는? [5점]

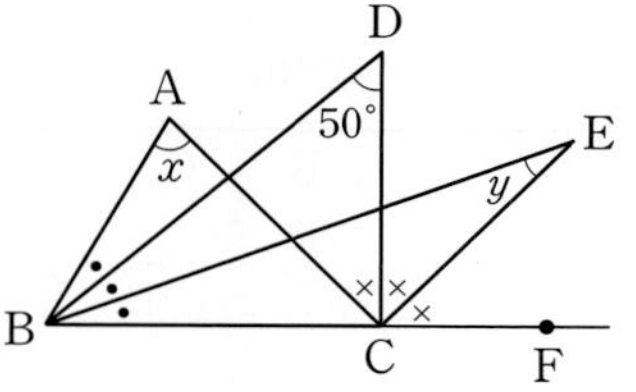

① 75°
② 85°
③ 90°
④ 100°
⑤ 105°

17

오른쪽 그림에서 $\angle x$의 크기는?
[4점]

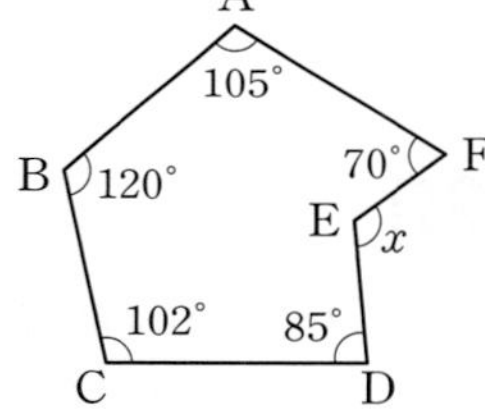

① 116°
② 118°
③ 122°
④ 124°
⑤ 128°

18

오른쪽 그림은 한 변의 길이가 같
은 정사각형, 정오각형, 정육각형
을 변끼리 붙여 놓은 것이다. 정사
각형의 한 변의 연장선과 정육각
형의 한 변의 연장선이 만날 때,
$\angle x + \angle y$의 크기는? [5점]

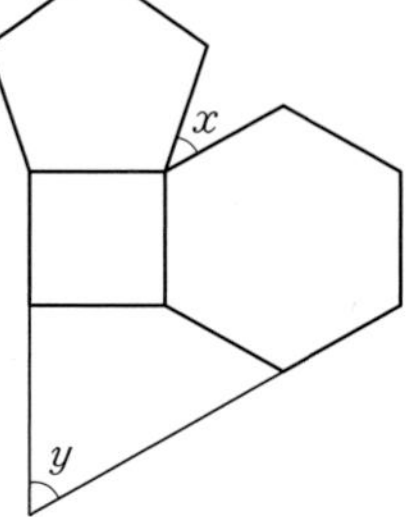

① 90°
② 102°
③ 126°
④ 144°
⑤ 180°

19

다음 그림에서 $\overline{AC}=2\overline{CD}$이고 $\overline{AB}=3\overline{BC}$이다. $\overline{AD}=18$ cm일 때, $\overline{BC}$의 길이를 구하시오. [6점]

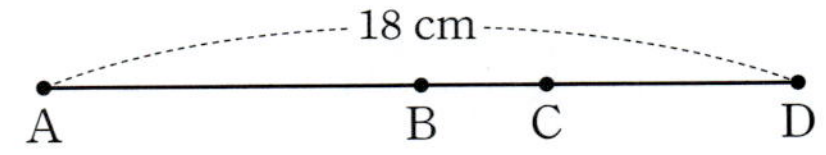

20

다음 그림에서 $l \parallel m$이고 $\triangle ABC$가 정삼각형일 때, $\angle y - \angle x$의 크기를 구하시오. [6점]

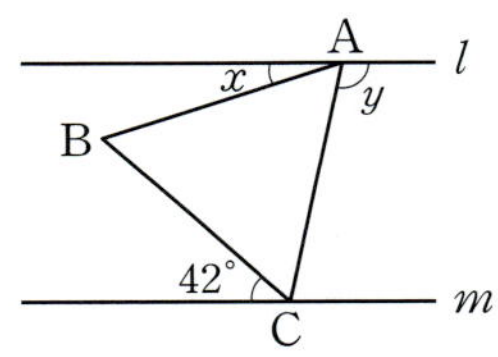

21

오른쪽 그림은 한 변의 길이가 4 cm인 정삼각형 CDE의 한 변 DE의 연장선 위에 $\overline{BD}=7$ cm가 되도록 점 B를 잡아 정삼각형 ABC를 그린 것이다. 다음 물음에 답하시오. [7점]

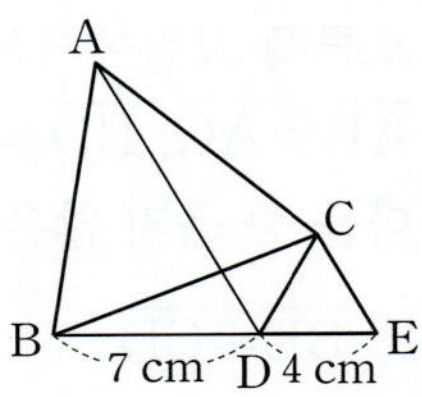

(1) $\triangle CBE$와 합동인 삼각형을 찾고, 합동 조건을 구하시오. [5점]

(2) $\overline{AD}$의 길이를 구하시오. [2점]

22

다음 그림과 같은 $\triangle ABC$에서 $\overline{AC}=\overline{CD}=\overline{BD}$일 때, $\angle x$의 크기를 구하시오. [4점]

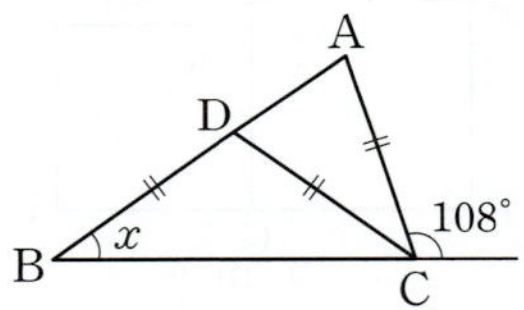

23

한 내각의 크기와 한 외각의 크기의 비가 $7:2$인 정다각형의 내각의 크기의 합을 $a°$, 외각의 크기의 합을 $b°$라 할 때, $a-b$의 값을 구하시오. [7점]

선택형	18문항 70점	총점
서술형	5문항 30점	100점

01

다음 중 옳지 <u>않은</u> 것을 모두 고르면? (정답 2개) [3점]

① 선이 연속하여 움직이면 면이 된다.

② 선과 면이 만나면 반드시 교선이 생긴다.

③ 면과 면이 만나서 생기는 교선은 직선이다.

④ 서로 다른 두 점을 지나는 직선은 오직 하나이다.

⑤ 서로 다른 두 점을 잇는 선 중에서 길이가 가장 짧은 것은 두 점을 이은 선분이다.

02

오른쪽 그림과 같이 어느 세 점도 한 직선 위에 있지 않은 네 점 A, B, C, D 중 두 점을 지나는 서로 다른 직선의 개수를 a, 반직선의 개수를 b라 할 때, $a+b$의 값은? [4점]

① 12　　　② 18　　　③ 24

④ 30　　　⑤ 36

03

다음 그림에서 두 점 B, C는 $\overline{\mathrm{AD}}$의 삼등분점이고, 점 M은 $\overline{\mathrm{CD}}$의 중점이다. $\overline{\mathrm{CM}}=3\,\mathrm{cm}$일 때, $\overline{\mathrm{AM}}$의 길이는?

[4점]

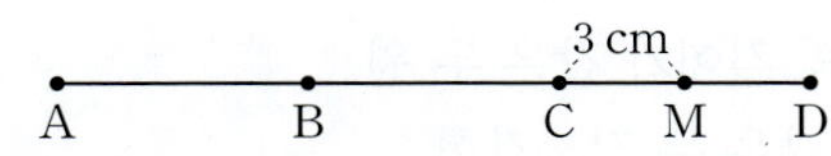

① 10 cm　　　② 12 cm　　　③ 14 cm

④ 15 cm　　　⑤ 18 cm

04

오른쪽 그림에서
∠AOP : ∠BOP＝2 : 1,
∠BOC : ∠BOQ＝3 : 1일 때,
∠POQ의 크기는? [4점]

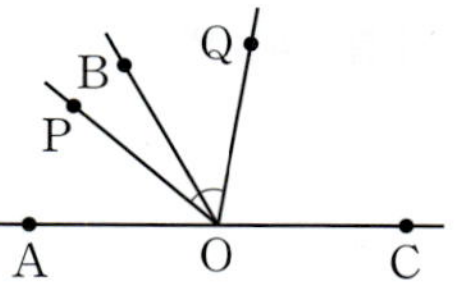

① 50°　　　② 55°　　　③ 60°

④ 65°　　　⑤ 70°

05

오른쪽 그림과 같은 전개도로 만든 정육면체에 대한 설명으로 옳은 것을 다음 **보기**에서 모두 고른 것은? [4점]

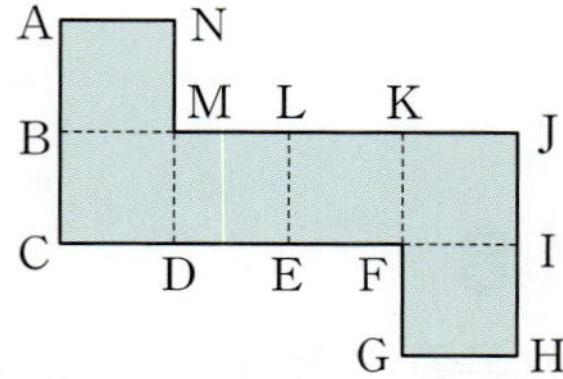

┌─ 보기 ───────────────────────────┐
ㄱ. 모서리 BC와 모서리 IH는 수직으로 만난다.

ㄴ. 모서리 AB와 모서리 FE는 수직으로 만난다.

ㄷ. 모서리 DE는 면 BMNA와 평행하다.

ㄹ. 모서리 AN은 면 MDEL과 평행하다.

ㅁ. 면 BCDM과 면 KFIJ는 평행하다.
└──────────────────────────────────┘

① ㄱ, ㄴ　　　② ㄱ, ㄷ　　　③ ㄱ, ㄷ, ㄹ

④ ㄴ, ㄷ, ㄹ　　　⑤ ㄴ, ㄹ, ㅁ

06

다음 중 공간에서 서로 다른 세 직선 l, m, n과 서로 다른 세 평면 P, Q, R의 위치 관계에 대한 설명으로 옳지 <u>않은</u> 것을 모두 고르면? (정답 2개) [5점]

① $l\,/\!/\,m$, $l\,/\!/\,n$이면 $m\,/\!/\,n$이다.

② $l\perp m$, $l\perp n$이면 $m\,/\!/\,n$이다.

③ $P\,/\!/\,Q$, $Q\,/\!/\,R$이면 $P\,/\!/\,R$이다.

④ $P\,/\!/\,Q$, $P\perp R$이면 $Q\perp R$이다.

⑤ $P\perp Q$, $P\perp R$이면 $Q\perp R$이다.

07

다음 그림에서 $l /\!/ k$, $m /\!/ n$일 때, $\angle x$의 크기는? [4점]

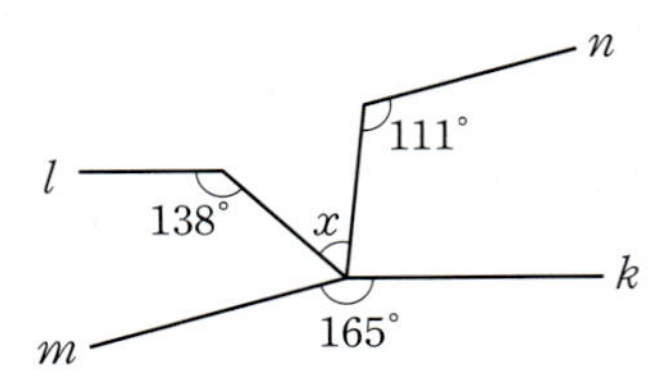

① $51°$ ② $52°$ ③ $53°$
④ $54°$ ⑤ $55°$

08

오른쪽 그림에서 $l /\!/ m$일 때, $\angle x$의 크기는? [4점]

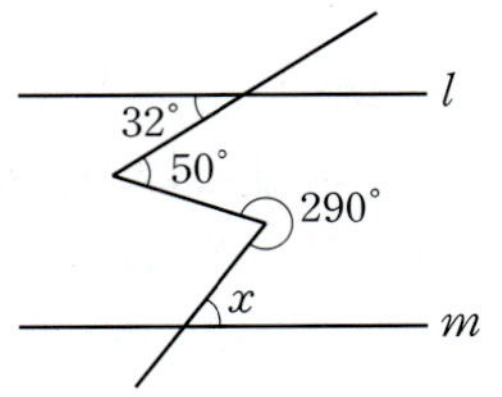

① $48°$ ② $50°$
③ $52°$ ④ $54°$
⑤ $56°$

09

다음 그림에서 $l /\!/ m$이고, 정사각형 ABCD의 두 꼭짓점 A, C가 각각 두 직선 l, m 위에 있다. $\angle FAB : \angle BCG = 2 : 1$일 때, $\angle AED$의 크기는? [5점]

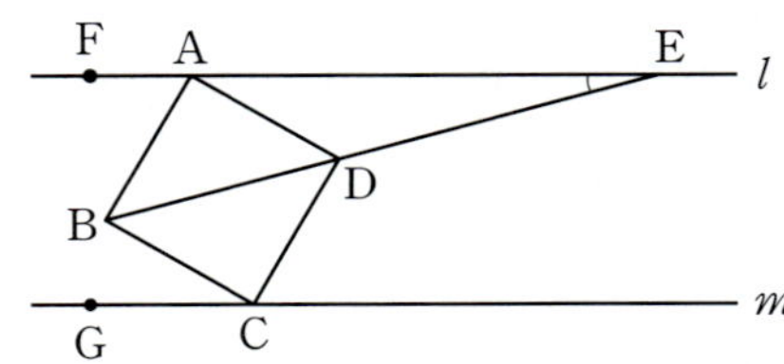

① $15°$ ② $20°$ ③ $25°$
④ $30°$ ⑤ $35°$

10

다음 중 작도할 때의 눈금 없는 자의 용도로 옳은 것을 모두 고르면? (정답 2개) [3점]

① 원을 그린다.
② 선분을 연장한다.
③ 각의 크기를 측정한다.
④ 선분의 길이를 재어 옮긴다.
⑤ 두 점을 연결하여 선분을 그린다.

11

오른쪽 그림은 직선 l 위에 있지 않은 한 점 P를 지나고 직선 l에 평행한 직선을 작도한 것이다. 다음 **보기**에서 옳은 것을 모두 고른 것은? [3점]

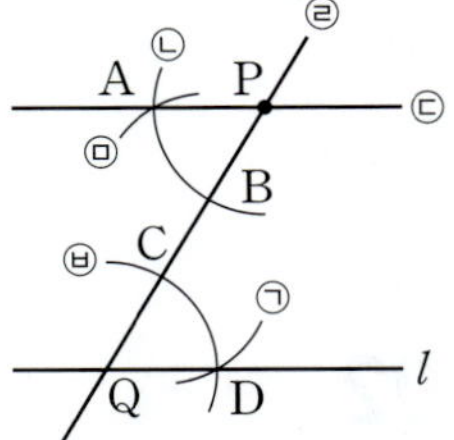

보기

ㄱ. 작도 순서는 ㉣ ➡ ㉡ ➡ ㉥ ➡ ㉤ ➡ ㉠ ➡ ㉢이다.
ㄴ. $\angle APB = \angle CQD$
ㄷ. $\overline{PA} = \overline{QC} = \overline{AB} = \overline{CD}$
ㄹ. '서로 다른 두 직선이 다른 한 직선과 만날 때, 엇각의 크기가 같으면 두 직선은 평행하다.'는 성질을 이용한 것이다.

① ㄱ, ㄴ ② ㄱ, ㄹ ③ ㄴ, ㄷ
④ ㄴ, ㄹ ⑤ ㄷ, ㄹ

12

다음 중 두 도형이 항상 합동인 것을 모두 고르면?
(정답 2개) [3점]

① 모양이 같은 두 도형
② 반지름의 길이가 같은 두 원
③ 넓이가 같은 두 직사각형
④ 한 변의 길이가 같은 정사각형
⑤ 둘레의 길이가 같은 두 삼각형

13

오른쪽 그림에서 ∠A=∠D, ∠C=∠F일 때, 한 가지 조건을 추가하여 △ABC≡△DEF가 되도록 하려고 한다. 이때 필요한 나머지 한 조건을 다음 **보기**에서 모두 고른 것은? [4점]

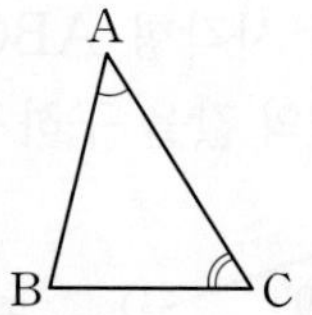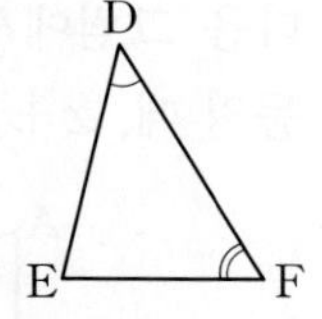

> **보기**
> ㄱ. $\overline{AB}=\overline{DE}$ ㄴ. $\overline{AC}=\overline{DF}$
> ㄷ. $\overline{BC}=\overline{DF}$ ㄹ. ∠A=∠F
> ㅁ. $\overline{BC}=\overline{EF}$ ㅂ. ∠B=∠E

① ㄱ, ㄴ   ② ㄴ, ㅂ   ③ ㄷ, ㄹ
④ ㄱ, ㄴ, ㅁ   ⑤ ㄱ, ㄹ, ㅁ

14

다음 그림에서 △ABC와 △ADE는 모두 정삼각형이고 ∠ADB=82°일 때, ∠CED의 크기는? [4점]

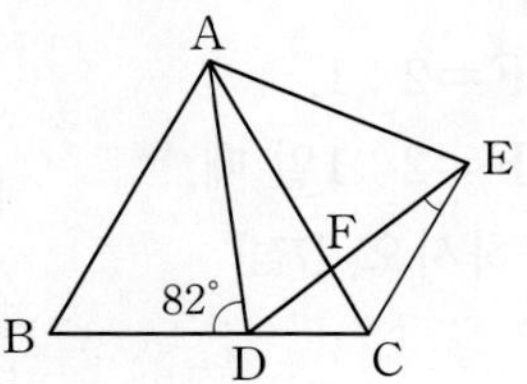

① 12°   ② 18°   ③ 22°
④ 24°   ⑤ 25°

15

다음 중 다각형인 것은? [3점]

① 원   ② 정육면체   ③ 원기둥
④ 정팔각형   ⑤ 구

16

어느 나라의 8개의 도시 사이에 두 도시만을 연결하는 항공로를 개설하려고 한다. 개설할 수 있는 항공로의 전체 개수는? [4점]

① 8   ② 12   ③ 20
④ 28   ⑤ 56

17

오른쪽 그림에서 ∠AGB=18°, ∠BFC=20°, ∠CED=22°, ∠EDH=107°일 때, ∠GAB의 크기는? [4점]

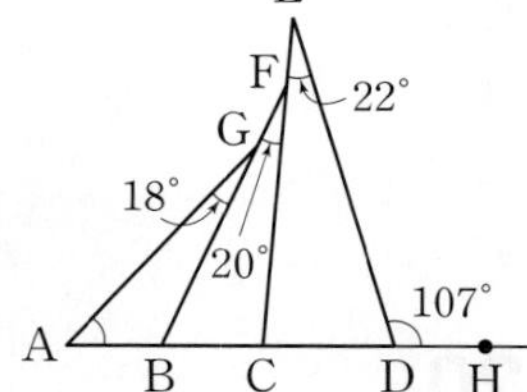

① 41°   ② 43°
③ 45°   ④ 47°
⑤ 49°

18

다음 **보기**에서 다각형에 대한 설명으로 옳은 것을 모두 고른 것은? [5점]

> **보기**
> ㄱ. 한 외각의 크기가 자연수인 정다각형은 총 24개이다.
> ㄴ. 한 꼭짓점에서 대각선을 모두 그었을 때 생기는 삼각형이 10개인 다각형의 대각선의 개수는 60이다.
> ㄷ. 내각의 크기의 합과 외각의 크기의 합의 비가 4 : 1인 정다각형의 한 내각의 크기는 144°이다.

① ㄱ   ② ㄴ   ③ ㄷ
④ ㄱ, ㄷ   ⑤ ㄴ, ㄷ

실전 **모의고사** ③회 발전

19

다음 그림과 같이 네 직선이 한 점에서 만날 때, $\angle x$의 크기를 구하시오. [4점]

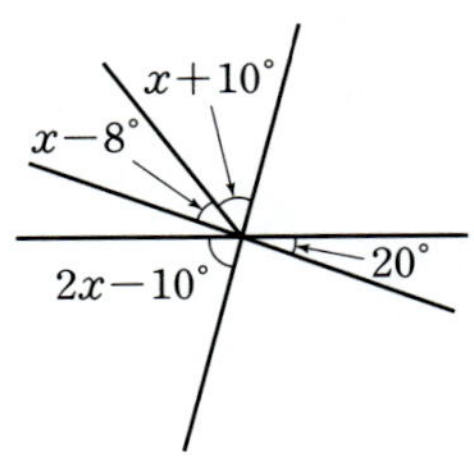

20

오른쪽 그림에서 $l /\!/ m$이고
$\angle \text{PAB} = \angle \text{BAD}$,
$\angle \text{DCB} = \angle \text{BCQ}$일 때,
$\angle x$의 크기를 구하시오. [7점]

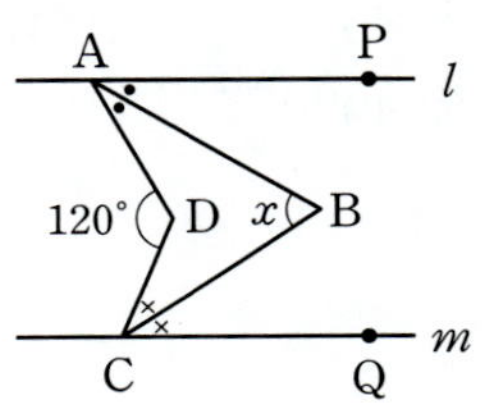

21

길이가 5 cm, 7 cm, 9 cm, 12 cm인 네 개의 선분 중 세 개의 선분을 골라 만들 수 있는 삼각형의 개수를 구하시오. [6점]

22

다음 그림에서 사각형 ABCD와 사각형 EFGH가 합동일 때, $x+y$의 값을 구하시오. [6점]

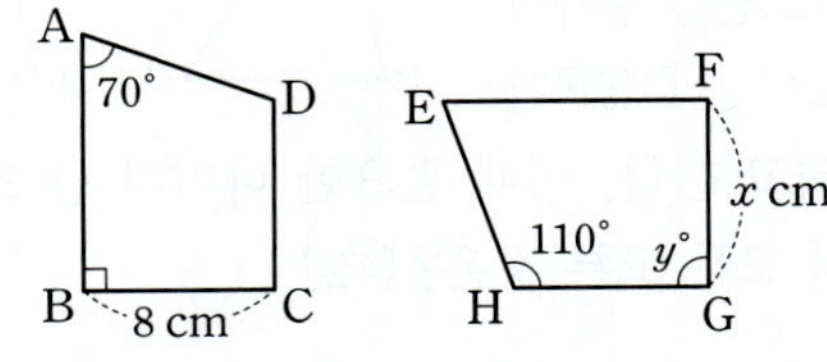

23

오른쪽 그림에서
$\angle \text{ABC} : \angle \text{CBF} = 2 : 1$,
$\angle \text{EDC} : \angle \text{CDF} = 2 : 1$일 때,
$\angle x$의 크기를 구하시오. [7점]

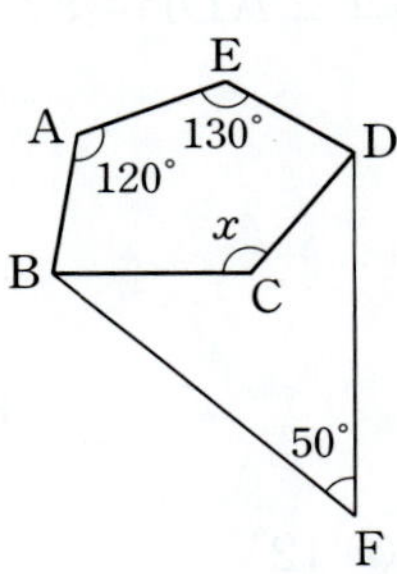

기말고사 대비 
실전 모의고사 1회 기본

선택형	18문항 70점	총점
서술형	5문항 30점	100점

01

다음 중 오른쪽 그림과 같은 원 O에 대한 설명으로 옳지 <u>않은</u> 것은? (단, 세 점 A, O, C는 한 직선 위에 있다.) [3점]

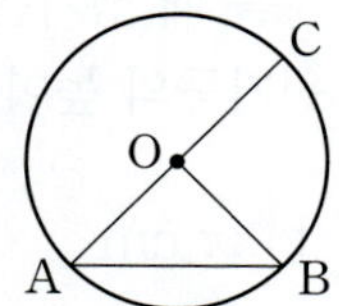

① $\overline{AB}$는 현이다.
② $\widehat{AB}$에 대한 중심각은 $\angle AOB$이다.
③ 원 위의 두 점 A, B를 양 끝 점으로 하는 호는 1개이다.
④ $\widehat{AB}$와 $\overline{AB}$로 이루어진 도형은 활꼴이다.
⑤ $\widehat{AB}$와 $\overline{OA}$, $\overline{OB}$로 이루어진 도형은 부채꼴이다.

02

오른쪽 그림과 같은 원 O에서 x, y의 값은? [3점]

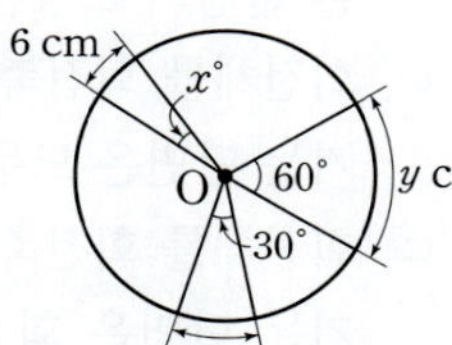

① $x=15$, $y=10$
② $x=15$, $y=18$
③ $x=20$, $y=10$
④ $x=20$, $y=18$
⑤ $x=20$, $y=20$

03

다음 중 한 원에 대한 설명으로 옳지 <u>않은</u> 것은? [4점]

① 길이가 가장 긴 현은 지름이다.
② 같은 크기의 중심각에 대한 현의 길이는 같다.
③ 부채꼴의 넓이는 중심각의 크기에 정비례한다.
④ 호의 길이가 같은 두 부채꼴의 둘레의 길이는 같다.
⑤ 같은 호에 대한 활꼴의 넓이는 부채꼴의 넓이보다 항상 작다.

04

오른쪽 그림과 같이 중심각의 크기가 $60°$이고 호의 길이가 5π cm인 부채꼴의 둘레의 길이는? [4점]

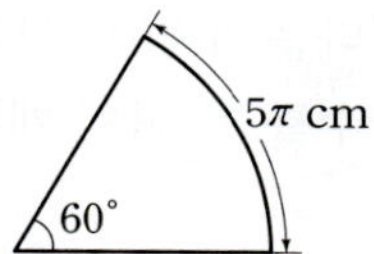

① $(5\pi+10)$ cm
② $(5\pi+15)$ cm
③ $(5\pi+30)$ cm
④ $(10\pi+15)$ cm
⑤ $(10\pi+30)$ cm

05

오른쪽 그림과 같이 한 변의 길이가 10 cm인 정사각형의 내부에 정사각형의 한 변을 지름으로 하는 두 반원을 그렸더니 정사각형이 A, B, C, D 네 부분으로 나누어졌다. 이때 A와 C의 넓이의 합은? [4점]

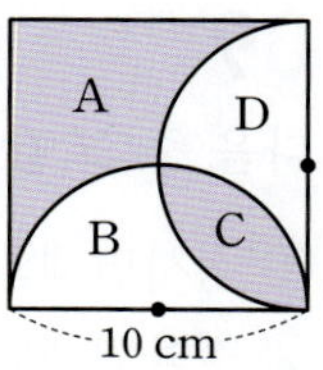

① 45 cm^2
② 50 cm^2
③ 55 cm^2
④ 60 cm^2
⑤ 65 cm^2

06

다음 중 다면체가 <u>아닌</u> 것을 모두 고르면? (정답 2개) [3점]

① 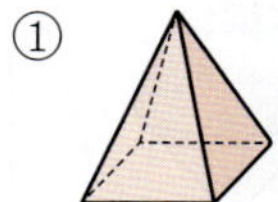
② 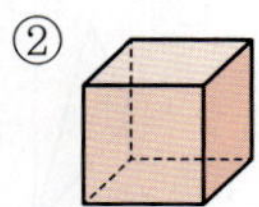
③ 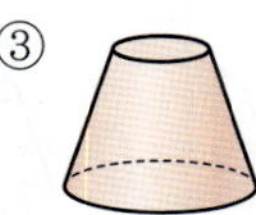
④ 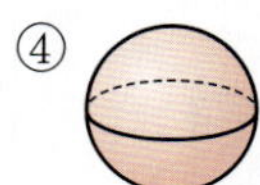
⑤ 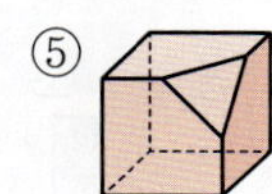

07

다음 다면체 중 꼭짓점의 개수와 면의 개수가 같은 것은? [4점]

① 삼각뿔대
② 직육면체
③ 오각뿔대
④ 육각기둥
⑤ 칠각뿔

08

다음 조건을 모두 만족시키는 입체도형의 꼭짓점의 개수를 a, 면의 개수를 b라 할 때, $a-b$의 값은? [4점]

> ㈎ 두 밑면이 서로 평행하다.
> ㈏ 옆면의 모양이 직사각형이다.
> ㈐ 모서리의 개수가 21이다.

① 4   ② 5   ③ 6
④ 7   ⑤ 8

09

다음 중 그 값이 가장 큰 것은? [4점]

① 정사면체의 꼭짓점의 개수
② 정육면체의 모서리의 개수
③ 정팔면체의 면의 개수
④ 정십이면체의 꼭짓점의 개수
⑤ 정이십면체의 모서리의 개수

10

다음 **보기** 중 평면도형을 회전시켜 만든 입체도형으로 옳은 것을 모두 고른 것은? [4점]

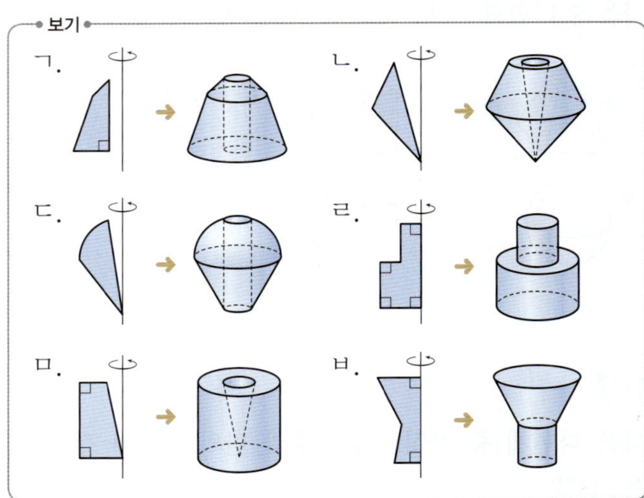

① ㄱ, ㄹ   ② ㄱ, ㅁ   ③ ㄱ, ㄹ, ㅁ
④ ㄴ, ㄷ, ㄹ   ⑤ ㄴ, ㅁ, ㅂ

11

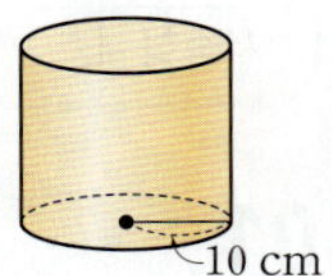

오른쪽 그림과 같은 원기둥을 회전축에 수직인 평면으로 자를 때 생기는 단면의 넓이와 회전축을 포함하는 평면으로 자를 때 생기는 단면의 넓이는 같다. 이 원기둥의 높이는? [4점]

① 3π cm   ② $\dfrac{7}{2}\pi$ cm   ③ 4π cm

④ $\dfrac{9}{2}\pi$ cm   ⑤ 5π cm

12

다음 **보기**에서 회전체에 대한 설명으로 옳은 것을 모두 고른 것은? [4점]

> **보기**
> ㄱ. 회전체를 회전축에 수직인 평면으로 자를 때 생기는 단면의 모양은 항상 원이다.
> ㄴ. 회전체를 회전축을 포함하는 평면으로 자를 때 생기는 단면은 모두 합동이다.
> ㄷ. 회전체를 회전축을 포함하는 평면으로 자를 때 생기는 단면은 회전축을 대칭축으로 하는 선대칭도형이다.
> ㄹ. 구의 회전축은 1개이다.
> ㅁ. 모든 회전체는 전개도를 그릴 수 있다.

① ㄱ, ㄴ, ㄷ   ② ㄱ, ㄷ, ㄹ   ③ ㄱ, ㄷ, ㅁ
④ ㄴ, ㄷ, ㄹ   ⑤ ㄴ, ㄹ, ㅁ

13

오른쪽 그림과 같은 사각기둥의 겉넓이는? [3점]

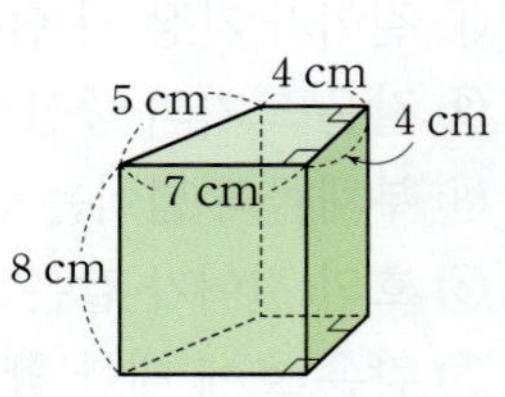

① 160 cm^2 ② 176 cm^2
③ 184 cm^2 ④ 204 cm^2
⑤ 248 cm^2

14

다음 그림과 같이 아랫부분이 밑면의 반지름의 길이가 5 cm인 원기둥 모양인 물병에 높이가 8 cm가 되도록 물을 넣은 후 물병을 거꾸로 세워 수면이 물병의 밑면과 평행하게 하였더니 물이 없는 부분의 높이가 11 cm가 되었다. 이 물병에 물을 가득 채웠을 때 물의 부피는?
（단, 물병의 두께는 생각하지 않는다.） [5점]

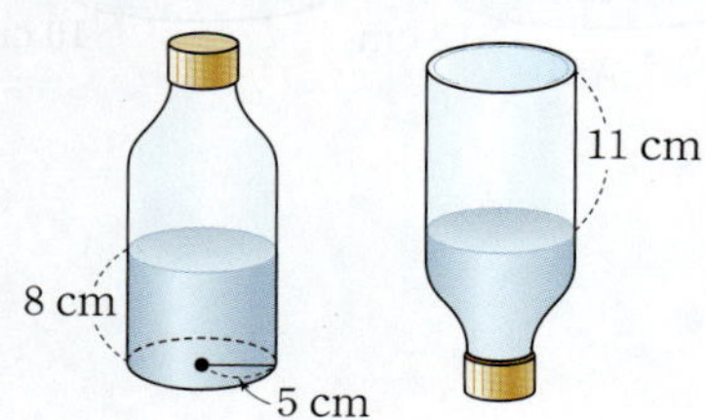

① 200π cm^3　　② 275π cm^3　　③ 400π cm^3
④ 475π cm^3　　⑤ 550π cm^3

15

오른쪽 그림과 같이 반지름의 길이가 4 cm인 구의 $\dfrac{1}{8}$ 을 잘라 내고 남은 입체도형의 겉넓이는? [4점]

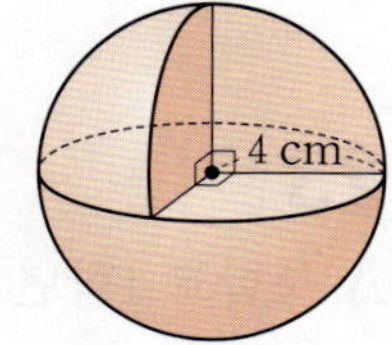

① 32π cm^2　　② 48π cm^2
③ 56π cm^2　　④ 68π cm^2
⑤ 72π cm^2

16

다음 자료 중 평균을 대푯값으로 하기에 가장 적절하지 않은 것은? [3점]

① 1, 2, 3, 4, 5
② 3, 4, 5, 11, 100
③ 12, 14, 18, 19, 22, 29
④ 30, 31, 32, 33, 35, 39
⑤ 47, 47, 47, 47, 47, 47, 49

17

오른쪽은 상담 동아리 회원들의 하루 동안의 가족 간 대화 시간을 조사하여 나타낸 도수분포표이다. 대화 시간이 60분 미만인 회원은 전체의 20 %이고, 80분 이상인 회원은 전체의 15 %일 때, 60분 이상 70분 미만인 회원 수는? [5점]

대화 시간(분)	회원 수(명)
30^{이상} ～ 40^{미만}	2
40 ～ 50	7
50 ～ 60	3
60 ～ 70	
70 ～ 80	10
80 ～ 90	
합계	

① 21　　　　② 23　　　　③ 25
④ 27　　　　⑤ 29

18

다음 그림은 어느 중학교의 A 반과 B 반 학생들의 키를 조사하여 나타낸 도수분포다각형이다. A 반에서 8번째로 키가 큰 학생과 키가 같은 학생이 B 반에 있을 때, 이 학생은 B 반에서 최소 상위 몇 % 이내에 드는가? [5점]

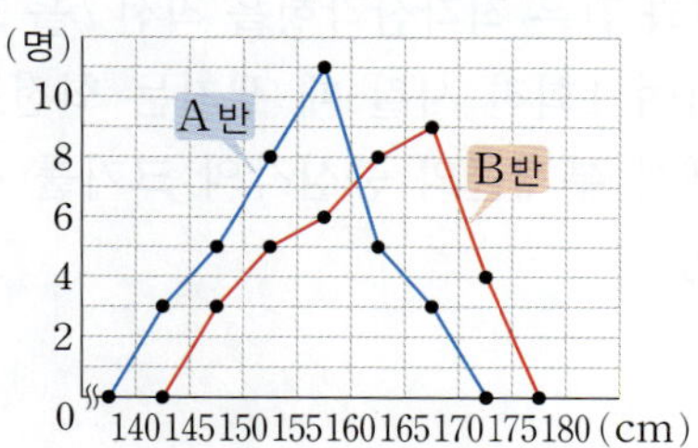

① 36 %　　　　② 42 %　　　　③ 50 %
④ 60 %　　　　⑤ 64 %

19

오른쪽 그림과 같은 원 O에서
$\overset{\frown}{AB} : \overset{\frown}{CD} = 2 : 1$이다. 부채꼴 AOB
의 넓이가 3 cm^2라 할 때, 부채꼴
COD의 넓이를 구하시오. [4점]

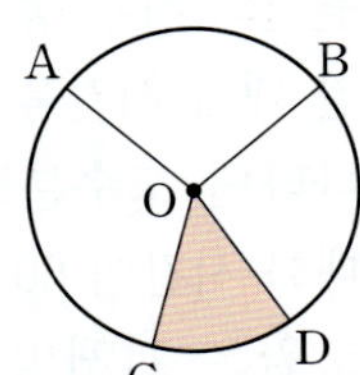

20

오른쪽 그림은 정삼각형 ABC의
각 변의 연장선을 긋고, 꼭짓점 A,
B, C를 각각 중심으로 하여 차례
대로 부채꼴 ACD, BDE, CEF
를 그린 것이다. 이와 같은 방법으
로 계속 부채꼴을 그려 나갈 때, 여섯 번째로 그려지는
부채꼴의 넓이를 구하시오. [7점]

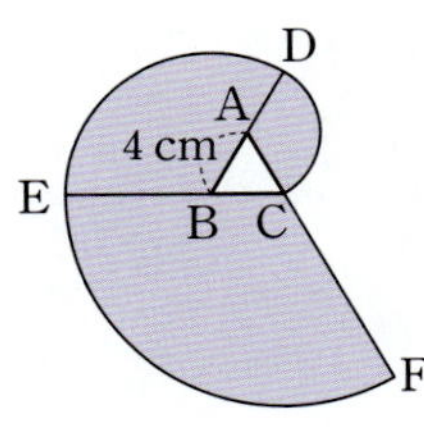

21

오른쪽 그림과 같은 직각삼각형을 직선 l을 회
전축으로 하여 1회전 시킬 때 생기는 회전체
의 전개도에서 부채꼴의 중심각의 크기를 구
하시오. [7점]

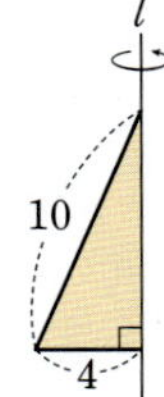

22

다음 그림과 같은 두 입체도형 A, B의 부피가 같을 때,
입체도형 B의 높이를 구하시오. [6점]

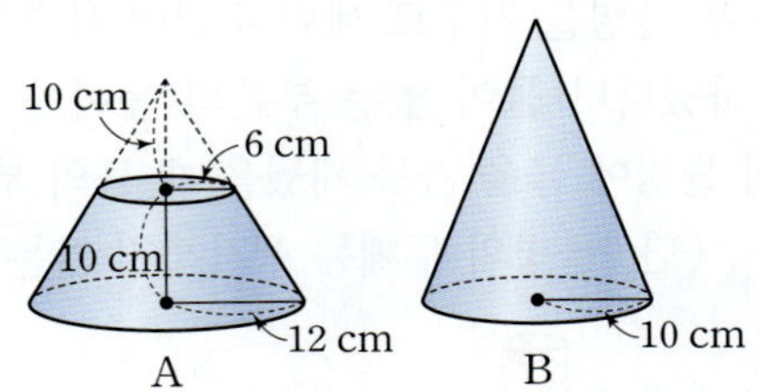

23

A 중학교 1학년 1반의 학생은 22명, B 중학교 1학년 1
반의 학생은 25명이다. 이 중에서 안경을 쓴 학생 수는
A 중학교 1학년 1반과 B 중학교 1학년 1반이 서로 같
다. B 중학교 1학년 1반에서 안경을 쓴 학생의 상대도
수가 0.44일 때, A 중학교 1학년 1반에서 안경을 쓴 학
생의 상대도수를 구하시오. [6점]

기말고사 대비
실전 모의고사 ②회 실력

↻ 정답 및 풀이 127쪽

시간 45분 | 점수   점

선택형	18문항 70점	총점
서술형	5문항 30점	100점

01

한 원에서 부채꼴과 활꼴이 같아질 때의 부채꼴의 중심각의 크기는? [3점]

① 60° ② 90° ③ 120°
④ 150° ⑤ 180°

02

오른쪽 그림과 같은 원 O에서 $\overline{AD}$는 지름이고, $\overset{\frown}{AB} : \overset{\frown}{CD} = 1 : 2$, $\angle BOC = 72°$일 때, $\angle COD$의 크기는? [4점]

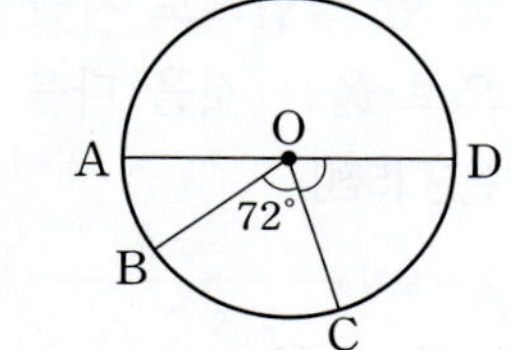

① 68° ② 72°
③ 76° ④ 80°
⑤ 84°

03

오른쪽 그림과 같은 원 O에서 $\angle AOB = 30°$, $\angle COD = 150°$이고 부채꼴 AOB의 넓이가 6 cm²일 때, 부채꼴 COD의 넓이는? [3점]

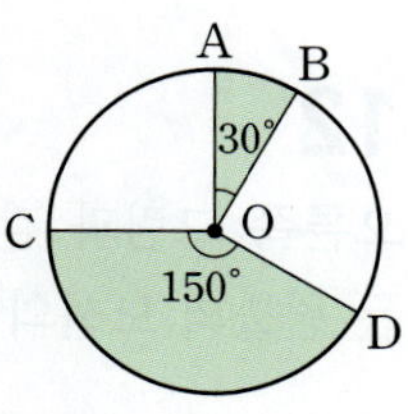

① 25 cm² ② 30 cm² ③ 35 cm²
④ 40 cm² ⑤ 45 cm²

04

오른쪽 그림과 같은 부채꼴에서 색칠한 부분의 둘레의 길이는? [3점]

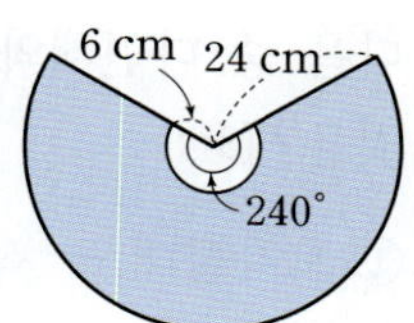

① $(32\pi + 18)$ cm
② $(32\pi + 36)$ cm
③ $(40\pi + 18)$ cm
④ $(40\pi + 36)$ cm
⑤ $(40\pi + 48)$ cm

05

오른쪽 그림과 같은 정사각형 ABCD에서 색칠한 부분의 넓이는? [4점]

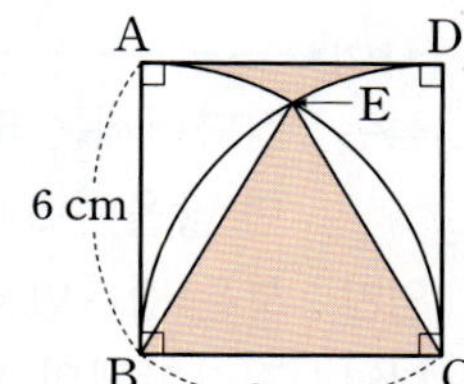

① $(36 - 3\pi)$ cm²
② $(36 - 6\pi)$ cm²
③ $(12\pi - 18)$ cm²
④ $(12\pi - 36)$ cm²
⑤ $(36 - 6)$ cm²

06

다음 그림과 같이 반지름의 길이가 1 cm인 원이 직사각형의 변을 따라 한 바퀴 돌아서 제자리로 왔을 때, 원이 지나간 부분의 넓이는? [5점]

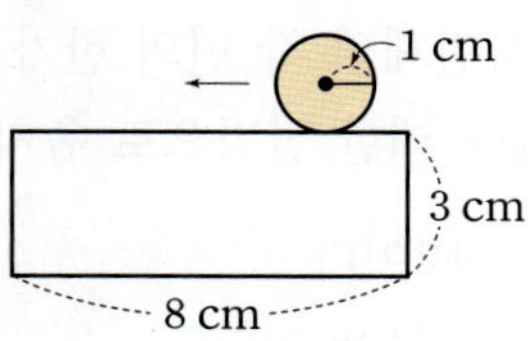

① $(2\pi + 22)$ cm² ② $(4\pi + 22)$ cm²
③ $(2\pi + 44)$ cm² ④ $(4\pi + 44)$ cm²
⑤ $(4\pi + 50)$ cm²

07

다음 중 다면체와 그 옆면의 모양이 바르게 짝 지어진 것은? [3점]

① 오각뿔대 — 직사각형
② 십각기둥 — 십각형
③ 팔각뿔대 — 삼각형
④ 삼각뿔대 — 사다리꼴
⑤ 삼각뿔 — 사다리꼴

08

다음 **보기** 중 옳은 설명을 한 학생을 모두 고른 것은? [4점]

> ● 보기 ●
>
> 정수 : 정다면체는 5개밖에 없어 보이지만, 더 조사하면 많을 수도 있어.
> 영민 : 모든 정다면체는 서로 평행한 면을 가져.
> 나영 : 정다면체의 면의 모양은 정삼각형, 정사각형, 정오각형 중 하나야.
> 기주 : 다면체의 모든 면이 합동이면 정다면체라고 할 수 있지.
> 현태 : 한 꼭짓점에 모인 면의 개수가 4인 정다면체는 정팔면체밖에 없어.

① 정수, 영민　　② 정수, 기주　　③ 영민, 현태
④ 나영, 기주　　⑤ 나영, 현태

09

다음 중 정이십면체의 각 면의 한가운데 점을 연결하여 만든 정다면체에 대한 설명으로 옳지 <u>않은</u> 것은? [4점]

① 면의 개수는 12이다.
② 꼭짓점의 개수는 20이다.
③ 모서리의 개수는 30이다.
④ 각 면의 모양은 합동인 정삼각형이다.
⑤ 한 꼭짓점에 모인 면의 개수는 3이다.

10

오른쪽 그림과 같은 평면도형을 $\overline{ED}$를 회전축으로 하여 1회전 시킬 때 생기는 회전체는? [4점]

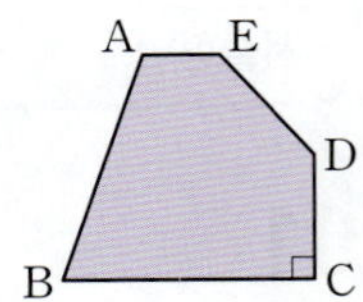

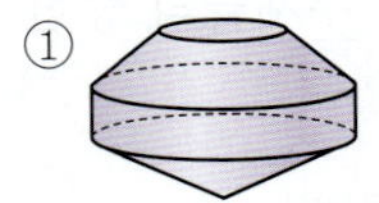 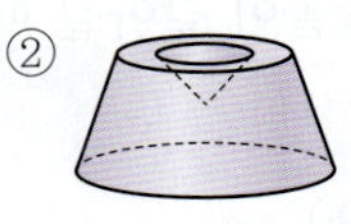 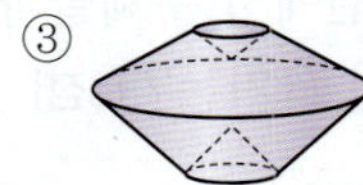

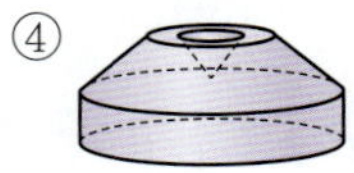 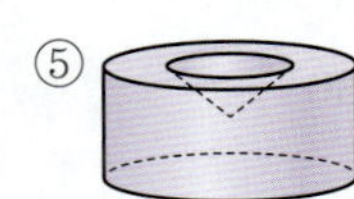 

11

오른쪽 그림과 같은 평면도형을 직선 l을 회전축으로 하여 1회전 시킬 때 생기는 회전체를 한 평면으로 자를 때 생기는 단면의 모양으로 옳은 것을 다음 **보기**에서 모두 고른 것은? [5점]

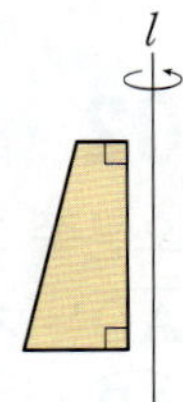

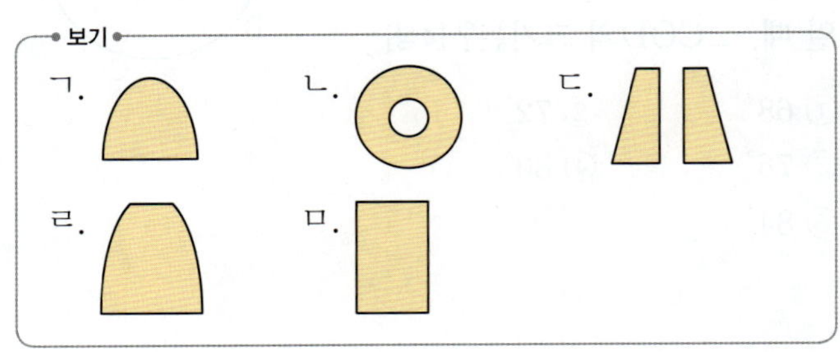

① ㄱ, ㄴ, ㄷ　　　　② ㄴ, ㄷ, ㅁ
③ ㄱ, ㄴ, ㄷ, ㄹ　　④ ㄴ, ㄹ, ㅁ
⑤ ㄱ, ㄷ, ㄹ, ㅁ

12

오른쪽 그림과 같은 전개도로 만든 원뿔의 모선의 길이는? [3점]

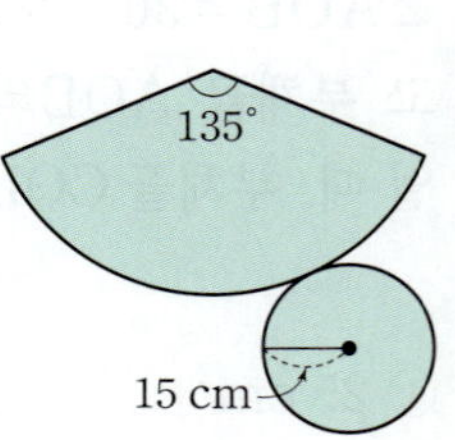

① 30 cm　　② 35 cm
③ 40 cm　　④ 45 cm
⑤ 50 cm

13

오른쪽 그림과 같이 직육면체에서 작은 직육면체를 잘라 낸 입체도형의 겉넓이는? [4점]

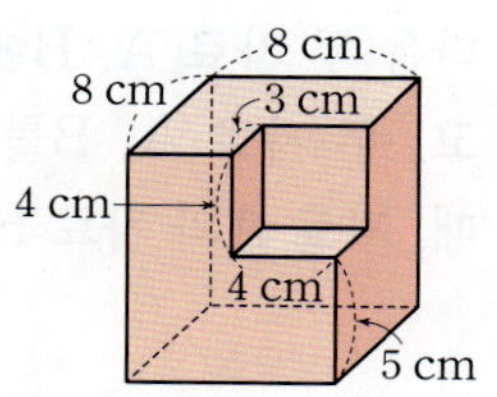

① 376 cm²　　② 392 cm²

③ 400 cm²　　④ 404 cm²

⑤ 416 cm²

14

직육면체에 밑면이 직각이등변삼각형인 삼각기둥이 붙어 있는 모양의 우유팩에 우유가 들어 있다. 이 우유팩을 우유의 표

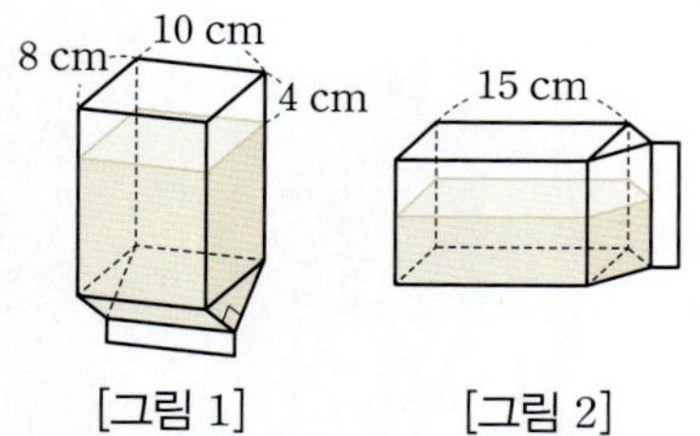

[그림 1]　　　　[그림 2]

면이 우유팩의 밑면과 평행하도록 [그림 1]과 같이 거꾸로 놓았을 때, 우유가 들어 있지 않은 부분의 높이가 4 cm가 되었다. [그림 2]와 같이 옆면이 바닥에 닿도록 놓을 때, 우유가 들어 있는 부분의 높이는? (단, 우유팩에 우유를 가득 채울 때의 부피는 1272 cm³이며, 우유팩의 두께는 생각하지 않는다.) [5점]

① $\dfrac{13}{2}$ cm　　② 7 cm　　③ $\dfrac{15}{2}$ cm

④ 8 cm　　⑤ $\dfrac{17}{2}$ cm

15

오른쪽 그림과 같이 원기둥에 크기가 같은 구 3개가 꼭 맞게 들어 있다. 구 한 개의 부피가 36π cm³일 때, 원기둥의 겉넓이는? [4점]

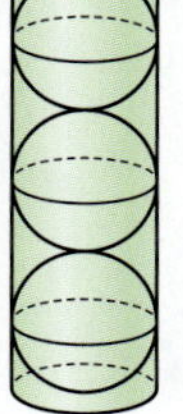

① 117π cm²　　② 120π cm²

③ 126π cm²　　④ 132π cm²

⑤ 144π cm²

16

오른쪽은 승현이네 반 학생들의 1분 동안의 줄넘기 횟수를 조사하여 나타낸 줄기와 잎 그림이다. 줄넘기 횟수가 상위 10 % 이내인 학생의 줄넘기 횟수가 A회일 때, A의 값 중 가장 작은 값은? [4점]

(7│4는 74회)

줄기	잎
7	4　5　6　8
8	0　2　3　3　6
9	1　5　7　7　8　9
10	0　1　1　2　5

① 95　　② 97　　③ 98

④ 100　　⑤ 102

17

오른쪽 그림은 남희네 반 학생들의 영어 성적을 조사하여 나타낸 히스토그램이다. 다음 설명 중 옳은 것은? [4점]

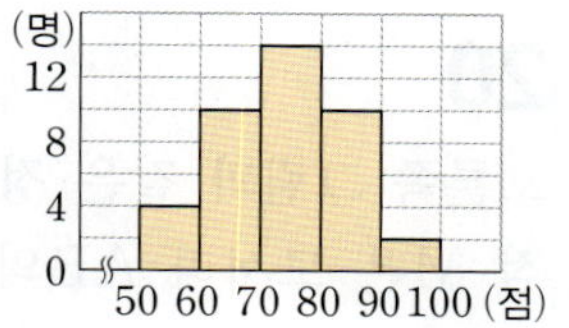

① 계급의 크기는 5점이다.

② 계급의 개수는 6이다.

③ 이 반의 전체 학생 수는 38이다.

④ 도수가 가장 큰 계급은 80점 이상 90점 미만이다.

⑤ 영어 성적이 80점 이상인 학생은 전체의 30 %이다.

18

오른쪽 그림은 A 중학교 학생 500명과 B 중학교 학생 450명의 수학 성적에 대한 상대도수의 분포를 나타낸 그래프이다. 70점 이상 80점 미만인 계급에서 A 중학교와 B 중학교의 도수의 차는? [4점]

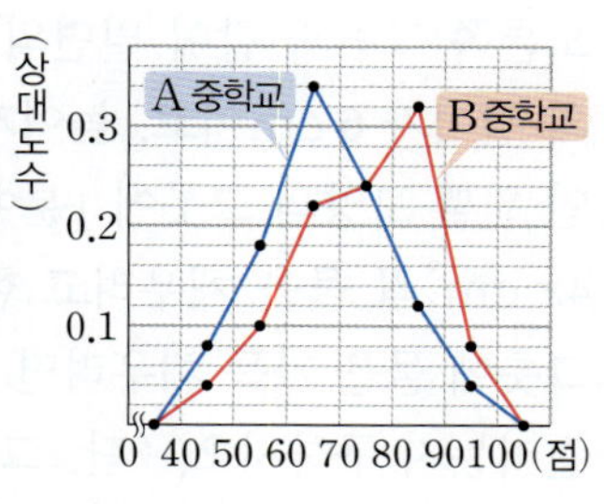

① 10명　　② 11명　　③ 12명

④ 13명　　⑤ 14명

서술형

19

다음 그림과 같이 $\overline{AB}$를 지름으로 하는 반원 O에서 $\overline{AD}\,/\!/\,\overline{OC}$이고 $\angle BOC=30°$, $\overset{\frown}{BC}=5$ cm일 때, $\overset{\frown}{AD}$의 길이를 구하시오. [6점]

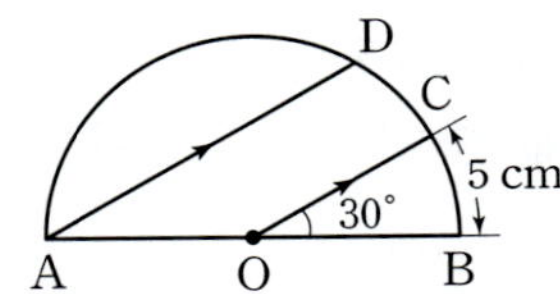

20

오른쪽 그림과 같은 정육면체에서 점 M은 모서리 AB의 중점이다. 세 점 D, M, F를 지나는 평면으로 정육면체를 자를 때 생기는 단면의 모양을 구하시오. [6점]

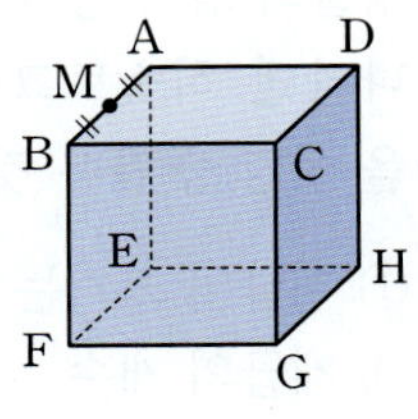

21

오른쪽 그림과 같이 밑면의 반지름의 길이가 6 cm이고, 높이가 6 cm인 원뿔 모양의 그릇에 1분에 4π cm^{3}씩 물을 채우려고 한다. 빈 그릇에 물을 가득 채우려면 몇 분이 걸리는지 구하시오. (단, 그릇의 두께는 생각하지 않는다.) [4점]

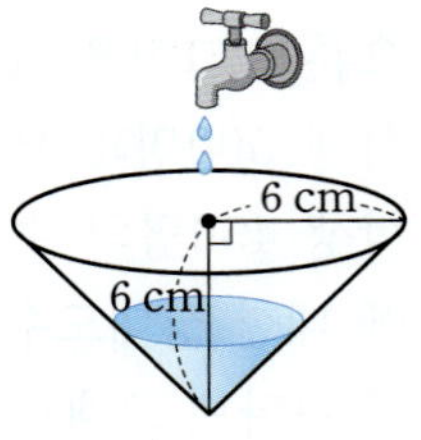

22

다음 두 자료 A, B에 대하여 자료 A의 중앙값은 18이고, 두 자료 A, B를 섞은 전체 자료의 중앙값은 20일 때, 자료 A와 자료 B의 평균을 차례대로 구하시오.

(단, $a>b$) [7점]

자료 A	$10, 12, a, b, 24$
자료 B	$14, 23, 24, a, b-1$

23

다음 그림은 정혜네 반 학생 25명이 한 달 동안 달리기를 한 거리를 조사하여 나타낸 도수분포다각형인데 일부가 찢어져 보이지 않는다. 달리기를 한 거리가 20 km 이상 25 km 미만인 학생이 25 km 이상 30 km 미만인 학생보다 5명 많을 때, 달리기를 한 거리가 20 km 이상 25 km 미만인 학생 수를 구하시오. [7점]

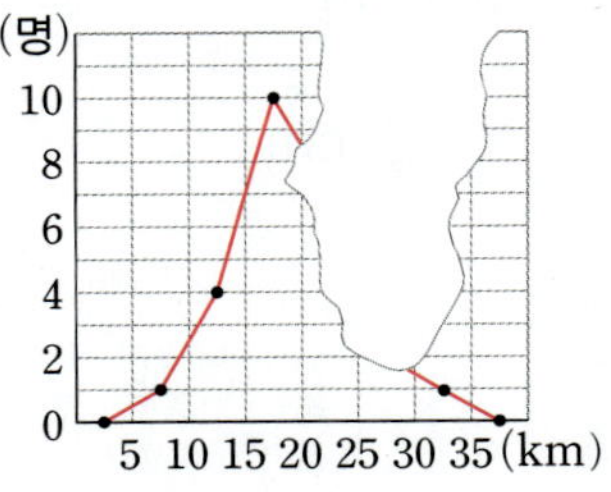

기말고사 대비
실전 모의고사 **3**회 발전

시간 45분 | 점수   점

선택형	18문항 70점	총점
서술형	5문항 30점	100점

01

오른쪽 그림과 같이 원 O의 둘레 위에 한 점 A를 잡고 반지름과 길이가 같은 현 AB를 그었다. 호 AB에 대한 중심각의 크기는? [3점]

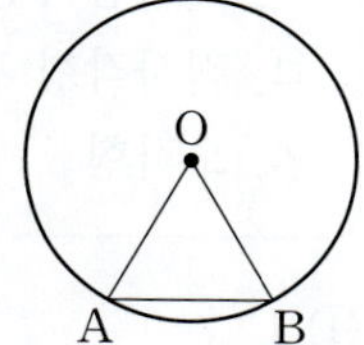

① 48°　　② 50°
③ 56°　　④ 60°
⑤ 62°

02

오른쪽 그림과 같은 원 O에서 $\overarc{AB} : \overarc{BC} : \overarc{CA} = 5 : 4 : 3$일 때, ∠AOB의 크기는? [4점]

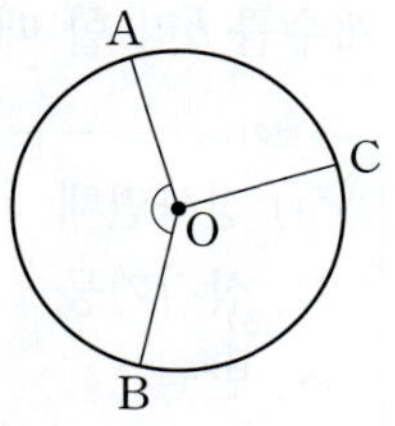

① 130°　　② 135°
③ 140°　　④ 145°
⑤ 150°

03

다음 그림과 같은 원 O에서 지름 AB의 연장선과 현 CD의 연장선의 교점을 P라 하자. $\overline{DO}=\overline{DP}$, ∠P=20°, $\overarc{BD}=5$ cm일 때, $\overarc{AC}$의 길이는? [4점]

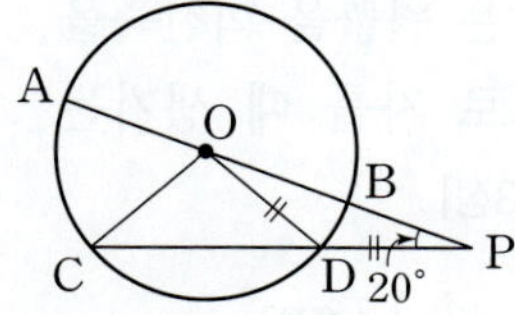

① 12 cm　　② 14 cm　　③ 15 cm
④ 16 cm　　⑤ 18 cm

04

오른쪽 그림과 같은 원 O에서 ∠AOB=60°, ∠COD=30°일 때, 다음 중 옳은 것을 모두 고르면?
（정답 2개） [4점]

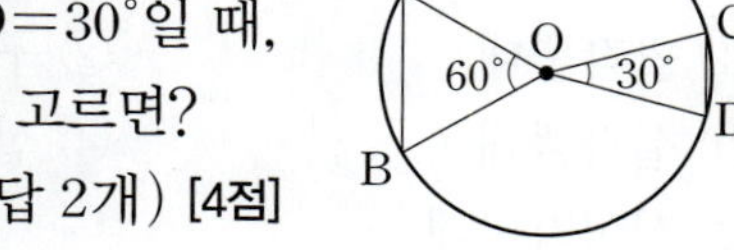

① $\overarc{AB}=2\overarc{CD}$
② $\overline{AB}=2\overline{CD}$
③ (△OAB의 넓이)=2×(△OCD의 넓이)
④ △OAB는 정삼각형이다.
⑤ (부채꼴 OAC의 넓이)=(부채꼴 OBD의 넓이)

05

오른쪽 그림과 같은 반원과 부채꼴에서 색칠한 두 부분의 넓이가 같다. 색칠한 부분의 둘레의 길이가 $(a\pi+b)$ cm일 때, 상수 a, b에 대하여 $a+b$의 값은? [4점]

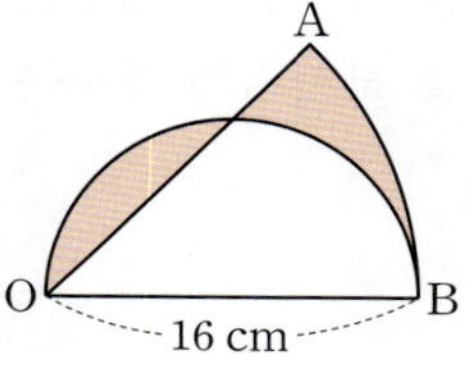

① 24　　② 28　　③ 32
④ 36　　⑤ 64

06

다음 그림과 같이 직사각형 ABCD를 직선 l 위에서 점 B가 점 B'에 오도록 회전시켰다. 이때 점 B가 움직인 거리는? [5점]

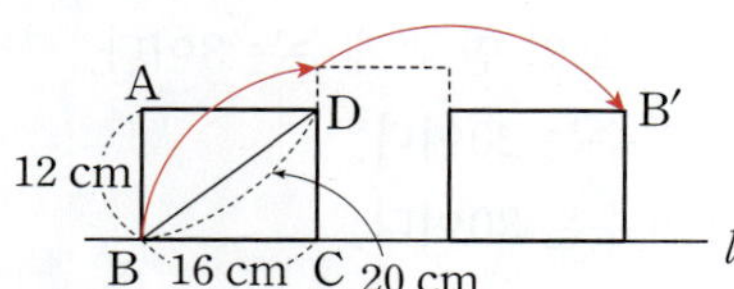

① 16π cm　　② 18π cm　　③ 20π cm
④ 24π cm　　⑤ 28π cm

07

면의 개수와 모서리의 개수의 합이 46인 각뿔대는? [3점]

① 팔각뿔대　　　　　② 구각뿔대
③ 십각뿔대　　　　　④ 십일각뿔대
⑤ 십이각뿔대

08

다음 중 오각뿔에 대한 설명으로 옳지 <u>않은</u> 것은? [3점]

① 육면체이다.
② 밑면의 모양은 오각형이다.
③ 옆면의 모양은 삼각형이다.
④ 꼭짓점의 개수는 6이다.
⑤ 모서리의 개수는 12이다.

09

아래 그림과 같은 전개도로 만든 정다면체에 대한 설명으로 옳은 것을 다음 **보기**에서 모두 고른 것은? [4점]

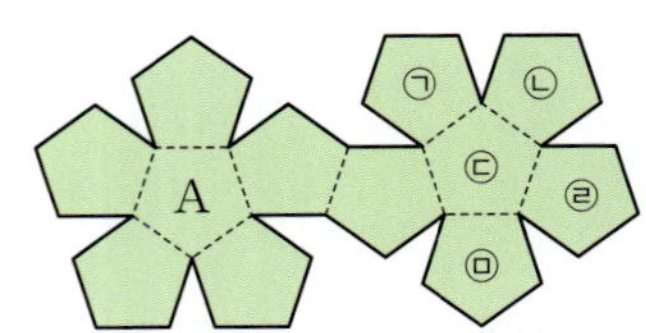

┌─ 보기 ─
ㄱ. 면의 개수는 12이다.
ㄴ. 면 A와 평행인 면은 ㉠이다.
ㄷ. 한 꼭짓점에 모인 면의 개수는 3이다.
ㄹ. 모서리의 개수는 20이다.
ㅁ. 꼭짓점의 개수는 30이다.
└─

① ㄱ, ㄴ　　② ㄱ, ㄷ　　③ ㄱ, ㄷ, ㄹ
④ ㄴ, ㄹ, ㅁ　　⑤ ㄷ, ㄹ, ㅁ

10

다음 **보기**에서 정육면체를 한 평면으로 자를 때 생기는 단면의 모양이 될 수 <u>없는</u> 것의 개수는? [4점]

┌─ 보기 ─
ㄱ. 직각삼각형　　ㄴ. 정삼각형　　ㄷ. 정사각형
ㄹ. 직사각형　　ㅁ. 사다리꼴　　ㅂ. 마름모
ㅅ. 오각형　　ㅇ. 육각형　　ㅈ. 칠각형
└─

① 1　　　　② 2　　　　③ 3
④ 4　　　　⑤ 5

11

다음 **보기**에서 다면체인 것의 개수를 a, 회전체인 것의 개수를 b라 할 때, $a-b$의 값은? [3점]

┌─ 보기 ─
ㄱ. 정사면체　　ㄴ. 팔각뿔　　ㄷ. 원뿔대
ㄹ. 삼각기둥　　ㅁ. 원기둥　　ㅂ. 정육각형
ㅅ. 반원　　ㅇ. 구면체　　ㅈ. 원뿔
ㅊ. 오각뿔대　　ㅋ. 구　　ㅌ. 정십이면체
└─

① 1　　　　② 2　　　　③ 3
④ 4　　　　⑤ 5

12

오른쪽 그림과 같은 원뿔을 회전축을 포함하는 평면으로 자를 때 생기는 단면의 넓이는? [3점]

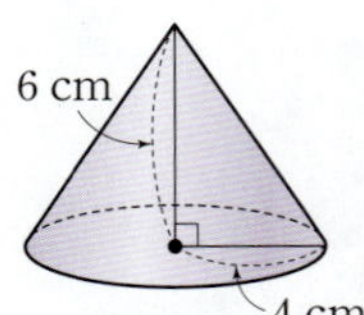

① 6 cm^2　　　② 12 cm^2
③ 18 cm^2　　　④ 24 cm^2
⑤ 30 cm^2

13

오른쪽 그림과 같이 직육면체 가운데에 작은 직육면체 모양의 구멍이 뚫려 있는 입체도형의 겉넓이는? [4점]

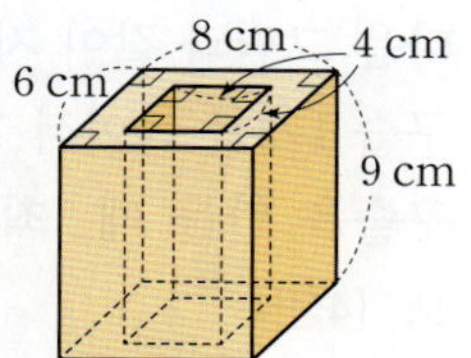

① 380 cm^2 ② 460 cm^2
③ 500 cm^2 ④ 560 cm^2
⑤ 600 cm^2

14

오른쪽 그림은 원기둥을 평면으로 비스듬히 자르고 남은 입체도형이다. 이 입체도형의 부피는?

[4점]

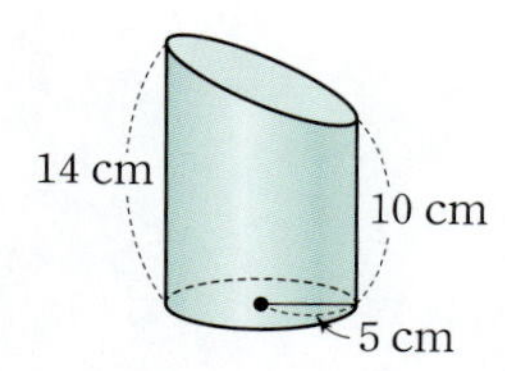

① 175π cm^3 ② 200π cm^3 ③ 300π cm^3
④ 350π cm^3 ⑤ 425π cm^3

15

오른쪽 그림과 같이 원기둥 모양의 통 안에 꼭 맞게 들어갈 수 있는 원뿔과 구가 있다. 다음 중 옳지 <u>않은</u> 것은? [5점]

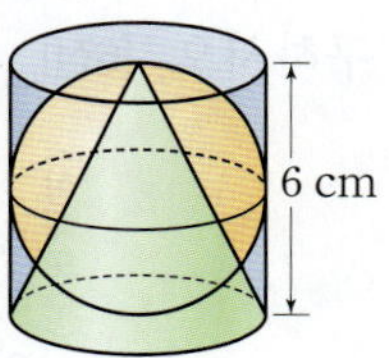

① 원뿔과 구의 부피의 비는 1 : 2이다.

② 구의 부피는 원기둥의 부피의 $\frac{2}{3}$이다.

③ 구의 겉넓이는 원기둥의 겉넓이의 $\frac{2}{3}$이다.

④ 원기둥 모양의 통 안에 물을 가득 채운 후 구를 넣으면 전체의 $\frac{1}{3}$만큼 물이 흘러 넘친다.

⑤ 원기둥 모양의 통 안에 물을 가득 채운 후 원뿔을 넣었다 빼면 남은 물의 양은 36π cm^{3}이다.

16

다음 조건을 모두 만족시키는 자연수 a의 개수는? [4점]

> (개) 10, 15, 20, 25, a의 중앙값은 20이다.
> (내) 9, 39, 45, 49, 53, a의 중앙값은 42이다.

① 17   ② 18   ③ 19
④ 20   ⑤ 21

17

오른쪽은 미나네 반 학생들의 키를 조사하여 나타낸 도수분포표이다. 키가 165 cm 이상 170 cm 미만인 학생이 전체의 15 %일 때, 키가 155 cm 미만인 학생 수는? [4점]

키(cm)	학생 수(명)
140^{이상} ~ 145^{미만}	4
145 ~ 150	
150 ~ 155	10
155 ~ 160	7
160 ~ 165	8
165 ~ 170	
합계	40

① 16   ② 18   ③ 19
④ 20   ⑤ 22

18

오른쪽은 어느 반 학생들의 턱걸이 횟수를 조사하여 나타낸 상대도수의 분포표이다. 상대도수가 가장 작은 계급의 도수가 4명일 때, 다음 중 옳은 것을 모두 고르면? (정답 2개) [5점]

턱걸이 횟수(회)	상대도수
0^{이상} ~ 2^{미만}	
2 ~ 4	0.2
4 ~ 6	0.15
6 ~ 8	0.3
8 ~ 10	0.25
합계	1

① 턱걸이 횟수가 2회 미만인 학생은 전체의 10 %이다.
② 전체 학생 수는 25이다.
③ 턱걸이 횟수가 6회 미만인 학생 수는 12이다.
④ 턱걸이 횟수가 6회 이상 8회 미만인 학생 수는 턱걸이 횟수가 4회 이상 6회 미만인 학생 수의 5배이다.
⑤ 턱걸이 횟수가 20번째로 많은 학생이 속하는 계급의 상대도수는 0.3이다.

19

오른쪽 그림과 같이 원 O의 중심에 한 꼭짓점이 놓이도록 정사각형과 정삼각형 모양의 종이를 각각 한 장씩 덮었다. 종이에 가려진 호의 길이의 합이 25 cm일 때, 원 O의 둘레의 길이를 구하시오. [6점]

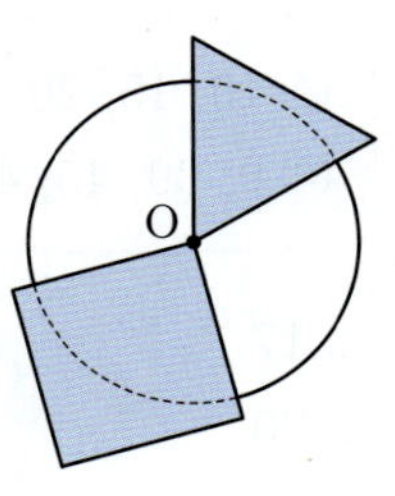

20

오른쪽 그림과 같이 반지름의 길이가 2 cm인 원 O를 직선 l을 회전축으로 하여 1회전 시켰다. 이때 생기는 회전체를 회전축에 수직인 평면으로 자른 단면 중 가장 큰 단면의 넓이를 구하시오. [7점]

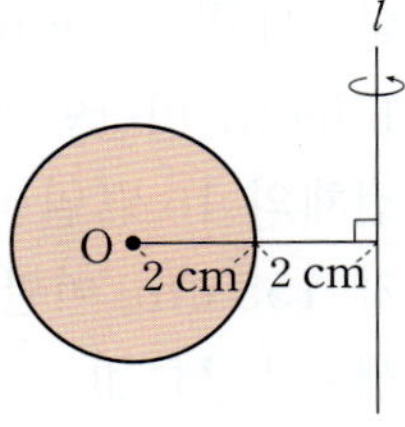

21

어느 음료수 가게에서 다음 그림과 같이 원뿔 모양의 컵 A, 원기둥 모양의 컵 B, 원뿔과 원기둥이 합쳐진 모양의 컵 C에 음료수를 가득 담아서 판매하고 있다. 같은 음료수를 구매할 때 A, B, C의 가격이 같다면, 경제적인 구매의 순서대로 A, B, C를 나열하시오. (단, 컵의 두께와 받침 부분은 생각하지 않으며, 같은 가격에 양이 많을수록 경제적인 구매로 생각한다.) [7점]

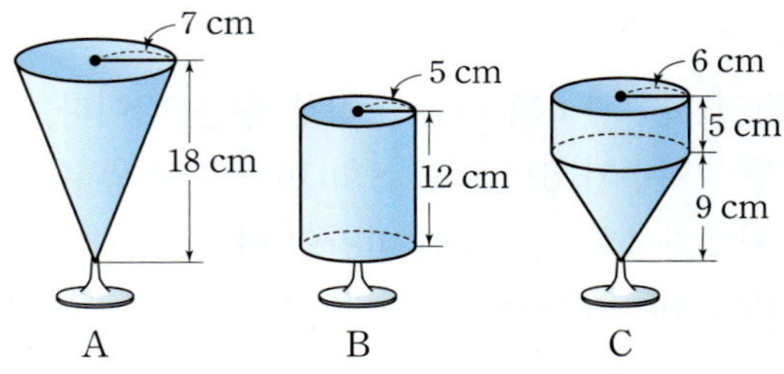

22

다음 그림과 같이 지름의 길이가 18 cm인 구 모양의 쇠구슬 1개를 녹여서 지름의 길이가 6 cm인 구 모양의 쇠구슬을 만들 때, 최대 몇 개를 만들 수 있는지 구하시오. [4점]

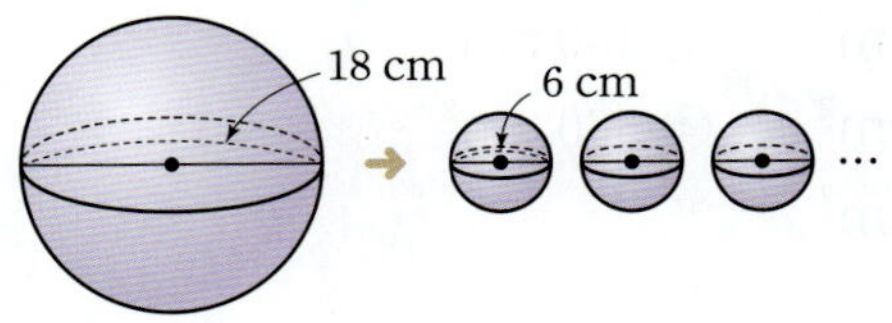

23

다음은 어느 중학교 1학년 학생 450명의 수학 성적에 대한 상대도수의 분포를 나타낸 그래프인데 일부가 찢어져 보이지 않는다. 수학 성적이 80점 이상인 학생이 전체의 24 %일 때, 70점 이상 80점 미만인 학생 수를 구하시오. [6점]

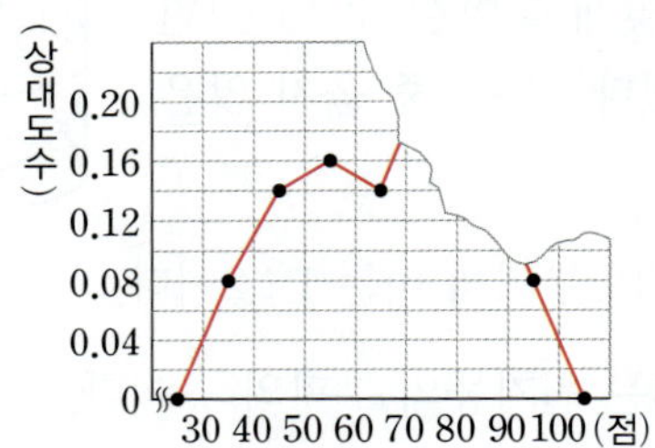

틀린 문제를 다시 한 번 풀어 보고 실력을 완성해 보세요.

단원명	주요 개념	처음 푼 날	복습한 날

문제

풀이

개념

왜 틀렸을까?

☐ 문제를 잘못 이해해서

☐ 계산 방법을 몰라서

☐ 계산 실수

☐ 기타:

틀린 문제를 다시 한 번 풀어 보고 실력을 완성해 보세요.

단원명	주요 개념	처음 푼 날	복습한 날

문제	풀이

개념	왜 틀렸을까?
	☐ 문제를 잘못 이해해서 ☐ 계산 방법을 몰라서 ☐ 계산 실수 ☐ 기타:

아래는 연습용 OMR 카드입니다. 학교마다 OMR 카드는 다를 수 있습니다.

OMR 카드 서식은 동아출판 홈페이지(www.bookdonga.com)에서 다운 받을 수 있습니다.

선 아래 부분은 절대 칠하지 말것.

선 아래 부분은 절대 칠하지 말것.

특급기출

정답 및 풀이

중학 수학 1·2

V. 기본 도형과 작도

1 기본 도형

개념 Check
8쪽~9쪽

1 (1) × (2) × (3) ○
2 (1) 5 (2) 8
3 (1) $\overline{AC}$ (2) $\overrightarrow{AB}$ (3) $\overrightarrow{BC}$ (4) $\overrightarrow{CB}$
4 (1) $\dfrac{1}{2}$, 6 (2) $\dfrac{1}{2}$, $\dfrac{1}{4}$, 3
5 (1) 7°, 21° (2) 90° (3) 145°, 152° (4) 180°
6 (1) 50° (2) 75°
7 (1) $\angle x=40°$, $\angle y=140°$ (2) $\angle x=30°$, $\angle y=60°$
8 (1) $\overline{AB}$ (2) 점 B (3) 3 cm (4) 7 cm

기출 유형
10쪽~14쪽

01 ④, ⑤　**02** 10　**03** ①　**04** ④
05 ⑤　**06** ④　**07** ⑤　**08** ④
09 4, 10　**10** 30　**11** 11　**12** ①, ③
13 ㄱ, ㄴ, ㄷ　**14** 9　**15** 12 cm　**16** 20 cm
17 54 cm　**18** 16 cm　**19** 450 m　**20** 40°
21 45°　**22** ①　**23** 67°　**24** ③
25 140°　**26** 60°　**27** 95°　**28** ④
29 22°　**30** 40°　**31** 108°　**32** 6쌍
33 ④　**34** 20쌍　**35** ㄱ, ㄴ, ㄷ　**36** ⑤
37 $x=12$, $y=10$　**38** $\dfrac{60}{13}$ cm

서술형
15쪽~16쪽

01 27 cm
풀이 답 $\dfrac{3}{4}$, $\dfrac{3}{4}$, 36
　　　　36, 18
　　　　18, 9
　　　　27
01-1 15 cm
02 80°
풀이 답 $5\angle x-20°$, 20°
　　　　20°, 100°
　　　　80°
02-1 125°
03 12　**04** 26
05 1 : 8　**06** 100°
07 40°　**08** 10

실전 중단원 학교 시험 1회 기본
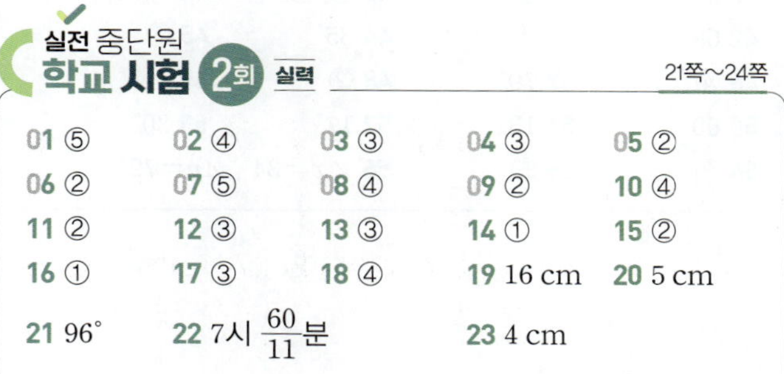
17쪽~20쪽

01 ①　**02** ③　**03** ②　**04** ②, ④　**05** ②
06 ④　**07** ⑤　**08** ②　**09** ②　**10** ③
11 ④　**12** ②　**13** ②　**14** ③　**15** ④
16 ④　**17** ③　**18** ⑤　**19** 29　**20** 2 cm
21 120°　**22** 70°　**23** 36 cm²

실전 중단원 학교 시험 2회 실력
21쪽~24쪽

01 ⑤　**02** ④　**03** ③　**04** ③　**05** ②
06 ②　**07** ⑤　**08** ④　**09** ②　**10** ④
11 ②　**12** ③　**13** ③　**14** ①　**15** ②
16 ①　**17** ③　**18** ④　**19** 16 cm　**20** 5 cm
21 96°　**22** 7시 $\dfrac{60}{11}$분　**23** 4 cm

교과서 속 특이 문제
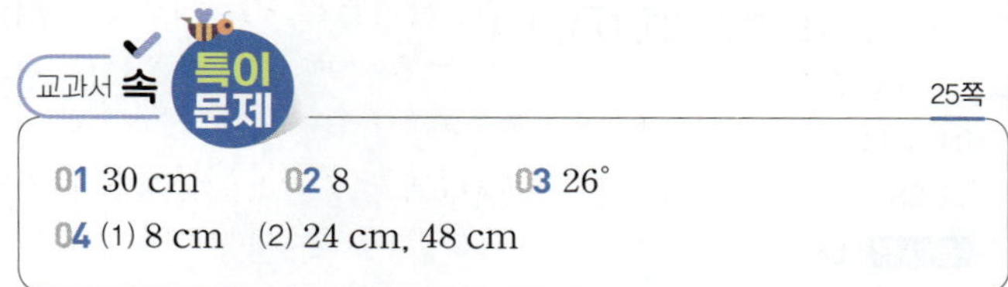
25쪽

01 30 cm　**02** 8　**03** 26°
04 (1) 8 cm (2) 24 cm, 48 cm

2 위치 관계와 평행선의 성질

개념 Check
28쪽~29쪽

1 (1) 점 B, 점 D (2) 점 A, 점 C, 점 E
2 (1) $\overline{AB}$, $\overline{DC}$ (2) $\overline{BC}$
3 (1) ○ (2) ○ (3) ×
4 (1) $\overline{AE}$, $\overline{BF}$, $\overline{CG}$, $\overline{DH}$ (2) 면 ABFE, 면 BFGC
　(3) 면 BFGC, 면 EFGH
5 (1) 면 ABFE, 면 BFGC, 면 CGHD, 면 AEHD
　(2) 면 ABFE
　(3) 면 ABCD, 면 ABFE, 면 EFGH, 면 CGHD
6 (1) $\angle e$ (2) $\angle d$ (3) $\angle h$ (4) $\angle c$
7 $\angle a=30°$, $\angle b=30°$, $\angle c=150°$
8 (1) × (2) ○

기출 유형

01 ④	02 ㄱ, ㄴ, ㄹ	03 ④	04 5
05 ④, ⑤	06 6	07 ⑤	08 1
09 4	10 ③	11 ⑤	12 ③
13 9	14 ㄱ, ㄷ	15 ③	16 2
17 ④	18 9	19 면 ABCD, 면 EFGH	
20 3	21 ②	22 ③	23 ②
24 4	25 ④	26 ①	27 5, 4, 6
28 ⑤	29 ㄱ, ㄹ	30 ④	31 ④
32 ⑤	33 ㄴ, ㄷ	34 200°	
35 $\angle b$, $\angle d$, $\angle f$		36 157°	37 25°
38 35°	39 ⑤	40 ④, ⑤	41 $l /\!/ n$, $p /\!/ q$
42 68°	43 ①	44 35°	45 ⑤
46 ④	47 79°	48 ②	49 114°
50 60°	51 132°	52 17°	53 30°
54 ③	55 ⑤	56 $\angle x=34°$, $\angle y=72°$	

서술형

01 2
풀이 답 $\overline{OC}$, $\overline{OD}$, $\overline{CG}$, $\overline{DH}$, $\overline{EH}$, $\overline{FG}$, 6, 6
　　　$\overline{AB}$, $\overline{BC}$, $\overline{CD}$, $\overline{DA}$, 4, 4
　　　2

01-1 11
02 28°
풀이 답 88°, 92°
　　　88°, 120°
　　　28°

02-1 35°
03 10　　　　04 12
05 84°　　　　06 80°
07 65°　　　　08 68°

실전 중단원 학교 시험 1회 기본

01 ④	02 ②	03 ④	04 ③, ⑤	05 ④
06 ③	07 ⑤	08 ③	09 ③	10 ⑤
11 ④	12 ③	13 ④	14 ②	15 ②
16 ②	17 ⑤	18 ③	19 13	20 9
21 (1) 1　(2) 4		22 124°	23 60°	

실전 중단원 학교 시험 2회 실력

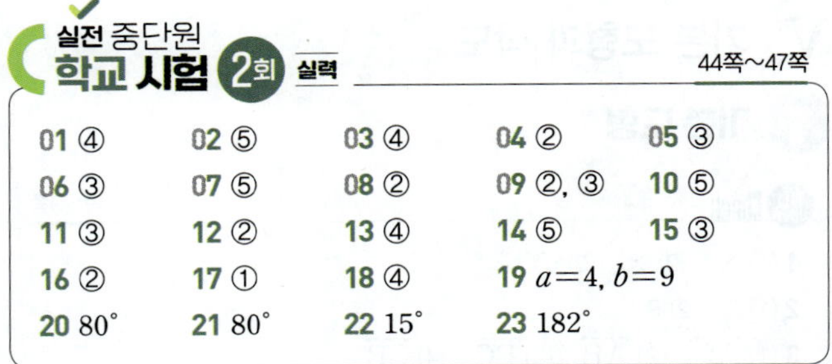

01 ④	02 ⑤	03 ④	04 ②	05 ③
06 ③	07 ⑤	08 ②	09 ②, ③	10 ⑤
11 ③	12 ③	13 ④	14 ⑤	15 ③
16 ②	17 ①	18 ④	19 $a=4$, $b=9$	
20 80°	21 80°	22 15°	23 182°	

교과서 속 특이 문제

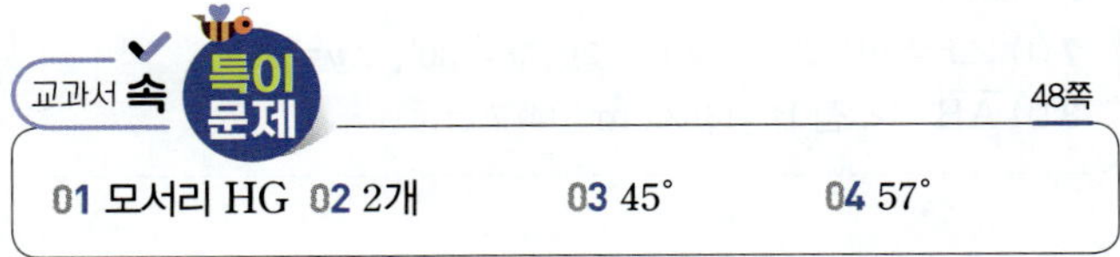

01 모서리 HG	02 2개	03 45°	04 57°

③ 작도와 합동

개념 Check

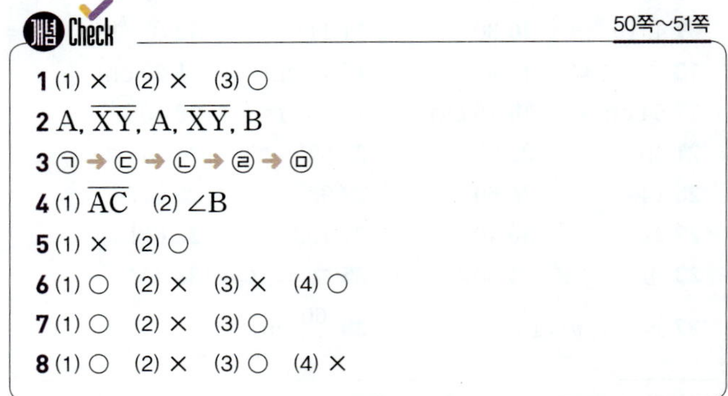

1 (1) × 　(2) × 　(3) ○
2 A, $\overline{XY}$, A, $\overline{XY}$, B
3 ㉠ → ㉢ → ㉡ → ㉣ → ㉤
4 (1) $\overline{AC}$ 　(2) ∠B
5 (1) × 　(2) ○
6 (1) ○ 　(2) × 　(3) × 　(4) ○
7 (1) ○ 　(2) × 　(3) ○
8 (1) ○ 　(2) × 　(3) ○ 　(4) ×

기출 유형

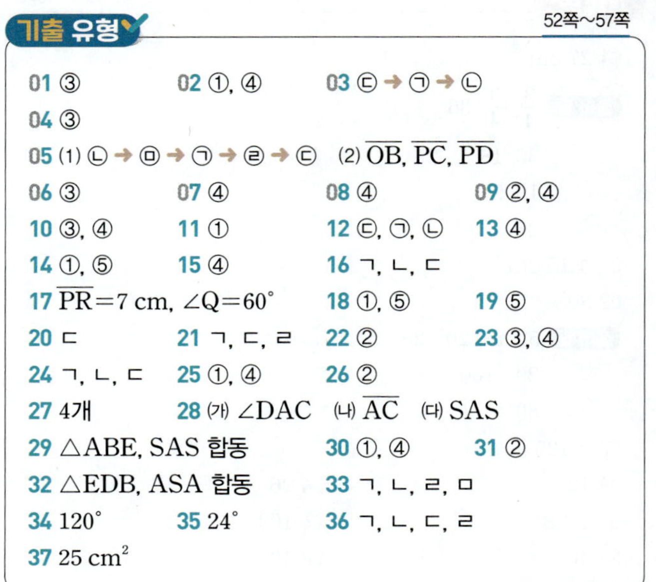

01 ③	02 ①, ④	03 ㉢ → ㉠ → ㉡	
04 ③			
05 (1) ㉡ → ㉤ → ㉠ → ㉣ → ㉢		(2) $\overline{OB}$, $\overline{PC}$, $\overline{PD}$	
06 ③	07 ④	08 ④	09 ②, ④
10 ③, ④	11 ①	12 ㉢, ㉠, ㉡	13 ④
14 ①, ⑤	15 ④	16 ㄱ, ㄴ, ㄷ	
17 $\overline{PR}=7$ cm, ∠Q=60°		18 ①, ⑤	19 ⑤
20 ㄷ	21 ㄱ, ㄷ, ㄹ	22 ②	23 ③, ④
24 ㄱ, ㄴ, ㄷ	25 ①, ④	26 ②	
27 4개	28 (개) ∠DAC 　(나) $\overline{AC}$ 　(대) SAS		
29 △ABE, SAS 합동		30 ①, ④	31 ②
32 △EDB, ASA 합동		33 ㄱ, ㄴ, ㄹ, ㅁ	
34 120°	35 24°	36 ㄱ, ㄴ, ㄷ, ㄹ	
37 25 cm²			

서술형 58쪽~59쪽

01 2
[풀이 답] 10, 9, 8, 7, 6
　　　　4, 7, 5, 6, 2
01-1 3
02 56 cm²
[풀이 답] $\overline{EM}$, EMC, MEC, ASA
　　　　AMD, ABCD, 56
02-1 42 cm²
03 70°　　　　**04** 3개
05 16 m, SAS 합동　　**06** 64 cm²
07 101°　　　　**08** 57°

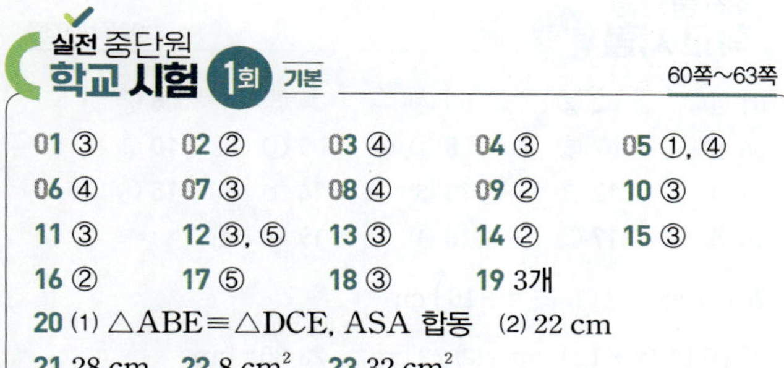

실전 중단원 학교 시험 1회 기본 60쪽~63쪽

01 ③　**02** ②　**03** ④　**04** ③　**05** ①, ④
06 ④　**07** ③　**08** ④　**09** ②　**10** ③
11 ③　**12** ③, ⑤　**13** ③　**14** ②　**15** ③
16 ②　**17** ⑤　**18** ③　**19** 3개
20 (1) △ABE≡△DCE, ASA 합동　(2) 22 cm
21 28 cm　**22** 8 cm²　**23** 32 cm²

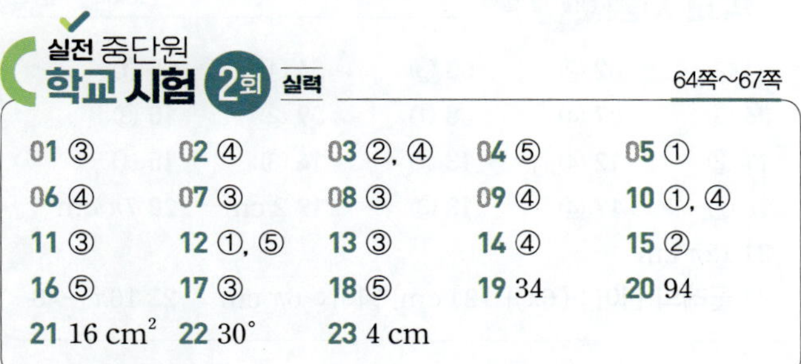

실전 중단원 학교 시험 2회 실력 64쪽~67쪽

01 ③　**02** ④　**03** ②, ④　**04** ⑤　**05** ①
06 ④　**07** ③　**08** ③　**09** ④　**10** ①, ④
11 ③　**12** ①, ⑤　**13** ③　**14** ④　**15** ②
16 ⑤　**17** ④　**18** ⑤　**19** 34　**20** 94
21 16 cm²　**22** 30°　**23** 4 cm

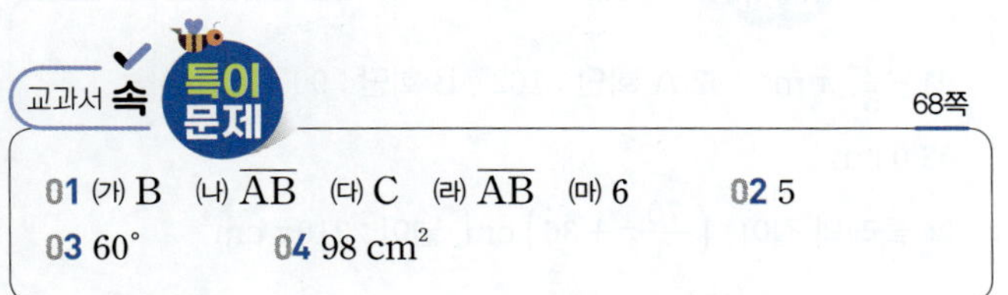

교과서 속 특이 문제 68쪽

01 (가) B　(나) $\overline{AB}$　(다) C　(라) $\overline{AB}$　(마) 6　**02** 5
03 60°　　　**04** 98 cm²

Ⅵ. 평면도형의 성질

1 다각형

개념 Check 70쪽

1 (1) ○　(2) ×　(3) ○　(4) ×
2 (1) 7　(2) 35
3 (1) 75°　(2) 60°
4 (1) 540°, 360°　(2) 1080°, 360°
5 (1) 120°, 60°　(2) 140°, 40°

기출 유형 71쪽~77쪽

01 ㄱ, ㅁ　**02** ⑤　**03** ⑤　**04** 68°
05 ②, ⑤　**06** 8　**07** 십이각형　**08** ②
09 ③　**10** 15번　**11** ②　**12** 8
13 46°　**14** ①　**15** 70°　**16** ③
17 11°　**18** ②　**19** 101°　**20** 110°
21 ②　**22** ④　**23** 137°　**24** 78°
25 60°　**26** 120°　**27** ②　**28** 99°
29 9　**30** 1080°　**31** 정칠각형　**32** 90°
33 ③　**34** ④　**35** ②　**36** ①
37 60°　**38** 474°　**39** 273°　**40** 270°
41 ②　**42** 36°　**43** ③, ⑤　**44** ④
45 ③　**46** 27　**47** ②　**48** 60°
49 ③　**50** 27°　**51** ④　**52** ⑤
53 120°

서술형 78쪽~79쪽

01 24°
[풀이 답] 141°, 39°
　　　　39°, 78°, 78°, 24°
01-1 68°
02 35
[풀이 답] 1, 36°, 36°, 10, 정십각형
　　　　십, 10, 10, 35
02-1 20
03 4　　　　　**04** 92°
05 1086　　　**06** 108°
07 14　　　　**08** 318°

실전 중단원 학교 시험 1회 기본 80쪽~83쪽

01 ③　**02** ④　**03** ⑤　**04** ②　**05** ④
06 ③　**07** ④　**08** ②　**09** ③　**10** ①
11 ④　**12** ②　**13** ④　**14** ④　**15** ①
16 ④　**17** ④　**18** ③　**19** 21°　**20** 137°
21 이십일각형　**22** 5　**23** 105°

실전 중단원 학교 시험 2회 실력
84쪽~87쪽

01 ②	02 ②	03 ③	04 ④	05 ④
06 ⑤	07 ②	08 ②	09 ④	10 ②
11 ④	12 ③	13 ③	14 ①	15 ⑤
16 ②, ④	17 ③	18 ④	19 (1) 170번 (2) 190번	
20 72°	21 50°	22 8	23 9	

교과서 속 특이 문제
88쪽

01 120°	02 28개	03 360°	04 36°

2 원과 부채꼴

개념 Check
90쪽

1 (1) $\overparen{AB}$ (2) $\overline{AC}$ (3) $\angle COD$

2 (1) ○ (2) ○ (3) ×

3 (1) 10π cm, 25π cm² (2) 16π cm, 64π cm²

4 (1) $\dfrac{4}{3}\pi$ cm, $\dfrac{16}{3}\pi$ cm² (2) $\dfrac{26}{3}\pi$ cm, 26π cm²

5 4π cm²

기출 유형
91쪽~97쪽

01 ④	02 ②, ④	03 180°	04 60°
05 ③	06 2	07 144°	08 18°
09 ④	10 6 cm	11 45 cm	12 3 cm
13 15 cm	14 3 cm	15 18 cm	16 25°
17 91π cm²	18 ⑤	19 120°	20 70°
21 240°	22 22 cm	23 ②, ⑤	24 ⑤
25 ㄱ, ㄹ	26 ③	27 12π cm	28 6π cm²
29 90π cm²	30 둘레의 길이 : 24π cm, 넓이 : 48π cm²		
31 4π cm	32 ④	33 12π cm²	34 162π cm²
35 ④	36 6 cm	37 3 : 5	38 ①
39 12π cm	40 $(15\pi+50)$ cm		41 12π cm
42 $(50\pi-100)$ cm²	43 π cm		44 32π cm²
45 24 cm²	46 ⑤	47 $\dfrac{11}{6}\pi$ cm	48 ②
49 $\left(9-\dfrac{9}{8}\pi\right)$ cm²	50 98 cm²		51 ②
52 $(16\pi+144)$ cm²	53 $(36\pi+216)$ cm²		
54 12π cm	55 4π cm		

서술형
98쪽~99쪽

01 12 cm

풀이 답 45°, 45°, 90°

∠AOB, 90°, 2, 12

01-1 21 cm

02 둘레의 길이 : $(4\pi+4)$ cm, 넓이 : 2π cm²

풀이 답 $\overparen{BD}$, 2, 4, 4, $4\pi+4$

BAD, 반원, 90, 2^2, 2π

02-1 둘레의 길이 : $(16\pi+16)$ cm, 넓이 : 32π cm²

03 88°	04 3
05 108°	06 $(20\pi+24)$ cm
07 $\left(9+\dfrac{9}{4}\pi\right)$ cm²	08 9π cm

실전 중단원 학교 시험 1회 기본
100쪽~103쪽

01 ④	02 ②	03 ④	04 ⑤	05 ②
06 ⑤	07 ③	08 ①, ④	09 ①	10 ②
11 ④	12 ③	13 ⑤	14 ①	15 ①
16 ⑤	17 ②	18 ④	19 10 cm	
20 45 cm²	21 $\left(\dfrac{16}{3}\pi+16\right)$ cm			
22 (1) $(12\pi+12)$ cm (2) 72 cm²			23 30π cm²	

실전 중단원 학교 시험 2회 실력
104쪽~107쪽

01 ②	02 ②	03 ③	04 ④	05 ①
06 ③	07 ④	08 ①	09 ②	10 ③
11 ②	12 ④	13 ②	14 ③	15 ①
16 ②	17 ④	18 ③	19 2 cm	20 7π cm²
21 12π cm²				
22 둘레의 길이 : $(6\pi+12)$ cm, 넓이 : 6π cm²			23 $16\pi-48$	

교과서 속 특이 문제

108쪽

01 $\dfrac{134}{5}\pi$ m²   02 A 화단 : 162°, B 화단 : 90°

03 0 cm

04 둘레의 길이 : $\left(\dfrac{70}{3}\pi+36\right)$ cm, 넓이 : 210π cm²

VII. 입체도형의 성질

1 다면체와 회전체

개념 Check

110쪽~111쪽

1 (1) 육면체 (2) 사면체
2 (1) 사각형, 사각뿔대 (2) 오각형, 오각뿔대
3 (1) 직사각형 (2) 8 (3) 18 (4) 12
4 (1) × (2) ○ (3) ×
5 원뿔, 구, 원기둥, 원뿔대
6 (1) 원뿔 (2) 원뿔대
7 (1) × (2) × (3) × (4) ○
8 $a=8$, $b=2$, $c=4\pi$

기출 유형

112쪽~119쪽

01 ㄹ, ㅂ　　**02** 칠면체　　**03** ㄷ, ㄹ　　**04** ④
05 ④　　**06** 27　　**07** 8　　**08** 십일각기둥
09 ②　　**10** ①, ⑤　　**11** ③　　**12** ㄴ, ㄹ
13 ②　　**14** ①, ④　　**15** 오각뿔대　　**16** 칠각뿔
17 16　　**18** 30　　**19** ②　　**20** 정이십면체
21 357　　**22** ④　　**23** 6
24 정다면체가 아니다. / 각 꼭짓점에 모인 면의 개수가 3 또는 4로 같지 않기 때문이다.
25 ①　　**26** 38　　**27** ④　　**28** ㅁ
29 26　　**30** ⑤　　**31** ⑤　　**32** $\overline{CF}$
33 ④　　**34** ④　　**35** 5개　　**36** ①
37 60°　　**38** ③　　**39** ㄱ, ㄴ, ㄹ, ㅈ
40 ⑤　　**41** ③　　**42** ①, ②　　**43** ③
44 ⑤　　**45** 반구　　**46** ④　　**47** ②
48 32 cm²　　**49** 60 cm　　**50** 12π cm　　**51** 32π cm²
52 $\dfrac{144}{25}\pi$ cm²　　**53** $\dfrac{7}{2}\pi-6$　　**54** ③　　**55** 24π
56 21 cm　　**57** $\dfrac{5}{2}$ cm　　**58** ④　　**59** ㄷ, ㄹ
60 ②

서술형

120쪽~121쪽

01 29
풀이 답　$3n$, $3n$, 9, 구각기둥
　　　9, 18, 18, 9, 11, 11
　　　18, 11, 29
01-1 5
02 50 cm²
풀이 답

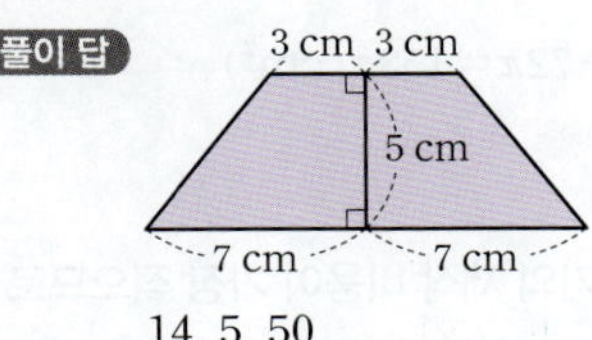

　　　14, 5, 50
02-1 20 cm²

---

03 7　　　　　　**04** 20
05 $a=6$, $b=3$
06 마름모 / 세 점 D, F, M을 지나는 평면은 $\overline{AE}$의 중점 N을 지난다. 이때 △ADN, △EFN, △CDM, △GFM이 모두 SAS 합동이므로 $\overline{DN}=\overline{FN}=\overline{DM}=\overline{FM}$
따라서 사각형 DNFM은 네 변의 길이가 같은 사각형이므로 마름모이다.
07 $\dfrac{3}{14}\pi$　　　　**08** 12

실전 중단원 학교 시험 1회 기본

122쪽~125쪽

01 ②　　**02** ②, ⑤　　**03** ②　　**04** ②　　**05** ①
06 ⑤　　**07** ③　　**08** ④　　**09** ①　　**10** ④
11 ④　　**12** ②, ④　　**13** ④　　**14** ④　　**15** ⑤
16 ②　　**17** ④　　**18** ③　　**19** 구면체　　**20** 18
21 32π cm²　**22** 84π cm²　　　　**23** $(144\pi-288)$ cm²

실전 중단원 학교 시험 2회 실력

126쪽~129쪽

01 ②　　**02** ③　　**03** ④　　**04** ④　　**05** ④
06 ①　　**07** ③　　**08** ②　　**09** ⑤　　**10** ①
11 ①, ⑤　　**12** ③　　**13** ④　　**14** ①　　**15** ①
16 ③　　**17** ⑤　　**18** ③　　**19** 54　　**20** 팔각기둥
21 정사면체, 6　　　　**22** π cm²　　**23** $(26\pi+14)$ cm

교과서 속 특이 문제

130쪽

01 면의 개수 : 10, 모서리의 개수 : 20, 꼭짓점의 개수 : 12
02
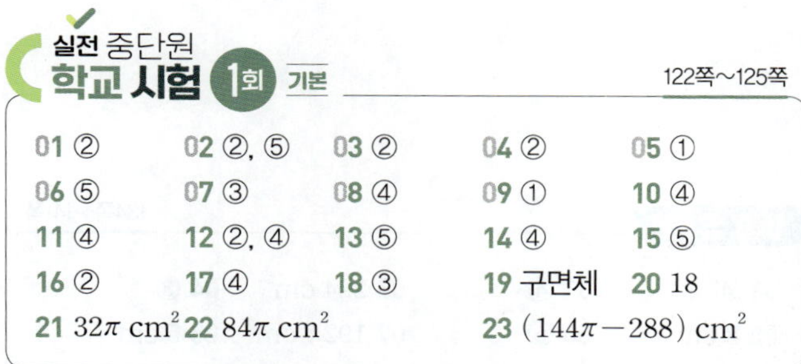
／ 이 입체도형은 모든 면이 합동이지만 각 꼭짓점에 모인 면의 개수가 4 또는 5로 같지 않기 때문에 정다면체가 아니다.

03
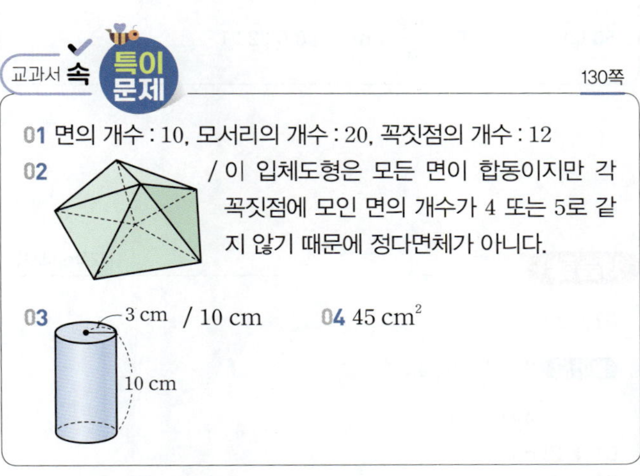

／ 10 cm　　**04** 45 cm²

2 입체도형의 겉넓이와 부피

개념 Check
132쪽~133쪽

1 (1) $a=4$, $b=14$, $c=6$　(2) 12 cm^2　(3) 84 cm^2　(4) 108 cm^2

2 (1) 288 cm^2, 240 cm^3　(2) 80π cm^2, 96π cm^3

3 (1) $a=5$, $b=2$, $c=4\pi$　(2) 4π cm^2　(3) 10π cm^2
　(4) 14π cm^2

4 (1) 360 cm^2, 400 cm^3　(2) 24π cm^2, 12π cm^3

5 $\dfrac{112}{3}\pi$ cm^3

6 (1) 100π cm^2, $\dfrac{500}{3}\pi$ cm^3　(2) 64π cm^2, $\dfrac{256}{3}\pi$ cm^3

7 27π cm^2, 18π cm^3

기출 유형
134쪽~141쪽

01 ④　**02** ④　**03** 224 cm^2　**04** ③

05 8 cm　**06** ⑤　**07** 192π cm^3　**08** 5 cm

09 ②　**10** 36π cm^2　**11** ③　**12** ①

13 ②　**14** 168π cm^3　**15** 960

16 (192π+102) cm^2　**17** ⑤　**18** ④

19 66 cm^3　**20** (66π+56) cm^2　**21** ②

22 ①　**23** 75π cm^3　**24** 72 cm^2　**25** ③

26 11 cm　**27** ②　**28** ②　**29** 6 cm

30 C, B, A　**31** $\dfrac{64}{3}$ cm^3　**32** ⑤　**33** ②

34 ④　**35** 402π cm^3　**36** ②　**37** $\dfrac{125}{3}$ cm^3

38 506 cm^3　**39** 120 cm^3　**40** ④　**41** ①

42 ⑤　**43** 104π cm^3　**44** 68π cm^2　**45** $\dfrac{84}{5}\pi$ cm^2

46 ②　**47** 32π cm^2　**48** ⑤　**49** 288π cm^3

50 ②　**51** $\dfrac{224}{3}\pi$ cm^3　**52** 8개　**53** 147π cm^2

54 $\dfrac{224}{3}\pi$ cm^3　**55** 48π cm^3　**56** ③　**57** 3

58 ②　**59** $\dfrac{256}{3}$ cm^3　**60** 6 : 2 : 1

서술형
142쪽~143쪽

01 6 cm

풀이 답 $3r$, $\dfrac{1}{3}$, $3r$, $4\pi r^3$
　　　　$4\pi r^3$, 3, 6

01-1 12 cm

02 10

풀이 답 8, 960, $\dfrac{1}{3}$, 8, 160, 160, 800
　　　　8, $80x$
　　　　$80x$, 10

02-1 3

03 180π cm^2　　　　**04** 147 cm^3

05 120 cm^2　　　　**06** 2 : 3

07 124π cm^2　　　　**08** $\left(8-\dfrac{4}{3}\pi\right)$ cm

실전 중단원 학교 시험 1회 기본
144쪽~147쪽

01 ⑤　**02** ⑤　**03** ④　**04** ④　**05** ③

06 ②　**07** ②　**08** ③　**09** ②　**10** ③

11 ①　**12** ②　**13** ⑤　**14** ⑤　**15** ③

16 ④　**17** ①　**18** ③　**19** 550π cm^2

20 36 cm^3　**21** 76π cm^3　**22** 432π cm^3　**23** 0

실전 중단원 학교 시험 2회 실력
148쪽~151쪽

01 ③　**02** ②　**03** ⑤　**04** ②　**05** ②

06 ④　**07** ④　**08** ⑤　**09** ④　**10** ④

11 ③　**12** ④　**13** ①　**14** ④　**15** ③

16 ③　**17** ⑤　**18** ④　**19** 256 cm^3

20 125π cm^2　　　　**21** (32π-64) cm^3

22 $\dfrac{32}{3}\pi$ cm^3　　　　**23** 36π cm^3

교과서 속 특이 문제
152쪽

01 1200π cm^2　　　　**02** 3개

03 $\left(40\pi+\dfrac{80}{3}\right)$ cm^3

04 (A 용기의 부피)$=(\pi\times9^2)\times4=324\pi$(cm^3)
　　(B 용기의 부피)$=(\pi\times11^2)\times3=363\pi$(cm^3)
　　(C 용기의 부피)$=\dfrac{1}{3}\times(\pi\times9^2)\times12=324\pi$(cm^3)

즉, A 용기와 C 용기의 부피가 같다.
A 용기의 겉넓이는
$\pi\times9^2+2\pi\times9\times4=81\pi+72\pi=153\pi$(cm^2)
C 용기의 겉넓이는
$\pi\times9\times15=135\pi$(cm^2)
따라서 겉넓이가 작은 C 용기의 제작 비용이 가장 적으므로
사탕 가게에서 사용할 용기는 C이다.

VIII. 자료의 정리와 해석

1 자료의 정리와 해석

1 8
2 (1) 7　(2) 13
3 (1) 6　(2) 2, 3
4 (1) 0, 4, 5　(2) 0
5 (1) 3　(2) 10분　(3) 0분 이상 10분 미만
6 (1) 5　(2) 15분　(3) 23명
7 (1) 6　(2) 1시간　(3) 1명
8 0.08, 0.12, 0.32, 0.48,

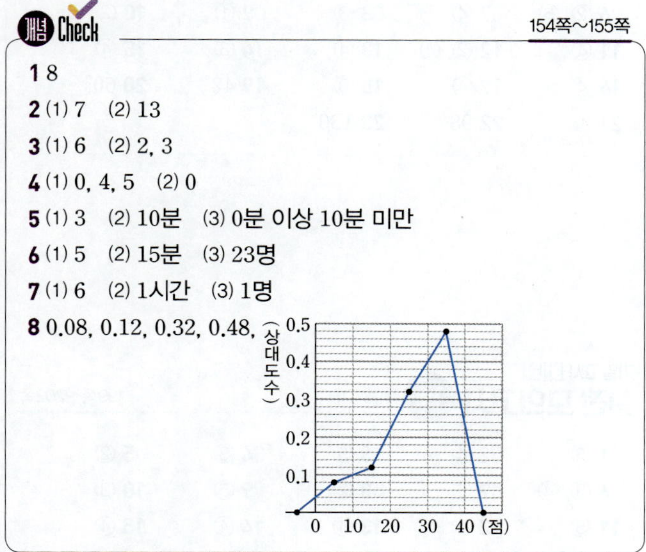

01 ③	**02** ③	**03** ④	**04** ③, ④
05 21	**06** ⑤	**07** ⑤	**08** ④
09 1일, 2일	**10** 7	**11** 8	**12** ③
13 20 %	**14** 2회	**15** ㄱ, ㄷ, ㄹ	**16** 12
17 40 %	**18** ④	**19** 42	
20 (1) 9명　(2) 32 %		**21** 6배	
22 (1) 10분　(2) 21　(3) 210		**23** ①	**24** 30점
25 ③	**26** ③	**27** 4명	**28** 21명
29 ③	**30** ㄱ, ㄴ	**31** 361	**32** 20명
33 0.2	**34** 0.25	**35** 0.34	**36** 0.5
37 ②	**38** 60명		
39 $A=0.3$, $B=360$, $C=1$, 108명			**40** 120명
41 0.3	**42** 14명	**43** ②, ④	**44** 2개
45 ㄱ, ㄴ, ㄷ	**46** 120명	**47** 5명	**48** 0.45
49 22명	**50** ④		

01 9
풀이 답　7, 28
　　　　17, 45, 9
01-1 14
02 12회
풀이 답　45, 0.45, 0.55
　　　　0.55, 0.3
　　　　0.3, 12
02-1 18개

---

03 (1) 240분　(2) 150분　(3) 중앙값
04 3　　　　　　　　　　**05** 14
06

문자의 수(통)	학생 수(명)
5이상 ~10미만	3
10　~15	4
15　~20	5
20　~25	6
25　~30	1
30　~35	2
35　~40	3
합계	24

20통 이상 25통 미만
07 6편　　　　　　　　　**08** 12명
09 40 %　　　　　　　　**10** 5 : 2
11 29　　　　　　　　　**12** 132명
13 500명

01 ③	**02** ④	**03** ④	**04** ④	**05** ④
06 ③	**07** ③	**08** ①	**09** ④	**10** ②
11 ③	**12** ②	**13** ②	**14** ⑤	**15** ②
16 ⑤	**17** ⑤	**18** ②		

19 평균 : 9명, 중앙값 : 10명　　　　**20** (1) 21 cm　(2) 32 %
21 12명　　**22** 180명　　**23** 14명

01 ④	**02** ①	**03** ⑤	**04** ①	**05** ②
06 ④	**07** ②	**08** ③	**09** ④	**10** ③
11 ①	**12** ①	**13** ③	**14** ④	**15** ⑤
16 ②	**17** ⑤	**18** ④	**19** 13	**20** 7
21 540.15	**22** 44	**23** 12		

01 솔　　　**02** (1) 23시 49분　(2) 23시 43분　(3) 19시
03

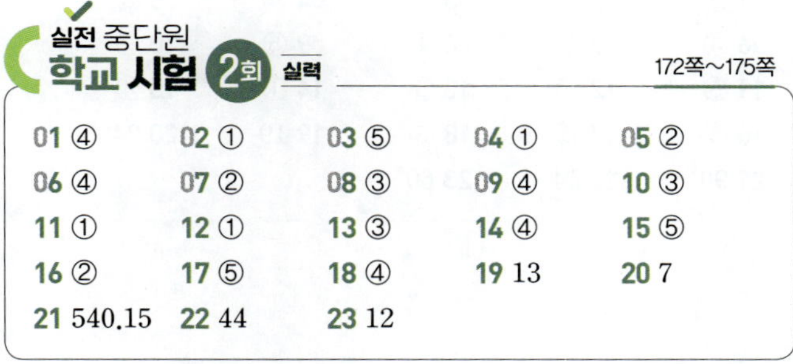

04 D

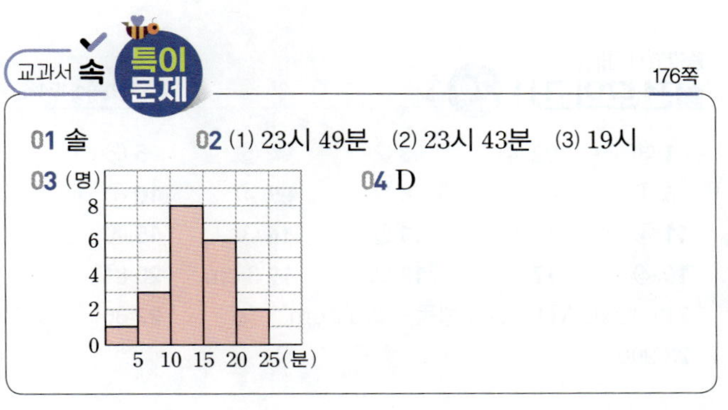

✦ 부록

고난도 50
178쪽~186쪽

01 ㄹ, ㅂ	02 2	03 16 cm	04 $\frac{1}{10}a+\frac{3}{5}b$
05 40°	06 78°	07 40°	08 15 cm
09 31	10 14	11 9	12 2
13 145°	14 95°	15 28°	16 56°
17 8	18 5	19 60°	20 37°
21 90°	22 66°	23 90°	24 101°
25 34	26 8개	27 168°	28 216°
29 12 cm	30 52 cm	31 7 : 9	
32 $(24-6\pi)$ cm^2		33 $\left(\frac{5}{6}\pi b+\frac{1}{3}\pi a\right)$ cm	
34 50π cm^2	35 육각뿔	36 44	37 24 cm
38 $\frac{132}{5}\pi$ cm	39 9 cm	40 153 cm^3	41 1000 cm^3
42 10 cm	43 1	44 $\frac{1152}{125}\pi$ cm^3	
45 ㄴ, ㄷ	46 10번째	47 45 %	48 24 %
49 80	50 126		

중간고사 대비 실전 모의고사 1회 기본
187쪽~190쪽

01 ③	02 ①	03 ③	04 ④	05 ③
06 ④	07 ⑤	08 ①	09 ⑤	10 ②
11 ⑤	12 ④	13 ⑤	14 ①	15 ④
16 ⑤	17 ③	18 ③	19 19	20 240°
21 90°	22 54°	23 60°		

중간고사 대비 실전 모의고사 2회 실력
191쪽~194쪽

01 ③, ⑤	02 ④	03 ②	04 ⑤	05 ②
06 ①, ⑤	07 ④	08 ③	09 ④	10 ①
11 ④	12 ⑤	13 ⑤	14 ③	15 ④
16 ④	17 ③	18 ②	19 3 cm	20 84°
21 (1) △CAD, SAS 합동 (2) 11 cm			22 36°	
23 900				

중간고사 대비 실전 모의고사 3회 발전
195쪽~198쪽

01 ②, ③	02 ②	03 ④	04 ③	05 ②
06 ②, ⑤	07 ④	08 ③	09 ①	10 ②, ⑤
11 ④	12 ②, ④	13 ④	14 ④	15 ④
16 ④	17 ④	18 ③	19 42°	20 60°
21 3	22 98	23 130°		

기말고사 대비 실전 모의고사 1회 기본
199쪽~202쪽

01 ③	02 ④	03 ⑤	04 ③	05 ②
06 ③, ④	07 ⑤	08 ②	09 ⑤	10 ③
11 ⑤	12 ①	13 ④	14 ④	15 ④
16 ②	17 ⑤	18 ④	19 $\frac{3}{2}$ cm^2	
20 192π cm^2		21 144°	22 $\frac{126}{5}$ cm	
23 0.5				

기말고사 대비 실전 모의고사 2회 실력
203쪽~206쪽

01 ⑤	02 ②	03 ②	04 ④	05 ②
06 ④	07 ④	08 ⑤	09 ④	10 ②
11 ⑤	12 ③	13 ⑤	14 ②	15 ③
16 ⑤	17 ⑤	18 ③	19 20 cm	
20 마름모	21 18분	22 $\frac{86}{5}$, 20	23 7	

기말고사 대비 실전 모의고사 3회 발전
207쪽~210쪽

01 ④	02 ⑤	03 ③	04 ①, ④	05 ②
06 ②	07 ④	08 ⑤	09 ②	10 ②
11 ②	12 ④	13 ②	14 ③	15 ④
16 ④	17 ③	18 ①, ⑤	19 60 cm	
20 32π cm^2		21 B, A, C	22 27개	23 108

V. 기본 도형과 작도

1 기본 도형

개념 Check

1 답 (1) × (2) × (3) ○
(1) 점이 연속하여 움직인 자리는 직선 또는 곡선이다.
(2) 정사면체는 입체도형이다.

2 답 (1) 5 (2) 8
(1) 입체도형에서 교점의 개수는 꼭짓점의 개수와 같으므로 5이다.
(2) 입체도형에서 교선의 개수는 모서리의 개수와 같으므로 8이다.

3 답 (1) $\overrightarrow{AC}$ (2) $\overleftrightarrow{AB}$ (3) $\overline{BC}$ (4) $\overrightarrow{CB}$
(1) 시작점과 뻗어 나가는 방향이 모두 같은 반직선은 서로 같으므로 $\overrightarrow{AB}=\overrightarrow{AC}$
(2) 세 점이 한 직선 위에 있으므로 세 점 중 서로 다른 두 점을 이어 만든 직선은 모두 같다.
∴ $\overleftrightarrow{BC}=\overleftrightarrow{AB}$
(3) 선분 CB와 선분 BC는 같은 선분이므로 $\overline{CB}=\overline{BC}$
(4) 시작점과 뻗어 나가는 방향이 모두 같은 반직선은 서로 같으므로 $\overrightarrow{CA}=\overrightarrow{CB}$

4 답 (1) $\dfrac{1}{2}$, 6 (2) $\dfrac{1}{2}$, $\dfrac{1}{4}$, 3
(1) $\overline{AM}=\dfrac{1}{2}\overline{AB}=\dfrac{1}{2}\times12=6(cm)$
(2) $\overline{NM}=\dfrac{1}{2}\overline{AM}=\dfrac{1}{2}\times\dfrac{1}{2}\overline{AB}=\dfrac{1}{4}\overline{AB}$
$=\dfrac{1}{4}\times12=3(cm)$

5 답 (1) 7°, 21° (2) 90° (3) 145°, 152° (4) 180°

6 답 (1) 50° (2) 75°
(1) $\angle x=90°-40°=50°$
(2) $\angle x=180°-35°-70°=75°$

7 답 (1) $\angle x=40°$, $\angle y=140°$ (2) $\angle x=30°$, $\angle y=60°$
(1) 맞꼭지각의 크기는 서로 같으므로 $\angle y=140°$
$140°+\angle x=180°$이므로 $\angle x=40°$
(2) 맞꼭지각의 크기는 서로 같으므로 $\angle x=30°$
$\angle x+\angle y=90°$이므로 $30°+\angle y=90°$ ∴ $\angle y=60°$

8 답 (1) $\overline{AB}$ (2) 점 B (3) 3 cm (4) 7 cm
(1) $\overline{AD}$와 직교하는 선분은 $\overline{AD}$와 수직으로 만나므로 $\overline{AB}$이다.
(2) $\overline{AB}$와 $\overline{BC}$는 수직으로 만나므로 점 A에서 $\overline{BC}$에 내린 수선의 발은 점 B이다.
(3) 점 A와 $\overline{BC}$ 사이의 거리는 $\overline{AB}$의 길이와 같으므로 3 cm이다.
(4) 점 C와 $\overline{AB}$ 사이의 거리는 $\overline{BC}$의 길이와 같으므로 7 cm이다.

기출 유형

유형 01 도형의 이해

(1) 점, 선, 면은 도형을 이루는 기본 요소이다.
(2) 교점 : 선과 선 또는 선과 면이 만나서 생기는 점
(3) 교선 : 면과 면이 만나서 생기는 선
참고 입체도형에서
(교점의 개수)=(꼭짓점의 개수)
(교선의 개수)=(모서리의 개수)

01 답 ④, ⑤
④ 교점은 선과 선 또는 선과 면이 만나는 경우에 생긴다.
⑤ 면과 면이 만나서 생기는 교선은 직선일 수도 있고 곡선일 수도 있다.

02 답 10
삼각뿔의 교점의 개수는 꼭짓점의 개수와 같으므로
$x=4$
삼각뿔의 교선의 개수는 모서리의 개수와 같으므로
$y=6$
∴ $x+y=4+6=10$

03 답 ①
오각기둥의 교점의 개수는 꼭짓점의 개수와 같으므로
$x=10$
오각기둥의 교선의 개수는 모서리의 개수와 같으므로
$y=15$
오각기둥의 면의 개수는 7이므로 $z=7$
∴ $x-y+z=10-15+7=2$

유형 02 직선, 반직선, 선분

(1) 직선 AB → $\overleftrightarrow{AB}$
(2) 반직선 AB → $\overrightarrow{AB}$
(3) 선분 AB → $\overline{AB}$

04 답 ④
④ $\overrightarrow{CB}$와 $\overrightarrow{CA}$는 시작점과 뻗어 나가는 방향이 모두 같으므로
$\overrightarrow{CB}=\overrightarrow{CA}$

05 답 ⑤
⑤ $\overrightarrow{CE}$와 $\overrightarrow{DE}$는 뻗어 나가는 방향은 같지만 시작점이 다르므로
$\overrightarrow{CE}\neq\overrightarrow{DE}$
참고 두 반직선이 같으려면 시작점과 뻗어 나가는 방향이 모두 같아야 한다.

06 답 ④
① 세 점 A, B, D는 한 직선 위에 있지 않으므로 $\overrightarrow{AB}\neq\overrightarrow{AD}$

② 두 반직선의 시작점은 같지만 뻗어 나가는 방향이 다르므로
$\overrightarrow{AB} \neq \overrightarrow{AD}$
③ $\overrightarrow{AB} \neq \overrightarrow{AC}$
④ 세 점 A, B, C는 한 직선 위에 있으므로 $\overrightarrow{AC} = \overrightarrow{BC}$
⑤ 두 반직선의 시작점과 뻗어 나가는 방향이 모두 다르므로
$\overrightarrow{CD} \neq \overrightarrow{DC}$
따라서 서로 같은 도형끼리 짝 지은 것은 ④이다.

07 답 ⑤
① 한 점을 지나는 직선은 무수히 많다.
② 서로 다른 두 점을 지나는 직선은 하나뿐이다.
③ 두 반직선이 같으려면 시작점과 뻗어 나가는 방향이 모두 같
아야 한다.
④ 직선은 양쪽 방향으로 뻗어 나가는 모양이고, 반직선은 한쪽
방향으로 뻗어 나가는 모양이므로 직선과 반직선은 길이를
생각할 수 없다.
따라서 옳은 것은 ⑤이다.

유형 03 직선, 반직선, 선분의 개수

두 점 A, B를 이어서 만들 수 있는 서로 다른 직선, 반직선, 선분
의 개수는 다음과 같다.
(1) 직선 ➡ $\overleftrightarrow{AB}$의 1개
(2) 반직선 ➡ $\overrightarrow{AB}$, $\overrightarrow{BA}$의 2개
(3) 선분 ➡ $\overline{AB}$의 1개

08 답 ④
서로 다른 직선은 직선 l의 1개이므로 $x=1$
서로 다른 반직선은 $\overrightarrow{AB}$, $\overrightarrow{BA}$, $\overrightarrow{BC}$, $\overrightarrow{CB}$, $\overrightarrow{CD}$, $\overrightarrow{DC}$의 6개이므로
$y=6$
서로 다른 선분은 $\overline{AB}$, $\overline{AC}$, $\overline{AD}$, $\overline{BC}$, $\overline{BD}$, $\overline{CD}$의 6개이므로
$z=6$
∴ $x+y+z=1+6+6=13$

주의 $\overline{AB}=\overline{AC}=\overline{AD}$, $\overline{BC}=\overline{BD}$, $\overline{CB}=\overline{CA}$, $\overline{DC}=\overline{DB}=\overline{DA}$이므로
중복하여 세지 않도록 주의한다.

09 답 4, 10
세 점 A, B, C가 한 직선 위에 있으므로 세 점 A, B, C로 만들
수 있는 직선은 $\overleftrightarrow{AB}$의 1개이다.
즉, 서로 다른 직선은 $\overleftrightarrow{AB}$, $\overleftrightarrow{AD}$, $\overleftrightarrow{BD}$, $\overleftrightarrow{CD}$의 4개이다.
서로 다른 반직선은 $\overrightarrow{AB}$, $\overrightarrow{AD}$, $\overrightarrow{BA}$, $\overrightarrow{BC}$, $\overrightarrow{BD}$, $\overrightarrow{CB}$, $\overrightarrow{CD}$, $\overrightarrow{DA}$,
$\overrightarrow{DB}$, $\overrightarrow{DC}$의 10개이다.

주의 한 직선 위에 세 점 이상이 있는 경우 반직선의 개수는 직선의 개
수의 2배가 아니다. 이 문제에서 $\overleftrightarrow{AB}$에는 $\overrightarrow{AB}$, $\overrightarrow{BA}$뿐 아니라
$\overrightarrow{BC}$, $\overrightarrow{CB}$도 포함되어 있으므로 반직선의 개수를 직선의 개수 4의
2배인 8로 생각하지 않도록 주의한다.

10 답 30
서로 다른 반직선은 $\overrightarrow{AB}$, $\overrightarrow{AC}$, $\overrightarrow{AD}$, $\overrightarrow{AE}$, $\overrightarrow{BA}$, $\overrightarrow{BC}$, $\overrightarrow{BD}$, $\overrightarrow{BE}$,
$\overrightarrow{CA}$, $\overrightarrow{CB}$, $\overrightarrow{CD}$, $\overrightarrow{CE}$, $\overrightarrow{DA}$, $\overrightarrow{DB}$, $\overrightarrow{DC}$, $\overrightarrow{DE}$, $\overrightarrow{EA}$, $\overrightarrow{EB}$, $\overrightarrow{EC}$, $\overrightarrow{ED}$의
20개이다.

서로 다른 선분은 $\overline{AB}$, $\overline{AC}$, $\overline{AD}$, $\overline{AE}$, $\overline{BC}$, $\overline{BD}$, $\overline{BE}$, $\overline{CD}$, $\overline{CE}$,
$\overline{DE}$의 10개이다.
따라서 서로 다른 반직선의 개수와 선분의 개수의 합은
$20+10=30$

다른 풀이

(반직선의 개수)$=5\times4=20$, (선분의 개수)$=\dfrac{5\times4}{2}=10$

따라서 서로 다른 반직선의 개수와 선분의 개수의 합은
$20+10=30$

참고 n개의 점 중 어느 세 점도 한 직선 위에 있지 않을 때 두 점을 이
어 만들 수 있는 서로 다른 직선, 반직선, 선분의 개수는 다음과
같다.

(1) (직선의 개수)$=\dfrac{n(n-1)}{2}$

(2) (반직선의 개수)$=$(직선의 개수)$\times2=n(n-1)$

(3) (선분의 개수)$=$(직선의 개수)$=\dfrac{n(n-1)}{2}$

11 답 11
서로 다른 직선의 개수가 최소이려면 5개의 점이 한 직선 위에
있어야 한다. 즉, 이때 직선의 개수는 1이므로 $x=1$
서로 다른 직선의 개수가 최대이려면 5개의 점 중 어느 세 점도
한 직선 위에 있지 않아야 한다. 즉, 이때 직선의 개수는
$$\dfrac{5\times4}{2}=10 \qquad \therefore y=10$$
$$\therefore x+y=1+10=11$$

참고 서로 다른 직선의 개수가 최소이려면 모든 점이 한 직선 위에 있
어야 하고, 서로 다른 직선의 개수가 최대이려면 어느 세 점도 한
직선 위에 있지 않아야 한다.

유형 04 선분의 중점

(1) 점 M이 선분 AB의 중점일 때
➡ $\overline{AM}=\overline{MB}=\dfrac{1}{2}\overline{AB}$

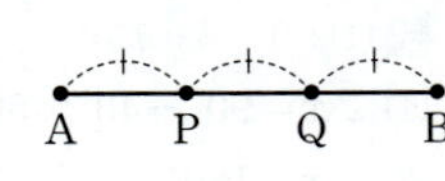

(2) 두 점 P, Q가 선분 AB의 삼등분점
일 때
➡ $\overline{AP}=\overline{PQ}=\overline{QB}=\dfrac{1}{3}\overline{AB}$

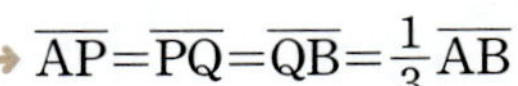

12 답 ①, ③
② $\overline{MN}=\dfrac{1}{3}\overline{AN}$

④ $\dfrac{3}{4}\overline{AB}=\overline{AN}$이므로 $3\overline{AB}=4\overline{AN}$

⑤ $\overline{MN}=\dfrac{1}{4}\overline{AB}$

따라서 옳은 것은 ①, ③이다.

13 답 ㄱ, ㄴ, ㄷ
ㄹ. $\overline{AM}=\dfrac{1}{3}\overline{AB}=\dfrac{1}{3}\times2\overline{PB}=\dfrac{2}{3}\overline{PB}$

따라서 옳은 것은 ㄱ, ㄴ, ㄷ이다.

14 답 9

$\overline{AB}=3\overline{AM}=3\times2\overline{AP}=6\overline{AP}$이므로 $a=6$

$\overline{PN}=\overline{PM}+\overline{MN}=\overline{PM}+2\overline{PM}=3\overline{PM}$이므로 $b=3$

$\therefore a+b=6+3=9$

두 점 M, N이 각각 $\overline{AB}$, $\overline{MB}$의 중점일 때

(1) $\overline{AM}=\overline{MB}=\dfrac{1}{2}\overline{AB}$

(2) $\overline{MN}=\overline{NB}=\dfrac{1}{2}\overline{MB}=\dfrac{1}{4}\overline{AB}$

---

15 답 12 cm

$\overline{AM}=\overline{MB}=\dfrac{1}{2}\overline{AB}=\dfrac{1}{2}\times16=8(\mathrm{cm})$

$\overline{NM}=\dfrac{1}{2}\overline{AM}=\dfrac{1}{2}\times8=4(\mathrm{cm})$

$\therefore \overline{NB}=\overline{NM}+\overline{MB}=4+8=12(\mathrm{cm})$

---

16 답 20 cm

$\overline{MB}=\overline{AM}=5\ \mathrm{cm}$

$\overline{BC}=\overline{CD}=\overline{AB}=2\overline{AM}=2\times5=10(\mathrm{cm})$

$\overline{CN}=\dfrac{1}{2}\overline{CD}=\dfrac{1}{2}\times10=5(\mathrm{cm})$

$\therefore \overline{MN}=\overline{MB}+\overline{BC}+\overline{CN}=5+10+5=20(\mathrm{cm})$

---

17 답 54 cm

$\overline{AC}=\overline{AB}+\overline{BC}=2\overline{MB}+2\overline{BN}=2(\overline{MB}+\overline{BN})$
$\qquad=2\overline{MN}=2\times30=60(\mathrm{cm})$

$4\overline{AB}=\overline{BC}$에서 $\overline{AB}=\dfrac{1}{4}\overline{BC}$이므로

$\overline{AC}=\overline{AB}+\overline{BC}=\dfrac{1}{4}\overline{BC}+\overline{BC}=\dfrac{5}{4}\overline{BC}$

따라서 $\overline{BC}=\dfrac{4}{5}\overline{AC}=\dfrac{4}{5}\times60=48(\mathrm{cm})$이므로

$\overline{MC}=\overline{MB}+\overline{BC}=\dfrac{1}{2}\overline{AB}+\overline{BC}=\dfrac{1}{8}\overline{BC}+\overline{BC}$

$\qquad=\dfrac{9}{8}\overline{BC}=\dfrac{9}{8}\times48=54(\mathrm{cm})$

다른 풀이

$\overline{AC}=\overline{AB}+\overline{BC}=2\overline{MB}+2\overline{BN}=2(\overline{MB}+\overline{BN})$
$\qquad=2\overline{MN}=2\times30=60(\mathrm{cm})$

$4\overline{AB}=\overline{BC}$이므로

$\overline{AC}=\overline{AB}+\overline{BC}=\overline{AB}+4\overline{AB}=5\overline{AB}$

따라서 $\overline{AB}=\dfrac{1}{5}\overline{AC}=\dfrac{1}{5}\times60=12(\mathrm{cm})$이므로

$\overline{AM}=\dfrac{1}{2}\overline{AB}=\dfrac{1}{2}\times12=6(\mathrm{cm})$

$\therefore \overline{MC}=\overline{AC}-\overline{AM}=60-6=54(\mathrm{cm})$

---

18 답 16 cm

$\overline{AB}=k\ \mathrm{cm}$라 하면 $\overline{AC}=3k\ \mathrm{cm}$이므로

$\overline{BC}=\overline{AC}-\overline{AB}=3k-k=2k(\mathrm{cm})$

$\overline{CE}=(24-3k)\ \mathrm{cm}$이므로

$\overline{CD}=\dfrac{2}{3}\overline{CE}=\dfrac{2}{3}(24-3k)=16-2k(\mathrm{cm})$

$\therefore \overline{BD}=\overline{BC}+\overline{CD}=2k+(16-2k)=16(\mathrm{cm})$

주의 점 C가 $\overline{AE}$의 중점이 아님에 주의한다.

---

19 답 450 m

유나네 집에서 도서관까지의 거리를 $x\ \mathrm{m}$라 하면

도서관에서 공원까지의 거리는 $\dfrac{1}{2}x\ \mathrm{m}$

유나네 집에서 학교까지의 거리와 학교에서 도서관까지의 거리

가 같으므로 학교에서 도서관까지의 거리는 $\dfrac{1}{2}x\ \mathrm{m}$

이때 학교에서 공원까지의 거리가 300 m이므로

$\dfrac{1}{2}x+\dfrac{1}{2}x=300 \qquad \therefore x=300$

따라서 유나네 집에서 공원까지의 거리는

$300+\dfrac{1}{2}\times300=450(\mathrm{m})$

---

(1) 평각을 이용한 각의 크기 구하기

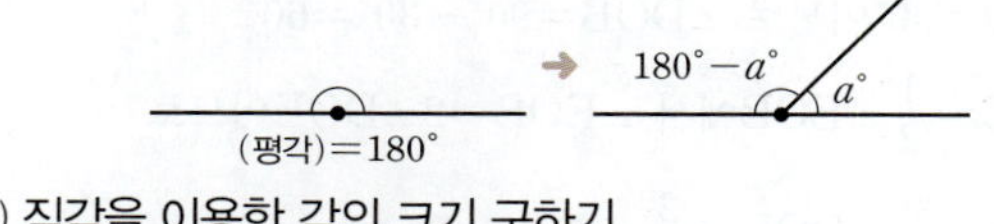

(2) 직각을 이용한 각의 크기 구하기

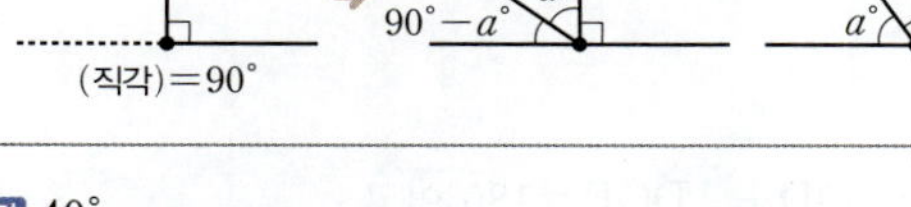

---

20 답 40°

$\angle BOC=90°-40°=50°$

$\therefore \angle x=90°-\angle BOC=90°-50°=40°$

---

21 답 45°

$(2\angle x+5°)+3\angle x+(5\angle x-25°)=180°$이므로

$10\angle x-20°=180°,\ 10\angle x=200° \qquad \therefore \angle x=20°$

$\therefore \angle AOB=2\angle x+5°=2\times20°+5°=45°$

---

22 답 ①

$\angle BOC=90°$이므로

$38°+(3\angle x+4°)=90°,\ 3\angle x=48° \qquad \therefore \angle x=16°$

---

23 답 67°

$\angle AOB+\angle BOC=90°,\ \angle BOC+\angle COD=90°$이므로

$\angle AOB=\angle COD$

이때 $\angle AOB+\angle COD=46°$이므로

$\angle AOB=\angle COD=\dfrac{1}{2}\times46°=23°$

$\therefore \angle BOC=90°-23°=67°$

유형 07 각의 크기 사이의 조건이 주어질 때, 각의 크기 구하기

(1) 각의 크기 사이의 조건이 주어진 경우

직각의 크기는 $90°$, 평각의 크기는 $180°$임을 이용하여 식을 세운다.

(2) 각의 크기의 비가 주어진 경우

$\angle a : \angle b : \angle c = x : y : z$일 때,

$$\angle a = 180° \times \frac{x}{x+y+z}$$

$$\angle b = 180° \times \frac{y}{x+y+z}$$

$$\angle c = 180° \times \frac{z}{x+y+z}$$

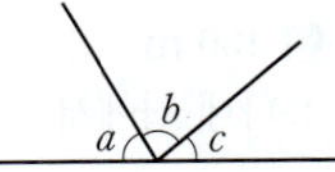

24 답 ③

$$\angle c = 180° \times \frac{5}{3+4+5} = 180° \times \frac{5}{12} = 75°$$

25 답 $140°$

$\angle COD = \angle a$라 하면

$\angle COD = \dfrac{1}{4} \angle AOD$이므로

$\angle a = \dfrac{1}{4}(90° + \angle a)$, $4\angle a = 90° + \angle a$

$3\angle a = 90°$ ∴ $\angle a = 30°$

$\angle COD = 30°$이므로 $\angle DOB = 90° - 30° = 60°$

$\angle DOE = \dfrac{1}{2}\angle EOB$에서 $\angle EOB = 2\angle DOE$이므로

$\angle EOB = \dfrac{2}{3}\angle DOB = \dfrac{2}{3} \times 60° = 40°$

∴ $\angle AOE = 180° - 40° = 140°$

26 답 $60°$

$\angle AOC + \angle COD + \angle DOB = 180°$이고

$\angle AOC = 2\angle COD$, $\angle DOB = 3\angle DOE$이므로

$2\angle COD + \angle COD + 3\angle DOE = 180°$

$3(\angle COD + \angle DOE) = 180°$, 즉 $\angle COD + \angle DOE = 60°$

∴ $\angle COE = \angle COD + \angle DOE = 60°$

27 답 $95°$

시침이 시계의 12를 가리킬 때부터 5시간 10분 동안 움직인 각도는

$30° \times 5 + 0.5° \times 10 = 155°$

분침이 시계의 12를 가리킬 때부터 10분 동안 움직인 각도는

$6° \times 10 = 60°$

따라서 시침과 분침이 이루는 각 중 작은 쪽의 각의 크기는

$155° - 60° = 95°$

> **참고** 시침과 분침이 움직인 각도
>
> (1) 시침은 1시간에 $30°$만큼, 1분에 $0.5°$만큼 움직인다.
>
> (2) 분침은 1시간에 $360°$만큼, 1분에 $6°$만큼 움직인다.
>
> (3) 시침과 분침이 모두 시계의 12를 가리킬 때부터 x시 y분이 될 때까지
>
> ① 시침이 움직인 각도 ➡ $30° \times x + 0.5° \times y$
>
> ② 분침이 움직인 각도 ➡ $6° \times y$

유형 08 맞꼭지각

맞꼭지각의 크기는 서로 같다.

➡ $\angle a = \angle c$, $\angle b = \angle d$

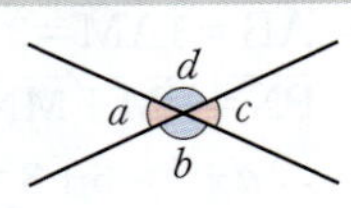

28 답 ④

맞꼭지각의 크기는 서로 같으므로

$8\angle x - 30° = 2\angle x + 6°$, $6\angle x = 36°$ ∴ $\angle x = 6°$

∴ $\angle AOC = 8\angle x - 30° = 8 \times 6° - 30° = 18°$

29 답 $22°$

오른쪽 그림과 같이 맞꼭지각의 크기는 서로 같고 평각의 크기는 $180°$이므로

$(3\angle x + 12°) + \angle x + (4\angle x - 8°)$
$= 180°$

$8\angle x + 4° = 180°$, $8\angle x = 176°$

∴ $\angle x = 22°$

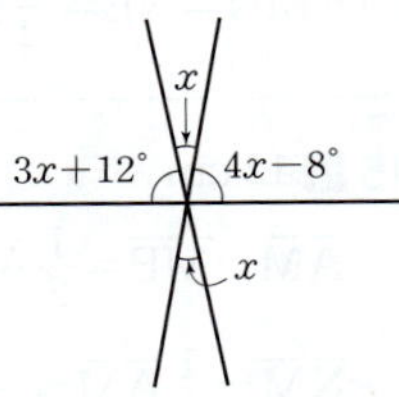

30 답 $40°$

맞꼭지각의 크기는 서로 같으므로

$2\angle y + 70° = 4\angle y + 30°$, $2\angle y = 40°$ ∴ $\angle y = 20°$

$(2\angle y + 70°) + (\angle x + 10°) = 180°$이므로

$\angle x + 120° = 180°$ ∴ $\angle x = 60°$

∴ $\angle x - \angle y = 60° - 20° = 40°$

31 답 $108°$

$\angle EOD = \angle a$라 하면

$\angle AOC = 4\angle EOD = 4\angle a$

이때 $\angle AOC + 90° + \angle EOD = 180°$이므로

$4\angle a + 90° + \angle a = 180°$, $5\angle a = 90°$

∴ $\angle a = 18°$

따라서 맞꼭지각의 크기는 서로 같으므로

$\angle COB = \angle AOD = 90° + 18° = 108°$

유형 09 맞꼭지각의 쌍의 개수

두 직선이 한 점에서 만날 때 생기는 맞꼭지각은 $\angle a$와 $\angle c$, $\angle b$와 $\angle d$의 2쌍이다.

> **참고** 서로 다른 n개의 직선이 한 점에서 만날 때 생기는 맞꼭지각은
>
> ➡ $n(n-1)$쌍

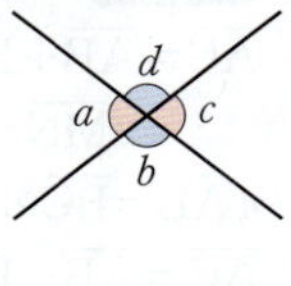

32 답 6쌍

$\overleftrightarrow{AB}$와 $\overleftrightarrow{CD}$, $\overleftrightarrow{AB}$와 $\overleftrightarrow{EF}$, $\overleftrightarrow{CD}$와 $\overleftrightarrow{EF}$가 만날 때 생기는 맞꼭지각이 각각 2쌍이므로

$2 \times 3 = 6$(쌍)

> **다른 풀이**
>
> 서로 다른 3개의 직선이 한 점에서 만날 때 생기는 맞꼭지각은
>
> $3 \times (3-1) = 3 \times 2 = 6$(쌍)

33 답 ④

두 직선이 각각 만나는 곳은 4곳이고, 두 직선이 만날 때 생기는 맞꼭지각이 각각 2쌍이므로

$2 \times 4 = 8$(쌍)

34 답 20쌍

오른쪽 그림에서 두 직선 a와 b, 두 직선 a와 c, 두 직선 a와 d, 두 직선 a와 e, 두 직선 b와 c, 두 직선 b와 d, 두 직선 b와 e, 두 직선 c와 d, 두 직선 c와 e, 두 직선 d와 e가 만날 때 생기는 맞꼭지각이 각각 2쌍이므로

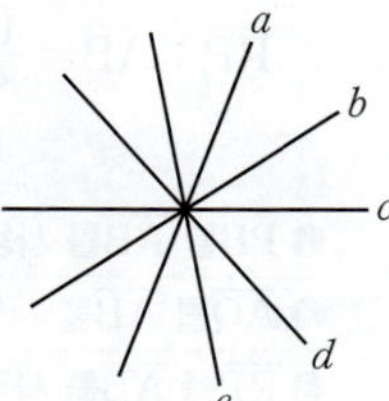

$2 \times 10 = 20$(쌍)

[다른 풀이]

서로 다른 5개의 직선이 한 점에서 만날 때 생기는 맞꼭지각은

$5 \times (5-1) = 5 \times 4 = 20$(쌍)

유형 **10** 수직과 수선

오른쪽 그림과 같이 $l \perp \overline{PH}$일 때

(1) 점 P에서 직선 l에 내린 수선의 발
→ 점 H

(2) 점 P와 직선 l 사이의 거리
→ $\overline{PH}$의 길이

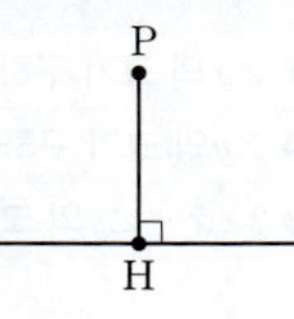

35 답 ㄱ, ㄴ, ㄷ

ㄹ. 점 C와 $\overleftrightarrow{AB}$ 사이의 거리는 $\overline{CH}$의 길이와 같다.

따라서 옳은 것은 ㄱ, ㄴ, ㄷ이다.

36 답 ⑤

① $\overline{AD}$와 $\overline{CD}$는 수직으로 만나지 않는다.

② 점 B와 $\overline{CD}$ 사이의 거리는 알 수 없다.

③ 점 D와 $\overline{BC}$ 사이의 거리는 $\overline{AB}$의 길이와 같으므로 5 cm이다.

④ $\overleftrightarrow{AD}$와 $\overleftrightarrow{BC}$는 만나지 않는다.

따라서 옳은 것은 ⑤이다.

37 답 $x = 12$, $y = 10$

점 A와 $\overline{BC}$ 사이의 거리는 $\overline{DE}$의 길이와 같으므로 12 cm이다.

$\therefore x = 12$

점 A와 $\overline{CD}$ 사이의 거리는 $\overline{CF}$의 길이와 같으므로 10 cm이다.

$\therefore y = 10$

38 답 $\dfrac{60}{13}$ cm

오른쪽 그림과 같이 꼭짓점 B에서 $\overline{AC}$에 내린 수선의 발을 H라 하면 점 B와 $\overline{AC}$ 사이의 거리는 $\overline{BH}$의 길이와 같다.

직각삼각형 ABC의 넓이에서

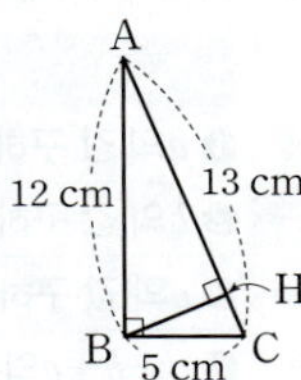

$\dfrac{1}{2} \times \overline{BC} \times \overline{AB} = \dfrac{1}{2} \times \overline{AC} \times \overline{BH}$

$\dfrac{1}{2} \times 5 \times 12 = \dfrac{1}{2} \times 13 \times \overline{BH}$

$\therefore \overline{BH} = \dfrac{60}{13}$ (cm)

따라서 점 B와 $\overline{AC}$ 사이의 거리는 $\dfrac{60}{13}$ cm이다.

서술형　　　　　　　　　　15쪽~16쪽

01 답 27 cm

채점 기준 **1** $\overline{AD}$의 길이 구하기 … 2점

$\overline{AE} = 48$ cm이고 $\overline{AD} : \overline{DE} = 3 : 1$이므로

$\overline{AD} = \dfrac{3}{4} \times \overline{AE} = \dfrac{3}{4} \times 48 = \underline{36}$ (cm)

채점 기준 **2** $\overline{AB}$의 길이 구하기 … 2점

점 B가 $\overline{AD}$의 중점이므로

$\overline{AB} = \dfrac{1}{2} \overline{AD} = \dfrac{1}{2} \times \underline{36} = \underline{18}$ (cm)

채점 기준 **3** $\overline{BC}$의 길이 구하기 … 2점

$\overline{AB} : \overline{BC} = 2 : 1$이므로

$\overline{BC} = \dfrac{1}{2} \overline{AB} = \dfrac{1}{2} \times \underline{18} = \underline{9}$ (cm)

채점 기준 **4** $\overline{AC}$의 길이 구하기 … 1점

$\overline{AC} = \overline{AB} + \overline{BC} = 18 + 9 = \underline{27}$ (cm)

01-1 답 15 cm

채점 기준 **1** $\overline{AD}$의 길이 구하기 … 2점

$\overline{AE} = 36$ cm이고 $\overline{AD} : \overline{DE} = 2 : 1$이므로

$\overline{AD} = \dfrac{2}{3} \overline{AE} = \dfrac{2}{3} \times 36 = 24$(cm)

채점 기준 **2** $\overline{AB}$의 길이 구하기 … 2점

점 B가 $\overline{AD}$의 중점이므로

$\overline{AB} = \dfrac{1}{2} \overline{AD} = \dfrac{1}{2} \times 24 = 12$(cm)

채점 기준 **3** $\overline{BC}$의 길이 구하기 … 2점

$\overline{AB} : \overline{BC} = 4 : 1$이므로

$\overline{BC} = \dfrac{1}{4} \overline{AB} = \dfrac{1}{4} \times 12 = 3$(cm)

채점 기준 **4** $\overline{AC}$의 길이 구하기 … 1점

$\overline{AC} = \overline{AB} + \overline{BC} = 12 + 3 = 15$(cm)

02 답 80°

채점 기준 **1** $\angle x$의 크기 구하기 … 2점

맞꼭지각의 크기는 서로 같으므로

$4\angle x = \underline{5\angle x - 20°}$　　$\therefore \angle x = \underline{20°}$

채점 기준 **2** $\angle y$의 크기 구하기 … 1점

이때 $4\angle x + \angle y = 180°$에서 $4 \times \underline{20°} + \angle y = 180°$이므로

$\angle y = \underline{100°}$

채점 기준 **3** $\angle y - \angle x$의 크기 구하기 … 1점

$\angle y - \angle x = 100° - 20° = \underline{80°}$

02-1 답 $125°$

채점 기준 1 $\angle x$의 크기 구하기 … 2점

맞꼭지각의 크기는 서로 같으므로

$2\angle x+30°=3\angle x+15°$ ∴ $\angle x=15°$

채점 기준 2 $\angle y$의 크기 구하기 … 1점

이때 $2\angle x+30°+\angle y+10°=180°$에서

$2\times15°+30°+\angle y+10°=180°$

∴ $\angle y=110°$

채점 기준 3 $\angle x+\angle y$의 크기 구하기 … 1점

$\angle x+\angle y=15°+110°=125°$

03 답 12

입체도형에서 교점의 개수는 꼭짓점의 개수와 같으므로

$a=7$ …… ❶

입체도형에서 교선의 개수는 모서리의 개수와 같으므로

$b=12$ …… ❷

입체도형에서 면의 개수는 7이므로

$c=7$ …… ❸

∴ $a+b-c=7+12-7=12$ …… ❹

채점 기준	배점
❶ a의 값 구하기	1점
❷ b의 값 구하기	1점
❸ c의 값 구하기	1점
❹ $a+b-c$의 값 구하기	1점

04 답 26

두 점 A, B가 한 직선 위에 있으므로 두 점 A, B로 만들 수 있는 직선은 $\overleftrightarrow{AB}$의 1개이다.

세 점 C, D, E가 한 직선 위에 있으므로 세 점 C, D, E로 만들 수 있는 직선은 $\overleftrightarrow{CD}$의 1개이다.

즉, 서로 다른 직선은 $\overleftrightarrow{AB}$, $\overleftrightarrow{CD}$, $\overleftrightarrow{AC}$, $\overleftrightarrow{AD}$, $\overleftrightarrow{AE}$, $\overleftrightarrow{BC}$, $\overleftrightarrow{BD}$, $\overleftrightarrow{BE}$의 8개이므로

$x=8$ …… ❶

서로 다른 반직선은 $\overrightarrow{AB}$, $\overrightarrow{AC}$, $\overrightarrow{AD}$, $\overrightarrow{AE}$, $\overrightarrow{BA}$, $\overrightarrow{BC}$, $\overrightarrow{BD}$, $\overrightarrow{BE}$, $\overrightarrow{CA}$, $\overrightarrow{CB}$, $\overrightarrow{CD}$, $\overrightarrow{DA}$, $\overrightarrow{DB}$, $\overrightarrow{DC}$, $\overrightarrow{DE}$, $\overrightarrow{EA}$, $\overrightarrow{EB}$, $\overrightarrow{EC}$의 18개이므로

$y=18$ …… ❷

∴ $x+y=8+18=26$ …… ❸

채점 기준	배점
❶ x의 값 구하기	2점
❷ y의 값 구하기	3점
❸ $x+y$의 값 구하기	1점

05 답 $1:8$

조건 ㈎에서

$\overline{AP}=\overline{PB}=\dfrac{1}{2}\overline{AB}$ …… ❶

조건 ㈏에서

$\overline{PQ}=\overline{QB}=\dfrac{1}{2}\overline{PB}=\dfrac{1}{4}\overline{AB}$이므로

$\overline{AQ}=\overline{AP}+\overline{PQ}=\dfrac{1}{2}\overline{AB}+\dfrac{1}{4}\overline{AB}=\dfrac{3}{4}\overline{AB}$ …… ❷

조건 ㈐에서

$\overline{RQ}=\dfrac{1}{2}\overline{AQ}=\dfrac{1}{2}\times\dfrac{3}{4}\overline{AB}=\dfrac{3}{8}\overline{AB}$이므로

$\overline{RP}=\overline{RQ}-\overline{PQ}=\dfrac{3}{8}\overline{AB}-\dfrac{1}{4}\overline{AB}=\dfrac{1}{8}\overline{AB}$ …… ❸

∴ $\overline{RP}:\overline{AB}=\dfrac{1}{8}\overline{AB}:\overline{AB}=1:8$ …… ❹

채점 기준	배점
❶ $\overline{PB}$를 $\overline{AB}$를 사용하여 나타내기	1점
❷ $\overline{AQ}$를 $\overline{AB}$를 사용하여 나타내기	2점
❸ $\overline{RP}$를 $\overline{AB}$를 사용하여 나타내기	3점
❹ $\overline{RP}:\overline{AB}$를 가장 간단한 자연수의 비로 나타내기	1점

06 답 $100°$

$24°+\angle x=90°$이므로 $\angle x=66°$ …… ❶

$58°+90°+\angle y=180°$이므로 $\angle y=32°$ …… ❷

∴ $2\angle x-\angle y=2\times66°-32°=100°$ …… ❸

채점 기준	배점
❶ $\angle x$의 크기 구하기	1점
❷ $\angle y$의 크기 구하기	2점
❸ $2\angle x-\angle y$의 크기 구하기	1점

07 답 $40°$

$\angle AOC:\angle COB=1:3$이므로

$\angle COB=180°\times\dfrac{3}{1+3}=180°\times\dfrac{3}{4}=135°$ …… ❶

$2\angle x+(\angle x+15°)=135°$이므로

$3\angle x=120°$ ∴ $\angle x=40°$ …… ❷

채점 기준	배점
❶ $\angle COB$의 크기 구하기	3점
❷ $\angle x$의 크기 구하기	3점

08 답 10

점 D와 $\overline{BC}$ 사이의 거리는 $\overline{DC}$의 길이와 같으므로 4 cm이다.

∴ $a=4$ …… ❶

점 B와 $\overline{DC}$ 사이의 거리는 $\overline{BC}$의 길이와 같으므로 3 cm이다.

∴ $b=3$ …… ❷

점 D와 $\overleftrightarrow{AB}$ 사이의 거리는 $\overline{BC}$의 길이와 같으므로 3 cm이다.

∴ $c=3$ …… ❸

∴ $a+b+c=4+3+3=10$ …… ❹

채점 기준	배점
❶ a의 값 구하기	1점
❷ b의 값 구하기	1점
❸ c의 값 구하기	1점
❹ $a+b+c$의 값 구하기	1점

실전 중단원 학교 시험 1회 기본

17쪽~20쪽

01 ①	**02** ③	**03** ②	**04** ②, ④	**05** ②
06 ④	**07** ⑤	**08** ②	**09** ②	**10** ③
11 ④	**12** ②	**13** ⑤	**14** ③	**15** ④
16 ④	**17** ③	**18** ⑤	**19** 29	**20** 2 cm
21 120°	**22** 70°	**23** 36 cm²		

01 답 ①　　유형 01

ㄷ. 선과 선 또는 선과 면이 만나면 교점이 생긴다.

ㄹ. 정육면체에서 교점의 개수는 8이고 면의 개수는 6이므로 같지 않다.

따라서 옳은 것은 ㄱ, ㄴ이다.

02 답 ③　　유형 01

오각뿔에서 교점의 개수는 꼭짓점의 개수와 같으므로

$x=6$

오각뿔에서 교선의 개수는 모서리의 개수와 같으므로

$y=10$

$\therefore x+y=6+10=16$

03 답 ②　　유형 02

두 반직선이 같으려면 시작점과 뻗어 나가는 방향이 모두 같아야 한다.

따라서 $\overrightarrow{DB}$와 같은 것은 $\overrightarrow{DA}$, $\overrightarrow{DC}$의 2개이다.

04 답 ②, ④　　유형 02

② $\overrightarrow{CD}$와 $\overrightarrow{CB}$의 시작점은 같지만 뻗어 나가는 방향이 다르므로

$\overrightarrow{CD} \neq \overrightarrow{CB}$

④ $\overrightarrow{CD}$와 $\overrightarrow{DC}$의 시작점과 뻗어 나가는 방향이 모두 다르므로

$\overrightarrow{CD} \neq \overrightarrow{DC}$

05 답 ②　　유형 03

서로 다른 선분은 $\overline{AB}$, $\overline{AC}$, $\overline{AD}$, $\overline{BC}$, $\overline{BD}$, $\overline{CD}$의 6개이다.

06 답 ④　　유형 03

서로 다른 직선은 $\overleftrightarrow{AB}$, $\overleftrightarrow{AC}$, $\overleftrightarrow{AD}$, $\overleftrightarrow{BC}$의 4개이므로

$x=4$

서로 다른 반직선은 $\overrightarrow{AB}$, $\overrightarrow{AC}$, $\overrightarrow{AD}$, $\overrightarrow{BA}$, $\overrightarrow{BC}$, $\overrightarrow{CA}$, $\overrightarrow{CB}$, $\overrightarrow{CD}$, $\overrightarrow{DA}$, $\overrightarrow{DB}$의 10개이므로

$y=10$

$\therefore x+y=4+10=14$

07 답 ⑤　　유형 04

점 B는 $\overline{AC}$의 중점이므로

$\overline{AB}=\dfrac{1}{2}\overline{AC}$　　∴ (가): $\dfrac{1}{2}$

점 C는 $\overline{AD}$의 중점이므로

$\overline{AB}=\dfrac{1}{2}\overline{AC}=\dfrac{1}{2}\times\dfrac{1}{2}\overline{AD}=\dfrac{1}{4}\overline{AD}$　　∴ (나): $\dfrac{1}{4}$

$\overline{AD}=4\overline{AB}$이고 $\overline{AB}=\overline{BC}$이므로

$\overline{AD}=4\overline{AB}=4\overline{BC}$　　∴ (다): 4

08 답 ②　　유형 04

② $\overline{AB}=3\overline{AM}=3\times2\overline{AP}=6\overline{AP}$

09 답 ②　　유형 05

$\overline{AB}:\overline{AC}=5:1$이므로

$\overline{AC}=\dfrac{1}{5}\overline{AB}=\dfrac{1}{5}\times10=2(\text{cm})$

$\therefore \overline{CB}=\overline{AB}-\overline{AC}=10-2=8(\text{cm})$

점 D가 $\overline{CB}$의 중점이므로

$\overline{CD}=\dfrac{1}{2}\overline{CB}=\dfrac{1}{2}\times8=4(\text{cm})$

10 답 ③　　유형 05

$\overline{AP}=k$ cm라 하면 $\overline{PB}=4k$ cm, $\overline{AB}=5k$ cm이고

$\overline{AQ}:\overline{QB}=5:3$이므로

$\overline{QB}=\dfrac{3}{8}\overline{AB}=\dfrac{3}{8}\times5k=\dfrac{15}{8}k(\text{cm})$

$\therefore \overline{PQ}=\overline{PB}-\overline{QB}=4k-\dfrac{15}{8}k=\dfrac{17}{8}k(\text{cm})$

$\overline{PQ}=51$ cm이므로 $\dfrac{17}{8}k=51$　　$\therefore k=24$

$\therefore \overline{QB}=\dfrac{15}{8}k=\dfrac{15}{8}\times24=45(\text{cm})$

11 답 ④　　유형 06

$\angle x+90°+(3\angle x+10°)=180°$이므로

$4\angle x=80°$　　$\therefore \angle x=20°$

$\therefore \angle COD=3\angle x+10°=3\times20°+10°=70°$

12 답 ②　　유형 07

$\angle c=180°\times\dfrac{3}{2+5+3}=180°\times\dfrac{3}{10}=54°$

$\angle a=180°\times\dfrac{2}{2+5+3}=180°\times\dfrac{1}{5}=36°$

$\therefore \angle c-\angle a=54°-36°=18°$

13 답 ⑤　　유형 07

$2\angle COD+2\angle DOE=180°$이므로

$\angle COD+\angle DOE=90°$

$\therefore \angle COE=\angle COD+\angle DOE=90°$

14 답 ③　　유형 07

시침이 시계의 12를 가리킬 때부터 2시간 36분 동안 움직인 각도는

$30°\times2+0.5°\times36=78°$

분침이 시계의 12를 가리킬 때부터 36분 동안 움직인 각도는

$6°\times36=216°$

따라서 시침과 분침이 이루는 각 중 작은 쪽의 각의 크기는

$216°-78°=138°$

15 답 ④　　유형 08

맞꼭지각의 크기는 서로 같으므로

$\angle x=90°+25°=115°$, $\angle y=40°$

$\therefore \angle x-\angle y=115°-40°=75°$

16 답 ④　　　유형 07 + 유형 08

$6\angle a=2\angle b$에서 $\angle b=3\angle a$

$6\angle a=3\angle c$에서 $\angle c=2\angle a$

이때 $\angle a+\angle b+\angle c=180°$이므로

$\angle a+3\angle a+2\angle a=180°$, $6\angle a=180°$　　∴ $\angle a=30°$

∴ $\angle AOD=180°-\angle a=180°-30°=150°$

17 답 ③　　　유형 09

두 직선 AB와 CD, 두 직선 AB와 EF, 두 직선 AB와 GH, 두 직선 CD와 EF, 두 직선 CD와 GH, 두 직선 EF와 GH로 만들어지는 맞꼭지각이 각각 2쌍이므로 $2\times6=12$(쌍)

다른 풀이

서로 다른 4개의 직선이 한 점에서 만날 때 생기는 맞꼭지각은 $4\times(4-1)=4\times3=12$(쌍)

18 답 ⑤　　　유형 10

④ 점 A와 $\overleftrightarrow{CD}$ 사이의 거리는 $\overline{AH}$의 길이와 같으므로

$\overline{AH}=\dfrac{1}{2}\overline{AB}=\dfrac{1}{2}\times8=4(cm)$

⑤ 점 D와 $\overleftrightarrow{AB}$ 사이의 거리인 $\overline{DH}$의 길이는 알 수 없다.

따라서 옳지 않은 것은 ⑤이다.

19 답 29　　　유형 03

서로 다른 직선은 $\overleftrightarrow{AB}$, $\overleftrightarrow{AE}$, $\overleftrightarrow{BE}$, $\overleftrightarrow{CE}$, $\overleftrightarrow{DE}$의 5개이므로

$x=5$　　　❶

서로 다른 반직선은 $\overrightarrow{AB}$, $\overrightarrow{AE}$, $\overrightarrow{BA}$, $\overrightarrow{BC}$, $\overrightarrow{BE}$, $\overrightarrow{CA}$, $\overrightarrow{CD}$, $\overrightarrow{CE}$, $\overrightarrow{DA}$, $\overrightarrow{DE}$, $\overrightarrow{EA}$, $\overrightarrow{EB}$, $\overrightarrow{EC}$, $\overrightarrow{ED}$의 14개이므로 $y=14$　　　❷

서로 다른 선분은 $\overline{AB}$, $\overline{AC}$, $\overline{AD}$, $\overline{AE}$, $\overline{BC}$, $\overline{BD}$, $\overline{BE}$, $\overline{CD}$, $\overline{CE}$, $\overline{DE}$의 10개이므로 $z=10$　　　❸

∴ $x+y+z=5+14+10=29$　　　❹

채점 기준	배점
❶ x의 값 구하기	2점
❷ y의 값 구하기	2점
❸ z의 값 구하기	2점
❹ $x+y+z$의 값 구하기	1점

20 답 2 cm　　　유형 05

점 B가 $\overline{AD}$의 중점이므로 $\overline{BD}=\overline{AB}=7\,cm$　　　❶

점 D가 $\overline{CE}$의 중점이므로 $\overline{CD}=\overline{DE}=5\,cm$　　　❷

이때 5개의 점 A, B, C, D, E가 이 순서대로 한 직선 위에 있으므로

$\overline{BC}=\overline{BD}-\overline{CD}=7-5=2(cm)$　　　❸

채점 기준	배점
❶ $\overline{BD}$의 길이 구하기	1점
❷ $\overline{CD}$의 길이 구하기	1점
❸ $\overline{BC}$의 길이 구하기	2점

21 답 120°　　　유형 06 + 유형 07

$\angle COD=4\angle AOB$이므로

$\angle AOB+105°+\angle COD=180°$에서

$\angle AOB+105°+4\angle AOB=180°$, $5\angle AOB=75°$

∴ $\angle AOB=15°$　　　❶

∴ $\angle AOC=\angle AOB+\angle BOC=15°+105°=120°$　　　❷

채점 기준	배점
❶ $\angle AOB$의 크기 구하기	3점
❷ $\angle AOC$의 크기 구하기	3점

22 답 70°　　　유형 07 + 유형 08

조건 ㈐에서 $\dfrac{5}{4}\angle DOB=\angle BOC$

$\angle BOC+\angle DOB=180°$이므로

$\dfrac{5}{4}\angle DOB+\angle DOB=180°$, $\dfrac{9}{4}\angle DOB=180°$

∴ $\angle DOB=80°$　　　❶

조건 ㈏에서 $\angle AOE=90°$이므로 $\angle EOB=90°$

∴ $\angle EOD=90°-\angle DOB=90°-80°=10°$　　　❷

$\angle AOC=\angle DOB=80°$ (맞꼭지각)　　　❸

∴ $\angle AOC-\angle EOD=80°-10°=70°$　　　❹

채점 기준	배점
❶ $\angle DOB$의 크기 구하기	3점
❷ $\angle EOD$의 크기 구하기	2점
❸ $\angle AOC$의 크기 구하기	1점
❹ $\angle AOC-\angle EOD$의 크기 구하기	1점

23 답 36 cm²　　　유형 10

$\overleftrightarrow{PQ}$가 $\overline{AB}$의 수직이등분선이므로

$\overline{OB}=\overline{AO}=9\,cm$　　　❶

또, 점 D에서 $\overline{AB}$에 내린 수선의 발이 점 B이므로 점 D와 $\overline{AB}$ 사이의 거리는 $\overline{DB}$의 길이와 같다. 즉,

$\overline{DB}=8\,cm$　　　❷

따라서 삼각형 OBD의 넓이는

$\dfrac{1}{2}\times\overline{OB}\times\overline{DB}=\dfrac{1}{2}\times9\times8=36(cm^2)$　　　❸

채점 기준	배점
❶ $\overline{OB}$의 길이 구하기	2점
❷ $\overline{DB}$의 길이 구하기	2점
❸ 삼각형 OBD의 넓이 구하기	2점

실전 중단원 학교 시험 2회 실력　　　21쪽~24쪽

01 ⑤	02 ④	03 ③	04 ③	05 ②
06 ②	07 ⑤	08 ④	09 ②	10 ④
11 ②	12 ③	13 ③	14 ①	15 ②
16 ①	17 ③	18 ④	19 16 cm	20 5 cm
21 96°	22 7시 $\dfrac{60}{11}$분		23 4 cm	

01 답 ⑤　　　유형 01

삼각기둥에서 교점의 개수는 꼭짓점의 개수와 같으므로

$x=6$

삼각기둥에서 교선의 개수는 모서리의 개수와 같으므로

$y=9$

삼각기둥에서 면의 개수는 5이므로 $z=5$
$\therefore x+y-z=6+9-5=10$

02 답 ④   유형 01 + 유형 02

④ 두 반직선이 같으려면 시작점과 뻗어 나가는 방향이 모두 같
아야 한다.

03 답 ③   유형 02

① 두 반직선의 시작점과 뻗어 나가는 방향이 모두 다르므로
$\overrightarrow{AD}\neq\overrightarrow{DA}$
② 세 점 A, B, D는 한 직선 위에 있지 않으므로 $\overrightarrow{AD}\neq\overrightarrow{BD}$
③ 세 점 B, C, D는 한 직선 위에 있으므로 $\overrightarrow{BC}=\overrightarrow{CD}$
④ $\overrightarrow{CB}\neq\overrightarrow{CD}$
⑤ 두 반직선의 시작점은 같지만 뻗어 나가는 방향이 다르므로
$\overrightarrow{DA}\neq\overrightarrow{DC}$
따라서 옳은 것은 ③이다.

04 답 ③   유형 02 + 유형 03

① 세 점 A, B, C는 한 직선 위에 있으므로 $\overrightarrow{AB}=\overrightarrow{BC}$
② 두 반직선의 시작점과 뻗어 나가는 방향이 모두 같으므로
$\overrightarrow{FD}=\overrightarrow{FE}$
③ 서로 다른 직선은 $\overleftrightarrow{AB}$, $\overleftrightarrow{AD}$, $\overleftrightarrow{AE}$, $\overleftrightarrow{AF}$, $\overleftrightarrow{BD}$, $\overleftrightarrow{BE}$, $\overleftrightarrow{BF}$, $\overleftrightarrow{CD}$,
$\overleftrightarrow{CE}$, $\overleftrightarrow{CF}$, $\overleftrightarrow{DE}$의 11개이다.
④ 서로 다른 반직선은 $\overrightarrow{AB}$, $\overrightarrow{AD}$, $\overrightarrow{AE}$, $\overrightarrow{AF}$, $\overrightarrow{BA}$, $\overrightarrow{BC}$, $\overrightarrow{BD}$,
$\overrightarrow{BE}$, $\overrightarrow{BF}$, $\overrightarrow{CB}$, $\overrightarrow{CD}$, $\overrightarrow{CE}$, $\overrightarrow{CF}$, $\overrightarrow{DA}$, $\overrightarrow{DB}$, $\overrightarrow{DC}$, $\overrightarrow{DE}$, $\overrightarrow{EA}$,
$\overrightarrow{EB}$, $\overrightarrow{EC}$, $\overrightarrow{ED}$, $\overrightarrow{EF}$, $\overrightarrow{FA}$, $\overrightarrow{FB}$, $\overrightarrow{FC}$, $\overrightarrow{FE}$의 26개이다.
⑤ 서로 다른 선분은 $\overline{AB}$, $\overline{AC}$, $\overline{AD}$, $\overline{AE}$, $\overline{AF}$, $\overline{BC}$, $\overline{BD}$, $\overline{BE}$,
$\overline{BF}$, $\overline{CD}$, $\overline{CE}$, $\overline{CF}$, $\overline{DE}$, $\overline{DF}$, $\overline{EF}$의 15개이다.
따라서 옳지 않은 것은 ③이다.

05 답 ②   유형 03

서로 다른 직선은 $\overleftrightarrow{AB}$, $\overleftrightarrow{AC}$, $\overleftrightarrow{AD}$, $\overleftrightarrow{AE}$, $\overleftrightarrow{BC}$, $\overleftrightarrow{BE}$, $\overleftrightarrow{CE}$, $\overleftrightarrow{DE}$의
8개이다.

06 답 ②   유형 03

길이가 3인 선분은 $\overline{PS}$, $\overline{QT}$, $\overline{RU}$의 3개이므로 $x=3$
길이가 5인 선분은 $\overline{PU}$의 1개이므로 $y=1$
$\therefore x+y=3+1=4$

07 답 ⑤   유형 04

⑤ $\overline{AC}=2\overline{BC}=2\times2\overline{MC}=4\overline{MC}$이므로
$\overline{MC}=\dfrac{1}{4}\overline{AC}$

08 답 ④   유형 04

조건 ㈎, ㈏에서 세 점 A, D, C는 다음 그림과 같이 한 직선 위
에 있다.

A   D   C

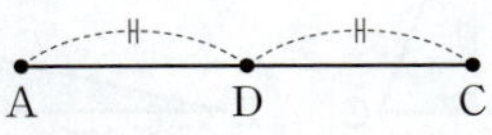

조건 ㈐, ㈑에서 두 점 B, E는 다음 그림과 같이 한 직선 위에
있다.

B   E   A   D   C

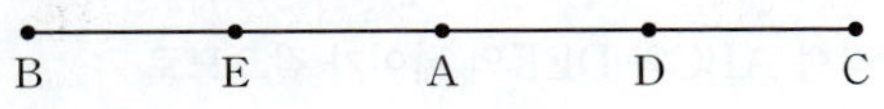

따라서 5개의 점 A, B, C, D, E 중 왼쪽에서 네 번째에 있는
점은 점 D이다.

09 답 ②   유형 05

$\overline{AB}=2\overline{MB}$, $\overline{BC}=2\overline{BN}$이므로
$\overline{AC}=\overline{AB}+\overline{BC}=2\overline{MB}+2\overline{BN}=2(\overline{MB}+\overline{BN})$
$\qquad=2\overline{MN}=2\times15=30\,(\text{cm})$

10 답 ④   유형 05

$\overline{AD}=3\overline{AB}$이므로 $\overline{AB}=\dfrac{1}{3}\overline{AD}$ $\therefore a=\dfrac{1}{3}$
$\overline{AC}=\overline{BD}=18\,\text{cm}$이므로 $b=18$
$\therefore ab=\dfrac{1}{3}\times18=6$

11 답 ②   유형 05

$\overline{AB}=2\overline{DB}$, $\overline{BC}=2\overline{BE}$이므로
$\overline{AC}=\overline{AB}+\overline{BC}=2\overline{DB}+2\overline{BE}=2(\overline{DB}+\overline{BE})=2\overline{DE}$
이때 $\overline{AC}=28\,\text{cm}$이므로 $2\overline{DE}=28$ $\therefore \overline{DE}=14\,(\text{cm})$
$\overline{DF}:\overline{FE}=4:3$이므로
$\overline{DF}=\dfrac{4}{7}\overline{DE}=\dfrac{4}{7}\times14=8\,(\text{cm})$이고
$\overline{AF}=\dfrac{1}{2}\overline{AC}=\dfrac{1}{2}\times28=14\,(\text{cm})$이므로
$\overline{AD}=\overline{AF}-\overline{DF}=14-8=6\,(\text{cm})$
$\therefore \overline{AB}=2\overline{AD}=2\times6=12\,(\text{cm})$

12 답 ③   유형 06

$\angle y+65°=90°$ $\therefore \angle y=25°$
$2\angle x+90°+\angle x=180°$, $3\angle x=90°$ $\therefore \angle x=30°$
$\therefore \angle x+\angle y=30°+25°=55°$

13 답 ③   유형 07

$\angle QOR=\angle a$라 하면 $\angle AOP=3\angle QOR=3\angle a$이므로
$\angle POQ=90°-3\angle a$이고
$\angle ROB=2\angle POQ=2(90°-3\angle a)=180°-6\angle a$
이때 $\angle QOB=90°$이므로
$\angle a+(180°-6\angle a)=90°$, $5\angle a=90°$ $\therefore \angle a=18°$
따라서 $\angle POQ=90°-3\angle a=90°-3\times18°=36°$이므로
$\angle POR=\angle POQ+\angle QOR=36°+18°=54°$

14 답 ①   유형 07

$\angle B'FE=\angle BFE$ (접은 각), $\angle C'FG=\angle CFG$ (접은 각)이고
$\angle B'FB=\angle C'FC$이므로
$\angle B'FE=\angle BFE=\angle C'FG=\angle CFG$
$\angle GFC=\angle a$라 하면 $\angle B'FB=\angle C'FC=2\angle a$
이때 $\angle B'FB=\angle C'FC=\dfrac{2}{5}\angle B'FC'$이므로
$2\angle a=\dfrac{2}{5}\angle B'FC'$ $\therefore \angle B'FC'=5\angle a$
따라서 $\angle B'FB+\angle B'FC'+\angle C'FC=180°$이므로
$2\angle a+5\angle a+2\angle a=180°$, $9\angle a=180°$ $\therefore \angle a=20°$
$\therefore \angle GFC=20°$

15 답 ② 〔유형 08〕

맞꼭지각의 크기는 서로 같고 평각의 크기는 $180°$이므로
$(3\angle x+25°)+2\angle x+(5\angle x-15°)=180°$
$10\angle x+10°=180°$, $10\angle x=170°$ ∴ $\angle x=17°$

16 답 ① 〔유형 08〕

$\angle AOC+\angle COE+82°=180°$이므로 $\angle AOC+\angle COE=98°$
이때 $\angle AOC : \angle COE=4 : 3$이므로
$\angle COE=98°\times\dfrac{3}{4+3}=98°\times\dfrac{3}{7}=42°$
맞꼭지각의 크기는 서로 같으므로 $\angle FOD=\angle COE=42°$
∴ $\angle AOD=\angle AOF+\angle FOD=82°+42°=124°$

17 답 ③ 〔유형 09〕

반직선 OF에 의해서는 맞꼭지각이 생기지 않으므로 구하는 맞꼭지각의 개수는 서로 다른 3개의 직선이 한 점에서 만날 때 생기는 맞꼭지각의 개수와 같다.
즉, 두 직선 AD와 BE, 두 직선 AD와 CG, 두 직선 BE와 CG
가 만날 때 생기는 맞꼭지각이 각각 2쌍이므로 $2\times3=6$(쌍)

〔다른 풀이〕

서로 다른 3개의 직선이 한 점에서 만날 때 생기는 맞꼭지각은
$3\times(3-1)=3\times2=6$(쌍)

18 답 ④ 〔유형 10〕

④ 점 A와 $\overline{BC}$ 사이의 거리는 $\overline{AH}$의 길이와 같다.
⑤ 점 C와 $\overline{AB}$ 사이의 거리는 $\overline{AC}$의 길이와 같으므로 4 cm이다.
따라서 옳지 않은 것은 ④이다.

19 답 16 cm 〔유형 05〕

$\overline{MB}=\overline{AM}=12$ cm이고
$\overline{AB}=2\overline{AM}=2\times12=24$ (cm) …… ❶
$\overline{AB} : \overline{BC}=3 : 1$이므로 $\overline{BC}=\dfrac{1}{3}\overline{AB}=\dfrac{1}{3}\times24=8$ (cm)이고
$\overline{BN}=\dfrac{1}{2}\overline{BC}=\dfrac{1}{2}\times8=4$ (cm) …… ❷
∴ $\overline{MN}=\overline{MB}+\overline{BN}=12+4=16$ (cm) …… ❸

채점 기준	배점
❶ $\overline{MB}$, $\overline{AB}$의 길이를 각각 구하기	1점
❷ $\overline{BN}$의 길이 구하기	2점
❸ $\overline{MN}$의 길이 구하기	1점

20 답 5 cm 〔유형 05〕

조건 ㈎, ㈏, ㈐에서 $\overline{AE}=8$ cm, $\overline{AB}=\overline{BC}$, $\overline{CE}=2\overline{BC}$이므로
$\overline{AE}=\overline{AB}+\overline{BC}+\overline{CE}=\overline{BC}+\overline{BC}+2\overline{BC}=4\overline{BC}$
$4\overline{BC}=8$ ∴ $\overline{BC}=2$ (cm) …… ❶
$\overline{CE}=2\overline{BC}=2\times2=4$ (cm) …… ❷
조건 ㈐에서 $\overline{DE}=\dfrac{1}{3}\overline{CD}$이므로
$\overline{CE}=\overline{CD}+\overline{DE}=\overline{CD}+\dfrac{1}{3}\overline{CD}=\dfrac{4}{3}\overline{CD}$

∴ $\overline{CD}=\dfrac{3}{4}\overline{CE}=\dfrac{3}{4}\times4=3$ (cm) …… ❸
∴ $\overline{BD}=\overline{BC}+\overline{CD}=2+3=5$ (cm) …… ❹

채점 기준	배점
❶ $\overline{BC}$의 길이 구하기	2점
❷ $\overline{CE}$의 길이 구하기	1점
❸ $\overline{CD}$의 길이 구하기	3점
❹ $\overline{BD}$의 길이 구하기	1점

21 답 96° 〔유형 07〕

$\angle a : \angle b=4 : 3$에서 $4\angle b=3\angle a$
∴ $\angle b=\dfrac{3}{4}\angle a$ …… ㉠
$\angle a : \angle c=1 : 2$에서 $\angle c=2\angle a$ …… ㉡
㉠, ㉡에서
$\angle a : \angle b : \angle c=\angle a : \dfrac{3}{4}\angle a : 2\angle a=4 : 3 : 8$ …… ❶
따라서 $\angle a+\angle b+\angle c=180°$이므로
$\angle c=180°\times\dfrac{8}{4+3+8}=180°\times\dfrac{8}{15}=96°$ …… ❷

채점 기준	배점
❶ $\angle a : \angle b : \angle c$ 구하기	4점
❷ $\angle c$의 크기 구하기	2점

22 답 7시 $\dfrac{60}{11}$분 〔유형 07〕

구하는 시각을 7시 x분이라 하면 시침이 시계의 12를 가리킬 때부터 7시간 x분 동안 움직인 각도는
$30°\times7+0.5°\times x=210°+0.5°\times x$ …… ❶
분침이 시계의 12를 가리킬 때부터 x분 동안 움직인 각도는
$6°\times x$ …… ❷
시침과 분침이 평각을 이루므로
$210°+0.5°\times x-6°\times x=180°$, $5.5°\times x=30°$ ∴ $x=\dfrac{60}{11}$
따라서 구하는 시각은 7시 $\dfrac{60}{11}$분이다. …… ❸

채점 기준	배점
❶ 시침이 움직인 각도 구하기	2점
❷ 분침이 움직인 각도 구하기	2점
❸ 시침과 분침이 평각을 이루는 시각 구하기	3점

23 답 4 cm 〔유형 10〕

다음 그림과 같이 점 D에서 직선 EF에 내린 수선의 발을 H라 하면 점 D와 직선 EF 사이의 거리는 $\overline{DH}$의 길이와 같다.

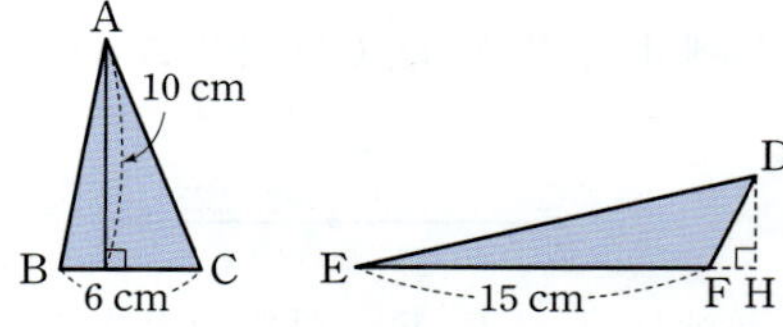

이때 삼각형 ABC의 넓이는 $\dfrac{1}{2}\times6\times10=30$ (cm²)이고,
두 삼각형 ABC와 DEF의 넓이가 같으므로

$\dfrac{1}{2} \times 15 \times \overline{DH} = 30$　　$\therefore \overline{DH} = 4\,(cm)$　　……❶

따라서 점 D와 직선 EF 사이의 거리는 4 cm이다.　　……❷

채점 기준	배점
❶ 두 삼각형의 넓이가 같음을 이용하여 $\overline{DH}$의 길이 구하기	4점
❷ 점 D와 직선 EF 사이의 거리 구하기	2점

교과서 속 **특이 문제**

25쪽

01 답 30 cm
$\overline{BC} = 2\overline{BM} = 2 \times 5 = 10\,(cm)$
따라서 정삼각형 ABC의 둘레의 길이는
$3\overline{BC} = 3 \times 10 = 30\,(cm)$

02 답 8
두 점 C, D는 각각 $\overline{AB}$, $\overline{AC}$의 중점이므로
$\overline{AD} = \overline{DC} = \dfrac{1}{2}\overline{AC} = \dfrac{1}{2} \times \dfrac{1}{2}\overline{AB} = \dfrac{1}{4}\overline{AB}$

$\overline{DB} = \overline{AB} - \overline{AD} = \overline{AB} - \dfrac{1}{4}\overline{AB} = \dfrac{3}{4}\overline{AB}$

또, 점 E가 $\overline{DB}$의 중점이므로
$\overline{DE} = \dfrac{1}{2}\overline{DB} = \dfrac{1}{2} \times \dfrac{3}{4}\overline{AB} = \dfrac{3}{8}\overline{AB}$

따라서 $\overline{CE} = \overline{DE} - \overline{DC} = \dfrac{3}{8}\overline{AB} - \dfrac{1}{4}\overline{AB} = \dfrac{1}{8}\overline{AB}$이므로
$\overline{AB} = 8\overline{CE}$　　$\therefore k = 8$

03 답 26°
오른쪽 그림과 같이
$\angle POR = 90°$이므로
$64° + 90° + \angle POQ = 180°$
$\therefore \angle POQ = 26°$

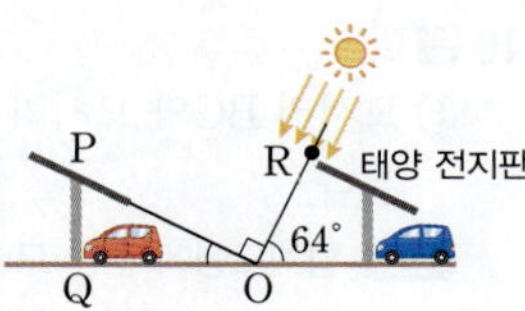

04 답 (1) 8 cm　(2) 24 cm, 48 cm
(1) $\overline{PD}$의 길이는 점 P와 직선 l 사이의 거리와 같으므로 8 cm이다.
(2) 주어진 조건을 모두 만족시키는 직선 l 위에 있는 네 개의 점 A, B, C, D는 다음 그림과 같다.

(i)
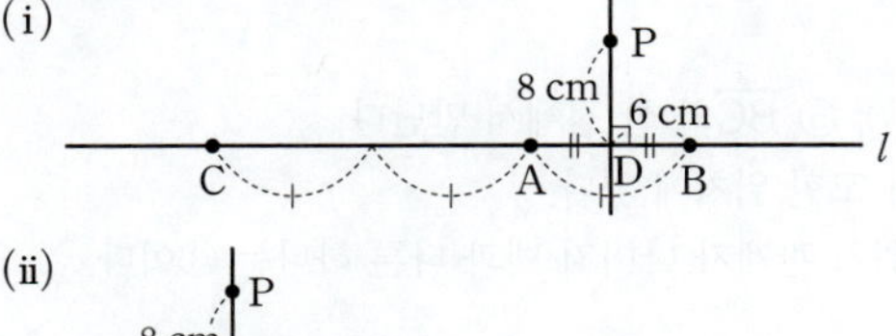

(ii)
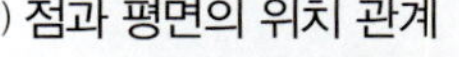

(i)에서 $\overline{AC} = 2\overline{AB} = 2 \times 2\overline{DB} = 4\overline{DB} = 4 \times 6 = 24\,(cm)$
(ii)에서 $\overline{AC} = 4\overline{AB} = 4 \times 2\overline{DB} = 8\overline{DB} = 8 \times 6 = 48\,(cm)$
따라서 가능한 $\overline{AC}$의 길이는 24 cm, 48 cm이다.

2 위치 관계와 평행선의 성질

개념 Check

28쪽~29쪽

1 답 (1) 점 B, 점 D　(2) 점 A, 점 C, 점 E

2 답 (1) $\overline{AB}$, $\overline{DC}$　(2) $\overline{BC}$

3 답 (1) ○　(2) ○　(3) ×
(1) $\overline{AB}$와 한 점에서 만나는 모서리는 $\overline{AC}$, $\overline{AD}$, $\overline{BC}$, $\overline{BE}$의 4개이다.
(2) $\overline{EF}$와 평행한 모서리는 $\overline{BC}$의 1개이다.
(3) $\overline{AD}$와 $\overline{EF}$는 만나지도 않고 평행하지도 않으므로 꼬인 위치에 있다.

4 답 (1) $\overline{AE}$, $\overline{BF}$, $\overline{CG}$, $\overline{DH}$
(2) 면 ABFE, 면 BFGC
(3) 면 BFGC, 면 EFGH

5 답 (1) 면 ABFE, 면 BFGC, 면 CGHD, 면 AEHD
(2) 면 ABFE
(3) 면 ABCD, 면 ABFE, 면 EFGH, 면 CGHD

6 답 (1) $\angle e$　(2) $\angle d$　(3) $\angle h$　(4) $\angle c$

7 답 $\angle a = 30°$, $\angle b = 30°$, $\angle c = 150°$
$150° + \angle a = 180°$이므로 $\angle a = 30°$
$\angle b$는 $\angle a$의 엇각이므로 $\angle b = \angle a = 30°$
$\angle b + \angle c = 180°$이므로 $30° + \angle c = 180°$　　$\therefore \angle c = 150°$

8 답 (1) ×　(2) ○
(1) $180° - 40° = 140°$에서 동위각의 크기가 같지 않으므로 두 직선 l, m은 평행하지 않다.
(2) 동위각의 크기가 90°로 같으므로 두 직선 l, m은 서로 평행하다.

기출 유형

30쪽~37쪽

유형 01 점과 직선, 점과 평면의 위치 관계

(1) 점과 직선의 위치 관계
　① 점 A는 직선 l 위에 있다.
　② 점 B는 직선 l 위에 있지 않다.
(2) 점과 평면의 위치 관계
　① 점 A는 평면 P 위에 있다.
　② 점 B는 평면 P 위에 있지 않다.

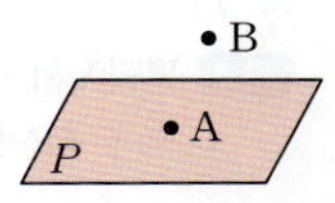

01 답 ④
④ 직선 l은 점 B를 지나지만 점 D는 지나지 않는다.

02 답 ㄱ, ㄴ, ㄹ

ㄷ. 두 점 B, C를 지나는 직선은 직선 l이고 점 D는 직선 l 위에
있지 않다.

ㄹ. 두 직선 l, m 위에 동시에 있는 점은 점 C이고 점 C는 직선
n 위에 있지 않다.

따라서 옳은 것은 ㄱ, ㄴ, ㄹ이다.

03 답 ④

① 점 A는 평면 P 위에 있지 않다.

② 직선 l 위에 있지 않은 점은 점 A, 점 B, 점 C의 3개이다.

③ 직선 m 위에 있지 않은 점은 점 A, 점 D의 2개이다.

⑤ 점 C는 직선 m 위에 있고 평면 P 위에도 있다.

따라서 옳은 것은 ④이다.

04 답 5

모서리 BE 위에 있지 않은 꼭짓점은 점 A, 점 C, 점 D의 3개이
므로 $a=3$

면 ABE 위에 있지 않은 꼭짓점은 점 C, 점 D의 2개이므로
$b=2$

$\therefore a+b=3+2=5$

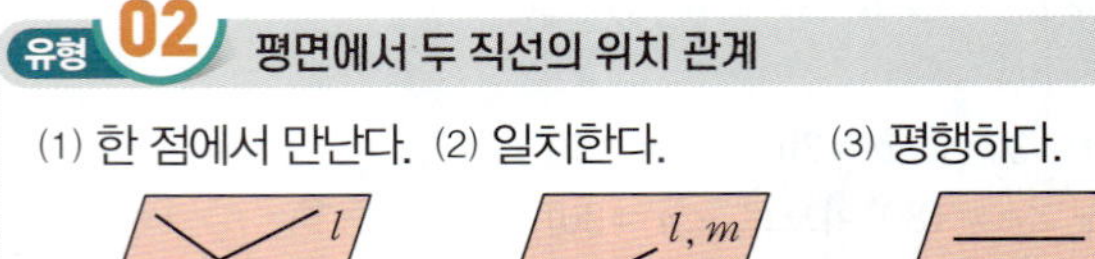
유형 02 평면에서 두 직선의 위치 관계

(1) 한 점에서 만난다. (2) 일치한다. (3) 평행하다.

05 답 ④, ⑤

① $\overleftrightarrow{AB}$와 $\overleftrightarrow{BC}$는 수직으로 만나지 않는다.

② $\overleftrightarrow{AB}$와 $\overleftrightarrow{AD}$는 한 점에서 만난다.

③ $\overleftrightarrow{AB}$와 $\overleftrightarrow{CD}$는 오른쪽 그림과 같이 한 점에서
만난다.

따라서 옳은 것은 ④, ⑤이다.

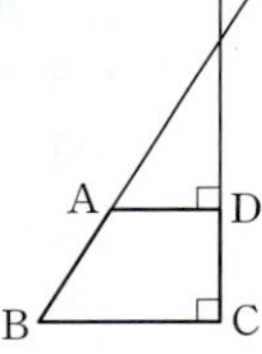

06 답 6

$\overleftrightarrow{AB}$와 한 점에서 만나는 직선은 $\overleftrightarrow{BC}$, $\overleftrightarrow{CD}$, $\overleftrightarrow{DE}$, $\overleftrightarrow{FG}$, $\overleftrightarrow{GH}$, $\overleftrightarrow{HA}$
의 6개이므로 $a=6$

$\overleftrightarrow{AB}$와 만나지 않는 직선은 평행한 직선인 $\overleftrightarrow{EF}$의 1개이므로
$b=1$

$\therefore ab=6\times1=6$

참고 평면에서 서로 다른 두 직선이 만나지 않는다.

→ 두 직선은 평행하다.

07 답 ⑤

⑤ $l\perp m$, $m\perp n$이면 $l /\!/ n$이다.

08 답 1

한 직선 l과 그 직선 위에 있지 않은 한 점 D로 정해지는 평면은
1개이다.

참고 평면이 하나로 정해지는 조건

(1) 한 직선 위에 있지 않은
서로 다른 세 점

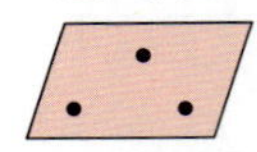

(2) 한 직선과 그 직선 위에
있지 않은 한 점

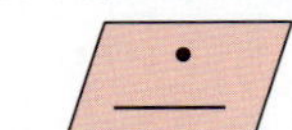

(3) 한 점에서 만나는 두 직선

(4) 서로 평행한 두 직선

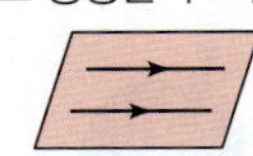

09 답 4

(ⅰ) 평면 P 위에 있는 세 점 A, B, C로 정해지는 평면은 평면 P
의 1개이다.

(ⅱ) 세 점 A, B, C 중 2개의 점과 점 D로 정해지는 평면은
면 ABD, 면 ACD, 면 BCD의 3개이다.

(ⅰ), (ⅱ)에서 구하는 평면의 개수는 $1+3=4$

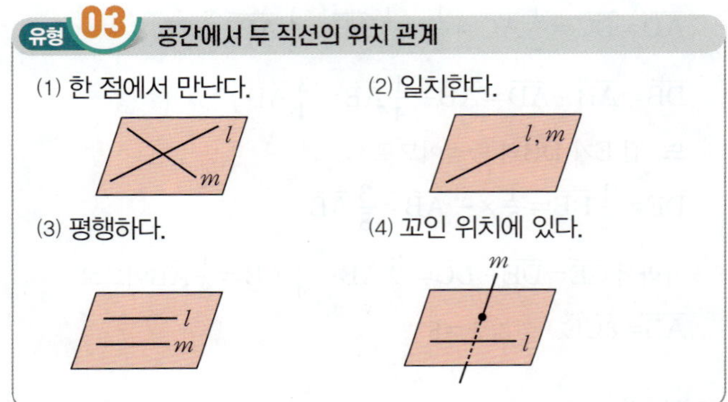
유형 03 공간에서 두 직선의 위치 관계

(1) 한 점에서 만난다. (2) 일치한다.

(3) 평행하다. (4) 꼬인 위치에 있다.

10 답 ③

③ 모서리 BC와 모서리 DH는 꼬인 위치에 있으므로 만나지 않
는다.

참고 입체도형에서 한 모서리와 꼬인 위치에 있는 모서리를 찾을 때는
주어진 모서리와 한 점에서 만나는 모서리와 평행한 모서리를 제
외하면 된다.

11 답 ⑤

모서리 AC, 모서리 AD, 모서리 BC, 모서리 BD는 모서리
AB와 모두 한 점에서 만난다.

12 답 ③

①, ②, ④, ⑤ $\overline{BC}$와 한 점에서 만난다.

③ $\overline{BC}$와 꼬인 위치에 있다.

따라서 위치 관계가 나머지 넷과 다른 하나는 ③이다.

13 답 9

$\overline{AD}$와 평행한 모서리는 $\overline{BC}$, $\overline{EH}$, $\overline{FG}$의 3개이므로
$a=3$

$\overline{BD}$와 꼬인 위치에 있는 모서리는 $\overline{AE}$, $\overline{CG}$, $\overline{EF}$, $\overline{EH}$, $\overline{FG}$,
$\overline{GH}$의 6개이므로 $b=6$

$\therefore a+b=3+6=9$

14 답 ㄱ, ㄷ

ㄴ. 서로 만나지 않는 두 직선은 평행하거나 꼬인 위치에 있다.

ㄹ. 한 평면 위에 있으면서 서로 만나지 않는 두 직선은 평행하다.

따라서 옳은 것은 ㄱ, ㄷ이다.

> 참고 공간에서 만나지 않는 두 직선의 위치 관계
> (1) 평행하다. ➡ 한 평면 위에 있다.
> (2) 꼬인 위치에 있다. ➡ 한 평면 위에 있지 않다.

유형 04 공간에서 직선과 평면의 위치 관계

(1) 공간에서 직선과 평면의 위치 관계
  ① 한 점에서 만난다. ② 직선이 평면에 포함된다. ③ 평행하다.

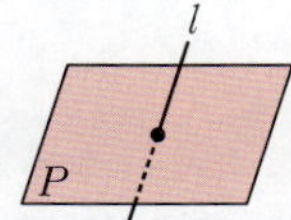 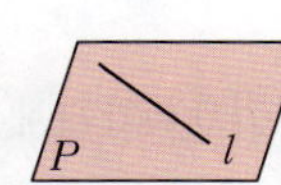 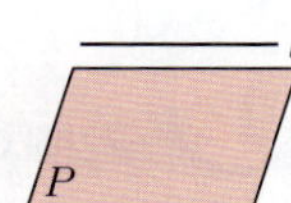

(2) 직선과 평면의 수직

직선 l이 평면 P와 한 점 H에서 만나고 점 H를 지나는 평면 P 위의 모든 직선과 수직이면
  ➡ $l \perp P$

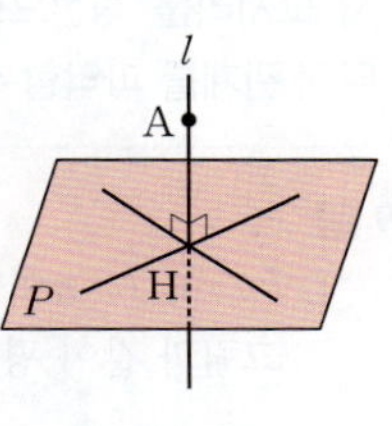

이때 점 A와 평면 P 사이의 거리는 $\overline{AH}$의 길이와 같다.

15 답 ③

③ $\overline{EJ}$와 평행한 면은 면 AFGB, 면 BGHC, 면 CHID의 3개이다.

④ 면 BGHC에 포함된 모서리는 $\overline{BC}$, $\overline{BG}$, $\overline{CH}$, $\overline{GH}$의 4개이다.

⑤ 면 ABCDE와 한 점에서 만나는 모서리는 $\overline{AF}$, $\overline{BG}$, $\overline{CH}$, $\overline{DI}$, $\overline{EJ}$의 5개이다.

따라서 옳지 않은 것은 ③이다.

16 답 2

면 BFGC와 평행한 모서리는 $\overline{AD}$, $\overline{AE}$, $\overline{DH}$, $\overline{EH}$의 4개이므로 $a=4$

모서리 AE와 수직인 면은 면 ABCD, 면 EFGH의 2개이므로 $b=2$

$\therefore a-b=4-2=2$

17 답 ④

④ 두 직선 m, n은 한 점에서 만나지만 수직으로 만나는지는 알 수 없다.

> 참고 점 A에서 평면 P에 내린 수선의 발을 점 H라 할 때,
> (점 A와 평면 P 사이의 거리)
> $=(\overline{AH}$의 길이)

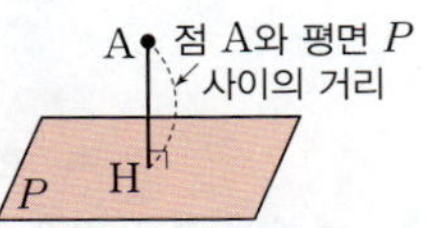

18 답 9

점 A와 면 EFGH 사이의 거리는 $\overline{AE}$의 길이와 같으므로
$\overline{AE}=\overline{DH}=4$ cm $\therefore a=4$

점 B와 면 CGHD 사이의 거리는 $\overline{BC}$의 길이와 같으므로
$\overline{BC}=\overline{FG}=3$ cm $\therefore b=3$

점 C와 면 AEHD 사이의 거리는 $\overline{CD}$의 길이와 같으므로
$\overline{CD}=\overline{GH}=2$ cm $\therefore c=2$

$\therefore a+b+c=4+3+2=9$

유형 05 공간에서 두 평면의 위치 관계

(1) 공간에서 두 평면의 위치 관계
  ① 한 직선에서 만난다. ② 일치한다. ③ 평행하다.

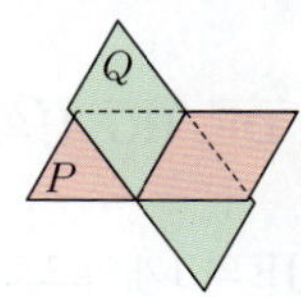 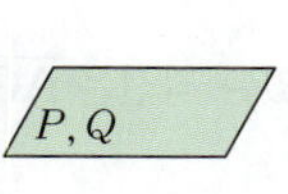 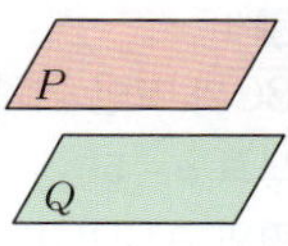

(2) 두 평면의 수직

평면 P가 평면 Q에 수직인 직선 l을 포함하면
  ➡ $P \perp Q$

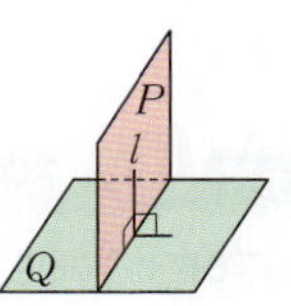

19 답 면 ABCD, 면 EFGH

20 답 3

면 ADEB와 수직인 면은 면 ABC, 면 DEF의 2개이므로 $a=2$

면 ABC와 평행한 면은 면 DEF의 1개이므로 $b=1$

$\therefore a+b=2+1=3$

21 답 ②

ㄱ. 면 ABCDEF와 만나지 않는 면은 평행한 면인 면 GHIJKL의 1개이다.

ㄴ. 면 CIJD와 수직인 면은 면 ABCDEF, 면 GHIJKL의 2개이다.

ㄹ. 서로 평행한 두 면은 면 ABCDEF와 면 GHIJKL, 면 CIJD와 면 AGLF, 면 ABHG와 면 DJKE, 면 BHIC와 면 FLKE의 4쌍이다.

따라서 옳은 것은 ㄱ, ㄷ이다.

유형 06 일부를 잘라 낸 입체도형에서의 위치 관계

잘라 낸 입체도형에서 모서리를 직선으로, 면을 평면으로 생각하여 직선과 평면의 위치 관계를 파악한다.

22 답 ③

① $\overline{AB}$와 $\overline{CG}$는 꼬인 위치에 있다.

② $\overline{AB}$와 꼬인 위치에 있는 모서리는 $\overline{CG}$, $\overline{DE}$, $\overline{DG}$, $\overline{EF}$, $\overline{GF}$의 5개이다.

③ 면 ADGC와 수직인 면은 면 ABC, 면 AED, 면 BFGC, 면 DEFG의 4개이다.

④ 면 BEF와 평행한 모서리는 $\overline{AC}$, $\overline{AD}$, $\overline{CG}$, $\overline{DG}$의 4개이다.

⑤ 면 ABC와 수직인 모서리는 $\overline{AD}$, $\overline{BF}$, $\overline{CG}$의 3개이다.

따라서 옳은 것은 ③이다.

23 답 ②

면 CDHG와 평행한 모서리는 $\overline{AE}$, $\overline{BF}$의 2개이므로 $a=2$

면 BFGC와 수직인 모서리는 $\overline{AB}$, $\overline{EF}$의 2개이므로 $b=2$

$\therefore a+b=2+2=4$

24 답 4

$\overleftrightarrow{BC}$와 꼬인 위치에 있는 직선은 $\overleftrightarrow{AG}$, $\overleftrightarrow{EJ}$, $\overleftrightarrow{DF}$, $\overleftrightarrow{HG}$, $\overleftrightarrow{IJ}$의 5개이므로 $a=5$

평면 ABHG와 평행한 평면은 평면 DFIJE의 1개이므로 $b=1$

$\therefore a-b=5-1=4$

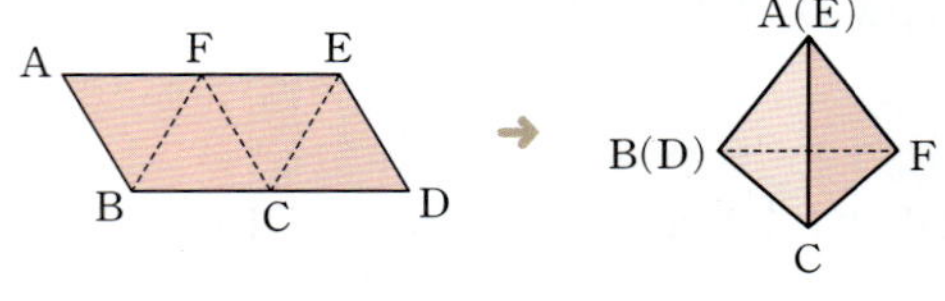

유형 07 전개도가 주어진 입체도형에서의 위치 관계

주어진 전개도로 만든 입체도형에서 모서리와 면의 위치 관계를 파악한다. 이때 겹치는 꼭짓점을 모두 표시한다.

25 답 ④

주어진 전개도로 삼각뿔을 만들면 오른쪽 그림과 같다.

④ 모서리 BD와 만나지 않는 모서리는 $\overline{AF}$이다.

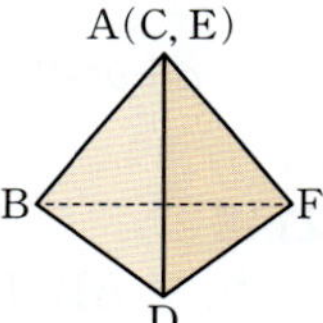

26 답 ①

주어진 전개도로 정육면체를 만들면 오른쪽 그림과 같다.

②, ④ 평행하다.

③, ⑤ 한 점에서 만난다.

따라서 모서리 FG와 꼬인 위치에 있는 모서리는 ①이다.

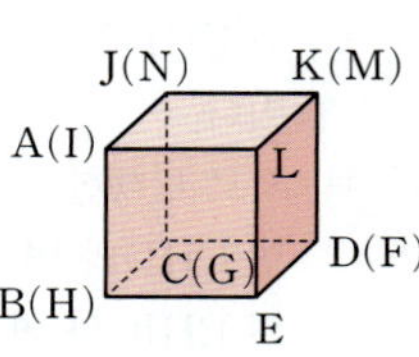

27 답 5, 4, 6

주어진 전개도로 정육면체를 만들면 오른쪽 그림과 같다. 세 면 A, B, C에 적힌 눈의 수를 각각 a, b, c라 하면

면 A와 평행한 면에 적힌 눈의 수는 2이므로

$a+2=7$ $\therefore a=5$

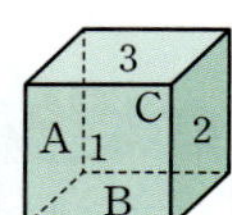

면 B와 평행한 면에 적힌 눈의 수는 3이므로 $b+3=7$ $\therefore b=4$

면 C와 평행한 면에 적힌 눈의 수는 1이므로 $c+1=7$ $\therefore c=6$

28 답 ⑤

주어진 전개도로 삼각기둥을 만들면 오른쪽 그림과 같다.

① 모서리 BE와 만나는 모서리는 $\overline{AB}$, $\overline{BJ}$, $\overline{DE}$, $\overline{EG}$의 4개이다.

② 모서리 IH와 꼬인 위치에 있는 모서리는 $\overline{BJ}$, $\overline{EG}$의 2개이다.

③ 면 BEGJ와 평행한 모서리는 $\overline{CD}$의 1개이다.

④ 면 BCDE와 수직인 모서리는 $\overline{AJ}$, $\overline{FG}$의 2개이다.

⑤ 면 JGHI와 수직인 면은 면 ABJ, 면 FEG, 면 BCDE의 3개이다.

따라서 옳지 않은 것은 ⑤이다.

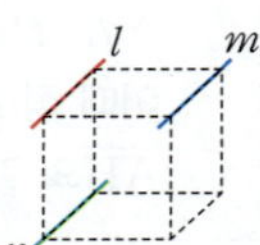

유형 08 공간에서 여러 가지 위치 관계

공간에서 여러 가지 위치 관계를 조사할 때는 직육면체를 그려서 모서리를 직선으로, 면을 평면으로 생각하여 직선과 평면의 위치 관계를 파악할 수 있다.

29 답 ㄱ, ㄹ

ㄱ. $l \,/\!/\, m$, $l \,/\!/\, n$이면 두 직선 m, n은 오른쪽 그림과 같이 평행하다.

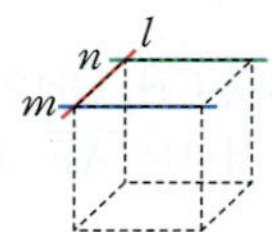

ㄴ. $l \perp m$, $l \perp n$이면 두 직선 m, n은 다음 그림과 같이 평행하거나 한 점에서 만나거나 꼬인 위치에 있다.

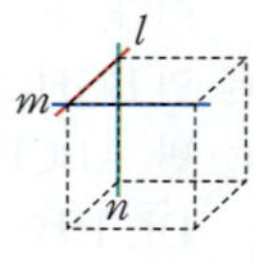

ㄷ. $l \,/\!/\, m$, $l \perp n$이면 두 직선 m, n은 다음 그림과 같이 한 점에서 만나거나 꼬인 위치에 있다.

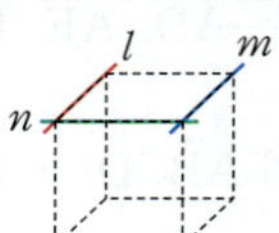
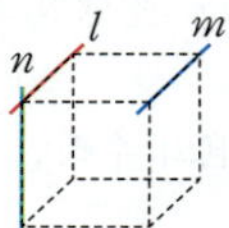

ㄹ. $l \perp m$, $l \,/\!/\, n$이면 두 직선 m, n은 다음 그림과 같이 한 점에서 만나거나 꼬인 위치에 있다.

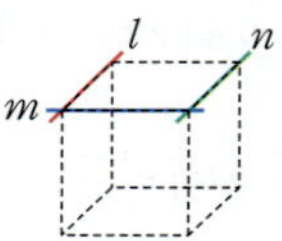
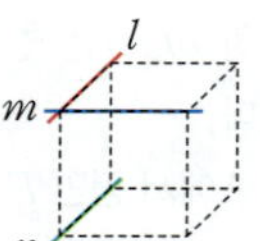

따라서 옳은 것은 ㄱ, ㄹ이다.

30 답 ④

① $l /\!/ m$, $l \perp P$이면 오른쪽 그림과 같이 $m \perp P$
이다.

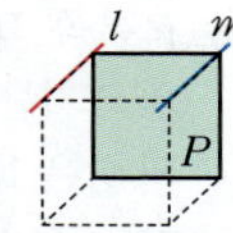

② $l \perp m$, $l \perp P$이면 다음 그림과 같이 직선 m이 평면 P에 포함
되거나 $m /\!/ P$이다.

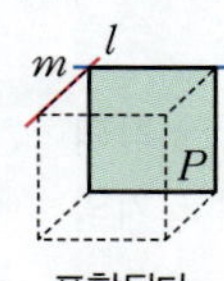 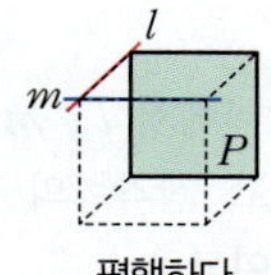

포함된다.   평행하다.

③ $l \perp m$, $l /\!/ P$이면 다음 그림과 같이 $m /\!/ P$이거나 한 점에서
만난다.

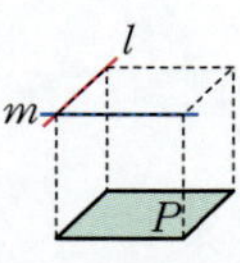 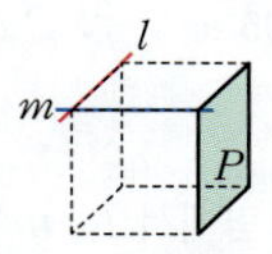

평행하다.   한 점에서 만난다.

⑤ $l \perp P$, $m /\!/ P$이면 두 직선 l, m은 다음 그림과 같이 한 점에
서 만나거나 꼬인 위치에 있다.

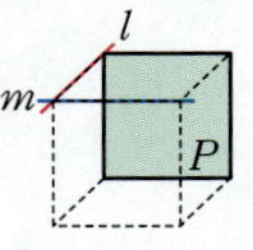 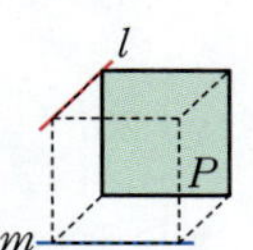

한 점에서 만난다.   꼬인 위치에 있다.

따라서 옳은 것은 ④이다.

31 답 ④

④ 한 평면에 수직인 서로 다른 두 평면은 다음 그림과 같이 평
행하거나 한 직선에서 만난다.

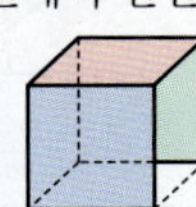 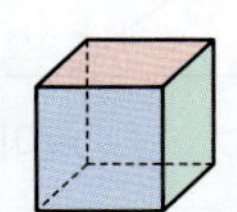

평행하다.   한 직선에서 만난다.

유형 09 동위각과 엇각

서로 다른 두 직선이 다른 한 직선과 만날 때
(1) 동위각 : 서로 같은 위치에 있는 두 각
(2) 엇각 : 서로 엇갈린 위치에 있는 두 각

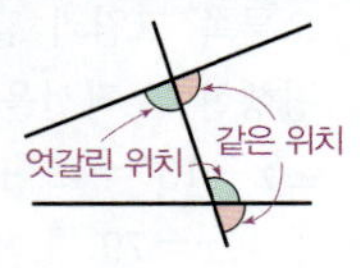

32 답 ⑤

⑤ $\angle f$의 엇각은 $\angle a$이고 $\angle a + 120° = 180°$이므로
$\angle a = 180° - 120° = 60°$
따라서 $\angle f$의 엇각의 크기는 $60°$이다.

33 답 ㄴ, ㄷ

ㄱ. $\angle a$의 동위각은 $\angle e$, $\angle h$이다.

ㄹ. $\angle d$의 크기와 $\angle f$의 크기가 같은지는 알 수 없다.
따라서 옳은 것은 ㄴ, ㄷ이다.

34 답 $200°$

$\angle b$의 엇각은 $\angle d$이므로 $\angle d = 135°$ (맞꼭지각)
$\angle f$의 동위각은 $\angle c$이므로 $\angle c = 65°$ (맞꼭지각)
따라서 $\angle b$의 엇각의 크기와 $\angle f$의 동위각의 크기의 합은
$\angle d + \angle c = 135° + 65° = 200°$

유형 10 평행선에서 동위각과 엇각

서로 다른 두 직선이 다른 한 직선과 만날 때
(1) 두 직선이 서로 평행하면 동위각의 크기
는 같다.
→ $l /\!/ m$이면 $\angle a = \angle b$

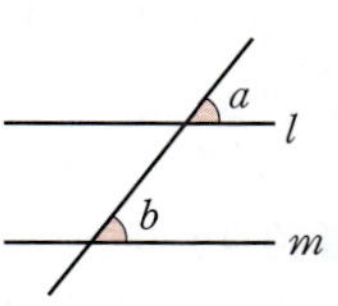

(2) 두 직선이 서로 평행하면 엇각의 크기는
같다.
→ $l /\!/ m$이면 $\angle c = \angle d$

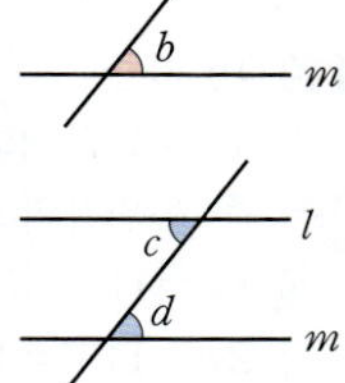

35 답 $\angle b$, $\angle d$, $\angle f$

맞꼭지각의 크기는 서로 같으므로 $\angle h = \angle f$
$l /\!/ m$이므로 $\angle h = \angle d$ (동위각), $\angle h = \angle b$ (엇각)
따라서 $\angle h$와 크기가 같은 각은 $\angle b$, $\angle d$, $\angle f$이다.

36 답 $157°$

$l /\!/ m$이므로 $\angle x = 180° - 102° = 78°$ (동위각)
$\angle y = 79°$ (엇각)
$\therefore \angle x + \angle y = 78° + 79° = 157°$

37 답 $25°$

$l /\!/ m$이므로 $\angle y = 40°$ (동위각)
$\angle x + \angle y = 105°$ (동위각)이므로
$\angle x = 105° - \angle y = 105° - 40° = 65°$
$\therefore \angle x - \angle y = 65° - 40° = 25°$

38 답 $35°$

입사각과 반사각의 크기는 서로 같고, 직사각형 모양의 테이블
에서 마주 보는 두 변이 서로 평행하므로 엇각의 크기가 같다.
따라서 각의 크기가 $55°$인 각을 찾아 표시하면 다음 그림과 같다.

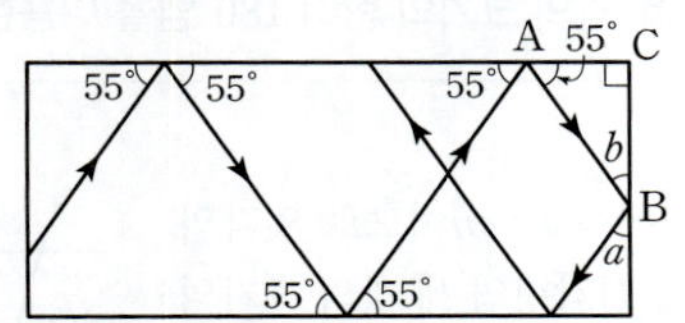

이때 삼각형 ABC의 세 각의 크기의 합은 $180°$이므로
$55° + \angle b + 90° = 180°$ $\therefore \angle b = 35°$
$\therefore \angle a = \angle b = 35°$

유형 11 두 직선이 평행할 조건

서로 다른 두 직선이 다른 한 직선과 만날 때

(1) 동위각의 크기가 같으면 두 직선은 서로 평행하다.

→ $\angle a = \angle b$이면 $l /\!/ m$

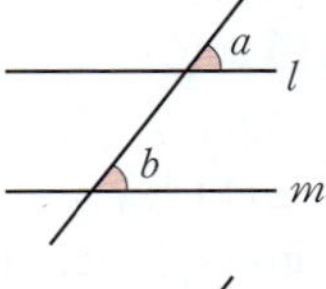

(2) 엇각의 크기가 같으면 두 직선은 서로 평행하다.

→ $\angle c = \angle d$이면 $l /\!/ m$

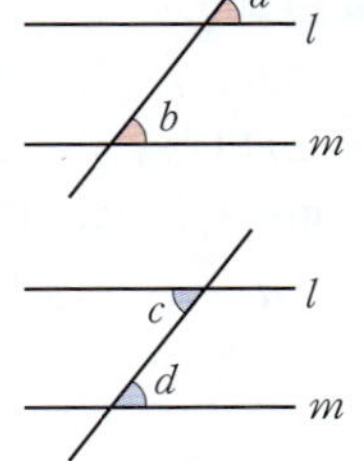

39 답 ⑤

⑤ 오른쪽 그림에서 동위각의 크기가 $85°$, $95°$로 같지 않으므로 두 직선 l, m은 평행하지 않다.

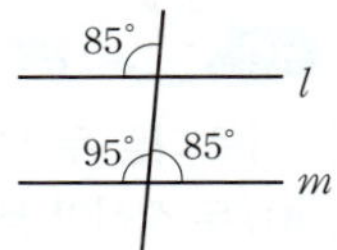

40 답 ④, ⑤

④ $\angle a = 115°$이고, $\angle e = 180° - 65° = 115°$

즉, 동위각의 크기가 같으므로 두 직선 l, m은 평행하다.

⑤ $\angle e = 115°$이고, $\angle b + \angle e = 180°$에서

$\angle b + 115° = 180°$ ∴ $\angle b = 65°$

즉, 엇각의 크기가 같으므로 두 직선 l, m은 평행하다.

따라서 두 직선 l, m이 평행할 조건은 ④, ⑤이다.

41 답 $l /\!/ n$, $p /\!/ q$

오른쪽 그림에서 두 직선 l, n이 직선 q와 만날 때 생기는 동위각의 크기가 $105°$로 같으므로 두 직선 l, n은 서로 평행하다.

즉, $l /\!/ n$이다.

또, 두 직선 p, q가 직선 n과 만날 때 생기는 동위각의 크기가 $105°$로 같으므로 두 직선 p, q는 서로 평행하다.

즉, $p /\!/ q$이다.

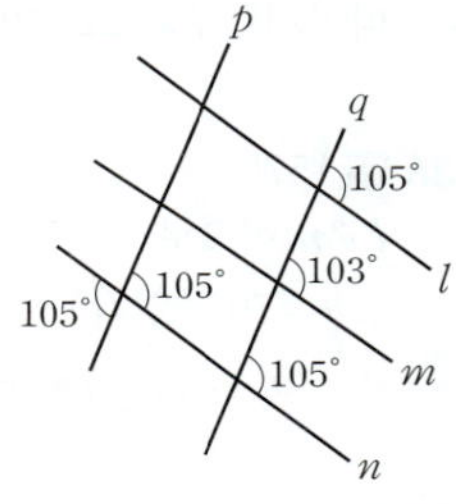

유형 12 평행선에서 각의 크기 구하기

(1) 평행선에서 동위각과 엇각의 크기는 각각 같음을 이용한다.

(2) 삼각형의 세 각의 크기의 합이 $180°$임을 이용한다.

42 답 $68°$

오른쪽 그림에서 $l /\!/ m$이므로 엇각의 크기는 같고, 삼각형의 세 각의 크기의 합은 $180°$이므로

$72° + \angle x + 40° = 180°$

∴ $\angle x = 68°$

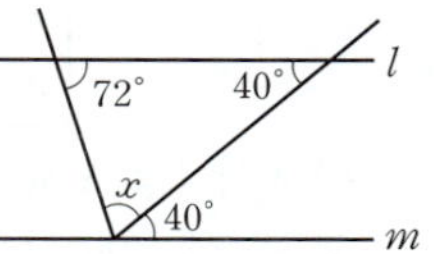

43 답 ①

오른쪽 그림에서 $l /\!/ m$이므로 동위각의 크기는 같고, 삼각형의 세 각의 크기의 합은 $180°$이므로

$78° + (180° - 99°) + \angle x = 180°$

∴ $\angle x = 21°$

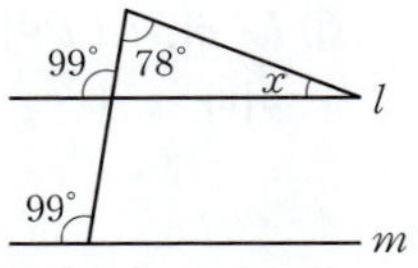

44 답 $35°$

오른쪽 그림에서 $l /\!/ m$이므로 엇각의 크기는 같고, 삼각형의 세 각의 크기의 합은 $180°$이므로

$45° + (2\angle x + 15°) + (\angle x + 15°)$
$= 180°$

$3\angle x = 105°$ ∴ $\angle x = 35°$

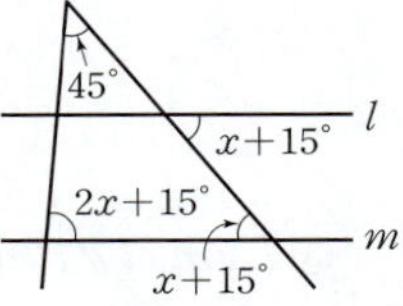

45 답 ⑤

오른쪽 그림에서 $l /\!/ m$이므로 엇각의 크기는 같고, 삼각형의 세 각의 크기의 합은 $180°$이므로

$(180° - \angle y) + (180° - \angle x) + 57°$
$= 180°$

∴ $\angle x + \angle y = 237°$

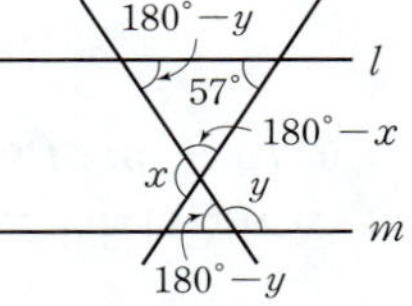

유형 13 평행선 사이에 꺾인 선이 있을 때, 각의 크기 구하기

(1) 꺾인 점을 지나고 주어진 평행선에 평행한 직선을 긋는다.

(2) 평행선에서 동위각과 엇각의 크기는 각각 같음을 이용한다.

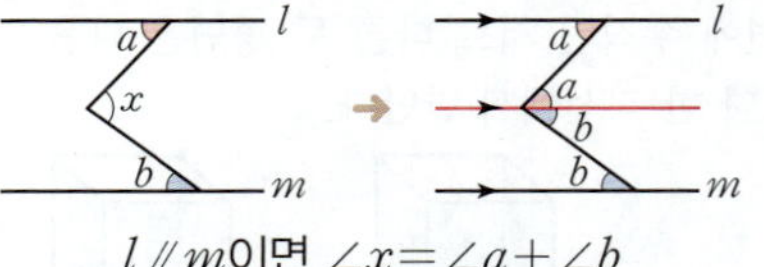

$l /\!/ m$이면 $\angle x = \angle a + \angle b$

46 답 ④

오른쪽 그림과 같이 두 직선 l, m에 평행한 직선을 그으면

$\angle x = 47° + 23° = 70°$

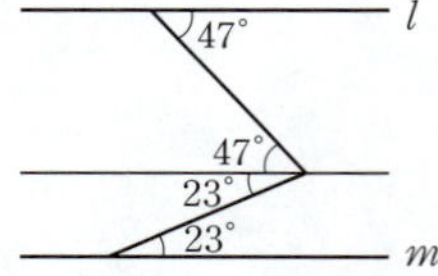

47 답 $79°$

오른쪽 그림과 같이 두 직선 l, m에 평행한 두 직선을 그으면

$\angle x - 13° = 42° + 24°$

∴ $\angle x = 79°$

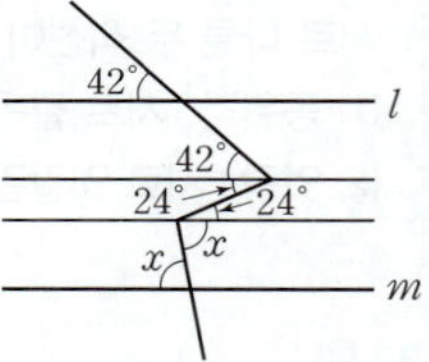

48 답 ②

오른쪽 그림과 같이 두 직선 l, m에 평행한 두 직선을 그으면

$\angle x = 75° + 25° = 100°$

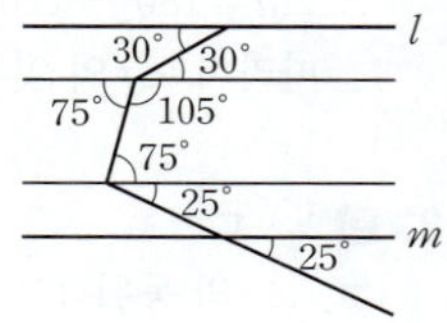

49 답 114°

오른쪽 그림과 같이 두 직선 l, m에 평행한 직선을 그으면 동위각의 크기는 같고, 삼각형 ABC의 세 각의 크기의 합은 180°이므로

$\angle ACB = 180° - (132° + 24°) = 24°$

$\therefore \angle x = 24° + 90° = 114°$

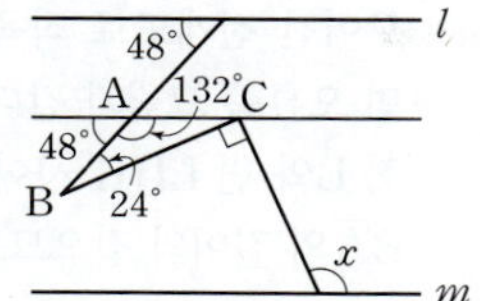

유형 **14** 평행선에서의 활용

주어진 평행선에 평행한 직선을 그어 조건을 만족시키는 각의 크기를 구한다.

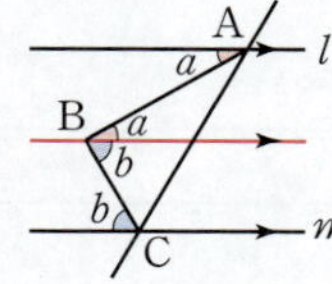 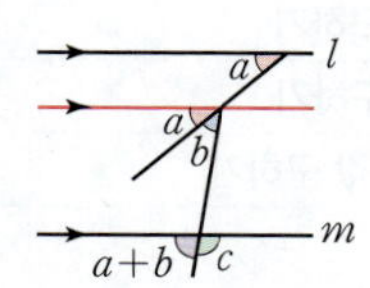

50 답 60°

오른쪽 그림과 같이 점 C를 지나고 두 직선 l, m에 평행한 직선을 긋자.

$\angle CAD = \angle a$, $\angle CBE = \angle b$라 하면

$\angle BAD = 3\angle a$에서 $\angle BAC = 2\angle a$,

$\angle CBE = \dfrac{1}{2}\angle ABC$에서 $\angle ABC = 2\angle b$

삼각형 ABC의 세 각의 크기의 합은 180°이므로

$2\angle a + (\angle a + \angle b) + 2\angle b = 180°$

$3\angle a + 3\angle b = 180°$ $\therefore \angle a + \angle b = 60°$

$\therefore \angle ACB = \angle a + \angle b = 60°$

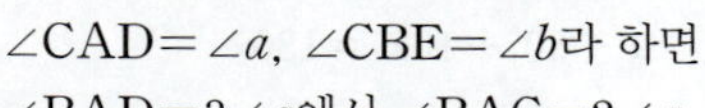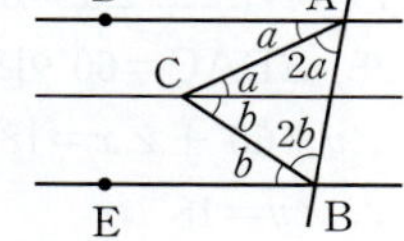

51 답 132°

오른쪽 그림과 같이 두 직선 l, m에 평행한 세 직선을 그으면

$(\angle a + \angle b + \angle c) + 48° + \angle d = 180°$

$\therefore \angle a + \angle b + \angle c + \angle d = 132°$

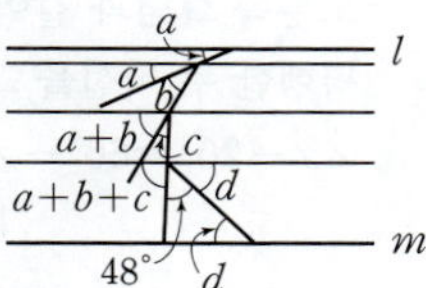

52 답 17°

오른쪽 그림과 같이 점 B를 지나고 두 직선 l, m에 평행한 직선을 그으면

$\angle ABC = 30° + 38° = 68°$

따라서 $\angle DBC = \dfrac{1}{3}\angle ABD$이므로

$\angle DBC = \dfrac{1}{4}\angle ABC = \dfrac{1}{4} \times 68° = 17°$

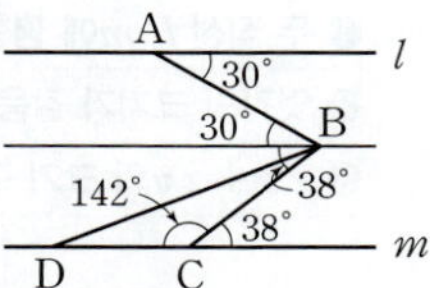

53 답 30°

오른쪽 그림과 같이 주어진 직사각형의 세로에 평행한 네 직선을 그으면

$5\angle x + \angle x = 180°$

$6\angle x = 180°$

$\therefore \angle x = 30°$

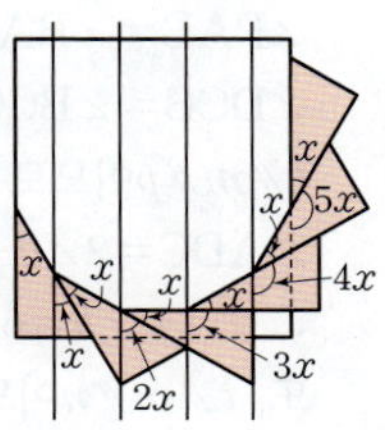

심화유형 **15** 종이접기

직사각형 모양의 종이를 접으면

(1) 접은 각의 크기가 같다.

→ $\angle a = \angle b$

(2) 엇각의 크기가 같다.

→ $\angle a = \angle c$

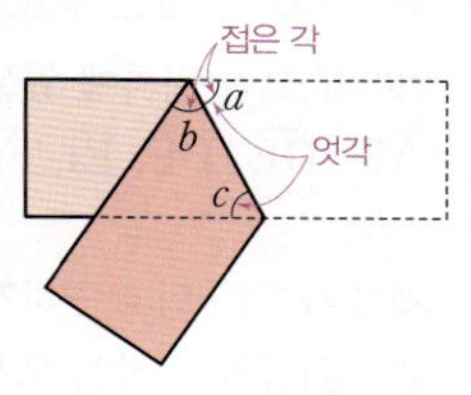

54 답 ③

오른쪽 그림에서

$\angle EGF = 180° - 118° = 62°$이고

$\angle GFC = \angle EGF = 62°$ (엇각),

$\angle EFG = \angle GFC = 62°$ (접은 각)

따라서 삼각형 EFG의 세 각의 크기의 합은 180°이므로

$\angle x + 62° + 62° = 180°$ $\therefore \angle x = 56°$

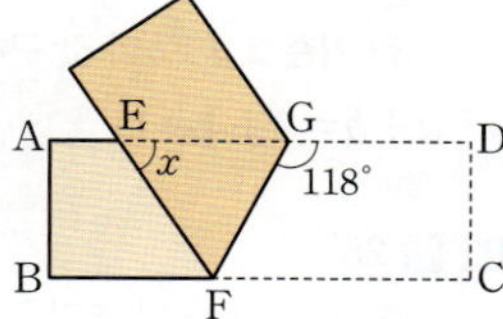

55 답 ⑤

오른쪽 그림에서

$\angle EGB = \angle EGF = \angle x$ (접은 각)

이므로 $2\angle x = 70°$ (동위각)

$\therefore \angle x = 35°$

$\angle DHI = \angle GHI = \angle y$ (접은 각)이므로

$2\angle y = 2\angle x + 60°$ (엇각)

$2\angle y = 70° + 60° = 130°$ $\therefore \angle y = 65°$

$\therefore \angle x + \angle y = 35° + 65° = 100°$

56 답 $\angle x = 34°$, $\angle y = 72°$

오른쪽 그림과 같이 점 C′을 지나고 $\overline{AD}$, $\overline{BC}$에 평행한 직선을 그으면

$\angle C = \angle A = 70°$이고

$\angle DC'E = \angle C = 70°$ (접은 각)이므로

$\angle x + 36° = 70°$ $\therefore \angle x = 34°$

$\angle DEC = \angle DEC' = \angle y$ (접은 각)이므로

$36° + \angle y + \angle y = 180°$, $2\angle y = 144°$ $\therefore \angle y = 72°$

서술형

38쪽~39쪽

01 답 2

채점 기준 **1** a의 값 구하기 … 3점

$\overline{AB}$와 꼬인 위치에 있는 모서리는

$\overline{OC}$, $\overline{OD}$, $\overline{CG}$, $\overline{DH}$, $\overline{EH}$, $\overline{FG}$ 의 6 개이므로

$a = 6$

채점 기준 **2** b의 값 구하기 … 3점

면 EFGH와 평행한 모서리는

$\overline{AB}$, $\overline{BC}$, $\overline{CD}$, $\overline{DA}$ 의 4 개이므로

$b = 4$

채점 기준 **3** $a - b$의 값 구하기 … 1점

$a - b = 6 - 4 = 2$

01-1 답 11

채점 기준 1 a의 값 구하기 … 3점

$\overline{BC}$와 꼬인 위치에 있는 모서리는
$\overline{AD}$, $\overline{DE}$, $\overline{DF}$, $\overline{EI}$, $\overline{FJ}$, $\overline{HI}$, $\overline{GJ}$의 7개이므로
$a=7$

채점 기준 2 b의 값 구하기 … 3점

면 GHIJ와 수직인 모서리는
$\overline{BH}$, $\overline{EI}$, $\overline{FJ}$, $\overline{CG}$의 4개이므로
$b=4$

채점 기준 3 $a+b$의 값 구하기 … 1점

$a+b=7+4=11$

02 답 $28°$

채점 기준 1 $\angle y$의 크기 구하기 … 2점

$l /\!/ m$이므로 $180°-\angle y=\underline{88°}$ (동위각)

$\therefore \angle y=\underline{92°}$

채점 기준 2 $\angle x$의 크기 구하기 … 3점

오른쪽 그림에서 삼각형의 세 각의 크기의 합은 $180°$이므로

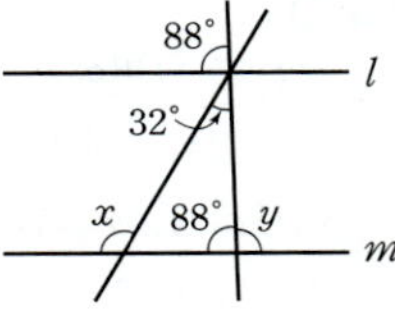

$32°+(180°-\angle x)+\underline{88°}=180°$

$\therefore \angle x=\underline{120°}$

채점 기준 3 $\angle x-\angle y$의 크기 구하기 … 1점

$\angle x-\angle y=120°-92°=\underline{28°}$

02-1 답 $35°$

채점 기준 1 $\angle y$의 크기 구하기 … 2점

$l /\!/ m$이므로 $\angle y=180°-145°=35°$ (동위각)

채점 기준 2 $\angle x$의 크기 구하기 … 3점

오른쪽 그림에서 삼각형의 세 각의 크기의 합은 $180°$이므로

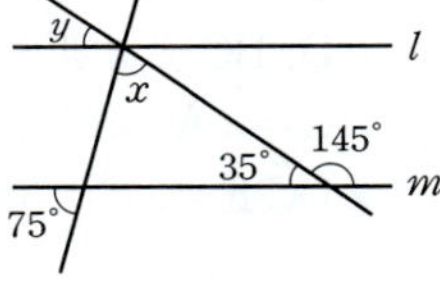

$\angle x+75°+35°=180°$

$\therefore \angle x=70°$

채점 기준 3 $\angle x-\angle y$의 크기 구하기 … 1점

$\angle x-\angle y=70°-35°=35°$

03 답 10

모서리 CD와 평행한 모서리는 $\overline{MN}$, $\overline{EF}$, $\overline{HG}$의 3개이므로
$a=3$ …… ❶

모서리 CG와 수직으로 만나는 면은 면 MNCD, 면 EFGH의 2개이므로
$b=2$ …… ❷

모서리 FN과 꼬인 위치에 있는 모서리는 $\overline{DC}$, $\overline{HG}$, $\overline{MD}$, $\overline{EH}$, $\overline{DH}$의 5개이므로
$c=5$ …… ❸

$\therefore a+b+c=3+2+5=10$ …… ❹

채점 기준	배점
❶ a의 값 구하기	2점
❷ b의 값 구하기	2점
❸ c의 값 구하기	2점
❹ $a+b+c$의 값 구하기	1점

04 답 12

주어진 전개도로 직육면체를 만들면 오른쪽 그림과 같다. …… ❶

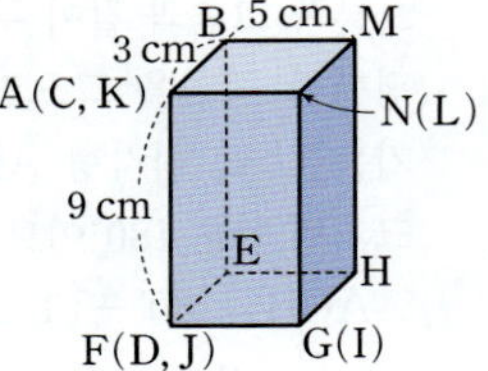

점 B와 면 LIJK 사이의 거리는 $\overline{BA}$의 길이와 같으므로
$a=3$ …… ❷

점 L과 면 EFGH 사이의 거리는 $\overline{LI}$의 길이와 같으므로
$b=9$ …… ❸

$\therefore a+b=3+9=12$ …… ❹

채점 기준	배점
❶ 전개도로 만든 직육면체 알기	3점
❷ a의 값 구하기	1점
❸ b의 값 구하기	1점
❹ $a+b$의 값 구하기	1점

05 답 $84°$

삼각형 ABC가 정삼각형이므로 $\angle ACB=60°$

$l /\!/ m$이므로 $\angle x=60°+42°=102°$ (엇각) …… ❶

또, $\angle BAC=60°$이므로
$\angle y+60°+\angle x=180°$, $\angle y+60°+102°=180°$

$\therefore \angle y=18°$ …… ❷

$\therefore \angle x-\angle y=102°-18°=84°$ …… ❸

채점 기준	배점
❶ $\angle x$의 크기 구하기	2점
❷ $\angle y$의 크기 구하기	3점
❸ $\angle x-\angle y$의 크기 구하기	1점

06 답 $80°$

오른쪽 그림과 같이 두 직선 l, m에 평행한 두 직선을 그으면 …… ❶

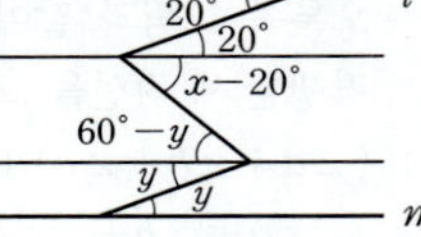

$\angle x-20°=60°-\angle y$ (엇각) …… ❷

$\therefore \angle x+\angle y=80°$ …… ❸

채점 기준	배점
❶ 두 직선 l, m에 평행한 직선 긋기	1점
❷ 엇각의 크기가 같음을 이용하여 $\angle x$, $\angle y$에 대한 식 세우기	2점
❸ $\angle x+\angle y$의 크기 구하기	1점

07 답 $65°$

오른쪽 그림과 같이 두 점 B, D를 각각 지나고 두 직선 l, m에 평행한 두 직선 n, p를 긋는다. …… ❶

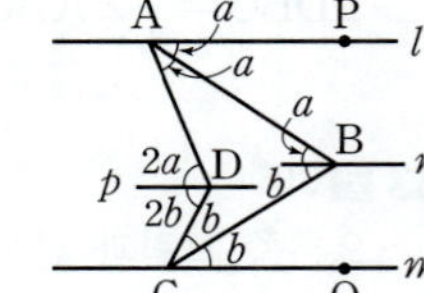

$\angle PAB=\angle BAD=\angle a$,
$\angle DCB=\angle BCQ=\angle b$라 하면
$l /\!/ m /\!/ p$이므로
$\angle ADC=2\angle a+2\angle b=130°$

$\therefore \angle a+\angle b=65°$ …… ❷

또, $l /\!/ m /\!/ n$이므로 $\angle x=\angle a+\angle b=65°$ …… ❸

채점 기준	배점
❶ 두 점 B, D를 각각 지나고 두 직선 l, m에 평행한 두 직선 긋기	2점
❷ ∠PAB=∠a, ∠DCB=∠b라 할 때, ∠a+∠b의 크기 구하기	3점
❸ ∠x의 크기 구하기	2점

08 답 68°

∠BDC′=∠BDC=56° (접은 각) ⋯⋯⋯ ❶

$\overline{AB}$∥$\overline{DC}$이므로

∠PBD=∠BDC=56° (엇각) ⋯⋯⋯ ❷

따라서 삼각형 PBD에서

∠BPD=180°−(56°+56°)=68° ⋯⋯⋯ ❸

채점 기준	배점
❶ ∠BDC′의 크기 구하기	2점
❷ ∠PBD의 크기 구하기	2점
❸ ∠BPD의 크기 구하기	2점

실전 중단원 학교 시험 1회 기본
40쪽~43쪽

01 ④	**02** ②	**03** ④	**04** ③, ⑤	**05** ④
06 ③	**07** ⑤	**08** ③	**09** ③	**10** ⑤
11 ④	**12** ③	**13** ④	**14** ②	**15** ②
16 ②	**17** ⑤	**18** ③	**19** 13	**20** 9
21 (1) 1 (2) 4		**22** 124°	**23** 60°	

01 답 ④ ［유형 01］

① 평면 P 위에 있는 점은 점 A, 점 B, 점 C의 3개이다.

③ 직선 l 위에 있지 않은 점은 점 C, 점 D, 점 E의 3개이다.

④ 직선 m 위에 있지 않은 점은 점 A, 점 B, 점 D, 점 E의 4개이다.

따라서 옳지 않은 것은 ④이다.

02 답 ② ［유형 02］

㈎ l⊥m, m∥n이면 l⊥n이다.

㈏ l⊥m, l⊥n이면 m∥n이다.

03 답 ④ ［유형 02］ + ［유형 03］

④ 꼬인 위치에 있는 두 직선은 같은 평면 위에 있지 않으므로 평면이 하나로 정해지지 않는다.

04 답 ③, ⑤ ［유형 03］

① $\overline{AB}$와 $\overline{ED}$는 꼬인 위치에 있다.

② $\overline{BC}$와 $\overline{AC}$는 한 점에서 만난다.

④ $\overline{AC}$와 $\overline{AE}$는 한 점에서 만난다.

따라서 옳은 것은 ③, ⑤이다.

05 답 ④ ［유형 04］

① 면 ABFE에 포함되는 모서리는 $\overline{AB}$, $\overline{AE}$, $\overline{BF}$, $\overline{EF}$의 4개이다.

② 모서리 BC와 평행한 면은 면 AEHD, 면 EFGH의 2개이다.

③ 면 BFGC에 수직인 모서리는 $\overline{AB}$, $\overline{DC}$, $\overline{EF}$, $\overline{HG}$의 4개이다.

④ $\overline{BD}$는 면 ABCD에 포함된다.

⑤ 평면 BFHD와 평행한 모서리는 $\overline{AE}$, $\overline{CG}$의 2개이다.

따라서 옳지 않은 것은 ④이다.

06 답 ③ ［유형 05］

오각기둥에서 면 FGHIJ와 수직인 면은 면 AFGB, 면 BGHC, 면 CHID, 면 EJID, 면 AFJE의 5개이다.

07 답 ⑤ ［유형 07］

주어진 전개도로 삼각기둥을 만들면 오른쪽 그림과 같다.

①, ④ 평행하다.

②, ③ 한 점에서 만난다.

따라서 꼬인 위치에 있는 모서리끼리 짝 지은 것은 ⑤이다.

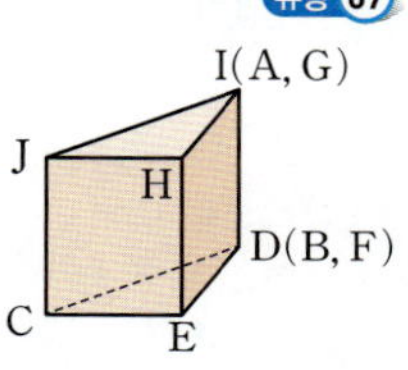

08 답 ③ ［유형 08］

① 한 직선에 평행한 서로 다른 두 평면은 다음 그림과 같이 평행하거나 한 직선에서 만난다.

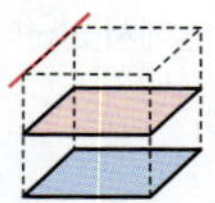
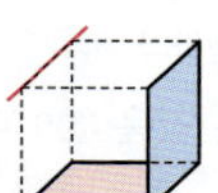

② 한 직선과 수직인 서로 다른 두 직선은 다음 그림과 같이 평행하거나 한 점에서 만나거나 꼬인 위치에 있다.

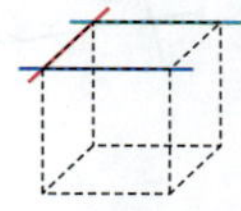
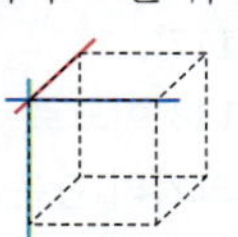
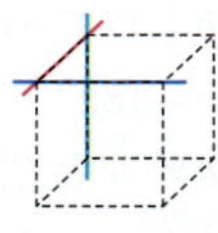

③ 한 평면에 평행한 서로 다른 두 평면은 오른쪽 그림과 같이 평행하다.

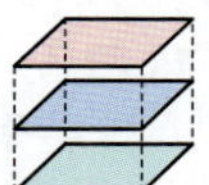

④ 한 평면에 평행한 서로 다른 두 직선은 다음 그림과 같이 평행하거나 한 점에서 만나거나 꼬인 위치에 있다.

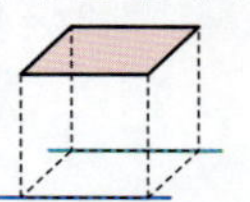
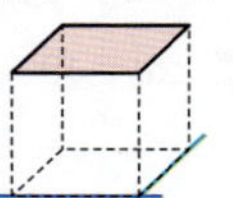
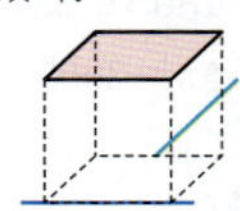

⑤ 한 평면과 수직인 서로 다른 두 평면은 다음 그림과 같이 평행하거나 한 직선에서 만난다.

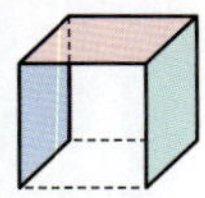
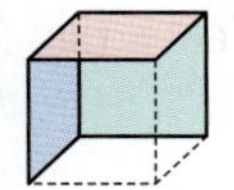

따라서 공간에서 항상 평행한 것은 ③이다.

09 답 ③   유형 08

① $l⊥P$, $l⊥Q$이면 오른쪽 그림과 같이 $P /\!/ Q$이다.

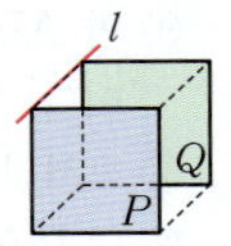

② $l⊥P$, $m⊥P$이면 오른쪽 그림과 같이 $l /\!/ m$이다.

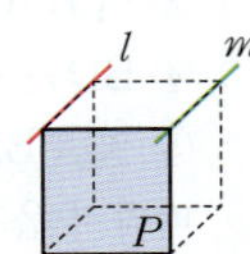

③ $l⊥P$, $l /\!/ m$이면 오른쪽 그림과 같이 $P⊥m$이다.

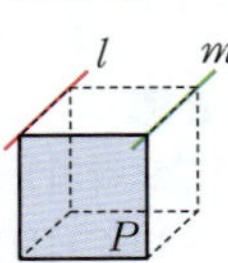

④ $l /\!/ P$, $l /\!/ Q$이면 두 평면 P, Q는 다음 그림과 같이 평행하거나 한 직선에서 만난다.

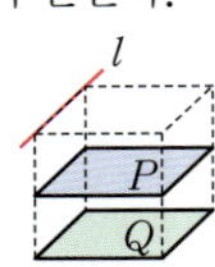 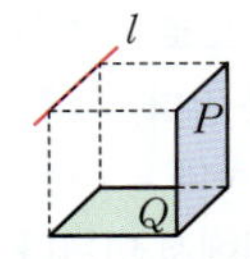
평행하다.   한 직선에서 만난다.

⑤ $l /\!/ P$, $m /\!/ P$이면 두 직선 l, m은 다음 그림과 같이 평행하거나 한 점에서 만나거나 꼬인 위치에 있다.

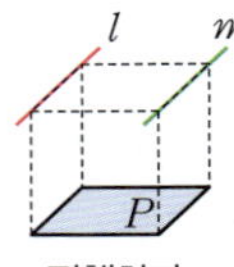 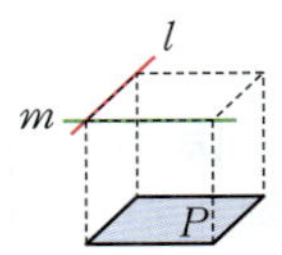 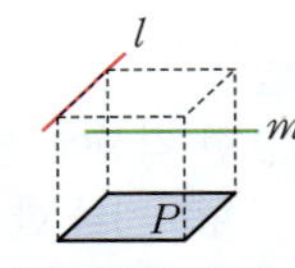
평행하다.   한 점에서 만난다.   꼬인 위치에 있다.

따라서 옳은 것은 ③이다.

10 답 ⑤   유형 09

오른쪽 그림에서 $∠a$의 엇각은 $∠b$, $∠c$이다.
$∠b=180°-63°=117°$,
$∠c=180°-32°=148°$이므로
$∠a$의 모든 엇각의 크기의 합은
$∠b+∠c=117°+148°=265°$

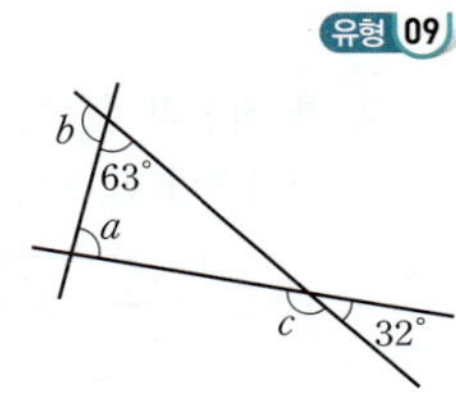

11 답 ④   유형 10

오른쪽 그림에서 $l /\!/ m$이므로
동위각의 크기는 같다.
$(2∠x-45°)+(3∠x+25°)$
$=180°$이므로
$5∠x=200°$ ∴ $∠x=40°$

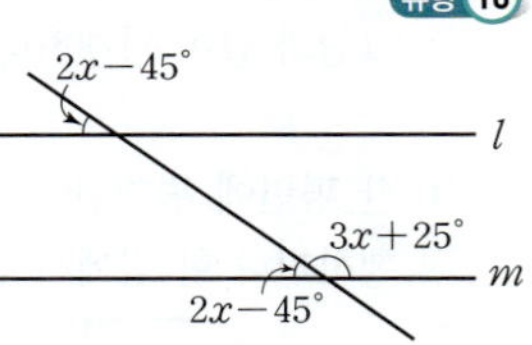

12 답 ③   유형 10

오른쪽 그림에서 $l /\!/ m$이므로
$∠a=180°-116°=64°$ (동위각)
$k /\!/ n$이므로
$∠x=64°+66°=130°$ (동위각)

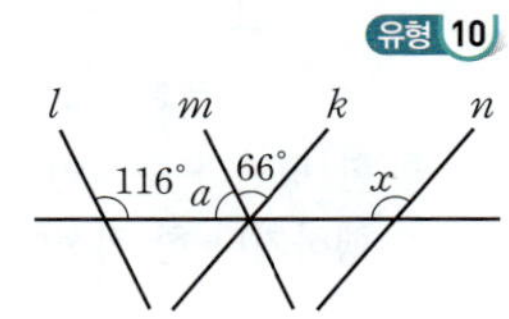

13 답 ④   유형 10 + 유형 11

① $l /\!/ m$이면 $∠a=∠e$ (동위각), $∠e=∠g$ (맞꼭지각)이므로
$∠a=∠g$이다.

② $∠c=∠e$ (엇각)이면 $l /\!/ m$이다.

③ $∠b=∠h$ (엇각)이면 $l /\!/ m$이다.

④ $∠b=∠d$ (맞꼭지각)이므로 두 직선 l, m이 평행하는지 알 수 없다.

⑤ $l /\!/ m$이면 $∠b=∠f$ (동위각)이고 $∠a+∠b=180°$이므로
$∠a+∠f=180°$이다.

따라서 옳지 않은 것은 ④이다.

14 답 ②   유형 12

오른쪽 그림에서 $l /\!/ m$이므로 동위각의 크기는 같고, 삼각형의 세 각의 크기의 합은 $180°$이므로
$135°+30°+∠x=180°$
$∠x+165°=180°$
∴ $∠x=15°$

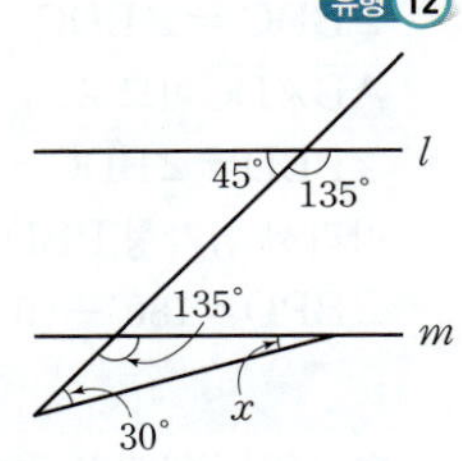

15 답 ②   유형 13

오른쪽 그림과 같이 두 직선 l, m에 평행한 두 직선을 그으면
$∠x=(26°+32°)+38°=96°$

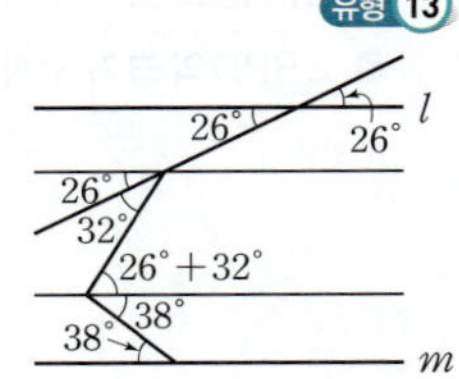

16 답 ②   유형 14

오른쪽 그림과 같이 점 B를 지나고 두 직선 l, m에 평행한 직선을 그으면
$∠ABC=30°+45°=75°$
이때 $∠ABD=2∠CBD$이므로
$∠CBD=\dfrac{1}{3}∠ABC$
$=\dfrac{1}{3}×75°=25°$

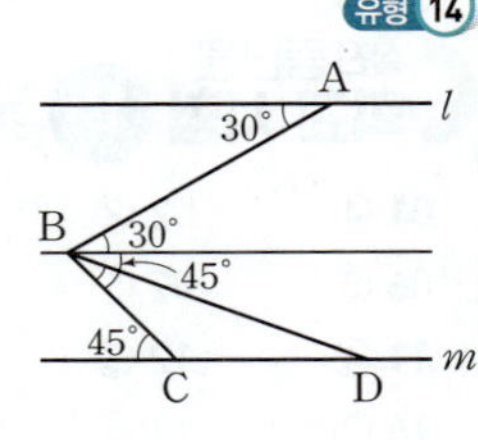

17 답 ⑤   유형 14

오른쪽 그림과 같이 점 B를 지나고 두 직선 l, m에 평행한 직선을 그으면
$∠ABC=∠PAB+∠QCB$
$=\dfrac{2}{5}∠PAC+\dfrac{2}{5}∠QCA$
$=\dfrac{2}{5}(∠PAC+∠QCA)$

이때 $∠PAC=∠ACR$ (엇각)이므로
$∠PAC+∠QCA=∠ACR+∠QCA=180°$
∴ $∠ABC=\dfrac{2}{5}(∠PAC+∠QCA)=\dfrac{2}{5}×180°=72°$

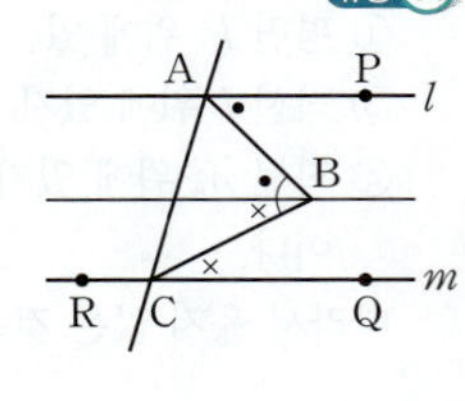

18 답 ③   유형 15

오른쪽 그림에서
$∠APB=∠PAD=∠x$ (엇각)
∴ $∠B'PA=∠APB=∠x$ (접은 각)
또, $∠DPC=∠ADP=∠y$ (엇각)
이므로 $∠C'PD=∠DPC=∠y$ (접은 각)
즉, $2∠x+∠B'PC'+2∠y=180°$이므로
$∠B'PC'=180°-2(∠x+∠y)=180°-2×64°=52°$

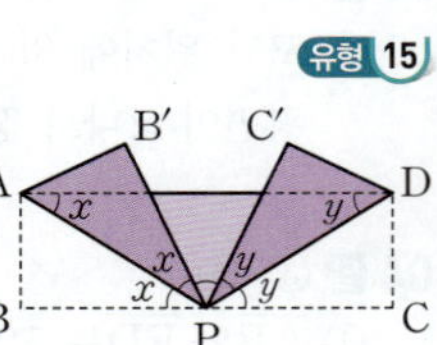 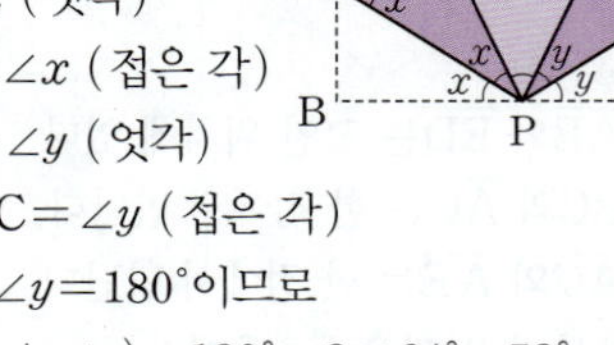

19 답 13 유형 04 + 유형 05

면 ABFE와 수직인 면은 면 ABCD, 면 AEHD, 면 BFGC,
면 EFGH의 4개이므로 $a=4$ …… ❶
면 BFGC와 평행한 면은 면 AEHD의 1개이므로
$b=1$ …… ❷
점 A와 면 BFGC 사이의 거리는 $\overline{AB}$의 길이와 같으므로
$c=8$ …… ❸
$\therefore a+b+c=4+1+8=13$ …… ❹

채점 기준	배점
❶ a의 값 구하기	2점
❷ b의 값 구하기	2점
❸ c의 값 구하기	2점
❹ $a+b+c$의 값 구하기	1점

20 답 9 유형 06

모서리 BE와 수직으로 만나는 모서리는 $\overline{AB}$, $\overline{BC}$, $\overline{DE}$, $\overline{EF}$의
4개이므로
$a=4$ …… ❶
모서리 CF와 꼬인 위치에 있는 모서리는 $\overline{AB}$, $\overline{AD}$, $\overline{BE}$, $\overline{DE}$,
$\overline{DG}$의 5개이므로
$b=5$ …… ❷
$\therefore a+b=4+5=9$ …… ❸

채점 기준	배점
❶ a의 값 구하기	2점
❷ b의 값 구하기	3점
❸ $a+b$의 값 구하기	1점

21 답 (1) 1 (2) 4 유형 07

주어진 전개도로 정육면체를 만들면
오른쪽 그림과 같다.
(1) 면 ABCN과 평행한 면은
면 LKDM의 1개이다. …… ❶
(2) 모서리 AB와 꼬인 위치에 있는 모
서리는 $\overline{NM}$, $\overline{ML}$, $\overline{CD}$, $\overline{KD}$의 4개이다. …… ❷

채점 기준	배점
❶ 면 ABCN과 평행한 면의 개수 구하기	3점
❷ 모서리 AB와 꼬인 위치에 있는 모서리의 개수 구하기	3점

22 답 124° 유형 10

오른쪽 그림에서 $l \parallel m$이므로 동위각
의 크기는 같다.
$(\angle x+40°)+(3\angle x-28°)=180°$
$4\angle x=168°$ $\therefore \angle x=42°$ …… ❶
$\angle y=\angle x+40°=42°+40°$
$\quad =82°$ (맞꼭지각) …… ❷
$\therefore \angle x+\angle y=42°+82°=124°$ …… ❸

채점 기준	배점
❶ $\angle x$의 크기 구하기	2점
❷ $\angle y$의 크기 구하기	1점
❸ $\angle x+\angle y$의 크기 구하기	1점

23 답 60° 유형 15

오른쪽 그림과 같이 점 F를 지나고
$\overline{AD}$, $\overline{BE}$에 평행한 직선을 그으면
…… ❶
$\angle DFP=\angle ADF=\angle x$ (엇각),
$\angle EFP=\angle FEB=30°$ (엇각)
…… ❷
이때 $\angle DFE=\angle DCE=90°$ (접은 각)이므로
$\angle x+30°=90°$ $\therefore \angle x=60°$ …… ❸

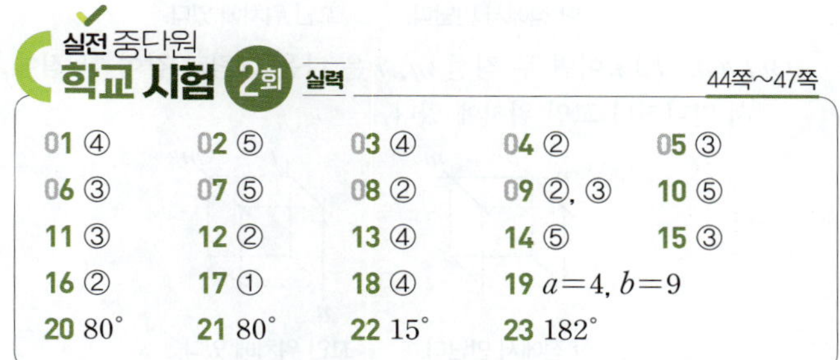

채점 기준	배점
❶ $\overline{AD}$, $\overline{BE}$에 평행한 직선 긋기	3점
❷ 평행선의 성질을 이용하여 크기가 같은 각 찾기	2점
❸ $\angle x$의 크기 구하기	2점

실전 중단원 학교 시험 2회 실력

44쪽~47쪽

01 ④	02 ⑤	03 ④	04 ②	05 ③
06 ③	07 ⑤	08 ②	09 ②, ③	10 ⑤
11 ③	12 ③	13 ④	14 ⑤	15 ③
16 ②	17 ①	18 ④	19 $a=4, b=9$	
20 80°	21 80°	22 15°	23 182°	

01 답 ④ 유형 01

④ 점 C는 직선 m 위에 있다.

02 답 ⑤ 유형 01

ㄱ. 직선 m 위에 있지 않은 점은 점 B, 점 D, 점 E의 3개이다.
ㄴ. 세 점 A, B, C가 평면 P 위에 있다.
따라서 옳은 것은 ㄱ, ㄷ, ㄹ이다.

03 답 ④ 유형 02

①, ②, ③, ⑤ 두 직선은 한 점에서 만난다.
④ 두 직선은 서로 평행하다.

04 답 ② 유형 03

①, ③, ⑤ 한 점에서 만난다.
④ 평행하다.
따라서 모서리 BE와 만나지도 않고 평행하지도 않은 모서리, 즉
꼬인 위치에 있는 모서리는 ②이다.

05 답 ③ 유형 04

③ 꼬인 위치는 공간에서 두 직선의 위치 관계에서만 존재한다.

06 답 ③ 유형 05

면 AEHD와 만나지 않는 면, 즉 평행한 면은 면 BFGC의 1개
이므로 $a=1$
면 AEHD와 수직인 면은 면 ABCD, 면 ABFE, 면 CGHD,
면 EFGH의 4개이므로 $b=4$
$\therefore a+b=1+4=5$

07 답 ⑤ 유형 **07**

주어진 전개도로 정육면체를 만들면 오른쪽 그림과 같다.

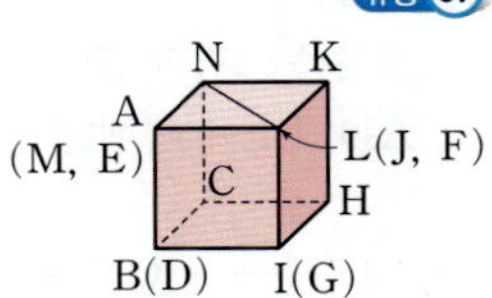

①, ②, ③, ④ $\overline{NL}$과 꼬인 위치에 있다.

⑤ $\overline{NL}$과 한 점에서 만난다.

따라서 위치 관계가 나머지 넷과 다른 하나는 ⑤이다.

08 답 ② 유형 **08**

① $l /\!/ m$, $m \perp n$이면 두 직선 l, n은 다음 그림과 같이 한 점에서 만나거나 꼬인 위치에 있다.

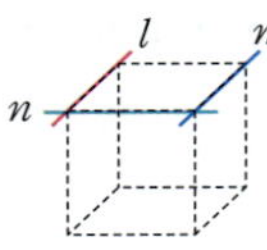 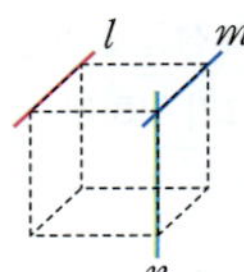

한 점에서 만난다.　　　꼬인 위치에 있다.

③ $l /\!/ m$, $l \perp n$이면 두 직선 m, n은 다음 그림과 같이 한 점에서 만나거나 꼬인 위치에 있다.

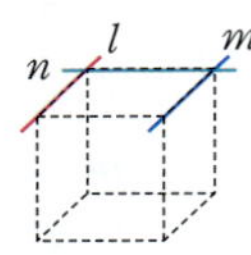 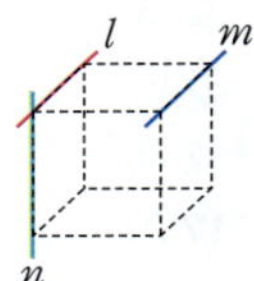

한 점에서 만난다.　　　꼬인 위치에 있다.

④ $l \perp m$, $m /\!/ n$이면 두 직선 l, n은 다음 그림과 같이 한 점에서 만나거나 꼬인 위치에 있다.

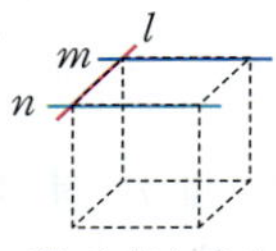 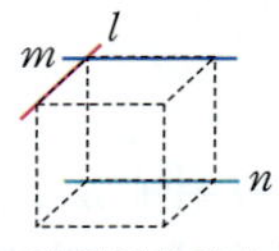

한 점에서 만난다.　　　꼬인 위치에 있다.

⑤ $l \perp m$, $l \perp n$이면 두 직선 m, n은 다음 그림과 같이 평행하거나 한 점에서 만나거나 꼬인 위치에 있다.

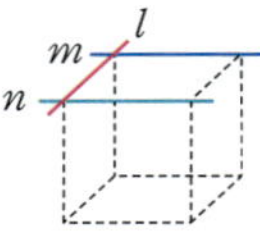 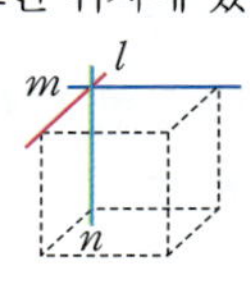 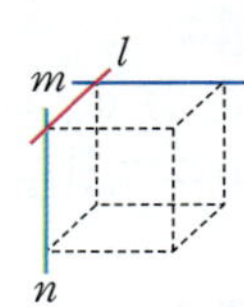

평행하다.　　　한 점에서 만난다.　　　꼬인 위치에 있다.

따라서 옳은 것은 ②이다.

09 답 ②, ③ 유형 **08**

① $l /\!/ P$, $m \perp P$이면 두 직선 l, m은 다음 그림과 같이 한 점에서 만나거나 꼬인 위치에 있다.

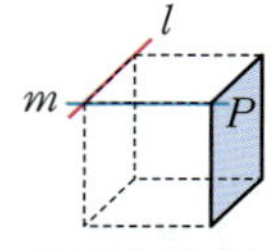 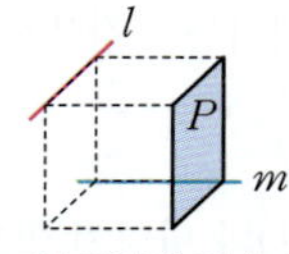

한 점에서 만난다.　　　꼬인 위치에 있다.

② $l \perp P$, $l /\!/ Q$이면 오른쪽 그림과 같이 $P \perp Q$이다.

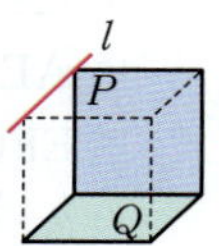

③ $P /\!/ Q$, $Q /\!/ R$이면 오른쪽 그림과 같이 $P /\!/ R$이다.

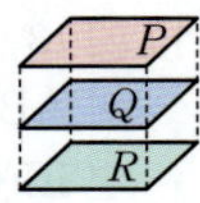

④ $P /\!/ Q$, $P \perp R$이면 오른쪽 그림과 같이 $Q \perp R$이다.

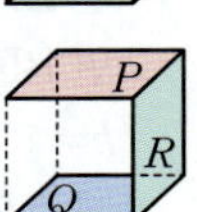

⑤ $P \perp Q$, $P \perp R$이면 다음 그림과 같이 두 평면 Q, R은 평행하거나 한 직선에서 만난다.

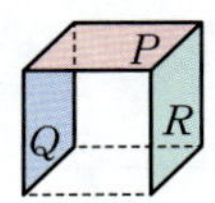 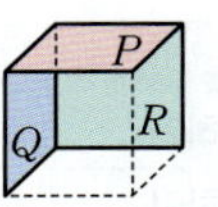

평행하다.　　　한 직선에서 만난다.

따라서 옳은 것은 ②, ③이다.

10 답 ⑤ 유형 **09**

③ $\angle a$의 맞꼭지각은 $\angle c$이고 $\angle c$의 동위각은 $\angle g$이다.

④ $\angle e$의 맞꼭지각은 $\angle g$이고 $\angle g$의 동위각은 $\angle c$이다.

⑤ $\angle h$의 맞꼭지각은 $\angle f$이고 $\angle f$의 엇각은 $\angle d$이다.

따라서 옳지 않은 것은 ⑤이다.

11 답 ③ 유형 **10**

$\overleftrightarrow{AB} /\!/ \overleftrightarrow{CD}$이므로 $\angle CDG = \angle ABD = 114°$ (동위각)

$\therefore \angle CDB = 180° - 114° = 66°$

또, $\overleftrightarrow{ED} /\!/ \overleftrightarrow{FG}$이므로 $\angle EDB = \angle FGD = 86°$ (동위각)

$\therefore \angle CDE = \angle EDB - \angle CDB = 86° - 66° = 20°$

12 답 ② 유형 **10**

$\overline{AB} /\!/ \overline{CD}$이므로 $\angle BCD = \angle ABC = \angle x$ (엇각)

$\overline{BC} /\!/ \overline{DE}$이므로 $\angle BCA = \angle DEC = 98°$ (동위각)

따라서 $98° + \angle x + \angle y = 180°$이므로

$\angle x + \angle y = 180° - 98° = 82°$

13 답 ④ 유형 **09** + 유형 **10**

오른쪽 그림에서 $\angle x$의 엇각은 $\angle a$, $\angle b$, $\angle c$, $\angle d$이다.

$l /\!/ m$이므로

$\angle a = 180° - 65° = 115°$ (동위각)

$p /\!/ q$이므로

$\angle b = \angle a = 115°$ (동위각)

한편, $\angle d + 52° = 180°$이므로

$\angle d = 128°$

$p /\!/ q$이므로 $\angle c = \angle d = 128°$ (동위각)

$\therefore \angle a + \angle b + \angle c + \angle d = 115° + 115° + 128° + 128° = 486°$

14 답 ⑤ 유형 **11**

① $\angle f = 127°$이므로 $\angle e = 180° - 127° = 53°$

이때 $\angle a = 53°$, $\angle e = 53°$는 동위각이고 그 크기가 같으므로 두 직선 l, m은 서로 평행하다.

② 동위각의 크기가 같으므로 두 직선 l, m은 서로 평행하다.

③ $\angle b = 118°$이므로 $\angle c = 180° - 118° = 62°$

이때 $\angle c = 62°$, $\angle g = 62°$는 동위각이고 그 크기가 같으므로 두 직선 l, m은 서로 평행하다.

④ 엇각의 크기가 같으므로 두 직선 l, m은 서로 평행하다.

⑤ $\angle c=65°$이므로 $\angle b=180°-65°=115°$

이때 $\angle b=115°$, $\angle h=110°$는 엇각이고 그 크기가 같지 않으므로 두 직선 l, m은 서로 평행하지 않다.

따라서 두 직선 l, m이 서로 평행하기 위한 조건으로 옳지 않은 것은 ⑤이다.

15 답 ③ 유형 12

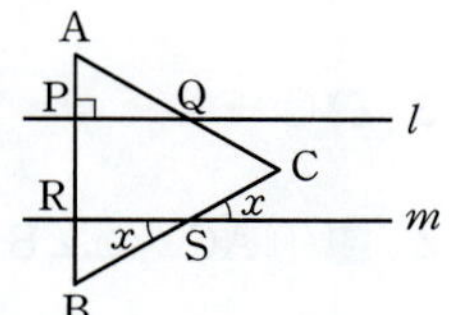

오른쪽 그림과 같이 두 직선 l, m과 삼각형 ABC의 교점을 각각 P, Q, R, S라 하면 삼각형 ABC는 정삼각형이므로 $\angle B=60°$이고

$\angle BRS=\angle RPQ=90°$ (동위각)

$\angle RSB=\angle x$ (맞꼭지각)

이때 삼각형 RBS의 세 각의 크기의 합은 $180°$이므로

$90°+60°+\angle x=180°$ $\therefore \angle x=30°$

16 답 ② 유형 13

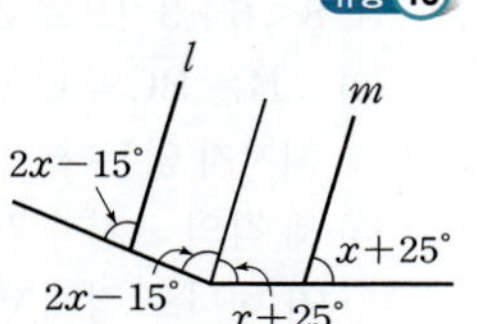

오른쪽 그림과 같이 두 직선 l, m과 평행한 직선을 그으면

$(2\angle x-15°)+(\angle x+25°)=157°$

$3\angle x=147°$ $\therefore \angle x=49°$

17 답 ① 유형 13

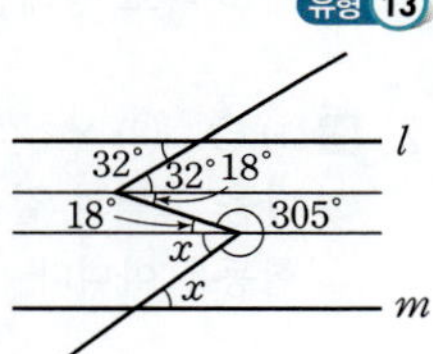

오른쪽 그림과 같이 두 직선 l, m과 평행한 두 직선을 그으면

$18°+\angle x=360°-305°$

$\therefore \angle x=37°$

18 답 ④ 유형 14

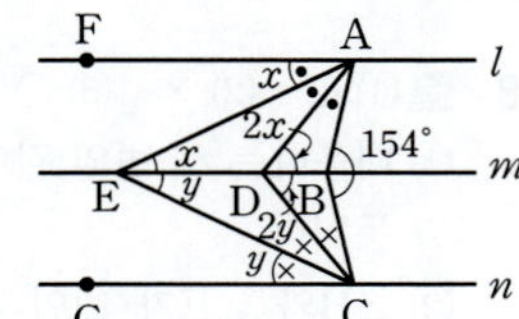

오른쪽 그림과 같이

$\angle EAF=\angle x$, $\angle ECG=\angle y$라 하면

$\angle AEC=\angle x+\angle y$,

$\angle ADC=2\angle x+2\angle y$

이때 $\angle ABC=3\angle x+3\angle y=154°$이므로

$\angle ADC+\angle AEC=(2\angle x+2\angle y)+(\angle x+\angle y)$

$=3\angle x+3\angle y=154°$

19 답 $a=4$, $b=9$ 유형 06

모서리 DK와 평행한 모서리는 $\overline{AH}$, $\overline{BI}$, $\overline{CE}$, $\overline{FJ}$의 4개이므로

$a=4$ ……❶

모서리 CD와 꼬인 위치에 있는 모서리는 $\overline{EF}$, $\overline{FG}$, $\overline{AH}$, $\overline{BI}$, $\overline{FJ}$, $\overline{HI}$, $\overline{HK}$, $\overline{IJ}$, $\overline{JK}$의 9개이므로

$b=9$ ……❷

채점 기준	배점
❶ a의 값 구하기	2점
❷ b의 값 구하기	2점

20 답 $80°$ 유형 12

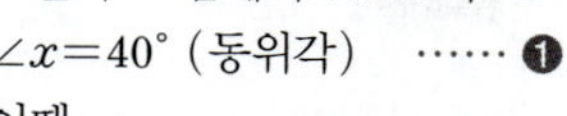

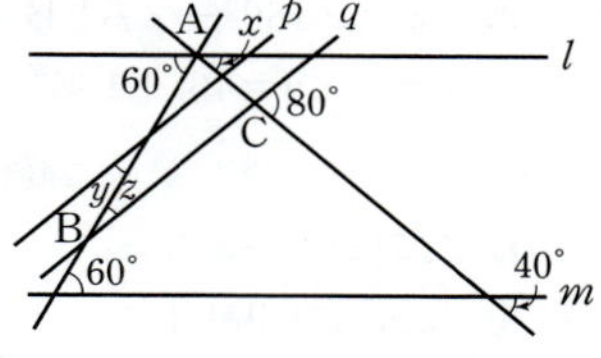

오른쪽 그림에서 $l /\!/ m$이므로

$\angle x=40°$ (동위각)   ……❶

이때

$60°+\angle BAC+\angle x=180°$

이므로

$\angle BAC=180°-60°-40°=80°$

삼각형 ABC의 세 각의 크기의 합은 $180°$이므로

$80°+\angle z+80°=180°$ $\therefore \angle z=20°$ ……❷

$p /\!/ q$이므로 $\angle y=\angle z=20°$ (엇각)   ……❸

$\therefore \angle x+\angle y+\angle z=40°+20°+20°=80°$ ……❹

채점 기준	배점
❶ $\angle x$의 크기 구하기	2점
❷ $\angle z$의 크기 구하기	3점
❸ $\angle y$의 크기 구하기	1점
❹ $\angle x+\angle y+\angle z$의 크기 구하기	1점

21 답 $80°$ 유형 14

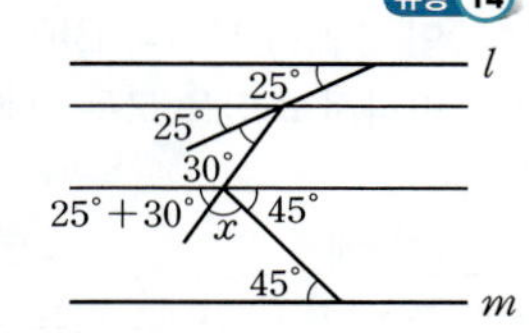

크기가 $30°$인 각의 꼭짓점과 $\angle x$의 각의 꼭짓점을 각각 지나고 두 직선 l, m에 평행한 두 직선을 그은 후 크기가 같은 각을 표시하면 오른쪽 그림과 같다.   ……❶

$25°+30°+\angle x+45°=180°$이므로 $\angle x=80°$ ……❷

채점 기준	배점
❶ 두 직선 l, m에 평행한 직선을 긋고 크기가 같은 각 표시하기	4점
❷ $\angle x$의 크기 구하기	2점

22 답 $15°$ 유형 12 + 유형 14

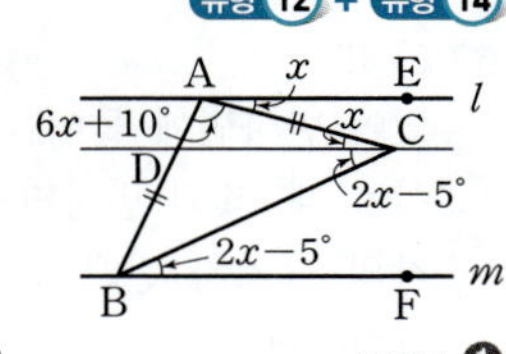

오른쪽 그림과 같이 점 C를 지나면서 두 직선 l, m과 평행한 직선을 그으면

$\angle ACD=\angle EAC=\angle x$ (엇각),

$\angle BCD=\angle CBF=2\angle x-5°$ (엇각)   ……❶

삼각형 ABC가 이등변삼각형이므로

$\angle ABC=\angle ACB=3\angle x-5°$ ……❷

삼각형 ABC의 세 각의 크기의 합은 $180°$이므로

$(6\angle x+10°)+(3\angle x-5°)+(3\angle x-5°)=180°$

$12\angle x=180°$ $\therefore \angle x=15°$ ……❸

채점 기준	배점
❶ $\angle ACD$와 $\angle BCD$의 크기를 $\angle x$를 이용하여 나타내기	2점
❷ $\angle ABC$의 크기를 $\angle x$를 이용하여 나타내기	2점
❸ $\angle x$의 크기 구하기	2점

23 답 $182°$ 유형 15

$\angle DAC=\angle FAC=22°$ (접은 각)이므로

$\angle x=90°-22°-22°=46°$ ……❶

$\overline{AD} /\!/ \overline{BC}$이므로

∠AEB＝∠DAE＝22°＋22°＝44° (엇각)
∴ ∠y＝∠180°－∠AEB＝180°－44°＝136° ······ ❷
∴ ∠x＋∠y＝46°＋136°＝182° ······ ❸

채점 기준	배점
❶ ∠x의 크기 구하기	3점
❷ ∠y의 크기 구하기	3점
❸ ∠x＋∠y의 크기 구하기	1점

교과서 속 특이 문제

48쪽

01 답 모서리 HG
직육면체에서 모서리 BC와 꼬인 위치에 있는 모서리는
모서리 AE, 모서리 DH, 모서리 EF, 모서리 HG이다.
이 중에서 면 ABCD와 만나지 않는 모서리는
모서리 EF, 모서리 HG이다.
이 중에서 모서리 BF와 만나지 않는 모서리는 모서리 HG이다.
따라서 조건을 모두 만족시키는 모서리는 모서리 HG이다.

02 답 2개
주어진 전개도로 만든 정육면체는 오
른쪽 그림과 같다.
모서리 LK와 꼬인 위치에 있는 모서
리는 모서리 AB, 모서리 FG, 모서리
NC, 모서리 CD이다.
이 중에서 면 ABCN과 수직으로 만나는 모서리는 모서리 FG,
모서리 CD의 2개이다.

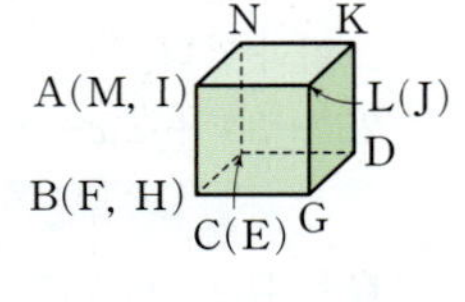

03 답 45°
빛이 반사면에 들어갈 때와 반
사될 때, 빛과 반사면이 이루는
각의 크기가 같으므로 오른쪽
그림에서
∠a＝45°, ∠b＝∠x
이때 두 반사면이 서로 평행하
므로 ∠b＝∠a＝45° (엇각)
∴ ∠x＝∠b＝45°

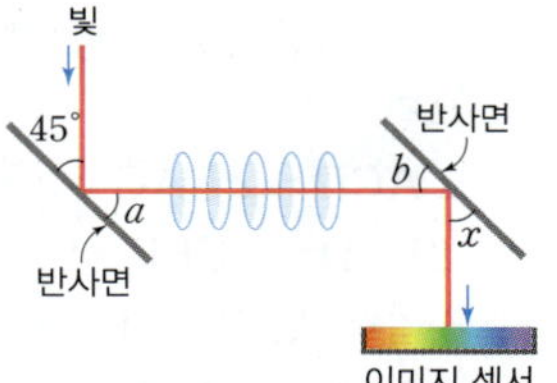

04 답 57°
오른쪽 그림에서 $\overline{AD} \parallel \overline{BC}$이므로
∠AFB＝∠DAF＝∠x (엇각)
∠EFA＝∠AFB
    ＝∠x (접은 각)
또, $\overline{AD} \parallel \overline{BC}$이므로
∠CFD＝∠ADF＝∠y (엇각)
∠GFD＝∠CFD＝∠y (접은 각)
따라서 2∠x＋66°＋2∠y＝180°이므로
2∠x＋2∠y＝114° ∴ ∠x＋∠y＝57°

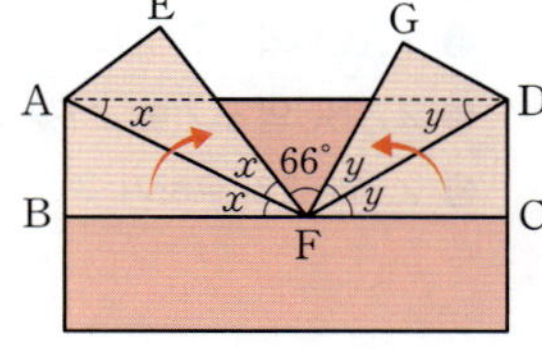

---

③ 작도와 합동

개념 Check

50쪽~51쪽

1 답 (1) × (2) × (3) ○
(1) 선분의 길이를 재어 옮길 때, 컴퍼스를 사용한다.
(2) 작도할 때, 눈금 없는 자와 컴퍼스만을 사용한다.

2 답 A, $\overline{XY}$, A, $\overline{XY}$, B

3 답 ㉠ → ㉢ → ㉡ → ㉣ → ㉤

4 답 (1) $\overline{AC}$ (2) ∠B

5 답 (1) × (2) ○
(1) 10＝4＋6이므로 삼각형이 그려지지 않는다.
(2) 8＜3＋7이므로 삼각형의 세 변의 길이가 될 수 있다.

6 답 (1) ○ (2) × (3) × (4) ○
(1) 8＜6＋3이므로 △ABC가 하나로 정해진다.
(2) ∠B는 $\overline{BC}$와 $\overline{CA}$의 끼인각이 아니므로 △ABC가 하나로 정
해지지 않는다.
(3) 세 각의 크기가 각각 같은 삼각형은 무수히 많으므로 △ABC
가 하나로 정해지지 않는다.
(4) 한 변의 길이와 그 양 끝 각의 크기가 주어졌으므로 △ABC
가 하나로 정해진다.

7 답 (1) ○ (2) × (3) ○
(2) 다음 그림과 같은 두 도형은 넓이가 24 cm²로 같지만 서로
합동은 아니다.

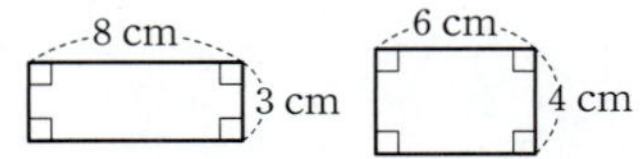

8 답 (1) ○ (2) × (3) ○ (4) ×
(1) 대응하는 세 변의 길이가 각각 같으므로 두 삼각형은 SSS 합
동이다.
(2) ∠B와 ∠E가 끼인각이 아니므로 두 삼각형은 서로 합동이
아니다.
(3) 대응하는 한 변의 길이가 같고, 그 양 끝 각의 크기가 각각 같
으므로 두 삼각형은 ASA 합동이다.
(4) 세 각의 크기가 각각 같은 삼각형은 무수히 많으므로 두 삼각
형은 서로 합동이 아니다.

기출 유형

52쪽~57쪽

유형 01 작도

(1) 작도 : 눈금 없는 자와 컴퍼스만을 사용하여 도형을 그리는 것
(2) 눈금 없는 자 : 두 점을 이어 선분을 그리거나 선분을 연장할
때 사용
(3) 컴퍼스 : 원을 그리거나 선분의 길이를 재어 옮길 때 사용

01 답 ③

ㄱ. 작도할 때는 눈금 없는 자와 컴퍼스만을 사용한다.

ㄷ. 두 선분의 길이를 비교할 때는 컴퍼스를 사용한다.

ㅁ. 주어진 각과 크기가 같은 각을 작도할 때는 눈금 없는 자와 컴퍼스만을 사용한다.

따라서 옳은 것은 ㄴ, ㄹ이다.

02 답 ①, ④

작도할 때는 컴퍼스를 사용하여 원을 그리거나 선분의 길이를 재어 옮길 수 있다.

유형 **02** 도형의 작도

(1) 길이가 같은 선분의 작도

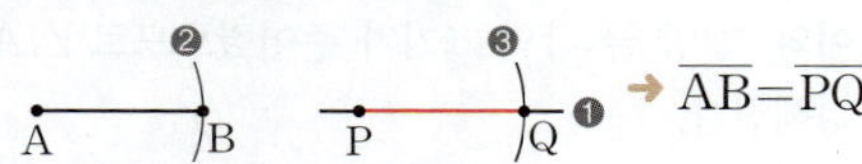

$\rightarrow \overline{AB}=\overline{PQ}$

(2) 크기가 같은 각의 작도

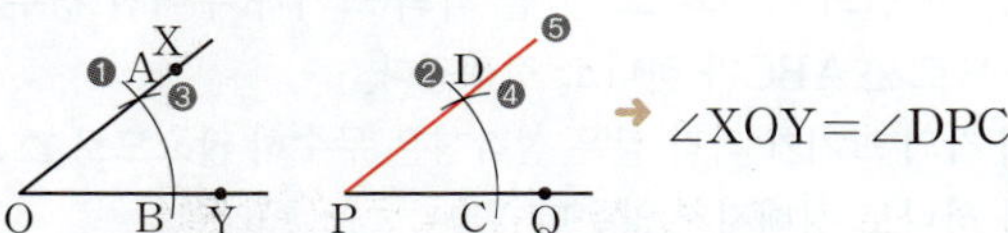

$\rightarrow \angle XOY=\angle DPC$

(3) 평행선의 작도

'서로 다른 두 직선이 한 직선과 만날 때, 동위각 또는 엇각의 크기가 같으면 두 직선은 서로 평행하다'는 성질과 크기가 같은 각의 작도를 이용하여 평행선을 작도한다.

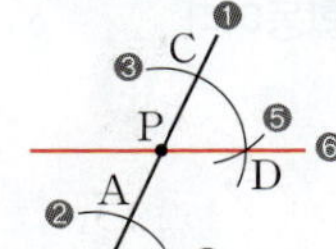

① 동위각 이용 ② 엇각 이용

03 답 ㉢ ➡ ㉠ ➡ ㉡

04 답 ③

점 C를 작도하려면 선분 AB의 길이를 재어 옮겨야 하므로 컴퍼스가 필요하다.

05 답 (1) ㉡ ➡ ㉤ ➡ ㉠ ➡ ㉣ ➡ ㉢ (2) $\overline{OB}$, $\overline{PC}$, $\overline{PD}$

(1) ㉡ 점 O를 중심으로 하는 원을 그려 반직선 OX, 반직선 OY와의 교점을 각각 A, B라 하자.

㉤ 점 P를 중심으로 하고 반지름의 길이가 $\overline{OA}$인 원을 그려 반직선 PQ와의 교점을 D라 하자.

㉠ 컴퍼스로 $\overline{AB}$의 길이를 잰다.

㉣ 점 D를 중심으로 하고 반지름의 길이가 $\overline{AB}$인 원을 그려 ㉤과의 교점을 C라 하자.

㉢ 점 P와 점 C를 이어 ∠XOY와 크기가 같은 각을 작도한다.

따라서 작도 순서는 ㉡ ➡ ㉤ ➡ ㉠ ➡ ㉣ ➡ ㉢이다.

(2) 컴퍼스를 사용하여 반지름의 길이가 $\overline{OA}$인 원을 그려 각을 옮기는 작도이므로 $\overline{OA}=\overline{OB}=\overline{PC}=\overline{PD}$이다.

따라서 $\overline{OA}$와 길이가 같은 선분은 $\overline{OB}$, $\overline{PC}$, $\overline{PD}$이다.

06 답 ③

③ $\overline{PQ}=\overline{PR}=\overline{AB}=\overline{AC}$

07 답 ④

08 답 ④

④ $\angle CPD=\angle AQB$

유형 **03** 삼각형의 세 변의 길이 사이의 관계

(1) 삼각형에서 한 변의 길이는 나머지 두 변의 길이의 합보다 작다.

(2) 세 변의 길이가 주어질 때, 삼각형을 만들 수 있는 조건

→ (가장 긴 변의 길이) < (나머지 두 변의 길이의 합)

09 답 ②, ④

주어진 세 변이 삼각형이 되기 위해서는 가장 긴 변의 길이가 나머지 두 변의 길이의 합보다 작아야 한다.

① $4<3+3$ ② $7=3+4$

③ $6<4+5$ ④ $10>4+5$

⑤ $10<5+6$

따라서 삼각형의 세 변의 길이가 될 수 없는 것은 ②, ④이다.

10 답 ③, ④

주어진 세 변이 삼각형이 되기 위해서는 x의 값을 대입했을 때, 가장 긴 변의 길이가 나머지 두 변의 길이의 합보다 작아야 한다.

① $8>3+4$ ② $8=3+5$

③ $8<3+6$ ④ $10<3+8$

⑤ $11=3+8$

따라서 x의 값이 될 수 있는 것은 ③, ④이다.

다른 풀이

(i) 가장 긴 변의 길이가 x cm일 때

$x<3+8$ ∴ $x<11$

이때 $x>8$이므로 x의 값은 9, 10이다.

(ii) 가장 긴 변의 길이가 8 cm일 때

$8<3+x$ ∴ $x>5$

이때 $x\le 8$이므로 x의 값은 6, 7, 8이다.

(i), (ii)에서 x의 값은 6, 7, 8, 9, 10이므로 x의 값이 될 수 있는 것은 ③, ④이다.

11 답 ①

가장 긴 변의 길이는 $(x+3)$ cm이다.

① $x=5$일 때, $5+3=(5-2)+5$

② $x=6$일 때, $6+3<(6-2)+6$

③ $x=7$일 때, $7+3<(7-2)+7$

④ $x=8$일 때, $8+3<(8-2)+8$

⑤ $x=9$일 때, $9+3<(9-2)+9$

따라서 x의 값이 될 수 없는 것은 ①이다.

유형 04 삼각형의 작도

다음의 각 경우에 삼각형을 하나로 작도할 수 있다.
① 세 변의 길이가 주어질 때
② 두 변의 길이와 그 끼인각의 크기가 주어질 때
③ 한 변의 길이와 그 양 끝 각의 크기가 주어질 때

12 답 ㉢, ㉠, ㉡

㉢ ∠A와 크기가 같은 각을 작도한다.
㉣ $\overline{AB}$를 반지름으로 하는 원을 그려 점 B를 작도한다.
㉠ $\overline{AC}$를 반지름으로 하는 원을 그려 점 C를 작도한다.
㉡ 점 B와 점 C를 이어 △ABC를 작도한다.
따라서 작도 순서는 ㉢ ➡ ㉣ ➡ ㉠ ➡ ㉡이다.

참고 한 선분을 작도한 후 ∠A를 작도하고 다른 한 선분을 작도할 수
도 있다.
즉, 가능한 작도 순서는 다음과 같다.
(ⅰ) ㉢ ➡ ㉣ ➡ ㉠ ➡ ㉡
(ⅱ) ㉢ ➡ ㉠ ➡ ㉣ ➡ ㉡
(ⅲ) ㉠ ➡ ㉢ ➡ ㉣ ➡ ㉡
(ⅳ) ㉣ ➡ ㉢ ➡ ㉠ ➡ ㉡
이때 두 번째 순서가 ㉣인 경우는 (ⅰ)뿐이다.

13 답 ④

한 변의 길이와 그 양 끝 각의 크기가 주어졌을 때는
⑴ 선분을 작도한 후 두 각을 작도한다.
　즉, $\overline{AB}$ ➡ ∠A ➡ ∠B (①) 또는 $\overline{AB}$ ➡ ∠B ➡ ∠A (②)
⑵ 한 각을 작도한 후 선분을 작도하고 다른 한 각을 작도한다.
　즉, ∠A ➡ $\overline{AB}$ ➡ ∠B (③) 또는 ∠B ➡ $\overline{AB}$ ➡ ∠A (⑤)
따라서 작도 순서로 옳지 않은 것은 ④이다.

유형 05 삼각형이 하나로 정해질 조건

다음의 각 경우에 삼각형이 하나로 정해진다.
① 세 변의 길이가 주어질 때
② 두 변의 길이와 그 끼인각의 크기가 주어질 때
③ 한 변의 길이와 그 양 끝 각의 크기가 주어질 때

14 답 ①, ⑤

① $10>4+5$이므로 삼각형이 그려지지 않는다.
② 두 변의 길이와 그 끼인각의 크기가 주어졌으므로 △ABC가
하나로 정해진다.
③ 한 변의 길이와 그 양 끝 각의 크기가 주어졌으므로 △ABC
가 하나로 정해진다.
④ $∠B=180°-(50°+70°)=60°$
즉, 한 변의 길이와 그 양 끝 각의 크기가 주어진 경우와 같으
므로 △ABC가 하나로 정해진다.
⑤ 세 각의 크기가 각각 같은 삼각형은 무수히 많으므로 △ABC
가 하나로 정해지지 않는다.
따라서 △ABC가 하나로 정해지지 않는 것은 ①, ⑤이다.

15 답 ④

ㄱ. $∠A+∠B=45°+135°=180°$이므로 삼각형이 그려지지
않는다.
ㄴ. $∠B=180°-(∠A+∠C)$
　　$=180°-(45°+70°)=65°$
즉, 한 변의 길이와 그 양 끝 각의 크기가 주어진 경우와 같
으므로 △ABC가 하나로 정해진다.
ㄷ. ∠A는 $\overline{AB}$와 $\overline{BC}$의 끼인각이 아니므로 △ABC가 하나로
정해지지 않는다.
ㄹ. 두 변의 길이와 그 끼인각의 크기가 주어졌으므로 △ABC
가 하나로 정해진다.
따라서 △ABC가 하나로 정해지기 위해 필요한 나머지 한 조건
은 ㄴ, ㄹ이다.

16 답 ㄱ, ㄴ, ㄷ

ㄱ. 한 변의 길이와 그 양 끝 각의 크기가 주어졌으므로 △ABC
가 하나로 정해진다.
ㄴ, ㄷ. $∠C=180°-(55°+65°)=60°$
즉, 한 변의 길이와 그 양 끝 각의 크기가 주어진 경우와 같
으므로 △ABC가 하나로 정해진다.
ㄹ. 세 각의 크기가 각각 같은 삼각형은 무수히 많으므로 △ABC
가 하나로 정해지지 않는다.
따라서 △ABC가 하나로 정해지기 위해 필요한 나머지 한 조건
은 ㄱ, ㄴ, ㄷ이다.

유형 06 도형의 합동

⑴ 삼각형 ABC와 삼각형 DEF가 서로 합동이다.
　➡ △ABC≡△DEF
⑵ 두 도형이 서로 합동이면
　① 대응변의 길이가 각각 같다.
　② 대응각의 크기가 각각 같다.

17 답 $\overline{PR}=7$ cm, $∠Q=60°$

△ABC≡△PQR이므로 $\overline{PR}=\overline{AC}=7$ cm
또, $∠P=∠A=70°$이므로
△PQR에서 $∠Q=180°-(70°+50°)=60°$

18 답 ①, ⑤

① 넓이가 같은 두 원은 반지름의 길이가 같으므로 서로 합동이다.
② 오른쪽 그림과 같은 두 직
사각형은 넓이가 12 cm²
로 같지만 서로 합동은 아
니다.
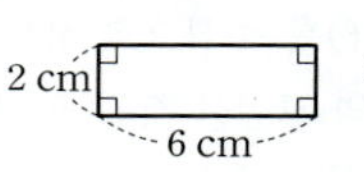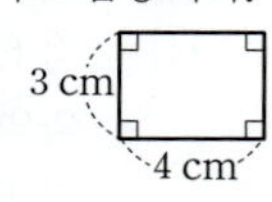
③ 오른쪽 그림과 같은 두 정삼각형은 세
각의 크기가 각각 $60°$로 같지만 서로
합동은 아니다.
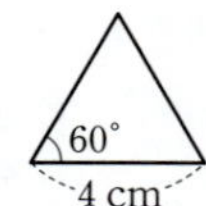
④ 오른쪽 그림과 같은 두 마름모
는 한 변의 길이가 같지만 서
로 합동은 아니다.
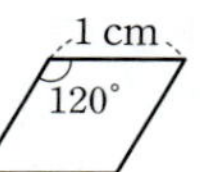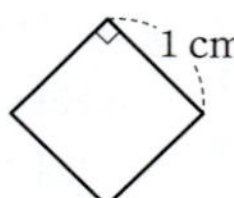

⑤ 둘레의 길이가 같은 두 정사각형은 한 변의 길이가 같으므로
서로 합동이다.
따라서 두 도형이 항상 합동인 것은 ①, ⑤이다.

19 답 ⑤
① $\overline{AB}=\overline{PQ}=4$ cm
② $\overline{QR}=\overline{BC}=7$ cm
③ $\angle P=\angle A=130°$
④ $\angle C=\angle R=65°$
⑤ 사각형 ABCD에서
$\angle D=360°-(130°+90°+65°)=75°$
따라서 옳지 않은 것은 ⑤이다.

유형 07 합동인 삼각형 찾기

다음의 각 경우에 두 삼각형은 서로 합동이다.
① 세 쌍의 대응변의 길이가 각각 같을 때 (SSS 합동)
② 두 쌍의 대응변의 길이가 각각 같고, 그 끼인각의 크기가 같을
때 (SAS 합동)
③ 한 쌍의 대응변의 길이가 같고, 그 양 끝 각의 크기가 각각 같
을 때 (ASA 합동)

20 답 ㄷ
주어진 삼각형의 나머지 한 각의 크기는
$180°-(85°+50°)=45°$
ㄷ. 주어진 삼각형과 대응하는 한 변의 길이가 같고, 그 양 끝 각
의 크기가 각각 같으므로 ASA 합동이다.
따라서 주어진 삼각형과 합동인 삼각형은 ㄷ이다.

21 답 ㄱ, ㄷ, ㄹ
ㄱ. 대응하는 세 변의 길이가 각각 같으므로
$\triangle ABC \equiv \triangle PQR$ (SSS 합동)
ㄴ. $\angle A$와 $\angle P$는 끼인각이 아니므로 $\triangle ABC$와 $\triangle PQR$은 서
로 합동이 아니다.
ㄷ. 대응하는 두 변의 길이가 각각 같고, 그 끼인각의 크기가 같
으므로 $\triangle ABC \equiv \triangle PQR$ (SAS 합동)
ㄹ. $\angle A=\angle P$, $\angle C=\angle R$이므로 $\angle B=\angle Q$
따라서 대응하는 두 변의 길이가 각각 같고, 그 끼인각의 크
기가 같으므로 $\triangle ABC \equiv \triangle PQR$ (ASA 합동)
ㅁ. 세 각의 크기가 각각 같은 삼각형은 무수히 많으므로 $\triangle ABC$
와 $\triangle PQR$은 서로 합동이 아니다.
따라서 $\triangle ABC$와 $\triangle PQR$이 서로 합동인 것은 ㄱ, ㄷ, ㄹ이다.

22 답 ②
⑤ 삼각형의 나머지 한 각의 크기는
$180°-(50°+55°)=75°$
①과 ⑤는 SAS 합동이고, ③과 ⑤, ④와 ⑤는 ASA 합동이므로
나머지 넷과 합동이 아닌 삼각형은 ②이다.

유형 08 두 삼각형이 합동일 조건

① 두 변의 길이가 각각 같을 때
→ 나머지 한 변의 길이 또는 그 끼인각의 크기가 같아야 한다.
② 한 변의 길이와 양 끝 각 중 한 각의 크기가 같을 때
→ 그 각을 끼고 있는 다른 한 변의 길이 또는 다른 한 각의 크
기가 같아야 한다.
③ 두 각의 크기가 각각 같을 때
→ 한 변의 길이가 같아야 한다.

23 답 ③, ④
① $\angle B$와 $\angle Q$는 끼인각이 아니므로 $\triangle ABC$와 $\triangle PQR$은 서로
합동이 아니다.
③ 대응하는 두 변의 길이가 각각 같고, 그 끼인각의 크기가 같
으므로 $\triangle ABC \equiv \triangle PQR$ (SAS 합동)
④ 대응하는 한 변의 길이와 그 양 끝 각의 크기가 각각 같으므
로 $\triangle ABC \equiv \triangle PQR$ (ASA 합동)
따라서 $\triangle ABC \equiv \triangle PQR$이 되기 위해 필요한 나머지 한 조건
은 ③, ④이다.

24 답 ㄱ, ㄴ, ㄷ
$\triangle ABC$와 $\triangle PQR$에서
$\angle B=\angle Q$, $\angle C=\angle R$이면 $\angle A=\angle P$이다.
ㄱ, ㄴ, ㄷ. 대응하는 한 변의 길이와 그 양 끝 각의 크기가 각각
같으므로 $\triangle ABC \equiv \triangle PQR$ (ASA 합동)
ㄹ. 세 각의 크기가 각각 같은 삼각형은 무수히 많으므로 $\triangle ABC$
와 $\triangle PQR$은 서로 합동이 아니다.
따라서 두 삼각형이 서로 합동이 되기 위해 필요한 나머지 한 조
건은 ㄱ, ㄴ, ㄷ이다.

25 답 ①, ④
①, ② $\overline{AC}=\overline{PR}$이면 대응하는 세 변의 길이가 각각 같으므로
$\triangle ABC \equiv \triangle PQR$ (SSS 합동)
③ $\angle A$와 $\angle P$는 끼인각이 아니므로 $\triangle ABC$와 $\triangle PQR$은 서로
합동이 아니다.
④ $\angle B=\angle Q$이면 대응하는 두 변의 길이가 각각 같고 그 끼인
각의 크기가 같으므로 $\triangle ABC \equiv \triangle PQR$ (SAS 합동)
⑤ $\angle C$와 $\angle R$은 끼인각이 아니므로 $\triangle ABC$와 $\triangle PQR$은 서로
합동이 아니다.
따라서 두 삼각형이 서로 합동이 되기 위해 필요한 나머지 한 조
건과 이때의 합동 조건을 바르게 짝 지은 것은 ①, ④이다.

유형 09 삼각형의 합동 조건 - SSS 합동

$\triangle ABC$와 $\triangle DEF$에서
$\overline{AB}=\overline{DE}$, $\overline{BC}=\overline{EF}$, $\overline{AC}=\overline{DF}$
이면
$\triangle ABC \equiv \triangle DEF$ (SSS 합동)

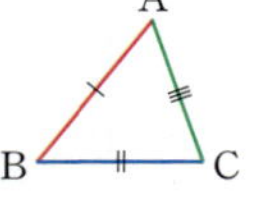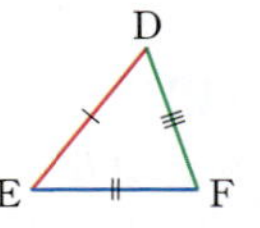

26 답 ②
$\triangle ABC$와 $\triangle CDA$에서
$\overline{AB}=\overline{CD}$, $\overline{BC}=\overline{DA}$, $\overline{AC}$는 공통이므로

△ABC≡△CDA (SSS 합동)
즉, ∠B=∠D이고, ∠BAC=∠DCA (엇각)이므로
$\overline{AB} /\!/ \overline{DC}$,
∠ACB=∠CAD (엇각)이므로 $\overline{BC} /\!/ \overline{AD}$이다.
따라서 옳지 않은 것은 ②이다.

27 답 4개
ㄱ, ㄴ. 사각형 ABCD가 마름모이므로
$\overline{AB}=\overline{BC}=\overline{CD}=\overline{DA}$
ㄷ, ㄹ. △ABD와 △CBD에서
$\overline{AB}=\overline{CB}$, $\overline{AD}=\overline{CD}$, $\overline{BD}$는 공통이므로
△ABD≡△CBD (SSS 합동)
∴ ∠ABD=∠CBD, ∠ADB=∠CDB
따라서 옳은 것은 ㄱ, ㄴ, ㄷ, ㄹ의 4개이다.

유형 10 삼각형의 합동 조건 - SAS 합동

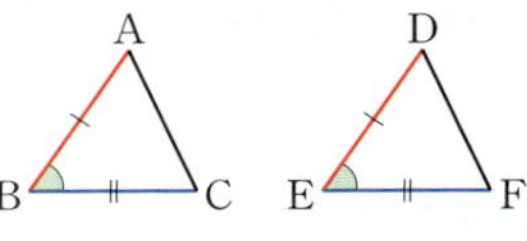

△ABC와 △DEF에서
$\overline{AB}=\overline{DE}$, $\overline{BC}=\overline{EF}$, ∠B=∠E
이면
△ABC≡△DEF (SAS 합동)

28 답 (가) ∠DAC (나) $\overline{AC}$ (다) SAS

29 답 △ABE, SAS 합동
△ACD와 △ABE에서
$\overline{AC}=\overline{AB}$, $\overline{AD}=\overline{AE}$, ∠A는 공통이므로
△ACD≡△ABE (SAS 합동)

30 답 ①, ④
△ABM과 △DCM에서
$\overline{BM}=\overline{CM}$, $\overline{AB}=\overline{DC}$, ∠ABM=∠DCM=90°
이므로 △ABM≡△DCM (SAS 합동)
따라서 $\overline{AM}=\overline{DM}$, ∠AMB=∠DMC
⑤ △AMD는 $\overline{MA}=\overline{MD}$인 이등변삼각형이므로
∠DAM=∠ADM
따라서 옳지 않은 것은 ①, ④이다.

유형 11 삼각형의 합동 조건 - ASA 합동

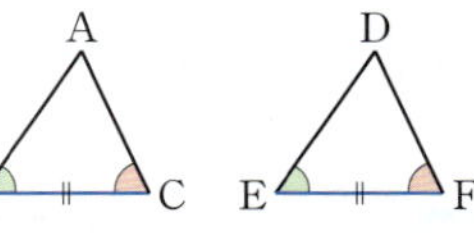

△ABC와 △DEF에서
$\overline{BC}=\overline{EF}$, ∠B=∠E, ∠C=∠F
이면
△ABC≡△DEF (ASA 합동)

31 답 ②
△AOP와 △BOP에서
$\overline{PO}$는 공통이고
∠PAO=∠PBO=90°, ∠POA=∠POB이므로
∠OPA=∠OPB
∴ △AOP≡△BOP (ASA 합동)
따라서 합동임을 설명하기 위해 사용한 조건이 아닌 것은 ②이다.

32 답 △EDB, ASA 합동
△ADC와 △EDB에서
$\overline{DC}=\overline{DB}$, ∠ADC=∠EDB (맞꼭지각)
$\overline{AC} /\!/ \overline{BE}$이므로 ∠ACD=∠EBD (엇각)
∴ △ADC≡△EDB (ASA 합동)

33 답 ㄱ, ㄴ, ㄹ, ㅁ
ㄱ. △ABC와 △DBE에서
∠A=∠D, $\overline{BA}=\overline{BD}$, ∠B는 공통이므로
△ABC≡△DBE (ASA 합동)
ㄴ. △ABC≡△DBE이므로 $\overline{BC}=\overline{BE}$
ㄷ. ∠EBC=∠EFC인지는 알 수 없다.
ㄹ. △ABC≡△DBE이므로 $\overline{BC}=\overline{BE}$, ∠ACB=∠DEB
△AEF와 △DCF에서
∠A=∠D, $\overline{AE}=\overline{BA}-\overline{BE}=\overline{BD}-\overline{BC}=\overline{DC}$,
∠AEF=180°−∠DEB=180°−∠ACB=∠DCF이므로
△AEF≡△DCF (ASA 합동)
∴ $\overline{EF}=\overline{CF}$
ㅁ. △AEF≡△DCF이므로 ∠AEF=∠DCF
ㅂ. $\overline{AE}=\overline{DF}$인지는 알 수 없다.
따라서 옳은 것은 ㄱ, ㄴ, ㄹ, ㅁ이다.

심화유형 12 삼각형의 합동의 활용

(1) 정삼각형이 주어졌을 때
정삼각형은 세 변의 길이가 같고, 세 각의 크기가 모두 60°임을 이용하여 합동인 삼각형을 찾는다.
(2) 정사각형이 주어졌을 때
정사각형은 네 변의 길이가 같고, 네 각의 크기가 모두 90°임을 이용하여 합동인 삼각형을 찾는다.

34 답 120°
△ACE와 △CBD에서
$\overline{EC}=\overline{DB}$,
△ABC가 정삼각형이므로
$\overline{AC}=\overline{CB}$, ∠ACE=∠B=60°
∴ △ACE≡△CBD (SAS 합동)
따라서 ∠AEC=∠CDB이므로
∠PCE+∠PEC=∠DCB+∠AEC
　　　　　　　=∠DCB+∠CDB
　　　　　　　=180°−∠B
　　　　　　　=180°−60°=120°

35 답 24°
△ACD와 △BCE에서
△ABC가 정삼각형이므로 $\overline{AC}=\overline{BC}$
△ECD가 정삼각형이므로 $\overline{CD}=\overline{CE}$
∠ACD=∠ACE+60°=∠BCE
∴ △ACD≡△BCE (SAS 합동)
∴ ∠DAC=∠EBC=∠ABC−∠ABE
　　　　　=60°−36°=24°

36 답 ㄱ, ㄴ, ㄷ, ㄹ

△ABP와 △CBQ에서
사각형 ABCD가 정사각형이므로
$\overline{AB}=\overline{CB}$, $\overline{AP}=\overline{CQ}$, ∠A=∠C=90°
∴ △ABP≡△CBQ (SAS 합동)

ㄱ. △ABP≡△CBQ이므로 $\overline{BP}=\overline{BQ}$

ㄴ. $\overline{BP}=\overline{BQ}$이므로 △BPQ는 이등변삼각형이다.
∴ ∠BQP=∠BPQ=75°

ㄷ. ∠BQP=75°이므로
△BPQ에서 ∠PBQ=180°−(75°+75°)=30°

ㄹ. ∠PBQ=30°이므로
$∠QBC=∠PBA=\dfrac{1}{2}×(90°−30°)=30°$
△QBC에서 ∠BQC=180°−(90°+30°)=60°

따라서 옳은 것은 ㄱ, ㄴ, ㄷ, ㄹ이다.

37 답 25 cm²

오른쪽 그림과 같이 $\overline{AD}$와 $\overline{PS}$의
교점을 X, $\overline{CD}$와 $\overline{PQ}$의 교점을 Y
라 하자.
△XPD와 △YPC에서
두 사각형 ABCD, PQRS가 정사
각형이므로
$\overline{PD}=\overline{PC}$, ∠XDP=∠YCP=45°,
∠XPD=90°−∠DPY=∠YPC
∴ △XPD≡△YPC (ASA 합동)
따라서 색칠한 부분의 넓이는
(사각형 XPYD의 넓이)
$=△XPD+△DPY=△YPC+△DPY$
$=△PCD=\dfrac{1}{4}×(사각형\ ABCD의\ 넓이)$
$=\dfrac{1}{4}×10×10=25(\text{cm}^2)$

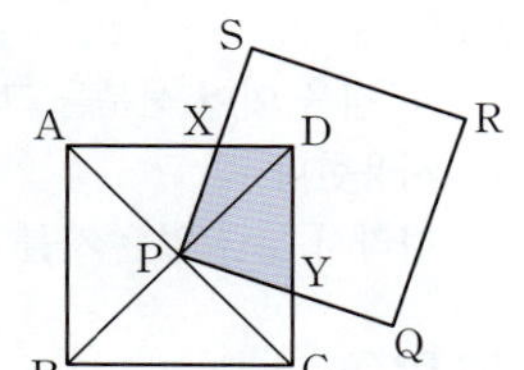

서술형

58쪽~59쪽

01 답 2

채점 기준 1 $a+b=11$이고 $a<b$인 자연수 a, b의 값 모두 구하기 … 2점
$a+b=11$이고 $a<b$인 자연수 a, b를 순서쌍 (a, b)로 나타내
면 (1, 10), (2, 9), (3, 8), (4, 7), (5, 6)이다.

채점 기준 2 a, b, 4를 세 변의 길이로 하는 삼각형의 개수 구하기 … 4점
삼각형의 세 변의 길이가 a, b, 4일 때, 가장 긴 변의 길이는 나
머지 두 변의 길이의 합보다 작아야 하므로 가능한 순서쌍
(a, b)는 (4 , 7), (5 , 6)이다.
따라서 a, b, 4를 세 변의 길이로 하는 삼각형의 개수는 2 이다.

01-1 답 3

채점 기준 1 $b=a+4$인 한 자리의 자연수 a, b의 값 모두 구하기 … 2점
$b=a+4$인 한 자리의 자연수 a, b를 순서쌍 (a, b)로 나타내면
(1, 5), (2, 6), (3, 7), (4, 8), (5, 9)이다.

채점 기준 2 a, b, 8을 세 변의 길이로 하는 삼각형의 개수 구하기 … 4점
삼각형의 세 변의 길이가 a, b, 8일 때, 가장 긴 변의 길이는 나
머지 두 변의 길이의 합보다 작아야 하므로 가능한 순서쌍
(a, b)는 (3, 7), (4, 8), (5, 9)이다.
따라서 a, b, 8을 세 변의 길이로 하는 삼각형의 개수는 3이다.

02 답 56 cm²

채점 기준 1 합동인 두 삼각형 찾기 … 4점
△AMD와 △EMC에서
$\overline{AM}=\overline{EM}$, ∠AMD=∠ EMC (맞꼭지각),
$\overline{AD}$∥$\overline{BE}$이므로 ∠MAD=∠ MEC (엇각)
∴ △AMD≡△EMC (ASA 합동)

채점 기준 2 △ABE의 넓이 구하기 … 3점
△ABE=(사각형 ABCM의 넓이)+△EMC
=(사각형 ABCM의 넓이)+△ AMD
=(사각형 ABCD 의 넓이)= 56 cm²

02-1 답 42 cm²

채점 기준 1 합동인 두 삼각형 찾기 … 4점
△ABM과 △DEM에서
$\overline{BM}=\overline{EM}$, ∠AMB=∠DME (맞꼭지각),
$\overline{AB}$∥$\overline{EC}$이므로 ∠ABM=∠DEM (엇각)
∴ △ABM≡△DEM (ASA 합동)

채점 기준 2 사다리꼴 ABCD의 넓이 구하기 … 3점
(사각형 ABCD의 넓이)
$=△ABM+(사각형\ MBCD의\ 넓이)$
$=△DEM+(사각형\ MBCD의\ 넓이)$
$=△EBC=42\ \text{cm}^2$

03 답 70°

조건 ㈎에서 △ABC≡△DEF이므로
$\overline{AB}=\overline{DE}$, $\overline{AC}=\overline{DF}$
조건 ㈏에서 $\overline{AB}=\overline{AC}$이므로 $\overline{DE}=\overline{DF}$
즉, △DEF는 $\overline{DE}=\overline{DF}$인 이등변삼각형이다. ⋯⋯ ❶
따라서 ∠E=∠F이고 조건 ㈐에서 ∠D=40°이므로
$∠F=\dfrac{1}{2}×(180°−40°)=70°$ ⋯⋯ ❷

채점 기준	배점
❶ △DEF가 이등변삼각형임을 알기	2점
❷ ∠F의 크기 구하기	2점

04 답 3개

삼각형의 세 각의 크기의 합은 180°이므로
나머지 한 각의 크기는
180°−(50°+60°)=70° ⋯⋯ ❶
따라서 한 변의 길이가 5 cm인 변의 양 끝 각의 크기는
(50°, 60°), (60°, 70°), (50°, 70°)가 가능하므로 삼각형을 3개
작도할 수 있다. ⋯⋯ ❷

채점 기준	배점
❶ 삼각형의 나머지 한 각의 크기 구하기	2점
❷ 삼각형을 몇 개 작도할 수 있는지 구하기	2점

05 답 16 m, SAS 합동

△AEB와 △CED에서

$\overline{AE}=\overline{CE}$, $\overline{BE}=\overline{DE}$, ∠AEB=∠CED (맞꼭지각)

따라서 △AEB≡△CED (SAS 합동)이므로 …… ❶

$\overline{AB}=\overline{CD}=16$ m …… ❷

채점 기준	배점
❶ 합동인 두 삼각형을 찾고, 합동 조건 구하기	4점
❷ 두 지점 A, B 사이의 거리 구하기	2점

06 답 64 cm²

△DCF와 △EAF에서

∠D=∠E=90°, $\overline{DC}=\overline{AB}=\overline{EA}=8$ cm,

∠DFC=∠EFA (맞꼭지각)이므로 ∠DCF=∠EAF

∴ △DCF≡△EAF (ASA 합동) …… ❶

따라서 $\overline{FD}=\overline{FE}=6$ cm이므로

$\overline{AD}=\overline{AF}+\overline{FD}=10+6=16$(cm) …… ❷

∴ △ACD$=\dfrac{1}{2}\times\overline{AD}\times\overline{DC}$

$=\dfrac{1}{2}\times16\times8=64$(cm²) …… ❸

채점 기준	배점
❶ 합동인 두 삼각형 찾기	3점
❷ $\overline{AD}$의 길이 구하기	2점
❸ △ACD의 넓이 구하기	1점

07 답 101°

△ABD와 △CBE에서

△ABC와 △BDE가 정삼각형이므로

$\overline{AB}=\overline{CB}$, $\overline{BD}=\overline{BE}$, ∠ABD=∠CBE=60°

∴ △ABD≡△CBE (SAS 합동) …… ❶

∠ADB=∠CEB=∠BED+∠DEC

$=60°+19°=79°$ …… ❷

∴ ∠ADC=180°−∠ADB

$=180°−79°=101°$ …… ❸

채점 기준	배점
❶ 합동인 두 삼각형 찾기	4점
❷ ∠ADB의 크기 구하기	2점
❸ ∠ADC의 크기 구하기	1점

08 답 57°

△AED와 △CED에서

사각형 ABCD가 정사각형이므로

$\overline{AD}=\overline{CD}$, ∠ADE=∠CDE=45°,

$\overline{ED}$는 공통이므로

△AED≡△CED (SAS 합동) …… ❶

$\overline{AD}/\!/\overline{BF}$이므로

∠EAD=∠EFC=33° (엇각)이고 …… ❷

△AED≡△CED이므로 ∠ECD=∠EAD=33°

∴ ∠BCE=90°−∠ECD=90°−33°=57° …… ❸

채점 기준	배점
❶ 합동인 두 삼각형 찾기	3점
❷ ∠EAD의 크기 구하기	2점
❸ ∠BCE의 크기 구하기	2점

실전 중단원 학교 시험 1회 기본

60쪽~63쪽

01 ③	02 ②	03 ④	04 ③	05 ①, ④
06 ④	07 ③	08 ④	09 ②	10 ③
11 ③	12 ③, ⑤	13 ③	14 ②	15 ③
16 ②	17 ⑤	18 ③	19 3개	

20 (1) △ABE≡△DCE, ASA 합동 (2) 22 cm

21 28 cm **22** 8 cm² **23** 32 cm²

01 답 ③ 〔유형 01〕

두 점을 이어 선분을 그리거나 선분을 연장할 때 눈금 없는 자를 사용한다.

따라서 눈금 없는 자를 사용하는 경우는 ㄴ, ㅁ이다.

02 답 ② 〔유형 02〕

점 C를 작도하려면 선분 AB의 길이를 재어 옮겨야 하므로 컴퍼스가 필요하다.

03 답 ④ 〔유형 02〕

④ 점 C를 중심으로 하고 반지름의 길이가 $\overline{AB}$인 원을 그려야 한다.

04 답 ③ 〔유형 02〕

오른쪽 그림에서

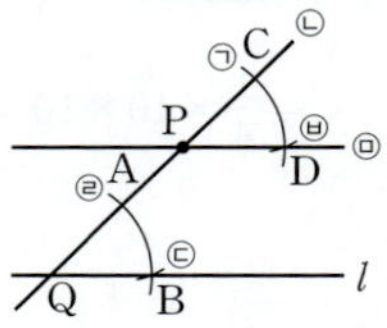

ⓛ 직선 l 위에 있지 않은 점 P를 지나는 직선을 그어 직선 l과의 교점을 Q라 하자.

ⓔ 점 Q를 중심으로 하는 원을 그려 직선 PQ, 직선 l과의 교점을 각각 A, B라 하자.

ⓒ 점 P를 중심으로 하고 반지름의 길이가 $\overline{QA}$인 원을 그려 직선 PQ와의 교점을 C라 하자.

ⓒ 컴퍼스로 $\overline{AB}$의 길이를 잰다.

ⓗ 점 C를 중심으로 하고 반지름의 길이가 $\overline{AB}$인 원을 그려 ⓒ과의 교점을 D라 하자.

ⓜ 점 P와 점 D를 이어 직선 l과 평행한 직선을 작도한다.

따라서 작도 순서는 ⓛ → ⓔ → ⓒ → ⓒ → ⓗ → ⓜ이다.

05 답 ①, ④ 〔유형 03〕

주어진 세 변이 삼각형이 되기 위해서는 가장 긴 변의 길이가 나머지 두 변의 길이의 합보다 작아야 한다.

① 3=1+2 ② 4<2+3

③ 7<5+6 ④ 12>3+8

⑤ 299<100+200

따라서 삼각형의 세 변의 길이가 될 수 없는 것은 ①, ④이다.

06 답 ④ 유형 04

세 변의 길이가 주어졌을 때는 한 변을 지나는 직선을 작도하고
나머지 두 선분을 작도하면 된다.

오른쪽 그림에서

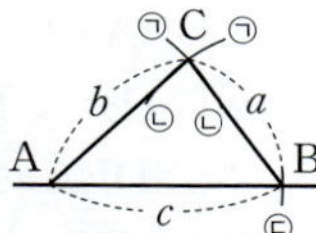

ⓒ 직선 위에 길이가 c인 선분을 작도하여 직
 선과 만나는 두 점을 각각 A, B라 하자.

㉠ 두 점 A, B를 중심으로 하고 반지름의
 길이가 각각 b, a인 두 원을 그려 두 원의 교점을 C라 하자.

ⓒ $\overline{AC}$, $\overline{BC}$를 그어 △ABC를 작도한다.

따라서 작도 순서는 ⓒ ➔ ㉠ ➔ ⓒ이다.

07 답 ③ 유형 05

① $8=3+5$이므로 삼각형이 그려지지 않는다.

② ∠A는 $\overline{AB}$, $\overline{BC}$의 끼인각이 아니므로 △ABC가 하나로 정
 해지지 않는다.

③ 두 변의 길이와 그 끼인각이 주어졌으므로 △ABC가 하나로
 정해진다.

④ $∠A+∠B=85°+95°=180°$이므로 삼각형이 그려지지 않
 는다.

⑤ 세 각의 크기가 각각 같은 삼각형은 무수히 많으므로 △ABC
 가 하나로 정해지지 않는다.

따라서 △ABC가 하나로 정해지는 것은 ③이다.

08 답 ④ 유형 05

ㄱ. 한 변의 길이와 그 양 끝 각의 크기가 주어졌으므로 삼각형
 이 하나로 정해진다.

ㄴ, ㄷ. $∠C=180°-(40°+45°)=95°$
 즉, 한 변의 길이와 그 양 끝 각의 크기가 주어진 경우와 같
 으므로 삼각형이 하나로 정해진다.

ㄹ. $∠C=105°$이면 삼각형의 세 각의 크기의 합이 $180°$가 아니
 므로 삼각형이 그려지지 않는다.

따라서 삼각형이 하나로 정해지기 위해 필요한 나머지 한 조건
은 ㄱ, ㄴ, ㄷ이다.

09 답 ② 유형 06

ㄹ. 오른쪽 그림과 같은 두
 삼각형은 넓이가 6 cm^2
 로 같지만 서로 합동은
 아니다.

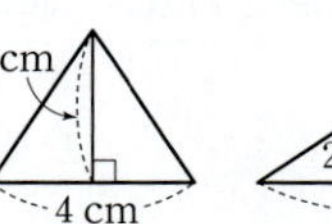

따라서 옳은 것은 ㄱ, ㄴ, ㄷ, ㅁ이다.

10 답 ③ 유형 06

ㄴ. 오른쪽 그림과 같은 두
 삼각형은 둘레의 길이
 가 12 cm로 같지만 서
 로 합동은 아니다.

ㄹ. 오른쪽 그림과 같은 두
 직사각형은 넓이가
 12 cm^2로 같지만 서로
 합동은 아니다.

따라서 두 도형이 항상 합동인 것은 ㄱ, ㄷ, ㅁ이다.

11 답 ③ 유형 07

① 대응하는 세 변의 길이가 각각 같으므로
 △ABC≡△DEF (SSS 합동)

② 대응하는 두 변의 길이가 각각 같고, 그 끼인각의 크기가 같
 으므로 △ABC≡△DEF (SAS 합동)

③ ∠C와 ∠F는 끼인각이 아니므로 △ABC와 △DEF는 서로
 합동이 아니다.

④ 대응하는 한 변의 길이가 같고, 그 양 끝 각의 크기가 각각 같
 으므로 △ABC≡△DEF (ASA 합동)

⑤ $∠A=∠D$, $∠C=∠F$이면 $∠B=∠E$
 즉, 대응하는 한 변의 길이가 같고, 그 양 끝 각의 크기가 각
 각 같으므로 △ABC≡△DEF (ASA 합동)

따라서 △ABC≡△DEF가 아닌 것은 ③이다.

12 답 ③, ⑤ 유형 08

두 삼각형이 ASA 합동이 되기 위해서는 길이가 같은 대응변의
양 끝 각이 같아야 하므로 $∠B=∠Q$이어야 한다.

이때 $∠C=∠R$이면
 $∠B=180°-(∠A+∠C)=180°-(∠P+∠R)=∠Q$
이므로 두 삼각형이 ASA 합동이다.

따라서 두 삼각형이 ASA 합동이 되기 위해 필요한 나머지 한
조건은 ③, ⑤이다.

13 답 ③ 유형 08

① 대응하는 세 변의 길이가 각각 같으므로
 △ABC≡△PQR (SSS 합동)

②, ④ 대응하는 두 변의 길이가 각각 같고, 그 끼인각의 크기가
 같으므로 △ABC≡△PQR (SAS 합동)

③ ∠A, ∠P는 끼인각이 아니므로 △ABC와 △PQR은 서로
 합동이 아니다.

⑤ 대응하는 한 변의 길이가 같고, 그 양 끝 각의 크기가 각각 같
 으므로 △ABC≡△PQR (ASA 합동)

따라서 △ABC≡△PQR이 되기 위해 필요한 조건이 아닌 것
은 ③이다.

14 답 ② 유형 09

△ABC와 △ADC에서
$\overline{AB}=\overline{AD}$, $\overline{CB}=\overline{CD}$, $\overline{AC}$는 공통이므로
△ABC≡△ADC (SSS 합동)
∴ $∠BAC=∠DAC$, $∠BCA=∠DCA$, $∠ABC=∠ADC$

15 답 ③ 유형 10

③ ⒟ ∠PMB

16 답 ② 유형 12

△ACE와 △BCD에서
△ABC와 △CDE가 정삼각형이므로
$\overline{AC}=\overline{BC}$, $\overline{CE}=\overline{CD}$, $∠ACE=∠BCD=60°$
∴ △ACE≡△BCD (SAS 합동)
따라서 $\overline{AE}=\overline{BD}$, $∠AEC=∠BDC$, $∠EAC=∠DBC$이므로
옳지 않은 것은 ②이다.

17 답 ⑤   유형 **12**

$\triangle$ADF와 $\triangle$BED에서

$\overline{AF}=\overline{BD}$

$\triangle$ABC가 정삼각형이므로

$\overline{AD}=\overline{AB}-\overline{BD}=\overline{BC}-\overline{CE}=\overline{BE}$, $\angle A=\angle B=60\degree$

$\therefore \triangle$ADF$\equiv\triangle$BED (SAS 합동)

같은 방법으로 $\triangle$ADF$\equiv\triangle$CFE (SAS 합동)이므로

$\triangle$ADF$\equiv\triangle$BED$\equiv\triangle$CFE (SAS 합동)

$\therefore \overline{DE}=\overline{EF}=\overline{FD}$, $\angle$ADF$=\angle$BED$=\angle$CFE,

    $\angle$AFD$=\angle$BDE$=\angle$CEF

따라서 옳지 않은 것은 ⑤이다.

18 답 ③   유형 **12**

$\triangle$ABE와 $\triangle$BCF에서

$\overline{BE}=\overline{CF}$

사각형 ABCD는 정사각형이므로

$\overline{AB}=\overline{BC}$, $\angle$ABE$=\angle$BCF$=90\degree$

$\therefore \triangle$ABE$\equiv\triangle$BCF (SAS 합동)

따라서 $\angle$CBF$=\angle$BAE$=35\degree$, $\angle$AEB$=\angle$BFC$=55\degree$이므로

$\triangle$BGE에서 $\angle$BGE$=180\degree-(35\degree+55\degree)=90\degree$

$\therefore \angle$AGF$=\angle$BGE$=90\degree$ (맞꼭지각)

19 답 3개   유형 **03**

가장 긴 변의 길이가 6, 7, 8, 9, 10인 경우 가장 긴 변의 길이가 나머지 두 변의 길이의 합보다 크거나 같으므로 삼각형이 만들어지지 않는다. 즉, 삼각형이 만들어지기 위해서는 가장 긴 변의 길이가 4 또는 5이어야 한다.   ……❶

(i) 가장 긴 변의 길이가 4인 경우

    만들 수 있는 삼각형은 (4, 4, 4)의 1개

(ii) 가장 긴 변의 길이가 5인 경우

    만들 수 있는 삼각형은 (5, 5, 2), (5, 4, 3)의 2개

(i), (ii)에서 둘레의 길이가 12인 삼각형은 모두

$1+2=3$(개)   ……❷

채점 기준	배점
❶ 삼각형이 만들어지는 경우 구하기	2점
❷ 조건을 만족시키는 삼각형은 모두 몇 개인지 구하기	4점

20 답 (1) $\triangle$ABE$\equiv\triangle$DCE, ASA 합동   (2) 22 cm   유형 **11**

(1) $\triangle$ABE와 $\triangle$DCE에서

    $\overline{AE}=\overline{DE}$, $\angle$AEB$=\angle$DEC (맞꼭지각)

    $\overline{AB}/\!/\overline{CD}$이므로 $\angle$EAB$=\angle$EDC (엇각)

    $\therefore \triangle$ABE$\equiv\triangle$DCE (ASA 합동)   ……❶

(2) $\overline{EC}=\overline{EB}$이므로 $\overline{EC}=\dfrac{1}{2}\overline{BC}=\dfrac{1}{2}\times20=10$(cm)

$\overline{CD}=\overline{BA}=12$ cm

$\therefore \overline{EC}+\overline{CD}=10+12=22$(cm)   ……❷

채점 기준	배점
❶ 합동인 두 삼각형을 찾고 합동 조건 구하기	2점
❷ $\overline{EC}+\overline{CD}$의 길이 구하기	2점

21 답 28 cm   유형 **11**

$\triangle$DBA와 $\triangle$EAC에서

$\overline{BA}=\overline{AC}$, $\angle$BDA$=\angle$AEC$=90\degree$이고

$\angle$DBA$=90\degree-\angle$DAB$=\angle$EAC이므로

$\angle$DAB$=\angle$ECA

$\therefore \triangle$DBA$\equiv\triangle$EAC (ASA 합동)   ……❶

$\overline{DA}=\overline{EC}$, $\overline{AE}=\overline{BD}$이므로

$\overline{DE}=\overline{DA}+\overline{AE}=\overline{EC}+\overline{BD}$

    $=12+16=28$(cm)   ……❷

채점 기준	배점
❶ 합동인 두 삼각형 찾기	4점
❷ $\overline{DE}$의 길이 구하기	2점

22 답 8 cm^2 유형 **12**

$\triangle$FBE와 $\triangle$ABC에서

$\triangle$FBA와 $\triangle$EBC가 정삼각형이므로

$\overline{FB}=\overline{AB}$, $\overline{BE}=\overline{BC}$,

$\angle$FBE$=60\degree-\angle$EBA$=\angle$ABC

$\therefore \triangle$FBE$\equiv\triangle$ABC (SAS 합동)   ……❶

$\triangle$ABC와 $\triangle$DEC에서

$\triangle$EBC와 $\triangle$DAC가 정삼각형이므로

$\overline{BC}=\overline{EC}$, $\overline{AC}=\overline{DC}$,

$\angle$ACB$=60\degree-\angle$ECA$=\angle$DCE

$\therefore \triangle$ABC$\equiv\triangle$DEC (SAS 합동)

따라서 $\triangle$FBE, $\triangle$ABC, $\triangle$DEC는 모두 SAS 합동이다.   ……❷

$\therefore \triangle$ABC$+\triangle$DEC$=\triangle$FBE$\times2$

    $=4\times2=8$(cm^2)   ……❸

채점 기준	배점
❶ 합동인 두 삼각형 찾기	3점
❷ 세 삼각형이 합동임을 알기	3점
❸ $\triangle$ABC와 $\triangle$DEC의 넓이의 합 구하기	1점

23 답 32 cm^2 유형 **12**

$\triangle$BCG와 $\triangle$DCE에서

사각형 ABCD와 사각형 GCEF가 정사각형이므로

$\overline{BC}=\overline{DC}$, $\overline{CG}=\overline{CE}$,

$\angle$BCG$=90\degree-\angle$GCD$=\angle$DCE

$\therefore \triangle$BCG$\equiv\triangle$DCE (SAS 합동)   ……❶

$\therefore \triangle$DCE$=\triangle$BCG

    $=\dfrac{1}{2}\times8\times8=32$(cm^2)   ……❷

채점 기준	배점
❶ 합동인 두 삼각형 찾기	5점
❷ $\triangle$DCE의 넓이 구하기	2점

01 ③	**02** ④	**03** ②, ④	**04** ⑤	**05** ①
06 ④	**07** ③	**08** ③	**09** ④	**10** ①, ④
11 ③	**12** ①, ⑤	**13** ③	**14** ④	**15** ②
16 ⑤	**17** ③	**18** ⑤	**19** 34	**20** 94
21 16 cm²	**22** 30°	**23** 4 cm		

01 답 ③　　　　　　　　　　　　　　　　유형 01

③ 컴퍼스를 사용하여 두 선분의 길이를 비교할 수 있다.

02 답 ④　　　　　　　　　　　　　　　　유형 02

ⓒ 선분 AB를 작도한다.

ⓐ 두 점 A, B를 각각 중심으로 하고 반지름의 길이가 $\overline{AB}$인 원을 그려 두 원의 교점을 C라 한다.

ⓑ $\overline{AC}$, $\overline{BC}$를 그으면 삼각형 ABC는 정삼각형이다.

따라서 작도 순서는 ⓒ ➡ ⓐ ➡ ⓑ이다.

03 답 ②, ④　　　　　　　　　　　　　　유형 02

① $\overline{OA}=\overline{OB}=\overline{PC}=\overline{PD}$

② $\overline{OY}=\overline{PQ}$인지는 알 수 없다.

④ $\overline{PC}=\overline{CD}$인지는 알 수 없다.

⑤ ∠AOB=∠XOY=∠CPD

따라서 옳지 않은 것은 ②, ④이다.

04 답 ⑤　　　　　　　　　　　　　　　　유형 02

① $\overline{QA}=\overline{QB}=\overline{PC}=\overline{PD}$

⑤ 엇각의 크기가 같으면 두 직선은 평행하다는 성질을 이용한 것이다.

따라서 옳지 않은 것은 ⑤이다.

05 답 ①　　　　　　　　　　　　　　　　유형 03

주어진 세 변이 삼각형이 되기 위해서는 가장 긴 변의 길이가 나머지 두 변의 길이의 합보다 작아야 한다.

① $x=2$일 때, $8=3+5$

② $x=3$일 때, $9<4+6$

③ $x=4$일 때, $10<5+7$

④ $x=5$일 때, $11<6+8$

⑤ $x=6$일 때, $12<7+9$

따라서 x의 값이 될 수 없는 것은 ①이다.

06 답 ④　　　　　　　　　　　　　　　　유형 04

④ ㈐ BY

07 답 ③　　　　　　　　　　　　　　　　유형 05

① $7<5+6$이므로 △ABC가 하나로 정해진다.

② 두 변의 길이와 그 끼인각의 크기가 주어졌으므로 △ABC가 하나로 정해진다.

③ ∠C는 $\overline{AB}$와 $\overline{BC}$의 끼인각이 아니므로 △ABC가 하나로 정해지지 않는다.

④ 한 변의 길이와 그 양 끝 각의 크기가 주어졌으므로 △ABC가 하나로 정해진다.

⑤ ∠A=$180°-(60°+80°)=40°$

즉, 한 변의 길이와 그 양 끝 각의 크기가 주어진 경우와 같으므로 △ABC가 하나로 정해진다.

따라서 △ABC가 하나로 정해지기 위해 필요한 조건이 될 수 없는 것은 ③이다.

08 답 ③　　　　　　　　　　　　　　　　유형 05

① $7=3+4$이므로 삼각형이 그려지지 않는다.

② ∠A는 $\overline{AB}$와 $\overline{BC}$의 끼인각이 아니므로 삼각형이 하나로 정해지지 않는다.

③ 두 변의 길이와 그 끼인각의 크기가 주어졌으므로 삼각형이 하나로 정해진다.

④ ∠A는 $\overline{BC}$와 $\overline{CA}$의 끼인각이 아니므로 삼각형이 하나로 정해지지 않는다.

⑤ 세 각의 크기가 각각 같은 삼각형은 무수히 많으므로 삼각형이 하나로 정해지지 않는다.

따라서 삼각형이 하나로 정해지는 경우는 ③이다.

09 답 ④　　　　　　　　　　　　　　　　유형 06

④ 오른쪽 그림과 같은 두 이등변삼각형은 넓이가 6 cm²로 같지만 서로 합동은 아니다.

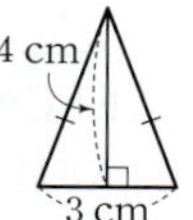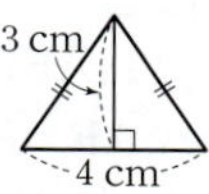

10 답 ①, ④　　　　　　　　　　　　　　유형 06

△ABC≡△DEF이므로

$\overline{AC}=\overline{DF}=9$ cm, $\overline{EF}=\overline{BC}=11$ cm,

∠D=∠A=86°, ∠B=∠E=58°,

∠C=∠F=$180°-(86°+58°)=36°$

따라서 옳은 것은 ①, ④이다.

11 답 ③　　　　　　　　　　　　　　　　유형 07

ⓑ 삼각형의 나머지 한 각의 크기는

$180°-(50°+60°)=70°$

따라서 ⓒ과 ⓑ은 한 변의 길이와 그 양 끝 각의 크기가 각각 같으므로 ASA 합동이다.

12 답 ①, ⑤　　　　　　　　　　　　　　유형 08

① 대응하는 두 변의 길이가 각각 같고, 그 끼인각의 크기가 같으므로 △ABC≡△DEF (SAS 합동)

② ∠A, ∠D는 끼인각이 아니므로 △ABC와 △DEF는 서로 합동이 아니다.

⑤ 대응하는 한 변의 길이가 같고, 그 양 끝 각의 크기가 각각 같으므로 △ABC≡△DEF (ASA 합동)

따라서 △ABC≡△DEF가 되기 위해 필요한 나머지 한 조건은 ①, ⑤이다.

13 답 ③　　　　　　　　　　　　　　　　유형 08

ㄱ. 세 각의 크기가 각각 같은 삼각형은 무수히 많으므로 두 삼각형은 서로 합동이 아니다.

ㄴ. 세 각의 크기가 각각 같은 이등변삼각형은 무수히 많으므로
　두 삼각형은 서로 합동이 아니다.
ㄷ. 대응하는 한 변의 길이가 같고, 그 양 끝 각의 크기가 각각
　같으므로 두 삼각형은 ASA 합동이다.
ㄹ. $\angle A=\angle D$, $\angle B=\angle E$이면 $\angle C=\angle F$
　즉, 대응하는 한 변의 길이가 같고, 그 양 끝 각의 크기가 각
　각 같으므로 두 삼각형은 ASA 합동이다.
따라서 두 삼각형이 합동이 되기 위해 필요한 나머지 한 조건은
ㄷ, ㄹ이다.

14 답 ④　　　　　　　　　　　　　　　　　　　　유형 **10**

△AOD와 △BOC에서
$\overline{AO}=\overline{AC}+\overline{OC}=\overline{BD}+\overline{OD}=\overline{BO}$,
$\overline{OD}=\overline{OC}$, $\angle O$는 공통이므로
△AOD≡△BOC (SAS 합동)
△AOD에서 $\angle ADO=180°-(50°+32°)=98°$이므로
$\angle BCO=\angle ADO=98°$
사각형 CODE에서
$\angle CED=360°-(98°+50°+98°)=114°$
∴ $\angle AEB=\angle CED=114°$ (맞꼭지각)

15 답 ②　　　　　　　　　　　　　　　　　　　　유형 **11**

△AFD와 △EFC에서
$\overline{AF}=\overline{EF}$, $\angle AFD=\angle EFC$ (맞꼭지각),
$\angle DAF=\angle CEF$ (엇각)이므로
△AFD≡△EFC (ASA 합동)
∴ (사다리꼴 ABCD의 넓이)
　=(사각형 ABCF의 넓이)+△AFD
　=(사각형 ABCF의 넓이)+△EFC
　=△ABE=$\dfrac{1}{2}\times10\times5=25(\text{cm}^2)$

16 답 ⑤　　　　　　　　　　　　　　　　　　　　유형 **12**

△ABE와 △BCF에서 $\overline{BE}=\overline{CF}$
사각형 ABCD가 정사각형이므로
$\overline{AB}=\overline{BC}$, $\angle ABE=\angle BCF=90°$
∴ △ABE≡△BCF (SAS 합동)
∴ $\overline{AE}=\overline{BF}$, $\angle BAE=\angle CBF$
△BGE에서
$\angle BGE=180°-(\angle EBG+\angle GEB)$
　　　　$=180°-(\angle BAE+\angle AEB)$
　　　　$=\angle ABE=90°$
∴ $\angle AGF=\angle BGE=90°$ (맞꼭지각)
따라서 옳은 것은 ⑤이다.

17 답 ③　　　　　　　　　　　　　　　　　　　　유형 **12**

△BCF와 △GCD에서
사각형 ABCG와 사각형 FCDE가 정사각형이므로
$\overline{BC}=\overline{GC}$, $\overline{CF}=\overline{CD}$, $\angle BCF=\angle GCD=90°$
∴ △BCF≡△GCD (SAS 합동)
∴ $\overline{GD}=\overline{BF}=13$ cm

18 답 ⑤　　　　　　　　　　　　　　　　　　　　유형 **12**

△ABE와 △CBD에서
△ABC와 △BDE가 정삼각형이므로
$\overline{AB}=\overline{CB}$, $\overline{BE}=\overline{BD}$,
$\angle ABE=60°-\angle EBC=\angle CBD$
∴ △ABE≡△CBD (SAS 합동)
△EBD에서 $\angle AEB=180°-60°=120°$이므로
△ABE에서 $\angle BAE=180°-(40°+120°)=20°$
∴ $\angle BCD=\angle BAE=20°$

19 답 34　　　　　　　　　　　　　　　　　　　유형 **03**

(i) 가장 긴 변의 길이가 x cm인 경우
　삼각형이 되려면 가장 긴 변의 길이가 나머지 두 변의 길이의
　합보다 작아야 하므로
　$x<6+17$　　∴ $x<23$
　이때 $x>17$이므로 x의 값은 22, 21, 20, 19, 18이다.
　　　　　　　　　　　　　　　　　　　　…… ❶

(ii) 가장 긴 변의 길이가 17 cm인 경우
　삼각형이 되려면 가장 긴 변의 길이가 나머지 두 변의 길이의
　합보다 작아야 하므로
　$17<6+x$　　∴ $x>11$
　이때 $x\le17$이므로 x의 값은 12, 13, 14, 15, 16, 17이다.
　　　　　　　　　　　　　　　　　　　　…… ❷

(i), (ii)에서 x의 값은 12, 13, 14, …, 20, 21, 22이므로 조건을
만족시키는 자연수 중 가장 큰 값은 22이고 가장 작은 값은 12
이다.
∴ $22+12=34$　　　　　　　　　　　　…… ❸

채점 기준	배점
❶ 가장 긴 변의 길이가 x cm일 때 x의 값 구하기	2점
❷ 가장 긴 변의 길이가 17 cm일 때 x의 값 구하기	2점
❸ 조건을 만족시키는 자연수 x의 값 중 가장 큰 값과 가장 작은 값의 합 구하기	2점

20 답 94　　　　　　　　　　　　　　　　　　　유형 **06**

두 사각형 ABCD와 EFGH가 서로 합동이므로
$\overline{AD}=\overline{EH}=9$ cm에서 $x=9$
사각형 ABCD에서
$\angle A=360°-(130°+90°+55°)=85°$
따라서 $\angle E=\angle A=85°$이므로 $y=85$　　…… ❶
∴ $x+y=9+85=94$　　　　　　　　　　…… ❷

채점 기준	배점
❶ x, y의 값을 각각 구하기	3점
❷ $x+y$의 값 구하기	1점

21 답 16 cm²　　　　　　　　　　　　　　　　　유형 **09**

△ABC와 △DCB에서
$\overline{AB}=\overline{DC}$, $\overline{AC}=\overline{DB}$, $\overline{BC}$는 공통이므로
△ABC≡△DCB (SSS 합동)　　　　　　…… ❶

따라서 △DCB=△ABC=10 cm²이므로 ...... ❷
(사각형 ABCD의 넓이)
=△ABD+△DCB
=6+10=16(cm²) ...... ❸

채점 기준	배점
❶ △ABC와 합동인 삼각형 찾기	3점
❷ △DCB의 넓이 구하기	2점
❸ 사각형 ABCD의 넓이 구하기	1점

22 답 30°　　　　　　　　　　　　　유형 12

△ABE와 △DCF에서
$\overline{BE}=\overline{CF}$
사각형 ABCD는 정사각형이므로
$\overline{AB}=\overline{DC}$, ∠ABC=∠DCF=90°
∴ △ABE≡△DCF (SAS 합동) ...... ❶
∠AEB=∠DFC=75°이므로 ...... ❷
△ABE에서
∠BAE=180°−(90°+75°)=15°
△BAC는 $\overline{BA}=\overline{BC}$인 이등변삼각형이므로
∠BAC=∠BCA=$\frac{1}{2}$×(180°−90°)=45°
∴ ∠EAC=∠BAC−∠BAE=45°−15°=30° ...... ❸

채점 기준	배점
❶ 합동인 두 삼각형 찾기	3점
❷ ∠AEB의 크기 구하기	2점
❸ ∠EAC의 크기 구하기	2점

23 답 4 cm　　　　　　　　　　　　유형 12

△CEB와 △CDA에서
△ABC와 △CDE가 정삼각형이므로
$\overline{CB}=\overline{CA}$, $\overline{CE}=\overline{CD}$,
∠ECB=60°−∠ACE=∠DCA
∴ △CEB≡△CDA (SAS 합동) ...... ❶
따라서 $\overline{BE}=\overline{AD}$=6 cm이므로 ...... ❷
$\overline{AE}=\overline{AB}-\overline{BE}$=10−6=4(cm) ...... ❸

채점 기준	배점
❶ 합동인 두 삼각형 찾기	3점
❷ $\overline{BE}$의 길이 구하기	2점
❸ $\overline{AE}$의 길이 구하기	2점

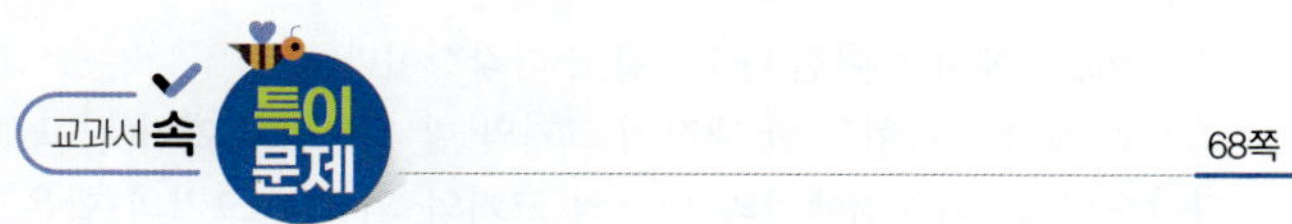

교과서 속 **특이문제**　　　　　　　　　68쪽

01 답 ㈎ B　㈏ $\overline{AB}$　㈐ C　㈑ $\overline{AB}$　㈒ 6

02 답 5

세 변의 길이의 합이 15 cm이므로 가장 긴 변을 제외한 나머지 두 변의 길이의 합은 8 cm이거나 8 cm보다 커야 한다.

(ⅰ) 가장 짧은 변의 길이가 3 cm인 경우
　만들 수 있는 삼각형은 (3 cm, 5 cm, 7 cm),
　(3 cm, 6 cm, 6 cm)의 2개
(ⅱ) 가장 짧은 변의 길이가 4 cm인 경우
　만들 수 있는 삼각형은 (4 cm, 4 cm, 7 cm),
　(4 cm, 5 cm, 6 cm)의 2개
(ⅲ) 가장 짧은 변의 길이가 5 cm인 경우
　만들 수 있는 삼각형은 (5 cm, 5 cm, 5 cm)의 1개
(ⅰ), (ⅱ), (ⅲ)에 의해 만들 수 있는 서로 다른 삼각형의 개수는
2+2+1=5이다.

03 답 60°

정육각형은 모든 변의 길이가 같고 모든 각의 크기가 같다.
△ABC와 △AFE에서
$\overline{AB}=\overline{AF}$, $\overline{BC}=\overline{FE}$, ∠ABC=∠AFE이므로
△ABC≡△AFE (SAS 합동)
같은 방법으로 △ABC≡△CDE (SAS 합동)
따라서 △ABC, △AFE, △CDE는 모두 합동이므로
$\overline{AC}=\overline{AE}=\overline{CE}$에서 △ACE는 정삼각형이다.
∴ ∠ACE=60°

04 답 98 cm²

오른쪽 그림과 같이 $\overline{AB}$와 $\overline{OE}$의 교점을 P, $\overline{BC}$와 $\overline{OG}$의 교점을 Q라 하자.

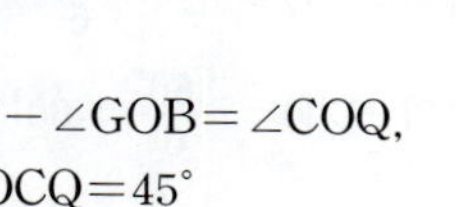

△OPB와 △OQC에서
$\overline{OB}=\overline{OC}$,
∠BOP=90°−∠GOB=∠COQ,
∠OBP=∠OCQ=45°
이므로 △OPB≡△OQC (ASA 합동)
∴ (사각형 OPBQ의 넓이)
　=△OPB+△OBQ
　=△OQC+△OBQ
　=△OBC
　=$\frac{1}{4}$×(사각형 ABCD의 넓이)
　=$\frac{1}{4}$×(14×14)=49(cm²)

또, $\overline{AD}$와 $\overline{OJ}$의 교점을 R, $\overline{DC}$와 $\overline{OH}$의 교점을 S라 하면
같은 방법으로 △ODR≡△OCS (ASA 합동)이므로
(사각형 ROSD의 넓이)=△ODR+△OSD
　　　　　　　　　　=△OCS+△OSD
　　　　　　　　　　=△OCD
　　　　　　　　　　=$\frac{1}{4}$×(사각형 ABCD의 넓이)
　　　　　　　　　　=$\frac{1}{4}$×(14×14)=49(cm²)

따라서 색칠한 부분의 넓이는
(사각형 OPBQ의 넓이)+(사각형 ROSD의 넓이)
=49+49=98(cm²)

VI. 평면도형의 성질

1 다각형

 개념 Check
70쪽

1 답 (1) ○ (2) × (3) ○ (4) ×
(2) 다각형의 한 꼭짓점에서 내각과 외각의 크기의 합은 $180°$이다.
(4) 네 변의 길이가 모두 같은 사각형은 마름모이다.
> 참고 네 변의 길이가 모두 같고, 네 내각의 크기가 모두 같은 사각형이 정사각형이다.

2 답 (1) 7 (2) 35
(1) $10-3=7$
(2) $\dfrac{10\times(10-3)}{2}=35$

3 답 (1) $75°$ (2) $60°$
(1) 삼각형의 세 내각의 크기의 합은 $180°$이므로
　$70°+35°+\angle x=180°$ 　∴ $\angle x=75°$
(2) $\angle x=20°+40°=60°$

4 답 (1) $540°$, $360°$ (2) $1080°$, $360°$
(1) (오각형의 내각의 크기의 합)$=180°\times(5-2)=540°$
　오각형의 외각의 크기의 합은 $360°$이다.
(2) (팔각형의 내각의 크기의 합)$=180°\times(8-2)=1080°$
　팔각형의 외각의 크기의 합은 $360°$이다.

5 답 (1) $120°$, $60°$ (2) $140°$, $40°$
(1) (정육각형의 한 내각의 크기)$=\dfrac{180°\times(6-2)}{6}=120°$
　(정육각형의 한 외각의 크기)$=\dfrac{360°}{6}=60°$
(2) (정구각형의 한 내각의 크기)$=\dfrac{180°\times(9-2)}{9}=140°$
　(정구각형의 한 외각의 크기)$=\dfrac{360°}{9}=40°$

기출 **유형**
71쪽~77쪽

유형 **01** 다각형

(1) 다각형 : 3개 이상의 선분으로 둘러싸인 평면도형
> 참고 • 전체 또는 일부가 곡선으로 둘러싸여 있으면 다각형이 아니다.
> • 선분이 끊어져 있으면 다각형이 아니다.

(2) 다각형의 내각과 외각
① 내각 : 다각형에서 이웃한 두 변이 이루는 내부의 각
② 외각 : 다각형의 한 내각의 꼭짓점에서 한 변과 다른 한 변의 연장선이 이루는 각
③ 다각형의 한 꼭짓점에서의 내각의 크기와 외각의 크기의 합은 $180°$이다.

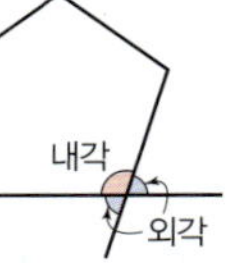

---

01 답 ㄱ, ㅁ
ㄴ. 곡선과 선분으로 둘러싸여 있으므로 다각형이 아니다.
ㄷ, ㅂ. 입체도형이므로 다각형이 아니다.
ㄹ. 곡선으로 둘러싸여 있으므로 다각형이 아니다.
따라서 다각형인 것은 ㄱ, ㅁ이다.

02 답 ⑤
① 육각형의 꼭짓점의 개수는 6이다.
② 다각형은 3개 이상의 선분으로 둘러싸인 평면도형이다.
③ 다각형을 이루는 각 선분을 변이라 한다.
④ 오각형의 변의 개수는 5이고, 팔각형의 꼭짓점의 개수는 8이므로 그 합은 $5+8=13$
⑤ n각형의 변의 개수는 n, 꼭짓점의 개수는 n이므로
　$n+n=6$에서 $2n=6$ 　∴ $n=3$
　즉, 변의 개수와 꼭짓점의 개수의 합이 6인 다각형은 삼각형이다.
따라서 옳은 것은 ⑤이다.

03 답 ⑤
($\angle$A의 외각의 크기)$=180°-50°=130°$
($\angle$C의 내각의 크기)$=180°-101°=79°$
따라서 $\angle$A의 외각의 크기와 $\angle$C의 내각의 크기의 합은
$130°+79°=209°$

04 답 $68°$
$\angle x=180°-60°=120°$
$\angle y=180°-(\angle x+8°)=180°-128°=52°$
∴ $\angle x-\angle y=120°-52°=68°$

유형 **02** 정다각형

정다각형 : 모든 변의 길이가 같고 모든 내각의 크기가 같은 다각형
> 참고 • 변의 길이가 모두 같아도 내각의 크기가 다르면 정다각형이 아니다.
> • 내각의 크기가 모두 같아도 변의 길이가 다르면 정다각형이 아니다.

05 답 ②, ⑤
②, ⑤ 모든 내각의 크기가 같고 모든 변의 길이가 같은 다각형이 정다각형이다.

06 답 8
조건 ㈎, ㈏에서 주어진 다각형은 정다각형이다.
조건 ㈐에서 다각형의 한 내각의 크기와 한 외각의 크기가 같고, 다각형의 한 꼭짓점에서의 내각의 크기와 외각의 크기의 합은 $180°$이므로 한 내각의 크기와 한 외각의 크기는 각각 $90°$이다.
즉, 주어진 다각형은 정사각형이다.
따라서 정사각형의 꼭짓점의 개수는 4, 변의 개수는 4이므로
$a=4$, $b=4$
∴ $a+b=4+4=8$

유형 03 다각형의 대각선의 개수

(1) n각형의 한 꼭짓점에서 그을 수 있는 대각선의 개수 → $n-3$
(2) n각형의 한 꼭짓점에서 대각선을 모두 그었을 때 생기는 삼각형의 개수 → $n-2$
(3) n각형의 내부의 한 점에서 각 꼭짓점에 선분을 그었을 때 생기는 삼각형의 개수 → n
(4) n각형의 대각선의 개수 → $\dfrac{n(n-3)}{2}$

07 답 십이각형

십일각형의 한 꼭짓점에서 그을 수 있는 대각선의 개수는
$11-3=8$ ∴ $a=8$
구하는 다각형을 n각형이라 하면 한 꼭짓점에서 대각선을 모두 그었을 때 생기는 삼각형의 개수는 $n-2$이므로
$n-2=a+2$에서 $n-2=8+2$ ∴ $n=12$
따라서 구하는 다각형은 십이각형이다.

08 답 ②

내부의 한 점에서 각 꼭짓점에 선분을 그었을 때 생기는 삼각형의 개수가 14인 다각형은 십사각형이다.
따라서 십사각형의 대각선의 개수는
$\dfrac{14\times(14-3)}{2}=77$

09 답 ③

주어진 다각형을 n각형이라 하면
$\dfrac{n\times(n-3)}{2}=27$에서 $n\times(n-3)=54$
이때 $54=9\times6$이므로 $n=9$
따라서 구각형의 변의 개수는 9이다.

10 답 15번

6명의 학생이 이웃하는 학생끼리 서로 한 번씩 악수하는 횟수는 육각형의 변의 개수와 같으므로 6번이다.
6명의 학생이 이웃하지 않은 학생끼리 서로 한 번씩 악수하는 횟수는 육각형의 대각선의 개수와 같으므로
$\dfrac{6\times(6-3)}{2}=9(번)$
따라서 모든 학생이 서로 한 번씩 악수하는 횟수는
$6+9=15(번)$

11 답 ②

주어진 다각형을 n각형이라 하면 n각형의 한 꼭짓점에서 한 개의 대각선을 그어 나누어진 두 다각형의 꼭짓점의 개수의 합은 $n+2$이므로

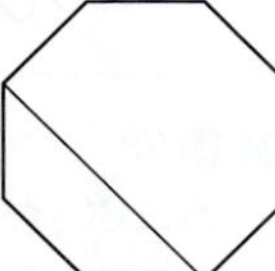

$n+2=4+6$ ∴ $n=8$
즉, 주어진 다각형은 팔각형이다.
따라서 팔각형의 대각선의 개수는
$\dfrac{8\times(8-3)}{2}=20$

12 답 8

주어진 다각형을 n각형이라 하면
$a=n-3,\ b=n$
이때 $a+b=17$이므로
$n-3+n=17,\ 2n=20$ ∴ $n=10$
따라서 십각형의 한 꼭짓점에서 대각선을 모두 그었을 때 생기는 삼각형의 개수는 $10-2=8$

유형 04 삼각형의 세 내각의 크기의 합

삼각형의 세 내각의 크기의 합은 $180°$이다.
→ $\triangle ABC$에서 $\angle A+\angle B+\angle C=180°$

13 답 $46°$

삼각형의 세 내각의 크기의 합은 $180°$이므로
$(2\angle x-13°)+(\angle x+9°)+\angle x=180°$
$4\angle x-4°=180°,\ 4\angle x=184°$ ∴ $\angle x=46°$

14 답 ①

삼각형의 세 내각의 크기의 합은 $180°$이고,
$\angle ACB=\angle DCE$ (맞꼭지각)이므로
$180°-(\angle x+92°)=180°-(95°+\angle y)$
$88°-\angle x=85°-\angle y$ ∴ $\angle x-\angle y=3°$

15 답 $70°$

$\angle A=\angle B-20°$에서 $\angle B=\angle A+20°$
$\angle C=\angle A+10°$
이때 $\angle A+\angle B+\angle C=180°$이므로
$\angle A+(\angle A+20°)+(\angle A+10°)=180°$
$3\angle A=150°$ ∴ $\angle A=50°$
∴ $\angle B=\angle A+20°=50°+20°=70°$

16 답 ③

삼각형의 세 내각의 크기의 합은 $180°$이므로
가장 작은 내각의 크기는
$180°\times\dfrac{2}{2+3+5}=36°$
가장 큰 내각의 크기는
$180°\times\dfrac{5}{2+3+5}=90°$
따라서 구하는 합은
$36°+90°=126°$

참고 $\triangle ABC$에서 $\angle A:\angle B:\angle C=x:y:z$일 때,
$\angle A=180°\times\dfrac{x}{x+y+z}$
$\angle B=180°\times\dfrac{y}{x+y+z}$
$\angle C=180°\times\dfrac{z}{x+y+z}$

유형 05 삼각형의 내각과 외각 사이의 관계

삼각형의 한 외각의 크기는 그와 이웃하지 않는 두 내각의 크기의 합과 같다.

→ $\triangle$ABC에서 $\angle$ACD$=\angle$A$+\angle$B

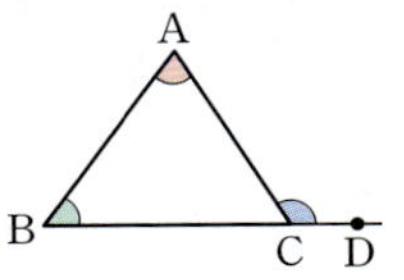

17 답 $11°$

$(4\angle x+8°)+44°=8\angle x+8°$이므로

$4\angle x=44°$　　$\therefore \angle x=11°$

18 답 ②

$\triangle$DBC에서 $\angle$ADB$=30°+56°=86°$

따라서 $\triangle$AED에서

$\angle x=35°+86°=121°$

19 답 $101°$

$\triangle$ABC에서

$\angle$ACE$=41°+61°=102°$

$\triangle$CEF에서

$102°+\angle x=6\angle x+2°,\ 5\angle x=100°$　　$\therefore \angle x=20°$

$\triangle$DBE에서

$\angle y=61°+\angle x=61°+20°=81°$

$\therefore \angle x+\angle y=20°+81°=101°$

20 답 $110°$

$\angle$ABC$+70°=\angle x,\ \angle$DBC$+100°=\angle x$이므로

$\angle$ABC$+70°=\angle$DBC$+100°$

이때 $\angle$ABC$=4\angle$DBC이므로

$4\angle$DBC$+70°=\angle$DBC$+100°$

$3\angle$DBC$=30°$　　$\therefore \angle$DBC$=10°$

$\therefore \angle x=10°+100°=110°$

다른 풀이

$\triangle$ABD에서

$\angle$ABD$=100°-70°=30°$이고 $\angle$ABC$=4\angle$DBC이므로

$\angle$DBC$=\dfrac{1}{3}\angle$ABD$=\dfrac{1}{3}\times30°=10°$

따라서 $\triangle$DBC에서 $\angle x=10°+100°=110°$

유형 06 삼각형의 내각의 크기의 합의 활용

$\triangle$ABC에서

$(\angle a+\angle b+\angle c)+(\bullet+\times)=180°$ ……㉠

$\triangle$DBC에서

$\angle x+(\bullet+\times)=180°$　　　　…… ㉡

㉠, ㉡에서 $\angle x=\angle a+\angle b+\angle c$

21 답 ③

$\triangle$DBC에서

$\angle$DBC$+\angle$DCB$=180°-102°=78°$

따라서 $\triangle$ABC에서

$\angle x=180°-(25°+\angle$DBC$+\angle$DCB$+35°)$

$\quad\ =180°-(25°+78°+35°)=42°$

22 답 ④

오른쪽 그림과 같이 $\overline{AB}$를 그으면

$\triangle$ABD에서

$\angle$DAB$+\angle$DBA$=180°-123°=57°$

따라서 $\triangle$ABC에서

$\angle x+\angle y$

$=180°-(70°+\angle$DAB$+\angle$DBA$)$

$=180°-(70°+57°)=53°$

23 답 $137°$

$\triangle$ABC에서

$\angle$ABC$+\angle$ACB$=180°-94°=86°$

따라서 $\triangle$DBC에서

$\angle x=180°-(\angle$DBC$+\angle$DCB$)$

$\quad\ =180°-\dfrac{1}{2}(\angle$ABC$+\angle$ACB$)$

$\quad\ =180°-\dfrac{1}{2}\times86°=137°$

유형 07 삼각형의 내각과 외각 사이의 관계의 활용

(1) 삼각형의 한 내각과 한 외각의 이등분선이 이루는 각의 크기 구하기

오른쪽 그림과 같은 $\triangle$ABC에서

$2\times=2\bullet+\angle$A

$\therefore \times=\bullet+\dfrac{1}{2}\angle$A　　……㉠

$\triangle$DBC에서

$\times=\bullet+\angle x$　　……㉡

㉠, ㉡에서 $\angle x=\dfrac{1}{2}\angle$A

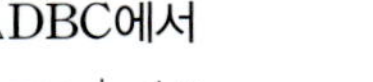

(2) 이등변삼각형의 성질을 이용하여 각의 크기 구하기

오른쪽 그림과 같은 $\triangle$BCD에서 $\overline{AB}=\overline{AC}=\overline{CD}$이고 $\angle$B$=\angle a$일 때, 이등변삼각형의 성질과 삼각형의 외각의 성질을 이용하면

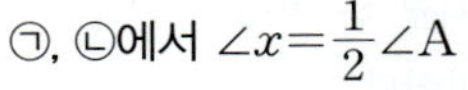

① $\triangle$ABC에서 $\angle$ACB$=\angle a$이므로

　→ $\angle$CAD$=\angle a+\angle a=2\angle a$

② $\triangle$ACD에서 $\angle$D$=2\angle a$이므로 $\triangle$BCD에서

　→ $\angle$DCE$=\angle a+2\angle a=3\angle a$

24 답 $78°$

$\triangle$ABC에서 $\angle$ACE$=\angle x+\angle$ABC　　……㉠

$\triangle$DBC에서 $\angle$DCE$=39°+\angle$DBC이므로

$2\angle$DCE$=78°+2\angle$DBC

$\therefore \angle$ACE$=78°+\angle$ABC　　　　……㉡

㉠, ㉡에서 $\angle x+\angle$ABC$=78°+\angle$ABC

$\therefore \angle x=78°$

25 답 $60°$

$\triangle ABC$에서 $\angle ACE = \angle x + \angle ABC$이므로

$4\angle DCE = \angle x + 4\angle DBC$

$\therefore \angle DCE = \dfrac{1}{4}\angle x + \angle DBC$ ...... ㉠

$\triangle DBC$에서 $\angle DCE = 15° + \angle DBC$ ...... ㉡

㉠, ㉡에서 $\dfrac{1}{4}\angle x + \angle DBC = 15° + \angle DBC$

$\dfrac{1}{4}\angle x = 15°$ $\therefore \angle x = 60°$

26 답 $120°$

$\triangle ABC$에서 $\angle ACB = \angle B = 40°$

$\therefore \angle CAD = 40° + 40° = 80°$

$\triangle DAC$에서 $\angle D = \angle CAD = 80°$

따라서 $\triangle DBC$에서

$\angle x = 40° + 80° = 120°$

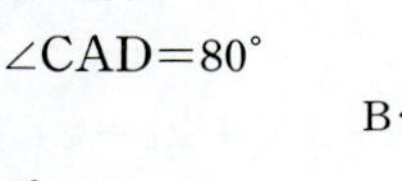

27 답 ②

$\angle ABC = \angle a$라 하면 $\triangle ABC$에서

$\angle ACB = \angle B = \angle a$

$\therefore \angle CAD = \angle a + \angle a = 2\angle a$

$\triangle DAC$에서

$\angle ADC = \angle DAC = 2\angle a$이므로

$\triangle DBC$에서 $2\angle a + \angle a = 111°$

$3\angle a = 111°$ $\therefore \angle a = 37°$

$\angle a + \angle x + 111° = 180°$이므로

$37° + \angle x + 111° = 180°$ $\therefore \angle x = 32°$

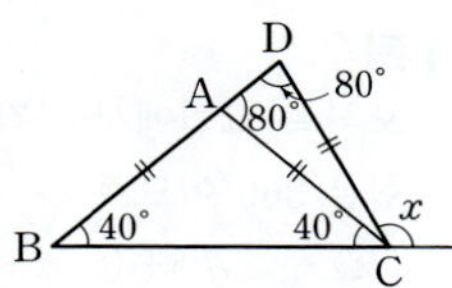

28 답 $99°$

오른쪽 그림의 $\triangle ACF$에서

$\angle AFE = \angle z + 50°$

$\triangle BDG$에서

$\angle DGE = \angle y + 31°$

따라서 $\triangle GFE$에서

$\angle x + (\angle y + 31°) + (\angle z + 50°)$

$= 180°$

$\therefore \angle x + \angle y + \angle z = 99°$

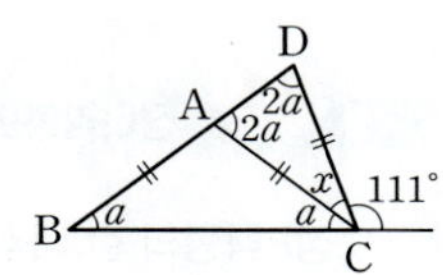

참고 **별 모양의 도형에서 각의 크기 구하기**

오른쪽 그림에서

$\angle a + \angle b + \angle c + \angle d + \angle e$

의 크기를 구할 때는 삼각형의 내각

과 외각 사이의 관계를 이용한다.

→ $\triangle FCE$에서

$\angle AFG = \angle c + \angle e$

$\triangle GBD$에서

$\angle AGF = \angle b + \angle d$

따라서 $\triangle AFG$에서

$\angle a + \angle b + \angle c + \angle d + \angle e = 180°$

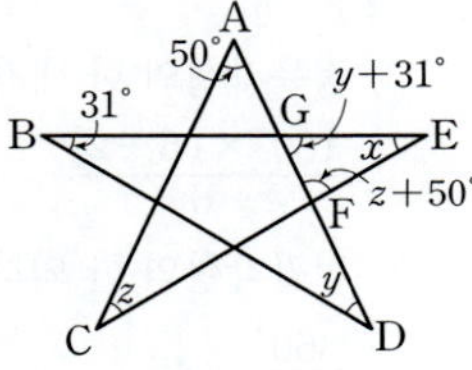

n각형의 한 꼭짓점에서 대각선을 모두 그으면 $(n-2)$개의 삼각형으로 나누어지므로 n각형의 내각의 크기의 합은 $180° \times (n-2)$이다.

29 답 9

주어진 다각형을 n각형이라 하면

$180° \times (n-2) = 1260°$, $n-2 = 7$

$\therefore n = 9$

따라서 구각형의 꼭짓점의 개수는 9이다.

30 답 $1080°$

주어진 다각형을 n각형이라 하면

$\dfrac{n \times (n-3)}{2} = 20$, $n \times (n-3) = 40$

이때 $40 = 8 \times 5$이므로 $n = 8$

따라서 팔각형의 내각의 크기의 합은

$180° \times (8-2) = 1080°$

31 답 정칠각형

조건 (개), (내)에서 구하는 다각형은 정다각형이다.

조건 (대)에서 내각의 크기의 합이 $1000°$보다 작으므로 구하는 정다각형을 정n각형이라 하면

$180° \times (n-2) < 1000°$

이때 $180° \times 5 = 900°$, $180° \times 6 = 1080°$이므로 가장 큰 자연수 n의 값은 $n-2 = 5$에서 $n = 7$이다.

따라서 구하는 다각형은 정칠각형이다.

32 답 $90°$

오각형의 내각의 크기의 합은 $180° \times (5-2) = 540°$이므로

$(\angle x + 10°) + 155° + 95° + \angle x + 100° = 540°$

$2\angle x + 360° = 540°$, $2\angle x = 180°$

$\therefore \angle x = 90°$

33 답 ③

육각형의 내각의 크기의 합은 $180° \times (6-2) = 720°$이므로

$132° + 134° + \angle x + 106° + (180° - \angle y) + (180° - 63°) = 720°$

$\angle x - \angle y + 669° = 720°$

$\therefore \angle x - \angle y = 51°$

34 답 ④

오른쪽 그림에서 오각형의 내각의 크기의 합은

$180° \times (5-2) = 540°$이므로

$110° + 119° + 56° + \angle ABC$

$\quad + \angle ACB + 67° + 84° = 540°$

$\therefore \angle ABC + \angle ACB = 104°$

따라서 $\triangle ABC$에서

$\angle x = 180° - (\angle ABC + \angle ACB)$

$\quad = 180° - 104° = 76°$

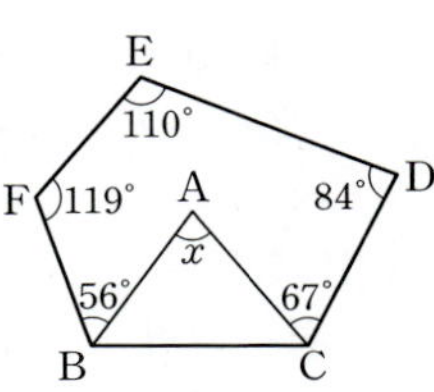

유형 09 다각형의 외각의 크기의 합

다각형의 한 꼭짓점에서의 내각의 크기와 외각의 크기의 합은 $180°$이므로 다각형의 외각의 크기의 합은 항상 $360°$이다.

35 답 ②

$\angle y=180°-141°=39°$

다각형의 외각의 크기의 합은 $360°$이므로

$\angle y+70°+\angle x+86°+(180°-89°)=360°$

$286°+\angle x=360°$ ∴ $\angle x=74°$

∴ $\angle x-\angle y=74°-39°=35°$

36 답 ①

다각형의 외각의 크기의 합은 $360°$이므로

$(2\angle x+2°)+30°+64°+(\angle x+29°)+69°+\angle x+42°=360°$

$4\angle x+236°=360°$, $4\angle x=124°$ ∴ $\angle x=31°$

37 답 $60°$

사각형의 외각의 크기의 합은 $360°$이므로 가장 큰 외각의 크기는

$$360°\times\frac{6}{3+4+5+6}=120°$$

따라서 가장 작은 내각의 크기는

$180°-120°=60°$

심화유형 10 다각형의 내각과 외각의 크기의 합의 활용

(1) 오른쪽 그림에서 보조선을 그으면 맞꼭지각의 크기는 같으므로

$\angle c+\angle d=\angle g+\angle h$

→ $\angle a+\angle b+\angle c+\angle d+\angle e+\angle f$

$=\angle a+\angle b+\angle g+\angle h+\angle e+\angle f=360°$

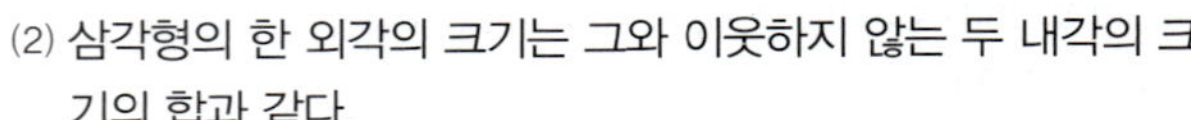

(2) 삼각형의 한 외각의 크기는 그와 이웃하지 않는 두 내각의 크기의 합과 같다.

(3) 다각형의 외각의 크기의 합은 항상 $360°$이다.

38 답 $474°$

오른쪽 그림과 같이 보조선을 그으면

$\angle f+\angle g=19°+47°=66°$

오각형의 내각의 크기의 합은

$180°\times(5-2)=540°$이므로

$\angle a+\angle b+\angle c+\angle d+\angle e+\angle f+\angle g=540°$

$\angle a+\angle b+\angle c+\angle d+\angle e+66°=540°$

∴ $\angle a+\angle b+\angle c+\angle d+\angle e=474°$

39 답 $273°$

오른쪽 그림과 같이 보조선을 그으면

$\angle h+\angle i=\angle b+\angle c$,

$\angle j+\angle k=\angle e+\angle f$

사각형의 내각의 크기의 합은 $360°$이므로

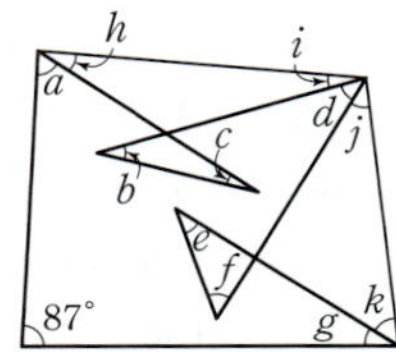

$\angle a+87°+\angle g+\angle k+\angle j+\angle d+\angle i+\angle h=360°$

$\angle a+87°+\angle g+\angle e+\angle f+\angle d+\angle b+\angle c=360°$

∴ $\angle a+\angle b+\angle c+\angle d+\angle e+\angle f+\angle g=360°-87°=273°$

40 답 $270°$

오른쪽 그림에서 사각형의 외각의 크기의 합은 $360°$이므로

$(\angle a+\angle b)+(\angle c+31°)$

$\qquad+(\angle e+\angle f)+(\angle d+59°)$

$=360°$

∴ $\angle a+\angle b+\angle c+\angle d+\angle e+\angle f$

$\qquad=270°$

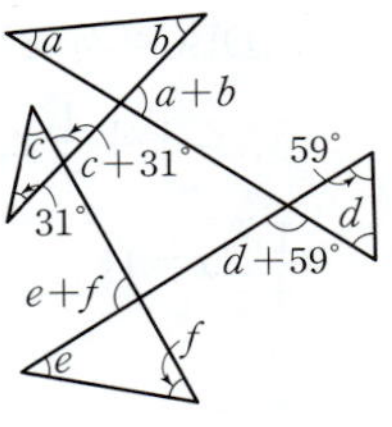

41 답 ②

오른쪽 그림에서 사각형의 내각의 크기의 합은 $360°$이므로

$(\angle c+\angle d)+(\angle a+\angle b)+\angle e+\angle f$

$=360°$

∴ $\angle a+\angle b+\angle c+\angle d+\angle e+\angle f=360°$

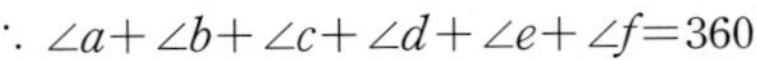
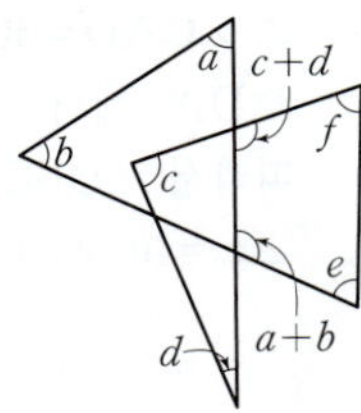

유형 11 정다각형의 한 내각과 한 외각의 크기

(1) 정n각형의 한 내각의 크기 : $\dfrac{180°\times(n-2)}{n}$

(2) 정n각형의 한 외각의 크기 : $\dfrac{360°}{n}$

42 답 $36°$

주어진 정다각형을 정n각형이라 하면

$180°\times(n-2)=1440°$, $n-2=8$ ∴ $n=10$

따라서 정십각형의 한 외각의 크기는 $\dfrac{360°}{10}=36°$

43 답 ③, ⑤

① 정육각형의 한 내각의 크기는

$$\frac{180°\times(6-2)}{6}=120°$$

② 정팔각형의 한 외각의 크기는

$$\frac{360°}{8}=45°$$

③ 정구각형의 한 내각의 크기는

$$\frac{180°\times(9-2)}{9}=140°$$

④ 한 내각의 크기가 $150°$인 정다각형을 정n각형이라 하면

$$\frac{180°\times(n-2)}{n}=150°, \quad 180°\times n-360°=150°\times n$$

$30°\times n=360°$ ∴ $n=12$

즉, 구하는 정다각형은 정십이각형이다.

⑤ 한 외각의 크기가 $18°$인 정다각형을 정n각형이라 하면

$$\frac{360°}{n}=18° \quad ∴ n=20$$

즉, 구하는 정다각형은 정이십각형이다.

따라서 옳은 것은 ③, ⑤이다.

44 답 ④

조건 ㈎, ㈏에서 주어진 다각형은 정다각형이다.

조건 ㈐에서 내각의 크기의 합이 $2880°$이므로 주어진 정다각형을 정n각형이라 하면

$180° \times (n-2) = 2880°$

$n-2 = 16$ $\quad \therefore n = 18$

즉, 주어진 정다각형은 정십팔각형이다.

① 정십팔각형의 변의 개수는 18이다.

② 정십팔각형의 대각선의 개수는

$\dfrac{18 \times (18-3)}{2} = 135$

④ 정십팔각형의 한 내각의 크기는

$\dfrac{180° \times (18-2)}{18} = 160°$

⑤ 정십팔각형의 한 외각의 크기는

$\dfrac{360°}{18} = 20°$

따라서 옳지 않은 것은 ④이다.

45 답 ③

$\triangle ABC$는 $\overline{AB} = \overline{AC}$인 이등변삼각형이므로

$\angle ACB = \angle ABC = 18°$

$\therefore \angle BAC = 180° - (18° + 18°) = 144°$

구하는 정다각형을 정n각형이라 하면

한 내각의 크기가 $144°$이므로

$\dfrac{180° \times (n-2)}{n} = 144°$

$180° \times n - 360° = 144° \times n$

$36° \times n = 360°$ $\quad \therefore n = 10$

따라서 구하는 정다각형은 정십각형이다.

46 답 27

주어진 정다각형의 한 외각의 크기를 $\angle x$라 하면

한 내각의 크기는 $\angle x + 100°$이므로

$(\angle x + 100°) + \angle x = 180°$

$2\angle x = 80°$ $\quad \therefore \angle x = 40°$

한 외각의 크기가 $40°$인 정다각형을 정n각형이라 하면

$\dfrac{360°}{n} = 40°$ $\quad \therefore n = 9$

따라서 정구각형의 대각선의 개수는

$\dfrac{9 \times (9-3)}{2} = 27$

실화유형 12 정다각형의 한 내각과 한 외각의 크기의 활용

다음을 이용하여 각의 크기를 구한다.

⑴ 모든 변의 길이가 같다.

⑵ 정n각형의 한 내각의 크기 : $\dfrac{180° \times (n-2)}{n}$

정n각형의 한 외각의 크기 : $\dfrac{360°}{n}$

47 답 ②

정오각형의 한 내각의 크기는

$\dfrac{180° \times (5-2)}{5} = 108°$

$\triangle ABC$는 $\overline{BA} = \overline{BC}$인 이등변삼각형이고 $\angle ABC = 108°$이므로

$\angle BCA = \dfrac{1}{2} \times (180° - 108°) = 36°$

이때 $\angle BCD = 108°$이므로

$\angle x = 108° - 36° = 72°$

48 답 60

$\triangle AED$가 정삼각형이므로 $\angle DAE = 60°$

$\therefore \angle BAE = 90° - 60° = 30°$

$\triangle ABE$는 $\overline{AB} = \overline{AE}$인 이등변삼각형이므로

$\angle x = \angle ABE = \dfrac{1}{2} \times (180° - 30°) = 75°$

$\therefore \angle y = 90° - \angle ABE = 90° - 75° = 15°$

$\therefore \angle x - \angle y = 75° - 15° = 60°$

49 답 ③

정육각형의 한 내각의 크기는

$\dfrac{180° \times (6-2)}{6} = 120°$

$\triangle ABF$는 $\overline{AB} = \overline{AF}$인 이등변삼각형이고 $\angle FAB = 120°$이므로

$\angle ABF = \dfrac{1}{2} \times (180° - 120°) = 30°$

$\triangle ABC$는 $\overline{BA} = \overline{BC}$인 이등변삼각형이고 $\angle ABC = 120°$이므로

$\angle BAC = \dfrac{1}{2} \times (180° - 120°) = 30°$

따라서 $\triangle ABG$에서

$\angle BGA = 180° - (30° + 30°) = 120°$

$\therefore \angle x = \angle BGA = 120°$ (맞꼭지각)

50 답 27°

정사각형의 한 내각의 크기는 $90°$

정오각형의 한 내각의 크기는 $\dfrac{180° \times (5-2)}{5} = 108°$

정팔각형의 한 내각의 크기는 $\dfrac{180° \times (8-2)}{8} = 135°$

$\therefore \angle x = 360° - (90° + 108° + 135°) = 27°$

51 답 ④

정사각형의 한 외각의 크기는 $\dfrac{360°}{4} = 90°$

정팔각형의 한 외각의 크기는 $\dfrac{360°}{8} = 45°$

$\therefore \angle x = 90° + 45° = 135°$

52 답 ⑤

$\angle FAE$와 $\angle FEA$는 정오각형의 한 외각이므로

$\angle FAE = \angle FEA = \dfrac{360°}{5} = 72°$

따라서 $\triangle AEF$에서

$\angle x = 180° - (72° + 72°) = 36°$

53 답 $120°$

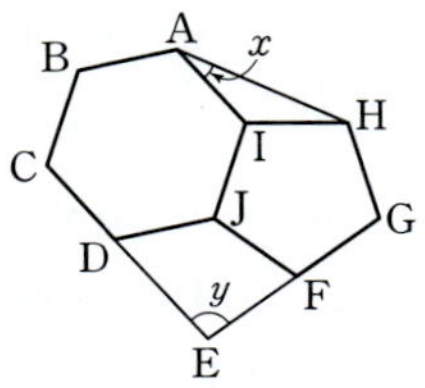

오른쪽 그림에서 ∠AIH의 크기는 정육각형의 한 외각의 크기와 정오각형의 한 외각의 크기의 합이다.

정육각형의 한 외각의 크기는

$\dfrac{360°}{6}=60°$, 정오각형의 한 외각의 크

기는 $\dfrac{360°}{5}=72°$이므로

$∠AIH=60°+72°=132°$

△AIH는 $\overline{IA}=\overline{IH}$인 이등변삼각형이므로

$∠x=\dfrac{1}{2}\times(180°-132°)=24°$

한편, $∠DJF=∠AIH=132°$이고,

$∠JDE=60°$, $∠JFE=72°$이므로

사각형 JDEF에서

$∠y=360°-(132°+60°+72°)$
  $=96°$

$∴ ∠x+∠y=24°+96°=120°$

서술형

78쪽~79쪽

01 답 $24°$

채점 기준 1 ∠ADC의 크기 구하기 ··· 2점

$∠ADC=180°-\underline{141°}=\underline{39°}$

채점 기준 2 ∠x의 크기 구하기 ··· 4점

△ACD에서

$∠CAD=∠CDA=\underline{39°}$이므로

$∠ACB=∠CAD+∠CDA$
  $=39°+39°=\underline{78°}$

따라서 △ABC에서

$∠ABC=∠ACB=\underline{78°}$이므로

$∠x=180°-(∠ABC+∠ACB)$
  $=180°-(78°+78°)=\underline{24°}$

01-1 답 $68°$

채점 기준 1 ∠ADC의 크기 구하기 ··· 2점

$∠ADC=180°-152°=28°$

채점 기준 2 ∠x의 크기 구하기 ··· 4점

△ACD에서

$∠CAD=∠CDA=28°$이므로

$∠ACB=∠CAD+∠CDA$
  $=28°+28°=56°$

따라서 △ABC에서

$∠ABC=∠ACB=56°$이므로

$∠x=180°-(∠ABC+∠ACB)$
  $=180°-(56°+56°)=68°$

02 답 35

채점 기준 1 정다각형 구하기 ··· 4점

한 내각의 크기와 한 외각의 크기의 합이 $180°$이므로 주어진 정다각형의 한 외각의 크기는

$180°\times\dfrac{\boxed{1}}{4+1}=\underline{36°}$

주어진 정다각형을 정n각형이라 하면

$\dfrac{360°}{n}=\underline{36°}$ $∴ n=\underline{10}$

따라서 주어진 정다각형은 $\underline{정십각형}$이다.

채점 기준 2 대각선의 개수 구하기 ··· 3점

정$\underline{십}$각형의 대각선의 개수는

$\dfrac{\boxed{10}\times(\boxed{10}-3)}{2}=\underline{35}$

02-1 답 20

채점 기준 1 정다각형 구하기 ··· 4점

한 내각의 크기와 한 외각의 크기의 합이 $180°$이므로 주어진 정다각형의 한 외각의 크기는

$180°\times\dfrac{1}{3+1}=45°$

주어진 정다각형을 정n각형이라 하면

$\dfrac{360°}{n}=45°$ $∴ n=8$

따라서 주어진 정다각형은 정팔각형이다.

채점 기준 2 대각선의 개수 구하기 ··· 3점

정팔각형의 대각선의 개수는

$\dfrac{8\times(8-3)}{2}=20$

03 답 4

주어진 다각형을 n각형이라 하면

$\dfrac{n(n-3)}{2}=14$, $n(n-3)=28$

이때 $28=7\times4$이므로 $n=7$

따라서 주어진 다각형은 칠각형이다.   ······ ❶

칠각형의 한 꼭짓점에서 그을 수 있는 대각선의 개수는

$7-3=4$ ······ ❷

채점 기준	배점
❶ 다각형 구하기	2점
❷ 대각선의 개수 구하기	2점

04 답 $92°$

$∠x+(∠x+22°)=3∠x-11°$이므로

$2∠x+22°=3∠x-11°$ $∴ ∠x=33°$ ······ ❶

$∴ ∠BAC=180°-(3∠x-11°)$
  $=180°-(3\times33°-11°)$
  $=180°-88°=92°$ ······ ❷

채점 기준	배점
❶ ∠x의 크기 구하기	2점
❷ ∠BAC의 크기 구하기	2점

05 답 1086

다각형의 변의 개수와 꼭짓점의 개수는 같으므로

$x-2=18-x$, $2x=20$ ∴ $x=10$

즉, 변이 $10-2=8$(개)이므로 주어진 다각형은 팔각형이다.

······ ❶

팔각형의 한 꼭짓점에서 대각선을 모두 그었을 때 생기는 삼각형의 개수는

$8-2=6$이므로 $a=6$

또, 팔각형의 내각의 크기의 합은 $180°\times(8-2)=1080°$이므로

$b=1080$

······ ❷

∴ $a+b=6+1080=1086$

······ ❸

채점 기준	배점
❶ 다각형 구하기	3점
❷ a, b의 값을 각각 구하기	2점
❸ $a+b$의 값 구하기	1점

06 답 108°

사각형 ABCD의 내각의 크기의 합은 360°이므로

$118°+\angle ABC+\angle BCD+98°=360°$

$\angle ABC+\angle BCD=360°-216°=144°$

∴ $\angle EBC+\angle ECB=\dfrac{1}{2}(\angle ABC+\angle BCD)$

$=\dfrac{1}{2}\times144°=72°$

······ ❶

따라서 △EBC에서

$\angle BEC=180°-(\angle EBC+\angle ECB)$

$=180°-72°=108°$

······ ❷

채점 기준	배점
❶ $\angle EBC+\angle ECB$의 크기 구하기	4점
❷ $\angle BEC$의 크기 구하기	3점

07 답 14

다각형의 외각의 크기의 합은 항상 360°이므로 주어진 다각형의 내각의 크기의 합은

$2520°-360°=2160°$

······ ❶

주어진 다각형을 n각형이라 하면

$180°\times(n-2)=2160°$, $n-2=12$ ∴ $n=14$

즉, 주어진 다각형은 십사각형이다.

······ ❷

따라서 십사각형의 꼭짓점의 개수는 14이다.

······ ❸

채점 기준	배점
❶ 내각의 크기의 합 구하기	2점
❷ 다각형 구하기	3점
❸ 꼭짓점의 개수 구하기	1점

08 답 318°

오른쪽 그림에서

$\angle j=\angle a+\angle b$, $\angle k=\angle c+\angle d$,

$\angle l=\angle e+\angle f$, $\angle m=\angle g+42°$,

$\angle n=\angle h+\angle i$

······ ❶

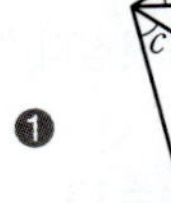
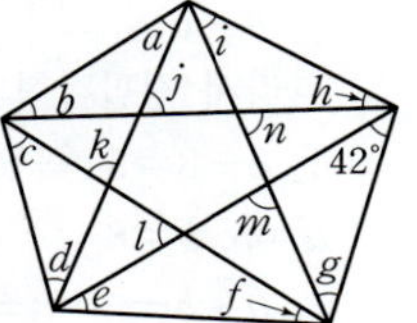

오각형의 외각의 크기의 합은 360°이므로

$\angle j+\angle k+\angle l+\angle m+\angle n$

$=(\angle a+\angle b)+(\angle c+\angle d)+(\angle e+\angle f)+(\angle g+42°)$

$\qquad\qquad\qquad\qquad\qquad\qquad +(\angle h+\angle i)$

$=360°$

∴ $\angle a+\angle b+\angle c+\angle d+\angle e+\angle f+\angle g+\angle h+\angle i$

$=360°-42°=318°$

······ ❷

채점 기준	배점
❶ 오각형의 외각의 크기를 주어진 각의 크기를 이용하여 각각 나타내기	4점
❷ 주어진 각의 크기의 합 구하기	3점

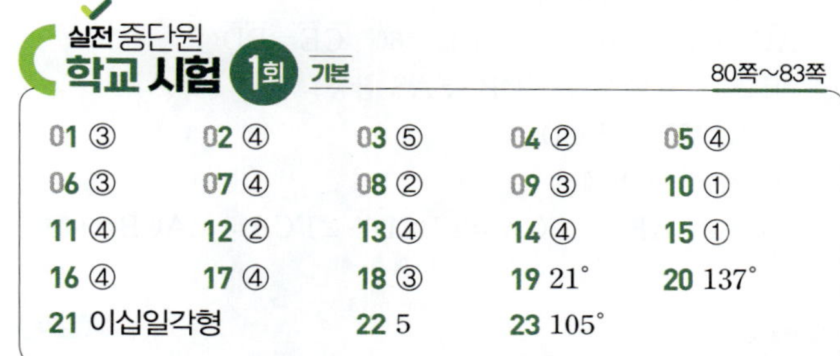

01 ③	**02** ④	**03** ⑤	**04** ②	**05** ④
06 ③	**07** ④	**08** ②	**09** ③	**10** ①
11 ④	**12** ②	**13** ④	**14** ④	**15** ①
16 ④	**17** ④	**18** ③	**19** 21°	**20** 137°
21 이십일각형		**22** 5	**23** 105°	

01 답 ③ · 유형 **01**

①, ④ 곡선과 선분으로 둘러싸여 있으므로 다각형이 아니다.

② 선분으로 둘러싸여 있지 않으므로 다각형이 아니다.

⑤ 입체도형이므로 다각형이 아니다.

따라서 다각형인 것은 ③이다.

02 답 ④ · 유형 **02**

④ 오른쪽 그림과 같은 정육각형의 두 대각선의 길이는 다르다.

03 답 ⑤ · 유형 **03**

주어진 다각형을 n각형이라 하면

$\dfrac{n(n-3)}{2}=44$, $n(n-3)=88$

이때 $88=11\times8$이므로 $n=11$

따라서 십일각형의 꼭짓점의 개수는 11이다.

04 답 ② · 유형 **03**

n각형의 한 꼭짓점에서 그을 수 있는 대각선의 개수는 $n-3$,

이때 만들어지는 삼각형의 개수는 $n-2$이고,

n각형의 변의 개수는 n이므로

$(n-3)+(n-2)=n$에서 $2n-5=n$

∴ $n=5$

05 답 ④ 유형 04

$\triangle$CED에서

$\angle$DCE$=180°-(30°+50°)=100°$

$\therefore \angle$ACB$=\angle$DCE$=100°$ (맞꼭지각)

따라서 $\triangle$ABC에서

$\angle x=180°-(35°+100°)=45°$

다른 풀이

$\angle$ACB$=\angle$ECD (맞꼭지각)이므로

$35°+\angle x=30°+50°$　　$\therefore \angle x=45°$

06 답 ③ 유형 05

$\angle$BAC$=180°-104°=76°$이므로

$\angle$DAC$=\dfrac{1}{2}\angle$BAC$=\dfrac{1}{2}\times76°=38°$

따라서 $\triangle$ADC에서

$\angle x=38°+45°=83°$

07 답 ④ 유형 05

$\triangle$AEC와 $\triangle$CDB에서

$\overline{AC}=\overline{CB}$, $\angle$ACE$=\angle$CBD$=60°$, $\overline{CE}=\overline{BD}$

이므로 $\triangle$AEC$\equiv\triangle$CDB (SAS 합동)

$\therefore \angle$CAE$=\angle$BCD

따라서 $\triangle$ACF에서

$\angle x=\angle$CAF$+\angle$FCA$=\angle$BCD$+\angle$FCA$=\angle$ACB$=60°$

08 답 ② 유형 06

오른쪽 그림과 같이 $\overline{BC}$를 그으면

$\triangle$DBC에서

$\angle$DBC$+\angle$DCB$=180°-120°$

$\qquad\qquad\qquad\quad=60°$

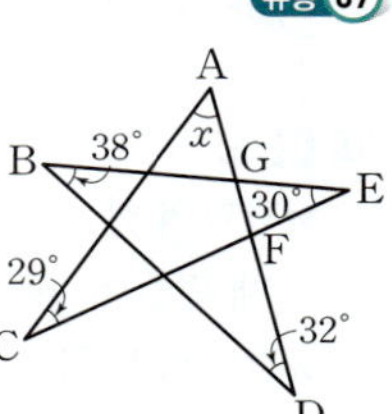

따라서 $\triangle$ABC에서

$\angle x=180°-(20°+\angle$DBC$+\angle$DCB$+35°)$

$\quad\;\;=180°-(20°+60°+35°)$

$\quad\;\;=65°$

09 답 ③ 유형 07

$\triangle$ABC에서 $\angle$ACE$=52°+\angle$ABC　……　㉠

$\triangle$DBC에서 $\angle$DCE$=\angle x+\angle$DBC이므로

$2\angle$DCE$=2\angle x+2\angle$DBC

$\therefore \angle$ACE$=2\angle x+\angle$ABC　……　㉡

㉠, ㉡에서 $52°+\angle$ABC$=2\angle x+\angle$ABC　　$\therefore \angle x=26°$

10 답 ① 유형 07

$\triangle$BDG에서

$\angle$EGD$=38°+32°=70°$

$\triangle$ACF에서

$\angle$AFE$=\angle x+29°$

$\triangle$GFE에서

$70°+(\angle x+29°)+30°=180°$

$\therefore \angle x=180°-129°=51°$

11 답 ④ 유형 03 + 유형 08

주어진 다각형을 n각형이라 하면

$n-2=10$　　$\therefore n=12$

따라서 십이각형의 내각의 크기의 합은

$180°\times(12-2)=1800°$

다른 풀이

삼각형의 세 내각의 크기의 합은 $180°$이므로

$180°\times10=1800°$

12 답 ② 유형 03 + 유형 08

두 다각형 A, B를 각각 n각형, m각형이라 하면 한 꼭짓점에서 그을 수 있는 대각선의 개수의 비가 $2:1$이므로

$(n-3):(m-3)=2:1$

$n-3=2(m-3)$

$\therefore n=2m-3$

이때 두 다각형의 모든 내각의 크기의 합은 $1440°$이므로

$180°\times(n-2)+180°\times(m-2)=1440°$에서

$180°\times(2m-3-2)+180°\times(m-2)=1440°$

$(2m-5)+(m-2)=8$

$3m-7=8$　　$\therefore m=5$

$\therefore n=2m-3=2\times5-3=7$

따라서 주어진 두 다각형 A, B는 각각 칠각형, 오각형이고, 칠각형의 변의 개수는 7, 오각형의 변의 개수는 5이므로 두 다각형의 변의 개수의 합은 $7+5=12$

13 답 ④ 유형 09

다각형의 외각의 크기의 합은 $360°$이므로

$\angle x+78°+60°+(180°-54°)=360°$

$\angle x+264°=360°$

$\therefore \angle x=96°$

14 답 ④ 유형 10

오른쪽 그림에서 오각형의 외각의 크기의 합은 $360°$이므로

$\angle a+\angle b+\angle c+\angle d+\angle e$

$\qquad+\angle f+\angle g+\angle h+\angle i+\angle j$

$=360°$

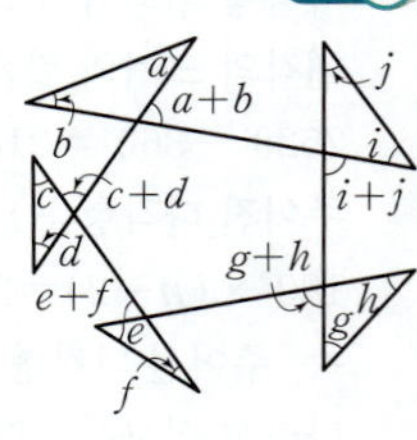

15 답 ① 유형 03 + 유형 11

주어진 정다각형을 정n각형이라 하면

$\dfrac{180°\times(n-2)}{n}=135°$

$180°\times n-360°=135°\times n$

$45°\times n=360°$

$\therefore n=8$

따라서 정팔각형의 한 꼭짓점에서 그을 수 있는 대각선의 개수는 $8-3=5$, 꼭짓점의 개수는 8이므로

$a=5, b=8$

$\therefore a+b=5+8=13$

16 답 ④ 유형 **11**

조건 ㈎에서 구하는 다각형은 정다각형이다.

정다각형의 한 외각의 크기를 $\angle x$라 하면 한 내각의 크기는

$\angle x+144°$이므로

$(\angle x+144°)+\angle x=180°$, $2\angle x=36°$ ∴ $\angle x=18°$

한 외각의 크기가 18°인 정다각형을 정n각형이라 하면

$\dfrac{360°}{n}=18°$ ∴ $n=20$

따라서 구하는 다각형은 정이십각형이다.

17 답 ④ 유형 **12**

정오각형의 한 내각의 크기는

$\dfrac{180°\times(5-2)}{5}=108°$

$\triangle ABC$는 $\overline{BA}=\overline{BC}$인 이등변삼각형이므로

$\angle x=\dfrac{1}{2}\times(180°-108°)=36°$

같은 방법으로 하면 $\triangle ABE$에서 $\angle AEB=36°$이고,

$\triangle ECD$에서 $\angle DEC=36°$이므로

$\angle y=108°-(36°+36°)=36°$

∴ $\angle x+\angle y=36°+36°=72°$

18 답 ③ 유형 **12**

오른쪽 그림에서 $\angle a$의 크기는 정오각

형의 한 외각의 크기이므로

$\angle a=\dfrac{360°}{5}=72°$

$\angle c$의 크기는 정팔각형의 한 외각의 크

기이므로

$\angle c=\dfrac{360°}{8}=45°$

$\angle b$의 크기는 정팔각형의 한 외각의 크기와 정오각형의 한 외각

의 크기의 합과 같으므로

$\angle b=45°+72°=117°$

사각형의 내각의 크기의 합은 360°이므로

$\angle d=360°-(\angle a+\angle b+\angle c)$

$=360°-(72°+117°+45°)=360°-234°=126°$

∴ $\angle x=180°-\angle d=180°-126°=54°$

19 답 21° 유형 **05**

$\triangle ABG$에서

$\angle FBC=30°+19°=49°$ …… ❶

$\triangle BCF$에서

$\angle ECD=49°+\angle x$ …… ❷

$\triangle ECD$에서

$96°=(49°+\angle x)+26°$ ∴ $\angle x=21°$ …… ❸

채점 기준	배점
❶ $\angle FBC$의 크기 구하기	2점
❷ $\angle ECD$의 크기를 $\angle x$를 이용하여 나타내기	2점
❸ $\angle x$의 크기 구하기	2점

20 답 137° 유형 **08**

사각형 ABCD의 내각의 크기의 합은 360°이므로

$\angle BAD+66°+\angle BCD+152°=360°$

∴ $\angle BAD+\angle BCD=142°$ …… ❶

∴ $\angle DAO+\angle DCO=\dfrac{1}{2}(\angle BAD+\angle BCD)$

$=\dfrac{1}{2}\times142°=71°$ …… ❷

따라서 사각형 AOCD에서

$\angle x=360°-(\angle DAO+\angle DCO+152°)$

$=360°-(71°+152°)=360°-223°=137°$ …… ❸

채점 기준	배점
❶ $\angle BAD+\angle BCD$의 크기 구하기	3점
❷ $\angle DAO+\angle DCO$의 크기 구하기	2점
❸ $\angle x$의 크기 구하기	2점

21 답 이십일각형 유형 **08** + 유형 **09**

구하는 다각형을 n각형이라 하면

$180°\times(n-2)+360°=3780°$ …… ❶

$180°\times n=3780°$ ∴ $n=21$

따라서 구하는 다각형은 이십일각형이다. …… ❷

채점 기준	배점
❶ 주어진 조건을 이용하여 식 세우기	2점
❷ 다각형 구하기	2점

22 답 5 유형 **03** + 유형 **11**

한 내각의 크기와 한 외각의 크기의 비가 $3:2$이므로

$(\text{한 외각의 크기})=180°\times\dfrac{2}{3+2}=72°$ …… ❶

주어진 정다각형을 정n각형이라 하면

$\dfrac{360°}{n}=72°$ ∴ $n=5$

즉, 주어진 정다각형은 정오각형이다. …… ❷

따라서 정오각형의 대각선의 개수는

$\dfrac{5\times(5-3)}{2}=5$ …… ❸

채점 기준	배점
❶ 정다각형의 한 외각의 크기 구하기	2점
❷ 정다각형 구하기	2점
❸ 정다각형의 대각선의 개수 구하기	2점

23 답 105° 유형 **12**

$\angle EAB=\angle EAD+\angle BAD$

$=60°+90°=150°$ …… ❶

$\triangle ABE$는 $\overline{AB}=\overline{AE}$인 이등변삼각형이므

로

$\angle ABE=\dfrac{1}{2}\times(180°-150°)$

$=15°$ …… ❷

따라서 $\triangle ABF$에서

$\angle x=90°+15°=105°$ …… ❸

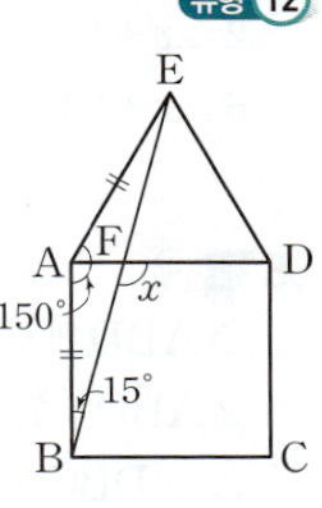

채점 기준	배점
❶ ∠EAB의 크기 구하기	2점
❷ ∠ABE의 크기 구하기	2점
❸ $\angle x$의 크기 구하기	3점

실전 중단원 학교 시험 2회 실력

84쪽~87쪽

01 ②	02 ②	03 ③	04 ④	05 ④
06 ⑤	07 ②	08 ②	09 ④	10 ②
11 ④	12 ③	13 ②	14 ①	15 ⑤
16 ②, ④	17 ③	18 ④	19 (1) 170번 (2) 190번	
20 72°	21 50°	22 8	23 9	

01 답 ② 유형 01

$(\angle x-29°)+(2\angle x-34°)=180°$이므로

$3\angle x=243°$ ∴ $\angle x=81°$

02 답 ② 유형 02

조건 ⑺, ⑷에서 구하는 다각형은 정다각형이다.

다각형의 꼭짓점의 개수와 변의 개수는 같으므로 조건 ⑷에서 구하는 다각형의 꼭짓점의 개수와 변의 개수는 각각

$12 \times \dfrac{1}{2}=6$

따라서 구하는 다각형은 정육각형이다.

03 답 ③ 유형 03

주어진 다각형을 n각형이라 하면

$\dfrac{n(n-3)}{2}=65$, $n(n-3)=130$

이때 $130=13\times10$이므로 $n=13$

따라서 십삼각형의 한 꼭짓점에서 대각선을 모두 그었을 때 생기는 삼각형의 개수는

$13-2=11$

04 답 ④ 유형 04

삼각형의 세 내각의 크기의 합은 $180°$이므로

$2\angle x+(\angle x+24°)+3\angle x=180°$

$6\angle x+24°=180°$, $6\angle x=156°$ ∴ $\angle x=26°$

05 답 ④ 유형 05

△ABD에서

$\angle ABD=73°-44°=29°$

∴ $\angle DBC=\angle ABD=29°$

따라서 △DBC에서

$\angle x=73°+29°=102°$

06 답 ⑤ 유형 06

△ABC에서

$\angle DBC+\angle DCB=180°-(80°+31°+35°)=34°$

따라서 △DBC에서

$\angle x=180°-(\angle DBC+\angle DCB)$
$=180°-34°=146°$

07 답 ② 유형 07

△BAC에서 $\angle BCA=\angle BAC=\angle x$이므로

$\angle CBD=\angle x+\angle x=2\angle x$

△BCD에서 $\angle CDB=\angle CBD=2\angle x$이므로

△ACD에서 $\angle DCE=\angle x+2\angle x=3\angle x$

△DCE에서 $\angle DEC=\angle DCE=3\angle x$

따라서 △AED에서

$\angle FDE=\angle x+3\angle x=4\angle x=112°$

∴ $\angle x=28°$

08 답 ② 유형 08

재은 : 그림 ㈐에서 5개의 삼각형으로 나누었으므로 삼각형의 내각의 크기를 모두 더한 $180°\times5$에서 $180°$를 빼면 육각형의 내각의 크기의 합이다.

따라서 바르게 설명한 사람은 기범, 세아이다.

09 답 ④ 유형 08

칠각형의 내각의 크기의 합은 $180°\times(7-2)=900°$

$140°+2\angle x+155°+3\angle x+125°+150°+\angle x=900°$이므로

$6\angle x+570°=900°$, $6\angle x=330°$

∴ $\angle x=55°$

10 답 ② 유형 05 + 유형 08

오른쪽 그림의 △BDG에서

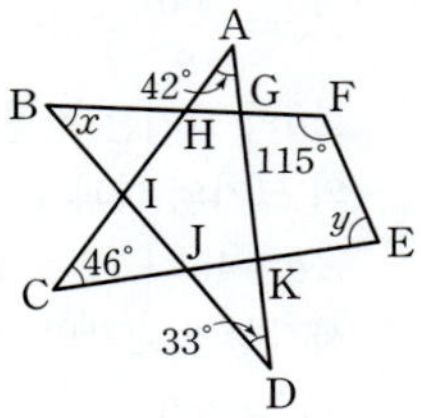

$\angle FGD=\angle x+33°$

△ACK에서

$\angle AKE=42°+46°=88°$

사각형 GKEF의 내각의 크기의 합은

$360°$이므로

$(\angle x+33°)+88°+\angle y+115°=360°$

∴ $\angle x+\angle y=360°-236°=124°$

11 답 ④ 유형 01 + 유형 08

오각형의 내각의 크기의 합은

$180°\times(5-2)=540°$이므로

가장 큰 내각의 크기는

$540°\times\dfrac{8}{3+5+5+6+8}=540°\times\dfrac{8}{27}=160°$

∴ $\angle a=160°$

또, 가장 작은 내각의 크기는

$540°\times\dfrac{3}{3+5+5+6+8}=540°\times\dfrac{3}{27}=60°$

이므로 가장 큰 외각의 크기는

$180°-60°=120°$ ∴ $\angle b=120°$

∴ $\angle a-\angle b=160°-120°=40°$

12 답 ③   유형 **09**

육각형의 외각의 크기의 합은 $360°$이므로

$62°+(180°-90°)+39°+94°+53°+\angle x=360°$

$\therefore \angle x=360°-338°=22°$

13 답 ②   유형 **10**

오른쪽 그림과 같이 $\overline{AC}$와 $\overline{DF}$를
그으면

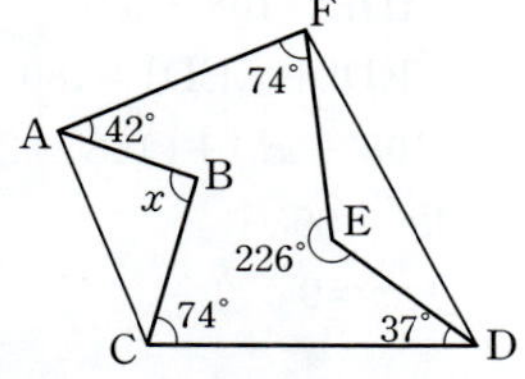

$\angle DEF=360°-226°=134°$

$\triangle DEF$에서

$\angle EFD+\angle EDF=180°-134°$
$=46°$

사각형 $ACDF$의 내각의 크기의 합은 $360°$이므로

$\angle BAC+\angle ACB$

$=360°-(42°+74°+37°+\angle EDF+\angle DFE+74°)$

$=360°-(42°+74°+37°+46°+74°)=87°$

따라서 $\triangle ABC$에서

$\angle x=180°-(\angle BAC+\angle ACB)$
$=180°-87°=93°$

14 답 ①   유형 **03** + 유형 **11**

주어진 정다각형을 정n각형이라 하면

$\dfrac{360°}{n}=24°$ $\therefore n=15$

따라서 정십오각형의 한 꼭짓점에서 그을 수 있는 대각선의 개
수는 $15-3=12$

15 답 ⑤   유형 **11**

조건 ㈎, ㈏에서 주어진 다각형은 정다각형이다.

주어진 정다각형을 정n각형이라 하면 조건 ㈐에서 한 내각의 크

기는 $\dfrac{1980°}{n}$이다.

이때 정n각형의 한 외각의 크기는 $\dfrac{360°}{n}$이므로 한 내각의 크기

와 한 외각의 크기의 비는

$\dfrac{1980°}{n} : \dfrac{360°}{n}=1980 : 360=11 : 2$

16 답 ②, ④   유형 **01** + 유형 **08** + 유형 **09** + 유형 **11**

① 다각형의 한 꼭짓점에서 내각과 외각의 크기의 합은 $180°$이다.

② 팔각형의 내각의 크기의 합은

    $180°\times(8-2)=1080°$

③ 십각형의 외각의 크기의 합과 구각형의 외각의 크기의 합은

    $360°$로 같다.

④ 정십이각형의 한 내각의 크기는

    $\dfrac{180°\times(12-2)}{12}=150°$

⑤ 정십오각형의 한 외각의 크기는 $\dfrac{360°}{15}=24°$

따라서 옳은 것은 ②, ④이다.

17 답 ③   유형 **12**

$\triangle ABP$와 $\triangle BCQ$에서

$\overline{AB}=\overline{BC}$, $\angle ABP=\angle BCQ$, $\overline{BP}=\overline{CQ}$

이므로 $\triangle ABP\equiv\triangle BCQ$ (SAS 합동)

$\therefore \angle PAB=\angle QBC$

$\triangle ABR$에서

$\angle x=\angle RAB+\angle ABR$
$=\angle QBC+\angle ABR$
$=\angle ABC$

따라서 $\angle x$의 크기는 정육각형의 한 내각의 크기와 같으므로

$\angle x=\dfrac{180°\times(6-2)}{6}=120°$

18 답 ④   유형 **03** + 유형 **11** + 유형 **12**

정육각형의 한 내각의 크기는

$\dfrac{180°\times(6-2)}{6}=120°$

정사각형의 한 내각의 크기는 $90°$

$\angle BCD+\angle BCG+\angle DCG=360°$이므로

$\angle BCD=360°-(120°+90°)=150°$

즉, 정n각형의 한 내각의 크기가 $150°$이므로

$\dfrac{180°\times(n-2)}{n}=150°$

$180°\times n-360°=150°\times n$

$30°\times n=360°$ $\therefore n=12$

따라서 정십이각형의 대각선의 개수는

$\dfrac{12\times(12-3)}{2}=54$

다른 풀이

$\angle BCD=150°$이므로 정n각형의 한 외각의 크기는

$180°-150°=30°$

즉, $\dfrac{360°}{n}=30°$이므로 $n=12$

따라서 정십이각형의 대각선의 개수는

$\dfrac{12\times(12-3)}{2}=54$

19 답 ⑴ 170번 ⑵ 190번   유형 **03**

⑴ 이웃하여 앉은 사람을 제외한 모든 사람과 서로 한 번씩 악수
를 하는 횟수는 이십각형의 대각선의 개수와 같으므로

    $\dfrac{20\times(20-3)}{2}=170$(번)   …… ❶

⑵ 이웃하여 앉은 사람을 제외한 모든 사람과 서로 한 번씩 악수
하는 횟수는 170번이고, 이웃한 사람끼리 악수하는 횟수는
20번이다.

    따라서 모든 사람이 서로 한 번씩 악수하는 횟수는

    $170+20=190$(번)   …… ❷

채점 기준	배점
❶ 이웃하지 않는 사람끼리 서로 한 번씩 악수하는 횟수 구하기	3점
❷ 모든 사람이 서로 한 번씩 악수하는 횟수 구하기	3점

20 답 $72°$ 　　　　유형 **06**

△DBC에서
$$\angle DBC+\angle DCB=180°-126°$$
$$=54° \qquad \cdots\cdots ❶$$
$$\therefore \angle ABC+\angle ACB=2(\angle DBC+\angle DCB)$$
$$=2\times54°=108° \qquad \cdots\cdots ❷$$
따라서 △ABC에서
$$\angle x=180°-(\angle ABC+\angle ACB)$$
$$=180°-108°=72° \qquad \cdots\cdots ❸$$

채점 기준	배점
❶ $\angle DBC+\angle DCB$의 크기 구하기	2점
❷ $\angle ABC+\angle ACB$의 크기 구하기	2점
❸ $\angle x$의 크기 구하기	2점

21 답 $50°$ 　　　　유형 **07**

△ABD에서
$$\angle BDC=\angle x+15° \qquad \cdots\cdots ❶$$
△BCD는 $\overline{BC}=\overline{BD}$인 이등변삼각형이므로
$$\angle C=\angle BDC=\angle x+15° \qquad \cdots\cdots ❷$$
또, △ABC는 $\overline{AB}=\overline{AC}$인 이등변삼각형이므로
$$\angle ABC=\angle C=\angle x+15° \qquad \cdots\cdots ❸$$
따라서 △ABC에서
$$\angle x+(\angle x+15°)+(\angle x+15°)=180°$$
$$3\angle x=150° \qquad \therefore \angle x=50° \qquad \cdots\cdots ❹$$

채점 기준	배점
❶ $\angle BDC$의 크기를 $\angle x$를 이용하여 나타내기	2점
❷ $\angle C$의 크기를 $\angle x$를 이용하여 나타내기	1점
❸ $\angle ABC$의 크기를 $\angle x$를 이용하여 나타내기	1점
❹ $\angle x$의 크기 구하기	3점

22 답 8 　　　　유형 **11**

조건 ㈎, ㈏에서 주어진 다각형은 정다각형이다. 　$\cdots\cdots ❶$
주어진 정다각형을 정n각형이라 하면 조건 ㈐에서
$$\frac{180°\times(n-2)}{n}=135°$$
$$180°\times n-360°=135°\times n$$
$$45°\times n=360°$$
$$\therefore n=8 \qquad \cdots\cdots ❷$$
따라서 정팔각형의 변의 개수는 8이다. 　$\cdots\cdots ❸$

채점 기준	배점
❶ 정다각형임을 알기	1점
❷ 정다각형 구하기	2점
❸ 정다각형의 변의 개수 구하기	1점

23 답 9 　　　　유형 **12**

정오각형의 한 내각의 크기는
$$\frac{180°\times(5-2)}{5}=108°$$

오른쪽 그림과 같이 두 직선 l, m에 평행한 두 직선을 그으면
$$\angle AEH=3x° \text{ (엇각)이므로}$$
$$\angle HED=108°-3x°$$
$$\therefore \angle EDJ=108°-3x° \text{ (엇각)}$$
$$\angle CDI=x° \text{ (엇각)이므로}$$
$$\angle IDE=108°-x° \qquad \cdots\cdots ❶$$
$$\angle EDI+\angle EDJ=180°\text{이므로}$$
$$(108°-x°)+(108°-3x°)=180°$$
$$4x°=36°$$
$$\therefore x=9 \qquad \cdots\cdots ❷$$

채점 기준	배점
❶ 보조선을 그어 $\angle EDJ$, $\angle IDE$의 크기를 각각 $x°$를 이용하여 나타내기	4점
❷ x의 값 구하기	3점

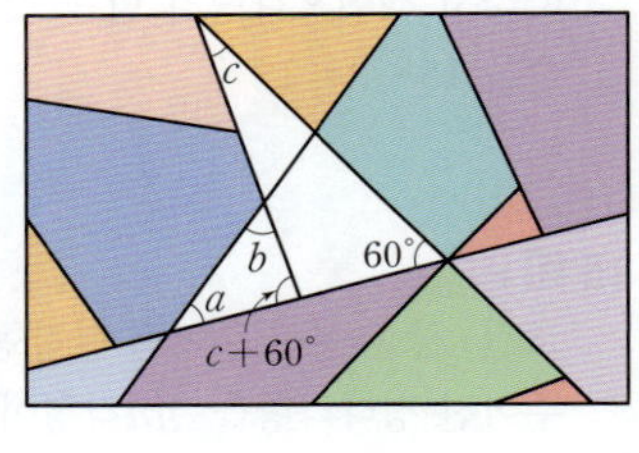

교과서 속 **특이 문제** 　　　88쪽

01 답 $120°$

오른쪽 그림에서 삼각형의 한 외각의 크기는 그와 이웃하지 않는 두 내각의 크기의 합과 같으므로
$$\angle a+\angle b+(\angle c+60°)$$
$$=180°$$
$$\therefore \angle a+\angle b+\angle c=120°$$

02 답 28개

지도에 표시된 8개의 도시를 서로 연결하여 만들 수 있는 항공편의 총 개수는 팔각형의 변의 개수와 대각선의 개수의 합과 같다.
팔각형의 변의 개수는 8이고, 팔각형의 대각선의 개수는
$$\frac{8\times(8-3)}{2}=20\text{이므로 만들 수 있는 항공편은 모두}$$
$$8+20=28\text{(개)}$$

03 답 $360°$

로봇 청소기가 회전한 각의 크기의 합은 십이각형의 외각의 크기의 합과 같으므로 $360°$이다.

04 답 $36°$

정오각형의 한 외각의 크기는 $\dfrac{360°}{5}=72°$
즉, $\angle EDF=\angle EFD=72°$이므로
△EDF에서
$$\angle x=180°-(72°+72°)=36°$$

2 원과 부채꼴

개념 Check

1 답 (1) $\widehat{AB}$　(2) $\overline{AC}$　(3) $\angle COD$

2 답 (1) ○　(2) ○　(3) ×
(3) 중심각의 크기에 정비례하는 것은 부채꼴의 호의 길이와 넓이이다.

3 답 (1) 10π cm, 25π cm^2　(2) 16π cm, 64π cm^2
(1) (원 O의 둘레의 길이)$=2\pi\times5=10\pi$(cm)
　(원 O의 넓이)$=\pi\times5^2=25\pi$(cm^2)
(2) 원 O의 반지름의 길이는 $\dfrac{1}{2}\times16=8$(cm)이므로
　(원 O의 둘레의 길이)$=2\pi\times8=16\pi$(cm)
　(원 O의 넓이)$=\pi\times8^2=64\pi$(cm^2)

4 답 (1) $\dfrac{4}{3}\pi$ cm, $\dfrac{16}{3}\pi$ cm^2　(2) $\dfrac{26}{3}\pi$ cm, 26π cm^2
(1) (부채꼴의 호의 길이)$=2\pi\times8\times\dfrac{30}{360}$
$$=\dfrac{4}{3}\pi\text{(cm)}$$
　(부채꼴의 넓이)$=\pi\times8^2\times\dfrac{30}{360}$
$$=\dfrac{16}{3}\pi\text{(cm}^2)$$
(2) 부채꼴의 중심각의 크기가 $360°-100°=260°$이므로
　(부채꼴의 호의 길이)$=2\pi\times6\times\dfrac{260}{360}$
$$=\dfrac{26}{3}\pi\text{(cm)}$$
　(부채꼴의 넓이)$=\pi\times6^2\times\dfrac{260}{360}$
$$=26\pi\text{(cm}^2)$$

5 답 4π cm^2
(부채꼴의 넓이)$=\dfrac{1}{2}\times4\times2\pi=4\pi$(cm^2)

기출 유형

유형 01 원과 부채꼴

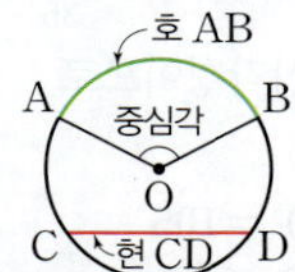

참고 • 길이가 가장 긴 현은 원의 지름이다.
　• 반원은 활꼴인 동시에 중심각의 크기가 $180°$인 부채꼴이다.

01 답 ④
④ 지름은 길이가 가장 긴 현이므로 지름인 $\overline{AC}$보다 길이가 긴 현은 존재하지 않는다.
따라서 옳지 않은 것은 ④이다.

02 답 ②, ④
② 부채꼴은 두 반지름과 호로 이루어진 도형이다.
④ 중심각의 크기가 $360°$ 미만인 부채꼴을 만들 수 있으므로 반원보다 넓이가 더 넓은 부채꼴이 있다.
따라서 옳지 않은 것은 ②, ④이다.

03 답 $180°$
부채꼴과 활꼴이 같아지는 경우는 반원이므로 중심각의 크기는 $180°$이다.

04 답 $60°$
부채꼴 AOB의 반지름의 길이와 현 AB의 길이가 같으므로 삼각형 AOB는 한 변의 길이가 2 cm인 정삼각형이다.
따라서 부채꼴 AOB의 중심각의 크기는 $60°$이다.
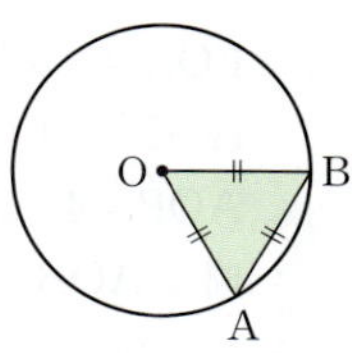

유형 02 중심각의 크기와 호의 길이

한 원 또는 합동인 두 원에서 부채꼴의 호의 길이는 중심각의 크기에 정비례한다.
→ $\angle AOB : \angle COD = \widehat{AB} : \widehat{CD}$
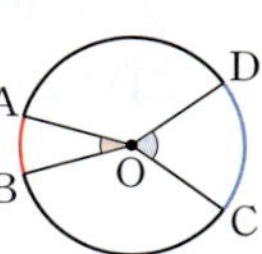

05 답 ③
부채꼴의 호의 길이는 중심각의 크기에 정비례하므로
$90° : x° = 12 : 4$
$90 : x = 3 : 1$
$3x = 90$　∴ $x = 30$
$12 : y = 90° : 60°$
$12 : y = 3 : 2$
$3y = 24$　∴ $y = 8$

06 답 2
부채꼴의 호의 길이는 중심각의 크기에 정비례하므로
$105° : 35° = (4x+1) : (2x-1)$
$3 : 1 = (4x+1) : (2x-1)$
$4x+1 = 3(2x-1)$
$4x+1 = 6x-3$
$2x = 4$　∴ $x = 2$

07 답 $144°$
부채꼴의 호의 길이는 중심각의 크기에 정비례하므로
$\angle AOB : \angle BOC : \angle COA = \widehat{AB} : \widehat{BC} : \widehat{CA}$
$$= 4 : 3 : 3$$
∴ $\angle AOB = 360° \times \dfrac{4}{4+3+3} = 360° \times \dfrac{4}{10} = 144°$

참고 $\overset{\frown}{AB}:\overset{\frown}{BC}:\overset{\frown}{CA}=a:b:c$이면
$\angle AOB:\angle BOC:\angle COA=a:b:c$이
므로

$$\angle AOB=360°\times\frac{a}{a+b+c}$$

$$\angle BOC=360°\times\frac{b}{a+b+c}$$

$$\angle COA=360°\times\frac{c}{a+b+c}$$

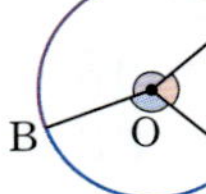

08 답 $18°$

$\overset{\frown}{AC}:\overset{\frown}{BC}=1:9$이므로

$\angle AOC:\angle BOC=\overset{\frown}{AC}:\overset{\frown}{BC}=1:9$

$\therefore \angle AOC=180°\times\dfrac{1}{1+9}=18°$

09 답 ④

$\angle FOE=\angle a$라 하면 $\angle AOC=4\angle a$

$\angle BOC=\angle FOE=\angle a$ (맞꼭지각)이므로

$\angle AOB=4\angle a-\angle a=3\angle a$

이때 $\angle AOB=90°$이므로

$3\angle a=90°$ $\therefore \angle a=30°$

$\therefore \angle COD=90°-30°=60°$

$\angle AOF=\angle COD=60°$ (맞꼭지각)이므로

$\angle BOF=\angle AOB+\angle AOF$

$\qquad =90°+60°=150°$

$\therefore \overset{\frown}{CD}:\overset{\frown}{BF}=\angle COD:\angle BOF$

$\qquad\qquad =60°:150°=2:5$

유형 03 호의 길이 구하기

(1) 한 원에서 평행선이 주어진 경우 다음 성질을 이용하여 호의
길이를 구할 수 있다.
① 이등변삼각형의 두 각의 크기는 같다.
② 평행한 두 직선이 다른 한 직선과 만날 때
생기는 동위각과 엇각의 크기는 각각 서
로 같다.

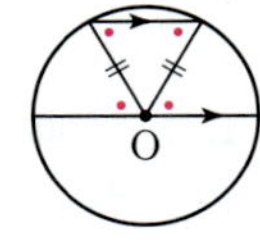

(2) 삼각형의 한 외각의 크기는 그와 이웃
하지 않는 두 내각의 크기의 합과 같으
므로 오른쪽 그림에서
$\overset{\frown}{AB}:\overset{\frown}{CD}=\angle AOB:\angle COD=1:3$

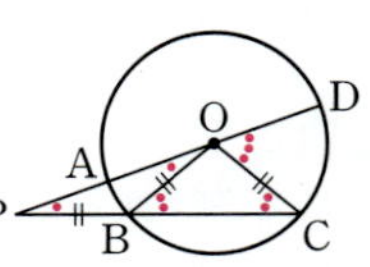

10 답 6 cm

$\triangle OCD$는 $\overline{OC}=\overline{OD}$인 이등변삼각형
이므로

$\angle ODC=\dfrac{1}{2}\times(180°-120°)=30°$

$\overline{AB}/\!/\overline{CD}$이므로

$\angle BOD=\angle ODC=30°$ (엇각)

$\angle COD:\angle BOD=\overset{\frown}{CD}:\overset{\frown}{BD}$에서

$120°:30°=24:\overset{\frown}{BD}$, $4:1=24:\overset{\frown}{BD}$

$\therefore \overset{\frown}{BD}=6$(cm)

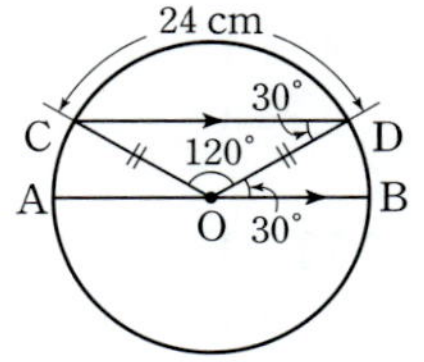

11 답 45 cm

$\triangle OAD$는 $\overline{OA}=\overline{OD}$인 이등변삼각
형이므로

$\angle OAD=\dfrac{1}{2}\times(180°-100°)=40°$

$\overline{AD}/\!/\overline{OC}$이므로

$\angle BOC=\angle OAD=40°$ (동위각)

$\angle AOD:\angle BOC=\overset{\frown}{AD}:\overset{\frown}{BC}$에서

$100°:40°=\overset{\frown}{AD}:18$, $5:2=\overset{\frown}{AD}:18$

$\therefore \overset{\frown}{AD}=45$(cm)

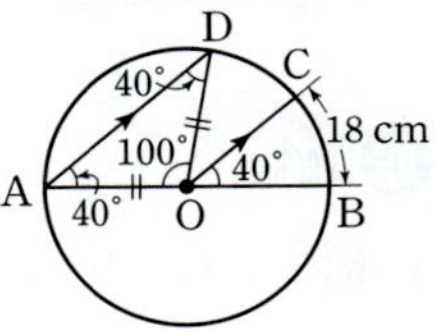

12 답 3 cm

$\overline{DO}/\!/\overline{CB}$이므로

$\angle OBC=\angle AOD=20°$ (동위각)

오른쪽 그림과 같이 $\overline{OC}$를 그으면

$\triangle OBC$는 $\overline{OB}=\overline{OC}$인 이등변삼각형이
므로

$\angle OCB=\angle OBC=20°$

$\therefore \angle BOC=180°-(20°+20°)=140°$

$\angle AOD:\angle BOC=\overset{\frown}{AD}:\overset{\frown}{BC}$에서

$20°:140°=\overset{\frown}{AD}:21$, $1:7=\overset{\frown}{AD}:21$

$\therefore \overset{\frown}{AD}=3$(cm)

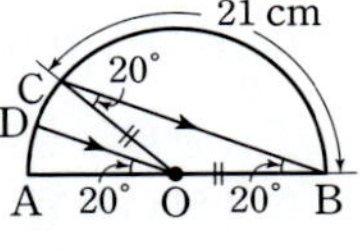

13 답 15 cm

$\angle DOE=\angle ODC=40°$ (엇각)

오른쪽 그림과 같이 $\overline{OC}$를 그으면

$\triangle OCD$는 $\overline{OC}=\overline{OD}$인 이등변삼각형
이므로

$\angle OCD=\angle ODC=40°$

$\therefore \angle COD=180°-(40°+40°)=100°$

$\angle COD:\angle DOE=\overset{\frown}{CD}:\overset{\frown}{DE}$에서

$100°:40°=\overset{\frown}{CD}:6$, $5:2=\overset{\frown}{CD}:6$

$\therefore \overset{\frown}{CD}=15$(cm)

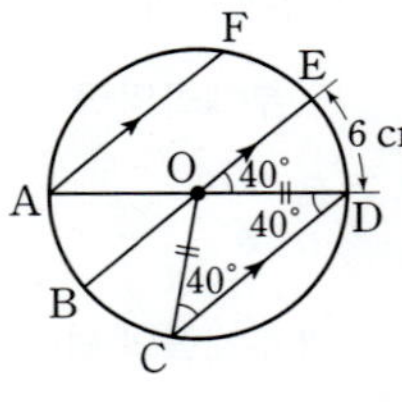

14 답 3 cm

$\overline{PB}=\overline{OC}$이므로 $\overline{PB}=\overline{OC}=\overline{OB}$

$\triangle OBP$는 $\overline{BO}=\overline{BP}$인 이등변삼각
형이므로

$\angle POB=\angle P=35°$

$\therefore \angle OBC=35°+35°=70°$

$\triangle OBC$는 $\overline{OB}=\overline{OC}$인 이등변삼각형이므로

$\angle OCB=\angle OBC=70°$

$\triangle OPC$에서 $\angle COD=35°+70°=105°$

따라서 $\angle AOB:\angle COD=\overset{\frown}{AB}:\overset{\frown}{CD}$에서

$35°:105°=\overset{\frown}{AB}:9$, $1:3=\overset{\frown}{AB}:9$

$\therefore \overset{\frown}{AB}=3$(cm)

15 답 18 cm

△OAD는 $\overline{OA}=\overline{OD}$인 이등변삼각형
이므로

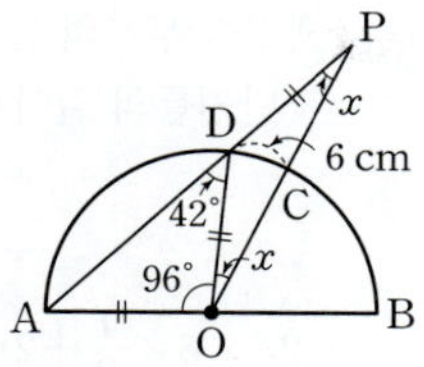

$\angle ODA=\dfrac{1}{2}\times(180°-96°)=42°$

△DOP는 $\overline{DO}=\overline{DP}$인 이등변삼각형
이므로

$\angle DOP=\angle DPO=\angle x$라 하면

$42°=\angle x+\angle x$　　∴ $\angle x=21°$

∴ $\angle BOC=180°-(96°+21°)=63°$

따라서 $\angle COD:\angle BOC=\widehat{CD}:\widehat{BC}$에서

$21°:63°=6:\widehat{BC}$, $1:3=6:\widehat{BC}$

∴ $\widehat{BC}=18(cm)$

유형 **04**　중심각의 크기와 부채꼴의 넓이

한 원 또는 합동인 두 원에서 부채꼴의 넓이
는 중심각의 크기에 정비례한다.

→ (부채꼴 AOB의 넓이) : (부채꼴 COD의 넓이)
　= $\angle AOB:\angle COD$

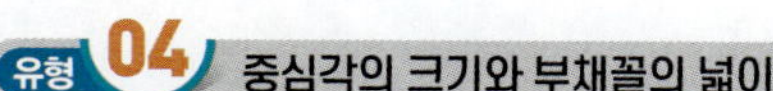

16 답 25°

부채꼴의 넓이는 중심각의 크기에 정비례하므로

$25\pi:5\pi=125°:\angle COD$

$5:1=125°:\angle COD$

$5\angle COD=125°$　　∴ $\angle COD=25°$

17 답 91π cm^2

부채꼴의 넓이는 중심각의 크기에 정비례하므로

세 부채꼴 AOB, BOC, COA의 넓이의 비는 3 : 8 : 7이다.

따라서 부채꼴 AOC의 넓이는

$234\pi\times\dfrac{7}{3+8+7}=234\pi\times\dfrac{7}{18}=91\pi(cm^2)$

18 답 ⑤

정팔각형의 한 내각의 크기는

$\dfrac{180°\times(8-2)}{8}=135°$

정삼각형의 한 내각의 크기는 60°

정사각형의 한 내각의 크기는 90°

따라서 한 원에서 부채꼴의 넓이는 중심각의 크기에 정비례하므로

$A:B:C=135°:60°:90°=9:4:6$

유형 **05**　중심각의 크기와 현의 길이

한 원 또는 합동인 두 원에서

(1) 크기가 같은 중심각에 대한 현의 길이는
　같다.

→ $\angle AOB=\angle COD$이면 $\overline{AB}=\overline{CD}$

(2) 길이가 같은 현에 대한 중심각의 크기는 같다.

→ $\overline{AB}=\overline{CD}$이면 $\angle AOB=\angle COD$

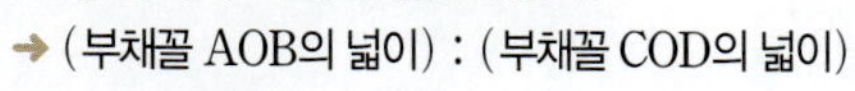
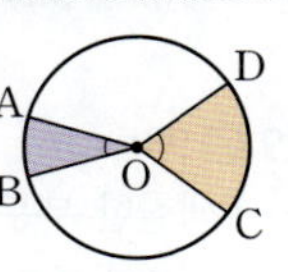

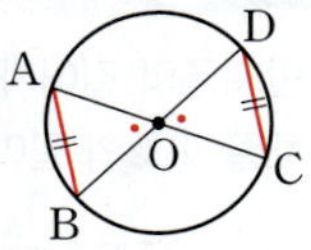

---

19 답 120°

$\overline{AB}=\overline{CD}=\overline{DE}=\overline{EF}$이므로

$\angle COD=\angle DOE=\angle EOF=\angle AOB=40°$

∴ $\angle COF=40°\times3=120°$

20 답 70°

△OAB는 $\overline{OA}=\overline{OB}$인 이등변삼각형이므로

$\angle OBA=\angle OAB=55°$

∴ $\angle AOB=180°-(55°+55°)=70°$

이때 $\overline{AB}=\overline{BC}$이므로 $\angle BOC=\angle AOB=70°$

21 답 240°

△ABC가 정삼각형이므로 $\overline{AB}=\overline{BC}=\overline{CA}$

오른쪽 그림과 같이 $\overline{OA}$, $\overline{OB}$, $\overline{OC}$를 그으
면 한 원에서 길이가 같은 현에 대한 중심
각의 크기는 같으므로

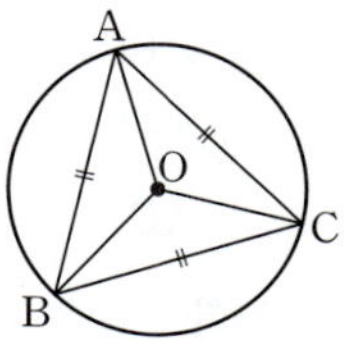

$\angle AOB=\angle BOC=\angle COA$

이때 $\angle AOB+\angle BOC+\angle COA=360°$
이므로

$3\angle AOB=360°$　　∴ $\angle AOB=120°$

따라서 $\widehat{ABC}$에 대한 중심각의 크기는

$\angle AOB+\angle BOC=120°+120°=240°$

22 답 22 cm

오른쪽 그림과 같이 $\overline{OB}$를 그으면
$\widehat{AB}=\widehat{BC}$이므로 $\angle AOB=\angle BOC$

크기가 같은 중심각에 대한 현의 길이는 같
으므로

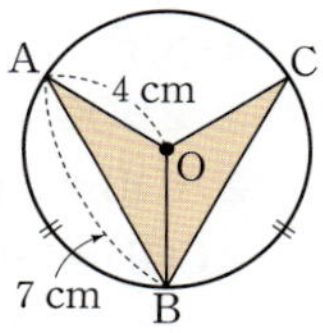

$\overline{BC}=\overline{AB}=7$ cm

또, 한 원에서 반지름의 길이는 같으므로

$\overline{OC}=\overline{OA}=4$ cm

따라서 색칠한 부분의 둘레의 길이는

$\overline{AB}+\overline{BC}+\overline{OA}+\overline{OC}=7+7+4+4=22(cm)$

유형 **06**　부채꼴의 중심각의 크기와 호, 현의 길이, 넓이 사이의 관계

한 원 또는 합동인 두 원에서

(1) 중심각의 크기에 정비례하는 것

→ 호의 길이, 부채꼴의 넓이

(2) 중심각의 크기에 정비례하지 않는 것

→ 현의 길이, 현과 두 반지름으로 이루어진 삼각형의 넓이,
활꼴의 넓이

23 답 ②, ⑤

① 현의 길이는 중심각의 크기에 정비례하지 않으므로
　$\overline{AB}\neq4\overline{CD}$

② 호의 길이는 중심각의 크기에 정비례하므로
　$\widehat{AB}=4\widehat{CD}$

③ $\angle OBA$, $\angle OCD$의 크기는 중심각의 크기에 정비례하지 않
　으므로 $\angle OBA\neq4\angle OCD$

④ 삼각형의 넓이는 중심각의 크기에 정비례하지 않으므로
 (△OCD의 넓이)≠4×(△OAB의 넓이)
⑤ 부채꼴의 넓이는 중심각의 크기에 정비례하므로
 (부채꼴 OCD의 넓이)=4×(부채꼴 OAB의 넓이)
따라서 옳은 것은 ②, ⑤이다.

24 답 ⑤
⑤ 현의 길이는 중심각의 크기에 정비례하지 않는다.

25 답 ㄱ, ㄹ
ㄱ. $\angle BOD=180°-(25°+80°)=75°$
ㄴ. 현의 길이는 중심각의 크기에 정비례하지 않으므로
 $\overline{BD}\neq3\overline{AC}$
ㄷ. $\angle BOD\neq\angle COD$이므로 $\overline{BD}\neq\overline{CD}$
ㄹ. 호의 길이는 중심각의 크기에 정비례하므로
 $\overset{\frown}{AC}=\dfrac{1}{3}\overset{\frown}{BD}$

따라서 옳은 것은 ㄱ, ㄹ이다.

26 답 ③
$\overline{OD}\,/\!/\,\overline{BC}$이므로
$\angle OBC=\angle AOD=45°$ (동위각)
오른쪽 그림과 같이 $\overline{OC}$를 그으면
$\overline{OC}=\overline{OB}$이므로
$\angle OCB=\angle OBC=45°$
$\therefore \angle BOC=180°-(45°+45°)=90°$
$\angle AOB=180°$이므로
$\angle COD=180°-(45°+90°)=45°$

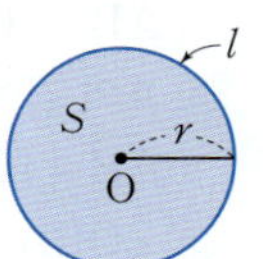

① $\overset{\frown}{AD}:\overset{\frown}{BC}=45°:90°$이므로
 $\overset{\frown}{AD}:\overset{\frown}{BC}=1:2$ $\therefore \overset{\frown}{BC}=2\overset{\frown}{AD}$
② $\overset{\frown}{AD}:\overset{\frown}{AC}=45°:90°$이므로
 $\overset{\frown}{AD}:\overset{\frown}{AC}=1:2$ $\therefore \overset{\frown}{AC}=2\overset{\frown}{AD}$
③ 현의 길이는 중심각의 크기에 정비례하지 않으므로
 $\overline{BC}\neq2\overline{AD}$
④ $\angle AOD=\angle COD$이므로 $\overline{AD}=\overline{CD}$
⑤ $\angle BOD=3\angle AOD$이므로
 (부채꼴 BOD의 넓이)=3×(부채꼴 AOD의 넓이)
 $\therefore$ (부채꼴 BOD의 넓이)$=3\times2\pi=6\pi(cm^2)$
따라서 옳지 않은 것은 ③이다.

27 답 12π cm
(색칠한 부분의 둘레의 길이)
$=$(반지름의 길이가 6 cm인 반원의 호의 길이)
 $+$(반지름의 길이가 4 cm인 반원의 호의 길이)
 $+$(반지름의 길이가 2 cm인 반원의 호의 길이)
$=2\pi\times6\times\dfrac{1}{2}+2\pi\times4\times\dfrac{1}{2}+2\pi\times2\times\dfrac{1}{2}$
$=6\pi+4\pi+2\pi=12\pi(cm)$

28 답 6π cm^2
(색칠한 부분의 넓이)
$=$(반지름의 길이가 4 cm인 원의 넓이)
 $-$(반지름의 길이가 3 cm인 원의 넓이)
 $-$(반지름의 길이가 1 cm인 원의 넓이)
$=\pi\times4^2-\pi\times3^2-\pi\times1^2$
$=16\pi-9\pi-\pi=6\pi(cm^2)$

29 답 90π cm^2
(색칠한 부분의 넓이)
$=$(반지름의 길이가 20 cm인 반원의 넓이)
 $-$(반지름의 길이가 16 cm인 반원의 넓이)
 $+$(반지름의 길이가 6 cm인 반원의 넓이)
$=\pi\times20^2\times\dfrac{1}{2}-\pi\times16^2\times\dfrac{1}{2}+\pi\times6^2\times\dfrac{1}{2}$
$=200\pi-128\pi+18\pi=90\pi(cm^2)$

30 답 둘레의 길이 : 24π cm, 넓이 : 48π cm^2
$\overline{AB}=\overline{BC}=\overline{CD}=\dfrac{1}{3}\times24=8(cm)$
(색칠한 부분의 둘레의 길이)
$=(\overset{\frown}{AC}+\overset{\frown}{BD})+(\overset{\frown}{AB}+\overset{\frown}{CD})$
$=$(반지름의 길이가 8 cm인 원의 둘레의 길이)
 $+$(반지름의 길이가 4 cm인 원의 둘레의 길이)
$=2\pi\times8+2\pi\times4$
$=16\pi+8\pi=24\pi(cm)$
(색칠한 부분의 넓이)
$=$(반지름의 길이가 8 cm인 원의 넓이)
 $-$(반지름의 길이가 4 cm인 원의 넓이)
$=\pi\times8^2-\pi\times4^2$
$=64\pi-16\pi=48\pi(cm^2)$

유형 **07** 원의 둘레의 길이와 넓이

반지름의 길이가 r인 원의 둘레의 길이를 l,
넓이를 S라 하면
(1) $l=2\pi r$
(2) $S=\pi r^2$

유형 **08** 부채꼴의 호의 길이와 넓이

반지름의 길이가 r, 중심각의 크기가 $x°$인 부채꼴의 호의 길이를 l, 넓이를 S라 하면
(1) $l=2\pi r\times\dfrac{x}{360}$
(2) $S=\pi r^2\times\dfrac{x}{360}$

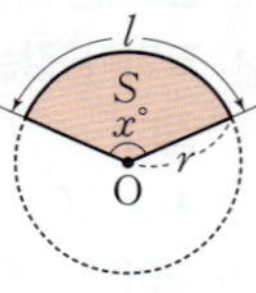

31 답 4π cm

(부채꼴의 호의 길이)$=2\pi \times 10 \times \dfrac{72}{360}$

$\qquad\qquad\qquad\quad =4\pi(\text{cm})$

32 답 ④

부채꼴의 중심각의 크기를 $x°$라 하면

$2\pi \times 4 \times \dfrac{x}{360}=3\pi \qquad \therefore x=135$

따라서 부채꼴의 중심각의 크기는 $135°$이다.

33 답 12π cm^2

정육각형의 한 내각의 크기는

$\dfrac{180° \times (6-2)}{6}=120°$

$\therefore$ (색칠한 부채꼴의 넓이)$=\pi \times 6^2 \times \dfrac{120}{360}$

$\qquad\qquad\qquad\qquad\qquad =12\pi(\text{cm}^2)$

34 답 162π cm^2

반원 O의 반지름의 길이를 x cm라 하면

$2\pi \times x \times \dfrac{50}{360}=5\pi \qquad \therefore x=18$

$\therefore$ (반원 O의 넓이)$=\pi \times 18^2 \times \dfrac{1}{2}$

$\qquad\qquad\qquad\qquad =162\pi(\text{cm}^2)$

반지름의 길이가 r, 호의 길이가 l인 부채꼴
의 넓이를 S라 하면

$$S=\dfrac{1}{2}rl$$

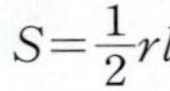
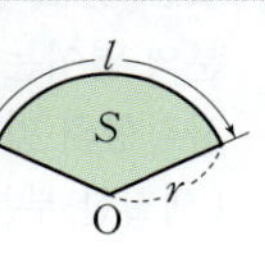

35 답 ④

부채꼴의 호의 길이를 l cm라 하면

$\dfrac{1}{2} \times 8 \times l=40\pi \qquad \therefore l=10\pi$

따라서 부채꼴의 호의 길이는 10π cm이다.

36 답 6 cm

부채꼴의 반지름의 길이를 r cm라 하면

$\dfrac{1}{2} \times r \times 4\pi=12\pi \qquad \therefore r=6$

따라서 부채꼴의 반지름의 길이는 6 cm이다.

37 답 $3:5$

부채꼴 A의 호의 길이를 a, 부채꼴 B의 호의 길이를 b라 하면
두 부채꼴 A, B의 넓이의 비가 $2:5$이므로

$\left(\dfrac{1}{2} \times 2 \times a\right):\left(\dfrac{1}{2} \times 3 \times b\right)=2:5$

$2a:3b=2:5, \ 6b=10a$

$\therefore a:b=6:10=3:5$

색칠한 부분을 이루고 있는 기본 도형을 찾아 각각의 길이를 구
하여 합한다.

38 답 ①

(색칠한 부분의 둘레의 길이)

$=2\pi \times 4 \times \dfrac{60}{360}+2\pi \times 2 \times \dfrac{60}{360}+2 \times 2$

$=\dfrac{4}{3}\pi+\dfrac{2}{3}\pi+4=2\pi+4(\text{cm})$

39 답 12π cm

(색칠한 부분의 둘레의 길이)

$=\left(2\pi \times 3 \times \dfrac{90}{360}\right) \times 8=12\pi(\text{cm})$

40 답 $(15\pi+50)$ cm

정오각형의 한 내각의 크기는

$\dfrac{180° \times (5-2)}{5}=108°$

$\therefore$ (색칠한 부분의 둘레의 길이)

$\qquad =\left(2\pi \times 5 \times \dfrac{108}{360}+5 \times 2\right) \times 5=15\pi+50(\text{cm})$

41 답 12π cm

두 원 O, O$'$이 만나는 두 점을 각각
A, B라 하면 두 원의 반지름의 길
이가 같으므로 오른쪽 그림에서
$\triangle$AOO$'$, $\triangle$OBO$'$은 정삼각형이
다.

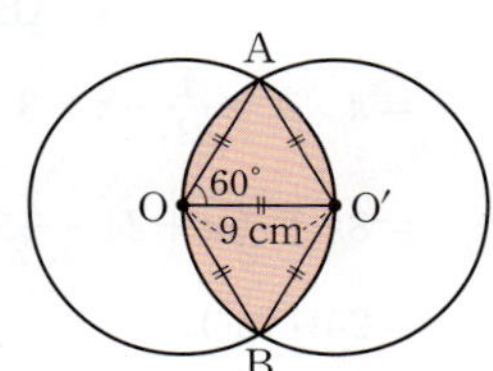

따라서 색칠한 부분의 둘레의 길이
는 반지름의 길이가 9 cm이고 중심각의 크기가 $60°$인 부채꼴의
호의 길이의 4배와 같으므로 구하는 둘레의 길이는

$\left(2\pi \times 9 \times \dfrac{60}{360}\right) \times 4=12\pi(\text{cm})$

보조선을 긋거나 넓이를 구할 수 있는 도형의 넓이의 합, 차로 나
타낸다.

42 답 $(50\pi-100)$ cm^2

구하는 넓이는 오른쪽 그림의 색칠한 부분의
넓이의 8배와 같으므로

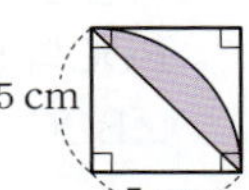

$\left(\pi \times 5^2 \times \dfrac{90}{360}-\dfrac{1}{2} \times 5 \times 5\right) \times 8$

$=\left(\dfrac{25}{4}\pi-\dfrac{25}{2}\right) \times 8$

$=50\pi-100(\text{cm}^2)$

43 답 π cm

색칠한 두 부분의 넓이가 같으므로 직사각형 ABCD와 부채꼴 ABE의 넓이가 같다.

따라서 $4 \times \overline{BC} = \pi \times 4^2 \times \dfrac{90}{360}$ 이므로

$4\overline{BC} = 4\pi$ $\therefore \overline{BC} = \pi \,(\text{cm})$

44 답 $32\pi \text{ cm}^2$

(색칠한 부분의 넓이)

$=(\text{지름이 } \overline{AB'} \text{인 반원의 넓이}) + (\text{부채꼴 } B'AB\text{의 넓이})$
$\qquad\qquad\qquad\qquad - (\text{지름이 } \overline{AB} \text{인 반원의 넓이})$

$=(\text{부채꼴 } B'AB\text{의 넓이})$

$=\pi \times 16^2 \times \dfrac{45}{360}$

$=32 \,(\text{cm}^2)$

참고 다음 그림과 같이 도형을 나누어서 생각한다.
이때 ㉠과 ㉡의 넓이는 같다.

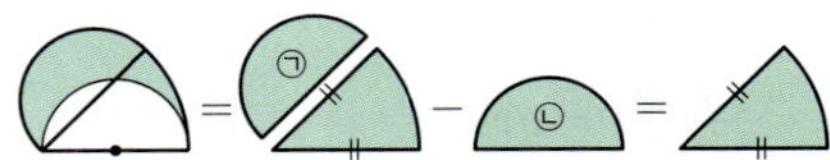

45 답 24 cm^2

(색칠한 부분의 넓이)

$=(\text{지름이 } \overline{AB}\text{인 반원의 넓이}) + (\text{지름이 } \overline{AC}\text{인 반원의 넓이})$
$\qquad + (\triangle ABC\text{의 넓이}) - (\text{지름이 } \overline{BC}\text{인 반원의 넓이})$

$=\pi \times 4^2 \times \dfrac{1}{2} + \pi \times 3^2 \times \dfrac{1}{2} + \dfrac{1}{2} \times 8 \times 6 - \pi \times 5^2 \times \dfrac{1}{2}$

$=8\pi + \dfrac{9}{2}\pi + 24 - \dfrac{25}{2}\pi$

$=24\,(\text{cm}^2)$

46 답 ⑤

$\overline{BE} = \overline{BC} = \overline{EC} = 4$ cm이므로
$\triangle EBC$는 정삼각형이다.

$\therefore \angle ABE = \angle DCE = 90° - 60° = 30°$

$\therefore$ (색칠한 부분의 넓이)

$\quad = (\text{정사각형 } ABCD\text{의 넓이})$
$\qquad - (\text{부채꼴 } ABE\text{의 넓이}) \times 2$

$\quad = 4 \times 4 - \left(\pi \times 4^2 \times \dfrac{30}{360}\right) \times 2$

$\quad = 16 - \dfrac{8}{3}\pi\,(\text{cm}^2)$

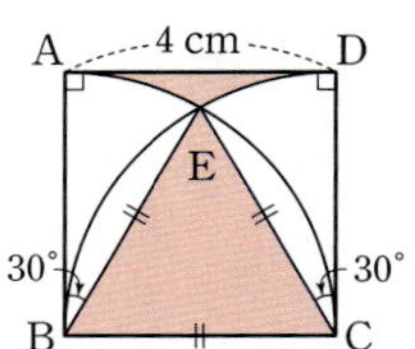

47 답 $\dfrac{11}{6}\pi$ cm

색칠한 두 부분의 넓이가 같으므로 반원 O'의 넓이와 부채꼴 BOC의 넓이가 같다.

$\angle BOC = x°$라 하면

$\pi \times 5^2 \times \dfrac{1}{2} = \pi \times 6^2 \times \dfrac{x}{360}$ $\therefore x = 125$

따라서 $\angle AOB = 180° - 125° = 55°$이므로

$\widehat{AB} = 2\pi \times 6 \times \dfrac{55}{360} = \dfrac{11}{6}\pi\,(\text{cm})$

도형의 일부분을 넓이가 같은 부분으로 적당히 이동하여 색칠한 부분의 넓이를 구한다.

48 답 ②

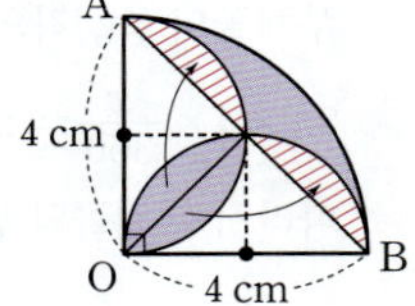

오른쪽 그림과 같이 색칠한 일부분을 빗금 친 부분으로 이동하면 색칠한 부분의 넓이는 부채꼴 AOB의 넓이에서 $\triangle AOB$의 넓이를 뺀 것과 같다. 즉,

(색칠한 부분의 넓이)

$=\pi \times 4^2 \times \dfrac{90}{360} - \dfrac{1}{2} \times 4 \times 4$

$=4\pi - 8\,(\text{cm}^2)$

49 답 $\left(9 - \dfrac{9}{8}\pi\right) \text{cm}^2$

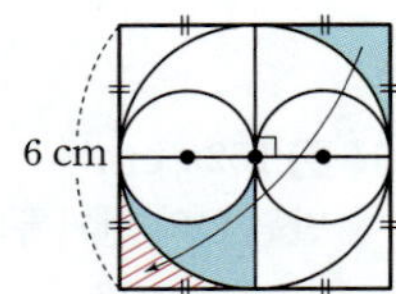

오른쪽 그림과 같이 색칠한 일부분을 빗금 친 부분으로 이동하면 색칠한 부분의 넓이는 한 변의 길이가 3 cm인 정사각형의 넓이에서 지름의 길이가 3 cm인 반원의 넓이를 뺀 것과 같다. 즉,

$(\text{색칠한 부분의 넓이}) = 3 \times 3 - \pi \times \left(\dfrac{3}{2}\right)^2 \times \dfrac{1}{2}$

$\qquad\qquad\qquad\qquad = 9 - \dfrac{9}{8}\pi\,(\text{cm}^2)$

50 답 98 cm^2

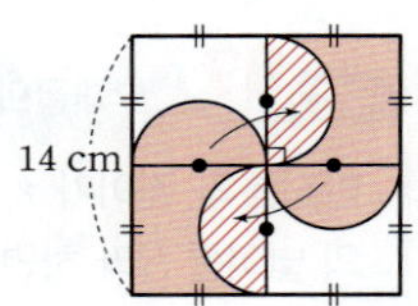

오른쪽 그림과 같이 색칠한 일부분을 빗금 친 부분으로 이동하면 색칠한 부분의 넓이는 한 변의 길이가 7 cm인 정사각형의 넓이의 2배와 같다. 즉,

$(\text{색칠한 부분의 넓이}) = (7 \times 7) \times 2$

$\qquad\qquad\qquad\qquad = 98\,(\text{cm}^2)$

⑴ 끈의 최소 길이 구하기
    여러 개의 원을 둘러싸고 있는 끈의 최소 길이를 구할 때
    ① 곡선 부분 : 부채꼴의 호의 길이를 이용한다.
    ② 직선 부분 : 원의 반지름의 길이를 이용한다.

⑵ 원이 지나간 자리의 넓이 구하기
    원이 지나간 자리를 그려 본 후 부채꼴의 넓이와 직사각형의 넓이로 각각 나누어 구한다. 이때 부채꼴의 넓이를 합하면 하나의 원의 넓이와 같다.

⑶ 도형을 회전시켰을 때, 점이 움직인 거리 구하기
    한 꼭짓점을 중심으로 도형을 회전시켰을 때, 도형의 다른 꼭짓점이 움직인 거리는 부채꼴의 호의 길이를 이용하여 구한다.

51 답 ②

오른쪽 그림에서
(곡선 부분의 끈의 길이)
$=2\pi \times 2=4\pi$(cm)
(직선 부분의 끈의 길이)
$=4 \times 3=12$(cm)
∴ (필요한 끈의 최소 길이)
$=4\pi+12$(cm)

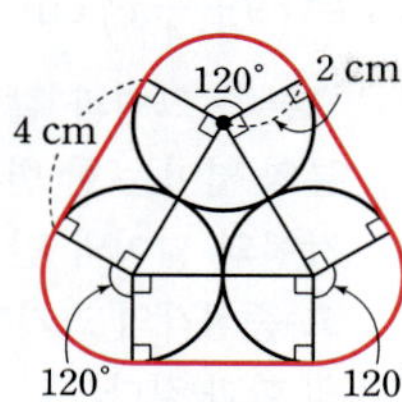

52 답 $(16\pi+144)$ cm²

원이 지나간 자리는 오른쪽 그림과
같이 3개의 부채꼴과 3개의 직사각형
으로 이루어져 있다. 이때 3개의 부채
꼴을 합하면 반지름의 길이가 4 cm
인 하나의 원이 된다.
∴ (원이 지나간 자리의 넓이)
$=\pi \times 4^2+(12 \times 4) \times 3$
$=16\pi+144$(cm²)

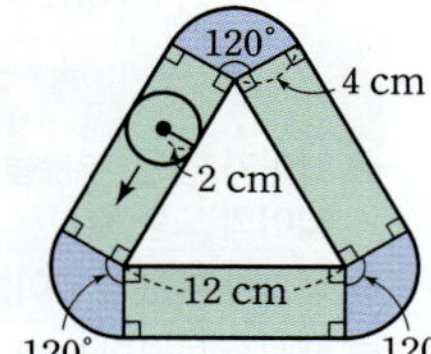

53 답 $(36\pi+216)$ cm²

원이 지나간 자리는 오른쪽 그림
과 같이 4개의 부채꼴과 4개의 직
사각형으로 이루어져 있다. 이때
4개의 부채꼴을 합하면 반지름의
길이가 6 cm인 하나의 원이 된다.
∴ (원이 지나간 자리의 넓이)
$=\pi \times 6^2+(6 \times 6) \times 2+(12 \times 6) \times 2$
$=36\pi+216$(cm²)

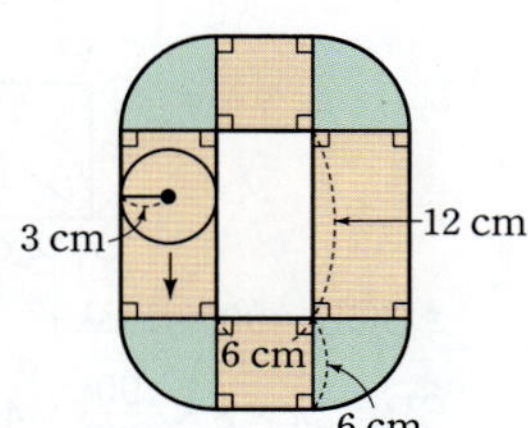

54 답 12π cm

오른쪽 그림에서 점 A가 움직인 거리
는 $\overset{\frown}{AA'}$의 길이와 같다.
$\angle ACB=180°-(90°+45°)=45°$
이므로
$\angle ACA'=180°-\angle ACB$
$\qquad\qquad =180°-45°=135°$
따라서 점 A가 움직인 거리는
$2\pi \times 16 \times \dfrac{135}{360}=12\pi$(cm)

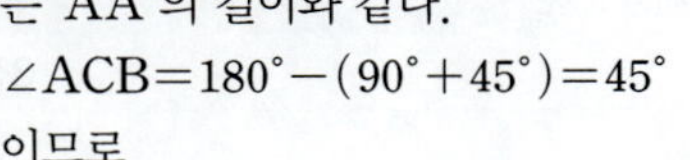

55 답 4π cm

다음 그림에서 점 C가 움직인 거리는 $\overset{\frown}{CP}+\overset{\frown}{PC'}$의 길이와 같다.

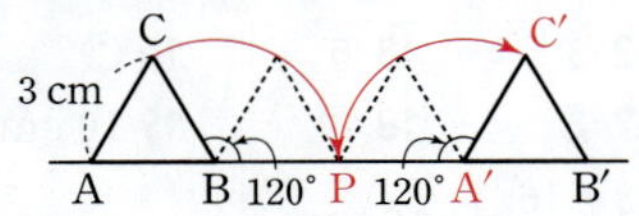

$\angle CBA=\angle C'A'B'=60°$이므로
$\angle CBP=\angle C'A'P=180°-60°=120°$
따라서 점 C가 움직인 거리는
$\left(2\pi \times 3 \times \dfrac{120}{360}\right) \times 2=4\pi$(cm)

---

01 답 12 cm

채점 기준 **1** ∠AOB의 크기 구하기 … 3점

$\overline{AB} /\!/ \overline{CD}$이므로
$\angle OBA=\angle BOD=\underline{45°}$ (엇각)
$\triangle OAB$는 $\overline{OA}=\overline{OB}$인 이등변삼각형이므로
$\angle AOB=180°-(\underline{45°}+\underline{45°})=\underline{90°}$

채점 기준 **2** $\overset{\frown}{AB}$의 길이 구하기 … 3점

$\angle AOB : \angle BOD=\overset{\frown}{AB} : \overset{\frown}{BD}$에서
$\underline{90°} : 45°=\overset{\frown}{AB} : 6$, $\underline{2} : 1=\overset{\frown}{AB} : 6$
∴ $\overset{\frown}{AB}=\underline{12}$ (cm)

01-1 답 21 cm

채점 기준 **1** ∠AOB의 크기 구하기 … 3점

$\overline{AB} /\!/ \overline{CD}$이므로
$\angle OBA=\angle BOD=20°$ (엇각)
$\triangle OAB$는 $\overline{OA}=\overline{OB}$인 이등변삼각형이므로
$\angle AOB=180°-(20°+20°)=140°$

채점 기준 **2** $\overset{\frown}{AB}$의 길이 구하기 … 3점

$\angle AOB : \angle BOD=\overset{\frown}{AB} : \overset{\frown}{BD}$에서
$140° : 20°=\overset{\frown}{AB} : 3$, $7 : 1=\overset{\frown}{AB} : 3$
∴ $\overset{\frown}{AB}=21$(cm)

02 답 둘레의 길이 : $(4\pi+4)$ cm, 넓이 : 2π cm²

채점 기준 **1** 색칠한 부분의 둘레의 길이 구하기 … 3점

(색칠한 부분의 둘레의 길이)
$=\overset{\frown}{AB}+\overset{\frown}{BD}+\overline{AD}$
$=2\pi \times \underline{2} \times \dfrac{1}{2}+2\pi \times \underline{4} \times \dfrac{90}{360}+\underline{4}$
$=\underline{4\pi+4}$ (cm)

채점 기준 **2** 색칠한 부분의 넓이 구하기 … 3점

(색칠한 부분의 넓이)
$=$ (부채꼴 $\underline{BAD}$의 넓이)$-$(지름이 $\overline{AB}$인 반원의 넓이)
$=\pi \times 4^2 \times \dfrac{\boxed{90}}{360}-\pi \times \underline{2}^2 \times \dfrac{1}{2}$
$=\underline{2\pi}$ (cm²)

02-1 답 둘레의 길이 : $(16\pi+16)$ cm, 넓이 : 32π cm²

채점 기준 **1** 색칠한 부분의 둘레의 길이 구하기 … 3점

(색칠한 부분의 둘레의 길이)
$=\overset{\frown}{BC}+\overset{\frown}{BD}+\overline{CD}$
$=2\pi \times 8 \times \dfrac{1}{2}+2\pi \times 16 \times \dfrac{90}{360}+16$
$=16\pi+16$(cm)

채점 기준 **2** 색칠한 부분의 넓이 구하기 … 3점

(색칠한 부분의 넓이)
$=$ (부채꼴 BCD의 넓이)$-$(지름이 $\overline{BC}$인 반원의 넓이)
$=\pi \times 16^2 \times \dfrac{90}{360}-\pi \times 8^2 \times \dfrac{1}{2}$
$=32\pi$(cm²)

03 답 88°

부채꼴의 호의 길이는 중심각의 크기에 정비례하므로
$(\angle x+16°):(2\angle x-12°)=15:20$
$(\angle x+16°):(2\angle x-12°)=3:4$
$6\angle x-36°=4\angle x+64°$, $2\angle x=100°$
$\therefore \angle x=50°$ ...... ❶
$\therefore \angle \mathrm{DOC}=2\angle x-12°$
$\qquad =2\times 50°-12°=88°$ ...... ❷

채점 기준	배점
❶ $\angle x$의 크기 구하기	2점
❷ $\angle \mathrm{DOC}$의 크기 구하기	2점

04 답 3

$\triangle \mathrm{OCE}$는 $\overline{\mathrm{CO}}=\overline{\mathrm{CE}}$인 이등변삼각형이므로
$\angle \mathrm{COE}=\angle \mathrm{CEO}=20°$
$\therefore \angle \mathrm{OCB}=20°+20°=40°$
$\triangle \mathrm{BOC}$는 $\overline{\mathrm{OB}}=\overline{\mathrm{OC}}$인 이등변삼각형이므로
$\angle \mathrm{BOC}=180°-(40°+40°)=100°$
$\therefore \angle \mathrm{AOB}=180°-(\angle \mathrm{BOC}+\angle \mathrm{COE})$
$\qquad =180°-(100°+20°)=60°$ ...... ❶
따라서 $\angle \mathrm{AOB}:\angle \mathrm{COD}=\overset{\frown}{\mathrm{AB}}:\overset{\frown}{\mathrm{CD}}$에서
$60°:20°=\overset{\frown}{\mathrm{AB}}:\overset{\frown}{\mathrm{CD}}$, $3:1=\overset{\frown}{\mathrm{AB}}:\overset{\frown}{\mathrm{CD}}$
$\overset{\frown}{\mathrm{AB}}=3\overset{\frown}{\mathrm{CD}}$ $\therefore k=3$ ...... ❷

채점 기준	배점
❶ $\angle \mathrm{AOB}$의 크기 구하기	4점
❷ k의 값 구하기	2점

05 답 108°

부채꼴의 반지름의 길이를 r cm라 하면
$\dfrac{1}{2}\times r\times 6\pi=30\pi$ $\therefore r=10$ ...... ❶
부채꼴의 중심각의 크기를 $x°$라 하면
$2\pi\times 10\times \dfrac{x}{360}=6\pi$ $\therefore x=108$
따라서 부채꼴의 중심각의 크기는 108°이다. ...... ❷

채점 기준	배점
❶ 부채꼴의 반지름의 길이 구하기	3점
❷ 부채꼴의 중심각의 크기 구하기	3점

06 답 $(20\pi+24)$ cm

(색칠한 부분의 둘레의 길이)
$=2\pi\times 12\times \dfrac{120}{360}+2\pi\times 6+12\times 2$ ...... ❶
$=8\pi+12\pi+24$
$=20\pi+24$ (cm) ...... ❷

채점 기준	배점
❶ 색칠한 부분의 둘레의 길이를 구하는 식 세우기	2점
❷ 색칠한 부분의 둘레의 길이 구하기	2점

07 답 $\left(9+\dfrac{9}{4}\pi\right)$ cm²

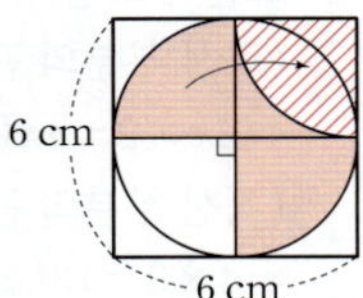

오른쪽 그림과 같이 이동하면 색칠한 부분의 넓이는 한 변의 길이가 3 cm인 정사각형의 넓이와 반지름의 길이가 3 cm이고 중심각의 크기가 90°인 부채꼴의 넓이의 합과 같다. ...... ❶
$\therefore$ (색칠한 부분의 넓이)
$=3\times 3+\pi\times 3^2\times \dfrac{90}{360}$ ...... ❷
$=9+\dfrac{9}{4}\pi$ (cm²) ...... ❸

채점 기준	배점
❶ 넓이가 같은 부분을 이동하여 색칠한 부분의 넓이와 같은 넓이의 도형 알기	2점
❷ 색칠한 부분의 넓이를 구하는 식 세우기	2점
❸ 색칠한 부분의 넓이 구하기	2점

08 답 9π cm

다음 그림에서 점 B가 움직인 거리는 $\overset{\frown}{\mathrm{BP}}$와 $\overset{\frown}{\mathrm{PB}'}$의 길이의 합과 같다.

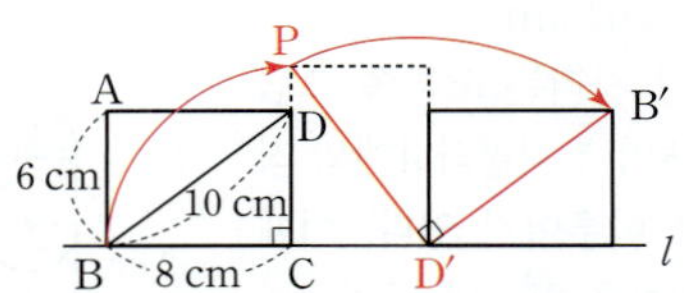

$\angle \mathrm{BCP}=90°$이므로
$\overset{\frown}{\mathrm{BP}}=2\pi\times 8\times \dfrac{90}{360}=4\pi$ (cm) ...... ❶
$\angle \mathrm{PD'B'}=90°$이므로
$\overset{\frown}{\mathrm{PB'}}=2\pi\times 10\times \dfrac{90}{360}=5\pi$ (cm) ...... ❷
따라서 점 B가 움직인 거리는
$\overset{\frown}{\mathrm{BP}}+\overset{\frown}{\mathrm{PB'}}=4\pi+5\pi=9\pi$ (cm) ...... ❸

채점 기준	배점
❶ $\overset{\frown}{\mathrm{BP}}$의 길이 구하기	3점
❷ $\overset{\frown}{\mathrm{PB'}}$의 길이 구하기	3점
❸ 점 B가 움직인 거리 구하기	1점

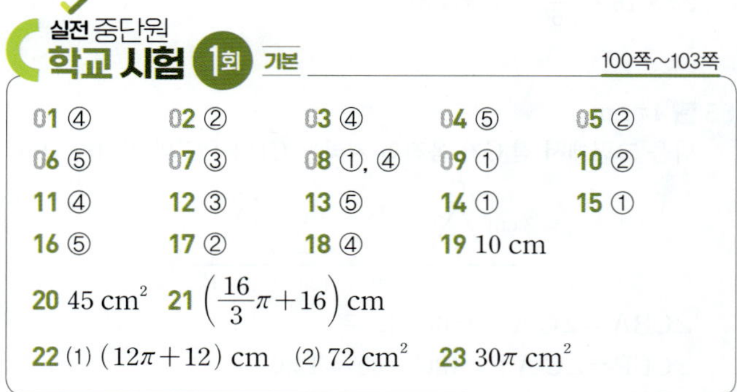

01 ④	02 ②	03 ④	04 ⑤	05 ②
06 ⑤	07 ③	08 ①, ④	09 ①	10 ②
11 ④	12 ③	13 ⑤	14 ①	15 ①
16 ⑤	17 ②	18 ④	19 10 cm	

20 45 cm² **21** $\left(\dfrac{16}{3}\pi+16\right)$ cm

22 (1) $(12\pi+12)$ cm (2) 72 cm² **23** 30π cm²

01 답 ④ 유형 01

④ $\overline{\mathrm{OD}}$는 원 O의 반지름이다.

02 답 ② 〔유형 02〕

부채꼴의 호의 길이는 중심각의 크기에 정비례하므로

$\angle AOC : \angle COB = \overset{\frown}{AC} : \overset{\frown}{CB} = 3 : 17$

$\therefore \angle AOC = 180° \times \dfrac{3}{3+17} = 180° \times \dfrac{3}{20} = 27°$

03 답 ④ 〔유형 02〕

$\overset{\frown}{BC} = \overset{\frown}{CD}$이므로 $\angle BOC = \angle COD$이다.

즉, $\angle AOB : \angle BOC : \angle COD = 4 : 7 : 7$이므로

$\angle BOC = 180° \times \dfrac{7}{4+7+7} = 180° \times \dfrac{7}{18} = 70°$

따라서 $\triangle OBC$는 $\overline{OB} = \overline{OC}$인 이등변삼각형이므로

$\angle OCB = \dfrac{1}{2} \times (180° - 70°) = 55°$

04 답 ⑤ 〔유형 03〕

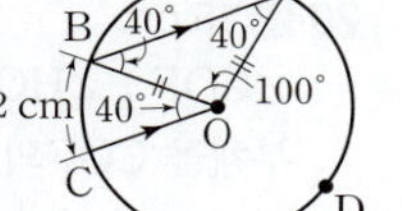

$\overline{AB} \parallel \overline{OC}$이므로

$\angle OBA = \angle BOC = 40°$ (엇각)

$\triangle AOB$는 $\overline{OB} = \overline{OA}$인 이등변삼각형

이므로

$\angle AOB = 180° - (40° + 40°) = 100°$

$\overset{\frown}{ADC}$의 중심각의 크기는

$360° - (100° + 40°) = 220°$

따라서 부채꼴의 호의 길이는 중심각의 크기에 정비례하므로

$40° : 220° = 12 : \overset{\frown}{ADC}$, $2 : 11 = 12 : \overset{\frown}{ADC}$

$2\overset{\frown}{ADC} = 132$ $\therefore \overset{\frown}{ADC} = 66\,(\text{cm})$

05 답 ② 〔유형 04〕

부채꼴 COD의 넓이를 $x\ \text{cm}^2$라 하면

$27\pi : x = 90° : 20°$이므로

$27\pi : x = 9 : 2$, $9x = 54\pi$ $\therefore x = 6\pi$

따라서 부채꼴 COD의 넓이는 $6\pi\ \text{cm}^2$이다.

06 답 ⑤ 〔유형 04〕

정오각형의 한 내각의 크기는

$\dfrac{180° \times (5-2)}{5} = 108°$

정육각형의 한 내각의 크기는

$\dfrac{180° \times (6-2)}{6} = 120°$

$\therefore \angle AOB = 360° - (108° + 120°) = 132°$

따라서 부채꼴의 넓이는 중심각의 크기에 정비례하므로

(부채꼴 AOB의 넓이) : (부채꼴 BOC의 넓이)

$\qquad\qquad$: (부채꼴 AOC의 넓이)

$= 132° : 108° : 120° = 11 : 9 : 10$

07 답 ③ 〔유형 05〕

$\overline{CD} \parallel \overline{BO}$이므로

$\angle ODC = \angle AOB$ (동위각), $\angle OCD = \angle COB$ (엇각)

$\triangle COD$는 $\overline{CO} = \overline{DO}$인 이등변삼각형이므로

$\angle ODC = \angle OCD$

따라서 $\angle AOB = \angle COB$이므로

$\overline{BC} = \overline{AB} = 4\ \text{cm}$

08 답 ①, ④ 〔유형 06〕

② 삼각형의 넓이는 중심각의 크기에 정비례하지 않는다.

③ 부채꼴의 호의 길이는 중심각의 크기에 정비례하므로

$\quad \angle AOB : \angle COD = \overset{\frown}{AB} : \overset{\frown}{CD}$에서

$\quad 90° : 60° = \overset{\frown}{AB} : \overset{\frown}{CD}$, $3 : 2 = \overset{\frown}{AB} : \overset{\frown}{CD}$

$\quad \therefore \overset{\frown}{AB} = \dfrac{3}{2}\overset{\frown}{CD}$

④ $\angle COD = 60°$이므로

$\quad$ (부채꼴 COD의 넓이) $= \dfrac{1}{6} \times$ (원 O의 넓이)

⑤ $\angle FOE = \dfrac{1}{3}\angle AOB$이므로

$\quad$ (부채꼴 FOE의 넓이) $= \dfrac{1}{3} \times$ (부채꼴 AOB의 넓이)

따라서 옳은 것은 ①, ④이다.

09 답 ① 〔유형 07〕

작은 원의 반지름의 길이를 $r\ \text{cm}$라 하면

$\pi r^2 = 9\pi$, $r^2 = 9$ $\therefore r = 3$

따라서 큰 원의 반지름의 길이는 $3 \times 4 = 12\,(\text{cm})$이므로

큰 원의 둘레의 길이는

$2\pi \times 12 = 24\pi\,(\text{cm})$

10 답 ② 〔유형 08〕

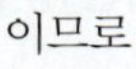

오른쪽 그림과 같이 $\overline{DO}$를 그으면

$\triangle AOD$는 $\overline{AO} = \overline{DO}$인 이등변삼각형

이므로

$\angle ODA = \angle OAD = 30°$

$\triangle AOD$에서

$\angle DOB = \angle OAD + \angle ODA = 30° + 30° = 60°$

이때 $\overset{\frown}{BC} = \overset{\frown}{CD}$이므로 $\angle DOC = \dfrac{1}{2} \times 60° = 30°$

$\therefore \overset{\frown}{CD} = 2\pi \times 4 \times \dfrac{30}{360} = \dfrac{2}{3}\pi\,(\text{cm})$

11 답 ④ 〔유형 08〕

처음 부채꼴의 반지름의 길이를 r, 중심각의 크기를 $x°$라 하면

늘린 부채꼴의 반지름의 길이는 $4r$, 중심각의 크기는 $2x°$이다.

처음 부채꼴의 호의 길이를 l_1, 늘린 부채꼴의 호의 길이를 l_2라

하면

$l_1 = 2\pi \times r \times \dfrac{x}{360} = \dfrac{\pi r x}{180}$

$l_2 = 2\pi \times 4r \times \dfrac{2x}{360} = \dfrac{2\pi r x}{45}$

$\therefore a = \dfrac{l_2}{l_1} = \dfrac{\dfrac{2\pi r x}{45}}{\dfrac{\pi r x}{180}} = 8$

12 답 ③ · · · 유형 09

$$(\text{부채꼴의 넓이})=\frac{1}{2}\times 8\times 12\pi$$
$$=48\pi(\text{cm}^2)$$

13 답 ⑤ · · · 유형 10

$$(\text{색칠한 부분의 둘레의 길이})$$
$$=2\pi\times 8\times\frac{1}{2}+2\pi\times 16\times\frac{45}{360}+16$$
$$=8\pi+4\pi+16$$
$$=12\pi+16(\text{cm})$$

14 답 ① · · · 유형 11

$\overline{DO}=\overline{EO}=\overline{CO}=4\,\text{cm}$이므로

(색칠한 부분의 넓이)
$=(\text{사다리꼴 AEOD의 넓이})$
$\qquad -(\text{부채꼴 DOE의 넓이})$

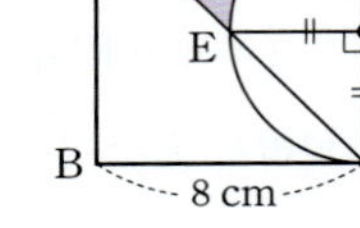

$$=\frac{1}{2}\times(8+4)\times 4-\pi\times 4^2\times\frac{90}{360}$$
$$=24-4\pi(\text{cm}^2)$$

15 답 ① · · · 유형 11

$\overline{DO}=\frac{1}{2}\overline{DC}=\frac{1}{2}\times 4=2(\text{cm}),\ \overline{NM}=8+2=10(\text{cm})$

$\therefore(\text{색칠한 부분의 넓이})$
$\quad=(\text{사각형 ANOD의 넓이})+(\text{부채꼴 DOM의 넓이})$
$\qquad\qquad -(\text{삼각형 ANM의 넓이})$
$$=8\times 2+\pi\times 2^2\times\frac{90}{360}-\frac{1}{2}\times 10\times 2$$
$$=16+\pi-10=6+\pi(\text{cm}^2)$$

16 답 ⑤ · · · 유형 11

(정사각형 ABCD의 넓이)
$=$㉮$+(\text{두 부채꼴의 넓이의 합})-$㉯
이므로 ㉮$-$㉯의 값은 정사각형 ABCD의 넓이에서 두 부채꼴의 넓이의 합을 뺀 값과 같다.

$$\therefore ㉮-㉯=10\times 10-\left(\pi\times 8^2\times\frac{90}{360}\right)\times 2$$
$$=100-32\pi$$

17 답 ② · · · 유형 12

오른쪽 그림과 같이 이동하면 색칠한 부분의 넓이는 가로의 길이가 6 cm, 세로의 길이가 3 cm인 직사각형의 넓이와 같다.
$\therefore(\text{색칠한 부분의 넓이})$
$$=6\times 3=18(\text{cm}^2)$$

18 답 ④ · · · 유형 13

원 O′이 지나간 자리는 오른쪽 그림의 색칠한 부분과 같으므로
$(\text{원 O′이 지나간 자리의 넓이})$
$$=\pi\times 12^2-\pi\times 6^2$$
$$=144\pi-36\pi=108\pi(\text{cm}^2)$$

19 답 10 cm · · · 유형 03

오른쪽 그림과 같이 $\overline{OB}$를 그으면
$\overline{BC}\,/\!/\,\overline{OD}$이므로
$\angle BCO=\angle COD=50°$ (엇각)
$\triangle COB$는 $\overline{OC}=\overline{OB}$인 이등변삼각형이
므로 $\angle CBO=\angle BCO=50°$
$\therefore\angle COB=180°-(50°+50°)=80°$ · · · ❶
따라서 호의 길이는 중심각의 크기에 정비례하므로
$\angle COD:\angle BOC=\overset{\frown}{CD}:\overset{\frown}{BC}$에서
$50°:80°=\overset{\frown}{CD}:16,\ 5:8=\overset{\frown}{CD}:16$
$\therefore\overset{\frown}{CD}=10(\text{cm})$ · · · ❷

채점 기준	배점
❶ $\angle COB$의 크기 구하기	3점
❷ $\overset{\frown}{CD}$의 길이 구하기	3점

20 답 45 cm² · · · 유형 04

$\angle COF:\angle HOL=\overset{\frown}{CF}:\overset{\frown}{HL}=3:4$ · · · ❶
부채꼴 COF의 넓이를 $S\,\text{cm}^2$라 하면 부채꼴의 넓이는 중심각의 크기에 정비례하므로
$3:4=S:60,\ 4S=180$ $\therefore S=45$
따라서 부채꼴 COF의 넓이는 45 cm²이다. · · · ❷

채점 기준	배점
❶ $\angle COF:\angle HOL$ 구하기	1점
❷ 부채꼴 COF의 넓이 구하기	3점

21 답 $\left(\dfrac{16}{3}\pi+16\right)$ cm · · · 유형 03 + 유형 10

$\overline{AC}\,/\!/\,\overline{OD}$이므로 $\angle CAO=\angle DOB=60°$ (동위각)
오른쪽 그림과 같이 $\overline{OC}$를 그으면
$\triangle AOC$는 $\overline{OA}=\overline{OC}$인 이등변삼각형이
므로
$\angle COA=180°-(60°+60°)=60°$
· · · ❶

(색칠한 부분의 둘레의 길이)
$=\overset{\frown}{AC}+\overline{AC}+\overset{\frown}{DB}+\overline{DB}$
$$=\left(2\pi\times 8\times\frac{60}{360}+8\right)\times 2=\frac{16}{3}\pi+16(\text{cm})$$
· · · ❷

채점 기준	배점
❶ $\angle COA$의 크기 구하기	2점
❷ 색칠한 부분의 둘레의 길이 구하기	4점

22 답 (1) $(12\pi+12)$ cm (2) 72 cm² · · · 유형 10 + 유형 12

(1) (색칠한 부분의 둘레의 길이)
$$=2\pi\times 6+6+6=12\pi+12(\text{cm})$$
· · · ❶
(2) 오른쪽 그림과 같이 이동하면
(색칠한 부분의 넓이)
$=(\text{직사각형의 넓이})$
$$=6\times 12=72(\text{cm}^2)$$
· · · ❷

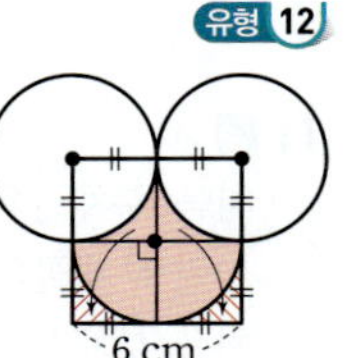
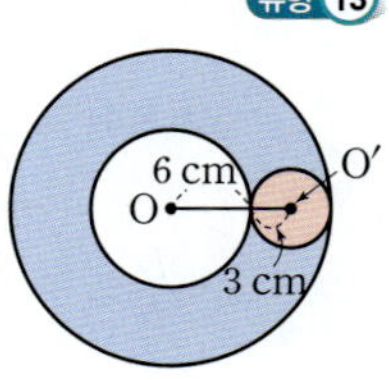
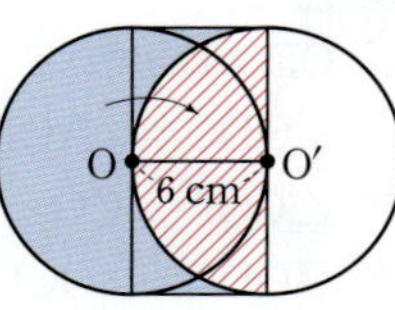

채점 기준	배점
❶ 색칠한 부분의 둘레의 길이 구하기	3점
❷ 색칠한 부분의 넓이 구하기	4점

23 답 30π cm^2 유형 11

작은 부채꼴의 중심각의 크기를 $x°$라 하면

$2\pi \times 6 \times \dfrac{x}{360} = 8\pi$ $\therefore x = 240$ …… ❶

$\therefore$ (색칠한 부분의 넓이)

$= \pi \times 9^2 \times \dfrac{240}{360} - \pi \times 6^2 \times \dfrac{240}{360}$

$= 54\pi - 24\pi = 30\pi\,(\text{cm}^2)$ …… ❷

채점 기준	배점
❶ 작은 부채꼴의 중심각의 크기 구하기	3점
❷ 색칠한 부분의 넓이 구하기	4점

실전 중단원 학교 시험 2회 실력

104쪽~107쪽

01 ②	**02** ②	**03** ③	**04** ④	**05** ①
06 ③	**07** ④	**08** ①	**09** ②	**10** ③
11 ②	**12** ④	**13** ②	**14** ③	**15** ①
16 ②	**17** ④	**18** ③	**19** 2 cm	**20** 7π cm^2

21 12π cm^2

22 둘레의 길이 : $(6\pi+12)$ cm, 넓이 : 6π cm^2 **23** $16\pi-48$

01 답 ②   유형 01

② 한 원에서 부채꼴이면서 활꼴인 도형은 반원이므로 중심각의
    크기는 $180°$이다.

02 답 ②   유형 02

부채꼴의 호의 길이는 중심각의 크기에 정비례하므로

$20° : 60° = 6 : x$, $1 : 3 = 6 : x$

$\therefore x = 18$

$6 : 42 = 20° : y°$, $1 : 7 = 20 : y$

$\therefore y = 140$

03 답 ③   유형 02

$\triangle$AOB는 $\overline{OA} = \overline{OB}$인 이등변삼각형이므로

$\angle$BAO $= \dfrac{1}{2} \times (180° - 60°) = 60°$

$\triangle$PAD에서 $\angle$ADP $= 180° - (60° + 45°) = 75°$

$\triangle$ODC에서 $\angle$OCD $= \angle$ODC $= 75°$이므로

$\angle$COD $= 180° - (75° + 75°) = 30°$

따라서 호의 길이는 중심각의 크기에 정비례하므로

$\dfrac{\overset{\frown}{\text{AB}}}{\overset{\frown}{\text{CD}}} = \dfrac{\angle \text{AOB}}{\angle \text{COD}} = \dfrac{60}{30} = 2$

04 답 ④   유형 03

$\triangle$AOB는 $\overline{OA} = \overline{OB}$인 이등변삼각형이므로

$\angle$ABO $= \angle$BAO $= \dfrac{1}{2} \times (180° - 100°) = 40°$

$\overline{AB} /\!/ \overline{CD}$이므로

$\angle$BOD $= \angle$ABO $= 40°$ (엇각)

$\angle$AOC $= \angle$BAO $= 40°$ (엇각)

$\therefore \angle$AOD $= 100° + 40° = 140°$

따라서 호의 길이는 중심각의 크기에 정비례하므로

$\overset{\frown}{\text{AD}}$의 길이는 $\overset{\frown}{\text{AC}}$의 길이의 $\dfrac{140}{40} = 3.5$(배)

05 답 ①   유형 04

$\overline{OD} = \overline{DE} = \overline{OE}$이므로 $\angle$OED $= \angle$ODE $= 60°$

$\triangle$OCE에서 $\angle$OED $= \angle$OCD $+ \angle$COE이므로

$60° = 20° + \angle$COE $\therefore \angle$COE $= 40°$

$\triangle$OCD에서 $\angle$AOD $= \angle$OCD $+ \angle$CDO이므로

$\angle$AOD $= 20° + 60° = 80°$

부채꼴 AOD의 넓이를 S cm^{2}라 하면 부채꼴의 넓이는 중심각
의 크기에 정비례하므로

$40° : 80° = 20\pi : S$, $1 : 2 = 20\pi : S$

$\therefore S = 40\pi$

따라서 부채꼴 AOD의 넓이는 40π cm^{2}이다.

06 답 ③   유형 06

①, ②, ④ 중심각의 크기가 같으면 현의 길이도 같다.

③ 현의 길이는 중심각의 크기에 정비례하지 않는다.

⑤ 부채꼴의 호의 길이는 중심각의 크기에 정비례하므로

$\angle$AOC : $\angle$EOG $= \overset{\frown}{\text{AC}} : \overset{\frown}{\text{EG}}$에서

$15° : 30° = \overset{\frown}{\text{AC}} : \overset{\frown}{\text{EG}}$, $1 : 2 = \overset{\frown}{\text{AC}} : \overset{\frown}{\text{EG}}$

$\therefore \overset{\frown}{\text{AC}} = \dfrac{1}{2} \overset{\frown}{\text{EG}}$

따라서 옳지 않은 것은 ③이다.

07 답 ④   유형 06

① $\overset{\frown}{\text{DE}} : \overset{\frown}{\text{BC}} = 15° : 45° = 1 : 3$

②, ③ 현의 길이는 중심각의 크기에 정비례하지 않는다.

④ $\angle$COD $= 180° - (90° + 15°) = 75°$이므로

    $\overset{\frown}{\text{CD}} : \overset{\frown}{\text{DE}} = 75° : 15° = 5 : 1$

⑤ $\angle$AOB $= 90° - 45° = 45°$이므로

    $\angle x = 45° + 180° = 225°$

    $\therefore \overset{\frown}{\text{CB}} : \overset{\frown}{\text{BAE}} = 45° : 225° = 1 : 5$

따라서 옳은 것은 ④이다.

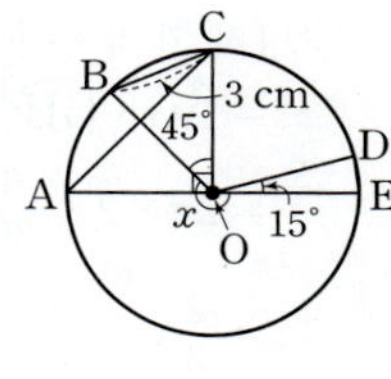

08 답 ①   유형 07

(트랙의 넓이)

$=$ (지름의 길이가 6 m인 원의 넓이)

            $-$ (지름의 길이가 4 m인 원의 넓이)

       $+$ (가로가 6 m, 세로가 1 m인 직사각형의 넓이) $\times 2$

$= \pi \times 3^2 - \pi \times 2^2 + (6 \times 1) \times 2$

$= 9\pi - 4\pi + 12$

$= 5\pi + 12\,(\text{m}^2)$

09 답 ② 유형 02 + 유형 08

$\angle \text{AOB} : \angle \text{BOC} : \angle \text{COA} = \overset{\frown}{\text{AB}} : \overset{\frown}{\text{BC}} : \overset{\frown}{\text{AC}}$
$\qquad\qquad\qquad\qquad\quad = 2 : 3 : 5$

부채꼴의 넓이는 중심각의 크기에 정비례하므로 세 부채꼴 AOB, BOC, COA의 넓이의 비는 $2 : 3 : 5$이다.
따라서 부채꼴 AOB의 넓이는

$(\pi \times 4^2) \times \dfrac{2}{2+3+5} = 16\pi \times \dfrac{2}{10} = \dfrac{16}{5}\pi \, (\text{cm}^2)$

10 답 ③ 유형 08

$\overline{\text{OC}} = \overline{\text{CD}} = \overline{\text{DB}} = r$이라 하면

$\overset{\frown}{\text{CB}} = 2\pi \times r \times \dfrac{1}{2} = \pi r$

$\overset{\frown}{\text{AB}} = 2\pi \times 3r \times \dfrac{90}{360} = \dfrac{3}{2}\pi r$

$\therefore \overset{\frown}{\text{AB}} : \overset{\frown}{\text{CB}} = \dfrac{3}{2}\pi r : \pi r = 3 : 2$

11 답 ② 유형 08

부채꼴 CO'D의 중심각의 크기를 $x°$라 하면 $\overset{\frown}{\text{AB}} = \overset{\frown}{\text{CD}}$이므로

$2\pi \times 8 \times \dfrac{90}{360} = 2\pi \times 3 \times \dfrac{x}{360}$

$\therefore x = 240$
부채꼴 AOB의 넓이는

$\pi \times 8^2 \times \dfrac{90}{360} = 16\pi \, (\text{cm}^2)$

부채꼴 CO'D의 넓이는

$\pi \times 3^2 \times \dfrac{240}{360} = 6\pi \, (\text{cm}^2)$

따라서 두 부채꼴의 넓이의 차는
$16\pi - 6\pi = 10\pi \, (\text{cm}^2)$

12 답 ④ 유형 08

정육각형의 한 외각의 크기는

$\dfrac{360°}{6} = 60°$

$\overline{\text{AF}} = 2 \, \text{cm}, \overline{\text{EG}} = 2+2 = 4 \, (\text{cm}), \overline{\text{DH}} = 2+4 = 6 \, (\text{cm})$
$\therefore$ (세 개의 부채꼴의 호의 길이의 합)
$\quad = \overset{\frown}{\text{AG}} + \overset{\frown}{\text{GH}} + \overset{\frown}{\text{HI}}$

$\quad = 2\pi \times 2 \times \dfrac{60}{360} + 2\pi \times 4 \times \dfrac{60}{360} + 2\pi \times 6 \times \dfrac{60}{360}$

$\quad = \dfrac{2}{3}\pi + \dfrac{4}{3}\pi + 2\pi = 4\pi \, (\text{cm})$

13 답 ② 유형 10

사각형 APBO에서
$\angle \text{AOB} = 360° - (90° + 40° + 90°) = 140°$
따라서 색칠한 부분의 중심각의 크기는 $360° - 140° = 220°$
$\therefore$ (색칠한 부분의 둘레의 길이)

$\qquad = 2\pi \times 9 \times \dfrac{220}{360} + 9 \times 2 = 11\pi + 18 \, (\text{cm})$

14 답 ③ 유형 11

(색칠한 부분의 넓이)

$= \pi \times 6^2 \times \dfrac{60}{360} - \pi \times 3^2 \times \dfrac{60}{360}$

$= 6\pi - \dfrac{3}{2}\pi$

$= \dfrac{9}{2}\pi \, (\text{cm}^2)$

15 답 ① 유형 08 + 유형 11

원 O의 반지름의 길이를 r이라 하면 원주율 $\pi = 3$이므로

$S_1 = \pi \times r^2 \times \dfrac{90}{360} - \dfrac{1}{2} \times r \times r$

$\quad = \dfrac{3}{4}r^2 - \dfrac{1}{2}r^2 = \dfrac{1}{4}r^2$

$S_2 = \pi \times r^2 \times \dfrac{30}{360} = \dfrac{1}{4}r^2$

$\therefore S_1 : S_2 = \dfrac{1}{4}r^2 : \dfrac{1}{4}r^2 = 1 : 1$

16 답 ② 유형 11

오른쪽 그림과 같이 $\overline{\text{OC}}, \overline{\text{OD}}$를 그으면
$\overset{\frown}{\text{AC}} = \overset{\frown}{\text{CD}} = \overset{\frown}{\text{DB}}$이므로
$\angle \text{AOC} = \angle \text{COD} = \angle \text{DOB}$
$\qquad\qquad = 90° \times \dfrac{1}{3} = 30°$

$\triangle \text{COE}$와 $\triangle \text{ODF}$에서
$\overline{\text{CO}} = \overline{\text{OD}} = 6 \, \text{cm}$
$\angle \text{ODF} = 180° - (90° + 30°) = 60° = \angle \text{COE}$
$\angle \text{OCE} = 180° - (90° + 60°) = 30° = \angle \text{DOF}$
이므로 $\triangle \text{COE} \equiv \triangle \text{ODF}$ (ASA 합동)
$\therefore$ (색칠한 부분의 넓이)
$\quad = $ (부채꼴 COD의 넓이) $+$ (삼각형 ODF의 넓이)
$\qquad\qquad\qquad\qquad - $ (삼각형 COE의 넓이)

$\quad = $ (부채꼴 COD의 넓이)

$\quad = \pi \times 6^2 \times \dfrac{30}{360} = 3\pi \, (\text{cm}^2)$

17 답 ④ 유형 11 + 유형 12

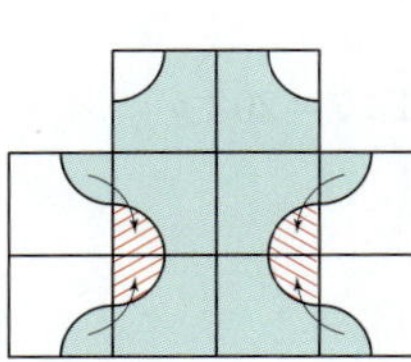

위의 그림과 같이 이동하면
(색칠한 부분의 넓이)
$= $ (한 변의 길이가 4 cm인 정사각형의 넓이) $\times 4$

$\qquad + \left(\begin{array}{c} \\ \end{array}\text{의 넓이} \right) \times 2$

$= (4 \times 4) \times 4 + \left(4 \times 4 - \pi \times 2^2 \times \dfrac{90}{360} \right) \times 2$

$= 64 + (16 - \pi) \times 2$

$= 96 - 2\pi \, (\text{cm}^2)$

18 답 ③   유형 13

정오각형의 한 내각의 크기는

$$\dfrac{180°\times(5-2)}{5}=108°$$이므로

곡선 한 부분에 대한 중심각의 크기는

$$360°-(90°+108°+90°)=72°$$

오른쪽 그림에서 곡선 부분의 길이는

$$\left(2\pi\times3\times\dfrac{72}{360}\right)\times5=6\pi\,(\mathrm{cm})$$

직선 부분의 길이는

$$6\times5=30\,(\mathrm{cm})$$

따라서 필요한 끈의 최소 길이는

$(6\pi+30)\,\mathrm{cm}$이다.

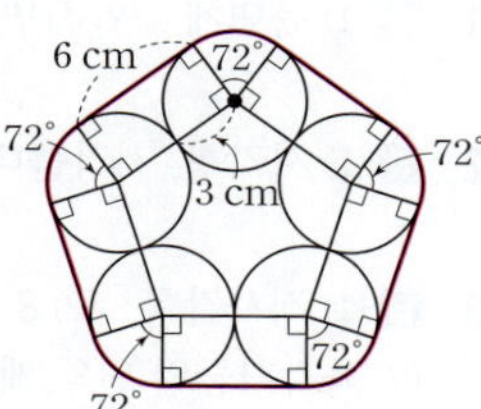

19 답 2 cm   유형 03

△PCO는 $\overline{\mathrm{PC}}=\overline{\mathrm{OC}}$인 이등변삼각형이므로

$$\angle\mathrm{COP}=\angle\mathrm{CPO}=15°$$

△PCO에서

$$\angle\mathrm{OCD}=\angle\mathrm{COP}+\angle\mathrm{CPO}$$
$$=15°+15°=30° \qquad \cdots\cdots ❶$$

△OCD는 $\overline{\mathrm{OC}}=\overline{\mathrm{OD}}$인 이등변삼각형이므로

$$\angle\mathrm{ODC}=\angle\mathrm{OCD}=30°$$

△OPD에서

$$\angle\mathrm{DOB}=\angle\mathrm{OPD}+\angle\mathrm{ODP}$$
$$=15°+30°=45° \qquad \cdots\cdots ❷$$

따라서 호의 길이는 중심각의 크기에 정비례하므로

$$\angle\mathrm{COA}:\angle\mathrm{DOB}=\overset{\frown}{\mathrm{AC}}:\overset{\frown}{\mathrm{BD}}에서$$

$$15°:45°=\overset{\frown}{\mathrm{AC}}:6,\ 1:3=\overset{\frown}{\mathrm{AC}}:6$$

$$\therefore \overset{\frown}{\mathrm{AC}}=2\,(\mathrm{cm}) \qquad \cdots\cdots ❸$$

채점 기준	배점
❶ ∠OCD의 크기 구하기	1점
❷ ∠DOB의 크기 구하기	2점
❸ $\overset{\frown}{\mathrm{AC}}$의 길이 구하기	3점

20 답 $7\pi\ \mathrm{cm}^2$ 유형 04

△ABC에서

$$\angle\mathrm{C}=180°-(\angle\mathrm{A}+\angle\mathrm{B})$$
$$=180°-(80°+60°)=40° \qquad \cdots\cdots ❶$$

사각형 FOEC에서

$$\angle\mathrm{FOE}=360°-(90°+90°+40°)=140° \qquad \cdots\cdots ❷$$

부채꼴의 넓이는 중심각의 크기에 정비례하므로 원 O와 부채꼴 FOE의 넓이의 비는

$$360°:140°=18:7$$

따라서 부채꼴 FOE의 넓이는

$$18\pi\times\dfrac{7}{18}=7\pi\,(\mathrm{cm}^2) \qquad \cdots\cdots ❸$$

채점 기준	배점
❶ ∠C의 크기 구하기	2점
❷ ∠FOE의 크기 구하기	2점
❸ 부채꼴 FOE의 넓이 구하기	2점

21 답 $12\pi\ \mathrm{cm}^2$ 유형 08

색칠한 부채꼴의 중심각의 크기의 합은

$$50°+40°+30°=120° \qquad \cdots\cdots ❶$$

따라서 색칠한 부분의 넓이는 중심각의 크기가 120°인 부채꼴의 넓이와 같으므로

$$\pi\times6^2\times\dfrac{120}{360}=12\pi\,(\mathrm{cm}^2) \qquad \cdots\cdots ❷$$

채점 기준	배점
❶ 색칠한 부채꼴의 중심각의 크기의 합 구하기	2점
❷ 색칠한 부분의 넓이 구하기	2점

22 답 둘레의 길이 : $(6\pi+12)$ cm, 넓이 : $6\pi\ \mathrm{cm}^2$

유형 10 + 유형 11

(색칠한 부분의 둘레의 길이)

$$=\left(2\pi\times4\times\dfrac{60}{360}\right)\times3+\left(2\pi\times2\times\dfrac{60}{360}\right)\times3+(2\times6)$$
$$=6\pi+12\,(\mathrm{cm}) \qquad \cdots\cdots ❶$$

(색칠한 부분의 넓이)

$$=\left(\pi\times4^2\times\dfrac{60}{360}-\pi\times2^2\times\dfrac{60}{360}\right)\times3$$
$$=6\pi\,(\mathrm{cm}^2) \qquad \cdots\cdots ❷$$

채점 기준	배점
❶ 색칠한 부분의 둘레의 길이 구하기	4점
❷ 색칠한 부분의 넓이 구하기	3점

23 답 $16\pi-48$ 유형 10 + 유형 11

정육각형의 한 내각의 크기는

$$\dfrac{180°\times(6-2)}{6}=120°$$

색칠한 부분의 둘레의 길이는

$$\left(2\pi\times4\times\dfrac{120}{360}\right)\times6+(8\times6)=16\pi+48\,(\mathrm{cm})$$

$$\therefore a=16\pi+48 \qquad \cdots\cdots ❶$$

색칠한 부분의 넓이는

$$\left(\pi\times4^2\times\dfrac{120}{360}\right)\times6=32\pi\,(\mathrm{cm}^2)$$

$$\therefore b=32\pi \qquad \cdots\cdots ❷$$

$$\therefore b-a=32\pi-(16\pi+48)$$
$$=16\pi-48 \qquad \cdots\cdots ❸$$

채점 기준	배점
❶ a의 값 구하기	3점
❷ b의 값 구하기	3점
❸ $b-a$의 값 구하기	1점

교과서 속 특이 문제   108쪽

01 답 $\dfrac{134}{5}\pi\ \mathrm{m}^2$

정오각형의 한 내각의 크기는 $\dfrac{180°\times(5-2)}{5}=108°$

원숭이가 움직일 수 있는 최대 영역은
오른쪽 그림의 색칠한 부분과 같으므로

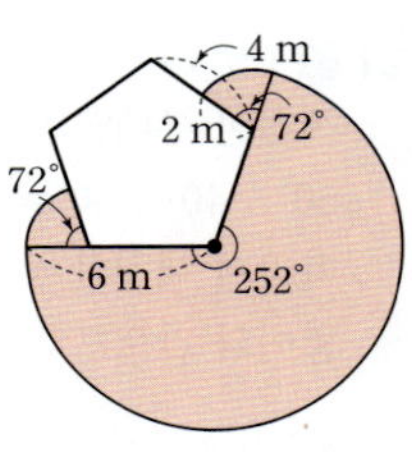

$$\pi \times 6^2 \times \frac{252}{360} + \left(\pi \times 2^2 \times \frac{72}{360}\right) \times 2$$

$$= \frac{126}{5}\pi + \frac{8}{5}\pi$$

$$= \frac{134}{5}\pi \, (\text{m}^2)$$

02 답 A 화단 : 162°, B 화단 : 90°

원의 중심각의 크기가 360°이므로 A 화단과 B 화단의 중심각의
크기의 합은

$$360° - 36° - 72° = 252°$$

이때 A 화단과 B 화단의 넓이의 비가 9 : 5이므로

(A 화단의 중심각의 크기)

$$= 252° \times \frac{9}{9+5} = 162°$$

(B 화단의 중심각의 크기)

$$= 252° \times \frac{5}{9+5} = 90°$$

03 답 0 cm

[방법 1] 오른쪽 그림에서 필요한 끈의 길
이는 중심각의 크기가 90°인 4개의 부채
꼴의 호의 길이와 길이가 4 cm인 4개의
선분의 길이의 합과 같으므로

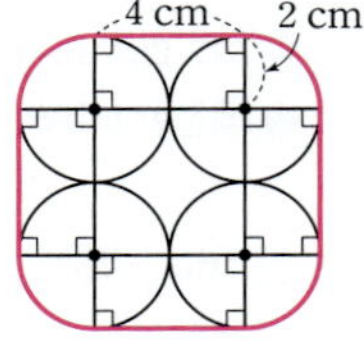

$$\left(2\pi \times 2 \times \frac{90}{360}\right) \times 4 + 4 \times 4$$

$$= 4\pi + 16 \, (\text{cm})$$

[방법 2] 오른쪽 그림에서 필요한 끈의
길이는 4개의 부채꼴의 호의 길이와
길이가 4 cm인 4개의 선분의 길이의
합과 같다.

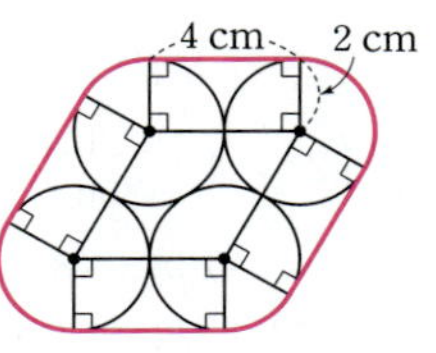

이때 4개의 부채꼴의 호의 길이의 합
은 캔 한 개의 둘레의 길이와 같으므로 필요한 끈의 길이는

$$2\pi \times 2 + 4 \times 4 = 4\pi + 16 \, (\text{cm})$$

따라서 두 방법에서 필요한 끈의 길이는 같으므로 길이의 차는
0 cm이다.

04 답 둘레의 길이 : $\left(\frac{70}{3}\pi + 36\right)$ cm, 넓이 : 210π cm^2

(닦인 부분의 둘레의 길이)

$$= 2\pi \times 24 \times \frac{140}{360} + 2\pi \times 6 \times \frac{140}{360} + 18 \times 2$$

$$= \frac{56}{3}\pi + \frac{14}{3}\pi + 36$$

$$= \frac{70}{3}\pi + 36 \, (\text{cm})$$

(닦인 부분의 넓이)

$$= \pi \times 24^2 \times \frac{140}{360} - \pi \times 6^2 \times \frac{140}{360}$$

$$= 224\pi - 14\pi$$

$$= 210\pi \, (\text{cm}^2)$$

Ⅶ. 입체도형의 성질

❶ 다면체와 회전체

개념 Check

1 답 (1) 육면체 (2) 사면체

2 답 (1) 사각형, 사각뿔대 (2) 오각형, 오각뿔대

3 답 (1) 직사각형 (2) 8 (3) 18 (4) 12
(2) 육각기둥의 면의 개수는 $6+2=8$
(3) 육각기둥의 모서리의 개수는 $3 \times 6 = 18$
(4) 육각기둥의 꼭짓점의 개수는 $2 \times 6 = 12$

4 답 (1) × (2) ○ (3) ×
(1) 정다면체의 종류는 정사면체, 정육면체, 정팔면체, 정십이면
체, 정이십면체의 5가지뿐이다.
(3) 정이십면체는 한 꼭짓점에 모인 면의 개수가 5이다.

5 답 원뿔, 구, 원기둥, 원뿔대

6 답 (1) 원뿔 (2) 원뿔대

7 답 (1) × (2) × (3) × (4) ○
(1) 구의 회전축은 무수히 많다.
(2) 회전체를 회전축에 수직인 평면으로 자를 때 생기는 단면은
항상 원이지만, 크기는 다를 수 있다.
따라서 합동이 아니다.
(3) 원뿔대를 회전축을 포함하는 평면으로 자른 단면은 사다리꼴
이다.

8 답 $a=8$, $b=2$, $c=4\pi$
원뿔의 모선의 길이는 8 cm이므로 $a=8$
밑면의 반지름의 길이는 2 cm이므로 $b=2$
원의 둘레의 길이는 $2\pi \times 2 = 4\pi \, (\text{cm})$이므로 $c=4\pi$

기출 유형

유형 01 다면체

(1) 다면체 : 다각형인 면으로만 둘러싸인 입체도형
(2) 다면체의 종류 : 각기둥, 각뿔, 각뿔대 등
참고 다면체는 둘러싸인 면의 개수에 따라 사면체, 오면체, 육면체,
...라 한다.

01 답 ㄹ, ㅂ
ㄱ, ㄴ, ㅁ. 원 또는 곡면으로 둘러싸여 있으므로 다면체가 아니다.
ㄷ. 평면도형이므로 다면체가 아니다.
따라서 다면체인 것은 ㄹ, ㅂ이다.

02 답 칠면체

주어진 다면체는 면의 개수가 7이므로 칠면체이다.

유형 02 다면체의 면, 모서리, 꼭짓점의 개수

다면체	n각기둥	n각뿔	n각뿔대
면의 개수	$n+2$	$n+1$	$n+2$
모서리의 개수	$3n$	$2n$	$3n$
꼭짓점의 개수	$2n$	$n+1$	$2n$

---

03 답 ㄷ, ㄹ

ㄱ. 오각뿔의 면의 개수는 $5+1=6$

ㄴ. 사각뿔대의 면의 개수는 $4+2=6$

ㄷ. 칠각뿔의 면의 개수는 $7+1=8$

ㄹ. 육각기둥의 면의 개수는 $6+2=8$

ㅁ. 팔각뿔의 면의 개수는 $8+1=9$

ㅂ. 칠각뿔대의 면의 개수는 $7+2=9$

따라서 팔면체는 ㄷ, ㄹ이다.

04 답 ④

주어진 다면체의 면의 개수는 6이다.

각 다면체의 면의 개수를 구하면

① $4+1=5$ ② $6+1=7$ ③ $5+2=7$

④ $4+2=6$ ⑤ $5+2=7$

따라서 주어진 다면체와 면의 개수가 같은 것은 ④이다.

05 답 ④

① 사각기둥의 모서리의 개수는 $3\times4=12$

② 오각뿔대의 모서리의 개수는 $3\times5=15$

③ 사각뿔의 모서리의 개수는 $2\times4=8$

④ 칠각뿔의 모서리의 개수는 $2\times7=14$

⑤ 정육면체의 모서리의 개수는 $3\times4=12$

따라서 옳지 않은 것은 ④이다.

06 답 27

오각뿔대의 면의 개수는 $5+2=7$이므로

$x=7$

팔각기둥의 모서리의 개수는 $3\times8=24$이므로

$y=24$

삼각뿔의 꼭짓점의 개수는 $3+1=4$이므로

$z=4$

$\therefore x+y-z=7+24-4=27$

07 답 8

주어진 각뿔대를 n각뿔대라 하면 모서리의 개수는 $3n$, 꼭짓점의 개수는 $2n$이므로

$3n+2n=30$, $5n=30$ $\therefore n=6$

즉, 주어진 각뿔대는 육각뿔대이다.

따라서 육각뿔대의 면의 개수는

$6+2=8$

08 답 십일각기둥

구하는 각기둥을 n각기둥이라 하면

면의 개수는 $a=n+2$

모서리의 개수는 $b=3n$

꼭짓점의 개수는 $c=2n$

$a+b+c=68$에서 $(n+2)+3n+2n=68$

$6n=66$ $\therefore n=11$

따라서 구하는 각기둥은 십일각기둥이다.

유형 03 다면체의 옆면의 모양

다면체	각기둥	각뿔	각뿔대
옆면의 모양	직사각형	삼각형	사다리꼴

---

09 답 ②

① 사각뿔 – 삼각형

③ 오각뿔 – 삼각형

④ 육각뿔대 – 사다리꼴

⑤ 육각기둥 – 직사각형

따라서 다면체와 그 옆면의 모양을 바르게 짝 지은 것은 ②이다.

10 답 ①, ⑤

각 다면체의 옆면의 모양은 다음과 같다.

① 정사각형

②, ③, ④ 삼각형

⑤ 사다리꼴

따라서 옆면의 모양이 삼각형이 아닌 것은 ①, ⑤이다.

유형 04 다면체의 이해

(1) 각기둥 : 두 밑면이 서로 평행하고 합동인 다각형이고, 옆면이 모두 직사각형인 다면체

(2) 각뿔 : 밑면이 다각형이고 옆면이 모두 삼각형인 다면체

(3) 각뿔대 : 각뿔을 밑면에 평행한 평면으로 자를 때 생기는 두 다면체 중에서 각뿔이 아닌 쪽의 입체도형

---

11 답 ③

① 각뿔대의 밑면의 개수는 2이다.

② 사각기둥의 면의 개수는 $4+2=6$이므로 사각기둥은 육면체이다.

④ 각뿔대의 두 밑면은 서로 평행하지만 합동은 아니다.

⑤ 칠각뿔의 면의 개수는 $7+1=8$, 오각기둥의 면의 개수는 $5+2=7$이므로 칠각뿔과 오각기둥의 면의 개수는 같지 않다.

따라서 옳은 것은 ③이다.

12 답 ㄴ, ㄹ

ㄱ. 오각기둥의 모서리의 개수는 $3\times5=15$

ㄷ. 오각기둥의 면의 개수는 $5+2=7$이므로 칠면체이다.

따라서 옳은 것은 ㄴ, ㄹ이다.

13 답 ②

② n각뿔의 면의 개수는 $n+1$, 모서리의 개수는 $2n$이므로 면의 개수와 모서리의 개수가 같지 않다.

14 답 ①, ④

① 육각뿔대의 두 밑면은 육각형으로 모양은 같지만 크기가 다르므로 서로 합동이 아니다.

③ 육각뿔대의 면의 개수는 $6+2=8$이므로 팔면체이다.

④ 육각뿔대의 모서리의 개수는 $3\times6=18$

따라서 옳지 않은 것은 ①, ④이다.

유형 05 조건을 만족시키는 다면체 구하기

(1) 밑면의 특징으로 다면체의 종류를 결정한다.

① 밑면이 2개이고 서로 평행 ➡ 각기둥 또는 각뿔대

② 밑면이 1개 ➡ 각뿔

(2) 옆면의 모양으로 다면체의 종류를 결정한다.

① 직사각형 ➡ 각기둥

② 삼각형 ➡ 각뿔

③ 사다리꼴 ➡ 각뿔대

(3) 면, 모서리, 꼭짓점의 개수를 이용하여 밑면의 모양을 결정한다.

15 답 오각뿔대

조건 ㈎, ㈏에서 구하는 다면체는 각뿔대이다.

구하는 다면체를 n각뿔대라 하면 n각뿔대의 모서리의 개수는 $3n$이므로 조건 ㈐에서

$3n=15$ ∴ $n=5$

따라서 구하는 다면체는 오각뿔대이다.

16 답 칠각뿔

밑면의 개수가 1이고 옆면의 모양이 삼각형인 다면체는 각뿔이다.

구하는 다면체를 n각뿔이라 하면 n각뿔의 모서리의 개수는 $2n$이므로

$2n=14$ ∴ $n=7$

따라서 구하는 다면체는 칠각뿔이다.

17 답 16

조건 ㈏, ㈐에서 주어진 다면체는 각뿔대이다.

주어진 다면체를 n각뿔대라 하면 n각뿔대의 면의 개수는 $n+2$이므로 조건 ㈎에서

$n+2=10$ ∴ $n=8$

따라서 주어진 다면체는 팔각뿔대이므로 팔각뿔대의 꼭짓점의 개수는

$2\times8=16$

18 답 30

조건 ㈎, ㈏에서 주어진 다면체는 각기둥이다.

주어진 다면체를 n각기둥이라 하면 n각기둥의 꼭짓점의 개수는 $2n$이므로 조건 ㈐에서

$2n=14$ ∴ $n=7$

따라서 주어진 다면체는 칠각기둥이다.

칠각기둥의 면의 개수는

$a=7+2=9$

칠각기둥의 모서리의 개수는

$b=3\times7=21$

∴ $a+b=9+21=30$

유형 06 정다면체

(1) 정다면체 : 모든 면이 합동인 정다각형이고, 각 꼭짓점에 모인 면의 개수가 같은 다면체

(2) 정다면체는 정사면체, 정육면체, 정팔면체, 정십이면체, 정이십면체의 5가지뿐이다.

정다면체	정사면체	정육면체	정팔면체	정십이면체	정이십면체
면의 모양	정삼각형	정사각형	정삼각형	정오각형	정삼각형
한 꼭짓점에 모인 면의 개수	3	3	4	3	5

19 답 ②

① 정다면체는 정사면체, 정육면체, 정팔면체, 정십이면체, 정이십면체로 5가지뿐이다.

② 정사면체는 평행한 면이 없다.

따라서 옳지 않은 설명을 한 학생은 ②이다.

20 답 정이십면체

조건 ㈎를 만족시키는 정다면체는 정사면체, 정팔면체, 정이십면체이고, 이 중 조건 ㈏를 만족시키는 정다면체는 정이십면체이다.

21 답 357

$a=3$, $b=360$이므로

$b-a=360-3=357$

22 답 ④

① 정사면체 - 정삼각형 - 3

② 정육면체 - 정사각형 - 3

③ 정팔면체 - 정삼각형 - 4

⑤ 정이십면체 - 정삼각형 - 5

따라서 바르게 짝 지은 것은 ④이다.

23 답 6

한 꼭짓점에 모인 면의 개수가 3인 정다면체는 정사면체, 정육면체, 정십이면체의 3개이므로

$a=3$

면의 모양이 정삼각형인 정다면체는 정사면체, 정팔면체, 정이십면체의 3개이므로

$b=3$

∴ $a+b=3+3=6$

24 답 정다면체가 아니다. / 이유는 풀이 참조
정다면체가 아니다.
왜냐하면 각 꼭짓점에 모인 면의 개수가 3 또는 4로 같지 않기 때문이다.

모서리의 개수가 가장 적은 정다면체는 정사면체이고 정사면체의 꼭짓점의 개수는 4이므로
$b=4$
$\therefore a-b=30-4=26$

유형 07 정다면체의 면, 모서리, 꼭짓점의 개수

정다면체	정사면체	정육면체	정팔면체	정십이면체	정이십면체
면의 개수	4	6	8	12	20
모서리의 개수	6	12	12	30	30
꼭짓점의 개수	4	8	6	20	12

25 답 ①
각 정다면체의 꼭짓점의 개수를 구하면
① 4　　② 8　　③ 6　　④ 20　　⑤ 12
따라서 꼭짓점의 개수가 가장 적은 것은 ①이다.

26 답 38
정육면체의 꼭짓점의 개수는 8이므로
$a=8$
정이십면체의 모서리의 개수는 30이므로
$b=30$
$\therefore a+b=8+30=38$

27 답 ④
① 정사면체의 모서리의 개수와 정팔면체의 꼭짓점의 개수는 6이므로 서로 같다.
② 정팔면체의 면의 개수와 정육면체의 꼭짓점의 개수는 8이므로 서로 같다.
③ 정이십면체의 꼭짓점의 개수는 12이고, 정사면체의 모서리의 개수는 6이므로 정이십면체의 꼭짓점의 개수는 정사면체의 모서리의 개수의 2배이다.
④ 정이십면체의 꼭짓점의 개수는 12이고, 정십이면체의 꼭짓점의 개수는 20이므로 정이십면체의 꼭짓점의 개수는 정십이면체의 꼭짓점의 개수보다 적다.
⑤ 정십이면체와 정이십면체의 모서리의 개수는 30이므로 서로 같다.
따라서 옳지 않은 것은 ④이다.

28 답 ㅁ
ㄱ. 4　　ㄴ. 12　　ㄷ. 8　　ㄹ. 20　　ㅁ. 30
따라서 값이 가장 큰 것은 ㅁ이다.

29 답 26
면의 개수가 가장 많은 정다면체는 정이십면체이고 정이십면체의 모서리의 개수는 30이므로
$a=30$

유형 08 정다면체의 전개도

(1) 정사면체 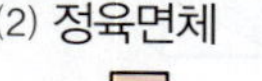　　(2) 정육면체 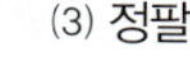　　(3) 정팔면체 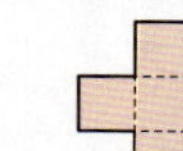

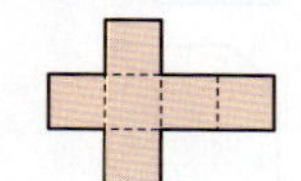 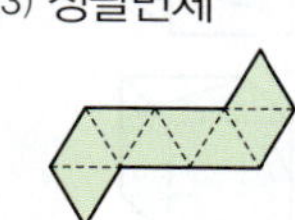

(4) 정십이면체　　(5) 정이십면체

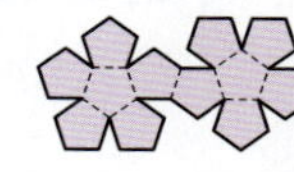 

참고 정다면체의 전개도는 자르는 모서리의 위치에 따라 다양한 형태가 나올 수 있다.

30 답 ⑤
주어진 전개도로 만든 정다면체는 정십이면체이다.
⑤ 정십이면체의 한 꼭짓점에 모인 면의 개수는 3이다.

31 답 ⑤
⑤ 색칠한 부분의 두 면이 겹치므로 정육면체가 만들어지지 않는다.

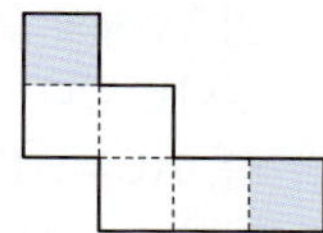

32 답 $\overline{CF}$
주어진 전개도로 만든 정사면체는 오른쪽 그림과 같다.
따라서 $\overline{AB}$와 꼬인 위치에 있는 모서리는 $\overline{CF}$이다.

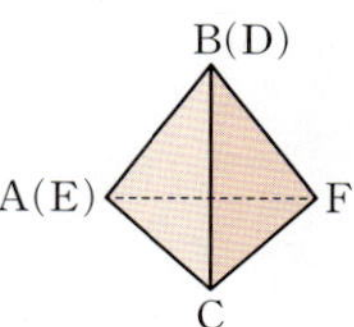

33 답 ④
주어진 전개도로 만든 정다면체는 오른쪽 그림과 같은 정육면체이다.
④ $\overline{AN}$과 겹치는 모서리는 $\overline{IJ}$이다.

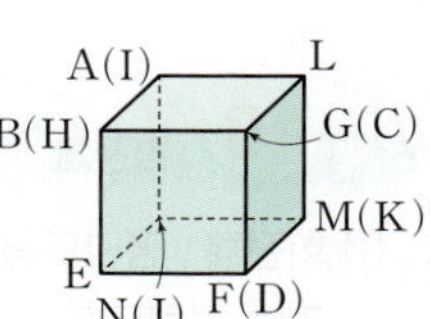

유형 09 정다면체의 단면

정육면체를 한 평면으로 자를 때 생기는 단면의 모양은 다음의 네 가지가 있다.

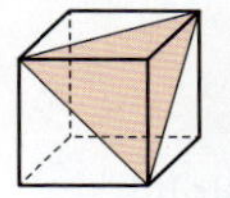 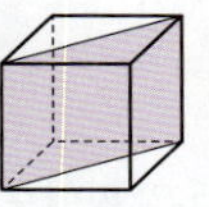 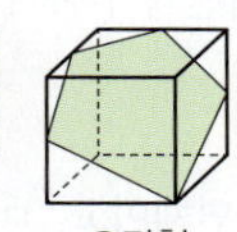 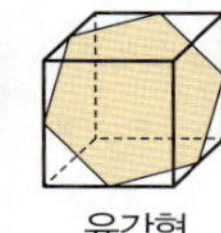

삼각형　　사각형　　오각형　　육각형

34 답 ④

오른쪽 그림과 같이 세 꼭짓점 A, B, H를 지나는 평면으로 자를 때 생기는 단면의 모양은 직사각형이다.

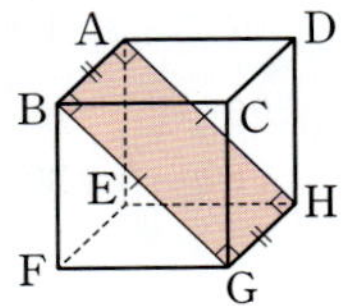

35 답 5개

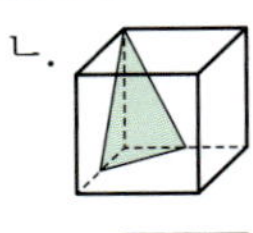 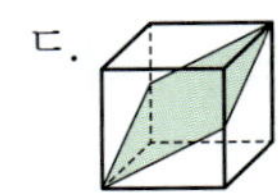 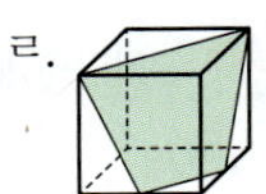

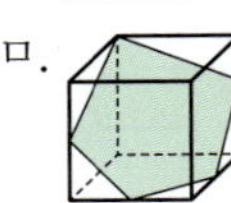 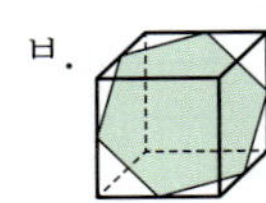

따라서 단면의 모양이 될 수 있는 것은 ㄴ, ㄷ, ㄹ, ㅁ, ㅂ의 5개이다.

36 답 ①

정사면체의 모든 면은 합동인 정삼각형이므로 각 모서리의 중점을 이은 선분의 길이는 같다.

즉, $\overline{EF}=\overline{FG}=\overline{GE}$

따라서 세 점 E, F, G를 지나는 평면으로 정사면체를 자를 때 생기는 단면의 모양은 정삼각형이다.

37 답 60°

정육면체의 모든 면은 합동인 정사각형이므로 각 면의 대각선의 길이는 같다.

즉, $\overline{AC}=\overline{AF}=\overline{CF}$

따라서 △AFC는 정삼각형이므로

∠CAF=60°

유형 **10** 회전체

(1) 회전체 : 평면도형을 한 직선을 축으로 하여 1회전 시킬 때 생기는 입체도형
(2) 원뿔대 : 원뿔을 밑면에 평행한 평면으로 자를 때 생기는 두 입체도형 중에서 원뿔이 아닌 쪽의 입체도형
(3) 회전체의 종류 : 원기둥, 원뿔, 원뿔대, 구 등

38 답 ③

③ 다면체이므로 회전체가 아니다.

39 답 ㄱ, ㄴ, ㄹ, ㅈ

ㄷ, ㅂ, ㅅ, ㅇ은 다면체이고, ㅁ은 평면도형이다.
따라서 회전체인 것은 ㄱ, ㄴ, ㄹ, ㅈ이다.

유형 **11** 회전체의 겨냥도

다음과 같은 평면도형을 한 직선 l을 축으로 하여 1회전 시키면 각각 원기둥, 원뿔, 원뿔대, 구가 된다.

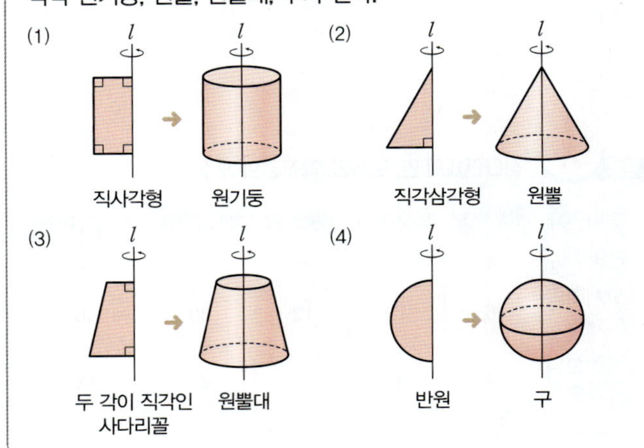

40 답 ⑤

⑤ 주어진 평면도형을 한 직선을 회전축으로 하여 1회전 시킬 때 생기는 회전체는 오른쪽 그림과 같다.

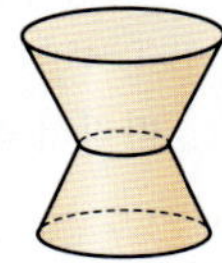

41 답 ③

42 답 ①, ②

각각을 회전축으로 하는 회전체를 그리면

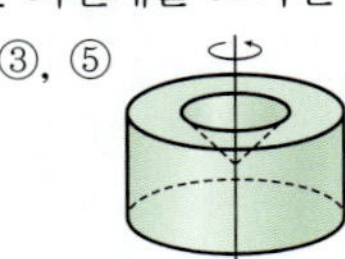 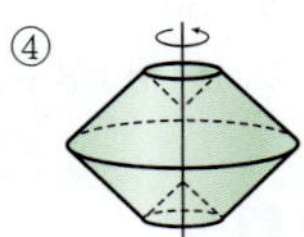

따라서 주어진 회전체의 회전축이 될 수 있는 변은 ①, ②이다.

유형 **12** 회전체의 단면의 모양

(1) 회전체를 회전축에 수직인 평면으로 자른 단면 ➡ 원
(2) 회전체를 회전축을 포함하는 평면으로 자른 단면
　① 원기둥 ➡ 직사각형
　② 원뿔 ➡ 이등변삼각형
　③ 원뿔대 ➡ 사다리꼴
　④ 구 ➡ 원

참고 회전축을 포함하는 평면으로 자른 단면은 모두 합동이며, 회전축을 대칭축으로 하는 선대칭도형이다.

43 답 ③

③ 원뿔 – 이등변삼각형

44 답 ⑤

⑤ 원기둥을 회전축에 수직인 평면으로 자를 때 생기는 단면은 모두 합동인 원이다.

45 답 반구

회전축에 수직인 평면으로 자를 때 생기는 단면이 원이고, 회전축을 포함하는 평면으로 자를 때 생기는 단면이 반원인 회전체는 반구이다.

46 답 ④

④ 평면 ④로 자를 때 생기는 단면의 모양은 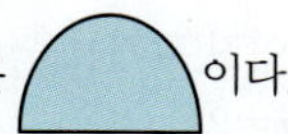 이다.

47 답 ②

주어진 평면도형을 직선 l을 회전축으로 하여 1회전 시킬 때 생기는 회전체는 오른쪽 그림과 같은 원뿔대이고, 해당하는 번호를 지나는 평면으로 자를 때 각 단면의 모양이 나온다.
따라서 원뿔대를 한 평면으로 자를 때 생기는 단면의 모양이 될 수 없는 것은 ②이다.

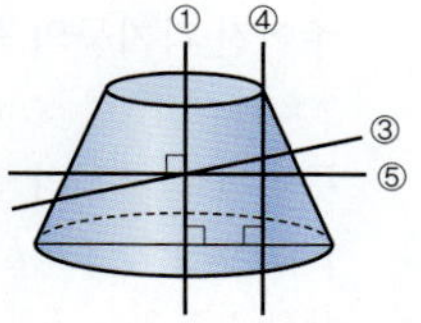

심화유형 13 회전체의 단면의 넓이와 둘레의 길이

(1) 회전축에 수직인 평면으로 자를 때
단면은 항상 원이므로 원의 넓이 또는 둘레의 길이를 구하는 공식을 이용한다.
(2) 회전축을 포함하는 평면으로 자를 때
회전시키기 전의 평면도형의 변의 길이를 이용한다.

---

48 답 32 cm^2

회전체는 오른쪽 그림과 같은 원뿔대이다.
따라서 회전축을 포함하는 평면으로 자를 때 생기는 단면은 사다리꼴이므로 단면의 넓이는

$$\left\{\frac{1}{2} \times (3+5) \times 4\right\} \times 2 = 32 (\text{cm}^2)$$

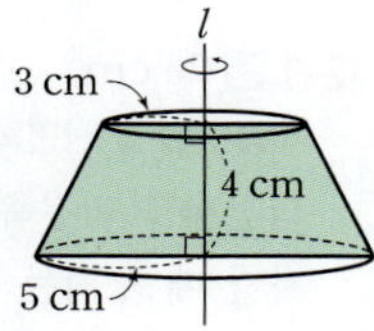

참고 회전축을 포함하는 평면으로 자를 때 생기는 단면의 넓이는 회전시키기 전 평면도형의 넓이의 2배와 같다.

49 답 60 cm

원기둥을 밑면에 수직인 평면으로 자를 때 생기는 단면의 모양은 직사각형이고, 원기둥을 회전축을 포함하는 평면으로 자를 때 생기는 단면의 넓이가 가장 크다.
그 단면은 가로의 길이가 10 cm이고, 세로의 길이가 20 cm인 직사각형이므로 그 둘레의 길이는

$$2 \times (10+20) = 60 (\text{cm})$$

50 답 $12\pi \text{ cm}$

구는 어떤 평면으로 잘라도 그 단면이 항상 원이다.

이때 가장 큰 단면은 구의 중심을 지나는 평면으로 자를 때 생기므로 가장 큰 단면의 둘레의 길이는

$$2\pi \times 6 = 12\pi (\text{cm})$$

51 답 $32\pi \text{ cm}^2$

회전체를 회전축에 수직인 평면으로 자를 때 생기는 단면은 오른쪽 그림과 같다.
따라서 구하는 단면의 넓이는

$$\pi \times 6^2 - \pi \times 2^2 = 36\pi - 4\pi = 32\pi (\text{cm}^2)$$

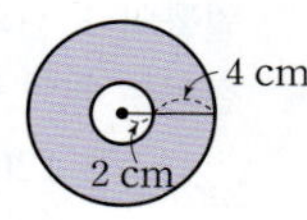

52 답 $\dfrac{144}{25}\pi \text{ cm}^2$

회전체는 오른쪽 그림과 같고, 회전축에 수직인 평면으로 자를 때 생기는 단면은 모두 원이다.
이때 가장 큰 단면의 반지름의 길이를 $r \text{ cm}$라 하면

$$\frac{1}{2} \times 3 \times 4 = \frac{1}{2} \times 5 \times r \qquad \therefore r = \frac{12}{5}$$

따라서 가장 큰 단면의 넓이는

$$\pi \times \left(\frac{12}{5}\right)^2 = \frac{144}{25}\pi (\text{cm}^2)$$

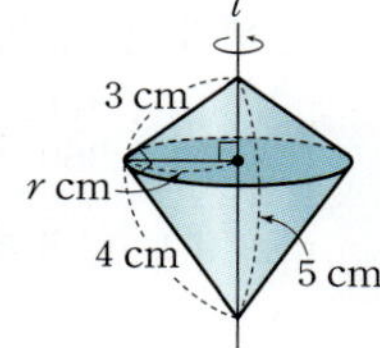

53 답 $\dfrac{7}{2}\pi - 6$

회전체를 회전축을 포함하는 평면으로 자를 때 생기는 단면은 오른쪽 그림과 같다.
단면의 둘레의 길이는

$$\frac{1}{2} \times 2\pi \times 1 + 2 \times 3 + \frac{1}{2} \times 2\pi \times 4 = 5\pi + 6 (\text{cm})$$

$$\therefore a = 5\pi + 6$$

단면의 넓이는

$$\frac{1}{2} \times \pi \times 1^2 + \frac{1}{2} \times \pi \times 4^2 = \frac{17}{2}\pi (\text{cm}^2)$$

$$\therefore b = \frac{17}{2}\pi$$

$$\therefore b - a = \frac{17}{2}\pi - (5\pi + 6) = \frac{7}{2}\pi - 6$$

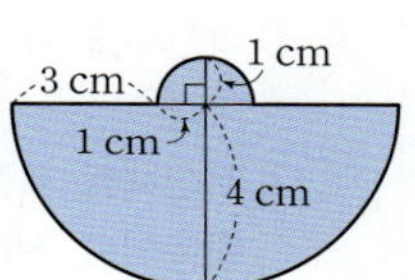

유형 14 회전체의 전개도

(1) 원기둥　　　(2) 원뿔　　　(3) 원뿔대

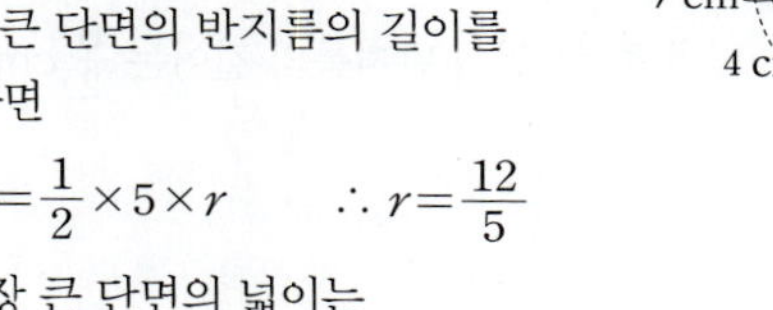

54 답 ③

55 답 24π

$x = 5$, $z = 12$이고, 회전체의 전개도에서 직사각형의 가로의 길이는 반지름의 길이가 5 cm인 원의 둘레의 길이와 같으므로

$$y = 2\pi \times 5 = 10\pi$$

$$\therefore \frac{yz}{x} = \frac{10\pi \times 12}{5} = 24\pi$$

56 답 21 cm

원뿔의 모선의 길이를 r cm라 하면 전개도에서 부채꼴의 호의 길이는 원의 둘레의 길이와 같으므로

$$2\pi \times r \times \frac{120}{360} = 2\pi \times 7 \qquad \therefore r = 21$$

따라서 모선의 길이는 21 cm이다.

57 답 $\dfrac{5}{2}$ cm

큰 원의 반지름의 길이를 r cm라 하면

$$2\pi \times 10 \times \frac{90}{360} = 2\pi r \qquad \therefore r = \frac{5}{2}$$

따라서 두 밑면 중 큰 원의 반지름의 길이는 $\dfrac{5}{2}$ cm이다.

유형 15 회전체의 이해

(1) 회전체 : 평면도형을 한 직선을 축으로 하여 1회전 시킬 때 생기는 입체도형
(2) 회전체의 성질
① 회전체를 회전축에 수직인 평면으로 자른 단면은 항상 원이다.
② 회전체를 회전축을 포함하는 평면으로 자른 단면은 모두 합동이고, 선대칭도형이다.

58 답 ④

④ 원뿔대의 전개도에서 옆면의 모양은 큰 부채꼴에서 작은 부채꼴을 잘라 낸 모양이다.

59 답 ㄷ, ㄹ

ㄱ. 구의 전개도는 그릴 수 없다.
ㄴ. 구의 회전축은 무수히 많다.
따라서 옳은 것은 ㄷ, ㄹ이다.

60 답 ②

② 회전체를 회전축에 수직인 평면으로 자를 때 생기는 단면은 모두 원이지만 모두 합동인 것은 아니다.

서술형

120쪽~121쪽

01 답 29

채점 기준 1 각기둥 구하기 … 2점
주어진 각기둥을 n각기둥이라 하면 모서리의 개수는 $\underline{3n}$ 이므로
$\underline{3n} = 27 \qquad \therefore n = \underline{9}$
즉, 주어진 각기둥은 $\underline{\text{구각기둥}}$ 이다.

채점 기준 2 a, b의 값을 각각 구하기 … 3점
주어진 각기둥의 꼭짓점의 개수는
$2 \times \underline{9} = \underline{18} \qquad \therefore a = \underline{18}$
주어진 각기둥의 면의 개수는
$\underline{9} + 2 = \underline{11} \qquad \therefore b = \underline{11}$
채점 기준 3 $a+b$의 값 구하기 … 1점
$a = \underline{18}$, $b = \underline{11}$ 이므로 $a+b = 18+11 = \underline{29}$

01-1 답 5

채점 기준 1 각기둥 구하기 … 2점
주어진 각기둥을 n각기둥이라 하면 모서리의 개수는 $3n$이므로
$3n = 21 \qquad \therefore n = 7$
즉, 주어진 각기둥은 칠각기둥이다.
채점 기준 2 a, b의 값을 각각 구하기 … 3점
주어진 각기둥의 꼭짓점의 개수는
$2 \times 7 = 14 \qquad \therefore a = 14$
주어진 각기둥의 면의 개수는
$7 + 2 = 9 \qquad \therefore b = 9$
채점 기준 3 $a-b$의 값 구하기 … 1점
$a = 14$, $b = 9$이므로 $a-b = 14-9 = 5$

02 답 50 cm^2

채점 기준 1 단면의 모양 그리기 … 3점
회전체를 회전축을 포함하는 평면으로 자를 때 생기는 단면의 모양은 오른쪽 그림과 같다.

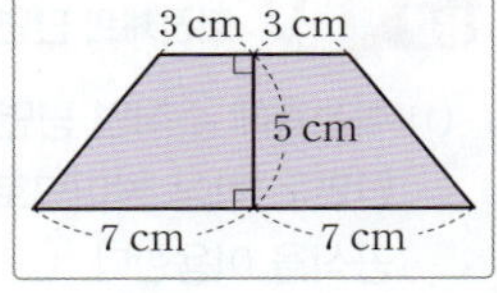

채점 기준 2 단면의 넓이 구하기 … 3점
회전체를 회전축을 포함하는 평면으로 자를 때 생기는 단면의 넓이는
$$\frac{1}{2} \times (6 + \underline{14}) \times \underline{5} = \underline{50} \ (\text{cm}^2)$$

02-1 답 20 cm^2

채점 기준 1 단면의 모양 그리기 … 3점
회전체를 회전축을 포함하는 평면으로 자를 때 생기는 단면의 모양은 오른쪽 그림과 같다.

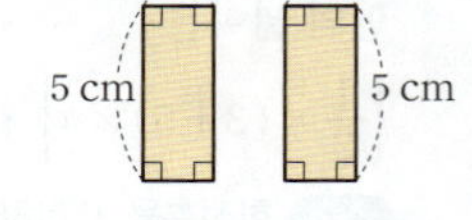

채점 기준 2 단면의 넓이 구하기 … 3점
회전체를 회전축을 포함하는 평면으로 자를 때 생기는 단면의 넓이는
$$2 \times 5 \times 2 = 20 \, (\text{cm}^2)$$

03 답 7

면의 모양이 정사각형인 정다면체는 정육면체이고, 정육면체의 한 꼭짓점에 모인 면의 개수는 3이므로
$a = 3$ ······ ❶
모서리의 개수가 가장 적은 정다면체는 정사면체이고, 정사면체의 꼭짓점의 개수는 4이므로
$b = 4$ ······ ❷
$\therefore a+b = 3+4 = 7$ ······ ❸

채점 기준	배점
❶ a의 값 구하기	1점
❷ b의 값 구하기	2점
❸ $a+b$의 값 구하기	1점

04 답 20

정십이면체의 면의 개수는 12이므로 각 면의 한가운데에 있는 점을 연결하여 만든 입체도형은 꼭짓점의 개수가 12인 정다면체, 즉 정이십면체이다. ...... ❶
따라서 정이십면체의 면의 개수는 20이다. ...... ❷

채점 기준	배점
❶ 입체도형 구하기	4점
❷ 입체도형의 면의 개수 구하기	2점

참고 정다면체의 각 면의 한가운데에 있는 점을 연결하여 만든 입체도형은 정다면체이고, 이 정다면체의 꼭짓점의 개수는 처음 도형의 면의 개수와 같다. 정사면체, 정육면체, 정팔면체, 정십이면체, 정이십면체의 각 면의 한가운데에 있는 점을 연결하여 만든 정다면체는 각각 정사면체, 정팔면체, 정육면체, 정이십면체, 정십이면체이다.

05 답 $a=6$, $b=3$

주어진 전개도로 만든 주사위는 오른쪽 그림과 같다. ...... ❶
면 A는 눈의 수가 1인 면과 평행하고, 면 B는 눈의 수가 4인 면과 평행하다. ...... ❷
따라서 면 A, B에 알맞은 눈의 수는 각각 6, 3이므로
$a=6$, $b=3$ ...... ❸

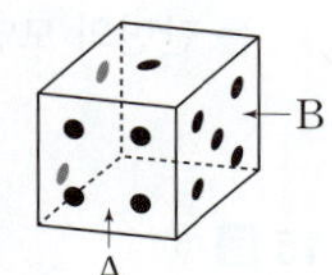

채점 기준	배점
❶ 주어진 전개도로 만든 입체도형 알기	2점
❷ 두 면 A, B와 평행한 면 찾기	2점
❸ a, b의 값을 각각 구하기	2점

06 답 마름모 / 이유는 풀이 참조

세 점 D, F, M을 지나는 평면으로 정육면체를 자를 때 생기는 단면의 모양은 오른쪽 그림과 같은 마름모이다. ...... ❶
세 점 D, F, M을 지나는 평면은 $\overline{AE}$의 중점 N을 지난다.
이때 $\triangle ADN$, $\triangle EFN$, $\triangle CDM$, $\triangle GFM$이 모두 SAS 합동이므로
$\overline{DN}=\overline{FN}=\overline{DM}=\overline{FM}$
따라서 사각형 DNFM은 네 변의 길이가 같은 사각형이므로 마름모이다. ...... ❷

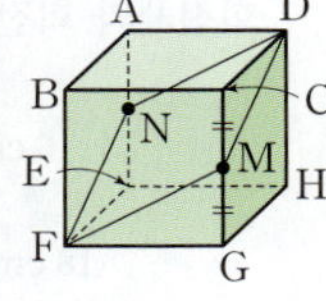

채점 기준	배점
❶ 단면의 모양 구하기	2점
❷ 단면의 모양이 마름모인 이유 쓰기	4점

07 답 $\dfrac{3}{14}\pi$

원기둥을 회전축에 수직인 평면으로 자를 때 생기는 단면의 모양은 오른쪽 그림과 같은 원이므로 그 넓이는
$\pi\times3^2=9\pi\,(\text{cm}^2)$ $\therefore a=9\pi$ ...... ❶

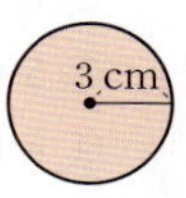

원기둥을 회전축을 포함하는 평면으로 자를 때 생기는 단면의 모양은 오른쪽 그림과 같은 직사각형이므로 그 넓이는
$6\times7=42\,(\text{cm}^2)$ $\therefore b=42$ ...... ❷

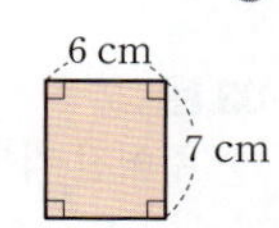

$\therefore \dfrac{a}{b}=\dfrac{9\pi}{42}=\dfrac{3}{14}\pi$ ...... ❸

채점 기준	배점
❶ a의 값 구하기	2점
❷ b의 값 구하기	2점
❸ $\dfrac{a}{b}$의 값 구하기	2점

08 답 12

원뿔대의 두 밑면 중 큰 원의 반지름의 길이를 R, 작은 원의 반지름의 길이를 r이라 하면
$R-r=4$ ...... ❶
오른쪽 그림에서
$2\pi\times b\times\dfrac{120}{360}=2\pi R$
$\therefore b=3R$
$2\pi\times a\times\dfrac{120}{360}=2\pi r$
$\therefore a=3r$
따라서 원뿔대의 모선의 길이는
$b-a=3R-3r=3(R-r)$
$\qquad\quad =3\times4=12$ ...... ❷

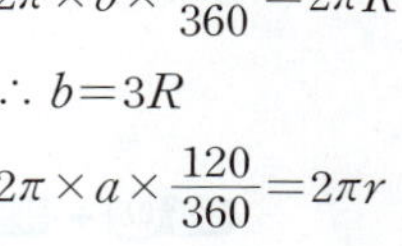
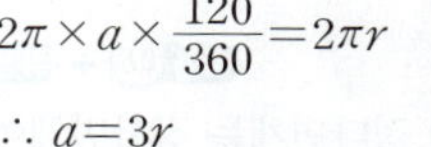

채점 기준	배점
❶ 원뿔대의 두 밑면의 반지름의 길이 사이의 관계를 식으로 나타내기	3점
❷ 원뿔대의 모선의 길이 구하기	4점

실전 중단원
학교 시험 1회 기본   122쪽~125쪽

01 ②	02 ②, ⑤	03 ②	04 ②	05 ①
06 ⑤	07 ③	08 ④	09 ①	10 ④
11 ④	12 ②, ④	13 ⑤	14 ④	15 ⑤
16 ②	17 ④	18 ③	19 구면체	20 18
21 32π cm²	22 84π cm²		23 $(144\pi-288)$ cm²	

01 답 ②   유형 01

ㄱ, ㅂ. 평면도형이므로 다면체가 아니다.
ㄴ, ㅁ. 원 또는 곡면으로 둘러싸여 있으므로 다면체가 아니다.
따라서 다면체는 ㄷ, ㄹ의 2개이다.

02 답 ②, ⑤ 유형 02

각 다면체의 면의 개수를 구하면
① 5+2=7 ② 6 ③ 5+2=7
④ 6+1=7 ⑤ 7+1=8
따라서 칠면체가 아닌 것은 ②, ⑤이다.

03 답 ② 유형 02

주어진 각뿔을 n각뿔이라 하면 면의 개수가 13이므로
$n+1=13$ ∴ $n=12$
따라서 주어진 각뿔은 십이각뿔이므로
모서리의 개수는 $2 \times 12 = 24$ ∴ $a=24$
꼭짓점의 개수는 $12+1=13$ ∴ $b=13$
∴ $a+b=24+13=37$

04 답 ② 유형 03

주어진 다면체는 육각기둥이고, 옆면의 모양은 직사각형이다.

05 답 ① 유형 05

조건 (가), (나)에서 주어진 다면체는 각기둥이다.
주어진 다면체를 n각기둥이라 하면 n각기둥의 모서리의 개수는
$3n$이고, 꼭짓점의 개수는 $2n$이므로 조건 (다)에서
$3n+2n=40$, $5n=40$ ∴ $n=8$
따라서 주어진 다면체는 팔각기둥이므로 팔각기둥의 면의 개수는
$8+2=10$

06 답 ⑤ 유형 06 + 유형 07

⑤ 정삼각형이 한 꼭짓점에 3개씩 모인 정다면체는 정사면체이다.

07 답 ③ 유형 07 + 유형 08

주어진 전개도로 만든 정다면체는 정팔면체이다.
정팔면체의 꼭짓점의 개수는 6이므로 $a=6$
정팔면체의 모서리의 개수는 12이므로 $b=12$
∴ $a+b=6+12=18$

08 답 ④ 유형 08

주어진 전개도로 만든 정다면체는 정이십면체이다.
④ 정이십면체의 한 꼭짓점에 모인 면의 개수는 5이다.

09 답 ① 유형 09

오른쪽 그림과 같이 세 꼭짓점 A, C, F를
지나는 평면으로 자를 때 생기는 단면의 모
양은 정삼각형이다.

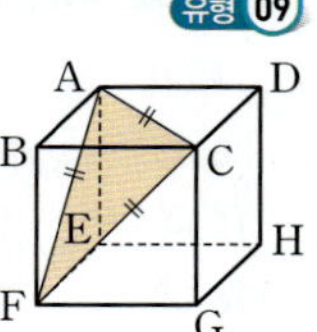

10 답 ④ 유형 10

④ 팔각뿔은 다면체이므로 회전체가 아니다.

11 답 ④ 유형 11

12 답 ②, ④ 유형 11

각각을 회전축으로 하는 회전체를 그리면
①, ⑤ ②, ④ ③

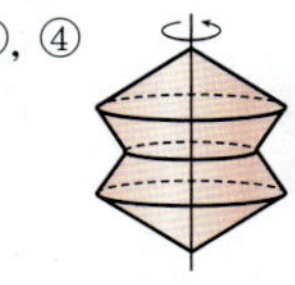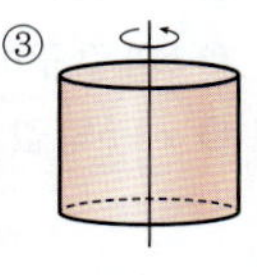

따라서 [그림 2]의 회전축이 될 수 있는 선분은 ②, ④이다.

13 답 ⑤ 유형 12

① 구 – 원 – 원
② 원기둥 – 원 – 직사각형
③ 원뿔대 – 원 – 사다리꼴
④ 원뿔 – 원 – 이등변삼각형
따라서 옳은 것은 ⑤이다.

14 답 ④ 유형 12

주어진 평면도형을 직선 l을 회전축으로 하
여 1회전 시킬 때 생기는 회전체는 오른쪽
그림과 같고, 해당하는 번호를 지나는 평면
으로 자를 때 각 단면의 모양이 나온다.
따라서 회전체를 한 평면으로 자를 때 생기
는 단면의 모양이 될 수 없는 것은 ④이다.

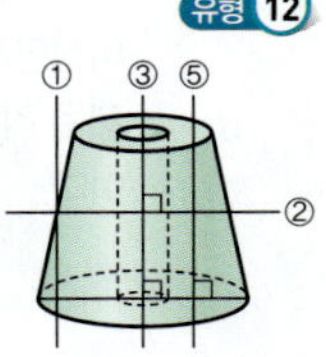

15 답 ⑤ 유형 13

회전체는 오른쪽 그림과 같고, 구하
는 단면의 넓이는 삼각형 ABC의 넓
이의 2배이므로
$\left\{ \dfrac{1}{2} \times (5+8) \times 12 \right\} \times 2 = 156 \, (\text{cm}^2)$

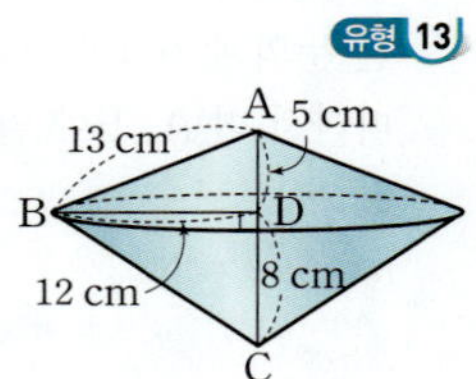

16 답 ② 유형 14

17 답 ④ 유형 14

회전체와 회전체의 전개도는 다음 그림과 같다.

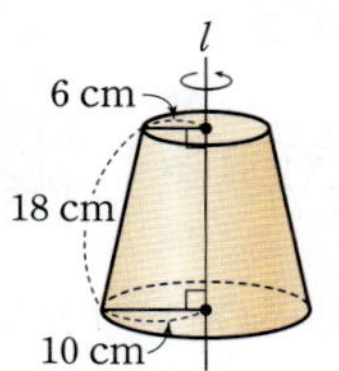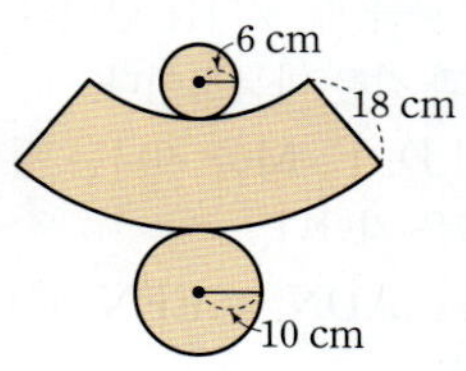

두 밑면의 둘레의 길이의 합은
$2\pi \times 6 + 2\pi \times 10 = 32\pi \, (\text{cm})$
또, 옆면의 둘레의 길이는
$2\pi \times 6 + 2\pi \times 10 + 18 \times 2$
$= 32\pi + 36 \, (\text{cm})$
따라서 입체도형의 전개도에서 각 도형의 둘레의 길이의 합은
$32\pi + (32\pi + 36) = 64\pi + 36 \, (\text{cm})$

18 답 ③   유형 **15**

ㄱ. 반원의 지름을 회전축으로 하여 1회전 시키면 구가 된다.

ㄹ. 직각삼각형의 빗변이 아닌 변을 회전축으로 하여 1회전 시킬 때 원뿔이 생긴다.

따라서 옳은 것은 ㄴ, ㄷ이다.

19 답 구면체   유형 **02**

주어진 각뿔의 밑면을 n각형이라 하면 n각형의 내각의 크기의 합이 $1080°$이므로

$180° \times (n-2) = 1080°$, $n-2 = 6$ $\therefore n = 8$

즉, 각뿔의 밑면은 팔각형이다.   …… ❶

팔각형을 밑면으로 하는 각뿔은 팔각뿔이고, 팔각뿔의 면의 개수는 $8+1=9$이므로 주어진 각뿔은 구면체이다.   …… ❷

채점 기준	배점
❶ 각뿔의 밑면의 모양 구하기	2점
❷ 각뿔이 몇 면체인지 구하기	2점

20 답 18   유형 **06** + 유형 **07**

조건 ㈎, ㈏에서 주어진 다면체는 정사면체, 정팔면체, 정이십면체 중 하나이다.

조건 ㈐에서 마주 보는 10쌍의 면이 서로 평행하므로 주어진 다면체는 정이십면체이다.   …… ❶

정이십면체의 꼭짓점의 개수는 12이므로

$a = 12$

정이십면체의 모서리의 개수는 30이므로

$b = 30$ …… ❷

$\therefore b - a = 30 - 12 = 18$ …… ❸

채점 기준	배점
❶ 다면체 구하기	2점
❷ a, b의 값을 각각 구하기	3점
❸ $b-a$의 값 구하기	1점

21 답 $32\pi \ \mathrm{cm}^2$ 유형 **13**

회전체를 회전축에 수직인 평면으로 자를 때 생기는 단면은 오른쪽 그림과 같고, 이 단면의 넓이가 최대가 되려면 자르는 평면이 원의 중심 O를 지나야 한다.   …… ❶

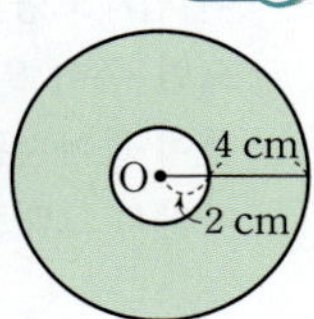

따라서 구하는 단면의 넓이는

$\pi \times 6^2 - \pi \times 2^2 = 36\pi - 4\pi = 32\pi \ (\mathrm{cm}^2)$ …… ❷

채점 기준	배점
❶ 단면의 넓이가 최대가 될 조건 구하기	4점
❷ 단면의 넓이 구하기	2점

22 답 $84\pi \ \mathrm{cm}^2$ 유형 **14**

원뿔대의 두 밑면 중 작은 원의 반지름의 길이를 $r \ \mathrm{cm}$라 하고, 큰 원의 반지름의 길이를 $R \ \mathrm{cm}$라 하자.

원뿔대의 전개도에서

$2\pi \times 12 \times \dfrac{120}{360} = 2\pi r$ $\therefore r = 4$ …… ❶

$2\pi \times 30 \times \dfrac{120}{360} = 2\pi R$ $\therefore R = 10$ …… ❷

따라서 두 밑면의 넓이의 차는

$\pi \times 10^2 - \pi \times 4^2 = 100\pi - 16\pi = 84\pi \ (\mathrm{cm}^2)$ …… ❸

채점 기준	배점
❶ 원뿔대의 두 밑면 중 작은 원의 반지름의 길이 구하기	3점
❷ 원뿔대의 두 밑면 중 큰 원의 반지름의 길이 구하기	3점
❸ 원뿔대의 두 밑면의 넓이의 차 구하기	1점

23 답 $(144\pi - 288) \ \mathrm{cm}^2$ 유형 **14**

주어진 원뿔의 색칠한 부분을 전개도에 나타내면 오른쪽 그림의 색칠한 부분과 같다.   …… ❶

원뿔의 전개도에서 부채꼴의 중심각의 크기를 $x°$라 하면

$2\pi \times 24 \times \dfrac{x}{360} = 2\pi \times 6$ $\therefore x = 90$

즉, 부채꼴의 중심각의 크기는 $90°$이다.   …… ❷

따라서 색칠한 부분의 넓이는

(부채꼴 ABB′의 넓이) − (삼각형 ABB′의 넓이)

$= \pi \times 24^2 \times \dfrac{90}{360} - \dfrac{1}{2} \times 24 \times 24$

$= 144\pi - 288 \ (\mathrm{cm}^2)$ …… ❸

채점 기준	배점
❶ 원뿔의 색칠한 부분을 전개도에 나타내기	3점
❷ 원뿔의 전개도에서 부채꼴의 중심각의 크기 구하기	2점
❸ 색칠한 부분의 넓이 구하기	2점

실전 중단원 학교 시험 2회 실력   126쪽~129쪽

01 ②	02 ③	03 ④	04 ④	05 ④
06 ①	07 ③	08 ②	09 ⑤	10 ①
11 ①, ⑤	12 ③	13 ②	14 ①	15 ①
16 ③	17 ⑤	18 ③	19 54	20 팔각기둥
21 정사면체, 6		22 $\pi \ \mathrm{cm}^2$		23 $(26\pi + 14) \ \mathrm{cm}$

01 답 ②   유형 **01**

② 원기둥은 원 또는 곡면으로 둘러싸여 있으므로 다면체가 아니다.

02 답 ③   유형 **02**

① 삼각기둥의 모서리의 개수는 $3 \times 3 = 9$

② 사각뿔의 모서리의 개수는 $2 \times 4 = 8$

③ 오각기둥의 면의 개수는 $5 + 2 = 7$

④ 칠각뿔대의 면의 개수는 $7 + 2 = 9$

⑤ 십각뿔의 꼭짓점의 개수는 $10 + 1 = 11$

따라서 값이 가장 작은 것은 ③이다.

03 답 ④ 유형 03

각 입체도형의 밑면과 옆면의 모양은 다음과 같다.

입체도형	밑면의 모양	옆면의 모양
① 삼각뿔	삼각형	삼각형
② 사각뿔대	사각형	사다리꼴
③ 오각기둥	오각형	직사각형
④ 육각뿔대	육각형	사다리꼴
⑤ 팔각기둥	팔각형	직사각형

따라서 입체도형의 밑면과 옆면의 모양을 바르게 짝 지은 것은 ④이다.

04 답 ④ 유형 04

③ 팔각뿔의 꼭짓점의 개수는 $8+1=9$, 육각뿔의 꼭짓점의 개수는 $6+1=7$이므로 팔각뿔의 꼭짓점이 육각뿔의 꼭짓점보다 2개 더 많다.

④ 팔각뿔의 모서리의 개수는 $2\times8=16$, 오각뿔대의 모서리의 개수는 $3\times5=15$이므로 팔각뿔과 오각뿔대의 모서리의 개수는 같지 않다.

따라서 옳지 않은 것은 ④이다.

05 답 ④ 유형 04

주어진 전개도로 만든 입체도형은 사각뿔대이다.

④ 사각뿔대의 꼭짓점의 개수는 $2\times4=8$

06 답 ① 유형 06

조건 ㈎를 만족시키는 정다면체는 정사면체, 정육면체, 정십이면체이다.

조건 ㈏를 만족시키는 정다면체는 정사면체, 정팔면체, 정이십면체이다.

따라서 조건을 모두 만족시키는 정다면체는 정사면체이다.

07 답 ③ 유형 07

정사면체의 각 모서리의 중점을 연결하여 만든 입체도형은 오른쪽 그림과 같이 모든 면이 합동인 정삼각형이고 각 꼭짓점에 모인 면의 개수가 4이므로 정팔면체이다.

따라서 정팔면체의 면의 개수는 8이다.

08 답 ② 유형 08

주어진 전개도로 만든 정팔면체는 오른쪽 그림과 같다.

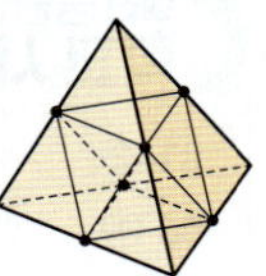

따라서 $\overline{AB}$와 겹치는 모서리는 $\overline{IJ}$이다.

09 답 ⑤ 유형 09

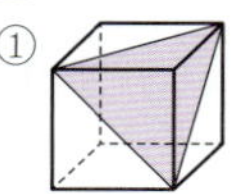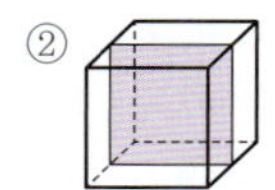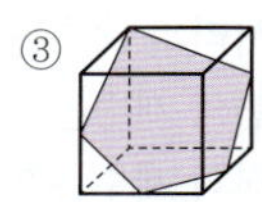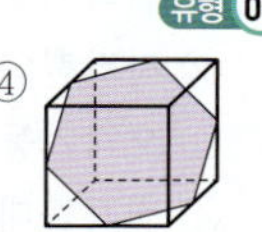

따라서 정육면체를 한 평면으로 자를 때 생기는 단면의 모양이 될 수 없는 것은 ⑤이다.

10 답 ① 유형 11

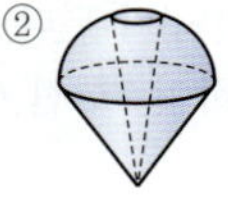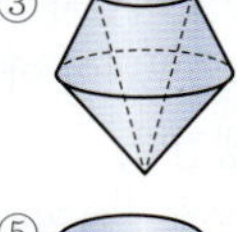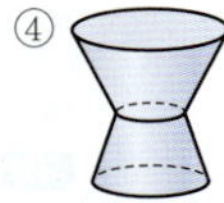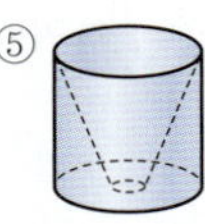

따라서 평면도형을 한 직선을 회전축으로 하여 1회전 시킬 때 생기는 회전체로 옳은 것은 ①이다.

11 답 ①, ⑤ 유형 11

각각을 회전축으로 하는 회전체를 그리면

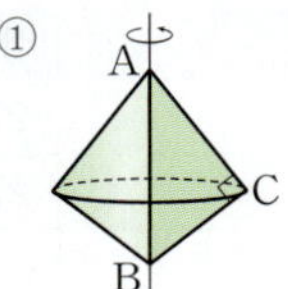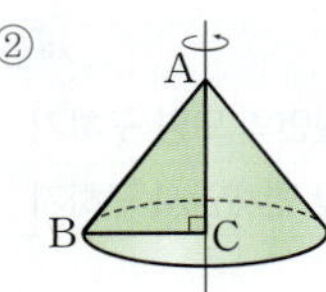

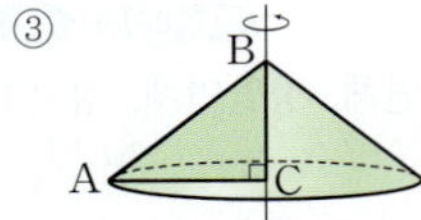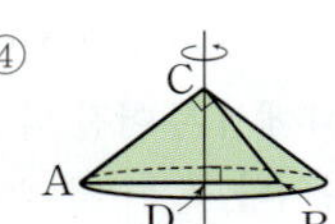

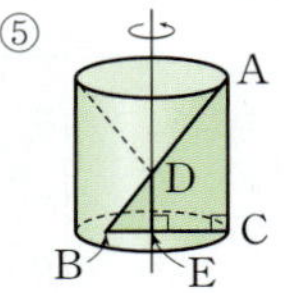

따라서 회전축이 될 수 없는 것은 ①, ⑤이다.

12 답 ③ 유형 11

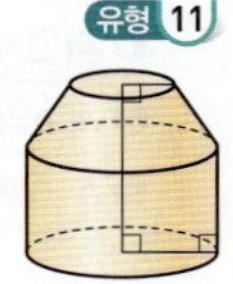

주어진 평면도형을 직선 l을 회전축으로 하여 1회전 시킬 때 생기는 입체도형은 오른쪽 그림과 같이 아랫부분은 원기둥 모양이고, 윗부분은 원뿔대 모양이다.

이 입체도형과 같은 모양의 그릇에 시간당 일정한 양의 물을 넣으면 폭이 일정한 부분에서는 물의 높이가 일정하게 증가하고, 폭이 좁아지는 부분에서는 물의 높이가 점점 빠르게 증가한다.

따라서 그래프로 알맞은 것은 ③이다.

13 답 ② 유형 13

주어진 원기둥을 회전축에 수직인 평면으로 자를 때 생기는 단면은 반지름의 길이가 6 cm인 원이므로 그 넓이는

$$\pi\times6^2=36\pi(\mathrm{cm}^2)$$

원기둥의 높이를 h cm라 하면 주어진 원기둥을 회전축을 포함하는 평면으로 자를 때 생기는 단면은 가로의 길이가 12 cm, 세로의 길이가 h cm인 직사각형이므로 그 넓이는

$$12\times h=12h(\mathrm{cm}^2)$$

이때 두 단면의 넓이가 같으므로

$$36\pi=12h \qquad \therefore\ h=3\pi$$

따라서 원기둥의 높이는 3π cm이다.

14 답 ① 〔유형 13〕

회전체를 마름모의 대각선의 교점 O를
지나면서 회전축에 수직인 평면으로 자를
때 생기는 단면은 오른쪽 그림과 같다.
따라서 구하는 단면의 넓이는

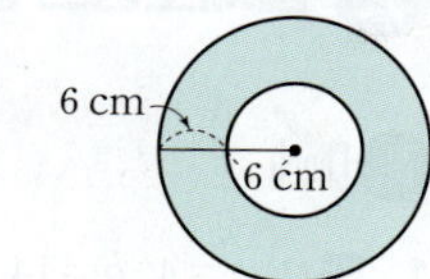

$$\pi \times 12^2 - \pi \times 6^2 = 144\pi - 36\pi$$
$$= 108\pi \, (\text{cm}^2)$$

15 답 ① 〔유형 14〕

원뿔대의 두 밑면 중 작은 원의 둘레의 길이는 호 AB의 길이와
같다.

16 답 ③ 〔유형 14〕

점 A에서 점 B까지 실로 이 원기둥을 두 바퀴 감을 때, 실의 길
이가 가장 짧게 되는 경로는 주어진 원기둥의 전개도에서 모선
AB의 중점을 M이라 하면 두 점 A, M과 두 점 B, M을 잇는
선분과 같다.

17 답 ⑤ 〔유형 04〕 + 〔유형 15〕

② 삼각뿔의 모서리의 개수는 $2 \times 3 = 6$이고, 정육면체의 꼭짓점
　의 개수는 $2 \times 4 = 8$이므로 합은 14이다.
③ 삼각뿔과 정육면체는 한 꼭짓점에 모인 면의 개수가 3으로 같
　다.
⑤ 원뿔을 회전축을 포함하는 평면으로 자를 때 생기는 단면의
　모양은 이등변삼각형이고, 육각뿔대의 옆면의 모양은 사다리
　꼴이다.
따라서 옳지 않은 것은 ⑤이다.

18 답 ③ 〔유형 15〕

③ 원뿔대의 두 밑면은 서로 평행하지만 합동은 아니다.

19 답 54 〔유형 02〕

주어진 각뿔대를 n각뿔대라 하면
$a = n + 2$, $b = 2n$, $c = 3n$
$a + b + c = 74$에서
$(n + 2) + 2n + 3n = 74$ …… ❶
$6n = 72$ ∴ $n = 12$
즉, 주어진 각뿔대는 십이각뿔대이다. …… ❷
따라서 십이각뿔대의 한 밑면인 십이각형의 대각선의 개수는
$$\frac{12 \times (12 - 3)}{2} = 54$$ …… ❸

채점 기준	배점
❶ 각뿔대를 n각뿔대라 하고, 주어진 등식을 n에 대한 식으로 나타내기	2점
❷ 각뿔대 구하기	2점
❸ 각뿔대의 한 밑면의 대각선의 개수 구하기	2점

20 답 팔각기둥 〔유형 05〕

조건 ㈏, ㈐를 만족시키는 다면체는 각기둥이다. …… ❶
구하는 다면체를 n각기둥이라 하면 조건 ㈎에서 면의 개수가 10
이므로
$n + 2 = 10$ ∴ $n = 8$
따라서 구하는 다면체는 팔각기둥이다. …… ❷

채점 기준	배점
❶ 조건 ㈏, ㈐를 만족시키는 다면체가 각기둥임을 알기	2점
❷ 조건 ㈎, ㈏, ㈐를 만족시키는 다면체 구하기	2점

21 답 정사면체, 6 〔유형 07〕

구하는 정다면체는 면의 개수와 꼭짓점의 개수가 같아야 하므로
정사면체이다. …… ❶
따라서 정사면체의 모서리의 개수는 6이다. …… ❷

채점 기준	배점
❶ 정다면체 구하기	4점
❷ 정다면체의 모서리의 개수 구하기	2점

22 답 π cm² 〔유형 13〕

회전체는 오른쪽 그림과 같은 입체도형이다.
　　　　 …… ❶

또, 이 회전체를 회전축에 수직인 평면으로
자를 때 생기는 단면의 넓이가 가장 작은
경우는 오른쪽 그림과 같이 자를 때이다.
　　　　 …… ❷

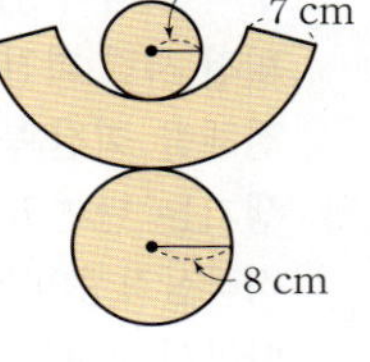

이때의 단면은 반지름의 길이가 1 cm인 원이므로 구하는 단면의
넓이는
$$\pi \times 1^2 = \pi \, (\text{cm}^2)$$ …… ❸

채점 기준	배점
❶ 회전체 그리기	2점
❷ 회전체를 회전축에 수직인 평면으로 자를 때 단면의 넓이가 가장 작은 경우 파악하기	3점
❸ 단면의 넓이 구하기	2점

23 답 $(26\pi + 14)$ cm 〔유형 14〕

주어진 원뿔대의 전개도는 오른쪽 그림
과 같다. …… ❶
작은 원의 둘레의 길이는
$2\pi \times 5 = 10\pi \,(\text{cm})$ …… ❷
큰 원의 둘레의 길이는
$2\pi \times 8 = 16\pi \,(\text{cm})$ …… ❸
따라서 옆면의 둘레의 길이는
$10\pi + 16\pi + 2 \times 7 = 26\pi + 14 \,(\text{cm})$ …… ❹

채점 기준	배점
❶ 원뿔대의 전개도 그리기	2점
❷ 원뿔대의 두 밑면 중 작은 원의 둘레의 길이 구하기	2점
❸ 원뿔대의 두 밑면 중 큰 원의 둘레의 길이 구하기	2점
❹ 원뿔대의 전개도의 옆면의 둘레의 길이 구하기	1점

교과서 속 특이 문제

130쪽

01 답 면의 개수 : 10, 모서리의 개수 : 20, 꼭짓점의 개수 : 12

직육면체의 면은 6개이고, 깎아 낸 꼭짓점 4개에 각각 삼각형이 생기므로 면의 개수는

$6+4=10$

직육면체의 모서리는 12개이고, 깎아 낸 꼭짓점 4개에 각각 삼각형이 생긴다. 이때 깎아 내면서 처음 직육면체의 깎아 내는 쪽 밑면의 모서리 4개가 없어지므로 모서리의 개수는

$12+4\times3-4=20$

직육면체의 꼭짓점은 8개이고, 깎아 낸 꼭짓점 4개에 각각 삼각형이 생기므로 꼭짓점이 4개 더 많아진다. 즉, 꼭짓점의 개수는

$8+4=12$

02 답 풀이 참조

주어진 전개도로 만든 입체도형은 오른쪽 그림과 같다.

이 입체도형은 모든 면이 합동이지만 각 꼭짓점에 모인 면의 개수가 4 또는 5로 같지 않기 때문에 정다면체가 아니다.

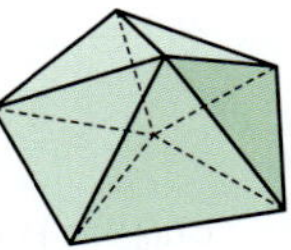

03 답 그림은 풀이 참조 / 10 cm

조건을 만족시키는 회전체는 오른쪽 그림과 같은 원기둥이고, 그 높이는 10 cm이다.

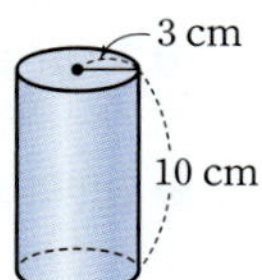

04 답 45 cm²

주어진 삼각형을 직선 l을 회전축으로 하여 1회전 시킨 회전체는 오른쪽 그림과 같고, 이 회전체를 회전축을 포함하는 평면으로 자를 때 생기는 단면의 넓이는 회전축의 왼쪽에 있는 직각삼각형의 넓이의 2배이다.

따라서 구하는 단면의 넓이는

$2\times\left(\dfrac{1}{2}\times5\times9\right)=45(\mathrm{cm}^2)$

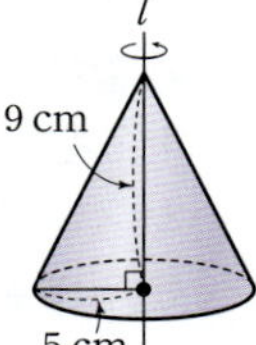

---

2 입체도형의 겉넓이와 부피

 개념 Check

132쪽~133쪽

1 답 (1) $a=4$, $b=14$, $c=6$　(2) 12 cm²　(3) 84 cm²　(4) 108 cm²

(1) $b=3+4+3+4=14$

(2) (밑넓이)$=4\times3=12(\mathrm{cm}^2)$

(3) (옆넓이)$=14\times6=84(\mathrm{cm}^2)$

(4) (겉넓이)$=($밑넓이$)\times2+($옆넓이$)$
$\qquad\quad=12\times2+84=108(\mathrm{cm}^2)$

2 답 (1) 288 cm², 240 cm³　(2) 80π cm², 96π cm³

(1) (겉넓이)$=($밑넓이$)\times2+($옆넓이$)$
$\qquad\quad=\left(\dfrac{1}{2}\times6\times8\right)\times2+(6+8+10)\times10$
$\qquad\quad=48+240=288(\mathrm{cm}^2)$

(부피)$=\left(\dfrac{1}{2}\times6\times8\right)\times10=240(\mathrm{cm}^3)$

(2) (겉넓이)$=($밑넓이$)\times2+($옆넓이$)$
$\qquad\quad=(\pi\times4^2)\times2+2\pi\times4\times6$
$\qquad\quad=32\pi+48\pi=80\pi(\mathrm{cm}^2)$

(부피)$=(\pi\times4^2)\times6=96\pi(\mathrm{cm}^3)$

3 답 (1) $a=5$, $b=2$, $c=4\pi$　(2) 4π cm²　(3) 10π cm²
　(4) 14π cm²

(1) $c=2\pi\times2=4\pi$

(2) (밑넓이)$=\pi\times2^2=4\pi(\mathrm{cm}^2)$

(3) (옆넓이)$=\dfrac{1}{2}\times5\times4\pi=10\pi(\mathrm{cm}^2)$

(4) (겉넓이)$=($밑넓이$)+($옆넓이$)$
$\qquad\quad=4\pi+10\pi=14\pi(\mathrm{cm}^2)$

4 답 (1) 360 cm², 400 cm³　(2) 24π cm², 12π cm³

(1) (겉넓이)$=($밑넓이$)+($옆넓이$)$
$\qquad\quad=10\times10+\left(\dfrac{1}{2}\times10\times13\right)\times4$
$\qquad\quad=100+260=360(\mathrm{cm}^2)$

(부피)$=\dfrac{1}{3}\times(10\times10)\times12=400(\mathrm{cm}^3)$

(2) (겉넓이)$=($밑넓이$)+($옆넓이$)$
$\qquad\quad=\pi\times3^2+\dfrac{1}{2}\times5\times(2\pi\times3)$
$\qquad\quad=9\pi+15\pi=24\pi(\mathrm{cm}^2)$

(부피)$=\dfrac{1}{3}\times(\pi\times3^2)\times4=12\pi(\mathrm{cm}^3)$

5 답 $\dfrac{112}{3}\pi$ cm³

(부피)$=($큰 원뿔의 부피$)-($작은 원뿔의 부피$)$
$\qquad\quad=\dfrac{1}{3}\times(\pi\times4^2)\times(4+4)-\dfrac{1}{3}\times(\pi\times2^2)\times4$
$\qquad\quad=\dfrac{128}{3}\pi-\dfrac{16}{3}\pi=\dfrac{112}{3}\pi(\mathrm{cm}^3)$

6 탑 (1) 100π cm^2, $\dfrac{500}{3}\pi$ cm^3 (2) 64π cm^2, $\dfrac{256}{3}\pi$ cm^3

(1) (겉넓이)$=4\pi\times5^2=100\pi(\text{cm}^2)$

(부피)$=\dfrac{4}{3}\pi\times5^3=\dfrac{500}{3}\pi(\text{cm}^3)$

(2) 구의 반지름의 길이는 $8\times\dfrac{1}{2}=4(\text{cm})$이므로

(겉넓이)$=4\pi\times4^2=64\pi(\text{cm}^2)$

(부피)$=\dfrac{4}{3}\pi\times4^3=\dfrac{256}{3}\pi(\text{cm}^3)$

7 탑 27π cm^2, 18π cm^3

(겉넓이)$=$(구의 겉넓이)$\times\dfrac{1}{2}+$(원의 넓이)

$=(4\pi\times3^2)\times\dfrac{1}{2}+\pi\times3^2$

$=18\pi+9\pi=27\pi(\text{cm}^2)$

(부피)$=\left(\dfrac{4}{3}\pi\times3^3\right)\times\dfrac{1}{2}=18\pi(\text{cm}^3)$

기출 유형
134쪽~141쪽

유형 01 기둥의 겉넓이

(1) 각기둥의 겉넓이

(각기둥의 겉넓이)$=$(밑넓이)$\times2+$(옆넓이)

(2) 원기둥의 겉넓이

(밑면의 둘레의 길이)$\times$(높이)

원기둥의 밑면인 원의 반지름의 길이를 r, 높이를 h라 할 때,

(원기둥의 겉넓이)$=$(밑넓이)$\times2+$(옆넓이)

$=2\pi r^2+2\pi rh$

01 탑 ④

정육면체의 한 모서리의 길이를 a cm라 하면 정육면체의 겉넓이는 정사각형인 면 6개의 넓이의 합과 같으므로

$(a\times a)\times6=150$, $a^2=25$ $\therefore a=5$

따라서 정육면체의 한 모서리의 길이는 5 cm이다.

02 탑 ④

(밑넓이)$=\dfrac{1}{2}\times6\times4=12(\text{cm}^2)$

(옆넓이)$=(5+6+5)\times10=160(\text{cm}^2)$

$\therefore$ (겉넓이)$=12\times2+160=184(\text{cm}^2)$

03 탑 224 cm^2

(밑넓이)$=\dfrac{1}{2}\times(3+9)\times4=24(\text{cm}^2)$

(옆넓이)$=(5+3+5+9)\times8=176(\text{cm}^2)$

$\therefore$ (겉넓이)$=24\times2+176=224(\text{cm}^2)$

04 탑 ③

(밑넓이)$=\pi\times3^2=9\pi(\text{cm}^2)$

(옆넓이)$=2\pi\times3\times10=60\pi(\text{cm}^2)$

$\therefore$ (겉넓이)$=9\pi\times2+60\pi=78\pi(\text{cm}^2)$

05 탑 8 cm

원기둥의 높이를 h cm라 하면

$(\pi\times4^2)\times2+(2\pi\times4)\times h=96\pi$

$32\pi+8\pi h=96\pi$, $8\pi h=64\pi$ $\therefore h=8$

따라서 원기둥의 높이는 8 cm이다.

유형 02 기둥의 부피

(1) 각기둥의 부피

(각기둥의 부피)$=$(밑넓이)$\times$(높이)

(2) 원기둥의 부피

원기둥의 밑면인 원의 반지름의 길이를 r, 높이를 h라 할 때,

(원기둥의 부피)$=$(밑넓이)$\times$(높이)$=\pi r^2h$

06 탑 ⑤

(밑넓이)$=\dfrac{1}{2}\times(4+6)\times3=15(\text{cm}^2)$

$\therefore$ (부피)$=15\times10=150(\text{cm}^3)$

07 탑 192π cm^3

밑면의 반지름의 길이를 r cm라 하면

$2\pi r=8\pi$ $\therefore r=4$

즉, 밑면의 반지름의 길이는 4 cm이므로

(부피)$=(\pi\times4^2)\times12=192\pi(\text{cm}^3)$

08 탑 5 cm

사각기둥의 높이를 h cm라 하면 부피가 200 cm^{3}이므로

$\left(\dfrac{1}{2}\times8\times6+\dfrac{1}{2}\times8\times4\right)\times h=200$

$40h=200$ $\therefore h=5$

따라서 사각기둥의 높이는 5 cm이다.

09 탑 ②

세 물통의 밑넓이가 같으므로 물의 부피의 비는 물의 높이의 비와 같다.

$\therefore a:b:c=20:60:140=1:3:7$

10 탑 36π cm^2

원기둥 A의 높이를 h cm라 하면

원기둥 A의 부피는

$(\pi\times6^2)\times h=36\pi h(\text{cm}^3)$

원기둥 B의 부피는

$(\pi\times3^2)\times12=108\pi(\text{cm}^3)$

이때 원기둥 A의 부피와 원기둥 B의 부피가 서로 같으므로

$36\pi h=108\pi$ $\therefore h=3$

따라서 원기둥 A의 옆넓이는

$2\pi\times6\times3=36\pi(\text{cm}^2)$

유형 03 밑면이 부채꼴인 기둥의 겉넓이와 부피

(1) 밑면이 부채꼴인 기둥의 겉넓이
　(겉넓이)＝(밑넓이)×2＋(옆넓이)
　　　　　부채꼴의 넓이　　(부채꼴의 둘레의 길이)×(높이)

(2) 밑면이 부채꼴인 기둥의 부피
　(부피)＝(밑넓이)×(높이)
　　　　　부채꼴의 넓이

11 답 ③

기둥의 높이를 h cm라 하면 기둥의 부피가 24π cm³이므로
$$\left(\pi\times2^2\times\frac{270}{360}\right)\times h=24\pi$$
$3\pi h=24\pi$　　∴ $h=8$
따라서 기둥의 높이는 8 cm이다.

12 답 ①

$$(\text{밑넓이})=\pi\times6^2\times\frac{60}{360}$$
$$=6\pi(\text{cm}^2)$$
$$(\text{옆넓이})=\left(6+6+2\pi\times6\times\frac{60}{360}\right)\times8$$
$$=16\pi+96(\text{cm}^2)$$
$$\therefore(\text{겉넓이})=6\pi\times2+16\pi+96$$
$$=28\pi+96(\text{cm}^2)$$
$$(\text{부피})=6\pi\times8$$
$$=48\pi(\text{cm}^3)$$
따라서 $a=28\pi+96$, $b=48\pi$이므로
$b-a=48\pi-(28\pi+96)=20\pi-96$

13 답 ②

두 기둥의 높이가 같으므로 기둥의 부피의 비는 밑넓이의 비와 같다.
이때 부채꼴의 넓이는 중심각의 크기에 정비례하므로 두 기둥의 부피의 비는 밑면인 부채꼴의 중심각의 크기의 비와 같다.
따라서 큰 기둥의 부피와 작은 기둥의 부피의 비는
$288°:(360°-288°)=288:72=4:1$

유형 04 구멍이 뚫린 기둥의 겉넓이와 부피

(1) 구멍이 뚫린 기둥의 겉넓이
　(밑넓이)＝(큰 기둥의 밑넓이)－(작은 기둥의 밑넓이)
　(옆넓이)＝(큰 기둥의 옆넓이)＋(작은 기둥의 옆넓이)
　→ (겉넓이)＝(밑넓이)×2＋(옆넓이)

(2) 구멍이 뚫린 기둥의 부피
　(부피)＝(큰 기둥의 부피)－(작은 기둥의 부피)

14 답 168π cm³
$$(\text{부피})=(\pi\times5^2)\times8-(\pi\times2^2)\times8$$
$$=200\pi-32\pi$$
$$=168\pi(\text{cm}^3)$$

15 답 960
$$(\text{밑넓이})=9\times6-3\times3$$
$$=54-9=45(\text{cm}^2)$$
$$(\text{옆넓이})=(9+6+9+6)\times10+(3+3+3+3)\times10$$
$$=300+120=420(\text{cm}^2)$$
$$\therefore(\text{겉넓이})=45\times2+420$$
$$=90+420=510(\text{cm}^2)$$
$$(\text{부피})=(\text{큰 기둥의 부피})-(\text{작은 기둥의 부피})$$
$$=(9\times6)\times10-(3\times3)\times10$$
$$=540-90=450(\text{cm}^3)$$
따라서 $a=510$, $b=450$이므로
$a+b=510+450=960$

16 답 $(192\pi+102)$ cm²
$$(\text{밑넓이})=\pi\times6^2-3\times3$$
$$=36\pi-9(\text{cm}^2)$$
$$(\text{옆넓이})=2\pi\times6\times10+(3+3+3+3)\times10$$
$$=120\pi+120(\text{cm}^2)$$
$$\therefore(\text{겉넓이})=(36\pi-9)\times2+120\pi+120$$
$$=192\pi+102(\text{cm}^2)$$

유형 05 기둥의 일부를 잘라 낸 입체도형의 겉넓이와 부피

(1) (기둥의 일부를 잘라 낸 입체도형의 겉넓이)
　＝(두 밑넓이의 합)＋(옆넓이)

(2) (기둥의 일부를 잘라 낸 입체도형의 부피)
　＝(잘라 내기 전 기둥의 부피)－(잘라 낸 입체도형의 부피)

17 답 ⑤
$$(\text{밑넓이})=(7+2)\times(5+3)-2\times5$$
$$=72-10=62(\text{cm}^2)$$
$$(\text{옆넓이})=\{7+5+2+3+(2+7)+(3+5)\}\times7$$
$$=34\times7=238(\text{cm}^2)$$
$$\therefore(\text{겉넓이})=62\times2+238=362(\text{cm}^2)$$

18 답 ④

오른쪽 그림과 같이 잘라 낸 부분은 밑면의 반지름의 길이가 5 cm, 높이가 6 cm인 원기둥의 $\frac{1}{2}$이므로
(부피)
$$=(\pi\times5^2)\times13-\{(\pi\times5^2)\times6\}\times\frac{1}{2}$$
$$=325\pi-75\pi=250\pi(\text{cm}^3)$$

다른 풀이

주어진 입체도형의 부피는 밑면의 반지름의 길이가 5 cm, 높이가 7 cm인 원기둥의 부피와 밑면의 반지름의 길이가 5 cm, 높이가 6 cm인 원기둥의 절반의 부피의 합과 같으므로
$$(\text{부피})=(\pi\times5^2)\times7+\{(\pi\times5^2)\times6\}\times\frac{1}{2}$$
$$=175\pi+75\pi=250\pi(\text{cm}^3)$$

19 답 $66\ \mathrm{cm}^3$

$$(\text{부피})=7\times7\times2-(2\times2\times2)\times4$$
$$=98-32=66(\mathrm{cm}^3)$$

20 답 $(66\pi+56)\ \mathrm{cm}^2$

$$(\text{밑넓이})=\pi\times8^2\times\frac{90}{360}-\pi\times4^2\times\frac{90}{360}$$
$$=16\pi-4\pi=12\pi(\mathrm{cm}^2)$$

$$(\text{옆넓이})=\left(2\pi\times8\times\frac{90}{360}+2\pi\times4\times\frac{90}{360}+4\times2\right)\times7$$
$$=(4\pi+2\pi+8)\times7=42\pi+56(\mathrm{cm}^2)$$

$$\therefore\ (\text{겉넓이})=12\pi\times2+42\pi+56=66\pi+56(\mathrm{cm}^2)$$

유형 06 회전체의 겉넓이와 부피-원기둥

가로, 세로의 길이가 각각 r, h인 직사각형을 직선 l을 회전축으로 하여 1회전 시키면 밑면인 원의 반지름의 길이가 r, 높이가 h인 원기둥이 생긴다.

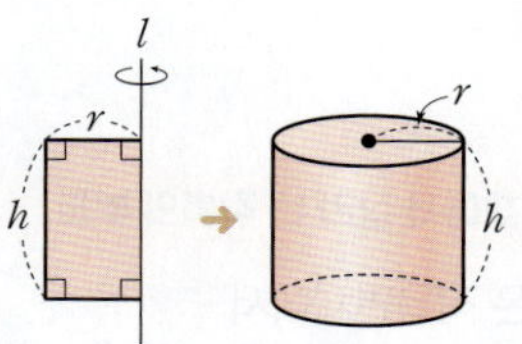

→ $(\text{겉넓이})=2\pi r^2+2\pi rh$, $(\text{부피})=\pi r^2 h$

21 답 ②

주어진 직사각형을 직선 l을 회전축으로 하여 1회전 시킬 때 생기는 회전체는 오른쪽 그림과 같은 원기둥이므로

$$(\text{겉넓이})=(\pi\times3^2)\times2+2\pi\times3\times8$$
$$=18\pi+48\pi=66\pi(\mathrm{cm}^2)$$

22 답 ①

주어진 도형을 직선 l을 회전축으로 하여 1회전 시킬 때 생기는 회전체는 오른쪽 그림과 같으므로

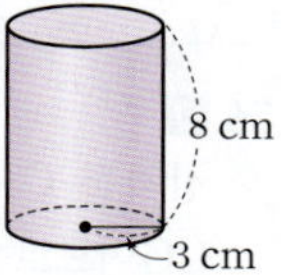

$$(\text{부피})=(\text{큰 원기둥의 부피})$$
$$-(\text{작은 원기둥의 부피})$$
$$=(\pi\times3^2)\times5-(\pi\times1^2)\times5$$
$$=45\pi-5\pi=40\pi(\mathrm{cm}^3)$$

23 답 $75\pi\ \mathrm{cm}^3$

주어진 직사각형을 직선 l을 회전축으로 하여 120°만큼 회전시킬 때 생기는 회전체는 오른쪽 그림과 같으므로

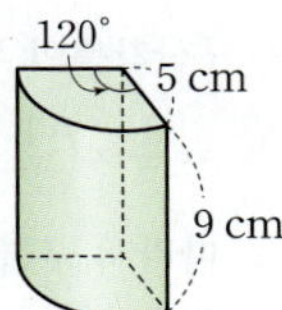

$$(\text{부피})=\left(\pi\times5^2\times\frac{120}{360}\right)\times9=75\pi(\mathrm{cm}^3)$$

유형 07 뿔의 겉넓이

(1) 각뿔의 겉넓이

   $(\text{각뿔의 겉넓이})=(\text{밑넓이})+(\text{옆넓이})$

(2) 원뿔의 겉넓이

   원뿔의 밑면인 원의 반지름의 길이를 r, 모선의 길이를 l이라 하면

   $(\text{원뿔의 겉넓이})=(\text{밑넓이})+(\text{옆넓이})$
   $$=\pi r^2+\pi rl$$

24 답 $72\ \mathrm{cm}^2$

$$(\text{겉넓이})=4\times4+\left(\frac{1}{2}\times4\times7\right)\times4$$
$$=16+56=72(\mathrm{cm}^2)$$

25 답 ③

$$(\text{겉넓이})=8\times8+\left(\frac{1}{2}\times8\times13\right)\times4$$
$$=64+208=272(\mathrm{cm}^2)$$

26 답 $11\ \mathrm{cm}$

원뿔의 모선의 길이를 $l\ \mathrm{cm}$라 하면 원뿔의 겉넓이가 $152\pi\ \mathrm{cm}^2$이므로

$$\pi\times8^2+\pi\times8\times l=152\pi$$
$$64\pi+8\pi l=152\pi$$
$$8\pi l=88\pi\qquad\therefore\ l=11$$

따라서 원뿔의 모선의 길이는 11 cm이다.

27 답 ②

원뿔의 밑면의 반지름의 길이를 $r\ \mathrm{cm}$라 하면 모선의 길이는 $3r\ \mathrm{cm}$이므로

$$\pi\times r^2+\pi\times r\times3r=64\pi$$
$$4\pi r^2=64\pi$$
$$r^2=16\qquad\therefore\ r=4$$

따라서 밑면의 반지름의 길이는 4 cm이다.

유형 08 뿔의 부피

(1) 각뿔의 부피

   각뿔의 밑넓이를 S, 높이를 h라 하면

   $(\text{각뿔의 부피})=\dfrac{1}{3}\times(\text{밑넓이})\times(\text{높이})$
   $$=\frac{1}{3}Sh$$

(2) 원뿔의 부피

   원뿔의 밑면인 원의 반지름의 길이를 r, 높이를 h라 하면

   $(\text{원뿔의 부피})=\dfrac{1}{3}\times(\text{밑넓이})\times(\text{높이})$
   $$=\frac{1}{3}\pi r^2 h$$

28 답 ④

$$(\text{부피})=\frac{1}{3}\times\left(\frac{1}{2}\times6\times6\right)\times8=48(\text{cm}^3)$$

29 답 6 cm

원뿔의 높이를 h cm라 하면

$$\frac{1}{3}\times(\pi\times3^2)\times h=18\pi$$

$$3\pi h=18\pi \qquad \therefore h=6$$

따라서 원뿔의 높이는 6 cm이다.

30 답 C, B, A

$$(\text{A의 부피})=\frac{1}{3}\times(\pi\times4^2)\times12$$
$$=64\pi(\text{cm}^3)$$
$$(\text{B의 부피})=(\pi\times3^2)\times8$$
$$=72\pi(\text{cm}^3)$$
$$(\text{C의 부피})=\frac{1}{3}\times(\pi\times6^2)\times9$$
$$=108\pi(\text{cm}^3)$$

따라서 부피가 큰 것부터 차례대로 쓰면 C, B, A이다.

31 답 $\dfrac{64}{3}$ cm³

주어진 정사각형 ABCD로 만들어지는 입체
도형은 오른쪽 그림과 같이 밑면이 △EBF
이고 높이가 $\overline{\text{AD}}$인 삼각뿔이므로

$$(\text{부피})=\frac{1}{3}\times\left(\frac{1}{2}\times4\times4\right)\times8$$
$$=\frac{64}{3}(\text{cm}^3)$$

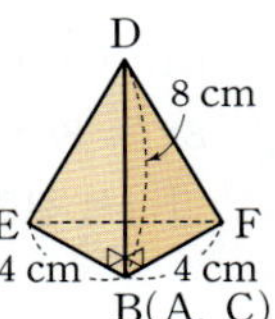

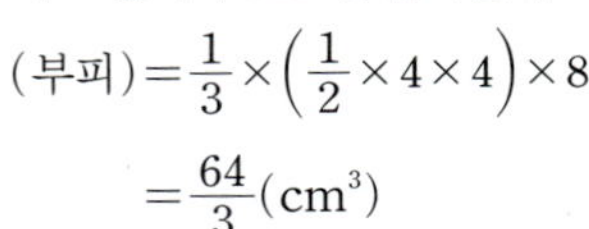

(1) (각뿔대의 겉넓이)=(두 밑넓이의 합)+(옆넓이)

　　옆면인 사다리꼴의 넓이의 합

(2) (원뿔대의 겉넓이)=(두 밑넓이의 합)+(옆넓이)

　　(큰 부채꼴의 넓이)−(작은 부채꼴의 넓이)

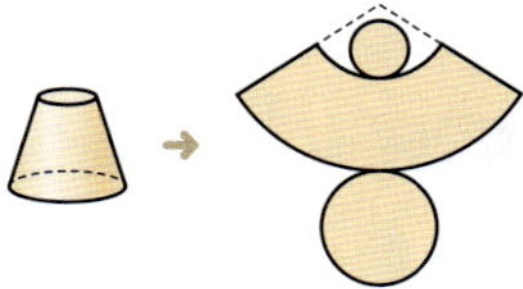

(3) (뿔대의 부피)=(큰 뿔의 부피)−(작은 뿔의 부피)

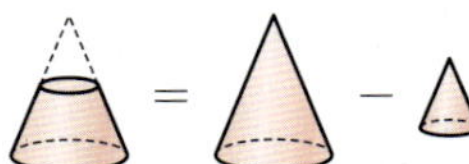

32 답 ⑤

$$(\text{두 밑넓이의 합})=3\times3+5\times5$$
$$=9+25=34(\text{cm}^2)$$
$$(\text{옆넓이})=\left\{\frac{1}{2}\times(3+5)\times5\right\}\times4=80(\text{cm}^2)$$
$$\therefore (\text{겉넓이})=34+80=114(\text{cm}^2)$$

33 답 ②

$$(\text{두 밑넓이의 합})=\pi\times3^2+\pi\times6^2$$
$$=9\pi+36\pi=45\pi(\text{cm}^2)$$
$$(\text{옆넓이})=\pi\times6\times8-\pi\times3\times4$$
$$=48\pi-12\pi=36\pi(\text{cm}^2)$$
$$\therefore (\text{겉넓이})=45\pi+36\pi=81\pi(\text{cm}^2)$$

34 답 ④

$$(\text{큰 원뿔의 부피})=\frac{1}{3}\times(\pi\times6^2)\times10=120\pi(\text{cm}^3)$$
$$(\text{작은 원뿔의 부피})=\frac{1}{3}\times(\pi\times3^2)\times5=15\pi(\text{cm}^3)$$
$$\therefore (\text{원뿔대의 부피})=120\pi-15\pi=105\pi(\text{cm}^3)$$

따라서 위쪽 원뿔과 아래쪽 원뿔대의 부피의 비는

$$15\pi:105\pi=1:7$$

35 답 402π cm³

$$(\text{원기둥의 부피})=\pi\times6^2\times10=360\pi(\text{cm}^3)$$
$$(\text{원뿔대의 부피})=\frac{1}{3}\times(\pi\times6^2)\times4-\frac{1}{3}\times(\pi\times3^2)\times2$$
$$=48\pi-6\pi=42\pi(\text{cm}^3)$$
$$\therefore (\text{부피})=360\pi+42\pi=402\pi(\text{cm}^3)$$

오른쪽 그림과 같은 직육면체에서

(삼각뿔 C−BGD의 부피)

$$=\frac{1}{3}\times(\triangle\text{BCD의 넓이})\times\overline{\text{CG}}$$
　　　　밑넓이　　　　　높이

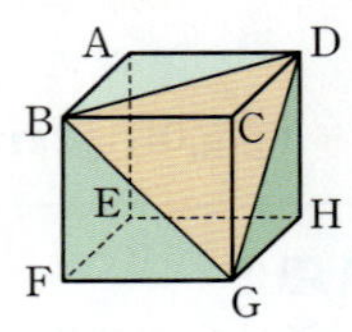

36 답 ②

삼각뿔 C−BGD에서 △BCD를 밑면으로 생각하면 높이는
$\overline{\text{CG}}$이므로 삼각뿔 C−BGD의 부피는

$$\frac{1}{3}\times\left(\frac{1}{2}\times3\times2\right)\times5=5(\text{cm}^3)$$

37 답 $\dfrac{125}{3}$ cm³

삼각뿔 B−AMN에서 △BMN을 밑면으로 생각하면 높이는
$\overline{\text{AB}}$이므로 삼각뿔 B−AMN의 부피는

$$\frac{1}{3}\times\left(\frac{1}{2}\times5\times5\right)\times10=\frac{125}{3}(\text{cm}^3)$$

38 답 506 cm³

$$(\text{정육면체의 부피})=8\times8\times8$$
$$=512(\text{cm}^3)$$
$$(\text{삼각뿔의 부피})$$
$$=\frac{1}{3}\times\left(\frac{1}{2}\times3\times3\right)\times4=6(\text{cm}^3)$$

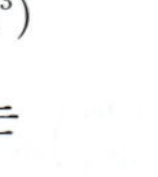

따라서 구하는 입체도형의 부피는

$$512-6=506(\text{cm}^3)$$

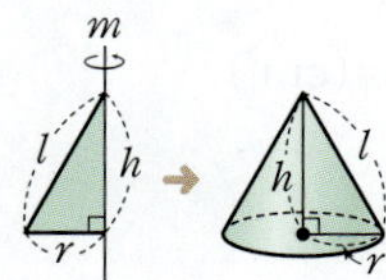

유형 11 그릇에 담긴 물의 부피

그릇에 담긴 물의 모양이 어떤 입체도형인지를 파악한 후 부피를 구한다.

(1) (기둥의 부피) = (밑넓이) × (높이)

(2) (뿔의 부피) = $\dfrac{1}{3}$ × (밑넓이) × (높이)

39 답 120 cm³

남아 있는 물은 삼각뿔 모양이므로 남아 있는 물의 부피는

$$\frac{1}{3} \times \left(\frac{1}{2} \times 10 \times 12\right) \times 6 = 120\,(\text{cm}^3)$$

40 답 ④

그릇에 담긴 물은 삼각기둥 모양이고, 그릇에 담긴 물의 부피가 50 cm³이므로

$$\left(\frac{1}{2} \times 5 \times x\right) \times 4 = 50$$

$$10x = 50 \qquad \therefore x = 5$$

41 답 ①

원뿔 모양의 그릇의 부피는

$$\frac{1}{3} \times (\pi \times 5^2) \times 12 = 100\pi\,(\text{cm}^3)$$

이때 1분에 4π cm³씩 물을 넣으므로 빈 그릇을 가득 채우려면 $100\pi \div 4\pi = 25$(분) 동안 물을 넣어야 한다.

참고 (빈 그릇에 물을 가득 채우는 데 걸리는 시간)
= (그릇의 부피) ÷ (시간당 넣는 물의 부피)

유형 12 회전체의 겉넓이와 부피 - 원뿔, 원뿔대

밑변의 길이가 r, 높이가 h인 직각삼각형을 직선 m을 회전축으로 하여 1회전 시키면 밑면의 반지름의 길이가 r, 높이가 h인 원뿔이 생긴다.

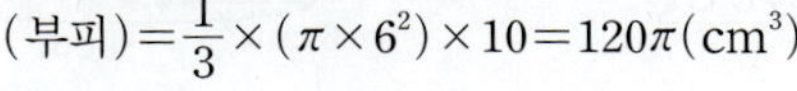

→ (원뿔의 겉넓이) = $\pi r^2 + \pi r l$, (원뿔의 부피) = $\dfrac{1}{3}\pi r^2 h$

참고 (원뿔대의 겉넓이) = (두 밑넓이의 합) + (옆넓이)
(원뿔대의 부피) = (큰 원뿔의 부피) − (작은 원뿔의 부피)

42 답 ⑤

주어진 직각삼각형을 직선 l을 회전축으로 하여 1회전 시킬 때 생기는 회전체는 오른쪽 그림과 같은 원뿔이므로

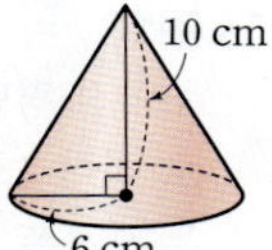

$$(\text{부피}) = \frac{1}{3} \times (\pi \times 6^2) \times 10 = 120\pi\,(\text{cm}^3)$$

43 답 104π cm³

주어진 사다리꼴을 직선 l을 회전축으로 하여 1회전 시킬 때 생기는 회전체는 오른쪽 그림과 같은 원뿔대이므로

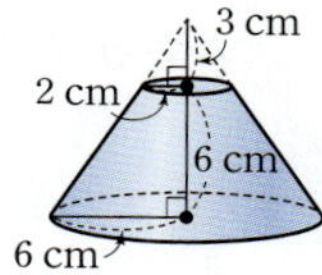

(부피)
= (큰 원뿔의 부피) − (작은 원뿔의 부피)

$$= \frac{1}{3} \times (\pi \times 6^2) \times 9 - \frac{1}{3} \times (\pi \times 2^2) \times 3$$

$$= 108\pi - 4\pi = 104\pi\,(\text{cm}^3)$$

44 답 68π cm²

주어진 사다리꼴을 직선 l을 회전축으로 하여 1회전 시킬 때 생기는 회전체는 오른쪽 그림과 같이 원기둥과 원뿔을 붙여 놓은 입체도형이므로

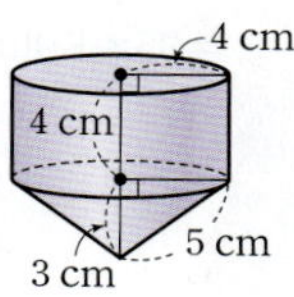

(겉넓이)
= (원기둥의 밑넓이) + (원기둥의 옆넓이) + (원뿔의 옆넓이)

$$= \pi \times 4^2 + (2\pi \times 4) \times 4 + \pi \times 4 \times 5$$

$$= 16\pi + 32\pi + 20\pi = 68\pi\,(\text{cm}^2)$$

45 답 $\dfrac{84}{5}\pi$ cm²

직각삼각형 ABC를 $\overline{AC}$를 회전축으로 하여 1회전 시킬 때 생기는 회전체는 오른쪽 그림과 같이 두 원뿔을 붙여 놓은 입체도형이다.

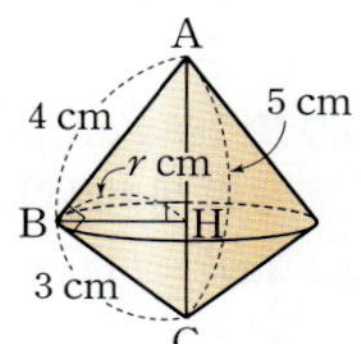

점 B에서 $\overline{AC}$에 내린 수선의 발을 H라 하고 $\overline{BH}$의 길이를 r cm라 하면 직각삼각형 ABC에서

$$\frac{1}{2} \times 3 \times 4 = \frac{1}{2} \times 5 \times r \qquad \therefore r = \frac{12}{5}$$

따라서 회전체의 겉넓이는 두 원뿔의 옆넓이의 합이므로

$$(\text{겉넓이}) = \pi \times \frac{12}{5} \times 4 + \pi \times \frac{12}{5} \times 3 = \frac{84}{5}\pi\,(\text{cm}^2)$$

유형 13 구의 겉넓이

(1) 반지름의 길이가 r인 구의 겉넓이 S는

→ $S = 4\pi r^2$

(2) 반지름의 길이가 r인 반구의 겉넓이 S는

→ S = (구의 겉넓이) × $\dfrac{1}{2}$ + (밑면인 원의 넓이)

$$= 2\pi r^2 + \pi r^2 = 3\pi r^2$$

46 답 ②

잘라 낸 단면의 넓이의 합은 반지름의 길이가 5 cm인 원의 넓이와 같으므로

$$(\text{겉넓이}) = (\text{구의 겉넓이}) \times \frac{3}{4} + (\text{원의 넓이})$$

$$= (4\pi \times 5^2) \times \frac{3}{4} + \pi \times 5^2$$

$$= 75\pi + 25\pi = 100\pi\,(\text{cm}^2)$$

47 답 32π cm^2

$$(\text{가죽 한 조각의 넓이}) = (\text{야구공의 겉넓이}) \times \frac{1}{2}$$
$$= (4\pi \times 4^2) \times \frac{1}{2} = 32\pi\,(\text{cm}^2)$$

48 답 ⑤

(겉넓이)

$= (\text{원뿔의 옆넓이}) + (\text{원기둥의 옆넓이}) + (\text{구의 겉넓이}) \times \frac{1}{2}$

$= \pi \times 5 \times 7 + 2\pi \times 5 \times 9 + (4\pi \times 5^2) \times \frac{1}{2}$

$= 35\pi + 90\pi + 50\pi = 175\pi\,(\text{cm}^2)$

유형 14 구의 부피

반지름의 길이가 r인 구의 부피 V는

$\rightarrow V = \dfrac{4}{3}\pi r^3$

---

49 답 288π cm^3

구의 반지름의 길이를 r cm라 하면 겉넓이가 144π cm^{2}이므로
$4\pi r^2 = 144\pi$
$r^2 = 36 \qquad \therefore r = 6$
즉, 구의 반지름의 길이는 6 cm이다.
따라서 구의 부피는
$\dfrac{4}{3}\pi \times 6^3 = 288\pi\,(\text{cm}^3)$

50 답 ②

$(\text{부피}) = (\text{원기둥의 부피}) + (\text{반구의 부피})$
$= (\pi \times 3^2) \times 6 + \left(\dfrac{4}{3}\pi \times 3^3\right) \times \dfrac{1}{2}$
$= 54\pi + 18\pi = 72\pi\,(\text{cm}^3)$

51 답 $\dfrac{224}{3}\pi$ cm^3

$(\text{부피}) = (\text{구의 부피}) \times \dfrac{7}{8}$
$= \left(\dfrac{4}{3}\pi \times 4^3\right) \times \dfrac{7}{8} = \dfrac{224}{3}\pi\,(\text{cm}^3)$

52 답 8개

반지름의 길이가 6 cm인 쇠구슬 1개의 부피는
$\dfrac{4}{3}\pi \times 6^3 = 288\pi\,(\text{cm}^3)$
반지름의 길이가 3 cm인 쇠구슬 1개의 부피는
$\dfrac{4}{3}\pi \times 3^3 = 36\pi\,(\text{cm}^3)$
따라서 만들 수 있는 쇠구슬은 최대 $288\pi \div 36\pi = 8\,(\text{개})$이다.

유형 15 회전체의 겉넓이와 부피-구

반지름의 길이가 r인 반원을 직선 l을 회전축으로 하여 1회전 시키면 반지름의 길이가 r인 구가 생긴다.

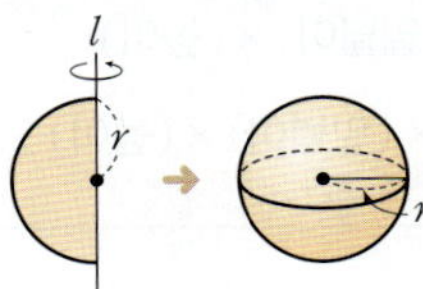

$\rightarrow (\text{겉넓이}) = 4\pi r^2$, $(\text{부피}) = \dfrac{4}{3}\pi r^3$

---

53 답 147π cm^2

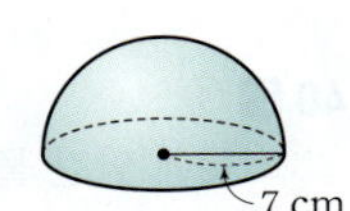

부채꼴 AOB를 반지름 AO를 회전축으로 하여 1회전 시킬 때 생기는 회전체는 오른쪽 그림과 같으므로

$(\text{겉넓이}) = (\text{구의 겉넓이}) \times \dfrac{1}{2} + (\text{원의 넓이})$
$= (4\pi \times 7^2) \times \dfrac{1}{2} + \pi \times 7^2$
$= 98\pi + 49\pi = 147\pi\,(\text{cm}^2)$

54 답 $\dfrac{224}{3}\pi$ cm^3

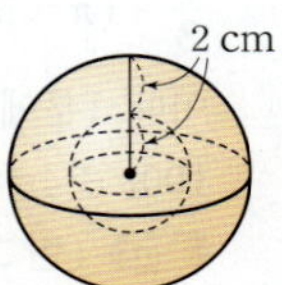

주어진 평면도형을 직선 l을 회전축으로 하여 1회전 시킬 때 생기는 회전체는 오른쪽 그림과 같으므로

$(\text{부피}) = (\text{큰 구의 부피}) - (\text{작은 구의 부피})$
$= \dfrac{4}{3}\pi \times 4^3 - \dfrac{4}{3}\pi \times 2^3$
$= \dfrac{256}{3}\pi - \dfrac{32}{3}\pi$
$= \dfrac{224}{3}\pi\,(\text{cm}^3)$

55 답 48π cm^3

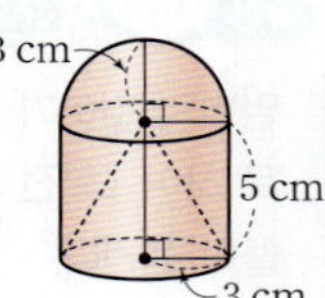

주어진 평면도형을 직선 l을 회전축으로 하여 1회전 시킬 때 생기는 회전체는 오른쪽 그림과 같다.
반구의 부피는
$\left(\dfrac{4}{3}\pi \times 3^3\right) \times \dfrac{1}{2} = 18\pi\,(\text{cm}^3)$
원기둥의 부피는
$(\pi \times 3^2) \times 5 = 45\pi\,(\text{cm}^3)$
원뿔의 부피는
$\dfrac{1}{3} \times (\pi \times 3^2) \times 5 = 15\pi\,(\text{cm}^3)$
따라서 구하는 부피는
$18\pi + 45\pi - 15\pi = 48\pi\,(\text{cm}^3)$

56 답 ③

주어진 평면도형을 직선 l을 회전축으로 하여 1회전 시킬 때 생기는 회전체는 오른쪽 그림과 같으므로

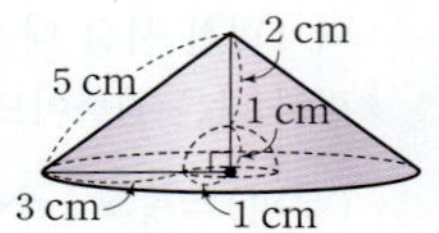

(겉넓이)

$$= (\text{원뿔의 옆넓이}) + (\text{구의 겉넓이}) \times \frac{1}{2} + (\text{밑넓이})$$

$$= \pi \times 4 \times 5 + (4\pi \times 1^2) \times \frac{1}{2} + (\pi \times 4^2 - \pi \times 1^2)$$

$$= 20\pi + 2\pi + 15\pi = 37\pi (\text{cm}^2)$$

참고 회전체의 밑넓이는 큰 원의 넓이에서 작은 원의 넓이를 빼서 구할 수 있다.

심화유형 16 입체도형에 꼭 맞게 들어가는 입체도형

오른쪽 그림과 같이 원기둥에 구와 원뿔이 꼭 맞게 들어갈 때,

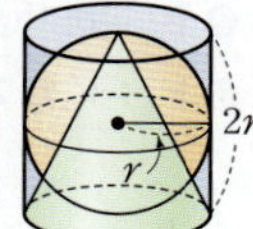

$$(\text{원뿔의 부피}) = \frac{1}{3} \times \pi r^2 \times 2r = \frac{2}{3}\pi r^3$$

$$(\text{구의 부피}) = \frac{4}{3}\pi r^3$$

$$(\text{원기둥의 부피}) = \pi r^2 \times 2r = 2\pi r^3$$

57 답 3

구의 반지름의 길이를 r cm라 하면 구의 부피가 972π cm³이므로

$$\frac{4}{3}\pi r^3 = 972\pi$$

$$r^3 = 729 \qquad \therefore r = 9$$

즉, 구의 반지름의 길이가 9 cm이므로

$$(\text{원뿔의 부피}) = \frac{1}{3} \times (\pi \times 9^2) \times 18 = 486\pi (\text{cm}^3)$$

$$(\text{원기둥의 부피}) = (\pi \times 9^2) \times 18 = 1458\pi (\text{cm}^3)$$

따라서 $a = 486\pi$, $b = 1458\pi$이므로

$$\frac{b}{a} = \frac{1458\pi}{486\pi} = 3$$

다른 풀이

밑넓이와 높이가 같은 원뿔의 부피는 원기둥의 부피의 $\frac{1}{3}$이므로

$$a = \frac{1}{3}b \qquad \therefore \frac{b}{a} = 3$$

58 답 ②

구의 반지름의 길이를 r cm라 하면 원기둥의 높이는 $6r$ cm이다.
원기둥의 부피가 162π cm³이므로

$$(\pi \times r^2) \times 6r = 162\pi$$

$$r^3 = 27 \qquad \therefore r = 3$$

따라서 구 1개의 부피는

$$\frac{4}{3}\pi \times 3^3 = 36\pi (\text{cm}^3)$$

59 답 $\frac{256}{3}$ cm³

정팔면체의 부피는 밑면인 정사각형의 대각선의 길이가 8 cm이고, 높이가 4 cm인 정사각뿔의 부피의 2배와 같으므로 구하는 정팔면체의 부피는

$$\left\{ \frac{1}{3} \times \left(\frac{1}{2} \times 8 \times 8 \right) \times 4 \right\} \times 2 = \frac{256}{3} (\text{cm}^3)$$

---

60 답 $6 : 2 : 1$

$$(\text{정육면체의 부피}) = 3^3 = 27 (\text{cm}^3) \qquad \therefore a = 27$$

$$(\text{정사각뿔의 부피}) = \frac{1}{3} \times (3 \times 3) \times 3 = 9 (\text{cm}^3) \qquad \therefore b = 9$$

$$(\text{구의 부피}) = \frac{4}{3}\pi \times \left(\frac{3}{2} \right)^3 = \frac{9}{2}\pi (\text{cm}^3) \qquad \therefore c = \frac{9}{2}$$

$$\therefore a : b : c = 27 : 9 : \frac{9}{2} = 6 : 2 : 1$$

서술형

142쪽~143쪽

01 답 6 cm

채점 기준 1 원뿔의 부피를 원뿔의 밑면의 반지름의 길이를 이용하여 나타내기 … 3점

원뿔의 밑면의 반지름의 길이를 $2r$ cm라 하면 높이는 __$3r$__ cm이므로 원뿔의 부피는

$$\frac{1}{3} \times \pi \times (2r)^2 \times \underline{3r} = \underline{4\pi r^3} (\text{cm}^3)$$

채점 기준 2 원뿔의 밑면의 반지름의 길이 구하기 … 3점

원뿔의 부피가 108π cm³이므로

$$\underline{4\pi r^3} = 108\pi, \ r^3 = 27 \qquad \therefore r = \underline{3}$$

따라서 원뿔의 밑면의 반지름의 길이는 __6__ cm이다.

01-1 답 12 cm

채점 기준 1 원뿔의 부피를 원뿔의 밑면의 반지름의 길이를 이용하여 나타내기 … 3점

원뿔의 밑면의 반지름의 길이를 $3r$ cm라 하면 높이는 $5r$ cm이므로 원뿔의 부피는

$$\frac{1}{3} \times \pi \times (3r)^2 \times 5r = 15\pi r^3 (\text{cm}^3)$$

채점 기준 2 원뿔의 밑면의 반지름의 길이 구하기 … 3점

원뿔의 부피가 960π cm³이므로

$$15\pi r^3 = 960\pi, \ r^3 = 64 \qquad \therefore r = 4$$

따라서 원뿔의 밑면의 반지름의 길이는 12 cm이다.

02 답 10

채점 기준 1 그릇 A에서 그릇 B로 흘려보낸 물의 부피 구하기 … 3점

그릇 A의 부피는

$$10 \times 12 \times \underline{8} = \underline{960} (\text{cm}^3)$$

그릇 A에 남아 있는 물의 부피는

$$\frac{1}{3} \times \left(\frac{1}{2} \times 10 \times 12 \right) \times \underline{8} = \underline{160} (\text{cm}^3)$$

이므로 그릇 A에서 그릇 B로 흘려보낸 물의 부피는

$$960 - \underline{160} = \underline{800} (\text{cm}^3)$$

채점 기준 2 그릇 B에 담긴 물의 부피 구하기 … 2점

그릇 B에 담긴 물의 부피는

$$10 \times \underline{8} \times x = \underline{80x} (\text{cm}^3)$$

채점 기준 3 x의 값 구하기 … 1점

그릇 A에서 그릇 B로 흘려보낸 물의 부피와 그릇 B에 담긴 물의 부피가 같으므로

$$800 = \underline{80x} \qquad \therefore x = \underline{10}$$

02-1 탑 3

채점 기준 1 그릇 A에 담긴 물의 부피 구하기 … 3점

그릇 A에 담긴 물의 부피는

$$\frac{1}{3} \times (\pi \times 6^2) \times 9 = 108\pi\,(\mathrm{cm}^3)$$

채점 기준 2 그릇 B에 담긴 물의 부피 구하기 … 2점

그릇 B에 담긴 물의 부피는

$$(\pi \times 6^2) \times x = 36\pi x\,(\mathrm{cm}^3)$$

채점 기준 3 x의 값 구하기 … 1점

그릇 A에 담긴 물의 부피와 그릇 B에 담긴 물의 부피가 같으므로

$$108\pi = 36\pi x \qquad \therefore\ x = 3$$

03 탑 $180\pi\ \mathrm{cm}^2$

페인트가 칠해지는 부분의 넓이는 원기둥 모양의 롤러의 옆넓이의 3배와 같다.

$$(\text{롤러의 옆넓이}) = (2\pi \times 2) \times 15 = 60\pi\,(\mathrm{cm}^2) \quad \cdots\cdots\ ❶$$

따라서 페인트가 칠해지는 부분의 넓이는

$$3 \times 60\pi = 180\pi\,(\mathrm{cm}^2) \quad \cdots\cdots\ ❷$$

채점 기준	배점
❶ 롤러의 옆넓이 구하기	3점
❷ 페인트가 칠해지는 부분의 넓이 구하기	3점

04 탑 $147\ \mathrm{cm}^3$

직육면체의 부피는

$$(6 \times 4) \times 7 = 168\,(\mathrm{cm}^3) \quad \cdots\cdots\ ❶$$

삼각기둥의 부피는

$$\left(\frac{1}{2} \times 3 \times 2\right) \times 7 = 21\,(\mathrm{cm}^3) \quad \cdots\cdots\ ❷$$

따라서 주어진 입체도형의 부피는

$$168 - 21 = 147\,(\mathrm{cm}^3) \quad \cdots\cdots\ ❸$$

채점 기준	배점
❶ 직육면체의 부피 구하기	1점
❷ 삼각기둥의 부피 구하기	2점
❸ 구멍이 뚫린 입체도형의 부피 구하기	1점

05 탑 $120\ \mathrm{cm}^2$

주어진 입체도형은 두 정사각뿔의 밑면을 붙여서 만든 입체도형이므로 겉넓이는 두 정사각뿔의 옆넓이의 합이다.

위쪽에 있는 정사각뿔의 옆넓이는

$$\left(\frac{1}{2} \times 6 \times 4\right) \times 4 = 48\,(\mathrm{cm}^2)$$

아래쪽에 있는 정사각뿔의 옆넓이는

$$\left(\frac{1}{2} \times 6 \times 6\right) \times 4 = 72\,(\mathrm{cm}^2) \quad \cdots\cdots\ ❶$$

따라서 주어진 입체도형의 겉넓이는

$$48 + 72 = 120\,(\mathrm{cm}^2) \quad \cdots\cdots\ ❷$$

채점 기준	배점
❶ 두 정사각뿔의 옆넓이를 각각 구하기	3점
❷ 주어진 입체도형의 겉넓이 구하기	1점

06 탑 $2 : 3$

x축을 회전축으로 하여 1회전 시킬 때 생기는 회전체는 오른쪽 그림과 같으므로

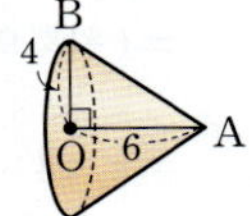

$$V_x = \frac{1}{3} \times (\pi \times 4^2) \times 6 = 32\pi \quad \cdots\cdots\ ❶$$

y축을 회전축으로 하여 1회전 시킬 때 생기는 회전체는 오른쪽 그림과 같으므로

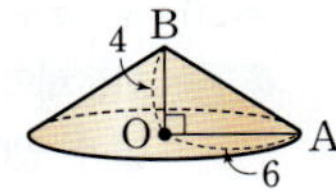

$$V_y = \frac{1}{3} \times (\pi \times 6^2) \times 4 = 48\pi \quad \cdots\cdots\ ❷$$

$$\therefore\ V_x : V_y = 32\pi : 48\pi = 2 : 3 \quad \cdots\cdots\ ❸$$

채점 기준	배점
❶ V_x 구하기	2점
❷ V_y 구하기	3점
❸ $V_x : V_y$를 가장 간단한 자연수의 비로 나타내기	1점

07 탑 $124\pi\ \mathrm{cm}^2$

주어진 평면도형을 직선 l을 회전축으로 하여 1회전 시킬 때 생기는 회전체는 오른쪽 그림과 같으므로 $\quad \cdots\cdots\ ❶$

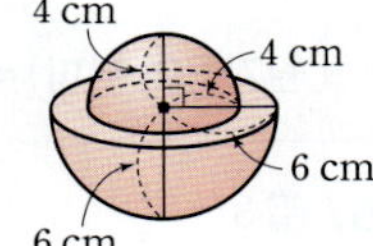

(겉넓이)

$= (\text{작은 반구의 곡면의 넓이})$
$\quad + (\text{큰 구의 곡면의 넓이}) + \{(\text{큰 원의 넓이}) - (\text{작은 원의 넓이})\}$

$= \frac{1}{2} \times (4\pi \times 4^2) + \frac{1}{2} \times (4\pi \times 6^2) + (\pi \times 6^2 - \pi \times 4^2)$

$= 32\pi + 72\pi + 20\pi = 124\pi\,(\mathrm{cm}^2) \quad \cdots\cdots\ ❷$

채점 기준	배점
❶ 회전체 파악하기	2점
❷ 회전체의 겉넓이 구하기	4점

08 탑 $\left(8 - \dfrac{4}{3}\pi\right)\ \mathrm{cm}$

공의 반지름의 길이를 $r\ \mathrm{cm}$라 하면 공 1개의 겉넓이가 $16\pi\ \mathrm{cm}^2$이므로

$$4\pi r^2 = 16\pi,\ r^2 = 4 \qquad \therefore\ r = 2 \quad \cdots\cdots\ ❶$$

이때 직육면체 모양의 상자에 공 12개가 가로에 3개, 세로에 2개씩 두 줄로 꼭 맞게 들어갔으므로 직육면체 모양의 상자의 밑면의 가로의 길이, 세로의 길이, 높이는 각각

$$3 \times 2r = 6r = 6 \times 2 = 12\,(\mathrm{cm}),$$
$$2 \times 2r = 4r = 4 \times 2 = 8\,(\mathrm{cm}),$$
$$2 \times 2r = 4r = 4 \times 2 = 8\,(\mathrm{cm}) \quad \cdots\cdots\ ❷$$

$$\therefore\ (\text{남아 있는 물의 부피})$$
$$= (\text{직육면체 모양의 상자의 부피}) - (\text{공 12개의 부피})$$
$$= 12 \times 8 \times 8 - \left(\frac{4}{3}\pi \times 2^3\right) \times 12 = 768 - 128\pi\,(\mathrm{cm}^3) \quad \cdots\cdots\ ❸$$

이때 상자에 남아 있는 물의 높이를 $h\ \mathrm{cm}$라 하면

$$12 \times 8 \times h = 768 - 128\pi$$

$$\therefore\ h = 8 - \frac{4}{3}\pi$$

따라서 상자에 남아 있는 물의 높이는 $\left(8 - \dfrac{4}{3}\pi\right)\ \mathrm{cm}$이다.

$$\cdots\cdots\ ❹$$

채점 기준	배점
❶ 공의 반지름의 길이 구하기	2점
❷ 직육면체 모양의 상자의 밑면의 가로의 길이, 세로의 길이, 높이를 각각 구하기	2점
❸ 상자에 남아 있는 물의 부피 구하기	2점
❹ 상자에 남아 있는 물의 높이 구하기	1점

실전 중단원 학교 시험 1회 기본

144쪽~147쪽

01 ⑤	**02** ⑤	**03** ④	**04** ④	**05** ③
06 ②	**07** ②	**08** ③	**09** ②	**10** ③
11 ①	**12** ②	**13** ⑤	**14** ⑤	**15** ③
16 ④	**17** ①	**18** ③	**19** 550π cm^2	
20 36 cm^3	**21** 76π cm^3	**22** 432π cm^3		**23** 0

01 답 ⑤   유형 01

원기둥의 밑면의 반지름의 길이를 r cm라 하면
$2\pi r = 16\pi$
$\therefore r = 8$
즉, 밑면의 반지름의 길이는 8 cm이므로
$$(\text{겉넓이}) = (\pi \times 8^2) \times 2 + 16\pi \times 15$$
$$= 128\pi + 240\pi$$
$$= 368\pi (\text{cm}^2)$$

02 답 ⑤   유형 01 + 유형 02

① 모서리의 개수는 $3 \times 4 = 12$
② 기둥의 두 밑면은 서로 합동이다.
③ 밑면이 다각형인 기둥은 옆면이 모두 직사각형이다.
④ 사각기둥의 겉넓이가 330 cm^{2}이므로
$$\left\{\frac{1}{2} \times (6+14) \times 3\right\} \times 2 + (5+6+5+14) \times x = 330$$
$$60 + 30x = 330$$
$$30x = 270 \qquad \therefore x = 9$$
⑤ $(\text{부피}) = \left\{\frac{1}{2} \times (6+14) \times 3\right\} \times 9$
$$= 270 (\text{cm}^3)$$
따라서 옳지 않은 것은 ⑤이다.

03 답 ④   유형 02

삼각기둥의 높이를 h cm라 하면 삼각기둥의 부피가 168 cm^{3}이므로
$$\left(\frac{1}{2} \times 8 \times 6\right) \times h = 168$$
$$24h = 168 \qquad \therefore h = 7$$
따라서 삼각기둥의 높이는 7 cm이다.

04 답 ④   유형 03

밑면의 중심각의 크기는 $\dfrac{360°}{6} = 60°$이므로
$$(\text{밑넓이}) = \pi \times 6^2 \times \frac{60}{360} = 6\pi (\text{cm}^2)$$
$$(\text{옆넓이}) = \left(2\pi \times 6 \times \frac{60}{360} + 6 \times 2\right) \times 3$$
$$= 6\pi + 36 (\text{cm}^2)$$
따라서
$$(\text{겉넓이}) = 6\pi \times 2 + (6\pi + 36)$$
$$= 18\pi + 36 (\text{cm}^2)$$
$$(\text{부피}) = 6\pi \times 3 = 18\pi (\text{cm}^3)$$
이므로 $a = 18\pi + 36$, $b = 18\pi$
$$\therefore a - b = (18\pi + 36) - 18\pi = 36$$

05 답 ③   유형 04

$$(\text{부피}) = 8^3 - \pi \times 3^2 \times 8$$
$$= 512 - 72\pi (\text{cm}^3)$$

06 답 ②   유형 05

주어진 입체도형의 겉넓이는 한 모서리의 길이가 7 cm인 정육면체의 겉넓이와 같으므로
$$(7 \times 7) \times 6 = 294 (\text{cm}^2)$$

07 답 ②   유형 06

주어진 평면도형을 직선 l을 회전축으로 하여 1회전 시킬 때 생기는 회전체는 오른쪽 그림과 같으므로

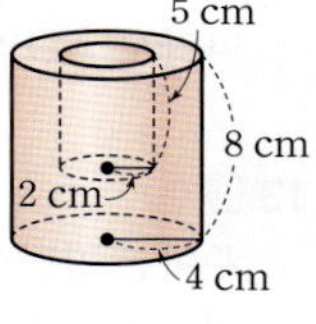

$(\text{부피}) = (\text{큰 원기둥의 부피})$
$$- (\text{작은 원기둥의 부피})$$
$$= (\pi \times 4^2) \times 8 - (\pi \times 2^2) \times 5$$
$$= 128\pi - 20\pi$$
$$= 108\pi (\text{cm}^3)$$

08 답 ③   유형 07

원뿔의 밑면의 반지름의 길이를 r cm라 하면
$$2\pi \times 12 \times \frac{120}{360} = 2\pi r$$
$$8\pi = 2\pi r \qquad \therefore r = 4$$
따라서 원뿔의 밑면의 반지름의 길이는 4 cm이므로
$$(\text{겉넓이}) = \pi \times 4^2 + \pi \times 4 \times 12$$
$$= 16\pi + 48\pi$$
$$= 64\pi (\text{cm}^2)$$

09 답 ②   유형 02 + 유형 08

$$(\text{사각뿔의 부피}) = \frac{1}{3} \times (6 \times 4) \times 8 = 64 (\text{cm}^3)$$
높이가 8 cm인 사각기둥의 밑넓이를 S cm^{2}라 하면
$$S \times 8 = 64$$
$$\therefore S = 8$$
따라서 사각기둥의 밑넓이는 8 cm^{2}이다.

10 답 ③ 유형 08

원뿔의 밑면의 반지름의 길이를 r cm라 하면

$$2\pi \times 12 \times \frac{270}{360} = 2\pi r$$

$$18\pi = 2\pi r \qquad \therefore r = 9$$

이때 원뿔의 높이를 h cm라 하면 원뿔의 부피가 135π cm³이므로

$$\frac{1}{3} \times (\pi \times 9^2) \times h = 135\pi \qquad \therefore h = 5$$

따라서 원뿔의 높이는 5 cm이다.

11 답 ① 유형 09

$(옆넓이) = \pi \times x \times 15 - \pi \times 4 \times 5 = 15\pi x - 20\pi \,(\text{cm}^2)$

이때 원뿔대의 옆넓이가 160π cm²이므로

$$15\pi x - 20\pi = 160\pi$$

$$15\pi x = 180\pi \qquad \therefore x = 12$$

12 답 ② 유형 10

$\overline{\text{CD}} = \overline{\text{GH}} = 6$ cm이고, 점 M은 $\overline{\text{CD}}$의 중점이므로

$\overline{\text{CM}} = 3$ cm

$\overline{\text{AD}} = h$ cm라 하면 $\overline{\text{BC}} = h$ cm이고

$\triangle \text{CGM}$을 밑면으로 생각하면 높이는 $\overline{\text{BC}}$의 길이이므로 삼각뿔 C$-$BGM의 부피는

$$\frac{1}{3} \times \left(\frac{1}{2} \times 3 \times 8 \right) \times h = 4h \,(\text{cm}^3)$$

이때 삼각뿔 C$-$BGM의 부피가 20 cm³이므로

$$4h = 20 \qquad \therefore h = 5$$

따라서 $\overline{\text{AD}}$의 길이는 5 cm이다.

13 답 ⑤ 유형 12

주어진 평면도형을 직선 l을 회전축으로 하여 1회전 시킬 때 생기는 회전체는 오른쪽 그림과 같으므로

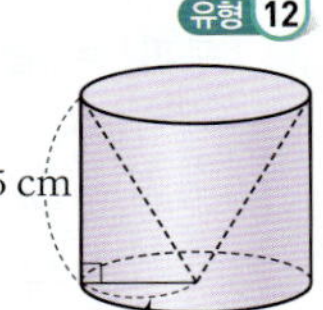

$(부피) = (원기둥의 부피) - (원뿔의 부피)$

$$= (\pi \times 3^2) \times 5 - \frac{1}{3} \times (\pi \times 3^2) \times 5$$

$$= 45\pi - 15\pi = 30\pi \,(\text{cm}^3)$$

14 답 ⑤ 유형 13

구의 반지름의 길이를 r cm라 하면 구의 중심을 지나는 평면으로 자를 때 생기는 단면의 넓이가 121π cm²이므로

$$\pi r^2 = 121\pi$$

$$r^2 = 121 \qquad \therefore r = 11$$

즉, 구의 반지름의 길이는 11 cm이다.

따라서 구의 겉넓이는

$$4\pi \times 11^2 = 484\pi \,(\text{cm}^2)$$

15 답 ③ 유형 02 + 유형 14

$$(구의 부피) = \frac{4}{3}\pi \times 6^3 = 288\pi \,(\text{cm}^3)$$

$$(원기둥의 부피) = (\pi \times 6^2) \times x = 36\pi x \,(\text{cm}^3)$$

이때 구의 부피와 원기둥의 부피가 서로 같으므로

$$288\pi = 36\pi x \qquad \therefore x = 8$$

16 답 ④ 유형 15

주어진 평면도형을 직선 l을 회전축으로 하여 1회전 시킬 때 생기는 회전체는 오른쪽 그림과 같으므로

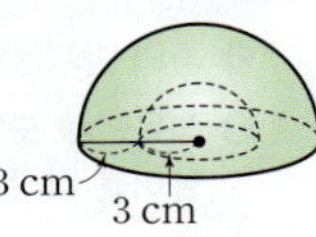

$(겉넓이)$

$= (큰 구의 겉넓이) \times \frac{1}{2} + (작은 구의 겉넓이) \times \frac{1}{2}$
$\qquad\qquad + \{(큰 원의 넓이) - (작은 원의 넓이)\}$

$= (4\pi \times 6^2) \times \frac{1}{2} + (4\pi \times 3^2) \times \frac{1}{2} + (\pi \times 6^2 - \pi \times 3^2)$

$= 72\pi + 18\pi + 27\pi$

$= 117\pi \,(\text{cm}^2)$

17 답 ① 유형 16

반지름의 길이가 r cm인 구의 부피가 36π cm³이므로

$$\frac{4}{3}\pi r^3 = 36\pi$$

$$r^3 = 27 \qquad \therefore r = 3$$

즉, 원뿔의 밑면의 반지름의 길이와 높이는 3 cm이다.

따라서 원뿔의 부피는

$$\frac{1}{3} \times (\pi \times 3^2) \times 3 = 9\pi \,(\text{cm}^3)$$

18 답 ③ 유형 16

원기둥 모양의 케이스의 밑면의 반지름의 길이는 $\frac{4}{2} = 2 \,(\text{cm})$,

높이는 $4 \times 2 = 8 \,(\text{cm})$이므로

$(케이스의 부피) = (\pi \times 2^2) \times 8 = 32\pi \,(\text{cm}^3)$

$(공 한 개의 부피) = \frac{4}{3}\pi \times 2^3 = \frac{32}{3}\pi \,(\text{cm}^3)$

따라서 빈 공간의 부피는

$$32\pi - \frac{32}{3}\pi \times 2 = \frac{32}{3}\pi \,(\text{cm}^3)$$

19 답 550π cm² 유형 01

잘리기 전의 원기둥은 다음 그림과 같다.

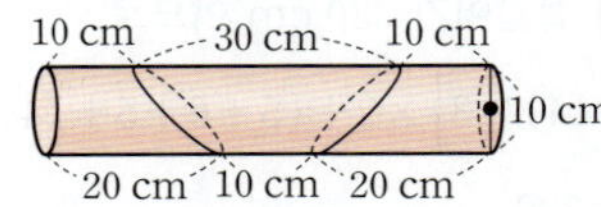

따라서 구하는 입체도형의 겉넓이는 밑면의 지름의 길이가 10 cm이고, 높이가 50 cm인 원기둥의 겉넓이와 같으므로 ······ ❶

$(겉넓이) = (\pi \times 5^2) \times 2 + 2\pi \times 5 \times 50$

$\qquad\qquad = 50\pi + 500\pi = 550\pi \,(\text{cm}^2)$ ······ ❷

채점 기준	배점
❶ 주어진 입체도형의 겉넓이와 잘리기 전의 원기둥의 겉넓이가 같음을 알기	4점
❷ 입체도형의 겉넓이 구하기	2점

20 답 36 cm³ 유형 08

사각뿔 O$-$PQRS의 밑면인 사각형 PQRS의 넓이는 정육면체의 한 면의 넓이의 $\frac{1}{2}$이다. ······ ❶

또한 사각뿔 O−PQRS의 높이는 정육면체의 한 모서리의 길이
와 같다. ...... ❷

따라서 구하는 부피는

$$\frac{1}{3} \times \left(\frac{1}{2} \times 6 \times 6\right) \times 6 = 36 \, (\text{cm}^3)$$ ...... ❸

채점 기준	배점
❶ 사각뿔의 밑면의 넓이와 정육면체의 한 면의 넓이 사이의 관계 알기	2점
❷ 사각뿔의 높이와 정육면체의 모서리의 길이 사이의 관계 알기	2점
❸ 사각뿔의 부피 구하기	3점

21 답 $76\pi \, \text{cm}^3$ 유형 08 + 유형 09

주어진 입체도형의 부피는 원뿔의 부피와 원뿔대의 부피의 합이
다.

$$(\text{원뿔의 부피}) = \frac{1}{3} \times (\pi \times 4^2) \times 9 = 48\pi \, (\text{cm}^3)$$ ...... ❶

$$(\text{원뿔대의 부피}) = \frac{1}{3} \times (\pi \times 4^2) \times 6 - \frac{1}{3} \times (\pi \times 2^2) \times 3$$
$$= 32\pi - 4\pi = 28\pi \, (\text{cm}^3)$$ ...... ❷

따라서 구하는 입체도형의 부피는
$$48\pi + 28\pi = 76\pi \, (\text{cm}^3)$$ ...... ❸

채점 기준	배점
❶ 원뿔의 부피 구하기	2점
❷ 원뿔대의 부피 구하기	3점
❸ 입체도형의 부피 구하기	1점

22 답 $432\pi \, \text{cm}^3$ 유형 11

병에 물을 가득 채웠을 때 물의 부피는 병을 똑바로 두었을 때의
물의 부피와 병을 거꾸로 했을 때의 빈 공간의 부피의 합이다. ...... ❶

병을 똑바로 두고 높이가 12 cm가 되도록 넣은 물의 부피는
$$(\pi \times 4^2) \times 12 = 192\pi \, (\text{cm}^3)$$ ...... ❷

병을 거꾸로 하여 물이 없는 부분의 높이가 15 cm가 되었을 때
의 빈 공간의 부피는
$$(\pi \times 4^2) \times 15 = 240\pi \, (\text{cm}^3)$$ ...... ❸

따라서 병에 물을 가득 채웠을 때 물의 부피는
$$192\pi + 240\pi = 432\pi \, (\text{cm}^3)$$ ...... ❹

채점 기준	배점
❶ 병을 똑바로 두었을 때의 물의 부피와 병을 거꾸로 했을 때의 빈 공간의 부피의 관계 알기	2점
❷ 병을 똑바로 두었을 때의 물의 부피 구하기	2점
❸ 병을 거꾸로 했을 때의 빈 공간의 부피 구하기	2점
❹ 병에 물을 가득 채웠을 때 물의 부피 구하기	1점

23 답 0   유형 16

$$a = (4\pi \times 9^2) \times \frac{1}{2} + \pi \times 9^2$$
$$= 162\pi + 81\pi = 243\pi$$ ...... ❶

$$b = \frac{1}{3} \times (\pi \times 9^2) \times 9 = 243\pi$$ ...... ❷

$$\therefore a - b = 243\pi - 243\pi = 0$$ ...... ❸

채점 기준	배점
❶ a의 값 구하기	2점
❷ b의 값 구하기	1점
❸ $a-b$의 값 구하기	1점

실전 중단원 학교 시험 2회 실력

148쪽~151쪽

01 ③	02 ②	03 ⑤	04 ②	05 ②
06 ④	07 ④	08 ⑤	09 ④	10 ④
11 ③	12 ④	13 ①	14 ④	15 ③
16 ③	17 ⑤	18 ④	19 256 cm³	
20 125π cm²		21 $(32\pi-64)$ cm³		
22 $\frac{32}{3}\pi$ cm³		23 36 cm³		

01 답 ③   유형 01

$$(\text{밑넓이}) = \frac{1}{2} \times (10+20) \times 12 = 180 \, (\text{cm}^2)$$
$$(\text{옆넓이}) = (10+13+20+13) \times 6 = 336 \, (\text{cm}^2)$$
$$\therefore (\text{겉넓이}) = 180 \times 2 + 336 = 696 \, (\text{cm}^2)$$

02 답 ②   유형 01

원기둥 A의 겉넓이는
$$(\pi \times 6^2) \times 2 + 2\pi \times 6 \times 12 = 72\pi + 144\pi = 216\pi \, (\text{cm}^2)$$
원기둥 B의 높이를 h cm라 하면 원기둥 B의 겉넓이는
$$(\pi \times 4^2) \times 2 + 2\pi \times 4 \times h = 32\pi + 8\pi h \, (\text{cm}^2)$$
이때 원기둥 A의 겉넓이와 원기둥 B의 겉넓이가 같으므로
$$216\pi = 32\pi + 8\pi h$$
$$184\pi = 8\pi h \qquad \therefore h = 23$$
따라서 원기둥 B의 높이는 23 cm이다.

03 답 ⑤   유형 02

$$(\text{밑넓이}) = \frac{1}{2} \times (2+5) \times 2 = 7 \, (\text{cm}^2)$$
$$\therefore (\text{부피}) = 7 \times 8 = 56 \, (\text{cm}^3)$$

04 답 ②   유형 03

$$(\text{밑넓이}) = \pi \times 3^2 \times \frac{120}{360} = 3\pi \, (\text{cm}^2)$$
$$(\text{옆넓이}) = \left(2\pi \times 3 \times \frac{120}{360} + 3 \times 2\right) \times 10$$
$$= 20\pi + 60 \, (\text{cm}^2)$$
$$\therefore (\text{겉넓이}) = 3\pi \times 2 + 20\pi + 60$$
$$= 26\pi + 60 \, (\text{cm}^2)$$

05 답 ②   유형 **04**

원기둥 모양의 파이의 부피는
$(\pi \times 10^2) \times 7 - (\pi \times 5^2) \times 7 = 700\pi - 175\pi$
$= 525\pi (\text{cm}^3)$

따라서 한 사람이 먹은 파이의 양은
$525\pi \div 7 = 75\pi (\text{cm}^3)$

06 답 ④   유형 **05**

$(\text{부피}) = 7 \times 4 \times 5 - \left(\dfrac{1}{2} \times 4 \times 3\right) \times 7$
$= 140 - 42 = 98 (\text{cm}^3)$

07 답 ④   유형 **05**

$(\text{겉넓이}) = \left\{3 \times 3 - \left(\pi \times 3^2 \times \dfrac{90}{360}\right)\right\} \times 2$
$+ \left(2\pi \times 3 \times \dfrac{90}{360} + 3 + 3\right) \times 6$
$= \left(18 - \dfrac{9}{2}\pi\right) + (9\pi + 36) = \dfrac{9}{2}\pi + 54 (\text{cm}^2)$

08 답 ⑤   유형 **06**

주어진 평면도형을 직선 l을 회전
축으로 하여 1회전 시킬 때 생기는
회전체는 오른쪽 그림과 같으므로
(겉넓이)
$= (\pi \times 4^2) \times 2 + (2\pi \times 4) \times 1 + (2\pi \times 1) \times 3$
$= 32\pi + 8\pi + 6\pi = 46\pi (\text{cm}^2)$

09 답 ④   유형 **07**

정사각뿔의 겉넓이가 120 cm²이므로
$6 \times 6 + \left(\dfrac{1}{2} \times 6 \times x\right) \times 4 = 120$
$36 + 12x = 120$
$12x = 84 \qquad \therefore x = 7$

10 답 ④   유형 **08**

주어진 입체도형의 부피는 두 원뿔의 부피의 합이다.
$\therefore (\text{부피}) = \dfrac{1}{3} \times (\pi \times 4^2) \times 8 + \dfrac{1}{3} \times (\pi \times 4^2) \times 5$
$= \dfrac{128}{3}\pi + \dfrac{80}{3}\pi = \dfrac{208}{3}\pi (\text{cm}^3)$

11 답 ③   유형 **09**

오른쪽 그림과 같이 부채꼴의 중심각의 크
기를 $x°$라 하면

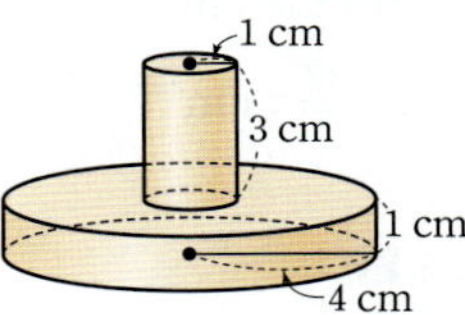

$2\pi \times 12 \times \dfrac{x}{360} = 2\pi \times 3$
$\dfrac{\pi}{15}x = 6\pi \qquad \therefore x = 90$

즉, 부채꼴의 중심각의 크기는 90°이므로
$2\pi \times 6 \times \dfrac{90}{360} = 2\pi \times a$
$3\pi = 2\pi a \qquad \therefore a = \dfrac{3}{2}$

따라서 원뿔대의 겉넓이는
$\pi \times \left(\dfrac{3}{2}\right)^2 + \pi \times 3^2 + \left(\pi \times 3 \times 12 - \pi \times \dfrac{3}{2} \times 6\right)$
$= \dfrac{9}{4}\pi + 9\pi + 27\pi = \dfrac{153}{4}\pi (\text{cm}^2)$

이므로 $b = \dfrac{153}{4}$

$\therefore b - \dfrac{3}{2}a = \dfrac{153}{4} - \dfrac{3}{2} \times \dfrac{3}{2} = 36$

12 답 ④   유형 **10**

$\overline{\text{DH}} = \overline{\text{CG}} = x$ cm라 하면
삼각뿔 C−MGD의 부피가 60 cm³이므로
$\dfrac{1}{3} \times \left(\dfrac{1}{2} \times \dfrac{10}{2} \times 8\right) \times x = 60 \qquad \therefore x = 9$
따라서 $\overline{\text{DH}}$의 길이는 9 cm이다.

13 답 ①   유형 **12**

직각삼각형 ABC를 $\overline{\text{AC}}$를 회전축으로 하여
1회전 시킬 때 생기는 회전체는 오른쪽 그림
과 같이 두 원뿔을 붙여 놓은 입체도형이다.
점 B에서 $\overline{\text{AC}}$에 내린 수선의 발을 H라 하
고 $\overline{\text{BH}}$의 길이를 r cm라 하면 직각삼각형
ABC에서

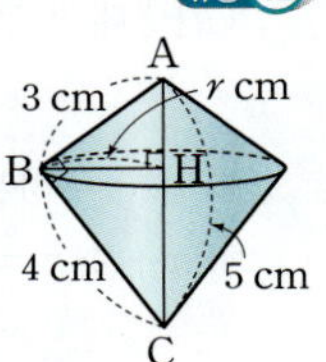

$\dfrac{1}{2} \times 4 \times 3 = \dfrac{1}{2} \times 5 \times r \qquad \therefore r = \dfrac{12}{5}$

따라서 회전체의 부피는 두 원뿔의 부피의 합이므로
$(\text{부피}) = \dfrac{1}{3} \times \pi \times \left(\dfrac{12}{5}\right)^2 \times \overline{\text{AH}} + \dfrac{1}{3} \times \pi \times \left(\dfrac{12}{5}\right)^2 \times \overline{\text{CH}}$
$= \dfrac{1}{3} \times \pi \times \left(\dfrac{12}{5}\right)^2 \times (\overline{\text{AH}} + \overline{\text{CH}})$
$= \dfrac{1}{3}\pi \times \left(\dfrac{12}{5}\right)^2 \times \overline{\text{AC}} = \dfrac{1}{3}\pi \times \left(\dfrac{12}{5}\right)^2 \times 5$
$= \dfrac{48}{5}\pi (\text{cm}^3)$

14 답 ④   유형 **01** + 유형 **13**

주어진 입체도형은 반구 두 개와 원기둥을 붙여 놓은 입체도형
이므로 입체도형의 겉넓이는 구의 겉넓이와 원기둥의 옆넓이의
합이다.
$\therefore (\text{겉넓이}) = 4\pi \times 3^2 + (2\pi \times 3) \times 6$
$= 36\pi + 36\pi = 72\pi (\text{cm}^2)$

15 답 ③   유형 **02** + 유형 **14**

물이 담긴 원기둥 모양의 그릇에 구를 완전히 잠기도록 넣으면
구의 부피만큼 물의 부피가 늘어난다.
즉, (구의 부피)=(늘어난 물의 부피)이므로 구를 완전히 잠기
도록 넣었을 때 더 올라간 물의 높이를 x cm라 하면
$\dfrac{4}{3}\pi \times 3^3 = \pi \times 8^2 \times x$
$36\pi = 64\pi x \qquad \therefore x = \dfrac{9}{16}$

따라서 더 올라간 물의 높이는 $\dfrac{9}{16}$ cm이다.

16 답 ③ 유형 14

(그릇의 부피)=(구의 부피)$\times\dfrac{1}{2}$

$\qquad\qquad\quad=\left(\dfrac{4}{3}\pi\times9^3\right)\times\dfrac{1}{2}$

$\qquad\qquad\quad=486\pi\,(\text{cm}^3)$

이때 1분에 18π cm³씩 물을 넣으므로 빈 그릇에 물을 가득 채우려면 $486\pi\div18\pi=27$(분)이 걸린다.

17 답 ⑤ 유형 15

주어진 평면도형을 직선 l을 회전축으로 하여 1회전 시킬 때 생기는 회전체는 오른쪽 그림과 같으므로

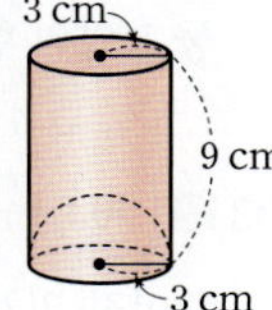

(겉넓이)

$=$(원의 넓이)$+$(원기둥의 옆넓이)

$\qquad\qquad\qquad+$(구의 겉넓이)$\times\dfrac{1}{2}$

$=\pi\times3^2+(2\pi\times3)\times9+(4\pi\times3^2)\times\dfrac{1}{2}$

$=9\pi+54\pi+18\pi$

$=81\pi\,(\text{cm}^2)$

18 답 ④ 유형 16

(원뿔의 부피)$=\dfrac{1}{3}\times\pi\times\left(\dfrac{3}{2}\right)^2\times3=\dfrac{9}{4}\pi\,(\text{cm}^3)$

(구의 부피)$=\dfrac{4}{3}\pi\times\left(\dfrac{3}{2}\right)^3=\dfrac{9}{2}\pi\,(\text{cm}^3)$

(구의 겉넓이)$=4\pi\times\left(\dfrac{3}{2}\right)^2=9\pi\,(\text{cm}^2)$

(원기둥의 부피)$=\pi\times\left(\dfrac{3}{2}\right)^2\times3=\dfrac{27}{4}\pi\,(\text{cm}^3)$

(원기둥의 겉넓이)$=\pi\times\left(\dfrac{3}{2}\right)^2\times2+2\pi\times\dfrac{3}{2}\times3=\dfrac{27}{2}\pi\,(\text{cm}^2)$

① $\dfrac{9}{4}\pi\div\dfrac{9}{2}\pi=\dfrac{9}{4}\pi\times\dfrac{2}{9\pi}=\dfrac{1}{2}$

즉, 원뿔의 부피는 구의 부피의 $\dfrac{1}{2}$이다.

② $\dfrac{9}{2}\pi:\dfrac{27}{4}\pi=2:3$

즉, 구와 원기둥의 부피의 비는 $2:3$이다.

③ $9\pi\div\dfrac{27}{2}\pi=9\pi\times\dfrac{2}{27\pi}=\dfrac{2}{3}$

즉, 구의 겉넓이는 원기둥의 겉넓이의 $\dfrac{2}{3}$이다.

④ 원기둥 모양의 통 안에 물을 가득 채워서 원뿔을 넣었다 뺀 후 남은 물의 양은 원기둥의 부피에서 원뿔의 부피를 뺀 것과 같다.

$\quad\therefore\ \dfrac{27}{4}\pi-\dfrac{9}{4}\pi=\dfrac{9}{2}\pi\,(\text{cm}^3)$

⑤ 구와 원기둥의 부피의 비가 $2:3$이므로 원기둥 모양의 통 안에 물을 가득 채워서 구를 넣으면 전체의 $\dfrac{2}{3}$만큼의 물이 흘러 나온다.

따라서 옳은 것은 ④이다.

참고 오른쪽 그림과 같이 원기둥에 구와 원뿔이 꼭 맞게 들어갈 때,

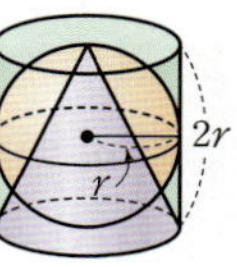

(원뿔의 부피) : (구의 부피) : (원기둥의 부피)

$=\dfrac{2}{3}\pi r^3:\dfrac{4}{3}\pi r^3:2\pi r^3$

$=1:2:3$

19 답 256 cm³ 유형 04

구멍을 뚫기 전 처음 정육면체의 부피는

$8^3=512\,(\text{cm}^3)$ ...... ❶

사각기둥 모양의 구멍 1개의 부피는

$(4\times4)\times8=128\,(\text{cm}^3)$ ...... ❷

사각기둥 모양의 구멍 3개가 겹치는 부분은 한 모서리의 길이가 4 cm인 정육면체이므로 부피는

$4^3=64\,(\text{cm}^3)$ ...... ❸

$\therefore\ (\text{부피})=512-128\times3+64\times2$

$\qquad\qquad\ =512-384+128=256\,(\text{cm}^3)$ ...... ❹

채점 기준	배점
❶ 구멍을 뚫기 전 처음 정육면체의 부피 구하기	1점
❷ 사각기둥 모양의 구멍 1개의 부피 구하기	2점
❸ 사각기둥 모양의 구멍 3개가 겹치는 부분의 부피 구하기	2점
❹ 입체도형의 부피 구하기	2점

20 답 125π cm² 유형 07

원뿔의 밑면의 둘레의 길이는

$2\pi\times5=10\pi\,(\text{cm})$ ...... ❶

원뿔의 모선의 길이를 l cm라 하면 원뿔이 점 O를 중심으로 네 바퀴를 구른 후 원래의 자리로 돌아오므로

$2\pi l=10\pi\times4$ $\quad\therefore\ l=20$ ...... ❷

따라서 원뿔의 겉넓이는

$\pi\times5^2+\pi\times5\times20=25\pi+100\pi=125\pi\,(\text{cm}^2)$ ...... ❸

채점 기준	배점
❶ 원뿔의 밑면의 둘레의 길이 구하기	2점
❷ 원뿔의 모선의 길이 구하기	2점
❸ 원뿔의 겉넓이 구하기	2점

21 답 $(32\pi-64)$ cm³ 유형 11

그릇을 밑면에 평행한 평면으로 자른 단면은 오른쪽 그림과 같다. ...... ❶

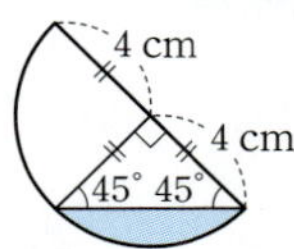

(색칠한 부분의 넓이)

$=\pi\times4^2\times\dfrac{90}{360}-\dfrac{1}{2}\times4\times4$

$=4\pi-8\,(\text{cm}^2)$ ...... ❷

$\therefore\ (\text{남아 있는 물의 부피})=(4\pi-8)\times8$

$\qquad\qquad\qquad\qquad\quad=32\pi-64\,(\text{cm}^3)$ ...... ❸

채점 기준	배점
❶ 그릇을 밑면에 평행한 평면으로 자른 단면의 형태 알기	2점
❷ 단면에서 색칠한 부분의 넓이 구하기	3점
❸ 남아 있는 물의 부피 구하기	2점

22 답 $\dfrac{32}{3}\pi\ \text{cm}^3$ 유형 **12**

주어진 평면도형을 직선 l을 회전축으로 하여 1회전 시킬 때 생기는 회전체는 오른쪽 그림과 같다. …… ❶

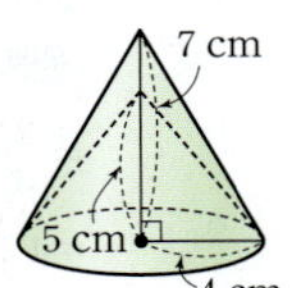

$\therefore$ (부피)
$=$(큰 원뿔의 부피)$-$(작은 원뿔의 부피)
$=\dfrac{1}{3}\times(\pi\times4^2)\times7-\dfrac{1}{3}\times(\pi\times4^2)\times5$
$=\dfrac{112}{3}\pi-\dfrac{80}{3}\pi$
$=\dfrac{32}{3}\pi\ (\text{cm}^3)$ …… ❷

채점 기준	배점
❶ 회전체의 모양 파악하기	2점
❷ 회전체의 부피 구하기	2점

23 답 $36\ \text{cm}^3$ 유형 **16**

정육면체의 각 면의 한가운데 점을 연결하여 만든 정다면체는 정팔면체이다. …… ❶
정팔면체의 부피는 밑면인 정사각형의 대각선의 길이가 $6\ \text{cm}$이고 높이가 $3\ \text{cm}$인 정사각뿔의 부피의 2배와 같다. …… ❷
따라서 구하는 정다면체의 부피는
$\left\{\dfrac{1}{3}\times\left(\dfrac{1}{2}\times6\times6\right)\times3\right\}\times2=36\,(\text{cm}^3)$ …… ❸

채점 기준	배점
❶ 만든 정다면체가 정팔면체임을 알기	2점
❷ 정팔면체의 부피와 정사각뿔의 부피의 관계 알기	2점
❸ 정다면체의 부피 구하기	2점

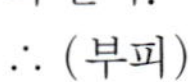 교과서 속 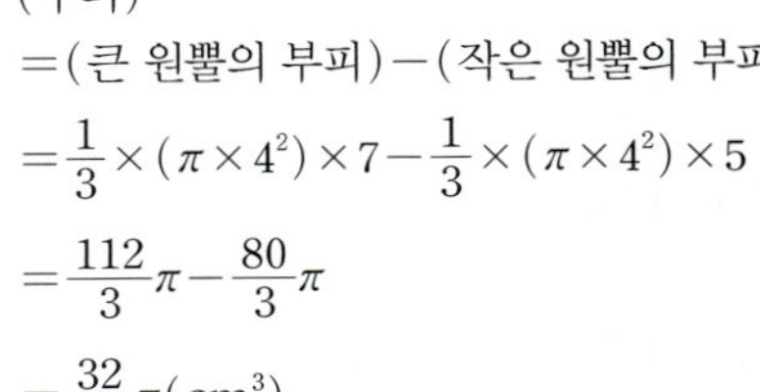 특이 문제   152쪽

01 답 $1200\pi\ \text{cm}^2$

원기둥의 전개도에서 옆면인 직사각형의 가로의 길이는 밑면의 둘레의 길이와 같으므로 고양이 실종 전단지의 가로의 길이는
$2\pi\times15=30\pi\,(\text{cm})$
따라서 고양이 실종 전단지로 둘러싸인 부분의 넓이는
$30\pi\times40=1200\pi\,(\text{cm}^2)$

02 답 3개

뿔의 부피는 밑면이 합동이고 높이가 같은 기둥의 부피의 $\dfrac{1}{3}$이므로 기둥의 부피는 밑면이 합동이고 높이가 같은 뿔의 부피의 3배이다.
이때 그림 ㈎의 사각뿔과 그림 ㈏의 사각기둥은 밑면이 합동이고, 그림 ㈎의 사각뿔의 높이가 그림 ㈏의 사각기둥의 높이의 9배이므로 그림 ㈎의 사각뿔의 부피는 그림 ㈏의 사각기둥의 부피의 $\dfrac{1}{3}\times9=3$(배)이다.
따라서 그림 ㈎의 사각뿔 모양의 향초를 녹여 그림 ㈏의 사각기둥 모양의 향초를 최대 3개까지 만들 수 있다.

03 답 $\left(40\pi+\dfrac{80}{3}\right)\text{cm}^3$

주어진 입체도형을 다음 그림과 같이 두 입체도형으로 나누어 보자.

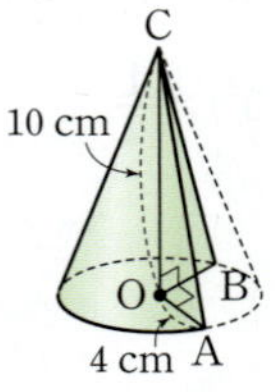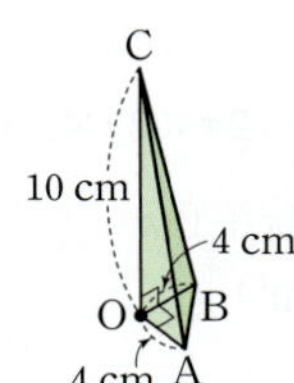

즉, 주어진 입체도형은 밑면의 반지름의 길이가 $4\ \text{cm}$이고, 높이가 $10\ \text{cm}$인 원뿔의 $\dfrac{3}{4}$인 입체도형과 밑면이 $\triangle\text{OAB}$이고 높이가 $10\ \text{cm}$인 삼각뿔로 이루어져 있다.
(원뿔의 부피)$=\dfrac{1}{3}\times(\pi\times4^2)\times10$
$=\dfrac{160}{3}\pi\,(\text{cm}^3)$
(삼각뿔의 부피)$=\dfrac{1}{3}\times\left(\dfrac{1}{2}\times4\times4\right)\times10$
$=\dfrac{80}{3}\,(\text{cm}^3)$
따라서 구하는 입체도형의 부피는
$\dfrac{3}{4}\times\dfrac{160}{3}\pi+\dfrac{80}{3}=40\pi+\dfrac{80}{3}\,(\text{cm}^3)$

04 답 풀이 참조
(A 용기의 부피)$=(\pi\times9^2)\times4$
$=324\pi\,(\text{cm}^3)$
(B 용기의 부피)$=(\pi\times11^2)\times3$
$=363\pi\,(\text{cm}^3)$
(C 용기의 부피)$=\dfrac{1}{3}\times(\pi\times9^2)\times12$
$=324\pi\,(\text{cm}^3)$
즉, A 용기와 C 용기의 부피가 같다.
A 용기의 겉넓이는
$\pi\times9^2+2\pi\times9\times4=81\pi+72\pi=153\pi\,(\text{cm}^2)$
C 용기의 겉넓이는
$\pi\times9\times15=135\pi\,(\text{cm}^2)$
따라서 겉넓이가 작은 C 용기의 제작 비용이 가장 적으므로 사탕 가게에서 사용할 용기는 C이다.

VIII. 자료의 정리와 해석

1 자료의 정리와 해석

1 답 8

$$(\text{평균}) = \frac{2+3+8+10+11+14}{6} = \frac{48}{6} = 8$$

2 답 (1) 7 (2) 13

(1) 변량을 작은 값부터 크기순으로 나열하면

4, 5, 7, 7, 9

변량의 개수가 5이므로 중앙값은 3번째 변량인 7이다.

(2) 변량을 작은 값부터 크기순으로 나열하면

10, 12, 12, 14, 15, 17

변량의 개수가 6이므로 중앙값은 3번째와 4번째 변량의 평균

인 $\frac{12+14}{2} = \frac{26}{2} = 13$

3 답 (1) 6 (2) 2, 3

(1) 6이 3개, 2, 5, 8, 9가 각각 1개이므로 자료에서 가장 많이 나

타나는 값은 6이다. 따라서 최빈값은 6이다.

(2) 2가 2개, 3이 2개, 1, 4, 5가 각각 1개이므로 자료에서 가장

많이 나타나는 값은 2, 3이다. 따라서 최빈값은 2, 3이다.

4 답 (1) 0, 4, 5 (2) 0

(2) 줄기가 0인 잎의 개수는 5, 줄기가 1인 잎의 개수는 3, 줄기

가 2인 잎의 개수는 2이므로 잎이 가장 많은 줄기는 0이다.

5 답 (1) 3 (2) 10분 (3) 0분 이상 10분 미만

(1) 계급은 0분 이상 10분 미만, 10분 이상 20분 미만, 20분 이상

30분 미만의 3개이다.

(2) 계급의 크기는

$10-0 = 20-10 = 30-20 = 10(\text{분})$

(3) 0분 이상 10분 미만인 계급의 도수가 9명으로 가장 크다.

6 답 (1) 5 (2) 15분 (3) 23명

(1) 계급은 15분 이상 30분 미만, 30분 이상 45분 미만, 45분 이

상 60분 미만, 60분 이상 75분 미만, 75분 이상 90분 미만의

5개이다.

(2) 계급의 크기는

$30-15 = 45-30 = \cdots = 90-75 = 15(\text{분})$

(3) 전체 학생은

$2+6+7+5+3 = 23(\text{명})$

7 답 (1) 6 (2) 1시간 (3) 1명

(1) 계급은 1시간 이상 2시간 미만, 2시간 이상 3시간 미만, 3시

간 이상 4시간 미만, 4시간 이상 5시간 미만, 5시간 이상 6시

간 미만, 6시간 이상 7시간 미만의 6개이다.

(2) 계급의 크기는

$2-1 = 3-2 = \cdots = 7-6 = 1(\text{시간})$

(3) 5시간 이상 6시간 미만인 계급의 도수가 1명으로 가장 작다.

8 답 0.08, 0.12, 0.32, 0.48, 그래프는 풀이 참조

점수(점)	도수(명)	상대도수
$0^{\text{이상}} \sim 10^{\text{미만}}$	2	$\frac{2}{25} = 0.08$
10 ~20	3	$\frac{3}{25} = 0.12$
20 ~30	8	$\frac{8}{25} = 0.32$
30 ~40	12	$\frac{12}{25} = 0.48$
합계	25	1

도수분포다각형 모양의 그래프로 나타내면 다음과 같다.

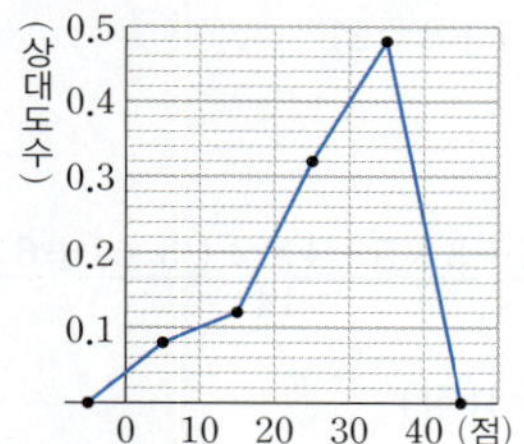

유형 01 평균, 중앙값, 최빈값

(1) 평균 : 변량의 총합을 변량의 개수로 나눈 값

(2) 중앙값 : 자료를 작은 값부터 크기순으로 나열하였을 때 가운

데 위치한 값

(3) 최빈값 : 자료에서 가장 많이 나타나는 값

01 답 ③

$$(\text{평균}) = \frac{60+80+90+40+60}{5} = \frac{330}{5} = 66(\text{분})$$

02 답 ③

변량을 작은 값부터 크기순으로 나열하면

190, 200, 200, 210, 220, 230, 300

변량의 개수가 7이므로 중앙값은 4번째 변량인 210 g이다.

03 답 ④

농구가 7명으로 가장 많으므로 최빈값은 농구이다.

04 답 ③, ④

① 최빈값은 자료에서 가장 많이 나타나는 값으로 자료에 따라

두 개 이상일 수도 있다.

② 중앙값은 변량의 개수가 짝수이면 변량을 작은 값부터 크기

순으로 나열하였을 때 한가운데에 있는 두 값의 평균이므로

자료에 있는 값에서 중앙값이 나오지 않을 수도 있다.

⑤ 평균과 중앙값은 같을 수도 있다.

따라서 옳은 것은 ③, ④이다.

05 답 21

$$(\text{평균})=\frac{8+3+8+8+10+4+3+8+6+2}{10}$$
$$=\frac{60}{10}=6(\text{회})$$

변량을 작은 값부터 크기순으로 나열하면
2, 3, 3, 4, 6, 8, 8, 8, 8, 10
변량의 개수가 10이므로 중앙값은 5번째와 6번째 변량의 평균인
$$\frac{6+8}{2}=7(\text{회})$$
8회가 4명으로 가장 많으므로 최빈값은 8회
따라서 $a=6$, $b=7$, $c=8$이므로
$a+b+c=6+7+8=21$

06 답 ⑤

$$(\text{평균})=\frac{2\times2+3\times5+4\times2+5\times1+6\times4}{14}$$
$$=\frac{56}{14}=4(\text{점})$$

변량의 개수가 14이므로 중앙값은 7번째와 8번째 변량의 평균인
$$\frac{3+4}{2}=3.5(\text{점})$$
3점이 5회로 가장 많으므로 최빈값은 3점
따라서 $a=4$, $b=3.5$, $c=3$이므로
$c<b<a$

유형 02 적절한 대푯값 찾기

(1) 여러 대푯값 중에서 일반적으로 평균을 가장 많이 사용한다.
(2) 자료의 값 중에서 매우 크거나 매우 작은 값, 즉 극단적인 값
   이 있는 경우에 대푯값은 평균보다 중앙값이 더 적절하다.
(3) 자료의 수가 많고, 자료에 같은 값이 여러 번 나타나는 경우에
   는 최빈값을 대푯값으로 많이 사용한다.

07 답 ⑤

⑤ 자료에 극단적인 값 1000이 있으므로 평균보다는 중앙값
   이 자료 전체의 특징을 대표적으로 더 잘 나타낸다. 따라서
   평균은 대푯값으로 적절하지 않다.

08 답 ④

① $(\text{평균})=\dfrac{7+4+4+8+5+7+4+25}{8}=\dfrac{64}{8}=8(\text{만 원})$

② 변량을 작은 값부터 크기순으로 나열하면
   4, 4, 4, 5, 7, 7, 8, 25
   변량의 개수가 8이므로 중앙값은 4번째와 5번째 변량의 평균
   인 $\dfrac{5+7}{2}=6(\text{만 원})$

③ 4만 원이 3명으로 가장 많으므로 최빈값은 4만 원이다.

④ 자료에 극단적인 값 25만 원이 있으므로 평균보다는 중앙값
   이 이 자료 전체의 특징을 대표적으로 더 잘 나타낸다고 할
   수 있다.

따라서 옳지 않은 것은 ④이다.

심화유형 03 대푯값이 주어질 때 변량 구하기

(1) 평균이 주어질 때 ➡ $(\text{평균})=\dfrac{(\text{변량의 총합})}{(\text{변량의 개수})}$ 임을 이용한다.
(2) 중앙값이 주어질 때 ➡ 자료를 작은 값부터 크기순으로 나열
   한 후, 미지수인 변량이 몇 번째 위치에 놓이는지 파악한다.
(3) 최빈값이 주어질 때 ➡ 미지수인 변량이 최빈값이 되는 경우
   를 모두 확인한다.

09 답 1일, 2일

$$\frac{3+4+1+5+x+1+6+2+2+5+2+4}{12}=\frac{x+35}{12}=3$$
이므로 $x+35=36$ $\therefore x=1$
따라서 1일과 2일이 3명으로 가장 많으므로 최빈값은 1일, 2일
이다.

10 답 7

x를 제외하고 변량을 작은 값부터 크기순으로 나열하면
4, 6, 9, 11, 14
x를 포함한 변량의 개수가 6이므로 3번째와 4번째 변량의 평균
이 8이어야 한다.
즉, $6<x<9$이므로
$$\frac{x+9}{2}=8,\ x+9=16 \therefore x=7$$

11 답 8

$$(\text{평균})=\frac{10+7+9+8+12+9+x+9}{8}=\frac{x+64}{8}(\text{골})$$

한편, 9골이 3회로 가장 많으므로 x의 값에 관계없이 최빈값은
9골이다.
이때 평균과 최빈값이 같으므로
$$\frac{x+64}{8}=9,\ x+64=72 \therefore x=8$$

유형 04 줄기와 잎 그림

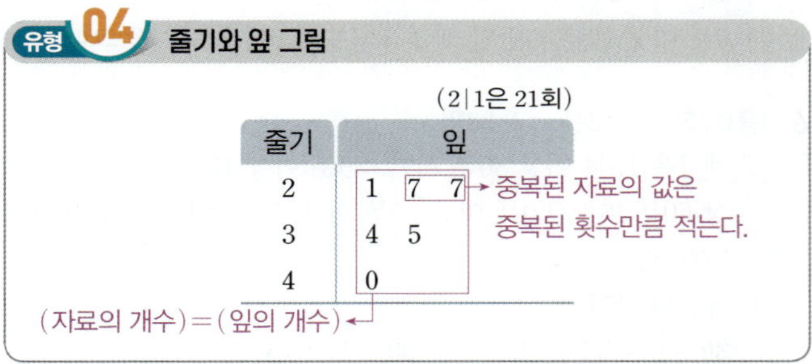

12 답 ③

② 지환이네 반 전체 학생은 $2+9+7+6=24(\text{명})$

③ 통학 시간이 20분보다 더 긴 학생은 $3+6=9(\text{명})$

④ 통학 시간이 30분 이상인 학생은 6명이므로 전체의
   $$\frac{6}{24}\times100=25(\%)$$

⑤ 통학 시간이 가장 긴 학생의 통학 시간은 39분, 가장 짧은 학
   생의 통학 시간은 5분이므로 통학 시간의 차는
   $$39-5=34(\text{분})$$

따라서 옳지 않은 것은 ③이다.

13 답 20 %
전체 학생은 $10+6+3+1=20$(명)이고
책을 20권 이상 읽은 학생은 $3+1=4$(명)이므로
전체의 $\dfrac{4}{20}\times100=20(\%)$

14 답 2회
남학생 중 5등인 학생의 기록은 19회이고 여학생 중 3등인 학생
의 기록은 17회이므로 두 학생의 기록의 차는 $19-17=2$(회)

유형 05 도수분포표

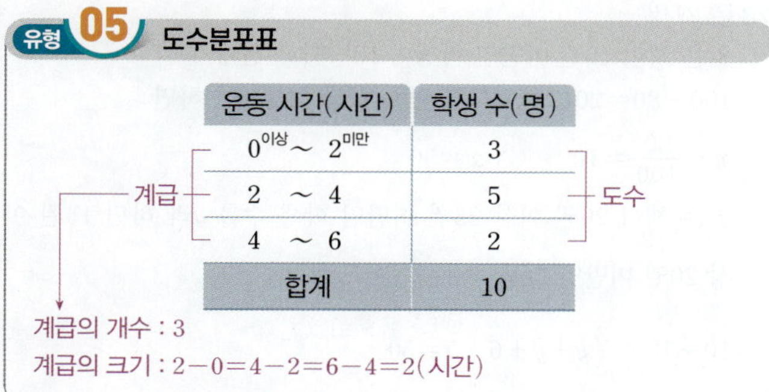

운동 시간(시간)	학생 수(명)
$0^{이상}\sim 2^{미만}$	3
$2\ \sim\ 4$	5
$4\ \sim\ 6$	2
합계	10

계급의 개수 : 3
계급의 크기 : $2-0=4-2=6-4=2$(시간)

---

15 답 ㄱ, ㄷ, ㄹ
ㄴ. 가장 작은 변량의 값은 알 수 없다.
ㄹ. 맥박 수가 85회 이상인 학생은 $6+2=8$(명)
따라서 옳은 것은 ㄱ, ㄷ, ㄹ이다.

16 답 12
$A+B=36-(7+4+1)=24$
이때 $B=3A$이므로 $A+3A=24$
$4A=24$ $\quad\therefore A=6$
따라서 $B=3A=3\times6=18$이므로
$B-A=18-6=12$

17 답 40 %
점수가 40점 미만인 학생이 전체의 20 %이므로
$35\times\dfrac{20}{100}=7$(명)
따라서 점수가 40점 이상 60점 미만인 학생은
$35-(7+11+3)=14$(명)이므로
전체의 $\dfrac{14}{35}\times100=40(\%)$

유형 06 히스토그램

히스토그램에서
(1) (직사각형의 가로의 길이)=(계급의 크기)
(2) (직사각형의 세로의 길이)=(계급의 도수)
(3) (직사각형의 개수)=(계급의 개수)

18 답 ④
① 계급의 개수는 직사각형의 개수와 같으므로 6이다.

---

② 계급의 크기는
$50-40=60-50=\cdots=100-90=10$(점)
③ 전체 학생은 $3+5+8+7+6+1=30$(명)
④ 수학 성적이 80점 이상인 학생은 $6+1=7$(명)
⑤ 도수가 가장 큰 계급은 도수가 8명인 60점 이상 70점 미만이다.
따라서 옳지 않은 것은 ④이다.

19 답 42
조사한 전체 나무는
$3+4+6+5+3+4=25$(그루)이므로 $a=25$
계급의 크기는
$35-30=40-35=\cdots=60-55=5$(cm)이므로 $b=5$
1년 동안 자란 키가 45 cm 이상인 나무는
$5+3+4=12$(그루)이므로 $c=12$
$\therefore a+b+c=25+5+12=42$

20 답 (1) 9명 (2) 32 %
(1) 7.4초 미만인 학생이 3명, 7.8초 미만인 학생이 $3+5=8$(명)
이므로 기록이 빠른 쪽에서 9번째인 학생이 속하는 계급은
7.8초 이상 8.2초 미만이고 이 계급의 도수는 9명이다.
(2) 전체 학생은 $3+5+9+6+2=25$(명)이고
기록이 8.2초 이상인 학생은 $6+2=8$(명)이므로
전체의 $\dfrac{8}{25}\times100=32(\%)$

21 답 6배
계급의 크기는 $10-0=20-10=\cdots=60-50=10$(세)이고
도수의 총합은 $2+4+11+12+7+6=42$(명)이므로 모든 직
사각형의 넓이의 합은 $10\times42=420$
40세 이상 50세 미만인 계급의 도수는 7명이므로 이 계급의 직
사각형의 넓이는 $10\times7=70$
따라서 모든 직사각형의 넓이의 합은 40세 이상 50세 미만인 계
급의 직사각형의 넓이의 $\dfrac{420}{70}=6$(배)

다른 풀이
직사각형의 넓이는 도수에 정비례한다.
도수의 총합은 $2+4+11+12+7+6=42$(명)이고
40세 이상 50세 미만인 계급의 도수는 7명이므로
모든 직사각형의 넓이의 합은 40세 이상 50세 미만인 계급의 직
사각형의 넓이의 $\dfrac{42}{7}=6$(배)

유형 07 도수분포다각형

도수분포다각형 : 히스토그램에서 각 직사각형의 윗변의 중앙에
점을 찍고, 히스토그램의 양 끝에 도수가 0인 계급이 하나씩 더
있는 것으로 생각하여 그 중앙에 점을 찍은 후 차례대로 선분으
로 연결하여 나타낸 그래프

참고 도수분포다각형에서 계급의 개수를 셀 때, 양 끝에 도수가 0인
계급은 세지 않는다.

22 답 (1) 10분 (2) 21 (3) 210

(1) 계급의 크기는
$$20-10=30-20=\cdots=60-50=10(분)$$
(2) 전체 학생은
$$4+8+6+2+1=21(명)$$
(3) 도수분포다각형과 가로축으로 둘러싸인 부분의 넓이는
(계급의 크기)×(도수의 총합)$=10\times21=210$

23 답 ①

① 계급의 개수는 5이다.
② 전체 학생은 $8+9+12+10+6=45$(명)
③ 도수가 가장 작은 계급은 도수가 6명인 8시간 이상 9시간 미만이다.
④ 4시간 이상 5시간 미만인 계급의 도수가 8명, 5시간 이상 6시간 미만인 계급의 도수가 9명이므로 운동 시간이 10번째로 짧은 학생이 속하는 계급은 5시간 이상 6시간 미만이다.
⑤ 운동 시간이 5시간 이상 6시간 미만인 학생은 9명이므로 전체의 $\dfrac{9}{45}\times100=20(\%)$이다.

따라서 옳지 않은 것은 ①이다.

24 답 30점

전체 학생은 $3+4+6+8+5+4=30$(명)
상위 30 %는 $30\times\dfrac{30}{100}=9$(명)이고 수행 평가 점수가 30점 이상인 학생이 $5+4=9$(명)이므로 상위 30 % 안에 드는 학생의 점수는 최소 30점이다.

25 답 ③

색칠한 두 삼각형은 밑변의 길이와 높이가 각각 같으므로 넓이도 같다.
$$\therefore S_1=S_2$$

유형 08 찢어진 히스토그램 또는 도수분포다각형

(1) 도수의 총합이 주어진 경우
(보이지 않는 계급의 도수)
$=$ (도수의 총합)$-$(보이는 계급의 도수의 합)
(2) 도수의 총합이 주어지지 않은 경우
❶ 주어진 조건을 이용하여 도수의 총합을 구한다.
❷ 도수의 총합을 이용하여 보이지 않는 부분의 도수를 구한다.

26 답 ③

통학 시간이 30분 미만인 학생은 $7+9=16$(명)이고 전체의 40 %이므로 전체 학생 수를 x라 하면
$$x\times\dfrac{40}{100}=16 \qquad \therefore x=40$$
따라서 통학 시간이 30분 이상 40분 미만인 학생은 모두
$$40-(7+9+8+3)=13(명)$$

27 답 4명

60점 이상 70점 미만인 학생이 3명이고 전체의 15 %이므로 전체 학생 수를 x라 하면
$$x\times\dfrac{15}{100}=3 \qquad \therefore x=20$$
70점 이상 80점 미만인 학생 수를 y라 하면
50점 이상 60점 미만인 학생 수는 $(y-2)$이므로
$2+(y-2)+3+y+3+2=20$에서
$8+2y=20 \qquad \therefore y=6$
따라서 50점 이상 60점 미만인 학생은 $6-2=4$(명)

28 답 21명

읽은 책이 10권 미만인 학생이 10명이고 전체의
$100-80=20(\%)$이므로 전체 학생 수를 x라 하면
$$x\times\dfrac{20}{100}=10 \qquad \therefore x=50$$
읽은 책이 20권 이상 25권 미만인 학생 수를 y라 하면 15권 이상 20권 미만인 학생 수는 $\dfrac{3}{5}y$이므로
$$10+13+\dfrac{3}{5}y+y+6+5=50$$
$34+\dfrac{8}{5}y=50,\ \dfrac{8}{5}y=16 \qquad \therefore y=10$
따라서 읽은 책이 20권 이상인 학생은
$$y+6+5=10+6+5=21(명)$$

유형 09 두 도수분포다각형의 비교

도수분포다각형은 도수의 총합이 같은 두 개 이상의 자료의 분포 상태를 동시에 나타내어 비교할 때 편리하다.
→ 그래프가 오른쪽으로 치우쳐 있으면 변량이 큰 자료가 많다.

29 답 ③

① 남학생은 $3+6+4+2=15$(명),
   여학생은 $5+7+3=15$(명)으로
   학생 수는 서로 같다.
② 반 전체 학생은 $15+15=30$(명)
③ 180 cm 이상을 뛴 여학생은 없다.
④ 160 cm 이상을 뛴 남학생은 $6+4+2=12$(명)이고 여학생은 3명이므로 남학생이 여학생보다 $12-3=9$(명) 더 많다.
⑤ 남학생의 그래프가 여학생의 그래프보다 오른쪽으로 더 치우쳐 있으므로 기록이 더 좋다고 말할 수 있다.

30 답 ㄱ, ㄴ

ㄱ. 남학생은 $2+4+7+5+2=20$(명),
   여학생은 $3+6+6+4+1=20$(명)으로 학생 수는 서로 같다.
ㄴ. 남학생의 그래프가 오른쪽으로 더 치우쳐 있으므로 남학생이 여학생보다 대체로 무거운 편이다.
ㄷ. 몸무게가 80 kg 이상 90 kg 미만인 학생 수는 남학생이 여학생보다 더 많지만 가장 무거운 학생의 성별은 알 수 없다.
ㄹ. 여학생 중 몸무게가 65 kg인 학생이 있는지 알 수 없다.
따라서 옳은 것은 ㄱ, ㄴ이다.

31 답 361

1반의 학생은 $3+6+10+8=27$(명),
2반의 학생은 $4+9+8+6=27$(명)이므로 두 반의 학생은 27
명으로 서로 같다. $\therefore a=27$
1반에서 도수가 가장 큰 계급은 160 cm 이상 170 cm 미만이므로
$b=160$, $c=170$
1반에서 키가 4번째로 작은 학생의 키는 150 cm 이상 160 cm
미만이므로 이 학생보다 키가 작은 학생은 2반에 적어도 4명 존
재한다. $\therefore d=4$
$\therefore a+b+c+d=27+160+170+4=361$

유형 10 상대도수

(1) 상대도수
→ 도수의 총합에 대한 각 계급의 도수의 비율
→ (어떤 계급의 상대도수) $=\dfrac{(\text{그 계급의 도수})}{(\text{도수의 총합})}$

(2) 상대도수의 특징
① 상대도수는 0 이상 1 이하인 수이다.
② 상대도수의 총합은 항상 1이다.
③ 각 계급의 상대도수는 그 계급의 도수에 정비례한다.

32 답 20명

20초 이상 30초 미만인 계급의 도수가 8명이고 이 계급의 상대
도수는 0.4이므로 전체 도수인 특강반 강습생은 $\dfrac{8}{0.4}=20$(명)

33 답 0.2

전체 도수는 30개이고 57 g 이상 58 g 미만인 계급의 도수는 6개
이므로 이 계급의 상대도수는 $\dfrac{6}{30}=0.2$

34 답 0.25

전체 도수는 $25+30+45+40+30+10=180$(명)이고 2시간
이상 3시간 미만인 계급의 도수는 45명이므로
이 계급의 상대도수는 $\dfrac{45}{180}=0.25$

35 답 0.34

전체 도수는 $13+17+12+6+2=50$(명)이고 도수가 가장 큰
계급은 10분 이상 15분 미만으로 이 계급의 도수는 17명이다.
따라서 구하는 상대도수는 $\dfrac{17}{50}=0.34$

36 답 0.5

A 학교에서 안경을 쓴 학생은 $360\times0.375=135$(명)
따라서 B 학교에서 안경을 쓴 학생도 135명이므로 안경을 쓴 학
생의 상대도수는 $\dfrac{135}{270}=0.5$

참고 (어떤 계급의 도수) = (도수의 총합) × (그 계급의 상대도수)

유형 11 상대도수의 분포표

(1) 상대도수의 분포표 : 각 계급의 상대도수를 나타낸 표
(2) 상대도수의 분포표에서는 도수의 총합, 계급의 도수, 상대도수
중 어느 두 가지가 주어지면 나머지 한 가지를 구할 수 있다.

37 답 ②

2회 이상 4회 미만인 계급의 도수는 64명, 상대도수는 0.32이므로
$E=\dfrac{64}{0.32}=200$
$A=200\times0.41=82$, $B=200\times0.175=35$
$C=\dfrac{12}{200}=0.06$, $D=\dfrac{2}{200}=0.01$
따라서 옳지 않은 것은 ②이다.

38 답 60명

메시지 수가 40통 이상 50통 미만인 계급의 상대도수는
$1-(0.1+0.2+0.25+0.3)=0.15$
따라서 이 계급의 학생은 $400\times0.15=60$(명)

39 답 $A=0.3$, $B=360$, $C=1$, 108명

0시간 이상 10시간 미만인 계급의 도수가 72명, 상대도수는 0.2
이므로 $B=\dfrac{72}{0.2}=360$
상대도수의 총합은 1이므로 $C=1$
20시간 이상 30시간 미만인 계급의 도수가 90명이므로 이 계급
의 상대도수는 $\dfrac{90}{360}=0.25$
$\therefore A=1-(0.2+0.1+0.25+0.15)=0.3$
독서 시간이 40시간 이상인 학생은 $360\times0.15=54$(명),
독서 시간이 30시간 이상인 학생은 $360\times(0.3+0.15)=162$(명)
이므로 독서 시간이 100번째로 많은 학생이 속하는 계급은 30시
간 이상 40시간 미만이다.
따라서 이 계급의 도수는 $360\times0.3=108$(명)

유형 12 찢어진 상대도수의 분포표

도수와 상대도수가 모두 주어진 계급을 이용하여 도수의 총합을
먼저 구한다.
→ (도수의 총합) $=\dfrac{(\text{그 계급의 도수})}{(\text{어떤 계급의 상대도수})}$

40 답 120명

60점 이상 70점 미만인 계급의 도수가 30명이고 이 계급의 상대
도수가 0.25이므로 도수의 총합은 $\dfrac{30}{0.25}=120$(명)

41 답 0.3

60점 이상 70점 미만인 계급의 도수는 4명, 상대도수는 0.2이므
로 반 전체 학생은 $\dfrac{4}{0.2}=20$(명)

따라서 70점 이상 80점 미만인 계급의 상대도수는 $\dfrac{6}{20}=0.3$

42 답 14명
기록이 11초 이상 12초 미만인 학생은 $80\times0.1=8$(명),
기록이 12초 이상 13초 미만인 학생이 12명이고 14초 이상인 학생이 전체의 57.5 %이므로 14초 이상인 학생은
$80\times0.575=46$(명)
따라서 기록이 13초 이상 14초 미만인 학생은
$80-(8+12+46)=14$(명)

유형 **13** 도수의 총합이 다른 두 집단의 상대도수
도수의 총합이 다른 두 자료의 분포 상태를 비교할 때는 상대도수를 이용하면 편리하다.
주의 도수의 총합이 다르므로 각 계급의 도수를 비교하는 것은 의미가 없다.

43 답 ②, ④
두 중학교의 수학 학력 평가 점수를 상대도수의 분포표로 나타내면 다음과 같다.

점수(점)	상대도수	
	A 중학교	B 중학교
50 이상 ~ 60 미만	0.14	0.14
60 ~ 70	0.19	0.18
70 ~ 80	0.34	0.32
80 ~ 90	0.22	0.26
90 ~100	0.11	0.1
합계	1	1

① 상대도수를 알 수 있으므로 두 집단을 비교할 수 있다.
③ 60점 이상 70점 미만인 학생의 비율은 A 중학교가 더 높다.
④ B 중학교의 80점 이상인 학생은 B 중학교 전체의
 $(0.26+0.1)\times100=36$(%)이므로 30 % 이상이다.
⑤ 80점 이상 90점 미만인 계급의 상대도수는 B 중학교가 A 중학교보다 더 크다.
따라서 옳은 것은 ②, ④이다.

44 답 2개
1학년 전체와 1반 학생들의 하루 동안의 스마트폰 사용 시간을 상대도수의 분포표로 나타내면 다음과 같다.

사용 시간(시간)	상대도수	
	전체	1반
0 이상 ~1 미만	0.15	0.12
1 ~2	0.2	0.16
2 ~3	0.3	0.32
3 ~4	0.25	0.28
4 ~5	0.1	0.12
합계	1	1

따라서 1학년 전체가 1반보다 상대도수가 더 큰 계급은 0시간 이상 1시간 미만과 1시간 이상 2시간 미만으로 모두 2개이다.

유형 **14** 상대도수의 분포를 나타낸 그래프
상대도수의 분포를 나타낸 그래프는 상대도수의 분포표를 히스토그램이나 도수분포다각형 모양으로 나타낸 그래프이다.
(1) 가로축 ➔ 계급의 양 끝 값
(2) 세로축 ➔ 상대도수

45 답 ㄱ, ㄴ, ㄷ
ㄱ. 상대도수의 총합은 항상 1이다.
ㄴ. 앉은키가 85 cm 이상인 학생이 8명이고 이 계급의 상대도수가 0.2이므로 전체 학생은 $\dfrac{8}{0.2}=40$(명)
ㄷ. 앉은키가 80 cm 이상인 계급의 상대도수의 합은
 $0.3+0.2=0.5$이므로 전체의 $0.5\times100=50$(%)
ㄹ. 앉은키가 75 cm 이상 80 cm 미만인 계급의 상대도수는
 0.35이므로 이 계급의 학생은 $40\times0.35=14$(명)
따라서 옳은 것은 ㄱ, ㄴ, ㄷ이다.

46 답 120명
통학 시간이 20분 이상 30분 미만인 학생이 60명이고 이 계급의 상대도수가 0.2이므로 전체 학생은 $\dfrac{60}{0.2}=300$(명)
따라서 40분 이상인 계급의 상대도수의 합은
$0.32+0.08=0.4$
이므로 통학 시간이 40분 이상인 학생은
$300\times0.4=120$(명)

유형 **15** 찢어진 상대도수의 분포를 나타낸 그래프
주어진 조건과 상대도수의 총합이 1임을 이용하여 보이지 않는 부분의 상대도수를 구한다.

47 답 5명
5시간 이상 6시간 미만인 계급의 상대도수는
$1-(0.1+0.2+0.2+0.1+0.15)=0.25$
따라서 운동 시간이 5시간 이상 6시간 미만인 학생은
$20\times0.25=5$(명)

48 답 0.45
2시 이상 4시 미만인 계급의 상대도수의 합은
$1-(0.1+0.25+0.05)=0.6$
3시 이상 4시 미만인 계급의 상대도수를 x라 하면 2시 이상 3시 미만인 계급의 상대도수는 $3x$이므로
$x+3x=0.6,\ 4x=0.6$ ∴ $x=0.15$
따라서 2시 이상 3시 미만인 계급의 상대도수는
$3x=3\times0.15=0.45$

심화유형 16 도수의 총합이 다른 두 집단의 비교

도수의 총합이 다른 두 집단의 비교
→ 상대도수의 분포를 나타낸 그래프를 이용하면 편리하다.

49 답 22명

두 반 A, B의 학생은 각각 30명, 40명이고 10시간 이상 12시간 미만인 계급의 상대도수는 각각 0.4, 0.25이므로 이 계급의 도수는 각각 $30 \times 0.4 = 12$(명), $40 \times 0.25 = 10$(명)
따라서 구하는 학생은 모두 $12 + 10 = 22$(명)

50 답 ④

① 상대도수만으로는 학생 수를 알 수 없다.
② 여학생 중 도수가 가장 큰 계급은 4시간 이상 6시간 미만이다.
③ 남학생 중 8시간 이상인 계급의 상대도수의 합은
 $0.15 + 0.1 = 0.25$이므로 남학생 중 8시간 이상 동아리 활동을 한 학생은 남학생 전체의 $0.25 \times 100 = 25$(%)이다.
④ 남학생의 그래프가 여학생의 그래프보다 오른쪽으로 더 치우쳐 있으므로 남학생이 여학생보다 동아리 활동을 대체로 더 많이 했다.
⑤ 전체 남학생이 120명이면 남학생 중 4시간 이상 6시간 미만인 계급의 상대도수는 0.2이므로 이 계급의 도수는
 $120 \times 0.2 = 24$(명)이다.

서술형

165쪽~167쪽

01 답 9

채점 기준 **1** $a+b+c+d$의 값 구하기 … 2점
a, b, c, d의 평균이 7이므로
$$\frac{a+b+c+d}{4} = \underline{7} \qquad \therefore a+b+c+d = \underline{28}$$
채점 기준 **2** 5개의 변량의 평균 구하기 … 2점
5개의 변량 $a+3$, $b+2$, $c-1$, $d+2$, 11의 평균은
$$\frac{(a+3)+(b+2)+(c-1)+(d+2)+11}{5}$$
$$= \frac{a+b+c+d+\boxed{17}}{5} = \frac{\boxed{45}}{5} = \boxed{9}$$

01-1 답 14

채점 기준 **1** $a+b+c+d$의 값 구하기 … 2점
a, b, c, d의 평균이 12이므로
$$\frac{a+b+c+d}{4} = 12 \qquad \therefore a+b+c+d = 48$$
채점 기준 **2** 5개의 변량의 평균 구하기 … 2점
5개의 변량 $a-5$, $b+7$, $c-3$, $d+10$, 13의 평균은
$$\frac{(a-5)+(b+7)+(c-3)+(d+10)+13}{5}$$
$$= \frac{a+b+c+d+22}{5} = \frac{48+22}{5} = \frac{70}{5} = 14$$

02 답 12회

채점 기준 **1** 규모가 2.6 M 이상인 계급의 상대도수의 합 구하기 … 2점
규모가 2.6 M 미만인 지진이 전체의 $\underline{45}$ %이므로
규모가 2.6 M 이상인 계급의 상대도수의 합은
$1 - \underline{0.45} = \underline{0.55}$
채점 기준 **2** 규모가 2.6 M 이상 2.9 M 미만인 계급의 상대도수 구하기 … 2점

규모가 2.6 M 이상 2.9 M 미만인 계급의 상대도수는
$\underline{0.55} - (0.15+0.1) = \underline{0.3}$
채점 기준 **3** 규모가 2.6 M 이상 2.9 M 미만인 지진의 횟수 구하기 … 2점
규모가 2.6 M 이상 2.9 M 미만인 지진은
$40 \times \underline{0.3} = \underline{12}$ (회)

02-1 답 18개

채점 기준 **1** 당도가 14.4 Brix 미만인 계급의 상대도수의 합 구하기 … 2점

당도가 14.4 Brix 이상인 사과가 전체의 40 %이므로
당도가 14.4 Brix 미만인 계급의 상대도수의 합은
$1 - 0.4 = 0.6$
채점 기준 **2** 당도가 14.1 Brix 이상 14.4 Brix 미만인 계급의 상대도수 구하기 … 2점
당도가 14.1 Brix 이상 14.4 Brix 미만인 계급의 상대도수는
$0.6 - (0.1+0.2) = 0.3$
채점 기준 **3** 당도가 14.1 Brix 이상 14.4 Brix 미만인 사과의 수 구하기 … 2점

당도가 14.1 Brix 이상 14.4 Brix 미만인 사과는
$60 \times 0.3 = 18$(개)

03 답 (1) 240분 (2) 150분 (3) 중앙값

(1) (평균) $= \dfrac{140+120+200+160+100+720}{6}$
$$= \frac{1440}{6} = 240(\text{분}) \qquad \cdots\cdots ❶$$

(2) 변량을 작은 값부터 크기순으로 나열하면
 100, 120, 140, 160, 200, 720
 변량의 개수가 6이므로 중앙값은 3번째와 4번째 변량의 평균인 $\dfrac{140+160}{2} = 150$(분) $\qquad \cdots\cdots ❷$

(3) 720분이 다른 자료에 비해 극단적으로 큰 값이므로 중앙값이 대푯값으로 더 적절하다. $\qquad \cdots\cdots ❸$

채점 기준	배점
❶ 평균 구하기	2점
❷ 중앙값 구하기	2점
❸ 대푯값으로 더 적절한 것 구하기	2점

04 답 3

8개의 변량의 평균이 1이므로
$$\frac{(-9)+4+a+7+b+(-3)+5+2}{8} = \frac{a+b+6}{8} = 1\text{에서}$$
$a+b = 2$ $\qquad\qquad \cdots\cdots ❶$
최빈값이 4이므로 a와 b 중 하나는 4이어야 한다.

즉, $a=4$, $b=-2$ 또는 $a=-2$, $b=4$ $\qquad$ ❷
8개의 변량을 작은 값부터 크기순으로 나열하면
-9, -3, -2, 2, 4, 4, 5, 7
따라서 중앙값은 4번째와 5번째 변량의 평균인

$$\frac{2+4}{2}=3 \qquad ❸$$

채점 기준	배점
❶ 평균을 이용하여 $a+b$의 값 구하기	2점
❷ a, b의 값을 각각 구하기	2점
❸ 중앙값 구하기	2점

05 답 14

무게가 145 g 이상 150 g 이하인 참외는 $5+3=8$(개)이므로
$a=8$ $\qquad$ ❶
무게가 160 g 이상인 참외는 $4+2=6$(개)이므로
$b=6$ $\qquad$ ❷
$\therefore a+b=8+6=14$ $\qquad$ ❸

채점 기준	배점
❶ a의 값 구하기	2점
❷ b의 값 구하기	1점
❸ $a+b$의 값 구하기	1점

06 답 도수분포표는 풀이 참조, 20통 이상 25통 미만

도수분포표는 다음과 같다.

문자의 수(통)	학생 수(명)
5이상 ~ 10미만	3
10 ~ 15	4
15 ~ 20	5
20 ~ 25	6
25 ~ 30	1
30 ~ 35	2
35 ~ 40	3
합계	24

$\qquad$ ❶

따라서 도수가 가장 큰 계급은 20통 이상 25통 미만이다. $\qquad$ ❷

채점 기준	배점
❶ 도수분포표 완성하기	4점
❷ 도수가 가장 큰 계급 구하기	2점

07 답 6편

시청률이 25 % 이상 30 % 미만인 프로그램은 3편,
시청률이 20 % 이상 25 % 미만인 프로그램은 4편,
시청률이 15 % 이상 20 % 미만인 프로그램은 6편이므로
시청률이 10번째로 높은 프로그램은
15 % 이상 20 % 미만인 계급에 속한다. $\qquad$ ❶
따라서 이 계급의 도수는 6편이다. $\qquad$ ❷

채점 기준	배점
❶ 시청률이 10번째로 높은 프로그램이 속하는 계급 구하기	3점
❷ 계급의 도수 구하기	1점

08 답 12명

영화를 본 횟수가 15회 이상 18회 미만인 직장인은
$40-(4+5+11+12+5)=3$(명) $\qquad$ ❶
영화를 본 횟수가 12회 이상인 직장인은 $5+3=8$(명),
9회 이상인 직장인은 $12+5+3=20$(명)이므로
영화를 본 횟수가 많은 쪽에서 10번째인 직장인은 9회 이상 12
회 미만인 계급에 속한다. $\qquad$ ❷
따라서 이 계급의 도수는 12명이다. $\qquad$ ❸

채점 기준	배점
❶ 영화를 본 횟수가 15회 이상 18회 미만인 직장인의 수 구하기	2점
❷ 영화를 본 횟수가 많은 쪽에서 10번째인 직장인이 속하는 계급 구하기	3점
❸ 계급의 도수 구하기	1점

09 답 40 %

1반에서 50점 이상인 학생은 $3+1=4$(명),
45점 이상인 학생은 $6+3+1=10$(명)이므로
10번째로 점수가 높은 학생은 45점 이상 50점 미만인 계급에 속
한다. $\qquad$ ❶
2반의 학생은 $2+3+5+5+3+5+2=25$(명)이고
45점 이상인 학생은 $3+5+2=10$(명)이므로
1반에서 10번째로 점수가 높은 학생은 2반에서 최소 상위
$\frac{10}{25}\times100=40(\%)$ 이내에 든다. $\qquad$ ❷

채점 기준	배점
❶ 1반에서 10번째로 점수가 높은 학생이 속하는 계급 구하기	3점
❷ 2반에서의 최소 상위 비율 구하기	3점

10 답 5 : 2

두 자료 A, B의 전체 도수의 비가 5 : 3이므로 전체 도수를 각각
$5a$, $3a$라 하자.
어떤 계급의 상대도수의 비가 3 : 2이므로 이 계급의 상대도수를
각각 $3b$, $2b$라 하자. $\qquad$ ❶
이 계급의 도수는 각각
$5a\times3b=15ab$, $3a\times2b=6ab$이므로
이 계급의 도수의 비를 가장 간단한 자연수의 비로 나타내면
$15ab : 6ab=5 : 2$ $\qquad$ ❷

채점 기준	배점
❶ 전체 도수와 어떤 계급의 상대도수를 각각 미지수로 나타내기	3점
❷ 구하는 계급의 도수의 비를 가장 간단한 자연수의 비로 나타내기	3점

11 답 29

$A=40\times0.35=14$ $\qquad$ ❶

$B=\frac{6}{40}=0.15$ $\qquad$ ❷

$\therefore A+100B=14+15=29$ $\qquad$ ❸

채점 기준	배점
❶ A의 값 구하기	2점
❷ B의 값 구하기	1점
❸ $A+100B$의 값 구하기	1점

12 답 132명

상대도수가 가장 낮은 계급은 50점 이상 60점 미만이고 이 계급의 상대도수가 0.1, 도수가 22명이므로 1학년 전체 학생은

$$\frac{22}{0.1}=220(명) \qquad \cdots\cdots ❶$$

70점 이상 90점 미만인 계급의 상대도수의 합은

$$0.35+0.25=0.6 \qquad \cdots\cdots ❷$$

따라서 사회 성적이 70점 이상 90점 미만인 학생은

$$220\times0.6=132(명) \qquad \cdots\cdots ❸$$

채점 기준	배점
❶ 1학년 전체 학생 수 구하기	3점
❷ 70점 이상 90점 미만인 계급의 상대도수의 합 구하기	1점
❸ 사회 성적이 70점 이상 90점 미만인 학생 수 구하기	2점

13 답 500명

6권 이상 8권 미만인 계급에서 남학생과 여학생의 상대도수가 각각 0.25와 0.3이므로 전체 남학생 수와 전체 여학생 수를 각각 x, y라 하면 이 계급의 학생 수가 서로 같으므로

$$0.25x=0.3y$$
$$5x=6y \qquad \therefore x:y=6:5 \qquad \cdots\cdots ❶$$

$x=6a$, $y=5a$라 하면 전체 남학생 수와 전체 여학생 수의 최대공약수가 100이므로 $a=100$

따라서 여학생은 모두 $5a=5\times100=500(명)$ $\qquad \cdots\cdots ❷$

채점 기준	배점
❶ 전체 남학생 수와 전체 여학생 수의 비 구하기	4점
❷ 여학생 수 구하기	3점

실전 중단원 학교 시험 1회 기본 168쪽~171쪽

01 ③	**02** ④	**03** ④	**04** ④	**05** ④
06 ③	**07** ③	**08** ①	**09** ④	**10** ②
11 ③	**12** ②	**13** ②	**14** ⑤	**15** ②
16 ⑤	**17** ⑤	**18** ②		
19 평균 : 9명, 중앙값 : 10명		**20** (1) 21 cm (2) 32 %		
21 12명	**22** 180명	**23** 14명		

01 답 ③ 〔유형 01〕

변량을 작은 값부터 크기순으로 나열하면

1, 2, 3, 4, 4, 5, 5, 5, 6

변량의 개수가 9이므로 중앙값은 5번째 변량인 4이다.

5가 3회로 가장 많으므로 최빈값은 5이다.

따라서 구하는 합은 $4+5=9$

02 답 ④ 〔유형 02〕

④ 500이 다른 변량에 비해 매우 큰 값이므로 평균을 대푯값으로 하기에 적절하지 않다.

03 답 ④ 〔유형 03〕

8명의 키를 작은 값부터 크기순으로 다음과 같이 나열하면

a, b, c, 175, d, e, f, g

이때 중앙값이 177 cm이므로

$$\frac{175+d}{2}=177 \qquad \therefore d=179$$

이때 키가 180 cm인 학생이 새로 들어오면 180 cm가 179 cm보다 크므로 9명의 키의 중앙값은 5번째 변량인 179 cm가 된다.

04 답 ④ 〔유형 04〕

① 동호회 회원은 모두 $1+2+5+2+1=11(명)$

② 40세 미만인 회원은 $1+2=3(명)$

④ 전체 회원 중에서 나이가 같은 회원은 없다.

따라서 옳지 않은 것은 ④이다.

05 답 ④ 〔유형 05〕

① 각 계급에 속하는 자료의 개수를 도수라 한다.

② 도수분포표에서는 실제 자료의 값을 알 수 없고 각 계급에 속하는 도수를 알 수 있다.

③ 각 계급의 크기는 같게 해야 한다.

⑤ 도수분포표에서 계급의 개수가 너무 많거나 적으면 자료의 분포 상태를 파악하기 어렵다.

따라서 옳은 것은 ④이다.

06 답 ③ 〔유형 06〕

여가 활동 시간이 14시간 이상인 학생은 3명,

12시간 이상인 학생은 $5+3=8(명)$,

10시간 이상인 학생은 $7+5+3=15(명)$이므로

9번째로 긴 학생이 속하는 계급은 10시간 이상 12시간 미만이고 이 계급의 도수는 7명이다.

07 답 ③ 〔유형 07〕

전체 학생은 $4+5+8+7+6=30(명)$이고

성적이 70점 미만인 학생은 $4+5=9(명)$이므로

전체의 $\dfrac{9}{30}\times100=30(\%)$

08 답 ① 〔유형 08〕

기록이 18 m 이상 22 m 미만인 학생이 전체의 40 %이므로 그 외 다른 모든 계급의 학생의 합은 전체의 60 %이다.

18 m 이상 22 m 미만인 계급을 제외한 모든 계급의 학생의 합은

$7+10+6+4=27(명)$이므로 전체 학생은 $\dfrac{27}{0.6}=45(명)$

따라서 18 m 이상 22 m 미만인 학생은 $45-27=18(명)$이므로 기록이 22 m 미만인 학생은

$7+18=25(명)$

09 답 ④ 유형 09

① A 직업의 인원은 $1+3+6+4+3+3=20$(명),
　B 직업의 인원은 $2+3+5+4+6=20$(명)으로 서로 같다.
② 두 직업의 총 인원은 $20+20=40$(명)
③ 만족도가 가장 낮은 사람은 4점 이상 5점 미만으로 A 직업에
　속한다.
④ 만족도가 가장 높은 사람은 9점 이상 10점 미만에 속하지만
　어느 직업에 속하는지는 알 수 없다.
⑤ B 직업의 그래프가 오른쪽으로 더 치우쳐 있으므로 B 직업이
　A 직업보다 대체적으로 직업 만족도가 높다.
따라서 옳지 않은 것은 ④이다.

10 답 ② 유형 10

$x=160\times0.4=64$, $y=\dfrac{48}{160}=0.3$이므로

$x+10y=64+3=67$

11 답 ③ 유형 10

A 단체 전체 회원은 $12+9+6+3=30$(명)이고,
B 단체 전체 회원은 $12+10+12+6=40$(명)이므로
두 단체의 혈액형에 대한 상대도수는 다음과 같다.

혈액형	A	B
A형	$\dfrac{12}{30}=0.4$	$\dfrac{12}{40}=0.3$
B형	$\dfrac{6}{30}=0.2$	$\dfrac{10}{40}=0.25$
O형	$\dfrac{9}{30}=0.3$	$\dfrac{12}{40}=0.3$
AB형	$\dfrac{3}{30}=0.1$	$\dfrac{6}{40}=0.15$

따라서 두 단체에서 상대도수가 같은 혈액형은 O형이다.

12 답 ② 유형 11

2만 원 이상 3만 원 미만인 계급의 도수가 13명이고 이 계급의

상대도수가 0.26이므로 전체 학생은 $\dfrac{13}{0.26}=50$(명)

1만 원 이상 2만 원 미만인 계급의 상대도수는 $\dfrac{8}{50}=0.16$이므로

2만 원 미만인 계급의 상대도수의 합은 $0.06+0.16=0.22$
따라서 용돈이 2만 원 미만인 학생은 전체의
$0.22\times100=22$(%)

13 답 ② 유형 11

도수는 상대도수에 정비례하므로
$a:b=0.2:0.25$
$\therefore a:b=4:5$
$a=4x$, $b=5x$라 하면
a와 b의 최대공약수가 12이므로 $x=12$
따라서 $a=4\times12=48$, $b=5\times12=60$이므로
$a+b=48+60=108$

14 답 ⑤ 유형 12

15 Brix 이상 17 Brix 미만인 계급의 도수가 27개이고 이 계급

의 상대도수가 0.18이므로 도수의 총합은 $\dfrac{27}{0.18}=150$(개)

따라서 $A=150\times0.26=39$, $B=\dfrac{33}{150}=0.22$이므로

$A+100B=39+22=61$

15 답 ② 유형 13

$B:C=3:4$이므로 $B=3x$, $C=4x$라 하면
1반 학생 수는 $A+4+3x+5+2=20$이므로
$A+3x=9$　　……㉠
2반 학생 수는 $A+6+4x+7+1=25$이므로
$A+4x=11$　　……㉡
㉠, ㉡에서 $x=2$　$\therefore A=3$, $B=6$, $C=8$
신발 크기가 250 mm 이상 260 mm 미만인 학생의 비율은 각각

1반 : $\dfrac{6}{20}=0.3$, 즉 30 %

2반 : $\dfrac{8}{25}=0.32$, 즉 32 %

따라서 비율의 차는 $32-30=2$(%)

16 답 ⑤ 유형 14

① 계급의 크기는 $40-20=20$(분)
③ 80분 이상 120분 미만인 계급의 상대도수의 합은
　$0.2+0.15=0.35$이므로 전체의 $0.35\times100=35$(%)
④ 음악 청취 시간이 120분 이상인 학생은 $300\times0.05=15$(명)
⑤ 음악 청취 시간이 20분 이상 40분 미만인 학생은
　$300\times0.1=30$(명)
　40분 이상 60분 미만인 학생은 $300\times0.2=60$(명)
　따라서 음악 청취 시간이 50번째로 짧은 학생이 속하는 계급
　은 40분 이상 60분 미만이다.
따라서 옳지 않은 것은 ⑤이다.

17 답 ⑤ 유형 16

①, ③, ④ 상대도수만으로는 학생 수를 알 수 없다.
② 2반의 그래프가 1반의 그래프보다 오른쪽으로 더 치우쳐 있
　으므로 2반 학생들의 수학 성적이 대체로 더 좋다.
⑤ 1반에서 수학 성적이 80점 이상인 학생들의 상대도수의 합은
　$0.15+0.05=0.2$이므로 1반 전체의
　$0.2\times100=20$(%)
따라서 옳은 것은 ⑤이다.

18 답 ② 유형 15 + 유형 16

운동 시간이 8시간 이상 10시간 미만인 계급의 상대도수는
남자 회원이 $1-(0.1+0.3+0.35+0.05)=0.2$,
여자 회원이 $1-(0.4+0.35+0.15)=0.1$
따라서 운동 시간이 8시간 이상 10시간 미만인 회원의 비율은
남자 회원이 여자 회원보다 $0.2-0.1=0.1$, 즉
$0.1\times100=10$(%) 더 높다.

19 답 평균 : 9명, 중앙값 : 10명 　유형 03

최빈값이 10명이므로 $x=10$ …… ❶

(평균)$=\dfrac{10+11+7+7+10+8+10}{7}=9$(명) …… ❷

변량을 작은 값부터 크기순으로 나열하면

7, 7, 8, 10, 10, 10, 11

변량의 개수가 7이므로 중앙값은 4번째 변량인 10명이다.

…… ❸

채점 기준	배점
❶ x의 값 구하기	1점
❷ 평균 구하기	1점
❸ 중앙값 구하기	2점

20 답 (1) 21 cm　(2) 32 % 　유형 04

(1) 6번째로 키가 큰 학생의 키는 172 cm이고 7번째로 키가 작은 학생의 키는 151 cm이므로 키 차이는

$172-151=21$(cm) …… ❶

(2) 전체 학생은 $4+6+7+6+2=25$(명)이고 …… ❷

키가 170 cm 이상인 학생은 $6+2=8$(명)이므로

전체의 $\dfrac{8}{25}\times100=32$(%) …… ❸

채점 기준	배점
❶ 6번째로 키가 큰 학생과 7번째로 키가 작은 학생의 키 차이 구하기	2점
❷ 전체 학생 수 구하기	2점
❸ 키가 170 cm 이상인 학생은 전체의 몇 %인지 구하기	2점

21 답 12명 　유형 08

봉사 시간이 20시간 이상 40시간 미만인 학생이 전체의 16 %이고 학생 수가 8명이므로 전체 학생은 $\dfrac{8}{0.16}=50$(명) …… ❶

따라서 60시간 이상 80시간 미만인 학생이 전체의 24 %이므로 이 계급의 학생은 $50\times\dfrac{24}{100}=12$(명) …… ❷

채점 기준	배점
❶ 전체 학생 수 구하기	3점
❷ 60시간 이상 80시간 미만인 학생 수 구하기	3점

22 답 180명 　유형 14

봉사 활동 시간이 8시간 이상인 학생이 90명이고 8시간 이상인 계급의 상대도수의 합은 $0.1+0.05=0.15$이므로 …… ❶

전체 중학생은 $\dfrac{90}{0.15}=600$(명) …… ❷

따라서 6시간 이상 8시간 미만인 계급의 상대도수는 0.3이므로 이 계급의 학생은

$600\times0.3=180$(명) …… ❸

채점 기준	배점
❶ 봉사 활동 시간이 8시간 이상인 계급의 상대도수의 합 구하기	2점
❷ 전체 중학생 수 구하기	3점
❸ 봉사 활동 시간이 6시간 이상 8시간 미만인 학생 수 구하기	2점

23 답 14명 　유형 15

60점 이상 70점 미만인 계급의 상대도수는

$1-(0.08+0.12+0.16+0.16+0.2)=0.28$ …… ❶

따라서 점수가 60점 이상 70점 미만인 참가자는

$50\times0.28=14$(명) …… ❷

채점 기준	배점
❶ 60점 이상 70점 미만인 계급의 상대도수 구하기	4점
❷ 60점 이상 70점 미만인 참가자 수 구하기	3점

실전 중단원 학교 시험 2회 실력 　172쪽~175쪽

01 ④	02 ①	03 ⑤	04 ①	05 ②
06 ④	07 ②	08 ③	09 ④	10 ③
11 ①	12 ①	13 ③	14 ④	15 ⑤
16 ②	17 ⑤	18 ④	19 13	20 7
21 540.15	22 44	23 12		

01 답 ④ 　유형 02

자료 A는 93과 같이 극단적인 값이 있으므로 대푯값으로 중앙값이 적절하다.

자료 B와 같이 수량으로 나타내지 않은 자료는 대푯값으로 최빈값이 적절하다.

자료 C는 극단적인 값이 없고, 각 변량이 모두 한 번씩 나타나므로 대푯값으로 평균 또는 중앙값이 적절하다.

따라서 바르게 짝 지은 것은 ④이다.

02 답 ① 　유형 03

1, 2, a, b, 7의 중앙값이 5이므로 a, b 중 하나는 5이다.

다른 하나를 x라 하면 두 번째 자료의 중앙값이 7이므로

$5\leq x\leq8$

즉, 5, x, 8, 13의 중앙값이 7이므로

$\dfrac{x+8}{2}=7$

$\therefore x=6$

따라서 $a=5$, $b=6$이므로

$b-a=6-5=1$

03 답 ⑤ 　유형 04

① 남학생은 $3+7+4+6+5=25$(명),

여학생은 $5+4+6+5+5=25$(명)

이므로 남학생 수와 여학생 수는 서로 같다.

② 여학생 중 생일이 5월 8일로 같은 학생들이 있다.

③ 생일이 7월인 학생은 $5+5=10$(명)이므로 전체의

$\dfrac{10}{50}\times100=20$(%)

④ 생일이 6월인 남학생은 6명, 여학생은 5명이므로 생일이 6월 인 학생은 남학생이 더 많다.
⑤ 전체 학생은 $25+25=50$(명)
따라서 옳지 않은 것은 ⑤이다.

04 답 ①　　유형 **05**

연간 독서량이 30권 이상인 학생이 전체의 28 %이므로 30권 미 만인 학생은 전체의 $100-28=72(\%)$

즉, 30권 미만인 학생은 $25\times\dfrac{72}{100}=18$(명)이므로 20권 이상 30권 미만인 학생은 $18-(a+4+10-a)=4$(명)

따라서 전체의 $\dfrac{4}{25}\times100=16(\%)$

05 답 ②　　유형 **05**

$A:B=3:2$이므로 $A=3x$, $B=2x$라 하면
$6+4+3x+2x+5=30$
$5x+15=30$　∴ $x=3$
따라서 90분 이상 120분 미만인 학생은 $2\times3=6$(명)이므로 전 체의 $\dfrac{6}{30}\times100=20(\%)$

06 답 ④　　유형 **06**

① 공 던지기 기록이 25 m 미만인 학생은 $2+3=5$(명)
② 전체 학생은 $2+3+6+9+11+5+4=40$(명)
③ 공 던지기 기록이 40 m 이상인 학생은 $5+4=9$(명)이므로 전체의 $\dfrac{9}{40}\times100=22.5(\%)$
④ 도수가 세 번째로 큰 계급은 25 m 이상 30 m 미만이다.
⑤ 공 던지기 기록이 40 m 이상인 학생이 9명, 35 m 이상인 학 생이 $11+9=20$(명)이므로 기록이 좋은 쪽에서 10번째인 학생이 속하는 계급은 35 m 이상 40 m 미만이다.
따라서 옳지 않은 것은 ④이다.

07 답 ②　　유형 **07**

① 계급의 크기는 $6-3=9-6=\cdots=27-24=3$(회)
② 계급의 개수는 8이다.
③ 전체 학생은 $2+4+8+11+6+9+3+2=45$(명)
④ 횟수가 8회인 학생이 속하는 계급은 6회 이상 9회 미만이고 이 계급의 도수는 4명이다.
⑤ 횟수가 21회 이상인 학생은 $3+2=5$(명)
따라서 옳지 않은 것은 ②이다.

08 답 ③　　유형 **08**

성적이 80점 미만인 학생은 $6+8+10+12=36$(명)이므로
80점 이상인 학생은 $45-36=9$(명)
성적이 90점 이상 100점 미만인 학생 수를 x라 하면 80점 이상 90점 미만인 학생 수는 $2x$이므로
$2x+x=9$, $3x=9$　∴ $x=3$
따라서 80점 이상 90점 미만인 학생은
$2x=2\times3=6$(명)

09 답 ④　　유형 **08**

책을 12권 이상 16권 미만 읽은 학생은
$36-(6+10+5+6)=9$(명)이므로
전체의 $\dfrac{9}{36}\times100=25(\%)$

10 답 ③　　유형 **09**

ㄱ. 남학생은 $1+3+5+8+3+1=21$(명),
　여학생은 $1+3+7+4+3+2+1=21$(명)으로
　학생 수는 서로 같다.
ㄴ. 수면 시간이 가장 짧은 학생은 4시간 이상 5시간 미만으로 남학생이다.
ㄷ. 여학생의 그래프가 남학생의 그래프보다 오른쪽으로 더 치 우쳐 있으므로 여학생의 수면 시간이 더 긴 편이다.
ㄹ. 수면 시간이 가장 긴 학생은 11시간 이상 12시간 미만으로 여학생이다.
따라서 옳은 것은 ㄴ, ㄹ이다.

11 답 ①　　유형 **10**

① 상대도수의 총합은 항상 1이다.

12 답 ①　　유형 **10**

전체 참가자는 $8+6+7+8+5+6=40$(명)
20회 이상 25회 미만인 계급의 도수는 5명이므로 이 계급의 상 대도수는 $\dfrac{5}{40}=0.125$

13 답 ③　　유형 **11**

120분 이상 150분 미만인 계급의 상대도수는
$1-(0.2+0.3+0.15+0.1)=0.25$
따라서 인터넷 사용 시간이 120분 이상 150분 미만인 학생은
$20\times0.25=5$(명)

14 답 ④　　유형 **12**

체육복 치수가 70호 이상 80호 미만인 계급의 도수는 54명이고 이 계급의 상대도수는 0.15이므로 도수의 총합은
$\dfrac{54}{0.15}=360$(명)
체육복 치수가 90호 이상인 학생이 전체의 55 %이므로
체육복 치수가 80호 이상 90호 미만인 계급의 상대도수는
$1-(0.15+0.55)=0.3$
따라서 체육복 치수가 80호 이상 90호 미만인 학생 수는
$360\times0.3=108$

15 답 ⑤　　유형 **13**

버스를 이용하는 남녀의 인원수가 같으므로 각각 x명이라 하면
버스를 이용하는 남자 직원과 여자 직원의 상대도수는 각각
$\dfrac{x}{480}$, $\dfrac{x}{600}$이다.
$\therefore \dfrac{x}{480}:\dfrac{x}{600}=5:4$

16 답 ②　　유형 13

① 상대도수를 알 수 있으므로 두 집단을 비교할 수 있다.

② 영어 성적이 60점 미만인 학생은 $30+40=70$(명)이므로 두 학교 전체의 $\dfrac{70}{300+400}\times100=10(\%)$

③ 영어 성적이 80점 이상인 학생의 비율은

A 중학교는 $\dfrac{60+30}{300}=0.3$, B 중학교는 $\dfrac{60+40}{400}=0.25$이므로 A 중학교가 더 높다.

④ 영어 성적이 80점 이상 90점 미만인 학생 수는 같지만 비율은

A 중학교는 $\dfrac{60}{300}=0.2$, B 중학교는 $\dfrac{60}{400}=0.15$이므로 서로 다르다.

⑤ 두 중학교의 영어 성적을 상대도수의 분포표로 나타내면 다음과 같다.

영어 성적(점)	상대도수	
	A 중학교	B 중학교
$50^{이상}\sim\ 60^{미만}$	0.1	0.1
60　～ 70	0.25	0.3
70　～ 80	0.35	0.35
80　～ 90	0.2	0.15
90　～100	0.1	0.1
합계	1	1

이때 A 중학교가 B 중학교보다 상대도수가 더 큰 계급은 80점 이상 90점 미만인 계급으로 1개이다.

따라서 옳은 것은 ②이다.

17 답 ⑤　　유형 15

기록이 20회 이상 30회 미만인 학생이 20명이고 이 계급의 상대도수가 0.16이므로 전체 학생은 $\dfrac{20}{0.16}=125$(명)

40회 이상 50회 미만인 계급의 상대도수는

$1-(0.04+0.16+0.32+0.2)=0.28$

따라서 기록이 40회 이상 50회 미만인 학생은

$125\times0.28=35$(명)

18 답 ④　　유형 16

① 2반의 그래프가 1반의 그래프보다 오른쪽으로 더 치우쳐 있으므로 2반의 성적이 대체로 더 좋은 편이다.

② 80점 이상인 학생의 비율은

1반은 $0.25+0.05=0.3$, 2반은 $0.35+0.2=0.55$이므로 1반이 더 낮다.

③ 상대도수의 총합은 항상 1이므로 각 그래프와 가로축으로 둘러싸인 부분의 넓이는 계급의 크기인 10으로 서로 같다.

④ 2반에서 90점 이상인 학생이 8명이므로 전체 학생은

$\dfrac{8}{0.2}=40$(명)

따라서 도수가 가장 작은 계급은 50점 이상 60점 미만이므로 이 계급의 도수는 $40\times0.05=2$(명)

⑤ 1반의 그래프에서 도수가 가장 큰 계급은 70점 이상 80점 미만이고 이 계급의 상대도수는 0.4이므로 1반의 전체 학생은

$\dfrac{14}{0.4}=35$(명)

따라서 60점 이상 70점 미만인 학생은

1반은 $35\times0.2=7$(명),

2반은 $40\times0.15=6$(명)

이므로 1반이 2반보다 더 많다.

따라서 옳지 않은 것은 ④이다.

19 답 13　　유형 01

a, b, c, d, e의 평균이 12이므로

$\dfrac{a+b+c+d+e}{5}=12$

$\therefore a+b+c+d+e=60$　　……❶

따라서 10, a, b, c, d, e, 21의 평균은

$\dfrac{10+a+b+c+d+e+21}{7}=\dfrac{10+60+21}{7}=13$　　……❷

채점 기준	배점
❶ $a+b+c+d+e$의 값 구하기	2점
❷ 7개의 변량의 평균 구하기	2점

20 답 7　　유형 03

조건 ㈎에서 변량의 개수는 7이므로 중앙값은 변량 중에 있고 $a\leq10$이어야 한다.

조건 ㈏에서 b를 제외하고 변량을 작은 값부터 크기순으로 나열하면

6, a, 13, 14 또는 a, 6, 13, 14

이때 중앙값이 12이므로 $b=12$　　……❶

또, 평균이 10이므로

$\dfrac{6+13+14+a+12}{5}=10$

$a+45=50$　　$\therefore a=5$　　……❷

$\therefore b-a=12-5=7$　　……❸

채점 기준	배점
❶ b의 값 구하기	3점
❷ a의 값 구하기	3점
❸ $b-a$의 값 구하기	1점

21 답 540.15　　유형 11

대기 시간이 20분 이상 30분 미만인 계급의 도수는 126명, 이 계급의 상대도수는 0.35이므로 전체 환자 수는

$\dfrac{126}{0.35}=360$　　$\therefore E=360$

$B=360\times0.2=72$, $C=360\times0.3=108$이고

$A=\dfrac{36}{360}=0.1$, $D=\dfrac{18}{360}=0.05$이므로　　……❶

$A+B+C+D+E=0.1+72+108+0.05+360=540.15$　　……❷

채점 기준	배점
❶ A, B, C, D, E의 값을 각각 구하기	5점
❷ $A+B+C+D+E$의 값 구하기	1점

다른 풀이

$$E=\dfrac{126}{0.35}=360$$
$$A+D=1-(0.2+0.35+0.3)$$
$$=0.15$$
$$B+C=360-(36+126+18)$$
$$=180$$
$$\therefore A+B+C+D+E=0.15+180+360$$
$$=540.15$$

22 답 44 유형 14

상대도수가 0.3인 계급이 가장 큰 계급이므로 3시간 이상 4시간 미만이고 이 계급의 도수는 $80\times0.3=24$(명)
$$\therefore x=24 \quad\cdots\cdots ❶$$
4시간 이상 5시간 미만인 계급의 상대도수는 0.25이므로 이 계급의 도수는 $80\times0.25=20$(명)
$$\therefore y=20 \quad\cdots\cdots ❷$$
$$\therefore x+y=24+20=44 \quad\cdots\cdots ❸$$

채점 기준	배점
❶ x의 값 구하기	3점
❷ y의 값 구하기	2점
❸ $x+y$의 값 구하기	1점

23 답 12 유형 15

250타 이상 350타 미만인 계급의 상대도수의 합은
$$1-(0.075+0.175+0.2+0.15)=0.4 \quad\cdots\cdots ❶$$
300타 이상 350타 미만인 계급의 도수가 250타 이상 300타 미만인 계급의 도수의 3배이므로 250타 이상 300타 미만인 계급의 상대도수를 x라 하면 300타 이상 350타 미만인 계급의 상대도수는 $3x$이므로
$$x+3x=0.4$$
$$\therefore x=0.1$$
따라서 300타 이상 350타 미만인 학생 수는
$$40\times0.3=12 \quad\cdots\cdots ❷$$

채점 기준	배점
❶ 250타 이상 350타 미만인 계급의 상대도수의 합 구하기	3점
❷ 300타 이상 350타 미만인 학생 수 구하기	4점

교과서 속 **특이 문제** 176쪽

01 답 솔
각 계이름이 나온 횟수를 구하면
도 : 1회, 레 : 2회, 미 : 6회, 솔 : 11회, 라 : 4회
따라서 계이름의 최빈값은 솔이다.

02 답 (1) 23시 49분 (2) 23시 43분 (3) 19시
(3) 줄기가 19시일 때, 평일에는 잎이 15, 29, 42의 3개이고 주말 및 공휴일에는 잎이 01, 15, 28, 44의 4개이므로 평일보다 주말 및 공휴일에 더 많은 열차가 운행되는 시간대는 19시이다.

03 답 풀이 참조
식사 시간이 13분인 학생이 속하는 계급은 10분 이상 15분 미만이고 식사 시간이 24분인 학생이 속하는 계급은 20분 이상 25분 미만이다.
즉, 식사 시간이 20분 이상 25분 미만인 계급의 도수를 x명이라 하면 10분 이상 15분 미만인 계급의 도수는 $4x$명이므로
$$1+3+4x+6+x=20$$
$$5x+10=20 \quad\therefore x=2$$
따라서 히스토그램을 완성하면 다음과 같다.

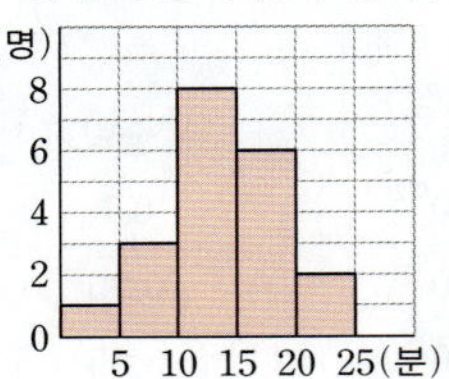

04 답 D
A : 경복궁을 방문한 외국인과 남산을 방문한 외국인의 수는 알 수 없다.
B : 남산의 그래프에서 40대인 계급의 상대도수가 0.34이고 50대인 계급의 상대도수가 0.12이므로 남산을 방문한 40대 외국인의 수는 50대 외국인의 수의 3배보다 적다.
C : 경복궁과 남산의 그래프에서 10대인 계급의 상대도수는 같지만 도수는 알 수 없다.
D : 경복궁의 그래프에서 20대인 계급의 상대도수가 가장 높으므로 경복궁을 방문한 외국인들은 20대가 가장 많다.
따라서 바르게 말한 사람은 D이다.

고난도 50

178쪽~186쪽

V-1　기본 도형

01 답 ㄹ, ㅂ　　　유형 01 + 유형 02

ㄱ. 교점은 선과 선이 만나거나 선과 면이 만날 때 생긴다.

ㄴ. 두 점 사이의 거리는 1개이다.

ㄷ. 두 직선이 만나지 않으면 교점은 0개, 서로 다른 두 직선이 만나면 교점은 1개, 두 직선이 일치하면 교점은 무수히 많다.

ㄹ. 면과 면이 만나서 생기는 선은 직선 또는 곡선이다.

ㅁ. $\overrightarrow{AB}$는 직선이고, 직선의 길이는 알 수 없다.

ㅂ. 사각뿔에서 교선의 개수는 8, 직육면체에서 교점의 개수는 8이므로 그 개수가 같다.

따라서 옳은 것을 모두 고르면 ㄹ, ㅂ이다.

02 답 2　　　유형 03

길이가 4인 선분은

$\overline{A_1A_5}$, $\overline{A_2A_6}$, $\overline{A_3A_7}$, $\overline{A_4A_8}$, $\overline{A_5A_9}$, $\overline{A_6A_{10}}$의 6개이므로

$p=6$

길이가 6인 선분은

$\overline{A_1A_7}$, $\overline{A_2A_8}$, $\overline{A_3A_9}$, $\overline{A_4A_{10}}$의 4개이므로 $q=4$

$\therefore p-q=6-4=2$

03 답 16 cm　　　유형 05

$\overline{AN} : \overline{NB}=7 : 6$이므로 $\overline{AN}$을 $7a$, $\overline{NB}$를 $6a$라 하면

$\overline{MN} : \overline{NB}=2 : 3$에서 $\overline{MN} : \overline{NB}=4 : 6$이므로

$\overline{MN}$은 $4a$로 놓을 수 있다.

$\therefore \overline{AM}=\overline{AN}-\overline{MN}=7a-4a=3a\,(\mathrm{cm})$

이때 $\overline{AM}=12$ cm이므로 $3a=12$에서 $a=4$

$\therefore \overline{MN}=4a=4\times4=16\,(\mathrm{cm})$

04 답 $\dfrac{1}{10}a+\dfrac{3}{5}b$　　　유형 04 + 유형 05

$\overline{AB}=a$, $\overline{BC}=b$이므로

$\overline{MB}=\dfrac{1}{2}\overline{AB}=\dfrac{1}{2}a$이고 $\overline{BN}=\dfrac{1}{2}\overline{BC}=\dfrac{1}{2}b$이다.

$\therefore \overline{MN}=\overline{MB}+\overline{BN}=\dfrac{1}{2}a+\dfrac{1}{2}b$

$\overline{MN} : \overline{NP}=5 : 1$이므로 $\left(\dfrac{1}{2}a+\dfrac{1}{2}b\right) : \overline{NP}=5 : 1$

즉, $\dfrac{1}{2}a+\dfrac{1}{2}b=5\overline{NP}$이므로

$\overline{NP}=\dfrac{1}{10}a+\dfrac{1}{10}b$

$\therefore \overline{BP}=\overline{BN}+\overline{NP}=\dfrac{1}{2}b+\left(\dfrac{1}{10}a+\dfrac{1}{10}b\right)=\dfrac{1}{10}a+\dfrac{3}{5}b$

05 답 40°　　　유형 06

$\angle AOB+\angle BOC=90°$이므로 $\angle AOB=90°-\angle BOC$

$\angle AOD=\angle AOB+\angle BOD=(90°-\angle BOC)+90°$

$\qquad\quad=180°-\angle BOC$

$\therefore \angle BOC=180°-\angle AOD$

이때 $110°\le\angle AOD\le150°$이므로

(i) $\angle AOD=110°$일 때, $\angle BOC=180°-110°=70°$

(ii) $\angle AOD=150°$일 때, $\angle BOC=180°-150°=30°$

(i), (ii)에서 $30°\le\angle BOC\le70°$

따라서 $\angle BOC$의 크기가 가장 클 때와 가장 작을 때의 차는

$70°-30°=40°$

06 답 78°　　　유형 07

$\angle AEF=\angle FEA'$ (접은 각), $\angle DEG=\angle GED'$ (접은 각)

이므로 $(\angle AEF+\angle DEG) : \angle A'ED'=1 : 4$에서

$(\angle AEF+\angle FEA'+\angle DEG+\angle GED') : \angle A'ED'$

$=2 : 4=1 : 2$

즉, $\angle A'ED'=180°\times\dfrac{2}{1+2}=120°$이고

$\angle AEF+\angle FEA'+\angle DEG+\angle GED'=180°-120°=60°$

이므로 $\angle AEF+\angle DEG=\dfrac{1}{2}\times60°=30°$

이때 $\angle AEF : \angle DEG=2 : 3$이므로

$\angle AEF=30°\times\dfrac{2}{2+3}=12°$

따라서 삼각형 AFE에서

$\angle AFE=180°-90°-\angle AEF=180°-90°-12°=78°$

07 답 40°　　　유형 07 + 유형 08

$\angle AOB : \angle BOC=2 : 7$이므로 $\angle BOC=\dfrac{7}{2}\angle AOB$

$\angle COD : \angle DOE=7 : 2$이므로 $\angle COD=\dfrac{7}{2}\angle DOE$

$\angle AOB+\angle BOC+\angle COD+\angle DOE=180°$이므로

$\angle AOB+\dfrac{7}{2}\angle AOB+\dfrac{7}{2}\angle DOE+\angle DOE=180°$

$\dfrac{9}{2}\angle AOB+\dfrac{9}{2}\angle DOE=180°$, $\dfrac{9}{2}(\angle AOB+\angle DOE)=180°$

$\therefore \angle AOB+\angle DOE=180°\times\dfrac{2}{9}=40°$

이때 $\angle AOH=\angle DOE$ (맞꼭지각)이므로

$\angle BOH=\angle AOB+\angle AOH=\angle AOB+\angle DOE=40°$

08 답 15 cm　　　유형 10

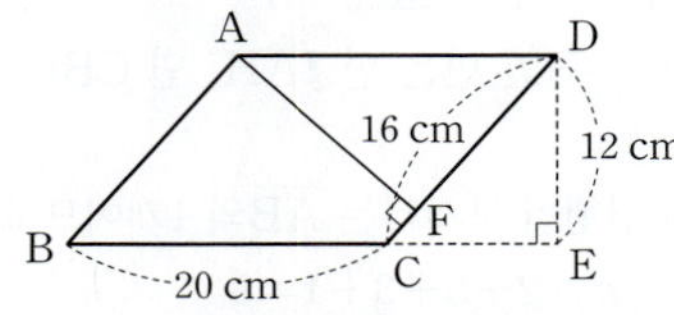

위의 그림과 같이 점 A에서 선분 CD에 내린 수선의 발을 F라 하면

(점 A와 선분 CD 사이의 거리)$=\overline{AF}$

이때 평행사변형 ABCD의 넓이는

$\overline{BC}\times\overline{DE}=\overline{CD}\times\overline{AF}$이므로

$20\times12=16\times\overline{AF}$, $16\overline{AF}=240$　　　$\therefore \overline{AF}=15\,(\mathrm{cm})$

따라서 점 A와 선분 CD 사이의 거리는 15 cm이다.

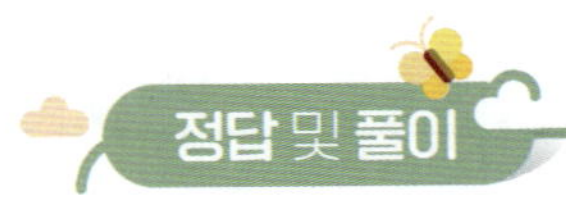

V-2 위치 관계와 평행선의 성질

09 답 31 　유형 **02**

서로 다른 직선을 어느 두 직선도 평행하지 않고, 어느 세 직선
도 한 점에서 만나지 않도록 그릴 때 생기는 교점의 개수가 최대
가 된다.

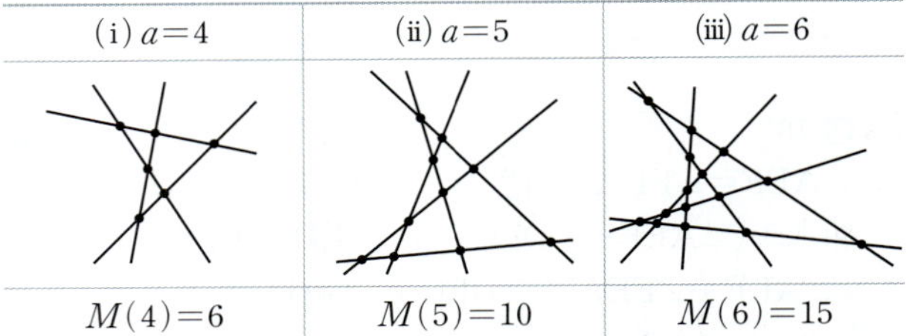

(i) $a=4$	(ii) $a=5$	(iii) $a=6$
$M(4)=6$	$M(5)=10$	$M(6)=15$

$$\therefore M(4)+M(5)+M(6)=6+10+15$$
$$=31$$

10 답 14 　유형 **02**

(i) 한 평면 위의 여섯 개의 점 A, B, C, D, E, F 중 한 직선 위
　에 있지 않은 서로 다른 세 점으로 정해지는 평면은 모두 같
　은 평면이므로 1개이다.

(ii) 한 직선 위의 세 점 A, B, C 중 두 점과 점 G로 정해지는 평
　면은 모두 같은 평면이므로 1개이다.

(iii) 한 직선 위의 세 점 A, B, C 중 한 점과 한 평면 위의 세 점
　D, E, F 중 한 점, 그리고 점 G로 정해지는 평면은 면 ADG,
　면 AEG, 면 AFG, 면 BDG, 면 BEG, 면 BFG, 면 CDG,
　면 CEG, 면 CFG의 9개이다.

(iv) 한 평면 위의 세 점 D, E, F 중 두 점과 점 G로 정해지는 평
　면은 면 DEG, 면 DFG, 면 EFG의 3개이다.

(i), (ii), (iii), (iv)에서 구하는 평면의 개수는
$$1+1+9+3=14$$

11 답 9 　유형 **07**

주어진 전개도로 만든 삼각기둥은 오른쪽
그림과 같다.

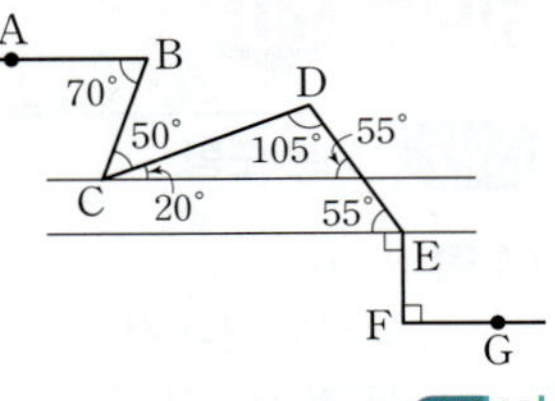

모서리 AB와 평행인 모서리는 $\overline{JC}$, $\overline{HE}$
의 2개이므로 $a=2$

선분 AC와 꼬인 위치에 있는 모서리는
$\overline{JH}$, $\overline{HE}$, $\overline{BE}$의 3개이므로 $b=3$

면 HEFG에 수직인 면은 면 JAH, 면 CBE, 면 JCBA의 3개
이므로 $c=3$

면 JCEH에 평행인 모서리는 $\overline{AB}$의 1개이므로 $d=1$
$$\therefore a+b+c+d=2+3+3+1=9$$

12 답 2 　유형 **09**

∠A의 동위각은 ∠BDG, ∠BEH, ∠FIC, ∠EHC의 4개이므
로 $a=4$

∠DPI의 엇각은 ∠BDG, ∠FIC의 2개이므로 $b=2$
$$\therefore a-b=4-2=2$$

13 답 145° 　유형 **13**

오른쪽 그림과 같이 두 점 C,
E를 각각 지나고 $\overleftrightarrow{AB}$, $\overleftrightarrow{FG}$에
평행한 두 직선을 그으면
$$\angle x=55°+90°=145°$$

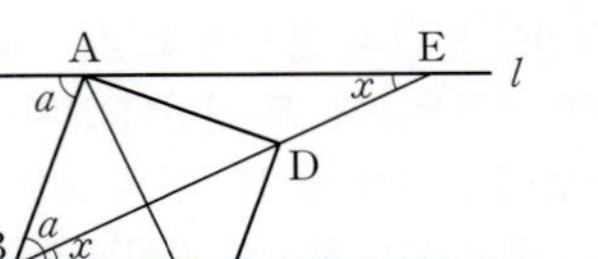

14 답 95° 　유형 **14**

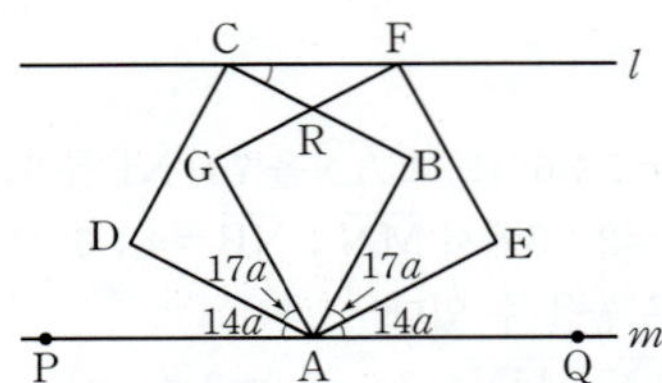

위의 그림과 같이 점 B를 지나고 두 직선 l, m에 평행한 직선을
그으면 $\angle a+\angle b=\angle ABC=90°$

이때 $\angle a : \angle b=7 : 2$이므로
$$\angle a=90°\times\frac{7}{7+2}=70°,\ \angle b=90°-70°=20°$$
$$\therefore \angle x=45°-\angle b=45°-20°=25°$$

또, $\angle BCD=90°$이므로 $\angle b+\angle y=180°-90°=90°$에서
$$\angle y=90°-\angle b=90°-20°=70°$$
$$\therefore \angle x+\angle y=25°+70°=95°$$

15 답 28° 　유형 **14**

위의 그림에서 $\angle BAE=\angle GAD$이므로
$$\angle GAD : \angle DAP=\angle BAE : \angle DAP=17 : 14$$
$\angle GAD=17\angle a$, $\angle DAP=14\angle a$라 하면
$\angle BAE=17\angle a$, $\angle EAQ=14\angle a$이고, $\angle DAB=90°$이므로
$$\angle DAP+\angle BAQ=90°$$
즉, $14\angle a+(17\angle a+14\angle a)=90°$이므로
$45\angle a=90°$　$\therefore \angle a=2°$

따라서 $\angle BAQ=31\angle a=31\times2°=62°$이고,
$\angle FCR+\angle BAQ=\angle CBA=90°$이므로
$$\angle FCR=90°-\angle BAQ=90°-62°=28°$$

16 답 56° 　유형 **15**

$\overline{AD}/\!/\overline{BC}$이므로 $\angle ABC=180°-118°=62°$
$$\therefore \angle BCD=62°$$

오른쪽 그림과 같이 점 E를 지나
고 $\overline{AD}$, $\overline{BC}$와 평행한 직선 FE
를 그으면

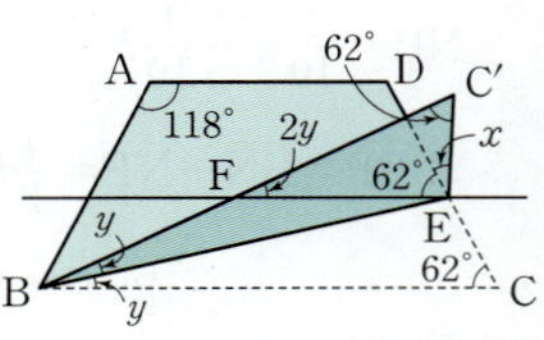

$\angle FED=\angle BCD=62°$ (동위각),
$\angle EBC=\angle FBE=\angle y$ (접은 각)
이므로 $\angle C'FE=\angle FBC=2\angle y$ (동위각)
$\angle BC'E=\angle BCE=62°$이므로 삼각형 C'FE에서
$$62°+2\angle y+(62°+\angle x)=180°,\ \angle x+2\angle y+124°=180°$$
$$\therefore \angle x+2\angle y=180°-124°=56°$$

V-3 작도와 합동

17 탑 8 　유형 03

이등변삼각형에서 길이가 같은 두 변의 길이를 x, 나머지 한 변의 길이를 y라 하면 둘레의 길이가 36이므로
$2x+y=36$ ······ ㉠
삼각형의 두 변의 길이의 합은 나머지 한 변의 길이보다 커야 하고, x, y가 모두 자연수이므로
$2x>y$ ······ ㉡
따라서 ㉠, ㉡을 만족시키는 자연수 x, y의 순서쌍 (x, y)는
$(10, 16)$, $(11, 14)$, $(12, 12)$, $(13, 10)$, $(14, 8)$, $(15, 6)$,
$(16, 4)$, $(17, 2)$이므로 구하는 삼각형의 개수는 8이다.

18 탑 5 　유형 05

$\overline{AB}=5$ cm, $\overline{AC}=3$ cm, $\angle B=30°$인 조건으로 작도할 수 있는 삼각형 ABC는 다음과 같이 2개이다.

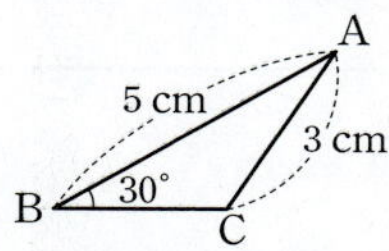 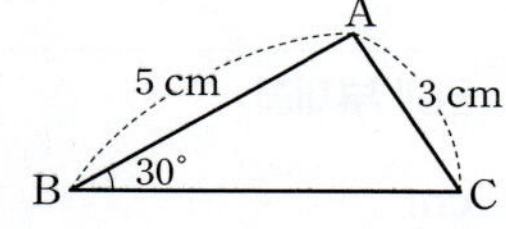

한 변의 길이가 8 cm이고 두 각의 크기가 각각 40°, 65°인 조건으로 작도할 수 있는 삼각형은 다음과 같이 3개이다.

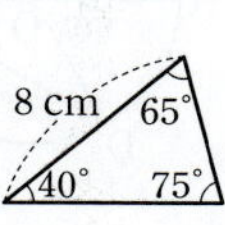 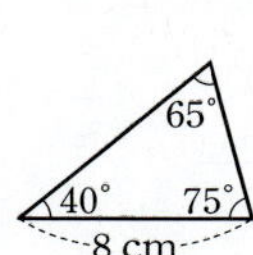 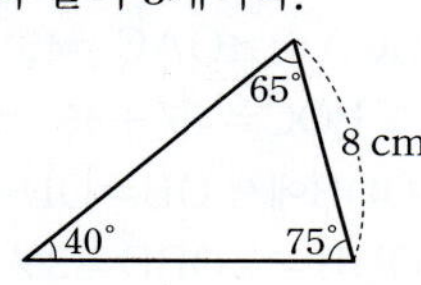

따라서 $a=2$, $b=3$이므로 $a+b=2+3=5$

19 탑 60° 　유형 12

$\triangle ABC$가 정삼각형이므로 $\overline{AC}=\overline{BC}$
$\triangle CDE$가 정삼각형이므로 $\overline{CD}=\overline{CE}$
$\triangle ACD$와 $\triangle BCE$에서
$\overline{AC}=\overline{BC}$, $\angle ACD=\angle BCE=60°$, $\overline{CD}=\overline{CE}$
이므로 $\triangle ACD\equiv\triangle BCE$ (SAS 합동)
따라서 $\angle EBC=\angle DAC$이고 $\angle BEC=\angle AEF$ (맞꼭지각)이므로 $\triangle AEF$에서
$\begin{aligned}\angle AFE&=180°-(\angle FAE+\angle AEF)\\&=180°-(\angle EBC+\angle BEC)\\&=\angle BCE=60°\end{aligned}$

20 탑 37° 　유형 12

$\triangle GBC$와 $\triangle EDC$에서
$\overline{BC}=\overline{DC}$, $\angle BCG=90°-\angle GCD=\angle DCE$, $\overline{GC}=\overline{EC}$
이므로 $\triangle GBC\equiv\triangle EDC$ (SAS 합동)
$\angle GBC=90°-66°=24°$이므로 $\triangle GBC$에서
$\angle BGC=180°-(24°+29°)=127°$
따라서 $\angle DEC=\angle BGC=127°$이므로
$\angle DEH=\angle DEC-90°=127°-90°=37°$

21 탑 90° 　유형 12

$\triangle ADC$와 $\triangle ABG$에서

$\overline{AD}=\overline{AB}$, $\angle DAC=90°+\angle BAC=\angle BAG$, $\overline{AC}=\overline{AG}$
이므로 $\triangle ADC\equiv\triangle ABG$ (SAS 합동)
$\angle ADC=\angle ABG=\angle a$라 하면
$\angle ADE=\angle ADP+\angle EDP=\angle a+\angle EDP$에서
$\angle EDP=\angle ADE-\angle a$
$\angle EBP=\angle EBA+\angle ABG=\angle EBA+\angle a$
사각형 PDEB에서
$\angle EDP+\angle DEB+\angle EBP+\angle DPB=360°$이므로
$(\angle ADE-\angle a)+\angle DEB+(\angle EBA+\angle a)+\angle DPB=360°$
$(90°-\angle a)+90°+(90°+\angle a)+\angle DPB=360°$
$270°+\angle DPB=360°$
$\therefore \angle DPB=360°-270°=90°$

VI-1 다각형

22 탑 66° 　유형 01 + 유형 04

$\angle ABC+\angle DCB=360°-(118°+110°)=132°$
$\begin{aligned}\angle EBC+\angle FCB&=360°-(\angle ABC+\angle DCB)\\&=360°-132°=228°\end{aligned}$
$\begin{aligned}\angle PBC+\angle PCB&=\frac{1}{2}(\angle EBC+\angle FCB)\\&=\frac{1}{2}\times228°=114°\end{aligned}$
따라서 $\triangle PCB$에서
$\angle x=180°-114°=66°$

23 탑 90° 　유형 06 + 유형 07

$\angle EDF=\angle ADC=130°$ (맞꼭지각)
이므로 오른쪽 그림과 같이 $\overline{EF}$를 그으면 $\triangle EDF$에서
$\begin{aligned}\angle DFE+\angle DEF&=180°-\angle EDF\\&=180°-130°\\&=50°\end{aligned}$
$\angle AEG=\angle DEG=\angle a$, $\angle CFG=\angle DFG=\angle b$라 하면
$\triangle EBF$에서
$2\angle a+50°+2\angle b+\angle DFE+\angle DEF=180°$
$2\angle a+50°+2\angle b+50°=180°$
$2\angle a+2\angle b=80°$ $\therefore \angle a+\angle b=40°$
따라서 $\triangle EGF$에서
$\begin{aligned}\angle EGF&=180°-(\angle a+\angle b+\angle DFE+\angle DEF)\\&=180°-(40°+50°)\\&=90°\end{aligned}$

24 탑 101° 　유형 10

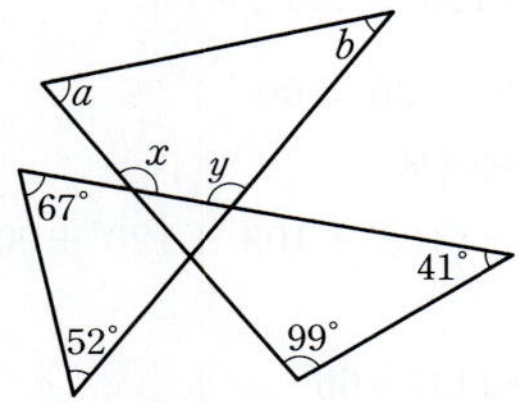

삼각형의 한 외각의 크기는 그와 이웃하지 않는 두 내각의 크기의 합과 같으므로

$\angle x=41°+99°=140°$

$\angle y=67°+52°=119°$

사각형의 내각의 크기의 합은 $360°$이므로

$\angle a+\angle x+\angle y+\angle b=360°$에서

$\angle a+140°+119°+\angle b=360°$

$\therefore\ \angle a+\angle b=360°-259°=101°$

25 답 34   유형 03 + 유형 11

주어진 삼각형을 이어 붙이면 도형의 중앙 부분에 한 외각의 크기가 $20°$인 정다각형이 생긴다.

주어진 정다각형을 정n각형이라 하면

$\dfrac{360°}{n}=20°$ $\therefore\ n=18$

정십팔각형의 한 꼭짓점에서 대각선을 모두 그었을 때 생기는 삼각형의 개수는 $18-2=16$이므로 $a=16$

또, 정십팔각형의 내부의 한 점에서 각 꼭짓점에 선분을 모두 그었을 때 생기는 삼각형의 개수는 다각형의 변의 개수와 같으므로 $b=18$

$\therefore\ a+b=16+18=34$

26 답 8개   유형 11

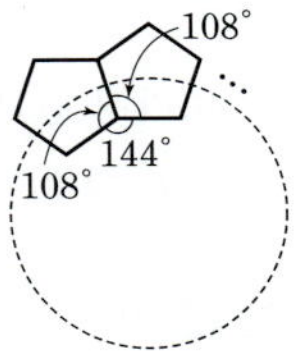

정오각형의 한 내각의 크기는

$\dfrac{180°\times(5-2)}{5}=108°$

원의 내부에 만들어지는 정n각형의 한 내각의 크기는 $360°-(108°+108°)=144°$이므로

$\dfrac{180°\times(n-2)}{n}=144°$에서

$180°\times n-360°=144°\times n,\ 36°\times n=360°$ $\therefore\ n=10$

따라서 원의 내부에 만들어지는 정다각형은 정십각형이므로 추가로 필요한 정오각형은 $10-2=8$(개)

27 답 168°   유형 08 + 유형 12

정오각형의 한 내각의 크기는 $\dfrac{180°\times(5-2)}{5}=108°$

정육각형의 한 내각의 크기는 $\dfrac{180°\times(6-2)}{6}=120°$

$\therefore\ \angle a=120°-108°=12°$

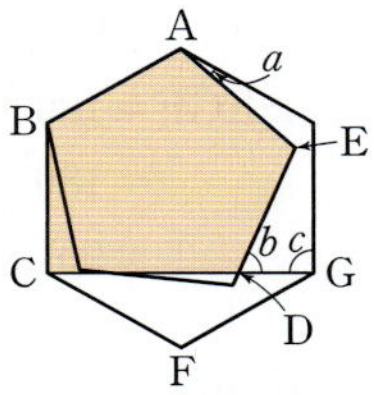

오른쪽 그림에서

$\angle AED=\angle BAE=108°$,

$\angle ABC=120°$

$\triangle FCG$에서 $\overline{FC}=\overline{FG}$이고

$\angle CFG=120°$이므로

$\angle FCG=\dfrac{1}{2}\times(180°-120°)=30°$

$\therefore\ \angle BCD=120°-30°=90°$

오각형 ABCDE에서

$\angle EDC=540°-(108°+108°+120°+90°)$

$\qquad\qquad=114°$

$\therefore\ \angle b=180°-114°=66°$

또, $\angle c=\angle BCD=90°$이므로

$\angle a+\angle b+\angle c=12°+66°+90°=168°$

28 답 216°   유형 12

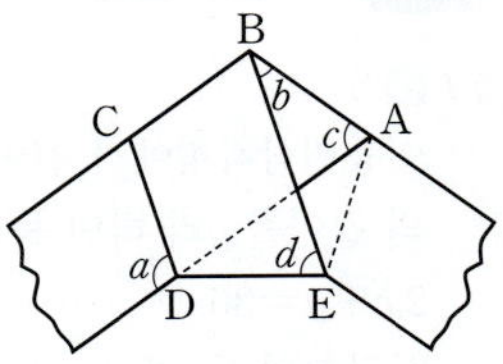

오른쪽 그림과 같은 정오각형 ABCDE에서 한 내각의 크기는

$\dfrac{180°\times(5-2)}{5}=108°$이므로

$\angle a=\angle BCD=108°$ (엇각)

$\triangle ABE$에서

$\overline{AB}=\overline{AE}$이고 $\angle BAE=108°$이므로

$\angle b=\dfrac{1}{2}\times(180°-108°)=36°$

같은 방법으로 하면 $\triangle EAD$에서 $\angle EAD=36°$이므로

$\angle c=108°-\angle EAD=108°-36°=72°$

또, $\angle AED=108°$이므로

$\angle d=108°-\angle AEB=108°-36°=72°$

$\therefore\ \angle a-\angle b+\angle c+\angle d=108°-36°+72°+72°=216°$

Ⅵ-2 원과 부채꼴

29 답 12 cm   유형 03

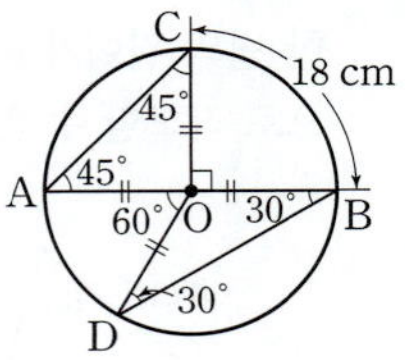

오른쪽 그림과 같이 $\overline{OC}$, $\overline{OD}$를 그으면

$\triangle AOC$에서 $\overline{OA}=\overline{OC}$이므로

$\angle OCA=\angle OAC=45°$

$\therefore\ \angle BOC=45°+45°=90°$

$\triangle ODB$에서 $\overline{OB}=\overline{OD}$이므로

$\angle ODB=\angle OBD=30°$

$\therefore\ \angle AOD=30°+30°=60°$

따라서 $\overset{\frown}{AD}:\overset{\frown}{BC}=60°:90°=2:3$이므로

$\overset{\frown}{AD}:18=2:3,\ 3\overset{\frown}{AD}=36$ $\therefore\ \overset{\frown}{AD}=12$(cm)

30 답 52 cm   유형 03

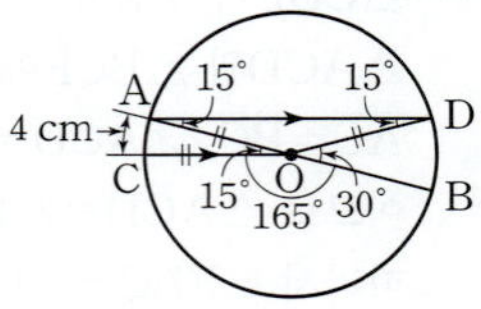

$\overline{AD}\,/\!/\,\overline{CO}$이므로

$\angle AOC=\angle OAD=15°$ (엇각)

오른쪽 그림과 같이 $\overline{OD}$를 그으면

$\triangle OAD$에서 $\overline{OA}=\overline{OD}$이므로

$\angle ODA=\angle OAD=15°$

$\therefore\ \angle BOD=15°+15°=30°$

또, $\angle BOC=180°-\angle AOC=180°-15°=165°$이므로

$\overset{\frown}{AC}:\overset{\frown}{CBD}=\angle AOC:(\angle BOC+\angle BOD)$

$\qquad\qquad\quad=15°:195°=1:13$

즉, $4:\overset{\frown}{CBD}=1:13$이므로 $\overset{\frown}{CBD}=52$(cm)

31 답 7 : 9   유형 09

부채꼴 A의 반지름의 길이를 r_1, 호의 길이를 $2l$이라 하고, 부채꼴 B의 반지름의 길이를 r_2, 호의 길이를 $3l$이라 하면 두 부채꼴 A, B의 넓이의 비가 $4:7$이므로

$\left(\dfrac{1}{2}\times r_1\times2l\right):\left(\dfrac{1}{2}\times r_2\times3l\right)=4:7$

$2r_1:3r_2=4:7,\ 14r_1=12r_2,\ 7r_1=6r_2$

$\therefore\ r_1:r_2=6:7$

$r_1=6a,\ r_2=7a$라 하고 두 부채꼴 A, B의 중심각의 크기를 각각 $x°$, $y°$라 하면 두 부채꼴 A, B의 호의 길이의 비가 $2:3$이므로

$$\left(2\pi \times 6a \times \frac{x}{360}\right) : \left(2\pi \times 7a \times \frac{y}{360}\right) = 2:3$$

$6x:7y=2:3,\ 18x=14y,\ 9x=7y \qquad \therefore x:y=7:9$

따라서 두 부채꼴 A, B의 중심각의 크기의 비를 가장 간단한 자연수의 비로 나타내면 $7:9$이다.

32 답 $(24-6\pi)\ \mathrm{cm}^2$ 유형 11

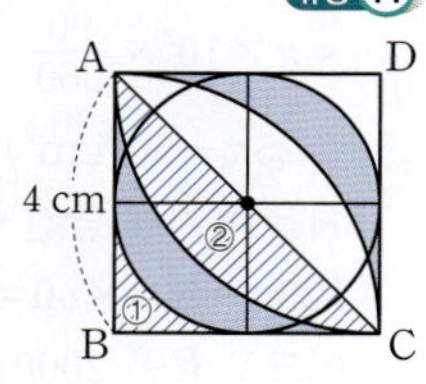

오른쪽 그림에서

(①의 넓이)

= (한 변의 길이가 2 cm인 정사각형의 넓이) − (반지름의 길이가 2 cm이고 중심각의 크기가 90°인 부채꼴의 넓이)

$= 2\times 2 - \pi \times 2^2 \times \dfrac{90}{360} = 4-\pi\ (\mathrm{cm}^2)$

(②의 넓이) = (부채꼴 ADC의 넓이) − (삼각형 ADC의 넓이)

$\qquad = \pi \times 4^2 \times \dfrac{90}{360} - \dfrac{1}{2} \times 4 \times 4$

$\qquad = 4\pi - 8\ (\mathrm{cm}^2)$

따라서 색칠한 부분의 넓이는

{(삼각형 ABC의 넓이) − (①의 넓이) − (②의 넓이)} $\times 2$

$= \left\{\dfrac{1}{2}\times 4 \times 4 - (4-\pi) - (4\pi-8)\right\} \times 2$

$= (12-3\pi)\times 2 = 24-6\pi\ (\mathrm{cm}^2)$

33 답 $\left(\dfrac{5}{6}\pi b + \dfrac{1}{3}\pi a\right)\ \mathrm{cm}$ 유형 13

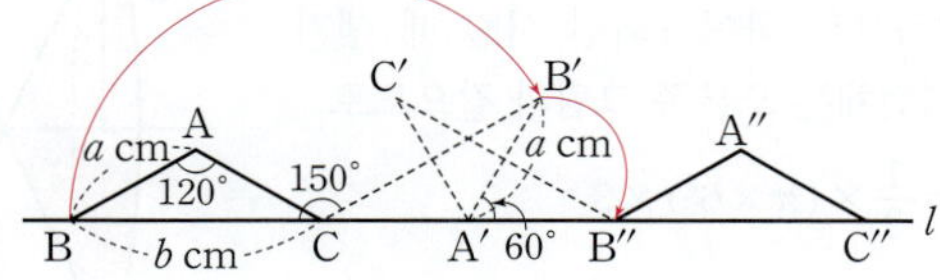

$\triangle ABC$에서 $\angle ACB = \dfrac{1}{2} \times (180° - 120°) = 30°$

$\therefore \angle BCB' = 180° - \angle A'CB' = 180° - 30° = 150°$

또, $\angle CA'B' = 120°$이므로

$\angle B'A'B'' = 180° - \angle CA'B' = 180° - 120° = 60°$

꼭짓점 B가 움직인 거리는 반지름의 길이가 b cm이고 중심각의 크기가 150°인 부채꼴의 호의 길이와 반지름의 길이가 a cm이고 중심각의 크기가 60°인 부채꼴의 호의 길이의 합이므로

(꼭짓점 B가 움직인 거리) $= \left(2\pi \times b \times \dfrac{150}{360}\right) + \left(2\pi \times a \times \dfrac{60}{360}\right)$

$\qquad\qquad = \dfrac{5}{6}\pi b + \dfrac{1}{3}\pi a\ (\mathrm{cm})$

34 답 $50\pi\ \mathrm{cm}^2$ 유형 12 + 유형 13

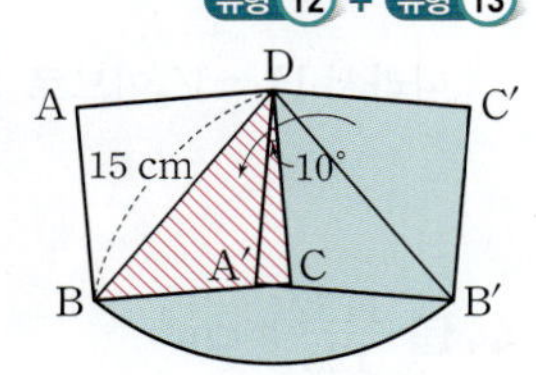

오른쪽 그림과 같이 $\overline{DB'}$을 그으면 $\triangle BDC$와 $\triangle B'DC'$의 넓이는 같다.

또, $\angle BDA' = \angle BDC - \angle A'DC$

$\qquad\qquad = 45° - 10° = 35°$

이므로

$\angle BDB' = \angle BDA' + \angle A'DB'$

$\qquad\qquad = 35° + 45° = 80°$

따라서 색칠한 부분의 넓이는 부채꼴 BDB'의 넓이와 같으므로 그 넓이는

$$\pi \times 15^2 \times \frac{80}{360} = 50\pi\ (\mathrm{cm}^2)$$

Ⅶ-1 다면체와 회전체

35 답 육각뿔   유형 02

주어진 정사각형 3개와 정삼각형 4개로 만들 수 있는 다면체는 오른쪽 그림과 같다.

이 다면체의 모서리의 개수는 12, 면의 개수는 7이므로 그 합은 $12+7=19$

구하는 각뿔을 n각뿔이라 하면 n각뿔의 모서리의 개수는 $2n$, 꼭짓점의 개수는 $n+1$이므로

$2n+(n+1)=19,\ 3n=18 \qquad \therefore n=6$

따라서 구하는 각뿔은 육각뿔이다.

36 답 44   유형 07

(i) 두 면만 칠해진 작은 정육면체의 개수는 오른쪽 그림과 같이 큰 정육면체의 꼭짓점을 포함하지 않고 모서리에 위치한 작은 정육면체의 개수와 같으므로 $3\times 12 = 36$

(ii) 세 면만 칠해진 작은 정육면체의 개수는 오른쪽 그림과 같이 큰 정육면체의 꼭짓점에 위치한 작은 정육면체의 개수와 같으므로 8

네 면 이상 칠해진 작은 정육면체는 없으므로 (i), (ii)에서 구하는 개수는

$36+8=44$

37 답 24 cm   유형 08 + 유형 09

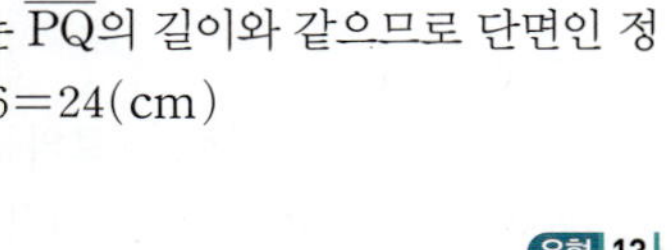

주어진 전개도로 만든 입체도형은 정육면체이고, 이 정육면체에서 $\overline{EH}$, $\overline{GH}$, $\overline{JM}$, $\overline{LM}$의 각 중점을 지나는 평면으로 자른 단면은 오른쪽 그림과 같은 정육각형이다.

이 정육각형의 한 변의 길이는 $\overline{PQ}$의 길이와 같으므로 단면인 정육각형의 둘레의 길이는 $4\times 6 = 24\ (\mathrm{cm})$

38 답 $\dfrac{132}{5}\pi\ \mathrm{cm}$ 유형 13

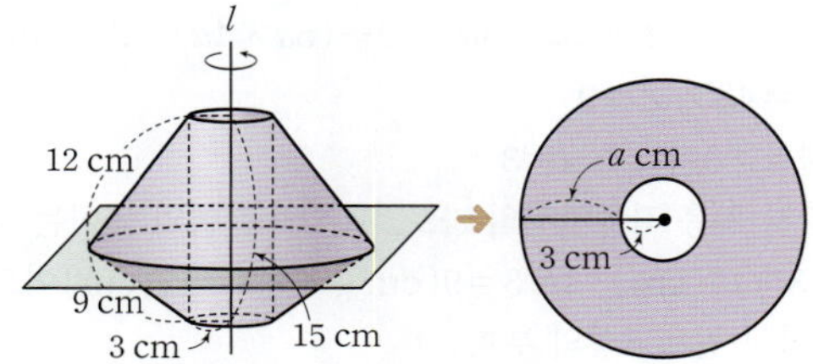

회전체는 위의 그림과 같으므로 회전축에 수직인 평면으로 회전체를 자른 단면의 넓이가 가장 크려면 a cm가 주어진 직각삼각형에서 밑변의 길이가 15 cm일 때의 높이와 같아야 한다.

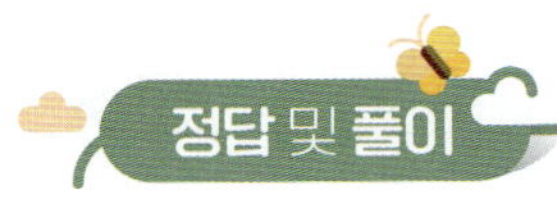

$\dfrac{1}{2}\times9\times12=\dfrac{1}{2}\times15\times a$이므로

$\dfrac{15}{2}a=54$ $\therefore a=\dfrac{36}{5}$

따라서 구하는 단면의 둘레의 길이는

$2\pi\times\left(\dfrac{36}{5}+3\right)+2\pi\times3=\dfrac{102}{5}\pi+6\pi=\dfrac{132}{5}\pi(\mathrm{cm})$

39 답 9 cm 〔유형 14〕

주어진 원뿔의 전개도는 오른쪽 그림과
같고, 점 P에서 한 바퀴 돌아 다시 점 P
로 돌아오는 가장 짧은 선은 $\overline{PP'}$이다.
부채꼴의 중심각의 크기를 $x°$라 하면

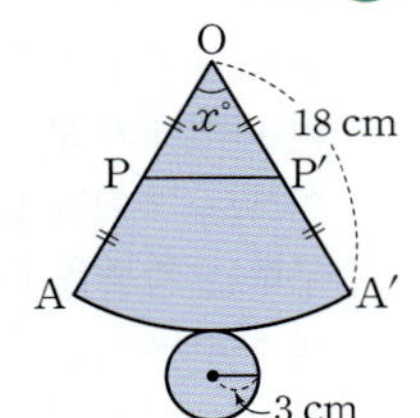

$2\pi\times18\times\dfrac{x}{360}=2\pi\times3$ $\therefore x=60$

이때 $\triangle OPP'$에서 $\overline{OP}=\overline{OP'}$이므로

$\angle OPP'=\angle OP'P=\dfrac{1}{2}\times(180°-60°)=60°$

즉, $\angle O=60°$이고, $\overline{OP}=\overline{OP'}$이므로 $\triangle OPP'$은 정삼각형이다.

$\therefore \overline{PP'}=\overline{OP'}=\dfrac{1}{2}\overline{OA'}=\dfrac{1}{2}\times18=9(\mathrm{cm})$

따라서 가장 짧은 선의 길이는 9 cm이다.

〔Ⅶ-2〕 **입체도형의 겉넓이와 부피**

40 답 153 cm³ 〔유형 05〕

$\overline{OB}:\overline{OF}=1:2$이고, $\overline{BF}=6$ cm이므로
$\overline{OB}=6$ cm, $\overline{OF}=2\times6=12(\mathrm{cm})$

(삼각뿔 O$-$EFG의 부피)$=\dfrac{1}{3}\times\left(\dfrac{1}{2}\times6\times6\right)\times12=72(\mathrm{cm}^3)$

또, $\overline{BP}=\overline{BQ}=\dfrac{1}{2}\times6=3(\mathrm{cm})$이므로

(삼각뿔 O$-$PBQ의 부피)$=\dfrac{1}{3}\times\left(\dfrac{1}{2}\times3\times3\right)\times6=9(\mathrm{cm}^3)$

따라서 잘라 낸 삼각뿔대의 부피는 $72-9=63(\mathrm{cm}^3)$이므로
(잘라 내고 남은 입체도형의 부피)
$=$(정육면체의 부피)$-$(잘라 낸 삼각뿔대의 부피)
$=6\times6\times6-63$
$=216-63=153(\mathrm{cm}^3)$

41 답 1000 cm³ 〔유형 05〕

처음 직육면체의 가로, 세로의 길이와 높이를 각각 $5a$ cm,
$3a$ cm, $4a$ cm라 하면 주어진 입체도형의 겉넓이는 처음 직육
면체의 겉넓이와 같으므로
$(5a\times3a)\times2+(3a\times4a)\times2+(5a\times4a)\times2=846$
$47a^2=423$, $a^2=9$
이때 $a>0$이므로 $a=3$
따라서 처음 직육면체의 가로, 세로의 길이와 높이는 각각
$5\times3=15(\mathrm{cm})$, $3\times3=9(\mathrm{cm})$, $4\times3=12(\mathrm{cm})$이므로
(주어진 입체도형의 부피)
$=$(처음 직육면체의 부피)$-$(잘라 낸 직육면체의 부피)
$=15\times9\times12-620$
$=1620-620=1000(\mathrm{cm}^3)$

42 답 10 cm 〔유형 02〕$+$〔유형 11〕

용기를 세우기 전의 밑면에서 물이 있는 부
분은 오른쪽 그림의 색칠한 부분과 같다.
(색칠한 부분의 넓이)
$=$(부채꼴 OAB의 넓이)
$\qquad-$(직각삼각형 OAB의 넓이)
$=\pi\times10^2\times\dfrac{90}{360}-\dfrac{1}{2}\times10\times10$
$=25\pi-50(\mathrm{cm}^2)$

처음 용기에 담긴 물의 양은
$(25\pi-50)\times40=1000\pi-2000(\mathrm{cm}^3)$
이므로 물을 2000 cm³만큼 더 부은 후의 물의 양은
$(1000\pi-2000)+2000=1000\pi(\mathrm{cm}^3)$
용기의 밑면이 바닥면에 놓일 때의 물의 높이를 h cm라 하면
$\pi\times10^2\times h=1000\pi$ $\therefore h=10$
따라서 구하는 물의 높이는 10 cm이다.

43 답 1 〔유형 06〕$+$〔유형 12〕

$y=-2x$에 $x=-3$을 대입하면
$y=-2\times(-3)=6$
$\therefore \mathrm{A}(-3,\ 6)$
$y=-2x$에 $x=2$를 대입하면
$y=-2\times2=-4$
$\therefore \mathrm{B}(2,\ -4)$

두 직각삼각형 AOC, BOD를 x축을
회전축으로 하여 1회전 시킬 때 생기
는 회전체는 오른쪽 그림과 같으므로

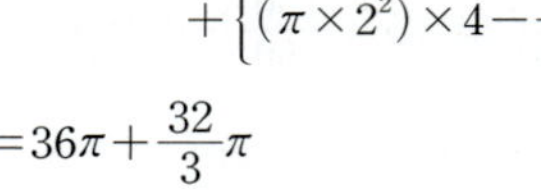

$V_1=\dfrac{1}{3}\times(\pi\times6^2)\times3$
$\qquad\qquad+\dfrac{1}{3}\times(\pi\times4^2)\times2$
$\quad=36\pi+\dfrac{32}{3}\pi=\dfrac{140}{3}\pi$

또, 두 직각삼각형 AOC, BOD를 y축을 회전축으
로 하여 1회전 시킬 때 생기는 회전체는 오른쪽 그
림과 같으므로

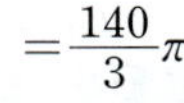

$V_2=\left\{(\pi\times3^2)\times6-\dfrac{1}{3}\times(\pi\times3^2)\times6\right\}$
$\qquad\qquad+\left\{(\pi\times2^2)\times4-\dfrac{1}{3}\times(\pi\times2^2)\times4\right\}$
$\quad=36\pi+\dfrac{32}{3}\pi$
$\quad=\dfrac{140}{3}\pi$

따라서 $V_1=V_2$이므로 $\dfrac{V_1}{V_2}=1$

44 답 $\dfrac{1152}{125}\pi$ cm³ 〔유형 16〕

사각뿔의 겉넓이가 96 cm²이므로
$6\times6+4\times$(삼각형 ABC의 넓이)$=96$
$\therefore$ (삼각형 ABC의 넓이)$=15(\mathrm{cm}^2)$

오른쪽 그림과 같이 반구의 중심을 O
라 하고 반지름의 길이를 r cm라 하면
삼각뿔 O−ABC의 부피는 사각뿔
A−BCDE의 부피의 $\dfrac{1}{4}$이다. 삼각뿔

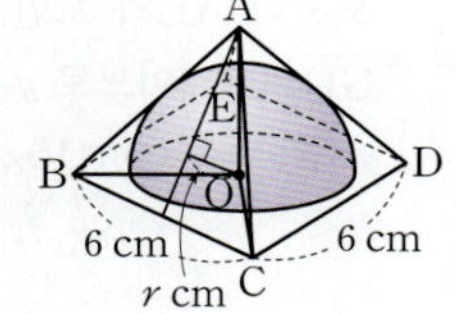

O−ABC에서 △ABC를 밑면으로 하
면 높이는 r cm이므로

$$\dfrac{1}{3}\times15\times r=\dfrac{1}{4}\times48 \qquad \therefore r=\dfrac{12}{5}$$

$$\therefore (\text{반구의 부피})=\dfrac{1}{2}\times\dfrac{4}{3}\pi\times\left(\dfrac{12}{5}\right)^3$$
$$=\dfrac{1152}{125}\pi(\text{cm}^3)$$

VIII-1 자료의 정리와 해석

45 답 ㄴ, ㄷ 〔유형 01〕

ㄱ. (평균)
$$=\dfrac{15+28+18+25+8+18+10+36+14+18+30}{11}$$
$$=20$$
이므로 추가되는 변량이 20이 아닌 경우에 평균은 변한다.

ㄴ. 변량을 작은 값부터 크기순으로 나열하면
8, 10, 14, 15, 18, 18, 18, 25, 28, 30, 36
이므로 6번째와 7번째에 있는 값은 추가되는 변량의 값에 관
계없이 항상 18이다.
즉, 중앙값은 변하지 않는다.

ㄷ. 추가되는 한 개의 변량의 값에 관계없이 18이 3개로 가장 많
으므로 최빈값은 변하지 않는다.

따라서 옳은 것은 ㄴ, ㄷ이다.

46 답 10번째 〔유형 04〕

줄기가 0인 잎의 개수는 $6\times\dfrac{2}{3}=4$

줄기가 3인 잎의 개수를 x라 하면 전체 학생 수는
$4+3+6+x=13+x$
책을 21권 이상 읽은 학생 수는 $5+x$이므로
$$(13+x)\times\dfrac{60}{100}=5+x,\ 39+3x=25+5x$$
$$2x=14 \qquad \therefore x=7$$
따라서 책을 24권 읽은 수진이는 이 반에서 책을 $3+7=10$(번째)
로 많이 읽었다.

47 답 45 % 〔유형 08〕

전체 학생 수를 x라 하면
$$x\times\dfrac{10}{100}=8 \qquad \therefore x=80$$
TV 시청 시간이 3시간 이상 5시간 미만인 학생 수를 $3a$, 9시간
이상 11시간 미만인 학생 수를 $2a$라 하면 전체 학생 수는
$4+3a+22+16+2a+8=80$
$$5a=30 \qquad \therefore a=6$$

따라서 TV를 7시간 이상 시청하는 학생 수는
$16+2a+8=16+2\times6+8=36$이므로 전체의
$$\dfrac{36}{80}\times100=45(\%)$$

48 답 24 % 〔유형 09〕

A 반의 전체 학생 수는
$5+6+10+3+4=28$
A 반에서 영어 성적이 상위 25 % 이내에 드는 학생 수는
$$28\times\dfrac{25}{100}=7$$
A 반에서 영어 성적이 80점 이상인 학생 수가 $3+4=7$이므로
상위 25 % 이내에 드는 정혜의 영어 성적은 80점 이상이다.
B 반의 전체 학생 수는 $4+8+7+5+1=25$이고,
영어 성적이 80점 이상인 학생 수는 $5+1=6$이므로 전체의
$$\dfrac{6}{25}\times100=24(\%)$$
따라서 A 반에서 영어 성적이 상위 25 % 이내에 드는 정혜와 영
어 성적이 같은 현세는 B 반에서 최소 상위 24 % 이내에 든다.

49 답 80 〔유형 11〕

A, B 두 중학교 1학년의 전체 학생 수를 각각 $4k$, $7k$라 하면
A 중학교에서
$$b=\dfrac{a}{4k}$$
B 중학교에서
$$c=\dfrac{84}{7k}=\dfrac{12}{k}$$
이때 $b:c=5:3$이므로
$$\dfrac{a}{4k}:\dfrac{12}{k}=5:3,\ \dfrac{3a}{4k}=\dfrac{60}{k},\ \dfrac{3a}{4k}=\dfrac{240}{4k}$$
즉, $3a=240$이므로 $a=80$

50 답 126 〔유형 15〕+〔유형 16〕

B 회사의 전체 직원 수를 x라 하면 A 회사의 전체 직원 수는
$$\dfrac{0.04x}{0.06}=\dfrac{2}{3}x$$
A 회사에서 출근 시각이 8시 50분에서 9시 사이인 계급의 상대
도수는
$1-(0.06+0.14+0.3+0.24+0.18)=0.08$
이 계급에 속하는 직원은 B 회사가 A 회사보다 24명 더 많으므로
$$\dfrac{2}{3}x\times0.08+24=0.08x \qquad \therefore x=900$$
B 회사에서 출근 시각이 8시 40분에서 8시 50분 사이인 계급의
상대도수는
$1-(0.04+0.2+0.32+0.22+0.08)=0.14$
따라서 8시 40분에서 8시 50분 사이에 출근하는 B 회사의 직원
수는
$900\times0.14=126$

중간고사 대비
실전 모의고사 1회 기본

187쪽~190쪽

01 ③	02 ①	03 ③	04 ④	05 ③
06 ④	07 ⑤	08 ①	09 ⑤	10 ②
11 ⑤	12 ④	13 ⑤	14 ①	15 ④
16 ⑤	17 ③	18 ③	19 19	20 240°
21 90°	22 54°	23 60°		

01 답 ③ V-1 유형 01

$a=8$, $b=12$이므로 $ab=8\times12=96$

02 답 ① V-1 유형 04

$\overline{AM}=\overline{MB}=\dfrac{1}{2}\overline{AB}=\dfrac{1}{2}\times20=10(cm)$이므로

$\overline{NM}=\dfrac{1}{2}\overline{AM}=\dfrac{1}{2}\times10=5(cm)$

$\therefore \overline{NB}=\overline{NM}+\overline{MB}=5+10=15(cm)$

03 답 ③ V-1 유형 06

$\angle AOC=180°-(90°+37°)=53°$

04 답 ④ V-1 유형 08

$2\angle x+30°=5\angle x-3°$이므로

$3\angle x=33°$ $\therefore \angle x=11°$

$2\angle x+30°+\angle y=180°$이므로

$2\times11°+30°+\angle y=180°$

$\therefore \angle y=180°-52°=128°$

$\therefore \angle y-\angle x=128°-11°=117°$

05 답 ③ V-1 유형 10

ㄱ. $\overline{AD}$와 $\overline{CD}$는 수직으로 만나지 않는다.

ㄷ. 점 D와 $\overleftrightarrow{BC}$ 사이의 거리는 $\overline{AB}$의 길이와 같고, $\overline{AB}$의 길이
는 7 cm보다 짧다.

ㅁ. $\overline{AD}$와 $\overline{CD}$는 수직으로 만나지 않으므로 점 A에서 $\overleftrightarrow{CD}$에 내
린 수선의 발은 점 D가 아니다.

따라서 옳은 것은 ㄴ, ㄹ이다.

06 답 ④ V-2 유형 03+04

③ $\overline{AE}$와 수직인 모서리는 $\overline{AF}$, $\overline{EJ}$의 2개이다.

④ $\overline{AF}$와 평행인 면은 면 BGHC, 면 CHID, 면 EJID의 3개이
다.

⑤ 면 BGHC에 포함된 모서리는 $\overline{BG}$, $\overline{GH}$, $\overline{HC}$, $\overline{CB}$의 4개이
다.

따라서 옳지 않은 것은 ④이다.

07 답 ⑤ V-2 유형 06

면 BEF와 수직인 모서리는 $\overline{CB}$, $\overline{GF}$, $\overline{DE}$의 3개이므로
$x=3$

모서리 AB와 꼬인 위치에 있는 모서리는 $\overline{CG}$, $\overline{DE}$, $\overline{EF}$, $\overline{FG}$,
$\overline{GD}$의 5개이므로 $y=5$

$\therefore xy=3\times5=15$

08 답 ① V-2 유형 08

ㄴ. 공간에서 서로 만나지 않는 두 직선은 평행하거나 꼬인 위치
에 있다.

ㄹ. 공간에서 한 직선과 직교하는 서로 다른 두 직선은 다음 그림
과 같이 평행하거나 한 점에서 만나거나 꼬인 위치에 있다.

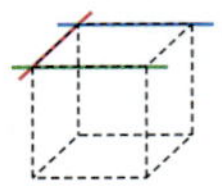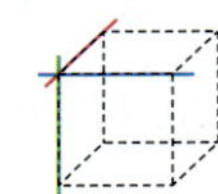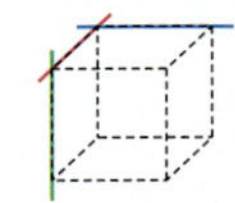

ㅁ. 한 직선과 꼬인 위치에 있는 서로 다른 두 직선은 다음 그림
과 같이 평행하거나 한 점에서 만나거나 꼬인 위치에 있다.

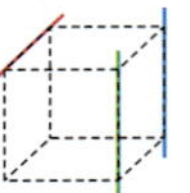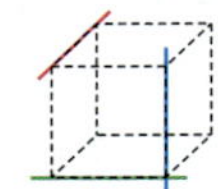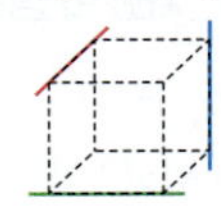

따라서 옳은 것은 ㄱ, ㄷ이다.

09 답 ⑤ V-2 유형 09

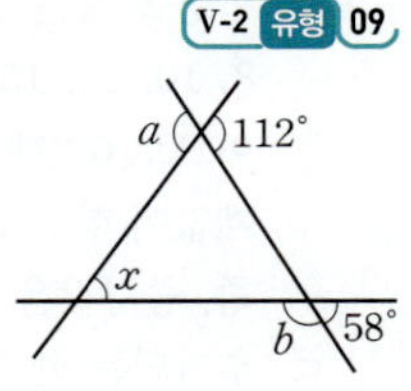

$\angle x$의 엇각은 $\angle a$와 $\angle b$이므로

$\angle a=112°$ (맞꼭지각)

$\angle b=180°-58°=122°$

$\therefore \angle a+\angle b=112°+122°$
$\qquad\qquad=234°$

10 답 ② V-2 유형 10

$(2\angle x+10°)+(\angle x+50°)$
$=180°$
이므로

$3\angle x+60°=180°$, $3\angle x=120°$

$\therefore \angle x=40°$

$(\angle x+50°)+(4\angle y-10°)=180°$이므로

$90°+4\angle y-10°=180°$, $4\angle y=100°$ $\therefore \angle y=25°$

$\therefore \angle x+\angle y=40°+25°=65°$

11 답 ⑤ V-2 유형 15

① $\angle GFE=\angle FEC$ (엇각), $\angle GEF=\angle FEC$ (접은 각)이므로
$\angle GFE=\dfrac{1}{2}\angle GEC$

② $\angle AGE=\angle GEC$ (엇각)이므로 $\angle AGE=2\angle GEF$

③ $\overline{AG}=\overline{GF}$인지는 알 수 없다.

④ $180°-\angle FGE=\angle AGE=\angle GEC$

⑤ $\angle GEF=\angle GFE$이므로 삼각형 GEF에서
$\angle EGF+2\angle GFE=\angle EGF+\angle GEF+\angle GFE=180°$

따라서 옳은 것은 ⑤이다.

12 답 ④ 　　　　　　　　　　　　V-3 유형 02

② 점 Q는 점 P를 중심으로 하고 반지름의 길이가 $\overline{AC}$인 원 위의 점이므로 $\overline{AC}=\overline{PQ}$

③ 점 R은 점 Q를 중심으로 하고 반지름의 길이가 $\overline{BC}$인 원 위의 점이므로 $\overline{BC}=\overline{QR}$

④ $\overline{PR}=\overline{QR}$인지는 알 수 없다.

따라서 옳지 않은 것은 ④이다.

13 답 ⑤ 　　　　　　　　　　　　V-3 유형 05

① ∠B, ∠C의 크기를 알면 ∠A의 크기를 구할 수 있으므로 한 변의 길이와 그 양 끝 각의 크기가 주어진 경우와 같다.
즉, △ABC가 하나로 정해진다.

② 두 변의 길이와 그 끼인각의 크기가 주어진 경우이므로 △ABC가 하나로 정해진다.

③ ∠A, ∠C의 크기를 알면 ∠B의 크기를 구할 수 있으므로 한 변의 길이와 그 양 끝 각의 크기가 주어진 경우와 같다.
즉, △ABC가 하나로 정해진다.

④ 세 변의 길이가 주어진 경우이므로 △ABC가 하나로 정해진다.

⑤ 두 변의 길이와 그 끼인각이 아닌 다른 한 각의 크기가 주어진 경우이므로 △ABC가 하나로 정해지지 않는다.

따라서 △ABC가 하나로 정해지지 않는 것은 ⑤이다.

14 답 ① 　　　　　　　　　　　　V-3 유형 07

주어진 삼각형의 나머지 한 각의 크기는
$180°-(75°+50°)=55°$

① 한 쌍의 대응변의 길이가 b cm로 같고, 그 양 끝 각의 크기가 $50°$, $55°$로 같으므로 주어진 삼각형과 ASA 합동이다.

15 답 ④ 　　　　　　　　　　　　V-3 유형 12

①, ②, ③, ⑤ △ADF, △BED, △CFE에서
$\overline{AF}=\overline{BD}=\overline{CE}$

△ABC가 정삼각형이므로
$\overline{AD}=\overline{BE}=\overline{CF}$, ∠A=∠B=∠C=60°

∴ △ADF≡△BED≡△CFE (SAS 합동)

즉, $\overline{FD}=\overline{DE}=\overline{EF}$이므로 △DEF는 정삼각형이다.

∴ ∠EDF=∠B=60°

④ △ADF에서 ∠DAF+∠AFD+∠FDA=180°

∠AFD+∠FDA=180°−∠DAF

이때 ∠DAF=60°이므로 ∠AFD+∠FDA=120°

∠DEB=∠FDA이므로 ∠AFD+∠DEB=120°

따라서 옳지 않은 것은 ④이다.

16 답 ⑤ 　　　　　　　　　　　　VI-1 유형 02+03

④ 정구각형의 대각선의 개수는 $\dfrac{9\times(9-3)}{2}=27$

⑤ 정구각형의 한 꼭짓점에서 그을 수 있는 대각선의 개수는
$9-3=6$

따라서 옳지 않은 것은 ⑤이다.

17 답 ③ 　　　　　　　　　　　　VI-1 유형 06

△DBC에서
∠DBC+∠DCB=180°−116°=64°

따라서 △ABC에서
$\angle x=180°-(26°+∠DBC+∠DCB+30°)$
$　　=180°-(26°+64°+30°)$
$　　=180°-120°=60°$

18 답 ③ 　　　　　　　　　　　　VI-1 유형 03+08+09+11

ㄱ. 삼각형의 외각의 크기의 합은 360°이다.

ㄴ. 칠각형의 내각의 크기의 합은 $180°\times(7-2)=900°$

ㄷ. 한 내각의 크기와 한 외각의 크기의 합은 180°이므로 한 내각의 크기와 한 외각의 크기가 같으면 한 내각의 크기는
$180°\times\dfrac{1}{2}=90°$

즉, 한 내각의 크기와 한 외각의 크기가 같은 정다각형은 정사각형뿐이다.

ㄹ. 주어진 정다각형을 정n각형이라 하면
$\dfrac{180°\times(n-2)}{n}=156°$에서 $180°\times n-360°=156°\times n$,
$24°\times n=360°$ ∴ $n=15$

즉, 정십오각형의 대각선의 개수는 $\dfrac{15\times(15-3)}{2}=90$

ㅁ. 주어진 정다각형을 정n각형이라 하면
$n-3=7$에서 $n=10$

즉, 정십각형의 한 외각의 크기는 $\dfrac{360°}{10}=36°$

따라서 옳은 것은 ㄴ, ㄷ, ㄹ이다.

19 답 19 　　　　　　　　　　　　V-1 유형 03

5개의 점 중 두 점을 이어서 만들 수 있는 서로 다른 직선의 개수는 $\overleftrightarrow{AB}$, $\overleftrightarrow{AE}$, $\overleftrightarrow{BE}$, $\overleftrightarrow{CE}$, $\overleftrightarrow{DE}$의 5이다.

∴ $x=5$ 　　　　　　　　　　　❶

또, 5개의 점 중 두 점을 이어서 만들 수 있는 서로 다른 반직선의 개수는
$\overrightarrow{AB}$, $\overrightarrow{AE}$, $\overrightarrow{BA}$, $\overrightarrow{BC}$, $\overrightarrow{BE}$, $\overrightarrow{CB}$, $\overrightarrow{CD}$, $\overrightarrow{CE}$, $\overrightarrow{DC}$, $\overrightarrow{DE}$, $\overrightarrow{EA}$, $\overrightarrow{EB}$, $\overrightarrow{EC}$, $\overrightarrow{ED}$의 14이다.

∴ $y=14$ 　　　　　　　　　　　❷

∴ $x+y=5+14=19$ 　　　　　　　❸

채점 기준	배점
❶ x의 값 구하기	2점
❷ y의 값 구하기	3점
❸ $x+y$의 값 구하기	1점

20 답 240° 　　　　　　　　　　　V-2 유형 13

오른쪽 그림과 같이 두 직선 l, m에 평행한 두 직선을 그으면 　　❶
$(\angle x-45°)+(\angle y-15°)=180°$
$\angle x+\angle y=180°+60°=240°$ 　　❷

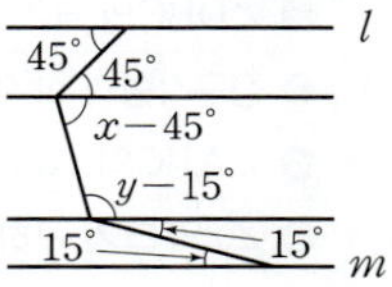

채점 기준	배점
❶ 두 직선 l, m에 평행한 두 직선 긋기	2점
❷ $\angle x + \angle y$의 크기 구하기	4점

21 답 $90°$ 〔V-3 유형 12〕

$\triangle$ABE와 $\triangle$BCF에서
$\overline{AB}=\overline{BC}$, $\overline{BE}=\overline{CF}$, $\angle$ABE$=\angle$BCF$=90°$
$\therefore \triangle$ABE$\equiv\triangle$BCF (SAS 합동) ...... ❶
$\triangle$BEG에서
$\angle$BGE$=180°-(\angle$GBE$+\angle$GEB$)$
　　　$=180°-(\angle$GBE$+\angle$BFC$)$
　　　$=90°$ ...... ❷
$\therefore \angle x=\angle$BGE$=90°$ (맞꼭지각) ...... ❸

채점 기준	배점
❶ $\triangle$ABE$\equiv\triangle$BCF임을 알기	3점
❷ $\angle$BGE의 크기 구하기	3점
❸ $\angle x$의 크기 구하기	1점

22 답 $54°$ 〔VI-1 유형 09〕

다각형의 외각의 크기의 합은 $360°$이므로
$55°+(180°-116°)+65°+2\angle x+(\angle x+14°)=360°$ ...... ❶

$3\angle x+198°=360°$, $3\angle x=162°$
$\therefore \angle x=54°$ ...... ❷

채점 기준	배점
❶ 다각형의 외각의 크기의 합이 $360°$임을 이용하여 식 세우기	2점
❷ $\angle x$의 크기 구하기	2점

23 답 $60°$ 〔VI-1 유형 12〕

정구각형의 한 내각의 크기는 $\dfrac{180°\times(9-2)}{9}=140°$ ...... ❶

오른쪽 그림과 같이 $\overline{BC}$를 그으면
$\triangle$DBC는 $\overline{DB}=\overline{DC}$인 이등변삼각형이므로

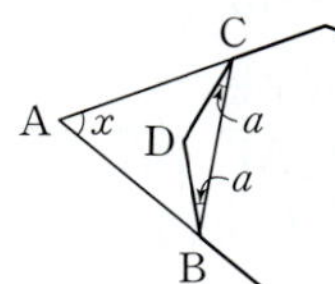

$\angle$DBC$=\angle$DCB$=\angle a$라 하면
$\angle a=\dfrac{1}{2}\times(180°-140°)=20°$ ...... ❷

정구각형의 한 외각의 크기는 $\dfrac{360°}{9}=40°$이므로 ...... ❸

$\angle$ABC$=\angle$ACB$=40°+\angle a=40°+20°=60°$ ...... ❹
따라서 $\triangle$ABC에서
$\angle x=180°-(60°+60°)=60°$ ...... ❺

채점 기준	배점
❶ 정구각형의 한 내각의 크기 구하기	2점
❷ $\angle$DBC의 크기 구하기	2점
❸ 정구각형의 한 외각의 크기 구하기	1점
❹ $\angle$ABC의 크기 구하기	1점
❺ $\angle x$의 크기 구하기	1점

---

01 ③, ⑤	02 ④	03 ②	04 ⑤	05 ②
06 ①, ⑤	07 ④	08 ③	09 ④	10 ①
11 ④	12 ⑤	13 ⑤	14 ③	15 ④
16 ④	17 ③	18 ②	19 3 cm	20 84°
21 (1) $\triangle$CAD, SAS 합동　(2) 11 cm			22 36°	
23 900				

01 답 ③, ⑤ 〔V-1 유형 02〕

③ $\overrightarrow{BA}$와 $\overrightarrow{BC}$는 시작점은 같지만 뻗어 나가는 방향이 다르므로
$\overrightarrow{BA}\neq\overrightarrow{BC}$
⑤ $\overline{AC}\neq\overline{BD}$

02 답 ④ 〔V-1 유형 04〕

$\overline{PB}=\dfrac{1}{2}\overline{AB}=\dfrac{1}{2}\times22=11\,(\text{cm})$, $\overline{BQ}=\overline{QC}=9$ cm
$\therefore \overline{PQ}=\overline{PB}+\overline{BQ}=11+9=20\,(\text{cm})$

03 답 ② 〔V-1 유형 06+08〕

평각의 크기는 $180°$이므로
$\angle x+90°+47°=180°$　$\therefore \angle x=43°$
또, $\angle$AOD$=\angle$BOC (맞꼭지각)이므로
$90°+47°=90°+\angle y$　$\therefore \angle y=47°$
$\therefore \angle y-\angle x=47°-43°=4°$

〔다른 풀이〕
평각의 크기를 이용하여 $\angle y$의 크기를 구할 수도 있다.
$\angle x+90°+\angle y=180°$이므로
$43°+90°+\angle y=180°$　$\therefore \angle y=180°-133°=47°$

04 답 ⑤ 〔V-2 유형 01〕

① 직선 l은 점 D를 지나지 않으므로 점 D는 직선 l 위에 있지 않다.
② 직선 l과 직선 m은 교점 B를 갖는다.
③ 두 점 A, C는 직선 m 위에 있다.
④ 점 A는 두 점 B, C를 지나는 직선 m 위에 있다.
따라서 옳은 것은 ⑤이다.

05 답 ② 〔V-2 유형 04〕

꼭짓점 A와 면 BEFC 사이의 거리는 $\overline{AB}$의 길이와 같고,
$\overline{AB}=6$ cm이므로 $a=6$
꼭짓점 C와 면 DEF 사이의 거리는 $\overline{CF}$의 길이와 같고,
$\overline{CF}=3$ cm이므로 $b=3$
꼭짓점 C와 면 ADEB 사이의 거리는 $\overline{BC}$의 길이와 같고,
$\overline{BC}=8$ cm이므로 $c=8$
$\therefore a+b+c=6+3+8=17$

06 답 ①, ⑤ 〔V-2 유형 06〕

② 모서리 MQ와 평행한 면은 면 BFGPN의 1개이다.
③ 모서리 MQ와 수직인 모서리는 $\overline{MN}$, $\overline{QP}$의 2개이다.
④ 모서리 MQ와 평행한 모서리는 $\overline{NP}$의 1개이다.

⑤ 모서리 MQ와 꼬인 위치에 있는 모서리는 $\overline{AB}$, $\overline{EF}$, $\overline{HG}$, $\overline{BF}$, $\overline{PG}$, $\overline{BN}$, $\overline{FG}$의 7개이다.
따라서 옳은 것은 ①, ⑤이다.

07 답 ④

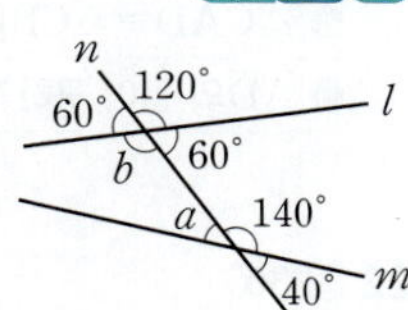

a가 적힌 면과 평행한 면에 적힌 수가 3이므로
$a+3=1$ $\therefore a=-2$
b가 적힌 면과 평행한 면에 적힌 수가 2이므로
$b+2=1$ $\therefore b=-1$
c가 적힌 면과 평행한 면에 적힌 수가 1이므로
$c+1=1$ $\therefore c=0$
$\therefore c-a+b=0-(-2)+(-1)=1$

08 답 ③

①, ② $\angle a=180°-140°=40°$
③ $\angle a$의 동위각의 크기는
$180°-120°=60°$
④ $\angle a$의 엇각의 크기는
$180°-120°=60°$
따라서 옳지 않은 것은 ③이다.

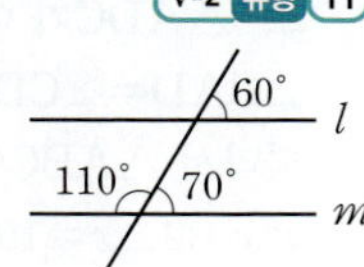

09 답 ④

④ 동위각의 크기가 같지 않으므로 두 직선 l, m은 평행하지 않다.

10 답 ①

오른쪽 그림과 같이 두 직선 l, m과 평행한 세 직선을 그으면
$\angle a+\angle b+\angle c+46°+\angle d=180°$
$\therefore \angle a+\angle b+\angle c+\angle d$
$=180°-46°=134°$

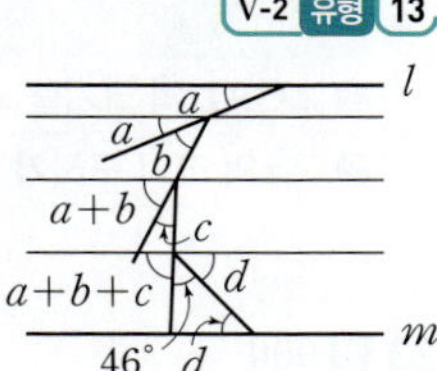

11 답 ④

② $\overline{PC}=\overline{CD}$인지는 알 수 없다.
③ $\angle XOY$와 크기가 같은 각을 작도하였으므로
$\angle AOB=\angle CPD$
④ 점 D는 점 P를 중심으로 하고 반지름의 길이가 $\overline{OA}$인 원 위의 점이므로
$\overline{PC}=\overline{PD}=\overline{OA}=\overline{OB}$
⑤ $\overline{AB}=\overline{PD}$인지는 알 수 없다.
따라서 옳은 것은 ④이다.

12 답 ⑤

① $10>5+4$이므로 $\triangle ABC$를 만들 수 없다.
② $\angle A$는 $\overline{AB}$와 $\overline{BC}$의 끼인각이 아니므로 $\triangle ABC$가 하나로 정해지지 않는다.
③ $\angle B$는 $\overline{AC}$와 $\overline{BC}$의 끼인각이 아니므로 $\triangle ABC$가 하나로 정해지지 않는다.
④ 세 각의 크기가 각각 같은 삼각형은 무수히 많으므로 $\triangle ABC$가 하나로 정해지지 않는다.

⑤ $\angle B=180°-(50°+70°)=60°$
즉, 한 변의 길이와 그 양 끝 각의 크기가 주어졌으므로 $\triangle ABC$가 하나로 정해진다.
따라서 $\triangle ABC$가 하나로 정해지는 것은 ⑤이다.

13 답 ⑤

①, ②, ③ $\triangle ABE$와 $\triangle ACD$에서
$\overline{AB}=\overline{AC}$, $\overline{AE}=\overline{AC}+\overline{CE}=\overline{AB}+\overline{BD}=\overline{AD}$, $\angle A$는 공통
이므로 $\triangle ABE\equiv\triangle ACD$ (SAS 합동)
$\therefore \overline{BE}=\overline{CD}$, $\angle ADC=\angle AEB$
④, ⑤ $\triangle BDF$와 $\triangle CEF$에서
$\triangle ACD\equiv\triangle ABE$이므로
$\angle BDF=\angle CEF$,
$\angle ACD=\angle ABE$이므로
$\angle DBF=\angle ECF$,
$\overline{BD}=\overline{CE}$
$\therefore \triangle BDF\equiv\triangle CEF$ (ASA 합동)
따라서 옳지 않은 것은 ⑤이다.

14 답 ③

$\triangle GBC$와 $\triangle EDC$에서
$\overline{BC}=\overline{DC}$, $\overline{GC}=\overline{EC}$, $\angle BCG=\angle DCE=90°$
이므로 $\triangle GBC\equiv\triangle EDC$ (SAS 합동)
따라서 $\overline{GB}=\overline{ED}=6\ cm$이므로
($\triangle GBC$의 둘레의 길이)$=\overline{GB}+\overline{BC}+\overline{GC}$
$=6+\overline{BC}+\overline{EC}$
$=6+\overline{BE}$
$=6+9=15(cm)$

15 답 ④

주어진 다각형을 n각형이라 하면
$n-3=5$ $\therefore n=8$
따라서 팔각형의 대각선의 개수는
$\dfrac{8\times(8-3)}{2}=20$

16 답 ④

$\angle ABD=\angle DBE=\angle EBC=\angle a$,
$\angle ACD=\angle DCE=\angle ECF=\angle b$라 하면
$\triangle DBC$에서
$2\angle b=2\angle a+50°$이므로 $2\angle b-2\angle a=50°$
$2(\angle b-\angle a)=50°$ $\therefore \angle b-\angle a=25°$
$\triangle ABC$에서
$3\angle b=3\angle a+\angle x$이므로
$\angle x=3\angle b-3\angle a=3(\angle b-\angle a)=3\times25°=75°$
$\triangle EBC$에서
$\angle b=\angle a+\angle y$이므로 $\angle y=\angle b-\angle a=25°$
$\therefore \angle x+\angle y=75°+25°=100°$

17 답 ③ VI-1 유형 10

오른쪽 그림과 같이 $\overline{DF}$를 그으면
오각형의 내각의 크기의 합은
$180° \times (5-2) = 540°$이므로
$105° + 120° + 102°$
$+ (85° + \angle EDF) + (\angle EFD + 70°)$
$= 540°$
$\therefore \angle EDF + \angle EFD = 540° - 482° = 58°$
따라서 $\triangle EDF$에서
$\angle x = 180° - (\angle EDF + \angle EFD) = 180° - 58° = 122°$

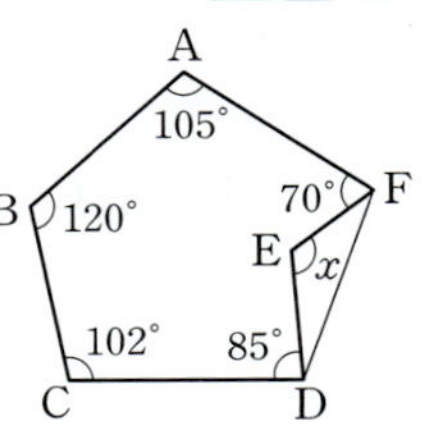

18 답 ② VI-1 유형 12

정사각형의 한 내각의 크기는 $\dfrac{180° \times (4-2)}{4} = 90°$

정오각형의 한 내각의 크기는 $\dfrac{180° \times (5-2)}{5} = 108°$

정육각형의 한 내각의 크기는 $\dfrac{180° \times (6-2)}{6} = 120°$

이때 $108° + 90° + 120° + \angle x = 360°$이므로
$\angle x = 360° - 318° = 42°$

정사각형의 한 외각의 크기는 $\dfrac{360°}{4} = 90°$

정육각형의 한 외각의 크기는 $\dfrac{360°}{6} = 60°$

사각형의 내각의 크기의 합은 $360°$이므로
$(90° + 60°) + 90° + \angle y + 60° = 360°$
$\therefore \angle y = 360° - 300° = 60°$
$\therefore \angle x + \angle y = 42° + 60° = 102°$

19 답 3 cm V-1 유형 05

$\overline{AD} = \overline{AC} + \overline{CD} = 2\overline{CD} + \overline{CD} = 3\overline{CD}$
즉, $3\overline{CD} = 18$ cm이므로 $\overline{CD} = 6$(cm)
$\therefore \overline{AC} = 2\overline{CD} = 2 \times 6 = 12$(cm) ······ ❶
$\overline{AC} = \overline{AB} + \overline{BC} = 3\overline{BC} + \overline{BC} = 4\overline{BC}$
즉, $4\overline{BC} = 12$ cm이므로 $\overline{BC} = 3$(cm) ······ ❷

채점 기준	배점
❶ $\overline{AC}$의 길이 구하기	3점
❷ $\overline{BC}$의 길이 구하기	3점

20 답 84° V-2 유형 10

$\angle ACB = 60°$이므로
$\angle y = \angle ACD = 60° + 42°$
$\qquad = 102°$ (엇각) ······ ❶
$\angle x + 60° + \angle y = 180°$이므로
$\angle x + 60° + 102° = 180°$
$\therefore \angle x = 180° - 162° = 18°$ ······ ❷
$\therefore \angle y - \angle x = 102° - 18° = 84°$ ······ ❸

채점 기준	배점
❶ $\angle y$의 크기 구하기	3점
❷ $\angle x$의 크기 구하기	2점
❸ $\angle y - \angle x$의 크기 구하기	1점

21 답 (1) $\triangle$CAD, SAS 합동　(2) 11 cm V-3 유형 12

(1) $\triangle$CAD와 $\triangle$CBE에서
$\triangle$ABC가 정삼각형이므로 $\overline{AC} = \overline{BC}$ ······ ❶
$\angle ACD = \angle ACB + \angle BCD$
$\qquad = 60° + \angle BCD$
$\qquad = \angle DCE + \angle BCD = \angle BCE$ ······ ❷
$\triangle$CDE가 정삼각형이므로 $\overline{CD} = \overline{CE}$ ······ ❸
$\therefore \triangle CAD \equiv \triangle CBE$ (SAS 합동) ······ ❹
(2) $\overline{AD} = \overline{BE} = \overline{BD} + \overline{DE} = 7 + 4 = 11$(cm) ······ ❺

채점 기준	배점
❶ $\overline{AC} = \overline{BC}$임을 알기	1점
❷ $\angle ACD = \angle BCE$임을 알기	2점
❸ $\overline{CD} = \overline{CE}$임을 알기	1점
❹ $\triangle CAD \equiv \triangle CBE$ (SAS 합동)임을 알기	1점
❺ $\overline{AD}$의 길이 구하기	2점

22 답 36° VI-1 유형 07

$\triangle$DBC가 이등변삼각형이므로
$\angle DCB = \angle DBC = \angle x$
$\therefore \angle ADC = \angle x + \angle x = 2\angle x$
또, $\triangle$ADC가 이등변삼각형이므로
$\angle CAD = \angle CDA = 2\angle x$ ······ ❶
따라서 $\triangle$ABC에서
$\angle x + 2\angle x = 108°$, $3\angle x = 108°$
$\therefore \angle x = 36°$ ······ ❷

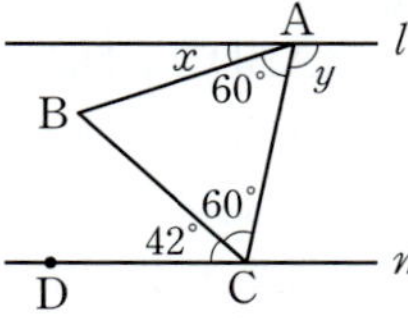

채점 기준	배점
❶ $\angle CAD$의 크기를 $\angle x$를 이용하여 나타내기	2점
❷ $\angle x$의 크기 구하기	2점

23 답 900 VI-1 유형 11

한 내각의 크기와 한 외각의 크기의 합은 $180°$이므로 주어진 정다각형의 한 외각의 크기는
$180° \times \dfrac{2}{7+2} = 40°$ ······ ❶

주어진 정다각형을 정n각형이라 하면
$\dfrac{360°}{n} = 40°$　$\therefore n = 9$

즉, 주어진 정다각형은 정구각형이다. ······ ❷
정구각형의 내각의 크기의 합은
$180° \times (9-2) = 1260°$　$\therefore a = 1260$ ······ ❸
또, 외각의 크기의 합은 $360°$이므로
$b = 360$ ······ ❹
$\therefore a - b = 1260 - 360 = 900$ ······ ❺

채점 기준	배점
❶ 주어진 정다각형의 한 외각의 크기 구하기	2점
❷ 주어진 정다각형 구하기	1점
❸ a의 값 구하기	2점
❹ b의 값 구하기	1점
❺ $a - b$의 값 구하기	1점

중간고사대비
실전 모의고사 3회 발전

195쪽~198쪽

01 ②, ③	**02** ②	**03** ④	**04** ③	**05** ②
06 ②, ⑤	**07** ④	**08** ③	**09** ①	**10** ②, ⑤
11 ④	**12** ②, ④	**13** ③	**14** ③	**15** ④
16 ④	**17** ④	**18** ③	**19** $42°$	**20** $60°$
21 3	**22** 98	**23** $130°$		

01 답 ②, ③ V-1 유형 01+02

② 선이 면에 포함되는 경우에만 선과 면이 만나 교선이 생긴다.
③ 면과 면이 만나서 생기는 교선은 직선 또는 곡선이다.

02 답 ② V-1 유형 03

두 점을 지나는 서로 다른 직선은
$\overline{AB}$, $\overline{AC}$, $\overline{AD}$, $\overline{BC}$, $\overline{BD}$, $\overline{CD}$의 6개이므로 $a=6$
두 점을 지나는 서로 다른 반직선은
$\overrightarrow{AB}$, $\overrightarrow{AC}$, $\overrightarrow{AD}$, $\overrightarrow{BA}$, $\overrightarrow{BC}$, $\overrightarrow{BD}$, $\overrightarrow{CA}$, $\overrightarrow{CB}$, $\overrightarrow{CD}$, $\overrightarrow{DA}$, $\overrightarrow{DB}$, $\overrightarrow{DC}$
의 12개이므로 $b=12$
$\therefore a+b=6+12=18$

03 답 ④ V-1 유형 05

$\overline{AB}=\overline{BC}=\overline{CD}=2\overline{CM}=2\times3=6(cm)$
$\therefore \overline{AM}=\overline{AB}+\overline{BC}+\overline{CM}=6+6+3=15(cm)$

04 답 ③ V-1 유형 07

$\angle AOP : \angle BOP=2 : 1$이므로
$\angle AOP=2\angle BOP$ $\therefore \angle AOB=3\angle BOP$
또, $\angle BOC : \angle BOQ=3 : 1$이므로
$\angle BOC=3\angle BOQ$
평각의 크기는 $180°$이므로
$\angle AOB+\angle BOC=3(\angle BOP+\angle BOQ)=3\angle POQ=180°$
$\therefore \angle POQ=60°$

05 답 ② V-2 유형 07

주어진 전개도로 만든 정육면체는 오른쪽 그림과 같다.
ㄴ. 모서리 AB와 모서리 FE는 꼬인 위치에 있다.
ㄹ. 모서리 AN은 면 MDEL과 수직으로 만난다.
ㅁ. 면 BCDM과 면 KFIJ는 수직으로 만난다.
따라서 옳은 것은 ㄱ, ㄷ이다.

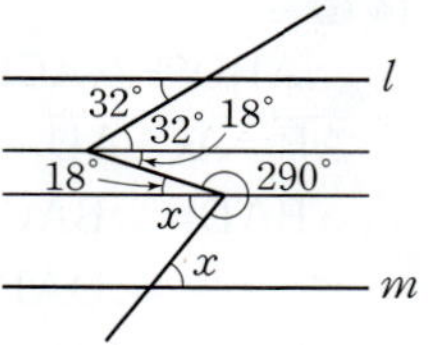

06 답 ②, ⑤ V-2 유형 08

② $l\perp m$, $l\perp n$이면 두 직선 m, n은 다음 그림과 같이 평행하거나 한 점에서 만나거나 꼬인 위치에 있다.

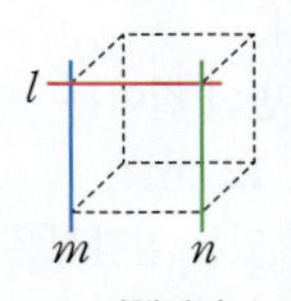

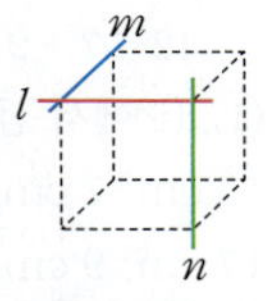

⑤ $P\perp Q$, $P\perp R$이면 두 평면 Q, R은 다음 그림과 같이 평행하거나 한 직선에서 만난다.

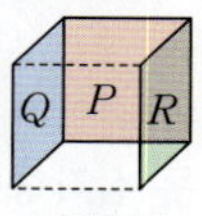

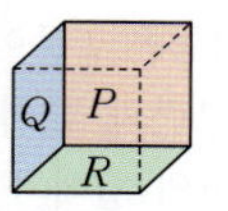

07 답 ④ V-2 유형 10

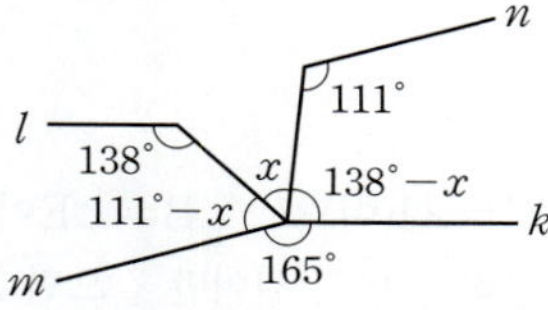

$(111°-\angle x)+\angle x+(138°-\angle x)+165°=360°$이므로
$414°-\angle x=360°$ $\therefore \angle x=54°$

08 답 ③ V-2 유형 13

오른쪽 그림과 같이 두 직선 l, m과 평행한 두 직선을 그으면
$\angle x+18°=360°-290°$
$\therefore \angle x=52°$

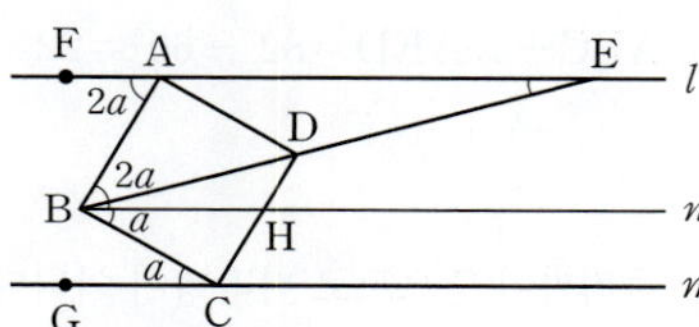

09 답 ① V-2 유형 14

위의 그림과 같이 점 B를 지나고 두 직선 l, m에 평행한 직선 n을 그은 후 $\angle BCG=\angle a$라 하면 $\angle FAB=2\angle a$
$l /\!\!/ n$이므로 $\angle ABH=\angle FAB=2\angle a$ (엇각)
$n /\!\!/ m$이므로 $\angle CBH=\angle BCG=\angle a$ (엇각)
$\angle ABC=90°$이므로
$2\angle a+\angle a=90°$, $3\angle a=90°$ $\therefore \angle a=30°$
따라서 $\angle DBH=\angle DBC-\angle a=45°-30°=15°$이므로
$\angle AED=\angle DBH=15°$ (엇각)

10 답 ②, ⑤ V-3 유형 01

①, ④ 컴퍼스의 용도이다.
③ 작도에서 이용하지 않는다.
따라서 옳은 것은 ②, ⑤이다.

11 답 ④ V-3 유형 02

ㄱ. 작도 순서는 ㉣ ➡ ㉺ ➡ ㉤ ➡ ㉠ ➡ ㉢ ➡ ㉦이다.
ㄷ. $\overline{PA}=\overline{PB}=\overline{QC}=\overline{QD}$, $\overline{AB}=\overline{CD}$이지만 $\overline{QC}=\overline{AB}$인지는 알 수 없다.
따라서 옳은 것은 ㄴ, ㄹ이다.

12 답 ②, ④ V-3 유형 06

① 오른쪽 그림과 같이 모양이 같지만 크기가 다른 두 도형은 합동이 아니다.

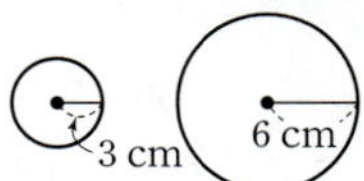

③ 오른쪽 그림과 같이 넓이가 같지만 가로, 세로의 길이가 다른 두 직사각형은 합동이 아니다.

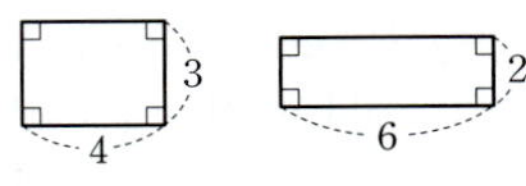

⑤ 오른쪽 그림과 같이 둘레의 길이가 같지만 변의 길이가 다른 두 삼각형은 합동이 아니다.

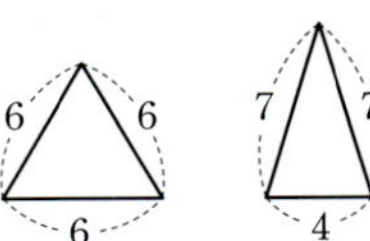

따라서 두 도형이 항상 합동인 것은 ②, ④이다.

---

13 답 ④ 〔V-3 유형 08〕

$\angle A = \angle D$, $\angle C = \angle F$이므로 $\angle B = \angle E$이다.

즉, 한 쌍의 대응하는 변의 길이만 같으면 ASA 합동이 되므로 $\triangle ABC \equiv \triangle DEF$가 되기 위해 필요한 조건은 $\overline{AB} = \overline{DE}$ 또는 $\overline{AC} = \overline{DF}$ 또는 $\overline{BC} = \overline{EF}$이다.

---

14 답 ③ 〔V-3 유형 12〕

$\triangle ABD$와 $\triangle ACE$에서

$\overline{AB} = \overline{AC}$, $\overline{AD} = \overline{AE}$

$\angle BAD = \angle BAC - \angle DAC = 60° - \angle DAC$
$\qquad\quad = \angle DAE - \angle DAC = \angle CAE$

이므로 $\triangle ABD \equiv \triangle ACE$ (SAS 합동)

따라서 $\angle AEC = \angle ADB = 82°$이므로

$\angle CED = \angle AEC - \angle AED = 82° - 60° = 22°$

---

15 답 ④ 〔VI-1 유형 01〕

① 곡선으로 둘러싸여 있으므로 다각형이 아니다.

②, ③, ⑤ 입체도형이므로 다각형이 아니다.

따라서 다각형인 것은 ④이다.

---

16 답 ④ 〔VI-1 유형 03〕

(항공로의 개수)
$=$ (팔각형의 변의 개수) $+$ (팔각형의 대각선의 개수)
$= 8 + \dfrac{8 \times (8-3)}{2} = 8 + 20 = 28$

---

17 답 ④ 〔VI-1 유형 05〕

$\triangle ECD$에서

$\angle ECD = \angle EDH - \angle CED = 107° - 22° = 85°$

$\triangle FBC$에서

$\angle FBC = \angle ECD - \angle BFC = 85° - 20° = 65°$

$\triangle GAB$에서

$\angle GAB = \angle GBC - \angle AGB = 65° - 18° = 47°$

---

18 답 ③ 〔VI-1 유형 03+11〕

ㄱ. 정n각형의 한 외각의 크기는 $\dfrac{360°}{n}$이고 이 값이 자연수가 되려면 n은 360의 약수이어야 한다.

$360 = 2^3 \times 3^2 \times 5$이므로 360의 약수의 개수는

$(3+1)(2+1)(1+1) = 24$

이때 $n \geq 3$이어야 하므로 1과 2를 제외하면 22개의 정다각형이 존재한다.

ㄴ. 한 꼭짓점에서 대각선을 모두 그었을 때 생기는 삼각형이 10개인 다각형은 십이각형이므로 구하는 대각선의 개수는

$\dfrac{12 \times (12-3)}{2} = 54$

ㄷ. 다각형의 외각의 크기의 합은 360°이므로 주어진 정다각형의 내각의 크기의 합은 $4 \times 360° = 1440°$

주어진 다각형을 정n각형이라 하면

$180° \times (n-2) = 1440°$, $180° \times n - 360° = 1440°$

$180° \times n = 1800°$ $\therefore n = 10$

즉, 정십각형의 한 내각의 크기는

$\dfrac{180° \times (10-2)}{10} = 144°$

따라서 옳은 것은 ㄷ이다.

---

19 답 42° 〔V-1 유형 08〕

평각의 크기는 180°이고, 맞꼭지각의 크기는 같으므로

$(2\angle x - 10°) + 20° + (\angle x - 8°) + (\angle x + 10°)$
$= 180°$ ...... ❶

$4\angle x = 168°$ $\therefore \angle x = 42°$ ...... ❷

채점 기준	배점
❶ $\angle x$의 크기를 구하는 식 세우기	2점
❷ $\angle x$의 크기 구하기	2점

---

20 답 60° 〔V-2 유형 14〕

오른쪽 그림과 같이 두 점 B, D를 각각 지나고 두 직선 l, m에 평행한 두 직선을 그은 후 $\angle PAB = \angle BAD = \angle a$, $\angle DCB = \angle BCQ = \angle b$라 하면

$\angle ADC = 2\angle a + 2\angle b = 120°$ ...... ❶

$\angle a + \angle b = 120° \times \dfrac{1}{2} = 60°$이므로

$\angle x = \angle a + \angle b = 60°$ ...... ❷

채점 기준	배점
❶ $\angle ADC$의 크기를 $\angle a$, $\angle b$를 이용하여 나타내기	5점
❷ $\angle x$의 크기 구하기	2점

---

21 답 3 〔V-3 유형 03〕

(i) 가장 긴 변의 길이가 9 cm일 때,
$9 < 5 + 7$ ➡ 삼각형을 만들 수 있다.   ...... ❶

(ii) 가장 긴 변의 길이가 12 cm일 때,
$12 = 5 + 7$ ➡ 삼각형을 만들 수 없다.
$12 < 5 + 9$ ➡ 삼각형을 만들 수 있다.
$12 < 7 + 9$ ➡ 삼각형을 만들 수 있다.   ...... ❷

(i), (ii)에서 삼각형을 만들 수 있는 세 변의 길이는

(5 cm, 7 cm, 9 cm), (5 cm, 9 cm, 12 cm),
(7 cm, 9 cm, 12 cm)이므로 만들 수 있는 삼각형은 3개이다.   ...... ❸

채점 기준	배점
❶ 가장 긴 변의 길이가 $9\,\mathrm{cm}$일 때, 만들 수 있는 삼각형의 개수 구하기	2점
❷ 가장 긴 변의 길이가 $12\,\mathrm{cm}$일 때, 만들 수 있는 삼각형의 개수 구하기	2점
❸ 주어진 선분으로 만들 수 있는 삼각형의 개수 구하기	2점

22 답 98   V-3 유형 06

사각형 ABCD와 사각형 EFGH가 합동이므로
$\overline{FG}=\overline{BC}=8\,\mathrm{cm}$ $\therefore x=8$ ...... ❶
$\angle E=\angle A=70°$, $\angle F=\angle B=90°$이므로
사각형 EFGH에서
$\angle G=360°-(70°+90°+110°)=90°$
$\therefore y=90$ ...... ❷
$\therefore x+y=8+90=98$ ...... ❸

채점 기준	배점
❶ x의 값 구하기	2점
❷ y의 값 구하기	3점
❸ $x+y$의 값 구하기	1점

23 답 130°   VI-1 유형 08

$\angle CBF=\angle a$, $\angle CDF=\angle b$라 하면
$\angle ABC=2\angle a$, $\angle EDC=2\angle b$
오각형의 내각의 크기의 합은
$180°\times(5-2)=540°$ ...... ❶

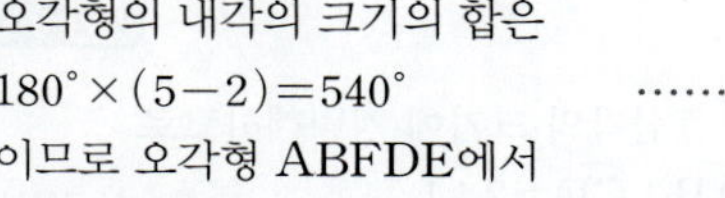

이므로 오각형 ABFDE에서
$120°+3\angle a+50°+3\angle b+130°=540°$
$300°+3(\angle a+\angle b)=540°$
$3(\angle a+\angle b)=240°$ $\therefore \angle a+\angle b=80°$ ...... ❷
오각형 ABCDE에서
$120°+2\angle a+\angle x+2\angle b+130°=540°$
$250°+2(\angle a+\angle b)+\angle x=540°$
$250°+2\times 80°+\angle x=540°$
$\therefore \angle x=540°-410°=130°$ ...... ❸

채점 기준	배점
❶ 오각형의 내각의 크기의 합 구하기	2점
❷ $\angle a+\angle b$의 크기 구하기	3점
❸ $\angle x$의 크기 구하기	2점

기말고사 대비 실전 모의고사 1회 기본   199쪽~202쪽

01 ③	**02** ④	**03** ⑤	**04** ③	**05** ②
06 ③, ④	**07** ⑤	**08** ②	**09** ⑤	**10** ③
11 ⑤	**12** ①	**13** ④	**14** ④	**15** ④
16 ②	**17** ⑤	**18** ④	**19** $\frac{3}{2}\,\mathrm{cm}^2$	
20 $192\pi\,\mathrm{cm}^2$		**21** 144°	**22** $\frac{126}{5}\,\mathrm{cm}$	
23 0.5				

01 답 ③   VI-2 유형 01

③ 원 위의 두 점 A, B를 양 끝 점으로 하는 호는 $\overarc{AB}$, $\overarc{ACB}$의 2개이다.

02 답 ④   VI-2 유형 02

$x°:30°=6:9$이므로 $x:30=2:3$
$3x=60$ $\therefore x=20$
$30°:60°=9:y$이므로 $1:2=9:y$
$\therefore y=18$

03 답 ⑤   VI-2 유형 01+06

⑤ 반원일 때는 부채꼴과 활꼴이 같아지므로 그 넓이가 같다.

04 답 ③   VI-2 유형 08

부채꼴의 반지름의 길이를 $r\,\mathrm{cm}$라 하면
$2\pi\times r\times\dfrac{60}{360}=5\pi$ $\therefore r=15$
따라서 주어진 부채꼴의 둘레의 길이는
$5\pi+15\times 2=5\pi+30\,(\mathrm{cm})$

05 답 ②   VI-2 유형 12

구하는 넓이는 오른쪽 그림과 같이 한 변의 길이가 $10\,\mathrm{cm}$인 정사각형의 넓이의 $\dfrac{1}{2}$과 같으므로
$(10\times 10)\times\dfrac{1}{2}=50\,(\mathrm{cm}^2)$

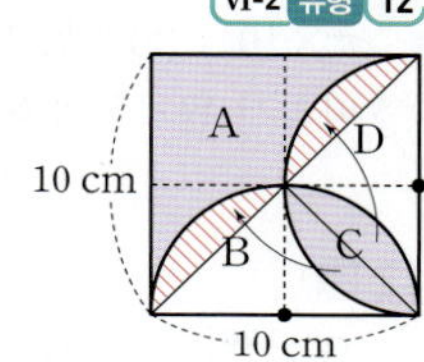

다른 풀이

구하는 넓이는 오른쪽 그림과 같이 한 변의 길이가 $5\,\mathrm{cm}$인 정사각형 2개의 넓이의 합과 같으므로
$(5\times 5)\times 2=50\,(\mathrm{cm}^2)$

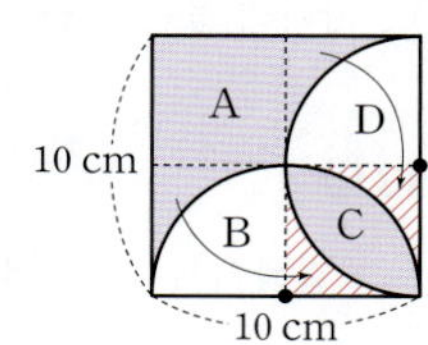

06 답 ③, ④   VII-1 유형 01

③ 원과 곡면으로 둘러싸여 있으므로 다면체가 아니다.
④ 곡면으로 둘러싸여 있으므로 다면체가 아니다.

07 답 ⑤   VII-1 유형 02

각 다면체의 꼭짓점의 개수와 면의 개수를 차례대로 구하면
① 6, 5   ② 8, 6   ③ 10, 7
④ 12, 8   ⑤ 8, 8
따라서 구하는 다면체는 칠각뿔이다.

08 답 ②   VII-1 유형 05

조건 ㈎, ㈏에서 주어진 입체도형은 각기둥이다.
이 입체도형을 n각기둥이라 하면
조건 ㈐에서 $3n=21$이므로 $n=7$
따라서 칠각기둥의 꼭짓점의 개수는 $7\times 2=14$, 면의 개수는
$7+2=9$이므로 $a=14$, $b=9$
$\therefore a-b=14-9=5$

09 답 ⑤ 〔Ⅶ-1 유형 06〕

① (정사면체의 꼭짓점의 개수)$=4$
② (정육면체의 모서리의 개수)$=12$
③ (정팔면체의 면의 개수)$=8$
④ (정십이면체의 꼭짓점의 개수)$=20$
⑤ (정이십면체의 모서리의 개수)$=30$
따라서 그 값이 가장 큰 것은 ⑤이다.

10 답 ③ 〔Ⅶ-1 유형 11〕

 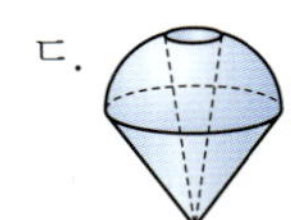 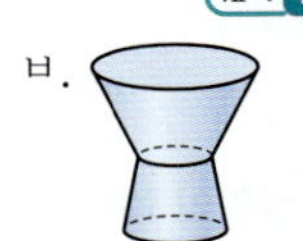

따라서 평면도형을 회전시켜 만든 입체도형으로 옳은 것은 ㄱ, ㄹ, ㅁ이다.

11 답 ⑤ 〔Ⅶ-1 유형 13〕

회전축에 수직인 평면으로 자를 때 생기는 단면은 반지름의 길이가 10 cm인 원이고, 회전축을 포함하는 평면으로 자를 때 생기는 단면은 가로의 길이가 20 cm인 직사각형이므로 원기둥의 높이를 h cm라 하면
$\pi \times 10^2 = 20 \times h$, $100\pi = 20h$ $\therefore h = 5\pi$
따라서 원기둥의 높이는 5π cm이다.

12 답 ① 〔Ⅶ-1 유형 15〕

ㄹ. 구의 회전축은 무수히 많다.
ㅁ. 구의 전개도는 그릴 수 없다.
따라서 옳은 것을 모두 고르면 ㄱ, ㄴ, ㄷ이다.

13 답 ④ 〔Ⅶ-2 유형 01〕

(밑넓이)$=\dfrac{1}{2} \times (4+7) \times 4 = 22(\text{cm}^2)$
(옆넓이)$=(4+5+7+4) \times 8 = 160(\text{cm}^2)$
$\therefore$ (겉넓이)$=22 \times 2 + 160 = 204(\text{cm}^2)$

14 답 ④ 〔Ⅶ-2 유형 11〕

(높이가 8 cm가 되도록 넣은 물의 부피)
$=(\pi \times 5^2) \times 8 = 200\pi(\text{cm}^3)$
(물병을 거꾸로 세웠을 때 병의 빈 공간의 부피)
$=(\pi \times 5^2) \times 11 = 275\pi(\text{cm}^3)$
$\therefore$ (물병에 물을 가득 채웠을 때 물의 부피)
$\quad = 200\pi + 275\pi = 475\pi(\text{cm}^3)$

15 답 ④ 〔Ⅶ-2 유형 13〕

(겉넓이)$=$(반지름의 길이가 4 cm인 구의 겉넓이)$\times \dfrac{7}{8}$
$\qquad\qquad +$(반지름의 길이가 4 cm인 원의 넓이)$\times \dfrac{3}{4}$
$=(4\pi \times 4^2) \times \dfrac{7}{8} + (\pi \times 4^2) \times \dfrac{3}{4}$
$=56\pi + 12\pi = 68\pi(\text{cm}^2)$

16 답 ② 〔Ⅷ-1 유형 02〕

② 자료의 값 중에서 다른 변량에 비해 매우 크거나 매우 작은 값이 있는 경우에는 평균을 대푯값으로 하기에 적절하지 않다.

17 답 ⑤ 〔Ⅷ-1 유형 05〕

전체 회원 수를 x라 하면
$x \times \dfrac{20}{100} = 2+7+3$ $\therefore x = 60$
대화 시간이 80분 이상인 회원 수는 $60 \times \dfrac{15}{100} = 9$이므로
대화 시간이 60분 이상 70분 미만인 회원 수는
$60 - (2+7+3+10+9) = 29$

18 답 ④ 〔Ⅷ-1 유형 09〕

A 반에서 8번째로 키가 큰 학생이 속하는 계급은
160 cm 이상 165 cm 미만이다.
B 반의 전체 학생 수는
$3+5+6+8+9+4 = 35$
B 반에서 키가 160 cm 이상인 학생 수는 $8+9+4 = 21$
이므로 B 반 전체의 $\dfrac{21}{35} \times 100 = 60(\%)$
따라서 최소 상위 60 % 이내에 든다.

19 답 $\dfrac{3}{2}$ cm² 〔Ⅵ-2 유형 04〕

부채꼴의 호의 길이는 중심각의 크기에 정비례하므로
$\angle AOB : \angle COD = \overarc{AB} : \overarc{CD} = 2 : 1$ ······ ❶
부채꼴 COD의 넓이를 x cm²라 하면 부채꼴의 넓이는 중심각의 크기에 정비례하므로
$3 : x = 2 : 1$, $2x = 3$ $\therefore x = \dfrac{3}{2}$
따라서 부채꼴 COD의 넓이는 $\dfrac{3}{2}$ cm²이다. ······ ❷

채점 기준	배점
❶ $\angle AOB : \angle COD$ 구하기	2점
❷ 부채꼴 COD의 넓이 구하기	2점

20 답 192π cm² 〔Ⅵ-2 유형 13〕

세 부채꼴 ACD, BDE, CEF의 반지름의 길이는 각각 4 cm, $4+4=8(\text{cm})$, $8+4=12(\text{cm})$이므로 여섯 번째로 그려지는 부채꼴의 반지름의 길이는 $4 \times 6 = 24(\text{cm})$ ······ ❶
또, 정삼각형의 한 외각의 크기는 $\dfrac{360°}{3} = 120°$이므로 그려지는 각각의 부채꼴의 중심각의 크기는 모두 120°이다. ······ ❷
따라서 여섯 번째로 그려지는 부채꼴의 넓이는
$\pi \times 24^2 \times \dfrac{120}{360} = 192\pi(\text{cm}^2)$ ······ ❸

채점 기준	배점
❶ 여섯 번째로 그려지는 부채꼴의 반지름의 길이 구하기	3점
❷ 부채꼴의 중심각의 크기 구하기	2점
❸ 여섯 번째로 그려지는 부채꼴의 넓이 구하기	2점

21 답 144°   VI-2 유형 08 + VII-1 유형 14

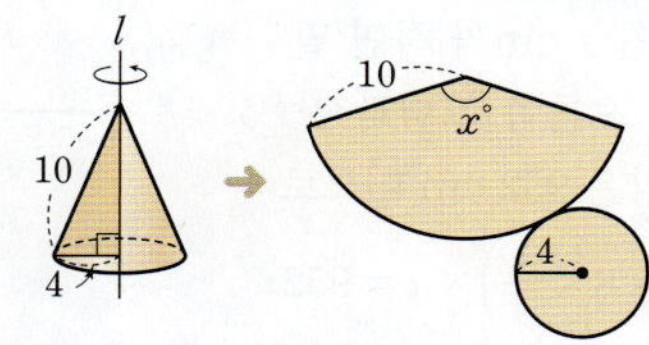

주어진 직각삼각형을 직선 l을 회전축으로 하여 1회전 시킬 때 생기는 회전체는 원뿔이고, 그 전개도는 위의 그림과 같다. …… ❶

부채꼴의 중심각의 크기를 $x°$라 하면

$$2\pi \times 10 \times \frac{x}{360} = 2\pi \times 4 \qquad \therefore x = 144$$

따라서 부채꼴의 중심각의 크기는 144°이다. …… ❷

채점 기준	배점
❶ 회전체의 전개도 구하기	4점
❷ 전개도에서 부채꼴의 중심각의 크기 구하기	3점

22 답 $\dfrac{126}{5}$ cm   VII-2 유형 08+09

(입체도형 A의 부피)

$$= \frac{1}{3} \times (\pi \times 12^2) \times 20 - \frac{1}{3} \times (\pi \times 6^2) \times 10$$
$$= 960\pi - 120\pi = 840\pi (\mathrm{cm}^3) \qquad …… ❶$$

입체도형 B의 높이를 h cm라 하면 두 입체도형 A, B의 부피가 같으므로

$$\frac{1}{3} \times (\pi \times 10^2) \times h = 840\pi \qquad \therefore h = \frac{126}{5}$$

따라서 입체도형 B의 높이는 $\dfrac{126}{5}$ cm이다. …… ❷

채점 기준	배점
❶ 입체도형 A의 부피 구하기	3점
❷ 입체도형 B의 높이 구하기	3점

23 답 0.5   VIII-1 유형 13

B 중학교 1학년 1반에서 안경을 쓴 학생 수는

$$25 \times 0.44 = 11 \qquad …… ❶$$

따라서 A 중학교 1학년 1반에서 안경을 쓴 학생의 상대도수는

$$\frac{11}{22} = 0.5 \qquad …… ❷$$

채점 기준	배점
❶ B 중학교 1학년 1반에서 안경을 쓴 학생 수 구하기	3점
❷ A 중학교 1학년 1반에서 안경을 쓴 학생의 상대도수 구하기	3점

기말고사 대비 실전 모의고사 2회 실력
203쪽~206쪽

01 ⑤	**02** ②	**03** ②	**04** ④	**05** ②
06 ④	**07** ④	**08** ⑤	**09** ④	**10** ③
11 ③	**12** ③	**13** ⑤	**14** ②	**15** ③
16 ⑤	**17** ⑤	**18** ③	**19** 20 cm	
20 마름모	**21** 18분	**22** $\dfrac{86}{5}$, 20	**23** 7	

01 답 ⑤   VI-2 유형 01

한 원에서 부채꼴과 활꼴이 같아지는 경우는 반원일 때이고, 이때의 중심각의 크기는 180°이다.

02 답 ②   VI-2 유형 02

$\angle\mathrm{AOB} + \angle\mathrm{COD} = 180° - 72° = 108°$이고
$\angle\mathrm{AOB} : \angle\mathrm{COD} = \widehat{\mathrm{AB}} : \widehat{\mathrm{CD}} = 1 : 2$이므로

$$\angle\mathrm{COD} = 108° \times \frac{2}{1+2} = 72°$$

03 답 ②   VI-2 유형 04

부채꼴 COD의 넓이를 x cm²라 하면
$150° : 30° = x : 6$이므로 $5 : 1 = x : 6$ $\therefore x = 30$
따라서 부채꼴 COD의 넓이는 30 cm²이다.

04 답 ④   VI-2 유형 10

(색칠한 부분의 둘레의 길이)

$$= 2\pi \times 24 \times \frac{240}{360} + 2\pi \times 6 \times \frac{240}{360} + (24-6) \times 2$$
$$= 32\pi + 8\pi + 36 = 40\pi + 36 (\mathrm{cm})$$

05 답 ②   VI-2 유형 11

오른쪽 그림에서
$\overline{\mathrm{EB}} = \overline{\mathrm{EC}} = \overline{\mathrm{BC}} = 6$ cm이므로 $\triangle\mathrm{EBC}$는 정삼각형이다.
$\therefore \angle\mathrm{ABE} = \angle\mathrm{DCE} = 90° - 60° = 30°$
따라서 색칠한 부분의 넓이는
(정사각형 ABCD의 넓이)
     $-$ (부채꼴 ABE의 넓이) $\times 2$

$$= 6 \times 6 - \left(\pi \times 6^2 \times \frac{30}{360}\right) \times 2$$
$$= 36 - 6\pi (\mathrm{cm}^2)$$

06 답 ④   VI-2 유형 13

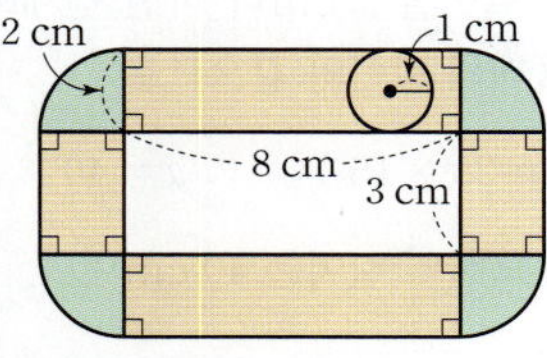

(원이 지나간 부분의 넓이)
= (반지름의 길이가 2 cm인 원의 넓이)
     + (4개의 직사각형의 넓이)

$$= \pi \times 2^2 + (8 \times 2) \times 2 + (3 \times 2) \times 2$$
$$= 4\pi + 44 (\mathrm{cm}^2)$$

07 답 ④   VII-1 유형 03

각 다면체의 옆면의 모양은 다음과 같다.
① 오각뿔대 — 사다리꼴
② 십각기둥 — 직사각형
③ 팔각뿔대 — 사다리꼴
⑤ 삼각뿔 — 삼각형
따라서 다면체와 그 옆면의 모양이 바르게 짝 지어진 것은 ④이다.

08 답 ⑤ 〔VII-1 유형 06〕

정수 : 정다면체는 정사면체, 정육면체, 정팔면체, 정십이면체,
　　　정이십면체로 5가지뿐이다.
영민 : 정사면체는 서로 평행한 면이 없다.
기주 : 정다면체는 모든 면이 합동인 정다각형이고, 각 꼭짓점에
　　　모인 면의 개수도 같아야 한다.
따라서 옳은 설명을 한 학생은 나영, 현태이다.

09 답 ④ 〔VII-1 유형 07〕

정이십면체의 면의 개수는 20이므로 각 면의 한가운데에 있는
점을 연결해서 만든 정다면체는 꼭짓점의 개수가 20인 정십이면
체이다.
④ 정십이면체의 각 면의 모양은 합동인 정오각형이다.

10 답 ③ 〔VII-1 유형 11〕

① $\overline{BC}$를 회전축으로 할 때의 회전체이다.
② $\overline{DC}$를 회전축으로 할 때의 회전체이다.
④, ⑤ 주어진 평면도형의 변을 회전축으로 하여 만들 수 없다.
따라서 $\overline{ED}$를 회전축으로 하여 1회전 시킬 때 생기는 회전체는
③이다.

11 답 ③ 〔VII-1 유형 12〕

만들어지는 회전체는 오른쪽 그림과 같고,
해당하는 기호를 지나는 평면으로 자를 때
각 단면의 모양이 나온다.
따라서 단면의 모양으로 옳은 것은 ㄱ, ㄴ,
ㄷ, ㄹ이다.

12 답 ③ 〔VII-1 유형 14〕

원뿔의 모선의 길이는 전개도에서 부채꼴의 반지름의 길이와 같
다.
원뿔의 모선의 길이를 x cm라 하면 전개도에서 부채꼴의 호의
길이는 원의 둘레의 길이와 같으므로
$$2\pi \times x \times \frac{135}{360} = 2\pi \times 15 \qquad \therefore x=40$$
따라서 원뿔의 모선의 길이는 40 cm이다.

13 답 ⑤ 〔VII-2 유형 05〕

오른쪽 그림과 같이 자르기 전 입체도
형을 생각하면 주어진 입체도형의 겉
넓이는 밑면의 가로, 세로의 길이가
모두 8 cm이고, 높이가 9 cm인 직육
면체의 겉넓이와 같으므로
$$(겉넓이)=(8\times8)\times2+(8+8+8+8)\times9$$
$$=128+288=416(cm^2)$$

14 답 ② 〔VII-2 유형 11〕

[그림 1]에서
$$(우유의 양)=1272-(10\times8)\times4=952(cm^3)$$

[그림 2]에서 우유가 들어 있는
부분의 높이를 x cm라 하면 밑
면의 모양은 오른쪽 그림과 같
고, 우유의 양은 952 cm³이므로
$$\left(15\times8+8\times8\times\frac{1}{4}\right)\times x=952$$
$$136x=952 \qquad \therefore x=7$$
따라서 우유가 들어 있는 부분의 높이는 7 cm이다.

15 답 ③ 〔VII-2 유형 16〕

구의 반지름의 길이를 r cm라 하면 구 한 개의 부피가 36π cm³
이므로 $\frac{4}{3}\pi r^3=36\pi$, $r^3=27$
이때 $r>0$이므로 $r=3$
따라서 원기둥의 밑면의 반지름의 길이는 3 cm이고 높이는
$3\times6=18(cm)$이므로
$$(원기둥의 겉넓이)=(\pi\times3^2)\times2+2\pi\times3\times18=126\pi(cm^2)$$

16 답 ⑤ 〔VIII-1 유형 04〕

승현이네 반 전체 학생은 $4+5+6+5=20(명)$이므로 줄넘기
횟수가 상위 10 % 이내인 학생은 $20\times\frac{10}{100}=2(명)$
이때 줄넘기 횟수가 2번째로 많은 학생의 줄넘기 횟수가 102회
이므로 A의 값 중 가장 작은 값은 102이다.

17 답 ⑤ 〔VIII-1 유형 06〕

① 계급의 크기는 $60-50=10(점)$
② 계급의 개수는 5이다.
③ 이 반의 전체 학생 수는 $4+10+14+10+2=40$
④ 도수가 가장 큰 계급은 70점 이상 80점 미만이다.
⑤ 영어 성적이 80점 이상인 학생 수는 $10+2=12$이므로
　　전체의 $\frac{12}{40}\times100=30(\%)$
따라서 옳은 것은 ⑤이다.

18 답 ③ 〔VIII-1 유형 16〕

70점 이상 80점 미만인 계급에서
A 중학교의 도수는 $500\times0.24=120(명)$이고,
B 중학교의 도수는 $450\times0.24=108(명)$
따라서 두 도수의 차는
$120-108=12(명)$

19 답 20 cm 〔VI-2 유형 03〕

$\overline{AD}\,/\!/\,\overline{OC}$이므로
$\angle DAO=\angle COB=30°$ (동위각) $\qquad\cdots\cdots$ ❶
오른쪽 그림과 같이 $\overline{OD}$를 그으면
$\overline{OA}=\overline{OD}$이므로
$\angle ODA=\angle OAD=30°$ $\qquad\cdots\cdots$ ❷
$\therefore \angle AOD=180°-(30°+30°)$
$\qquad\qquad =120°$ $\qquad\cdots\cdots$ ❸

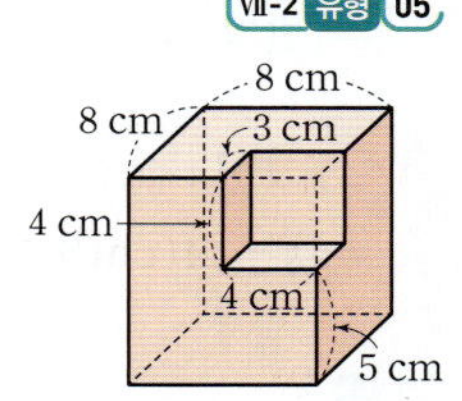

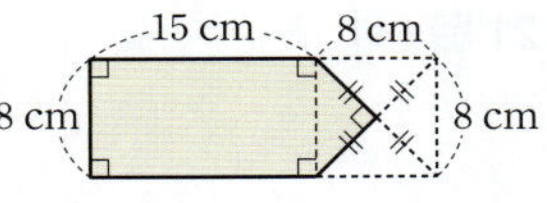

따라서 $\overset{\frown}{AD}:\overset{\frown}{BC}=120°:30°=4:1$이므로
$\overset{\frown}{AD}:5=4:1$ $\therefore \overset{\frown}{AD}=20(cm)$ ...... ❹

채점 기준	배점
❶ ∠DAO의 크기 구하기	1점
❷ ∠ODA의 크기 구하기	2점
❸ ∠AOD의 크기 구하기	1점
❹ $\overset{\frown}{AD}$의 길이 구하기	2점

20 답 마름모 〔Ⅶ-1 유형 09〕

세 점 D, M, F를 지나는 평면으로 자를
때 생기는 단면은 오른쪽 그림과 같이 $\overline{GH}$
의 중점 N을 지나는 사각형 DMFN이다.
...... ❶

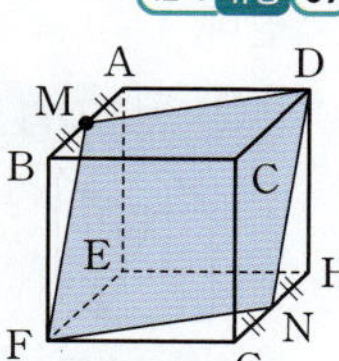

이때 △DAM, △FBM, △FGN,
△DHN이 모두 합동이므로
$\overline{DM}=\overline{FM}=\overline{FN}=\overline{DN}$이다.
따라서 네 변의 길이가 같으므로 사각형 DMFN은 마름모이다.
...... ❷

채점 기준	배점
❶ 세 점 D, M, F를 지나는 평면으로 자를 때 생기는 단면 구하기	3점
❷ 구한 단면이 마름모임을 알기	3점

21 답 18분 〔Ⅶ-2 유형 11〕

주어진 원뿔 모양의 그릇의 부피는
$$\frac{1}{3}\times(\pi\times6^2)\times6=72\pi(cm^3)$$ ...... ❶

1분에 4π cm³씩 물을 채우므로 빈 그릇에 물을 가득 채우려면
$\dfrac{72\pi}{4\pi}=18$(분)이 걸린다. ...... ❷

채점 기준	배점
❶ 원뿔 모양의 그릇의 부피 구하기	2점
❷ 빈 그릇에 물을 가득 채우는 데 걸리는 시간 구하기	2점

22 답 $\dfrac{86}{5}$, 20 〔Ⅷ-1 유형 01+03〕

자료 A의 중앙값이 18이고, $a>b$이므로
변량을 작은 값부터 크기순으로 나열하면
10, 12, b, a, 24 또는 10, 12, b, 24, a
$\therefore b=18$ ...... ❶

또, 두 자료를 섞으면 a가 18과 23 사이에 있을 때 중앙값이 20
이 될 수 있으므로 변량을 작은 값부터 크기순으로 나열하면
10, 12, 14, 17, 18, a, a, 23, 24, 24
즉, $\dfrac{18+a}{2}=20$이므로 $a=22$ ...... ❷

따라서 자료 A는 10, 12, 18, 22, 24이므로
$$(\text{평균})=\frac{10+12+18+22+24}{5}=\frac{86}{5}$$ ...... ❸

자료 B는 14, 17, 22, 23, 24이므로
$$(\text{평균})=\frac{14+17+22+23+24}{5}=\frac{100}{5}=20$$ ...... ❹

채점 기준	배점
❶ b의 값 구하기	2점
❷ a의 값 구하기	3점
❸ 자료 A의 평균 구하기	1점
❹ 자료 B의 평균 구하기	1점

23 답 7 〔Ⅷ-1 유형 08〕

달리기를 한 거리가 20 km 이상 30 km 미만인 학생 수는
$25-(1+4+10+1)=9$ ...... ❶

이때 달리기를 한 거리가 25 km 이상 30 km 미만인 학생 수를
x라 하면 달리기를 한 거리가 20 km 이상 25 km 미만인 학생
수는 $x+5$이므로
$x+(x+5)=9$, $2x=4$ $\therefore x=2$ ...... ❷

따라서 달리기를 한 거리가 20 km 이상 25 km 미만인 학생 수
는 $2+5=7$ ...... ❸

채점 기준	배점
❶ 20 km 이상 30 km 미만인 계급의 학생 수 구하기	2점
❷ 25 km 이상 30 km 미만인 계급의 학생 수 구하기	3점
❸ 20 km 이상 25 km 미만인 계급의 학생 수 구하기	2점

기말고사 대비 실전 모의고사 3회 발전

207쪽~210쪽

01 ④	**02** ⑤	**03** ③	**04** ①, ④	**05** ②
06 ②	**07** ④	**08** ⑤	**09** ②	**10** ②
11 ②	**12** ④	**13** ②	**14** ③	**15** ④
16 ④	**17** ③	**18** ①, ⑤	**19** 60 cm	
20 32π cm²		**21** B, A, C	**22** 27개	**23** 108

01 답 ④ 〔Ⅵ-2 유형 01〕

$\overline{OA}=\overline{OB}=\overline{AB}$이므로 △OAB는 정삼각형이다.
따라서 호 AB에 대한 중심각의 크기는 ∠AOB=60°이다.

02 답 ⑤ 〔Ⅵ-2 유형 02〕

부채꼴의 호의 길이는 중심각의 크기에 정비례하므로
$\overset{\frown}{AB}:\overset{\frown}{BC}:\overset{\frown}{CA}=∠AOB:∠BOC:∠COA=5:4:3$
$\therefore ∠AOB=360°\times\dfrac{5}{5+4+3}=150°$

03 답 ③ 〔Ⅵ-2 유형 03〕

△ODP에서 $\overline{DO}=\overline{DP}$이므로
∠DOP=∠DPO=20°
$\therefore ∠ODC=20°+20°=40°$
△OCD에서 $\overline{OC}=\overline{OD}$이므로
∠OCD=∠ODC=40°
$\therefore ∠AOC=40°+20°=60°$
따라서 $\overset{\frown}{AC}:\overset{\frown}{BD}=∠AOC:∠BOD$에서
$\overset{\frown}{AC}:5=60°:20°$, $\overset{\frown}{AC}:5=3:1$
$\therefore \overset{\frown}{AC}=15(cm)$

04 답 ①, ④　　　　　　　　　　　VI-2 유형 06

① 부채꼴의 호의 길이는 중심각의 크기에 정비례하므로
$\overset{\frown}{AB}:\overset{\frown}{CD}=\angle AOB:\angle COD=60°:30°$
$\overset{\frown}{AB}:\overset{\frown}{CD}=2:1$　∴ $\overset{\frown}{AB}=2\overset{\frown}{CD}$

② 현의 길이는 중심각의 크기에 정비례하지 않으므로
$\overline{AB}\ne2\overline{CD}$

③ 삼각형의 넓이는 중심각의 크기에 정비례하지 않으므로
(△OAB의 넓이)$\ne2\times$(△OCD의 넓이)

④ $\overline{OA}=\overline{OB}$이므로 $\angle OAB=\angle OBA=60°$
즉, △OAB는 정삼각형이다.

⑤ 부채꼴 OAC와 부채꼴 OBD의 중심각의 크기를 모르므로
두 부채꼴의 넓이가 같은지 알 수 없다.

따라서 옳은 것은 ①, ④이다.

05 답 ②　　　　　　　　　　　VI-2 유형 11

색칠한 두 부분의 넓이가 같으므로 반원의 넓이와 부채꼴 AOB
의 넓이가 같다.

(반원의 넓이)$=\pi\times8^2\times\dfrac{1}{2}=32\pi(\text{cm}^2)$

부채꼴 AOB의 중심각의 크기를 $x°$라 하면

(부채꼴 AOB의 넓이)$=\pi\times16^2\times\dfrac{x}{360}=\dfrac{32x}{45}\pi(\text{cm}^2)$

즉, $32\pi=\dfrac{32x}{45}\pi$이므로 $x=45$

따라서 색칠한 부분의 둘레의 길이는
(반원의 호의 길이)$+$(부채꼴 AOB의 호의 길이)$+\overline{OA}$

$=2\pi\times8\times\dfrac{1}{2}+2\pi\times16\times\dfrac{45}{360}+16=12\pi+16(\text{cm})$

이므로 $a=12$, $b=16$
∴ $a+b=12+16=28$

06 답 ②　　　　　　　　　　　VI-2 유형 13

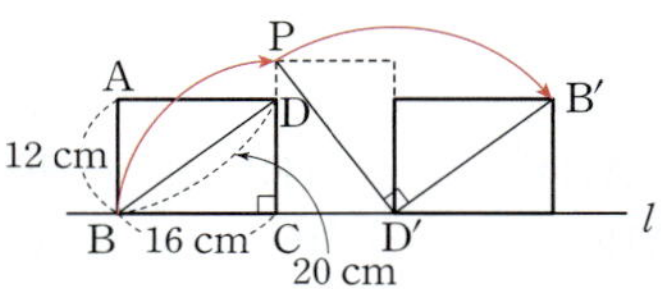

점 B가 움직인 거리는 $\overset{\frown}{BP}+\overset{\frown}{PB'}$의 길이와 같다.

$\angle BCP=90°$이므로 $\overset{\frown}{BP}=2\pi\times16\times\dfrac{90}{360}=8\pi(\text{cm})$

$\angle PD'B'=90°$이므로 $\overset{\frown}{PB'}=2\pi\times20\times\dfrac{90}{360}=10\pi(\text{cm})$

따라서 점 B가 움직인 거리는
$\overset{\frown}{BP}+\overset{\frown}{PB'}=8\pi+10\pi=18\pi(\text{cm})$

07 답 ④　　　　　　　　　　　VII-1 유형 02

구하는 각뿔대를 n각뿔대라 하면
면의 개수는 $n+2$, 모서리의 개수는 $3n$이므로
$(n+2)+3n=46$, $4n=44$　∴ $n=11$
따라서 구하는 각뿔대는 십일각뿔대이다.

08 답 ⑤　　　　　　　　　　　VII-1 유형 04

④ 꼭짓점의 개수는 $5+1=6$
⑤ 모서리의 개수는 $5\times2=10$
따라서 옳지 않은 것은 ⑤이다.

09 답 ②　　　　　　　　　　　VII-1 유형 08

주어진 전개도로 만든 정다면체는 정십이면체이다.
ㄴ. 면 A와 평행인 면은 ㉢이다.
ㄹ. 모서리의 개수는 30이다.
ㅁ. 꼭짓점의 개수는 20이다.
따라서 옳은 것은 ㄱ, ㄷ이다.

10 답 ②　　　　　　　　　　　VII-1 유형 09

정육면체를 한 평면으로 자를 때 생기는 단면의 모양은 다음과
같다.

이등변삼각형	정삼각형	정사각형	직사각형
사다리꼴	마름모	오각형	육각형

따라서 단면의 모양이 될 수 없는 것은 ㄱ, ㅈ의 2개이다.

11 답 ②　　　　　　　　　　　VII-1 유형 01+10

다면체인 것은 ㄱ, ㄴ, ㄹ, ㅇ, ㅊ, ㅌ의 6개이므로 $a=6$
회전체인 것은 ㄷ, ㅁ, ㅈ, ㅋ의 4개이므로 $b=4$
∴ $a-b=6-4=2$

12 답 ④　　　　　　　　　　　VII-1 유형 13

원뿔을 회전축을 포함하는 평면으로 자를 때
생기는 단면은 오른쪽 그림과 같은 이등변삼
각형이다.

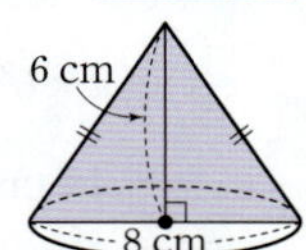

∴ (단면의 넓이)$=\dfrac{1}{2}\times8\times6=24(\text{cm}^2)$

13 답 ②　　　　　　　　　　　VII-2 유형 04

(밑넓이)$=8\times6-4\times4=32(\text{cm}^2)$
(옆넓이)$=(8+6+8+6)\times9+(4+4+4+4)\times9$
$\qquad\qquad=252+144=396(\text{cm}^2)$
∴ (겉넓이)$=$(밑넓이)$\times2+$(옆넓이)
$\qquad\qquad=32\times2+396$
$\qquad\qquad=460(\text{cm}^2)$

14 답 ③　　　　　　　　　　　VII-2 유형 05

오른쪽 그림과 같이 잘라 낸 부분은
밑면의 반지름의 길이가 5 cm이고,
높이가 4 cm인 원기둥의 절반이므로
(입체도형의 부피)

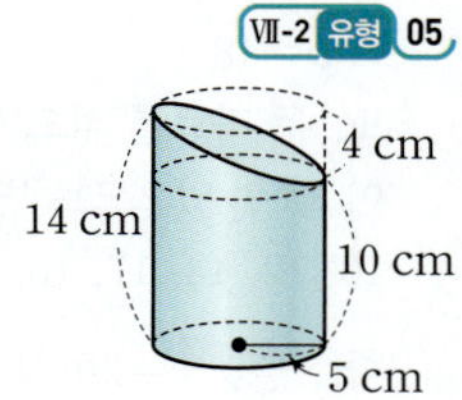

$=(\pi\times5^2)\times10+(\pi\times5^2)\times4\times\dfrac{1}{2}$

$=250\pi+50\pi=300\pi(\text{cm}^3)$

다른 풀이

(입체도형의 부피)$=(\pi\times5^2)\times14-(\pi\times5^2)\times4\times\dfrac{1}{2}$

$\qquad\qquad\qquad=350\pi-50\pi=300\pi(\text{cm}^3)$

15 답 ④   VII-2 유형 16

① (원뿔의 부피)$=\dfrac{1}{3}\times(\pi\times3^2)\times6=18\pi(\text{cm}^3)$,

(구의 부피)$=\dfrac{4}{3}\pi\times3^3=36\pi(\text{cm}^3)$

이므로 원뿔과 구의 부피의 비는 $18\pi:36\pi=1:2$

②, ④ (원기둥의 부피)$=\pi\times3^2\times6=54\pi(\text{cm}^3)$이므로 구의 부피는 원기둥의 부피의 $\dfrac{36\pi}{54\pi}=\dfrac{2}{3}$

즉, 원기둥 모양의 통 안에 물을 가득 채운 후 구를 넣으면 구의 부피에 해당하는 양인 전체의 $\dfrac{2}{3}$만큼 물이 흘러 넘친다.

③ (구의 겉넓이)$=4\pi\times3^2=36\pi(\text{cm}^2)$,

(원기둥의 겉넓이)$=(\pi\times3^2)\times2+2\pi\times3\times6$
$\qquad\qquad\qquad\quad=54\pi(\text{cm}^2)$

이므로 구의 겉넓이는 원기둥의 겉넓이의 $\dfrac{36\pi}{54\pi}=\dfrac{2}{3}$

⑤ 원기둥 모양의 통 안에 물을 가득 채운 후 원뿔을 넣었다 빼면 남은 물의 양은 $54\pi-18\pi=36\pi(\text{cm}^3)$

따라서 옳지 않은 것은 ④이다.

16 답 ④   VIII-1 유형 03

조건 ㈎에서 중앙값이 20이 되려면 $a\geq20$

조건 ㈏에서 a가 9와 45 사이에 있을 때 중앙값이 42가 될 수 있으므로 변량을 작은 값부터 크기순으로 나열하면

(i) 9, 39, a, 45, 49, 53일 때, $\dfrac{a+45}{2}=42$ $\therefore a=39$

(ii) 9, a, 39, 45, 49, 53일 때,

(중앙값)$=\dfrac{39+45}{2}=42$이므로 $a\leq39$

(i), (ii)에서 $a\leq39$

따라서 $20\leq a\leq39$이므로 조건을 만족시키는 자연수 a는 20, 21, 22, …, 39의 20개이다.

17 답 ③   VIII-1 유형 05

키가 165 cm 이상 170 cm 미만인 학생이 전체의 15 %이므로 이 계급의 도수는

$40\times\dfrac{15}{100}=6(\text{명})$

따라서 키가 155 cm 미만인 학생 수는

$40-(7+8+6)=19$

18 답 ①, ⑤   VIII-1 유형 11

① 턱걸이 횟수가 0회 이상 2회 미만인 계급의 상대도수는

$1-(0.2+0.15+0.3+0.25)=0.1$

이므로 전체의 $0.1\times100=10(\%)$

② 상대도수가 가장 작은 계급은 0회 이상 2회 미만이고, 이 계급의 도수가 4명이므로 이 반의 전체 학생 수는 $\dfrac{4}{0.1}=40$

③ 턱걸이 횟수가 6회 미만인 계급의 상대도수의 합은

$0.1+0.2+0.15=0.45$

이므로 이 계급의 학생 수는 $40\times0.45=18$

④ 턱걸이 횟수가 6회 이상 8회 미만인 계급의 상대도수는 0.3이고, 턱걸이 횟수가 4회 이상 6회 미만인 계급의 상대도수는 0.15이므로 턱걸이 횟수가 6회 이상 8회 미만인 학생 수는 턱걸이 횟수가 4회 이상 6회 미만인 학생 수의

$0.3\div0.15=2(\text{배})$

⑤ 턱걸이 횟수가 8회 이상 10회 미만인 학생 수는

$40\times0.25=10$

턱걸이 횟수가 6회 이상 8회 미만인 학생 수는

$40\times0.3=12$

턱걸이 횟수가 20번째로 많은 학생이 속하는 계급은 6회 이상 8회 미만이고, 이 계급의 상대도수는 0.3이다.

따라서 옳은 것은 ①, ⑤이다.

19 답 60 cm   VI-2 유형 02

정삼각형의 한 내각의 크기는 60°이고, 정사각형의 한 내각의 크기는 90°이므로 가려진 호의 중심각의 크기의 합은

$60°+90°=150°$ ……❶

가려진 호의 길이의 합은 중심각의 크기가 150°인 부채꼴의 호의 길이와 같으므로 원 O의 둘레의 길이를 x cm라 하면

$360°:150°=x:25$, $12:5=x:25$, $5x=300$ $\therefore x=60$

따라서 원 O의 둘레의 길이는 60 cm이다.   ……❷

채점 기준	배점
❶ 가려진 호의 중심각의 크기의 합 구하기	3점
❷ 원 O의 둘레의 길이 구하기	3점

20 답 32π cm²   VII-1 유형 13

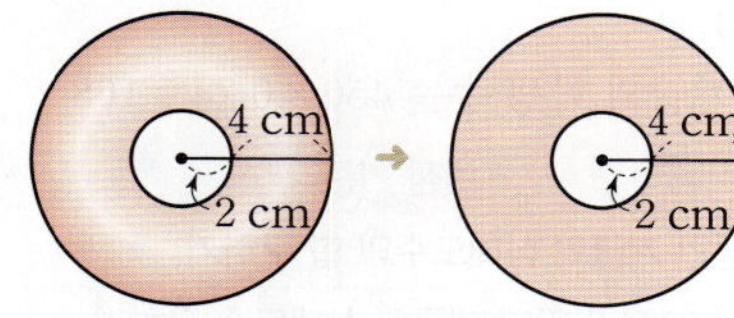

회전체는 위의 그림과 같이 도넛 모양이고, 이 회전체를 회전축에 수직인 평면으로 자른 단면이 가장 클 때는 원 O의 중심을 지나게 자를 때이다.   ……❶

따라서 구하는 단면의 넓이는

(큰 원의 넓이)$-$(작은 원의 넓이)

$=(\pi\times6^2)-(\pi\times2^2)=36\pi-4\pi=32\pi(\text{cm}^2)$ ……❷

채점 기준	배점
❶ 단면의 넓이가 최대가 되는 경우 구하기	4점
❷ 구하는 단면의 넓이 구하기	3점

21 답 B, A, C   VII-2 유형 02+08

(컵 A의 부피)$=\dfrac{1}{3}\times(\pi\times7^2)\times18=294\pi(\text{cm}^3)$ ……❶

(컵 B의 부피)$=(\pi\times5^2)\times12=300\pi(\text{cm}^3)$ ……❷

(컵 C의 부피)$=(\pi\times6^2)\times5+\dfrac{1}{3}\times(\pi\times6^2)\times9$
$\qquad\qquad\qquad=180\pi+108\pi=288\pi(\text{cm}^3)$ ……❸

음료수의 양을 비교하면 $B>A>C$이다.

즉, 가격이 같을 때 음료수의 양이 많을수록 경제적이므로 경제적인 구매의 순서대로 나열하면 B, A, C이다.   ……❹

채점 기준	배점
❶ A의 부피 구하기	2점
❷ B의 부피 구하기	2점
❸ C의 부피 구하기	2점
❹ 경제적인 구매의 순서대로 나열하기	1점

22 답 27개 　　　　　　　　　Ⅶ-2 유형 14

지름의 길이가 18 cm인 쇠구슬 1개의 부피는

$$\frac{4}{3}\pi \times 9^3 = 972\pi \, (\text{cm}^3)$$

지름의 길이가 6 cm인 쇠구슬 1개의 부피는

$$\frac{4}{3}\pi \times 3^3 = 36\pi \, (\text{cm}^3) \qquad \cdots\cdots ❶$$

따라서 지름의 길이가 18 cm인 쇠구슬 1개를 녹여서 지름의 길이가 6 cm인 쇠구슬을 최대

$$972\pi \div 36\pi = 27(\text{개}) \text{ 만들 수 있다.} \qquad \cdots\cdots ❷$$

채점 기준	배점
❶ 지름의 길이가 18 cm인 쇠구슬 1개와 지름의 길이가 6 cm인 쇠구슬 1개의 부피를 각각 구하기	2점
❷ 만들 수 있는 쇠구슬은 최대 몇 개인지 구하기	2점

23 답 108 　　　　　　　　　Ⅷ-1 유형 15

수학 성적이 80점 이상인 학생이 전체의 24 %이므로 80점 이상인 계급의 상대도수의 합은 0.24이다. $\qquad \cdots\cdots ❶$

70점 이상 80점 미만인 계급의 상대도수를 x라 하면

$$0.08 + 0.14 + 0.16 + 0.14 + x + 0.24 = 1$$

$$\therefore x = 0.24 \qquad \cdots\cdots ❷$$

따라서 이 계급의 학생 수는 $450 \times 0.24 = 108$ $\qquad \cdots\cdots ❸$

채점 기준	배점
❶ 80점 이상인 계급의 상대도수의 합 구하기	2점
❷ 70점 이상 80점 미만인 계급의 상대도수 구하기	2점
❸ 70점 이상 80점 미만인 계급의 학생 수 구하기	2점

특급기출

중학 수학 1·2

2학기 통합

특급기출